농산물 품질관리사
1차 | 한권으로 끝내기

시대에듀

농산물품질관리사
1차 한권으로 끝내기

Always with you

사람의 인연은 길에서 우연하게 만나거나 함께 살아가는 것만을 의미하지는 않습니다.
책을 펴내는 출판사와 그 책을 읽는 독자의 만남도 소중한 인연입니다.
시대에듀는 항상 독자의 마음을 헤아리기 위해 노력하고 있습니다.
늘 독자와 함께하겠습니다.

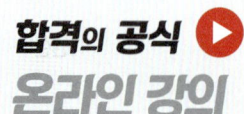
합격의 공식
온라인 강의

보다 깊이 있는 학습을 원하는 수험생들을 위한
시대에듀의 동영상 강의가 준비되어 있습니다.
www.sdedu.co.kr → 회원가입(로그인) → 강의 살펴보기

머리말

농산물품질관리사란 농산물의 생산, 수확, 상품화, 유통, 홍보 등 농산물에 관련된 제반 업무를 담당하는 국가공인 농업분야 전문자격자를 말한다. 정부도 농산물품질관리사를 고용하는 산지, 소비지, 유통시설의 사업자에게 필요한 자금의 일부를 정책적인 차원에서 지원할 수 있도록 법적 근거를 두고 있어, 농산물품질관리사는 향후 농산물 관련 전문자격자로서의 그 역할과 전망이 매우 밝다고 할 수 있다. 실제로 농업직 공무원·지역농협 취업 시 가산점이 주어지는 등의 혜택이 있어 자격에 대한 인식과 수요가 나날이 상승하고 있다.

이에 시대에듀에서는 농산물품질관리사 시험 준비 시 보다 효율적인 학습이 이루어질 수 있도록 다음과 같은 점에 주안을 두고 본 도서를 출간하게 되었다.

도서의 특징
① 출제기준에 맞춘 핵심이론에 중요체크 및 별색표시를 하여 단기간에 학습이 가능하게 하였다.
② 알아두기와 예시문제 맛보기를 적절하게 넣어 지루함 없이 중간중간 문제를 풀어 봄으로써 효율적인 공부를 할 수 있도록 하였다.
③ 기출문제 분석을 통해 검증된 고감도 적중예상문제로만 구성하여 효과적인 실력 향상을 이룰 수 있게 하였다.
④ 2025년도 기출문제를 포함한 최근 5년간의 기출문제와 해설을 수록함으로써 확실한 시험 대비 문제유형 파악이 가능하도록 하였다.

농산물품질관리사 시험을 준비하는 모든 수험생들에게 미약하게나마 도움이 되고자 하는 마음에서 본서를 출간한 만큼, 모두가 좋은 열매를 수확하여 우리나라 농업기반의 내실을 다지는 중요한 일꾼이 되기를 간절히 기원한다.

INFORMATION 시험안내

관련부처 농림축산식품부

시행기관 한국산업인력공단

응시자격 제한 없음 (※ 예외 : 농산물품질관리사의 자격이 취소된 자로 그 취소된 날부터 2년이 경과하지 아니한 자)

수행직무
- 농산물의 등급판정
- 농산물의 출하시기 조절, 품질관리기술 등에 대한 자문
- 그 밖에 농산물의 품질 향상 및 유통효율화에 필요한 업무로서 농림축산식품부령으로 정하는 업무

시험일정

구 분	원서접수	시험일자	합격자 발표
제1차 시험	2월 하순	4월 초순	5월 초순
제2차 시험	5월 하순	7월 중순	8월 중순

※ 상기 시험일정은 시행처의 사정에 따라 변경될 수 있으니 www.q-net.or.kr에서 확인하시기 바랍니다.

시험과목 및 시험방법

구 분	시험과목	출제영역	시험방법
제1차 시험 (4과목)	① 관계 법령 (법, 시행령, 시행규칙)	• 농수산물 품질관리법 • 농수산물 유통 및 가격안정에 관한 법률 • 농수산물의 원산지 표시 등에 관한 법률	객관식 (4지 선택형), 총 100문항 (과목별 25문항)
	② 원예작물학	• 원예작물학 개요 • 과수, 채소, 화훼작물 재배법 등	
	③ 수확 후 품질관리론	• 수확 후의 품질관리 개요 • 수확 후의 품질관리기술 등	
	④ 농산물유통론	• 농산물 유통구조 • 농산물 시장구조 등	
제2차 시험	① 농산물 품질관리 실무	• 농수산물 품질관리법 • 농수산물의 원산지 표시에 관한 법률 • 수확 후 품질관리기술	주관식 총 20문항 (단답형 · 서술형 각 10문항)
	② 농산물 등급판정 실무	• 농산물 표준규격 • 등급, 고르기, 결점과 등	

합격기준
- 제1차 시험 : 각 과목 100점을 만점으로 하여 각 과목 40점 이상의 점수를 획득한 사람 중 평균점수가 60점 이상인 사람을 합격자로 결정
- 제2차 시험 : 제1차 시험에 합격한 사람(제1차 시험이 면제된 사람 포함)을 대상으로 100점을 만점으로 하여 60점 이상인 자를 합격자로 결정

검정현황

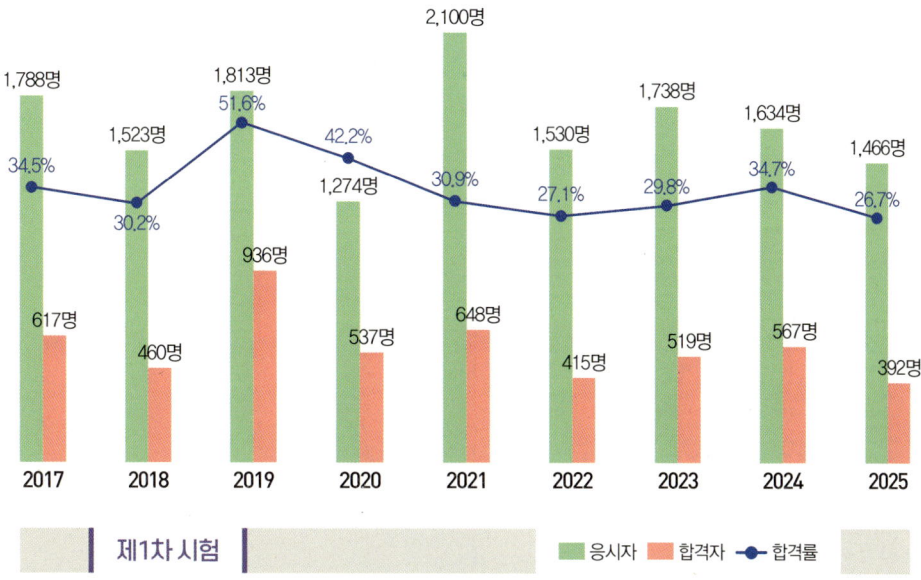

제1차 시험 | 응시자 | 합격자 | 합격률

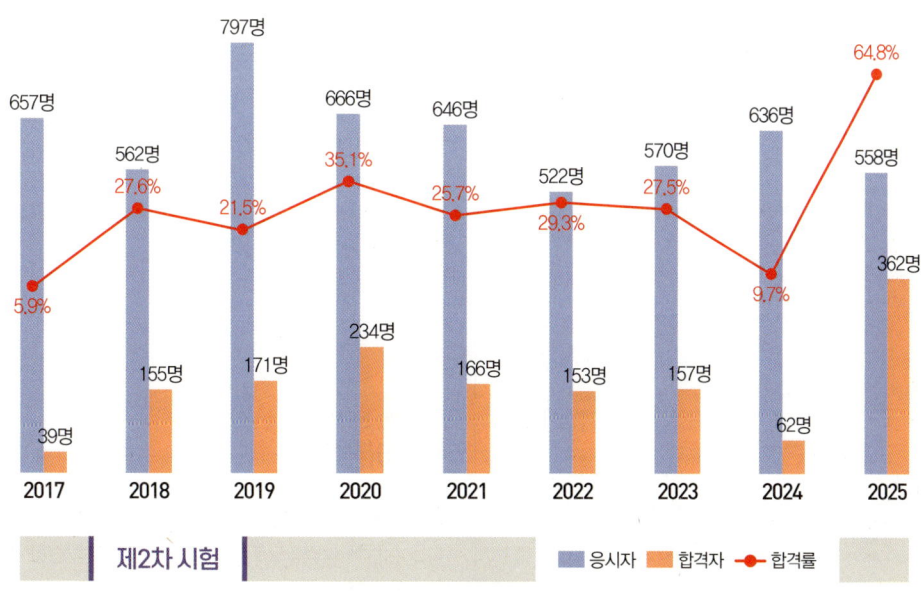

제2차 시험 | 응시자 | 합격자 | 합격률

이 책의 구성과 특징

STRUCTURES

빨리보는 간단한 키워드!
빨간키

시험에 출제되었거나 출제될 만한 중요한 이론들을 정리하였습니다. 핵심을 짚어 보세요.

한눈에 본다!
중요이론

이론에 ★ 중요 표시와 더불어 별색처리를 하여 중요사항을 한눈에 파악함으로써 보다 효과적으로 학습할 수 있도록 하였습니다.

합격의 공식 Formula of pass | 시대에듀 www.sdedu.co.kr

이것만은 알아두자!
알아두기와 예시문제

본문 중간에 적절하게 알아두기를 넣음으로써 자칫 지루해질 수 있는 이론공부에 흥미를 가질 수 있도록 하였고, 본문과 바로 연관되는 문제를 통하여 공부의 맥을 짚어 중간점검을 할 수 있도록 하였습니다.

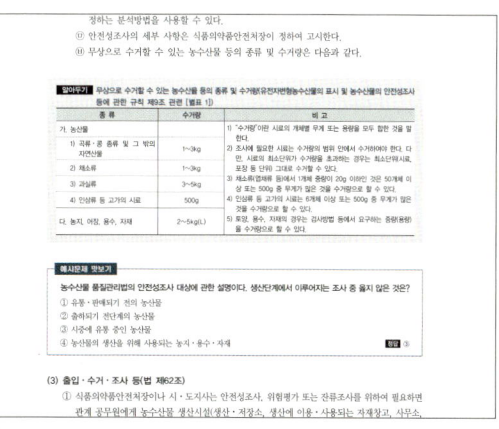

문제로 파악한다!
적중예상문제

과년도에 출제된 기출문제를 중심으로 이론과 연관된 문제를 추가보충하여 본문을 복습할 수 있도록 하였습니다.

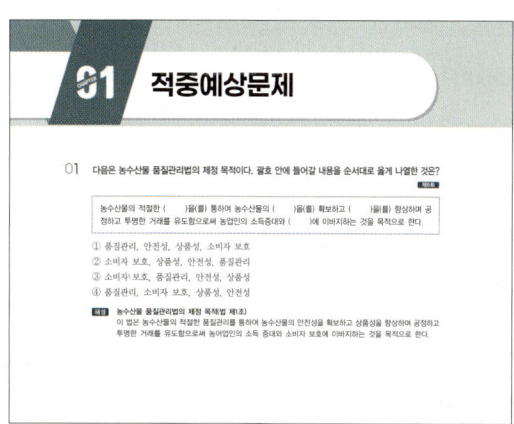

Final 필수아이템!
최근 기출문제와 해설

농산물품질관리사 1차 필기시험 합격을 위해 반드시 풀어 보아야 할 2021~2025년 기출문제와 해설을 수록하였습니다.

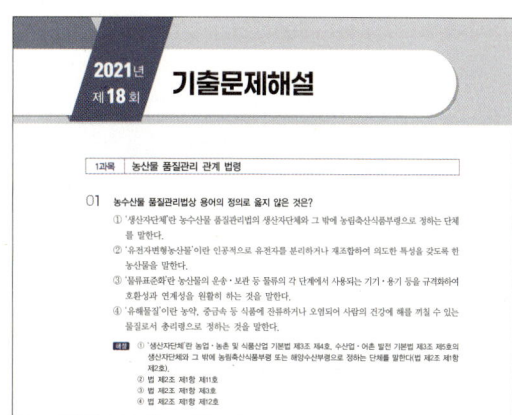

CONTENTS 목차

빨리보는 간단한 키워드

PART 01 | 농산물 품질관리 관계 법령

CHAPTER 01	농수산물 품질관리법	003
	적중예상문제	110
CHAPTER 02	농수산물 유통 및 가격안정에 관한 법률	146
	적중예상문제	215
CHAPTER 03	농수산물의 원산지 표시 등에 관한 법률	242
	적중예상문제	265

PART 02 | 원예작물학

CHAPTER 01	원예의 이해	271
	적중예상문제	286
CHAPTER 02	원예식물의 생육	294
	적중예상문제	320
CHAPTER 03	원예식물의 환경	333
	적중예상문제	401
CHAPTER 04	재배기술	423
	적중예상문제	471
CHAPTER 05	원예식물의 품종, 번식, 육종	499
	적중예상문제	522
CHAPTER 06	특수원예	535
	적중예상문제	547

PART 03 | 수확 후 품질관리론

CHAPTER 01	농산물의 유통과 수확 후 품질관리	567
CHAPTER 02	수 확	573
	적중예상문제	591
CHAPTER 03	품질구성과 평가	612
	적중예상문제	626
CHAPTER 04	수확 후 처리	636
	적중예상문제	645
CHAPTER 05	선별과 포장	653
	적중예상문제	669
CHAPTER 06	저 장	673
	적중예상문제	690
CHAPTER 07	수확 후 장해	706
	적중예상문제	711
CHAPTER 08	안전성과 신선편이농산물	719
	적중예상문제	731

PART 04 | 농산물유통론

CHAPTER 01	농산물 유통의 개요 및 환경	739
	적중예상문제	749
CHAPTER 02	농산물 유통경로 및 마진	766
	적중예상문제	776
CHAPTER 03	농산물 시장 구조	807
	적중예상문제	822
CHAPTER 04	농산물 유통의 기능	848
	적중예상문제	856
CHAPTER 05	농산물 마케팅	872
	적중예상문제	900

부 록 | 기출문제해설

2021년	제18회 기출문제해설	931
2022년	제19회 기출문제해설	968
2023년	제20회 기출문제해설	1004
2024년	제21회 기출문제해설	1044
2025년	제22회 기출문제해설	1085

빨간키

빨리보는 간단한 키워드

PART 01 농산물 품질관리 관계 법령

농수산물 품질관리법

▍목적(농수산물 품질관리법 제1조)
- 농수산물의 적절한 품질관리
- 농수산물의 안전성 확보와 상품성 향상
- 공정하고 투명한 거래 유도
- 농어업인의 소득 증대
- 소비자 보호에 이바지

▍용어의 정의(농수산물 품질관리법 제2조)
- 농산물 : 농업활동으로 생산되는 산물로서 대통령령으로 정하는 것
- 생산자단체 : 농수산업 생산력의 증진 및 향상과 농어업인의 권익보호를 위한 농어업인의 자주적인 조직으로서 대통령령으로 정하는 단체, 그 밖에 농림축산식품부령 또는 해양수산부령으로 정하는 단체
- 물류표준화 : 농수산물의 운송·보관·하역·포장 등 물류의 각 단계에서 사용되는 기기·용기·설비·정보 등을 규격화하여 호환성과 연계성을 원활히 하는 것
- 농산물우수관리 : 농산물(축산물은 제외)의 안전성을 확보하고 농업환경을 보전하기 위하여 농산물의 생산, 수확 후 관리(농산물의 저장·세척·건조·선별·박피·절단·조제·포장 등을 포함) 및 유통의 각 단계에서 작물이 재배되는 농경지 및 농업용수 등의 농업환경과 농산물에 잔류할 수 있는 농약, 중금속, 잔류성 유기오염물질 또는 유해생물 등의 위해요소를 적절하게 관리하는 것
- 이력추적관리 : 농수산물(축산물은 제외)의 안전성 등에 문제가 발생할 경우 해당 농수산물을 추적하여 원인을 규명하고 필요한 조치를 할 수 있도록 농수산물의 생산단계부터 판매단계까지 각 단계별로 정보를 기록·관리하는 것
- 지리적표시 : 농수산물 또는 농수산가공품의 명성·품질, 그 밖의 특징이 본질적으로 특정 지역의 지리적 특성에 기인하는 경우 해당 농수산물 또는 농수산가공품에 표시하는 다음의 것
  - 농수산물의 경우 해당 농수산물이 그 특정 지역에서 생산되었음을 나타내는 표시
  - 농수산가공품의 경우 해당 구분에 따른 사실을 나타내는 표시
- 동음이의어 지리적표시 : 동일한 품목에 대하여 지리적표시를 할 때 타인의 지리적표시와 발음은 같지만 해당 지역이 다른 지리적표시
- 지리적표시권 : 등록된 지리적표시(동음이의어 지리적표시를 포함)를 배타적으로 사용할 수 있는 지식재산권

- 유전자변형농수산물 : 인공적으로 유전자를 분리하거나 재조합하여 의도한 특성을 갖도록 한 농수산물
- 유해물질 : 농약, 중금속, 항생물질, 잔류성 유기오염물질, 병원성 미생물, 곰팡이 독소, 방사성 물질, 유독성 물질 등 식품에 잔류하거나 오염되어 사람의 건강에 해를 끼칠 수 있는 물질로서 총리령으로 정하는 것
- 농산가공품 : 농산물을 원료 또는 재료로 하여 가공한 제품
- 원산지 : 농산물이나 수산물이 생산·채취·포획된 국가·지역이나 해역(농수산물의 원산지 표시에 관한 법률 제2조 제4호)

■ 농수산물의 표준규격(농수산물 품질관리법 제5조)
- 농림축산식품부장관 또는 해양수산부장관은 농수산물(축산물은 제외)의 상품성을 높이고 유통 능률을 향상시키며 공정한 거래를 실현하기 위하여 농수산물의 표준규격을 정할 수 있음
- 표준규격품을 출하하는 자는 포장 겉면에 표준규격품의 표시를 할 수 있음

■ 농산물우수관리의 인증(농수산물 품질관리법 제6조)
- 농림축산식품부장관은 우수관리기준을 정하여 고시하여야 함
- 우수관리인증기관으로부터 우수관리인증을 받을 수 있음
- 우수관리인증의 유효기간은 우수관리인증을 받은 날부터 2년으로 함(법 제7조)

■ 우수관리인증기관의 지정(농수산물 품질관리법 제9조)
- 농림축산식품부장관은 우수관리인증에 필요한 인력과 시설 등을 갖춘 자를 우수관리인증기관으로 지정하여 우수관리인증 및 우수관리시설의 지정을 하도록 할 수 있음
- 우수관리인증기관으로 지정을 받으려는 자는 농림축산식품부장관에게 인증기관 지정 신청을 하여야 함
- 우수관리인증기관으로 지정받은 후 농림축산식품부령으로 정하는 중요사항이 변경되었을 때에는 변경신고를 하여야 함. 다만, 우수관리인증기관 지정이 취소된 후 2년이 지나지 아니한 경우에는 신청을 할 수 없음
- 농림축산식품부장관은 변경신고를 받은 날부터 10일 이내에 신고수리 여부를 신고인에게 통지하여야 함
- 농림축산식품부장관이 기간 내에 신고수리 여부 또는 민원 처리 관련 법령에 따른 처리기간의 연장을 신고인에게 통지하지 아니하면 그 기간이 끝난 날의 다음 날에 신고를 수리한 것으로 봄
- 우수관리인증기관 지정의 유효기간은 지정을 받은 날부터 5년으로 함
- 농림축산식품부장관은 지정이 취소된 우수관리인증기관으로부터 우수관리인증 또는 우수관리시설의 지정을 받은 자에게 다른 우수관리인증기관으로부터 갱신, 유효기간 연장 또는 변경을 할 수 있도록 취소된 사항을 알려야 함

이력추적관리(농수산물 품질관리법 제24조)

- 이력추적관리를 하려는 자는 농림축산식품부장관에게 등록하여야 함
- 이력추적관리의 등록을 한 자는 농림축산식품부령으로 정하는 등록사항이 변경된 경우 변경 사유가 발생한 날부터 1개월 이내에 농림축산식품부장관에게 신고하여야 함
- 농림축산식품부장관은 변경신고를 받은 날부터 10일 이내에 신고수리 여부를 신고인에게 통지하여야 함
- 농림축산식품부장관이 기간 내에 신고수리 여부 또는 민원 처리 관련 법령에 따른 처리기간의 연장을 신고인에게 통지하지 아니하면 그 기간이 끝난 날의 다음 날에 신고를 수리한 것으로 봄
- 이력추적관리 등록을 한 자는 해당 농산물에 이력추적관리의 표시를 할 수 있음
- 이력추적관리농산물을 생산하거나 유통 또는 판매하는 자는 이력추적관리에 필요한 입고·출고 및 관리 내용을 기록하여 보관하여야 함
- 이력추적관리 등록의 유효기간은 등록한 날부터 3년으로 함(법 제25조)

이력추적관리의 등록사항(농수산물 품질관리법 시행규칙 제46조 제2항)

- 생산자(단순가공을 하는 자 포함)
  - 생산자의 성명, 주소 및 전화번호
  - 이력추적관리 대상품목명
  - 재배면적
  - 생산계획량
  - 재배지의 주소
- 유통자
  - 유통업체의 명칭 또는 유통자의 성명, 주소 및 전화번호
  - 수확 후 관리시설이 있는 경우 관리시설의 소재지
- 판매자 : 판매업체의 명칭 또는 판매자의 성명, 주소 및 전화번호

거짓표시 등의 금지(농수산물 품질관리법 제29조)

- 표준규격품, 우수관리인증농산물, 품질인증품, 우수표시품이 아닌 농수산물(승인을 받지 아니한 농산물을 포함) 또는 농수산가공품에 우수표시품의 표시를 하거나 이와 비슷한 표시를 하는 행위
- 우수표시품이 아닌 농수산물(승인을 받지 아니한 농산물을 포함) 또는 농수산가공품을 우수표시품으로 광고하거나 우수표시품으로 잘못 인식할 수 있도록 광고하는 행위
- 표준규격의 표시를 한 농수산물에 표준규격품이 아닌 농수산물 또는 농수산가공품을 혼합하여 판매하거나 혼합하여 판매할 목적으로 보관하거나 진열하는 행위
- 우수관리인증의 표시를 한 농산물에 우수관리인증농산물이 아닌 농산물(승인을 받지 아니한 농산물을 포함) 또는 농산가공품을 혼합하여 판매하거나 혼합하여 판매할 목적으로 보관하거나 진열하는 행위
- 이력추적관리의 표시를 한 농산물에 이력추적관리의 등록을 하지 아니한 농산물 또는 농산가공품을 혼합하여 판매하거나 혼합하여 판매할 목적으로 보관하거나 진열하는 행위

■ **지리적표시의 등록(농수산물 품질관리법 제32조)**
- 농림축산식품부장관 또는 해양수산부장관은 지리적 특성을 가진 농수산물 또는 농수산가공품의 품질 향상과 지역특화산업 육성 및 소비자 보호를 위하여 지리적표시의 등록 제도를 실시함
- 지리적표시의 등록을 받으려는 자는 농림축산식품부령 또는 해양수산부령으로 정하는 등록 신청서류 및 그 부속서류를 농림축산식품부장관 또는 해양수산부장관에게 제출하여야 함
- 농림축산식품부장관 또는 해양수산부장관은 등록 신청을 받으면 지리적표시 등록심의 분과위원회의 심의를 거쳐 등록거절 사유가 없는 경우 지리적표시 등록 신청 공고결정을 하여야 함

■ **지리적표시의 등록거절 사유의 세부기준(농수산물 품질관리법 시행령 제15조)**
- 해당 품목이 농수산물인 경우에는 지리적표시 대상지역에서만 생산된 것이 아닌 경우
- 해당 품목이 농수산가공품인 경우에는 지리적표시 대상지역에서만 생산된 농수산물을 주원료로 하여 해당 지리적표시 대상지역에서 가공된 것이 아닌 경우
- 해당 품목의 우수성이 국내 및 국외에서 모두 널리 알려지지 아니한 경우
- 해당 품목이 지리적표시 대상지역에서 생산된 역사가 깊지 않은 경우
- 해당 품목의 명성·품질 또는 그 밖의 특성이 본질적으로 특정지역의 생산환경적 요인과 인적 요인 모두에 기인하지 아니한 경우
- 그 밖에 농림축산식품부장관 또는 해양수산부장관이 지리적표시 등록에 필요하다고 인정하여 고시하는 기준에 적합하지 않은 경우

■ **지리적표시권(농수산물 품질관리법 제34조~제38조)**
- 지리적표시권자는 등록한 품목에 대하여 지리적표시권을 가짐(법 제34조)
- 지리적표시권은 타인에게 이전하거나 승계할 수 없음(법 제35조)
- 지리적표시권자는 자신의 권리를 침해한 자 또는 침해할 우려가 있는 자에게 그 침해의 금지 또는 예방을 청구할 수 있음(법 제36조)
- 지리적표시권자는 고의 또는 과실로 자신의 지리적표시에 관한 권리를 침해한 자에게 손해배상을 청구할 수 있음(법 제37조)
- 누구든지 지리적표시품이 아닌 농수산물 또는 농수산가공품의 포장·용기·선전물 및 관련 서류에 지리적표시나 이와 비슷한 표시를 하여서는 아니 됨(법 제38조)

■ **유전자변형농수산물의 표시기준(농수산물 품질관리법 시행령 제20조)**
- 유전자변형농수산물에는 해당 농수산물이 유전자변형농수산물임을 표시하거나, 유전자변형농수산물이 포함되어 있음을 표시하거나, 유전자변형농수산물이 포함되어 있을 가능성이 있음을 표시하여야 함
- 유전자변형농수산물의 표시는 해당 농수산물의 포장·용기의 표면 또는 판매장소 등에 표시하여야 함
- 유전자변형농수산물의 표시기준 및 표시방법에 관한 세부사항은 식품의약품안전처장이 정하여 고시함

■ **유전자변형농수산물의 표시 위반에 대한 처분**(농수산물 품질관리법 제59조 제1항)
- 유전자변형농수산물 표시의 이행·변경·삭제 등 시정명령
- 유전자변형 표시를 위반한 농수산물의 판매 등 거래행위 금지

■ **안전관리계획 등**(농수산물 품질관리법 제60조)
- 식품의약품안전처장은 농수산물(축산물은 제외)의 품질 향상과 안전한 농수산물의 생산·공급을 위한 안전관리계획을 매년 수립·시행하여야 함
- 시·도지사 및 시장·군수·구청장은 관할 지역에서 생산·유통되는 농수산물의 안전성을 확보하기 위한 세부추진계획을 수립·시행하여야 함
- 안전관리계획 및 세부추진계획에는 안전성조사, 위험평가 및 잔류조사, 농어업인에 대한 교육, 그 밖에 총리령으로 정하는 사항을 포함하여야 함
- 식품의약품안전처장은 시·도지사 및 시장·군수·구청장에게 세부추진계획 및 그 시행 결과를 제출하게 할 수 있음

■ **안전성조사**(농수산물 품질관리법 제61조)

식품의약품안전처장이나 시·도지사는 농수산물의 안전관리를 위하여 농수산물 또는 농수산물의 생산에 이용·사용하는 농지·어장·용수·자재 등에 대하여 안전성조사를 하여야 함
- 농산물 생산단계 : 총리령으로 정하는 안전기준에의 적합 여부
- 농산물 유통·판매단계 : 식품위생법 등 관계법령에 따른 유해물질의 잔류허용기준 등의 초과 여부

■ **안전성조사 결과에 따른 조치**(농수산물 품질관리법 제63조)
- 해당 농수산물의 폐기·용도전환·출하연기 등의 처리
- 해당 농수산물의 생산에 이용·사용한 농지·어장·용수·자재 등의 개량 또는 이용·사용의 금지
- 그 밖에 총리령으로 정하는 조치

■ **농수산물의 위험평가**(농수산물 품질관리법 제68조)
- 식품의약품안전처장은 농수산물의 효율적인 안전관리를 위하여 식품안전 관련 기관에 농수산물 또는 농수산물의 생산에 이용·사용하는 농지·어장·용수·자재 등에 잔류하는 유해물질에 의한 위험을 평가하여 줄 것을 요청할 수 있음
- 식품의약품안전처장은 위험평가의 요청 사실과 평가 결과를 공표하여야 함
- 식품의약품안전처장은 농수산물의 과학적인 안전관리를 위하여 잔류조사를 할 수 있음

■ **농산물의 검사대상**(농수산물 품질관리법 시행령 제30조 제1항)
- 정부가 수매하거나 생산자단체, 공공기관 또는 농업 관련 법인 등이 정부를 대행하여 수매하는 농산물
- 정부가 수출 또는 수입하거나 생산자단체 등이 정부를 대행하여 수출 또는 수입하는 농산물
- 정부가 수매 또는 수입하여 가공한 농산물

- 규정에 따라 다시 농림축산식품부장관의 검사를 받는 농산물
- 그 밖에 농림축산식품부장관이 검사가 필요하다고 인정하여 고시하는 농산물

▍ 농산물검사관의 자격 등(농수산물 품질관리법 제82조)
- 농산물검사관은 다음의 어느 하나에 해당하는 사람으로서 국립농산물품질관리원장(누에씨 및 누에고치 농산물검사관의 경우에는 시·도지사)이 실시하는 전형시험에 합격한 사람으로 함
  - 농산물검사 관련 업무에 6개월 이상 종사한 공무원
  - 농산물검사 관련 업무에 1년 이상 종사한 사람
  - 농산물품질관리사 자격을 취득한 사람으로서 해당 자격을 취득한 후 1년 이상 농산물품질관리사의 직무를 수행한 사람
- 농산물검사관의 자격은 곡류, 특작·서류, 과실·채소류, 잠사류 등의 구분에 따라 부여함

▍ 검사판정의 실효(농수산물 품질관리법 제86조)
- 농림축산식품부령으로 정하는 검사 유효기간이 지난 경우
- 검사 결과의 표시가 없어지거나 명확하지 아니하게 된 경우

▍ 검사판정의 취소(농수산물 품질관리법 제87조)
- 거짓이나 그 밖의 부정한 방법으로 검사를 받은 사실이 확인된 경우(이 경우 검사판정 필히 취소)
- 검사 또는 재검사 결과의 표시 또는 검사증명서를 위조하거나 변조한 사실이 확인된 경우
- 검사 또는 재검사를 받은 농산물의 포장이나 내용물을 바꾼 사실이 확인된 경우

▍ 농산물의 검정 등(농수산물 품질관리법 제98조)
- 농림축산식품부장관 또는 해양수산부장관은 농수산물 및 농산가공품의 거래 및 수출·수입을 원활히 하기 위하여 다음의 검정을 실시할 수 있음. 다만, 종자산업법 제2조 제1호에 따른 종자에 대한 검정은 제외
  - 농산물 및 농산가공품의 품위·품종·성분 및 유해물질 등
  - 농수산물의 생산에 이용·사용하는 농지·어장·용수·자재 등의 품위·성분 및 유해물질 등
- 농림축산식품부장관 또는 해양수산부장관은 검정기관을 지정하여 검정을 대행하게 할 수 있음(법 제99조 제1항)
- 검정기관으로 지정을 받으려는 자는 검정에 필요한 인력과 시설을 갖추어 농림축산식품부장관 또는 해양수산부장관에게 신청하여야 함(법 제99조 제2항)

▍ 농산물품질관리사(농수산물 품질관리법 제105조)
농림축산식품부장관은 농산물의 품질 향상과 유통의 효율화를 촉진하기 위하여 농산물품질관리사 제도를 운영함

■ **농산물품질관리사의 직무(농수산물 품질관리법 제106조 제1항)**
- 농산물의 등급 판정
- 농산물의 생산 및 수확 후 품질관리기술 지도
- 농산물의 출하 시기 조절, 품질관리기술에 관한 조언
- 그 밖에 농산물의 품질 향상과 유통 효율화에 필요한 업무로서 농림축산식품부령으로 정하는 업무

■ **농산물품질관리사의 준수사항(농수산물 품질관리법 제108조)**
- 농산물품질관리사는 농산물의 품질 향상과 유통의 효율화를 촉진하여 생산자와 소비자 모두에게 이익이 될 수 있도록 신의와 성실로써 그 직무를 수행하여야 함
- 농산물품질관리사는 다른 사람에게 그 명의를 사용하게 하거나 그 자격증을 빌려주어서는 아니 됨

■ **농산물품질관리사의 자격 취소(농수산물 품질관리법 제109조)**
- 농산물품질관리사의 자격을 거짓 또는 부정한 방법으로 취득한 사람
- 다른 사람에게 농산물품질관리사의 명의를 사용하게 하거나 자격증을 빌려준 사람
- 명의의 사용이나 자격증의 대여를 알선한 사람

■ **권한의 위임(농수산물 품질관리법 시행령 제42조)**
- 농림축산식품부장관은 다음의 권한을 국립농산물품질관리원장에게 위임함
  - 지리적표시 분과위원회의 개최, 심의, 그 결과의 통보 등 운영에 관한 사항(수산물에 관한 사항은 제외)
  - 농산물(임산물은 제외)의 표준규격의 제정·개정 또는 폐지
  - 농산물우수관리기준 고시
  - 농산물우수관리인증기관의 지정, 지정 취소 및 업무 정지 등의 처분
  - 소비자 등에 대한 교육·홍보, 컨설팅 지원 등의 사업 수행
  - 농산물우수관리 관련 보고·자료제출 명령, 점검 및 조사 등과 우수관리시설 점검·조사 등의 결과에 따른 조치 등
  - 농산물 이력추적관리 등록, 등록 취소 등의 처분
  - 지위승계 신고(우수관리인증기관의 지위승계 신고로 한정)의 수리
  - 표준규격품, 우수관리인증농산물, 이력추적관리농산물 및 지리적표시품의 사후관리(수산물 또는 임산물과 그 가공품의 표준규격품 및 지리적표시품의 사후관리는 제외)
  - 표준규격품, 우수관리인증농산물 및 지리적표시품의 표시 시정 등의 처분(수산물 또는 임산물과 그 가공품의 표준규격품 및 지리적표시품의 표시 시정 등의 처분은 제외)
  - 농산물(임산물은 제외) 및 그 가공품의 지리적표시의 등록
  - 농산물(임산물은 제외) 및 그 가공품의 지리적표시 원부의 등록 및 관리
  - 농산물(임산물은 제외) 및 그 가공품의 지리적표시권의 이전 및 승계에 대한 사전 승인
  - 농산물의 검사(지정받은 검사기관이 검사하는 농산물과 누에씨·누에고치 검사는 제외)

- 농산물검사기관의 지정, 지정 취소 및 업무 정지 등의 처분
- 검사증명서 발급
- 농산물의 재검사
- 검사판정의 취소
- 농산물 및 그 가공품의 검정
- 농산물 및 그 가공품에 대한 폐기 또는 판매금지 등의 명령, 검정결과의 공개
- 검정기관의 지정과 지정 갱신
- 검정기관의 지정 취소 및 업무 정지 등의 처분
- 확인·조사·점검 등(수산물 및 그 가공품과 임산물 및 그 가공품은 제외)
- 농수산물(수산물 및 그 가공품과 임산물 및 그 가공품은 제외) 명예감시원의 위촉 및 운영
- 농산물품질관리사 제도의 운영
- 농산물품질관리사의 교육에 관한 사항
- 농산물품질관리사의 자격 취소
- 품질 향상, 표준규격화 촉진 및 농산물품질관리사 운용 등을 위한 자금 지원(수산물 및 그 가공품과 임산물 및 그 가공품에 대한 지원은 제외)
- 수수료 감면 및 징수
- 청문
- 과태료의 부과 및 징수(위반행위 중 임산물 및 그 가공품에 관한 위반행위에 대한 것은 제외)
- 농산물품질관리사 자격시험 실시계획의 수립
- 농산물품질관리사 자격증의 발급 및 재발급, 자격증 발급대장 기록

- 식품의약품안전처장은 다음의 권한을 지방식품의약품안전청장에게 위임함
  - 유전자변형농수산물의 표시에 관한 조사
  - 유전자변형농수산물의 표시 위반에 대한 처분, 유전자변형농수산물의 표시 위반에 대한 처분에 따른 공표명령 및 공표
  - 과태료 중 유전자변형농수산물의 표시, 유전자변형농수산물 표시의 조사 및 안전성조사·위험평가·잔류조사의 시료 수거 등의 위반행위에 대한 과태료의 부과 및 징수

- 농림축산식품부장관은 다음의 사항에 관한 권한 중 임산물 및 그 가공품에 관한 권한을 산림청장에게 위임함
  - 표준규격의 제정·개정 또는 폐지
  - 표준규격품 및 지리적표시품의 사후관리와 표시 시정 등의 처분
  - 지리적표시의 등록
  - 지리적표시 원부의 등록 및 관리
  - 지리적표시권의 이전 및 승계에 대한 사전 승인
  - 확인·조사·점검 등
  - 농수산물 명예감시원의 위촉 및 운영
  - 품질 향상 및 표준규격화 촉진 등을 위한 자금 지원
  - 과태료의 부과 및 징수(위반행위만 해당)

■ 업무의 위탁(농수산물 품질관리법 시행령 제43조)
- 농림축산식품부장관, 해양수산부장관 및 식품의약품안전처장은 농수산물안전정보시스템의 운영에 관한 업무를 농림축산식품부장관, 해양수산부장관 및 식품의약품안전처장이 정하여 고시하는 농산물정보 관련 업무를 수행하는 비영리법인에 위탁함
- 농림축산식품부장관은 농산물품질관리사 자격시험의 관리에 관한 업무를 한국산업인력공단에 위탁함

■ 벌칙(농수산물 품질관리법 제117조, 제119조, 제120조)
- 7년 이하의 징역 또는 1억원 이하의 벌금, 이 경우 징역과 벌금은 병과 가능(법 제117조)
  - 유전자변형농수산물의 표시를 거짓으로 하거나 이를 혼동하게 할 우려가 있는 표시를 한 유전자변형 농수산물 표시의무자
  - 유전자변형농수산물의 표시를 혼동하게 할 목적으로 그 표시를 손상·변경한 유전자변형농수산물 표시의무자
  - 유전자변형농수산물의 표시를 한 농수산물에 다른 농수산물을 혼합하여 판매하거나 혼합하여 판매할 목적으로 보관 또는 진열한 유전자변형농수산물 표시의무자
- 3년 이하의 징역 또는 3천만원 이하의 벌금(법 제119조)
  - 우수표시품이 아닌 농수산물(승인을 받지 아니한 농산물을 포함) 또는 농수산가공품에 우수표시품의 표시를 하거나 이와 비슷한 표시를 한 자
  - 우수표시품이 아닌 농수산물(승인을 받지 아니한 농산물을 포함) 또는 농수산가공품을 우수표시품으로 광고하거나 우수표시품으로 잘못 인식할 수 있도록 광고한 자
  - 다음의 어느 하나에 해당하는 행위를 한 자
    가. 표준규격품의 표시를 한 농수산물에 표준규격품이 아닌 농수산물 또는 농수산가공품을 혼합하여 판매하거나 혼합하여 판매할 목적으로 보관하거나 진열하는 행위
    나. 우수관리인증의 표시를 한 농산물에 우수관리인증농산물이 아닌 농산물(승인을 받지 아니한 농산물을 포함) 또는 농산가공품을 혼합하여 판매하거나 혼합하여 판매할 목적으로 보관하거나 진열하는 행위
    다. 이력추적관리의 표시를 한 농산물에 이력추적관리의 등록을 하지 아니한 농산물 또는 농산가공품을 혼합하여 판매하거나 혼합하여 판매할 목적으로 보관하거나 진열하는 행위
  - 지리적표시품이 아닌 농수산물 또는 농수산가공품의 포장·용기·선전물 및 관련 서류에 지리적표시나 이와 비슷한 표시를 한 자
  - 지리적표시품에 지리적표시품이 아닌 농수산물 또는 농수산가공품을 혼합하여 판매하거나 혼합하여 판매할 목적으로 보관 또는 진열한 자
  - 거짓이나 그 밖의 부정한 방법으로 농산물의 검사·재검사 및 검정을 받은 자
  - 검사 및 검정 결과의 표시, 검사증명서 및 검정증명서를 위조하거나 변조한 자
  - 검정 결과에 대하여 거짓광고나 과대광고를 한 자

- 1년 이하의 징역 또는 1천만원 이하의 벌금(법 제120조)
  - 이력추적관리의 등록을 하지 아니한 자
  - 우수표시품에 대한 시정조치 또는 지리적표시품의 표시 시정 등에 따른 시정명령(표시방법에 대한 시정명령은 제외), 판매금지 또는 표시정지 처분에 따르지 아니한 자
  - 우수표시품에 대한 시정조치에 따른 판매금지 조치에 따르지 아니한 자
  - 유전자변형농수산물의 표시 위반에 대한 처분을 이행하지 아니한 자
  - 유전자변형농수산물의 표시 위반에 대한 처분에 따른 공표명령을 이행하지 아니한 자
  - 안전성조사 결과에 따른 조치를 이행하지 아니한 자
  - 생산·가공·출하 및 운반의 시정·제한·중지 명령을 위반하거나 생산·가공시설 등의 개선·보수 명령을 이행하지 아니한 자
  - 검정결과에 따른 조치를 이행하지 아니한 자
  - 검사를 받아야 하는 농산물에 대하여 검사를 받지 아니한 자
  - 검사를 받지 아니하고 해당 농수산물이나 수산가공품을 판매·수출하거나 판매·수출을 목적으로 보관 또는 진열한 자
  - 다른 사람에게 농산물품질관리사의 명의를 사용하게 하거나 그 자격증을 빌려준 자

■ 1천만원 이하의 과태료(농수산물 품질관리법 제123조 제1항)
- 출입, 수거, 조사, 열람 등을 거부·방해 또는 기피한 자
- 이력추적관리 등록한 자로서 변경 사유가 발생한 날부터 1개월 이내에 변경신고를 하지 아니한 자
- 이력추적관리 등록한 자로서 이력추적관리의 표시를 하지 아니한 자
- 이력추적관리 등록한 자로서 이력추적관리기준을 지키지 아니한 자
- 우수표시품에 대한 시정조치 또는 지리적표시품의 표시 시정 등에 따른 표시방법에 대한 시정명령에 따르지 아니한 자
- 유전자변형농수산물의 표시를 하지 아니한 자
- 유전자변형농수산물의 표시방법을 위반한 자

농수산물 유통 및 가격안정에 관한 법률

■ 목적(농수산물 유통 및 가격안정에 관한 법률 제1조)
- 농수산물의 원활한 유통과 적정한 가격 유지
- 생산자와 소비자의 이익 보호
- 국민생활의 안정에 이바지

■ 용어의 정의(농수산물 유통 및 가격안정에 관한 법률 제2조)
- 농수산물 : 농산물·축산물·수산물 및 임산물 중 농림축산식품부령 또는 해양수산부령이 정하는 것
- 농수산물도매시장 : 특별시·광역시·특별자치시·특별자치도 또는 시가 양곡류·청과류·화훼류·조수육류·어류·조개류·갑각류·해조류 및 임산물 등 대통령령으로 정하는 품목의 전부 또는 일부를 도매하게 하기 위하여 관할구역에 개설하는 시장
- 중앙도매시장 : 특별시·광역시·특별자치시 또는 특별자치도가 개설한 농수산물도매시장 중 해당 관할구역 및 그 인접지역에서 도매의 중심이 되는 농수산물도매시장으로서 농림축산식품부령 또는 해양수산부령으로 정하는 것
- 지방도매시장 : 중앙도매시장 외의 농수산물도매시장
- 농수산물공판장 : 지역농업협동조합, 지역축산업협동조합, 품목별·업종별 협동조합, 조합공동사업법인, 품목조합연합회, 산림조합 및 수산업협동조합과 그 중앙회(농협경제지주회사를 포함), 생산자단체와 공익법인이 농수산물을 도매하기 위하여 시·도지사의 승인을 받아 개설·운영하는 사업장을 말한다.
- 민영농수산물도매시장 : 국가·지방자치단체 및 농수산물공판장을 개설할 수 있는 자 외의 자가 농수산물을 도매하기 위하여 시·도지사의 허가를 받아 특별시·광역시·특별자치시·특별자치도 또는 시 지역에 개설하는 시장
- 도매시장법인 : 농수산물도매시장의 개설자로부터 지정을 받고 농수산물을 위탁받아 상장하여 도매하거나 이를 매수하여 도매하는 법인(도매시장법인의 지정을 받은 것으로 보는 공공출자법인을 포함)
- 시장도매인 : 농수산물도매시장 또는 민영농수산물도매시장의 개설자로부터 지정을 받고 농수산물을 매수 또는 위탁받아 도매하거나 매매를 중개하는 영업을 하는 법인
- 중도매인 : 농수산물도매시장·농수산물공판장 또는 민영농수산물도매시장의 개설자의 허가 또는 지정을 받아 다음의 영업을 하는 자
  - 농수산물도매시장·농수산물공판장 또는 민영농수산물도매시장에 상장된 농수산물을 매수하여 도매하거나 매매를 중개하는 영업
  - 농수산물도매시장·농수산물공판장 또는 민영농수산물도매시장의 개설자로부터 허가를 받은 비상장 농수산물을 매수 또는 위탁받아 도매하거나 매매를 중개하는 영업
- 매매참가인 : 농수산물도매시장·농수산물공판장 또는 민영농수산물도매시장의 개설자에게 신고를 하고, 농수산물도매시장·농수산물공판장 또는 민영농수산물도매시장에 상장된 농수산물을 직접 매수하는 자로서 중도매인이 아닌 가공업자·소매업자·수출업자 및 소비자단체 등 농수산물의 수요자
- 산지유통인 : 농수산물도매시장·농수산물공판장 또는 민영농수산물도매시장의 개설자에게 등록하고, 농수산물을 수집하여 농수산물도매시장·농수산물공판장 또는 민영농수산물도매시장에 출하하는 영업을 하는 자(법인을 포함)
- 농수산물종합유통센터 : 국가 또는 지방자치단체가 설치하거나 국가 또는 지방자치단체의 지원을 받아 설치된 것으로서 농수산물의 출하 경로를 다원화하고 물류비용을 절감하기 위하여 농수산물의 수집·포장·가공·보관·수송·판매 및 그 정보처리 등 농수산물의 물류활동에 필요한 시설과 이와 관련된 업무시설을 갖춘 사업장

- 경매사 : 도매시장법인의 임명을 받거나 농수산물공판장·민영농수산물도매시장 개설자의 임명을 받아, 상장된 농수산물의 가격 평가 및 경락자 결정 등의 업무를 수행하는 자
- 농수산물 전자거래 : 농수산물의 유통단계를 단축하고 유통비용을 절감하기 위하여 전자문서 및 전자거래 기본법에 따른 전자거래의 방식으로 농수산물을 거래하는 것

▌농림업관측(농수산물 유통 및 가격안정에 관한 법률 제5조)
- 농림축산식품부장관은 농산물의 수급안정을 위하여 가격의 등락 폭이 큰 주요 농산물에 대하여 매년 기상정보, 생산면적, 작황, 재고물량, 소비동향, 해외시장 정보 등을 조사하여 이를 분석한 농림업관측을 실시하고 그 결과를 공표하여야 함
- 농림축산식품부장관은 효율적인 농림업관측 또는 국제곡물관측을 위하여 필요하다고 인정하는 경우에는 품목을 지정하여 지역농업협동조합, 지역축산업협동조합, 품목별·업종별 협동조합, 산림조합, 그 밖에 농림축산식품부령으로 정하는 자로 하여금 농림업관측 또는 국제곡물관측을 실시하게 할 수 있음
- 농림업관측업무 또는 국제곡물관측업무를 효율적으로 실시하기 위하여 농림업 관련 연구기관 또는 단체를 농림업관측 전담기관(국제곡물관측업무를 포함)으로 지정하고, 그 운영에 필요한 경비를 충당하기 위하여 예산의 범위에서 출연금 또는 보조금을 지급할 수 있음

▌계약생산(농수산물 유통 및 가격안정에 관한 법률 제6조)
- 농림축산식품부장관은 주요 농산물의 원활한 수급과 적정한 가격 유지를 위하여 지역농업협동조합, 지역축산업협동조합, 품목별·업종별 협동조합, 조합공동사업법인, 품목조합연합회, 산림조합과 그 중앙회(농협경제지주회사를 포함)나 생산자단체 또는 농산물 수요자와 생산자 간에 계약생산 또는 계약출하를 하도록 장려할 수 있음
- 농림축산식품부장관은 생산계약 또는 출하계약을 체결하는 생산자단체 또는 농산물 수요자에 대하여 농산물가격안정기금으로 계약금의 대출 등 필요한 지원을 할 수 있음

▌유통협약 및 유통조절명령(농수산물 유통 및 가격안정에 관한 법률 제10조)
- 유통협약 : 생산자 등의 대표가 해당 농수산물의 자율적인 수급조절과 품질향상을 위하여 생산조정 또는 출하조절을 위해 체결하는 협약
- 유통조절명령(유통명령) : 부패하거나 변질되기 쉬운 농수산물로서 농림축산식품부령 또는 해양수산부령으로 정하는 농수산물에 대하여 현저한 수급 불안정을 해소하기 위하여 특히 필요하다고 인정되고 생산자 등 또는 생산자단체가 요청할 때에는 공정거래위원회와 협의를 거쳐 일정 기간 동안 일정 지역의 해당 농수산물의 생산자 등에게 생산조정 또는 출하조절을 하도록 하는 명령

■ 비축사업 등(농수산물 유통 및 가격안정에 관한 법률 제13조)
- 농림축산식품부장관은 농산물(쌀과 보리는 제외)의 수급조절과 가격안정을 위하여 필요하다고 인정할 때에는 농산물가격안정기금으로 농산물을 비축하거나 농산물의 출하를 약정하는 생산자에게 그 대금의 일부를 미리 지급하여 출하를 조절할 수 있음
- 비축용 농산물은 생산자 및 생산자단체로부터 수매하여야 하나, 가격안정을 위하여 특히 필요하다고 인정할 때에는 도매시장 또는 공판장에서 수매하거나 수입할 수 있음

■ 도매시장의 개설(농수산물 유통 및 가격안정에 관한 법률 제17조)
- 도매시장은 부류별로 또는 둘 이상의 부류를 종합하여 중앙도매시장의 경우에는 특별시·광역시·특별자치시 또는 특별자치도가 개설하고, 지방도매시장의 경우에는 특별시·광역시·특별자치시·특별자치도 또는 시가 개설하나, 시가 지방도매시장을 개설하려면 도지사의 허가를 받아야 함
- 시가 지방도매시장의 개설허가를 받으려면 지방도매시장 개설허가 신청서에 업무규정과 운영관리계획서를 첨부하여 도지사에게 제출하여야 함
- 특별시·광역시·특별자치시 또는 특별자치도가 도매시장을 개설하려면 미리 업무규정과 운영관리계획서를 작성하여야 하며, 중앙도매시장의 업무규정은 농림축산식품부장관 또는 해양수산부장관의 승인을 받아야 함
- 중앙도매시장의 개설자가 업무규정을 변경하는 때에는 농림축산식품부장관 또는 해양수산부장관의 승인을 받아야 하며, 지방도매시장의 개설자(시가 개설자인 경우만 해당)가 업무규정을 변경하는 때에는 도지사의 승인을 받아야 함
- 시가 지방도매시장을 폐쇄하려면 그 3개월 전에 도지사의 허가를 받아야 하나, 특별시·광역시·특별자치시 및 특별자치도가 도매시장을 폐쇄하는 경우에는 그 3개월 전에 이를 공고하여야 함

■ 개설구역(농수산물 유통 및 가격안정에 관한 법률 제18조)
- 도매시장의 개설구역은 도매시장이 개설되는 특별시·광역시·특별자치시·특별자치도 또는 시의 관할구역으로 함
- 농림축산식품부장관 또는 해양수산부장관은 해당 지역에 있어서의 농수산물의 원활한 유통을 위하여 필요하다고 인정할 때에는 도매시장의 개설구역에 인접한 일정 구역을 그 도매시장의 개설구역으로 편입하게 할 수 있으나, 시가 개설하는 지방도매시장의 개설구역에 인접한 구역으로서 그 지방도매시장이 속한 도의 일정 구역에 대하여는 해당 도지사가 그 지방도매시장의 개설구역으로 편입하게 할 수 있음

■ 도매시장 개설자의 의무(농수산물 유통 및 가격안정에 관한 법률 제20조)
- 도매시장 시설의 정비·개선과 합리적인 관리
- 경쟁 촉진과 공정한 거래질서의 확립 및 환경 개선
- 상품성 향상을 위한 규격화, 포장 개선 및 선도 유지의 촉진

도매시장법인의 지정(농수산물 유통 및 가격안정에 관한 법률 제23조)

- 도매시장법인은 도매시장 개설자가 부류별로 지정하되, 중앙도매시장에 두는 도매시장법인의 경우에는 농림축산식품부장관 또는 해양수산부장관과 협의하여 지정함. 이 경우 5년 이상 10년 이하의 범위에서 지정 유효기간을 설정할 수 있음
- 도매시장법인의 주주 및 임직원은 해당 도매시장법인의 업무와 경합되는 도매업 또는 중도매업을 하여서는 아니 되나, 도매시장법인이 다른 도매시장법인의 주식 또는 지분을 과반수 이상 양수하고 양수법인의 주주 또는 임직원이 양도법인의 주주 또는 임직원의 지위를 겸하게 된 경우에는 그러하지 아니함
- 도매시장법인이 될 수 있는 자
  - 해당 부류의 도매업무를 효과적으로 수행할 수 있는 지식과 도매시장 또는 공판장업무에 2년 이상 종사한 경험이 있는 업무집행 담당임원이 2명 이상 있을 것
  - 임원 중 금고 이상의 실형을 선고받고 그 형의 집행이 끝나거나(집행이 끝난 것으로 보는 경우를 포함) 집행이 면제된 후 2년이 지나지 아니한 사람이 없을 것
  - 임원 중 파산선고를 받고 복권되지 아니한 사람이나 피성년후견인 또는 피한정후견인이 없을 것
  - 임원 중 도매시장법인의 지정취소처분의 원인이 되는 사항에 관련된 사람이 없을 것
  - 거래규모, 순자산액 비율 및 거래보증금 등 도매시장 개설자가 업무규정으로 정하는 일정 요건을 갖출 것

공공출자법인(농수산물 유통 및 가격안정에 관한 법률 제24조)

- 도매시장 개설자는 도매시장을 효율적으로 관리·운영하기 위하여 필요하다고 인정하는 경우에는 도매시장법인에 갈음하여 그 업무를 수행하게 할 공공출자법인을 설립할 수 있음
- 공공출자법인에 대한 출자는 다음의 어느 하나에 해당하는 자로 한정함. 이 경우 지방자치단체, 관리공사, 농림수협 등에 의한 출자액의 합계가 총출자액의 100분의 50을 초과하여야 함
  - 지방자치단체
  - 관리공사
  - 농림수협 등
  - 해당 도매시장 또는 그 도매시장으로 이전되는 시장에서 농수산물을 거래하는 상인과 그 상인단체
  - 도매시장법인
  - 그 밖에 도매시장 개설자가 도매시장의 관리·운영을 위하여 특히 필요하다고 인정하는 자

경매사의 업무 등(농수산물 유통 및 가격안정에 관한 법률 제28조 제1항)

- 도매시장법인이 상장한 농수산물에 대한 경매 우선순위의 결정
- 도매시장법인이 상장한 농수산물에 대한 가격평가
- 도매시장법인이 상장한 농수산물에 대한 경락자의 결정
- 도매시장법인이 상장한 농수산물의 정가매매·수의매매(隨意賣買)에 대한 협상 및 중재

■ **산지유통인의 등록(농수산물 유통 및 가격안정에 관한 법률 제29조 제1항)**
- 생산자단체가 구성원의 생산물을 출하하는 경우
- 도매시장법인이 매수한 농수산물을 상장하는 경우
- 중도매인이 비상장 농수산물을 매매하는 경우
- 시장도매인이 매매하는 경우
- 그 밖에 농림축산식품부령 또는 해양수산부령으로 정하는 경우

■ **출하자 신고(농수산물 유통 및 가격안정에 관한 법률 제30조)**
- 도매시장에 농수산물을 출하하려 하는 생산자 및 생산자단체 등은 농수산물의 거래질서 확립과 수급안정을 위하여 농림축산식품부령 또는 해양수산부령으로 정하는 바에 따라 해당 도매시장 개설자에게 신고하여야 함
- 도매시장 개설자, 도매시장법인 또는 시장도매인은 신고한 출하자가 출하예약을 하고 농수산물을 출하하는 경우에는 위탁수수료의 인하 및 경매의 우선실시 등 우대조치를 할 수 있음

■ **도매시장법인의 영업제한(농수산물 유통 및 가격안정에 관한 법률 제35조)**
- 도매시장법인은 도매시장 외의 장소에서 농수산물의 판매업무를 하지 못함
- 도매시장법인은 다음의 어느 하나에 해당하는 경우에는 해당 거래물품을 도매시장으로 반입하지 아니할 수 있음
  - 도매시장 개설자의 사전승인을 받아 전자문서 및 전자거래 기본법에 따른 전자거래 방식으로 하는 경우(온라인에서 경매 방식으로 거래하는 경우를 포함)
  - 일정 기준 이상의 시설에 보관·저장 중인 거래대상 농수산물의 견본을 도매시장에 반입하여 거래하는 것에 대하여 도매시장 개설자가 승인한 경우
- 도매시장법인은 농수산물 판매업무 외의 사업을 겸영하지 못하나, 농수산물의 선별·포장·가공·제빙·보관·후숙·저장·수출입 등의 사업은 겸영할 수 있음

■ **시장도매인의 영업(농수산물 유통 및 가격안정에 관한 법률 제37조)**
- 시장도매인은 도매시장에서 농수산물을 매수 또는 위탁받아 도매하거나 매매를 중개할 수 있음
- 도매시장의 개설자는 거래질서의 유지를 위하여 필요하다고 인정하는 경우 등 농림축산식품부령 또는 해양수산부령으로 정하는 경우에는 품목과 기간을 정하여 시장도매인이 농수산물을 위탁받아 도매하는 것을 제한 또는 금지할 수 있음
- 시장도매인은 해당 도매시장의 도매시장법인·중도매인에게 농수산물을 판매하지 못함

■ **출하 농수산물의 안전성검사(농수산물 유통 및 가격안정에 관한 법률 제38조의2)**
- 도매시장 개설자는 해당 도매시장에 반입되는 농수산물에 대하여 유해물질의 잔류허용기준 등의 초과 여부에 관한 안전성검사를 실시하여야 함
- 도매시장 개설자는 안전성검사 결과 그 기준에 못 미치는 농수산물을 출하하는 자에 대하여 1년 이내의 범위에서 해당 농수산물과 같은 품목의 농수산물을 해당 도매시장에 출하하는 것을 제한할 수 있음

■ 출하자에 대한 대금결제(농수산물 유통 및 가격안정에 관한 법률 제41조)
- 도매시장법인 또는 시장도매인은 매수하거나 위탁받은 농수산물이 매매되었을 때에는 그 대금의 전부를 출하자에게 즉시 결제하여야 함
- 도매시장법인 또는 시장도매인은 출하자에게 대금을 결제하는 경우에는 표준송품장(標準送品狀, 전자문서 형태의 것을 포함)과 판매원표(販賣元標)를 확인하여 작성한 표준정산서를 출하자와 정산 조직(대금정산조직 또는 그 밖에 대금정산을 위한 조직 등)에 각각 발급하고, 정산 조직에 대금결제를 의뢰하여 정산 조직에서 출하자에게 대금을 지급하는 방법으로 하여야 함
- 도매시장의 개설자가 농림축산식품부령 또는 해양수산부령으로 정하는 바에 따라 인정하는 도매시장법인의 경우에는 출하자에게 대금을 직접 결제할 수 있음

■ 대금결제의 절차(농수산물 유통 및 가격안정에 관한 법률 시행규칙 제36조)
- 출하자는 송품장을 작성하여 도매시장법인 또는 시장도매인에게 제출
- 도매시장법인 또는 시장도매인은 출하자에게서 받은 송품장의 사본을 도매시장 개설자가 설치한 거래신고소에 제출
- 도매시장법인 또는 시장도매인은 표준정산서를 출하자와 정산 창구에 발급하고, 정산 창구에 대금결제를 의뢰
- 정산 창구에서는 출하자에게 대금을 결제하고, 표준정산서의 사본을 거래신고소에 제출

■ 공판장의 거래 관계자(농수산물 유통 및 가격안정에 관한 법률 제44조)
- 공판장에는 중도매인·매매참가인·산지유통인 및 경매사를 둘 수 있음
- 공판장의 중도매인은 공판장의 개설자가 지정함
- 농수산물을 수집하여 공판장에 출하하려는 자는 공판장의 개설자에게 산지유통인으로 등록하여야 함
- 공판장의 경매사는 공판장의 개설자가 임면함

■ 민영도매시장의 개설(농수산물 유통 및 가격안정에 관한 법률 제47조)
- 민간인 등이 특별시·광역시·특별자치시·특별자치도 또는 시 지역에 민영도매시장을 개설하려면 시·도지사의 허가를 받아야 함
- 민간인 등이 민영도매시장의 개설허가를 받으려면 민영도매시장 개설허가 신청서에 업무규정과 운영관리계획서를 첨부하여 시·도지사에게 제출하여야 함

■ 민영도매시장의 운영(농수산물 유통 및 가격안정에 관한 법률 제48조)
- 민영도매시장의 개설자는 중도매인·매매참가인·산지유통인 및 경매사를 두어 직접 운영하거나 시장도매인을 두어 이를 운영하게 할 수 있음
- 민영도매시장의 중도매인은 민영도매시장의 개설자가 지정함
- 농수산물을 수집하여 민영도매시장에 출하하려는 자는 민영도매시장의 개설자에게 산지유통인으로 등록하여야 함

- 민영도매시장의 경매사는 민영도매시장의 개설자가 임면함
- 민영도매시장의 시장도매인은 민영도매시장의 개설자가 지정함

■ 농수산물집하장의 설치·운영(농수산물 유통 및 가격안정에 관한 법률 제50조)
- 생산자단체 또는 공익법인은 농수산물을 대량 소비지에 직접 출하할 수 있는 유통체제를 확립하기 위하여 필요한 경우에는 농수산물집하장을 설치·운영할 수 있음
- 국가와 지방자치단체는 농수산물집하장의 효과적인 운영과 생산자의 출하편의를 도모할 수 있도록 그 입지 선정과 도로망의 개설에 협조하여야 함
- 생산자단체 또는 공익법인은 운영하고 있는 농수산물집하장 중 공판장의 시설기준을 갖춘 집하장을 시·도지사의 승인을 받아 공판장으로 운영할 수 있음

■ 농수산물산지유통센터의 설치·운영 등(농수산물 유통 및 가격안정에 관한 법률 제51조)
- 국가나 지방자치단체는 농수산물의 선별·포장·규격출하·가공·판매 등을 촉진하기 위하여 농수산물산지유통센터를 설치하여 운영하거나 이를 설치하려는 자에게 부지 확보 또는 시설물 설치 등에 필요한 지원을 할 수 있음
- 국가나 지방자치단체는 농수산물산지유통센터의 운영을 생산자단체 또는 전문유통업체에 위탁할 수 있음

■ 포전매매의 계약(농수산물 유통 및 가격안정에 관한 법률 제53조)
- 농림축산식품부장관이 정하는 채소류 등 저장성이 없는 농산물의 포전매매(생산자가 수확하기 이전의 경작상태에서 면적단위 또는 수량단위로 매매하는 것)의 계약은 서면에 의한 방식으로 하여야 함
- 농산물의 포전매매의 계약은 특약이 없으면 매수인이 그 농산물을 계약서에 적힌 반출 약정일로부터 10일 이내에 반출하지 아니한 경우에는 그 기간이 지난 날에 계약이 해제된 것으로 봄
- 농림축산식품부장관은 포전매매의 계약에 필요한 표준계약서를 정하여 보급하고 그 사용을 권장할 수 있으며, 계약당사자는 표준계약서에 준하여 계약하여야 함
- 농림축산식품부장관과 지방자치단체의 장은 생산자 및 소비자의 보호나 농산물의 가격 및 수급의 안정을 위하여 특히 필요하다고 인정할 때에는 대상품목·대상지역 및 신고기간 등을 정하여 계약당사자에게 포전매매 계약의 내용을 신고하도록 할 수 있음

■ 정비 기본방침 등(농수산물 유통 및 가격안정에 관한 법률 제62조)
- 시설기준에 미달하거나 거래물량에 비하여 시설이 부족하다고 인정되는 도매시장·공판장 및 민영도매시장의 시설 정비에 관한 사항
- 도매시장·공판장 및 민영도매시장 시설의 바꿈 및 이전에 관한 사항
- 중도매인 및 경매사의 가격조작 방지에 관한 사항
- 생산자와 소비자 보호를 위한 유통기구의 봉사 경쟁체제의 확립과 유통경로의 단축에 관한 사항

- 운영실적이 부진하거나 휴업 중인 도매시장의 정비 및 도매시장법인이나 시장도매인의 교체에 관한 사항
- 소매상의 시설 개선에 관한 사항

■ 도매시장거래 분쟁조정위원회의 설치 등(농수산물 유통 및 가격안정에 관한 법률 제78조의2)

조정위원회는 당사자의 한쪽 또는 양쪽의 신청에 의하여 다음의 분쟁을 심의·조정
- 낙찰자 결정에 관한 분쟁
- 낙찰가격에 관한 분쟁
- 거래대금의 지급에 관한 분쟁
- 그 밖에 도매시장 개설자가 특히 필요하다고 인정하는 분쟁

■ 벌칙(농수산물 유통 및 가격안정에 관한 법률 제86~88조)

- 2년 이하의 징역 또는 2천만원 이하의 벌금(법 제86조)
  - 수입 추천신청을 할 때에 정한 용도 외의 용도로 수입농산물을 사용한 자
  - 도매시장의 개설구역이나 공판장 또는 민영도매시장이 개설된 특별시·광역시·특별자치시·특별자치도 또는 시의 관할구역에서 허가를 받지 아니하고 농수산물의 도매를 목적으로 지방도매시장 또는 민영도매시장을 개설한 자
  - 지정을 받지 아니하거나 지정 유효기간이 지난 후 도매시장법인의 업무를 한 자
  - 허가 또는 갱신허가를 받지 아니하고 중도매인의 업무를 한 자
  - 등록을 하지 아니하고 산지유통인의 업무를 한 자
  - 도매시장 외의 장소에서 농수산물의 판매업무를 하거나 농수산물 판매업무 외의 사업을 겸영한 자
  - 지정을 받지 아니하거나 지정 유효기간이 지난 후 도매시장 안에서 시장도매인의 업무를 한 자
  - 승인을 받지 아니하고 공판장을 개설한 자
  - 업무정지처분을 받고도 그 업(業)을 계속한 자
- 1년 이하의 징역 또는 1천만원 이하의 벌금(법 제88조)
  - 도매시장법인의 인수·합병 규정을 위반하여 인수·합병을 한 자
  - 다른 중도매인 또는 매매참가인의 거래 참가를 방해하거나 정당한 사유 없이 집단적으로 경매 또는 입찰에 불참한 자
  - 다른 사람에게 자기의 성명이나 상호를 사용하여 중도매업을 하게 하거나 그 허가증을 빌려 준 자
  - 규정을 위반하여 경매사를 임면한 자
  - 규정을 위반하여 산지유통인의 업무를 한 자
  - 규정을 위반하여 출하업무 외의 판매·매수 또는 중개업무를 한 자
  - 규정을 위반하여 매수하거나 거짓으로 위탁받은 자 또는 상장된 농수산물 외의 농수산물을 거래한 자
  - 규정을 위반하여 다른 중도매인과 농수산물을 거래한 자
  - 제한 또는 금지를 위반하여 농수산물을 위탁받아 거래한 자

- 규정을 위반하여 해당 도매시장의 도매시장법인 또는 중도매인에게 농수산물을 판매한 자
- 표준하역비의 부담을 이행하지 아니한 자
- 규정을 위반하여 수수료 등 비용을 징수한 자
- 조치명령을 위반한 자

농수산물의 원산지 표시 등에 관한 법률

▌원산지 표시(농수산물의 원산지 표시 등에 관한 법률 제5조 제1항)
- 대통령령으로 정하는 농수산물 또는 그 가공품을 수입하는 자, 생산·가공하여 출하하거나 판매(통신판매를 포함)하는 자 또는 판매할 목적으로 보관·진열하는 자는 농수산물, 농수산물 가공품(국내에서 가공한 가공품은 제외), 농수산물 가공품(국내에서 가공한 가공품에 한정)의 원료에 대하여 원산지를 표시하여야 함
- 대통령령으로 정하는 농수산물 또는 그 가공품 - 원산지의 표시대상(시행령 제3조 제1항)
  - 유통질서의 확립과 소비자의 올바른 선택을 위하여 필요하다고 인정하여 농림축산식품부장관과 해양수산부장관이 공동으로 고시한 농수산물 또는 그 가공품
  - 대외무역법에 따라 산업통상부장관이 공고한 수입 농수산물 또는 그 가공품. 다만, 대외무역법 시행령에 따라 원산지 표시를 생략할 수 있는 수입 농수산물 또는 그 가공품은 제외함

▌농수산물 가공품의 원료에 대한 원산지 표시대상(시행령 제3조 제2항)
- 농수산물 가공품의 원료에 대한 원산지 표시대상은 다음과 같음. 다만, 물, 식품첨가물, 주정(酒精) 및 당류(당류를 주원료로 하여 가공한 당류가공품을 포함)는 배합비율의 순위와 표시대상에서 제외함
1. 원료 배합비율에 따른 표시대상
   가. 사용된 원료의 배합비율에서 한 가지 원료의 배합비율이 98% 이상인 경우에는 그 원료
   나. 사용된 원료의 배합비율에서 두 가지 원료의 배합비율의 합이 98% 이상인 원료가 있는 경우에는 배합비율이 높은 순서의 2순위까지의 원료
   다. 가목 및 나목 외의 경우에는 배합비율이 높은 순서의 3순위까지의 원료
   라. 가목부터 다목까지의 규정에도 불구하고 김치류 및 절임류(소금으로 절이는 절임류에 한정한다)의 경우에는 다음의 구분에 따른 원료
      1) 김치류 중 고춧가루(고춧가루가 포함된 가공품을 사용하는 경우에는 그 가공품에 사용된 고춧가루를 포함한다)를 사용하는 품목은 고춧가루 및 소금을 제외한 원료 중 배합비율이 가장 높은 순서의 2순위까지의 원료와 고춧가루 및 소금
      2) 김치류 중 고춧가루를 사용하지 아니하는 품목은 소금을 제외한 원료 중 배합비율이 가장 높은 순서의 2순위까지의 원료와 소금
      3) 절임류는 소금을 제외한 원료 중 배합비율이 가장 높은 순서의 2순위까지의 원료와 소금. 다만, 소금을 제외한 원료 중 한 가지 원료의 배합비율이 98% 이상인 경우에는 그 원료와 소금으로 함

2. 1.에 따른 표시대상 원료로서 식품 등의 표시·광고에 관한 법률에 따른 식품 등의 표시기준에서 정한 복합원재료를 사용한 경우에는 농림축산식품부장관과 해양수산부장관이 공동으로 정하여 고시하는 기준에 따른 원료

■ 원산지의 표시기준 – 농수산물(시행령 제5조 제1항 관련 [별표 1])

- 국산 농산물 : "국산"이나 "국내산" 또는 그 농산물을 생산·채취·사육한 지역의 시·도명이나 시·군·구명을 표시함
- 원산지가 다른 동일 품목을 혼합한 농수산물
  - 국산 농수산물로서 그 생산 등을 한 지역이 각각 다른 동일 품목의 농수산물을 혼합한 경우에는 혼합 비율이 높은 순서로 3개 지역까지의 시·도명 또는 시·군·구명과 그 혼합 비율을 표시하거나 "국산", "국내산" 또는 "연근해산"으로 표시함
  - 동일 품목의 국산 농수산물과 국산 외의 농수산물을 혼합한 경우에는 혼합비율이 높은 순서로 3개 국가(지역, 해역 등)까지의 원산지와 그 혼합비율을 표시함

■ 원산지의 표시기준 – 수입 농수산물과 그 가공품 및 반입 농수산물과 그 가공품

- 수입농수산물 등은 대외무역법에 따른 원산지를 표시함
- 반입농수산물 등은 남북교류협력에 관한 법률에 따른 원산지를 표시함

■ 원산지의 표시기준 – 농수산물 가공품(수입농수산물 등 또는 반입농수산물 등을 국내에서 가공한 것을 포함)

- 사용된 원료의 원산지를 기준에 따라 표시함
- 원산지가 다른 동일 원료를 혼합하여 사용한 경우에는 혼합 비율이 높은 순서로 2개 국가(지역, 해역 등)까지의 원료 원산지와 그 혼합 비율을 각각 표시함
- 원산지가 다른 동일 원료의 원산지별 혼합 비율이 변경된 경우로서 그 어느 하나의 변경의 폭이 최대 15% 이하이면 종전의 원산지별 혼합 비율이 표시된 포장재를 혼합 비율이 변경된 날부터 1년의 범위에서 사용할 수 있음
- 사용된 원료(물, 식품첨가물 및 당류는 제외)의 원산지가 모두 국산일 경우에는 원산지를 일괄하여 "국산"이나 "국내산" 또는 "연근해산"으로 표시할 수 있음

■ 영업소 및 집단급식소의 원산지 표시방법 – 쇠고기(시행규칙 제3조 제2호 관련 [별표 4])

- 국내산(국산)의 경우 "국산"이나 "국내산"으로 표시하고, 식육의 종류를 한우, 젖소, 육우로 구분하여 표시함. 다만, 수입한 소를 국내에서 6개월 이상 사육한 후 국내산(국산)으로 유통하는 경우에는 "국산"이나 "국내산"으로 표시하되, 괄호 안에 식육의 종류 및 출생국가명을 함께 표시함
  예 소갈비(쇠고기 : 국내산 한우), 등심(쇠고기 : 국내산 육우), 소갈비[쇠고기 : 국내산 육우(출생국 : 호주)]
- 외국산의 경우에는 해당 국가명을 표시
  예 소갈비(쇠고기 : 미국산)

원예작물학

Vavilov의 작물의 기원지 8개 지역

중국 지역	6조보리, 조, 피, 메밀, 콩, 팥, 파, 인삼, 배추, 자운영, 동양배, 감, 복숭아 등
인도, 동남아시아 지역(인더스 문명)	벼, 참깨, 사탕수수, 모시풀, 왕골, 오이, 박, 가지, 생강 등
중앙아시아 지역	귀리, 기장, 완두, 삼, 당근, 양파, 무화과 등
코카서스, 중동 지역(메소포타미아 문명)	2조보리, 보통밀, 호밀, 유채, 아마, 마늘, 시금치, 사과, 서양배, 포도 등
지중해 연안 지역	완두, 유채, 사탕무, 양귀비, 화이트클로버, 티머시, 오처드그라스, 무, 순무, 우엉, 양배추, 상추 등
중앙아프리카 지역	진주조, 수수, 강두(광저기), 수박, 참외 등
멕시코, 중앙아메리카 지역(마야 문명)	옥수수, 강낭콩, 고구마, 해바라기, 호박 등
남아메리카 지역(잉카 문명)	감자, 땅콩, 담배, 토마토, 고추 등

원예작물의 식물학적 분류

가지과	고추, 가지, 토마토, 감자 등	배추과(십자화과)	배추, 양배추, 순무, 브로콜리, 무, 고추냉이 등
국화과	국화, 우엉, 쑥갓, 상추 등	장미과	장미, 사과, 딸기, 자두, 복숭아, 매실, 비파 등
꿀풀과	들깨, 방아, 로즈마리 등	콩과	콩, 완두, 팥, 등나무 등
메꽃과	고구마, 나팔꽃 등	벼과(화본과)	옥수수, 들잔디, 죽순 등
명아주과	시금치, 근대 등	백합과	양파, 파, 마늘, 아스파라거스 등
미나리과	당근, 미나리, 파슬리, 셀러리, 고수 등	생강과	생강, 양하 등
박과	참외, 호박, 수박, 오이, 여주 등	토란과(천남성과)	토란, 칼라 등

원예작물에 함유된 기능성 물질

원예작물	기능성 물질	원예작물	기능성 물질
고추	캡사이신	마늘, 파류	알리인
토마토	리코펜	양파	케르세틴
수박	시트룰린	상추	락투시린
오이	엘라테린	생강	진저롤
양배추	비타민 U	포도	레스베라트롤

꽃의 발육 부분에 따른 분류

- 진 과
  - 씨방(자방)이 발달하여 과육이 됨
  - 포도, 복숭아, 단감, 감귤 등
- 위 과
  - 씨방의 일부나 그 외 화탁(꽃받침) 등 주변기관이 발육하여 과육이 됨
  - 사과, 배, 딸기, 무화과 등

펙틴(Pectin)
- 식물의 세포벽 사이에 존재하면서 세포를 단단하게 유지시켜 주는 다당류 물질
- 과실이나 채소의 경도, 먹는 촉감 등에 큰 영향을 주는 중요한 성분
- 칼슘(Ca)은 세포벽에서 펙틴의 결합을 더욱 견고하게 하여 과육의 연화를 억제하고, 노화를 지연시키며, 과실을 단단하게 유지시켜 저장력을 향상시킴

수분과 수정
- 종자가 생성되려면 수정이 이루어져야 하는데, 꽃이 피고 수술의 화분이 암술머리에 붙는 것을 수분이라고 하며, 수분 후 화분 내의 정핵이 배낭을 침투하여 들어가 난핵 및 극핵과 접합하는 것을 수정이라고 함
- 속씨식물의 중복수정 : 꽃가루의 정핵(n)이 배낭 안의 난세포(n)와 결합하여 배(2n)를 형성하고, 또 다른 정핵(n)이 극핵(2개=2n)과 결합하여 배유(3n)를 형성하는 것

발아조건 – 수분
- 모든 종자는 일정량의 수분을 흡수해야만 발아함
- 발아에 필요한 수분 함량은 종자의 무게에 대하여 벼 23%, 밀 30%, 쌀보리 50%, 콩 100% 정도이며, 토양이 건조하면 습한 경우에 비해 발아할 때 종자의 함수량이 적어짐

발아의 순서
수분의 흡수 → 저장양분의 분해효소 생성 및 활성화 → 저장양분의 분해, 전류 및 재합성 → 배의 생장 개시 → 과피의 파열 → 유묘의 출현

작물의 일장형
- 장일식물 : 보통 16~18시간의 장일상태에서 화성이 유도·촉진되는 식물로, 단일상태는 개화를 저해함
- 단일식물 : 보통 8~10시간의 단일상태에서 화성이 유도·촉진되는 식물로, 장일상태는 개화를 저해함
- 중성식물 : 일정한 한계일장 없이 넓은 범위의 일장에서 개화하는 식물로, 화성이 일장의 영향을 받지 않는다고도 할 수 있음

과실의 성숙과 호흡에 따른 분류
- 클라이매트릭(Climactric)형 과실
  - 과실의 성숙, 수확 후 또는 노화과정에서 일시적으로 호흡이 증가하는 작물
  - 수박, 사과, 토마토, 바나나, 멜론, 복숭아, 감, 자두, 배 등
- 논클라이매트릭(Non-climactric)형 과실
  - 과실의 성숙, 수확 후 또는 노화과정에서 호흡이 완만하게 감소하거나 큰 변화가 없는 작물
  - 딸기, 감귤, 포도, 동양배 등

토양의 3상과 작물생육

- 고상 : 기상 : 액상의 비율이 50% : 25% : 25%로 구성된 토양이 보수·보비력과 통기성이 좋아 이상적
- 토양 3상의 비율은 토양의 종류에 따라 다르고, 같은 토양 내에서도 토층에 따라 차이가 큼
- 작물은 고상에 의해 기계적 지지를 받고, 액상에서 양분과 수분을 흡수하며, 기상에서 산소와 이산화탄소를 흡수함
- 고상은 유기물과 무기물로 이루어져 있으며, 일반적으로 입자가 작고 유기물 함량이 많아질수록 고상의 비율은 낮아짐
- 기상과 액상의 비율은 기상조건, 특히 강우에 따라 크게 변동함
- 액상의 비율이 높으면 통기가 불량하고, 뿌리의 발육이 저해됨
- 기상의 비율이 높으면 수분 부족으로 위조·고사함

토성에 따른 생육반응 비교

작물	사질토양	점질토양
채소	• 조숙, 노화 촉진, 조기추대, 저항성 약화 • 지근 발생 억제, 바람들이 촉진, 외관 양호 • 향기 저하(우엉), 육질 허술, 저장력 감소 • 박막외피(마늘, 양파), 대형과, 과육 허술 • 수송력 불량(수박), 착과수 감소(딸기)	• 만숙, 노화 억제, 만추대, 저항성 증진 • 지근 발생 촉진, 바람들이 억제, 외관 불량 • 향기 양호(우엉), 육질 양호, 저장력 우수 • 후막외피(마늘, 양파), 소형과, 과육 치밀 • 수송성 양호(수박), 착과수 증가(딸기)
과수	측근 발생 억제, 착색 및 성숙 촉진, 조기결실, 경제수령 단축	잎의 과번무, 화아분화 억제, 소과, 품질 저하, 결실 지연

입단구조의 형성과 파괴

- 입단구조를 형성하는 주요 인자 : 유기물과 석회의 시용, 콩과 작물의 재배, 지렁이, 토양의 피복, 토양개량제의 시용 등
- 입단구조의 파괴 : 경운, 나트륨의 시용, 입단의 팽창과 수축의 반복, 비·바람 등

토양수분의 형태

- 결합수(pF 7.0 이상) : 화합수 또는 결정수라고도 하며, 토양을 105℃로 가열해도 분리시킬 수 없는 점토광물의 구성요소로서의 수분으로, 작물이 흡수·이용할 수 없음
- 흡습수(pF 4.2~7) : 토양을 105℃로 가열 시 분리 가능하며, 토양표면에 피막상으로 흡착되어 있는 수분으로, 작물이 흡수·이용하지 못함
- 모관수(pF 2.7~4.2) : 토양공극 내에서 표면장력에 의해 중력에 저항하여 유지되는 수분으로, 모관현상으로 인해 지하수가 모관공극을 따라 상승하여 작물에 공급되며, 작물이 가장 유용하게 이용하는 수분
- 중력수(pF 2.7 이하) : 중력에 의하여 비모관공극을 통해 흘러내리는 수분으로, 근권 이하로 내려가 작물이 직접 이용하지는 못함
- 지하수 : 지하에 정체되어 모관수의 근원이 되는 수분으로, 지하수위가 낮은 경우 토양이 건조하기 쉽고, 높은 경우 과습하기 쉬움

▎토양유기물의 주요 기능

암석의 분해 촉진, 양분의 공급, 대기 중 이산화탄소 공급, 생장촉진물질의 생성, 입단의 형성, 보수·보비력의 증대, 완충능의 증대, 미생물의 번식 촉진, 지온의 상승, 토양의 보호 등

▎작물생육에 있어 수분의 기본역할
- 원형질의 생활상태를 유지
- 식물체 구성물질의 성분
- 식물체에 필요한 물질의 흡수용매
- 세포의 긴장상태를 유지시켜 식물의 체제 유지를 가능하게 함
- 필요물질의 합성·분해의 매개체
- 식물의 체내물질 분포를 고르게 함

▎수분이동
- 삼투압 : 낮은 삼투압 → 높은 삼투압
- 수분퍼텐셜 : 높은 수분퍼텐셜 → 낮은 수분퍼텐셜

▎낮은 광도에서의 식물생장
- 광합성이 억제됨
- 줄기는 가늘어지고, 마디 사이는 길어짐
- 잎이 넓어지지만 엽육이 얇아짐
- 책상조직의 부피가 작아지고, 엽록소가 감소함
- 결구가 늦어짐
- 근계 발달이 불량해짐
- 인경 비대와 꽃눈 발달, 착색, 착과, 과실 비대가 불량해짐

▎바이러스의 특징
- 바이러스병은 거의 모든 작물에서 발생함
- 병원체는 식물바이러스라고 함
- 본체는 DNA 또는 RNA의 핵산이며, 단백질 껍질을 가지고 있음
- 간상, 사상, 구상 등의 여러 모양
- 일반 광학현미경으로 보이지 않을 만큼 크기가 작음
- 특정 식물에 감염하여 병해를 일으키는 성질이 있음
- 인공배양할 수 없음
- 오로지 세포 내에서만 증식함

작물의 기지 정도
- 연작의 해가 적은 것 : 벼, 맥류, 조, 옥수수, 수수, 삼, 담배, 고구마, 무, 순무, 당근, 양파, 호박, 연, 미나리, 딸기, 양배추 등
- 1년 휴작을 요하는 작물 : 파, 쪽파, 생강, 콩, 시금치 등
- 2년 휴작을 요하는 작물 : 오이, 감자, 땅콩, 잠두 등
- 3년 휴작을 요하는 작물 : 참외, 쑥갓, 강낭콩, 토란 등
- 5~7년 휴작을 요하는 작물 : 수박, 토마토, 가지, 고추, 완두, 사탕무, 레드클로버 등
- 10년 이상 휴작을 요하는 작물 : 인삼, 아마 등

윤작의 효과
지력의 유지·증강, 토양의 보호, 기지의 회피, 병충해의 경감, 잡초의 경감, 수량의 증대, 토지이용도의 향상, 노력분배의 합리화, 농업경영의 안정성 증대 등

멀칭의 효과
토양의 건조 방지, 지온의 조절, 토양의 보호, 잡초의 발생 억제, 생육 촉진, 과실의 품질 향상, 병원체 차단 등

엽면시비 시 흡수에 영향을 미치는 요인
- 잎의 표면보다는 이면에서 흡수가 더 잘 됨
- 잎의 호흡작용이 왕성할 때 흡수가 더 잘 되므로 가지 또는 정부에 가까운 잎에서 흡수율이 높고, 노엽보다는 성엽이, 밤보다는 낮에 흡수가 더 잘 됨
- 일반적으로 미(약)산성의 살포액이 흡수가 잘 됨
- 살포액에 전착제를 가용하면 흡수가 촉진됨
- 작물에 피해가 가지 않는 범위 내에서 농도가 높을수록 흡수가 빠름
- 석회의 시용은 흡수를 억제하고, 고농도 살포의 해를 경감함
- 작물의 생리작용이 왕성한 기상조건에서 흡수가 빠름

과수의 결과습성
- 1년생 가지에 결실하는 과수 : 포도, 감, 밤, 무화과, 참다래(키위), 호두, 감귤 등
- 2년생 가지에 결실하는 과수 : 복숭아, 자두, 살구, 매실, 양앵두(체리) 등
- 3년생 가지에 결실하는 과수 : 사과, 배 등

낙과 방지
수분매조, 동해 예방, 합리적 시비, 건조 및 과습의 방지, 수광태세 향상, 방풍시설, 병해충 방제, 생장조절제 살포 등

▌ 사이토키닌의 작용
- 내한성을 증대시킴
- 발아를 촉진함
- 잎의 생장을 촉진함
- 호흡을 억제함
- 엽록소 및 단백질의 분해를 억제함
- 잎의 노화를 방지함
- 저장 중 신선도의 증진효과가 있음
- 포도의 경우 착과를 증진시킴
- 사과의 경우 모양과 크기를 향상시킴

▌ 아브시스산(ABA)의 작용
- 잎의 노화 및 낙엽을 촉진함
- 휴면을 유도함
- 종자의 휴면을 연장하여 발아를 억제함
- 장일조건에서 단일식물의 화성을 유도하는 효과가 있음
- ABA가 증가하면 기공이 닫혀 위조저항성이 증진됨
- 목본식물의 경우 내한성이 증진됨

▌ 에틸렌의 작용
- 발아를 촉진시킴
- 정아우세현상을 타파하여 곁눈의 발생을 촉진함
- 꽃눈이 많아지는 효과가 있음
- 성표현 조절 : 오이, 호박 등 박과 채소의 암꽃 착생수를 증대시킴
- 잎의 노화를 가속화함
- 적과의 효과가 있음
- 많은 작물의 과실 성숙을 촉진시킴
- 탈엽 및 건조제로서의 효과가 있음

▌ 우량품종의 구비조건
- 우수성 : 재배적 특성이 다른 품종보다 우수하여야 함
- 균일성 : 품종 안의 모든 특성과 유전형질이 균일하여야 함
- 영속성 : 우수하고 균일한 특성이 변치 않고 지속되어야 함
- 광지역성 : 특정 지역에만 국한되기보다는 넓은 지역에 적응·재배되는 성질이어야 함

종자번식의 장단점

장 점	단 점
• 번식방법이 쉽고, 다수의 묘를 생산할 수 있어 육묘비가 저렴 • 영양번식에 비해 발육이 왕성하고, 수명이 김 • 우량종의 개발이 가능 • 종자의 수송이 용이	• 변이가 일어날 가능성이 큼 • 불임과 단위결과성 식물의 번식이 어려움 • 목본류는 개화까지의 기간이 오래 걸림

박과 채소류 접목의 장단점

장 점	단 점
• 수박, 오이, 참외의 덩굴쪼김병 등 토양전염성 병의 발생을 억제 • 불량환경에 대한 내성이 증대 • 흡비력이 증대 • 과습에 잘 견딤 • 과실의 품질이 우수	• 질소의 과다흡수 우려가 있음 • 기형과 발생이 많아짐 • 당도가 떨어짐 • 흰가루병에 약함

집단육종의 장점

- 잡종집단의 취급이 용이
- 동형접합체가 증가한 후대에 선발하므로 선발이 간편
- 집단재배하므로 자연선택을 유리하게 이용할 수 있음
- 출현빈도가 낮은 우량유전자형의 선발 가능성이 높음

1대잡종육종의 장점

- 1대잡종육종은 잡종강세가 큰 교배조합의 1대잡종(F_1) 품종을 육성하는 방법
- 수량이 많고, 균일한 산물을 얻을 수 있음
- 우성유전자의 이용이 유리
- 조합능력의 향상을 위해 자식계통을 육성하며, F_1 종자의 경제적 채종을 위해서 자가불화합성과 웅성불임성을 이용

돌연변이육종의 장점

- 새로운 유전자를 만들 수 있음
- 단일유전자만을 변화시킬 수 있음
- 영양번식작물에서도 인위적으로 유전적 변이를 일으킬 수 있음
- 방사선으로 처리하면 불화합성을 화합성으로 유도할 수 있으므로, 종래 불가능했던 자식계나 교잡계를 만들 수 있음
- 연관군 내의 유전자들을 분리시킬 수 있음

■ 피복자재의 조건
- 투광률은 높고, 열선투과율은 낮아야 함
- 보온성이 커야 함
- 열전도율이 낮아야 함
- 내구성이 커야 함
- 수축과 팽창이 작아야 함
- 충격에 강해야 함
- 가격이 저렴해야 함

■ 주요 원예작물의 국내 육성 품종
- 딸기 : 설향, 금실, 메리퀸, 킹스베리 등
- 사과 : 홍로, 감홍, 아리수, 썸머킹 등
- 배 : 신고, 원황, 감천배, 황금배 등
- 포도 : 청수, 흑보석, 스텔라 등
- 복숭아 : 유명, 미홍, 수미, 미황 등
- 참다래 : 제시골드, 한라골드 등
- 단감 : 감풍, 봉황 등
- 국화 : 백강, 백마 등

■ 양액재배의 장단점

장 점	단 점
• 품질과 수량성이 좋음 • 농약사용량이 적음 • 청정재배가 가능함 • 자동화가 쉬워 노력을 크게 줄일 수 있음 • 장소에 관계없이 오염지, 바위섬, 사막 등에서도 재배가 가능함 • 토양을 사용하지 않기 때문에 연작이 가능함	• 양액의 완충능이 없음 • 초기자본이 많이 필요함 • 전문적인 지식과 기술이 필요함 • 환경의 변화에 작물이 쉽게 대처하지 못하며, 병해를 입으면 치명적인 손실을 초래할 수 있음 • 재배 가능한 작물의 종류가 많지 않음 • 폐자재의 활용이 어려움

PART 03 수확 후 품질관리론

▌ 성숙의 개념
- 생리적 성숙 : 식물의 외관이 갖추어지고 충실해지며, 꽃이 피고 열매를 맺어 종자가 발아할 수 있는 상태가 되어 수확의 적기가 되는 것
- 원예적 성숙 : 생리적 성숙에는 미치지 못하였더라도 애호박이나 오이 등의 경우처럼 원예적 이용목적에 따라 수확하는 시기
- 상업적 성숙 : 상업적 가치에 따라 수확시기가 결정됨

▌ 증산작용의 증가
- 온도가 높을수록
- 상대습도가 낮을수록
- 공기유동량이 많을수록
- 부피에 비해 표면적이 넓을수록
- 큐티클층이 얇을수록
- 표피조직의 상처나 절단 부위를 통해

▌ 에틸렌 발생이 많은 작물과 에틸렌가스에 피해받기 쉬운 작물

에틸렌 발생이 많은 작물	에틸렌피해가 쉽게 발생하는 작물
사과, 살구, 바나나(완숙과), 멜론, 참외, 무화과, 복숭아, 감, 자두, 토마토, 모과 등	당근, 고구마, 마늘, 양파, 강낭콩, 완두, 오이, 고추, 풋호박, 가지, 시금치, 꽃양배추, 상추, 바나나(미숙과), 참다래(미숙과) 등

▌ 에틸렌 흡착제 : 과망가니즈산칼륨(KMnO$_4$), 목탄, 활성탄, 오존, 자외선 등

▌ 주요 색소

구 분	색 소	색 상
플라보노이드계	안토시아닌	pH에 따라 빨간색, 보라색, 파란색
	플라본	노란색
카로티노이드계	카로티노이드	노란색~오렌지색
	리코펜	주황색
클로로필		엽록소를 주성분으로 하며 녹색

자연오염물질(진균독소)
- 아플라톡신 : 옥수수, 땅콩, 쌀, 보리 등에서 검출되는 곡류독
- 오클라톡신 : 밀, 옥수수 등 곡류와 육류, 가공식품에서 검출
- 제알레논 : 옥수수, 맥류 등에서 검출되며 생식기능장해와 불임 등을 유발
- 파튤린 : 사과주스를 오염시킬 수 있음

비파괴검사법의 장단점
- 신속하고 정확
- 사용한 시료를 반복해서 사용 가능
- 숙련된 검사원을 필요로 하지 않아 인건비가 절약
- 시설의 대형화가 요구되므로 초기 투자비용이 큼

예랭의 효과
- 작물의 온도를 낮추어 호흡 등의 대사작용속도 지연
- 에틸렌의 생성 억제
- 병원성·부패성 미생물의 증식 억제
- 노화에 따른 생리적 변화를 지연시켜 신선도 유지
- 증산량 감소로 인한 수분의 손실 억제
- 유통과정의 농산물을 예랭함으로써 유통과정 중 수분의 손실 감소

원예산물의 저장과 수확 후 관리 중 골판지상자의 강도 저하요인
- 세척 시 탈수과정에서 수분이 남았을 때 과습에 의한 강도 저하
- 냉수냉각식 예랭에서 수분의 제거가 덜 된 경우의 강도 저하
- 산물이 저온저장고에서 상온으로 출고되었을 때 결로에 의한 강도 저하
- 저온저장고 안에서 흡습으로 인한 강도 저하
- 차압통풍식 예랭에서 통기공에 의한 강도 저하
- 적제하중에 따른 강도 저하

원예산물별 최적 저장온도
- 0℃ 혹은 그 이하 : 콩, 브로콜리, 당근, 샐러리, 마늘, 상추, 버섯, 양파, 파슬리, 시금치 등
- 0~2℃ : 아스파라거스, 사과, 배, 복숭아, 매실, 포도, 단감, 자두 등
- 2~7℃ : 서양호박(주키니) 등
- 4~5℃ : 감귤 등
- 7~13℃ : 애호박, 오이, 가지, 수박, 단고추, 토마토(완숙과), 바나나 등
- 13℃ 이상 : 생강, 고구마, 토마토(미숙과) 등

저온유통체계의 장점

호흡 억제, 숙성 및 노화 억제, 연화 억제, 증산량 감소, 미생물 증식 억제, 부패 억제 등

저온장해증상

- 표피조직의 함몰과 변색
- 곰팡이 등의 침입에 대한 민감도 증가
- 세포의 손상으로 인한 조직의 수침현상
- 사과의 과육 변색
- 토마토, 고추 등의 함몰
- 복숭아 과육의 섬유질화 또는 스폰지화

HACCP의 7원칙 12절차

절차 1	HACCP팀 구성	준비단계
절차 2	제품설명서 작성	
절차 3	용도 확인	
절차 4	공정흐름도 작성	
절차 5	공정흐름도 현장확인	
절차 6	위해요소 분석 실시	원칙 1
절차 7	중요관리점 결정	원칙 2
절차 8	한계기준 설정	원칙 3
절차 9	모니터링체계 확립	원칙 4
절차 10	개선조치방법 수립	원칙 5
절차 11	검증절차 및 방법 수립	원칙 6
절차 12	문서화 및 기록 유지방법 수립	원칙 7

HACCP 위해요소분석표에 따른 위해요소 분류(식품 및 축산물 안전관리인증기준 [별표 2])

생물학적 위해요소 (Biological Hazards)	제품에 내재하면서 인체의 건강을 해할 우려가 있는 병원성 미생물, 부패미생물, 병원성 대장균(군), 효모, 곰팡이, 기생충, 바이러스 등
화학적 위해요소 (Chemical Hazards)	제품에 내재하면서 인체의 건강을 해할 우려가 있는 중금속, 농약, 항생물질, 항균물질, 사용기준 초과 또는 사용 금지된 식품 첨가물 등 화학적 원인물질
물리적 위해요소 (Physical Hazards)	제품에 내재하면서 인체의 건강을 해할 우려가 있는 인자 중에서 돌조각, 유리조각, 플라스틱조각, 쇳조각 등

신선편이 농산물 가공 시 세척·소독에 사용 가능한 물질 : 오존수, 차아염소산나트륨(NaOCl) 등

PART 04 농산물유통론

■ 농산물 유통의 의의
생산된 농산물이 생산자인 농업인으로부터 소비자나 사용자에게 이르기까지의 모든 경제활동

■ 농산물의 상품적 특성
- 계절적 편재성을 지님
- 부피와 중량성을 지님
- 부패성을 가짐
- 질과 양이 불균일
- 용도의 다양성을 지님
- 수요와 공급이 비탄력적
- 농산물 시장을 구조적으로 특징짓는 농산물의 특징
  - 생산과정과 생산물이 자연에 의해 규제를 받음 : 생산 시기와 기간이 자연에 크게 의존하며 생산량과 생산물의 질 또한 토질과 기상의 규제를 받게 됨
  - 개체 차이가 많고 부패로 인한 변질이 빨라 일반적으로 대량생산에 의한 표준화가 곤란
  - 대부분 가족 단위로 생산하는 경우가 많기 때문에 그 공급은 영세적이고 분산적
  - 농산물 소비는 무수한 가계(家計)에 의하여 매일 반복해서 이뤄지기 때문에 그 수요 또한 영세적이고 분산적
  - 수요·공급이 모두 계절적 변동이 큼

■ 농산물 가공산업의 중요성
- 농업경제에 있어서의 중요성
  - 가공용 원료 농산물 판매증대와 농민의 가공사업 참여로 농가 소득증대
  - 계약재배를 통한 수급물량, 가격, 소득의 안정 및 저장성 제고로 가격탄력성 유지
  - 산지가공으로 실현된 유통비용 감소 부분과 원료비, 노임 등의 농촌 귀속에 따른 지역산업구조 다양화로 지역경제 활성화
  - 가공식품 수입증가로 인한 국내 농산물 소비위축 억제 및 국내농산물 수출증대
- 일반경제 및 사회·문화적 중요성
  - 고용창출 및 연관산업(기계, 포장, 수송, 도·소매업 등)과 식품과학기술 발전
  - 조리시간 단축, 휴대 및 취식 간편, 보관기간 연장 등 국민식생활 편의도모
  - 전통식품의 현대화와 국제화로 전통식 문화의 계승 발전
  - 맛, 향기, 조직감, 빛깔, 모양의 개선을 통한 식생활의 즐거움 제공
  - 가공을 통한 비축을 가능케 함으로써 식량안보에 기여

경제발전과 소득수준 상승에 따른 식품 소비의 변화

- 세척, 커팅 등 전처리 농산물의 수요가 증가
- 소포장, 친환경 농산물의 수요가 증가
- 주곡인 쌀을 포함한 곡류의 소비는 감소하고 육류와 수산물의 소비는 증가
- 친환경 유기농산물의 수요가 증가함에 따라 새로운 유통 문제가 발생

농산물 유통경로의 길이

유통경로의 길이는 제품 특성 및 다양한 수요와 공급의 특성에 의해 영향을 받고 있는데, 일반적으로 제품 특성의 경우 동질적인 단위일수록, 무게가 가벼울수록, 부패성이 낮을수록, 기술적으로 단순할수록 긴 유통경로를 가짐

산지시장

- 수집상 : 생산지를 순회하면서 농산물을 수집하여 일정 단위를 만든 다음 소비지의 위탁상이나 도매시장에 출하를 전담하는 기능을 수행하는 상인
- 산지 위탁상인
  - 주로 지방에 있는 시장에서 볼 수 있는 상인
  - 생산지의 생산자로부터 위탁받아 위탁거래를 하거나 수집한 농산물을 도매시장이나 소비지 수집상에게 넘겨주는 기능
- 중개시장 상인의 대리인 : 중개시장에서 활약하는 상인들이 수행하는 유통기능 중에서 일부를 위임받아 활동하는 상인으로 각 지방을 순회하면서 농산물을 수집하는 상인
- 협동조합 : 생산한 농산물을 수집하여 공판장 또는 도매시장에 출하하기도 하며 집하장을 설치한 다음 일정 시기에 순회하면서 수집하여 중개시장에 출하하기도 함

중개시장

도매시장 법인	도매회사로서 사실상의 도매 주체, 즉 도매시장 내에 있는 도매회사
중도매인	중도매인은 도매시장 내의 상회를 가진 등록된 상인으로 도매시장 법인으로부터 사들인 상품을 시장 내의 도·소매상인 또는 식당, 병원, 학교 등 대량 수요자에게 중개해 주는 역할
매매참가인	매매참가인은 가공업자, 소매업자, 소비자 단체 등 농·수산물을 대량으로 필요로 하는 수요자로서 중도매인과 같이 정기적으로 농산물을 대량 구매하는 사업자
경매사	도매시장에는 경매를 주도하는 경매사가 있는데, 경매사는 도매시장 법인에게 소속되어 있는 유통종사자로서 도매시장에 출하한 상장 물품을 평가하여 중도매인 또는 매매참가인에게 경매하는 사람
협동조합 공판장	농·수산업 협동조합이 개장한 도매시장으로서 일반 도매시장과 그 구조와 기능이 비슷
농·수산물 물류센터	농·수산물의 출하 경로를 다양하게 하고 물류 경비를 절감시키기 위하여 수집, 포장, 가공, 수송, 판매 및 그 정보처리 등 농·수산물의 물류활동에 필요한 시설과 이와 관련이 있는 업무시설을 갖추어 사업을 시행하는 사업장

소매시장의 종류

잡화점	독립소매점으로 인구밀도가 낮고 교통이 불편한 지역 또는 농·어촌에서 주로 식료잡화를 취급하는 판매점
전문점	한정된 품목의 농산물을 취급하는 독립 소매점으로 가격경쟁을 피하고 품질경쟁을 통해 특정 상품만을 취급하는 판매점
백화점	여러 가지 경영이 복합된 소매경영형태이며 대규모의 자본을 투입하여 통합된 대규모 소매상점
슈퍼마켓	셀프서비스제를 도입하여 상품을 염가로 판매하는 대규모 소매점
할인점	대형 내구 소비재와 패션상품을 제외한 실용적인 생활용품과 식료품을 취급하고 있으며 강력한 구매력과 저가 대량판매 원칙을 실시하고 다점포 및 창고형 구성으로 셀프서비스 경영방침을 실시하고 있음
회원제 클럽	창고 형태의 점포로 매출확보를 위해 회원만을 대상으로 하여 운영하고 할인점보다 싼 값으로 박스 또는 묶음 단위로 판매하고 있음
하이퍼마켓	슈퍼마켓이 발전함에 따라 소비자가 시장을 찾아가 여러 가지 물건을 구매할 수 있도록 유통체계를 갖춘 시장형태

농산물 유통정보시스템

- 바코드(Bar Code) : 주문처리에 있어 주문정보의 정확성과 시스템의 안정성에 도움이 되며 정보시스템 개발을 위한 기반이 됨
- 자동발주시스템(EOS) : 판매에 따라 재고량이 재주문점에 도달하게 되면 컴퓨터에 의해 자동발주가 이루어지는 시스템으로 도·소매업자 모두에게 효과가 있음
- 전자문서교환(EDI) : 정보전달이 인간의 개입 없이 컴퓨터 간에 이루어지는 것으로 기업 간 EDI 프로토콜이 다르면 실행 불가능
- 판매시점 관리시스템(POS) : 유통업체 매장에서 판매와 동시에 품목, 가격, 수량 등의 유통정보를 컴퓨터에 입력시켜 정보를 분석, 활용하는 관리시스템

산지직거래

- 도매시장을 거치지 않고 생산자와 소비자 또는 생산자 단체와 소비자 단체가 직결된 형태
- 시장의 기능을 수직적으로 통합하여 시장활동, 유통비용의 절감

포전매매(밭떼기)

- 농가가 생산량 및 가격을 예측하기 어렵기 때문에 미리 판매가격을 고정시키기 위해 실시
- 전근대적인 방법이지만 농가로서는 생산량과 가격에 대한 예측이 어렵고 저장시설과 노동력 부족 등으로 불가피하게 거래되고 있음
- 무, 배추, 양배추, 당근, 대파, 양파 등 채소류에서 많이 이루어짐

유통마진의 개념

- 유통마진 = 최종소비자 지불가격 − 생산농가의 수취가격
- 유통마진은 소비자가 농산물의 구입에 대한 지출금액에서 농업인이 수취한 금액을 공제한 것

- 유통마진 유통단계에 종사하고 있는 모든 유통기관에 의해서 수행된 효용증대 활동과 기능에 대한 대가
- 유통마진은 유통비용의 크기와 여러 가지 유통 기능의 수행에 있어서의 효율성을 파악하는 지표로 사용
- 보관·수송이 용이하고 부패성이 적은 농산물은 마진이 낮고, 부피가 크고 저장·수송이 어려운 농산물은 마진이 높음

농산물 유통의 기능
- 소유권 이전 기능 : 상품이 생산자로부터 소비자에게 넘어가는 과정에서 교환을 통하여 소유권이 바뀌는 것과 관련된 경제활동
- 물적 유통 기능 : 농산물을 이전하는 수송기능, 보관·저장하는 저장기능, 형태를 바꾸는 가공기능
  - 저장 기능 : 생산과 소비 사이에 시간적 간격을 연결해주는 기능
  - 수송 기능 : 생산지와 소비지가 다르기 때문에 이를 이동시켜야 하는데 이러한 활동을 담당하는 기능
  - 가공 기능 : 생산된 원료 형태의 농산물에 인위적으로 힘을 가하여 그 형태를 변화시킴으로써 농산물의 형태 효용을 증가시키는 기능
- 유통 조성 기능 : 소유권 이전 기능과 물적 유통 기능을 원활히 수행하기 위한 표준화·등급화, 위험부담 기능

유통비용의 절감 방안
- 소유권 이전 기능의 효율성 증대 방안
  - 산지유통시설의 확충 및 공동출하의 확대
  - 직거래 활성화
  - 도매시장 거래 방식의 다양화
  - 인터넷을 통한 전자상거래의 활성화
- 물적 유통 기능의 효율성 증대 방안
  - 저장효율의 증대
  - 보관관리기술의 개발
  - 수송기술의 혁신
  - 수송시설의 가동률 증대
  - 수송 중의 부패와 감모 방지
- 유통 조성 기능의 효율성 증대 방안
  - 농산물의 표준화 및 등급화의 활성화
  - 농산물 유통에 대한 금융지원 강화
  - 농산물 유통의 위험부담 감소 방안 모색
  - 시장정보 기능의 활성화

가격차별

- 재(財)·서비스 거래에 있어서 파는 쪽이 사는 쪽에 대해 그 판매가격에 차별을 두는 행위 : 특정한 매수인에 대해 다른 매수인보다 유리한 가격으로 판매한다든지, 같은 매수인에 대해 거래 때마다 가격에 차이를 두는 형태를 취함
- 단, 같은 매수인에 대해 거래 때마다 가격에 차이가 있는 경우라도 그것이 재·서비스의 품질·거래량·거래지점 및 시간 등의 차이에 의해 생겨나는 비용상의 차이에 의한 것은 가격차별이 아님. 파는 쪽이 가격차별을 행하는 것은 사는 쪽에 대한 차별적 거래가 가능하고 또 그것이 유리하기 때문
- 가격차별이 유리한 조건
  - 파는 쪽에 가격지배력이 있음(a)
  - 사는 쪽 수요의 가격탄력성에 차이가 있음(b)
  - 사는 쪽 사이에 전매가 곤란(c)
- 서비스 거래에 있어서 가격차별이 종종 이루어지는 것은 서비스가 그 성질상 적어도 (c)의 조건을 충족시키기 때문임
- 가격차별은 자원분배와 소득분배에 영향을 주는 외에 시장에서의 경쟁을 저해할 염려도 있음

농산물 유통과정에서의 경제적 위험과 물리적 위험

- 경제적 위험
  - 시장가격의 하락으로 인한 재고 농산물의 가치하락
  - 소비자의 기호나 유행의 변화에 따른 수요 감소
  - 경제조건의 변화에 의한 시장축소
- 물리적 위험 : 물적 유통 기능을 수행하는 과정에서의 파손·부패·감모·화재·동해·풍수해·열해·지진 등의 요인으로 농산물이 직접적으로 받는 물리적 손해

도매시장

- 의의 : 일반적으로 구체적인 시설과 제도를 갖추고 상설적인 도매거래가 이루어지는 장소
- 기 능
  - 농산물의 수급조절 기능
  - 가격형성 기능
  - 분배 기능
  - 유통경비의 절약
  - 위생적인 거래 가능
- 도매시장의 경매
  - 원칙 : 최고가격제
  - 가격을 정하는 방법 : 수지식, 전자식

소매시장의 기능
- 최종소비자를 대상으로 하여 거래가 이루어지는 시장
- 비교적 거래단위가 적음
- 일반적으로 소매상은 상품구매, 보관, 판매 기능

선물거래가 가능한 농산물
- 절대 거래량이 많고 생산 및 수요의 잠재력이 큰 품목
- 장기 저장성이 있는 품목
- 계절·연도 및 지역별 가격진폭이 큰 품목이거나 연중가격 정보의 제공이 가능한 품목
- 대량 생산자, 대량 수요자와 전문 취급상이 많은 품목
- 표준규격화가 용이하고 등급이 단순한 품목, 품위 측정의 객관성이 높은 품목
- 정부시책 등으로 생산·가격·유통에 대한 정부의 통제가 없는 품목

선물거래의 기능
- 위험전가 기능
- 가격예시 기능
- 재고의 분배 기능
- 자본의 형성 기능

전자상거래의 특징
- 유통경로가 기존의 상거래에 비하여 짧음
- 공간과 시간의 제약이 없음
- 판매점포가 불필요
- 고객정보의 획득이 용이
- 효율적인 마케팅 활동이 가능
- 소자본에 의한 사업이 가능

공동판매조직을 통한 공동출하의 장점
- 수송비 절감
- 노동력 절감
- 시장교섭력을 높여 농가의 수취가격을 높일 수 있음
- 농산물 출하의 조절이 용이

▌농산물 공동계산제
- 개별농가의 위험분산 : 생산 농민들은 특정기간에 걸쳐 생산품을 출하하고 평균가격을 받음에 따라 주기적인 가격변동 혹은 소비수요 변화로 인해 발생하는 가격변동위험을 최소화할 수 있음
- 협동조합 마케팅 능력 제고 : 협동조합의 수하·출하시기 조절은 지속적 공급을 가능하게 해주며 구매자, 판매자의 필요를 알기 때문에 시장흐름을 적절히 조정할 수 있어 구매자들과의 관계를 개선함
- 시장교섭력의 제고 : 협동조합 또는 작목반 단위로 대량 농산물을 판매하게 되어 시장에서 교섭지위가 향상되고 고가를 받을 수 있음
- 규모의 경제 : 비용이 분담되기 때문에 수확 후 처리의 단위당 비용을 낮출 수 있음
- 대량거래의 유리성 : 농가 구분 없이 등급별로 1회의 거래물량이 많아지고 거래 및 상품 분류작업 소요시간이 절약되며, 상품성 저하를 방지

▌계통판매
- 농어민이 협동조합의 계통조직을 통해 생산한 농수산물을 출하·판매하는 일. 농산물의 경우 농민이 단위농협·농협공판장·슈퍼마켓 등의 유통과정을 거쳐 출하하는 것을 말함
- 계통출하의 종류는 농어민의 위탁을 받아 농·수협 계통이 판매하는 수탁판매, 정부 위촉사업으로 하는 위촉판매, 계통조직이 소비자에 알선하는 알선판매 등이 있음
- 농수산물의 계통출하는 중간 유통마진을 최소화할 수 있으므로 농어민과 소비자 모두에게 유리하며 생산자 입장에서는 판매비용과 위험 부담 모두를 줄일 수 있는 이점이 있음

▌농산물종합유통센터의 통합구매의 효과
- 차량단위 구매가 어려운 품목의 공동구매로 규모의 효과에 의한 조달비용의 절감
- 각 센터 바이어 간 활발한 의견 교환
- 산지 및 판매장 대금 정산업무의 간소화
- 산지 계약 업무 단일화 및 간소화
- 소량품목, 초출하품목에 효과적

▌유통 조성기능 중 시장정보
- 의의 : 유통과정 중에 유통활동을 원활하게 하기 위하여 필요한 정보를 수집·분석 및 분배하는 활동
- 정보의 기준
  - 전체 시장에 대하여 완전하고 종합적일 것
  - 정확성, 신뢰성, 실용성
  - 생산자, 소비자, 상인 모두가 똑같이 접근할 수 있는 정보일 것
- 정보의 효과
  - 적정 저장계획 및 효율적인 수송계획 등의 수립을 가능하게 함
  - 시장운영의 효율을 제고시키고 시장선택 등을 합리적으로 할 수 있게 해줌

콜드체인시스템의 의의

농산물을 수확한 후 선별 포장하여 예냉하고 저온 저장하거나 냉장차로 저온 수송하여 도매시장에서 저온상태로 경매되어 시장이나 슈퍼에서 냉장고에 보관하면서 판매함으로써 전 유통과정을 제품의 신선도 유지에 적합한 온도로 관리하여 농산물을 생산 또는 수확 직후의 신선한 상태 그대로 소비자에게 공급하는 유통체계로 신선도 유지, 출하 조절, 안정성 확보 등을 위한 시스템

단위화물적재시스템

- 물류관리의 시스템화가 용이하여 하역과 수송의 일관화를 가져올 수 있음
- 팰릿, 컨테이너 등을 이용하여 일정한 중량과 부피로 단위화할 수 있음
- 우리나라에서 사용하는 표준 팰릿 : T-11형 팰릿(1,100×1,100mm) 또는 T-12형 팰릿(1,200 × 1,000mm)의 평면 적재효율이 90% 이상인 것
- 장점 : 하역 작업 시 파손과 오손·분실 등을 방지할 수 있음. 포장이 간소화되고 포장비용이 절감, 저장공간 및 운송의 효율성을 높일 수 있음

마케팅관리철학

- 생산개념에서의 마케팅관리 : 경영자는 생산성을 높이고 유통효율을 개선시키려는 데 초점을 두어야 한다는 관리철학
- 제품개념에서의 마케팅관리 : 소비자들은 품질, 성능, 특성 등이 가장 좋은 제품을 선호하기 때문에 조직체는 계속적으로 제품 개선에 정력을 쏟아야 한다는 관리철학
- 판매개념에서의 마케팅관리 : 어떤 조직이 충분한 판매 및 촉진 노력을 기울이지 않는다면 소비자들은 그 조직의 제품을 충분히 구매하지 않을 것이라는 관리철학
- 마케팅 개념에서의 마케팅관리 : 조직의 목표를 달성하기 위해서는 표적시장의 욕구와 욕망을 파악하고 이를 경쟁자보다 효과적이고 효율적인 방법으로 충족시켜주어야 한다고 보는 관리철학
- 사회지향적 마케팅 개념에서의 마케팅관리 : 마케팅 과정에서 고객과 사회의 복지를 보존하거나 향상시킬 수 있어야 한다는 관리철학

마케팅 환경

- 의 의
  - 마케팅 환경은 환경과 목표 고객 사이에서 마케팅 목표의 실현을 위해 수행되는 마케팅 관리 활동에 영향을 미치는 여러 행위 주체와 영향 요인이다.
  - 마케팅 환경은 크게 미시적 환경과 거시적 환경으로 구분한다.
  - 마케팅 환경은 마케팅 활동을 수행하는 데 제약 요인이 된다.
  - 마케팅 환경은 기업의 성장 및 존속을 저해하는 요인이 되기도 한다.
- 기업의 미시적 환경과 거시적 환경
  - 미시적 환경 : 기업, 원료공급자, 마케팅중간상, 고객, 경쟁기업, 공중 등

- 거시적 환경 : 인구통계적 환경, 경제적 환경, 자연적 환경, 기술적 환경, 정치적 환경, 문화적 환경 등
- 마케팅 환경에의 대응
  - 기업은 환경적 요인을 분석하고 환경이 제공하는 기회를 이용하고 환경의 변화에 의한 위협을 회피할 수 있는 경영전략을 수립하고자 함
  - 어떤 기업은 그들의 환경을 관찰하고 그 변화에 따른 적절한 대응을 하는 것을 벗어나서 마케팅 환경을 구성하는 요인과 공중들에게 적극적인 행동을 취하려 함

마케팅관리 과정

- 표적 소비자
  - 현재 및 장래의 시장규모와 그 시장의 상이한 여러 개의 세분시장들에 대한 자세한 예측이 필요
  - 시장세분화 : 시장은 여러 형태의 고객, 제품 및 요구로 형성되어 있으므로 마케팅관리자는 기업의 목표를 달성하는 데 있어 어느 세분시장이 최적의 기회가 될 수 있는가를 결정해야 함
  - 표적시장의 선정 : 기업은 여러 세분시장에 대해 충분히 검토한 후에 하나 혹은 소수의 세분시장에 진입할 수 있으므로 표적시장 선정은 각 세분시장의 매력도를 평가하여 진입할 하나 또는 그 이상의 세분시장을 선정하는 과정
  - 시장위치 선정 : 표적소비자의 마음속에 자사의 제품이 경쟁제품과 비교하여 명백하고 독특하고 바람직한 위치를 잡을 수 있도록 하는 활동
- 마케팅믹스 개발
  - 마케팅믹스 : 마케팅목표의 효과적인 달성을 위하여 마케팅활동에서 사용되는 여러 가지 방법을 전체적으로 균형이 잡히도록 조정·구성하는 활동
  - 마케팅믹스를 보다 효과적으로 구성함으로써 소비자의 욕구나 필요를 충족시키며 이익·매출·이미지·사회적 명성·사용자본이익률과 같은 기업목표를 달성할 수 있도록 함
- 풀전략과 푸시전략
  - 풀전략 : 기업이 자사의 이미지나 상품의 광고를 통해 소비자의 수요를 환기시켜 소비자 스스로 그 상품을 판매하고 있는 판매점에 오게 하여 지명·구매하도록 하는 마케팅전략
  - 푸시전략 : 기업이 소비자에 대한 광고에는 그다지 노력하지 않고 주로 판매원에 의한 인적 판매를 통해 소비자의 수요를 창출하고자 하는 마케팅전략

마케팅 활동에 있어서의 4P와 4C

4P	4C
제품(Product)	고객 가치(Customer Value)
유통(Place)	편리성(Convenience)
판매촉진(Promotion)	의사소통(Communication)
가격(Price)	가치충족(Cost to the Customer)

마케팅 조사방법
- 관찰조사 : 대상이 되는 사물이나 현상을 조직적으로 파악하는 방법으로서 자연적 관찰법과 실험적 관찰법으로 구분할 수 있는데 후자는 일상에서 일어나지 않는 행동을 인위적으로 유발하여 조직적 · 의도적으로 관찰하는 것으로서 실험법이라고도 함
- 질문조사 : 조사자가 어떤 문제에 관하여 작성한 일련의 질문사항에 대하여 피조사자가 대답을 기술하도록 한 조사방법으로 이 방법은 많은 대상을 단시간에 일제히 조사할 수 있고 결과도 비교적 신속하게 기계적으로 처리할 수 있음. 따라서 연구에 경험이 적은 초보자들이 연구과제에 대한 해답을 쉽고 빠르게 얻고자 조급하고 불충실한 질문지법을 사용하는 경향이 있어 흔히 게으름뱅이의 방법이라고 부르기도 하지만 실제로는 신중한 절차를 거쳐 질문지를 잘 만드는 것도 어렵거니와 게으름을 피울 수 있을 정도로 손쉬운 방법도 아님
- 실험조사 : 주제에 대하여 서로 비교가 될 집단을 선별하고 그들에게 서로 다른 자극을 제시하고 관련된 요인들은 통제한 후 집단 간의 반응의 차이를 점검함으로써 1차 자료를 수집하는 방법

구매자의 구매의사결정 과정
- 문제의 인식
- 정보의 탐색
- 대체안의 평가
- 구매의사결정
- 구매 후 활동

시장위치 선정
- 의의 : 그 제품의 중요한 속성들이 구매자에 의해서 정의되는 방식, 즉 어떤 제품이 소비자의 마음속에 경쟁제품과 비교되어 차지하는 위치
- 제품포지셔닝 : 소비자의 마음속에 자사의 제품이나 기업을 표적시장 · 경쟁 · 기업능력과 관련하여 가장 유리한 포지션에 있도록 노력하는 과정
  - 포지션 : 제품이 소비자들에 의해 지각되고 있는 모습
  - 포지셔닝 : 소비자들의 마음속에 자사의 제품의 바람직한 위치를 형성하기 위하여 제품효익을 개발하고 커뮤니케이션하는 활동
- 제품의 지각도 : 소비자지각의 분포도 내지 지각도를 작성하는 기법으로서 이는 각 상표에 대한 지각과 이상적 상표와의 차이를 나타내는 것

상표의 기능
- 상품식별 기능
- 출처표시 기능
- 품질보증 기능

- 광고선전 기능
- 업무상의 신용(Good Will) 화체

가격탄력도
- 제품가격의 변화에 대한 수요의 변화비율
- 수요의 가격탄력도

구분	수요의 가격탄력도
완전 비탄력적	수요의 가격탄력도가 0인 경우
비탄력적	수요의 가격탄력도가 0과 1 사이인 경우
단위 탄력적	수요의 가격탄력도가 1인 경우
탄력적	수요의 가격탄력도가 1 이상인 경우
완전 탄력적	수요의 가격탄력도가 ∞인 경우

상품 수명주기
- 도입기 : 새로운 상품을 개발하고 도입하여 판매를 시작하는 단계로 수요량이 적고 가격탄력성도 적음. 경기변동에 대하여 민감하지 않으며 조업도가 낮아 적자를 내는 일이 많음
- 성장기 : 신제품이 시장의 요구를 충족시키므로 판매가 증대되기 시작. 수요가 급격히 증대되도록 이를 환기한 경우 이 기간 동안의 가격은 그 수준을 그대로 유지하거나 약간 낮아짐. 촉진비도 경쟁에 대응하고 시장에 정보를 계속 제공하기 위해 현 수준을 유지하거나 약간 확대되기도 함
- 성숙기 : 판매성장률이 저하되고 과잉시설이 문제가 됨. 이 때문에 경쟁이 격화, 경쟁업자는 가격을 빈번하게 인하하고 정찰제에 따른 가격 설정을 하지 않게 됨
- 쇠퇴기 : 어떤 상품이 쇠퇴하는 이유는 여러 가지가 있는데 일반적으로 기술개발 등으로 인하여 대체품이 나오거나 소비자의 기호 변화 등으로 인해 당해 상품에 대한 소비자의 욕구가 사라지기 때문

가격결정방법
- 원가기준 가격결정방법
  - 원가가산가격결정법 : 제품의 단위원가에 일정한 고정비율에 따른 금액을 가산하여 가격을 결정하는 방법
  - 목표가격결정법 : 예측된 표준생산량을 전제로 한 총원가에 대하여 목표이익률을 실현시켜줄 수 있도록 가격을 결정하는 방법
- 수요기준 가격결정법 : 수요의 강도를 기준으로 하여 가격을 결정하는 방법
  - 원가차별법 : 특정제품의 고객별·시기별 등으로 수요의 탄력성을 기준으로 하여 둘 혹은 그 이상의 가격을 결정하는 방법
  - 명성가격결정법 : 구매자가 가격에 의하여 품질을 평가하는 경향이 강한 비교적 고급품목에 대하여 가격을 결정하는 방법

- 단수가격결정방법 : 가격이 최하의 가능한 선에서 결정되었다는 인상을 구매자에게 주기 위하여 고의로 단수를 붙여 가격을 결정하는 방법
- 경쟁기준가격결정법 : 경쟁업자가 결정한 가격을 기준으로 해서 가격을 결정하는 방법
  - 경쟁대응가격결정법
  - 경쟁수준 이상의 가격결정방법
  - 경쟁수준 이하의 가격결정방법

광고의 조건
- 광고주의 명시성
- 광고주가 선택한 사람을 대상으로 함
- 광고주의 의도에 따라 행동하게 함
- 유료임
- 전파·인쇄물 등 사람 이외의 매체를 이용함

PART 01

농산물 품질관리 관계 법령

CHAPTER 01 　농수산물 품질관리법
CHAPTER 02 　농수산물 유통 및 가격안정에 관한 법률
CHAPTER 03 　농수산물의 원산지 표시 등에 관한 법률

※ 관계 법령의 경우 수산물 분야는 제외

합격의 공식 시대에듀
www.sdedu.co.kr

CHAPTER 01 농수산물 품질관리법

농수산물 품질관리법 [시행 2025.10.1.] [법률 제21065호, 2025.10.1, 타법개정]
농수산물 품질관리법 시행령 [시행 2025.10.1.] [대통령령 제34739호, 2025.10.1, 타법개정]
농수산물 품질관리법 시행규칙 [시행 2025.10.31.] [농림축산식품부령 제741호, 2025.10.31, 타법개정]

01 총 칙

1. 목적(법 제1조)

농수산물의 적절한 품질관리를 통하여 농수산물의 안전성을 확보하고 상품성을 향상하며 공정하고 투명한 거래를 유도함으로써 농어업인의 소득 증대와 소비자 보호에 이바지하는 것을 목적으로 한다.

2. 용어의 뜻(법 제2조) ★ 중요

(1) 농산물(농업·농촌 및 식품산업 기본법 제3조 제6호, 시행령 제2조, 제5조 제1항)
① 농산물 : 농업활동으로 생산되는 산물로서 **대통령령으로 정하는 것**
② 대통령령으로 정하는 것이란 다음의 **농업활동으로부터 생산되는 산물**을 말한다.
  ㉠ 농작물재배업 : 식량작물재배업, 채소작물재배업, 과실작물재배업, 화훼작물재배업, 특용작물재배업, 약용작물재배업, 사료 작물 재배업, 풋거름작물 재배업, 버섯재배업, 양잠업 및 종자·묘목재배업(임업용 종자·묘목재배업은 제외)
  ㉡ 축산업 : 동물(수생동물은 제외)의 사육업·증식업·부화업 및 종축업(種畜業)
  ㉢ 임업 : 영림업(임업용 종자·묘목 재배업 및 산림문화·휴양에 관한 법률과 수목원·정원의 조성 및 진흥에 관한 법률에 따른 자연휴양림, 수목원 및 정원의 조성 또는 관리·운영업을 포함) 및 임산물 생산·채취업
③ 농산가공품 : 농산물을 원료 또는 재료로 하여 가공한 제품(법 제2조 제1항 제13호 가목)

(2) 생산자단체
"생산자단체"란 농업·농촌 및 식품산업 기본법 제3조 제4호, 수산업·어촌 발전 기본법 제3조 제5호의 생산자단체와 그 밖에 **농림축산식품부령 또는 해양수산부령으로 정하는 단체**를 말한다.
① 농업·농촌 및 식품산업 기본법 : "생산자단체"란 농업 생산력의 증진과 농업인의 권익보호를 위한 농업인의 자주적인 조직으로서 **대통령령으로 정하는 단체**를 말한다.

※ 생산자단체의 범위(시행령 제4조)
1. 농업협동조합법에 따른 조합 및 그 중앙회
2. 산림조합법에 따른 산림조합 및 그 중앙회
3. 엽연초생산협동조합법에 따른 엽연초생산협동조합 및 그 중앙회
4. 농산물을 공동으로 생산하거나 농산물을 생산하여 공동으로 판매·가공 또는 수출하기 위하여 농업인 5명 이상이 모여 결성한 법인격이 있는 전문생산자 조직으로서 농림축산식품부장관이 정하는 요건을 갖춘 단체

② 농림축산식품부령 또는 해양수산부령으로 정하는 단체(농수산물 품질관리법 시행규칙 제2조)
  ⊙ 농어업경영체 육성 및 지원에 관한 법률 제16조 제1항 또는 제2항에 따라 설립된 영농조합법인 또는 영어조합법인
  ⊙ 농어업경영체 육성 및 지원에 관한 법률 제19조 제1항 또는 제3항에 따라 설립된 농업회사법인 또는 어업회사법인

(3) 물류표준화
농수산물의 운송·보관·하역·포장 등 물류의 각 단계에서 사용되는 기기·용기·설비·정보 등을 규격화하여 호환성과 연계성을 원활히 하는 것을 말한다.

(4) 농산물우수관리
농산물(축산물은 제외)의 안전성을 확보하고 농업환경을 보전하기 위하여 농산물의 생산, 수확 후 관리(농산물의 저장·세척·건조·선별·절단·조제·포장 등을 포함) 및 유통의 각 단계에서 작물이 재배되는 농경지 및 농업용수 등의 농업환경과 농산물에 잔류할 수 있는 농약, 중금속, 잔류성 유기오염물질 또는 유해생물 등의 **위해요소를 적절하게 관리하는 것**을 말한다.

(5) 이력추적관리
농수산물(축산물은 제외)의 안전성 등에 문제가 발생할 경우 해당 농수산물을 추적하여 원인을 규명하고 필요한 조치를 할 수 있도록 농수산물의 생산단계부터 판매단계까지 각 단계별로 **정보를 기록·관리하는 것**을 말한다.

(6) 지리적표시
농수산물 또는 농수산가공품의 명성·품질, 그 밖의 특징이 본질적으로 특정 지역의 지리적 특성에 기인하는 경우 해당 농수산물 또는 농수산가공품에 표시하는 다음의 것을 말한다.
① 농수산물의 경우 해당 농수산물이 **그 특정 지역에서 생산되었음을 나타내는 표시**
② 농수산가공품의 경우 다음의 구분에 따른 사실을 나타내는 표시
  ⊙ 수산업법에 따라 어업허가를 받은 자가 어획한 어류를 원료로 하는 수산가공품 : 그 특정 지역에서 제조 및 가공된 사실
  ⊙ 그 외의 농수산가공품 : 그 특정 지역에서 생산된 농수산물로 제조 및 가공된 사실

(7) 동음이의어 지리적표시
동일한 품목에 대하여 지리적표시를 할 때 타인의 지리적표시와 발음은 같지만 **해당 지역이 다른 지리적표시**를 말한다.

(8) 지리적표시권
이 법에 따라 등록된 지리적표시(동음이의어 지리적표시를 포함)를 배타적으로 사용할 수 있는 지식재산권을 말한다.

(9) 유전자변형농수산물
인공적으로 유전자를 분리하거나 재조합하여 의도한 특성을 갖도록 한 농수산물을 말한다.

(10) 유해물질
① 농약, 중금속, 항생물질, 잔류성 유기오염물질, 병원성 미생물, 곰팡이 독소, 방사성 물질, 유독성 물질 등 식품에 잔류하거나 오염되어 사람의 건강에 해를 끼칠 수 있는 물질로서 **총리령으로 정하는 것**을 말한다.
② 총리령으로 정하는 유해물질(유전자변형농수산물의 표시 및 농수산물의 안전성조사 등에 관한 규칙 제2조)
  ㉠ 농 약
  ㉡ 중금속
  ㉢ 항생물질
  ㉣ 잔류성 유기오염물질
  ㉤ 병원성 미생물
  ㉥ 생물 독소
  ㉦ 방사능
  ㉧ 그 밖에 식품의약품안전처장이 고시하는 물질

(11) 식품과 식품산업(농업·농촌 및 식품산업 기본법 제3조 제7호, 제8호)
① "식품"이란 다음의 어느 하나에 해당하는 것을 말한다.
  ㉠ 사람이 직접 먹거나 마실 수 있는 농수산물
  ㉡ 농수산물을 원료로 하는 모든 음식물
② "식품산업"이란 식품을 생산, 가공, 제조, 조리, 포장, 보관, 수송 또는 판매하는 산업으로서 **대통령령으로 정하는 것**을 말한다.
  ※ 식품산업의 범위(시행령 제6조)
    1. 농수산물에 인공을 가하여 생산·가공·제조·조리하는 산업
    2. 제1호의 산업으로부터 생산된 산물을 포장·보관·수송 또는 판매하는 산업

(12) 농업·농촌의 공익기능(농업·농촌 및 식품산업 기본법 제3조 제9호)
① 식량의 안정적 공급
② 국토환경 및 자연경관의 보전
③ 수자원의 형성과 함양
④ 토양유실 및 홍수의 방지
⑤ 생태계의 보전
⑥ 농촌사회의 고유한 전통과 문화의 보전

> **예시문제 맛보기**
>
> 농수산물 품질관리법에서 사용하는 용어의 정의에 대한 설명으로 맞는 것은?
> ① "농산물"이라 함은 가공된 농산물·임산물 및 축산물을 말한다.
> ② "유전자변형농수산물"이라 함은 자연적으로 유전자가 분리 또는 재조합된 농수산물을 말한다.
> ③ "생산자단체"라 함은 농업협동조합법에 의한 조합 및 중앙회와 그 밖의 대통령령이 정하는 단체를 말한다.
> ④ "이력추적관리"라 함은 농산물의 안전성 등에 문제가 발생할 경우 해당 농산물을 추적하여 원인을 규명하고 필요한 조치를 할 수 있도록 농산물의 생산단계부터 판매단계까지 각 단계별로 정보를 기록·관리하는 것을 말한다.
>
> **정답** ④

3. 농수산물품질관리심의회

(1) 농수산물품질관리심의회의 설치(법 제3조) ★ 중요
① 이 법에 따른 농수산물 및 수산가공품의 품질관리 등에 관한 사항을 심의하기 위하여 농림축산식품부장관 또는 해양수산부장관 소속으로 **농수산물품질관리심의회**(이하 "심의회"라 한다)를 둔다.
② 심의회는 위원장 및 부위원장 각 1명을 포함한 60명 이내의 위원으로 구성한다.
③ 위원장은 위원 중에서 호선(互選)하고 부위원장은 위원장이 위원 중에서 지명하는 사람으로 한다.
④ 위원은 다음의 사람으로 한다.
  ㉠ 교육부, 산업통상부, 보건복지부, 기후에너지환경부, 식품의약품안전처, 지식재산처, 농촌진흥청, 산림청, 공정거래위원회 소속 공무원 중 소속 기관의 장이 지명한 사람과 농림축산식품부 소속 공무원 중 농림축산식품부장관이 지명한 사람 또는 해양수산부 소속 공무원 중 해양수산부장관이 지명한 사람
  ㉡ 다음의 단체 및 기관의 장이 소속 임원·직원 중에서 지명한 사람
    • 농업협동조합법에 따른 농업협동조합중앙회
    • 산림조합법에 따른 산림조합중앙회
    • 수산업협동조합법에 따른 수산업협동조합중앙회
    • 한국농수산식품유통공사법에 따른 한국농수산식품유통공사

- 식품위생법에 따른 한국식품산업협회
- 정부출연연구기관 등의 설립·운영 및 육성에 관한 법률에 따른 한국농촌경제연구원
- 정부출연연구기관 등의 설립·운영 및 육성에 관한 법률에 따른 한국해양수산개발원
- 과학기술분야 정부출연연구기관 등의 설립·운영 및 육성에 관한 법률에 따른 한국식품연구원
- 한국보건산업진흥원법에 따른 한국보건산업진흥원
- 소비자기본법에 따른 한국소비자원

ⓒ 시민단체(비영리민간단체 지원법 제2조에 따른 비영리민간단체를 말한다)에서 추천한 사람 중에서 농림축산식품부장관 또는 해양수산부장관이 위촉한 사람

ⓔ 농수산물의 생산·가공·유통 또는 소비 분야에 전문적인 지식이나 경험이 풍부한 사람 중에서 농림축산식품부장관 또는 해양수산부장관이 위촉한 사람

⑤ 위원의 임기는 **3년**으로 한다.

⑥ 심의회에 농수산물 및 농수산가공품의 지리적표시 등록심의를 위한 **지리적표시 등록심의 분과위원회**를 둔다.

⑦ 심의회의 업무 중 특정한 분야의 사항을 효율적으로 심의하기 위하여 **대통령령으로 정하는 분야별 분과위원회**를 둘 수 있다.

※ 분과위원회의 설치(시행령 제5조) : 안전성 분과위원회 및 기획·제도 분과위원회

⑧ 지리적표시 등록심의 분과위원회 및 분야별 분과위원회에서 심의한 사항은 심의회에서 심의된 것으로 본다.

⑨ 농수산물 품질관리 등의 국제 동향을 조사·연구하게 하기 위하여 심의회에 연구위원을 둘 수 있다.

⑩ 규정한 사항 외에 심의회 및 분과위원회의 구성과 운영 등에 필요한 사항은 대통령령으로 정한다.

(2) 심의회 및 분과위원회의 구성과 운영

① 위원장 등의 직무(시행령 제3조)
  ㉠ 심의회의 위원장은 심의회를 대표하고, 그 업무를 총괄한다.
  ㉡ 심의회의 부위원장은 위원장을 보좌하며, 위원장이 부득이한 사유로 직무를 수행할 수 없을 때에는 그 직무를 대행한다.

② 회의(시행령 제4조)
  ㉠ 위원장은 심의회의 회의를 소집하며, 그 의장이 된다.
  ㉡ 심의회는 재적위원 과반수의 출석으로 개의(開議)하고, 출석위원 과반수의 찬성으로 의결한다.
  ㉢ 심의회는 심의에 필요하다고 인정되는 경우 이해관계자, 연구위원, 해당 지방자치단체의 관련자 및 관련 분야 전문가 등을 출석시켜 의견을 들을 수 있으며, 필요한 경우에는 관련 자료 제출 등의 협조를 요청할 수 있다.

③ 분과위원회의 구성(시행령 제6조)
　㉠ 분과위원회(지리적표시 등록심의 분과위원회 및 대통령령으로 정하는 분야별 분과위원회를 말한다)는 분과위원회의 위원장 및 분과위원회의 부위원장 각 1명을 포함한 10명 이상 20명 이하의 위원으로 각각 구성한다.
　㉡ 분과위원장, 분과부위원장 및 분과위원회의 위원은 위원장이 심의회의 위원 중에서 전문적인 지식과 경험을 고려하여 각각 지명하는 사람으로 한다.
　㉢ 분과위원장 및 분과부위원장의 직무에 대해서는 제3조를 준용한다. 이 경우 "위원장"은 "분과위원장"으로, "위원회의 부위원장"은 "분과부위원장"으로 본다.
　㉣ 분과위원회의 회의에 대해서는 제4조를 준용한다. 이 경우 "위원장"은 "분과위원장"으로, "심의회"는 "분과위원회"로 본다.
④ 연구위원(시행령 제6조의2)
　㉠ 연구위원은 농수산물 품질관리 등에 관한 학식과 경험이 풍부한 사람 중에서 농림축산식품부장관 또는 해양수산부장관이 위촉하며, 15명 이내로 한다.
　㉡ 연구위원의 업무는 다음과 같다.
　　• 심의회의 심의 사항과 관련된 국제 동향 등의 자료 조사·연구 및 번역본 발간
　　• 조사·연구 결과와 관련된 제도 개선사항 발굴
　　• 그 밖에 농수산물 및 수산가공품의 품질관리와 관련된 국제 동향 등에 관한 사항으로서 농림축산식품부장관 또는 해양수산부장관이 조사·연구를 의뢰한 사항
⑤ 심의회 등의 운영(시행령 제7조)
　㉠ 심의회와 분과위원회의 사무를 처리하기 위하여 심의회와 분과위원회에 각각 간사 2명과 서기 2명을 둔다.
　㉡ 간사와 서기는 농림축산식품부장관이 그 소속 공무원 중에서 각각 1명을, 해양수산부장관이 그 소속 공무원 중에서 각각 1명을 임명한다.
⑥ 위원의 수당 등(시행령 제8조)
　㉠ 심의회나 분과위원회에 출석한 위원에게는 예산의 범위에서 수당과 여비를 지급할 수 있다. 다만, 공무원인 위원이 소관 업무와 관련하여 출석하는 경우에는 그러하지 아니한다.
　㉡ 농림축산식품부장관 또는 해양수산부장관은 연구위원에게 업무 수행에 필요한 경비를 예산의 범위에서 지급할 수 있다.

(3) 심의회의 직무(법 제4조)

심의회는 다음의 사항을 **심의**한다.
① 표준규격 및 물류표준화에 관한 사항
② 농산물우수관리·수산물품질인증 및 이력추적관리에 관한 사항
③ 지리적표시에 관한 사항

④ 유전자변형농수산물의 표시에 관한 사항
⑤ 농수산물(축산물은 제외한다)의 안전성조사 및 그 결과에 대한 조치에 관한 사항
⑥ 농수산물(축산물은 제외한다) 및 수산가공품의 검사에 관한 사항
⑦ 농수산물의 안전 및 품질관리에 관한 정보의 제공에 관하여 총리령, 농림축산식품부령 또는 해양수산부령으로 정하는 사항
⑧ 수산물의 생산·가공시설 및 해역(海域)의 위생관리기준에 관한 사항
⑨ 수산물 및 수산가공품의 위해요소중점관리기준에 관한 사항
⑩ 지정해역의 지정에 관한 사항
⑪ 다른 법령에서 심의회의 심의사항으로 정하고 있는 사항
⑫ 그 밖에 농수산물 및 수산가공품의 품질관리 등에 관하여 위원장이 심의에 부치는 사항

예시문제 맛보기

농수산물품질관리심의회의 설치 및 운영에 관한 설명으로 옳은 것은?

① 국립농산물품질관리원장 소속하에 농수산물품질관리심의회를 둔다.
② 심의회는 위원장 및 부위원장 각 1인을 포함한 30인 이내의 위원으로 구성한다.
③ 심의회는 재적위원 과반수의 출석으로 개의하고, 출석위원 1/3의 찬성으로 의결한다.
④ 심의회는 분과위원회를 둘 수 있으며, 분과위원회가 심의회에서 위임받아 심의·의결한 사항은 심의회에서 의결된 것으로 본다.

정답 ④

---

02 농수산물의 표준규격 및 품질관리

1. 농수산물의 표준규격 ★ 중요

(1) 표준규격(법 제5조)

① 농림축산식품부장관 또는 해양수산부장관은 농수산물(축산물은 제외한다)의 상품성을 높이고 유통 능률을 향상시키며 공정한 거래를 실현하기 위하여 농수산물의 포장규격과 등급규격(이하 "표준규격"이라 한다)을 정할 수 있다.
② 표준규격에 맞는 농수산물(이하 "표준규격품"이라 한다)을 출하하는 자는 포장 겉면에 표준규격품의 표시를 할 수 있다.
③ 표준규격의 제정기준, 제정절차 및 표시방법 등에 필요한 사항은 **농림축산식품부령 또는 해양수산부령**으로 정한다.

(2) 표준규격의 제정(시행규칙 제5조) ★ 중요

① 법 제5조 제1항에 따른 농수산물(축산물은 제외)의 표준규격은 **포장규격 및 등급규격**으로 구분한다.
② ①에 따른 포장규격은 산업표준화법 제12조에 따른 **한국산업표준**(이하 "한국산업표준"이라 한다)에 따른다. 다만, 한국산업표준이 제정되어 있지 아니하거나 한국산업표준과 다르게 정할 필요가 있다고 인정되는 경우에는 **보관·수송 등 유통 과정의 편리성, 폐기물 처리 문제를 고려**하여 다음의 항목에 대하여 그 규격을 따로 정할 수 있다.
　㉠ 거래단위
　㉡ 포장치수
　㉢ 포장재료 및 포장재료의 시험방법
　㉣ 포장방법
　㉤ 포장설계
　㉥ 표시사항
　㉦ 그 밖에 품목의 특성에 따라 필요한 사항
③ ①에 따른 등급규격은 품목 또는 품종별로 그 특성에 따라 고르기, 크기, 형태, 색깔, 신선도, 건조도, 결점, 숙도(熟度) 및 선별 상태 등에 따라 정한다.
④ 국립농산물품질관리원장, 국립수산물품질관리원장 또는 산림청장은 표준규격의 제정 또는 개정을 위하여 필요하면 **전문연구기관 또는 대학** 등에 시험을 의뢰할 수 있다.

> **예시문제 맛보기**
>
> 농수산물표준규격을 제정할 경우 등급규격을 정하는 항목으로 이루어져 있지 않은 것은?
> ① 고르기, 신선도　　　② 크기, 선별 상태
> ③ 모양, 산지　　　　　④ 숙도, 결점
> **정답** ③

(3) 표준규격의 고시(시행규칙 제6조)

국립농산물품질관리원장, 국립수산물품질관리원장 또는 산림청장은 표준규격을 제정, 개정 또는 폐지하는 경우에는 그 사실을 고시하여야 한다.

(4) 표준규격품의 출하 및 표시방법(시행규칙 제7조) ★ 중요

① 농림축산식품부장관, 해양수산부장관, 특별시장·광역시장·도지사·특별자치도지사(이하 "시·도지사"라 한다)는 농수산물을 생산, 출하, 유통 또는 판매하는 자에게 표준규격에 따라 **생산, 출하, 유통 또는 판매하도록 권장**할 수 있다.
② 표준규격품을 출하하는 자가 표준규격품임을 표시하려면 해당 물품의 포장 겉면에 "**표준규격품**"이라는 문구와 함께 다음의 사항을 표시하여야 한다.
　㉠ 품 목
　㉡ 산 지

ⓒ 품종. 다만, 품종을 표시하기 어려운 품목은 국립농산물품질관리원장, 국립수산물품질관리원장 또는 산림청장이 정하여 고시하는 바에 따라 품종의 표시를 생략할 수 있다.
ⓔ 생산 연도(곡류만 해당)
ⓜ 등 급
ⓑ 무게(실중량). 다만, 품목 특성상 무게를 표시하기 어려운 품목은 국립농산물품질관리원장, 국립수산물품질관리원장 또는 산림청장이 정하여 고시하는 바에 따라 개수(마릿수) 등의 표시를 단일하게 할 수 있다.
ⓢ 생산자 또는 생산자단체의 명칭 및 전화번호

(5) 권장품질표시(법 제5조의2)
① 농림축산식품부장관은 포장재 또는 용기로 포장된 농산물(축산물은 제외)의 상품성을 높이고 공정한 거래를 실현하기 위하여 표준규격품의 표시를 하지 아니한 농산물의 포장 겉면에 등급·당도 등 품질을 표시(이하 "**권장품질표시**"라 한다)하는 기준을 따로 정할 수 있다.
② 농산물을 유통·판매하는 자는 표준규격품의 표시를 하지 아니한 경우 포장 겉면에 권장품질표시를 할 수 있다.
③ 권장품질표시의 기준 및 방법 등에 필요한 사항은 농림축산식품부령으로 정한다.

2. 농산물우수관리

(1) 농산물우수관리의 인증(법 제6조) ★ 중요
① 농림축산식품부장관은 농산물우수관리의 기준(이하 "**우수관리기준**"이라 한다)을 정하여 고시하여야 한다.
② 우수관리기준에 따라 농산물(축산물은 제외한다)을 생산·관리하는 자 또는 우수관리기준에 따라 생산·관리된 농산물을 포장하여 유통하는 자는 지정된 농산물우수관리인증기관(이하 "**우수관리인증기관**"이라 한다)으로부터 농산물우수관리의 인증(이하 "**우수관리인증**"이라 한다)을 받을 수 있다.
③ 우수관리인증을 받으려는 자는 우수관리인증기관에 우수관리인증의 신청을 하여야 한다. 다만, 다음의 어느 하나에 해당하는 자는 우수관리인증을 신청할 수 없다.
  ㉠ 우수관리인증이 **취소된 후 1년**이 지나지 아니한 자
  ㉡ 벌칙을 위반하여 **벌금 이상의 형이 확정된 후 1년**이 지나지 아니한 자
④ 우수관리인증기관은 ③에 따라 우수관리인증 신청을 받은 경우 우수관리인증의 기준에 맞는지를 심사하여 그 결과를 알려야 한다.
⑤ 우수관리인증기관은 ④에 따라 우수관리인증을 한 경우 우수관리인증을 받은 자가 우수관리기준을 지키는지 조사·점검하여야 하며, 필요한 경우에는 자료제출 요청 등을 할 수 있다.

⑥ 우수관리인증을 받은 자는 우수관리기준에 따라 생산·관리한 농산물(이하 "**우수관리인증농산물**" 이라 한다)의 포장·용기·송장(送狀)·거래명세표·간판·차량 등에 우수관리인증의 표시를 할 수 있다.
⑦ 우수관리인증의 기준·대상품목·절차 및 표시방법 등 우수관리인증에 필요한 세부사항은 농림축산식품부령으로 정한다.

(2) 농산물우수관리인증의 기준(시행규칙 제8조)
① 법 제6조 제2항에 따라 농산물우수관리의 인증(이하 "우수관리인증"이라 한다)을 받으려는 자는 농산물을 법 제6조 제1항에 따른 농산물우수관리의 기준(이하 "우수관리기준"이라 한다)에 적합하게 생산·관리하여야 한다.
② 우수관리인증의 세부 기준은 국립농산물품질관리원장이 정하여 고시한다.

(3) 우수관리인증의 대상품목(시행규칙 제9조)
우수관리인증의 대상품목은 농산물(축산물은 제외) 중 식용(食用)을 목적으로 생산·관리한 농산물로 한다.

(4) 우수관리인증의 신청(시행규칙 제10조)
① 우수관리인증을 받으려는 자는 농산물우수관리인증(신규·갱신) 신청서에 다음의 서류를 첨부하여 우수관리인증기관으로 **지정받은 기관**(이하 "**우수관리인증기관**"이라 한다)**에 제출**하여야 한다.
  ㉠ 우수관리인증농산물(이하 "우수관리인증농산물"이라 한다)의 위해요소관리계획서
  ㉡ 생산자단체 또는 그 밖의 생산자 조직(이하 "생산자집단"이라 한다)의 사업운영계획서(생산자집단이 신청하는 경우만 해당)
② 우수관리인증농산물의 위해요소관리계획서와 사업운영계획서에 포함되어야 할 사항, 우수관리인증의 신청 방법 및 절차 등에 필요한 세부 사항은 국립농산물품질관리원장이 정하여 고시한다.

(5) 우수관리인증의 심사 등(시행규칙 제11조)
① 우수관리인증기관은 우수관리인증 신청을 받은 경우에는 우수관리인증의 기준에 적합한지를 심사하여야 하며, 필요한 경우에는 현지심사를 할 수 있다.
② 우수관리인증기관은 생산자집단이 우수관리인증을 신청한 경우에는 전체 구성원에 대하여 **각각 심사**를 하여야 한다. 다만, 국립농산물품질관리원장이 정하여 고시하는 바에 따라 표본심사를 할 수 있다.
③ 우수관리인증기관은 현지심사를 하는 경우에는 심사일정을 정하여 그 신청인에게 알려야 한다.
④ 우수관리인증기관은 현지심사를 하는 경우에는 그 소속 심사담당자와 국립농산물품질 관리원장, 시·도지사 또는 시장·군수·구청장(자치구의 구청장을 말한다)이 추천하는 공무원 또는 민간전문가로 심사반을 구성하여 우수관리인증의 심사를 할 수 있다.

⑤ 우수관리인증기관은 심사 결과 우수관리인증의 기준에 적합한 경우에는 그 신청인에게 **농산물우수관리 인증서**(이하 "인증서"라 한다)**를 발급**하여야 하며, 우수관리인증을 하기에 적합하지 아니한 경우에는 그 사유를 신청인에게 알려야 한다.

⑥ 인증서를 발급받은 자는 인증서를 분실하거나 인증서가 손상된 경우에는 인증서를 발급한 인증기관에 농산물우수관리 인증서 재발급신청서 및 손상된 인증서(인증서가 손상되어 재발급받으려는 경우만 해당)를 제출하여 재발급받을 수 있다.

⑦ 우수관리인증의 심사 등에 필요한 세부 사항은 국립농산물품질관리원장이 정하여 고시한다.

(6) 우수관리인증의 표시방법 등(시행규칙 제13조)

① 우수관리인증농산물을 생산·관리하는 자가 법 제6조 제6항에 따라 우수관리인증의 표시를 하려는 경우에는 다음의 방법에 따른다.

㉠ 포장·용기의 겉면 등에 우수관리인증의 표시를 하는 경우 : 표지 및 표시항목을 인쇄하거나 스티커(붙임딱지)로 제작하여 부착할 것. 이 경우 ㉡ 또는 ㉢에 따른 표시방법을 함께 사용할 수 있다.

㉡ 농산물에 우수관리인증의 표시를 하는 경우 : 표시대상 농산물에 표지가 인쇄된 스티커를 부착하고, ㉢에 따른 표시방법을 함께 사용할 것

㉢ 우수관리인증농산물을 포장하지 않은 상태로 출하하거나 포장재에 우수관리인증의 표시를 하지 않고 출하하는 경우 : 송장(送狀)이나 거래명세표에 [별표 1] 제3호 나목에 따른 표시항목을 적을 것

㉣ 간판이나 차량에 우수관리인증의 표시를 하는 경우 : 인쇄 등의 방법으로 [별표 1] 제3호 가목에 따른 표지를 표시할 것

② ①에 따라 우수관리인증의 표시를 한 농산물을 공급받아 소비자에게 직접 판매하는 자는 푯말 또는 표지판으로 우수관리인증의 표시를 할 수 있다. 이 경우 표시 내용은 포장 및 거래명세표 등에 적혀 있는 내용과 같아야 한다.

알아두기 우수관리인증농산물의 표시(시행규칙 제13조 관련 [별표 1])

1. 우수관리인증농산물의 표지도형

2. 제도법
   가. 도형표시
      1) 표지도형의 가로의 길이(사각형의 왼쪽 끝과 오른쪽 끝의 폭 : W)를 기준으로 세로의 길이는 0.95×W의 비율로 한다.

2) 표지도형의 흰색모양과 바깥 테두리(좌·우 및 상단부만 해당한다)의 간격은 0.1×W로 한다.
3) 표지도형의 흰색모양 하단부 좌측 태극의 시작점은 상단부에서 0.55×W 아래가 되는 지점으로 하고, 우측 태극의 끝점은 상단부에서 0.75×W 아래가 되는 지점으로 한다.

나. 표지도형의 한글 및 영문 글자는 고딕체로 하고, 글자 크기는 표지도형의 크기에 따라 조정한다.
다. 표지도형의 색상은 녹색을 기본색상으로 하고, 포장재의 색깔 등을 고려하여 파란색, 빨간색 또는 검은색으로 할 수 있다.
라. 표지도형 내부의 "GAP" 및 "(우수관리인증)"의 글자 색상은 표지도형 색상과 동일하게 하고, 하단의 "농림축산식품부"와 "MAFRA KOREA"의 글자는 흰색으로 한다.
마. 배색 비율은 녹색 C80 + Y100, 파란색 C100 + M70, 빨간색 M100 + Y100 + K10, 검은색 B100으로 한다.
바. 표지도형의 크기는 포장재의 크기에 따라 조정한다.
사. 표지도형 밑에 인증번호 또는 우수관리시설지정번호를 표시한다.

3. 표시사항
   가. 표 지

인증번호(또는 우수관리시설지정번호) :   Certificate Number :

   나. 표시항목 : 산지(시·도, 시·군·구), 품목(품종), 중량·개수, 생산연도, 생산자(생산자집단명) 또는 우수관리시설명

4. 표시방법
   가. 크기 : 포장재의 크기에 따라 표지의 크기를 키우거나 줄일 수 있다.
   나. 위치 : 포장재 주 표시면의 옆면에 표시하되, 포장재 구조상 옆면에 표시하기 어려울 경우에는 표시위치를 변경할 수 있다.
   다. 표지 및 표시사항은 소비자가 쉽게 알아볼 수 있도록 인쇄하거나 스티커로 포장재에서 떨어지지 않도록 부착하여야 한다.
   라. 포장하지 않고 낱개로 판매하는 경우나 소포장 등으로 우수관리인증농산물의 표지와 표시사항을 인쇄하거나 부착하기에 부적합한 경우에는 농산물우수관리의 표지만 표시할 수 있다.
   마. 수출용의 경우에는 해당 국가의 요구에 따라 표시할 수 있다.
   바. 제3호 나목의 표시항목 중 표준규격, 지리적표시 등 다른 규정에 따라 표시하고 있는 사항은 그 표시를 생략할 수 있다.

5. 표시내용
   가. 표지 : 표지크기는 포장재에 맞출 수 있으나, 표지형태 및 글자표기는 변형할 수 없다.
   나. 산지 : 농산물을 생산한 지역으로 시·도명이나 시·군·구명 등 농수산물의 원산지 표시 등에 관한 법률에 따라 적는다.
   다. 품목(품종) : 식물신품종 보호법에 따른 품종을 이 규칙 제7조 제2항 제3호에 따라 표시한다.
   라. 중량·개수 : 포장단위의 실중량이나 개수
   마. 생산연도(쌀과 현미만 해당하며 양곡관리법에 따라 표시)
   바. 우수관리시설명(우수관리시설을 거치는 경우만 해당한다) : 대표자 성명, 주소, 전화번호, 작업장 소재지
   사. 생산자(생산자집단명) : 생산자나 조직명, 주소, 전화번호

(7) 우수관리인증의 유효기간 등(법 제7조) ★ 중요

① 우수관리인증의 유효기간은 우수관리인증을 받은 날부터 **2년**으로 한다. 다만, 품목의 특성에 따라 달리 적용할 필요가 있는 경우에는 10년의 범위에서 **농림축산식품부령으로 유효기간을 달리** 정할 수 있다.

> ※ 우수관리인증의 유효기간(시행규칙 제14조)
> 유효기간을 달리 적용할 유효기간은 다음의 범위에서 국립농산물품질관리원장이 정하여 고시한다.
> 1. 인삼류 : 5년 이내
> 2. 약용작물류 : 6년 이내

② 우수관리인증을 받은 자가 유효기간이 끝난 후에도 계속하여 우수관리인증을 유지하려는 경우에는 그 유효기간이 끝나기 전에 해당 우수관리인증기관의 심사를 받아 우수관리인증을 갱신하여야 한다.

> ※ 우수관리인증의 유효기간 연장(시행규칙 제16조)
> ① 우수관리인증을 받은 자가 우수관리인증의 유효기간을 연장하려는 경우에는 농산물우수관리인증 유효기간 연장신청서를 그 유효기간이 끝나기 1개월 전까지 우수관리인증기관에 제출하여야 한다.
> ② 우수관리인증기관은 농산물우수관리인증 유효기간 연장신청서를 검토하여 유효기간 연장이 필요하다고 판단되는 경우에는 해당 우수관리인증농산물의 출하에 필요한 기간을 정하여 유효기간을 연장하고 농산물우수관리 인증서를 재발급하여야 한다. 이 경우 유효기간 연장기간은 우수관리인증의 유효기간을 초과할 수 없다.
> ③ 우수관리인증의 유효기간 연장에 대한 심사 절차 및 방법 등에 대해서는 시행규칙 제11조 제1항부터 제5항까지 및 제7항을 준용한다.

③ 우수관리인증을 받은 자는 ①의 유효기간 내에 해당 품목의 출하가 종료되지 아니할 경우에는 해당 우수관리인증기관의 심사를 받아 우수관리인증의 유효기간을 연장할 수 있다.

④ 우수관리인증의 유효기간이 끝나기 전에 생산계획 등 **농림축산식품부령으로 정하는 중요사항**을 변경하려는 자는 미리 우수관리인증의 변경을 신청하여 해당 우수관리인증기관의 승인을 받아야 한다.

> ※ 우수관리인증의 변경(시행규칙 제17조)
> ① 우수관리인증을 변경하려는 자는 농산물우수관리인증 변경신청서에 변경사항이 있는 서류를 첨부하여 우수관리인증기관에 제출하여야 한다.
> ② 농림축산식품부령으로 정하는 중요 사항이란 다음의 사항을 말한다.
>   1. 우수관리인증농산물의 위해요소관리계획 중 생산계획(품목, 재배면적, 생산계획량, 수확 후 관리시설)
>   2. 우수관리인증을 받은 생산자집단의 대표자(생산자집단의 경우만 해당한다)
>   3. 우수관리인증을 받은 자의 주소(생산자집단의 경우 대표자의 주소를 말한다)
>   4. 우수관리인증농산물의 재배필지(생산자집단의 경우 각 구성원이 소유한 재배필지를 포함한다)
> ③ 우수관리인증의 변경신청에 대한 심사 절차 및 방법에 대해서는 시행규칙 제11조 제1항부터 제5항까지 및 제7항을 준용한다.

⑤ 우수관리인증의 갱신절차 및 유효기간 연장의 절차 등에 필요한 세부적인 사항은 농림축산식품부령으로 정한다.

> **예시문제 맛보기**
>
> 우수농산물인증 규정에 관한 설명이다. 옳지 않은 것은?
> ① 인증을 받고자 하는 자는 우수관리인증농산물의 위해요소관리계획서를 제출해야 한다.
> ② 우수관리인증 유효기간은 인증을 받은 날부터 2년이다.
> ③ 인증 유효기간은 품목에 관계없이 1년 이상 연장할 수 있다.
> ④ 인증대상품목은 농림축산식품부령으로 정한다.
>
> **정답** ③

(8) 우수관리인증의 취소 등(법 제8조)

① 우수관리인증기관은 우수관리인증을 한 후 조사, 점검, 자료제출 요청 등의 과정에서 다음의 사항이 확인되면 **우수관리인증을 취소**하거나 **3개월 이내의 기간**을 정하여 그 우수관리인증의 표시정지를 명하거나 시정명령을 할 수 있다. 다만, ㉠ 또는 ㉢의 경우에는 우수관리인증을 취소하여야 한다.

㉠ 거짓이나 그 밖의 부정한 방법으로 우수관리인증을 받은 경우
㉡ 우수관리기준을 지키지 아니한 경우
㉢ 업종전환·폐업 등으로 우수관리인증농산물을 생산하기 어렵다고 판단되는 경우
㉣ 우수관리인증을 받은 자가 정당한 사유 없이 조사·점검 또는 자료제출 요청에 따르지 아니한 경우
㉤ 우수관리인증을 받은 자가 우수관리인증의 표시방법을 위반한 경우
㉥ 우수관리인증의 변경승인을 받지 아니하고 중요 사항을 변경한 경우
㉦ 우수관리인증의 표시정지기간 중에 우수관리인증의 표시를 한 경우

② 우수관리인증기관은 우수관리인증을 취소하거나 그 표시를 정지한 경우 지체 없이 우수관리인증을 받은 자와 농림축산식품부장관에게 그 사실을 알려야 한다.

③ 우수관리인증 취소 등의 처분기준 등(시행규칙 제18조)
우수관리인증의 취소, 표시정지 및 시정명령에 관한 처분기준은 [별표 2]와 같다.

> **알아두기** 우수관리인증의 취소 및 표시정지에 관한 처분기준(시행규칙 제18조 관련 [별표 2])
>
> 1. 일반기준
>   가. 위반행위가 둘 이상이면 그 중 무거운 처분기준에 따른다. 다만, 둘 이상의 처분기준이 모두 표시정지인 경우에는 각 처분기준을 합산한 기간을 넘지 않는 범위에서 무거운 처분기준에 그 처분기준의 2분의 1 범위에서 가중한다.
>   나. 위반행위의 횟수에 따른 행정처분 기준은 최근 1년간 같은 위반행위로 행정처분을 받은 경우에 적용한다. 이 경우 기간의 계산은 위반행위에 대한 행정처분일과 그 처분 후 다시 같은 위반행위를 하여 적발된 날을 기준으로 한다.
>   다. 나목에 따라 가중된 처분을 하는 경우 가중처분의 적용 차수는 그 위반행위 전 처분차수(나목에 따른 기간 내에 처분이 둘 이상 있었던 경우에는 높은 차수를 말한다)의 다음 차수로 한다.
>   라. 위반행위의 내용으로 보아 고의성이 없거나 그 밖에 특별한 사유가 있다고 인정되는 경우에는 그 처분을 표시정지의 경우에는 2분의 1 범위에서 감경할 수 있고, 인증취소인 경우에는 3개월의 표시정지처분으로 감경할 수 있다.

마. 생산자집단의 구성원의 위반행위에 대해서는 1차적으로 위반행위를 한 구성원에 대하여 처분을 하고, 구성원이 소속된 생산자집단에 대해서도 구성원에 대한 처분기준보다 한 단계 낮은 처분기준을 적용하여 처분하되, 위반행위를 한 구성원이 복수인 경우에는 처분을 받는 구성원의 처분기준 중 가장 무거운 처분기준(각각의 처분기준이 같은 경우에는 그 처분기준)보다 한 단계 낮은 처분기준을 적용하여 처분한다.

2. 개별기준

위반행위	근거 법조문	위반횟수별 처분기준		
		1차 위반	2차 위반	3차 위반
가. 거짓이나 그 밖의 부정한 방법으로 우수관리인증을 받은 경우	법 제8조 제1항 제1호	인증취소	-	-
나. 우수관리기준을 지키지 않은 경우	법 제8조 제1항 제2호	표시정지 1개월	표시정지 3개월	인증취소
다. 업종전환·폐업 등으로 우수관리인증농산물을 생산하기 어렵다고 판단되는 경우	법 제8조 제1항 제3호	인증취소	-	-
라. 우수관리인증을 받은 자가 정당한 사유없이 조사·점검 또는 자료제출 요청에 응하지 않은 경우	법 제8조 제1항 제4호	표시정지 1개월	표시정지 3개월	인증취소
마. 우수관리인증을 받은 자가 우수관리인증의 표시방법을 위반한 경우	법 제8조 제1항 제4호의2	시정명령	표시정지 1개월	표시정지 3개월
바. 우수관리인증의 변경승인을 받지 않고 중요 사항을 변경한 경우	법 제8조 제1항 제5호	표시정지 1개월	표시정지 3개월	인증취소
사. 우수관리인증의 표시정지기간 중에 우수관리인증의 표시를 한 경우	법 제8조 제1항 제6호	인증취소	-	-

(9) 우수관리인증기관의 지정 등(법 제9조)

① 농림축산식품부장관은 우수관리인증에 필요한 인력과 시설 등을 갖춘 자를 우수관리인증기관으로 지정하여 다음의 업무의 전부 또는 일부를 하도록 할 수 있다. 다만, 외국에서 수입되는 농산물에 대한 우수관리인증의 경우에는 농림축산식품부장관이 정한 기준을 갖춘 외국의 기관도 우수관리인증기관으로 지정할 수 있다.

㉠ 우수관리인증
㉡ 농산물우수관리시설(이하 "우수관리시설"이라 한다)의 지정

② 우수관리인증기관으로 지정을 받으려는 자는 농림축산식품부장관에게 인증기관 지정신청을 하여야 하며, 우수관리인증기관으로 지정받은 후 **농림축산식품부령으로 정하는 중요사항**이 변경되었을 때에는 변경신고를 하여야 한다. 다만, 우수관리인증기관 지정이 취소된 후 2년이 지나지 아니한 경우에는 신청을 할 수 없다.

※ 우수관리인증기관의 지정내용 변경신고(시행규칙 제20조 제1항)
1. 우수관리인증기관의 명칭·대표자·주소 및 전화번호
2. 우수관리인증기관의 업무 등 정관
3. 우수관리인증기관의 조직, 인력, 시설
4. 농산물우수관리 인증계획, 인증업무 처리규정 등을 적은 사업계획서
5. 우수관리시설 지정계획, 지정업무규정 등을 적은 사업계획서(우수관리시설 지정업무를 수행하는 경우만 해당한다)

③ 농림축산식품부장관은 ②의 본문에 따른 변경신고를 받은 날부터 10일 이내에 신고수리 여부를 신고인에게 통지하여야 한다.

④ 농림축산식품부장관이 ③에서 정한 기간 내에 신고수리 여부 또는 민원처리 관련 법령에 따른 처리기간의 연장을 신고인에게 통지하지 아니하면 그 기간(민원처리 관련 법령에 따라 처리기간이 연장 또는 재연장된 경우에는 해당 처리기간을 말한다)이 끝난 날의 다음 날에 신고를 수리한 것으로 본다.
⑤ 우수관리인증기관 지정의 유효기간은 지정을 받은 날부터 5년으로 하고, 계속 우수관리인증 또는 우수관리시설의 지정 업무를 수행하려면 유효기간이 끝나기 전에 그 지정을 갱신하여야 한다.
⑥ 농림축산식품부장관은 지정이 취소된 우수관리인증기관으로부터 우수관리인증 또는 우수관리시설의 지정을 받은 자에게 다른 우수관리인증기관으로부터 갱신, 유효기간 연장 또는 변경을 할 수 있도록 취소된 사항을 알려야 한다.
⑦ 우수관리인증기관의 지정기준 및 지정절차 등(시행규칙 제19조)
  ㉠ 우수관리인증기관의 지정기준은 다음과 같다.

알아두기 우수관리인증기관의 지정기준(시행규칙 제19조 관련 [별표 3])

1. 조직 및 인력
   가. 조 직
      1) 법인으로서 인증업무를 수행하는 전담조직을 갖추고 인증기관의 운영에 필요한 재원확보 등 재무구조가 건실할 것
      2) 인증업무 외의 업무를 수행하고 있는 경우 그 업무를 수행함으로써 인증업무가 불공정하게 수행되지 않을 것
   나. 인 력
      1) 인증심사원은 5명 이상(상근 2명 이상)이어야 한다.
      2) 인증심사원은 다음의 어느 하나에 해당하는 사람으로서 국립농산물품질관리원장이 정한 바에 따라 인증심사원의 역할과 자세, 인증 관련 법령, 인증심사기준, 인증심사 실무 등의 교육을 받은 사람으로서 심사업무를 원활히 수행할 수 있어야 한다.
         가) 고등교육법에 따른 학교에서 학사학위를 취득한 사람(학사학위 취득 예정인 사람을 포함하되, 학사학위 취득 예정 사실을 증명하는 서류를 제출하는 경우로 한정) 또는 이와 같은 수준 이상의 학력이 있다고 인정되는 사람
         나) 고등교육법에 따른 학교에서 전문학사학위를 취득한 사람(전문학사학위 취득 예정인 사람을 포함하되, 전문학사학위 취득 예정사실을 증명하는 서류를 제출하는 경우로 한정) 또는 이와 같은 수준 이상의 학력이 있다고 인정되는 사람으로서 농업 관련 기업체·연구소·기관 및 단체 등에서 농산물의 품질관리업무를 2년 이상 담당한 경력(학위 취득 또는 학력 인정 전의 경력을 포함)이 있는 사람
         다) 국가기술자격법에 따른 농림분야의 기술사·기사·산업기사 또는 농산물품질관리사 자격증을 소지한 사람. 다만, 산업기사 자격증을 소지한 사람은 농업 관련 기업체·연구소·기관 및 단체 등에서 농산물의 품질관리 업무를 2년 이상 담당한 경력(자격 취득 전의 경력을 포함)이 있는 사람
         라) 농업 관련 기업체·연구소·기관 및 단체 등에서 농산물의 품질관리업무를 3년 이상 담당한 경력이 있는 사람
         마) 우수관리인증기관에서 2년 이상 인증업무와 관련된 업무를 담당한 경력이 있는 사람

2. 시 설
   가. 토양, 수질, 잔류농약, 중금속, 미생물 등을 분석할 수 있어야 하며, 분석시설은 해당 부·처·청, 공인기관 및 국립농산물품질관리원장이 지정한 분석시설이어야 한다.
   나. 대학 및 연구소 등 공인분석기관과 업무협약체결을 통해 분석 등의 업무를 수행할 경우에는 가목에 따른 분석실을 갖추지 않을 수 있다.

3. 인증업무규정
    인증업무에 관한 규정에는 다음의 사항이 포함되어야 한다.
    가. 인증농가 이력관리 방법
    나. 인증의 절차 및 방법
    다. 인증의 사후관리
    라. 인증수수료 및 그 징수방법
    마. 인증심사원 준수사항 및 인증심사원의 자체관리·감독 요령
    바. 인증심사원 교육
    사. 다음의 업무수행을 위한 인증위원회의 구성, 운영에 관한 사항
        1) 인증업무 방침의 수립
        2) 인증 장기 계획 및 발전방향 수립
        3) 인증운영에 관한 주요 사항의 심의
    아. 그 밖에 국립농산물품질관리원장이 인증업무의 수행에 필요하다고 인정한 사항

4. 지정업무규정(우수관리시설의 지정업무를 수행하는 경우만 해당한다)
    우수관리시설의 지정업무에 관한 규정에는 다음 각 목의 사항이 포함되어야 한다.
    가. 우수관리시설의 지정 절차 및 방법
    나. 우수관리시설의 지정의 사후관리
    다. 우수관리시설의 지정수수료 및 그 징수방법
    라. 그 밖에 국립농산물품질관리원장이 우수관리시설의 지정업무의 수행에 필요하다고 인정한 사항

ⓒ 외국에서 국내로 수입되는 농산물을 대상으로 우수관리인증을 하기 위하여 외국의 기관이 우수관리인증기관 지정을 신청하는 경우에는 국립농산물품질관리원장이 정하여 고시하는 외국 우수관리인증기관 지정기준 및 지정절차를 적용한다.

ⓒ 우수관리인증기관으로 지정받으려는 자는 농산물우수관리인증기관 (지정·갱신)신청서에 다음의 서류를 첨부하여 **국립농산물품질관리원장에게 제출**하여야 한다.
  • 정 관
  • 농산물우수관리인증계획 및 인증업무규정 등을 적은 우수관리인증 사업계획서
  • 농산물우수관리시설(이하 "우수관리시설"이라 한다) 지정계획 및 지정업무규정 등을 적은 우수관리시설 지정 사업계획서(우수관리시설 지정 업무를 수행하는 경우만 해당한다)
  • 우수관리인증기관의 지정기준을 갖추었음을 증명할 수 있는 서류

ⓒ 신청서를 받은 국립농산물품질관리원장은 전자정부법에 따른 행정정보의 공동이용을 통하여 법인 등기사항증명서를 확인하여야 한다.

ⓒ 국립농산물품질관리원장은 지정신청을 받은 경우에는 그 날부터 **3개월 이내**에 우수관리인증기관의 지정기준에 적합한지를 심사하여야 한다.

ⓒ 국립농산물품질관리원장은 심사 결과 우수관리인증기관의 지정기준에 적합한 경우에는 그 신청인에게 **농산물우수관리인증기관 지정서를 발급**하여야 하며, 우수관리인증기관의 지정기준에 적합하지 아니한 경우에는 그 사유를 신청인에게 알려야 한다.

- ⊗ 국립농산물품질관리원장은 농산물우수관리인증기관 지정서를 발급한 경우에는 다음의 사항을 관보에 고시하거나 국립농산물품질관리원의 인터넷 홈페이지에 게시하여야 한다.
  - 우수관리인증기관의 명칭 및 대표자
  - 주사무소 및 지사의 소재지·전화번호
  - 우수관리인증기관 지정번호 및 지정일
  - 인증지역
  - 유효기간
- ◎ 국립농산물품질관리원장은 우수관리인증기관을 지정하려는 경우에는 해당 연도의 1월 31일까지 우수관리인증기관 지정에 관한 사항을 국립농산물품질관리원의 인터넷 홈페이지 등에 10일 이상 공고해야 한다.
- ㊈ 우수관리인증기관 지정에 필요한 세부 사항은 국립농산물품질관리원장이 정하여 고시한다.

⑥ 우수관리인증기관의 지정내용 변경신고(시행규칙 제20조)
- ㉠ 우수관리인증기관으로 지정을 받은 자는 우수관리인증기관으로 지정받은 후 그 내용이 변경되었을 때에는 그 사유가 발생한 날부터 **1개월 이내**에 농산물우수관리인증기관 지정내용 변경신고서에 변경 내용을 증명하는 서류를 첨부하여 국립농산물품질관리원장에게 제출하여야 한다.
- ㉡ 우수관리인증기관 지정내용 변경신고를 받은 국립농산물품질관리원장은 신고 사항을 검토하여 우수관리인증기관의 지정기준에 적합한 경우에는 농산물우수관리인증기관 지정서를 재발급하여야 한다.

⑦ 우수관리인증기관 지정의 갱신(시행규칙 제21조)
- ㉠ 우수관리인증기관 지정을 갱신하려는 자는 농산물우수관리인증기관 (지정·갱신)신청서에 다음의 서류를 첨부하여 그 유효기간이 끝나기 **3개월 전까지** 국립농산물품질관리원장에게 제출하여야 한다.
  - 지정서 원본(전자문서로 발급받은 경우는 제외한다)
  - 우수관리인증기관으로 지정받을 때 필요한 서류. 다만, 변경사항이 있는 경우에만 제출한다.
- ㉡ 우수관리인증기관 지정의 갱신 절차 및 방법 등 세부적인 사항에 대해서는 우수관리인증기관의 지정기준 및 지정절차 등의 규정을 준용한다. 다만, 심사기간은 2개월 이내로 한다.
- ㉢ 국립농산물품질관리원장은 유효기간이 끝나기 **4개월 전**까지 신청인에게 갱신절차와 갱신신청 기간을 미리 알려야 한다. 이 경우 통지는 휴대전화 문자메시지, 전자우편, 팩스, 전화 또는 문서 등으로 할 수 있다.

(10) 우수관리인증기관의 준수사항(법 제9조의2)

우수관리인증기관은 다음 각 호의 사항을 준수하여야 한다.
① 우수관리인증 또는 우수관리시설의 지정 과정에서 얻은 정보와 자료를 우수관리인증 또는 우수관리시설의 지정 신청인의 서면동의 없이 공개하거나 제공하지 아니할 것. 다만, 이 법 또는 다른 법령에 따라 공개하거나 제공하는 경우는 제외한다.
② 우수관리인증 또는 우수관리시설의 지정의 신청, 심사 및 사후관리에 관한 자료를 농림축산식품부령으로 정하는 바에 따라 보관할 것
③ 우수관리인증 또는 우수관리시설의 지정 결과 및 사후관리 결과를 농림축산식품부령으로 정하는 바에 따라 농림축산식품부장관에게 보고할 것

(11) 우수관리인증기관의 지정취소 등(법 제10조)

① 농림축산식품부장관은 우수관리인증기관이 다음의 어느 하나에 해당하면 우수관리인증기관의 지정을 취소하거나 6개월 이내의 기간을 정하여 우수관리인증 및 우수관리시설의 지정 업무의 정지를 명할 수 있다. 다만, ㉠부터 ㉢까지의 규정 중 어느 하나에 해당하면 우수관리인증기관의 지정을 취소하여야 한다.
㉠ 거짓이나 그 밖의 부정한 방법으로 지정을 받은 경우
㉡ 업무정지 기간 중에 우수관리인증 또는 우수관리시설의 지정 업무를 한 경우
㉢ 우수관리인증기관의 해산·부도로 인하여 우수관리인증 또는 우수관리시설의 지정 업무를 할 수 없는 경우
㉣ 중요 사항에 대한 변경신고를 하지 아니하고 우수관리인증 또는 우수관리시설의 지정 업무를 계속한 경우
㉤ 우수관리인증 또는 우수관리시설의 지정 업무와 관련하여 우수관리인증기관의 장 등 임원·직원에 대하여 벌금 이상의 형이 확정된 경우
㉥ 지정기준을 갖추지 아니한 경우
㉦ 준수사항을 지키지 아니한 경우
㉧ 우수관리인증 또는 우수관리시설 지정의 기준을 잘못 적용하는 등 우수관리인증 또는 우수관리시설의 지정 업무를 잘못한 경우
㉨ 정당한 사유 없이 1년 이상 우수관리인증 및 우수관리시설의 지정 실적이 없는 경우
㉩ 농림축산식품부장관의 요구를 정당한 이유 없이 따르지 아니한 경우
② 우수관리인증기관의 지정취소 등의 처분기준(시행규칙 제22조)
㉠ 우수관리인증기관의 지정취소 및 우수관리인증 업무의 정지에 관한 처분기준은 다음과 같다.

> **알아두기** 우수관리인증기관의 지정취소, 우수관리인증 업무의 정지 및 우수관리시설 지정업무의 정지에 관한 처분기준 (시행규칙 제22조 관련 [별표 4])

1. 일반기준
   가. 위반행위가 둘 이상이면 그 중 무거운 처분기준에 따른다. 다만, 둘 이상의 처분기준이 모두 업무정지인 경우에는 무거운 처분기준에 각각 나머지 처분기준의 2분의 1 범위에서 가중한다.
   나. 위반행위의 횟수에 따른 행정처분 기준은 최근 1년간 같은 위반행위로 행정처분을 받은 경우에 적용한다. 이 경우 기간의 계산은 위반행위에 대한 행정처분일과 그 처분 후 다시 같은 위반행위를 하여 적발된 날을 기준으로 한다.
   다. 나목에 따라 가중된 처분을 하는 경우 가중처분의 적용 차수는 그 위반행위 전 처분 차수(나목에 따른 기간 내에 처분이 둘 이상 있었던 경우에는 높은 차수를 말한다)의 다음 차수로 한다.
   라. 인증기관이 지역사무소 또는 지사를 두고 있는 경우에는 기준을 위반한 지역사무소나 지사를 대상으로 처분을 하고, 해당 인증기관에 대해서도 지역사무소나 지사에 대한 처분기준보다 한 단계 낮은 처분기준을 적용하여 처분하되, 기준을 위반한 사무소 또는 지사가 복수인 경우에는 처분을 받는 사무소 또는 지사의 처분기준 중 가장 무거운 처분기준보다 한 단계 낮은 처분기준을 적용하여 처분한다.
   마. 위반행위의 내용으로 보아 고의성이 없거나 그 밖에 특별한 사유가 있다고 인정되는 경우에는 그 처분을 업무정지의 경우에는 2분의 1 범위에서 경감할 수 있고, 지정취소인 경우에는 6개월의 업무정지 처분으로 경감할 수 있다.
   바. 업무정지처분의 경우 위반사항의 내용에 따라 인증기관 업무의 전부 또는 일부에 대하여 정지할 수 있다.

2. 개별기준

위반행위	근거 법조문	위반횟수별 처분기준		
		1회	2회	3회 이상
가. 거짓이나 그 밖의 부정한 방법으로 지정을 받은 경우	법 제10조 제1항 제1호	지정취소	–	–
나. 업무정지 기간 중에 우수관리인증 또는 우수관리시설의 지정 업무를 한 경우	법 제10조 제1항 제2호	지정취소	–	–
다. 우수관리인증기관의 해산·부도로 인하여 우수관리인증 또는 우수관리시설의 지정 업무를 할 수 없는 경우	법 제10조 제1항 제3호	지정취소	–	–
라. 중요 사항에 대한 변경신고를 하지 않고 우수관리인증 또는 우수관리시설의 지정 업무를 계속한 경우	법 제10조 제1항 제4호			
1) 조직·인력 및 시설 중 어느 하나가 변경되었으나 1개월 이내에 신고하지 않은 경우		경고	업무정지 1개월	업무정지 3개월
2) 조직·인력 및 시설 중 둘 이상이 변경되었으나 1개월 이내에 신고하지 않은 경우		업무정지 1개월	업무정지 3개월	업무정지 6개월
마. 우수관리인증 또는 우수관리시설의 지정 업무와 관련하여 인증기관의 장 등 임원·직원에 대하여 벌금 이상의 형이 확정된 경우	법 제10조 제1항 제5호	지정취소	–	–
바. 지정기준을 갖추지 않은 경우	법 제10조 제1항 제6호			
1) 조직·인력 및 시설 중 어느 하나가 지정기준에 미달할 경우		업무정지 1개월	업무정지 3개월	업무정지 6개월
2) 조직·인력 및 시설 중 둘 이상이 지정기준에 미달할 경우		업무정지 3개월	업무정지 6개월	지정취소
사. 준수사항을 지키지 않은 경우	법 제10조 제1항 제6호의2	경고	업무정지 1개월	업무정지 3개월

위반행위	근거 법조문	위반횟수별 처분기준		
		1회	2회	3회 이상
아. 우수관리인증 또는 우수관리시설 지정의 기준을 잘못 적용하는 등 우수관리인증 또는 우수관리시설의 지정 업무를 잘못한 경우	법 제10조 제1항 제7호			
1) 우수관리인증 또는 우수관리시설 지정의 기준을 잘못 적용하여 인증을 한 경우		경고	업무정지 1개월	업무정지 3개월
2) [별표 3] 제3호 나목부터 아목까지 또는 제4호 각 목의 규정 중 둘 이상을 이행하지 않은 경우		경고	업무정지 1개월	업무정지 3개월
3) 우수관리인증 또는 우수관리시설의 지정 외의 업무를 수행하여 우수관리인증 또는 우수관리시설의 지정 업무가 불공정하게 수행된 경우		업무정지 6개월	지정취소	-
4) 우수관리인증 또는 우수관리시설 지정의 기준을 지키는지 조사·점검을 하지 않은 경우		경고	업무정지 1개월	업무정지 3개월
5) 우수관리인증 또는 우수관리시설의 지정취소 등의 기준을 잘못 적용하여 처분한 경우		업무정지 1개월	업무정지 3개월	지정취소
6) 정당한 사유 없이 법 제8조제1항 또는 제12조 제1항에 따른 처분을 하지 않은 경우		경고	업무정지 1개월	업무정지 3개월
자. 정당한 사유 없이 1년 이상 우수관리인증 또는 우수관리시설의 지정 실적이 없는 경우	법 제10조 제1항 제8호	업무정지 3개월	지정취소	-
차. 법 제13조의2 제2항 또는 제31조 제3항을 위반하여 농림축산식품부장관의 요구를 정당한 이유 없이 따르지 않은 경우	법 제10조 제1항 제9호	업무정지 3개월	업무정지 6개월	지정취소

ⓒ 국립농산물품질관리원장은 우수관리인증기관의 지정을 취소하였을 때에는 그 사실을 고시하여야 한다.

(12) 농산물우수관리시설의 지정 등(법 제11조)

① 농림축산식품부장관은 농산물의 수확 후 위생·안전 관리를 위하여 우수관리인증기관으로 하여금 다음의 시설 중 인력 및 설비 등이 농림축산식품부령으로 정하는 기준에 맞는 시설을 농산물우수관리시설로 지정하도록 할 수 있다.
  ㉠ 양곡관리법에 따른 미곡종합처리장
  ㉡ 농수산물 유통 및 가격안정에 관한 법률에 따른 농수산물산지유통센터
  ㉢ 그 밖에 농산물의 수확 후 관리를 하는 시설로서 농림축산식품부장관이 정하여 고시하는 시설
② ①에 따라 우수관리시설로 지정받으려는 자는 관리하려는 농산물의 품목 등을 정하여 우수관리인증기관에 신청하여야 하며, 우수관리시설로 지정받은 후 **농림축산식품부령으로 정하는 중요 사항**이 변경되었을 때에는 해당 우수관리인증기관에 변경신고를 하여야 한다. 다만, 우수관리시설 지정이 취소된 후 1년이 지나지 아니하면 지정 신청을 할 수 없다.

※ 우수관리시설의 지정내용 변경신고(시행규칙 제24조 제1항)
  1. 우수관리시설의 명칭, 대표자 및 정관
  2. 수확 후 관리 대상 품목
  3. 수확 후 관리 설비
  4. 우수관리시설의 운영계획 및 우수농산물 처리규정 등 사업계획서

③ 우수관리인증기관은 ② 본문에 따른 우수관리시설의 지정 신청 또는 변경신고를 받은 경우 ①에 따른 우수관리시설의 지정 기준에 맞는지를 심사하여 지정결과 또는 변경신고의 수리 여부를 통지하여야 한다. 이 경우 변경신고의 수리 여부는 변경신고를 받은 날부터 10일 이내에 통지하여야 한다.

④ 우수관리인증기관이 ③의 후단에서 정한 기간 내에 신고수리 여부 또는 민원처리 관련 법령에 따른 처리기간의 연장을 신고인에게 통지하지 아니하면 그 기간(민원처리 관련 법령에 따라 처리기간이 연장 또는 재연장된 경우에는 해당 처리기간을 말한다)이 끝난 날의 다음 날에 신고를 수리한 것으로 본다.

⑤ 우수관리인증기관은 ①에 따라 우수관리시설의 지정을 한 경우 우수관리시설의 지정을 받은 자가 우수관리시설의 지정 기준을 지키는지 조사·점검하여야 하며, 필요한 경우에는 자료제출 요청 등을 할 수 있다.

⑥ 우수관리시설을 운영하는 자는 우수관리인증 대상 농산물 또는 우수관리인증농산물을 우수관리기준에 따라 관리하여야 한다.

⑦ 우수관리시설의 지정 유효기간은 5년으로 하되, 우수관리시설 지정의 효력을 유지하기 위하여는 유효기간이 끝나기 전에 그 지정을 갱신하여야 한다.

⑧ 농산물우수관리시설의 지정기준 및 지정절차 등(시행규칙 제23조)
  ㉠ 농산물우수관리시설의 지정기준은 다음과 같다.

알아두기 우수관리시설의 지정기준(시행규칙 제23조 관련 [별표 5])

1. 조직 및 인력
  가. 조 직
    1) 농산물우수관리업무를 수행할 능력을 갖추어야 한다.
    2) 농산물우수관리업무 외의 업무를 수행하고 있는 경우 그 업무를 수행함으로써 농산물우수관리업무가 불공정하게 수행되지 않아야 한다.
  나. 인 력
    1) 농산물우수관리업무를 담당하는 사람을 1명 이상 갖출 것
    2) 농산물우수관리업무를 담당하는 사람은 다음의 어느 하나에 해당하는 사람으로서 국립농산물품질관리원장이 정하는 바에 따라 농산물우수관리업무를 수행하는 사람의 역할과 자세, 농산물우수관리 관련 법령, 농산물우수관리시설기준, 농산물우수관리시설 관리실무 등의 교육을 받은 사람이어야 한다.
      가) 고등교육법에 따른 학교에서 학사학위를 취득한 사람(학사학위 취득 예정인 사람을 포함하되, 학사학위 취득 예정 사실을 증명하는 서류를 제출하는 경우로 한정) 또는 이와 같은 수준 이상의 학력이 있다고 인정되는 사람
      나) 고등교육법에 따른 학교에서 전문학사학위를 취득한 사람(전문학사학위 취득 예정인 사람을 포함하되, 전문학사학위 취득 예정 사실을 증명하는 서류를 제출하는 경우로 한정) 또는 이와 같은 수준 이상의 학력이 있다고 인정되는 사람으로서 농업 관련 기업체·연구소·기관 및 단체 등에서 농산물의 품질관리업무를 2년 이상 담당한 경력(학위 취득 또는 학력 인정 전의 경력을 포함)이 있는 사람

다) 국가기술자격법에 따른 농림분야의 기술사·기사·산업기사 또는 농산물품질관리사 자격증을 소지한 사람. 다만, 산업기사 자격증을 소지한 사람은 농업 관련 기업체·연구소·기관 및 단체 등에서 농산물의 품질관리 업무를 2년 이상 담당한 경력(자격 취득 전의 경력을 포함)이 있는 사람이어야 한다.
라) 농업 관련 기업체·연구소·기관 및 단체 등에서 농산물의 품질관리업무를 3년 이상 담당한 경력이 있는 사람
마) 그 밖에 농산물의 품질관리업무에 4년 이상 종사한 것으로 인정된 사람. 다만, 농가나 생산자조직에서 자체 생산한 농산물의 수확 후 관리를 위해 보유한 산지유통시설의 경우는 농산물의 품질관리업무에 2년 이상 종사(영농에 종사한 기간을 포함)한 것으로 인정된 사람이어야 한다.

2. 시 설
  가. 농산물우수관리시설은 농산물우수관리기준에 따라 관리되어야 한다.
  나. 농산물우수관리시설은 아래와 같은 시설기준을 충족할 수 있어야 한다.
    1) 법 제11조 제1항 제1호에 따른 미곡종합처리장 및 곡류의 수확 후 관리시설

	시설기준	비 고
시설물	가) 곡물의 수확 후 처리시설 및 완제품 보관시설이 설치된 건축물의 위치는 축산폐수·화학물질 그 밖의 오염물질 발생시설로부터 제품에 나쁜 영향을 주지 않도록 격리되어 있어야 한다.	
	나) 시설물 및 시설물이 설치된 부지는 깨끗하게 관리되어야 한다.	
건조 저장 시설	가) 건조 및 저장시설은 잔곡(殘穀)이 발생하지 않거나, 잔곡 청소가 가능한 구조로 설치되어야 한다.	
	나) 저장시설에는 통풍, 냉각 등 곡온(穀溫)을 낮출 수 있는 장치 및 곡온을 측정할 수 있는 온도장치가 설치되어야 하며, 곡온을 점검할 수 있어야 한다.	
	다) 저장시설은 쥐 등이 침입할 수 없는 구조여야 하며, 저장시설 내에는 농약 등 곡물에 나쁜영향을 미칠 수 있는 물질이 곡물과 같이 보관되지 않아야 한다.	
작업장	가) 원료 곡물을 가공하여 포장하는 작업장은 반입, 건조 및 저장 시설은 물론 부산물실과 분리(벽·층 등으로 별도의 방 또는 공간으로 구별되는 경우를 말한다. 이하 이 표에서 같다)되거나 구획(칸막이·커튼 등으로 구별되는 경우를 말한다. 이하 이 표에서 같다)되어야 한다.	
	나) 쌀 가공실은 현미부, 백미부, 포장부, 완제품 보관부, 포장재 보관부가 각각 격리되거나 칸막이 등으로 구획되어야 한다.	
	다) 바닥은 하중과 충격에 잘 견디는 견고한 재질이어야 하며, 파여 있거나 심하게 갈라진 틈이나 구멍이 없어야 한다.	
	라) 내벽과 천장의 자재는 곡물에 나쁜 영향을 주지 않는 자재가 사용되어야 하며, 먼지나 이물질이 쌓여 있지 않도록 청결하게 관리해야 한다.	
	마) 출입문은 견고하고 밀폐가 가능해야 하고, 완제품 보관부 등의 지게차 출입이 잦은 출입문은 이중문으로 하되, 외문은 견고하고 밀폐가 가능해야 하며 내문은 신속하게 여닫을 수 있고 분진 유입 등을 방지할 수 있는 구조로 설치되어야 한다.	
	바) 창문은 밀폐되어 있어야 하며, 해충 등의 침입을 방지하기 위해 고정식 방충망을 설치해야 한다.	
	사) 집진(集塵)을 위한 외부 공기 도입구가 설치되어야 하며, 외부 공기 도입구에는 먼지나 이물질 등이 유입되지 않도록 필터를 설치하고 깨끗하게 관리해야 한다.	
	아) 채광 및 조명은 작업환경에 적정한 조도를 유지해야 하며, 조명설비는 파손이나 이물질 낙하로 인한 오염을 방지하기 위해 커버나 덮개를 설치해야 한다.	
	자) 작업장에서 발생하는 부산물은 먼지가 최소화되도록 수집되어야 하며, 구획된 목적과 다르게 작업장 내에 부산물, 완제품 및 포장재 등이 방치되거나 적재되어 있지 않도록 관리되어야 한다.	
	차) 작업장을 깨끗하고 위생적으로 관리하기 위한 흡인식 청소시스템이 구비되어야 한다.	

시설기준		비고
가공 설비	가) 이송설비, 이송관, 저장용기 등 가공시설에서 도정된 곡물과 직접 접촉하는 부분은 스테인리스 강(鋼) 등과 같이 매끄럽고 내부식성(耐腐蝕性)이어야 하며, 구멍이나 균열이 없어야 한다.	
	나) 가공설비는 쥐 등이 내부로 침입하지 못하도록 침입방지시설이 설치되어야 한다.	
	다) 각 단위기계, 이송설비 및 저장용기는 잔곡이 있는지를 쉽게 파악하고 청소할 수 있는 구조여야 한다.	
	라) 곡물에 섞여 있는 이물질 및 다른 곡물의 낟알을 충분하게 제거하기 위한 선별장치가 설치되어야 한다.	
집진 설비 및 부산 물실	가) 분진 발생으로 인한 교차오염을 방지하기 위해 집진설비 등은 작업장과 구획되어 설치되어야 한다.	
	나) 반입, 건조저장 및 가공설비에서 발생하는 분진 및 분말 등의 제거를 위한 집진설비가 충분하게 갖춰져 있어야 하며, 집진설비는 사용에 지장이 없는 상태로 관리되어야 한다.	
	다) 겉겨실·속겨실 및 그 밖의 부산물실은 내부에서 발생하는 분진이 외부에 유출되지 않는 구조여야 한다.	
수처리 설비	가) 곡물의 세척 또는 가공에 사용되는 물은 먹는물관리법에 따른 먹는물 수질 기준에 적합해야 한다. 지하수 등을 사용하는 경우 취수원은 화장실, 폐기물처리시설, 동물사육장, 그 밖에 지하수가 오염될 우려가 있는 장소로부터 영향을 받지 않는 곳에 위치하거나 20m 이상 떨어진 곳에 있어야 한다.	
	나) 곡물에 사용되는 용수가 지하수일 경우에는 1년에 1회 이상 먹는물 수질 기준에 적합한지 여부를 확인해야 한다.	
	다) 용수저장용기는 밀폐가 되는 덮개 및 잠금장치를 설치하여 오염물질의 유입을 사전에 방지할 수 있는 구조여야 한다.	
위생 관리	가) 화장실은 작업장과 분리하여 수세식으로 설치하여 청결하게 관리되어야 하며, 손 세척 및 건조설비(일회용 티슈를 사용하는 곳은 제외한다)을 갖추어야 한다.	
	나) 작업장 종사자를 위한 위생복장을 갖추어야 하고, 탈의실을 설치하여야 한다.	
	다) 청소 설비 및 기구를 보관할 수 있는 전용공간을 마련하여야 한다.	
그 밖의 시설	가) 폐기물처리설비는 작업장과 떨어진 곳에 설치되어야 한다.	
	나) 폐수처리시설 설치가 필요할 경우 작업장과 떨어진 곳에 설치되어야 한다.	
관리 유지	농산물우수관리시설의 효율적 관리를 위하여 작업공정도, 기계설비 배치도, 점검기준 및 관리일지(작업장, 기계설비, 저장시설, 화장실) 등을 갖추어야 한다.	

2) 법 제11조 제1항 제2호 및 제3호에 따른 농수산물산지유통센터 및 농산물의 수확 후 관리시설

시설기준		품목군		비고
		비세척	세 척	
시설물	가) 농산물의 수확 후 관리시설과 원료 및 완제품의 보관시설 등이 설비된 시설물의 위치는 농산물이 나쁜 영향을 받지 않도록 축산폐수·화학물질 그 밖의 오염물질 발생시설로부터 격리되어 있어야 한다.			
	나) 시설물 및 시설물이 설치된 부지는 깨끗하게 관리되어야 한다.			
작업장	가) 작업장은 농산물의 수확 후 관리를 위한 작업실을 말하며 선별, 세척 및 포장 등의 작업구역은 분리되거나 구획되어야 한다. 다만, 작업공정의 자동화 또는 농산물의 특수성으로 인하여 분리 또는 구획할 필요가 없다고 인정되는 경우에는 분리 또는 구획을 하지 않을 수 있다.			
	나) 바닥은 충격에 잘 견디는 견고한 재질이어야 하며, 파여 있거나 심하게 갈라진 틈이나 구멍이 없어야 한다. 다만, 세척이 필요한 농산물의 경우에는 경사지게 하여 배수가 잘 되도록 해야 한다.			

시설기준		품목군		비고
		비세척	세척	
작업장	다) 배수로는 배수 및 청소가 용이하고 교차오염이 발생되지 않도록 설치하고 폐수가 역류하거나 퇴적물이 쌓이지 않도록 설비해야 하며, 배수구에는 곤충이나 설치류 등의 침입을 방지하기 위한 설비를 갖춰야 한다.	×		
	라) 내벽은 갈라진 틈이나 구멍이 없어야 한다. 다만, 세척농산물의 세척 및 포장 작업장의 내벽은 다음의 구분에 따른다.	×		
	(1) 소비자가 세척하지 않고 바로 먹을 수 있도록 처리한 세척농산물 : 내수성(耐水性)으로 설비하며, 먼지 등이 쌓이거나 미생물 등의 번식이 우려되는 돌출 부위(H빔 등을 말하며, 이하 이 별표에서 같다)가 보이지 않도록 시공한다.			
	(2) 그 밖의 세척농산물 : 내수성으로 설비하며, 돌출 부위에 먼지 등이 쌓이거나 미생물 등의 번식 우려가 없도록 돌출 부위 위생·청결 관리계획을 수립하여 준수하는 경우에는 돌출 부위가 보이게 시공할 수 있다.			
	마) 천장은 농산물에 나쁜 영향을 주지 않는 자재를 사용해야 하며, 먼지나 이물질이 쌓여 있지 않도록 청결하게 관리해야 한다. 다만, 세척농산물의 세척 및 포장 작업장의 천장은 다음의 구분에 따른다.			
	(1) 소비자가 세척하지 않고 바로 먹을 수 있도록 처리한 세척농산물 : 먼지 등이 쌓이거나 미생물 등의 번식이 우려되는 돌출 부위가 보이지 않도록 시공한다.			
	(2) 그 밖의 세척농산물 : 돌출 부위에 먼지 등이 쌓이거나 미생물 등의 번식 우려가 없도록 돌출 부위 위생·청결 관리계획을 수립하여 준수하는 경우에는 돌출 부위가 보이게 시공할 수 있다.			
	바) 출입구 및 창문은 밀폐되어 있어야 하며, 창문은 해충 등의 침입을 방지하기 위한 고정식 방충망을 설치해야 한다.			
	사) 채광 또는 조명은 작업환경에 적정한 조도를 유지해야 하며, 조명설비는 파손이나 이물질 낙하로 인한 오염을 방지하기 위해 커버나 덮개를 설치해야 한다.			
	아) 작업장 안에서 악취·유해가스, 매연·증기 등이 발생할 경우 이를 제거하는 환기설비 등을 갖추고 있어야 한다.			
	자) 작업공정에 분진, 분말 등이 발생할 경우 이를 제거하는 집진설비를 갖추고 있어야 한다.			
	차) 작업장 내 배관은 청결하게 관리되어야 한다.	×		
수확 후 관리 설비	가) 농산물을 수확 후 관리하는 데 필요한 기계·기구류 등 설비는 농산물의 특성에 따라 갖추어 관리되어야 한다.			
	나) 세척이 필요한 농산물의 취급설비 중 농산물과 직접 접촉하는 부분은 매끄럽고 내부식성이어야 하고, 구멍이나 균열이 없어야 하며, 세척 및 소독 작업이 가능해야 한다.	×		
	다) 냉각 및 가열처리 설비에는 온도계나 온도를 측정할 수 있는 기구를 설치하여야 하며, 적정온도가 유지되도록 관리하여야 한다.	×		
	라) 수확 후 관리 설비는 정기적으로 점검하여 위생적으로 관리해야 하며, 그 결과를 보관해야 한다.			
수처리 설비	가) 수확 후 농산물의 세척에 사용되는 용수는 먹는물관리법에 따른 먹는물 수질 기준에 적합해야 한다. 지하수 등을 사용하는 경우 취수원은 화장실·폐기물처리시설·동물사육장, 그 밖에 지하수가 오염될 우려가 있는 장소로부터 영향을 받지 않는 곳에 위치하거나 20m 이상 떨어진 곳에 있어야 한다.	×		

시설기준		품목군		비고
		비세척	세척	
수처리 설비	나) 수확 후 세척에 사용되는 용수가 지하수일 경우에는 1년에 1회 이상 먹는물 수질 기준에 적합한지 여부를 검사해야 한다.	×		
	다) 용수저장탱크는 밀폐가 되는 덮개 및 잠금장치를 설치하여 오염물질의 유입을 사전에 방지할 수 있는 구조여야 한다.	×		
저장 (예랭) 시설	가) 저장(예랭)시설은 농산물 수확 후 원물(原物) 및 농산품의 품질관리를 위한 저온시설을 말하며, 작업장과 분리하여 설치해야 한다. 다만, 대상 농산물이 저온저장(예랭)을 할 필요가 없다고 인정되는 경우에는 설치하지 않을 수 있다.			
	나) 벽체 및 천장의 내벽은 내수성을 가진 단열 패널로 마감처리하는 것을 원칙으로 한다.			
	다) 창문이나 출입문은 조류, 설치류와 가축의 접근을 막기 위한 방충망을 설치해야 한다. 다만, 저장시설의 출입문이 작업장 내부에 있는 경우에는 출입문 방충망을 설치하지 않을 수 있다.			
	라) 냉장(냉동, 냉각)이 필요한 농산물은 냉기가 잘 흐르도록 적재가 가능한 팰릿 등을 갖추어 적절한 온도관리가 되어야 한다.			
	마) 냉장(냉동, 냉각)실에 설치되어 있는 온도장치의 감온봉(感溫棒)은 가장 온도가 높은 곳이나 온도관리가 적절한 곳에 설치하며 외부에서 온도를 관찰할 수 있어야 한다.			
수송 · 운반 설비	가) 운송차량은 운송 중인 농산물이 외부로부터 오염되지 않도록 관리하여야 하며, 냉장유통이 필요한 농산물은 냉장탑차를 이용하여야 한다.			
	나) 수송 및 운반에 사용되는 용기는 세척하기 쉬워야 하며, 필요한 경우 소독과 건조가 가능해야 한다.	×		
	다) 수송, 운반, 보관 등 물류기기는 깨끗하고 위생적으로 관리되어야 한다.	×		
위생 관리	가) 화장실은 작업장과 분리하여 수세식으로 설치하여야 하며, 손 세척 및 건조 설비(일회용 티슈를 사용하는 곳은 제외한다)를 갖추어야 한다.			
	나) 화장실의 청결상태를 정기적으로 점검하고 청소하여 위생적으로 관리해야 한다.			
	다) 적절한 청소 설비 및 기구를 전용 보관장소에 갖추어 두어야 한다.			
그 밖의 시설	가) 폐기물처리설비가 필요할 경우 폐기물처리설비는 작업장과 떨어진 곳에 설치·운영되어야 한다.			
	나) 폐수처리시설은 작업장과 떨어진 곳에 설치·운영되어야 한다. 다만, 단순 세척을 할 경우에는 폐수처리시설을 갖추지 않을 수 있다.	×		
관리 유지	농산물우수관리시설의 효율적 관리를 위해 작업공정도, 기계설비 배치도, 점검 기준 및 관리일지(작업장, 기계설비, 저장시설 및 화장실) 등을 갖춰야 한다.			

3. 농산물우수관리시설 업무규정
   농산물우수관리시설 업무규정에는 다음에 관한 사항이 포함되어야 한다.
   가. 수확 후 관리품목
   나. 우수관리인증농산물의 취급방법
   다. 수확 후 관리시설의 관리방법
   라. 우수관리인증농산물의 품목별 수확 후 관리 절차
   마. 농산물우수관리시설 근무자의 준수사항 마련 및 자체관리·감독에 관한 사항
   바. 농산물우수관리시설 근무자 교육에 관한 사항
   사. 그 밖에 국립농산물품질관리원장이 농산물우수관리시설의 업무수행에 필요하다고 인정하여 고시하는 사항

ⓛ 우수관리시설로 지정받으려는 자는 농산물우수관리시설 지정신청서에 다음의 서류를 첨부하여 **우수관리인증기관에게 제출**하여야 한다.
- 정관 및 법인 등기사항증명서(법인인 경우만 해당한다)
- 우수관리시설 및 인력 현황을 적은 서류
- 우수관리시설의 운영계획 및 우수관리인증농산물 처리규정 등을 적은 우수관리시설사업계획서
- 우수관리시설의 지정기준을 갖추었음을 증명할 수 있는 서류

ⓒ 우수관리인증기관은 지정신청을 받으면 그 날부터 **40일 이내**에 우수관리시설의 지정기준에 적합한지를 심사하여야 한다.

ⓔ 우수관리인증기관은 심사를 한 결과 우수관리시설 지정기준에 적합한 경우에는 그 신청인에게 농산물우수관리시설 지정서를 발급하여야 하며, 우수관리시설 지정기준에 적합하지 아니한 경우에는 그 사유를 신청인에게 알려야 한다.

ⓜ 우수관리인증기관은 농산물우수관리시설 지정서를 발급한 경우에는 다음의 사항을 **관보에 고시**하거나 **농산물우수관리시스템에 게시**하여야 한다.
- 우수관리시설의 명칭 및 대표자
- 주사무소 및 지사의 소재지·전화번호
- 수확 후 관리 품목
- 우수관리시설 지정번호 및 지정일
- 유효기간

ⓗ 외국의 수확 후 관리시설이 우수관리시설 지정을 신청하는 경우에는 국립농산물품질관리원장이 정하여 고시하는 외국 우수관리시설 지정기준 및 지정절차를 적용한다.

ⓐ 우수관리시설 지정에 필요한 세부 사항은 국립농산물품질관리원장이 정하여 고시한다.

⑧ 우수관리시설의 지정내용 변경신고(시행규칙 제24조 제2항) : 우수관리시설로 지정을 받은 자는 우수관리시설로 지정받은 후 그 내용이 변경된 경우에는 변경 사유가 발생한 날부터 1개월 이내에 농산물우수관리시설 지정내용 변경신고서에 변경된 내용을 증명하는 서류를 첨부하여 우수관리인증기관에 제출하여야 한다.

⑨ 우수관리시설 지정의 갱신 등(시행규칙 제25조)
㉠ 우수관리시설로 지정을 갱신하려는 자는 농산물우수관리시설 (지정·갱신)신청서에 변경사항이 있는 서류를 첨부하여 그 유효기간이 끝나기 1개월 전까지 우수관리인증기관에 제출하여야 한다.
㉡ 우수관리시설 지정 갱신의 절차 및 방법 등에 대해서는 시행규칙 제23조를 준용한다.
㉢ 우수관리인증기관은 유효기간이 끝나기 2개월 전까지 신청인에게 갱신절차와 갱신신청 기간을 미리 알려야 한다. 이 경우 통지는 휴대전화 문자메시지, 전자우편, 팩스, 전화 또는 문서 등으로 할 수 있다.

> **예시문제 맛보기**
>
> A사는 2025년 9월에 농산물우수관리시설로 지정받기 위해 농산물우수관리시설 지정요건에 부합하는 신규인력을 채용할 예정이다. 다음 중 A사의 채용요건에 부합하는 자를 모두 고른 것은?
>
> ㉠ 2024년 5월 시설원예기사 자격을 취득한 자
> ㉡ 2024년 8월 농산물품질관리사 자격을 취득한 자
> ㉢ 2024년 5월 유기농업산업기사 자격을 취득한 자
>
> ① ㉠, ㉡   ② ㉠, ㉢
> ③ ㉡, ㉢   ④ ㉠, ㉡, ㉢
>
> **정답** ①

(13) 우수관리시설의 지정취소 등(법 제12조)

① 우수관리인증기관은 우수관리시설이 다음의 어느 하나에 해당하면 그 지정을 취소하거나 6개월 이내의 기간을 정하여 우수관리인증 대상 농산물에 대한 농산물우수관리 업무의 정지를 명하거나 시정명령을 할 수 있다. 다만, ㉠부터 ㉢까지의 규정 중 어느 하나에 해당하면 지정을 취소하여야 한다.

㉠ 거짓이나 그 밖의 부정한 방법으로 지정을 받은 경우
㉡ 업무정지 기간 중에 농산물우수관리 업무를 한 경우
㉢ 우수관리시설을 운영하는 자가 해산·부도로 인하여 농산물우수관리 업무를 할 수 없는 경우
㉣ 지정기준을 갖추지 못하게 된 경우
㉤ 중요사항에 대한 변경신고를 하지 아니하고 우수관리인증 대상 농산물을 취급(세척 등 단순가공·포장·저장·거래·판매를 포함한다)한 경우
㉥ 농산물우수관리 업무와 관련하여 시설의 대표자 등 임원·직원에 대하여 벌금 이상의 형이 확정된 경우
㉦ 우수관리시설의 지정을 받은 자가 정당한 사유 없이 조사·점검 또는 자료제출 요청을 따르지 아니한 경우
㉧ 우수관리인증 대상 농산물 또는 우수관리인증농산물을 우수관리기준에 따라 관리하지 아니한 경우

② 우수관리시설의 지정취소 등의 처분기준(시행규칙 제26조)
　㉠ 우수관리시설의 지정취소 및 업무정지에 관한 처분기준은 다음과 같다.

> **알아두기** 우수관리시설의 지정취소 및 업무정지에 관한 처분기준(시행규칙 제26조 관련 [별표 6])
>
> 1. 일반기준
>   가. 위반행위가 둘 이상이면 그 중 무거운 처분기준에 따른다. 다만, 둘 이상의 처분기준이 모두 업무정지인 경우에는 무거운 처분기준에 각각 나머지 처분기준의 2분의 1 범위에서 가중한다.
>   나. 위반행위의 횟수에 따른 행정처분의 기준은 최근 1년간 같은 위반행위로 행정처분을 받은 경우에 적용한다. 이 경우 기간의 계산은 위반행위에 대한 행정처분일과 그 처분 후 다시 같은 위반행위를 하여 적발된 날을 기준으로 한다.
>   다. 나목에 따라 가중된 처분을 하는 경우 가중처분의 적용 차수는 그 위반행위 전 처분 차수(나목에 따른 기간 내에 처분이 둘 이상 있었던 경우에는 높은 차수를 말한다)의 다음 차수로 한다.
>   라. 위반행위의 내용으로 보아 그 위반의 정도가 경미하거나 그 밖에 특별한 사유가 있다고 인정되는 경우에는 그 처분이 업무정지인 경우에는 2분의 1 범위에서 감경할 수 있고, 지정취소인 경우에는 6개월의 업무정지 처분으로 감경할 수 있다.
>   마. 업무정지 처분의 경우에는 농산물우수관리 업무 전부에 대하여 업무정지 처분을 해야 한다. 다만, 위반사항의 내용으로 보아 고의성이 없거나 그 밖에 특별한 사유가 있다고 인정되는 경우 또는 인증농가의 불편이 예상될 경우에는 농산물우수관리업무의 일부에 대하여 업무정지 처분을 할 수 있다.
>
> 2. 개별기준
>
> | 위반행위 | 근거 법조문 | 위반횟수별 처분기준 | | |
> |---|---|---|---|---|
> | | | 1회 | 2회 | 3회 |
> | 가. 거짓이나 그 밖의 부정한 방법으로 지정을 받은 경우 | 법 제12조 제1항 제1호 | 지정취소 | - | - |
> | 나. 업무정지 기간 중에 농산물우수관리 업무를 한 경우 | 법 제12조 제1항 제2호 | 지정취소 | - | - |
> | 다. 우수관리시설을 운영하는 자가 해산·부도로 인하여 농산물우수관리 업무를 할 수 없는 경우 | 법 제12조 제1항 제3호 | 지정취소 | - | - |
> | 라. 지정기준을 갖추지 못하게 된 경우 | 법 제12조 제1항 제4호 | 업무정지 1개월 | 업무정지 3개월 | 업무정지 6개월 |
> | 마. 중요사항에 대한 변경신고를 하지 않고 우수관리인증 대상 농산물을 취급(세척 등 단순가공·포장·저장·거래·판매를 포함한다)한 경우 | 법 제12조 제1항 제5호 | 경고 | 업무정지 1개월 | 업무정지 3개월 |
> | 바. 농산물우수관리 업무와 관련하여 시설의 대표자 등 임원·직원에 대하여 벌금 이상의 형이 확정된 경우 | 법 제12조 제1항 제6호 | 지정취소 | - | - |
> | 사. 우수관리시설의 지정을 받은 자가 정당한 사유 없이 법 제11조 제4항에 따른 조사·점검 또는 자료제출 요청에 응하지 않은 경우 | 법 제12조 제1항 제7호 | 업무정지 1개월 | 업무정지 3개월 | 지정취소 |
> | 아. 우수관리인증 대상 농산물 또는 우수관리인증농산물을 우수관리기준에 따라 관리하지 않은 경우 | 법 제12조 제1항 제7호 | | | |
> | 　1) 우수관리시설의 고의 또는 중대한 과실로 인하여 우수관리기준을 위반한 경우 | | 업무정지 1개월 | 업무정지 3개월 | 지정취소 |
> | 　2) 우수관리시설의 경미한 과실로 인하여 우수관리기준을 위반한 경우 | | 경고 | 업무정지 1개월 | 업무정지 3개월 |

ⓒ 우수관리인증기관 또는 국립농산물품질관리원장(법 제13조의2 제3항에 따라 취소하는 경우만 해당)은 우수관리시설의 지정을 취소하였을 때에는 그 사실을 농산물우수관리시스템에 게시하여야 한다.
　　ⓒ 국립농산물품질관리원장은 우수관리인증기관에 우수관리시설의 지정취소, 업무의 정지 또는 시정을 명하도록 요구하는 경우에는 우수관리시설의 위반행위에 관한 자료를 해당 인증기관에 제공하여야 한다.

(14) 농산물우수관리 관련 교육·홍보 등(법 제12조의2)
농림축산식품부장관은 농산물우수관리를 활성화하기 위하여 소비자, 우수관리인증을 받았거나 받으려는 자, 우수관리인증기관 등에게 교육·홍보, 컨설팅 지원 등의 사업을 수행할 수 있다.

(15) 농산물우수관리 관련 보고 및 점검 등(법 제13조)
① 농림축산식품부장관은 농산물우수관리를 위하여 필요하다고 인정하면 우수관리인증기관, 우수관리시설을 운영하는 자 또는 우수관리인증을 받은 자로 하여금 그 업무에 관한 사항을 보고(정보통신망 이용촉진 및 정보보호 등에 관한 법률에 따른 정보통신망을 이용하여 보고 하는 경우를 포함)하게 하거나 자료를 제출(정보통신망 이용촉진 및 정보보호 등에 관한 법률에 따른 정보통신망을 이용하여 제출하는 경우를 포함)하게 할 수 있으며, 관계 공무원에게 사무소 등을 출입하여 시설·장비 등을 점검하고 관계 장부나 서류를 조사하게 할 수 있다.

※ 농산물우수관리 관련 보고 및 점검(시행규칙 제27조)
　① 우수관리인증기관, 우수관리시설 등을 운영하는 자는 인증 및 사후관리 실적 등을 그 사유가 발생한 날이 속하는 달의 다음 달 10일까지 농산물우수관리시스템을 통하여 보고하여야 한다.
　② 보고의 내용, 방법, 절차 등의 세부내용은 국립농산물품질관리원장이 정하여 고시한다.

② 보고·자료제출·점검 또는 조사를 할 때 우수관리인증기관, 우수관리시설을 운영하는 자 및 우수관리인증을 받은 자는 **정당한 사유 없이 이를 거부·방해하거나 기피**하여서는 아니 된다.
③ 점검이나 조사를 할 때에는 미리 점검이나 조사의 일시, 목적, 대상 등을 **점검 또는 조사 대상자에게 알려야** 한다. 다만, 긴급한 경우나 미리 알리면 그 목적을 달성할 수 없다고 인정되는 경우에는 알리지 아니할 수 있다.
④ 점검이나 조사를 하는 관계 공무원은 그 권한을 표시하는 증표를 지니고 이를 관계인에게 보여주어야 하며, **성명·출입시간·출입목적** 등이 표시된 문서를 관계인에게 내주어야 한다.

(16) 우수관리시설 점검·조사 등의 결과에 따른 조치 등(법 제13조의2)
① 농림축산식품부장관은 점검·조사 등의 결과 우수관리시설이 제12조 제1항 각 호의 어느 하나에 해당하면 해당 우수관리인증기관에 농림축산식품부령으로 정하는 바에 따라 우수관리시설의 지정을 취소하거나 우수관리인증 대상 농산물에 대한 농산물우수관리 업무의 정지 또는 시정을 명하도록 요구하여야 한다.

② 우수관리인증기관은 요구가 있는 경우 지체 없이 이에 따라야 하며, 처분 후 그 내용을 농림축산식품부장관에게 보고하여야 한다.

③ ①의 경우 우수관리인증기관의 지정이 취소된 후 새로운 우수관리인증기관이 지정되지 아니하거나 해당 우수관리인증기관이 업무정지 중인 경우에는 농림축산식품부장관이 우수관리시설의 지정을 취소하거나 6개월 이내의 기간을 정하여 우수관리인증 대상 농산물에 대한 농산물우수관리업무의 정지를 명하거나 시정명령을 할 수 있다.

3. 이력추적관리 ★ 중요

(1) 이력추적관리(법 제24조)

① 다음의 어느 하나에 해당하는 자 중 **이력추적관리**를 하려는 자는 농림축산식품부장관에게 **등록**하여야 한다.
  ㉠ 농산물(축산물은 제외)을 생산하는 자
  ㉡ 농산물을 유통 또는 판매하는 자(표시·포장을 변경하지 아니한 유통·판매자는 제외)

② ①에도 불구하고 대통령령으로 정하는 농산물을 생산하거나 유통 또는 판매하는 자는 농림축산식품부장관에게 이력추적관리의 등록을 하여야 한다.

③ ① 또는 ②에 따라 이력추적관리의 등록을 한 자는 농림축산식품부령으로 정하는 등록사항이 변경된 경우 변경 사유가 발생한 날부터 **1개월 이내**에 농림축산식품부장관에게 신고하여야 한다.

④ 농림축산식품부장관은 ③에 따른 변경신고를 받은 날부터 10일 이내에 신고수리 여부를 신고인에게 통지하여야 한다.

⑤ 농림축산식품부장관이 ④에서 정한 기간 내에 신고수리 여부 또는 민원처리 관련 법령에 따른 처리기간의 연장을 신고인에게 통지하지 아니하면 그 기간(민원처리 관련 법령에 따라 처리기간이 연장 또는 재연장된 경우에는 해당 처리기간)이 끝난 날의 다음 날에 신고를 수리한 것으로 본다.

⑥ ①에 따라 이력추적관리의 등록을 한 자는 해당 농산물에 농림축산식품부령으로 정하는 바에 따라 **이력추적관리의 표시**를 할 수 있으며, ②에 따라 이력추적관리의 등록을 한 자는 해당 농산물에 **이력추적관리의 표시**를 하여야 한다.

⑦ ①에 따라 등록된 농산물 및 ②에 따른 농산물(이하 "이력추적관리농산물"이라 한다)을 생산하거나 유통 또는 판매하는 자는 이력추적관리에 필요한 입고·출고 및 관리 내용을 기록하여 보관하는 등 농림축산식품부장관이 정하여 고시하는 기준(이하 "이력추적관리기준"이라 한다)을 지켜야 한다. 다만, 이력추적관리농산물을 유통 또는 판매하는 자 중 행상·노점상 등 대통령령으로 정하는 자는 예외로 한다.

⑧ 농림축산식품부장관은 ① 또는 ②에 따라 이력추적관리의 등록을 한 자에 대하여 이력추적관리에 필요한 비용의 전부 또는 일부를 지원할 수 있다.

⑨ 농림축산식품부장관은 ① 또는 ②에 따라 이력추적관리를 등록한 자의 농산물 이력정보를 공개할 수 있다. 이 경우 휴대전화기를 이용하는 등 소비자가 이력정보에 쉽게 접근할 수 있도록 하여야 한다.
⑩ 이력추적관리의 대상품목, 등록절차, 등록사항, 그 밖에 등록에 필요한 세부적인 사항과 ⑨에 따른 이력정보 공개에 필요한 사항은 농림축산식품부령으로 정한다.

(2) 이력추적관리의 대상품목 및 등록사항(시행규칙 제46조) ★ 중요
① 이력추적관리 등록 대상품목은 법 제2조 제1항 제1호의 농산물(축산물은 제외) 중 **식용을 목적으로 생산하는 농산물**로 한다.
② 이력추적관리의 등록사항은 다음과 같다.
  ㉠ 생산자(단순가공을 하는 자를 포함)
    • 생산자의 성명, 주소 및 전화번호
    • 이력추적관리 대상품목명
    • 재배면적
    • 생산계획량
    • 재배지의 주소
  ㉡ 유통자
    • 유통업체의 명칭 또는 유통자의 성명, 주소 및 전화번호
    • 수확 후 관리시설이 있는 경우 관리시설의 소재지
  ㉢ 판매자 : 판매업체의 명칭 또는 판매자의 성명, 주소 및 전화번호

(3) 이력추적관리의 등록절차 등(시행규칙 제47조)
① 이력추적관리 등록을 하려는 자는 농산물이력추적관리 등록(신규·갱신)신청서에 다음의 서류를 첨부하여 **국립농산물품질관리원장**에게 제출하여야 한다.
  ㉠ 이력추적관리농산물의 관리계획서
  ㉡ 이상이 있는 농산물에 대한 회수 조치 등 사후관리계획서
② 국립농산물품질관리원장(이하 "등록기관의 장"이라 한다)은 제출된 서류에 보완이 필요하다고 판단되면 등록을 신청한 자에게 서류의 보완을 요구할 수 있다.
③ 등록기관의 장은 이력추적관리의 등록신청을 받은 경우에는 이력추적관리기준에 적합한지를 심사하여야 한다.
④ 등록기관의 장은 신청인이 생산자집단인 경우에는 전체 구성원에 대하여 각각 심사를 하여야 한다. 다만, 등록기관의 장이 정하여 고시하는 바에 따라 표본심사를 할 수 있다.
⑤ 등록기관의 장은 등록신청을 받으면 심사일정을 정하여 그 신청인에게 알려야 한다.
⑥ 등록기관의 장은 그 소속 심사담당자와 시·도지사 또는 시장·군수·구청장이 추천하는 공무원이나 민간전문가로 심사반을 구성하여 **이력추적관리의 등록 여부를 심사**할 수 있다.

⑦ 등록기관의 장은 심사 결과 적합한 경우에는 이력추적관리 등록을 하고, 그 신청인에게 농산물이력추적관리 등록증("**이력추적관리 등록증**"이라 한다)을 발급하여야 한다.
⑧ 등록기관의 장은 심사 결과 적합하지 아니한 경우에는 그 사유를 구체적으로 밝혀 지체 없이 신청인에게 알려 주어야 한다.
⑨ 이력추적관리 등록자는 이력추적관리 등록증을 분실한 경우 등록기관에 농산물이력추적관리 등록증 재발급 신청서를 제출하여 재발급받을 수 있다.
⑩ 이력추적관리의 등록에 필요한 세부적인 절차 및 사후관리 등은 국립농산물품질관리원장이 정하여 고시한다.

(4) 이력추적관리 농수산물의 표시 등(시행규칙 제49조) ★ 중요
① 이력추적관리 농산물의 표시

> **알아두기** 이력추적관리 농산물의 표시(시행규칙 제49조 관련 [별표 12])
>
> 1. 이력추적관리 농산물의 표지와 제도법
>   가. 표 지
>
>
>
>   나. 제도법
>   1) 도형표시
>   2) 글자는 고딕체로 한다.
>   3) 표지도형의 색상 및 크기는 포장재의 색상 및 크기에 따라 조정할 수 있다.
>
> 2. 표시사항
>   가. 표 지
>
>
>
>   나. 표시항목
>   1) 산지 : 농산물을 생산한 지역의 시·군·구 단위를 적는다.
>   2) 품목(품종) : 식물신품종 보호법에 따른 품종을 이 규칙에 따라 표시한다.
>   3) 중량·개수 : 포장단위의 실중량이나 개수
>   4) 생산연도 : 쌀과 현미만 해당하며, 양곡관리법 시행규칙 [별표 4]에 따라 수확연도를 표시한다.
>   5) 생산자 : 생산자 성명이나 생산자단체·조직명, 주소, 전화번호(유통자의 경우 유통자 성명, 업체명, 주소, 전화번호)
>   6) 이력추적관리번호 : 이력추적이 가능하도록 붙여진 이력추적관리번호

3. 표시방법
   가. 표지와 표시항목의 크기는 포장재의 크기에 따라 표지의 크기를 키우거나 줄일 수 있으나 표지형태 및 글자표기는 변형할 수 없다.
   나. 표지와 표시항목의 표시는 소비자가 쉽게 알아볼 수 있도록 포장재 옆면에 표지와 표시사항을 함께 표시하되, 옆면에 표시하기 어려울 경우에는 표시위치를 변경할 수 있다.
   다. 표지와 표시항목은 인쇄하거나 스티커로 포장재에서 떨어지지 않도록 부착하여야 한다. 다만, 포장하지 아니하고 낱개로 판매하는 경우나 소포장의 경우에는 표지만을 표시할 수 있다.
   라. 수출용의 경우에는 해당 국가의 요구에 따라 표시할 수 있다.
   마. 제2호 나목의 표시항목 중 표준규격, 지리적표시 등 다른 규정에 따라 표시하고 있는 사항은 그 표시를 생략할 수 있다.

② 이력추적관리 표시를 하려는 경우에는 다음의 방법에 따른다.
   ㉠ 포장・용기의 겉면 등에 이력추적관리의 표시를 할 때에는 [별표 12] 제2호 나목에 따른 표시사항을 인쇄하거나 표시사항이 인쇄된 스티커를 부착하여야 한다.
   ㉡ 농산물에 이력추적관리의 표시를 할 때에는 표시대상 농산물에 이력추적관리 등록 표지가 인쇄된 스티커를 부착하여야 한다.
   ㉢ 송장이나 거래명세표에 이력추적관리 등록의 표시를 할 때에는 [별표 12] 제2호에 따른 표시항목을 적어 이력추적관리 등록을 받았음을 표시하여야 한다.
   ㉣ 간판이나 차량에 이력추적관리의 표시를 할 때에는 인쇄 등의 방법으로 [별표 12] 제1호 가목에 따른 표지를 표시하여야 한다.
③ ②에 따른 이력추적관리의 표시가 되어 있는 농산물을 공급받아 소비자에게 직접 판매하는 자는 푯말 또는 표지판으로 이력추적관리의 표시를 할 수 있다. 이 경우 표시 내용은 포장 및 거래명세표 등에 적혀 있는 내용과 같아야 한다.
④ ② 및 ③에 따른 표시방법 등 이력추적관리의 표시와 관련하여 필요한 사항은 등록기관의 장이 정하여 고시한다.

(5) 이력추적관리 등록의 유효기간 등(법 제25조)

① 이력추적관리 등록의 유효기간은 **등록한 날부터 3년**으로 한다. 다만, 품목의 특성상 달리 적용할 필요가 있는 경우에는 **10년의 범위**에서 농림축산식품부령으로 유효기간을 달리 정할 수 있다.
② 다음의 어느 하나에 해당하는 자는 이력추적관리 등록의 유효기간이 끝나기 전에 이력추적관리의 등록을 갱신하여야 한다.
   ㉠ 이력추적관리의 등록을 한 자로서 그 유효기간이 끝난 후에도 계속하여 해당 농산물에 대하여 이력추적관리를 하려는 자
   ㉡ 이력추적관리의 등록을 한 자로서 그 유효기간이 끝난 후에도 계속하여 해당 농산물을 생산하거나 유통 또는 판매하려는 자
③ 이력추적관리의 등록을 한 자가 유효기간 내에 해당 품목의 출하를 종료하지 못할 경우에는 농림축산식품부장관의 심사를 받아 이력추적관리 등록의 유효기간을 연장할 수 있다.

④ 이력추적관리 등록의 갱신 및 유효기간 연장의 절차 등에 필요한 세부적인 사항은 농림축산식품부령으로 정한다.

> **예시문제 맛보기**
>
> 2025년 3월 5일 고추에 대하여 이력추적관리 등록을 받은 경우 유효기간이 만료되는 시점은?
> ① 2026년 3월 4일
> ② 2027년 3월 4일
> ③ 2028년 3월 4일
> ④ 2030년 3월 4일
>
> **정답** ③

> **예시문제 맛보기**
>
> 농수산물 품질관리법령상 이력추적관리에 관한 설명으로 옳지 않은 것은?
> ① 지리적표시의 등록을 받으려면 이력추적관리 등록을 하여야 한다.
> ② 이력추적관리 등록의 유효기간은 등록을 받은 날부터 3년으로 한다.
> ③ 이력추적관리 농산물의 표시사항에는 산지, 품목(품종), 생산연도가 포함된다.
> ④ 이력추적관리의 등록사항이 변경된 경우에는 변경사유가 발생한 날부터 1개월 이내에 변경신고를 하여야 한다.
>
> **정답** ①

(6) 이력추적관리 등록의 갱신(시행규칙 제51조)

① 이력추적관리 등록을 받은 자가 이력추적관리 등록을 갱신하려는 경우에는 이력추적관리 등록(신규·갱신)신청서와 변경사항이 있는 서류를 해당 등록의 유효기간이 끝나기 **1개월 전**까지 등록기관의 장에게 제출하여야 한다.

② 이력추적관리 등록의 갱신신청, 심사 절차 및 방법에 대해서는 이력추적관리의 등록절차의 규정을 준용한다.

③ 등록기관의 장은 유효기간이 끝나기 **2개월 전**까지 신청인에게 갱신절차와 갱신신청 기간을 미리 알려야 한다. 이 경우 통지는 휴대전화 문자메시지, 전자우편, 팩스, 전화 또는 문서 등으로 할 수 있다.

(7) 이력추적관리등록의 유효기간 연장(시행규칙 제52조)

① 이력추적관리 등록을 받은 자가 법 제25조 제3항에 따라 이력추적관리등록의 **유효기간을 연장**하려는 경우에는 해당 등록의 유효기간이 끝나기 **1개월 전**까지 농산물이력추적관리 등록 유효기간 연장신청서를 등록기관의 장에게 제출하여야 한다.

② 등록기관의 장은 이력추적관리 등록의 유효기간 연장신청을 받은 경우에는 해당 이력추적관리 농산물의 출하에 필요한 기간을 정하여 유효기간을 연장하고 이력추적관리 등록증을 재발급하여야 한다. 이 경우 연장기간은 해당 품목의 이력추적관리 등록의 유효기간을 초과할 수 없다.

③ 이력추적관리 등록의 유효기간 연장에 필요한 심사 절차 및 방법 등에 대해서는 이력추적관리의 등록절차의 규정을 준용한다.

(8) 이력추적관리 자료의 제출 등(법 제26조)

① 농림축산식품부장관은 이력추적관리농산물을 생산하거나 유통 또는 판매하는 자에게 농산물의 생산, 입고·출고와 그 밖에 이력추적관리에 필요한 자료제출을 요구할 수 있다.

② 이력추적관리농산물을 생산하거나 유통 또는 판매하는 자는 자료제출을 요구받은 경우에는 정당한 사유가 없으면 이에 따라야 한다.

③ 이력추적관리 자료제출의 범위, 방법, 절차 등(시행규칙 제53조)
  ㉠ 자료제출의 범위는 이력추적관리의 등록사항과 관련된 자료와 생산·입고·출고 정보 등 농산물이력추적에 필요한 사항으로 한다.
  ㉡ 이력추적관리농산물을 생산·유통 또는 판매하는 자는 ㉠에 따른 자료를 서류로 제출하거나 등록기관의 장이 고시하는 이력추적관리 정보시스템을 통하여 제출할 수 있다.

(9) 이력추적관리 등록의 취소 등(법 제27조)

① 농림축산식품부장관은 등록한 자가 다음의 어느 하나에 해당하면 그 등록을 취소하거나 6개월 이내의 기간을 정하여 이력추적관리 표시정지를 명하거나 시정명령을 할 수 있다. 다만, ㉠, ㉡ 또는 ㉧에 해당하면 등록을 취소하여야 한다.
  ㉠ 거짓이나 그 밖의 부정한 방법으로 등록을 받은 경우
  ㉡ 이력추적관리 표시정지 명령을 위반하여 계속 표시한 경우
  ㉢ 이력추적관리 등록변경신고를 하지 아니한 경우
  ㉣ 표시방법을 위반한 경우
  ㉤ 이력추적관리기준을 지키지 아니한 경우
  ㉥ 정당한 사유 없이 자료제출 요구를 거부한 경우
  ㉧ 업종전환·폐업 등으로 이력추적관리농산물을 생산, 유통 또는 판매하기 어렵다고 판단되는 경우

② ①에 따른 등록취소, 표시정지 및 시정명령의 기준, 절차 등 세부적인 사항은 농림축산식품부령으로 정한다.

③ 이력추적관리의 등록취소 등의 기준(시행규칙 제54조)

알아두기 이력추적관리의 등록취소 및 표시정지 등의 기준(시행규칙 제54조 관련 [별표 14])

1. 일반기준
   가. 위반행위가 둘 이상이면 그 중 무거운 처분기준에 따른다. 다만, 둘 이상의 처분기준이 모두 표시정지인 경우에는 각 처분기준을 합산한 기간을 넘지 않는 범위에서 무거운 처분기준에 그 처분기준의 2분의 1 범위에서 가중한다.
   나. 위반행위의 횟수에 따른 행정처분의 기준은 최근 1년간 같은 위반행위로 행정처분을 받은 경우에 적용한다. 이 경우 기간의 계산은 위반행위에 대한 행정처분일과 그 처분 후 다시 같은 위반행위를 하여 적발된 날을 기준으로 한다.
   다. 나목에 따라 가중된 처분을 하는 경우 가중처분의 적용 차수는 그 위반행위 전 처분차수(나목에 따른 기간 내에 처분이 둘 이상 있었던 경우에는 높은 차수를 말한다)의 다음 차수로 한다.

라. 생산자집단 또는 가공업자단체의 구성원의 위반행위에 대해서는 1차적으로 위반행위를 한 구성원에 대하여 행정처분을 하되, 그 구성원이 소속된 조직 또는 단체에 대해서는 그 구성원의 위반 정도를 고려하여 처분을 감경하거나 그 구성원에 대한 처분기준보다 한 단계 낮은 처분기준을 적용한다.

마. 위반행위의 내용으로 보아 고의성이 없거나 그 밖에 특별한 사유가 있다고 인정되는 경우에는 그 처분을 표시정지의 경우에는 2분의 1 범위에서 경감할 수 있고, 등록취소인 경우에는 6개월의 표시정지처분으로 경감할 수 있다.

2. 개별기준

위반행위	근거 법조문	위반횟수별 처분기준		
		1차 위반	2차 위반	3차 이상 위반
가. 거짓이나 그 밖의 부정한 방법으로 등록을 받은 경우	법 제27조 제1항 제1호	등록취소	-	-
나. 이력추적관리 표시정지 명령을 위반하여 계속 표시한 경우	법 제27조 제1항 제2호	등록취소	-	-
다. 이력추적관리 등록변경신고를 하지 않은 경우	법 제27조 제1항 제3호	시정명령	표시정지 1개월	표시정지 3개월
라. 표시방법을 위반한 경우	법 제27조 제1항 제4호	표시정지 1개월	표시정지 3개월	등록취소
마. 이력추적관리기준을 지키지 않은 경우	법 제27조 제1항 제5호	표시정지 1개월	표시정지 3개월	표시정지 6개월
바. 정당한 사유 없이 자료제출 요구를 거부한 경우	법 제27조 제1항 제6호	표시정지 1개월	표시정지 3개월	표시정지 6개월
사. 업종전환·폐업 등으로 이력추적관리농산물을 생산, 유통 또는 판매하기 어렵다고 판단되는 경우	법 제27조 제1항 제7호	등록취소	-	-

4. 사후관리

(1) 지위의 승계 등(법 제28조)

① 다음의 어느 하나에 해당하는 사유로 발생한 권리·의무를 가진 자가 사망하거나 그 권리·의무를 양도하는 경우 또는 법인이 합병한 경우에는 상속인, 양수인 또는 합병 후 존속하는 법인이나 합병으로 설립되는 법인이 그 지위를 승계할 수 있다.
  ⊙ 우수관리인증기관의 지정
  ⓒ 우수관리시설의 지정
  ⓒ 품질인증기관의 지정

② 지위를 승계하려는 자는 승계의 사유가 발생한 날부터 1개월 이내에 농림축산식품부령 또는 해양수산부령으로 정하는 바에 따라 각각 지정을 받은 기관에 신고하여야 한다.

③ 승계의 신고(시행규칙 제55조)
  ⊙ 우수관리인증기관의 지정, 우수관리시설의 지정 또는 품질인증기관의 지정을 받은 자의 지위를 승계하려는 자는 승계신고서에 다음의 서류를 첨부하여 국립농산물품질관리원장(우수관리인증기관의 지정만 해당한다), 우수관리인증기관(우수관리시설의 지정만 해당한다) 또는 국립수산물품질관리원장(품질인증기관의 지정만 해당한다)에게 제출하여야 한다.

- 농산물우수관리인증기관 지정서, 농산물우수관리시설 지정서 또는 품질인증기관 지정서
- 우수관리인증기관, 우수관리시설 또는 품질인증기관의 지정을 받은 자의 지위를 승계하였음을 증명하는 자료

ⓒ 국립농산물품질관리원장, 우수관리인증기관 또는 국립수산물품질관리원장은 승계신고서를 수리(受理)한 경우에는 제출한 자료를 확인한 후 농산물우수관리인증기관 지정서, 농산물우수관리시설 지정서 또는 품질인증기관 지정서를 발급하여야 한다.

ⓒ 국립농산물품질관리원장 또는 국립수산물품질관리원장은 농산물우수관리인증기관 지정서 또는 품질인증기관 지정서를 발급한 경우에는 시행규칙 제19조 제7항(농산물우수관리인증기관 지정서 발급) 또는 제37조 제4항(품질인증기관 지정서 발급)의 사항을 관보에 고시하거나 해당 기관의 인터넷 홈페이지에 게시하여야 한다.

ⓒ 우수관리인증기관은 우수관리시설 지정서를 발급한 경우에는 시행규칙 제23조 제6항 각 호의 사항을 농산물우수관리시스템에 게시하여야 한다.

(2) 행정제재처분 효과의 승계(법 제28조의2)

제28조에 따라 지위를 승계한 경우 종전의 우수관리인증기관, 우수관리시설 또는 품질인증기관에 행한 행정제재처분의 효과는 그 처분이 있은 날부터 1년간 그 지위를 승계한 자에게 승계되며, 행정제재처분의 절차가 진행 중인 때에는 그 지위를 승계한 자에 대하여 그 절차를 계속 진행할 수 있다. 다만, 지위를 승계한 자가 그 지위의 승계 시에 그 처분 또는 위반사실을 알지 못하였음을 증명하는 때에는 그러하지 아니하다.

(3) 거짓표시 등의 금지(법 제29조) ★ 중요

① 누구든지 다음의 표시·광고 행위를 하여서는 아니 된다.
  ㉠ 표준규격품, 우수관리인증농산물, 품질인증품, 이력추적관리농산물(이하 "우수표시품"이라 한다)이 아닌 농수산물(우수관리인증농산물이 아닌 농산물의 경우에는 제7조 제4항에 따른 승인을 받지 아니한 농산물을 포함한다) 또는 농수산가공품에 우수표시품의 표시를 하거나 이와 비슷한 표시를 하는 행위
  ㉡ 우수표시품이 아닌 농수산물(우수관리인증농산물이 아닌 농산물의 경우에는 제7조 제4항에 따른 승인을 받지 아니한 농산물을 포함한다) 또는 농수산가공품을 우수표시품으로 광고하거나 우수표시품으로 잘못 인식할 수 있도록 광고하는 행위

② 누구든지 다음의 행위를 하여서는 아니 된다.
  ㉠ 표준규격품의 표시를 한 농수산물에 표준규격품이 아닌 농수산물 또는 농수산가공품을 혼합하여 판매하거나 혼합하여 판매할 목적으로 보관하거나 진열하는 행위
  ㉡ 우수관리인증의 표시를 한 농산물에 우수관리인증농산물이 아닌 농산물(제7조 제4항에 따른 승인을 받지 아니한 농산물을 포함한다) 또는 농산가공품을 혼합하여 판매하거나 혼합하여 판매할 목적으로 보관하거나 진열하는 행위

ⓒ 품질인증품의 표시를 한 수산물에 품질인증품이 아닌 수산물을 혼합하여 판매하거나 혼합하여 판매할 목적으로 보관 또는 진열하는 행위
ⓔ 이력추적관리의 표시를 한 농산물에 이력추적관리의 등록을 하지 아니한 농산물 또는 농산가공품을 혼합하여 판매하거나 혼합하여 판매할 목적으로 보관하거나 진열하는 행위

(4) 우수표시품의 사후관리(법 제30조)

농림축산식품부장관 또는 해양수산부장관은 우수표시품의 품질수준 유지와 소비자 보호를 위하여 필요한 경우에는 관계 공무원에게 다음의 조사 등을 하게 할 수 있다.
① 우수표시품의 해당 표시에 대한 규격·품질 또는 인증·등록 기준에의 적합성 등의 조사
② 해당 표시를 한 자의 관계 장부 또는 서류의 열람
③ 우수표시품의 시료(試料) 수거

(5) 권장품질표시의 사후관리(법 제30조의2)

① 농림축산식품부장관은 권장품질표시의 정착과 건전한 유통질서 확립을 위하여 필요한 경우에는 관계 공무원에게 다음의 조사를 하게 할 수 있다.
　ⓐ 권장품질표시를 한 농산물의 권장품질표시 기준에의 적합성의 조사
　ⓑ 권장품질표시를 한 농산물의 시료 수거
② 조사 또는 시료 수거에 관하여는 제13조 제3항 및 제4항을 준용한다.
③ 농림축산식품부장관은 조사 결과 권장품질표시를 한 농산물이 권장품질표시 기준에 적합하지 아니한 경우 그 시정을 권고할 수 있다.
④ 농림축산식품부장관은 권장품질표시를 장려하기 위하여 이에 필요한 지원을 할 수 있다.

(6) 우수표시품에 대한 시정조치(법 제31조)

① 농림축산식품부장관 또는 해양수산부장관은 표준규격품 또는 품질인증품이 다음의 어느 하나에 해당하면 대통령령으로 정하는 바에 따라 그 시정을 명하거나 해당 품목의 판매금지 또는 표시정지의 조치를 할 수 있다.
　ⓐ 표시된 규격 또는 해당 인증·등록 기준에 미치지 못하는 경우
　ⓑ 업종전환·폐업 등으로 해당 품목을 생산하기 어렵다고 판단되는 경우
　ⓒ 해당 표시방법을 위반한 경우
② 농림축산식품부장관은 조사 등의 결과 우수관리인증농산물이 우수관리기준에 미치지 못하거나 제6조(농산물우수관리의 인증) 제7항에 따른 표시방법을 위반한 경우에는 대통령령으로 정하는 바에 따라 우수관리인증농산물의 유통업자에게 해당 품목의 우수관리인증 표시의 제거·변경 또는 판매금지 조치를 명할 수 있고, 제8조(우수관리인증의 취소 등) 제1항의 어느 하나에 해당하면 해당 우수관리인증기관에 다음의 어느 하나에 해당하는 처분을 하도록 요구하여야 한다.
　ⓐ 우수관리인증의 취소

        ⓒ 우수관리인증의 표시정지
        ⓒ 시정명령
    ③ 우수관리인증기관은 ②에 따른 요구가 있는 경우 이에 따라야 하고, 처분 후 지체 없이 농림축산식품부장관에게 보고하여야 한다.
    ④ ②의 경우 우수관리인증기관의 지정이 취소된 후 새로운 우수관리인증기관이 지정되지 아니하거나 해당 우수관리인증기관이 업무정지 중인 경우에는 농림축산식품부장관이 ②의 어느 하나에 해당하는 처분을 할 수 있다.

5. 지리적표시 ★ 중요

(1) 지리적표시의 등록(법 제32조)

① 농림축산식품부장관 또는 해양수산부장관은 지리적 특성을 가진 농수산물 또는 농수산가공품의 품질 향상과 지역특화산업 육성 및 소비자 보호를 위하여 **지리적표시의 등록 제도를** 실시한다.
② 지리적표시의 등록은 특정지역에서 지리적 특성을 가진 농수산물 또는 농수산가공품을 생산하거나 제조·가공하는 자로 구성된 법인만 신청할 수 있다. 다만, 지리적 특성을 가진 농수산물 또는 농수산가공품의 생산자 또는 가공업자가 1인인 경우에는 법인이 아니라도 등록신청을 할 수 있다.
③ 지리적표시의 등록을 받으려는 자는 농림축산식품부령 또는 해양수산부령으로 정하는 등록신청서류 및 그 부속서류를 농림축산식품부령 또는 해양수산부령으로 정하는 바에 따라 농림축산식품부장관 또는 해양수산부장관에게 제출하여야 한다. 등록한 사항 중 농림축산식품부령 또는 해양수산부령으로 정하는 중요 사항을 변경하려는 때에도 같다.
④ 농림축산식품부장관 또는 해양수산부장관은 등록신청을 받으면 지리적표시 등록심의 분과위원회의 심의를 거쳐 등록거절 사유가 없는 경우 지리적표시 등록신청 공고결정(이하 "공고결정"이라 한다)을 하여야 한다. 이 경우 농림축산식품부장관 또는 해양수산부장관은 신청된 지리적표시가 상표법에 따른 타인의 상표(지리적표시 단체표장을 포함)에 저촉되는지에 대하여 미리 지식재산처장의 의견을 들어야 한다.
⑤ 농림축산식품부장관 또는 해양수산부장관은 공고결정을 할 때에는 그 결정 내용을 관보와 인터넷 홈페이지에 공고하고, 공고일부터 **2개월간** 지리적표시 등록신청서류 및 그 부속서류를 일반인이 열람할 수 있도록 하여야 한다.
⑥ 누구든지 공고일부터 **2개월 이내**에 이의 사유를 적은 서류와 증거를 첨부하여 농림축산식품부장관 또는 해양수산부장관에게 이의신청을 할 수 있다.
⑦ 농림축산식품부장관 또는 해양수산부장관은 다음의 경우에는 지리적표시의 등록을 결정하여 신청자에게 알려야 한다.

㉠ 이의신청을 받았을 때에는 지리적표시 등록심의 분과위원회의 심의를 거쳐 등록을 거절할 정당한 사유가 없다고 판단되는 경우
　　㉡ ⑥에 따른 기간에 이의신청이 없는 경우
⑧ 농림축산식품부장관 또는 해양수산부장관이 지리적표시의 등록을 한 때에는 지리적표시권자에게 **지리적표시등록증**을 교부하여야 한다.
⑨ 농림축산식품부장관 또는 해양수산부장관은 등록신청된 지리적표시가 다음의 어느 하나에 해당하면 등록의 거절을 결정하여 신청자에게 알려야 한다.
　　㉠ 먼저 등록신청되었거나, 등록된 타인의 지리적표시와 같거나 비슷한 경우
　　㉡ 상표법에 따라 먼저 출원되었거나 등록된 타인의 상표와 같거나 비슷한 경우
　　㉢ 국내에서 널리 알려진 타인의 상표 또는 지리적표시와 같거나 비슷한 경우
　　㉣ 일반명칭[농수산물 또는 농수산가공품의 명칭이 기원적(起原的)으로 생산지나 판매장소와 관련이 있지만 오래 사용되어 보통명사화된 명칭을 말한다]에 해당되는 경우
　　㉤ 지리적표시 또는 동음이의어 지리적표시의 정의에 맞지 아니하는 경우
　　㉥ 지리적표시의 등록을 신청한 자가 그 지리적표시를 사용할 수 있는 농수산물 또는 농수산가공품을 생산·제조 또는 가공하는 것을 업(業)으로 하는 자에 대하여 단체의 가입을 금지하거나 가입조건을 어렵게 정하여 실질적으로 허용하지 아니한 경우
⑩ ①부터 ⑨까지에 따른 지리적표시 등록 대상 품목, 대상 지역, 신청자격, 심의·공고의 절차, 이의신청 절차 및 등록거절 사유의 세부기준 등에 필요한 사항은 **대통령령**으로 정한다.

(2) 지리적표시의 대상 지역(시행령 제12조)
지리적표시의 등록을 위한 지리적표시 대상 지역은 자연환경적 및 인적 요인을 고려하여 해당 품목의 특성에 영향을 주는 지리적 특성이 동일한 **행정구역, 산, 강** 등에 따라 구획하여야 한다. 다만, 김치산업진흥법에 따른 김치의 경우에는 전국을 하나의 지리적표시의 대상 지역으로 할 수 있으며, 인삼산업법에 따른 인삼류의 경우에는 전국을 하나의 지리적표시의 대상 지역으로 한다.

(3) 지리적표시의 등록법인 구성원의 가입·탈퇴(시행령 제13조)
법인은 지리적표시의 등록 대상 품목의 생산자 또는 가공업자의 가입이나 탈퇴를 정당한 사유없이 거부하여서는 아니 된다.

(4) 지리적표시의 심의·공고·열람 및 이의신청 절차(시행령 제14조)
① 농림축산식품부장관 또는 해양수산부장관은 지리적표시의 등록 또는 중요 사항의 변경등록 신청을 받으면 그 신청을 받은 날부터 30일 이내에 지리적표시 분과위원회에 **심의를 요청**하여야 한다.
② 지리적표시 분과위원장은 ①에 따른 요청을 받은 경우 농림축산식품부령 또는 해양수산부령으로 정하는 바에 따라 심의를 위한 현지 확인반을 구성하여 현지 확인을 하도록 하여야 한다. 다만, 중요 사항의 변경등록 신청을 받아 ①에 따른 요청을 받은 경우에는 지리적표시 분과위원회의

심의 결과 현지 확인이 필요하지 아니하다고 인정하면 이를 생략할 수 있다.
③ 농림축산식품부장관 또는 해양수산부장관은 지리적표시 분과위원회에서 지리적표시의 등록 또는 중요 사항의 변경등록을 하기에 부적합한 것으로 의결되면 지체 없이 그 사유를 구체적으로 밝혀 신청인에게 알려야 한다. 다만, 부적합한 사항이 30일 이내에 보완될 수 있다고 인정되면 일정 기간을 정하여 신청인에게 보완하도록 할 수 있다.
④ 공고결정에는 다음의 사항을 포함하여야 한다.
　㉠ 신청인의 성명·주소 및 전화번호
　㉡ 지리적표시 등록 대상 품목 및 등록 명칭
　㉢ 지리적표시 대상 지역의 범위
　㉣ 품질, 그 밖의 특징과 지리적 요인의 관계
　㉤ 신청인의 자체 품질기준 및 품질관리계획서
　㉥ 지리적표시 등록 신청서류 및 그 부속서류의 열람 장소
⑤ 농림축산식품부장관 또는 해양수산부장관은 이의신청에 대하여 지리적표시 분과위원회의 심의를 거쳐 그 결과를 이의신청인에게 알려야 한다.
⑥ ①부터 ⑤까지에서 규정한 사항 외에 지리적표시의 심의·공고·열람 및 이의신청 등에 필요한 사항은 농림축산식품부령 또는 해양수산부령으로 정한다.

(5) 지리적표시의 등록거절 사유의 세부기준(시행령 제15조)

지리적표시 등록거절 사유의 세부기준은 다음과 같다.
① 해당 품목이 농수산물인 경우에는 지리적표시 대상 지역에서만 생산된 것이 아닌 경우
② 해당 품목이 농수산가공품인 경우에는 지리적표시 대상 지역에서만 생산된 농수산물을 주원료로 하여 해당 지리적표시 대상 지역에서 가공된 것이 아닌 경우
③ 해당 품목의 우수성이 국내 및 국외에서 모두 널리 알려지지 아니한 경우
④ 해당 품목이 지리적표시 대상 지역에서 생산된 역사가 깊지 않은 경우
⑤ 해당 품목의 명성·품질 또는 그 밖의 특성이 본질적으로 특정지역의 생산환경적 요인과 인적 요인 모두에 기인하지 아니한 경우
⑥ 그 밖에 농림축산식품부장관 또는 해양수산부장관이 지리적표시 등록에 필요하다고 인정하여 고시하는 기준에 적합하지 않은 경우

예시문제 맛보기

농수산물 품질관리법령상 지리적표시 등록에 관한 설명으로 옳은 것은?
① 인근지역에서 생산된 농산물을 지리적표시를 하고자 하는 지역에서 가공하면 등록할 수 있다.
② 동음이의어 지리적표시의 정의에 합치하는 경우 등록거절사유가 된다.
③ 등록품목의 우수성이 널리 알려져 있지 않아도 생산된 역사가 깊으면 등록할 수 있다.
④ 지리적표시 대상 지역의 범위는 지리적특성이 동일한 행정구역, 산, 강 등에 따라 구획하나, 인삼산업법에 따를 인삼류는 전국을 단위로 하나의 대상 지역으로 한다.

정답 ④

(6) 지리적표시의 등록공고 등(시행규칙 제58조)

① 국립농산물품질관리원장, 국립수산물품질관리원장 또는 산림청장은 **지리적표시의 등록을 결정**한 경우에는 다음의 사항을 공고하여야 한다.
  ㉠ 등록일 및 등록번호
  ㉡ 지리적표시 등록자의 성명, 주소(법인의 경우에는 그 명칭 및 영업소의 소재지를 말한다) 및 전화번호
  ㉢ 지리적표시 등록 대상 품목 및 등록명칭
  ㉣ 지리적표시 대상 지역의 범위
  ㉤ 품질의 특성과 지리적 요인의 관계
  ㉥ 등록자의 자체품질기준 및 품질관리계획서
② 국립농산물품질관리원장, 국립수산물품질관리원장 또는 산림청장은 지리적표시를 등록한 경우에는 지리적표시 등록증을 발급하여야 한다.
③ 국립농산물품질관리원장, 국립수산물품질관리원장 또는 산림청장은 법 제40조에 따라 지리적표시의 등록을 취소하였을 때에는 다음의 사항을 공고하여야 한다.
  ㉠ 취소일 및 등록번호
  ㉡ 지리적표시 등록 대상 품목 및 등록명칭
  ㉢ 지리적표시 등록자의 성명, 주소(법인의 경우에는 그 명칭 및 영업소의 소재지를 말한다) 및 전화번호
  ㉣ 취소사유
④ ① 및 ③에 따른 지리적표시의 등록 및 등록취소의 공고에 관한 세부 사항은 농림축산식품부장관 또는 해양수산부장관이 정하여 고시한다.

(7) 지리적표시권(법 제34조) ★ 중요

① 지리적표시 등록을 받은 자(이하 "지리적표시권자"라 한다)는 등록한 품목에 대하여 **지리적표시권**을 갖는다.
② 지리적표시권은 다음의 어느 하나에 해당하면 각 이해당사자 상호간에 대하여는 그 효력이 미치지 아니한다.
  ㉠ 동음이의어 지리적표시. 다만, 해당 지리적표시가 특정지역의 상품을 표시하는 것이라고 수요자들이 뚜렷하게 인식하고 있어 해당 상품의 원산지와 다른 지역을 원산지인 것으로 혼동하게 하는 경우는 제외한다.
  ㉡ 지리적표시 등록신청서 제출 전에 상표법에 따라 등록된 상표 또는 출원심사 중인 상표
  ㉢ 지리적표시 등록신청서 제출 전에 종자산업법 및 식물신품종보호법에 따라 등록된 품종 명칭 또는 출원심사 중인 품종 명칭

        ㄹ. 지리적표시 등록을 받은 농수산물 또는 농수산가공품(이하 "지리적표시품"이라 한다)과 동일한 품목에 사용하는 지리적 명칭으로서 등록 대상 지역에서 생산되는 농수산물 또는 농수산가공품에 사용하는 지리적 명칭
③ 지리적표시권자는 지리적표시품에 농림축산식품부령 또는 해양수산부령으로 정하는 바에 따라 지리적표시를 할 수 있다. 다만, 지리적표시품 중 인삼산업법에 따른 인삼류의 경우에는 농림축산식품부령으로 정하는 표시방법 외에 인삼류와 그 용기·포장 등에 "고려인삼", "고려수삼", "고려홍삼", "고려태극삼" 또는 "고려백삼" 등 "고려"가 들어가는 용어를 사용하여 지리적표시를 할 수 있다.
④ **지리적표시품의 표시방법(시행규칙 제60조)** : 지리적표시권자가 그 표시를 하려면 지리적표시품의 포장·용기의 겉면 등에 **등록 명칭을 표시**하여야 하며, [별표 15]에 따른 **지리적표시품의 표시**를 하여야 한다. 다만, 포장하지 아니하고 판매하거나 낱개로 판매하는 경우에는 대상 품목에 스티커를 부착하거나 표지판 또는 푯말로 표시할 수 있다.

알아두기 지리적표시품의 표시(시행규칙 제60조 관련 [별표 15])

1. 지리적표시품의 표지

2. 제도법
    가. 도형표시
        1) 표지도형의 가로의 길이(사각형의 왼쪽 끝과 오른쪽 끝의 폭 : W)를 기준으로 세로의 길이는 0.95×W의 비율로 한다.
        2) 표지도형의 흰색모양과 바깥 테두리(좌·우 및 상단부만 해당한다)의 간격은 0.1×W로 한다.
        3) 표지도형의 흰색모양 하단부 좌측 태극의 시작점은 상단부에서 0.55×W 아래가 되는 지점으로 하고, 우측 태극의 끝점은 상단부에서 0.75×W 아래가 되는 지점으로 한다.
    나. 표지도형의 한글 및 영문 글자는 고딕체로 하고, 글자 크기는 표지도형의 크기에 따라 조정한다.
    다. 표지도형의 색상은 녹색을 기본색상으로 하고, 포장재의 색깔 등을 고려하여 파란색 또는 빨간색으로 할 수 있다.
    라. 표지도형 내부의 "지리적표시", "(PGI)" 및 "PGI"의 글자 색상은 표지도형 색상과 동일하게 하고, 하단의 "농림축산식품부"와 "MAFRA KOREA"의 글자는 흰색으로 한다.
    마. 배색 비율은 녹색 C80 + Y100, 파란색 C100 + M70, 빨간색 M100 + Y100 + K10으로 한다.

3. 표시사항

등록명칭 :   (영문등록명칭)
지리적표시관리기관 명칭, 지리적표시등록 제   호
생산자(등록법인의 명칭) :
주소(전화) :

이 상품은 농수산물 품질관리법에 따라 지리적표시가 보호되는 제품입니다.

4. 표시방법
   가. 크기 : 포장재의 크기에 따라 표지의 크기를 키우거나 줄일 수 있다.
   나. 위치 : 포장재 주 표시면의 옆면에 표시하되, 포장재 구조상 옆면에 표시하기 어려울 경우에는 표시위치를 변경할 수 있다.
   다. 표시내용은 소비자가 쉽게 알아볼 수 있도록 인쇄하거나 스티커로 포장재에서 떨어지지 않도록 부착하여야 한다.
   라. 포장하지 않고 낱개로 판매하는 경우나 소포장 등으로 지리적표시품의 표지를 인쇄하거나 부착하기에 부적합한 경우에는 표지와 등록 명칭만 표시할 수 있다.
   마. 글자의 크기(포장재 15kg 기준)
      1) 등록 명칭(한글, 영문) : 가로 2.0cm(57포인트)×세로 2.5cm(71포인트)
      2) 등록번호, 생산자(등록법인의 명칭), 주소(전화) : 가로 1cm(28포인트)×세로 1.5cm(43포인트)
      3) 그 밖의 문자 : 가로 0.8cm(23포인트)×세로 1cm(28포인트)
   바. 제3호의 표시사항 중 표준규격, 우수관리인증 등 다른 규정 또는 양곡관리법 등 다른 법률에 따라 표시하고 있는 사항은 그 표시를 생략할 수 있다.

(8) 지리적표시권의 이전 및 승계(법 제35조)

지리적표시권은 타인에게 이전하거나 승계할 수 없다. 다만, 다음의 어느 하나에 해당하면 농림축산식품부장관 또는 해양수산부장관의 사전 승인을 받아 이전하거나 승계할 수 있다.
① 법인 자격으로 등록한 지리적표시권자가 법인명을 개정하거나 합병하는 경우
② 개인 자격으로 등록한 지리적표시권자가 사망한 경우

(9) 권리침해의 금지 청구권 등(법 제36조)

① 지리적표시권자는 자신의 권리를 침해한 자 또는 침해할 우려가 있는 자에게 그 침해의 금지 또는 예방을 청구할 수 있다.
② 다음의 어느 하나에 해당하는 행위는 지리적표시권을 침해하는 것으로 본다.
   ⊙ 지리적표시권이 없는 자가 등록된 지리적표시와 같거나 비슷한 표시(동음이의어 지리적 표시의 경우에는 해당 지리적표시가 특정 지역의 상품을 표시하는 것이라고 수요자들이 뚜렷하게 인식하고 있어 해당 상품의 원산지와 다른 지역을 원산지인 것으로 수요자로 하여금 혼동하게 하는 지리적표시만 해당한다)를 등록품목과 같거나 비슷한 품목의 제품·포장·용기·선전물 또는 관련 서류에 사용하는 행위
   ⓒ 등록된 지리적표시를 위조하거나 모조하는 행위
   ⓒ 등록된 지리적표시를 위조하거나 모조할 목적으로 교부·판매·소지하는 행위
   ② 그 밖에 지리적표시의 명성을 침해하면서 등록된 지리적표시품과 같거나 비슷한 품목에 직접 또는 간접적인 방법으로 상업적으로 이용하는 행위

(10) 손해배상청구권 등(법 제37조)

지리적표시권자는 고의 또는 과실로 자신의 지리적표시에 관한 권리를 침해한 자에게 손해배상을 청구할 수 있다. 이 경우 지리적표시권자의 지리적표시권을 침해한 자에 대하여는 그 침해행위에 대하여 그 지리적표시가 이미 등록된 사실을 알았던 것으로 추정한다.

(11) 거짓표시 등의 금지(법 제38조)
① 누구든지 지리적표시품이 아닌 농수산물 또는 농수산가공품의 포장・용기・선전물 및 관련 서류에 **지리적표시나 이와 비슷한 표시**를 하여서는 아니 된다.
② 누구든지 지리적표시품에 지리적표시품이 아닌 농수산물 또는 농수산가공품을 혼합하여 판매하거나 혼합하여 판매할 목적으로 보관 또는 진열하여서는 아니 된다.

(12) 지리적표시품의 사후관리(법 제39조)
① 농림축산식품부장관 또는 해양수산부장관은 지리적표시품의 **품질수준 유지와 소비자 보호**를 위하여 관계 공무원에게 다음의 사항을 지시할 수 있다.
　㉠ 지리적표시품의 등록기준에의 적합성 조사
　㉡ 지리적표시품의 소유자・점유자 또는 관리인 등의 관계 장부 또는 서류의 열람
　㉢ 지리적표시품의 시료를 수거하여 조사하거나 전문시험기관 등에 시험 의뢰
② 농림축산식품부장관 또는 해양수산부장관은 지리적표시의 등록 제도의 활성화를 위하여 다음의 사업을 할 수 있다.
　㉠ 지리적표시의 등록 제도의 홍보 및 지리적표시품의 판로지원에 관한 사항
　㉡ 지리적표시의 등록 제도의 운영에 필요한 교육・훈련에 관한 사항
　㉢ 지리적표시 관련 실태조사에 관한 사항

(13) 지리적표시품의 표시 시정 등(법 제40조)
① 농림축산식품부장관 또는 해양수산부장관은 지리적표시품이 다음의 어느 하나에 해당하면 대통령령으로 정하는 바에 따라 **시정을 명하거나 판매의 금지, 표시의 정지 또는 등록의 취소**를 할 수 있다.
　㉠ 등록기준에 미치지 못하게 된 경우
　㉡ 표시방법을 위반한 경우
　㉢ 해당 지리적표시품 생산량의 급감 등 지리적표시품 생산계획의 이행이 곤란하다고 인정되는 경우
② 시정명령 등의 처분기준(시행령 제16조) : 지리적표시품에 대한 시정명령, 판매금지, 표시정지 또는 등록취소에 관한 기준은 다음과 같다.

> **알아두기** 시정명령 등의 처분기준(시행령 제11조 및 제16조 관련 [별표 1])
> 1. 일반기준
> 　가. 위반행위가 둘 이상인 경우
> 　　1) 각각의 처분기준이 시정명령, 인증취소 또는 등록취소인 경우에는 하나의 위반행위로 간주한다. 다만 각각의 처분기준이 표시정지인 경우에는 각각의 처분기준을 합산하여 처분할 수 있다.
> 　　2) 각각의 처분기준이 다른 경우에는 그중 무거운 처분기준을 적용한다. 다만, 각각의 처분기준이 표시정지인 경우에는 무거운 처분기준의 2분의 1까지 가중할 수 있으며, 이 경우 각 처분기준을 합산한 기간을 초과할 수 없다.

나. 위반행위의 횟수에 따른 행정처분의 기준은 최근 1년간 같은 위반행위로 행정처분을 받는 경우에 적용한다. 이 경우 행정처분 기준의 적용은 같은 위반행위에 대하여 최초로 행정처분을 한 날과 다시 같은 위반행위로 적발한 날을 기준으로 한다.
다. 생산자단체의 구성원의 위반행위에 대해서는 1차적으로 위반행위를 한 구성원에 대하여 행정처분을 하되, 그 구성원이 소속된 조직 또는 단체에 대해서는 그 구성원의 위반의 정도를 고려하여 처분을 경감하거나 그 구성원에 대한 처분기준보다 한 단계 낮은 처분기준을 적용한다.
라. 위반행위의 내용으로 보아 고의성이 없거나 특별한 사유가 있다고 인정되는 경우에는 그 처분을 표시정지의 경우에는 2분의 1의 범위에서 경감할 수 있고, 인증취소·등록취소인 경우에는 6개월 이상의 표시정지 처분으로 경감할 수 있다.

2. 개별기준
  가. 표준규격품

위반행위	근거 법조문	행정처분 기준		
		1차 위반	2차 위반	3차 위반
1) 표준규격품 의무표시사항이 누락된 경우	법 제31조 제1항 제3호	시정명령	표시정지 1개월	표시정지 3개월
2) 표준규격이 아닌 포장재에 표준규격품의 표시를 한 경우	법 제31조 제1항 제1호	시정명령	표시정지 1개월	표시정지 3개월
3) 표준규격품의 생산이 곤란한 사유가 발생한 경우	법 제31조 제1항 제2호	표시정지 6개월	–	–
4) 내용물과 다르게 거짓표시나 과장된 표시를 한 경우	법 제31조 제1항 제3호	표시정지 1개월	표시정지 3개월	표시정지 6개월

  나. 우수관리인증농산물

위반행위	근거 법조문	행정처분 기준		
		1차 위반	2차 위반	3차 위반
1) 우수관리인증농산물이 우수관리기준에 미치지 못한 경우	법 제31조 제2항	판매금지		
2) 우수관리인증의 표시방법을 위반한 경우	법 제31조 제2항	표시변경	표시제거	판매금지

  다. 품질인증품

위반행위	근거 법조문	행정처분 기준		
		1차 위반	2차 위반	3차 위반
1) 의무표시사항이 누락된 경우	법 제31조 제1항 제3호	시정명령	표시정지 1개월	표시정지 3개월
2) 품질인증을 받지 아니한 제품을 품질인증품으로 표시한 경우	법 제31조 제1항 제3호	인증취소	–	–
3) 품질인증기준에 위반한 경우	법 제31조 제1항 제1호	표시정지 3개월	표시정지 6개월	–
4) 품질인증품의 생산이 곤란하다고 인정되는 사유가 발생한 경우	법 제31조 제1항 제2호	인증취소	–	–
5) 내용물과 다르게 거짓표시 또는 과장된 표시를 한 경우	법 제31조 제1항 제3호	표시정지 1개월	표시정지 3개월	인증취소

라. 지리적표시품

위반행위	근거 법조문	행정처분 기준		
		1차 위반	2차 위반	3차 위반
1) 지리적표시품 생산계획의 이행이 곤란하다고 인정되는 경우	법 제40조 제3호	등록취소	-	-
2) 등록된 지리적표시품이 아닌 제품에 지리적표시를 한 경우	법 제40조 제1호	등록취소	-	-
3) 지리적표시품이 등록기준에 미치지 못하게 된 경우	법 제40조 제1호	표시정지 3개월	등록취소	-
4) 의무표시사항이 누락된 경우	법 제40조 제2호	시정명령	표시정지 1개월	표시정지 3개월
5) 내용물과 다르게 거짓표시나 과장된 표시를 한 경우	법 제40조 제2호	표시정지 1개월	표시정지 3개월	등록취소

(14) 지리적표시심판위원회

① 지리적표시심판위원회(법 제42조)
  ㉠ 농림축산식품부장관 또는 해양수산부장관은 다음의 사항을 심판하기 위하여 농림축산식품부장관 또는 해양수산부장관 소속으로 **지리적표시심판위원회**(이하 "심판위원회"라 한다)를 둔다.
    • 지리적표시에 관한 심판 및 재심
    • 지리적표시 등록 거절 또는 등록 취소에 대한 심판 및 재심
    • 그 밖에 지리적표시에 관한 사항 중 대통령령으로 정하는 사항
  ㉡ 심판위원회는 위원장 1명을 포함한 10명 이내의 심판위원(이하 "심판위원"이라 한다)으로 구성한다.
  ㉢ 심판위원회의 위원장은 심판위원 중에서 농림축산식품부장관 또는 해양수산부장관이 정한다.
  ㉣ 심판위원은 관계 공무원과 지식재산권 분야나 지리적표시 분야의 학식과 경험이 풍부한 사람 중에서 농림축산식품부장관 또는 해양수산부장관이 위촉한다.
  ㉤ 심판위원의 임기는 3년으로 하며, 한 차례만 연임할 수 있다.
  ㉥ 심판위원회의 구성·운영에 관한 사항과 그 밖에 필요한 사항은 대통령령으로 정한다.
② 지리적표시심판위원회의 구성(시행령 제17조)
  ㉠ 지리적표시심판위원회(이하 "심판위원회"라 한다)의 위원(이하 "심판위원"이라 한다)은 다음의 어느 하나에 해당하는 사람 중에서 농림축산식품부장관 또는 해양수산부장관이 임명 또는 위촉하는 사람으로 한다.
    • 농림축산식품부, 해양수산부 및 산림청 소속 공무원 중 3급·4급의 일반직 국가공무원이나 고위공무원단에 속하는 일반직공무원인 사람
    • 지식재산처 소속 공무원 중 3급·4급의 일반직 국가공무원이나 고위공무원단에 속하는 일반직 공무원 중 지식재산처에서 2년 이상 심사관으로 종사한 사람
    • 변호사나 변리사 자격이 있는 사람

- 지식재산권 분야나 지리적표시 분야의 학식과 경험이 풍부한 사람
ⓒ 심판위원회의 사무를 처리하기 위하여 심판위원회에 간사 2명과 서기 2명을 둔다.
ⓒ 간사와 서기는 농림축산식품부장관이 그 소속 공무원 중에서 각각 1명을, 해양수산부장관이 그 소속 공무원 중에서 각각 1명을 임명한다.

③ 심판위원회의 운영(시행령 제18조)
ⓘ 심판위원회의 위원장은 심판청구를 받으면 심판번호를 부여하고, 그 사건에 대하여 심판위원을 지정하여 그 청구를 한 자에게 심판번호와 심판위원 지정을 서면으로 알려야 한다. 이 경우 그 사건에 대하여 지리적표시 분과위원회의 분과위원으로 심의에 관여한 위원이나 심판청구에 이해관계가 있는 위원은 심판위원으로 지정될 수 없다.
ⓒ 심판위원회는 심리(審理)의 종결을 당사자 및 참가인에게 알려야 한다.
ⓒ 심판위원회는 심판의 결정을 하려면 다음의 사항을 적은 결정서를 작성하고 기명날인하여야 한다.
- 심판번호
- 당사자 · 참가인의 성명 및 주소(법인의 경우에는 그 명칭, 대표자의 성명 및 영업소의 소재지를 말한다)
- 당사자 · 참가인의 대리인의 성명 및 주소나 영업소의 소재지(대리인이 있는 경우만 해당한다)
- 심판사건의 표시
- 결정의 주문 및 그 이유
- 결정 연월일

(15) 지리적표시의 무효심판(법 제43조)
① 지리적표시에 관한 이해관계인 또는 지리적표시 등록심의 분과위원회는 지리적표시가 다음의 어느 하나에 해당하면 **무효심판을 청구**할 수 있다.
ⓘ 등록거절 사유에 해당하는 경우에도 불구하고 등록된 경우
ⓒ 지리적표시 등록이 된 후에 그 지리적표시가 원산지 국가에서 보호가 중단되거나 사용되지 아니하게 된 경우
② 심판은 청구의 이익이 있으면 **언제든지 청구**할 수 있다.
③ ⓘ에 따라 지리적표시를 무효로 한다는 심결이 확정되면 그 지리적표시권은 처음부터 없었던 것으로 보고, ⓒ에 따라 지리적표시를 무효로 한다는 심결이 확정되면 그 지리적표시권은 그 지리적표시가 ⓒ에 해당하게 된 때부터 없었던 것으로 본다.
④ 심판위원회의 위원장은 심판이 청구되면 그 취지를 해당 지리적표시권자에게 알려야 한다.

(16) 지리적표시의 취소심판(법 제44조)
① 지리적표시가 다음의 어느 하나에 해당하면 그 지리적표시의 취소심판을 청구할 수 있다.

㉠ 지리적표시 등록을 한 후 지리적표시의 등록을 한 자가 그 지리적표시를 사용할 수 있는 농수산물 또는 농수산가공품을 생산 또는 제조·가공하는 것을 업으로 하는 자에 대하여 단체의 가입을 금지하거나 어려운 가입조건을 규정하는 등 단체의 가입을 실질적으로 허용하지 아니한 경우 또는 그 지리적표시를 사용할 수 없는 자에 대하여 등록 단체의 가입을 허용한 경우
㉡ 지리적표시 등록 단체 또는 그 소속 단체원이 지리적표시를 잘못 사용함으로써 수요자로 하여금 상품의 품질에 대하여 오인하게 하거나 지리적 출처에 대하여 혼동하게 한 경우
② 취소심판은 취소 사유에 해당하는 사실이 없어진 날부터 3년이 지난 후에는 청구할 수 없다.
③ 취소심판을 청구한 경우에는 청구 후 그 심판청구 사유에 해당하는 사실이 없어진 경우에도 취소사유에 영향을 미치지 아니한다.
④ 취소심판은 누구든지 청구할 수 있다.
⑤ 지리적표시 등록을 취소한다는 심결이 확정된 때에는 그 지리적표시권은 그때부터 소멸된다.

(17) 등록거절 등에 대한 심판(법 제45조)

지리적표시 등록의 거절을 통보받은 자 또는 등록이 취소된 자는 이의가 있으면 등록거절 또는 등록취소를 통보받은 날부터 **30일 이내에 심판을 청구**할 수 있다.

(18) 심판청구 방식(법 제46조)

① 지리적표시의 **무효심판·취소심판 또는 지리적표시 등록의 취소에 대한 심판**을 청구하려는 자는 다음의 사항을 적은 심판청구서에 신청자료를 첨부하여 심판위원회의 위원장에게 제출하여야 한다.
㉠ 당사자의 성명과 주소(법인인 경우에는 그 명칭, 대표자의 성명 및 영업소 소재지)
㉡ 대리인이 있는 경우에는 그 대리인의 성명 및 주소나 영업소 소재지(대리인이 법인인 경우에는 그 명칭, 대표자의 성명 및 영업소 소재지)
㉢ 지리적표시 명칭
㉣ 지리적표시 등록일 및 등록번호
㉤ 등록취소 결정일(등록의 취소에 대한 심판청구만 해당한다)
㉥ 청구의 취지 및 그 이유
② 지리적표시 등록거절에 대한 심판을 청구하려는 자는 다음의 사항을 적은 심판청구서에 신청자료를 첨부하여 심판위원회의 위원장에게 제출하여야 한다.
㉠ 당사자의 성명과 주소(법인인 경우에는 그 명칭, 대표자의 성명 및 영업소 소재지)
㉡ 대리인이 있는 경우에는 그 대리인의 성명 및 주소나 영업소 소재지(대리인이 법인인 경우에는 그 명칭, 대표자의 성명 및 영업소 소재지)
㉢ 등록신청 날짜
㉣ 등록거절 결정일
㉤ 청구의 취지 및 그 이유

③ ①과 ②에 따라 제출된 심판청구서를 보정(補正)하는 경우에는 그 요지를 변경할 수 없다. 다만, ①의 ⓗ과 ②의 ⓜ의 청구의 이유는 변경할 수 있다.
④ 심판위원회의 위원장은 청구된 심판에 따른 지리적표시 이의신청에 관한 사항이 포함되어 있으면 그 취지를 지리적표시의 이의신청자에게 알려야 한다.

(19) 심판의 방법 등(법 제47조)
① 심판위원회의 위원장은 심판이 **청구**되면 심판의 합의체에 따라 심판하게 한다.
② 심판위원은 직무상 **독립**하여 심판한다.

(20) 심판위원의 지정 등(법 제48조)
① 심판위원회의 위원장은 심판의 청구건별로 합의체를 구성할 심판위원을 지정하여 심판하게 한다.
② 심판위원회의 위원장은 심판위원 중 심판의 공정성을 해칠 우려가 있는 사람이 있으면 다른 심판위원에게 심판하게 할 수 있다.
③ 심판위원회의 위원장은 지정된 심판위원 중에서 1명을 심판장으로 지정하여야 한다.
④ 지정된 심판장은 심판위원회의 위원장으로부터 지정받은 심판사건에 관한 사무를 총괄한다.

(21) 심판의 합의체(법 제49조) ★ 중요
① 심판은 3명의 심판위원으로 구성되는 합의체가 한다.
② 합의체의 합의는 **과반수의 찬성**으로 결정한다.
③ 심판의 합의는 공개하지 아니한다.

(22) 재심의 청구(법 제51조)
심판의 당사자는 심판위원회에서 확정된 심결에 대하여 이의가 있으면 재심을 청구할 수 있다.

(23) 사해심결에 대한 불복청구(법 제52조)
① 심판의 당사자가 공모하여 **제3자의 권리 또는 이익을 침해할 목적**으로 심결을 하게 한 경우에 그 제3자는 그 확정된 심결에 대하여 재심을 청구할 수 있다.
② 재심청구의 경우에는 심판의 당사자를 공동피청구인으로 한다.

(24) 재심에 의하여 회복된 지리적표시권의 효력제한(법 제53조)
다음의 어느 하나에 해당하는 경우 지리적표시권의 효력은 해당 심결이 확정된 후 재심청구의 등록 전에 선의로 한 행위에는 미치지 아니한다.
① 지리적표시권이 무효로 된 후 재심에 의하여 그 효력이 회복된 경우
② 등록거절에 대한 심판청구가 받아들여지지 아니한다는 심결이 있었던 지리적표시 등록에 대하여 재심에 의하여 지리적표시권의 설정등록이 있는 경우

(25) 심결 등에 대한 소송(법 제54조)
① 심결에 대한 소송은 특허법원의 전속관할로 한다.
② 소송은 당사자, 참가인 또는 해당 심판이나 재심에 참가신청을 하였으나 그 신청이 거부된 자만 제기할 수 있다.
③ 소송은 심결 또는 결정의 등본을 송달받은 날부터 60일 이내에 제기하여야 한다.
④ ③의 기간은 불변기간으로 한다.
⑤ 심판을 청구할 수 있는 사항에 관한 소송은 심결에 대한 것이 아니면 제기할 수 없다.
⑥ 특허법원의 판결에 대하여는 대법원에 상고할 수 있다.

03 유전자변형농수산물의 표시

1. 유전자변형농수산물의 표시 등

(1) 유전자변형농수산물의 표시(법 제56조) ★ 중요
① 유전자변형농수산물을 생산하여 출하하는 자, 판매하는 자, 또는 판매할 목적으로 보관·진열하는 자는 대통령령으로 정하는 바에 따라 해당 농수산물에 **유전자변형농수산물임을 표시**하여야 한다.
② 유전자변형농수산물의 표시대상품목, 표시기준 및 표시방법 등에 필요한 사항은 대통령령으로 정한다.

(2) 유전자변형농수산물의 표시대상품목(시행령 제19조) ★ 중요
유전자변형농수산물의 표시대상품목은 식품위생법 제18조에 따른 안전성 평가 결과 식품의약품안전처장이 **식용으로 적합하다고 인정하여 고시한 품목**(해당 품목을 싹틔워 기른 농산물을 포함한다)으로 한다.

(3) 유전자변형농수산물의 표시기준 등(시행령 제20조) ★ 중요
① 유전자변형농수산물에는 해당 농수산물이 유전자변형농수산물임을 표시하거나, 유전자변형농수산물이 포함되어 있음을 표시하거나, 유전자변형농수산물이 포함되어 있을 가능성이 있음을 표시하여야 한다.
② 유전자변형농수산물의 표시는 해당 농수산물의 **포장·용기의 표면 또는 판매장소** 등에 하여야 한다.
③ 유전자변형농수산물의 표시기준 및 표시방법에 관한 세부사항은 식품의약품안전처장이 정하여 고시한다.

④ 식품의약품안전처장은 유전자변형농수산물인지를 판정하기 위하여 필요한 경우 시료의 검정기관을 지정하여 고시하여야 한다.
⑤ 유전자변형식품의 표시 방법(유전자변형식품 등의 표시기준 제5조)
　㉠ 표시는 한글로 표시하여야 한다. 다만, 소비자의 이해를 돕기 위하여 한자나 외국어를 한글과 병행하여 표시하고자 할 경우, 한자나 외국어는 한글표시 활자크기와 같거나 작은 크기의 활자로 표시하여야 한다.
　㉡ 표시는 지워지지 아니하는 잉크·각인 또는 소인 등을 사용하거나, 떨어지지 아니하는 스티커 또는 라벨지 등을 사용하여 소비자가 쉽게 알아볼 수 있도록 해당 용기·포장 등의 바탕색과 뚜렷하게 구별되는 색상으로 12포인트 이상의 활자크기로 선명하게 표시하여야 한다.
　㉢ 유전자변형농축수산물의 표시는 "유전자변형 ○○(농축수산물 품목명)"로 표시하고, 유전자변형농산물로 생산한 채소의 경우에는 "유전자변형 ○○(농산물 품목명)로 생산한 ○○○(채소명)"로 표시하여야 한다.
　㉣ 유전자변형농축수산물이 포함된 경우에는 "유전자변형 ○○(농축수산물 품목명) 포함"으로 표시하고, 유전자변형농산물로 생산한 채소가 포함된 경우에는 "유전자변형 ○○(농산물 품목명)로 생산한 ○○○(채소명) 포함"으로 표시하여야 한다.
　㉤ 유전자변형농축수산물이 포함되어 있을 가능성이 있는 경우에는 "유전자변형 ○○(농축수산물 품목명) 포함가능성 있음"으로 표시하고, 유전자변형농산물로 생산한 채소가 포함되어 있을 가능성이 있는 경우에는 "유전자변형 ○○(농산물 품목명)로 생산한 ○○○(채소명) 포함가능성 있음"으로 표시할 수 있다.
　㉥ 유전자변형식품의 표시는 소비자가 잘 알아볼 수 있도록 당해 제품의 주표시면에 "유전자변형식품", "유전자변형식품첨가물", "유전자변형건강기능식품" 또는 "유전자변형 ○○포함 식품", "유전자변형 ○○포함 식품첨가물", "유전자변형 ○○포함 건강기능식품"으로 표시하거나, 당해 제품에 사용된 원재료명 바로 옆에 괄호로 "유전자변형" 또는 "유전자변형된 ○○"로 표시하여야 한다.
　㉦ 유전자변형여부를 확인할 수 없는 경우에는 당해 제품의 주표시면에 "유전자변형 ○○포함가능성 있음"으로 표시하거나, 제품에 사용된 당해 제품의 원재료명 바로 옆에 괄호로 "유전자변형 ○○포함가능성 있음"으로 표시할 수 있다.
　㉧ 표시대상 중 유전자변형식품 등을 사용하지 않은 경우로서, 표시대상 원재료 함량이 50% 이상이거나 또는 해당 원재료 함량이 1순위로 사용한 경우에는 "비유전자변형식품, 무유전자변형식품, Non-GMO, GMO-free" 표시를 할 수 있다. 이 경우에는 비의도적 혼입치가 인정되지 아니한다.
　㉨ 유전자변형농축수산물이 모선 또는 컨테이너 등에 선적 또는 적재되어 화물(Bulk) 상태로 수입 또는 판매되는 경우에는 표시사항을 신용장(L/C) 또는 상업송장(Invoice)에 표시하여야 하고, 화물차량 등에 적재된 상태로 국내 유통되는 경우에는 차량과 운송장 등에 표시하여야 한다.

2. 거짓표시 등의 금지 등

(1) 거짓표시 등의 금지(법 제57조) ★ 중요

유전자변형농수산물의 표시를 하여야 하는 자(이하 "유전자변형농수산물 표시의무자"라 한다)는 다음의 행위를 하여서는 아니 된다.

① 유전자변형농수산물의 표시를 **거짓으로 하거나 이를 혼동하게 할 우려가 있는 표시**를 하는 행위
② 유전자변형농수산물의 표시를 **혼동하게 할 목적으로 그 표시를 손상·변경**하는 행위
③ 유전자변형농수산물의 표시를 한 농수산물에 **다른 농수산물을 혼합하여 판매**하거나 혼합하여 판매할 목적으로 **보관 또는 진열**하는 행위

> **예시문제 맛보기**
>
> 농수산물 품질관리법령상 유전자변형농산물의 '거짓표시 등의 금지'에 해당되지 않는 것은?
> ① 유전자변형농수산물의 표시를 거짓으로 하거나 이를 혼동하게 할 우려가 있는 표시를 하는 행위
> ② 유전자변형농수산물의 표시를 혼동하게 할 목적으로 그 표시를 손상·변경하는 행위
> ③ 원산지 표시방법을 판매자의 과실로 위반하는 행위
> ④ 유전자변형농수산물의 표시를 한 농산물에 다른 농산물을 혼합하여 판매하거나 혼합하여 판매할 목적으로 보관 또는 진열하는 행위
>
> **정답** ③

(2) 유전자변형농수산물 표시의 조사(법 제58조)

① 식품의약품안전처장은 유전자변형농수산물의 표시 여부, 표시사항 및 표시방법 등의 적정성과 그 위반 여부를 확인하기 위하여 대통령령으로 정하는 바에 따라 관계 공무원에게 유전자변형표시 대상 농수산물을 수거하거나 조사하게 하여야 한다. 다만, 농수산물의 유통량이 현저하게 증가하는 시기 등 필요할 때에는 수시로 수거하거나 조사하게 할 수 있다.

② ①에 따른 수거 또는 조사에 관하여는 법 제13조 제2항 및 제3항을 준용한다. 즉, 보고·자료제출·점검 또는 조사를 할 때 정당한 사유 없이 이를 거부·방해하거나 기피하여서는 아니 된다. 또한 점검이나 조사를 할 때에는 미리 점검이나 조사의 일시, 목적, 대상 등을 점검 또는 조사 대상자에게 알려야 한다. 다만, 긴급한 경우나 미리 알리면 그 목적을 달성할 수 없다고 인정되는 경우에는 알리지 아니할 수 있다.

③ ①에 따라 수거 또는 조사를 하는 관계 공무원에 관하여는 법 제13조 제4항을 준용한다. 즉, 점검이나 조사를 하는 관계 공무원은 그 권한을 표시하는 증표를 지니고 이를 관계인에게 보여주어야 하며, 성명·출입시간·출입목적 등이 표시된 문서를 관계인에게 내주어야 한다.

④ 유전자변형농수산물의 표시 등의 조사(시행령 제21조)
  ㉠ 법 제58조 제1항 본문에 따른 유전자변형표시 대상 농수산물의 수거·조사는 업종·규모·거래품목 및 거래형태 등을 고려하여 식품의약품안전처장이 정하는 기준에 해당하는 영업소에 대하여 매년 1회 실시한다.
  ㉡ ㉠에 따른 수거·조사의 방법 등에 관하여 필요한 사항은 **총리령으로 정한다.**

※ 유전자변형농수산물의 표시에 대한 정기적인 수거·조사의 방법 등(유전자변형농수산물의 표시 및 농수산물의 안전성조사 등에 관한 규칙 제4조) : 농수산물 품질관리법 시행령 제21조에 따른 정기적인 수거·조사는 지방식품의약품안전청장이 유전자변형농수산물에 대하여 대상 업소, 수거·조사의 방법·시기·기간 및 대상품목 등을 포함하는 정기 수거·조사 계획을 매년 세우고, 이에 따라 실시한다.

(3) 유전자변형농수산물의 표시 위반에 대한 처분(법 제59조)

① 식품의약품안전처장은 법 제56조 또는 제57조를 위반한 자에 대하여 다음의 어느 하나에 해당하는 처분을 할 수 있다.
   ㉠ 유전자변형농수산물 표시의 이행·변경·삭제 등 시정명령
   ㉡ 유전자변형 표시를 위반한 농수산물의 판매 등 거래행위의 금지
② 식품의약품안전처장은 법 제57조를 위반한 자에게 ①에 따른 처분을 한 경우에는 처분을 받은 자에게 해당 처분을 받았다는 사실을 공표할 것을 명할 수 있다.
③ 식품의약품안전처장은 유전자변형농수산물 표시의무자가 법 제57조를 위반하여 ①에 따른 처분이 확정된 경우 처분내용, 해당 영업소와 농수산물의 명칭 등 처분과 관련된 사항을 대통령령으로 정하는 바에 따라 인터넷 홈페이지에 공표하여야 한다.
④ ①에 따른 처분과 ②에 따른 공표명령 및 ③에 따른 인터넷 홈페이지 공표의 기준·방법 등에 필요한 사항은 대통령령으로 정한다.
⑤ 공표명령의 기준·방법 등(시행령 제22조)
   ㉠ 공표명령의 대상자는 처분을 받은 자 중 다음의 어느 하나의 경우에 해당하는 자로 한다.
      • 표시위반물량이 농산물의 경우에는 100ton 이상, 수산물의 경우에는 10ton 이상인 경우
      • 표시위반물량의 판매가격 환산금액이 농산물의 경우에는 10억원 이상, 수산물인 경우에는 5억원 이상인 경우
      • 적발일을 기준으로 최근 1년 동안 처분을 받은 횟수가 2회 이상인 경우
   ㉡ 공표명령을 받은 자는 지체 없이 다음의 사항이 포함된 공표문을 신문 등의 진흥에 관한 법률 제9조 제1항에 따라 등록한 전국을 보급지역으로 하는 1개 이상의 일반일간신문에 게재하여야 한다.
      • "농수산물 품질관리법 위반사실의 공표"라는 내용의 표제
      • 영업의 종류
      • 영업소의 명칭 및 주소
      • 농수산물의 명칭
      • 위반내용
      • 처분권자, 처분일 및 처분내용
   ㉢ 식품의약품안전처장은 지체 없이 다음의 사항을 식품의약품안전처의 인터넷 홈페이지에 게시하여야 한다.
      • "농수산물 품질관리법 위반사실의 공표"라는 내용의 표제
      • 영업의 종류

- 영업소의 명칭 및 주소
- 농수산물의 명칭
- 위반내용
- 처분권자, 처분일 및 처분내용

ⓔ 식품의약품안전처장은 법 제59조 제2항에 따라 공표를 명하려는 경우에는 위반행위의 내용 및 정도, 위반기간 및 횟수, 위반행위로 인하여 발생한 피해의 범위 및 결과 등을 고려하여야 한다. 이 경우 공표명령을 내리기 전에 해당 대상자에게 소명자료를 제출하거나 의견을 진술할 수 있는 기회를 주어야 한다.

ⓜ 식품의약품안전처장은 법 제59조 제3항에 따라 공표를 하기 전에 해당 대상자에게 소명자료를 제출하거나 의견을 진술할 수 있는 기회를 주어야 한다.

04 농산물의 안전성조사

1. 안전성조사 등

(1) 안전관리계획(법 제60조)

① 식품의약품안전처장은 농수산물(축산물은 제외한다)의 품질 향상과 안전한 농수산물의 생산·공급을 위한 **안전관리계획**을 매년 수립·시행하여야 한다.

② 시·도지사 및 시장·군수·구청장은 관할 지역에서 생산·유통되는 농수산물의 안전성을 확보하기 위한 세부추진계획을 수립·시행하여야 한다.

③ 안전관리계획 및 세부추진계획에는 안전성조사, 위험평가 및 잔류조사, 농어업인에 대한 교육, 그 밖에 **총리령으로 정하는 사항**을 포함하여야 한다.

※ 안전관리계획 등(유전자변형농수산물의 표시 및 농수산물의 안전성조사 등에 관한 규칙 제5조)
1. 소비자 교육·홍보·교류 등
2. 안전성 확보를 위한 조사·연구
3. 그 밖에 식품의약품안전처장이 농수산물의 안전성 확보를 위하여 필요하다고 인정하는 사항

④ 식품의약품안전처장은 시·도지사 및 시장·군수·구청장에게 세부추진계획 및 그 시행 결과를 제출하게 할 수 있다.

(2) 안전성조사(법 제61조)

① 식품의약품안전처장이나 시·도지사는 농수산물의 안전관리를 위하여 농수산물 또는 농수산물의 생산에 이용·사용하는 농지·어장·용수(用水)·자재 등에 대하여 다음의 조사(이하 "**안전성조사**"라 한다)를 하여야 한다.

㉠ 농산물의 생산단계 : **총리령으로 정하는 안전기준**에의 적합 여부

ⓒ 농산물의 유통·판매 단계 : 식품위생법 등 관계 법령에 따른 **유해물질의 잔류허용기준** 등의 초과 여부

※ **생산단계의 안전기준(유전자변형농수산물의 표시 및 농수산물의 안전성조사 등에 관한 규칙 제6조)** : 식품의약품안전처장은 농수산물의 안전성 확보를 위하여 국내외 연구 자료나 위험평가 결과 등을 고려하여 생산단계의 농수산물(축산물은 제외)과 농수산물의 생산에 이용·사용하는 농지·어장·용수·자재 등(이하 "농수산물 등"이라 한다)에 대한 유해물질의 안전기준을 정하여 고시한다.

② 식품의약품안전처장은 생산단계 안전기준을 정할 때에는 관계 중앙행정기관의 장과 협의하여야 한다.
③ 안전성조사의 대상 품목 선정, 대상 지역 및 절차 등에 필요한 세부적인 사항은 총리령으로 정한다.
④ 안전성조사의 대상 품목(유전자변형농수산물의 표시 및 농수산물의 안전성조사 등에 관한 규칙 제7조)
  ㉠ 법 제61조 제1항에 따른 안전성조사의 대상 품목은 생산량과 소비량 등을 고려하여 법 제60조에 따라 수립·시행하는 **안전관리계획**으로 정한다.
  ㉡ 대상 품목의 구체적인 사항은 식품의약품안전처장이 정한다.
⑤ 안전성조사의 대상 지역 등(유전자변형농수산물의 표시 및 농수산물의 안전성조사 등에 관한 규칙 제8조)
  ㉠ 안전성조사의 대상 지역은 농수산물의 생산장소, 저장장소, 도매시장, 집하장, 위판장 및 공판장 등으로 하되, 유해물질의 오염이 우려되는 장소에 대하여 우선적으로 안전성조사를 하여야 한다.
  ㉡ 안전성조사의 대상은 단계별 특성에 따라 다음과 같이 한다.
    • 생산단계 조사 : 다음에 해당하는 것을 대상으로 할 것
      ⓐ 농산물의 생산에 이용·사용하는 농지·용수(用水)·자재 등
      ⓑ 출하되기 전인 농산물
      ⓒ 유통·판매되기 전인 농산물
    • 유통·판매 단계 조사 : 출하되어 유통 또는 판매되고 있는 농산물을 대상으로 할 것
  ㉢ 안전성조사는 각 조사의 단계별로 시료(試料)를 수거하여 조사하는 방법으로 한다.
  ㉣ 규정한 사항 외에 안전성조사에 필요한 사항은 식품의약품안전처장이 정하여 고시한다.
⑥ 안전성조사의 절차 등(유전자변형농수산물의 표시 및 농수산물의 안전성조사 등에 관한 규칙 제9조)
  ㉠ 안전성조사의 대상 유해물질은 식품의약품안전처장이 매년 안전관리계획으로 정한다. 다만, 국립농산물품질관리원장, 국립수산과학원장, 국립수산물품질관리원장 또는 특별시장·광역시장·특별자치시장·도지사·특별자치도지사(이하 "시·도지사"라 한다)는 재배면적, 부적합률 등을 고려하여 안전성조사의 대상 유해물질을 식품의약품안전처장과 협의하여 조정할 수 있다.
  ㉡ 안전성조사를 위한 시료 수거는 농수산물 등의 생산량과 소비량 등을 고려하여 대상품목을 우선 선정한다.
  ㉢ 국립농산물품질관리원장, 국립수산물품질관리원장 또는 시·도지사는 법 제62조 제1항에 따라 시료 수거를 하는 경우 별지의 서식에 따른 시료 수거 내역서를 발급해야 한다.

② 시료의 분석방법은 식품위생법 등 관계 법령에서 정한 분석방법을 준용한다. 다만, 분석능률의 향상을 위하여 국립농산물품질관리원장, 국립수산과학원장 또는 국립수산물품질관리원장이 정하는 분석방법을 사용할 수 있다.
◎ 안전성조사의 세부 사항은 식품의약품안전처장이 정하여 고시한다.
⑭ 무상으로 수거할 수 있는 농수산물 등의 종류 및 수거량은 다음과 같다.

알아두기 무상으로 수거할 수 있는 농수산물 등의 종류 및 수거량(유전자변형농수산물의 표시 및 농수산물의 안전성조사 등에 관한 규칙 제9조 관련 [별표 1])

종 류	수거량	비 고
가. 농산물		1) "수거량"이란 시료의 개체별 무게 또는 용량을 모두 합한 것을 말한다.
1) 곡류ㆍ콩 종류 및 그 밖의 자연산물	1~3kg	2) 조사에 필요한 시료는 수거량의 범위 안에서 수거하여야 한다. 다만, 시료의 최소단위가 수거량을 초과하는 경우는 최소단위(시료, 포장 등 단위) 그대로 수거할 수 있다.
2) 채소류	1~3kg	3) 채소류(엽채류 등)에서 1개체 중량이 20g 이하인 것은 50개체 이상 또는 500g 중 무게가 많은 것을 수거량으로 할 수 있다.
3) 과실류	3~5kg	
4) 인삼류 등 고가의 시료	500g	4) 인삼류 등 고가의 시료는 6개체 이상 또는 500g 중 무게가 많은 것을 수거량으로 할 수 있다.
다. 농지, 어장, 용수, 자재	2~5kg(L)	5) 토양, 용수, 자재의 경우는 검사방법 등에서 요구하는 중량(용량)을 수거량으로 할 수 있다.

예시문제 맛보기

농수산물 품질관리법의 안전성조사 대상에 관한 설명이다. 생산단계에서 이루어지는 조사 중 옳지 않은 것은?
① 유통ㆍ판매되기 전의 농산물
② 출하되기 전단계의 농산물
③ 시중에 유통 중인 농산물
④ 농산물의 생산을 위해 사용되는 농지ㆍ용수ㆍ자재

정답 ③

(3) 출입ㆍ수거ㆍ조사 등(법 제62조)
① 식품의약품안전처장이나 시ㆍ도지사는 안전성조사, 위험평가 또는 잔류조사를 위하여 필요하면 관계 공무원에게 농수산물 생산시설(생산ㆍ저장소, 생산에 이용ㆍ사용되는 자재창고, 사무소, 판매소, 그 밖에 이와 유사한 장소를 말한다)에 출입하여 다음의 시료 수거 및 조사 등을 하게 할 수 있다. 이 경우 무상으로 시료 수거를 하게 할 수 있다.
㉠ 농수산물과 농수산물의 생산에 이용ㆍ사용되는 토양ㆍ용수ㆍ자재 등의 시료 수거 및 조사
㉡ 해당 농수산물을 생산, 저장, 운반 또는 판매(농산물만 해당)하는 자의 관계 장부나 서류의 열람

② ①에 따른 출입・수거・조사 또는 열람을 하고자 할 때는 미리 조사 등의 목적, 기간과 장소, 관계 공무원 성명과 직위, 범위와 내용 등을 조사 등의 대상자에게 알려야 한다. 다만, 긴급한 경우 또는 미리 알리면 증거인멸 등으로 조사 등의 목적을 달성할 수 없다고 판단되는 경우에는 현장에서 본문의 사항 등이 기재된 서류를 조사 등의 대상자에게 제시하여야 한다.

③ ①에 따라 출입・수거・조사 또는 열람을 하는 관계 공무원은 그 권한을 나타내는 증표를 지니고 이를 조사 등의 대상자에게 내보여야 한다.

④ 농수산물을 생산, 저장, 운반 또는 판매하는 자는 ①에 따른 출입・수거・조사 또는 열람을 거부・방해하거나 기피하여서는 아니 된다.

(4) 안전성조사 결과에 따른 조치(법 제63조) ★ 중요

① 식품의약품안전처장이나 시・도지사는 생산과정에 있는 농수산물 또는 농수산물의 생산을 위하여 이용・사용하는 농지・어장・용수・자재 등에 대하여 **안전성조사**를 한 결과 생산단계 안전기준을 위반하였거나 유해물질에 오염되어 인체의 건강을 해칠 우려가 있는 경우에는 해당 농수산물을 생산한 자 또는 소유한 자에게 다음의 조치를 하게 할 수 있다.

  ㉠ 해당 농수산물의 폐기, 용도 전환, 출하 연기 등의 처리
  ㉡ 해당 농수산물의 생산에 이용・사용한 농지・어장・용수・자재 등의 개량 또는 이용・사용의 금지
  ㉢ 그 밖에 총리령으로 정하는 조치

② 식품의약품안전처장이나 시・도지사는 ①의 ㉠에 해당하여 폐기 조치를 이행하여야 하는 생산자 또는 소유자가 그 조치를 이행하지 아니하는 경우에는 행정대집행법에 따라 대집행을 하고 그 비용을 생산자 또는 소유자로부터 징수할 수 있다.

③ ①에도 불구하고 식품의약품안전처장이나 시・도지사가 광산피해의 방지 및 복구에 관한 법률에 따른 광산피해로 인하여 불가항력적으로 ①의 생산단계 안전기준을 위반하게 된 것으로 인정하는 경우에는 시・도지사 또는 시장・군수・구청장이 해당 농수산물을 수매하여 폐기할 수 있다.

④ 식품의약품안전처장이나 시・도지사는 유통 또는 판매 중인 농산물 및 저장 중이거나 출하되어 거래되기 전의 수산물에 대하여 안전성조사를 한 결과 식품위생법 등에 따른 **유해물질의 잔류허용기준** 등을 위반한 사실이 확인될 경우 해당 행정기관에 그 사실을 알려 적절한 조치를 할 수 있도록 하여야 한다.

⑤ 안전성조사 결과에 대한 조치(유전자변형농수산물의 표시 및 농수산물의 안전성조사 등에 관한 규칙 제10조)

  ㉠ 국립농산물품질관리원장, 국립수산물품질관리원장 또는 시・도지사는 안전성조사 결과 생산단계 안전기준에 위반된 경우에는 해당 농수산물을 생산한 자 또는 소유한 자에게 다음의 조치를 하도록 그 처리방법 및 처리기한을 정하여 알려 주어야 한다.
    • 해당 농수산물(생산자가 저장하고 있는 농수산물을 포함한다)의 유해물질이 시간이 지남에 따라 분해・소실되어 일정 기간이 지난 후에 식용으로 사용하는 데 문제가 없다고 판단되는

경우 : 해당 유해물질이 식품위생법 등에 따른 잔류허용기준 이하로 감소하는 기간까지 출하 연기
- 해당 농수산물의 유해물질의 분해·소실 기간이 길어 국내에 식용으로 출하할 수 없으나, 사료·공업용 원료 및 수출용 등 다른 용도로 사용할 수 있다고 판단되는 경우 : 다른 용도로 전환
- 상기 규정에 따른 방법으로 처리할 수 없는 농수산물의 경우 : 일정한 기간을 정하여 폐기

ⓒ 국립농산물품질관리원장, 국립수산물품질관리원장 또는 시·도지사는 안전성조사 결과 생산단계 안전기준에 위반된 경우에는 해당 농수산물을 생산하거나 해당 농수산물 생산에 이용·사용되는 농지·어장·용수·자재 등을 소유한 자에게 다음의 조치를 하도록 그 처리방법 및 처리기한을 정하여 알려 주어야 한다.
- 객토(客土 : 새 흙 넣기), 정화(淨化) 등의 방법으로 유해물질 제거가 가능하다고 판단되는 경우 : 해당 농수산물 생산에 이용·사용되는 농지·어장·용수·자재 등의 개량
- 유해물질이 시간이 지남에 따라 분해·소실되어 일정 기간이 지난 후에 이용·사용하는 데에 문제가 없다고 판단되는 경우 : 해당 유해물질이 잔류허용기준 이하로 감소하는 기간까지 농수산물의 생산에 해당 농지·어장·용수·자재 등의 이용·사용 중지
- 상기 규정에 따른 방법으로 조치할 수 없는 경우 : 농수산물의 생산에 해당 농지·어장·용수·자재 등의 이용·사용 금지

ⓒ ①의 ⓒ에서 "총리령으로 정하는 조치"란 해당 농수산물의 생산자에 대하여 교육을 받게 하는 조치를 말한다.
ⓔ 국립농산물품질관리원장, 국립수산물품질관리원장 또는 시·도지사는 관할지역에서 생산단계 안전기준을 위반한 농수산물의 생산자 또는 소유자가 ⑤의 ㉠에 따른 조치를 이행했는지 여부를 확인해야 한다.
ⓜ ④에 따른 통보를 받은 해당 행정기관의 장은 그에 따른 조치를 한 후 그 결과를 해당 통보를 한 국립농산물품질관리원장, 국립수산물품질관리원장 또는 시·도지사에게 통보해야 한다.
ⓗ ㉠부터 ㉤까지의 규정에 따른 조치에 필요한 세부 사항은 식품의약품안전처장이 정하여 고시한다.

예시문제 맛보기

농수산물 품질관리법 제63조의 규정에 의한 안전성조사 결과 잔류허용기준 등을 초과하는 경우 처리방법으로 맞지 않는 것은?

① 세척 후 출하
② 다른 용도로 전환
③ 일정한 기간을 정하여 폐기
④ 잔류허용기준 이하로 감소하는 기간까지 출하연기

정답 ①

(5) 안전성검사기관의 지정(법 제64조)

① 식품의약품안전처장은 안전성조사 업무의 일부와 시험분석 업무를 전문적·효율적으로 수행하기 위하여 안전성검사기관을 지정하고 안전성조사와 시험분석 업무를 대행하게 할 수 있다.

② 안전성검사기관으로 지정받으려는 자는 안전성조사와 시험분석에 **필요한 시설과 인력을 갖추어 식품의약품안전처장에게 신청**하여야 한다. 다만, 안전성검사기관 지정이 취소된 후 2년이 지나지 아니하면 안전성검사기관 지정을 신청할 수 없다.

③ 지정을 받은 안전성검사기관은 지정받은 사항 중 업무 범위의 변경 등 총리령으로 정하는 중요한 사항을 변경하고자 하는 때에는 미리 식품의약품안전처장의 승인을 받아야 한다. 다만, 총리령으로 정하는 경미한 사항을 변경할 때에는 변경사항 발생일부터 1개월 이내에 식품의약품안전처장에게 신고하여야 한다.

④ 안전성검사기관 지정의 유효기간은 지정받은 날부터 3년으로 한다. 다만, 식품의약품안전처장은 1년을 초과하지 아니하는 범위에서 한 차례만 유효기간을 연장할 수 있다.

⑤ ④의 단서에 따라 지정의 유효기간을 연장받으려는 자는 총리령으로 정하는 바에 따라 식품의약품안전처장에게 연장 신청을 하여야 한다.

⑥ ④ 및 ⑤에 따른 지정의 유효기간이 만료된 후에도 계속하여 해당 업무를 하려는 자는 유효기간이 만료되기 전까지 다시 안전성검사기관 지정을 받아야 한다.

⑦ ① 및 ②에 따른 안전성검사기관의 지정 기준·절차, 업무 범위, ③에 따른 변경의 절차 및 ⑥에 따른 재지정 기준·절차 등에 필요한 사항은 총리령으로 정한다.

⑧ 안전성검사기관의 지정기준 등(유전자변형농수산물의 표시 및 농수산물의 안전성조사 등에 관한 규칙 제11조)

　㉠ 안전성검사기관으로 지정받으려는 자는 안전성검사기관 지정신청서에 다음의 서류를 첨부하여 국립농산물품질관리원장 또는 국립수산물품질관리원장에게 제출해야 한다.
　　• 정관(법인인 경우만 해당한다)
　　• 안전성조사 및 시험분석 업무의 범위 및 유해물질의 항목 등을 적은 사업계획서
　　• 안전성검사기관의 지정기준을 갖추었음을 증명할 수 있는 서류
　　• 안전성조사 및 시험분석의 절차 및 방법 등을 적은 업무 규정

　㉡ 신청서를 받은 국립농산물품질관리원장 또는 국립수산물품질관리원장은 전자정부법 제36조 제1항에 따른 행정정보의 공동이용을 통하여 법인 등기사항증명서(법인인 경우만 해당한다)를 확인하여야 한다.

　㉢ 국립농산물품질관리원장 또는 국립수산물품질관리원장은 안전성검사기관의 지정신청을 받은 경우에는 **안전성검사기관의 지정기준에 적합한지를 심사**하고, 심사 결과 적합한 경우에는 안전성검사기관으로 지정하고 그 지정 사실 및 안전성검사기관이 수행하는 **업무의 범위 등을 고시**하여야 한다.

　㉣ 국립농산물품질관리원장 또는 국립수산물품질관리원장은 안전성검사기관을 지정하였을 때에는 안전성검사기관 지정서를 발급하여야 한다.

ⓜ 안전성검사기관 지정의 세부 절차 및 운영 등에 필요한 사항은 식품의약품안전처장이 정하여 고시한다.
ⓗ 안전성검사기관의 지정기준

알아두기 안전성검사기관의 지정기준(유전자변형농수산물의 표시 및 농수산물의 안전성조사 등에 관한 규칙 제11조 관련 [별표 2])

1. 분석실의 면적
   가. 분석실 면적은 안전성조사 및 시험분석 업무 수행에 지장이 없어야 한다.
   나. 분석실은 전처리실, 일반실험실, 기기분석실 등이 구분되어 오염을 방지할 수 있어야 한다.

2. 분석기구의 기준
   지정을 신청한 안전성조사와 시험분석의 검사 분야 및 유해물질 항목에 따라 다음의 기준 및 규격 등에서 정하는 요건에 맞는 분석기구를 갖추어야 한다.
   가. 식품위생법에 따른 식품에 관한 기준 및 규격
   나. 비료관리법 시행령에 따른 비료의 품질 검사방법 및 시료 채취기준
   다. 환경분야 시험·검사 등에 관한 법률에 따른 수질오염물질 분야에 대한 환경오염공정시험기준
   라. 환경분야 시험·검사 등에 관한 법률에 따른 토양오염물질 분야에 대한 환경오염공정시험기준
   마. 환경분야 시험·검사 등에 관한 법률에 따른 잔류성오염물질 분야에 대한 환경오염공정시험기준
   바. 해양환경관리법에 따른 해양환경공정시험기준
   사. 그 밖에 식품의약품안전처장, 국립농산물품질관리원장, 국립수산과학원장 또는 국립수산물품질관리원장이 정하는 분석방법

3. 검사원의 기준
   가. 검사원은 다음의 어느 하나에 해당하는 사람으로서 식품의약품안전처에서 실시하는 안전성조사요령 등 교육을 받아 검사업무를 원활히 수행할 수 있어야 한다.
      1) 전문대학에서 분석과 관련이 있는 학과를 이수하여 졸업한 사람 또는 이와 같은 수준 이상의 자격이 있는 사람
      2) 식품기술사, 식품기사, 식품산업기사, 농화학기술사, 농화학기사, 위생사, 토양환경기사, 수산양식기사, 수질환경산업기사 또는 분석과 관련된 이와 같은 수준 이상의 자격을 갖춘 사람
      3) 1) 및 2) 외의 사람으로서 해당 안전성검사 분야에서 2년 이상 종사한 경험이 있는 사람
   나. 검사원의 수
      1) 가목의 자격기준에 적합한 사람 6명 이상으로 한다. 다만, 유해물질 분석업무 분야만 지정받은 경우는 4명 이상으로 할 수 있다.
      2) 검사원 중 이화학분야 1명과 미생물분야 1명(미생물분야 신청 시)은 반드시 포함되어야 하며, 이화학분야 1명과 미생물분야 1명은 대학 졸업자의 경우 2년 이상, 전문대학 졸업자의 경우 4년 이상 연구·검사·검정과 관련된 검사기관의 해당분야 시험·검사 분야의 검사업무 경력이 있어야 한다.

4. 업무규정
   업무규정에는 다음 사항이 포함되어야 한다.
   가. 안전성조사 또는 시험분석 절차 및 방법
   나. 안전성조사 또는 시험분석 사후관리
   다. 검사원 준수사항 및 검사원의 자체관리·감독 요령
   라. 검사원 자체교육
   마. 그 밖에 농림의약품안전처장이 검사업무 수행에 필요하다고 인정하여 고시하는 사항

(6) 안전성검사기관의 지정취소 등(법 제65조)
    ① 식품의약품안전처장은 안전성검사기관이 다음의 어느 하나에 해당하면 **지정을 취소**하거나 **6개월 이내의 기간**을 정하여 업무의 정지를 명할 수 있다. 다만, ㉠ 또는 ㉡에 해당하면 지정을 취소하여야 한다.
        ㉠ 거짓이나 그 밖의 부정한 방법으로 지정을 받은 경우
        ㉡ 업무의 정지명령을 위반하여 계속 안전성조사 및 시험분석 업무를 한 경우
        ㉢ 검사성적서를 거짓으로 내준 경우
        ㉣ 그 밖에 총리령으로 정하는 안전성검사에 관한 규정을 위반한 경우
    ② 지정취소 등의 세부 기준은 총리령으로 정한다.
    ③ 안전성검사기관의 지정취소 등의 처분기준(유전자변형농수산물의 표시 및 농수산물의 안전성조사 등에 관한 규칙 제12조)
        ㉠ 안전성검사기관의 지정취소 및 업무정지에 관한 처분기준은 다음과 같다.

> **알아두기** 안전성검사기관의 지정취소 및 업무정지에 관한 처분기준(유전자변형농수산물의 표시 및 농수산물의 안전성조사 등에 관한 규칙 제12조 제1항 및 제13조 관련 [별표 3])
>
> 1. 일반기준
>   가. 위반행위가 둘 이상인 경우에는 그 중 무거운 처분기준을 적용하고, 둘 이상의 처분기준이 동일한 업무정지인 경우에는 무거운 처분기준의 2분의 1까지 가중할 수 있다. 이 경우 각 처분기준을 합산한 기간을 초과할 수 없다.
>   나. 동일한 사항으로 최근 3년간 4회 위반인 경우에는 지정을 취소한다.
>   다. 위반행위의 횟수에 따른 행정처분의 기준은 최근 3년간 같은 위반행위로 행정처분을 받은 경우에 적용한다. 이 경우 기간의 계산은 위반행위에 대하여 행정처분을 받은 날과 다시 같은 위반행위를 하여 적발된 날을 기준으로 한다.
>   라. 다목에 따라 가중된 부과처분을 하는 경우 가중처분의 적용 차수는 그 위반행위 전 부과처분 차수(다목에 따른 기간 내에 부과처분이 둘 이상 있었던 경우에는 높은 차수를 말한다)의 다음 차수로 한다.
>   마. 위반사항의 내용·정도가 경미하거나 검사 결과에 중대한 영향을 미치지 않거나 또는 단순 착오로 판단되는 경우 그 처분이 검사업무정지일 때에는 2분의 1 이하의 범위에서 경감할 수 있고, 지정취소일 때에는 6개월의 검사업무정지처분으로 경감할 수 있다.
>
> 2. 개별기준
>
> | 위반행위 | 근거 법조문 | 위반횟수별 처분기준 | | |
> |---|---|---|---|---|
> | | | 1차 위반 | 2차 위반 | 3차 위반 |
> | 가. 거짓이나 그 밖의 부정한 방법으로 지정을 받은 경우 | 법 제65조 제1항 제1호 | 지정취소 | - | - |
> | 나. 업무의 정지명령을 위반하여 계속 안전성조사 및 시험분석 업무를 한 경우 | 법 제65조 제1항 제2호 | 지정취소 | - | - |

위반행위	근거 법조문	위반횟수별 처분기준		
		1차 위반	2차 위반	3차 위반
다. 검사성적서를 거짓으로 내준 경우(고의 또는 중과실이 있는 경우만 해당한다)	법 제65조 제1항 제3호	지정취소	–	–
1) 검사 관련 기록을 위조·변조하여 검사성적서를 발급하는 행위				
2) 검사하지 않고 검사성적서를 발급하는 행위				
3) 의뢰받은 검사시료가 아닌 다른 검사시료의 검사결과를 발급하는 행위				
4) 의뢰된 검사시료의 결과 판정을 실제 검사 결과와 다르게 판정하는 행위				
라. 검사 업무의 범위 및 방법에 관한 사항	법 제65조 제1항 제4호	검사업무 정지 1개월	검사업무 정지 3개월	검사업무 정지 6개월
1) 지정받은 검사 업무 범위를 벗어나 검사한 경우				
2) 관련 규정에서 정한 분석방법 외에 다른 방법으로 검사한 경우				
3) 공시험(본실험과의 대조를 위해 같은 조건에서 분석대상 성분을 제외한 실험) 및 검출된 성분에 확인실험이 필요함에도 불구하고 하지 않은 경우				
4) 유효기간이 지난 표준물질 등 적정하지 않은 표준물질을 사용한 경우				
마. 검사기관 지정기준 등	법 제65조 제1항 제4호			
1) 시설·장비·인력 기준 중 어느 하나가 지정기준에 미달한 경우		검사업무 정지 3개월	검사업무 정지 6개월	지정취소
2) 검사능력(숙련도) 평가 결과 미흡으로 평가 된 경우		검사업무 정지 3개월	검사업무 정지 6개월	지정취소
3) 시설·장비·인력 기준 중 둘 이상이 지정기준에 미달한 경우		검사업무 정지 6개월	지정취소	–
바. 검사 관련 기록 관리	법 제65조 제1항 제4호			
1) 검사 결과 확인을 위한 검사 절차·방법, 판정 등의 기록을 하지 않았거나 보관하지 않은 경우		검사업무 정지 15일	검사업무 정지 1개월	검사업무 정지 3개월
2) 시험·검사일, 검사자 등 단순 사항을 적지 않은 경우		시정명령	검사업무 정지 7일	검사업무 정지 15일
사. 검사기간 등	법 제65조 제1항 제4호	시정명령	검사업무 정지 7일	검사업무 정지 15일
1) 검사기관 지정 등 신고 및 보고 사항을 준수하지 않은 경우				
2) 검사기간을 준수하지 않은 경우				
3) 검사 관련 의무교육을 이수하지 않은 경우				
아. 검사성적서 발급 등	법 제65조 제1항 제4호	검사업무 정지 1개월	검사업무 정지 3개월	검사업무 정지 6개월
1) 검사대상 성분의 표준물질분석을 누락한 경우				
2) 시료 보관기간을 위반한 경우				
3) 검사과정에서 시료가 바뀌어 검사성적서가 발급된 경우				
4) 의뢰받은 검사항목을 누락하거나 다른 검사항목을 적용하여 검사성적서를 발급한 경우				
5) 경미한 실수로 검사시료의 결과 판정을 실제 검사 결과와 다르게 판정하는 행위				

ⓒ 국립농산물품질관리원장 또는 국립수산물품질관리원장은 안전성검사 기관의 지정을 취소하거나 업무정지처분을 한 경우에는 지체 없이 그 사실을 고시하여야 한다.

2. 농수산물안전에 관한 교육, 위험평가 등

(1) 농수산물안전에 관한 교육 등(법 제66조)
　① 식품의약품안전처장이나 시·도지사 또는 시장·군수·구청장은 안전한 농수산물의 생산과 건전한 소비활동을 위하여 필요한 사항을 생산자, 유통종사자, 소비자 및 관계 공무원 등에게 교육·홍보하여야 한다.
　② 식품의약품안전처장은 생산자·유통종사자·소비자에 대한 교육·홍보를 단체·기관 및 시민단체(안전한 농수산물의 생산과 건전한 소비활동과 관련된 시민단체로 한정한다)에 위탁할 수 있다. 이 경우 교육·홍보에 필요한 경비를 예산의 범위에서 **지원**할 수 있다.

(2) 분석방법 등 기술의 연구개발 및 보급(법 제67조)
　식품의약품안전처장이나 시·도지사는 농수산물의 안전관리를 향상시키고 국내외에서 농수산물에 함유된 것으로 알려진 유해물질의 신속한 안전성조사를 위하여 **안전성 분석방법** 등 기술의 연구개발과 보급에 관한 시책을 마련하여야 한다.

(3) 농수산물의 위험평가 등(법 제68조)
　① 식품의약품안전처장은 농수산물의 효율적인 안전관리를 위하여 다음의 식품안전 관련 기관에 농수산물 또는 농수산물의 생산에 이용·사용하는 농지·어장·용수·자재 등에 **잔류하는 유해물질에 의한 위험을 평가하여** 줄 것을 요청할 수 있다.
　　㉠ 농촌진흥청
　　㉡ 산림청
　　㉢ 국립수산과학원
　　㉣ 과학기술분야 정부출연연구기관 등의 설립·운영 및 육성에 관한 법률에 따른 한국식품연구원
　　㉤ 한국보건산업진흥원법에 따른 한국보건산업진흥원
　　㉥ 대학의 연구기관
　　㉦ 그 밖에 식품의약품안전처장이 필요하다고 인정하는 연구기관
　② 식품의약품안전처장은 위험평가의 요청 사실과 평가 결과를 공표하여야 한다.
　③ 식품의약품안전처장은 농수산물의 과학적인 안전관리를 위하여 농수산물에 잔류하는 유해물질의 실태를 조사(이하 "**잔류조사**"라 한다)할 수 있다.

④ 위험평가의 요청과 결과의 공표에 관한 사항은 대통령령으로 정하고, 잔류조사의 방법 및 절차 등 잔류조사에 관한 세부사항은 총리령으로 정한다.
⑤ 농산물 등의 위험평가의 요청과 그 결과의 공표(시행령 제23조)
　㉠ 식품의약품안전처장은 위험평가의 요청 사실과 평가 결과를 농수산물안전정보시스템 및 식품의약품안전처의 인터넷 홈페이지에 게시하는 방법으로 공표하여야 한다.
　㉡ 위험평가의 요청 대상, 요청 방법 및 공표에 관하여 필요한 세부사항은 총리령으로 정한다.
⑥ 위험평가의 대상 및 방법(유전자변형농수산물의 표시 및 농수산물의 안전성조사 등에 관한 규칙 제14조)
　㉠ 농산물 등의 위험평가의 대상 및 방법은 다음과 같다.
　　• 위험평가의 대상
　　　ⓐ 국제식품규격위원회 등 국제기구 또는 외국의 정부가 인체의 건강을 해칠 우려가 있다고 인정하여 판매 또는 판매 목적의 처리·가공·포장·사용·수입·보관·운반·진열 등을 금지하거나 제한한 농산물
　　　ⓑ 국내외의 연구·검사기관이 수행한 농산물의 안전성 등에 관한 연구·조사에서 인체의 건강을 해칠 우려가 있는 성분이 검출된 경우, 그 성분이 검출될 우려가 있다고 판단되는 농산물
　　　ⓒ 새로운 원료·성분 또는 기술을 사용하여 처리·가공되거나 안전성에 대한 기준 및 규격이 정해지지 아니하여 인체의 건강을 해칠 우려가 있는 농산물
　　　ⓓ 그 밖에 인체의 건강을 해칠 우려가 있다고 식품의약품안전처장이 인정하는 농산물
　　　ⓔ 농산물의 생산에 이용·사용하는 농지, 용수, 자재 등
　　• 평가대상인 위해요소
　　　ⓐ 농약, 중금속, 항생물질, 방사능 등 화학적 요인
　　　ⓑ 농산물의 형태 및 이물(異物) 등 물리적 요인
　　　ⓒ 병원성 미생물, 곰팡이 독소 등 생물학적 요인
　　• 위험평가 방법 : 다음의 과정을 거칠 것. 다만, 식품의약품안전처장이 따로 정하는 경우에는 그에 따른다.
　　　ⓐ 위해요소의 인체독성을 확인하는 위험성 확인과정
　　　ⓑ 위해요소의 인체 노출 허용량을 산출하는 위험성 결정과정
　　　ⓒ 위해요소가 인체에 노출된 양을 산출하는 노출평가과정
　　　ⓓ ⓐ부터 ⓒ까지의 규정에 따른 과정의 결과를 종합하여 건강에 미치는 영향을 판단하는 위해도 결정과정

ⓒ "식품의약품안전처장이 필요하다고 인정하는 연구기관"이란 다음의 기관을 말한다.
- 식품의약품안전평가원
- 특별시・광역시・도・특별자치도(이하 "시・도"라 한다) 보건환경연구원
- 한국농어촌공사
- 시・도 농업기술원
- 국립농산물품질관리원장 또는 국립수산물품질관리원장이 지정한 안전성검사기관

⑦ 잔류조사의 방법 및 절차 등(유전자변형농수산물의 표시 및 농수산물의 안전성조사 등에 관한 규칙 제15조)
  ㉠ 유해물질 실태조사(이하 "잔류조사"라 한다) 대상 유해물질은 식품의약품안전처장이 매년 안전관리계획으로 정한다.
  ㉡ 잔류조사는 ㉠에 따른 유해물질별로 잔류조사의 신뢰도를 높일 수 있는 수준으로 하되, 품목별 생산량, 식이 섭취량, 오염 정도 등 객관성을 확보할 수 있는 지표나 통계자료 등을 활용한다.
  ㉢ 잔류조사의 시료 수거는 농산물의 생산량 등을 고려하여 무작위로 한다.
  ㉣ 유해물질의 분석방법은 식품위생법 등 관계 법령에서 정한 분석방법을 준용한다. 다만, 분석의 효율성을 높이기 위하여 필요한 경우에는 식품의약품안전처장이 정하는 분석방법을 사용할 수 있다.
  ㉤ 식품의약품안전처장은 잔류조사의 효율적・전문적 수행을 위해 필요하다고 인정하는 경우 시료 수거와 분석 업무를 관계 전문기관에 의뢰하여 실시할 수 있다.
  ㉥ 잔류조사의 세부 사항은 식품의약품안전처장이 정하여 고시한다.

05 농산물의 검사 및 검정

1. 농산물의 검사

(1) 농산물의 검사(법 제79조) ★ 중요
① 정부가 수매하거나 수출 또는 수입하는 농산물 등 대통령령으로 정하는 농산물(축산물은 제외한다)은 **공정한 유통질서를 확립하고 소비자를 보호**하기 위하여 농림축산식품부장관이 정하는 기준에 맞는지 등에 관하여 농림축산식품부장관의 검사를 받아야 한다. 다만, 누에씨 및 누에고치의 경우에는 시・도지사의 검사를 받아야 한다.
② 검사를 받은 농산물의 포장・용기나 내용물을 바꾸려면 다시 농림축산식품부장관의 검사를 받아야 한다.
③ 농산물 검사의 항목・기준・방법 및 신청절차 등에 필요한 사항은 농림축산식품부령으로 정한다.

④ 농산물의 검사대상 등(시행령 제30조)
　㉠ 법 제79조 제1항에 따른 검사대상 농산물은 다음과 같다.
　　• **정부가 수매**하거나 생산자단체, 공공기관의 운영에 관한 법률 제4조에 따른 공공기관 또는 농업 관련 법인 등(이하 "생산자단체 등"이라 한다)이 **정부를 대행하여 수매하는 농산물**
　　• 정부가 수출 또는 수입하거나 생산자단체 등이 정부를 대행하여 **수출 또는 수입**하는 농산물
　　• 정부가 **수매 또는 수입하여 가공한 농산물**
　　• 법 제79조 제2항에 따라 다시 농림축산식품부장관의 **검사를 받는 농산물**
　　• 그 밖에 농림축산식품부장관이 검사가 필요하다고 인정하여 고시하는 농산물
　㉡ 검사대상 농산물의 종류별 품목은 다음과 같다.

> **알아두기** 검사대상 농산물의 종류별 품목(시행령 제30조 관련 [별표 3])
> 1. 정부가 수매하거나 생산자단체 등이 정부를 대행하여 수매하는 농산물
>   가. 곡류 : 벼・겉보리・쌀보리・콩
>   나. 특용작물류 : 참깨・땅콩
>   다. 과실류 : 사과・배・단감・감귤
>   라. 채소류 : 마늘・고추・양파
>   마. 잠사류 : 누에씨・누에고치
>
> 2. 정부가 수출・수입하거나 생산자단체 등이 정부를 대행하여 수출・수입하는 농산물
>   가. 곡 류
>   1) 조곡 : 콩・팥・녹두
>   2) 정곡 : 현미・쌀
>   나. 특용작물류 : 참깨・땅콩
>   다. 채소류 : 마늘・고추・양파
>
> 3. 정부가 수매 또는 수입하여 가공한 농산물
>   곡류 : 현미・쌀・보리쌀

⑤ 농산물의 검사 항목 및 기준 등(시행규칙 제94조)
　농산물(축산물은 제외한다)의 검사항목은 포장단위당 무게, 포장자재, 포장방법 및 품위 등으로 하며, 검사기준은 농림축산식품부장관이 **검사대상 품목별로 정하여 고시**한다.

⑥ 농산물의 검사방법(시행규칙 제95조)
　농산물의 검사방법은 전수(全數) 또는 표본추출의 방법으로 하며, 시료의 추출, 계측, 감정, 등급판정 등 검사방법에 관한 세부 사항은 **국립농산물품질관리원장** 또는 시・도지사(시・도지사는 누에씨 및 누에고치에 대한 검사만 해당)가 정하여 고시한다.

⑦ 농산물의 검사신청 절차 등(시행규칙 제96조)
  ㉠ 농산물의 검사를 받으려는 자는 국립농산물품질관리원장, 시·도지사 또는 지정받은 농산물검사기관(이하 "농산물 지정검사기관"이라 한다)의 장에게 검사를 받으려는 날의 **3일 전**까지 **농산물 검사신청서**(국립농산물품질관리원장 또는 시·도지사가 따로 정한 서식이 있는 경우에는 그 서식을 말한다)를 제출하여야 한다. 다만, 다음의 경우에는 검사신청서를 제출하지 아니할 수 있다.
    • 정부가 수매하거나 생산자단체 등이 정부를 대행하여 수매하는 경우
    • 농산물검사관이 참여하여 농산물을 가공하는 경우
    • 국립농산물품질관리원장, 시·도지사 또는 농산물 지정검사기관의 장이 검사신청인의 편의를 도모하기 위하여 필요하다고 인정하는 경우
  ㉡ 검사를 신청하는 자는 검사를 받을 농산물의 포장 및 중량이 농림축산식품부장관이 정하여 고시하는 검사기준에 적합하도록 하여 **포장 겉면에 꼬리표를 붙이거나 꼬리표의 내용을 포장 겉면에 표시**하여야 한다.
  ㉢ 포장 겉면에 붙이는 꼬리표의 표시사항을 변경하려는 자는 국립농산물품질관리원장, 시·도지사 또는 농산물 지정검사기관의 장에게 신청하여 그 승인을 받아야 한다.
  ㉣ 신청을 받은 국립농산물품질관리원장, 시·도지사 또는 농산물 지정검사기관의 장은 꼬리표의 표시사항 변경이 검사품의 **거래질서를 해칠 우려가 없다고** 판단되는 경우에는 이를 승인하여야 한다.

예시문제 맛보기

다음 중 검사대상 농산물이 아닌 것은?
① 정부가 수매하는 농산물
② 민간단체에서 수입하여 가공한 농산물
③ 정부가 수매하여 가공한 농산물
④ 정부가 수입 또는 수출하는 농산물

정답 ②

---

(2) 농산물검사기관의 지정 등(법 제80조)
① 농림축산식품부장관은 농산물의 생산자단체나 공공기관의 운영에 관한 법률 제4조에 따른 공공기관(이하 "공공기관"이라 한다) 또는 농업 관련 법인 등을 **농산물검사기관으로 지정**하여 법 제79조에 따른 검사를 대행하게 할 수 있다.
② 농산물검사기관으로 지정받으려는 자는 검사에 필요한 시설과 인력을 갖추어 농림축산식품부장관에게 신청하여야 한다.
③ 농산물검사기관의 지정기준, 지정절차 및 검사 업무의 범위 등에 필요한 사항은 농림축산식품부령으로 정한다.

④ 농산물검사기관의 지정기준(시행규칙 제97조)

> **알아두기** 농산물검사기관의 지정기준(시행규칙 제97조 관련 [별표 19])

1. 일반기준 : 국립농산물품질관리원장은 농산물 지정검사기관을 국내·수입 농산물의 구분, 종류, 종목(곡류만 해당한다) 별로 지정할 수 있다.

2. 조직 및 인력
   가. 검사의 통일성을 유지하고 업무수행을 원활하게 하기 위하여 검사관리 부서를 두어야 한다.
   나. 검사대상 종류별 검사인력의 최소 확보기준은 다음과 같으며, 검사계획량을 일정 기간에 처리할 수 있도록 검사인력을 확보하여야 한다.

구 분	종류 및 종목		검사인력 최소 확보기준
국산농산물 (수출용 농산물을 포함한다)	곡 류	조 곡 / 포장물	검사장소 5개소당 1명
		조 곡 / 산 물	검사장소 1개소당 1명
		정 곡	검사장소 2개소당 1명
	서류, 특용작물류, 과실류, 채소류		검사장소 5개소당 1명
수입농산물	공 통		항구지 1개소당 3명

3. 시설 : 검사견본의 계측 및 분석, 감정기술 수련, 검사용 기자재관리, 검사표준품 안전관리 등을 위하여 검사 현장을 관할하는 사무소별로 10m² 이상의 검정실이 설치되어야 한다.

4. 장비 : 검사에 필요한 기본 검사장비와 종류별 검사장비 중 검사대행 품목에 해당하는 장비를 갖추어야 한다. 다만, 동일한 규격의 장비는 종류 또는 품목에 관계없이 공용할 수 있다.
   가. 기본 검사장비

종 류	장비명	최소 비치기준(대·개)	
		사무소당	검사관당
공 통	• 저 울 - 첫달림 0.01g 이하, 끝달림 300g 이상(산물은 제외)	1	-
	- 첫달림 0.1g 이하, 끝달림 600g 이상	1	-
	- 첫달림 5g 이하, 끝달림 10kg 이상(산물은 제외)	1	-
	• 시료균분기(과실·채소류는 제외)	1	-
	• 용적중 측정기(산물은 제외)	1	-
	• 마이크로미터(곡류는 제외)	1	-
	• 해당 품목 검사증인(檢査證印)(산물은 제외)	-	1조
	• 휴대용 수분측정기	-	1

〈비고〉 1. "용적중"(容積重)이란 단위부피(L)당 종자의 무게(g)를 말한다.
2. "마이크로미터"(Micrometer)란 물체의 지름 또는 두께 등을 100만분의 1미터 수준까지 재는 기구의 하나를 말한다.

나. 종류별 검사장비

구분	종류	종목	장비명	최소 비치기준(대·개)	
				사무소당	검사관당

국산 농산물 (수출용 농산물을 포함한다)	곡류 검사	조곡 (포장들)	• 동력제현기(제현율 측정용)
			• 기준분동
			• 감정접시(원형)
			• 해당 품목 검사체
			  − 줄체 1.6mm(벼 해당)
			  − 세로눈판체 2.0mm, 2.2mm, 2.4mm, 2.5mm(보리 해당)
			  − 둥근눈체 4.00mm, 6.30mm, 7.10mm(콩 해당)
			• 색대(조곡용 φ16mm)
			• 인습기
			• 심층시료채취기
				1
				1
				50
				
				각 1조
				각 1조
				각 1조
				1조
				−
				1
					−
					−
					−
					
					−
					−
					각 2개
					−
					1
					−

		조곡 (산물)	• 자동계량기(중량, 수분 동시 측정용)
			  * 검사장소에만 적용
			• 시료건조기(건조함수 30칸 이상)
			  * 검사장소에만 적용
			• 단립식(單粒植) 수분측정기, 적외선 수분측정기 또는 고주파 수분측정기 중 하나의 장치(1회 수분측정 용량이 5g 이상이고 최고 30% 범위의 수분함량을 측정할 수 있는 측정기로 한정한다)
			• 동력제현기(제현율 측정용)
			• 감정접시(원형)
			• 줄체 1.6mm(벼 해당)
			• 세로눈판체 2.0mm, 2.2mm, 2.4mm, 2.5mm(보리, 밀 해당)
			• 색대(조곡용 φ16mm, 정곡용 φ13mm)
			• 인습기
				1
				
				1
				
				1
				
				1
				50
				각 1조
				각 1조
				각 1조
				1
					−
					
					−
					
					−
					
					−
					−
					−
					−
					각 1조
					−

		정곡	• 도정도 감정기구(5칸 이상) • 표준그물체(1.4mm, 1.7mm) • 색대(조곡용 φ16mm, 정곡용 φ13mm) • 인습기 • 감정접시(원형) • 입형(粒形)테스터	1 각 1조 − − 50 1	− − − 1 − −
	특용 작물· 서류 검사	−	• 항온건조기(105℃) • 시료분쇄기(믹서기) • 그물체(0.84mm) • 색대(φ13mm)	1 1 1 −	− − − 2
	과실· 채소류 검사	−	• 항온건조기(105℃) • 수소이온지수(pH) 미터 • 당도계 • 지름판	1 1 − −	− − 1 1

구 분	종 류	종 목	장비명	최소 비치기준(대·개)	
				사무소당	검사관당
수입 농산물	곡류 검사	-	• 정미·정맥기	1	-
			• 발아시험기	1	-
			• 미립(쌀알) 투시기	1	-
			• 입체현미경	1	-
			• 단립식(單粒植) 수분측정기, 적외선 수분측정기 또는 고주파 수분측정기 중 하나의 장치(1회 수분측정 용량이 5g 이상이고 최고 30% 범위의 수분함량을 측정할 수 있는 측정기로 한정한다)	1	-
			• 이중관 색대	1	-
			• 곡류검사용 표준체 일체	1	-
			• 색대(ϕ13mm)	-	2
			• 심층시료채취기	1	-
	특용 작물 · 서류 검사	-	• 입체현미경	1	-
			• 그물체(0.84mm)	1	-
			• 단립식(單粒植) 수분측정기, 적외선 수분측정기 또는 고주파 수분측정기 중 하나의 장치(1회 수분측정 용량이 5g 이상이고 최고 30% 범위의 수분함량을 측정할 수 있는 측정기로 한정한다)	1	-
			• 유분(기름기) 및 산가 분석기	1	-
			• 색 대	-	2

〈비고〉 1. "제현"(製玄)이란 벼에서 현미로 가공하는 것을 말한다.
2. "분동"(分銅)이란 대저울 따위로 무게를 달 때 표준이 되는 추를 말한다.
3. "색대"란 가마니나 섬 속에 들어 있는 곡식이나 소금 따위의 물건을 찔러서 빼내어 보는 데 사용하는 기구를 말한다.
4. "ϕ"란 색대 원통의 지름을 말한다.
5. "인습기"란 인력으로 소량의 벼 껍질을 벗겨 내는 기구를 말한다.
6. "단립식"(單粒植)이란 한 개의 낱알 단위로 수분을 측정하는 방식을 말한다.
7. "입형"(粒形)이란 낱알의 생김새 또는 모양새를 말한다.
8. "지름판"이란 농산물의 지름을 측정하기 위해 제작한 판을 말한다.
9. "산가"(酸價)란 지질 1그램(g)을 중화하는 데 필요한 수산화칼륨의 밀리그램(mg) 수를 말하며, 결합 형태로 있지 않은 분리된 지방산의 양을 말한다.

5. 검사업무 규정
 검사업무 규정에는 다음의 사항이 포함되어야 한다.
 가. 검사업무의 절차 및 방법
 나. 검사업무의 사후관리 방법
 다. 검사의 수수료 및 그 징수방법
 라. 검사관의 준수사항 및 자체관리·감독 요령
 마. 그 밖에 국립농산물품질관리원장이 검사업무를 하는 데 필요하다고 인정하여 정하는 사항

⑤ 농산물검사기관의 지정절차 등(시행규칙 제98조)
 ㉠ 농산물검사기관으로 지정받으려는 자는 농산물 지정검사기관 지정신청서에 다음의 서류를 첨부하여 국립농산물품질관리원장에게 제출하여야 한다.
  • 정관(법인인 경우만 해당한다)
  • 검사업무의 범위 등을 적은 사업계획서 및 검사업무에 관한 규정
  • 농산물검사기관의 지정기준을 갖추었음을 증명할 수 있는 서류

ⓛ ㉠에 따라 농산물 지정검사기관 지정을 신청하는 자는 [별표 19]의 일반기준에 따라 국내·수입 농산물의 구분, 종류, 종목(곡류만 해당한다)별로 신청할 수 있다.
ⓒ ㉠에 따른 신청서를 받은 국립농산물품질관리원장은 전자정부법 제36조 제1항에 따른 행정정보의 공동이용을 통하여 법인 등기사항증명서(법인인 경우만 해당한다) 및 사업자등록증명을 확인하여야 한다. 다만, 신청인이 사업자등록증명의 확인에 동의하지 아니하는 경우에는 그 서류를 첨부하도록 하여야 한다.
ⓔ 국립농산물품질관리원장은 ㉠에 따른 농산물검사기관의 지정신청을 받으면 농산물검사기관의 지정기준에 적합한지를 심사하고, 심사 결과 적합하다고 인정되는 경우에는 농산물 지정검사기관으로 지정하고 농산물검사기관의 명칭, 소재지, 지정일자, 업무의 범위 등을 고시하여야 한다.
ⓜ 국립농산물품질관리원장은 ⓔ에 따라 농산물검사기관을 지정한 때에는 농산물 지정검사기관 지정서 발급대장에 일련번호를 부여하여 등재하고, 지정서를 신청인에게 내주어야 한다.
ⓗ ⓔ에 따른 농산물검사기관 지정에 관한 세부절차 및 운영 등에 필요한 사항은 국립농산물품질관리원장이 정한다.

⑥ 농산물 지정검사기관의 지도·감독(시행규칙 제99조)
㉠ 국립농산물품질관리원장은 농산물 지정검사기관이 공정한 검사업무를 수행할 수 있도록 지도·감독할 수 있다.
ⓛ 국립농산물품질관리원장은 ㉠에 따른 지도·감독을 위하여 필요하다고 인정되는 경우에는 농산물 지정검사기관에 대하여 정기적으로 농산물검사 업무의 수행 상황 등에 관한 자료의 제출을 요구하거나 장부 또는 서류 등을 확인할 수 있다.

⑦ 농산물검사기관의 지정취소 등(법 제81조)
농림축산식품부장관은 농산물검사기관이 다음의 어느 하나에 해당하면 그 **지정을 취소**하거나 **6개월 이내의 기간을 정하여 검사 업무의 전부 또는 일부의 정지**를 명할 수 있다. 다만, ㉠ 또는 ⓛ에 해당하면 그 지정을 취소하여야 한다.
㉠ 거짓이나 그 밖의 부정한 방법으로 지정을 받은 경우
ⓛ 업무정지 기간 중에 검사 업무를 한 경우
ⓒ 지정기준에 맞지 아니하게 된 경우
ⓔ 검사를 거짓으로 하거나 성실하게 하지 아니한 경우
ⓜ 정당한 사유 없이 지정된 검사를 하지 아니한 경우

⑧ 농산물 지정검사기관의 지정취소 등의 처분기준(시행규칙 제100조)
  ㉠ 농산물 지정검사기관의 지정취소 및 업무정지에 관한 처분기준

> **알아두기** 농산물 지정검사기관의 지정취소 및 사업정지에 관한 처분기준(시행규칙 제100조 관련 [별표 20])
>
> 1. 일반기준
>   가. 위반행위가 둘 이상이면 그 중 무거운 처분기준에 따른다. 다만, 둘 이상의 처분기준이 모두 업무정지인 경우에는 각 처분기준을 합산한 기간을 넘지 않는 범위에서 무거운 처분기준에 그 처분기준의 2분의 1 범위에서 가중한다.
>   나. 위반행위의 횟수에 따른 가중된 행정처분기준은 최근 2년간 같은 위반행위로 행정처분을 받은 경우에 적용한다. 이 경우 기간의 계산은 위반행위에 대한 행정처분일과 그 처분 후 다시 같은 위반행위를 하여 적발된 날을 기준으로 한다.
>   다. 나목에 따라 가중된 처분을 하는 경우 가중처분의 적용 차수는 그 위반행위 전 처분차수(나목에 따른 기간 내에 처분이 둘 이상 있었던 경우에는 높은 차수)의 다음 차수로 한다.
>   라. 위반사항의 내용으로 보아 그 위반의 정도가 경미하거나 그 밖에 특별한 사유가 있다고 인정되는 경우 그 처분이 업무정지일 때에는 2분의 1 범위에서 감경할 수 있고, 지정취소일 때에는 6개월의 업무정지 처분으로 감경할 수 있다.
>
> 2. 개별기준

위반행위	근거 법조문	위반횟수별 처분기준			
		1회	2회	3회	4회
가. 거짓이나 그 밖의 부정한 방법으로 지정을 받은 경우	법 제81조 제1항 제1호	지정취소	-	-	-
나. 업무정지 기간 중에 검사 업무를 한 경우	법 제81조 제1항 제2호	지정취소	-	-	-
다. 지정기준에 맞지 않게 된 경우					
1) 시설·장비·인력, 조직이나 검사업무에 관한 규정 중 어느 하나가 지정기준에 맞지 않는 경우	법 제81조 제1항 제3호	업무정지 1개월	업무정지 3개월	업무정지 6개월	지정취소
2) 시설·장비·인력, 조직이나 검사업무에 관한 규정 중 둘 이상이 지정기준에 맞지 않는 경우		업무정지 6개월	지정취소	-	-
라. 검사를 거짓으로 한 경우	법 제81조 제1항 제4호	업무정지 3개월	업무정지 6개월	지정취소	-
마. 검사를 성실하게 하지 아니한 경우					
1) 검사품의 제조제가 필요한 경우	법 제81조 제1항 제4호	경고	업무정지 3개월	업무정지 6개월	지정취소
2) 검사품의 제조제가 필요하지 아니한 경우		경고	업무정지 1개월	업무정지 3개월	지정취소
바. 정당한 사유 없이 지정된 검사를 하지 않은 경우	법 제81조 제1항 제5호	경고	업무정지 1개월	업무정지 3개월	지정취소

  ㉡ 국립농산물품질관리원장은 농산물 지정검사기관의 지정을 취소하거나 업무정지처분을 하였을 경우에는 지체 없이 그 사실을 고시하여야 한다.

(3) 농산물검사관의 자격 등(법 제82조) ★ 중요

① 법 제79조에 따른 검사나 법 제85조에 따른 재검사(이의신청에 따른 재검사를 포함한다) 업무를 담당하는 사람(이하 "**농산물검사관**"이라 한다)은 다음의 어느 하나에 해당하는 사람으로서 국립농산물품질관리원장(누에씨 및 누에고치 농산물검사관의 경우에는 시·도지사를 말한다)이 실시하는 전형시험에 합격한 사람으로 한다. 다만, 대통령령으로 정하는 농산물 검사 관련 자격 또는 학위를 갖고 있는 사람에 대하여는 대통령령으로 정하는 바에 따라 전형시험의 전부 또는 일부를 면제할 수 있다.
   ㉠ 농산물 검사 관련 업무에 6개월 이상 종사한 공무원
   ㉡ 농산물 검사 관련 업무에 1년 이상 종사한 사람
   ㉢ 농산물품질관리사 자격을 취득한 사람으로서 해당 자격을 취득한 후 1년 이상 농산물품질관리사의 직무를 수행한 사람
② 농산물검사관의 자격은 **곡류, 특작(特作)·서류(薯類), 과실·채소류, 잠사류(蠶絲類)** 등의 구분에 따라 부여한다.
③ 농산물검사관의 자격이 취소된 사람은 자격이 취소된 날부터 1년이 지나지 아니하면 전형시험에 응시하거나 농산물검사관의 자격을 취득할 수 없다.
④ 국립농산물품질관리원장은 농산물검사관의 검사기술과 자질을 향상시키기 위하여 교육을 실시할 수 있다.
⑤ 국립농산물품질관리원장은 전형시험의 출제 및 채점 등을 위하여 시험위원을 임명·위촉할 수 있다. 이 경우 시험위원에게는 예산의 범위에서 수당을 지급할 수 있다.
⑥ 농산물검사관의 전형시험의 구분·방법, 합격자의 결정, 농산물검사관의 교육 등에 필요한 세부사항은 농림축산식품부령으로 정한다.
⑦ 농산물검사관은 다른 사람에게 그 명의를 사용하게 하거나 다른 사람에게 그 자격증을 대여해서는 아니 된다.
⑧ 누구든지 농산물검사관의 자격을 취득하지 아니하고 그 명의를 사용하거나 자격증을 대여받아서는 아니 되며, 명의의 사용이나 자격증의 대여를 알선해서도 아니 된다.
⑨ 농산물검사관 전형시험의 구분 및 방법(시행규칙 제101조)
   ㉠ 농산물검사관의 전형시험은 필기시험과 실기시험으로 구분하여 실시한다.
   ㉡ 필기시험은 농산물의 검사에 관한 법규, 검사기준, 검사방법 등에 대하여 진위형(眞僞型)과 선택형으로 출제하여 실시하고, 실기시험은 자격 구분별로 해당 품목의 등급 및 품위 등에 대하여 실시한다.
   ㉢ 필기시험에 합격한 사람에 대해서는 다음 회의 시험에서만 필기시험을 면제한다.
   ㉣ 전형시험의 응시절차 등에 관하여 필요한 세부 사항은 국립농산물품질관리원장 또는 시·도지사가 정하여 고시한다.
⑩ **합격자의 결정기준(시행규칙 제102조)** : 전형시험의 합격자는 필기시험 및 실기시험 성적을 각각 100점 만점으로 하여 각각 60점 이상 받은 사람으로 한다.

⑪ **농산물검사관의 자격관리(시행규칙 제103조)**
  ㉠ 국립농산물품질관리원장 또는 시·도지사는 전형시험에 합격한 사람에 대해서는 검사관 별로 고유번호를 부여한다.
  ㉡ 국립농산물품질관리원장 및 지정검사기관의 장은 농산물검사관 자격관리대장을 작성하고 갖춰 두어야 한다.
  ㉢ 지정검사기관의 장은 소속 농산물검사관이 퇴직하거나 전출하는 등 신분에 관한 사항이 변동된 경우에는 즉시 그 사실을 국립농산물품질관리원장 또는 시·도지사에게 알려야 한다.

⑫ **농산물검사관의 교육(시행규칙 제104조)**
  ㉠ 국립농산물품질관리원장 또는 시·도지사는 농산물검사관의 검사기술 및 자질 향상을 위하여 **매년 1회 이상 교육**을 하여야 한다.
  ㉡ 국립농산물품질관리원장 또는 시·도지사는 농산물검사기술 교육에 필요한 시설과 인력 등 지정기준을 갖춘 기관·단체를 농산물검사관 교육기관으로 지정하여 교육을 실시하게 할 수 있다.
  ㉢ 국립농산물품질관리원장 또는 시·도지사는 농산물검사관 교육기관이 다음의 어느 하나에 해당하면 그 지정을 취소할 수 있으며, 거짓이나 그 밖의 부정한 방법으로 지정을 받은 경우에는 지정을 취소하여야 한다. 이 경우 지정취소를 할 때에는 청문을 하여야 한다.
    • 거짓이나 그 밖의 부정한 방법으로 지정을 받은 경우
    • 지정기준에 적합하지 아니하게 된 경우
    • 그 밖에 농산물검사관의 효율적인 교육을 위하여 국립농산물품질관리원장이 정하는 사항을 위반한 경우
  ㉣ 농산물검사관 교육기관의 지정기준, 지정절차, 지정취소, 그 밖의 농산물검사관 교육에 필요한 사항은 국립농산물품질관리원장이 정한다.

⑬ **농산물검사관의 증표(시행규칙 제105조)** : 국립농산물품질관리원장 또는 시·도지사는 전형시험에 합격한 사람에게 농산물검사관증을 발급하여야 한다.

⑭ **농산물검사관의 자격취소 등(법 제83조)**
  ㉠ 국립농산물품질관리원장은 농산물검사관에게 다음의 어느 하나에 해당하는 사유가 발생하면 **그 자격을 취소**하거나 **6개월 이내의 기간**을 정하여 **자격의 정지**를 명할 수 있다. 다만, 다른 사람에게 그 명의를 사용하게 하거나 자격증을 대여한 경우 및 명의의 사용이나 자격증의 대여를 알선한 경우에는 자격을 취소하여야 한다.
    • 거짓이나 그 밖의 부정한 방법으로 검사나 재검사를 한 경우
    • 이 법 또는 이 법에 따른 명령을 위반하여 현저히 부적격한 검사 또는 재검사를 하여 정부나 농산물검사기관의 공신력을 크게 떨어뜨린 경우
    • 다른 사람에게 그 명의를 사용하게 하거나 자격증을 대여한 경우
    • 명의의 사용이나 자격증의 대여를 알선한 경우

ⓒ 자격 취소 및 정지에 필요한 세부사항은 농림축산식품부령으로 정한다.

> **알아두기** 농산물검사관의 자격 취소 및 정지에 대한 세부 기준(시행규칙 제106조 관련 [별표 21])

1. 일반기준
   가. 위반행위가 둘 이상이면 그 중 무거운 처분기준에 따른다. 다만, 둘 이상의 처분기준이 모두 자격정지인 경우에는 각 처분기준을 합산한 기간을 넘지 않는 범위에서 무거운 처분기준에 그 처분기준의 2분의 1 범위에서 가중한다.
   나. 위반행위의 횟수에 따른 행정처분의 기준은 최근 2년간 같은 위반행위로 행정처분을 받은 경우에 적용한다. 이 경우 기간의 계산은 위반행위에 대한 행정처분일과 그 처분 후 다시 같은 위반행위를 하여 적발된 날을 기준으로 한다.
   다. 나목에 따라 가중된 처분을 하는 경우 가중처분의 적용 차수는 그 위반행위 전 처분차수(나목에 따른 기간 내에 처분이 둘 이상 있었던 경우에는 높은 차수)의 다음 차수로 한다.
   라. 위반사항의 내용으로 보아 그 위반의 정도가 경미하거나 그 밖에 특별한 사유가 있다고 인정되는 경우 그 처분이 자격정지일 때에는 2분의 1 범위에서 감경할 수 있고, 자격 취소일 때에는 6개월의 자격정지 처분으로 감경할 수 있다.

2. 개별기준

위반행위	근거 법조문	위반횟수별 처분기준		
		1회	2회	3회
가. 거짓이나 그 밖의 부정한 방법으로 검사나 재검사를 한 경우	법 제83조 제1항 제1호			
1) 검사나 재검사를 거짓으로 한 경우		자격 취소	–	–
2) 거짓 또는 부정한 방법으로 자격을 취득하여 검사나 재검사를 한 경우		자격 취소	–	–
3) 자격정지 중에 검사나 재검사를 한 경우		자격 취소	–	–
4) 고의적인 위격검사를 한 경우		자격 취소	–	–
5) 1등급 착오 20% 이상, 2등급 착오 5% 이상에 해당되는 위격검사를 한 경우		6개월 정지	자격 취소	–
6) 1등급 착오 10% 이상 20% 미만, 2등급 착오 3% 이상 5% 미만에 해당되는 위격검사를 한 경우		3개월 정지	6개월 정지	자격 취소
나. 법 또는 법에 따른 명령을 위반하여 현저히 부적격한 검사 또는 재검사를 하여 정부나 농산물검사기관의 공신력을 크게 떨어뜨린 경우	법 제83조 제1항 제2호	자격 취소	–	–
다. 다른 사람에게 그 명의를 사용하게 하거나 자격증을 대여한 경우	법 제83조 제1항 제3호	자격 취소	–	–
라. 명의의 사용이나 자격증의 대여를 알선한 경우	법 제83조 제1항 제4호	자격 취소	–	–

> **예시문제 맛보기**
>
> **농산물검사관의 자격에 관한 설명으로 틀린 것은?**
> ① 농산물검사관의 자격은 곡류, 특작·서류, 과실·채소류, 잠사류 등의 구분에 따라 부여한다.
> ② 전형시험의 합격자는 필기시험 및 실기시험 성적을 각각 100점 만점으로 하여 각각 60점 이상인 사람으로 한다.
> ③ 농산물검사관은 농산물검사관련 업무에 6개월 이상 종사한 사람 중 전형시험에 합격한 자로 한다.
> ④ 국립농산물품질관리원장은 검사와 관련하여 부정한 행위를 한 때에는 농산물검사관의 자격을 취소하거나 6개월 이내의 기간을 정하여 자격의 정지를 명할 수 있다.
>
> **정답** ③

(4) 검사증명서의 발급 등(법 제84조)

① 농산물검사관이 검사를 하였을 때에는 농림축산식품부령으로 정하는 바에 따라 해당 농산물의 포장·용기 등이나 꼬리표에 검사날짜, 등급 등의 검사 결과를 표시하거나 검사를 받은 자에게 검사증명서를 발급하여야 한다.

② 검사표시인 및 검사증명서의 발급(시행규칙 제107조) : 법 제84조에 따라 검사를 한 농산물의 포장 또는 꼬리표에 표시하는 검사표시인은 다음과 같고, 검사를 받은 자에게 발급하는 검사증명서는 별도의 서식에 따른다. 다만, 별도의 검사증명서가 필요한 경우에는 국립농산물품질관리원장 또는 시·도지사가 정하는 바에 따른다.

알아두기 농산물 검사표시인(시행규칙 제107조 관련 [별표 22])

종류	도안	구분	치수(mm) 1호	치수(mm) 2호
특등	특	세로 가로 획 폭	40 30 4	20 15 2
1등	①	테두리 지름 테두리 폭 획 폭	40 4 4	20 2 2
2등	②	테두리 지름 테두리 폭 획 폭	40 4 4	20 2 2
3등	③	테두리 지름 테두리 폭 획 폭	40 4 4	20 2 2
등 외	외	세로 가로 획 폭	40 30 4	20 15 2
합격	합	세로 가로 획 폭	40 30 4	20 15 2
불합격	불	세로 가로 획 폭	40 30 4	20 15 2
검사	검	세로 가로 획 폭	40 30 4	20 15 2
재검사	재	세로 가로 획 폭	40 30 4	20 15 2
말소	×	각 변 획 폭	40 4	20 2

알아두기 농산물 검사표시인(시행규칙 제107조 관련 [별표 22])

종 류	도 안	구 분	치수(mm) 1호	치수(mm) 2호
종 자	씨	세 로 가 로 획 폭	40 30 4	20 15 2
특별기호	(꽃모양) ※ 원 안에 검사기관의 장이 정하는 특별표기를 삽입한다.	원지름 원획폭 자획폭	40 3 3	20 1.5 1.5
검사 날짜도장 (국내용)	(원형도장) ※ 원 안 위쪽에는 검사기관명을 삽입한다. ※ 두 줄 중앙에는 검사일을 삽입한다. ※ 원 안 아래쪽에는 검사관번호를 삽입한다.	바깥 원지름 안의 원지름 검사일란의 폭	28 16 8	14 8 4
검사 날짜도장 (수출용)	PASSED ※ 위쪽에 검사기관명(영문)을 삽입한다. ※ 아래쪽에 해당 국가명(영문)을 삽입한다.	세로 지름 가로 지름	35 50	18 25

※ 다만, 프린터 방식으로 날인을 할 경우에는 검사 표시를 글자로 표시하거나 검사표시인의 크기, 글자 또는 도안 등의 일부를 조정하여 표시할 수 있으며, 이때 농관원장이 정한 방법으로 표시할 수 있다.

(5) 재검사 등(법 제85조)

① 농산물의 검사 결과에 대하여 이의가 있는 자는 검사현장에서 검사를 실시한 농산물검사관에게 **재검사를 요구**할 수 있다. 이 경우 농산물검사관은 즉시 재검사를 하고 그 결과를 알려 주어야 한다.

② ①에 따른 재검사의 결과에 이의가 있는 자는 재검사일부터 **7일 이내**에 농산물검사관이 소속된 농산물검사기관의 장에게 이의신청을 할 수 있으며, 이의신청을 받은 기관의 장은 그 신청을 받은 날부터 **5일 이내**에 다시 검사하여 그 결과를 이의신청자에게 알려야 한다.

③ ① 또는 ②에 따른 재검사 결과가 법 제79조에 따른 검사 결과와 다른 경우에는 법 제84조를 준용하여 해당 검사결과의 표시를 교체하거나 검사증명서를 새로 발급하여야 한다.

예시문제 맛보기

다음은 농산물의 재검사결과에 대한 이의신청방법을 설명한 것이다. 괄호 안에 들어갈 내용을 순서대로 옳게 나열한 것은?

> 재검사의 결과에 이의가 있는 자는 재검사일부터 (   ) 이내에 검사관이 소속된 검사기관의 장에게 이의신청을 할 수 있으며, 이의신청을 받은 기관의 장은 그 신청을 받은 날부터 (   ) 이내에 다시 검사하여 그 결과를 이의신청자에게 알려야 한다.

① 3일, 5일
② 3일, 7일
③ 5일, 7일
④ 7일, 5일

정답 ④

(6) 검사판정의 실효(법 제86조) ★ 중요

검사를 받은 농산물이 다음의 어느 하나에 해당하면 검사판정의 효력이 상실된다.
① 농림축산식품부령으로 정하는 검사 유효기간이 지난 경우
② 검사 결과의 표시가 없어지거나 명확하지 아니하게 된 경우

알아두기 농산물검사의 유효기간(시행규칙 제109조 관련 [별표 23])

종 류	품 목	검사시행시기	유효기간(일)
곡 류	벼·콩	5.1~9.30	90
		10.1~4.30	120
	겉보리·쌀보리·팥·녹두·현미·보리쌀	5.1~9.30	60
		10.1~4.30	90
	쌀	5.1~9.30	40
		10.1~4.30	60
특용작물류	참깨·땅콩	1.1~12.31	90
과실류	사과·배	5.1~9.30	15
		10.1~4.30	30
	단 감	1.1~12.31	20
	감 귤	1.1~12.31	30
채소류	고추·마늘·양파	1.1~12.31	30
잠사류(蠶絲類)	누에씨	1.1~12.31	365
	누에고치	1.1~12.31	7
기 타	농림축산식품부장관이 검사대상 농산물로 정하여 고시하는 품목의 검사유효기간은 농림축산식품부장관이 정하여 고시한다.		

예시문제 맛보기

검사받은 농산물의 검사판정 실효에 해당하는 것은?
① 검사 결과의 표시를 위조하거나 변조한 사실이 확인된 경우
② 검사 결과의 표시가 없어지거나 명확하지 아니하게 된 경우
③ 검사를 받은 농산물의 포장을 바꾼 사실이 확인된 경우
④ 검사를 받은 농산물의 내용물을 바꾼 사실이 확인된 경우

정답 ②

(7) 검사판정의 취소(법 제87조) ★ 중요

농림축산식품부장관은 검사나 재검사를 받은 농산물이 다음의 어느 하나에 해당하면 **검사판정을 취소**할 수 있다. 다만, ①에 해당하면 검사판정을 취소하여야 한다.
① 거짓이나 그 밖의 부정한 방법으로 검사를 받은 사실이 확인된 경우
② 검사 또는 재검사 결과의 표시 또는 검사증명서를 위조하거나 변조한 사실이 확인된 경우
③ 검사 또는 재검사를 받은 농산물의 포장이나 내용물을 바꾼 사실이 확인된 경우

2. 검 정

(1) 검정(법 제98조) ★ 중요
① 농림축산식품부장관 또는 해양수산부장관은 농수산물 및 농산가공품의 거래 및 수출·수입을 원활히 하기 위하여 다음의 검정을 실시할 수 있다. 다만, 종자산업법 제2조 제1호에 따른 종자에 대한 검정은 제외한다.
  ㉠ 농산물 및 농산가공품의 **품위·품종·성분 및 유해물질** 등
  ㉡ 수산물의 품질·규격·성분·잔류물질 등
  ㉢ 농수산물의 생산에 이용·사용하는 농지·어장·용수·자재 등의 품위·성분 및 유해물질 등
② 농림축산식품부장관 또는 해양수산부장관은 검정신청을 받은 때에는 검정 인력이나 검정 장비의 부족 등 검정을 실시하기 곤란한 사유가 없으면 검정을 실시하고 신청인에게 그 결과를 통보하여야 한다.
③ 검정의 항목·신청절차 및 방법 등 필요한 사항은 농림축산식품부령 또는 해양수산부령으로 정한다.

(2) 검정결과에 따른 조치(법 제98조의2)
① 농림축산식품부장관 또는 해양수산부장관은 제98조 제1항 제1호 및 제2호에 따른 검정을 실시한 결과 유해물질이 검출되어 인체에 해를 끼칠 수 있다고 인정되는 농수산물 및 농산가공품에 대하여 생산자 또는 소유자에게 폐기하거나 판매금지 등을 하도록 하여야 한다.
② 농림축산식품부장관 또는 해양수산부장관은 생산자 또는 소유자가 제1항의 명령을 이행하지 아니하거나 농수산물 및 농산가공품의 위생에 위해가 발생한 경우 농림축산식품부령 또는 해양수산부령으로 정하는 바에 따라 검정결과를 공개하여야 한다.

(3) 검정절차 등(시행규칙 제125조)
① 검정을 신청하려는 자는 국립농산물품질관리원장, 국립수산물품질관리원장 또는 법 제99조 제1항에 따라 지정받은 검정기관(이하 "지정검정기관"이라 한다)의 장에게 검정신청서에 검정용 시료를 첨부하여 검정을 신청하여야 한다.
② 국립농산물품질관리원장, 국립수산물품질관리원장 또는 지정검정기관의 장은 시료를 접수한 날부터 **7일 이내**에 검정을 하여야 한다. 다만, 7일 이내에 분석을 할 수 없다고 판단되는 경우에는 신청인과 협의하여 검정기간을 따로 정할 수 있다.
③ 국립농산물품질관리원장, 국립수산물품질관리원장 또는 검정기관의 장은 원활한 검정업무의 수행을 위하여 필요하다고 판단되는 경우에는 신청인에게 최소한의 범위에서 시설, 장비 및 인력 등의 제공을 요청할 수 있다.

(4) 검정증명서의 발급(시행규칙 126조)
국립농산물품질관리원장, 국립수산물품질관리원장 또는 지정검정기관의 장은 검정한 경우에는 그 결과를 검정증명서에 따라 신청인에게 알려야 한다.

(5) 검정항목(시행규칙 제127조) ★ 중요

법 제98조 제3항에 따른 검정항목은 다음과 같다.

> **알아두기** 검정항목(시행규칙 제127조 관련 [별표 30])

1. 농산물 및 농산가공품

분야	검정항목	세부 검정항목
품위·품종 및 일반성분	가. 품위	정립, 피해립, 이종종자, 이물, 용적중, 싸라기, 입도, 이종곡립, 분상질립, 착색립, 사미, 세맥, 다른 종피색, 과균 비율, 색깔 비율, 결점과율, 회분(灰分) 또는 조회분(粗灰分), 사분 등
	나. 발아율	발아율, 발아세(맥주보리만 해당한다) 등
	다. 도정률	• 미곡의 제현율, 현백률, 도정률 등 • 맥류의 정백률 등
	라. 품종	벼·현미·쌀
	마. 일반성분	수분, 단백질, 지방, 조섬유, 산가, 산도, 당도 등
무기성분 및 유해물질	가. 무기성분	칼슘, 인, 식염, 나트륨, 칼륨, 질산염 등
	나. 유해 중금속	카드뮴, 납 등
	다. 잔류농약	클로르피리포스, 엔도설판, 디디티(DDT), 프로사이미돈, 다이아지논, 카벤다짐 등
	라. 곰팡이 독소	아플라톡신 B1, B2, G1, G2 등
	마. 항생물질	항생제, 합성항균제, 호르몬제
	바. 방사능	세슘, 요오드(아이오딘)
	사. 병원성 미생물	대장균, 바실루스 세레우스 등

〈비고〉
1. "품위"란 정립, 피해립, 이종종자 등 검정항목을 측정, 시험, 분석한 결과에 따른 질적 수준을 말한다.
2. "정립"(整粒)이란 미곡류·맥류·두류(콩류)·잡곡류 등의 건전립(건실하고 정상인 낟알)을 말한다.
3. "피해립"이란 수분, 해충, 열, 그 밖의 요인으로 인하여 변색되었거나 피해를 입은 완전립 또는 쇄립(깨진 낟알)을 말한다.
4. "입도"(粒度)란 두류 등의 굵기를 말한다.
5. "이종곡립"(異種穀粒)이란 해당 곡종 외의 다른 곡립을 말한다.
6. "분상질립"(粉狀質粒)이란 부피의 1/2 이상이 분상질(종자 내부의 조직이 치밀하지 못하고 공간이 많아 희게 보이는 성질) 상태인 낟알을 말한다.
7. "사미"(死米)란 분상질 상태인 낟알의 부피가 75% 이상인 것을 말한다.
8. "세맥"(細麥)이란 맥주보리를 체 눈의 크기가 2.2mm인 세로눈의 판체로 쳤을 때 통과하는 낟알을 말한다.
9. "종피색"(種皮色)이란 씨껍질색을 말한다.
10. "과균 비율"(果均 比率)이란 크기의 고르기를 말한다.
11. "결점과율"(缺點果率)이란 전량에 대한 결점과(병해충과, 상해과, 외관불량과, 미숙과 등)의 개수 비율을 말한다.
12. "회분"(灰分)이란 유기질이 회화(연소)된 뒤에 남은 무기물 또는 불연성 잔류물을 말한다.
13. "사분"(砂分)이란 사염화탄소(CCl_4) 비중선별법에 따라 시료를 채취하여 무게%로 나타낸 것을 말한다[사분(%) = (사분의 부피(mL) × 1.25 × 100) / 채취시료량의 무게].
14. "발아세"(發芽勢)란 일정 기간까지 유아(어린싹) 또는 유근(어린뿌리)이 출현한 낟알 수의 비율을 말한다.
15. "현백률"(玄白率)이란 일정량의 현미를 도정했을 때 백미가 생산되는 무게비율을 말한다.
16. "정백률"(精白率)이란 현백률과 같은 의미로 일정량의 맥류를 도정했을 때 백미가 생산되는 무게비율을 말한다.
17. "조섬유"(粗纖維)란 식료품 분석에서 산과 알칼리로 일정하게 처리하고 남은 물질을 말한다.

2. 농지(토양)

분야	검정항목	세부 검정항목
무기성분 및 유해물질	가. 유해 중금속	카드뮴, 구리, 납, 비소, 수은, 6가크롬(6가크로뮴), 아연, 니켈 등
	나. 잔류농약	클로르피리포스, 엔도설판, 디디티(DDT), 프로사이미돈, 다이아지논, 카벤다짐 등
	다. 항생물질	항생제, 합성항균제, 호르몬제

3. 용수(하천수·호소수)

분야	검정항목	세부 검정항목
무기성분 및 유해물질	가. 유해 중금속	크롬(크로뮴), 아연, 구리, 카드뮴, 납, 망간(망가니즈), 니켈, 철, 비소, 셀레늄, 6가크롬(6가크로뮴), 수은 등
	나. 잔류농약	클로르피리포스, 엔도설판, 디디티(DDT), 프로사이미돈, 다이아지논, 카벤다짐 등
	다. 항생물질	항생제, 합성항균제, 호르몬제

4. 용수(먹는물·먹는샘물)

분야	검정항목	세부 검정항목
무기성분 및 유해물질	가. 유해 중금속	구리, 카드뮴, 납, 아연, 알루미늄, 망간(망가니즈), 철, 셀레늄, 비소, 수은, 크롬(크로뮴) 등
	나. 잔류농약	클로르피리포스, 엔도설판, 디디티(DDT), 프로사이미돈, 다이아지논, 카벤다짐 등
	다. 항생물질	항생제, 합성항균제, 호르몬제

5. 자재(비료·축분·깔짚 등)

분야	검정항목	세부 검정항목
무기성분 및 유해물질	가. 무기성분	질소, 인산, 칼륨 등
	나. 유해 중금속	카드뮴, 비소, 납, 수은 등
	다. 잔류농약	클로르피리포스, 엔도설판, 디디티(DDT), 프로사이미돈, 다이아지논, 카벤다짐 등
	라. 항생물질	항생제, 합성항균제, 호르몬제

(6) 검정방법(시행규칙 제128조)

품위, 품종, 성분 및 유해물질 등의 검정방법 등 세부사항은 국립농산물품질관리원장, 국립수산물품질관리원장이 각각 정하여 고시한다.

(7) 검정결과에 따른 조치(시행규칙 제128조의2)

① 국립농산물품질관리원장 또는 국립수산물품질관리원장은 검정을 실시한 결과 유해물질이 검출되어 인체에 해를 끼칠 수 있다고 인정되는 경우에는 해당 농수산물·농산가공품의 생산자·소유자(이하 "생산자 등"이라 한다)에게 다음의 조치를 하도록 그 처리방법 및 처리기한을 정하여 알려주어야 한다. 이 경우 조치 대상은 검정신청서에 기재된 재배지 면적 또는 물량에 해당하는 농수산물·농산가공품에 한정한다.

㉠ 해당 유해물질이 시간이 지남에 따라 분해·소실되어 일정 기간이 지난 후에 식용으로 사용하는 데 문제가 없다고 판단되는 경우 : 해당 유해물질이 식품위생법 제7조 제1항의 식품 또는 식품첨가물에 관한 기준 및 규격에 따른 잔류허용기준 이하로 감소하는 기간 동안 출하 연기 또는 판매금지
　　㉡ 해당 유해물질의 분해·소실기간이 길어 국내에서 식용으로 사용할 수 없으나, 사료·공업용 원료 및 수출용 등 식용 외의 다른 용도로 사용할 수 있다고 판단되는 경우 : 국내식용으로의 판매금지
　　㉢ ㉠ 또는 ㉡에 따른 방법으로 처리할 수 없는 경우 : 일정한 기한을 정하여 폐기
② 해당 생산자 등은 ①에 따른 조치를 이행한 후 그 결과를 국립농산물품질관리원장 또는 국립수산품질관리원장에게 통보하여야 한다.
③ 지정검정기관의 장은 검정을 실시한 농수산물·농산가공품 중에서 유해물질이 검출되어 인체에 해를 끼칠 수 있다고 인정되는 것이 있는 경우에는 다음의 서류를 첨부하여 그 사실을 지체 없이 국립농산물품질관리원장 또는 국립수산품질관리원장에게 통보하여야 한다. 이 경우 그 통보사실을 해당 생산자 등에게도 동시에 알려야 한다.
　　㉠ 검정신청서 사본 및 검정증명서 사본
　　㉡ 조치방법 등에 관한 지정검정기관의 의견

(8) 검정결과의 공개(시행규칙 제128조의3)

국립농산물품질관리원장 또는 국립수산품질관리원장은 검정결과를 공개하여야 하는 사유가 발생한 경우에는 지체 없이 다음의 사항을 국립농산물품질관리원 또는 국립수산품질관리원의 홈페이지(게시판 등 이용자가 쉽게 검색하여 볼 수 있는 곳이어야 한다)에 12개월간 공개하여야 한다.
㉠ "폐기 또는 판매금지 등의 명령을 이행하지 아니한 농수산물 또는 농산가공품의 검정결과" 또는 "위생에 위해가 발생한 농수산물 또는 농산가공품의 검정결과"라는 내용의 표제
㉡ 검정결과
㉢ 공개이유
㉣ 공개기간

(9) 검정기관의 지정 등(법 제99조)

① 농림축산식품부장관 또는 해양수산부장관은 검정에 필요한 인력과 시설을 갖춘 기관(이하 "검정기관"이라 한다)을 지정하여 검정을 대행하게 할 수 있다.
② 검정기관으로 지정을 받으려는 자는 검정에 필요한 인력과 시설을 갖추어 농림축산식품부장관 또는 해양수산부장관에게 신청하여야 한다. 검정기관으로 지정받은 후 **농림축산식품부령 또는 해양수산부령으로 정하는 중요 사항이** 변경되었을 때에는 농림축산식품부령 또는 해양수산부령으로 정하는 바에 따라 변경신고를 하여야 한다.

※ 검정기관의 지정절차 등(시행규칙 제130조 제6항)
  1. 기관명(대표자) 및 사업자등록번호
  2. 실험실 소재지
  3. 검정 업무의 범위
  4. 검정 업무에 관한 규정
  5. 검정기관의 지정기준 중 인력·시설·장비

③ 농림축산식품부장관 또는 해양수산부장관은 ②의 후단에 따른 변경신고를 받은 날부터 20일 이내에 신고수리 여부를 신고인에게 통지하여야 한다.

④ 농림축산식품부장관 또는 해양수산부장관이 ③에서 정한 기간 내에 신고수리 여부 또는 민원처리 관련 법령에 따른 처리기간의 연장을 신고인에게 통지하지 아니하면 그 기간(민원처리 관련 법령에 따라 처리기간이 연장 또는 재연장된 경우에는 해당 처리기간을 말한다)이 끝난 날의 다음 날에 신고를 수리한 것으로 본다.

⑤ 검정기관 지정의 유효기간은 지정을 받은 날부터 4년으로 하고, 유효기간이 만료된 후에도 계속하여 검정 업무를 하려는 자는 유효기간이 끝나기 3개월 전까지 농림축산식품부장관 또는 해양수산부장관에게 갱신을 신청하여야 한다.

⑥ 검정기관 지정이 취소된 후 1년이 지나지 아니하면 검정기관 지정을 신청할 수 없다.

⑦ ①·② 및 ⑤에 따른 검정기관의 지정·갱신 기준 및 절차와 업무 범위 등에 필요한 사항은 농림축산식품부령 또는 해양수산부령으로 정한다.

⑧ 검정기관의 지정기준 및 평가기준(시행규칙 제129조)

> **알아두기** 검정기관의 지정기준 및 평가기준(시행규칙 제129조 관련 [별표 31])
> 1. 농산물 검정기관의 지정기준
>   가. 일반기준
>   국립농산물품질관리원장은 농산물 검정기관을 지정하는 경우에는 별표 30에 따른 분야 및 검정항목별로 구분하여 지정할 수 있다. 이 경우 농산물 및 농산가공품 중 무기성분·유해물질 분야의 검정기관을 지정할 때에는 잔류농약 검정항목은 반드시 포함하고, 그 외의 항목만 신청에 따라 검정항목별로 지정할 수 있다.
>   나. 품위·품종·일반성분 검정(품위, 발아율, 도정률, 품종, 일반성분에 대한 검정)
>   1) 검정실의 면적 : 전처리실, 일반실험실, 조사·분석실 등 분석실 면적의 합계가 $10m^2$ 이상이어야 한다.
>   2) 검정인력의 자격 및 인원 수
>   가) 검정인력의 일반 자격기준 : 다음 어느 하나에 해당하는 자격을 갖춘 사람 2명 이상
>   (1) 고등교육법에 따른 전문대학에서 농학 계열(농학, 원예학 등), 식품과학 계열(식품공학, 식품가공학 등), 자연과학계열(생화학, 유전공학등) 등 품위·품종·일반성분의 검정·분석과 관련이 있는 학과를 졸업한 사람 또는 이와 같은 수준 이상의 학력이 있다고 인정되는 사람
>   (2) 농산물품질관리사, 농산물검사관, 종자기사, 생물공학기사 등의 농학 계열, 식품 과학 계열 관련 자격을 소지한 사람 또는 이와 같은 수준 이상의 자격을 갖춘 사람
>   (3) 농산물검사·검정 분야에서 2년 이상 종사한 경험이 있는 사람
>   나) 개별 자격기준
>   (1) 품위 검정을 담당하는 사람 중 1명은 국립농산물품질관리원에서 시행한 농산물검사관 자격(곡류, 특작·서류, 과실·채소류)을 갖추거나 농산물의 품위 검사·검정과 관련된 기관에서 3년 이상 해당 분야 시험연구·검사·검정업무 경력이 있어야 한다.
>   (2) 품종 검정을 담당하는 사람 중 1명은 다음의 어느 하나에 해당하는 요건을 갖추어야 한다.
>   (가) 국립농산물품질관리원 시험연구소의 유전자분석 교육을 이수했을 것

(나) 4년제 대학을 졸업한 사람으로서 유전자 분석 등의 시험연구·검사·검정과 관련된 기관에서 해당 분야의 시험연구·검사·검정업무에 2년 이상 종사한 경력(졸업 전의 경력을 포함)이 있을 것

(다) 전문대학을 졸업한 사람으로서 유전자 분석 등의 시험연구·검사·검정과 관련된 기관에서 해당 분야의 시험연구·검사·검정업무에 4년 이상 종사한 경력(졸업 전의 경력을 포함)이 있을 것

(3) 일반성분 검정을 담당하는 사람 중 1명은 다음의 어느 하나에 해당하는 요건을 갖추어야 한다.

(가) 4년제 대학을 졸업한 사람으로서 시험연구·검사·검정과 관련된 기관에서 해당 분야의 시험연구·검사·검정업무에 2년 이상 종사한 경력(졸업 전의 경력을 포함)이 있을 것

(나) 전문대학을 졸업한 사람 또는 가)(2)의 자격을 갖춘 사람으로서 시험연구·검사·검정과 관련된 기관에서 해당 분야의 시험연구·검사·검정업무에 3년 이상 종사한 경력(졸업 또는 자격 취득 전의 경력을 포함)이 있을 것

3) 시설 및 장비기준

가) 검정시설은 전처리실, 일반실험실, 조사·분석실 등의 실험실이 구분되어 오염을 방지할 수 있어야 한다.

나) 장비는 검정항목 별로 해당 검정항목의 검정방법을 운용하는데 필요한 최소한의 기본 장비를 갖추어야 한다.

다. 무기성분·유해물질 검정(농산물 및 농산가공품의 무기성분·유해중금속·잔류농약·곰팡이독소·항생물질·방사능·병원성 미생물에 대한 검정과 농지, 용수, 자재의 무기성분·유해물질에 대한 검정)

1) 검정실의 면적 : 전처리실, 일반실험실, 기기분석실 등 검정실 면적의 합계가 250m² 이상이어야 한다.

2) 검정인력의 자격 및 인원 수

가) 검정인력의 일반 자격기준 : 다음 어느 하나에 해당하는 자격을 갖춘 사람 4명 이상

(1) 고등교육법에 따른 전문대학에서 농학 계열(농화학, 농산제조학, 축산학, 축산가공학 등), 식품과학 계열(식품공학, 식품가공학, 식품영양학, 식품제조학 등), 자연과학 계열(화학, 환경공학, 생물학, 생명공학 등) 등 무기성분·유해물질의 검정·분석과 관련이 있는 학과를 졸업한 사람 또는 이와 같은 수준 이상의 학력이 있다고 인정되는 사람

(2) 식품기술사, 식품기사, 식품산업기사, 농화학기술사, 농화학기사, 위생사, 위생시험사, 농림토양평가관리기사 또는 무기성분·유해물질의 검정·분석과 관련된 이와 같은 수준 이상의 자격을 갖춘 사람

(3) 농산물 검사·검정 분야에서 2년 이상 종사한 경험이 있는 사람

나) 개별 자격기준 : 이화학 분야를 담당하는 사람 중 1명과 미생물 분야를 담당하는 사람 중 1명은 각각 다음의 어느 하나에 해당하는 요건을 갖추어야 한다.

(1) 4년제 대학을 졸업한 사람으로서 시험연구·검사·검정과 관련된 기관에서 해당 분야의 시험연구·검사·검정업무에 2년 이상 종사한 경력(졸업 전의 경력을 포함)이 있을 것

(2) 전문대학을 졸업한 사람 또는 가)(2)의 자격을 갖춘 사람으로서 시험연구·검사·검정과 관련된 기관에서 해당 분야의 시험연구·검사·검정업무에 4년 이상 종사한 경력(졸업 또는 자격 취득 전의 경력을 포함)이 있을 것

3) 시설 및 장비기준

가) 검정시설은 전처리실, 일반실험실, 기기분석실 등이 구분되어 오염을 방지할 수 있어야 한다.

나) 장비는 검정항목 별로 해당 검정항목의 검정방법을 운용하는데 필요한 최소한의 기본 장비를 갖추어야 하며, 방사능 분석 장비에 대해서는 해당 장비를 보유하고 있는 기관과 이용계약을 체결한 경우에는 해당 장비를 갖추지 않을 수 있다.

라. 검정기관의 품질관리기준

1) 상부 기관의 주요직원에 대한 책임사항

가) 검정기관이 검정 외의 다른 활동도 수행하는 상부 조직의 일부일 경우 잠재적인 이해상충을 파악하기 위하여 검정기관의 검정 활동에 참여하거나 영향을 미치는 상부 조직의 주요 직원에 대한 책임사항을 규정하여야 한다.

나) 검정기관이 검정 외의 다른 활동도 수행하는 상부 조직의 일부일 경우 제조, 마케팅 또는 재정과 같은 이해상충 소지가 있는 부서들이 검정기관의 검정 업무에 관한 규정 준수에 악영향을 미치지 않도록 하는 조직적 합의가 있어야 한다.

다) 검정기관의 검정 인력은 신뢰성 있는 검정 결과를 산출하는 과정에서 검정 업무와 관련하여 내부조직의 부당한 압력으로부터 독립된 업무수행이 보장되어야 한다.

라) 내부조직에서 부당한 압력을 행사할 경우에 대비한 방지책(매뉴얼 또는 규정 및 서약서)이 있어야 한다.

마) 방지책 내용은 영업, 재정 및 인사 부서 등의 책임자에게 배포되고, 당사자가 이러한 내용을 숙지하고 준수하여야 한다.
2) 검정 기록의 관리
　가) 검정기관은 관찰 사항, 데이터 및 계산 결과를 즉시 기록하여야 하고, 특정 작업에 대한 동일함을 증명할 수 있어야 한다.
　나) 기록에 잘못이 발생할 경우, 잘못된 부분을 지우거나 읽지 못하게 삭제하지 말고 가로줄을 긋고 그 옆에 정확한 값을 기록하여야 한다. 이러한 기록에 대한 변경에는 수정한 사람이 반드시 서명을 하여야 한다.
3) 검정 인력의 기술적 능력
　가) 검정 인력의 자격요건을 학력, 기술자격, 경력, 교육훈련 등 세부적으로 규정하고, 기술능력평가방법과 자격부여 절차를 규정하여야 하며, 해당 규정에 따른 학력, 기술자격, 경력, 교육훈련 등에 기초하여 자격을 부여하여야 한다.
　나) 검정기관의 장은 특정 장비를 운용하고, 검정을 실시하며, 결과를 평가하고, 검정증명서에 서명을 하는 모든 검정 인력의 역량을 보장하여야 한다.
　다) 검정증명서에 포함된 의견 및 해석에 대해 책임을 지는 검정 인력은 실시하는 검정에 대한 다음 지식을 갖추어야 한다.
　　(1) 검정 품목, 재료, 제품의 제조에 사용된 기술 및 사용 방법과 서비스 중에 발생할 수 있는 결함 및 품질을 저하하는 사항에 대한 관련 지식
　　(2) 관련 법령 및 규정에 따른 검정 관련 사항에 대한 지식
4) 교육 및 훈련의 목표설정, 방침, 절차의 수립 및 효과성 평가
　가) 검정기관의 장은 검정 인력의 교육, 훈련 및 기술에 관한 목표를 설정하여야 한다.
　나) 검정기관은 훈련의 필요성을 파악하고, 검정 인력에 훈련을 제공하는 방침 및 절차를 보유하여야 한다.
　다) 훈련 프로그램은 검정기관의 현행 및 예견되는 향후의 작업을 위한 것이어야 하며, 실시한 훈련에 대한 효과성을 평가하여야 한다.
5) 검정방법의 선정
　가) 검정기관은 농산물 검사·검정방법 및 절차에 관하여 국립농산물품질관리원장이 고시하는 바에 따라 농수산물 품질관리법, 식품위생법 등 관련 법령에서 정한 분석법과 공인분석법 등 국제적으로 통용되는 분석법을 우선적으로 사용할 수 있다.
　나) 검정기관은 분석법의 최신판을 이용하는 것이 적절하지 않거나 불가능한 경우를 제외하고는 최신판 사용을 보장하여야 한다.
　다) 검정기관은 검정하기 전에 검정방법을 정확히 운영할 수 있는지를 확인하여야 한다.
6) 장비의 중간점검
　가) 장비의 교정 상태에 대한 신뢰성 유지를 위하여 중간 점검이 필요한 경우, 점검은 정해진 절차에 따라 실시하여야 한다.
　나) 중간점검 항목 및 기준은 적절하게 선정되어야 하며, 점검 결과는 기록하고 보존하여야 한다.
7) 검정시료의 취급
　가) 검정기관은 검정시료의 상태 및 해당 검정기관과 신청인의 이해를 보호하기 위해 필요한 검정시료의 운반·수령·취급·보호·저장·보관 및 처분을 위한 절차를 갖추어야 한다.
　나) 검정기관은 검정시료를 식별하는 시스템을 갖추어야 한다. 이러한 식별은 검정기관 내에서 시료를 사용하는 전 과정 동안 유지하여야 한다.
　다) 검정시료를 인수할 때, 해당 방법에서 명시한 조건에서 벗어난 특이 사항 또는 결함 사항을 기록하여야 한다.
　라) 검정시료의 적절성에 의문이 발생하거나, 문제가 있을 경우, 검정 실시 전에 세부 지침에 관하여 신청인과 상의하고, 해당 논의사항을 기록하여야 한다.
　마) 검정기관은 검정시료의 보관, 취급, 준비 중에 검정시료의 변질, 분실 또는 손상을 방지하는 절차 및 적절한 시설을 갖추어야 한다.
8) 검정기관의 표준물질 사용에 관한 사항
　가) 정확한 표준물질(RM, Reference Material) 또는 인증표준물질(CRM, Certified Reference Material)의 사용을 요구하는 검정에서, 검정기관은 해당 특성화된 물질을 사용해야 하며, 사용된 표준물질(RM) 또는 인증표준물질(CRM)이 특별히 지정되지 않을 경우, 국제기구 또는 국가기구에서 제공하는 적절한 표준물질(RM) 또는 인증표준물질(CRM)을 검증 없이 사용할 수도 있다.

나) 표준물질(RM) 또는 인증표준물질(CRM)은 다른 물질과 혼재되지 않도록 표준물질(RM) 또는 인증표준물질(CRM)을 구분 관리하여야 하며 유효기한까지 안정성과 효과성이 유지되도록 관리하여야 한다.
9) 검정기관의 표준용액 사용에 관한 사항
　가) 검정기관은 품명·조제일·조제자 등을 기재한 표식을 표준용액의 용기에 부착하여야 하고, 유효기한까지 안정성과 효과성이 유지되도록 관리하여야 하며, 검증에 관한 자료를 모두 기록하고 보관하여야 한다.
　나) 사용된 표준용액은 다른 물질과 식별할 수 있도록 구분하여야 하고, 사용 관련 정보를 기록하고 보관하여야 한다.
　다) 표준용액의 명칭, 농도, 농도 계산 과정, 조제방법, 조제일, 조제자 등 조제 관련 정보를 기록하고 보관하여야 하며, 적절한 방법으로 표준용액을 보관하여야 한다.
10) 표준 미생물
　가) 검정기관은 추적성을 증명할 수 있는 승인된 국내기관 또는 국제기관에서 분양 받은 미생물의 표준균주(Reference Culture)를 보유해야 한다.
　나) 배양 받은 표준균주는 공인된 검정방법에 따라 동정시험(同定試驗 : 분리된 미생물이 원래 어떤 종류에 해당하는지 알아보는 염색 시험이나 생화학적 성상시험)을 실시하여 관리하여야 한다.
　다) 보관용 표준균주(Reference Stock)로 사용하기 위해 표준균주를 2차 배양할 수 있으며, 보관용 표준균주는 일상 작업에 사용되는 작업용 표준균주(Working Stock)를 준비하는데 이용할 수 있다.
　라) 보관용 표준 균주를 해동시킨 다음에는 재동결하거나 재사용해서는 안 되며, 작업용 표준균주를 2차 배양하여 보관용 표준균주로 대체사용해서는 안 된다.
　마) 표준 균주에 관한 모든 사용 관련 정보를 기록하고 보관하여야 한다.
　바) 검정에 필요한 특정 계통(Strain)의 특징이 보존될 수 있도록 적절한 방법으로 표준균주를 보관하여야 한다.
　사) 모든 균주의 관리에 대한 문서화된 지침이 있어야 하며 이에 따라 유지 관리하여야 한다.
11) 그 밖의 검정기관 품질관리기준
　가) 그 밖에 품질관리기준이 필요하다고 인정되는 경우, 한국인정기구(KOLAS)의 시험기관 및 교정기관의 자격에 대한 일반 요구사항인 KS Q ISO/IEC 17025 및 관련 지침의 요구사항을 준용할 수 있다.
　나) 한국인정기구(KOLAS)의 시험기관 및 교정기관의 자격에 대한 일반 요구사항인 KS Q ISO/IEC 17025와 동등한 수준 이상의 시험기관 운영 기준을 갖추었음을 입증하는 서류를 제출하는 경우에는 품질관리기준에 따른 평가를 생략할 수 있다.

2. 검정기관의 평가기준 및 방법
　가. 검정능력 평가 항목별 배점기준

구 분	평가 항목	배 점	평가 점수
일반사항	검정실 면적, 검정인력 등이 검정기관의 지정기준을 충족하는가?	10	
	검정장비를 갖추고 있으며, 검정장비가 정상적으로 가동되고 적절하게 설치되어 있는가?	3	
	시약 및 장비 관리지침을 갖추고 이에 따른 관리가 이루어지고 있는가?(검정장비의 검정·교정 등)	3	
	검정실 안전수칙을 만들어 운용하고 있으며, 유기용매 등 폐액(廢液)은 특성에 맞게 분리 처리되고 있는가?	5	
	검정기록 및 검정결과물의 정리 및 보관은 적절하게 하고 있는가?	5	
검정과정	품위계측 및 분석방법 등을 공인된 방법으로 하고 있는가?	10	
	표준계측·분석지침서(SOP ; Standard Operating Procedures)를 갖추고 이에 따라 검정하고 있는가?	5	
	시료는 균질하고 대표성 있게 균분·수거하고 있는가?	3	
	시료의 전처리(유기용매의 추출 등)가 적절하게 이루어지고 있는가?	3	
	오염을 방지하기 위한 작업이 이루어지고 있는가?	3	

구 분	평가 항목	배점	평가 점수
검정에 대한 이론적 지식 등	품위계측 및 분석과정에 대한 이해도 및 숙련도	5	
	시료의 전처리(유기용매의 추출 등)에 대한 이해도 및 숙련도	3	
	기기운용 및 분석결과에 대한 이해도 및 숙련도	3	
	분야별 용어의 개념 및 검정 결과에 대한 이해도	3	
검정능력	시료에 대한 검정능력 평가 결과	10	
품질관리	검정 활동에 참여 또는 영향을 미치는 상부 조직의 주요직원에 대한 책임사항 규정 여부	3	
	특정작업을 실시하는 직원에 대한 학력, 기술자격, 경력, 교육훈련 등에 기초한 자격 부여 여부	5	
	검정인력의 교육 및 훈련의 목표 설정, 방침, 절차의 수립 및 효과성 평가 여부	3	
	정해진 절차에 따른 장비의 중간점검 시행 여부	3	
	검정 시료의 운반, 수령, 취급, 보호, 저장, 보관 및 처분을 위한 절차와 적절한 시설의 구비 여부	3	
	정확한 표준물질표준용액표준균주(이하 "표준물질"이라 한다) 또는 인증표준물질의 사용 여부 사용한 표준물질 또는 인증표준물질의 분류 및 기록 여부	3	
	사용한 표준물질의 기록과 확실한 식별을 위한 구분 여부 표준물질 조제 관련 정보의 기록유지 및 그 내용의 적합 여부	3	
	추적성이 보장된 표준물질의 보유 여부 보관용 표준물질 및 작업용 표준물질의 적합 사용 여부	3	
합 계		100	

〈작성요령〉
각 배점에 따른 평가점수는 다음과 같이 5단계로 구분하여 점수를 매긴다.
• 우수 : 100%, 양호 : 80%, 보통 : 60%, 미흡 : 40%, 불량 : 20%

나. 평가방법
1) 검정능력평가는 배점기준 표에 따라 평가점수를 부여한다. 다만, 검정기관의 품질관리기준 규정에 따라 품질관리 평가를 생략할 경우에는 품질관리 분야의 배점은 100%를 부여할 수 있다.
2) 검정능력평가 결과 다음과 같이 평가한다.
   가) 평점평균 80점 이상 : 적합. 다만, 평점평균이 80점 이상인 경우라도 시료에 대한 검정능력 평가가 배점기준의 60% 이하이거나, 검정능력 외의 항목별 배점기준 중 평가항목 1개 이상이 배점기준의 40% 이하 점수로 평가된 경우에는 부적합으로 처리
   나) 평점평균 80점 미만 : 부적합

3. 검정업무에 관한 규정
검정업무에 관한 규정에는 다음 사항이 포함되어야 한다.
가. 검정의 절차 및 방법
나. 검정수수료 및 그 징수 방법
다. 검정 담당자의 준수사항 및 검정 담당자 자체 관리·감독 요령
라. 검정인력 자체 교육방법
마. 그 밖에 국립농산물품질관리원장 또는 국립수산물품질관리원장이 검정업무의 수행에 필요하다고 인정하여 정하는 사항

(10) 검정기관의 지정절차 등(시행규칙 제130조)

① 검정기관으로 지정받으려는 자는 검정기관 지정신청서에 다음의 서류를 첨부하여 **국립농산물품질관리원장** 또는 국립수산물품질관리원장에게 신청하여야 한다.
　㉠ 정관(법인인 경우만 해당한다)
　㉡ 검정 업무의 범위 등을 적은 사업계획서 및 검정 업무에 관한 규정
　㉢ 검정기관의 지정기준을 갖추었음을 증명할 수 있는 서류

② 검정기관 지정을 신청하는 자는 [별표 31]의 일반기준에 따라 [별표 30]에 따른 분야 및 검정항목별로 구분하여 신청할 수 있다. 이 경우 농산물 및 농산가공품 중 무기성분·유해물질 분야의 검정기관 지정을 신청할 때에는 잔류농약 검정항목은 반드시 포함하고, 그 외의 검정항목만 선택하여 신청할 수 있다.

③ 신청서를 받은 국립농산물품질관리원장 또는 국립수산물품질관리원장은 전자정부법 제36조 제1항에 따른 행정정보의 공동이용을 통하여 법인 등기사항증명서(법인인 경우만 해당한다) 및 사업자등록증명을 확인하여야 한다. 다만, 신청인이 사업자등록증명의 확인에 동의하지 아니하는 경우에는 그 서류를 첨부하도록 하여야 한다.

④ 국립농산물품질관리원장 또는 국립수산물품질관리원장은 검정기관의 지정신청을 받으면 검정기관의 지정기준에 적합한지를 심사하고, 심사 결과 적합한 경우에는 검정기관으로 지정한다.

⑤ 국립농산물품질관리원장 또는 국립수산물품질관리원장은 검정기관을 지정하였을 때에는 검정기관 지정서 발급대장에 일련번호를 부여하여 등재하고, **검정기관 지정서를 발급**하여야 한다.

⑥ 검정기관으로 지정받은 자가 검정기관으로 지정받은 후 기관명(대표자) 및 사업자등록번호, 실험실 소재지, 검정 업무의 범위, 검정 업무에 관한 규정, 검정기관의 지정기준 중 인력·시설·장비 등의 사항이 변경된 경우에는 검정기관 지정내용 변경신고서에 변경 내용을 증명하는 서류와 검정기관 지정서 원본을 첨부하여 국립농산물품질관리원장 또는 국립수산물품질관리원장에게 제출하여야 한다.

⑦ 국립농산물품질관리원장 또는 국립수산물품질관리원장은 검정기관을 지정한 경우에는 검정기관의 명칭, 소재지, 지정일, 검정기관이 수행하는 업무의 범위 등을 고시하여야 한다.

⑧ 검정기관 지정에 관한 세부절차 및 운영 등에 필요한 사항은 국립농산물품질관리원장 또는 국립수산물품질관리원장이 정하여 고시한다.

(11) 검정기관의 지정취소 등(법 제100조)

① 농림축산식품부장관 또는 해양수산부장관은 검정기관이 다음의 어느 하나에 해당하면 **지정을 취소**하거나 **6개월 이내의 기간**을 정하여 해당 **검정 업무의 정지**를 명할 수 있다. 다만, ㉠ 또는 ㉡에 해당하면 지정을 취소하여야 한다.
　㉠ 거짓이나 그 밖의 부정한 방법으로 지정을 받은 경우
　㉡ 업무정지 기간 중에 검정 업무를 한 경우
　㉢ 검정 결과를 거짓으로 내준 경우

ㄹ 변경신고를 하지 아니하고 검정 업무를 계속한 경우
　　　ㅁ 지정기준에 맞지 아니하게 된 경우
　　　ㅂ 그 밖에 농림축산식품부령 또는 해양수산부령으로 정하는 검정에 관한 규정을 위반한 경우
② 지정취소 및 정지에 관한 세부기준은 농림축산식품부령 또는 해양수산부령으로 정한다.
③ 검정기관의 지정취소 등의 처분기준(시행규칙 제131조)
　　　㉠ 검정기관의 지정취소 및 업무정지에 관한 처분기준은 다음과 같다.

알아두기 검정기관의 지정취소 및 업무정지에 관한 처분기준(시행규칙 제131조 제1항 및 제3항 관련 [별표 32])

1. 일반기준
   가. 위반행위가 둘 이상이면 그 중 무거운 처분기준에 따른다. 다만, 둘 이상의 처분기준이 모두 업무정지인 경우에는 각 처분기준을 합산한 기간을 넘지 않는 범위에서 무거운 처분기준에 그 처분기준의 2분의 1 범위에서 가중한다.
   나. 같은 위반행위로 최근 3년간 4회 위반인 경우에는 지정취소한다.
   다. 위반행위의 횟수에 따른 행정처분 기준은 최근 3년간 같은 위반행위로 행정처분을 받은 경우에 적용한다. 이 경우 기간의 계산은 위반행위에 대한 행정처분일과 그 처분 후 다시 같은 위반행위를 하여 적발된 날을 기준으로 한다.
   라. 다목에 따라 가중된 처분을 하는 경우 가중처분의 적용 차수는 그 위반행위 전 처분차수(다목에 따른 기간 내에 처분이 둘 이상 있었던 경우에는 높은 차수를 말한다)의 다음 차수로 한다.
   마. 위반사항의 내용으로 보아 그 위반의 정도가 경미하거나 검정 결과에 중대한 영향을 미치지 않거나 단순착오로 판단되는 경우 그 처분이 검정업무정지일 때에는 2분의 1 이하의 범위에서 감경할 수 있고, 지정취소일 때에는 6개월의 검정업무정지 처분으로 감경할 수 있다.

2. 개별기준

위반내용	근거 법조문	위반횟수별 처분기준		
		1차 위반	2차 위반	3차 위반
가. 거짓이나 그 밖의 부정한 방법으로 지정을 받은 경우	법 제100조 제1항 제1호	지정취소	-	-
나. 업무정지 기간 중에 검정 업무를 한 경우	법 제100조 제1항 제2호	지정취소	-	-
다. 검정 결과를 거짓으로 내준 경우(고의 또는 중과실이 있는 경우만 해당한다)	법 제100조 제1항 제3호	지정취소	-	-
1) 검정 관련 기록을 위조·변조하여 검정성적서를 발급하는 행위				
2) 검정하지 않고 검정성적서를 발급하는 행위				
3) 의뢰받은 검정시료가 아닌 다른 검정시료의 검정 결과를 인용하여 검정성적서를 발급하는 행위				
4) 의뢰된 검정시료의 결과 판정을 실제 검정 결과와 다르게 판정하는 행위				
라. 변경신고를 하지 않고 검정업무를 계속한 경우	법 제100조 제1항 제4호			
1) 변경된 기관명 및 사업자등록번호, 실험실 소재지, 검정업무의 범위를 신고하지 않은 경우		검정업무 정지 1개월	검정업무 정지 3개월	검정업무 정지 6개월
2) 변경된 검정업무에 관한 규정 및 검정기관의 인력, 시설, 장비를 신고하지 않은 경우		시정명령	검정업무 정지 7일	검정업무 정지 15일

위반내용	근거 법조문	위반횟수별 처분기준		
		1차 위반	2차 위반	3차 위반
마. 검정기관 지정기준				
1) 시설·장비·인력 기준 중 어느 하나가 지정기준에 맞지 않는 경우	법 제100조 제1항 제5호	검정업무 정지 3개월	검정업무 정지 6개월	지정취소
2) 검사능력(숙련도) 평가결과 미흡으로 평가된 경우		검정업무 정지 3개월	검정업무 정지 6개월	지정취소
3) 시설·장비·인력 기준 중 둘 이상이 지정기준에 맞지 않는 경우		검정업무 정지 6개월	지정취소	–
바. 검정업무의 범위 및 방법				
1) 지정받은 검정업무 범위를 벗어나 검정한 경우	법 제100조 제1항 제6호	검정업무 정지 1개월	검정업무 정지 3개월	검정업무 정지 6개월
2) 관련규정에서 정한 분석방법 외에 다른 방법으로 검정한 경우				
3) 공시험 및 검출된 성분에 확인실험이 필요함에도 불구하고 하지 않은 경우				
4) 유효기간이 지난 표준물질 등 적정하지 않은 표준물질을 사용한 경우				
사. 검정 관련 기록관리				
1) 검정 결과 확인을 위한 검정 절차·방법, 판정 등의 기록을 하지 않았거나 보관하지 않은 경우	법 제100조 제1항 제6호	검정업무 정지 15일	검정업무 정지 1개월	검정업무 정지 3개월
2) 시험·검정일·검사자 등 단순 사항을 적지 않은 경우		시정명령	검정업무 정지 7일	검정업무 정지 15일
3) 시료량, 시험·검정방법 및 표준물질의 사용 내용 등을 적지 않은 경우		검정업무 정지 7일	검정업무 정지 15일	검정업무 정지 1개월
아. 검정기간, 검정수수료 등				
1) 검정기관 변경사항 신고 및 검정실적 등 자료제출 요구를 이행하지 않은 경우	법 제100조 제1항 제6호	시정명령	검정업무 정지 7일	검정업무 정지 15일
2) 검정기간을 준수하지 않은 경우				
3) 검정수수료 규정을 준수하지 않은 경우				
4) 검정 관련 의무교육을 이수하지 않은 경우				
자. 검정성적서 발급				
1) 검정대상에 맞는 적정한 표준물질을 사용하지 않은 경우	법 제100조 제1항 제6호	검정업무 정지 1개월	검정업무 정지 3개월	검정업무 정지 6개월
2) 시료보관기간을 위반한 경우				
3) 검정과정에서 시료를 바꾸어 검정하고 검정성적서를 발급한 경우				
4) 의뢰받은 검정항목을 누락하거나 다른 검정항목을 적용하여 검정성적서를 발급한 경우				
5) 경미한 실수로 검정시료의 결과 판정을 실제 검정 결과와 다르게 판정한 경우				

ⓛ 국립농산물품질관리원장 또는 국립수산물품질관리원장은 검정기관의 지정을 취소하거나 업무정지처분을 하였을 때에는 지체 없이 그 사실을 고시하여야 한다.

3. 금지행위 및 확인·조사·점검 등

(1) 부정행위의 금지 등(법 제101조)
누구든지 검사, 재검사 및 검정과 관련하여 다음의 행위를 하여서는 아니 된다.
① 거짓이나 그 밖의 부정한 방법으로 검사·재검사 또는 검정을 받는 행위
② 검사를 받아야 하는 농수산물 및 수산가공품에 대하여 검사를 받지 아니하는 행위
③ 검사 및 검정 결과의 표시, 검사증명서 및 검정증명서를 위조하거나 변조하는 행위
④ 검사를 받지 아니하고 포장·용기나 내용물을 바꾸어 해당 농수산물이나 수산가공품을 판매·수출하거나 판매·수출을 목적으로 보관 또는 진열하는 행위
⑤ 검정 결과에 대하여 거짓광고나 과대광고를 하는 행위

(2) 확인·조사·점검 등(법 제102조)
① 농림축산식품부장관 또는 해양수산부장관은 정부가 수매하거나 수입한 농수산물 및 수산가공품 등 대통령령으로 정하는 농수산물 및 수산가공품의 보관창고, 가공시설, 항공기, 선박, 그 밖에 필요한 장소에 관계 공무원을 출입하게 하여 확인·조사·점검 등에 필요한 최소한의 시료를 무상으로 수거하거나 관련 장부 또는 서류를 열람하게 할 수 있다.
② ①에 따른 시료 수거 또는 열람에 관하여는 법 제13조 제2항 및 제3항을 준용한다. 즉, 보고·자료제출·점검 또는 조사를 할 때 우수관리인증기관, 우수관리시설을 운영하는 자 및 우수관리인증을 받은 자는 정당한 사유 없이 이를 거부·방해하거나 기피하여서는 아니 된다. 또한 점검이나 조사를 할 때에는 미리 점검이나 조사의 일시, 목적, 대상 등을 점검 또는 조사 대상자에게 알려야 한다. 다만, 긴급한 경우나 미리 알리면 그 목적을 달성할 수 없다고 인정되는 경우에는 알리지 아니할 수 있다.
③ ①에 따라 출입 등을 하는 관계 공무원에 관하여는 법 제13조 제4항을 준용한다. 즉, 점검이나 조사를 하는 관계 공무원은 그 권한을 표시하는 증표를 지니고 이를 관계인에게 보여주어야 하며, 성명·출입시간·출입목적 등이 표시된 문서를 관계인에게 내주어야 한다.

06 보 칙

1. 농수산물안전정보시스템

(1) 정보제공 등(법 제103조)
① 농림축산식품부장관, 해양수산부장관 또는 식품의약품안전처장은 농수산물의 안전성조사 등 농수산물의 안전과 품질에 관련된 정보 중 국민이 알아야 할 필요가 있다고 인정되는 정보는 공공기관의 정보공개에 관한 법률에서 허용하는 범위에서 **국민에게 제공**하여야 한다.

② 농림축산식품부장관, 해양수산부장관 또는 식품의약품안전처장은 ①에 따라 국민에게 정보를 제공하려는 경우 농수산물의 안전과 품질에 관련된 정보의 수집 및 관리를 위한 정보시스템(이하 "**농수산물안전정보시스템**"이라 한다)을 구축·운영하여야 한다.
③ 농산물안전정보시스템의 구축과 운영 및 정보제공 등에 필요한 사항은 총리령, 농림축산식품부령 또는 해양수산부령으로 정한다.

(2) 농수산물안전정보시스템의 운영(시행규칙 제132조)
① 농림축산식품부장관 또는 해양수산부장관은 농수산물안전정보시스템(이하 "농수산물안전정보시스템"이라 한다)을 효율적으로 운영하기 위하여 농수산물의 품질에 관한 정보를 생성하는 기관에 대하여 농림축산식품부장관 또는 해양수산부장관이 정하여 고시하는 농수산물안전정보시스템의 운영기관(이하 "운영기관"이라 한다)에 해당 정보를 제공하게 요청할 수 있다.
② ①에 따른 정보를 생성하는 기관에 대한 정보제공 요청 범위 및 제공절차 등은 농림축산식품부장관 또는 해양수산부장관이 정하여 고시한다.
③ 운영기관은 다음의 업무를 수행한다.
　㉠ 농수산물안전정보시스템의 유지·관리 업무
　㉡ 농수산물 품질 관련 정보의 수집, 분류, 배포 등 정보관리 업무
　㉢ 데이터표준, 연계표준 및 정보시스템 개발표준 등 표준관리 업무
　㉣ 고객관리 업무
　㉤ 농수산물안전정보시스템의 홍보
　㉥ 사용자 교육
　㉦ 그 밖에 농수산물안전정보시스템의 운영에 필요한 업무

2. 농수산물의 명예감시원

(1) 농수산물 명예감시원(법 제104조) ★ 중요
① 농림축산식품부장관 또는 해양수산부장관이나 시·도지사는 농수산물의 공정한 유통질서를 확립하기 위하여 소비자단체 또는 생산자단체의 회원·직원 등을 **농수산물 명예감시원으로 위촉**하여 **농수산물의 유통질서에 대한 감시·지도·계몽**을 하게 할 수 있다.
② 농림축산식품부장관 또는 해양수산부장관이나 시·도지사는 농수산물 명예감시원에게 예산의 범위에서 감시활동에 필요한 **경비를 지급**할 수 있다.
③ ①에 따른 농수산물 명예감시원의 자격, 위촉방법, 임무 등에 필요한 사항은 농림축산식품부령 또는 해양수산부령으로 정한다.

(2) 농수산물 명예감시원의 자격 및 위촉방법 등(시행규칙 제133조)

① 국립농산물품질관리원장, 국립수산물품질관리원장, 산림청장 또는 시·도지사는 다음의 어느 하나에 해당하는 사람 중에서 농수산물 명예감시원(이하 "명예감시원"이라 한다)을 위촉한다.
  ㉠ 생산자단체, 소비자단체 등의 회원이나 직원 중에서 해당 단체의 장이 추천하는 사람
  ㉡ 농수산물의 유통에 관심이 있고 명예감시원의 임무를 성실히 수행할 수 있는 사람
② **명예감시원의 임무**는 다음과 같다.
  ㉠ 농수산물의 표준규격화, 농산물우수관리, 품질인증, 친환경수산물인증, 농수산물 이력추적관리, 지리적표시, 원산지표시에 관한 지도·홍보 및 위반사항의 감시·신고
  ㉡ 그 밖에 농수산물의 유통질서 확립과 관련하여 국립농산물품질관리원장, 국립수산물품질관리원장, 산림청장 또는 시·도지사가 부여하는 임무
③ 명예감시원의 운영에 관한 세부 사항은 국립농산물품질관리원장, 국립수산물품질관리원장, 산림청장 또는 시·도지사가 정하여 고시한다.

예시문제 맛보기

농수산물 명예감시원의 운영에 관한 설명이다. 다음 중 틀린 것은?
① 명예감시원에게 감시활동에 필요한 일체의 경비를 지급할 수 없다.
② 명예감시원의 임무는 농수산물의 표준규격화, 농산물우수관리, 품질인증, 친환경수산물인증, 농수산물이력추적관리, 지리적표시, 원산지표시에 관한 지도·홍보 및 위반사항의 감시·신고이다.
③ 국립농산물품질관리원장은 생산자단체, 소비자단체 등의 회원이나 직원 중에서 해당 단체의 장이 추천하는 자를 명예감시원으로 위촉한다.
④ 명예감시원 운영에 관한 세부사항은 국립농산물품질관리원장, 국립수산물품질관리원장, 산림청장 또는 시·도지사가 정하여 고시한다.

정답 ①

---

3. 농산물품질관리사

(1) 농산물품질관리사(법 제105조)
농림축산식품부장관은 농산물의 품질 향상과 유통의 효율화를 촉진하기 위하여 **농산물품질관리사제도를 운영**한다.

(2) 농산물품질관리사의 직무(법 제106조) ★ 중요
농산물품질관리사는 다음의 직무를 수행한다.
① 농산물의 등급 판정
② 농산물의 생산 및 수확 후 품질관리기술 지도
③ 농산물의 출하 시기 조절, 품질관리기술에 관한 조언

④ 그 밖에 농산물의 품질 향상과 유통 효율화에 필요한 업무로서 농림축산식품부령으로 정하는 업무(시행규칙 제134조)
  ㉠ 농산물의 생산 및 수확 후의 품질관리기술 지도
  ㉡ 농산물의 선별·저장 및 포장 시설 등의 운용·관리
  ㉢ 농산물의 선별·포장 및 브랜드 개발 등 상품성 향상 지도
  ㉣ 포장농산물의 표시사항 준수에 관한 지도
  ㉤ 농산물의 규격출하 지도

> **예시문제 맛보기**
>
> 농산물품질관리사의 직무 중 "농림축산식품부령으로 정한 업무"에 해당하지 않는 것은?
> ① 브랜드 개발 등 상품성 향상 지도
> ② 농산물의 직거래 알선 및 도매시장 출하 지도
> ③ 포장농산물의 표시사항 준수에 관한 지도
> ④ 농산물의 생산 및 수확 후의 품질관리기술 지도
>
> **정답** ②

(3) 농산물품질관리사의 시험·자격부여 등(법 제107조)

① 농산물품질관리사가 되려는 사람은 농림축산식품부장관이 실시하는 농산물품질관리사 자격시험에 합격하여야 한다.
② 농림축산식품부장관은 농산물품질관리사 자격시험에서 다음의 어느 하나에 해당하는 사람에 대해서는 해당 시험을 정지 또는 무효로 하거나 합격결정을 취소하여야 한다.
  ㉠ 부정한 방법으로 시험에 응시한 사람
  ㉡ 시험에서 부정한 행위를 한 사람
③ 다음의 어느 하나에 해당하는 사람은 그 처분이 있은 날부터 2년 동안 농산물품질관리사 자격시험에 응시하지 못한다.
  ㉠ ②에 따라 시험의 정지·무효 또는 합격취소 처분을 받은 사람
  ㉡ 법 제109조에 따라 농산물품질관리사의 자격이 취소된 사람
④ 농산물품질관리사 자격시험의 실시계획, 응시자격, 시험과목, 시험방법, 합격기준 및 자격증발급 등에 필요한 사항은 대통령령으로 정한다.
⑤ **자격시험의 실시계획 등(시행령 제36조)**
  ㉠ 농산물품질관리사 자격시험은 매년 1회 실시한다. 다만, 농림축산식품부장관이 농산물품질관리사의 수급(需給)상 필요하다고 인정하는 경우에는 2년마다 실시할 수 있다.
  ㉡ 농림축산식품부장관은 농산물품질관리사 자격시험의 시행일 6개월 전까지 농산물품질관리사 자격시험의 실시계획을 세워야 한다.

⑥ 자격시험의 공고 등(시행령 제37조)
　㉠ 농림축산식품부장관은 농산물품질관리사 자격시험을 실시할 때에는 응시자격, 시험과목, 시험방법, 합격기준, 시험일시 및 시험장소 등 필요한 사항을 시험일 90일 전까지 농림축산식품부의 인터넷 홈페이지(자격시험의 관리에 관한 업무가 위탁된 경우에는 위탁받은 기관의 홈페이지를 말한다)에 공고해야 한다.
　㉡ 농산물품질관리사 자격시험에 응시하려는 사람은 농림축산식품부령으로 정하는 응시원서를 농림축산식품부장관에게 제출하여야 하고, 응시원서를 제출하는 사람은 농림축산식품부령으로 정하는 바에 따라 수수료를 내야 한다.
　㉢ 농림축산식품부장관은 ㉡에 따라 받은 수수료를 다음의 구분에 따라 반환하여야 한다.
　　• 수수료를 과오납한 경우 : 과오납한 금액 전부
　　• 시험일 20일 전까지 접수를 취소하는 경우 : 납부한 수수료 전부
　　• 시험관리기관의 귀책사유로 시험에 응시하지 못하는 경우 : 납부한 수수료 전부
　　• 시험일 10일 전까지 접수를 취소하는 경우 : 납부한 수수료의 100분의 60
⑦ 농산물품질관리사 자격시험의 응시자격, 시험 과목·방법 및 합격기준(시행령 제38조)
　㉠ 농산물품질관리사 자격시험의 응시자격은 학력, 성별, 나이 등에 제한을 두지 아니한다.
　㉡ 농산물품질관리사 자격시험은 제1차시험과 제2차시험으로 구분하여 실시한다.
　㉢ 제1차시험은 다음의 과목에 대하여 선택형 필기시험을 실시하며, 각 과목 100점을 만점으로 하여 각 과목 40점 이상의 점수를 획득한 사람 중 평균점수가 60점 이상인 사람을 합격자로 한다.
　　• 농수산물 품질관리 법령, 농수산물 유통 및 가격안정에 관한 법령, 농수산물의 원산지 표시 등에 관한 법령
　　• 원예작물학
　　• 농산물유통론
　　• 수확 후 품질관리론
　㉣ 제2차시험은 제1차시험에 합격한 사람(제5항에 따라 제1차시험이 면제된 사람을 포함한다)을 대상으로 다음 각 호의 과목으로 서술형과 단답형을 혼합한 필기시험을 실시하고, 100점을 만점으로 하여 60점 이상인 사람을 합격자로 한다.
　　• 농산물 품질관리 실무
　　• 농산물 등급판정 실무
　㉤ 제2차시험에 합격하지 못한 사람에 대해서는 다음 회에 실시하는 시험에 한정하여 제1차시험을 면제한다.
⑧ 농산물품질관리사 자격시험 합격자의 공고 등(시행령 제39조)
　농림축산식품부장관은 농산물품질관리사 자격시험의 최종 합격자 명단을 제2차시험 시행 후 40일 이내에 정보통신망 이용촉진 및 정보보호 등에 관한 법률 제2조에 따른 정보통신망에 공고하여야 한다.

⑨ 농산물품질관리사 자격증 발급 등(시행령 제40조)
　㉠ 농림축산식품부장관은 농산물품질관리사 자격시험에 합격한 사람에게는 농림축산식품부령으로 정하는 농산물품질관리사 자격증을 발급하여야 한다.
　㉡ 농림축산식품부장관은 자격증을 발급하는 경우에는 일련번호를 부여하고, 농림축산식품부령으로 정하는 농산물품질관리사 자격증 발급대장에 그 발급사실을 기록하여야 한다.
　㉢ 농산물품질관리사는 발급받은 자격증을 잃어버리거나 자격증이 헐어 못 쓰게 된 경우 농림축산식품부령으로 정하는 농산물품질관리사 자격증 재발급 신청서를 농림축산식품부장관에게 제출하여 자격증을 재발급받을 수 있다.
　㉣ ㉢에 따른 농산물품질관리사 자격증의 재발급에 관하여는 ㉡을 준용한다.

(4) 농산물품질관리사의 준수사항(법 제108조)
① 농산물품질관리사는 농산물의 품질 향상과 유통의 효율화를 촉진하여 **생산자와 소비자 모두**에게 이익이 될 수 있도록 **신의와 성실로써 그 직무를 수행**하여야 한다.
② 농산물품질관리사는 다른 사람에게 그 명의를 사용하게 하거나 그 자격증을 빌려주어서는 아니 된다.
③ 누구든지 농산물품질관리사 또는 수산물품질관리사의 자격을 취득하지 아니하고 그 명의를 사용하거나 자격증을 대여받아서는 아니 되며, 명의의 사용이나 자격증의 대여를 알선해서도 아니 된다.

(5) 농산물품질관리사의 자격 취소(법 제109조)
농림축산식품부장관은 다음의 어느 하나에 해당하는 사람에 대하여 농산물품질관리사 **자격을 취소**하여야 한다.
① 농산물품질관리사의 자격을 거짓 또는 부정한 방법으로 취득한 사람
② 다른 사람에게 농산물품질관리사의 명의를 사용하게 하거나 자격증을 빌려준 사람
③ 명의의 사용이나 자격증의 대여를 알선한 사람

4. 기타 보칙

(1) 자금 지원(법 제110조)
정부는 농수산물의 품질 향상 또는 농수산물의 표준규격화 및 물류표준화의 촉진 등을 위하여 다음의 어느 하나에 해당하는 자에게 예산의 범위에서 포장자재, 시설 및 자동화장비 등의 매입 및 농산물품질관리사의 운용 등에 **필요한 자금을 지원**할 수 있다.
① 농어업인
② 생산자단체

③ 우수관리인증을 받은 자, 우수관리인증기관, 농산물 수확 후 위생·안전 관리를 위한 시설의 사업자 또는 우수관리인증 교육을 실시하는 기관·단체
④ 이력추적관리 또는 지리적표시의 등록을 한 자
⑤ 농산물품질관리사를 고용하는 등 농산물의 품질 향상을 위하여 노력하는 산지·소비지 유통시설의 사업자
⑥ 안전성검사기관 또는 위험평가 수행기관
⑦ 농수산물 검사 및 검정 기관
⑧ 그 밖에 **농림축산식품부령 또는 해양수산부령으로 정하는 농수산물 유통 관련 사업자 또는 단체**

※ 유통 관련 사업자 및 단체(시행규칙 제138조)
1. 다음의 어느 하나에 해당하는 시장 등을 개설·운영하는 자
   가. 농수산물도매시장
   나. 농수산물공판장
   다. 농수산물종합유통센터
   라. 농수산물산지유통센터
2. 도매시장법인, 시장도매인, 중도매인(仲都賣人), 매매참가인, 산지유통인(産地流通人) 및 이들로 구성된 단체
3. 농수산물을 계약재배 또는 양식하거나 수집하여 포장·판매하는 업을 전문으로 하는 사업자 또는 단체
4. 품질인증 또는 친환경수산물인증을 받은 사업자 또는 단체

(2) 우선구매(법 제111조)
① 농림축산식품부장관 또는 해양수산부장관은 농수산물 및 수산가공품의 유통을 원활히 하고 품질 향상을 촉진하기 위하여 필요하면 우수표시품, 지리적표시품 등을 농수산물 유통 및 가격안정에 관한 법률에 따른 농수산물도매시장이나 농수산물공판장에서 우선적으로 상장(上場)하거나 거래하게 할 수 있다.
② 국가·지방자치단체나 공공기관은 농수산물 또는 농수산가공품을 구매할 때에는 우수표시품, 지리적표시품 등을 우선적으로 구매할 수 있다.

(3) 포상금(법 제112조)
① 식품의약품안전처장은 법 제56조(유전자변형농수산물의 표시) 또는 제57조(거짓표시 등의 금지)를 위반한 자를 주무관청 또는 수사기관에 신고하거나 고발한 자 등에게는 대통령령으로 정하는 바에 따라 **예산의 범위에서 포상금을 지급**할 수 있다.
② 포상금의 지급(시행령 제41조)
   ㉠ 포상금은 법 제56조 또는 제57조를 위반한 자를 주무관청이나 수사기관에 신고 또는 고발하거나 검거한 사람 및 검거에 협조한 사람에게 200만원의 범위에서 지급한다.
   ㉡ 지급하는 포상금의 지급기준·방법 및 절차 등에 관하여는 식품의약품안전처장이 정하여 고시한다.

(4) 수수료(법 제113조)

다음의 어느 하나에 해당하는 자는 총리령, 농림축산식품부령 또는 해양수산부령으로 정하는 바에 따라 수수료를 내야 한다. 다만, 정부가 수매하거나 수출 또는 수입하는 농수산물 등에 대하여는 총리령, 농림축산식품부령 또는 해양수산부령으로 정하는 바에 따라 수수료를 감면할 수 있다.

① 우수관리인증을 신청하거나 우수관리인증의 갱신심사, 유효기간연장을 위한 심사 또는 우수관리인증의 변경을 신청하는 자
② 우수관리인증기관의 지정을 신청하거나 갱신하려는 자
③ 우수관리시설의 지정을 신청하거나 갱신을 신청하는 자
④ 품질인증을 신청하거나 품질인증의 유효기간 연장신청을 하는 자
⑤ 품질인증기관의 지정을 신청하는 자
⑥ 특허법 제15조에 따른 기간연장신청 또는 같은 법 제22조에 따른 수계신청을 하는 자
⑦ 지리적표시의 무효심판, 지리적표시의 취소심판, 지리적표시의 등록 거절·취소에 대한 심판 또는 재심을 청구하는 자
⑧ 보정을 하거나 특허법 제151조에 따른 제척·기피신청, 같은 법 제156조에 따른 참가신청, 같은 법 제165조에 따른 비용액결정의 청구, 같은 법 제166조에 따른 집행력 있는 정본의 청구를 하는 자. 이 경우 특허법 제184조에 따른 재심에서의 신청·청구 등을 포함한다.
⑨ 안전성검사기관의 지정을 신청(유효기간이 만료되기 전에 다시 신청하는 경우를 포함)하거나 변경승인을 신청하는 자
⑩ 생산·가공시설 등의 등록을 신청하는 자
⑪ 농산물의 검사 또는 재검사를 신청하는 자
⑫ 농산물검사기관의 지정을 신청하는 자
⑬ 검정을 신청하는 자
⑭ 검정기관의 지정을 신청하거나 갱신을 신청하는 자
⑮ 농산물품질관리사 자격시험에 응시하려는 사람

> ※ **수수료를 면제하는 농수산물 등**(시행규칙 제139조 제2항)
> 1. 국가기관이나 지방자치단체가 검정을 신청하는 농수산물 등. 다만, 지정검정기관의 장이 검정하는 농수산물 등은 제외한다.
> 2. 검사대상 농산물 중 국립농산물품질관리원장이 검사하는 농산물
> 3. 그 밖에 농림축산식품부장관 또는 해양수산부장관이 수수료의 면제가 필요하다고 인정하여 고시하는 농수산물 등. 다만, 지정검사기관의 장 또는 지정검정기관의 장이 검사·검정하는 농수산물 등은 제외한다.

(5) 청문 등(법 제114조) ★ 중요

① 농림축산식품부장관, 해양수산부장관 또는 식품의약품안전처장은 다음의 어느 하나에 해당하는 처분을 하려면 **청문**을 하여야 한다.
  ㉠ 우수관리인증기관의 지정취소
  ㉡ 우수관리시설의 지정취소
  ㉢ 품질인증의 취소

- ㉣ 품질인증기관의 지정취소 또는 품질인증 업무의 정지
- ㉤ 이력추적관리 등록의 취소
- ㉥ 표준규격품 또는 품질인증품의 판매금지나 표시정지, 우수관리인증농산물의 판매금지 또는 우수관리인증의 취소나 표시정지
- ㉦ 지리적표시품에 대한 판매의 금지, 표시의 정지 또는 등록의 취소
- ㉧ 안전성검사기관의 지정취소
- ㉨ 생산・가공시설 등이나 생산・가공업자 등에 대한 생산・가공・출하・운반의 시정・제한・중지 명령, 생산・가공시설 등의 개선・보수 명령 또는 등록의 취소
- ㉩ 농산물검사기관의 지정취소
- ㉪ 검사판정의 취소
- ㉫ 검정기관의 지정취소
- ㉬ 농산물품질관리사 자격의 취소

② 국립농산물품질관리원장은 농산물검사관 자격의 취소를 하려면 청문을 하여야 한다.
③ 우수관리인증기관은 우수관리인증을 취소하려면 우수관리인증을 받은 자에게 의견 제출의 기회를 주어야 한다.
④ 우수관리인증기관은 우수관리시설의 지정을 취소하려면 우수관리시설의 지정을 받은 자에게 의견 제출의 기회를 주어야 한다.
⑤ 품질인증기관은 품질인증의 취소를 하려면 품질인증을 받은 자에게 의견 제출의 기회를 주어야 한다.
⑥ 의견 제출에 관하여는 행정절차법 제22조 제4항부터 제6항까지 및 제27조를 준용한다. 이 경우 "행정청" 및 "관할행정청"은 각각 "우수관리인증기관" 또는 "품질인증기관"으로 본다.

(6) 권한의 위임・위탁 등(법 제115조) ★ 중요

① 이 법에 따른 농림축산식품부장관, 해양수산부장관 또는 식품의약품안전처장의 권한은 그 일부를 대통령령으로 정하는 바에 따라 소속 기관의 장, 농촌진흥청장, 산림청장, 시・도지사 또는 시장・군수・구청장에게 위임할 수 있다(법 제115조 제1항).
  - ㉠ 농림축산식품부장관은 다음의 권한을 국립농산물품질관리원장에게 위임한다(시행령 제42조 제1항).
    - 지리적표시 분과위원회의 개최, 심의, 그 결과의 통보 등 운영에 관한 사항(수산물에 관한 사항은 제외한다)
    - 농산물(임산물은 제외한다)의 표준규격의 제정・개정 또는 폐지
    - 농산물우수관리기준 고시
    - 농산물우수관리인증기관의 지정, 지정취소 및 업무 정지 등의 처분
    - 소비자 등에 대한 교육・홍보, 컨설팅 지원 등의 사업 수행

- 농산물우수관리 관련 보고·자료제출 명령, 점검 및 조사 등과 우수관리시설 점검·조사 등의 결과에 따른 조치 등
- 농산물 이력추적관리 등록, 등록 취소 등의 처분
- 지위승계 신고(우수관리인증기관의 지위승계 신고로 한정한다)의 수리
- 표준규격품, 우수관리인증농산물, 이력추적관리농산물 및 지리적표시품의 사후관리(수산물 또는 임산물과 그 가공품의 표준규격품 및 지리적표시품의 사후관리는 제외한다)
- 표준규격품, 우수관리인증농산물 및 지리적표시품의 표시 시정 등의 처분(수산물 또는 임산물과 그 가공품의 표준규격품 및 지리적표시품의 표시 시정 등의 처분은 제외한다)
- 농산물(임산물은 제외한다) 및 그 가공품의 지리적표시의 등록
- 농산물(임산물은 제외한다) 및 그 가공품의 지리적표시 원부의 등록 및 관리
- 농산물(임산물은 제외한다) 및 그 가공품의 지리적표시권의 이전 및 승계에 대한 사전 승인
- 농산물의 검사(지정받은 검사기관이 검사하는 농산물과 누에씨·누에고치 검사는 제외한다)
- 농산물검사기관의 지정, 지정취소 및 업무 정지 등의 처분
- 검사증명서 발급
- 농산물의 재검사
- 검사판정의 취소
- 농산물 및 그 가공품의 검정
- 농산물 및 그 가공품에 대한 폐기 또는 판매금지 등의 명령, 검정결과의 공개
- 검정기관의 지정과 지정 갱신
- 검정기관의 지정취소 및 업무정지 등의 처분
- 확인·조사·점검 등(수산물 및 그 가공품과 임산물 및 그 가공품은 제외한다)
- 농수산물(수산물 및 그 가공품과 임산물 및 그 가공품은 제외한다) 명예감시원의 위촉 및 운영
- 농산물품질관리사 제도의 운영
- 농산물품질관리사의 교육에 관한 사항
- 농산물품질관리사의 자격 취소
- 품질 향상, 표준규격화 촉진 및 농산물품질관리사 운용 등을 위한 자금 지원. 다만, 수산물 및 그 가공품과 임산물 및 그 가공품에 대한 지원은 제외한다.
- 수수료 감면 및 징수
- 청 문
- 과태료의 부과 및 징수(임산물 및 그 가공품에 관한 위반행위에 대한 것은 제외한다)
- 농산물품질관리사 자격시험 실시계획의 수립
- 농산물품질관리사 자격증의 발급 및 재발급, 자격증 발급대장 기록

ⓒ 식품의약품안전처장은 다음의 권한을 지방식품의약품안전청장에게 위임한다(시행령 제42조 제2항).

- 유전자변형농수산물의 표시에 관한 조사
- 법 제59조에 따른 처분, 공표명령 및 공표
- 과태료 중 법 제56조 제1항·제2항, 제58조 제1항 및 제62조 제1항의 위반행위에 대한 과태료의 부과 및 징수

ⓒ 농림축산식품부장관은 다음의 사항에 관한 권한 중 임산물 및 그 가공품에 관한 권한을 산림청장에게 위임한다(시행령 제42조 제4항).
- 표준규격의 제정·개정 또는 폐지
- 표준규격품 및 지리적표시품의 사후관리와 표시 시정 등의 처분
- 지리적표시의 등록
- 지리적표시 원부의 등록 및 관리
- 지리적표시권의 이전 및 승계에 대한 사전 승인
- 확인·조사·점검 등
- 농수산물 명예감시원의 위촉 및 운영
- 품질 향상 및 표준규격화 촉진 등을 위한 자금 지원
- 과태료의 부과 및 징수(우수표시품 등의 사후관리시 조사·열람 또는 시료 수거에 관한 위반행위만 해당한다)

② 농림축산식품부장관 또는 해양수산부장관은 다음의 권한을 특별시장·광역시장·도지사·특별자치도지사에게 위임한다(시행령 제42조 제7항).
- 지정해역 및 주변해역에서의 오염물질 배출행위, 가축 사육행위 및 동물용 의약품 사용행위의 제한 또는 금지
- 위생관리에 관한 사항의 보고명령 및 이의 접수(위해요소중점관리기준의 이행시설로서 규정에 따라 등록한 시설만 해당한다)
- 생산·가공시설 등의 위해요소중점관리기준에의 적합 여부 조사·점검(위해요소중점관리기준의 이행시설로서 규정에 따라 등록한 시설만 해당한다)
- 지정해역에서의 수산물의 생산제한
- 생산·가공·출하·운반의 시정·제한·중지 명령, 생산·가공시설 등의 개선·보수명령(위해요소중점관리기준의 이행시설로 규정에 따라 등록한 시설만 해당한다)
- 농산물 중 누에씨·누에고치의 검사에 관한 사항
- 농수산물 명예감시원 위촉 및 운영
- 청문(위임된 권한에 관한 청문만 해당한다)
- 과태료의 부과 및 징수(위임된 권한에 관한 과태료만 해당한다)

② **업무의 위탁** : 농림축산식품부장관, 해양수산부장관 또는 식품의약품안전처장의 업무는 그 일부를 대통령령으로 정하는 바에 따라 다음의 자에게 위탁할 수 있다(시행령 제115조 제2항).
㉠ 생산자단체
㉡ 공공기관의 운영에 관한 법률에 따른 공공기관

ⓒ 정부출연연구기관 등의 설립·운영 및 육성에 관한 법률에 따른 정부출연연구기관 또는 과학기술분야 정부출연연구기관 등의 설립·운영 및 육성에 관한 법률에 따른 과학기술분야 정부출연연구기관
ⓓ 농어업경영체 육성 및 지원에 관한 법률 제16조에 따라 설립된 영농조합법인 및 영어조합법인 등 농림 또는 수산 관련 법인이나 단체
ⓔ 업무의 위탁(시행령 제43조)
- 농림축산식품부장관, 해양수산부장관 및 식품의약품안전처장은 농수산물안전정보시스템의 운영에 관한 업무를 농림축산식품부장관, 해양수산부장관 및 식품의약품안전처장이 정하여 고시하는 농산물정보 관련 업무를 수행하는 비영리법인에 위탁한다.
- 농림축산식품부장관은 농산물품질관리사 자격시험의 관리에 관한 업무를 한국산업인력공단법에 따른 한국산업인력공단에 위탁한다.

07 벌 칙

1. 형 벌

(1) 7년 이하의 징역 또는 1억원 이하의 벌금(법 제117조)

이 경우 징역과 벌금은 병과(倂科)할 수 있다.
① 법 제57조 제1호를 위반하여 유전자변형농수산물의 표시를 거짓으로 하거나 이를 혼동하게 할 우려가 있는 표시를 한 유전자변형농수산물 표시의무자
② 법 제57조 제2호를 위반하여 유전자변형농수산물의 표시를 혼동하게 할 목적으로 그 표시를 손상·변경한 유전자변형농수산물 표시의무자
③ 법 제57조 제3호를 위반하여 유전자변형농수산물의 표시를 한 농수산물에 다른 농수산물을 혼합하여 판매하거나 혼합하여 판매할 목적으로 보관 또는 진열한 유전자변형농수산물 표시의무자

(2) 3년 이하의 징역 또는 3천만원 이하의 벌금(법 제119조) ★ 중요
① 제29조 제1항 제1호를 위반하여 우수표시품이 아닌 농수산물(우수관리인증농산물이 아닌 농산물의 경우에는 제7조 제4항에 따른 승인을 받지 아니한 농산물을 포함한다) 또는 농수산가공품에 우수표시품의 표시를 하거나 이와 비슷한 표시를 한 자
② 제29조 제1항 제2호를 위반하여 우수표시품이 아닌 농수산물(우수관리인증농산물이 아닌 농산물의 경우에는 제7조 제4항에 따른 승인을 받지 아니한 농산물을 포함한다) 또는 농수산가공품을 우수표시품으로 광고하거나 우수표시품으로 잘못 인식할 수 있도록 광고한 자

③ 다음의 어느 하나에 해당하는 행위를 한 자
  ㉠ 표준규격품의 표시를 한 농수산물에 **표준규격품이 아닌** 농수산물 또는 농수산가공품을 혼합하여 판매하거나 혼합하여 판매할 목적으로 보관하거나 진열하는 행위
  ㉡ 우수관리인증의 표시를 한 농산물에 우수관리인증농산물이 아닌 농산물(제7조 제4항에 따른 승인을 받지 아니한 농산물을 포함한다) 또는 농산가공품을 혼합하여 판매하거나 혼합하여 판매할 목적으로 보관하거나 진열하는 행위
  ㉢ 이력추적관리의 표시를 한 농산물에 **이력추적관리의 등록을 하지 아니한** 농산물 또는 농산가공품을 혼합하여 판매하거나 혼합하여 판매할 목적으로 보관하거나 진열하는 행위
④ 지리적표시품이 아닌 농수산물 또는 농수산가공품의 포장·용기·선전물 및 관련 서류에 지리적 표시나 이와 비슷한 표시를 한 자
⑤ 지리적표시품에 지리적표시품이 아닌 농수산물 또는 농수산가공품을 혼합하여 판매하거나 혼합하여 판매할 목적으로 보관 또는 진열한 자
⑥ 해양환경관리법에 따른 폐기물, 유해액체물질 또는 포장유해물질을 배출한 자
⑦ 거짓이나 그 밖의 부정한 방법으로 농산물의 검사, 농산물의 재검사 및 검정을 받은 자
⑧ 검사 및 검정 결과의 표시, 검사증명서 및 검정증명서를 위조하거나 변조한 자
⑨ 검정 결과에 대하여 거짓광고나 과대광고를 한 자

(3) 1년 이하의 징역 또는 1천만원 이하의 벌금(법 제120조) ★ 중요
① 이력추적관리의 등록을 하지 아니한 자
② 법 제31조 제1항(우수표시품 등에 대한 시정조치) 또는 제40조(지리적표시품의 표시 시정 등)에 따른 시정명령(제31조 제1항 제3호 또는 제40조 제2호에 따른 표시방법에 대한 시정명령은 제외한다), 판매금지 또는 표시정지 처분에 따르지 아니한 자
③ 법 제31조 제2항에 따른 판매금지 조치에 따르지 아니한 자
④ 법 제59조 제1항(유전자변형농수산물의 표시 위반에 대한 처분)에 따른 처분을 이행하지 아니한 자
⑤ 법 제59조 제2항에 따른 공표명령을 이행하지 아니한 자
⑥ 법 제63조 제1항(안전성조사 결과에 따른 조치)에 따른 조치를 이행하지 아니한 자
⑦ 생산·가공·출하 및 운반의 시정·제한·중지 명령을 위반하거나 생산·가공시설 등의 개선·보수 명령을 이행하지 아니한 자
⑧ 제98조의2 제1항(검정결과에 따른 조치)에 따른 조치를 이행하지 아니한 자
⑨ 검사를 받아야 하는 농산물에 대하여 검사를 받지 아니한 자
⑩ 검사를 받지 아니하고 해당 농수산물이나 수산가공품을 판매·수출하거나 판매·수출을 목적으로 보관 또는 진열한 자
⑪ 다른 사람에게 농산물검사관, 농산물품질관리사의 명의를 사용하게 하거나 그 자격증을 빌려준 자

⑫ 농산물검사관, 농산물품질관리사의 명의를 사용하거나 그 자격증을 대여받은 자 또는 명의의 사용이나 자격증의 대여를 알선한 자

※ 양벌규정(법 제122조) : 법인의 대표자나 법인 또는 개인의 대리인, 사용인, 그 밖의 종업원이 그 법인 또는 개인의 업무에 관하여 법 제117조부터 제121조까지의 어느 하나에 해당하는 위반행위를 하면 그 행위자를 벌하는 외에 그 법인 또는 개인에게도 해당 조문의 벌금형을 과(科)한다. 다만, 법인 또는 개인이 그 위반행위를 방지하기 위하여 해당 업무에 관하여 상당한 주의와 감독을 게을리하지 아니한 경우에는 그러하지 아니하다.

2. 과태료

(1) 1천만원 이하의 과태료(법 제123조) ★ 중요
① 출입·수거·조사·열람 등을 거부·방해 또는 기피한 자
② 이력추적관리의 변경신고를 하지 아니한 자
③ 이력추적관리의 표시를 하지 아니한 자
④ 이력추적관리기준을 지키지 아니한 자
⑤ 우수표시품에 대한 시정조치 또는 지리적표시품의 표시 시정 등에 따른 표시방법에 대한 시정명령에 따르지 아니한 자
⑥ 유전자변형농수산물의 표시를 하지 아니한 자
⑦ 유전자변형농수산물의 표시방법을 위반한 자

(2) 과태료의 부과기준(시행령 제45조)

> **알아두기** 과태료의 부과기준(시행령 제45조 관련 [별표 4])
>
> 1. 일반기준
>   가. 위반행위의 횟수에 따른 과태료의 가중된 부과기준(제2호바목 및 사목의 경우는 제외한다)은 최근 1년간 같은 위반행위로 과태료 부과처분을 받은 경우에 적용한다. 이 경우 기간의 계산은 위반행위에 대하여 과태료 부과처분을 받은 날과 그 처분 후 다시 같은 위반행위를 하여 적발된 날을 기준으로 한다.
>   나. 가목에 따라 가중된 부과처분을 하는 경우 가중처분의 적용 차수는 그 위반행위 전 부과처분 차수(가목에 따른 기간 내에 과태료 부과 처분이 둘 이상 있었던 경우에는 높은 차수를 말한다)의 다음 차수로 한다.
>   다. 위반행위가 둘 이상인 경우로서 그에 해당하는 각각의 처분기준이 다른 경우에는 그중 무거운 처분기준에 따른다.
>   라. 부과권자는 다음의 어느 하나에 해당하는 경우에 제2호에 따른 과태료 금액을 2분의 1의 범위에서 감경할 수 있다. 다만, 과태료를 체납하고 있는 위반행위자의 경우에는 그러하지 아니하다.
>   1) 위반행위자가 질서위반행위규제법 시행령 제2조의2 제1항 중의 어느 하나에 해당하는 경우
>   2) 위반행위자가 자연재해·화재 등으로 재산에 현저한 손실이 발생했거나 사업여건의 악화로 중대한 위기에 처하는 등의 사정이 있는 경우
>   3) 위반행위가 고의나 중대한 과실이 아닌 사소한 부주의나 오류로 인한 것으로 인정되는 경우
>   4) 그 밖에 위반행위의 정도, 위반행위의 동기와 그 결과 등을 고려하여 감경할 필요가 있다고 인정되는 경우

2. 개별기준

위반행위	근거 법조문	과태료 금액		
		1차 위반	2차 위반	3차 이상 위반
가. 수거·조사·열람 등을 거부·방해 또는 기피한 경우	법 제123조 제1항 제1호	100만원	200만원	300만원
나. 이력추적관리를 등록한 자로서 이력추적관리의 변경신고를 하지 않은 경우	법 제123조 제1항 제2호	100만원	200만원	300만원
다. 이력추적관리를 등록한 자로서 이력추적관리의 표시를 하지 않은 경우	법 제123조 제1항 제3호	100만원	200만원	300만원
라. 이력추적관리를 등록한 자로서 이력추적관리기준을 지키지 않은 경우	법 제123조 제1항 제4호	100만원	200만원	300만원
마. 우수표시품의 표시방법에 대한 시정명령에 따르지 않은 경우	법 제123조 제1항 제5호	100만원	200만원	300만원
바. 유전자변형농수산물의 표시를 하지 않은 경우	법 제123조 제1항 제6호	5만원 이상 1,000만원 이하		
사. 유전자변형농수산물의 표시방법을 위반한 경우	법 제123조 제1항 제7호	5만원 이상 1,000만원 이하		

3. 제2호 바목 및 사목의 과태료의 세부 부과기준
   가. 제2호 바목에 해당하는 경우
      1) 과태료 부과금액은 표시를 하지 아니한 물량(판매를 목적으로 보관 또는 진열하고 있는 물량을 포함한다)에 적발 당일 해당 영업소의 판매가격을 곱한 금액으로 한다.
      2) 1)의 해당 영업소의 판매가격을 알 수 없는 경우에는 인근 2개 업소의 동일 품목 판매가격의 평균을 기준으로 한다. 다만, 평균가격을 산정할 수 없는 경우에는 해당 농산물의 매입가격에 30%를 가산한 금액을 기준으로 한다.
      3) 과태료 부과금액의 최소단위는 5만원으로 하고, 5만원 이상은 천원 미만을 버리고 부과하되, 부과되는 총액은 1천만원을 초과할 수 없다.
   나. 제2호 사목에 해당하는 경우
      1) 가목의 기준에 따른 과태료 부과금액의 100분의 50을 부과한다.
      2) 과태료 부과금액의 최소단위는 5만원으로 하고, 5만원 이상은 천원 미만을 버리고 부과한다.

CHAPTER 01 적중예상문제

01 다음은 농수산물 품질관리법의 제정 목적이다. 괄호 안에 들어갈 내용을 순서대로 옳게 나열한 것은?

> 제8회

> 농수산물의 적절한 (　　)을(를) 통하여 농수산물의 (　　)을(를) 확보하고 (　　)을(를) 향상하며 공정하고 투명한 거래를 유도함으로써 농업인의 소득증대와 (　　)에 이바지하는 것을 목적으로 한다.

① 품질관리, 안전성, 상품성, 소비자 보호
② 소비자 보호, 상품성, 안전성, 품질관리
③ 소비자 보호, 품질관리, 안전성, 상품성
④ 품질관리, 소비자 보호, 상품성, 안전성

해설 농수산물 품질관리법의 제정 목적(법 제1조)
이 법은 농수산물의 적절한 품질관리를 통하여 농수산물의 안전성을 확보하고 상품성을 향상하며 공정하고 투명한 거래를 유도함으로써 농어업인의 소득 증대와 소비자 보호에 이바지하는 것을 목적으로 한다.

02 농수산물 품질관리법령에서 사용하는 용어의 정의에 대한 설명으로 옳지 않은 것은?

> 제7회

① "농산물"이란 가공되지 아니한 상태의 농산물, 임산물 및 축산물과 그 밖에 농림축산식품부령으로 정하는 것을 말한다.
② "유전자변형농수산물"이란 인공적으로 유전자를 분리하거나 재조합하여 의도한 특성을 갖도록 한 농수산물을 말한다.
③ "물류표준화"란 농수산물의 운송·보관·하역·포장 등 물류의 각 단계에서 사용되는 기기·용기·설비·정보 등을 규격화하여 호환성과 연계성을 원활히 하는 것을 말한다.
④ "지리적표시권"이란 지리적표시를 배타적으로 사용할 수 있는 지식재산권을 말한다.

해설 농산물
농업활동으로 생산되는 산물로서 대통령령으로 정하는 것을 말한다(농업·농촌 및 식품산업 기본법 제3조 제6호 가목). 즉, 농산물이란 농작물재배업[식량작물 재배업, 채소작물 재배업, 과실작물 재배업, 화훼작물 재배업, 특용작물 재배업, 약용작물 재배업, 사료작물 재배업, 풋거름작물 재배업, 버섯 재배업, 양잠업 및 종자·묘목 재배업(임업용 종자·묘목 재배업은 제외)]의 농업활동으로부터 생산되는 산물을 말한다(농업·농촌 및 식품산업 기본법 시행령 제5조 제1항, 제2조 제1호).

03 농수산물 품질관리법령이 정한 용어의 정의에서 "생산자단체"에 해당하지 않는 것은? 제6회

① 농업협동조합법의 규정에 의한 조합 및 중앙회
② 농어업경영체 육성 및 지원에 관한 법률에 따른 영농조합법인
③ 농림축산식품부장관이 정하는 요건을 갖춘 전문유통인조직
④ 산림조합법에 따른 조합 및 중앙회

해설 농수산물 품질관리법 제2조
"생산자단체"란 농업·농촌 및 식품산업 기본법 제3조 제4호의 생산자단체와 그 밖에 농림축산식품부령으로 정하는 단체를 말한다.
• 농업·농촌 및 식품산업 기본법 제3조 제4호 : "생산자단체"란 농업 생산력의 증진과 농어업인의 권익보호를 위한 농어업인의 자주적인 조직으로서 대통령령으로 정하는 단체를 말한다.
• 농업·농촌 및 식품산업 기본법 시행령 제4조 : 법 제3조 제4호에서 "대통령령으로 정하는 단체"란 다음의 단체를 말한다.
   - 농업협동조합법에 따른 조합 및 그 중앙회
   - 산림조합법에 따른 산림조합 및 그 중앙회
   - 엽연초생산협동조합법에 따른 엽연초생산협동조합 및 그 중앙회
   - 농산물을 공동으로 생산하거나 농산물을 생산하여 공동으로 판매·가공 또는 수출하기 위하여 농업인 5명 이상이 모여 결성한 법인격이 있는 전문생산자 조직으로서 농림축산식품부장관이 정하는 요건을 갖춘 단체
• 농수산물 품질관리법 시행규칙 제2조(생산자단체의 범위) : 농림축산식품부령 또는 해양수산부령으로 정하는 단체란 다음의 단체를 말한다.
   - 농어업경영체 육성 및 지원에 관한 법률 제16조 제1항 또는 제2항에 따라 설립된 영농조합법인 또는 영어조합법인
   - 농어업경영체 육성 및 지원에 관한 법률 제19조 제1항 또는 제3항에 따라 설립된 농업회사법인 또는 어업회사법인

04 농수산물 품질관리법령에 의하여 농산물의 품질향상과 안전농산물 생산·공급을 위하여 생산 및 저장단계 농산물 또는 출하되어 거래되기 전 단계의 농산물에 대하여 안전성조사를 실시하고자 한다. 다음 중 조사대상 유해물질이 아닌 것이 포함된 것은? 제6회

① 잔류농약, 곰팡이독소, 항생물질
② 잔류농약, 중금속, 환경호르몬
③ 중금속, 항생물질, 식중독균
④ 잔류농약, 곰팡이독소, 중금속

해설 "유해물질"이란 농약, 중금속, 항생물질, 잔류성 유기오염물질, 병원성 미생물, 곰팡이 독소, 방사성물질, 유독성 물질 등 식품에 잔류하거나 오염되어 사람의 건강에 해를 끼칠 수 있는 물질로서 총리령으로 정하는 것을 말한다(법 제2조 제12호).

정답 3 ③ 4 ②

05 농수산물품질관리심의회의 설치 및 운영에 관한 설명으로 틀린 것은? 〔제5회〕

① 국립농산물품질관리원장 소속하에 농수산물품질관리심의회를 둔다.
② 심의회는 위원장 및 부위원장 각 1인을 포함한 60명 이내의 위원으로 구성한다.
③ 심의회는 재적위원 과반수의 출석으로 개의하고, 출석위원 과반수의 찬성으로 의결한다.
④ 심의회는 분야별 분과위원회를 둘 수 있으며, 분야별 분과위원회에서 심의한 사항은 심의회에서 심의된 것으로 본다.

해설
① 농수산물 및 수산가공품의 품질관리 등에 관한 사항을 심의하기 위하여 농림축산식품부장관 또는 해양수산부장관 소속으로 농수산물품질관리심의회를 둔다(법 제3조 제1항).
② 농수산물 품질관리법 제3조 제2항
③ 농수산물 품질관리법 시행령 제4조 제2항
④ 농수산물 품질관리법 제3조 제7항, 제8항 참고

06 다음 중 농수산물품질관리심의회의 심의사항이 아닌 것은? 〔제4회〕

① 물류표준화에 관한 사항
② 친환경 농산물의 인증에 관한 사항
③ 지리적 표시에 관한 사항
④ 농산물의 안전 및 품질관리에 관한 정보의 제공에 관한 사항

해설 심의회의 직무(농수산물 품질관리법 제4조)
- 표준규격 및 물류표준화에 관한 사항
- 농산물우수관리·수산물품질인증 및 이력추적관리에 관한 사항
- 지리적표시에 관한 사항
- 유전자변형농수산물의 표시에 관한 사항
- 농수산물(축산물은 제외한다)의 안전성조사 및 그 결과에 대한 조치에 관한 사항
- 농수산물(축산물은 제외한다) 및 수산가공품의 검사에 관한 사항
- 농수산물의 안전 및 품질관리에 관한 정보의 제공에 관하여 총리령, 농림축산식품부령 또는 해양수산부령으로 정하는 사항
- 수출을 목적으로 하는 수산물의 생산·가공시설 및 해역(海域)의 위생관리기준에 관한 사항
- 수산물 및 수산가공품의 제70조에 따른 위해요소중점관리기준에 관한 사항
- 지정해역의 지정에 관한 사항
- 다른 법령에서 심의회의 심의사항으로 정하고 있는 사항
- 그 밖에 농수산물 및 수산가공품의 품질관리 등에 관하여 위원장이 심의에 부치는 사항

07 농수산물의 표준규격을 제정하는 목적으로 적합하지 않은 것은? 〈제3회〉

① 농수산물의 안전성 향상
② 농수산물의 상품성 제고
③ 농수산물의 공정한 거래 실현
④ 농수산물의 유통능률 향상

해설 농림축산식품부장관 또는 해양수산부장관은 농수산물(축산물은 제외)의 상품성을 높이고 유통능률을 향상시키며 공정한 거래를 실현하기 위하여 농수산물의 표준규격과 등급규격을 정할 수 있다(법 제5조 제1항).

08 농산물 표준규격의 제정에 관한 설명으로 맞지 않는 것은? 〈제4회〉

① 포장규격은 산업표준화법에 의한 한국산업표준에 의한다.
② 농산물 표준규격은 포장규격 및 등급규격으로 구분한다.
③ 한국산업표준이 제정되어 있지 아니한 경우 농산물 포장규격을 따로 정할 수 없다.
④ 등급규격은 품목 또는 품종별로 그 특성에 따라 정한다.

해설 ③·① 포장규격은 산업표준화법에 따른 한국산업표준에 따른다. 다만, 한국산업표준이 제정되어 있지 아니하거나 한국산업표준과 다르게 정할 필요가 있다고 인정되는 경우에는 보관·수송 등 유통과정의 편리성, 폐기물처리문제를 고려하여 거래단위, 포장치수, 포장재료 및 포장재료의 시험방법, 포장방법, 포장설계, 표시사항, 그 밖에 품목의 특성에 따라 필요한 사항에 대하여 그 규격을 따로 정할 수 있다(시행규칙 제5조 제2항).
② 농수산물 품질관리법 시행규칙 제5조 제1항
④ 농수산물 품질관리법 시행규칙 제5조 제3항

09 표준규격을 제정할 경우 등급규격을 정하는 항목으로 이루어져 있지 않은 것은? 〈제7회〉

① 고르기, 신선도
② 크기, 선별상태
③ 색깔, 산지
④ 형태, 결점

해설 등급규격은 품목 또는 품종별로 그 특성에 따라 고르기, 크기, 형태, 색깔, 신선도, 건조도, 결점, 숙도 및 선별상태 등에 따라 정한다(시행규칙 제5조 제3항).

정답 7 ① 8 ③ 9 ③

10 표준규격 중 포장규격이 한국산업규격에 제정되어 있지 않거나 한국산업규격과 다르게 정할 필요가 있다고 인정되는 경우에는 그 규격을 따로 정할 수 있다. 다음 중 따로 정할 수 있는 규격 항목이 아닌 것은? 　　제6회

① 포장재의 무게
② 거래단위
③ 포장재료의 시험방법
④ 포장치수

해설 따로 정할 수 있는 규격 항목(시행규칙 제5조 제2항)
• 거래단위
• 포장치수
• 포장재료 및 포장재료의 시험방법
• 포장방법
• 포장설계
• 표시사항
• 그 밖에 품목의 특성에 따라 필요한 사항

11 농수산물품질관리법령상 농산물을 생산, 출하, 유통 또는 판매하는 자에게는 표준규격에 따라 생산, 출하, 유통 또는 판매하도록 권장할 수 있게 규정되어 있지 않은 자는? 　　제12회

① 군수
② 특별시장
③ 특별자치도지사
④ 농림축산식품부장관

해설 농림축산식품부장관, 해양수산부장관, 특별시장・광역시장・도지사・특별자치도지사는 농수산물을 생산, 출하, 유통 또는 판매하는 자에게 표준규격에 따라 생산, 출하, 유통 또는 판매하도록 권장할 수 있다(시행규칙 제7조 제1항).

12 다음은 농산물 표준규격에 관한 설명이다. 맞는 것은? <small>제1회</small>

① 농산물 표준규격에 맞는 농산물을 출하하는 자는 포장의 표면에 반드시 "표준규격품"이라는 표시를 하여야 한다.
② 국립농산물품질관리원장 또는 산림청장은 표준규격의 제정 또는 개정을 위하여 필요하면 전문연구기관 또는 대학 등에 시험을 의뢰할 수 있다.
③ 농산물의 표준규격은 포장규격·등급규격 및 품위규격으로 구분한다.
④ 농산물 표준규격의 제정절차·기준 및 표시방법 등에 관하여 필요한 사항은 대통령령으로 정한다.

해설 ① 표준규격에 맞는 농산물(표준규격품)을 출하하는 자는 포장 겉면에 "표준규격품" 표시를 할 수 있다(법 제5조 제2항).
③ 농산물의 표준규격은 포장규격 및 등급규격으로 구분한다(시행규칙 제5조 제1항).
④ 농산물 표준규격의 제정기준, 제정절차 및 표시방법 등에 필요한 사항은 농림축산식품부령으로 정한다(법 제5조 제3항).

13 오이의 표준규격품임을 표시하고자 할 때 포장표면에 "표준규격품"이라는 문구와 함께 표시해야 할 사항으로 가장 적합한 것은? <small>제5회</small>

① 품목, 산지, 품종, 무게, 유통업자
② 품목, 산지, 품종, 등급, 무게, 유통업자
③ 품목, 산지, 품종, 등급, 무게, 생산자 또는 생산자단체의 명칭 및 전화번호
④ 품목, 산지, 품종, 생산연도, 무게, 생산자 또는 생산자단체의 명칭 및 전화번호

해설 표준규격품을 출하하는 자가 표준규격품임을 표시하려면 해당 물품의 포장 겉면에 "표준규격품"이라는 문구와 함께 다음의 사항을 표시하여야 한다(시행규칙 제7조 제2항).
- 품목
- 산지
- 품종. 다만, 품종을 표시하기 어려운 품목은 국립농산물품질관리원장, 국립수산물품질관리원장 또는 산림청장이 정하여 고시하는 바에 따라 품종의 표시를 생략할 수 있다.
- 생산연도(곡류만 해당)
- 등급
- 무게(실중량). 다만, 품목특성상 무게를 표시하기 어려운 품목은 국립농산물품질관리원장, 국립수산물품질관리원장 또는 산림청장이 정하여 고시하는 바에 따라 개수(마릿수)의 표시를 단일하게 할 수 있다.
- 생산자 또는 생산자단체의 명칭 및 전화번호

정답 12 ② 13 ③

14
A사는 2011년 9월에 농산물우수관리시설로 지정받기 위해 농산물우수관리시설 지정요건에 부합하는 신규인력을 채용할 예정이다. 다음 중 A사의 채용요건에 부합하는 자를 모두 고른 것은? [제8회]

> ㉠ 2010년 5월 시설원예기사 자격을 취득한 자
> ㉡ 2010년 8월 농산물품질관리사 자격을 취득한 자
> ㉢ 2010년 5월 유기농업산업기사 자격을 취득한 자

① ㉠, ㉡
② ㉠, ㉢
③ ㉡, ㉢
④ ㉠, ㉡, ㉢

해설 산업기사 자격증을 소지한 자는 농업 관련 기업체·연구소·기관 및 단체 등에서 농산물의 품질관리업무를 2년 이상 담당한 경력이 있는 사람이어야 한다.

※ 농산물우수관리시설의 지정기준 중 인력(시행규칙 제23조 제1항 관련 [별표 5])
- 농산물우수관리업무를 담당하는 사람을 1명 이상 갖출 것
- 농산물우수관리업무를 담당하는 사람은 다음의 어느 하나에 해당하는 사람으로서 국립농산물품질관리원장이 정하는 바에 따라 농산물우수관리업무를 수행하는 사람의 역할과 자세, 농산물우수관리 관련 법령, 농산물우수관리시설기준, 농산물우수관리시설 관리실무 등의 교육을 받은 사람이어야 한다.
  - 고등교육법에 따른 학교에서 학사학위를 취득한 사람(학사학위 취득 예정인 사람을 포함하되, 학사학위 취득 예정 사실을 증명하는 서류를 제출하는 경우로 한정) 또는 이와 같은 수준 이상의 학력이 있다고 인정되는 사람
  - 고등교육법에 따른 학교에서 전문학사학위를 취득한 사람(전문학사학위 취득 예정인 사람을 포함하되, 전문학사학위 취득 예정 사실을 증명하는 서류를 제출하는 경우로 한정) 또는 이와 같은 수준 이상의 학력이 있다고 인정되는 사람으로서 농업 관련 기업체·연구소·기관 및 단체 등에서 농산물의 품질관리업무를 2년 이상 담당한 경력(학위 취득 또는 학력 인정 전의 경력을 포함)이 있는 사람
  - 국가기술자격법에 따른 농림분야의 기술사·기사·산업기사 또는 농산물품질관리사 자격증을 소지한 사람. 다만, 산업기사 자격증을 소지한 사람은 농업 관련 기업체·연구소·기관 및 단체 등에서 농산물의 품질관리업무를 2년 이상 담당한 경력이 있는 사람이어야 한다.
  - 농업 관련 기업체·연구소·기관 및 단체 등에서 농산물의 품질관리업무를 3년 이상 담당한 경력이 있는 사람
  - 그 밖에 농산물의 품질관리업무에 4년 이상 종사한 것으로 인정된 사람. 다만, 농가나 생산자조직에서 자체 생산한 농산물의 수확 후 관리를 위해 보유한 산지유통시설의 경우는 농산물의 품질관리업무에 2년 이상 종사(영농에 종사한 기간을 포함한다)한 것으로 인정된 사람이어야 한다.

15
농산물우수관리인증 규정에 관한 설명이다. 옳지 않은 것은? [제3회]

① 인증을 받고자 하는 자는 우수관리인증농산물의 위해요소관리계획서를 제출해야 한다.
② 인증 유효기간은 인증을 받은 날부터 2년이다.
③ 인증 유효기간은 유효기간이 끝나기 전에 우수관리인증을 갱신하여야 한다.
④ 인증대상품목은 농림축산식품부장관이 고시한다.

해설 ④ 우수관리인증의 대상품목은 농산물(축산물 제외) 중 식용을 목적으로 생산·관리한 농산물로 한다(시행규칙 제9조).
① 시행규칙 제10조 제1항 제2호
② 법 제7조 제1항 본문
③ 법 제7조 제2항 참고

16 농수산물 품질관리법에서 정한 농산물우수관리의 인증에 대한 설명으로 맞지 않는 것은? 제4회
① 우수관리인증기관은 우수관리기준에 의하여 생산·관리된 농산물에 대하여 우수관리인증을 할 수 있다.
② 우수관리인증을 받으려는 자는 우수관리인증기관에 우수관리인증의 신청을 하여야 한다.
③ 우수관리인증을 받은 농산물에는 우수관리기준에 따라 우수관리인증의 표시를 할 수 있다.
④ 우수관리인증농산물의 농산물 유효기간은 인증을 받은 날부터 3년으로 한다.

해설 ④ 우수관리인증의 유효기간은 우수관리인증을 받은 날부터 2년으로 한다. 다만, 품목의 특성에 따라 달리 적용할 필요가 있는 경우에는 10년의 범위에서 농림축산식품부령으로 유효기간을 달리 정할 수 있다(법 제7조 제1항).

17 다음 보기는 우수관리인증의 유효기간과 유효기간 연장갱신신청에 대한 설명이다. 괄호 안에 들어갈 내용을 올바르게 나타낸 것은? 제7회

품목의 특성상 유효기간을 달리 적용할 필요가 있는 경우를 제외하고 우수관리인증의 유효기간은 우수관리인증을 받은 날부터 (㉠)년으로 하며, 우수관리인증의 유효기간을 연장하려는 경우에는 그 인증 유효기간이 끝나기 (㉡)개월 전까지 (㉢)에게 농산물우수관리 인증갱신신청서를 제출하여야 한다.

① ㉠ : 1, ㉡ : 3, ㉢ : 국립농산물품질관리원장
② ㉠ : 2, ㉡ : 1, ㉢ : 우수관리인증기관의 장
③ ㉠ : 2, ㉡ : 1, ㉢ : 국립농산물품질관리원장
④ ㉠ : 2, ㉡ : 3, ㉢ : 우수관리인증기관의 장

해설 • 우수관리인증의 유효기간은 우수관리인증을 받은 날부터 2년으로 한다. 다만, 품목의 특성상 유효기간을 달리 적용할 필요가 있는 경우에는 10년의 범위에서 농림축산식품부령으로 유효기간을 달리 정할 수 있다(법 제7조 제1항).
• 우수관리인증을 받은 자가 우수관리인증의 유효기간을 연장하려는 경우에는 농산물우수관리인증 유효기간 연장신청서를 그 유효기간이 끝나기 1개월 전까지 우수관리인증기관의 장에게 제출하여야 한다(시행규칙 제16조 제1항).

18 농수산물 품질관리법령상 농산물우수관리의 인증 및 기관에 관한 설명으로 옳지 않은 것은?

제15회

① 우수관리기준에 따라 생산·관리된 농산물을 포장하여 유통하는 자도 우수관리인증을 받을 수 있다.
② 수입되는 농산물에 대해서는 외국의 기관도 우수관리인증기관으로 지정될 수 있다.
③ 우수관리인증기관 지정의 유효기간은 지정을 받은 날부터 5년으로 한다.
④ 우수관리인증기관의 장은 우수관리인증 신청을 받은 경우 현지심사를 필수적으로 하여야 한다.

해설 ④ 우수관리인증기관은 우수관리인증 신청을 받은 경우에는 우수관리인증의 기준에 적합한지를 심사하여야 하며, 필요한 경우에는 현지심사를 할 수 있다(시행규칙 제11조 제1항).

19 농수산물 품질관리법령상 농산물우수관리인증기관 지정을 신청하는 자가 제출해야 할 서류가 아닌 것은?

제8회

① 정관
② 농산물우수관리 인증계획 및 인증업무규정 등을 적은 우수관리인증사업계획서
③ 농산물우수관리인증기관의 지정기준을 갖추었음을 증명할 수 있는 서류
④ 주사무소의 소재지를 증명할 수 있는 서류

해설 인증기관의 지정 기준 및 절차 등(시행규칙 제19조 제3항)
우수관리인증기관으로 지정받으려는 자는 농산물우수관리인증기관(지정·갱신)신청서에 다음의 서류를 첨부하여 국립농산물품질관리원장에게 제출하여야 한다.
• 정관
• 농산물우수관리 인증계획 및 인증업무규정 등을 적은 우수관리인증사업계획서
• 농산물우수관리시설 지정계획 및 지정업무규정 등을 적은 우수관리시설 지정 사업계획서(우수관리시설 지정 업무를 수행하는 경우만 해당한다)
• 우수관리인증기관의 지정기준을 갖추었음을 증명할 수 있는 서류

20 농산물우수관리의 인증에 관한 설명으로 틀린 것은?
① 농림축산식품부장관은 농산물우수관리의 기준을 정하여 고시하여야 한다.
② 우수관리인증의 유효기간은 우수관리인증을 받은 날부터 1년으로 한다.
③ 우수관리기준에 따라 농산물을 생산·관리하는 자는 지정된 농산물우수관리인증기관으로부터 농산물우수관리의 인증을 받을 수 있다.
④ 우수관리인증의 기준·대상품목·절차 및 표시방법 등 우수관리인증에 필요한 세부사항은 농림축산식품부령으로 정한다.

해설 ② 우수관리인증의 유효기간은 우수관리인증을 받은 날부터 2년으로 한다(법 제7조 제1항).

21 농수산물 품질관리법 시행령 제11조의 규정에 의한 시정명령 등의 처분기준 중에서 표준규격품의 시정명령 사유에 해당하는 것은?
① 표준규격품 의무표시사항이 누락으로 두 차례 위반한 경우
② 거짓표시나 과장된 표시를 한 차례 한 경우
③ 표준규격이 아닌 포장재에 표준규격품의 표시를 한 차례 한 경우
④ 표준규격품의 생산이 곤란한 사유가 발생한 경우

해설 표준규격품에 대한 시정명령 등의 처분기준(시행령 [별표 1])

위반행위	행정처분 기준		
	1차 위반	2차 위반	3차 위반
표준규격품 의무표시사항이 누락된 경우	시정명령	표시정지 1개월	표시정지 3개월
표준규격이 아닌 포장재에 표준규격품의 표시를 한 경우	시정명령	표시정지 1개월	표시정지 3개월
표준규격품의 생산이 곤란한 사유가 발생한 경우	표시정지 6개월	–	–
내용물과 다르게 거짓 표시나 과장된 표시를 한 경우	표시정지 1개월	표시정지 3개월	표시정지 6개월

22 사과를 무게선별 및 단순세척하여 포장하는 A원예농협의 산지유통센터를 우수관리시설로 지정받기 위해 농수산물 품질관리법령이 정하는 시설기준을 갖추려고 한다. 이 경우 설치하지 않아도 되는 시설은?
① 저장(예랭)시설 창문이나 출입문의 방충망
② 작업실과 분리된 수세식 화장실
③ 수처리시설
④ 폐수처리시설

해설 폐수처리시설은 작업장과 떨어진 곳에 설치·운영되어야 한다. 다만, 단순세척을 할 경우에는 폐수처리시설을 갖추지 않을 수 있다(시행규칙 [별표 5]).

정답 20 ② 21 ③ 22 ④

23 농산물을 생산하는 자 중에서 이력추적관리를 하고자 하는 자는 농림축산식품부령이 정하는 등록기준을 갖추어 해당 농산물을 농림축산식품부장관에게 등록할 수 있다. 이러한 경우 생산자의 이력추적관리의 등록사항이 아닌 것은? 〔제3회〕

① 재배지 주소
② 재배 면적
③ 생산자 주소
④ 판매량

해설 이력추적관리의 생산자 등록사항(시행규칙 제46조 제2항)
생산자의 성명 · 주소 및 전화번호, 이력추적관리 대상품목명, 재배면적, 생산계획량, 재배지의 주소

24 농수산물 품질관리법령상 이력추적관리에 관한 규정으로 옳은 것은?

① 지리적표시의 등록을 받으려면 이력추적관리 등록을 하여야 한다.
② 이력추적관리등록의 유효기간은 등록한 날로부터 1년으로 한다.
③ 생산자단체 · 조직이 농산물이력추적관리 등록신청을 한 경우에는 전체 구성원을 대상으로 표본심사를 하여야 한다.
④ 농산물이력추적관리 표시항목은 산지, 품목(품종), 중량 · 개수, 생산연도(쌀과 현미만 해당, 수확년도 표시), 생산자, 이력추적관리번호이다.

해설 ① 지리적표시의 등록을 받으려면 지리적표시 등록을 하여야 한다(법 제32조).
② 이력추적관리 등록의 유효기간은 등록을 한 날부터 3년으로 한다(법 제25조 제1항).
③ 등록기관의 장은 이력추적관리 등록을 하려는 신청인이 생산자 집단(생산자단체 또는 그 밖의 생산자 조직)인 경우에는 전체 구성원에 대하여 각각 심사를 하여야 한다. 다만, 등록기관의 장이 정하여 고시하는 바에 따라 표본심사를 할 수 있다(시행규칙 제47조 제4항).

25 농수산물 품질관리법령상 이력추적관리에 관한 설명으로 옳지 않은 것은?
① 지리적표시의 등록을 받으려면 이력추적관리 등록을 하여야 한다.
② 이력추적관리 등록의 유효기간은 등록을 받은 날부터 3년으로 한다.
③ 이력추적관리 농산물의 표시사항에는 산지, 품목(품종), 생산연도가 포함된다.
④ 이력추적관리의 등록사항이 변경된 경우에는 변경사유가 발생한 날부터 1개월 이내에 변경신고를 하여야 한다.

해설 ① 지리적표시의 등록을 받으려면 지리적표시 등록을 하여야 한다(법 제32조).

26 2020년 3월 5일 고추에 대하여 이력추적관리 등록을 한 경우 유효기간이 만료되는 시점은?
① 2021년 3월 4일
② 2022년 3월 4일
③ 2023년 3월 4일
④ 2025년 3월 4일

해설 이력추적관리 등록의 유효기간은 등록한 날부터 3년이고, 계속하여 이력추적관리를 하려면 등록의 유효기간이 만료되기 전에 그 등록을 갱신하여야 한다(법 제25조 제1항, 제2항).

27 농수산물 품질관리법령상 지리적표시와 관련되는 법이 아닌 것은? 제7회
① 인삼산업법
② 관세법
③ 종자산업법
④ 상표법

해설 지리적표시와 관련되는 법
• 농림축산식품부장관 또는 해양수산부장관은 신청된 지리적표시가 상표법에 따른 타인의 상표에 저촉되는지에 대하여 미리 지식재산처장의 의견을 들어야 한다(법 제32조 제4항).
• 지리적표시의 등록을 위한 지리적표시 대상지역은 자연환경적 및 인적 요인을 고려하여 규정에 따라 구획하여야 한다. 다만, 김치산업 진흥법에 따른 김치의 경우에는 전국을 하나의 지리적표시의 대상지역으로 할 수 있으며, 인삼산업법에 따른 인삼류의 경우에는 전국을 하나의 지리적표시의 대상지역으로 한다(시행령 제12조).
• 지리적표시권은 지리적표시 등록신청서 제출 전에 종자산업법 및 식물신품종 보호법에 따라 등록된 품종 명칭 또는 출원심사 중인 품종 명칭에 해당하면 이해당사자 상호 간에 대하여는 그 효력이 미치지 아니한다(법 제34조 제2항 제3호).

28 지리적표시 등록이 이루어지는 절차를 순서대로 나열한 것은? 제2회

① 지리적표시 등록신청 → 등록신청 공고 → 심의회 심사 → 등록
② 지리적표시 등록신청 → 심의회 심사 → 등록신청 공고 → 등록
③ 지리적표시 등록신청 → 등록신청 공고 → 등록 → 심의회 심사
④ 지리적표시 등록신청 → 심의회 심사 → 등록 → 등록신청 공고

해설 농림축산식품부장관 또는 해양수산부장관은 지리적표시 등록신청을 받으면 지리적표시 등록심의 분과위원회의 심의를 거쳐 등록거절 사유가 없는 경우 지리적표시 등록신청 공고결정을 하여야 한다(법 제32조 제4항).

29 농수산물 품질관리법령상 지리적표시 등록 후 그 중요사항이 변경되었을 경우 변경신청을 하여야 한다. 중요사항에 해당되지 않는 것은? 제8회

① 등록자
② 자체품질기준 중 가공기준
③ 지리적표시품 품질관리계획
④ 지리적표시 대상지역의 범위

해설 지리적표시로 등록한 사항 중 다음의 어느 하나를 변경하려는 자는 지리적표시 등록(변경)신청서에 변경사유 및 증거자료를 첨부하여 농산물은 국립농산물품질관리원장, 임산물은 산림청장, 수산물은 국립수산품질관리원장에게 각각 제출하여야 한다(시행규칙 제56조 제3항).
- 등록자
- 지리적표시 대상지역의 범위
- 자체품질기준 중 제품생산기준, 원료생산기준, 가공기준

30 국립농산물품질관리원장이 지리적표시의 등록신청 공고를 할 때 그 공고내용에 포함시켜야 할 사항으로 규정되어 있지 않은 것은? 제5회

① 신청인의 자체품질기준
② 지리적표시 대상지역의 범위
③ 품질의 특성과 지리적 요인과의 관계
④ 지리적표시 등록신청인의 사업자등록번호

해설 법 제32조 제5항에 따른 공고결정에는 다음의 사항을 포함하여야 한다(시행규칙 제14조 제4항).
- 신청인의 성명·주소 및 전화번호
- 지리적표시 등록 대상품목 및 등록 명칭
- 지리적표시 대상지역의 범위
- 품질, 그 밖의 특징과 지리적 요인의 관계
- 신청인의 자체 품질기준 및 품질관리계획서
- 지리적표시 등록 신청서류 및 그 부속서류의 열람 장소

31 다음은 지리적 특성을 가진 우수농산물 및 그 가공품에 대한 지리적표시의 등록제도에 관하여 설명한 것이다. 가장 바르게 표현한 것은? 〔제1회〕

① 지리적표시의 대상지역의 범위는 해당 품목의 특성에 영향을 주는 지리적 특성이 동일한 행정구역, 산, 강 등에 따라 구획한다.
② 지리적 특성을 가진 우수농산물 및 그 가공품의 품질보증과 지역특화사업으로의 육성 및 생산자 보호를 위하여 지리적표시의 등록제도를 실시한다.
③ 지리적표시를 하고자 하는 때에는 지리적특산품의 표지 및 표시사항을 스티커로 제작하여 포장·용기의 표면 등에 부착하여야 하며 포장·용기의 표면 등에 인쇄하여서는 아니 된다.
④ 누구든지 지리적표시의 등록신청 공고에 이의가 있을 때에는 지리적표시의 등록신청 공고일로부터 15일 이내에 이의신청을 할 수 있다.

해설 ① 지리적표시 대상지역은 자연환경적 및 인적 요인을 고려하여 해당 품목의 특성에 영향을 주는 지리적 특성이 동일한 행정구역, 산, 강 등에 따라 구획한 지역으로 한다. 다만, 김치산업 진흥법에 따른 김치의 경우에는 전국을 하나의 지리적표시의 대상지역으로 할 수 있으며, 인삼산업법에 따른 인삼류의 경우에는 전국을 하나의 지리적표시의 대상지역으로 한다(시행령 제12조).
② 농림축산식품부장관 또는 해양수산부장관은 지리적 특성을 가진 농수산물 또는 농수산가공품의 품질 향상과 지역특화산업 육성 및 소비자 보호를 위하여 지리적표시의 등록제도를 실시한다(법 제32조 제1항).
③ 지리적표시권자가 그 표시를 하려면 지리적표시품의 포장·용기의 겉면 등에 등록 명칭을 표시하여야 하며, [별표 15]에 따른 지리적표시품의 표시를 하여야 한다. 다만, 포장하지 아니하고 판매하거나 낱개로 판매하는 경우에는 대상 품목에 스티커를 부착하거나 표지판 또는 푯말로 표시할 수 있다(시행규칙 제60조).
④ 누구든지 지리적표시의 등록신청 공고에 이의가 있을 때에는 공고일부터 2개월 이내에 이의 사유를 적은 서류와 증거를 첨부하여 농림축산식품부장관에게 이의신청을 할 수 있다(법 제32조 제6항).

32 B지역에서 복분자를 생산하는 홍길동이 "B복분자"로 지리적표시의 등록을 받은 후 그 가공품인 "복분자 즙액"을 지리적표시품으로 표시하고자 한다. 농수산물 품질관리법령이 규정한 지리적표시품의 표시방법에 의한 표시 사항에 해당되지 않는 것은? 〔제6회〕

① 지리적표시관리기관 : 국립농산물품질관리원
② 등록명칭 : B복분자
③ 품목 : 복분자 즙액
④ 생산자 : 홍길동

해설 **지리적표시품의 표시 사항(시행규칙 [별표 15])**
- 등록명칭
- 지리적표시관리기관 명칭
- 지리적표시 등록번호
- 생산자(등록법인의 명칭)
- 주소(전화)

33 농수산물 품질관리법상 '거짓표시 등의 금지'에 해당되지 않는 것은?

① 우수관리인증의 생산계획을 변경하여 승인 중인 농산물에 우수관리인증농산물의 표시를 하는 행위
② 이력추적관리농산물이 아닌 농산물에 이력추적관리와 비슷한 표시를 하는 행위
③ 표준규격품이 아닌 농산물에 표준규격품 표시를 한 농산물을 혼합하여 판매한 행위
④ 포장재비 지원이 중단된 품목을 표준규격에 맞게 생산하고 표준규격품 표시를 하여 출하하는 행위

해설 거짓표시 등의 금지(법 제29조)
- 누구든지 다음의 표시·광고 행위를 하여서는 아니 된다.
  - 표준규격품, 우수관리인증농산물, 품질인증품, 이력추적관리농산물(우수표시품)이 아닌 농수산물(우수관리인증농산물이 아닌 농산물의 경우에는 승인을 받지 아니한 농산물을 포함) 또는 농수산가공품에 우수표시품의 표시를 하거나 이와 비슷한 표시를 하는 행위
  - 우수표시품이 아닌 농수산물(우수관리인증농산물이 아닌 농산물의 경우에는 승인을 받지 아니한 농산물을 포함) 또는 농수산가공품을 우수표시품으로 광고하거나 우수표시품으로 잘못 인식할 수 있도록 광고하는 행위
- 누구든지 다음의 행위를 하여서는 아니 된다.
  - 표준규격품의 표시를 한 농수산물에 표준규격품이 아닌 농수산물 또는 농수산가공품을 혼합하여 판매하거나 혼합하여 판매할 목적으로 보관하거나 진열하는 행위
  - 우수관리인증의 표시를 한 농산물에 우수관리인증농산물이 아닌 농산물(생산계획 등 중요사항 변경 승인을 받지 아니한 농산물을 포함) 또는 농산가공품을 혼합하여 판매하거나 혼합하여 판매할 목적으로 보관하거나 진열하는 행위
  - 이력추적관리의 표시를 한 농산물에 이력추적관리의 등록을 하지 아니한 농산물 또는 농산가공품을 혼합하여 판매하거나 혼합하여 판매할 목적으로 보관하거나 진열하는 행위

34 농수산물 품질관리법상 지리적표시품에 대한 시정명령에 있어 시정명령 등의 처분기준에 관한 규정으로 옳지 않은 것은?

① 생산자단체 구성원의 위법행위에 대하여는 1차적으로 위반행위를 한 구성원에 대하여 행정처분을 한다.
② 위반행위의 내용으로 보아 고의성이 없거나 특별한 사유가 있다고 인정되면 그 처분을 경감할 수 있다.
③ 위반행위의 횟수에 따른 행정처분의 기준은 위반일을 기준으로 적용한다.
④ 위반행위가 2 이상인 경우로서 그에 해당하는 각각의 처분기준이 다른 경우에는 그중 무거운 처분기준을 적용한다.

해설 ③ 위반행위의 횟수에 따른 행정처분의 기준은 최근 1년간 같은 위반행위로 행정처분을 받는 경우에 적용한다(시행령 제16조 [별표 1]).

35 다음 중 지리적표시의 등록기준으로 옳지 않은 것은?

제4회

① 해당 품목의 우수성이 국내 또는 국외에서 널리 알려진 품목일 것
② 해당 품목의 명성·품질 그 밖의 특성이 본질적으로 특정지역의 생산환경적 요인 또는 인적요인에 의하여 이루어진 품목일 것
③ 해당 품목이 지리표시의 대상지역에서 생산된 농산물이거나 이를 주원료로 하여 다른 지역에서 가공된 품목일 것
④ 농림축산식품부장관이 지리적표시를 위하여 필요하다고 인정하여 정하는 기준에 적합할 것

해설 지리적표시의 등록거절 사유의 세부기준(시행령 제15조)
- 해당 품목이 농수산물인 경우에는 지리적표시 대상 지역에서만 생산된 것이 아닌 경우
- 해당 품목이 농수산가공품인 경우에는 지리적표시 대상지역에서만 생산된 농수산물을 주원료로 하여 해당 지리적표시 대상지역에서 가공된 것이 아닌 경우
- 해당 품목의 우수성이 국내나 국외에서 널리 알려지지 않은 경우
- 해당 품목이 지리적표시 대상지역에서 생산된 역사가 깊지 않은 경우
- 해당 품목의 명성·품질 또는 그 밖의 특성이 본질적으로 특정지역의 생산환경적 요인이나 인적 요인에 기인하지 않는 경우
- 그 밖에 농림축산식품부장관 또는 해양수산부장관이 지리적표시 등록에 필요하다고 인정하여 정하는 기준에 적합하지 않은 경우

36 우수관리인증농산물이 우수관리기준에 미치지 못한 경우 1차 위반한 시 행정처분기준으로 옳은 것은?

① 시정명령
② 판매금지
③ 표시변경
④ 표시제거

해설 시정명령 등의 처분기준 – 우수관리인증농산물(시행령 [별표 1])

행정처분 대상	근거 법조문	행정처분기준		
		1차 위반	2차 위반	3차 위반
1) 우수관리인증농산물이 우수관리기준에 미치지 못한 경우	법 제31조 제2항	판매금지		
2) 우수관리인증의 표시방법을 위반한 경우	법 제31조 제2항	표시변경	표시제거	판매금지

정답 35 ③ 36 ②

37 우수관리인증기관으로 지정받은 자가 인증업무를 수행하는 전담조직이 지정기준에 미달되어 '업무정지 1개월'의 행정 처분을 받았다. 그 후 1년 6개월이 되는 날 같은 위반행위로 재차 행정처분을 받게 되었다. 이 경우의 처분기준으로 올바른 것은? 〈제3회〉

① 업무정지 1개월
② 업무정지 3개월
③ 업무정지 1년
④ 지정취소

해설 우수관리인증기관의 조직·인력 및 시설 중 어느 하나가 지정기준에 미달할 경우, 처분기준은 1회 '업무정지 1개월', 2회 업무정지 3개월, 3회 업무정지 6개월이다. 위반행위의 횟수에 따른 행정처분 기준은 최근 1년간 같은 위반행위로 행정처분을 받은 경우에 적용한다. 이 경우 기간의 계산은 위반행위에 대한 행정처분일과 그 처분 후 다시 같은 위반행위를 하여 적발된 날을 기준으로 한다(시행규칙 [별표 4]).

38 농수산물 품질관리법 시행령 제11조, 제16조 규정에 의한 표준규격품, 품질인증품, 지리적표시품에 대한 행정처분 대상이 되지 않는 것은?

① 의무표시 사항이 누락된 때
② 관계공무원의 관련장부 또는 서류의 조사·열람을 정당한 사유 없이 거부·방해 또는 기피한 때
③ 내용물과 다르게 거짓표시 또는 과장된 표시를 한 때
④ 표준규격품, 품질인증품, 지리적표시품의 생산이 곤란한 사유가 발생한 때

해설 출입, 수거, 조사, 열람 등을 거부·방해 또는 기피한 자는 1천만원 이하의 과태료를 부과한다(법 제102조 제1항, 제123조 제1항 제1호).

39 유전자변형농수산물의 표시에 관한 설명으로 옳지 않은 것은?

① 표시대상품목은 농림축산식품부장관이 식용으로 적합하다고 인정하여 고시한 품목으로 한다.
② 표시기준 및 표시방법 등에 관하여 필요한 사항은 대통령령으로 정한다.
③ 유전자변형농수산물의 표시는 해당 농수산물의 판매장소 등에 하여야 한다.
④ 표시기준 및 표시방법에 관한 세부사항은 식품의약품안전처장이 정하여 고시한다.

해설 유전자변형농수산물의 표시대상품목(시행령 제19조)
유전자변형농수산물의 표시대상품목은 식품위생법에 따른 안전성평가 결과 식품의약품안전처장이 식용으로 적합하다고 인정하여 고시한 품목(이를 싹틔워 기른 농산물을 포함한다)으로 한다(농수산물 품질관리법 시행령 제19조).

40 유전자변형농수산물에 관한 설명으로 틀린 것은? 제5회

① 유전자변형농수산물이란 인공적으로 유전자를 분리 또는 재조합하여 의도한 특성을 갖도록 한 농수산물을 말한다.
② 유전자변형농수산물의 표시는 해당 농수산물의 포장·용기의 표면 또는 판매장소 등에 하여야 한다.
③ 유전자변형농산물의 표시대상품목은 농림축산식품부장관이 식용으로 적합하다고 인정하여 고시한 품목으로 한다.
④ 유전자변형농산물의 표시대상 농산물의 정기적인 수거·조사는 지방식품의약품안전청장이 정기 수거계획을 매년 세우고 실시한다.

해설 ③ 유전자변형농수산물의 표시대상품목은 식품위생법에 따른 안전성평가 결과 식품의약품안전처장이 식용으로 적합하다고 인정하여 고시한 품목(이를 싹틔워 기른 농산물을 포함한다)으로 한다(시행령 제19조).

41 농수산물 품질관리법령상 유전자변형농수산물 표시대상품목을 고시하는 자는? 제8회

① 농림축산식품부장관
② 국립농산물품질관리원장
③ 식품의약품안전처장
④ 보건복지부장관

해설 유전자변형농수산물의 표시대상품목은 식품위생법에 따른 안전성 평가 결과 식품의약품안전처장이 식용으로 적합하다고 인정하여 고시한 품목(해당 품목을 싹틔워 기른 농산물을 포함)으로 한다(농수산물 품질관리법 시행령 제19조).

42 유전자변형농수산물의 표시에 대한 설명이다. 다음 중 틀린 것은? 제1회

① 유전자변형농수산물의 표시는 해당 농수산물의 포장·용기의 표면 또는 판매장소 등에 한다.
② 수거·조사의 방법 등에 관하여 필요한 사항은 총리령으로 정한다.
③ 시료의 검정기관을 지정하여 고시하는 것은 식품의약품안전처장이다.
④ 유전자변형표시 대상 농수산물의 수거·조사는 매년 2회 실시한다.

해설 ④ 유전자변형표시 대상 농수산물의 수거·조사는 업종·규모·거래품목 및 거래형태 등을 고려하여 식품의약품안전처장이 정하는 기준에 해당하는 영업소에 대하여 매년 1회 실시(시행령 제21조 제1항).

정답 40 ③ 41 ③ 42 ④

43 농수산물 품질관리법령에서 유전자변형농수산물의 표시기준 및 표시방법에 관한 세부사항을 정할 수 있는 자는?

① 보건복지가족부장관
② 식품의약품안전처장
③ 농림축산식품부장관
④ 국립농산물품질관리원장

해설 유전자변형농수산물의 표시기준 및 표시방법에 관한 세부사항은 식품의약품안전처장이 정하여 고시한다(시행령 제20조 제3항).

44 농수산물 품질관리법령상 유전자변형농수산물의 표시 '거짓표시 등의 금지'에 해당되지 않는 것은?

① 유전자변형농수산물의 표시를 거짓으로 하거나 이를 혼동하게 할 우려가 있는 표시를 하는 행위
② 유전자변형농수산물의 표시를 혼동하게 할 목적으로 그 표시를 손상·변경하는 행위
③ 유전자변형농수산물 표시방법을 판매자의 과실로 위반하는 행위
④ 유전자변형농수산물의 표시를 한 농수산물에 다른 농수산물을 혼합하여 판매하거나 판매할 목적으로 보관 또는 진열하는 행위

해설 거짓표시 등의 금지(법 제57조)
• 유전자변형농수산물의 표시를 거짓으로 하거나 이를 혼동하게 할 우려가 있는 표시를 하는 행위
• 유전자변형농수산물의 표시를 혼동하게 할 목적으로 그 표시를 손상·변경하는 행위
• 유전자변형농수산물의 표시를 한 농수산물에 다른 농수산물을 혼합하여 판매하거나 혼합하여 판매할 목적으로 보관 또는 진열하는 행위

45 유전자변형농수산물의 표시에 관한 설명으로 옳지 않은 것은? 『제8회』

① 식품의약품안전처장은 표시기준 및 표시방법에 관한 세부사항을 정하여 고시한다.
② 국립농산물품질관리원장은 유전자변형 표시에 대한 정기 수거·조사계획을 2년마다 세워야 한다.
③ 소비자가 쉽게 알아볼 수 있도록 해당 12포인트 이상의 활자크기로 선명하게 표시하여야 한다.
④ 식품의약품안전처장은 유전자변형농수산물인지를 판정하기 위하여 시료의 검정기관을 지정하여 고시하여야 한다.

해설 ② 정기적인 수거·조사는 지방식품의약품안전청장이 유전자변형농수산물에 대하여 대상 업소, 수거·조사의 방법·시기·기간 및 대상품목 등을 포함하는 정기 수거·조사 계획을 매년 세우고, 이에 따라 실시한다(유전자변형농수산물의 표시 및 농수산물의 안전성조사 등에 관한 규칙 제4조).
① 시행령 제20조 제3항
③ 표시는 지워지지 아니하는 잉크·각인 또는 소인 등을 사용하거나, 떨어지지 아니하는 스티커 또는 라벨지 등을 사용하여 소비자가 쉽게 알아볼 수 있도록 해당 용기·포장 등의 바탕색과 뚜렷하게 구별되는 색상으로 12포인트 이상의 활자크기로 선명하게 표시하여야 한다(유전자변형식품 등의 표시기준 제5조 제2호).
④ 시행령 제20조 제4항

46 농수산물 품질관리법 시행령 제22조의 규정에 의한 '공표명령' 대상에 해당하는 것은? 『제3회』

① 유전자변형농산물 허위표시 물량이 70톤인 경우
② 농산물 원산지 허위표시 물량의 판매가격 환산금액이 5억원인 경우
③ 원산지 허위표시 적발일 이전 최근 1년 동안에 허위표시로 3회 처분을 받은 경우
④ 농산물 원산지 미표시 물량의 판매가격 환산금액이 8억원인 경우

해설 **공표명령의 기준·방법 등(시행령 제22조 제1항)**
- 표시위반물량이 농산물의 경우에는 100톤 이상, 수산물의 경우에는 10톤 이상인 경우
- 표시위반물량의 판매가격 환산금액이 농산물의 경우에는 10억원 이상, 수산물인 경우에는 5억원 이상인 경우
- 적발일을 기준으로 최근 1년 동안 처분을 받은 횟수가 2회 이상인 경우

유전자변형농수산물의 표시 위반(법 제59조)
- 유전자변형농수산물의 표시(법 제56조 제1항)
- 거짓표시 등의 금지(법 제57조)

정답 45 ② 46 ③

47 농수산물 품질관리법령상 안전성조사에 관한 설명으로 옳은 것은?

① 농산물 시료는 반드시 유상으로 수거하여야 한다.
② 인삼시료의 수거량은 6개체 이상 또는 500g 중 무게가 적은 것으로 한다.
③ 농림축산식품부장관은 잔류조사의 방법, 절차 등에 관한 세부사항을 대통령령으로 정하여야 한다.
④ 안전성검사기관이 업무정지 명령을 위반하여 시험분석업무를 계속한 경우에는 안전성검사기관지정을 취소하여야 한다.

해설 ④ 식품의약품안전처장은 안전성검사기관이 업무의 정지명령을 위반하여 계속 안전성조사 및 시험분석 업무를 한 경우 지정을 취소하여야 한다(법 제65조 제1항 제2호).
① 농수산물과 농수산물의 생산에 이용·사용되는 토양·용수·자재 등의 시료 수거 및 조사 시 무상으로 시료 수거를 하게 할 수 있다(법 제62조 제1항 제1호).
② 인삼류 등 고가의 시료는 6개체 이상 또는 500g 중 무게가 많은 것을 수거량으로 할 수 있다(농산물 등의 안전성 조사 업무처리 요령 [별표 1]).
③ 잔류조사의 방법 및 절차 등 잔류조사에 관한 세부사항은 총리령으로 정한다(법 제68조 제4항 후단).

48 농산물 안전성조사에 관한 설명 중 옳지 않은 것은? [제2회]

① 농산물 안전성조사를 위해 출입·수거·조사 또는 열람을 하고자 할 때는 미리 조사 등의 목적, 기간과 장소, 관계 공무원 성명과 직위, 범위와 내용 등을 조사 등의 대상자에게 알려야 한다.
② 농산물 안전성조사를 위해 출입·수거·조사 또는 열람을 하는 관계 공무원은 그 권한을 나타내는 증표를 지니고 이를 조사 등의 대상자에게 내보여야 한다.
③ 식품의약품안전처장이나 시·도지사는 농산물에 대하여 안전성조사를 한 결과 유해물질에 오염되어 인체의 건강을 해칠 우려가 있는 경우 해당 농수산물을 생산한 자 또는 소유한 자에게 해당 농수산물의 폐기, 용도 전환, 출하 연기 등의 처리 조치를 하게 할 수 있다.
④ 농산물에 대하여 안전성조사를 한 결과 해당 농산물에 대하여 출하 연기·폐기 등의 처리방법을 고지받은 자가 출하연기·폐기 등을 하지 않을 경우에는 1천만원 이하의 과태료를 부과한다.

해설 ④ 농산물에 대하여 안전성조사를 한 결과 해당 농산물에 대하여 폐기, 용도 전환, 출하 연기 등의 처리 방법을 고지받은 자(법 제63조 제1항 제1호)가 폐기, 용도 전환, 출하 연기 등을 하지 않으면 1년 이하의 징역 또는 1천만원 이하의 벌금에 처한다(법 제120조 제6호).
① 법 제62조 제2항
② 법 제62조 제3항
③ 법 제63조 제1항 제1호

49 농수산물 품질관리법 제61조 제1항의 규정에 의한 안전성조사 대상이 아닌 것은? 제4회

① 도매상이 농가로부터 사들여 저장 중인 농산물
② 농산물 생산을 위해 사용하는 농지
③ 농산물의 생산을 위해 사용하는 농자재
④ 농산물의 생산을 위해 사용하는 용수

해설 식품의약품안전처장이나 시·도지사는 농수산물의 안전관리를 위하여 농수산물 또는 농수산물의 생산에 이용·사용하는 농지·어장·용수(用水)·자재 등에 대하여 다음의 조사(안전성조사)를 하여야 한다(법 제61조 제1항).
• 농산물의 생산단계의 경우 총리령으로 정하는 안전기준의 적합 여부
• 농산물의 유통·판매단계의 경우에는 식품위생법 등 관계 법령에 따른 유해물질의 잔류허용기준 등의 초과 여부

50 농수산물 품질관리법의 안전성조사 대상에 관한 설명이다. 생산단계에서 이루어지는 조사 중 옳은 것으로만 이루어진 것은? 제2회

㉠ 유통·판매되기 전의 농산물
㉡ 출하되기 전단계의 농산물
㉢ 시중에 유통 중인 농산물
㉣ 농산물의 생산을 위해 사용되는 농지·용수·자재

① ㉠, ㉡, ㉢
② ㉠, ㉡, ㉣
③ ㉠, ㉢, ㉣
④ ㉡, ㉢, ㉣

해설 단계별 특성에 따른 농산물 안전성조사의 대상(유전자변형농수산물의 표시 및 농수산물의 안전성조사 등에 관한 규칙 제8조 제2항)
• 생산단계 조사 : 다음에 해당하는 것을 대상으로 할 것
 – 농산물의 생산에 이용·사용하는 농지·용수(用水)·자재 등
 – 출하되기 전인 농산물
 – 유통·판매되기 전인 농산물
• 유통·판매 단계 조사 : 출하되어 유통 또는 판매되고 있는 농산물을 대상으로 할 것

51 농수산물 품질관리법 제61조의 규정에 의한 안전성 조사 결과 잔류허용기준 등을 초과하는 경우 처리방법으로 맞지 않는 것은?

① 세척 후 출하
② 다른 용도로 전환
③ 일정한 기간을 정하여 폐기
④ 잔류허용기준 이하로 감소하는 기간까지 출하연기

해설 안전성조사 결과에 따른 조치(법 제63조 제1항)
식품의약품안전처장이나 시·도지사는 생산과정에 있는 농수산물 또는 농수산물의 생산을 위하여 이용·사용하는 농지·어장·용수·자재 등에 대하여 안전성조사를 한 결과 생산단계 안전기준을 위반하였거나 유해물질에 오염되어 인체의 건강을 해칠 우려가 있는 경우에는 해당 농수산물을 생산한 자 또는 소유한 자에게 다음의 조치를 하게 할 수 있다.
- 해당 농수산물의 폐기, 용도 전환, 출하 연기 등의 처리
- 해당 농수산물의 생산에 이용·사용한 농지·어장·용수·자재 등의 개량 또는 이용·사용의 금지
- 해당 양식장의 수산물에 대한 일시적 출하 정지 등의 처리
- 그 밖에 총리령으로 정하는 조치

52 B라는 사람이 보관하고 있는 벼에서 시료를 채취하여 안전성조사를 한 결과 잔류허용기준을 초과하는 농약이 검출되었다. 이러한 경우에 B에게 잔류허용기준 초과 사실과 함께 고지할 수 있는 처리방법을 나열한 것은?

① 출하연기, 용도전환, 폐기
② 출하연기, 용도전환, 국외반출
③ 열처리 가공, 혼합, 수출
④ 용도전환, 혼합, 폐기

해설 안전성조사 결과에 따른 조치(법 제63조 제1항)
식품의약품안전처장이나 시·도지사는 생산과정에 있는 농수산물 또는 농수산물의 생산을 위하여 이용·사용하는 농지·어장·용수·자재 등에 대하여 안전성조사를 한 결과 생산단계 안전기준을 위반하였거나 유해물질에 오염되어 인체의 건강을 해칠 우려가 있는 경우에는 해당 농수산물을 생산한 자 또는 소유한 자에게 다음의 조치를 하게 할 수 있다.
1. 해당 농수산물의 폐기, 용도전환, 출하연기 등의 처리
2. 해당 농수산물의 생산에 이용·사용한 농지·어장·용수·자재 등의 개량 또는 이용·사용의 금지
3. 그 밖에 총리령으로 정하는 조치 : 해당 농수산물의 생산자에 대하여 안전성 교육을 받게 하는 조치

53 농수산물 품질관리법령상 농산물의 안전성조사에 관한 규정으로 틀린 것은?

① 식품의약품안전처장이나 시·도지사는 농수산물의 안전관리를 위하여 농수산물 또는 농수산물의 생산에 이용·사용하는 농지·어장·용수(用水)·자재 등에 대하여 조사를 하여야 한다.
② 안전성조사의 대상 유해물질은 국립농산물품질관리원장이 매년 안전관리계획에서 정한다.
③ 해당 농산물의 유해물질이 시간이 지남에 따라 분해·소실되어 일정 기간이 지난 후에 식용으로 사용하는 데 문제가 없다고 판단되는 때에는 해당 유해물질이 식품위생법 등에 따른 잔류허용기준 이하로 감소하는 기간까지 출하 연기한다.
④ 해당 농산물의 유해물질이 분해·소실기간이 길어 식용으로 출하할 수 없으나, 사료나 공업용 원료 등 다른 용도로 사용할 수 있다고 판단되는 경우에는 다른 용도로 전환한다.

해설 ② 안전성조사의 대상 유해물질은 식품의약품안전처장이 매년 안전관리계획으로 정한다. 다만, 국립농산물품질관리원장, 국립수산과학원장, 국립수산물품질관리원장 또는 특별시장·광역시장·특별자치시장·도지사·특별자치도지사는 재배면적, 부적합률 등을 고려하여 안전성조사의 대상 유해물질을 식품의약품안전처장과 협의하여 조정할 수 있다(유전자변형농산물의 표시 및 농수산물의 안전성조사 등에 관한 규칙 제9조 제1항).

54 농수산물 품질관리법 시행령 제30조의 규정에 의하여 정부가 수매하거나 생산자단체 등이 정부를 대행하여 수매하는 검사대상 농산물로 알맞은 것은? 〔제3회〕

① 벼, 겉보리, 팥
② 벼, 겉보리, 땅콩
③ 벼, 겉보리, 녹두
④ 벼, 겉보리, 현미

해설 정부가 수매하거나 생산자단체 등이 정부를 대행하여 수매하는 농산물(시행령 제30조 [별표 3])
- 곡류 : 벼·겉보리·쌀보리·콩
- 특용작물류 : 참깨·땅콩
- 과실류 : 사과·배·단감·감귤
- 채소류 : 마늘·고추·양파
- 잠사류 : 누에씨·누에고치

정답 53 ② 54 ②

55 농산물의 검사를 받고자 하는 자는 소정의 검사신청서를 검사기관에 제출하여야 하나 검사신청서를 제출하지 않아도 되는 경우가 있다. 이 경우에 해당되지 않는 것은?   제2회

① 생산자단체 등이 정부를 대행하여 수출 또는 수입하는 농산물인 경우
② 정부가 수매하는 농산물인 경우
③ 국립농산물품질관리원장, 시·도지사 또는 지정검사기관의 장이 필요하다고 인정하는 경우
④ 검사관이 참여하여 농산물을 가공하는 경우

> **해설** 검사신청서를 제출하지 아니할 수 있는 경우(시행규칙 제96조 제1항)
> • 정부가 수매하거나 생산자단체 등이 정부를 대행하여 수매하는 경우
> • 농산물검사관이 참여하여 농산물을 가공하는 경우
> • 국립농산물품질관리원장, 시·도지사 또는 농산물 지정검사기관의 장이 검사신청인의 편의를 도모하기 위하여 필요하다고 인정하는 경우

56 다음 중 검사대상 농산물이 아닌 것은?   제4회

① 정부가 수매하는 농산물
② 민간단체에서 수입하여 가공한 농산물
③ 정부가 수매하여 가공한 농산물
④ 정부가 수입 또는 수출하는 농산물

> **해설** 농산물의 검사대상 등(시행령 제30조)
> • 정부가 수매하거나 생산자단체, 공공기관의 운영에 관한 법률에 따른 공공기관 또는 농업 관련 법인 등(생산자단체 등)이 정부를 대행하여 수매하는 농산물
> • 정부가 수출 또는 수입하거나 생산자단체 등이 정부를 대행하여 수출 또는 수입하는 농산물
> • 정부가 수매 또는 수입하여 가공한 농산물
> • 검사를 받은 농산물의 포장·용기나 내용물을 바꾸기 위해 다시 농림축산식품부장관의 검사를 받는 농산물
> • 그 밖에 농림축산식품부장관이 검사가 필요하다고 인정하여 고시하는 농산물

57 농산물의 검사에 관한 설명으로 틀린 것은?   제5회

① 농산물의 검사항목은 포장단위당 무게, 포장자재, 포장방법 및 품위 등으로 하며, 검사대상 품목별 검사기준을 대통령령으로 정한다.
② 정부가 수출 또는 수입하거나 생산자단체 등이 정부를 대행하여 수출 또는 수입하는 농산물은 검사대상이다.
③ 농산물검사 시료의 추출·계측·감정·등급판정 등 검사방법에 관한 세부사항은 국립농산물품질관리원장이 정하여 고시한다.
④ 검사결과의 표시가 없어지거나 명확하지 아니하게 된 경우에는 검사판정의 효력이 상실된다.

> **해설** ① 농산물의 검사항목은 포장단위당 무게, 포장자재, 포장방법 및 품위 등으로 하며, 검사대상 품목별 검사기준은 농림축산식품부장관이 정하여 고시한다(시행규칙 제94조).

55 ① 56 ② 57 ① **정답**

58 농산물의 검사대상·항목·방법에 관한 설명으로 옳은 것은?
① 농산물의 검사항목은 포장단위당 무게, 포장자재, 포장방법 및 품위 등으로 한다.
② 정부가 수매하는 농산물과 민간단체가 수입하는 농산물이 검사대상이다.
③ 농산물검사는 전수검사방법만으로 실시하여야 한다.
④ 곡류, 특작·채소류, 종자류, 누에고치의 검사방법은 국립농산물품질관리원장이 정하여 고시한다.

해설 ② 정부가 수출 또는 수입하거나 생산자단체 등이 정부를 대행하여 수출 또는 수입하는 농산물은 검사대상이다(시행령 제30조 제1항 제2호).
③ 농산물의 검사방법은 전수 또는 표본추출의 방법으로 한다(시행규칙 제95조).

59 농산물검사관의 자격에 관한 설명으로 틀린 것은?
① 검사관의 자격은 곡류, 특작·서류, 과실·채소류, 잠사류 등의 구분에 따라 부여한다.
② 전형시험의 합격자는 필기시험 및 실기시험 성적을 각각 100점 만점으로 하여 각각 60점 이상 받은 사람으로 한다.
③ 검사관은 생산자단체 등에서 농산물검사 관련 업무에 6개월 이상 종사한 사람 중 전형시험에 합격한 자로 한다.
④ 국립농산물품질관리원장은 검사와 관련하여 부정한 행위를 한 때에는 검사관의 자격을 취소하거나 6개월 이내의 기간을 정하여 자격의 정지를 명할 수 있다.

해설 ③ 농산물검사관은 농산물 검사 관련 업무에 6개월 이상 종사한 공무원, 농산물 검사 관련 업무에 1년 이상 종사한 사람, 농산물품질관리사 자격을 취득하고 해당 자격을 취득한 후 1년 이상 농산물품질관리사의 직무를 수행한 사람으로서 국립농산물품질관리원장(누에씨 및 누에고치 농산물검사관의 경우에는 시·도지사)이 실시하는 전형시험에 합격한 사람으로 한다(법 제82조 제1항).

60 농산물검사관의 자격을 구분하는 종류에 해당하지 않는 것은?
① 곡 류   ② 버섯류
③ 채소류   ④ 잠사류

해설 **농산물검사관의 자격 등(법 제82조)**
농산물검사관의 자격은 곡류, 특작·서류, 과실·채소류, 잠사류 등의 구분에 따라 부여한다.

정답 58 ① 59 ③ 60 ②

61 농산물검사관의 자격요건 등의 규정으로 옳은 것은? 제6회

① 검사관 자격전형 응시요건은 농산물검사 관련업무에 6개월 이상 종사한 공무원 또는 생산자단체 등에서 농산물검사 관련업무에 2년 이상 종사한 자로 한다.
② 검사관이 현저한 부적격검사로 검사의 공신력을 크게 저해한 때에는 검사관의 자격을 취소하거나, 2년 이내의 기간을 정하여 자격을 정지할 수 있다.
③ 검사관 자격전형의 합격자는 필기시험과 실기시험 성적을 합산하여 100점 만점으로 하여 60점 이상인 자로 한다.
④ 검사관 자격을 취소당한 자는 취소일로부터 1년 이내에는 자격전형에 응시할 수 없다.

해설　① 검사관은 농산물검사 관련 업무에 6개월 이상 종사한 공무원, 농산물검사 관련 업무에 1년 이상 종사한 사람 또는 농산물품질관리사 자격을 취득한 사람으로서 해당 자격을 취득한 후 1년 이상 농산물품질관리사의 직무를 수행한 사람으로서 국립농산물품질관리원장(누에씨 및 누에고치 농산물검사관의 경우에는 시·도지사)이 실시하는 전형시험에 합격한 사람으로 한다(법 제82조 제1항).
② 검사관이 현저한 부적격검사로 검사기관의 공신력을 크게 떨어뜨린 경우에는 검사관의 자격을 취소하거나, 6개월 이내의 기간을 정하여 자격을 정지할 수 있다(법 제83조 제1항 제2호).
③ 전형시험의 합격자는 필기시험 및 실기시험 성적을 각각 100점 만점으로 하여 각각 60점 이상 받은 사람으로 한다(시행규칙 제102조).

62 농수산물 품질관리법 제85조의 규정에 의한 농산물 재검사 결과에 대하여 승복할 수 없어 이의신청을 하려고 한다. 재검사일로부터 며칠 이내에 누구에게 이의신청을 해야 하는가? 제3회

① 7일 이내, 검사관이 소속된 농산물검사기관의 장
② 7일 이내, 검사관이 소속된 기관의 상급기관의 장
③ 10일 이내, 검사관이 소속된 기관의 장
④ 10일 이내, 검사관이 소속된 기관의 상급기관의 장

해설　재검사의 결과에 이의가 있는 자는 재검사일부터 7일 이내에 농산물검사관이 소속된 농산물검사기관의 장에게 이의신청을 할 수 있으며, 이의신청을 받은 기관의 장은 그 신청을 받은 날부터 5일 이내에 다시 검사하여 그 결과를 이의신청자에게 알려야 한다(법 제85조 제2항).

63 농수산물 품질관리법령상 검사판정의 효력이 상실되는 경우에 해당하는 것은?

① 농림축산식품부령으로 정하는 검사 유효기간이 지난 경우
② 부정한 방법으로 검사를 받은 사실이 확인된 경우
③ 검사결과의 표시를 변조한 사실이 확인된 경우
④ 검사를 받은 농산물의 내용물을 바꾼 사실이 확인된 경우

> **해설** 검사판정의 실효(법 제86조)
> 검사를 받은 농산물이 다음의 어느 하나에 해당하면 검사판정의 효력이 상실된다.
> • 농림축산식품부령으로 정하는 검사 유효기간이 지난 경우
> • 검사 결과의 표시가 없어지거나 명확하지 아니하게 된 경우

64 농수산물 품질관리법 제87조의 규정에 의한 '검사판정의 취소' 사유에 해당하지 않는 것은?

① 부정한 방법으로 검사를 받은 사실이 확인된 때
② 검사증명서를 위조 또는 변조한 사실이 확인된 때
③ 검사결과의 표시가 멸실 또는 불명확하게 된 때
④ 검사받은 농산물의 내용물을 바꾼 사실이 확인된 때

> **해설** 검사판정의 취소(법 제87조)
> 농림축산식품부장관은 검사나 재검사를 받은 농산물이 다음에 해당하면 검사판정을 취소할 수 있다.
> • 거짓이나 그 밖의 부정한 방법으로 검사를 받은 사실이 확인된 경우(반드시 취소)
> • 검사 또는 재검사 결과의 표시 또는 검사증명서를 위조하거나 변조한 사실이 확인된 경우
> • 검사 또는 재검사를 받은 농산물의 포장이나 내용물을 바꾼 사실이 확인된 경우

65 농산물 검사기관의 지정과 관련된 설명으로 옳지 않은 것은?

① 부정한 방법으로 검사기관의 지정을 받은 자는 6개월 이내의 기간을 정하여 업무정지를 명할 수 있다.
② 검사기관의 지정을 받으려는 자는 사업계획서 등과 농산물검사기관의 지정기준을 갖추었음을 증명할 수 있는 서류 외에 정관(법인인 경우만 해당)을 추가로 제출해야 한다.
③ 농산물검사기관으로 지정받으려는 자는 검사에 필요한 시설과 인력을 갖추어 농림축산식품부장관에게 신청하여야 한다.
④ 국립농산물품질관리원장은 검사기관 지정취소처분을 한 경우 지체없이 그 사실을 고시하여야 한다.

> **해설** ① 부정한 방법으로 검사기관의 지정을 받은 자는 그 지정을 취소하여야 한다(법 제81조 제1항).

66 농수산물명예감시원의 운영에 관한 설명이다. 다음 중 틀린 것은? 제2회

① 명예감시원에게 감시활동에 필요한 일체의 경비를 지급할 수 없다.
② 명예감시원의 임무는 농수산물의 표준규격화, 농산물우수관리, 농수산물이력추적관리, 지리적표시, 원산지표시에 관한 지도·홍보 및 위반사항의 감시·신고 등이다.
③ 국립농산물품질관리원장, 국립수산물품질관리원장, 산림청장 또는 시·도지사는 생산자단체, 소비자단체 등의 회원이나 직원 중에서 해당 단체의 장이 추천하는 자를 명예감시원으로 위촉한다.
④ 명예감시원 운영에 관한 세부사항은 국립농산물품질관리원장, 국립수산물품질관리원장, 산림청장 또는 시·도지사가 정하여 고시한다.

해설 ① 농림축산식품부장관 또는 해양수산부장관이나 시·도지사는 농수산물 명예감시원에게 예산의 범위에서 감시활동에 필요한 경비를 지급할 수 있다(법 제104조 제2항).

67 농수산물 품질관리법 시행규칙 제133조 제2항에 규정된 농수산물 명예감시원의 임무와 거리가 먼 것은? 제4회

① 표준규격화에 관한 지도 및 홍보
② 농산물 원산지표시 위반사항에 대한 시정명령
③ 농산물우수관리 위반사항에 대한 감시
④ 지리적표시제도에 관한 홍보 및 지도

해설 명예감시원의 임무(시행규칙 제133조 제2항)
• 농수산물의 표준규격화, 농산물우수관리, 품질인증, 친환경수산물인증, 농수산물 이력추적관리, 지리적표시, 원산지표시에 관한 지도·홍보 및 위반사항의 감시·신고
• 그 밖에 농수산물의 유통질서 확립과 관련하여 국립농산물품질관리원장, 국립수산물품질관리원장, 산림청장 또는 시·도지사가 부여하는 임무

68 농수산물 품질관리법상 농산물품질관리사에 관한 설명으로 옳은 것은? 제6회

① 농림축산식품부장관은 산지·소비지 유통시설의 사업자가 농산물품질관리사를 고용하는 경우 그 비용의 일부를 지원하여야 한다.
② 농림축산식품부장관은 다른 사람에게 농산물품질관리사의 명의를 사용하게 하거나 자격증을 빌려준 농산물품질관리사의 자격을 취소하여야 한다.
③ 농산물품질관리사는 생산자와 소비자의 이익이 충돌할 경우 소비자의 이익을 위하여 직무를 수행하여야 한다.
④ 농림축산식품부장관은 농산물품질관리사에게 그 직무활동에 관한 경비를 지급할 수 있다.

해설 ① 정부는 농산물품질관리사를 고용하는 등 농산물의 품질 향상을 위하여 노력하는 산지·소비지 유통시설의 사업자에게 예산의 범위에서 포장자재, 시설 및 자동화장비 등의 매입 등 필요한 자금을 지원할 수 있다(법 제110조 제5호).
③ 농산물품질관리사는 농산물의 품질 향상과 유통의 효율화를 촉진하여 생산자와 소비자 모두에게 이익이 될 수 있도록 신의와 성실로써 그 직무를 수행하여야 한다(법 제108조 제1항).
④ 농림축산식품부장관이나 시·도지사는 농산물 명예감시원에게 예산의 범위에서 감시활동에 필요한 경비를 지급할 수 있다(법 제104조 제2항).

69 다음 중 농산물품질관리사의 직무 또는 업무로 볼 수 없는 것은? 제4회

① 농산물의 등급규격 제정
② 농산물의 출하 시기 조절, 품질관리기술에 관한 조언
③ 농산물의 생산 및 수확 후의 품질관리 기술지도
④ 농산물의 품질 향상과 유통 효율화에 필요한 업무

해설 **농산물품질관리사의 직무(법 제106조, 시행규칙 제134조)**
- 농산물의 등급 판정
- 농산물의 생산 및 수확 후 품질관리기술 지도
- 농산물의 출하 시기 조절, 품질관리기술에 관한 조언
- 그 밖에 농산물의 품질 향상과 유통 효율화에 필요한 업무로서 농림축산식품부령으로 정하는 업무
  - 농산물의 생산 및 수확 후의 품질관리기술 지도
  - 농산물의 선별·저장 및 포장시설 등의 운용·관리
  - 농산물의 선별·포장 및 브랜드개발 등 상품성향상 지도
  - 포장농산물의 표시사항 준수에 관한 지도
  - 농산물의 규격출하 지도

정답 68 ② 69 ①

70 농수산물 품질관리법에서 규정하고 있는 농산물품질관리사의 직무를 모두 고른 것은? 〔제8회〕

> ㉠ 농산물의 등급 판정
> ㉡ 농산물의 생산 및 수확 후의 품질관리기술 지도
> ㉢ 농산물의 부정유통 단속
> ㉣ 농산물의 출하처 변경

① ㉠, ㉡
② ㉡, ㉢
③ ㉡, ㉣
④ ㉢, ㉣

해설 농산물품질관리사의 직무(법 제106조 제1항)
- 농산물의 등급판정
- 농산물의 생산 및 수확 후 품질관리기술 지도
- 농산물의 출하 시기 조절, 품질관리기술에 관한 조언
- 그 밖에 농산물의 품질 향상과 유통 효율화에 필요한 업무로서 농림축산식품부령으로 정하는 업무

71 농산물품질관리사의 직무 중 "농림축산식품부령으로 정한 업무"에 해당되지 않는 것은? 〔제2회〕

① 농산물의 규격출하 지도
② 농산물의 직거래 알선 및 도매시장 출하 지도
③ 포장농산물의 표시사항 준수에 관한 지도
④ 농산물의 생산 및 수확 후의 품질관리기술 지도

해설 농림축산식품부령으로 정하는 업무(시행규칙 제134조)
- 농산물의 생산 및 수확 후의 품질관리기술 지도
- 농산물의 선별·저장 및 포장시설 등의 운용·관리
- 농산물의 선별·포장 및 브랜드개발 등 상품성향상 지도
- 포장농산물의 표시사항 준수에 관한 지도
- 농산물의 규격출하 지도

72 농수산물 품질관리법령상 농산물품질관리사에 관한 설명으로 옳지 않은 것은?

① 유전자변형농수산물 표시조사 업무를 수행한다.
② 농림축산식품부장관은 농산물품질관리사의 자격을 거짓으로 취득한 사람에 대하여 그 자격을 취소하여야 한다.
③ 농산물품질관리사 시험과목, 합격기준 등에 필요한 사항은 대통령령으로 정한다.
④ 농산물의 품질향상과 유통의 효율화를 촉진하여 생산자와 소비자 모두에게 이익이 될 수 있도록 신의와 성실로써 그 직무를 수행하여야 한다.

해설 ① 식품의약품안전처장은 유전자변형농수산물의 표시 여부, 표시사항 및 표시방법 등의 적정성과 그 위반 여부를 확인하기 위하여 대통령령으로 정하는 바에 따라 관계 공무원에게 유전자변형표시 대상 농수산물을 수거하거나 조사하게 하여야 한다. 다만, 농수산물의 유통량이 현저하게 증가하는 시기 등 필요할 때에는 수시로 수거하거나 조사하게 할 수 있다(법 제58조 제1항).

73 농산물품질관리사의 자격취소에 관한 설명으로 틀린 것은?
제5회

① 농산물품질관리사의 자격을 거짓 또는 부정한 방법으로 취득한 자는 자격을 취소한다.
② 농수산물 품질관리법의 벌칙 규정에 의하여 벌금형의 처분을 받은 자는 자격을 취소한다.
③ 농수산물 품질관리법의 벌칙 규정에 의하여 다른 사람에게 자격증을 빌려준 자는 자격을 취소한다.
④ 농산물품질관리사의 자격이 취소된 자는 자격이 취소된 날부터 2년이 경과되지 아니하면 자격시험에 다시 응시할 수 없다.

해설 **농산물품질관리사의 자격 취소(법 제109조)**
농림축산식품부장관은 다음의 어느 하나에 해당하는 사람에 대하여 농산물품질관리사 자격을 취소하여야 한다.
- 농산물품질관리사의 자격을 거짓 또는 부정한 방법으로 취득한 사람
- 다른 사람에게 농산물품질관리사의 명의를 사용하게 하거나 자격증을 빌려준 사람
- 누구든지 농산물품질관리사의 자격을 취득하지 아니하고 그 명의를 사용하거나 자격증을 대여받아서는 아니 되며, 명의의 사용이나 자격증의 대여를 알선해서도 아니 된다는 규정(법 제108조 제3항)을 위반하여 명의의 사용이나 자격증의 대여를 알선한 사람

농산물품질관리사의 시험·자격부여 등(법 제107조 제3항)
다음의 어느 하나에 해당하는 사람은 그 처분이 있은 날부터 2년 동안 농산물품질관리사 자격시험에 응시하지 못한다.
- 시험의 정지·무효 또는 합격취소 처분을 받은 사람
- 농산물품질관리사의 자격이 취소된 사람

74 농수산물 품질관리법 시행령 제41조의 규정에 의하여 유전자변형농수산물의 표시 위반사항을 신고 또는 고발하거나 검거한 자 및 검거에 협조한 자에게 포상금을 지급할 수 있는데, 포상금은 얼마의 범위 안에서 지급할 수 있는가?

① 500만원 ② 300만원
③ 200만원 ④ 100만원

해설 법 제112조에 따른 포상금은 제56조(유전자변형농수산물의 표시) 또는 제57조(거짓표시 등의 금지)를 위반한 자를 주무관청이나 수사기관에 신고 또는 고발하거나 검거한 사람 및 검거에 협조한 사람에게 200만원의 범위에서 지급한다(시행령 제41조).

정답 73 ② 74 ③

75 농수산물 품질관리법 제112조의 포상금 지급에 관한 설명으로 맞는 것은? [제1회]

① 원산지표시의 위반사항을 주무관청 또는 수사기관에 신고 또는 고발하거나 검거한 자 및 검거에 협조한 자에게 50만원의 범위 안에서 지급한다.
② 원산지표시의 위반사항을 주무관청 또는 수사기관에 신고 또는 고발하거나 검거한 자 및 검거에 협조한 자에게 100만원의 범위 안에서 지급한다.
③ 유전자변형농수산물표시의 위반사항을 주무관청 또는 수사기관에 신고 또는 고발하거나 검거한 자 및 검거에 협조한 자에게 200만원의 범위 안에서 지급한다.
④ 원산지표시 및 유전자변형농산물표시의 위반사항을 주무관청 또는 수사기관에 신고 또는 고발하거나 검거한 자 및 검거에 협조한 자에게 100만원의 범위 안에서 지급한다.

해설 포상금(법 제112조)
식품의약품안전처장은 제56조(유전자변형농수산물의 표시) 또는 제57조(거짓표시 등의 금지)를 위반한 자를 주무관청 또는 수사기관에 신고하거나 고발한 자 등에게는 대통령령으로 정하는 바에 따라 예산의 범위에서 포상금을 지급할 수 있다.
포상금의 지급(시행령 제41조 제1항)
법 제112조에 따른 포상금은 법 제56조 또는 제57조를 위반한 자를 주무관청이나 수사기관에 신고 또는 고발하거나 검거한 사람 및 검거에 협조한 사람에게 200만원의 범위에서 지급한다.

76 농수산물 품질관리법령상 청문을 실시하는 사유로 옳지 않은 것은? [제7회]

① 농산물우수관리인증기관이 우수관리인증의 기준을 잘못 적용하여 지정을 취소할 경우
② 해당 지리적표시품 생산계획의 이행이 곤란하다고 인정되어 표시를 정지할 경우
③ 검사를 받은 농산물의 내용물을 바꾼 사실이 확인되어 검사판정을 취소할 경우
④ 농산물품질관리사의 명의를 타인에게 사용하게 하여 벌금형이 부과된 경우

해설 농림축산식품부장관 또는 식품의약품안전처장의 청문 실시 사유(법 제114조)
- 우수관리인증기관의 지정취소
- 우수관리시설의 지정취소
- 품질인증의 취소
- 품질인증기관의 지정취소 또는 품질인증 업무의 정지
- 이력추적관리 등록의 취소
- 표준규격품 또는 품질인증품의 판매금지나 표시정지, 우수관리인증농산물의 판매금지 또는 우수관리인증의 취소나 표시정지
- 지리적표시품에 대한 판매의 금지, 표시의 정지 또는 등록의 취소
- 안전성검사기관의 지정취소
- 생산·가공시설 등이나 생산·가공업자등에 대한 생산·가공·출하·운반의 시정·제한·중지 명령, 생산·가공시설 등의 개선·보수 명령 또는 등록의 취소
- 농산물검사기관의 지정취소
- 검사판정의 취소
- 검정기관의 지정취소
- 농산물품질관리사 자격의 취소

77 농수산물 품질관리법령상 농림축산식품부장관이 그 권한을 국립농산물품질관리원장에게 위임하지 않은 것은?

① 농산물우수관리기준의 고시
② 임산물 지리적표시의 등록
③ 농산물우수관리인증기관의 지정
④ 농산물 표준규격의 제정

해설 농림축산식품부장관의 권한을 국립농산물품질관리원장에게 위임한 사항(시행령 제42조 제1항)
- 지리적표시 분과위원회의 개최, 심의, 그 결과의 통보 등 운영에 관한 사항
- 농산물(임산물은 제외)의 표준규격의 제정·개정 또는 폐지
- 농산물우수관리기준 고시
- 농산물우수관리인증기관의 지정, 지정취소 및 업무 정지 등의 처분
- 소비자 등에 대한 교육·홍보, 컨설팅 지원 등의 사업 수행
- 농산물우수관리 관련 보고·자료제출 명령, 점검 및 조사 등과 우수관리시설 점검·조사 등의 결과에 따른 조치 등
- 농산물 이력추적관리 등록, 등록 취소 등의 처분
- 지위승계 신고(우수관리인증기관의 지위승계 신고로 한정한다)의 수리
- 표준규격품, 우수관리인증농산물, 이력추적관리농산물 및 지리적표시품의 사후관리(수산물 또는 임산물과 그 가공품의 표준규격품 및 지리적표시품의 사후관리는 제외)
- 표준규격품, 우수관리인증농산물 및 지리적표시품의 표시 시정 등의 처분(수산물 또는 임산물과 그 가공품의 표준규격품 및 지리적표시품의 표시 시정 등의 처분은 제외)
- 농산물(임산물은 제외) 및 그 가공품의 지리적표시의 등록
- 농산물(임산물은 제외) 및 그 가공품의 지리적표시 원부의 등록 및 관리
- 농산물(임산물은 제외) 및 그 가공품의 지리적표시권의 이전 및 승계에 대한 사전 승인
- 농산물의 검사(지정받은 검사기관이 검사하는 농산물과 누에씨·누에고치 검사는 제외)
- 농산물검사기관의 지정, 지정취소 및 업무 정지 등의 처분
- 검사증명서 발급
- 농산물의 재검사
- 검사판정의 취소
- 농산물 및 그 가공품의 검정
- 농산물 및 그 가공품에 대한 폐기 또는 판매금지 등의 명령, 검정결과의 공개
- 검정기관의 지정과 지정 갱신
- 검정기관의 지정취소 및 업무정지 등의 처분
- 확인·조사·점검 등(수산물 및 그 가공품과 임산물 및 그 가공품은 제외)
- 농수산물(수산물 및 그 가공품과 임산물 및 그 가공품은 제외) 명예감시원의 위촉 및 운영
- 농산물품질관리사 제도의 운영
- 농산물품질관리사의 교육에 관한 사항
- 농산물품질관리사의 자격 취소
- 품질 향상, 표준규격화 촉진 및 농산물품질관리사 운용 등을 위한 자금 지원. 다만, 수산물 및 그 가공품과 임산물 및 그 가공품에 대한 지원은 제외한다.
- 수수료 감면 및 징수
- 청 문
- 과태료의 부과 및 징수(임산물 및 그 가공품에 관한 위반행위에 대한 것은 제외)
- 농산물품질관리사 자격시험 실시계획의 수립
- 농산물품질관리사 자격증의 발급 및 재발급, 자격증 발급대장 기록

78 사과의 표준규격을 개정하여 고시하려고 한다. 이때 고시를 하는 자는?

① 농림축산식품부장관
② 농촌진흥청장
③ 시·도지사
④ 국립농산물품질관리원장

해설 농산물(임산물은 제외)의 표준규격의 제정·개정 또는 폐지사항은 농림축산식품부장관이 국립농산물품질관리원장에게 위임한 사항이다(시행령 제42조 제1항 제2호).

79 농수산물 품질관리법에서 규정하고 있는 1년 이하의 징역 또는 1천만원 이하의 벌금에 처하는 대상이 아닌 것은?

① 농산물품질관리사의 자격증을 대여한 자
② 검사를 받아야 하는 농산물에 대하여 검사를 받지 아니한 자
③ 부정한 방법으로 농산물의 검사 또는 검정을 받은 자
④ 이력추적관리의 등록을 하지 아니한 자

해설
③ 거짓이나 그 밖의 부정한 방법으로 농산물의 검사, 농산물의 재검사 및 검정을 받은 자는 3년 이하의 징역 또는 3천만원 이하의 벌금에 처한다(법 제119조 제6호).
① 법 제120조 제13호
② 법 제120조 제10호
④ 법 제120조 제1호

80 농수산물 품질관리법령상 과태료 부과대상자가 아닌 자는?

① 이력추적관리를 등록한 자가 변경사유가 발생하였으나 변경신고를 하지 않을 경우
② 우수관리인증농산물이 아닌 농산물에 우수관리인증농산물 표시를 한 자
③ 지리적표시품의 표시 시정 등에 따른 표시방법에 대한 시정명령에 따르지 아니한 자
④ 유전자변형농수산물의 표시방법을 위반한 자

해설
② 우수관리인증농산물이 아닌 농산물에 우수관리인증농산물 표시를 한 자는 3년 이하의 징역 또는 3천만원 이하의 벌금에 처한다(법 제119조 제1호).
① 이력추적관리의 등록을 한 자는 농림축산식품부령으로 정하는 등록사항이 변경된 경우 변경 사유가 발생한 날부터 1개월 이내에 농림축산식품부장관에게 신고하여야 하며(법 제24조 제3항), 이를 위반하여 변경신고를 하지 아니한 자에게는 1천만원 이하의 과태료를 부과한다(법 제123조 제1항 제2호).
③ 지리적표시품의 표시 시정 등에 따른 표시방법에 대한 시정명령에 따르지 아니한 자에게는 1천만원 이하의 과태료를 부과한다(법 제123조 제1항 제5호).
④ 유전자변형농수산물의 표시방법을 위반한 자에게는 1천만원 이하의 과태료를 부과한다(법 제123조 제1항 제7호).

81 농수산물 품질관리법상의 벌칙에 관한 규정으로 옳은 것은? 제6회

① 검사대상 농산물을 검사받지 아니한 자에 대하여는 1년 이하의 징역 또는 1천만원 이하의 벌금에 처한다.
② 농산물품질관리사가 아닌 다른 사람으로 하여금 농산물품질관리사의 명의를 사용하게 하거나 그 자격증을 대여한 자에 대하여는 3년 이하의 징역 또는 3천만원 이하의 벌금에 처한다.
③ 안전성조사결과 고지받은 처리방법에 따라 농지 등의 개량 등이나 해당 농수산물의 폐기 등을 하지 아니한 자에 대하여는 1천만원 이하의 과태료에 처한다.
④ 농산물검정 결과에 대하여 거짓광고나 과대광고를 한 자는 1년 이하의 징역 또는 1천만원 이하의 벌금에 처한다.

해설 ② 다른 사람에게 농산물품질관리사의 명의를 사용하게 하거나 그 자격증을 빌려준 자에 대하여는 1년 이하의 징역 또는 1천만원 이하의 벌금에 처한다(법 제120조 제12호).
③ 안전성조사결과 고지받은 처리방법에 따라 농지 등의 개량 등이나 해당 농수산물의 폐기 등을 하지 아니한 자에 대하여는 1년 이하의 징역 또는 1천만원 이하의 벌금에 처한다(법 제120조 제6호).
④ 농산물검정 결과에 대하여 거짓광고나 과대광고를 한 자는 3년 이하의 징역 또는 3천만원 이하의 벌금에 처한다(법 제119조 제9호).

82 농수산물 품질관리법령상 1천만원 이하의 과태료를 부과해야 할 대상이 아닌 것은? 제7회

① 이력추적관리 등록을 한 자로 등록변경사유가 발생한 날부터 1개월 이내에 신고하지 아니한 경우
② 유전자변형농수산물의 표시방법을 위반한 자
③ 유전자변형농수산물이 포함되어 있는 농수산물에 "유전자변형농수산물 포함 가능성 있음"으로 표시한 경우
④ 안전성조사를 위반한 자가 정당한 사유없이 시료수거를 거부한 경우

해설 1천만원 이하의 과태료 부과대상(법 제123조 제1항)
• 출입・수거・조사・열람 등을 거부・방해 또는 기피한 자
• 등록한 자로서 변경사유가 발생하였으나 사유 발생일부터 1개월 이내에 변경신고를 하지 아니한 자
• 이력추적관리를 등록한 자로서 이력추적관리의 표시를 하지 아니한 자
• 이력추적관리를 등록한 자로서 이력추적관리기준을 지키지 아니한 자
• 표시방법에 대한 시정명령에 따르지 아니한 자
• 유전자변형농수산물의 표시를 하지 아니한 자
• 유전자변형농수산물의 표시방법을 위반한 자

CHAPTER 02 농수산물 유통 및 가격안정에 관한 법률

농수산물 유통 및 가격안정에 관한 법률 [시행 2026.1.2.] [법률 제21065호, 2025.10.1, 타법개정]
농수산물 유통 및 가격안정에 관한 법률 시행령 [시행 2024.7.24.] [대통령령 제34739호, 2024.7.23, 일부개정]
농수산물 유통 및 가격안정에 관한 법률 시행규칙 [시행 2025.7.24.] [농림축산식품부령 제728호, 2025.7.24, 일부개정]

01 총 칙

1. 목적(법 제1조)

농수산물의 **유통을 원활**하게 하고 **적정한 가격을 유지**하게 함으로써 **생산자와 소비자의 이익을 보호**하고 **국민생활의 안정에 이바지함**을 목적으로 한다.

2. 용어의 뜻(법 제2조) ★ 중요

(1) 농수산물
  ① 농산물·축산물·수산물 및 임산물 중 농림축산식품부령 또는 해양수산부령으로 정하는 것
  ② 임산물 중 농림축산식품부령이 정하는 것(시행규칙 제2조)
    ㉠ 목과류 : 밤·잣·대추·호두·은행 및 도토리
    ㉡ 버섯류 : 표고·송이·목이 및 팽이
    ㉢ 한약재용 임산물

(2) 농수산물도매시장
  ① 특별시·광역시·특별자치시·특별자치도 또는 시가 양곡류·청과류·화훼류·조수육류(鳥獸肉類)·어류·조개류·갑각류·해조류 및 임산물 등 대통령령으로 정하는 품목의 전부 또는 일부를 도매하게 하기 위하여 관할구역에 개설하는 시장
  ② 농수산물도매시장의 거래품목(시행령 제2조)
    ㉠ 양곡부류 : 미곡·맥류·두류·조·좁쌀·수수·수수쌀·옥수수·메밀·참깨 및 땅콩
    ㉡ 청과부류 : 과실류·채소류·산나물류·목과류(木果類)·버섯류·서류(薯類)·인삼류 중 수삼 및 유지작물류와 두류 및 잡곡 중 신선한 것
    ㉢ 축산부류 : 조수육류(鳥獸肉類) 및 난류
    ㉣ 수산부류 : 생선어류·건어류·염(鹽)건어류·염장어류(鹽藏魚類)·조개류·갑각류·해조류 및 젓갈류

ⓜ 화훼부류 : 절화(折花)・절지(折枝)・절엽(切葉) 및 분화(盆花)
ⓗ 약용작물부류 : 한약재용 약용작물(야생물이나 그 밖에 재배에 의하지 아니한 것을 포함 한다). 다만, 약사법 제2조 제5호에 따른 한약은 같은 법에 따라 의약품판매업의 허가를 받은 것으로 한정한다.
ⓢ 그 밖에 농어업인이 생산한 농수산물과 이를 단순가공한 물품으로서 개설자가 지정하는 품목

예시문제 맛보기

농수산물 유통 및 가격안정에 관한 법령에서 규정하는 도매시장 거래품목의 부류가 아닌 것은?
① 청과부류　　　　　　　　　　② 양곡부류
③ 약용작물부류　　　　　　　　④ 식품부류

정답 ④

---

(3) 중앙도매시장

① 특별시・광역시・특별자치시 또는 특별자치도가 개설한 농수산물도매시장 중 해당 관할구역 및 그 인접지역에서 도매의 중심이 되는 농수산물도매시장으로서 농림축산식품부령 또는 해양수산부령으로 정하는 것

② 농림축산식품부령 또는 해양수산부령으로 정하는 중앙도매시장(시행규칙 제3조)
　㉠ 서울특별시 가락동 농수산물도매시장
　㉡ 서울특별시 노량진 수산물도매시장
　㉢ 부산광역시 엄궁동 농산물도매시장
　㉣ 부산광역시 국제 수산물도매시장
　㉤ 대구광역시 북부 농수산물도매시장
　㉥ 인천광역시 구월동 농산물도매시장
　㉦ 인천광역시 삼산 농산물도매시장
　㉧ 광주광역시 각화동 농산물도매시장
　㉨ 대전광역시 오정 농수산물도매시장
　㉩ 대전광역시 노은 농산물도매시장
　㉪ 울산광역시 농수산물도매시장

(4) 지방도매시장

중앙도매시장 외의 농수산물도매시장

(5) 농수산물공판장

① 지역농업협동조합, 지역축산업협동조합, 품목별·업종별협동조합, 조합공동사업법인, 품목조합연합회, 산림조합 및 수산업협동조합과 그 중앙회(농협경제지주회사를 포함한다. 이하 "농림수협 등"이라 한다), 그 밖에 대통령령으로 정하는 **생산자 관련 단체**와 공익상 필요하다고 인정되는 법인으로서 **대통령령으로 정하는 법인**(이하 "공익법인"이라 한다)이 농수산물을 도매하기 위하여 법 제43조에 따라 특별시·광역시장·특별자치시장·도지사 또는 특별자치도지사(이하 "시·도지사"라 한다)의 승인을 받아 개설·운영하는 사업장

② 대통령령이 정하는 생산자 관련 단체(시행령 제3조 제1항)
　㉠ 영농조합법인 및 영어조합법인, 농업회사법인 및 어업회사법인
　㉡ 농협경제지주회사의 자회사

③ 대통령령이 정하는 법인 : 한국농수산식품유통공사(시행령 제3조 제2항)

(6) 민영농수산물도매시장

국가, 지방자치단체 및 농수산물공판장을 개설할 수 있는 자 외의 자(이하 "민간인 등"이라 한다)가 농수산물을 도매하기 위하여 법 제47조에 따라 시·도지사의 허가를 받아 **특별시·광역시·특별자치시·특별자치도 또는 시 지역에 개설하는 시장**

(7) 도매시장법인

농수산물도매시장의 개설자로부터 지정을 받고 농수산물을 **위탁받아 상장(上場)하여 도매하거나 이를 매수(買受)하여 도매하는 법인**(도매시장법인의 지정을 받은 것으로 보는 공공출자법인을 포함한다)

(8) 시장도매인

농수산물도매시장 또는 민영농수산물도매시장의 개설자로부터 **지정을 받고 농수산물을 매수 또는 위탁받아 도매하거나 매매를 중개하는 영업을 하는 법인**

(9) 중도매인

농수산물도매시장·농수산물공판장 또는 민영농수산물도매시장의 **개설자의 허가 또는 지정**을 받아 다음의 영업을 하는 자

① 농수산물도매시장·농수산물공판장 또는 민영농수산물도매시장에 상장된 농수산물을 매수하여 도매하거나 매매를 중개하는 영업

② 농수산물도매시장·농수산물공판장 또는 민영농수산물도매시장의 개설자로부터 허가를 받은 비상장(非上場) 농수산물을 매수 또는 위탁받아 도매하거나 매매를 중개하는 영업

(10) 매매참가인

농수산물도매시장·농수산물공판장 또는 민영농수산물도매시장의 개설자에게 신고를 하고, 농수산물도매시장·농수산물공판장 또는 민영농수산물도매시장에 상장된 농수산물을 직접 매수하는 자로서 중도매인이 아닌 가공업자·소매업자·수출업자 및 소비자단체 등 농수산물의 수요자

(11) 산지유통인

농수산물도매시장·농수산물공판장 또는 민영농수산물도매시장의 개설자에게 등록하고, 농수산물을 수집하여 농수산물도매시장·농수산물공판장 또는 민영농수산물도매시장에 출하(出荷)하는 영업을 하는 자(법인을 포함한다)

(12) 농수산물종합유통센터

국가 또는 지방자치단체가 설치하거나 국가 또는 지방자치단체의 지원을 받아 설치된 것으로서 농수산물의 출하 경로를 다원화하고 물류비용을 절감하기 위하여 농수산물의 수집·포장·가공·보관·수송·판매 및 그 정보처리 등 농수산물의 물류활동에 필요한 시설과 이와 관련된 업무시설을 갖춘 사업장

(13) 경매사

도매시장법인의 임명을 받거나 농수산물공판장·민영농수산물도매시장 개설자의 임명을 받아, 상장된 농수산물의 가격 평가 및 경락자 결정 등의 업무를 수행하는 자

(14) 농수산물전자거래

농수산물의 유통단계를 단축하고 유통비용을 절감하기 위하여 전자문서 및 전자거래 기본법에 따른 전자거래의 방식으로 농수산물을 거래하는 것

예시문제 맛보기

농수산물도매시장·농수산물공판장 또는 민영농수산물 도매시장의 개설자에게 등록하고, 농수산물을 수집하여 농수산물도매시장·농수산물공판장 또는 민영농수산물 도매시장에 출하하는 영업을 하는 자는?
① 시장도매인   ② 산지유통인
③ 매매참가인   ④ 중도매인

정답 ②

---

3. 유통산업발전법의 적용배제(법 제3조)

농수산물 유통 및 가격안정에 관한 법률에 따른 농수산물도매시장, 농수산물공판장, 민영농수산물도매시장 및 농수산물종합유통센터에 대하여는 유통산업발전법의 규정을 적용하지 아니한다.

02 농산물의 생산조정 및 출하조절

1. 주산지의 지정 및 해제 등

(1) 주산지의 지정 및 해제(법 제4조) ★ 중요
① 시·도지사는 **농수산물의 경쟁력 제고 또는 수급(需給)을 조절하기 위하여** 생산 및 출하를 촉진 또는 조절할 필요가 있다고 인정할 때에는 주요 농수산물의 생산지역이나 생산수면(이하 "주산지"라 한다)을 지정하고 그 주산지에서 주요 농수산물을 생산하는 자에 대하여 **생산자금의 융자 및 기술지도** 등 필요한 지원을 할 수 있다.
② 주요 농수산물은 국내 농수산물의 생산에서 차지하는 비중이 크거나 **생산·출하의 조절이 필요**한 것으로서 농림축산식품부장관 또는 해양수산부장관이 지정하는 품목으로 한다.
③ 주산지는 다음의 요건을 갖춘 지역 또는 수면(水面) 중에서 구역을 정하여 지정한다.
　㉠ 주요 농수산물의 재배면적 또는 양식면적이 농림축산식품부장관 또는 해양수산부장관이 고시하는 면적 이상일 것
　㉡ 주요 농수산물의 출하량이 농림축산식품부장관 또는 해양수산부장관이 고시하는 수량 이상일 것
④ 시·도지사는 지정된 주산지가 지정요건에 적합하지 아니하게 되었을 때에는 그 지정을 변경하거나 해제할 수 있다.
⑤ 주산지의 지정, 주요 농수산물 품목의 지정 및 주산지의 변경·해제에 필요한 사항은 대통령령으로 정한다.

(2) 주산지의 지정·변경 및 해제(시행령 제4조)
① 주요 농수산물의 생산지역이나 생산수면의 지정은 **읍·면·동 또는 시·군·구** 단위로 한다.
② 특별시장·광역시장·특별자치시장·도지사 또는 특별자치도지사(이하 "시·도지사"라 한다)는 주산지를 지정하였을 때에는 이를 고시하고 농림축산식품부장관 또는 해양수산부장관에게 통지하여야 한다.
③ 법 제4조 제4항에 따른 주산지 지정의 변경 또는 해제에 관하여는 제1항 및 제2항을 준용한다.

(3) 주요 농수산물 품목의 지정(시행령 제5조)
농림축산식품부장관 또는 해양수산부장관은 주요 농수산물 품목을 지정하였을 때에는 이를 고시하여야 한다.

(4) 주산지협의체의 구성(법 제4조의2, 시행령 제5조의2)

① 지정된 주산지의 시·도지사는 주산지의 지정목적 달성 및 주요 농수산물 경영체 육성을 위하여 생산자 등으로 구성된 주산지협의체(이하 "협의체"라 한다)를 설치할 수 있다.
② 협의체는 주산지 간 정보 교환 및 농수산물 수급조절 과정에의 참여 등을 위하여 공동으로 품목별 중앙주산지협의회(이하 "중앙협의회"라 한다)를 구성·운영할 수 있다.
③ 협의체의 설치 및 중앙협의회의 구성·운영 등에 관하여 필요한 사항은 대통령령으로 정한다.
④ 국가 또는 지방자치단체는 협의체 및 중앙협의회의 원활한 운영을 위하여 필요한 경비의 일부를 지원할 수 있다.
⑤ 시·도지사는 협의체를 주산지별 또는 시·도 단위별로 설치할 수 있다.
⑥ 협의체는 20명 이내의 위원으로 구성하며, 위원은 다음의 어느 하나에 해당하는 사람 중에서 시·도지사가 지명 또는 위촉한다.
　㉠ 해당 시·도 소속 공무원
　㉡ 농업·농촌 및 식품산업 기본법에 따른 농업인
　㉢ 농업·농촌 및 식품산업 기본법에 따른 생산자단체의 대표·임직원
　㉣ 산지유통인
　㉤ 해당 농수산물 품목에 관한 전문적 지식이나 경험을 가진 사람 중 시·도지사가 필요하다고 인정하는 사람
⑦ 협의체의 위원장은 위원 중에서 호선하되, 공무원인 위원과 위촉된 위원 각 1명을 공동위원장으로 선출할 수 있다.
⑧ ⑤부터 ⑦까지에서 규정한 사항 외에 협의체의 구성과 운영에 관한 세부사항은 농림축산식품부장관 또는 해양수산부장관이 정한다.

2. 농림업관측

(1) 농림업관측(법 제5조) ★ 중요

① 농림축산식품부장관은 농산물의 수급안정을 위하여 **가격의 등락 폭이 큰 주요 농수산물**에 대하여 매년 기상정보, 생산면적, 작황, 재고물량, 소비동향, 해외시장 정보 등을 조사하여 이를 분석하는 **농림업관측**을 실시하고 그 결과를 공표하여야 한다.
② 농림업관측에도 불구하고 농림축산식품부장관은 주요 곡물의 수급안정을 위하여 농림축산식품부장관이 정하는 주요 곡물에 대한 상시 관측체계의 구축과 국제 곡물수급모형의 개발을 통하여 매년 주요 곡물 생산 및 수출 국가들의 작황 및 수급 상황 등을 조사·분석하는 국제곡물관측을 별도로 실시하고 그 결과를 공표하여야 한다.

③ 농림축산식품부장관은 효율적인 농림업관측 또는 국제곡물관측을 위하여 필요하다고 인정하는 경우에는 품목을 지정하여 지역농업협동조합, 지역축산업협동조합, 품목별·업종별협동조합, 산림조합, 그 밖에 **농림축산식품부령으로 정하는 자**로 하여금 농림업관측 또는 국제곡물관측을 실시하게 할 수 있다.

  ※ 농림업관측 실시자(시행규칙 제4조)
  1. 농업협동조합중앙회(농협경제지주회사를 포함한다) 및 산림조합중앙회
  2. 한국농수산식품유통공사법에 따른 한국농수산식품유통공사
  3. 그 밖의 생산자조직 등으로서 농림축산식품부장관이 인정하는 자

④ 농림축산식품부장관은 농림업관측업무 또는 국제곡물관측업무를 효율적으로 실시하기 위하여 **농림업 관련 연구기관 또는 단체를 농림업관측 전담기관**(국제곡물관측업무를 포함한다)으로 지정하고, 그 운영에 필요한 경비를 충당하기 위하여 예산의 범위에서 출연금(出捐金) 또는 보조금을 지급할 수 있다.

⑤ ④에 따른 농림업관측 전담기관의 지정 및 운영에 필요한 사항은 농림축산식품부령으로 정한다.

(2) 농림업관측 전담기관의 지정 등(시행규칙 제7조)

① 농업관측 전담기관은 **한국농촌경제연구원**으로 한다.
② 농림업관측 전담기관의 업무 범위와 필요한 지원 등에 관한 세부 사항은 농림축산식품부장관이 정한다.

3. 계약생산

(1) 계약생산 및 계약출하의 장려(법 제6조)

① 농림축산식품부장관은 주요 농산물의 원활한 수급과 적정한 가격 유지를 위하여 지역농업협동조합, 지역축산업협동조합, 품목별·업종별협동조합, 조합공동사업법인, 품목조합연합회, 산림조합과 그 중앙회나 그 밖에 대통령령으로 정하는 생산자 관련 단체 또는 농산물 수요자와 생산자 간에 계약생산 또는 계약출하를 하도록 장려할 수 있다.

② 대통령령이 정하는 생산자 관련 단체(시행령 제7조)
  ㉠ 농산물을 공동으로 생산하거나 농산물을 생산하여 이를 공동으로 판매·가공·홍보 또는 수출하기 위하여 지역농업협동조합, 지역축산업협동조합, 품목별·업종별협동조합, 조합공동사업법인, 품목조합연합회 및 산림조합과 그 중앙회(농협경제지주회사를 포함한다) 중 **둘 이상이 모여 결성한 조직**으로서 농림축산식품부장관이 정하여 고시하는 요건을 갖춘 단체
  ㉡ 영농조합법인 및 영어조합법인, 농업회사법인 및 어업회사법인, 농협경제지주회사의 자 회사에 해당하는 자

ⓒ 농산물을 공동으로 생산하거나 농산물을 생산하여 이를 공동으로 판매·가공·홍보 또는 수출하기 위하여 농업인 또는 어업인 5인 이상이 모여 결성한 법인격이 있는 조직으로서 농림축산식품부장관이 정하여 고시하는 요건을 갖춘 단체

ⓔ ⓑ 또는 ⓒ의 단체 중 **둘 이상이 모여 결성한 조직**으로서 농림축산식품부장관 정하여 고시하는 요건을 갖춘 단체

(2) 계약생산자단체에 대한 지원

농림축산식품부장관은 생산계약 또는 출하계약을 체결하는 생산자단체 또는 농산물 수요자에 대하여 **농산물가격안정기금으로 계약금의 대출** 등 필요한 지원을 할 수 있다(법 제6조 제2항).

4. 가격예시

(1) 가격예시 품목과 시책 ★ 중요

① 가격예시(법 제8조)
　　㉠ 농림축산식품부장관 또는 해양수산부장관은 농림축산식품부령 또는 해양수산부령으로 정하는 주요 농수산물의 수급조절과 가격안정을 위하여 필요하다고 인정할 때에는 해당 농산물의 파종기 또는 수산물의 종자입식 시기 이전에 생산자를 보호하기 위한 하한가격 [이하 "**예시가격**"(豫示價格)이라 한다]을 예시할 수 있다.
　　㉡ 주요 농산물은 계약생산 또는 계약출하를 하는 농산물로서 농림축산식품부장관이 지정하는 품목으로 한다(시행규칙 제9조).

② 시책 : 농림축산식품부장관 또는 해양수산부장관은 가격을 예시한 경우에는 예시가격을 지지(支持)하기 위하여 농림업관측·국제곡물관측 또는 수산업관측의 지속적 실시, 계약생산 또는 계약출하의 장려, 수매 및 처분, **유통협약 및 유통조절명령, 비축사업 등을 연계**하여 적절한 시책을 추진하여야 한다(법 제8조 제4항).

(2) 예시가격의 결정(법 제8조 제2항, 제3항)

① 농림축산식품부장관 또는 해양수산부장관은 예시가격을 결정할 때에는 해당 농산물의 농림업관측, 주요 곡물의 국제곡물관측 또는 수산물의 수산업관측 결과, 예상 경영비, 지역별 예상 생산량 및 예상 수급상황 등을 고려하여야 한다.

② 농림축산식품부장관 또는 해양수산부장관은 예시가격을 결정할 때에는 미리 재정경제부장관과 협의하여야 한다.

③ 농림축산식품부장관은 법 제8조 제1항에 따라 가격을 예시한 경우에는 예시가격을 지지(支持)하기 위하여 다음의 사항 등을 연계하여 적절한 시책을 추진하여야 한다.
　　㉠ 제5조에 따른 농림업관측·국제곡물관측 또는 수산업관측의 지속적 실시

ⓒ 제6조 또는 수산물 유통의 관리 및 지원에 관한 법률 제39조에 따른 계약생산 또는 계약출하의 장려
　　ⓒ 제9조 또는 수산물 유통의 관리 및 지원에 관한 법률 제40조에 따른 수매 및 처분
　　ⓒ 제10조에 따른 유통협약 및 유통조절명령
　　ⓒ 제13조 또는 수산물 유통의 관리 및 지원에 관한 법률 제41조에 따른 비축사업

5. 과잉생산 시의 생산자보호

(1) 과잉생산 시의 생산자보호(법 제9조)

① **수매** : 농림축산식품부장관은 채소류 등 저장성이 없는 농산물의 가격안정을 위하여 필요하다고 인정할 때에는 그 생산자 또는 생산자단체로부터 농산물가격안정기금으로 **해당 농산물을 수매**할 수 있다. 다만, 가격안정을 위하여 특히 필요하다고 인정할 때에는 도매시장 또는 공판장에서 해당 농산물을 수매할 수 있다.

② **처분** : 수매한 농산물은 판매 또는 수출하거나 사회복지단체에 기증하거나 그 밖에 필요한 처분을 할 수 있다.

③ **수매와 처분의 위탁** : 농림축산식품부장관은 수매 및 처분에 관한 업무를 농업협동조합중앙회·산림조합중앙회(이하 "농림수협중앙회"라 한다) 또는 한국농수산식품유통공사에 위탁할 수 있다.

④ 농림축산식품부장관은 채소류 등의 수급 안정을 위하여 생산·출하 안정 등 필요한 사업을 추진할 수 있다.

⑤ ①부터 ③까지의 규정에 따른 수매·처분 등에 필요한 사항은 대통령령으로 정한다.

(2) 과잉생산된 농수산물의 수매 및 처분(시행령 제10조)

① 농림축산식품부장관은 **저장성이 없는 농산물**을 수매할 때에 다음의 어느 하나의 경우에는 수확 이전에 **생산자 또는 생산자단체로부터 이를 수매**할 수 있으며, 수매한 농산물에 대해서는 해당 농산물의 생산지에서 폐기하는 등 필요한 처분을 할 수 있다.
　　ⓒ 생산조정 또는 출하조절에도 불구하고 과잉생산이 우려되는 경우
　　ⓒ 생산자보호를 위하여 필요하다고 인정되는 경우

② 저장성이 없는 농산물을 수매하는 경우에는 생산계약 또는 출하계약을 체결한 생산자가 생산한 농산물과 출하를 약정한 생산자가 생산한 농산물을 **우선적으로 수매**하여야 한다.

③ 저장성이 없는 농산물의 수매·처분의 위탁 및 비용처리에 관하여는 제12조부터 제14조까지의 규정을 준용한다.

④ **몰수농산물 등의 이관(법 제9조의2)**
　　ⓒ 농림축산식품부장관은 국내 농산물 시장의 수급안정 및 거래질서 확립을 위하여 관세법 제326조 및 검찰청법 제11조에 따라 몰수되거나 국고에 귀속된 농산물(이하 "몰수농산물 등"이라 한다)을 이관받을 수 있다.

ⓒ 농림축산식품부장관은 이관받은 몰수농산물 등을 매각·공매·기부 또는 소각하거나 그 밖의 방법으로 처분할 수 있다.
ⓒ 몰수농산물 등의 처분으로 발생하는 비용 또는 매각·공매 대금은 농산물가격안정기금으로 지출 또는 납입하여야 한다.
② 농림축산식품부장관은 몰수농산물 등의 처분업무를 농업협동조합중앙회 또는 한국농수산식품유통공사 중에서 지정하여 대행하게 할 수 있다.
⑩ 몰수농산물 등의 처분절차 등에 관하여 필요한 사항은 농림축산식품부령으로 정한다.

> **예시문제 맛보기**
>
> 농수산물 유통 및 가격안정에 관한 법률에서 정한 농수산물의 수급조절과 가격안정을 위한 가격예시와 과잉생산 시의 생산자보호에 관한 설명으로 옳지 않은 것은?
> ① 농림축산식품부장관은 필요하다고 인정하는 때에는 해당 농산물의 수확기 또는 수산물의 채취기에 하한가격을 예시할 수 있다.
> ② 농림축산식품부장관은 예시가격을 결정하는 때에는 미리 재정경제부장관과 협의하여야 한다.
> ③ 농림축산식품부장관은 가격안정을 위하여 수매한 농수산물을 판매 또는 수출하거나 사회복지단체에 기증하거나 그 밖에 필요한 처분을 할 수 있다.
> ④ 농림축산식품부장관은 수매 및 처분에 관한 업무를 농업협동조합중앙회·산림조합중앙회 또는 한국농수산식품유통공사에 위탁할 수 있다.
>
> **정답** ①

6. 유통협약 및 유통조절명령

(1) 유통협약(법 제10조 제1항)

주요 농수산물의 생산자, 산지유통인, 저장업자, 도매업자·소매업자 및 소비자 등(이하 "생산자 등"이라 한다)의 대표는 해당 농수산물의 자율적인 수급조절과 품질향상을 위하여 생산조정 또는 출하조절을 위한 협약(이하 "유통협약"이라 한다)을 체결할 수 있다.

(2) 유통조절명령(법 제10조 제2항)

① 농림축산식품부장관 또는 해양수산부장관은 **부패하거나 변질되기 쉬운 농수산물**로서 **농림축산식품부령 또는 해양수산부령으로 정하는 농수산물**에 대하여 현저한 수급 불안정을 해소하기 위하여 특히 필요하다고 인정되고 **농림축산식품부령 또는 해양수산부령으로 정하는 생산자 등 또는 생산자단체**가 요청할 때에는 공정거래위원회와 협의를 거쳐 일정 기간 동안 일정 지역의 해당 농수산물의 생산자 등에게 생산조정 또는 출하조절을 하도록 하는 **유통조절명령**(이하 "유통명령"이라 한다)을 할 수 있다.

※ **유통명령의 대상 품목(시행규칙 제10조)**
유통조절명령을 내릴 수 있는 농수산물은 다음의 농수산물 중 농림축산식품부장관 또는 해양수산부장관이 지정하는 품목으로 한다.
1. 유통협약을 체결한 농수산물
2. 생산이 전문화되고 생산지역의 집중도가 높은 농수산물

※ **유통명령의 요청자 등(시행규칙 제11조)**
① "농림축산식품부령 또는 해양수산부령으로 정하는 생산자 등 또는 생산자단체"란 다음의 생산자 등 또는 생산자단체로서 농수산물의 수급조절 및 품질향상 능력 등 농림축산식품부장관 또는 해양수산부장관이 정하는 요건을 갖춘 자를 말한다.
  1. 유통명령 대상 품목인 농수산물의 수급조절과 품질향상을 위하여 유통조절추진위원회를 구성·운영하는 생산자 등
  2. 유통명령 대상 품목인 농수산물을 주로 생산하는 생산자단체
② ①에 따른 요청자가 유통명령을 요청하는 경우에는 유통명령 요청서를 해당 지역에서 발행되는 일간지에 공고하거나 이해관계자 대표 등에게 발송하여 10일 이상 의견조회를 하여야 한다.

② 유통명령에는 유통명령을 하는 이유, 대상 품목, 대상자, 유통조절방법 등 **대통령령으로 정하는 사항**이 포함되어야 한다.

※ **유통조절명령(시행령 제11조)**
1. 유통조절명령의 이유(수급·가격·소득의 분석 자료를 포함한다)
2. 대상 품목
3. 기 간
4. 지 역
5. 대상자
6. 생산조정 또는 출하조절의 방안
7. 명령이행 확인의 방법 및 명령 위반자에 대한 제재조치
8. 사후관리와 그 밖에 농림축산식품부장관 또는 해양수산부장관이 유통조절에 관하여 필요하다고 인정하는 사항

③ 생산자 등 또는 생산자단체가 유통명령을 요청하려는 경우에는 ②에 따른 내용이 포함된 요청서를 작성하여 이해관계인·유통전문가의 **의견수렴** 절차를 거치고 해당 농수산물의 생산자 등의 대표나 해당 생산자단체의 **재적회원 3분의 2 이상의 찬성**을 받아야 한다.

④ 유통명령의 발령기준 등(시행규칙 제11조의2) : 유통명령을 발하기 위한 기준은 다음의 사항을 고려하여 농림축산식품부장관 또는 해양수산부장관이 정하여 고시한다.
  ㉠ 품목별 특성
  ㉡ 관측 결과 등을 반영하여 산정한 예상 가격과 예상 공급량

⑤ 유통조절추진위원회의 조직 등(시행규칙 제12조)
  ㉠ 유통명령을 요청하려는 생산자 등은 유통명령 대상 품목의 생산자, 산지유통인, 저장업자, 도매업자·소매업자 및 소비자 등의 대표가 참여하여 유통명령의 요청 및 유통조절추진에 관한 사항을 협의하는 위원회(이하 "유통조절추진위원회"라 한다)를 구성하여야 하며, 유통명령의 원활한 시행을 위하여 필요한 경우에는 해당 농수산물의 주요 생산지에 유통조절추진위원회의 **지역조직**을 둘 수 있다.
  ㉡ 유통조절추진위원회의 구성 및 운영방법 등에 관한 세부적인 사항은 농림축산식품부장관 또는 해양수산부장관이 정한다.
  ㉢ 농림축산식품부장관 또는 해양수산부장관은 유통조절추진위원회의 생산·출하조절 등 수급안정을 위한 활동을 지원할 수 있다.

⑥ 유통명령의 집행(법 제11조)
　㉠ 농림축산식품부장관 또는 해양수산부장관은 유통명령이 이행될 수 있도록 유통명령의 내용에 관한 홍보, 유통명령 위반자에 대한 제재 등 필요한 조치를 하여야 한다.
　㉡ 농림축산식품부장관 또는 해양수산부장관은 필요하다고 인정하는 경우에는 지방자치단체의 장, 해당 농수산물의 생산자 등의 조직 또는 생산자단체로 하여금 **유통명령 집행업무의 일부를 수행**하게 할 수 있다.
⑦ 유통명령 이행자에 대한 지원 등(법 제12조)
　㉠ 농림축산식품부장관 또는 해양수산부장관은 유통협약 또는 유통명령을 이행한 생산자 등이 그 유통협약이나 유통명령을 이행함에 따라 발생하는 손실에 대하여는 농산물가격안정기금 또는 수산발전기금으로 그 손실을 보전(補塡)하게 할 수 있다.
　㉡ 농림축산식품부장관 또는 해양수산부장관은 **유통명령 집행업무의 일부를 수행**하는 생산자 등의 조직이나 생산자단체에 필요한 지원을 할 수 있다.
　㉢ 유통명령 이행으로 인한 손실 보전 및 유통명령 집행업무의 지원에 필요한 사항은 대통령령으로 정한다.

7. 비축사업 등

(1) 비축사업 등(법 제13조)
① 농림축산식품부장관은 농산물(쌀과 보리는 제외한다)의 수급조절과 가격안정을 위하여 필요하다고 인정할 때에는 **농산물가격안정기금**으로 농산물을 비축하거나 농산물의 출하를 약정하는 생산자에게 그 대금의 일부를 미리 지급하여 출하를 조절할 수 있다.
② 비축용 농산물은 **생산자 및 생산자단체로부터 수매**하여야 한다. 다만, 가격안정을 위하여 특히 필요하다고 인정할 때에는 도매시장 또는 공판장에서 수매하거나 수입할 수 있다.
③ 농림축산식품부장관은 ②의 단서에 따라 비축용 농산물을 수입하는 경우 국제가격의 급격한 변동에 대비하여야 할 필요가 있다고 인정할 때에는 **선물거래**(先物去來)를 할 수 있다.
④ 농림축산식품부장관은 ①에 따른 사업을 농림협중앙회 또는 한국농수산식품유통공사에 위탁할 수 있다.
⑤ 비축용 농산물의 수매·수입·관리 및 판매 등에 필요한 사항은 대통령령으로 정한다.

(2) 비축사업 등의 위탁(시행령 제12조)
① 농림축산식품부장관은 다음 농산물의 비축사업 또는 출하조절사업(이하 "**비축사업 등**"이라 한다)을 농업협동조합중앙회·농협경제지주회사·산림조합중앙회 또는 한국농수산식품유통공사에 위탁하여 실시한다.
　㉠ 비축용 농산물의 수매·수입·포장·수송·보관 및 판매

ⓒ 비축용 농산물을 확보하기 위한 재배·양식·선매 계약의 체결
ⓒ 농산물의 출하약정 및 선급금(先給金)의 지급
ⓔ ㉠부터 ㉢까지의 규정에 따른 사업의 정산
② 농림축산식품부장관은 ①에 따라 농산물의 비축사업 등을 위탁할 때에는 다음의 사항을 정하여 위탁하여야 한다.
ⓐ 대상농산물의 품목 및 수량
ⓑ 대상농산물의 품질·규격 및 가격
ⓒ 대상농산물의 안전성 확인 방법
ⓓ 대상농산물의 판매방법·수매 또는 수입시기 등 사업실시에 필요한 사항

(3) 비축사업 등의 자금의 집행·관리(시행령 제13조)
① 농림축산식품부장관은 농산물의 비축사업 등을 위탁하였을 때에는 그 사업에 필요한 자금의 추산액을 농산물가격안정기금에서 해당 사업의 위탁을 받은 자(이하 "비축사업실시기관"이라 한다)에게 지급해야 한다.
② 비축사업실시기관은 비축사업 등을 위한 자금(이하 "비축사업 등 자금"이라 한다)을 지급받았을 때에는 해당 기관의 회계와 구분하여 **별도의 계정을 설치**하고 비축사업 등의 실시에 따른 수입과 지출을 **구분하여 회계처리**하여야 한다.
③ 비축사업실시기관의 장은 ①에 따른 사업이 끝났을 때에는 지체 없이 해당 사업에 대한 정산을 하고, 그 결과를 농림축산식품부장관에게 보고하여야 한다.

(4) 비축사업 등의 비용처리(시행령 제14조)
① 비축사업 등 자금을 사용함에 있어서 그 경비를 산정하기 어려운 수매·판매 등에 관한 사업관리비와 비축사업 등을 위탁한 경우 비축사업실시기관에 지급하는 비축사업 등 자금의 관리비는 농림축산식품부장관이 정하는 기준에 따라 산정되는 금액으로 한다.
② 비축사업 등의 실시과정에서 발생한 농산물의 감모(減耗)에 대해서는 농림축산식품부장관이 정하는 **한도에서 비용으로 처리**한다.
③ 화재·도난·침수 등의 사고로 인하여 비축한 농산물이 **멸실·훼손·부패 또는 변질된 경우의 피해**에 대해서는 **비축사업실시기관이 변상**한다. 다만, 그 사고가 불가항력으로 인한 것인 경우에는 기금에서 손비(損費)로 처리한다.

(5) 과잉생산 시의 생산자 보호 등 사업의 손실처리(법 제14조)
농림축산식품부장관은 수매와 비축사업의 시행에 따라 생기는 감모(減耗), 가격 하락, 판매·수출·기증과 그 밖의 처분으로 인한 원가 손실 및 수송·포장·방제(防除) 등 사업실시에 필요한 관리비를 대통령령으로 정하는 바에 따라 그 사업의 비용으로 처리한다.

8. 농산물의 수입

(1) 농산물의 수입 추천 등(법 제15조)
① '세계무역기구 설립을 위한 마라케쉬협정'에 따른 대한민국 양허표(讓許表)상의 시장접근물량에 적용되는 양허세율(讓許稅率)로 수입하는 농산물 중 다른 법률에서 달리 정하지 아니한 농산물을 수입하려는 자는 농림축산식품부장관의 추천을 받아야 한다.
② 농림축산식품부장관은 농산물의 수입에 대한 추천업무를 농림축산식품부장관이 지정하는 비영리법인으로 하여금 대행하게 할 수 있다. 이 경우 품목별 추천물량 및 추천기준과 그 밖에 필요한 사항은 농림축산식품부장관이 정한다.
③ 농산물을 수입하려는 자는 사용용도와 그 밖에 **농림축산식품부령으로 정하는 사항**을 적어 수입추천신청을 하여야 한다.

> ※ 농산물의 수입 추천 등(시행규칙 제13조 제1항)
> 1. 관세·통계통합품목분류표상의 품목번호
> 2. 품 명
> 3. 수 량
> 4. 총금액

④ 농림축산식품부장관은 필요하다고 인정할 때에는 추천 대상 농산물 중 **농림축산식품부령으로 정하는 품목**의 농산물을 비축용 농산물로 수입하거나 생산자단체를 지정하여 수입하여 판매하게 할 수 있다.

> ※ 농산물의 수입 추천 등(시행규칙 제13조 제2항)
> 1. 비축용 농산물로 수입·판매하게 할 수 있는 품목 : 고추·마늘·양파·생강·참깨
> 2. 생산자단체를 지정하여 수입·판매하게 할 수 있는 품목 : 오렌지·감귤류

(2) 수입이익금의 징수 등(법 제16조)
① 농림축산식품부장관은 추천을 받아 농산물을 수입하는 자 중 다음 농림축산식품부령으로 정하는 품목의 농산물을 수입하는 자에 대하여 농림축산식품부령으로 정하는 바에 따라 국내 가격과 수입가격 간의 차액의 범위에서 수입이익금을 부과·징수할 수 있다(시행규칙 제14조 제1항).
　㉠ 고추·마늘·양파·생강·참깨 : 해당 품목의 판매수입금에서 농림축산식품부장관이 정하여 고시하는 비용산정 기준 및 방법에 따라 산정된 물품대금, 운송료, 보험료, 그 밖에 수입에 드는 비목(費目)의 비용과 각종 공과금, 보관료, 운송료, 판매수수료 등 국내판매에 드는 비목의 비용을 뺀 금액 또는 해당 품목의 수입자로 결정된 자가 수입자 결정시 납입 의사를 표시한 금액
　㉡ 참기름·오렌지·감귤류 : 해당 품목의 수입자로 결정된 자가 수입자 결정시 납입 의사를 표시한 금액
② 수입이익금은 농림축산식품부령으로 정하는 바에 따라 농산물가격안정기금에 납입하여야 한다.
③ ①에 따른 수입이익금을 정하여진 기한까지 내지 아니하면 **국세 체납처분의 예에 따라 징수할 수 있다.**
④ 농림축산식품부장관은 ①에 따라 징수한 수입이익금이 과오납되는 등의 사유로 환급이 필요한 경우에는 농림축산식품부령으로 정하는 바에 따라 환급하여야 한다.

03 농수산물도매시장

1. 도매시장의 개설 등

(1) 도매시장의 개설(법 제17조)

① 도매시장은 **대통령령이 정하는 바에 따라** 부류별로 또는 2 이상의 부류를 종합하여 **중앙도매시장**의 경우에는 특별시·광역시·특별자치시 또는 특별자치도가 개설하고, **지방도매시장**의 경우에는 특별시·광역시·특별자치시·특별자치도 또는 시가 개설한다. 다만, 시가 지방도매시장을 개설하려면 도지사의 허가를 받아야 한다.
  ㉠ 도매시장의 개설(시행령 제15조) : 도매시장은 양곡부류·청과부류·축산부류·수산부류·화훼부류 및 약용작물부류별로 개설하거나 2 이상의 부류를 종합하여 개설한다.
  ㉡ 도매시장의 명칭(시행령 제16조) : 도매시장의 명칭에는 그 도매시장을 개설한 지방자치단체의 명칭이 포함되어야 한다.
② 중앙도매시장의 개설자가 업무규정을 변경하는 때에는 **농림축산식품부장관 또는 해양수산부장관의 승인**을 받아야 하며, 지방도매시장의 개설자(시가 개설자인 경우만 해당한다)가 업무규정을 변경하는 때에는 도지사의 승인을 받아야 한다.
③ 시가 지방도매시장을 폐쇄하려면 그 3개월 전에 **도지사**의 허가를 받아야 한다. 다만, 특별시·광역시·특별자치시 및 특별자치도가 도매시장을 폐쇄하는 경우에는 그 3개월 전에 이를 공고하여야 한다.

(2) 도매시장의 장소 이전 등(시행규칙 제15조)

① 시가 지방도매시장의 장소를 이전하려는 경우에는 장소 이전 허가신청서에 업무규정과 운영관리계획서를 첨부하여 도지사에게 제출하여야 한다.
② 특별시·광역시·특별자치시 또는 특별자치도가 농수산물도매시장(이하 "도매시장"이라 한다)을 개설한 경우에는 작성한 도매시장의 업무규정 및 운영관리계획서를 농림축산식품부장관 또는 해양수산부장관에게 제출하여야 한다. 해당 도매시장의 업무규정을 변경한 경우에도 또한 같다.
③ 허가기준 등(법 제19조)
  ㉠ 도지사는 허가신청의 내용이 다음의 요건을 갖춘 때에는 이를 **허가한다.**
    • 도매시장을 개설하려는 장소가 농수산물거래의 중심지로서 적절한 위치에 있을 것
    • 기준에 적합한 시설을 갖추고 있을 것
    • 운영관리계획서의 내용이 충실하고 그 실현이 확실하다고 인정되는 것일 것
  ㉡ 도지사는 요구되는 시설이 갖추어지지 아니한 경우에는 일정한 기간 내에 해당시설을 갖출 것을 조건으로 **개설허가**를 할 수 있다.
  ㉢ 특별시·광역시·특별자치시 또는 특별자치도가 도매시장을 개설하려면 ㉠의 요건을 모두 갖추어 개설하여야 한다.

> **예시문제 맛보기**
>
> **다음 중 농수산물도매시장 개설에 관한 설명으로 맞는 것은?**
> ① 특별시·광역시 또는 시가 중앙도매시장을 개설하고자 하는 때에는 미리 농림축산식품부장관의 허가를 받아야 하며, 지방도매시장은 특별시·광역시 또는 시가 별도의 허가 없이 직접 개설한다.
> ② 시가 지방도매시장을 개설하고자 하는 때에는 도지사의 허가를 받아야 한다.
> ③ 특별시·광역시 또는 시가 중앙도매시장 또는 지방도매시장을 개설하고자 하는 때에는 미리 농림축산식품부장관의 허가를 받아야 한다.
> ④ 특별시 또는 광역시가 중앙도매시장을 개설하고자 하는 때에는 미리 농림축산식품부장관의 허가를 받아야 하며, 지방 도매시장은 시가 별도의 허가 없이 직접 개설한다.
>
> **정답** ②

(3) 업무규정과 운영관리계획서

시가 법 제17조 제1항 단서에 따라 지방도매시장의 개설허가를 받으려면 농림축산식품부령 또는 해양수산부령으로 정하는 바에 따라 지방도매시장 개설허가 신청서에 업무규정과 운영관리계획서를 첨부하여 도지사에게 제출하여야 하고(법 제17조 제3항), 특별시·광역시·특별자치시 또는 특별자치도가 도매시장을 개설하려면 미리 업무규정과 운영관리계획서를 작성하여야 하며, 중앙도매시장의 업무규정은 농림축산식품부장관 또는 해양수산부장관의 승인을 받아야 한다(법 제17조 제4항). 이러한 내용에 따른 업무규정으로 정하여야 할 사항과 운영관리계획서의 작성 및 제출에 필요한 사항은 농림축산식품부령 또는 해양수산부령으로 정한다(법 제17조 제7항).

① 업무규정(시행규칙 제16조)
  ㉠ **도매시장의 업무규정에 정할 사항**은 다음과 같다.
    - 도매시장의 명칭·장소 및 면적
    - 거래품목
    - 도매시장의 휴업일 및 영업시간
    - 지방공기업법에 따른 지방공사(이하 "**관리공사**"라 한다), 공공출자법인 또는 한국농수산식품유통공사를 시장관리자로 지정하여 도매시장의 관리업무를 하게 하는 경우에는 그 관리업무에 관한 사항
    - 지정하려는 도매시장법인의 적정수, 임원의 자격, 자본금, 거래규모, 순자산액 비율, 거래대금의 지급보증을 위한 보증금 등 그 지정조건에 관한 사항
    - 도매시장법인이 다른 도매시장법인을 인수·합병하려는 경우 도매시장법인의 임원의 자격, 자본금, 사업계획서, 거래대금의 지급보증을 위한 보증금 등 그 승인요건에 관한 사항
    - 중도매업의 허가에 관한 사항, 중도매인의 적정수, 최저거래금액, 거래대금의 지급보증을 위한 보증금, 시설사용계약 등 그 허가조건에 관한 사항
    - 법인인 중도매인이 다른 법인인 중도매인을 인수·합병하려는 경우 거래규모, 거래보증금 등 그 승인요건에 관한 사항
    - 산지유통인의 등록에 관한 사항

- 출하자 신고 및 출하예약에 관한 사항
- 도매시장법인의 매수거래 및 상장되지 아니한 농수산물의 중도매인 거래허가에 관한 사항
- 도매시장법인 또는 시장도매인의 매매방법에 관한 사항
- 도매시장법인 및 시장도매인의 거래의 특례에 관한 사항
- 도매시장법인의 겸영에 관한 사항
- 도매시장법인 또는 시장도매인 공시에 관한 사항
- 지정하려는 시장도매인의 적정수, 임원의 자격, 자본금, 거래규모, 순자산액 비율, 거래대금의 지급보증을 위한 보증금, 최저거래금액 등 그 지정조건에 관한 사항
- 시장도매인이 다른 시장도매인을 인수·합병하려는 경우 시장도매인의 임원의 자격, 자본금, 사업계획서, 거래대금의 지급보증을 위한 보증금 등 그 승인요건에 관한 사항
- 최소출하량의 기준에 관한 사항
- 농수산물의 안전성검사에 관한 사항
- 표준하역비를 부담하는 규격출하품과 표준하역비에 관한 사항
- 도매시장법인 또는 시장도매인의 대금결제방법과 대금지급의 지체에 따른 지체상금의 지급 등 대금결제에 관한 사항
- 개설자, 도매시장법인, 시장도매인 또는 중도매인이 징수하는 도매시장사용료, 부수시설사용료, 위탁수수료, 중개수수료 및 정산수수료
- 지방도매시장의 운영 등의 특례에 관한 사항
- 시설물의 사용기준 및 조치에 관한 사항
- 도매시장법인, 시장도매인, 도매시장공판장, 중도매인의 시설사용면적 조정·차등지원 등에 관한 사항
- 도매시장거래분쟁조정위원회의 구성·운영 및 분쟁심의대상 등에 관한 세부사항
- 최소경매사의 수에 관한 사항
- 도매시장법인의 매매방법에 관한 사항
- 대량입하품 등의 우대조치에 관한 사항
- 전자식 경매·입찰의 방법에 관한 사항
- 정산창구의 운영방법 및 관리에 관한 사항
- 표준송품장의 양식 및 관리에 관한 사항
- 판매원표의 관리에 관한 사항
- 표준정산서의 양식 및 관리에 관한 사항
- 시장관리운영위원회의 운영 등에 관한 사항
- 매매참가인의 신고에 관한 사항
- 그 밖에 도매시장의 개설자가 도매시장의 효율적인 관리·운영을 위하여 필요하다고 인정하는 사항

ⓛ 도매시장의 업무규정에는 도매시장공판장의 운영 등에 관한 사항을 정할 수 있다.
② 운영관리계획서(시행규칙 제17조) : 도매시장의 운영관리계획서에 정할 사항은 다음과 같다.
㉠ 도매시장의 대지·건물 그 밖의 시설의 종류·규모·구조 및 배치상황
㉡ 개설에 든 투자액의 재원별 조달상황과 부채가 있는 때에는 그 상환계획
㉢ 도매시장관리사무소 또는 시장관리자의 운영·관리 등에 관한 계획
㉣ 도매시장법인의 지정계획, 공공출자법인의 설립계획 또는 시장도매인의 지정계획
㉤ 중도매인의 허가계획
㉥ 하역업무의 효율화방안
㉦ 도매시장 개설 후 5년간의 사업계획 및 수지예산
㉧ 해당 지역의 수급실적과 수급전망에 관한 사항
㉨ 해당 지역의 도매시장, 농수산물공판장(이하 "**공판장**"이라 한다), 민영농수산물도매시장(이하 "**민영 도매시장**"이라 한다) 및 농수산물종합유통센터(이하 "**종합유통센터**"라 한다)별 거래상황과 거래전망에 관한 사항

2. 개설구역과 개설자의 의무

(1) 개설구역(법 제18조)
① 도매시장의 개설구역은 도매시장이 개설되는 특별시·광역시·특별자치시·특별자치도 또는 시의 관할구역으로 한다.
② 농림축산식품부장관 또는 해양수산부장관은 해당 지역에 있어서의 농수산물의 원활한 유통을 위하여 필요하다고 인정하는 때에는 도매시장의 개설구역에 인접한 일정 구역을 그 도매시장의 **개설구역으로 편입**하게 할 수 있다. 다만, 시가 개설하는 지방도매시장의 개설구역에 인접한 구역으로서 그 지방도매시장이 속한 도의 일정 구역에 대하여는 해당 도지사가 그 지방도매시장의 개설구역으로 편입하게 할 수 있다.

(2) 도매시장 개설자의 의무(법 제20조)
① 도매시장의 개설자는 **거래관계자의 편익과 소비자의 보호**를 위하여 다음의 사항을 이행하여야 한다.
㉠ 도매시장시설의 정비·개선과 합리적인 관리
㉡ 경쟁촉진과 공정한 거래질서의 확립 및 환경개선
㉢ 상품성향상을 위한 규격화, 포장개선 및 선도유지의 촉진
② 도매시장의 개설자는 ①의 사항을 효과적으로 이행하기 위하여 이에 대한 투자계획 및 거래제도개선방안 등을 포함한 대책을 수립·시행하여야 한다.

3. 도매시장의 관리·운영

(1) 도매시장의 관리(법 제21조)

① 도매시장 개설자는 소속공무원으로 구성된 도매시장관리사무소를 두거나 지방공기업법에 따른 지방공사, 공공출자법인 또는 한국농수산식품유통공사 중에서 **시장관리자를 지정**할 수 있다.

② 도매시장의 개설자는 관리사무소 또는 시장관리자로 하여금 시설물관리, 거래질서유지, 유통종사자에 대한 지도·감독 등에 관한 업무범위를 정하여 해당 도매시장 또는 그 개설구역 안의 **도매시장의 관리업무**를 수행하게 할 수 있다.

③ 도매시장관리사무소 등의 업무(시행규칙 제18조) : 도매시장의 개설자가 도매시장관리사무소 또는 시장관리자로 하여금 하게 할 수 있는 **도매시장의 관리업무**는 다음과 같다.
  ㉠ 도매시장 시설물의 관리 및 운영
  ㉡ 도매시장의 거래질서 유지
  ㉢ 도매시장의 도매시장법인·시장도매인·중도매인 기타 유통업무종사자에 대한 지도·감독
  ㉣ 도매시장법인 또는 시장도매인이 납부 또는 제공한 보증금 또는 담보물의 관리
  ㉤ 도매시장의 정산창구에 대한 관리·감독
  ㉥ 도매시장사용료·부수시설사용료의 징수
  ㉦ 그 밖에 도매시장의 개설자가 도매시장의 관리를 효율적으로 수행하기 위하여 업무규정으로 정하는 사항의 시행

예시문제 맛보기

농수산물도매시장의 개설자가 관리사무소 또는 시장관리자로 하여금 수행하게 할 수 있는 업무가 아닌 것은?
① 시설물관리 ② 유통종사자 허가(지정) 및 취소
③ 유통종사자 지도·감독 ④ 거래질서 유지

정답 ②

---

(2) 도매시장의 운영(법 제22조)

도매시장의 개설자는 도매시장에 그 시설규모·거래액 등을 고려하여 **적정 수의 도매시장법인·시장도매인** 또는 **중도매인**을 두어 이를 **운영**하게 하여야 한다. 다만, 중앙도매시장의 개설자는 농림축산식품부령 또는 해양수산부령으로 정하는 부류[청과, 수산부류(시행규칙 제18조의2 제1항)]에 대하여는 도매시장법인을 두어야 한다.

(3) 도매시장법인의 지정(법 제23조)

① 도매시장법인은 도매시장 개설자가 부류별로 지정하되, 중앙도매시장에 두는 도매시장법인의 경우에는 농림축산식품부장관 또는 해양수산부장관과 협의하여 지정한다. 이 경우 **5년 이상 10년 이하의 범위**에서 지정유효기간을 설정할 수 있다.

② 도매시장법인의 주주 및 임·직원은 해당 도매시장법인의 업무와 경합되는 도매업 또는 중 도매업을 하여서는 아니된다. 다만, 도매시장법인이 다른 도매시장법인의 주식 또는 지분을 과반수 이상 양수(이하 "**인수**"라 한다)하고 양수법인의 주주 또는 임·직원이 양도법인의 주주 또는 임·직원의 지위를 겸하게 된 경우에는 그러하지 아니하다.

③ **도매시장법인이 될 수 있는 자**는 다음의 요건을 갖춘 법인이어야 한다.
   ㉠ 해당 부류의 도매업무를 효과적으로 수행할 수 있는 지식과 도매시장 또는 공판장업무에 2년 이상 종사한 경험이 있는 업무집행담당임원이 2명 이상 있을 것
   ㉡ 임원 중 이 법을 위반하여 금고 이상의 실형을 선고받고 그 형의 집행이 끝나거나(집행이 끝난 것으로 보는 경우를 포함) 집행이 면제된 후 2년이 지나지 아니한 사람이 없을 것
   ㉢ 임원 중 파산선고를 받고 복권되지 아니한 사람이나 피성년후견인 또는 피한정후견인이 없을 것
   ㉣ 임원 중 도매시장법인의 지정취소처분의 원인이 되는 사항에 관련된 사람이 없을 것
   ㉤ 거래규모, 순자산액 비율 및 거래보증금 등 도매시장 개설자가 업무규정으로 정하는 일정요건을 갖출 것

④ 도매시장법인이 지정된 후 업무집행담당임원이 **2명 이상의 요건을 갖추지 아니하게 된 때**에는 3개월 이내에 이를 갖추어야 한다.

⑤ 도매시장법인은 그 **임원**이 금고 이상의 실형의 선고를 받고 그 형의 집행이 끝나거나(집행이 끝난 것으로 보는 경우를 포함) 집행이 면제된 후 2년이 지나지 아니한 경우 또는 임원 중 파산선고를 받고 복권되지 아니한 사람이나 피성년후견인이나 피한정후견인의 경우 또는 임원 중 도매시장법인의 지정취소처분의 원인이 되는 사항에 관련된 사람이 있을 경우 등 해당 요건을 갖추지 아니하게 된 때에는 **그 임원을 지체없이 해임**하여야 한다.

⑥ **도매시장법인의 지정절차(시행령 제17조)**
   ㉠ 도매시장법인의 지정을 받으려는 자는 도매시장법인의 지정신청서(전자문서로 된 신청서를 포함)에 다음의 서류(전자문서를 포함)를 첨부하여 **도매시장의 개설자에게 제출**하여야 한다. 이 경우 도매시장법인의 지정신청서를 제출받은 도매시장의 개설자는 전자정부법 제36조 제1항에 따른 행정정보의 공동이용을 통하여 신청인의 법인등기사항 증명서를 확인하여야 한다.
   • 정 관
   • 주주명부
   • 임원의 이력서
   • 해당 법인의 직전 회계연도의 재무제표와 그 부속서류(신설 법인의 경우에는 설립일을 기준으로 작성한 대차대조표)
   • 사업시작 예정일부터 5년간의 사업계획서(산지활동계획, 경매사확보계획, 농수산물판매계획, 자금운용계획, 조직 및 인력운용계획 등을 포함)

- 거래규모·순자산액 비율 및 거래보증금 등 도매시장의 개설자가 업무규정으로 정한 요건을 갖추고 있음을 증명하는 서류
ⓒ 도매시장의 개설자는 신청을 받은 때에는 업무규정으로 정한 **도매시장법인의 적정수의 범위 안**에서 이를 지정하여야 한다.

(4) 도매시장법인의 인수·합병(법 제23조의2)

① 도매시장법인이 다른 도매시장법인을 인수하거나 합병하는 경우에는 해당 **도매시장 개설자의 승인**을 받아야 한다.
② 도매시장 개설자는 다음의 어느 하나에 해당하는 경우를 제외하고는 ①에 따라 인수 또는 합병을 승인하여야 한다.
  ㉠ 인수 또는 합병의 당사자인 도매시장법인이 제23조제3항 각 호의 요건을 갖추지 못한 경우
  ㉡ 그 밖에 이 법 또는 다른 법령에 따른 제한에 위반되는 경우
③ ①에 따라 합병을 승인하는 경우 합병을 하는 도매시장법인은 합병이 되는 **도매시장법인의 지위를 승계**한다.
④ 도매시장법인의 인수·합병승인절차 등에 관하여 필요한 사항은 농림축산식품부령 또는 해양수산부령으로 정한다.
⑤ **도매시장법인의 인수·합병의 승인 등(시행규칙 제18조의3)**
  ㉠ 도매시장법인이 도매시장 개설자의 인수·합병의 승인을 받으려는 경우에는 도매시장법인 인수·합병승인신청서에 다음의 서류(전자문서를 포함)를 첨부하여 인수·합병 등기신청 이전에 해당 도매시장 개설자에게 제출하여야 한다.
    • 상법 제523조 및 같은 법 제524조에 따른 주주총회의 승인을 받은 인수·합병계약서 사본
    • 인수·합병 전·후의 주주명부
    • 인수·합병 후 도매시장법인 임원의 이력서
    • 인수·합병을 하는 도매시장법인 및 인수·합병이 되는 도매시장법인의 인수·합병 직전연도의 재무제표 및 그 부속서류
    • 인수·합병이 되는 도매시장법인의 잔여지정기간 동안의 사업계획서
    • 인수·합병 후 거래규모, 순자산액 비율 및 출하대금의 지급보증을 위한 거래보증금확보를 증명하는 서류
  ㉡ 도매시장의 개설자는 도매시장법인의 요건을 갖춘 경우에 한하여 인수·합병을 승인할 수 있다.
  ㉢ 도매시장의 개설자는 도매시장법인이 제출한 신청서에 흠이 있는 경우 그 신청서의 보완을 요청할 수 있다.
  ㉣ 도매시장의 개설자는 도매시장법인의 요건을 갖추고 있는지를 확인하고 신청서를 접수한 날로부터 30일 이내에 그 승인 여부를 결정하여 이를 지체 없이 신청인에게 문서로 통보하여야 한다. 이 경우 승인하지 아니하는 경우에는 그 사유를 분명히 밝혀야 한다.

(5) 공공출자법인(법 제24조)

① 도매시장의 개설자는 도매시장의 효율적인 관리·운영을 위하여 필요하다고 인정하는 경우에는 도매시장법인을 갈음하여 그 업무를 수행하게 할 법인(이하 "**공공출자법인**"이라 한다)을 설립할 수 있다.

② **공공출자법인에 대한 출자**는 다음에 해당하는 자로 한정한다. 이 경우 ⊙부터 ©까지에 해당하는 자에 의한 출자액의 합계가 **총출자액의 100분의 50을 초과하여야** 한다.
   ⊙ 지방자치단체
   ⓒ 관리공사
   ⓒ 농림수협 등
   ⓒ 해당 도매시장 또는 그 도매시장으로 이전되는 시장에서 농수산물을 거래하는 상인과 그 상인단체
   ⓒ 도매시장법인
   ⓒ 그 밖에 도매시장 개설자가 도매시장의 관리·운영을 위하여 특히 필요하다고 인정하는 자

③ 공공출자법인에 관하여 이 법에서 규정한 사항을 제외하고는 상법의 주식회사에 관한 규정을 적용한다.

④ 공공출자법인은 상법 제317조에 따른 설립등기를 한 날에 제23조에 따른 도매시장법인의 지정을 받은 것으로 본다.

> **예시문제 맛보기**
>
> **도매시장의 운영에 관한 설명으로 맞는 것은?**
> ① 도매시장의 개설자는 도매시장에 그 시설규모, 거래액 등을 고려하여 적정 수의 중도매인을 지정하여 이를 운영하게 하여야 한다. 다만, 중앙도매시장에는 중도매인을 법인으로 하여야 한다.
> ② 도매시장 개설자는 도매시장에 그 시설규모·거래액 등을 고려하여 적정 수의 도매시장법인·시장도매인 또는 중도매인을 두어 이를 운영하게 하여야 한다. 다만, 중앙도매시장의 개설자는 청과부류, 수산부류에 대하여는 도매시장법인을 두어야 한다.
> ③ 도매시장의 개설자는 도매시장 운영의 활성화를 위하여 가능한 한 많은 수의 도매시장법인과 중도매인을 두어 이를 운영하게 하여야 한다. 다만, 중앙도매시장에는 부류마다 도매시장법인과 중도매법인을 두어야 한다.
> ④ 도매시장의 개설자는 도매시장의 공정한 운영과 거래의 활성화를 위하여 관리공사 또는 관리사무소를 두어 이를 운영하게 하여야 한다. 다만 중앙도매시장에는 부류마다 적정 수의 도매시장법인을 두어야 한다.
>
> **정답** ②

4. 도매시장의 허가 등

(1) 중도매업의 허가(법 제25조)

① 중도매인의 업무를 하려는 자는 부류별로 해당 도매시장 개설자의 허가를 받아야 한다.
② 도매시장 개설자는 다음의 어느 하나에 해당하는 경우를 제외하고는 ①에 따른 허가 및 ⑦에 따른 갱신허가를 하여야 한다.
　㉠ ③의 어느 하나에 해당하는 경우
　㉡ 그 밖에 이 법 또는 다른 법령에 따른 제한에 위반되는 경우
③ 다음의 어느 하나에 해당하는 자는 중도매업의 허가를 받을 수 없다.
　㉠ 파산선고를 받고 복권되지 아니한 사람이나 피성년후견인
　㉡ 금고 이상의 실형을 선고받고 그 형의 집행이 끝나거나(집행이 끝난 것으로 보는 경우를 포함한다) 면제되지 아니한 사람
　㉢ 중도매업의 허가가 취소된 날부터 2년이 지나지 아니한 자
　㉣ 도매시장법인의 주주 및 임직원으로서 해당 도매시장법인의 업무와 경합되는 중도매업을 하려는 자
　㉤ 임원 중에 ㉠부터 ㉣까지의 어느 하나에 해당하는 사람이 있는 법인
　㉥ 최저거래금액 및 거래대금의 지급보증을 위한 보증금 등 도매시장 개설자가 업무규정으로 정한 허가조건을 갖추지 못한 자
④ 법인인 중도매인은 임원이 ㉤에 해당하게 되었을 때에는 그 임원을 지체 없이 해임하여야 한다.
⑤ 중도매인은 다음의 행위를 하여서는 아니 된다.
　㉠ 다른 중도매인 또는 매매참가인의 거래 참가를 방해하는 행위를 하거나 집단적으로 농수산물의 경매 또는 입찰에 불참하는 행위
　㉡ 다른 사람에게 자기의 성명이나 상호를 사용하여 중도매업을 하게 하거나 그 허가증을 빌려주는 행위
⑥ 도매시장 개설자는 ①에 따라 중도매업의 허가를 하는 경우 5년 이상 10년 이하의 범위에서 허가 유효기간을 설정할 수 있다. 다만, 법인이 아닌 중도매인은 3년 이상 10년 이하의 범위에서 허가 유효기간을 설정할 수 있다.
⑦ 허가 유효기간이 만료된 후 계속하여 중도매업을 하려는 자는 **농림축산식품부령 또는 해양수산부령**으로 정하는 바에 따라 갱신허가를 받아야 한다.

※ **중도매업의 허가절차(시행규칙 제19조)**
　① 중도매업의 허가를 받으려는 자는 도매시장의 개설자가 정하는 허가신청서에 다음의 서류를 첨부하여 도매시장의 개설자에게 제출해야 한다. 이 경우 중도매업의 허가를 받으려는 자가 법인인 경우에는 도매시장의 개설자가 전자정부법 제36조 제1항에 따른 행정정보의 공동이용을 통하여 법인등기부등본을 확인해야 한다.
　　1. 개인의 경우
　　　• 이력서
　　　• 은행의 잔액증명서

2. 법인의 경우
- 주주명부
- 해당 법인의 직전 회계연도의 재무제표 및 그 부속서류(신설법인의 경우 설립일 기준으로 작성한 대차대조표)

② 중도매업의 갱신허가를 받으려는 자는 허가의 유효기간이 만료되기 30일 전까지 도매시장의 개설자가 정하는 갱신허가 신청서에 다음의 서류를 첨부하여 도매시장의 개설자에게 제출해야 한다.
1. 허가증 원본
2. 개인의 경우 : 은행의 잔액증명서
3. 법인의 경우
- 주주명부(변경사항이 있는 경우에만 해당한다)
- 해당 법인의 직전 회계연도의 재무제표 및 그 부속서류

③ 도매시장의 개설자는 갱신허가를 한 경우에는 유효기간이 만료되는 허가증을 회수한 후 새로운 허가증을 발급하여야 한다.

(2) 매매참가인의 신고(법 제25조의3)

① 매매참가인의 업무를 하려는 자는 **농림축산식품부령 또는 해양수산부령이 정하는 바에 따라** 도매시장·공판장 또는 민영도매시장의 개설자에게 **매매참가인으로 신고하여야 한다.**

② 매매참가인의 업무를 하려는 자는 매매참가인 신고서에 다음의 서류를 첨부하여 **도매시장·공판장 또는 민영도매시장 개설자**에게 제출하여야 한다(시행규칙 제19조의3).
  ㉠ 개인의 경우
    - 신분증 사본 또는 사업자등록증 1부
    - 증명사진(2.5×3.5cm) 2매
  ㉡ 법인의 경우 : 법인 등기사항증명서 1부

(3) 경매사의 임면(법 제27조)

① 도매시장법인은 도매시장에서의 공정하고 신속한 거래를 위하여 **농림축산식품부령 또는 해양수산부령이 정하는 바에 따라 일정 수 이상의 경매사를 두어야 한다.**

※ 경매사의 임면(시행규칙 제20조 제1항) : 도매시장법인이 확보하여야 하는 경매사의 수는 2명 이상으로 하되, 도매시장법인별 연간 거래물량 등을 고려하여 업무규정으로 그 수를 정한다.

② 경매사는 **경매사자격시험**에 합격한 자로서 다음의 어느 하나에 해당하지 아니한 자 중에서 임명하여야 한다.
  ㉠ 피성년후견인 또는 피한정후견인
  ㉡ 금고 이상의 실형을 선고받고 그 형의 집행이 끝나거나(집행이 끝난 것으로 보는 경우를 포함한다) 집행이 면제된 후 2년이 지나지 아니한 사람
  ㉢ 금고 이상의 형의 집행유예를 선고받거나 선고유예를 받고 그 유예기간 중에 있는 사람
  ㉣ 해당 도매시장의 시장도매인, 중도매인, 산지유통인 또는 그 임직원
  ㉤ 면직된 후 2년이 지나지 아니한 사람
  ㉥ 업무정지기간 중에 있는 사람

③ 도매시장법인은 경매사가 ②의 ㉠부터 ㉣까지의 어느 하나에 해당하는 경우에는 해당 경매사를 면직하여야 한다.

④ 도매시장법인이 경매사를 임면(任免)하였을 때에는 **농림축산식품부령 또는 해양수산부령으로 정하는 바에 따라** 그 내용을 도매시장 개설자에게 신고하여야 하며, 도매시장 개설자는 농림축산식품부장관 또는 해양수산부장관이 지정하여 고시한 인터넷 홈페이지에 그 내용을 게시하여야 한다.

※ **경매사의 임면(시행규칙 제20조 제2항)** : 도매시장법인이 경매사를 임면(任免)한 경우에는 임면한 날부터 30일 이내에 도매시장 개설자에게 신고하여야 한다.

⑤ 경매사의 업무 등(법 제28조)
  ㉠ 도매시장법인이 상장한 농수산물에 대한 경매우선순위의 결정
  ㉡ 도매시장법인이 상장한 농수산물에 대한 가격평가
  ㉢ 도매시장법인이 상장한 농수산물에 대한 경락자의 결정
  ㉣ 도매시장법인이 상장한 농수산물의 정가매매·수의매매(隨意賣買)에 대한 협상 및 중재

(4) 산지유통인의 등록(법 제29조)

① 농수산물을 수집하여 도매시장에 출하하고자 하는 자는 **농림축산식품부령 또는 해양수산부령이 정하는 바에 따라** 부류별로 도매시장의 개설자에게 **등록**하여야 한다. 다만, 다음의 어느 하나에 해당하는 경우에는 그러하지 아니하다.
  ㉠ 생산자단체가 구성원의 생산물을 출하하는 경우
  ㉡ 도매시장법인이 매수한 농수산물을 상장하는 경우
  ㉢ 중도매인이 비상장농수산물을 매매하는 경우
  ㉣ 시장도매인이 매매하는 경우
  ㉤ 그 밖에 **농림축산식품부령 또는 해양수산부령이 정하는 경우(시행규칙 제25조)**
    • 종합유통센터·수출업자 등이 남은 농수산물을 도매시장에 상장하는 경우
    • 도매시장법인이 다른 도매시장법인 또는 시장도매인으로부터 매수하여 판매하는 경우
    • 시장도매인이 도매시장법인으로부터 매수하여 판매하는 경우

※ **산지유통인의 등록(시행규칙 제24조)**
  ① 산지유통인으로 등록하려는 자는 도매시장의 개설자가 정한 등록신청서를 도매시장 개설자에게 제출하여야 한다.
  ② 도매시장 개설자는 산지유통인의 등록을 하였을 때에는 등록대장에 이를 적고 신청인에게 등록증을 발급하여야 한다.
  ③ ②에 따라 등록증을 발급받은 산지유통인은 등록한 사항에 변경이 있는 때에는 도매시장의 개설자가 정하는 변경등록신청서를 도매시장의 개설자에게 제출하여야 한다.

② 도매시장법인, 중도매인 및 이들의 주주 또는 임·직원은 해당 도매시장에서 **산지유통인의 업무**를 하여서는 아니 된다.
③ 도매시장 개설자는 이 법 또는 다른 법령에 따른 제한에 위반되는 경우를 제외하고는 ①에 따라 등록을 해주어야 한다.
④ 산지유통인은 등록된 도매시장에서 농수산물의 출하업무 외의 **판매·매수** 또는 **중개업무**를 하여서는 아니 된다.
⑤ 도매시장의 개설자는 등록을 하여야 하는 자가 등록을 하지 아니하고 산지유통인의 업무를 하는 경우 **도매시장에의 출입을 금지·제한하거나 그 밖에 필요한 조치**를 할 수 있다.
⑥ 국가나 지방자치단체는 산지유통인의 공정한 거래를 촉진하기 위하여 **필요한 지원**을 할 수 있다.

(5) 출하자 신고(법 제30조)

① 도매시장에 농수산물을 출하하려는 생산자 및 생산자단체 등은 농수산물의 거래질서확립과 수급안정을 위하여 **농림축산식품부령 또는 해양수산부령이 정하는** 바에 따라 해당 도매시장의 개설자에게 신고하여야 한다(시행규칙 제25조의2).
  ㉠ 도매시장에 농수산물을 출하하려는 자는 출하자 신고서에 다음의 구분에 따른 서류를 첨부하여 도매시장 개설자에게 제출하여야 한다.
    • 개인의 경우 : 신분증 사본 또는 사업자등록증 1부
    • 법인의 경우 : 법인 등기사항증명서 1부
  ㉡ 도매시장의 개설자는 **전자적 방법으로 출하자 신고서를 접수할 수 있다.**
② 도매시장의 개설자, 도매시장법인 또는 시장도매인은 신고한 출하자가 **출하예약**을 하고 농수산물을 출하하는 경우에는 위탁수수료의 인하 및 경매의 우선실시 등 **우대조치**를 할 수 있다.

5. 도매시장의 거래원칙

(1) 수탁판매의 원칙(법 제31조)

① 도매시장에서 도매시장법인이 행하는 도매는 출하자로부터 위탁을 받아 하여야 한다. 다만, **농림축산식품부령 또는 해양수산부령이 정하는 특별한 사유가 있는 경우에는 매수하여 도매할 수 있다.**
② 중도매인은 도매시장법인이 상장한 **농수산물 외의 농수산물의 거래**를 할 수 없다. 다만, 농림축산식품부령 또는 해양수산부령이 정하는 도매시장법인이 상장하기에 적합하지 아니한 농수산물과 그 밖에 이에 준하는 농수산물로서 그 품목과 기간을 정하여 도매시장의 개설자로부터 허가를 받은 농수산물의 경우에는 그러하지 아니하다.
③ 중도매인이 ②의 단서에 해당하는 물품을 농수산물전자거래소에서 거래하는 경우에는 그 물품을 도매시장으로 반입하지 아니할 수 있다.
④ 중도매인은 도매시장법인이 상장한 농수산물을 농림축산식품부령 또는 해양수산부령으로 정하는 연간 거래액의 범위에서 해당 도매시장의 다른 중도매인과 거래하는 경우를 제외하고는 다른 중도매인과 농수산물을 거래할 수 없다.
⑤ ④에 따른 중도매인 간 거래액은 최저거래금액 산정 시 포함하지 아니한다.
⑥ ④에 따라 다른 중도매인과 농수산물을 거래한 중도매인은 농림축산식품부령 또는 해양수산부령으로 정하는 바에 따라 그 거래 내역을 도매시장 개설자에게 통보하여야 한다.
⑦ **수탁판매의 예외**(시행규칙 제26조)
  ㉠ 도매시장법인이 **농수산물을 매수하여 도매할 수 있는 경우**는 다음과 같다.
    • 농림축산식품부장관 또는 해양수산부장관의 수매에 응하기 위하여 필요한 경우
    • 다른 도매시장법인 또는 시장도매인으로부터 매수하여 도매하는 경우

- 해당 도매시장에서 주로 취급하지 아니하는 농수산물의 품목을 갖추기 위하여 대상품목과 기간을 정하여 도매시장 개설자의 승인을 받아 다른 도매시장으로부터 이를 매수하는 경우
- 물품의 특성상 외형을 변형하는 등 가공하여 도매하여야 하는 경우로서 도매시장 개설자가 업무규정으로 정하는 경우
- 도매시장법인이 겸영사업에 필요한 농수산물을 매수하는 경우
- 수탁판매의 방법으로는 적정한 거래물량의 확보가 어려운 경우로서 농림축산식품부장관 또는 해양수산부장관이 고시하는 범위에서 중도매인 또는 매매참가인의 요청으로 그 중도매인에게 정가·수의매매로 도매하기 위하여 필요한 물량을 매수하는 경우

ⓛ 도매시장법인은 **농수산물을 매수하여 도매한 경우**에는 업무규정이 정하는 바에 따라 다음의 사항을 **도매시장 개설자에게 지체 없이 알려야** 한다.
- 매수하여 도매한 물품의 품목·수량·원산지·매수가격·판매가격 및 출하자
- 매수하여 도매한 사유

⑧ 상장되지 아니한 농수산물의 거래허가(시행규칙 제27조) : 중도매인이 도매시장의 개설자의 허가를 받아 도매시장법인이 상장하지 아니한 농수산물을 거래할 수 있는 품목은 다음과 같다. 이 경우 도매시장개설자는 시장관리운영위원회의 심의를 거쳐 허가하여야 한다.
ⓐ 연간 반입물량 누적비율이 하위 3% 미만에 해당하는 소량품목
ⓑ 품목의 특성으로 인하여 해당 품목을 취급하는 중도매인이 소수인 품목
ⓒ 그밖에 상장거래에 의하여 중도매인이 해당 농수산물을 매입하는 것이 현저히 곤란하다고 도매시장의 개설자가 인정하는 품목

⑨ 중도매인 간 거래 규모의 상한 등(시행규칙 제27조의2)
ⓐ 중도매인이 해당 도매시장의 다른 중도매인과 거래하는 경우에는 중도매인이 다른 중도매인으로부터 구매한 연간 총 거래액이나 다른 중도매인에게 판매한 연간 총 거래액이 해당 중도매인의 전년도 연간 구매한 총 거래액이나 판매한 총 거래액 각각(중도매인 간 거래액은 포함하지 아니한다)의 20% 미만이어야 한다.
ⓑ 다른 중도매인과 거래한 중도매인은 다른 중도매인으로부터 구매한 농수산물의 품목, 수량, 구매가격 및 판매자에 관한 자료를 업무규정에서 정하는 바에 따라 매년 도매시장 개설자에게 통보하여야 하며, 필요한 경우 다른 중도매인에게 판매한 농수산물의 품목, 수량, 판매가격 및 구매자에 관한 자료를 업무규정에서 정하는 바에 따라 매년 도매시장 개설자에게 통보할 수 있다.

(2) 매매방법(법 제32조)

도매시장법인은 도매시장에서 농수산물을 경매·입찰·정가매매 또는 수의매매의 방법으로 매매하여야 한다. 다만, 출하자가 매매방법을 지정하여 요청하는 경우 등 농림축산식품부령 또는 해양수산부령으로 매매방법을 정한 경우에는 그에 따라 매매할 수 있다.

(3) 농림축산식품부령 또는 해양수산부령으로 매매방법을 정한 경우(시행규칙 제28조)
  ① 경매 또는 입찰
    ㉠ 출하자가 **경매 또는 입찰로 매매방법을 지정하여 요청**한 경우(②의 ㉡부터 ㉢까지의 규정에 해당하는 경우는 제외한다)
    ㉡ 시장관리운영위원회의 심의를 거쳐 매매방법을 경매 또는 입찰로 정한 경우
    ㉢ 해당 농수산물의 입하량이 일시적으로 현저하게 증가하여 정상적인 거래가 어려운 경우 등 정가매매 또는 수의매매의 방법에 의하는 것이 극히 곤란한 경우
  ② 정가매매 또는 수의매매
    ㉠ 출하자가 **정가매매·수의매매로 매매방법을 지정하여 요청**한 경우(①의 ㉡ 및 ㉢에 해당하는 경우는 제외한다)
    ㉡ 시장관리운영위원회의 심의를 거쳐 매매방법을 정가매매 또는 수의매매로 정한 경우
    ㉢ 전자거래 방식으로 매매하는 경우
    ㉣ 다른 도매시장법인 또는 공판장(경매사가 경매를 실시하는 농수산물집하장을 포함한다)에서 이미 가격이 결정되어 바로 입하된 물품을 매매하는 경우로서 당해 물품을 반출한 도매시장법인 또는 공판장의 개설자가 가격·반출지·반출물량 및 반출차량 등을 확인한 경우
    ㉤ 해양수산부장관이 거래방법·물품의 반출 및 확인절차 등을 정한 산지의 거래시설에서 미리 가격이 결정되어 입하된 수산물을 매매하는 경우
    ㉥ 경매 또는 입찰이 종료된 후 입하된 경우
    ㉦ 경매 또는 입찰을 실시하였으나 매매되지 아니한 경우
    ㉧ 도매시장 개설자의 허가를 받아 중도매인 또는 매매참가인 외의 자에게 판매하는 경우
    ㉨ 천재·지변 그 밖의 불가피한 사유로 인하여 경매 또는 입찰의 방법에 의하는 것이 극히 곤란한 경우
  ③ 정가매매 또는 수의매매 거래의 절차 등에 관하여 필요한 사항은 도매시장 개설자가 업무규정으로 정한다.

예시문제 맛보기

농림축산식품부령으로 매매방법을 정한 경우 중 정가매매 또는 수의매매의 매매방법이 아닌 것은?
① 해당 농수산물의 입하량이 일시적으로 현저하게 증가하여 정상적인 거래가 어려운 경우
② 천재·지변 그 밖의 불가피한 사유로 인하여 경매 또는 입찰의 방법에 의하는 것이 극히 곤란한 경우
③ 시장관리운영위원회의 심의를 거쳐 매매방법을 정가매매 또는 수의매매로 정한 경우
④ 도매시장 개설자의 허가를 받아 중도매인 또는 매매참가인 외의 자에게 판매하는 경우

정답 ①

(4) 경매 또는 입찰방법(법 제33조)

① 도매시장법인은 도매시장에 상장한 농수산물을 수탁된 순위에 따라 경매 또는 입찰의 방법으로 판매하는 경우에는 **최고가격 제시자에게 판매**하여야 한다. 다만, 출하자가 서면으로 거래성립 최저가격을 제시한 경우에는 그 가격 미만으로 판매하여서는 아니된다.

② 도매시장의 개설자는 효율적인 유통을 위하여 필요한 경우에는 **농림축산식품부령 또는 해양수산부령이 정하는 바에 따라** 대량입하품·표준규격품·예약출하품 등을 우선적으로 판매하게 할 수 있다.

　※ 대량입하품 등의 우대(시행규칙 제30조)
　　도매시장 개설자는 다음의 품목에 대하여 도매시장법인 또는 시장도매인으로 하여금 우선적으로 판매하게 할 수 있다.
　　1. 대량입하품
　　2. 도매시장의 개설자가 선정하는 우수출하주의 출하품
　　3. 예약출하품
　　4. 농수산물 품질관리법 제5조에 따른 표준규격품 및 같은 법 제6조에 따른 우수관리인증농산물
　　5. 그 밖에 도매시장 개설자가 도매시장의 효율적인 운영을 위하여 특히 필요하다고 업무규정으로 정하는 품목

③ 경매 또는 입찰의 방법은 **전자식을 원칙**으로 하되 필요한 경우 **농림축산식품부령 또는 해양수산부령이 정하는 바에 따라** 거수수지식·기록식·서면입찰식 등의 방법으로 할 수 있다. 이 경우, 공개경매의 실현을 위하여 필요한 경우 농림축산식품부장관 또는 해양수산부장관 또는 도매시장의 개설자는 **품목별·도매시장별로 경매방식을 제한**할 수 있다.

　※ 전자식 경매·입찰의 예외(시행규칙 제31조)
　　거수수지식·기록식·서면입찰식 등의 방법으로 경매 또는 입찰을 할 수 있는 경우는 다음과 같다.
　　1. 농수산물의 수급조절과 가격안정을 위하여 수매·비축 또는 수입한 농수산물을 판매하는 경우
　　2. 그 밖에 품목별·지역별 특성을 고려하여 도매시장의 개설자가 필요하다고 인정하는 경우

(5) 거래의 특례(법 제34조)

① 도매시장의 개설자는 입하량이 현저히 많아 **정상적인 거래가 어려운 경우** 등 농림축산식품부령 또는 해양수산부령으로 정하는 특별한 사유가 있는 경우에는 그 사유가 발생한 날에 한정하여 도매시장법인의 경우에는 **중도매인·매매참가인 외의 자**에게, 시장도매인의 경우에는 **도매시장법인·중도매인에게 판매**할 수 있도록 할 수 있다.

② 거래의 특례(시행규칙 제33조)

　㉠ 도매시장법인이 중도매인·매매참가인 외의 자에게, 시장도매인이 도매시장법인·중도매인에게 농수산물을 판매할 수 있는 경우는 다음과 같다.
　　• 도매시장법인의 경우
　　　- 해당 도매시장의 중도매인 또는 매매참가인에게 판매한 후 남는 농수산물이 있는 경우
　　　- 도매시장의 개설자가 도매시장에 입하된 물품의 원활한 분산을 위하여 특히 필요하다고 인정하는 경우
　　　- 도매시장법인이 겸영사업으로 수출을 하는 경우
　　• 시장도매인의 경우 : 도매시장의 개설자가 도매시장에 입하된 물품의 원활한 분산을 위하여 특히 필요하다고 인정하는 경우

ⓛ 도매시장법인·시장도매인은 농수산물을 판매한 경우에는 다음의 사항을 적은 보고서를 지체 없이 도매시장의 개설자에게 제출하여야 한다.
- 판매한 물품의 품목·수량·금액·출하자 및 매수인
- 판매한 사유

(6) 도매시장법인의 영업제한(법 제35조)
① 도매시장법인은 도매시장 외의 장소에서 **농수산물의 판매업무를 하지 못한다.**
② 도매시장법인은 다음의 어느 하나에 해당하는 경우에는 해당 거래물품을 **도매시장으로 반입하지 아니할 수 있다.**
  ㉠ 도매시장 개설자의 사전승인을 받아 전자문서 및 전자거래 기본법에 따른 **전자거래 방식으로 하는 경우**(온라인에서 경매방식으로 거래하는 경우를 포함한다)
  ㉡ 농림축산식품부령 또는 해양수산부령으로 정하는 일정 기준 이상의 시설에 보관·저장 중인 거래대상 농수산물의 견본을 도매시장에 반입하여 거래하는 것에 대하여 **도매시장 개설자가 승인한 경우**

  ※ 견본거래 대상물품 보관·저장시설의 기준(시행규칙 제33조의2)
  "농림축산식품부령 또는 해양수산부령으로 정하는 일정 기준 이상의 시설"이란 다음의 시설을 말한다.
  1. 165m² 이상의 농산물 저온저장시설
  2. 냉장 능력이 1천ton 이상이고 농수산물 품질관리법 제74조 제1항에 따라 수산물가공업(냉동·냉장업)을 등록한 시설

③ **전자거래 및 견본거래 방식 등에 필요한 사항은 농림축산식품부령 또는 해양수산부령으로 정한다.**

  ※ 견본거래방식에 의한 거래(시행규칙 제33조의4)
  ① 도매시장법인이 견본거래를 하려면 견본거래 대상물품 보관·저장시설에 보관·저장 중인 농수산물을 대표 할 수 있는 견본품을 경매장에 진열하고 거래하여야 한다.
  ② 견본품의 수량, 견본거래의 승인 절차 및 거래시간 등은 도매시장의 개설자가 업무규정으로 정한다.

④ 도매시장법인은 농수산물의 판매업무 외의 **사업을 겸영하지 못한다.** 다만, 농수산물의 선별·포장·가공·제빙·보관·후숙·저장·수출입 등의 사업은 농림축산식품부령 또는 해양수산부령이 정하는 바에 따라 겸영할 수 있다.

  ※ 도매시장법인의 겸영(시행규칙 제34조)
  ① 농수산물의 선별·포장·가공·제빙(製氷)·보관·후숙(後熟)·저장·수출입·배송(도매시장법인이나 해당 도매시장 중도매인의 농수산물 판매를 위한 배송으로 한정한다) 등의 사업("겸영사업"이라 한다)을 겸영하려는 도매시장법인은 다음의 요건을 충족하여야 한다. 이 경우 1.부터 3.까지의 기준은 직전 회계연도의 대차대조표를 통하여 산정한다.
    1. 부채비율(부채/자기자본×100)이 300% 이하일 것
    2. 유동부채비율(유동부채/부채총액×100)이 100% 이하일 것
    3. 유동비율(유동자산/유동부채×100)이 100% 이상일 것
    4. 당기순손실이 2개 회계연도 이상 계속하여 발생하지 아니할 것
  ② 도매시장법인은 겸영사업을 하려는 경우에는 그 겸영사업 개시 전에 겸영사업의 내용 및 계획을 해당 도매시장 개설자에게 알려야 한다. 이 경우 도매시장법인이 해당 도매시장 외의 장소에서 겸영사업을 하려는 경우에는 겸영하려는 사업장 소재지의 시장(도매시장 개설자와 다른 경우에만 해당한다)·군수 또는 자치구의 구청장에게도 이를 알려야 한다.
  ③ 도매시장법인은 겸영사업을 하는 경우 전년도 겸영사업 실적을 매년 3월 31일까지 해당 도매시장 개설자에게 제출하여야 한다.

⑤ 도매시장의 개설자는 산지 출하자와의 업무경합 또는 과도한 겸영사업으로 인하여 도매시장법인의 도매업무가 약화될 우려가 있는 경우 **대통령령이 정하는 바에 따라** 겸영사업을 1년 이내의 범위에서 제한할 수 있다.

> ※ 도매시장법인의 겸영사업의 제한(시행령 제17조의6)
> ① 도매시장의 개설자는 도매시장법인이 겸영사업으로 수탁·매수한 농수산물을 매매방법(법 제32조), 경매 또는 입찰방법(법 제33조 제1항), 농수산물 직판장의 운영단체(법 제34조) 및 분쟁조정위원회의 구성 등(제35조 제1항부터 제3항까지)의 규정을 위반하여 판매함으로써 산지출하자와의 업무경합 또는 과도한 겸영사업으로 인한 도매시장법인의 도매업무 약화가 우려되는 경우에는 겸영사업을 다음과 같이 제한할 수 있다.
>   1. 제1차 위반 : 보완명령
>   2. 제2차 위반 : 1개월 금지
>   3. 제3차 위반 : 6개월 금지
>   4. 제4차 위반 : 1년 금지
> ② 겸영사업을 제한하는 경우 위반행위의 차수에 따른 처분기준은 최근 3년간 같은 위반행위로 처분을 받은 경우에 적용한다.

(7) 도매시장법인 등의 공시(법 제35조의2)

도매시장법인 또는 시장도매인은 **출하자**와 **소비자의 권익보호**를 위하여 거래물량·가격정보 및 재무상황 등을 공시하여야 한다.

① 도매시장법인 또는 시장도매인이 **공시하여야 할 내용**은 다음과 같다(시행규칙 제34조의 2).
  ㉠ 거래일자별·품목별 반입량 및 가격정보
  ㉡ 주주 및 임원의 현황과 그 변동사항
  ㉢ 겸영사업을 하는 경우 그 사업내용
  ㉣ 직전 회계연도의 재무제표
② 공시는 해당 도매시장의 게시판이나 **정보통신망**에 하여야 한다.

(8) 시장도매인의 지정(법 제36조)

① 시장도매인은 도매시장 개설자가 **부류별로 지정**한다. 이 경우 **5년 이상 10년 이하의 범위**에서 지정 유효기간을 설정할 수 있다.
② **시장도매인이 될 수 있는 자**는 다음의 요건을 갖춘 법인이어야 한다.
  ㉠ 임원 중 이 법을 위반하여 금고 이상의 실형을 선고받고 그 형의 집행이 끝나거나(집행이 끝난 것으로 보는 경우를 포함한다) 집행이 면제된 후 2년이 지나지 아니한 사람이 없을 것
  ㉡ 임원 중 해당 도매시장에서 시장도매인의 업무와 경합되는 도매업 또는 중도매업을 하는 사람이 없을 것
  ㉢ 임원 중 파산선고를 받고 복권되지 아니한 사람이나 피성년후견인 또는 피한정후견인이 없을 것
  ㉣ 임원 중 시장도매인의 지정취소처분의 원인이 되는 사항에 관련된 사람이 없을 것
  ㉤ 거래규모, 순자산액 비율 및 거래보증금 등 도매시장 개설자가 업무규정으로 정하는 일정요건을 갖출 것

③ 시장도매인은 해당 임원이 ②의 ㉠부터 ㉢까지의 어느 하나에 해당하는 요건을 갖추지 아니하게 되었을 때에는 그 임원을 지체 없이 해임하여야 한다.
④ 시장도매인의 지정절차 등(시행령 제18조)
  ㉠ 시장도매인의 지정을 받으려는 자는 시장도매인의 지정신청서(전자문서로 된 신청서를 포함한다)에 다음의 서류(전자문서를 포함한다)를 첨부하여 도매시장의 개설자에게 제출하여야 한다.
    • 정관
    • 주주명부
    • 임원의 이력서
    • 해당 법인의 직전 회계연도의 재무제표와 그 부속서류(신설 법인의 경우에는 설립일을 기준으로 작성한 대차대조표)
    • 사업시작 예정일부터 5년간의 사업계획서(산지활동계획, 농수산물판매계획, 자금운용계획, 조직 및 인력운용계획 등을 포함한다)
    • 거래규모·순자산액 비율 및 거래보증금 등 도매시장의 개설자가 업무규정으로 정한 요건을 갖추고 있음을 입증하는 서류
  ㉡ 도매시장의 개설자는 신청을 받은 때에는 업무규정으로 정한 시장도매인의 적정수의 범위 안에서 이를 지정하여야 한다.

(9) 시장도매인의 영업(법 제37조, 시행규칙 제35조)

① 시장도매인은 도매시장에서 농수산물을 **매수 또는 위탁받아 도매하거나 매매를 중개**할 수 있다. 다만, 도매시장의 개설자는 거래질서의 유지를 위하여 필요하다고 인정하는 경우 등 **농림축산식품부령 또는 해양수산부령으로 정하는 경우**에는 품목과 기간을 정하여 시장도매인이 농수산물을 위탁받아 도매하는 것을 제한 또는 금지할 수 있다.
  ㉠ 도매시장에서 시장도매인이 매수·위탁 또는 중개할 때에는 출하자와 협의하여 송품장에 적은 거래방법에 따라서 하여야 한다.
  ㉡ 도매시장의 개설자는 거래질서의 유지를 위하여 필요한 경우에는 업무규정이 정하는 바에 따라 시장도매인이 거래한 명세를 도매시장의 개설자가 설치한 거래신고소에 제출하게 할 수 있다.
  ㉢ 도매시장의 개설자가 시장도매인이 농수산물을 위탁받아 **도매하는 것을 제한 또는 금지 할 수 있는 경우**는 다음과 같다.
    • 대금결제능력을 상실하여 출하자에게 피해를 입힐 우려가 있는 경우
    • 표준정산서에 거래량·거래방법을 거짓으로 적는 등 불공정행위를 한 경우
    • 그 밖의 도매시장의 개설자가 도매시장의 거래질서유지를 위하여 필요하다고 인정하는 경우
  ㉣ 도매시장의 개설자는 시장도매인의 거래를 제한 또는 금지하려는 경우에는 그 대상자, 거래제한 또는 거래금지의 사유, **해당 농수산물의 품목 및 기간**을 정하여 공고하여야 한다.
② 시장도매인은 해당 도매시장의 도매시장법인·중도매인에게 농수산물을 판매하지 못한다.

(10) 수탁의 거부금지 등(법 제38조)

도매시장법인 또는 시장도매인은 그 업무를 수행할 때에 다음의 어느 하나에 해당하는 경우를 제외하고는 **입하된 농수산물의 수탁을 거부·기피**하거나 **위탁받은 농수산물의 판매를 거부·기피**하거나, **거래 관계인에게 부당한 차별대우**를 하여서는 아니 된다.

① 유통명령을 위반하여 출하하는 경우
② 출하자 신고를 하지 아니하고 출하하는 경우
③ 안전성검사 결과 기준에 미달되는 경우
④ 도매시장의 개설자가 업무규정으로 정하는 최소출하량의 기준에 미달되는 경우
⑤ 그 밖에 환경개선 및 규격출하촉진 등을 위하여 **대통령령이 정하는 경우**

※ 수탁을 거부할 수 있는 사유(시행령 제18조의2) : 대통령령으로 정하는 경우란 농림축산식품부장관, 해양수산부장관 또는 도매시장 개설자가 정하여 고시한 품목을 표준규격에 따라 출하하지 아니한 경우를 말한다.

(11) 출하농수산물 안전성검사(법 제38조의2)

① 도매시장의 개설자는 해당 도매시장에 반입되는 농수산물에 대하여 **유해물질의 잔류허용기준** 등의 초과 여부에 관한 안전성검사를 실시하여야 한다. 이 경우 도매시장 개설자 중 시는 해당 도매시장의 개설을 허가한 도지사 소속의 검사기관에 안전성검사를 의뢰할 수 있다.
② 도매시장의 개설자는 ①에 따른 안전성검사 결과 그 기준에 못 미치는 농수산물을 출하하는 자에 대하여 **1년 이내의 범위**에서 해당 농수산물과 같은 품목의 농수산물을 해당 도매시장에 출하하는 것을 제한할 수 있다. 이 경우 다른 도매시장 개설자로부터 안전성검사 결과 출하 제한을 받은 자에 대하여도 또한 같다.
③ 안전성검사 실시기준 및 방법 등(시행규칙 제35조의2)
　㉠ 안전성검사의 실시기준 및 방법

알아두기 출하농수산물 안전성검사 실시기준 및 방법(시행규칙 제35조의2 관련 [별표 1])

1. 안전성검사 실시기준
　가. 안전성검사계획 수립
　　도매시장의 개설자는 검사체계, 검사시기와 주기, 검사품목, 수거시료 및 기준 미달품의 관리방법 등을 포함한 안전성검사계획을 수립하여 시행한다.
　나. 안전성검사 실시를 위한 농수산물 종류별 시료 수거량
　　1) 곡류·두류 및 그 밖의 자연산물 : 1kg 이상 2kg 이하
　　2) 채소류 및 과실류 자연산물 : 2kg 이상 5kg 이하
　　3) 묶음단위 농산물의 한 묶음 중량이 수거량 이하인 경우 한 묶음씩 수거하고, 한 묶음이 수거량 이상인 시료는 묶음의 일부를 시료수거 단위로 할 수 있다. 다만, 묶음단위의 일부를 수거하면 상품성이 떨어져 거래가 곤란한 경우에는 묶음단위 전체를 수거할 수 있다.
　다. 안전성검사 실시를 위한 시료수거 시기
　　시료수거는 도매시장에서 경매 전에 실시하는 것을 원칙으로 하되, 필요할 경우 소매상으로 거래되기 전 단계에서 실시할 수 있다.

> 라. 안전성검사 실시를 위한 시료 수거 방법
>   1) 출하일자·출하자·품목이 같은 물량을 하나의 모집단으로 한다.
>   2) 조사대상 모집단의 대표성이 확보될 수 있도록 포장단위당 무게, 적재상태 등을 감안하여 수거지점(대상)을 무작위로 선정한다.
>   3) 시료수거 대상 농수산물의 품질이 균일하지 아니할 때에는 외관 및 냄새, 그 밖의 상황을 판단하여 이상이 있는 것 또는 의심스러운 것을 우선 수거할 수 있다.
>   4) 시료 수거 시에는 반드시 출하자의 인적사항을 정확히 파악하여야 한다.
> 2. 안전성검사 방법 : 농수산물의 안전성검사는 식품위생법 제14조에 따른 식품 등의 공전의 검사방법에 따라 실시한다.

ⓒ 도매시장 개설자는 안전성검사 결과 기준미달로 판정되면 기준 미달품 출하자(다른 도매시장 개설자로부터 안전성검사 결과 출하제한을 받은 자를 포함한다)에 대하여 다음에 따라 해당 농수산물과 같은 품목의 농수산물을 **도매시장에 출하하는 것을 제한**할 수 있다.
- 최근 1년 이내에 1회 적발 시 : 1개월
- 최근 1년 이내에 2회 적발 시 : 3개월
- 최근 1년 이내에 3회 적발 시 : 6개월

ⓒ 출하제한을 하는 경우에 도매시장의 개설자는 안전성검사 결과 기준 미달품 발생사항과 출하제한 기간 등을 해당 출하자와 다른 도매시장 개설자에게 **서면 또는 전자적 방법** 등으로 알려야 한다.

(12) 매매농수산물의 인수 등(법 제39조)

① 도매시장법인 또는 시장도매인으로부터 농수산물을 매수한 자는 **매매가 성립한 즉시** 그 농수산물을 인수하여야 한다.

② 도매시장법인 또는 시장도매인은 ①에 따른 매수인이 정당한 사유 없이 매수한 농수산물의 인수를 거부하거나 게을리하였을 때에는 그 매수인의 부담으로 해당 농수산물을 **일정 기간 보관**하거나, 그 이행을 최고(催告)하지 아니하고 **그 매매를 해제하여 다시 매매**할 수 있다.

③ 차손금이 생긴 때에는 당초의 **매수인이 부담**한다.

(13) 하역업무(법 제40조)

① 도매시장의 개설자는 도매시장에서 하는 **하역업무의 효율화**를 위하여 하역체제의 개선 및 하역의 기계화 촉진에 노력하여야 하며, **하역비의 절감**으로 **출하자의 이익을 보호**하기 위하여 필요한 시책을 수립·시행하여야 한다.

② 도매시장의 개설자가 업무규정으로 정하는 규격출하품에 대한 표준하역비(도매시장 안에서 규격 출하품을 판매하기 위하여 필수적으로 드는 하역비를 말한다)는 **도매시장법인 또는 시장도매인이 부담**한다.

③ 농림축산식품부장관 또는 해양수산부장관은 하역체제의 개선 및 하역의 기계화와 규격출하의 촉진을 위하여 **도매시장 개설자에게 필요한 조치**를 명할 수 있다.
④ 도매시장법인 또는 시장도매인은 도매시장에서 하는 하역업무에 대하여 하역전문업체 등과 **용역계약을 체결**할 수 있다.

(14) 출하자에 대한 대금결제(법 제41조)
① 도매시장법인 또는 시장도매인은 매수하거나 위탁받은 농수산물이 매매된 때에는 그 **대금의 전부를 출하자에게 즉시 결제**하여야 한다. 다만, 대금의 지급방법에 관하여 도매시장법인 또는 시장도매인과 출하자 사이에 특약이 있는 경우에는 그 특약에 따른다.
② 도매시장법인 또는 시장도매인은 출하자에게 대금을 결제하는 경우에는 **표준송품장(標準送品狀, 전자문서 형태의 것을 포함)과 판매원표(販賣元標)를 확인하여 작성**한 표준정산서를 출하자와 정산조직(대금정산조직 또는 그 밖에 대금정산을 위한 조직 등을 말한다)에 각각 발급하고, 정산조직에 대금결제를 의뢰하여 정산조직에서 출하자에게 대금을 지급하는 방법으로 하여야 한다. 다만, 도매시장의 개설자가 농림축산식품부령 또는 해양수산부령이 정하는 바에 따라 인정하는 도매시장법인의 경우에는 출하자에게 대금을 **직접 결제**할 수 있다.
③ 대금결제의 절차 등(시행규칙 제36조)
　㉠ **별도의 정산창구(대금정산조직 포함)**를 통하여 출하대금결제를 하는 경우에는 다음의 절차에 따른다.
　　• 출하자는 송품장을 작성하여 도매시장법인 또는 시장도매인에게 제출
　　• 도매시장법인 또는 시장도매인은 출하자에게 받은 송품장의 사본을 도매시장의 개설자가 설치한 거래신고소에 제출
　　• 도매시장법인 또는 시장도매인은 표준정산서를 출하자와 정산창구에 발급하고, 정산창구에 대금결제를 의뢰
　　• 정산창구에서는 출하자에게 대금을 결제하고, 표준정산서의 사본을 거래신고소에 제출
　㉡ 출하대금결제와 판매대금결제를 위한 정산창구의 운영방법 및 관리에 관한 사항은 도매시장의 개설자가 **업무규정**으로 정한다.
④ **도매시장법인의 직접대금결제(시행규칙 제37조)** : 도매시장 개설자가 업무규정으로 정하는 출하대금결제용 보증금을 납부하고 운전자금을 확보한 도매시장법인은 출하자에게 출하대금을 직접 결제할 수 있다.
⑤ 표준송품장의 사용(시행규칙 제37조의2)
　㉠ 도매시장에 농수산물을 출하하려는 자는 표준송품장을 작성하여 도매시장법인·시장도매인 또는 공판장의 개설자에게 제출하여야 한다.
　㉡ 도매시장·공판장 및 민영도매시장의 개설자나 도매시장법인 및 시장도매인은 출하자가 표준송품장을 이용하기 쉽도록 이를 보급하고, 작성요령을 배포하는 등 편의를 제공하여야 한다.
　㉢ 표준송품장을 제출받은 자는 업무규정이 정하는 바에 따라 이를 보관·관리하여야 한다.

⑥ 판매원표의 관리 등(시행규칙 제37조의3)
  ㉠ 경매에 사용되는 판매원표에는 출하자명·품명·등급·수량·경락가격·매수인·담당경매사 등을 상세히 기입하도록 하되, 그 양식은 도매시장의 개설자가 정한다.
  ㉡ 시장도매인이 사용하는 판매원표에는 출하자명·품명·등급·수량 등을 상세히 기입하도록 하되, 그 양식은 도매시장의 개설자가 정한다.
  ㉢ 도매시장법인과 시장도매인은 일련번호를 붙인 판매원표를 순차적으로 사용하여야 한다.
  ㉣ 입하물품의 부패·손상이나 판매원표의 분실·훼손 등의 사고로 인하여 판매원표를 정정한 경우에는 지체 없이 도매시장 개설자의 승인을 받아야 한다.
  ㉤ 판매원표의 관리에 필요한 세부사항은 도매시장의 개설자가 업무규정으로 정한다.
⑦ **표준정산서**(시행규칙 제38조) : 도매시장법인·시장도매인 또는 공판장의 개설자가 사용하는 표준정산서에는 다음의 사항이 포함되어야 한다.
  ㉠ 표준정산서의 발행일자 및 발행자명
  ㉡ 출하자명
  ㉢ 출하자 주소
  ㉣ 거래형태(매수·위탁·중개) 및 매매방법(경매·입찰, 정가·수의매매)
  ㉤ 판매명세(품목·품종·등급별 수량·단가 및 거래단위당 수량 또는 무게), 판매대금총액 및 매수인
  ㉥ 공제명세(위탁수수료·운송료·하역비·선별비 등 비용) 및 공제금액총액
  ㉦ 정산금액
  ㉧ 송금명세(은행명·계좌번호·예금주)

(15) 수수료 등의 징수제한(법 제42조)
① 도매시장 개설자, 도매시장법인, 시장도매인, 중도매인 또는 대금정산조직은 해당 업무와 관련하여 징수 대상자에게 다음의 금액 외에는 어떠한 명목으로도 **금전을 징수하여서는 아니 된다**.
  ㉠ 도매시장의 개설자가 도매시장법인 또는 시장도매인으로부터 도매시장의 유지·관리에 필요한 최소한의 비용으로서 징수하는 **도매시장의 사용료**
  ※ 사용료 및 수수료 등(시행규칙 제39조 제1항)
    도매시장 개설자가 징수하는 도매시장 사용료는 다음의 기준에 따라 도매시장 개설자가 이를 정한다. 다만, 도매시장의 시설 중 도매시장 개설자의 소유가 아닌 시설에 대한 사용료는 징수하지 아니한다.
    1. 도매시장의 개설자가 징수할 사용료의 총액이 해당 도매시장의 거래금액의 1천분의 5(서울특별시 소재 중앙도매시장의 경우에는 1천분의 5.5)를 초과하지 아니할 것. 다만, 다음의 방식으로 거래한 경우 그 거래한 물량에 대해서는 해당 거래금액의 1천분의 3을 초과하지 아니하여야 한다.
      • 법 제31조 제4항에 따라 같은 조 제2항 단서에 따른 물품을 법 제70조의2 제1항 제1호에 따른 농수산물전자거래소(이하 "농수산물전자거래소"라 한다)에서 거래한 경우
      • 법 제35조 제2항 제1호에 따라 정가·수의매매를 전자거래방식으로 한 경우와 같은 항 제2호에 따라 거래 대상 농수산물의 견본을 도매시장에 반입하여 거래한 경우
    2. 도매시장법인·시장도매인이 납부할 사용료는 해당 도매시장법인·시장도매인의 거래금액 또는 매장면적을 기준으로 하여 징수할 것

ⓒ 도매시장의 개설자가 도매시장의 시설 중 **농림축산식품부령 또는 해양수산부령이 정하는 시설**에 대하여 사용자로부터 징수하는 **시설사용료**

※ **사용료 및 수수료 등(시행규칙 제39조 제2항)**
도매시장 개설자가 시설사용료를 징수할 수 있는 시설은 다음의 시설로 하며, 연간 시설 사용료는 해당 시설의 재산가액의 1천분의 50(중도매인 점포·사무실의 경우에는 재산가액의 1천분의 10)을 초과하지 아니하는 범위에서 도매시장 개설자가 정한다. 다만, 도매시장의 시설 중 도매시장 개설자의 소유가 아닌 시설에 대한 사용료는 징수하지 아니한다.
1. [별표 2]의 필수시설 중 저온창고
2. [별표 2]의 부수시설 중 농산물 품질관리실, 축산물위생검사 사무실 및 도체(屠體, 도축하여 머리 및 장기 등을 제거한 몸체) 등급판정 사무실을 제외한 시설

ⓒ 도매시장법인 또는 시장도매인이 농수산물의 판매를 위탁한 출하자로부터 징수하는 거래액의 일정 비율 또는 일정액에 해당하는 **위탁수수료**

※ **사용료 및 수수료 등(시행규칙 제39조 제4항)**
위탁수수료의 최고한도는 다음과 같다. 이 경우 도매시장의 개설자는 그 한도에서 업무규정으로 위탁수수료를 정할 수 있다.
1. 양곡부류 : 거래금액의 1천분의 20
2. 청과부류 : 거래금액의 1천분의 70
3. 수산부류 : 거래금액의 1천분의 60
4. 축산부류 : 거래금액의 1천분의 20(도매시장 또는 공판장 안에 도축장이 설치된 경우 축산물위생관리법에 의하여 징수할 수 있는 도살·해체수수료는 이에 포함되지 아니한다)
5. 화훼부류 : 거래금액의 1천분의 70
6. 약용작물부류 : 거래금액의 1천분의 50

ⓔ 시장도매인 또는 중도매인이 농수산물의 매매를 중개한 경우에 이를 매매한 자로부터 징수하는 거래액의 일정비율에 해당하는 **중개수수료**

※ **사용료 및 수수료 등(시행규칙 제39조 제5~7항)**
① 일정액의 위탁수수료는 도매시장법인이 정하되, 그 금액은 규정에 따른 최고한도를 초과할 수 없다.
② 중도매인이 징수하는 중개수수료의 최고한도는 거래금액의 1천분의 40으로 하며, 도매시장 개설자는 그 한도에서 업무규정으로 중개수수료를 정할 수 있다.
③ 시장도매인이 출하자와 매수인으로부터 각각 징수하는 중개수수료는 해당 부류 위탁수수료 최고한도의 2분의 1을 초과하지 못한다. 이 경우 도매시장 개설자는 그 한도에서 업무규정으로 중개수수료를 정할 수 있다.

ⓜ 거래대금을 정산하는 경우에 도매시장법인·시장도매인·중도매인·매매참가인 등이 대금정산조직에 납부하는 **정산수수료**

※ **사용료 및 수수료 등(시행규칙 제39조 제8항)**
정산수수료의 최고한도는 다음의 구분에 따르며, 도매시장 개설자는 그 한도에서 업무규정으로 정산수수료를 정할 수 있다.
1. 정률(定率)의 경우 : 거래건별 거래금액의 1천분의 4
2. 정액의 경우 : 1개월에 70만원

② 사용료 및 수수료의 요율은 농림축산식품부령 또는 해양수산부령으로 정한다.

04 농수산물공판장 및 민영농수산물도매시장 등

1. 농수산물공판장

(1) 공판장의 개설(법 제43조)
① 농림수협 등, 생산자단체 또는 공익법인이 공판장을 개설하려면 시·도지사의 승인을 받아야 한다.
② 농림수협 등, 생산자단체 또는 공익법인이 공판장의 개설승인을 받으려면 농림축산식품부령 또는 해양수산부령으로 정하는 바에 따라 공판장 개설승인 신청서에 업무규정과 운영관리계획서 등 승인에 필요한 서류를 첨부하여 시·도지사에게 제출하여야 한다.
③ 공판장의 업무규정 및 운영관리계획서에 정할 사항에 관하여는 제17조 제5항 및 제7항을 준용한다.
④ 시·도지사는 ②에 따른 신청이 다음의 어느 하나에 해당하는 경우를 제외하고는 승인을 하여야 한다.
   ㉠ 공판장을 개설하려는 장소가 교통체증을 유발할 수 있는 위치에 있는 경우
   ㉡ 공판장의 시설이 제67조(유통시설의 개선 등) 제2항에 따른 기준에 적합하지 아니한 경우
   ㉢ ②에 따른 운영관리계획서의 내용이 실현 가능하지 아니한 경우
   ㉣ 그 밖에 이 법 또는 다른 법령에 따른 제한에 위반되는 경우
⑤ 공판장의 개설승인절차(시행규칙 제40조)
   ㉠ 공판장의 개설승인신청서에는 다음의 **서류를 첨부**하여야 한다.
     • 공판장의 업무규정. 다만, 도매시장의 업무규정에서 이를 정하는 도매시장공판장의 경우에는 제외한다.
     • 운영관리계획서
   ㉡ 공판장의 개설자가 **업무규정을 변경**한 경우에는 이를 특별시장·광역시장·특별자치시장·도지사 또는 특별자치도지사(이하 "시·도지사"라 한다)에게 보고하여야 한다.

(2) 공판장의 거래관계자(법 제44조)
① 공판장에는 **중도매인·매매참가인·산지유통인** 및 **경매사**를 둘 수 있다.
② 공판장의 **중도매인은 공판장의 개설자가 지정**한다.
③ 농수산물을 수집하여 공판장에 출하하려는 자는 공판장의 개설자에게 산지유통인으로 등록하여야 한다.
④ 공판장의 경매사는 공판장의 개설자가 임면한다.

2. 민영도매시장

(1) 민영도매시장의 개설(법 제47조)
① 민간인 등이 특별시·광역시·특별자치시·특별자치도 또는 시 지역에 민영도매시장을 개설하려면 **시·도지사의 허가**를 받아야 한다.
② 민간인 등이 민영도매시장의 개설허가를 받으려면 **농림축산식품부령 또는 해양수산부령으로 정하는 바에 따라** 민영도매시장 개설허가신청서에 업무규정과 운영관리계획서를 첨부하여 시·도지사에게 제출하여야 한다.
③ 민영도매시장의 개설허가절차(시행규칙 제41조) : 민영도매시장을 개설하고자 하는 자는 시·도지사가 정하는 개설허가신청서에 다음의 서류를 첨부하여 **시·도지사에게 제출**하여야 한다.
　㉠ 민영도매시장의 업무규정
　㉡ 운영관리계획서
　㉢ 해당 민영도매시장의 소재지를 관할하는 시장 또는 자치구의 구청장의 의견서
④ 시·도지사는 다음의 어느 하나에 해당하는 경우를 제외하고는 ①에 따라 허가하여야 한다.
　㉠ 민영도매시장을 개설하려는 장소가 교통체증을 유발할 수 있는 위치에 있는 경우
　㉡ 민영도매시장의 시설이 제67조(유통시설의 개선 등) 제2항에 따른 기준에 적합하지 아니한 경우
　㉢ 운영관리계획서의 내용이 실현 가능하지 아니한 경우
　㉣ 그 밖에 이 법 또는 다른 법령에 따른 제한에 위반되는 경우
⑤ 시·도지사는 민영도매시장 개설허가의 신청을 받은 경우 신청서를 받은 날부터 30일 이내(이하 "허가 처리기간"이라 한다)에 허가 여부 또는 허가처리 지연 사유를 신청인에게 통보하여야 한다. 이 경우 허가 처리기간에 허가 여부 또는 허가처리 지연 사유를 통보하지 아니하면 허가 처리기간의 마지막 날의 다음 날에 허가를 한 것으로 본다.
⑥ 시·도지사는 허가처리 지연 사유를 통보하는 경우에는 허가 처리기간을 10일 범위에서 한 번만 연장할 수 있다.

(2) 민영도매시장의 운영 등(법 제48조)
① 민영도매시장의 개설자는 **중도매인·매매참가인·산지유통인** 및 **경매사**를 두어 직접 운영하거나 시장도매인을 두어 이를 운영하게 할 수 있다.
② 민영도매시장의 **중도매인은 민영도매시장의 개설자가 지정**한다.
③ 농수산물을 수집하여 민영도매시장에 출하하고자 하는 자는 민영도매시장의 개설자에게 **산지유통인으로 등록**하여야 한다.
④ 민영도매시장의 **경매사는 민영도매시장의 개설자가 임면**한다.
⑤ 민영도매시장의 **시장도매인은 민영도매시장의 개설자가 지정**한다.

> **예시문제 맛보기**
>
> 민영도매시장을 개설하고자 하는 자가 개설허가 신청서에 첨부하여야 하는 서류로 규정되어 있지 않은 것은?
> ① 거래품목
> ② 운영관리계획서
> ③ 민영도매시장의 업무규정
> ④ 해당 민영도매시장의 소재지를 관할하는 시장 또는 자치구의 구청장의 의견서
>
> **정답** ①

3. 산지판매제도와 포전매매

(1) 산지판매제도의 확립(법 제49조)

① 농림수협 등 또는 공익법인은 생산지에서 출하되는 주요품목의 농수산물에 대하여 **산지경매제**를 실시하거나 계통출하를 확대하는 등 생산자보호를 위한 판매대책 및 선별·포장·저장시설의 확충 등 **산지유통대책**을 수립·시행하여야 한다.

② 농림수협 등 또는 공익법인은 경매 또는 입찰방법으로 **창고경매·포전경매 또는 선상(船上)경매** 등을 할 수 있다.

※ 창고경매 및 포전경매(시행규칙 제42조)
지역농업협동조합, 지역축산업협동조합, 품목별·업종별협동조합, 조합공동사업법인, 품목조합연합회, 농협경제지주회사, 산림조합 및 수산업협동조합과 그 중앙회(이하 "농림수협 등"이라 한다) 또는 한국농수산식품유통공사가 창고경매나 포전경매(圃田競賣)를 하려는 경우에는 생산농가로부터 위임을 받아 창고 또는 포전상태로 상장하되, 품목의 작황·품질·생산량 및 시중가격 등을 고려하여 미리 예정가격을 정할 수 있다.

(2) 포전매매의 계약(법 제53조)

① 농림축산식품부장관이 정하는 채소류 등 저장성이 없는 **농산물의 포전(圃田)매매**(생산자가 수확하기 이전의 경작상태에서 면적단위 또는 수량단위로 매매하는 것을 말한다)의 계약은 **서면에 의한 방식**으로 하여야 한다.

② 농산물의 포전매매의 계약은 특약이 없으면 매수인이 그 농산물을 계약서에 적힌 반출 약정일부터 **10일 이내**에 반출하지 아니한 경우에는 그 기간이 지난 날에 계약이 해제된 것으로 본다. 다만, 매수인이 반출 약정일이 지나기 전에 반출 지연 사유와 반출 예정일을 서면으로 통지한 경우에는 그러하지 아니하다.

③ 농림축산식품부장관은 포전매매의 계약에 필요한 **표준계약서**를 정하여 보급하고 그 사용을 권장할 수 있으며, 계약당사자는 표준계약서에 준하여 계약하여야 한다.

④ 농림축산식품부장관과 지방자치단체의 장은 생산자 및 소비자의 보호나 **농산물의 가격 및 수급의 안정**을 위하여 특히 필요하다고 인정할 때에는 대상품목, 대상지역 및 신고기간 등을 정하여 계약당사자에게 포전매매계약의 내용을 신고하도록 할 수 있다.

4. 농수산물집하장과 농수산물산지유통센터 등

(1) 농수산물집하장의 설치·운영(법 제50조)
① 생산자단체 또는 공익법인은 농수산물을 대량소비지에 직접 출하할 수 있는 **유통체제를 확립하기 위하여** 필요한 때에는 **농수산물집하장을 설치·운영**할 수 있다.
② 국가와 지방자치단체는 농수산물집하장의 효과적인 운영과 생산자의 출하편의를 도모할 수 있도록 그 **입지선정**과 **도로망의 개설에 협조**하여야 한다.
③ 생산자단체 또는 공익법인은 ①에 따라 운영하고 있는 농수산물집하장 중 공판장의 시설기준을 갖춘 집하장을 **시·도지사의 승인을 얻어 공판장으로 운영**할 수 있다.
④ 지역농업협동조합, 지역축산업협동조합, 품목별·업종별협동조합, 조합공동사업법인, 품목조합연합회, 산림조합 및 수산업협동조합과 그 중앙회(농협경제지주회사를 포함한다)나 생산자 관련 단체 또는 공익법인이 농수산물집하장을 설치·운영하려는 경우에는 농수산물의 출하 및 판매를 위하여 필요한 적정 시설을 갖추어야 한다(시행령 제20조 제1항).
⑤ 농업협동조합중앙회·산림조합중앙회·수산업협동조합중앙회의 장 및 농협경제지주회사의 대표이사는 농수산물집하장의 설치와 운영에 필요한 기준을 정하여야 한다(시행령 제20조 제2항).

(2) 농수산물산지유통센터의 설치·운영 등(법 제51조)
① 국가 또는 지방자치단체는 **농수산물의 선별·포장·규격출하·가공·판매** 등을 촉진하기 위하여 농수산물산지유통센터를 설치하여 운영하거나 이를 설치하고자 하는 자에게 부지확보 또는 시설물설치 등에 필요한 지원을 할 수 있다.
② 국가 또는 지방자치단체는 농수산물산지유통센터의 운영을 **생산자단체** 또는 **전문유통업체에 위탁**할 수 있다.
③ **농수산물산지유통센터의 운영(시행규칙 제42조의2)** : 농수산물산지유통센터의 운영을 위탁한 자는 시설물 및 장비의 유지·관리 등에 소요되는 비용에 충당하기 위하여 농수산물산지유통센터의 운영을 위탁받은 자와 협의하여 **매출액의 1천분의 5를 초과**하지 아니하는 범위에서 시설물 및 장비의 이용료를 징수할 수 있다.

(3) 농수산물유통시설의 편의제공(법 제52조)
국가나 지방자치단체는 그가 설치한 농수산물 유통시설에 대하여 생산자단체, 농업협동조합중앙회, 산림조합중앙회, 수산업협동조합중앙회 또는 공익법인으로부터 이용 요청을 받으면 **해당 시설의 이용, 면적 배정 등에서 우선적으로 편의를 제공**하여야 한다.

05 농산물가격안정기금

1. 기금의 설치 및 조성과 운용

(1) 기금의 설치(법 제54조)
① 정부는 **농산물(축산물 및 임산물을 포함한다)의 원활한 수급과 가격안정**을 도모하고 **유통구조의 개선을 촉진**하기 위한 재원을 확보하기 위하여 농산물가격안정기금을 설치한다.
② 기금계정의 설치(시행령 제21조) : 농림축산식품부장관은 농산물가격안정기금의 수입과 지출을 명확히 하기 위하여 **한국은행**에 기금계정을 설치하여야 한다.

(2) 기금의 조성(법 제55조)
① 기금은 다음의 **재원으로 조성**한다.
  ㉠ 정부의 출연금
  ㉡ 기금운용에 따른 수익금
  ㉢ 몰수농산물 등의 처분으로 발생하는 비용 또는 매각·공매 대금, 수입이익금 및 다른 법률의 규정에 의하여 납입되는 금액
  ㉣ 다른 기금으로부터의 출연금
② 농림축산식품부장관은 기금의 운영에 필요하다고 인정하는 때에는 기금의 부담으로 **한국은행** 또는 **다른 기금으로부터 자금을 차입**할 수 있다.

(3) 기금의 운용·관리(법 제56조)
① 기금은 국가회계원칙에 따라 **농림축산식품부장관이 운용·관리**한다.
② 기금의 운용·관리에 관한 농림축산식품부장관의 업무는 **대통령령으로 정하는 바에 따라** 그 일부를 **국립종자원장**과 **한국농수산식품유통공사의 장에게 위임 또는 위탁**할 수 있다.
③ 기금의 운용·관리사무의 위임·위탁(시행령 제22조) : 농림축산식품부장관은 기금의 운용·관리에 관한 업무 중 다음의 업무를 **한국농수산식품유통공사의 장에게 위탁**한다.
  ㉠ 종자사업과 관련한 업무를 제외한 기금의 수입·지출
  ㉡ 종자사업과 관련한 업무를 제외한 기금재산의 취득·운영·처분 등
  ㉢ 기금의 여유자금의 운용
  ㉣ 그 밖에 기금의 운용·관리에 관한 사항으로서 농림축산식품부장관이 정하는 업무

(4) 기금의 용도(법 제57조)
① 기금은 다음의 사업을 위하여 필요한 경우에 **융자 또는 대출**할 수 있다.
  ㉠ 농산물의 가격조절과 생산·출하의 장려 또는 조절
  ㉡ 농산물의 수출 촉진

ⓒ 농산물의 보관·관리 및 가공
ⓔ 도매시장·공판장·민영도매시장 및 경매식 집하장(농수산물집하장 중 경매 또는 입찰의 방법으로 농수산물을 판매하는 집하장을 말한다)의 출하촉진·거래대금정산·운영 및 시설설치
ⓜ 농산물의 상품성 향상
ⓗ 그 밖에 농림축산식품부장관이 농산물의 유통구조개선, 가격안정 및 종자산업진흥을 위하여 필요하다고 인정하는 사업
② 기금은 다음의 **사업을 위하여 지출**한다.
ⓐ 농수산자조금의 조성 및 운용에 관한 법률 제5조에 따른 농수산자조금에 대한 출연 및 지원
ⓑ 과잉생산시의 생산자보호(제9조), 몰수농산물 등의 이관(제9조의2), 비축사업 등(제13조) 및 종자산업법 제22조(품종목록 등재품종 등의 종자생산)에 따른 사업 및 그 사업의 관리
ⓒ 유통명령 이행자에 대한 지원
ⓓ 기금이 관리하는 유통시설의 설치·취득 및 운영
ⓔ 도매시장 시설현대화 사업 지원
ⓗ 그 밖에 **대통령령이 정하는** 농산물의 유통구조개선 및 가격안정과 종자산업의 진흥을 위하여 필요한 사업

※ 기금의 지출 대상사업(시행령 제23조)
1. 농산물의 가공·포장 및 저장기술의 개발, 브랜드 육성, 저온유통, 유통정보화 및 물류표준화의 촉진
2. 농산물의 유통구조 개선 및 가격안정사업과 관련된 조사·연구·홍보·지도·교육훈련 및 해외시장 개척
3. 종자산업의 진흥과 관련된 우수종자의 품종육성·개발, 우수유전자원의 수집 및 조사·연구
4. 식량작물과 축산물을 제외한 농산물의 유통구조 개선을 위한 생산자의 공동이용시설에 대한 지원
5. 농산물 가격안정을 위한 안전성 강화와 관련된 조사·연구·홍보·지도·교육훈련 및 검사·분석시설 지원

③ 기금의 융자를 받을 수 있는 자는 농업협동조합중앙회(농협경제지주회사 및 그 자회사를 포함한다), 산림조합중앙회 및 한국농수산식품유통공사로 하고, 대출을 받을 수 있는 자는 농림축산식품부장관이 ①의 사업을 효율적으로 시행할 수 있다고 인정하는 자로 한다.
④ 기금의 대출에 관한 농림축산식품부장관의 업무는 ③에 따라 기금의 융자를 받을 수 있는 자에게 위탁할 수 있다.
⑤ 기금을 융자 또는 대출받은 자는 융자 또는 대출을 할 때에 지정한 목적 외의 목적에 그 융자금 또는 대출금을 사용할 수 없다.

예시문제 맛보기

다음 중 농산물가격안정기금으로 지출할 수 있는 사업은?
① 농산물의 보관·관리 및 가공
② 농산물의 상품성 제고
③ 농산물의 가격조절과 생산·출하의 장려 또는 조절
④ 농산물가격안정기금이 관리하는 유통시설의 설치·취득 및 운영

정답 ④

2. 기금의 회계

(1) 기금의 회계기관(법 제58조)
① 농림축산식품부장관은 기금의 수입과 지출에 관한 사무를 수행하게 하기 위하여 소속공무원 중에서 **기금수입징수관·기금재무관·기금지출관 및 기금출납공무원**을 임명한다.
② 농림축산식품부장관은 기금의 운용·관리에 관한 업무의 일부를 위임 또는 위탁한 경우, 위임 또는 위탁받은 기관의 소속공무원 또는 임직원 중에서 위임 또는 위탁받은 업무를 수행하기 위한 기금수입징수관 또는 기금수입담당임원, 기금재무관 또는 기금지출원인행위담당임원, 기금지출관 또는 기금지출원 및 기금출납공무원 또는 기금출납원을 임명하여야 한다. 이 경우 기금수입담당임원은 **기금수입징수관의 직무**를, 기금지출원인행위담당임원은 기금재무관의 직무를, 기금지출원은 **기금지출관의 직무**를, 기금출납원은 **기금출납공무원의 직무**를 수행한다.
③ 농림축산식품부장관은 기금수입징수관·기금재무관·기금지출관 및 기금출납공무원, 기금수입담당임원·기금지출원인행위담당임원·기금지출원 및 기금출납원을 임명하였을 때에는 감사원·기획예산처장관 및 한국은행총재에게 그 사실을 통지하여야 한다.

(2) 기금의 손비처리(법 제59조)
농림축산식품부장관은 다음에 해당하는 비용이 생긴 때에는 이를 기금에서 **손비로 처리**하여야 한다.
① **과잉생산 시의 생산자보호**(제9조), 비축사업 등(제13조) 및 종자산업법 제22조(품종목록 등재품종 등의 종자생산)에 따른 사업을 실시한 결과 생긴 결손금
② **차입금의 이자 및 기금운용상 필요한 경비**

(3) 기금의 운용계획(법 제60조)
① 농림축산식품부장관은 회계연도마다 국가재정법 제66조에 따라 **기금운용계획**을 수립하여야 한다.
② **기금운용계획**에는 다음의 사항이 포함되어야 한다.
  ㉠ 기금의 수입·지출에 관한 사항
  ㉡ 융자 또는 대출의 목적, 대상자, 금리 및 기간에 관한 사항
  ㉢ 그 밖에 기금의 운용에 필요한 사항
③ 융자기간은 1년 이내로 하여야 한다. 다만, 시설자금의 융자 등 자금의 사용목적상 1년 이내로 하는 것이 적당하지 아니하다고 인정되는 경우에는 그러하지 아니하다.

(4) 여유자금의 운용(법 제60조의2)
농림축산식품부장관은 기금의 여유자금을 다음의 방법으로 운용할 수 있다.
① 은행법에 따른 은행에 예치
② 국채·공채, 그 밖에 자본시장과 금융투자업에 관한 법률 제4조에 따른 증권의 매입

(5) 결산보고(법 제61조)

농림축산식품부장관은 회계연도마다 **기금의 결산보고서를 작성**하여 다음 연도 2월 말일까지 **기획예산처장관에게 제출**하여야 한다.

06 농수산물유통기구의 정비 등

1. 정비기본방침과 정비의 실시

(1) 정비기본방침 등(법 제62조)

농림축산식품부장관 또는 해양수산부장관은 **농수산물의 원활한 수급과 유통질서를 확립**하기 위하여 필요한 경우에는 다음의 사항을 포함한 농수산물 유통기구 정비기본방침(이하 "**기본방침**"이라 한다)을 수립하여 고시할 수 있다.
① 시설기준에 미달하거나 거래물량에 비하여 시설이 부족하다고 인정되는 도매시장·공판장 및 민영도매시장의 시설정비에 관한 사항
② 도매시장·공판장 및 민영도매시장의 시설의 바꿈 및 이전에 관한 사항
③ 중도매인 및 경매사의 가격조작 방지에 관한 사항
④ 생산자와 소비자보호를 위한 유통기구의 봉사경쟁체제의 확립과 유통경로의 단축에 관한 사항
⑤ 운영실적이 부진하거나 휴업 중인 도매시장의 정비 및 도매시장법인이나 시장도매인의 교체에 관한 사항
⑥ 소매상의 시설개선에 관한 사항

(2) 지역별 정비계획(법 제63조)

① 시·도지사는 기본방침이 고시되었을 때에는 그 기본방침에 따라 지역별 정비계획을 수립하고 **농림축산식품부장관 또는 해양수산부장관의 승인**을 받아 그 계획을 시행하여야 한다.
② 농림축산식품부장관 또는 해양수산부장관은 ①에 따른 지역별 정비계획의 내용이 기본방침에 부합되지 아니하거나 사정의 변경 등으로 실효성이 없다고 인정하는 경우에는 그 **일부를 수정 또는 보완하여 승인**할 수 있다.

(3) 유사도매시장의 정비(법 제64조)

① 시·도지사는 농수산물의 공정거래질서 확립을 위하여 필요한 경우에는 농수산물도매시장과 유사(類似)한 형태의 시장을 정비하기 위하여 유사 도매시장구역을 지정하고, **농림축산식품부령 또는 해양수산부령으로 정하는 바에 따라** 그 구역의 농수산물도매업자의 **거래방법개선, 시설 개선, 이전대책** 등에 관한 정비계획을 수립·시행할 수 있다.

㉠ 시·도지사는 다음의 지역에 있는 **유사도매시장의 정비계획을 수립하여야 한다**(시행규칙 제43조).
  - 특별시·광역시
  - 국고지원으로 도매시장을 건설하는 지역
  - 그 밖에 시·도지사가 농수산물의 공공거래질서의 확립을 위하여 특히 필요하다고 인정하는 지역
㉡ 유사도매시장의 정비계획에 **포함되어야 할 사항**은 다음과 같다.
  - 유사도매시장구역으로 지정하려는 구체적인 지역의 범위
  - 지역에 있는 농수산물도매업자의 거래방법의 개선방안
  - 유사도매시장의 시설개선 및 이전대책
  - 시설개선 및 이전대책을 시행하는 경우의 대상자 선발기준
② 특별시·광역시·특별자치시·특별자치도 또는 시는 정비계획에 따라 유사도매시장구역에 **도매시장을 개설**하고, 그 구역의 농수산물도매업자를 **도매시장법인** 또는 **시장도매인**으로 지정하여 운영하게 할 수 있다.
③ 농림축산식품부장관 또는 해양수산부장관은 시·도지사로 하여금 정비계획의 내용을 수정 또는 보완하게 할 수 있으며, 정비계획의 추진에 필요한 지원을 할 수 있다.

(4) 시장의 개설·정비명령(법 제65조, 시행령 제33조)
① 농림축산식품부장관 또는 해양수산부장관은 기본방침을 효과적으로 수행하기 위하여 필요하다고 인정한 때에는 도매시장·공판장 및 민영도매시장의 개설자에 대하여 **대통령령이 정하는 바에 따라** 도매시장·공판장 및 민영도매시장의 **통합·이전 또는 폐쇄**를 명할 수 있다.
  ㉠ 농림축산식품부장관 또는 해양수산부장관이 도매시장, 농수산물공판장(이하 "공판장"이라 한다) 및 민영농수산물도매시장(이하 "민영도매시장"이라 한다)의 통합·이전 또는 폐쇄를 명령하려는 경우에는 그에 필요한 적정한 기간을 두어야 하며, 다음의 사항을 비교·검토하여 조건이 불리한 시장을 통합·이전 또는 폐쇄하도록 해야 한다.
    - 최근 2년간의 거래실적과 거래추세
    - 입지조건
    - 시설현황
    - 통합·이전 또는 폐쇄로 인하여 당사자가 입게 될 손실의 정도
  ㉡ 농림축산식품부장관 또는 해양수산부장관은 도매시장·공판장 및 민영도매시장의 **통합·이전 또는 폐쇄**를 명령하려는 경우에는 미리 관계인에게 ㉠의 사항에 대하여 **소명을 하거나 의견을 진술할 수 있는 기회**를 주어야한다.
  ㉢ 농림축산식품부장관 또는 해양수산부장관은 명령으로 인하여 발생한 손실에 대한 보상을 하려는 경우에는 미리 관계인과 협의를 하여야 한다.

② 농림축산식품부장관 또는 해양수산부장관은 농수산물을 원활하게 수급하기 위하여 특정한 지역에 도매시장이나 **공판장**을 개설하거나 제한할 필요가 있다고 인정할 때에는 그 지역을 관할하는 **특별시·광역시·특별자치시·특별자치도** 또는 **시나 농림수협** 등 또는 **공익법인**에 대하여 도매시장이나 공판장을 개설하거나 제한할 것을 권고할 수 있다.
③ 정부는 명령으로 인하여 발생한 도매시장·공판장 및 민영도매시장의 개설자 또는 도매시장법인의 손실에 관하여는 **대통령령이 정하는 바에 따라** 정당한 보상을 하여야 한다.

2. 농수산물유통기구의 대행 및 개선

(1) 도매시장법인의 대행(법 제66조)
① 도매시장 개설자는 도매시장법인이 판매업무를 할 수 없게 되었다고 인정되는 경우에는 기간을 정하여 그 업무를 대행하거나 **관리공사**, 다른 **도매시장법인** 또는 도매시장공판장의 개설자로 하여금 대행하게 할 수 있다.
② 도매시장법인의 업무를 대행하는 자에 대한 업무처리기준 그 밖에 대행에 관하여 필요한 사항은 **도매시장 개설자**가 정한다.

(2) 유통시설의 개선 등(법 제67조)
① 농림축산식품부장관 또는 해양수산부장관은 농수산물의 원활한 유통을 위하여 도매시장·공판장 및 민영도매시장의 개설자나 도매시장법인에 대하여 **농수산물의 판매·수송·보관·저장시설의 개선·정비**를 명할 수 있다.
② 도매시장·공판장 및 민영도매시장이 보유하여야 하는 시설의 기준은 부류별로 그 지역의 인구 및 거래물량 등을 고려하여 **농림축산식품부령 또는 해양수산부령**으로 정한다.

(3) 농수산물소매유통의 개선(법 제68조)
① 농림축산식품부장관 또는 해양수산부장관 또는 지방자치단체의 장은 **생산자와 소비자를 보호**하고 **상거래질서를 확립**하기 위한 농수산물소매단계의 합리적 **유통개선에 대한 시책을 수립·시행**할 수 있다.
② 농림축산식품부장관 또는 해양수산부장관은 시책을 달성하기 위하여 농수산물의 중도매업·소매업, 생산자와 소비자의 직거래사업, 생산자단체 및 **대통령령이 정하는 단체**가 운영하는 농수산물직판장, 소매시설의 현대화 등을 **농림축산식품부령 또는 해양수산부령이 정하는 바에 따라** 지원·육성한다.
  ㉠ "**대통령령이 정하는 단체**"라 함은 소비자단체 및 지방자치단체의 장이 직거래사업의 활성화를 위하여 필요하다고 인정하여 지정하는 단체를 말한다(시행령 제34조, 농수산물직판장의 운영단체).

ⓒ 농수산물소매유통의 지원(시행규칙 제45조) : 농림축산식품부장관 또는 해양수산부장관이 지원할 수 있는 사업은 다음과 같다.
- 농수산물의 생산자 또는 생산자단체와 소비자 또는 소비자단체 간의 직거래사업
- 농수산물소매시설의 현대화 및 운영에 관한 사업
- 농수산물직판장의 설치 및 운영에 관한 사업
- 그 밖에 농수산물직거래 및 소매유통의 활성화를 위하여 농림축산식품부장관 또는 해양수산부장관이 인정하는 사업

③ 농림축산식품부장관 또는 해양수산부장관 또는 지방자치단체의 장은 농수산물소매업자 등이 농수산물의 유통개선과 공동이익의 증진 등을 위하여 협동조합을 설립하는 경우에는 **도매시장** 또는 **공판장의 이용편의 등을 지원할 수 있다.**

3. 종합유통센터와 유통자회사

(1) 종합유통센터의 설치(법 제69조)

① 국가나 지방자치단체는 종합유통센터를 설치하여 **생산자단체** 또는 **전문유통업체**에 그 운영을 위탁할 수 있다.
② 국가나 지방자치단체는 종합유통센터를 설치하려는 자에게 **부지확보** 또는 **시설물설치 등에 필요한 지원**을 할 수 있다.
③ 농림축산식품부장관 또는 해양수산부장관 또는 지방자치단체의 장은 종합유통센터가 효율적으로 그 기능을 수행할 수 있도록 종합유통센터를 운영하는 자 또는 이를 이용하는 자에게 그 운영방법 및 출하농어가에 대한 **서비스의 개선** 또는 **이용방법의 준수 등 필요한 권고**를 할 수 있다.
④ 농림축산식품부장관 또는 해양수산부장관 또는 지방자치단체의 장은 ①에 따라 종합유통센터를 운영하는 자 및 ②에 따라 지원을 받아 종합유통센터를 운영하는 자가 ③에 따른 권고를 이행하지 아니하는 경우에는 일정한 기간을 정하여 운영방법 및 출하농어가에 대한 **서비스의 개선 등 필요한 조치를 할 것을 명할 수 있다.**
⑤ 종합유통센터의 설치 등(시행규칙 제46조)
 ㉠ 국가 또는 지방자치단체의 지원을 받아 종합유통센터를 설치하려는 자는 지원을 받으려는 농림축산식품부장관 또는 해양수산부장관 또는 지방자치단체의 장에게 다음의 사항이 포함된 종합유통센터 건설사업계획서를 제출하여야 한다.
  - 신청지역의 농수산물유통시설현황, 종합유통센터의 건설 필요성 및 기대효과
  - 운영자의 선정계획, 세부적인 운영방법과 물량처리계획이 포함된 운영계획서 및 운영수지분석
  - 부지·시설 및 물류장비의 확보와 운영에 필요한 자금조달계획
  - 그 밖에 농림축산식품부장관 또는 해양수산부장관 또는 지방자치단체의 장이 종합유통센터 건설의 타당성검토를 위하여 필요하다고 판단하여 정하는 사항

ⓛ 농림축산식품부장관 또는 해양수산부장관 또는 지방자치단체의 장은 사업계획서를 제출받은 때에는 사업계획의 타당성을 고려하여 지원대상자를 선정하고, 부지구입·시설물설치·장비 확보 및 운영을 위하여 필요한 자금을 보조 또는 융자하거나 부지 알선 등의 행정적인 지원을 할 수 있다.

ⓒ 국가 또는 지방자치단체가 설치하는 종합유통센터 및 지원을 받으려는 자가 설치하는 종합유통센터가 갖추어야 하는 시설기준은 다음 표와 같다.

알아두기 농수산물종합유통센터의 시설기준(시행규칙 제46조 관련 [별표 3])

구 분	기 준
부 지	20,000m² 이상
건 물	10,000m² 이상
시 설	1. 필수시설 　가. 농수산물의 처리를 위한 집하·배송시설 　나. 포장·가공시설 　다. 저온저장고 　라. 사무실·전산실 　마. 농산물품질관리실 　바. 거래처주재원실 및 출하주대기실 　사. 오·폐수시설 　아. 주차시설	2. 편의시설 　가. 직판장 　나. 수출지원실 　다. 휴게실 　라. 식 당 　마. 금융회사 등의 점포 　바. 그 밖에 이용자의 편의를 위하여 필요한 시설

〈비고〉 1. 편의시설은 지역여건에 따라 보유하지 아니할 수 있다.
2. 부지 및 건물면적은 취급물량과 소비여건을 고려하여 기준면적에서 50%까지 낮추어 적용할 수 있다.

ⓔ ⓛ에 따른 지원을 하려는 지방자치단체의 장은 ⓘ에 따라 제출받은 종합유통센터 건설사업계획서와 해당 계획의 타당성 등에 대한 검토의견서를 농림축산식품부장관 및 해양수산부장관에게 제출하되, 시장·군수 또는 구청장의 경우에는 시·도지사의 검토의견서를 첨부하여야 하며, 농림축산식품부장관 및 해양수산부장관은 이에 대하여 의견을 제시할 수 있다.

⑥ 종합유통센터의 운영(시행규칙 제47조)

ⓘ 국가 또는 지방자치단체가 종합유통센터를 설치하여 운영을 위탁할 수 있는 생산자단체 또는 전문유통업체(이하 "**운영주체**"라 한다)는 다음의 자로 한다.
- 농림수협 등(유통자회사를 포함한다)
- 종합유통센터의 운영에 필요한 자금과 경영능력을 갖춘 자로서 농림축산식품부장관 또는 해양수산부장관 또는 지방자치단체의 장이 농수산물의 효율적인 유통을 위하여 특히 필요하다고 인정하는 자
- 종합유통센터를 운영하기 위하여 국가 또는 지방자치단체와 위의 농림수협 등 및 인정하는 자가 출자하여 설립한 법인

ⓒ 국가 또는 지방자치단체(이하 "**위탁자**"라 한다)가 종합유통센터를 설치하여 운영을 위탁하고자 하는 때에는 농수산물의 수집능력·분산능력, 투자계획, 경영계획 및 농수산물유통에 대한 경험 등을 기준으로 하여 공개적인 방법으로 운영주체를 선정하여야 한다. 이 경우 위탁자는 **5년 이상의 기간을 두어 위탁기간을 설정**할 수 있다.
ⓒ 위탁자는 종합유통센터의 시설물 및 장비의 유지·관리 등에 소요되는 비용에 충당하기 위하여 운영주체와 협의하여 운영주체로부터 종합유통센터의 **시설물 및 장비의 이용료**를 징수할 수 있다. 이 경우 이용료 총액은 해당 종합유통센터 **매출액의 1천분의 5를 초과**할 수 없으며, 위탁자는 이용료 외에는 어떠한 명목으로도 금전을 징수해서는 아니 된다.

(2) 유통자회사의 설립(법 제70조)

① 농림수협 등은 **농수산물유통의 효율화**를 도모하기 위하여 필요한 경우에는 종합유통센터, 도매시장공판장을 운영하거나 그 밖의 유통사업을 수행하는 별도의 법인(이하 "**유통자회사**"라 한다)을 설립·운영할 수 있다.
② 유통자회사는 '**상법**'상의 회사이어야 한다.
③ 국가 또는 지방자치단체는 **유통자회사의 원활한 운영**을 위하여 필요한 지원을 할 수 있다.

> ※ 유통자회사의 사업범위(시행규칙 제48조)
> 유통자회사가 수행하는 "그 밖의 유통사업"의 범위는 다음과 같다.
> 1. 농림수협 등이 설치한 농수산물직판장 등 소비지유통사업
> 2. 농수산물의 상품화 촉진을 위한 규격화 및 포장 개선사업
> 3. 그 밖에 농수산물의 운송·저장사업 등 농수산물 유통의 효율화를 위한 사업

(3) 농수산물전자거래의 촉진 등(법 제70조의2)

① 농림축산식품부장관 또는 해양수산부장관은 농수산물전자거래를 촉진하기 위하여 한국농수산식품유통공사 및 농수산물 거래와 관련된 업무경험 및 전문성을 갖춘 기관으로서 대통령령으로 정하는 기관에 다음의 업무를 수행하게 할 수 있다.
  ⊙ 농수산물전자거래소(농수산물 전자거래장치와 그에 수반되는 물류센터 등의 부대시설을 포함한다)의 설치 및 운영·관리
  ⓒ 농수산물전자거래 참여 판매자 및 구매자의 등록·심사 및 관리
  ⓒ 제70조의3에 따른 농수산물전자거래 분쟁조정위원회의 운영 지원
  ⓔ 대금결제 지원을 위한 정산소(精算所)의 운영·관리
  ⓜ 농수산물전자거래에 관한 유통정보 서비스 제공
  ⓑ 그 밖에 농수산물전자거래에 필요한 업무
② 농림축산식품부장관 또는 해양수산부장관은 농수산물전자거래를 활성화하기 위하여 예산의 범위에서 필요한 지원을 할 수 있다.
③ ①·②에서 규정한 사항 외에 거래품목·거래수수료 및 결제방법 등 농수산물전자거래에 필요한 사항은 농림축산식품부령 또는 해양수산부령으로 정한다.

(4) 농수산물전자거래 분쟁조정위원회의 설치(법 제70조의3)

① 제70조의2 제1항에 따른 농수산물전자거래에 관한 분쟁을 조정하기 위하여 한국농수산식품유통공사와 농수산물 거래와 관련된 업무경험 및 전문성을 갖춘 기관에 농수산물전자거래 분쟁조정위원회(이하 "분쟁조정위원회"라 한다)를 둔다.
② 분쟁조정위원회는 위원장 1명을 포함하여 9명 이내의 위원으로 구성하고, 위원은 농림축산식품부장관 또는 해양수산부장관이 임명 또는 위촉하며, 위원장은 위원 중에서 호선한다.
③ ①·②에서 규정한 사항 외에 위원의 자격 및 임기, 위원의 제척·기피·회피 등 분쟁조정위원회의 구성·운영에 필요한 사항은 대통령령으로 정한다.

4. 기타 관련 사업의 지원

(1) 유통정보화의 촉진(법 제72조)

① 농림축산식품부장관 또는 해양수산부장관은 유통정보의 원활한 수집·처리 및 전파를 통하여 농수산물의 유통효율향상에 이바지할 수 있도록 **농수산물유통정보화**와 관련한 사업을 지원하여야 한다.
② 농림축산식품부장관 또는 해양수산부장관은 ①에 따른 정보화사업을 추진하기 위하여 정보기반의 정비, **정보화를 위한 교육** 및 **홍보사업**을 직접 수행하거나 이에 **필요한 지원**을 할 수 있다.

(2) 재정지원(법 제73조)

정부는 농수산물유통구조개선과 유통기구의 육성을 위하여 도매시장·공판장 및 민영도매시장의 개설자에 대하여 **예산의 범위에서 융자하거나 보조금**을 지급할 수 있다.

(3) 거래질서의 유지(법 제74조)

① 누구든지 도매시장에서의 정상적인 거래와 도매시장의 개설자가 정하여 고시하는 시설물의 사용기준을 위반하거나 적절한 **위생·환경의 유지**를 저해하여서는 아니 된다. 이 경우 도매시장의 개설자는 도매시장에서의 **거래질서가 유지**되도록 필요한 조치를 하여야 한다.
② 농림축산식품부장관, 해양수산부장관, 도지사 또는 도매시장의 개설자는 **대통령령으로 정하는 바에 따라** 소속공무원으로 하여금 이 법을 위반하는 자를 단속하게 할 수 있다.

※ **위법행위의 단속(시행령 제36조)** : 농림축산식품부장관 또는 해양수산부장관은 위법행위에 대한 단속을 효과적으로 하기 위하여 필요한 경우 이에 대한 단속 지침을 정할 수 있다.

③ 단속을 하는 공무원은 그 권한을 표시하는 증표를 관계인에게 보여주어야 한다.

(4) 교육훈련 등(법 제75조)

① 농림축산식품부장관 또는 해양수산부장관은 농수산물의 유통개선을 촉진하기 위하여 경매사, 중도매인 등 농림축산식품부령 또는 해양수산부령으로 정하는 유통종사자에 대하여 **교육훈련을 실시할 수 있다.**

  ※ 교육훈련 등(시행규칙 제50조 제1항)
  1. 도매시장법인, 공공출자법인, 공판장(도매시장공판장을 포함한다) 및 시장도매인의 임직원
  2. 경매사
  3. 중도매인(법인을 포함한다)
  4. 산지유통인
  5. 종합유통센터를 운영하는 자의 임직원
  6. 농수산물의 출하조직을 구성·운영하고 있는 농어업인
  7. 농수산물의 저장·가공업에 종사하는 자
  8. 그 밖에 농림축산식품부장관 또는 해양수산부장관이 필요하다고 인정하는 자

② 도매시장법인 또는 공판장의 개설자가 임명한 경매사는 농림축산식품부장관 또는 해양수산부장관이 실시하는 교육훈련을 이수하여야 한다.

③ 농림축산식품부장관 또는 해양수산부장관은 ① 및 ②에 따른 교육훈련을 농림축산식품부령 또는 해양수산부령이 정하는 **기관에 위탁하여** 실시할 수 있다.

  ㉠ 농림축산식품부장관 또는 해양수산부장관은 유통종사자에 대한 교육훈련을 한국농수산식품유통공사에 위탁하여 실시한다. 이 경우 도매시장법인 또는 시장도매인의 임원이나 경매사로 신규 임용 또는 임명되었거나 중도매업의 허가를 받은 자(법인의 경우에는 임원을 말한다)는 그 임용·임명 또는 허가 후 1년(2016년 7월 1일부터 2018년 7월 1일까지 임용·임명 또는 허가를 받은 자는 1년 6개월) 이내에 교육훈련을 받아야 한다(시행규칙 제50조 제3항).

  ㉡ 교육훈련의 위탁을 받은 한국농수산식품유통공사의 장은 매년도의 **교육훈련계획을 수립하여 농림축산식품부장관 또는 해양수산부장관에게 보고하여야** 한다(시행규칙 제50조 제4항).

④ 교육훈련의 내용, 절차 및 그 밖의 세부사항은 농림축산식품부령 또는 해양수산부령으로 정한다.

(5) 실태조사 등(법 제76조)

① 농림축산식품부장관 또는 해양수산부장관은 도매시장을 효율적으로 운영·관리하기 위하여 필요하다고 인정할 때에는 **농림축산식품부령 또는 해양수산부령으로 정하는 법인** 등으로 하여금 도매시장에 대한 실태조사를 하게 하거나 운영·관리의 지도를 하게 할 수 있다.

② 도매시장 개설자는 도매시장의 경매에서 낙찰되지 아니하거나 판매원표가 정정되는 현황에 대하여 분기별로 실태조사를 실시하고 농림축산식품부장관 또는 해양수산부장관에게 보고하여야 한다.

③ ②의 실태조사 운영 및 실태조사 결과에 따른 도매시장법인, 시장도매인, 중도매인 등에 대한 개선사항은 도매시장 개설자가 업무규정으로 정한다.

④ 농림축산식품부장관 또는 해양수산부장관이 도매시장에 대한 실태조사를 하게 하거나 운영·관리의 지도를 하게 할 수 있는 법인은 **한국농수산식품유통공사** 및 **한국농촌경제연구원**으로 한다(시행규칙 제51조).

(6) 평가의 실시(법 제77조)

① 농림축산식품부장관 또는 해양수산부장관은 도매시장 개설자의 의견을 수렴하여 도매시장의 거래제도 및 물류체계 개선 등 운영·관리와 도매시장법인·도매시장공판장·시장도매인의 거래 실적, 재무 건전성 등 경영관리에 관한 평가를 실시하여야 한다. 이 경우 도매시장 개설자는 평가에 필요한 자료를 농림축산식품부장관 또는 해양수산부장관에게 제출하여야 한다.

② 도매시장 개설자는 중도매인의 거래 실적, 재무 건전성 등 경영관리에 관한 평가를 실시할 수 있다.

③ 도매시장 개설자는 평가 결과와 시설규모, 거래액 등을 고려하여 도매시장법인, 시장도매인, 도매시장공판장의 개설자, 중도매인에 대하여 시설 사용면적의 조정, 차등 지원 등의 조치를 할 수 있다.

④ 농림축산식품부장관 또는 해양수산부장관은 평가 결과에 따라 도매시장 개설자에게 다음의 명령이나 권고를 할 수 있다.
   ㉠ 부진한 사항에 대한 시정 명령
   ㉡ 부진한 도매시장의 관리를 관리공사 또는 한국농수산식품유통공사에 위탁 권고
   ㉢ 도매시장법인, 시장도매인 또는 도매시장공판장에 대한 시설 사용면적의 조정, 차등 지원 등의 조치 명령

⑤ 평가 및 자료 제출에 관한 사항은 농림축산식품부령 또는 해양수산부령으로 정한다.

⑥ 도매시장 등의 평가(시행규칙 제52조)
   ㉠ 도매시장 평가는 다음의 절차 및 방법에 따른다.
- 농림축산식품부장관 또는 해양수산부장관은 다음 연도의 평가대상·평가기준 및 평가방법 등을 정하여 매년 12월 31일까지 도매시장 개설자와 도매시장법인·도매시장공판장·시장도매인(이하 "도매시장법인 등"이라 한다)에게 통보
- 도매시장법인 등은 재무제표 및 평가기준에 따라 작성한 실적보고서를 다음 연도 3월 15일까지 도매시장 개설자에게 제출
- 도매시장 개설자는 다음의 자료를 다음 연도 3월 31일까지 농림축산식품부장관 또는 해양수산부장관에게 제출
    - 도매시장개설자가 평가기준에 따라 작성한 도매시장 운영·관리 보고서
    - 도매시장법인 등이 제출한 재무제표 및 실적보고서
- 농림축산식품부장관 또는 해양수산부장관은 평가기준 및 평가방법에 따라 평가를 실시하고, 그 결과를 공표

   ㉡ 도매시장 개설자가 중도매인에 대한 평가를 하는 경우에는 운영규정에 따라 평가기준, 평가방법 등을 평가대상 연도가 도래하기 전까지 미리 통보한 후 중도매인으로부터 제출받은 자료로 연간 운영실적을 평가하고 그 결과를 공표할 수 있다.

   ㉢ 그 밖에 도매시장 평가 실시 및 그 평가 결과에 따른 조치에 관한 세부 사항은 농림축산식품부장관 또는 해양수산부장관이 정한다.

5. 위원회의 설치 등

(1) 시장관리운영위원회의 설치(법 제78조)
① 도매시장의 효율적인 운영·관리를 위하여 도매시장 개설자 소속으로 **시장관리운영위원회**(이하 "위원회"라 한다)를 둔다.
② 위원회는 다음의 사항을 심의한다.
  ㉠ 도매시장의 거래제도 및 거래방법의 선택에 관한 사항
  ㉡ 수수료·시장사용료·하역비 등 제반 비용 결정에 관한 사항
  ㉢ 도매시장 출하품의 안전성 향상 및 규격화의 촉진에 관한 사항
  ㉣ 도매시장의 거래질서의 확립에 관한 사항
  ㉤ 정가매매·수의매매 등 거래 농수산물의 매매방법 운용기준에 관한 사항
  ㉥ 최소출하량 기준의 결정에 관한 사항
  ㉦ 그 밖에 도매시장의 개설자가 특히 필요하다고 인정하는 사항
③ 시장관리운영위원회의 구성 등(시행규칙 제54조)
  ㉠ 시장관리운영위원회는 위원장 1명을 포함한 **20명 이내의 위원**으로 구성한다.
  ㉡ 시장관리운영위원회의 구성·운영 등에 관하여 필요한 사항은 도매시장의 개설자가 **업무규정**으로 정한다.

(2) 도매시장거래 분쟁조정위원회의 설치 등(법 제78조의2)
① 도매시장 내 농수산물의 거래당사자 간의 분쟁에 관한 사항을 조정하기 위하여 도매시장의 개설자 소속으로 **도매시장거래 분쟁조정위원회**(이하 "조정위원회"라 한다)를 두어야 한다.
② 조정위원회는 당사자의 한쪽 또는 양쪽의 신청에 의하여 다음의 **분쟁을 심의·조정**한다.
  ㉠ 낙찰자결정에 관한 분쟁
  ㉡ 낙찰가격에 관한 분쟁
  ㉢ 거래대금의 지급에 관한 분쟁
  ㉣ 그 밖에 도매시장 개설자가 특히 필요하다고 인정하는 분쟁
③ 중앙도매시장 개설자 소속 조정위원회 위원 중 3분의 1 이상은 농림축산식품부장관 또는 해양수산부장관이 추천하는 위원이어야 한다.
④ 조정위원회는 분쟁에 대한 심의·조정 전 책임 소재의 판단, 손실지원의 수준 권고·제시 등을 위하여 분쟁조정관을 둘 수 있다.
⑤ 도매시장 개설자는 조정위원회(분쟁조정관을 포함)의 차년도 운영계획, 전년도 개최실적, 전년도 분쟁 조정 사항 등을 농림축산식품부장관 또는 해양수산부장관에게 매년 보고하여야 한다.
⑥ 조정위원회의 구성·운영 및 ④에 따른 분쟁조정관의 임명·위촉자격·운영에 필요한 사항은 대통령령으로 정한다.
⑦ 도매시장거래 분쟁조정위원회의 구성 등(시행령 제36조의2)
  ㉠ 조정위원회는 위원장 1명을 포함하여 **9명 이내의 위원**으로 구성한다.

ⓒ 조정위원회의 위원장은 위원 중에서 도매시장의 개설자가 **지정하는 사람**으로 한다.
　　　ⓓ 조정위원회의 위원은 다음의 어느 하나에 해당하는 사람 중에서 도매시장의 개설자가 임명 또는 위촉한다. 이 경우 출하자를 대표하는 사람 및 변호사의 자격이 있는 사람에 해당하는 자가 1명 이상 포함되어야 한다.
　　　　• 출하자를 대표하는 사람
　　　　• 변호사의 자격이 있는 사람
　　　　• 도매시장업무에 관한 학식과 경험이 풍부한 사람
　　　　• 소비자단체에서 3년 이상 근무한 경력이 있는 사람
　　　ⓔ 조정위원회의 위원의 **임기는 2년**으로 한다.
　　　ⓕ 조정위원회에 출석한 위원에게는 예산의 범위에서 **수당과 여비를 지급**할 수 있다. 다만, 공무원인 위원이 소관업무와 직접적으로 관련하여 조정위원회의 회의에 출석하는 경우에는 그러하지 아니하다.
　　　ⓖ 조정위원회의 구성·운영 등에 관한 세부사항은 도매시장의 개설자가 **업무규정**으로 정한다.
　⑧ 도매시장거래 분쟁조정(시행령 제36조의3)
　　　㉠ 도매시장 거래 당사자 간에 발생한 분쟁에 대하여 당사자는 조정위원회에 분쟁조정을 신청할 수 있다.
　　　㉡ 조정위원회의 효율적인 운영을 위하여 분쟁조정을 신청받은 조정위원회의 위원장은 조정위원회를 개최하기 전에 사전 조정을 실시하여 분쟁 당사자 간 합의를 권고할 수 있다.
　　　㉢ 분쟁조정을 신청받은 조정위원회는 신청을 받은 날부터 **30일 이내에 분쟁 사항을 심의 조정**하여야 한다. 이 경우 조정위원회는 필요하다고 인정하는 경우 분쟁 당사자의 의견을 들을 수 있다.

07 보 칙

1. 보고·검사·명령 등

(1) 보고(법 제79조)
　① 농림축산식품부장관, 해양수산부장관 또는 시·도지사는 도매시장·공판장 및 민영도매시장의 개설자로 하여금 **그 재산 및 업무집행 상황을 보고**하게 할 수 있으며, 농수산물의 가격 및 수급 안정을 위하여 특히 필요하다고 인정할 때에는 도매시장법인·시장도매인 또는 도매시장공판장의 개설자(이하 "도매시장법인 등"이라 한다)로 하여금 그 **재산 및 업무집행 상황을 보고**하게 할 수 있다.

② 도매시장·공판장 및 민영도매시장의 개설자는 도매시장법인 등으로 하여금 기장사항, 거래내역 등을 보고하게 할 수 있으며, 농수산물의 가격과 수급안정을 위하여 특히 필요하다고 인정할 때에는 **중도매인 또는 산지유통인**으로 하여금 업무집행상황을 보고하게 할 수 있다.

(2) 검사(법 제80조)

① 농림축산식품부장관 또는 해양수산부장관, 도지사 또는 도매시장 개설자는 **농림축산식품부령 또는 해양수산부령이 정하는 바**에 따라 소속공무원으로 하여금 도매시장·공판장·민영도매시장·도매시장법인·시장도매인 및 중도매인의 업무와 이에 관련된 장부 및 재산상태를 검사하게 할 수 있다.

② 도매시장 개설자는 필요하다고 인정하는 경우에는 시장관리자의 소속직원으로 하여금 도매시장법인, 시장도매인, 도매시장공판장의 개설자 및 중도매인이 갖추어 두고 있는 **장부를 검사하게** 할 수 있다.

③ 검사의 통지(시행규칙 제55조)

㉠ 농림축산식품부장관, 해양수산부장관, 도지사 또는 도매시장 개설자가 **도매시장·공판장·민영도매시장·도매시장법인·시장도매인 및 중도매인의 업무와 이에 관련된 장부 및 재산상태**를 검사하려는 때에는 미리 검사의 목적·범위 및 기간과 **검사공무원의 소속·직위 및 성명을 통지**하여야 한다.

㉡ 도매시장 개설자가 도매시장법인, 시장도매인, 도매시장공판장의 개설자 및 중도매인의 장부를 검사하려는 때에는 미리 검사의 목적·범위 및 기간과 검사직원의 소속·직위 및 성명을 통지하여야 한다.

(3) 명령(법 제81조)

① 농림축산식품부장관, 해양수산부장관 또는 시·도지사는 도매시장·공판장 및 민영도매시장의 적정한 운영을 위하여 필요하다고 인정할 때에는 도매시장·공판장 및 민영도매시장의 개설자에 대하여 업무규정의 변경, 업무처리의 개선, 그 밖에 **필요한 조치를 명할 수 있다.**

② 농림축산식품부장관, 해양수산부장관 또는 도매시장 개설자는 도매시장법인·시장도매인 및 도매시장공판장의 개설자에 대하여 업무처리의 개선 및 시장질서 유지를 위하여 **필요한 조치를 명할 수 있다.**

③ 농림축산식품부장관은 기금에서 융자 또는 대출받은 자에 대하여 감독상 필요한 조치를 명할 수 있다.

2. 허가취소 등

(1) 허가취소(법 제82조)

① 시·도지사는 지방도매시장 개설자(시가 개설자인 경우만 해당한다)나 민영도매시장 개설자가 다음의 어느 하나에 해당하는 경우에는 개설허가를 취소하거나 해당 시설을 폐쇄하거나 그 밖에 필요한 조치를 할 수 있다.
  ㉠ 개설허가권자의 허가나 승인 없이 지방도매시장 또는 민영도매시장을 개설하였거나 업무규정을 변경한 경우
  ㉡ 제출된 업무규정 및 운영관리계획서와 다르게 지방도매시장 또는 민영도매시장을 운영한 경우
  ㉢ 명령을 위반한 경우

② 농림축산식품부장관 또는 해양수산부장관, 시·도지사 또는 도매시장 개설자는 **도매시장법인 등**이 다음의 어느 하나에 해당하는 때에는 **6개월 이내의 기간을 정하여** 해당 업무의 정지를 명하거나 그 지정 또는 승인을 취소할 수 있다. 다만, ㉳에 해당하는 경우에는 그 지정 또는 승인을 취소하여야 한다.
  ㉠ 지정조건 또는 승인조건을 위반한 때
  ㉡ 축산법 규정을 위반하여 등급판정을 받지 아니한 축산물을 상장하였을 때
  ㉢ 농수산물의 원산지 표시 등에 관한 법률 제6조(거짓 표시 등의 금지) 제1항을 위반하였을 때
  ㉣ 경합되는 도매업 또는 중도매업을 하였을 때
  ㉤ 지정요건을 갖추지 못하거나 규정을 위반하여 해당 임원을 해임하지 아니하였을 때
  ㉥ 일정 수 이상의 경매사를 두지 아니하거나 경매사가 아닌 사람으로 하여금 경매를 하도록 하였을 때
  ㉦ 규정을 위반하여 해당 경매사를 면직하지 아니하였을 때
  ㉧ 규정을 위반하여 산지유통인의 업무를 하였을 때
  ㉨ 규정을 위반하여 매수하여 도매를 하였을 때
  ㉩ 규정을 위반하여 경매 또는 입찰을 하였을 때
  ㉪ 규정을 위반하여 지정된 자 외의 자에게 판매하였을 때
  ㉫ 규정을 위반하여 도매시장 외의 장소에서 판매를 하거나 농수산물의 판매업무 외의 사업을 겸영하였을 때
  ㉬ 규정을 위반하여 공시하지 아니하거나 허위의 사실을 공시하였을 때
  ㉭ 규정을 위반하여 지정요건을 갖추지 못하거나 해당 임원을 해임하지 아니하였을 때
  ㉮ 규정을 위반하여 제한 또는 금지된 행위를 하였을 때
  ㉯ 규정을 위반하여 해당 도매시장의 도매시장법인·중도매인에게 판매를 하였을 때
  ㉰ 수탁 또는 판매를 거부·기피하거나 부당한 차별대우를 하였을 때
  ㉱ 표준하역비의 부담을 이행하지 아니하였을 때
  ㉲ 대금의 전부를 즉시 결제하지 아니하였을 때

- ㉼ 대금결제 방법을 위반하였을 때
- ㉽ 규정을 위반하여 수수료 등을 징수하였을 때
- ㉾ 시설물의 사용기준을 위반하거나 개설자가 조치하는 사항을 이행하지 아니하였을 때
- ㉿ 정당한 사유 없이 검사에 불응하거나 이를 방해하였을 때
- ㊀ 도매시장 개설자의 조치명령을 이행하지 아니하였을 때
- ㊁ 농림축산식품부장관, 해양수산부장관 또는 도매시장 개설자의 명령을 위반하였을 때
- ㊂ ㉠부터 ㊁까지의 어느 하나에 해당하여 업무의 정지 처분을 받고 그 업무의 정지 기간 중에 업무를 하였을 때

③ 평가 결과 운영 실적이 농림축산식품부령 또는 해양수산부령으로 정하는 기준 이하로 부진하여 출하자 보호에 심각한 지장을 초래할 우려가 있는 경우 도매시장 개설자는 도매시장법인 또는 시장도매인의 지정을 취소할 수 있으며, 시·도지사는 도매시장공판장의 승인을 취소할 수 있다.

④ 농림축산식품부장관·해양수산부장관 또는 도매시장 개설자는 경매사가 다음의 어느 하나에 해당하는 경우에는 도매시장법인 또는 도매시장공판장의 개설자로 하여금 해당 경매사에 대하여 6개월 이내의 업무정지 또는 면직을 명하게 할 수 있다.
- 상장한 농수산물에 대한 경매 우선순위를 고의 또는 중대한 과실로 잘못 결정한 경우
- 상장한 농수산물에 대한 가격평가를 고의 또는 중대한 과실로 잘못한 경우
- 상장한 농수산물에 대한 경락자를 고의 또는 중대한 과실로 잘못 결정한 경우
- 정가매매·수의매매의 방법 및 절차 등을 고의 또는 중대한 과실로 위반한 경우

⑤ 도매시장 개설자는 중도매인(제25조 및 제46조에 따른 중도매인만 해당한다) 또는 산지유통인이 다음의 어느 하나에 해당하면 6개월 이내의 기간을 정하여 해당 업무의 정지를 명하거나 중도매업의 허가 또는 산지유통인의 등록을 취소할 수 있다. 다만, ㉢에 해당하는 경우에는 그 허가 또는 등록을 취소하여야 한다.
- ㉠ 허가조건을 갖추지 못하거나 규정을 위반하여 해당 임원을 해임하지 아니하였을 때(제46조 제2항에 따라 준용되는 경우를 포함한다)
- ㉡ 다른 중도매인 또는 매매참가인의 거래 참가를 방해하거나 정당한 사유 없이 집단적으로 경매 또는 입찰에 불참하였을 때
- ㉢ 규정을 위반하여 다른 사람에게 자기의 성명이나 상호를 사용하여 중도매업을 하게 하거나 그 허가증을 빌려 주었을 때
- ㉣ 규정을 위반하여 해당 도매시장에서 산지유통인의 업무를 하였을 때
- ㉤ 규정을 위반하여 판매·매수 또는 중개업무를 하였을 때
- ㉥ 규정(제46조 제2항에 따라 준용되는 경우를 포함한다)을 위반하여 허가 없이 상장된 농수산물 외의 농수산물을 거래하였을 때
- ㉦ 규정(제46조 제2항에 따라 준용되는 경우를 포함한다)을 위반하여 중도매인이 도매시장외의 장소에서 농수산물을 판매하는 등의 행위를 하였을 때

ⓞ 규정(제46조 제2항에 따라 준용되는 경우를 포함한다)을 위반하여 다른 중도매인과 농수산물을 거래하였을 때
ⓩ 규정(제46조 제2항에 따라 준용되는 경우를 포함한다)를 위반하여 수수료 등을 징수하였을 때
ⓧ 규정을 위반하여 시설물의 사용기준을 위반하거나 개설자가 조치하는 사항을 이행하지 아니하였을 때
㉠ 검사에 정당한 사유 없이 응하지 아니하거나 이를 방해하였을 때
㉡ 농수산물의 원산지 표시 등에 관한 법률 제6조(거짓 표시 등의 금지) 제1항을 위반하였을 때
㉢ ㉠부터 ㉡까지의 어느 하나에 해당하여 업무의 정지 처분을 받고 그 업무의 정지 기간 중에 업무를 하였을 때
⑥ ①부터 ⑤까지의 규정에 따른 위반행위별 처분기준은 농림축산식품부령 또는 해양수산부령으로 정한다.
⑦ 도매시장 개설자가 ⑤에 따라 중도매업의 허가를 취소한 경우에는 농림축산식품부장관 또는 해양수산부장관이 지정하여 고시한 인터넷 홈페이지에 그 내용을 게시하여야 한다.

(2) 위반행위별 처분기준(시행규칙 제56조 관련 [별표 4])
① 일반기준
㉠ 위반행위가 둘 이상인 경우에는 그중 무거운 처분기준을 적용하며, 둘 이상의 처분기준이 모두 업무정지인 경우에는 그중 무거운 처분기준의 2분의 1까지 가중할 수 있다. 이 경우 각 처분기준을 합산한 기간을 초과할 수 없다.
㉡ 위반행위의 차수에 따른 처분의 기준은 행정처분을 한 날과 그 처분 후 1년 이내에 다시 같은 위반행위를 적발한 날로 하며, 3차 위반 시의 처분기준에 따른 처분 후에도 같은 위반사항이 발생한 경우에는 법 제82조에 따른 범위에서 가중처분을 할 수 있다.
㉢ 행정처분의 순서는 주의, 경고, 업무정지 6개월 이내, 지정(허가, 승인, 등록)취소의 순으로 하며, 업무정지의 기간은 6개월 이내에서 위반 정도에 따라 10일, 15일, 1개월, 3개월 또는 6개월로 하여 처분한다.
㉣ 이 기준에 명시되지 아니한 위반행위에 대하여는 이 기준 중 가장 유사한 사례에 준하여 처분한다.
㉤ 처분권자는 위반 행위의 동기·내용·횟수 및 위반의 정도 등 다음의 가중사유 또는 감경사유에 해당하는 경우 그 처분기준의 2분의 1의 범위 내에서 가중하거나 감경할 수 있다.
• 가중사유
- 위반행위가 고의나 중대한 과실에 의한 경우
- 위반의 내용·정도가 중대하여 출하자, 소비자 등에게 미치는 피해가 크다고 인정되는 경우
• 감경사유
- 사소한 부주의나 오류로 인한 것으로 인정되는 경우

- 위반의 내용·정도가 경미하여 출하자, 소비자 등에게 미치는 피해가 적다고 인정되는 경우
- 법 제77조에 따른 도매시장법인, 시장도매인의 중앙평가결과 우수 이상, 중도매인개설자 평가결과 우수 이상인 경우(최근 5년간 2회 이상)
- 위반행위자가 처음 해당 위반행위를 한 경우로서 5년 이상 도매시장법인, 시장도매인, 중도매인 업무를 모범적으로 해온 사실이 인정되는 경우
- 위반행위자가 해당 위반행위로 인하여 검사로부터 기소유예 처분을 받거나 법원으로부터 선고유예의 판결을 받은 경우

② **개별기준**
㉠ 도매시장법인, 시장도매인 또는 도매시장공판장의 개설자에 대한 행정처분

위반사항	근거 법조문	처분기준 1차	처분기준 2차	처분기준 3차
1. 법 제82조 제2항 제1호를 위반하여 도매시장법인, 시장도매인 또는 도매시장공판장의 개설자가 지정 또는 승인 조건을 위반한 경우	법 제82조 제2항 제1호	경고	업무정지 3개월	지정(승인) 취소
2. 축산법 제35조 제4항을 위반하여 등급판정을 받지 아니한 축산물을 상장한 경우	법 제82조 제2항 제2호	업무정지 15일	업무정지 1개월	업무정지 3개월
3. 농수산물의 원산지 표시에 관한 법률 제6조 제1항을 위반한 경우	법 제82조 제2항 제2호의2	경고	업무정지 3개월	지정(승인) 취소
4. 법 제23조 제2항을 위반하여 경합되는 도매업 또는 중도매업을 한 경우	법 제82조 제2항 제3호	경고	업무정지 10일	업무정지 1개월
5. 법 제23조 제3항 제5호를 위반하여 지정요건인 순자산액 비율 및 거래보증금을 갖추지 못한 경우	법 제82조 제2항 제4호	업무정지 15일	업무정지 1개월	업무정지 3개월
6. 법 제23조 제4항을 위반하여 도매시장법인이 지정요건을 기한에 갖추지 못한 경우	법 제82조 제2항 제4호	지정취소	–	–
7. 법 제23조 제5항을 위반하여 해당 임원을 해임하지 않은 경우	법 제82조 제2항 제4호	경고	지정취소	–
8. 법 제27조 제1항을 위반하여 일정 수 이상의 경매사를 두지 않거나 경매사가 아닌 사람으로 하여금 경매를 하도록 한 경우	법 제82조 제2항 제5호	경고	업무정지 10일	업무정지 1개월
9. 법 제27조 제3항을 위반하여 해당 경매사를 면직하지 않은 경우	법 제82조 제2항 제6호	경고	업무정지 10일	업무정지 1개월
10. 법 제29조 제2항을 위반하여 산지유통인의 업무를 한 경우	법 제82조 제2항 제7호	경고	업무정지 10일	업무정지 1개월
11. 법 제31조 제1항을 위반하여 매수하여 도매를 한 경우	법 제82조 제2항 제8호	업무정지 15일	업무정지 1개월	업무정지 3개월
12. 법 제33조 제1항 본문을 위반하여 상장된 농수산물을 수탁된 순위에 따라 경매 또는 입찰의 방법으로 최고가격 제시자에게 판매하지 않은 경우	법 제82조 제2항 제10호	주의	경고	업무정지 1개월
13. 법 제33조 제1항 단서를 위반하여 출하자가 거래 성립 최저가격을 제시한 농수산물을 출하자의 승낙 없이 그 가격 미만으로 판매한 경우	법 제82조 제2항 제10호	주의	경고	업무정지 10일
14. 법 제34조를 위반하여 지정된 자 이외의 자에게 판매한 경우	법 제82조 제2항 제11호	경고	업무정지 15일	업무정지 1개월

위반사항	근거 법조문	처분기준		
		1차	2차	3차
15. 법 제35조를 위반하여 도매시장 외의 장소에서 판매를 하거나 농수산물의 판매업무 외의 사업을 겸영한 경우	법 제82조 제2항 제12호	경 고	업무정지 15일	업무정지 1개월
16. 법 제35조의2를 위반하여 공시하지 않거나 거짓의 사실을 공시한 경우	법 제82조 제2항 제13호	경 고	업무정지 10일	업무정지 1개월
17. 법 제36조 제2항 제5호를 위반하여 지정요건인 순자산액 비율 및 거래보증금을 갖추지 못한 경우	법 제82조 제2항 제14호	업무정지 15일	업무정지 1개월	업무정지 3개월
18. 법 제36조 제2항 제5호를 위반하여 도매시장의 개설자가 지정조건에서 정한 최저거래금액기준에 미달한 경우	법 제82조 제2항 제14호			
가. 1개월 무실적		주 의	–	–
나. 2개월 무실적		경 고	–	–
다. 3개월 무실적		지정취소	–	–
라. 3개월 평균거래실적이 월간 최저거래금액 기준에 미달한 경우		주 의	경 고	업무정지 10일
19. 법 제36조 제3항을 위반하여 해당 임원을 해임하지 않은 경우	법 제82조 제2항 제14호	경 고	지정취소	–
20. 법 제37조 제1항 단서를 위반하여 제한 또는 금지된 행위를 한 경우	법 제82조 제2항 제15호	경 고	업무정지 15일	업무정지 1개월
21. 법 제37조 제2항을 위반하여 해당 도매시장의 도매시장법인·중도매인에게 판매를 한 경우	법 제82조 제2항 제16호	업무정지 15일	업무정지 1개월	업무정지 3개월
22. 법 제38조를 위반하여 수탁 또는 판매를 거부·기피하거나 부당한 차별대우를 한 경우	법 제82조 제2항 제17호	경 고	업무정지 10일	업무정지 1개월
23. 법 제40조 제2항에 따른 표준하역비의 부담을 이행하지 않은 경우	법 제82조 제2항 제18호	경 고	업무정지 15일	업무정지 1개월
24. 법 제41조 제1항을 위반하여 대금의 전부를 즉시 결제하지 않은 경우	법 제82조 제2항 제19호	업무정지 15일	업무정지 1개월	업무정지 3개월
25. 법 제41조 제2항을 위반하여 대금결제의 방법을 위반한 경우	법 제82조 제2항 제20호	경 고	업무정지 1개월	업무정지 3개월
26. 법 제42조를 위반하여 한도를 초과하여 수수료 등을 징수한 경우	법 제82조 제2항 제21호	업무정지 15일	업무정지 1개월	업무정지 3개월
27. 법 제74조 제1항을 위반하여 시설물의 사용기준을 위반하거나 개설자가 조치하는 사항을 이행하지 않은 경우	법 제82조 제2항 제22호	경 고	업무정지 10일	업무정지 1개월
28. 정당한 사유 없이 법 제80조에 따른 검사에 응하지 않거나 검사를 방해한 경우	법 제82조 제2항 제23호	경 고	업무정지 10일	업무정지 1개월
29. 제81조 제2항에 따른 도매시장 개설자의 조치명령을 이행하지 않은 경우	법 제82조 제2항 제24호	경 고	업무정지 10일	업무정지 1개월
30. 법 제82조 제2항 제1호부터 제25호까지의 어느 하나에 해당하여 업무정지 처분을 받고 그 업무의 정지기간 중에 업무를 한 경우	법 제82조 제2항 제26호	지정 (승인)취소	–	–
31. 법 제82조 제4항에 따른 농림축산식품부장관, 해양수산부장관 또는 도매시장 개설자의 명령을 위반한 경우	법 제82조 제2항 제25호	업무정지 15일	업무정지 1개월	업무정지 3개월

* 비고 : 축산법 제41조에 따른 처분 등의 요청권자가 일정 기간의 업무정지(업무정지를 갈음하는 과징금의 부과를 포함한다)나 그 밖의 필요한 조치를 요청한 경우에는 2.의 처분기준의 범위 안에서 그 요청에 따른 처분을 할 수 있다.

ⓛ 중도매인에 대한 행정처분

위반사항	근거 법조문	처분기준		
		1차	2차	3차
1. 법 제82조 제5항 제1호부터 제10호까지의 어느 하나에 해당하여 업무의 정지 처분을 받고 그 업무의 정지 기간 중에 업무를 한 경우	법 제82조 제2항 제2호의2	허가취소	-	-
2. 법 제25조 제3항 제1호부터 제4호까지의 규정을 위반하여 허가조건을 갖추지 못한 경우(법 제46조 제2항에 따라 준용되는 경우를 포함한다)	법 제82조 제5항 제1호	경 고	업무정지 3개월	허가취소
3. 법 제25조 제3항 제6호(법 제46조 제2항에 따라 준용되는 경우를 포함한다)를 위반하여 개설자가 허가조건에서 정한 최저거래금액 기준에 미달하는 경우	법 제82조 제5항 제1호			
가. 1개월 무실적		주 의	-	-
나. 2개월 무실적		경 고	-	-
다. 3개월 무실적		허가취소	-	-
라. 3개월 평균거래실적이 월간 최저거래금액 기준에 미달한 경우		주 의	경 고	업무정지 10일
4. 법 제25조 제3항 제6호(법 제46조 제2항에 따라 준용되는 경우를 포함한다)를 위반하여 개설자가 허가조건에서 정한 거래대금의 지급보증을 위한 보증금을 충족하지 못한 경우	법 82조 제5항 제1호	업무정지 15일	업무정지 1개월	업무정지 3개월
5. 법 제25조 제4항을 위반하여 자격요건을 갖추지 아니한 임원을 해임하지 않은 경우(법 제46조 제2항에 따라 준용되는 경우를 포함한다)	법 제82조 제5항 제1호	경 고	허가취소	-
6. 법 제25조 제5항 제1호(법 제46조 제2항에 따라 준용되는 경우를 포함한다)를 위반하여 다른 중도매인 또는 매매참가인의 거래참가를 방해하거나 정당한 사유 없이 집단적으로 경매 또는 입찰에 불참한 경우	법 82조 제5항 제2호			
가. 주동자		업무정지 3개월	허가취소	-
나. 단순가담자		업무정지 10일	업무정지 1개월	업무정지 3개월
7. 법 제25조 제5항 제2호(법 제46조 제2항에 따라 준용되는 경우를 포함한다)를 위반하여 다른 사람에게 자기의 성명이나 상호를 사용하여 중도매업을 하게 하거나 그 허가증을 빌려준 경우	법 제82조 제5항 제2호의2	업무정지 3개월	허가취소	-
8. 법 제29조 제2항을 위반하여 중도매인 및 이들의 주주 또는 임직원이 산지유통인의 업무를 한 경우	법 82조 제5항 제3호	경 고	업무정지 10일	업무정지 1개월
9. 법 제31조 제2항(법 제46조 제2항에 따라 준용되는 경우를 포함한다)을 위반하여 허가 없이 상장된 농수산물 외의 농수산물을 거래한 경우	법 82조 제5항 제5호	업무정지 15일	업무정지 1개월	업무정지 3개월
10. 법 제31조 제3항(법 제46조 제2항에 따라 준용되는 경우를 포함한다)을 위반하여 중도매인이 도매시장 외의 장소에서 농수산물을 판매하는 등의 행위를 한 경우	법 제82조 제5항 제6호			
가. 법 제35조 제1항을 위반하여 도매시장 외의 장소에서 판매를 한 경우		경 고	업무정지 15일	업무정지 1개월
나. 법 제38조를 위반하여 수탁 또는 판매를 거부·기피하거나 부당한 차별대우를 한 경우		경 고	업무정지 10일	업무정지 1개월

위반사항	근거 법조문	처분기준		
		1차	2차	3차
다. 법 제39조를 위반하여 매수한 농수산물을 즉시 인수하지 않은 경우		경고	업무정지 10일	업무정지 15일
라. 법 제40조 제2항에 따른 표준하역비의 부담을 이행하지 않은 경우		경고	업무정지 15일	업무정지 1개월
마. 법 제41조 제1항을 위반하여 대금의 전부를 즉시 결제하지 않은 경우		업무정지 15일	업무정지 1개월	업무정지 3개월
바. 법 제41조 제3항에 따른 표준정산서의 사용, 대금 결제의 방법 및 절차를 위반한 경우		경고	업무정지 1개월	업무정지 3개월
사. 법 제81조 제2항에 따른 도매시장 개설자의 조치명령을 이행하지 않은 경우		경고	업무정지 10일	업무정지 1개월
11. 법 제31조 제5항(법 제46조 제2항에 따라 준용되는 경우를 포함한다)을 위반하여 다른 중도매인과 농수산물을 거래한 경우	법 제82조 제5항 제6호의2	경고	업무정지 10일	업무정지 1개월
12. 법 제42조(법 제46조 제2항에 따라 준용되는 경우를 포함한다)를 위반하여 수수료 등을 징수한 경우	법 제82조 제5항 제7호	업무정지 15일	업무정지 1개월	업무정지 3개월
13. 법 제74조 제1항을 위반하여 개설자가 조치하는 사항을 이행하지 않거나 시설물의 사용기준을 위반한 경우(중대한 시설물의 사용기준을 위반한 경우를 제외한다)	법 제82조 제5항 제8호	경고	업무정지 10일	업무정지 1개월
14. 법 제74조 제1항을 위반하여 다른 사람에게 시설을 재임대하는 등 중대한 시설물의 사용기준을 위반한 경우	법 제82조 제5항 제8호	업무정지 3개월	허가취소	-
15. 법 제80조에 따른 검사에 정당한 사유 없이 응하지 않거나 검사를 방해한 경우	법 제82조 제5항 제9호	경고	업무정지 10일	업무정지 1개월
16. 농수산물의 원산지 표시에 관한 법률 제6조 제1항을 위반한 경우	법 제82조 제5항 제10호	경고	업무정지 3개월	허가취소

ⓒ 산지유통인에 대한 행정처분

위반사항	근거 법조문	처분기준		
		1차	2차	3차
1. 법 제29조 제4항을 위반하여 등록된 도매시장에서 농수산물의 출하업무 외에 판매·매수 또는 중개업무를 한 경우	법 제82조 제5항 제4호	경고	등록취소	-
2. 농수산물의 원산지 표시에 관한 법률 제6조 제1항을 위반한 경우	법 제82조 제5항 제10호	경고	업무정지 3개월	등록취소
3. 법 제82조 제5항 제1호부터 제10까지의 어느 하나에 해당하여 업무정지 처분을 받고 그 업무정지 기간 중에 업무를 한 경우	법 제82조 제5항 제11호	등록취소	-	-

ㄹ 경매사에 대한 행정처분

위반사항	근거 법조문	처분기준		
		1차	2차	3차
법 제28조 제1항에 따른 업무를 부당하게 수행하여 도매시장의 거래질서를 문란하게 한 경우	법 제82조 제4항			
1. 도매시장법인이 상장한 농수산물에 대한 경매우선순위의 결정을 문란하게 한 경우		업무정지 10일	업무정지 15일	업무정지 1개월
2. 도매시장법인이 상장한 농수산물의 가격평가를 문란하게 한 경우		업무정지 10일	업무정지 15일	업무정지 1개월
3. 도매시장법인이 상장한 농수산물의 경락자의 결정을 문란하게 한 경우		업무정지 15일	업무정지 3개월	업무정지 6개월

3. 과징금 등

(1) 과징금(법 제83조)

① 농림축산식품부장관, 해양수산부장관, 시·도지사 또는 도매시장 개설자는 도매시장법인 등이 제82조 제2항에 해당하거나 중도매인이 제82조 제5항에 해당하여 업무정지를 명하려는 경우, 그 업무의 정지가 해당 업무의 이용자 등에게 **심한 불편을 주거나 공익을 해칠 우려가 있을 때**에는 업무의 정지를 갈음하여 도매시장법인 등에는 **1억원 이하**, 중도매인에게는 **1천만원 이하의 과징금**을 부과할 수 있다.

② ①에 따라 과징금을 부과하는 경우에는 다음의 사항을 **고려**하여야 한다.
  ㉠ 위반행위의 내용 및 정도
  ㉡ 위반행위의 기간 및 횟수
  ㉢ 위반행위로 취득한 이익의 규모

③ 과징금의 **부과기준**은 대통령령으로 정한다.

④ 농림축산식품부장관, 해양수산부장관, 시·도지사 또는 도매시장 개설자는 과징금을 내야 할 자가 납부기한까지 내지 아니하면 납부기한이 지난 후 15일 이내에 10일 이상 15일 이내의 납부기한을 정하여 독촉장을 발부하여야 한다.

⑤ 농림축산식품부장관, 해양수산부장관, 시·도지사 또는 도매시장 개설자는 독촉을 받은 자가 그 납부기한까지 과징금을 내지 아니하면 과징금 부과처분을 취소하고 업무정지처분을 하거나 국세 체납처분의 예 또는 지방행정제재·부과금의 징수 등에 관한 법률에 따라 과징금을 징수한다.

(2) 분쟁조정관의 임명·위촉자격·운영(시행령 제36조의4)

① 도매시장 개설자는 다음의 어느 하나에 해당하는 사람을 법 제78조의2 제4항에 따른 분쟁조정관(이하 "분쟁조정관"이라 한다)으로 임명하거나 위촉할 수 있다.
  ㉠ 변호사 또는 경매사 자격을 취득한 후 해당 분야에서 3년 이상 근무한 경력이 있는 사람
  ㉡ 10년 이상 도매시장 실무 경험이 있는 사람

ⓒ 그 밖에 도매시장 업무에 관한 학식과 경험이 풍부하고 덕망을 갖춘 사람
② 분쟁 당사자는 제36조의3 제1항에 따른 분쟁조정 신청을 하기 전에 분쟁조정관에게 책임 소재의 판단, 손실 지원의 수준 권고·제시 등의 조치를 요청할 수 있다.
③ ②에 따라 요청을 받은 분쟁조정관은 그 요청을 받은 날부터 15일 이내(분쟁 당사자에게 관련 자료를 요청하는 경우 해당 자료를 제출받는 데 걸리는 기간은 제외한다)에 관련 조치를 해야 한다.
④ 분쟁조정관은 ③에 따른 조치 후 당사자의 분쟁이 해결되었는지 여부가 확인된 경우에는 지체 없이 소속 도매시장 개설자에게 그 사실을 보고해야 한다.
⑤ ①부터 ④까지에서 규정한 사항 외에 분쟁조정관의 임명·위촉자격·운영에 필요한 사항은 도매시장 개설자가 업무규정으로 정한다.

> **예시문제 맛보기**
>
> 도매시장 개설자가 중도매인, 도매시장법인 등에게 업무정지를 명하고자 하는 경우, 그 업무의 정지가 해당 업무의 이용자 등에게 심한 불편을 주거나 공익을 해할 우려가 있을 때 업무의 정지에 갈음하여 부과할 수 있는 것은?
> ① 몰 수   ② 벌 금
> ③ 과태료   ④ 과징금
>
> **정답** ④

(3) 과징금의 부과기준(시행령 제36조의5)

> **알아두기** 과징금의 부과기준(시행령 제36조의5 관련 [별표 1])
>
> 1. 일반기준
>   가. 업무정지 1개월은 30일로 한다.
>   나. 위반행위의 종류에 따른 과징금의 금액은 법 제82조 제2항 및 제5항에 따른 업무정지 기간에 제2호의 과징금 부과기준에 따라 산정한 1일당 과징금 금액을 곱한 금액으로 한다.
>   다. 업무정지에 갈음한 과징금부과의 기준이 되는 거래금액은 처분대상자의 전년도 연간 거래액을 기준으로 한다. 다만, 신규사업, 휴업 등으로 1년간의 거래금액을 산출할 수 없을 경우에는 처분일 기준 최근 분기별, 월별 또는 일별 거래금액을 기준으로 산출한다.
>   라. 도매시장의 개설자는 1일당 과징금 금액을 30%의 범위에서 가감하는 사항을 업무규정으로 정하여 시행할 수 있다.
>   마. 부과하는 과징금은 법 제83조에 따른 과징금의 상한을 초과할 수 없다.
>
> 2. 과징금 부과기준
>   가. 도매시장법인(도매시장공판장의 개설자를 포함한다)
>
> | 연간 거래액 | 1일 과징금액 | 연간 거래액 | 1일 과징금액 |
> | --- | --- | --- | --- |
> | 100억원 미만 | 40,000원 | 600억원 이상 700억원 미만 | 350,000원 |
> | 100억원 이상 200억원 미만 | 80,000원 | 700억원 이상 800억원 미만 | 410,000원 |
> | 200억원 이상 300억원 미만 | 130,000원 | 800억원 이상 900억원 미만 | 460,000원 |
> | 300억원 이상 400억원 미만 | 190,000원 | 900억원 이상 1천억원 미만 | 520,000원 |
> | 400억원 이상 500억원 미만 | 240,000원 | 1천억원 이상 1천500억원 미만 | 680,000원 |
> | 500억원 이상 600억원 미만 | 300,000원 | 1천500억원 이상 | 900,000원 |

나. 시장도매인

연간 거래액	1일 과징금액	연간 거래액	1일 과징금액
5억원 미만	4,000원	90억원 이상 110억원 미만	123,000원
5억원 이상 10억원 미만	6,000원	110억원 이상 130억원 미만	150,000원
10억원 이상 30억원 미만	13,000원	130억원 이상 150억원 미만	178,000원
30억원 이상 50억원 미만	41,000원	150억원 이상 200억원 미만	205,000원
50억원 이상 70억원 미만	68,000원	200억원 이상 250억원 미만	270,000원
70억원 이상 90억원 미만	95,000원	250억원 이상	680,000원

다. 중도매인

연간 거래액	1일 과징금액	연간 거래액	1일 과징금액
5억원 미만	4,000원	50억원 이상 70억원 미만	68,000원
5억원 이상 10억원 미만	6,000원	70억원 이상 90억원 미만	95,000원
10억원 이상 30억원 미만	13,000원	90억원 이상 110억원 미만	123,000원
30억원 이상 50억원 미만	41,000원	110억원 이상	150,000원

4. 청문과 권한의 위임

(1) 청문(법 제84조)
농림축산식품부장관, 해양수산부장관, 시·도지사 또는 도매시장 개설자는 다음의 어느 하나에 해당하는 처분을 하려면 **청문을 하여야** 한다.
① 도매시장법인 등의 지정 또는 승인취소
② 중도매업의 허가취소 또는 산지유통인의 등록취소

(2) 권한의 위임·위탁(법 제85조)
① 권한의 위임
  ㉠ 이 법에 따른 농림축산식품부장관 또는 해양수산부장관의 권한은 대통령령으로 정하는 바에 따라 그 일부를 산림청장, 시·도지사 또는 소속 기관의 장에게 위임할 수 있다.
  ㉡ 다음에 따른 도매시장 개설자의 권한은 대통령령으로 정하는 바에 따라 시장관리자에게 위탁할 수 있다.
    • 산지유통인의 등록과 도매시장에의 출입의 금지·제한 또는 그 밖에 필요한 조치
    • 도매시장법인·시장도매인·중도매인 또는 산지유통인에 대한 보고명령
  ㉢ 농림축산식품부장관 또는 해양수산부장관은 특별시·광역시·특별자치시·특별자치도 외의 지역에 개설하는 지방도매시장·공판장 및 민영도매시장에 대한 통합·이전·폐쇄명령 및 개설·제한 권고의 권한을 **도지사에게 위임**한다(시행령 제37조 제1항).

② **권한의 위탁** : 도매시장 개설자는 지방공기업법에 따른 **지방공사**, 법 제24조에 따른 **공공출자법인** 또는 **한국농수산식품유통공사**를 시장관리자로 지정한 경우에는 다음의 권한을 그 기관의 장에게 위탁한다.
　㉠ 산지유통인의 등록과 도매시장에의 출입의 금지·제한, 그 밖에 필요한 조치
　㉡ 도매시장법인·시장도매인·중도매인 또는 산지유통인의 업무집행 상황 보고명령

08 벌 칙

1. 형 벌

(1) 2년 이하의 징역 또는 2천만원 이하의 벌금(법 제86조)
① 수입 추천신청을 할 때에 **정한 용도 외의 용도**로 수입농산물을 사용한 자
② 도매시장의 개설구역이나 공판장 또는 민영도매시장이 개설된 특별시·광역시·특별자치시·특별자치도 또는 시의 관할구역에서 **허가를 받지 아니하고 농수산물의 도매**를 목적으로 지방도매시장 또는 민영도매시장을 개설한 자
③ **지정을 받지 아니하거나** 지정 유효기간이 지난 후 도매시장법인의 업무를 한 자
④ **허가 또는 갱신허가**(제46조 제2항에 따라 준용되는 허가 또는 갱신허가를 포함한다)를 **받지 아니하고** 중도매인의 업무를 한 자
⑤ **등록을 하지 아니하고** 산지유통인의 업무를 한 자
⑥ 도매시장 외의 장소에서 농수산물의 판매업무를 하거나 농수산물 **판매업무 외의 사업을 겸영한 자**
⑦ 지정을 받지 아니하거나 지정 유효기간이 지난 후 도매시장 안에서 **시장도매인의 업무를 한 자**
⑧ **승인을 받지 아니하고** 공판장을 개설한 자
⑨ **업무정지처분**을 받고도 그 업(業)을 계속한 자

(2) 1년 이하의 징역 또는 1천만원 이하의 벌금(법 제88조)
① 도매시장법인의 인수·합병 규정을 위반하여 인수·합병을 한 자
② 다른 중도매인 또는 매매참가인의 거래 참가를 방해하거나 정당한 사유 없이 집단적으로 경매 또는 입찰에 불참한 자
③ 다른 사람에게 자기의 성명이나 상호를 사용하여 중도매업을 하게 하거나 그 허가증을 빌려준 자
④ 경매사의 임면에 관한 규정을 위반하여 경매사를 임면한 자
⑤ 산지유통인의 등록 규정을 위반하여 산지유통인의 업무를 한 자
⑥ 산지유통인의 등록 규정을 위반하여 출하업무 외의 판매·매수 또는 중개업무를 한 자

⑦ 수탁판매의 원칙을 위반하여 매수하거나 거짓으로 위탁받은 자 또는 상장된 농수산물 외의 농수산물을 거래한 자(제46조 제1항 또는 제2항에 따라 준용되는 경우를 포함한다)
⑧ 수탁판매의 원칙을 위반하여 다른 중도매인과 농수산물을 거래한 자
⑨ 시장도매인의 영업 규정의 단서에 따른 제한 또는 금지를 위반하여 농수산물을 위탁받아 거래한 자
⑩ 시장도매인의 영업 규정을 위반하여 해당 도매시장의 도매시장법인 또는 중도매인에게 농수산물을 판매한 자
⑪ 하역업무 규정에 따른 표준하역비의 부담을 이행하지 아니한 자
⑫ 수수료 징수제한 규정을 위반하여 수수료 등 비용을 징수한 자
⑬ 종합유통센터의 설치 규정에 따른 조치명령을 위반한 자

2. 과태료(법 제90조)

(1) 과태료 부과
① 1천만원 이하의 과태료
  ㉠ 유통명령을 위반한 자
  ㉡ 표준계약서와 다른 계약서를 사용하면서 표준계약서로 거짓 표시하거나 농림축산식품부 또는 그 표식을 사용한 매수인
② 500만원 이하의 과태료
  ㉠ 포전매매의 계약을 서면에 의한 방식으로 하지 아니한 매수인
  ㉡ 단속을 기피한 자
  ㉢ 보고를 하지 아니하거나 거짓된 보고를 한 자
③ 100만원 이하의 과태료
  ㉠ 경매사 임면 신고를 하지 아니한 자
  ㉡ 도매시장 또는 도매시장공판장의 출입제한 등의 조치를 거부하거나 방해한 자
  ㉢ 출하 제한을 위반하여 출하(타인명의로 출하하는 경우를 포함한다)한 자
  ㉣ 포전매매의 계약을 서면에 의한 방식으로 하지 아니한 매도인
  ㉤ 도매시장에서의 정상적인 거래와 시설물의 사용기준을 위반하거나 적절한 위생·환경의 유지를 저해한 자(도매시장법인, 시장도매인, 도매시장공판장의 개설자 및 중도매인은 제외한다)
  ㉥ 교육훈련을 이수하지 아니한 도매시장법인 또는 공판장의 개설자가 임명한 경매사
  ㉦ 보고(공판장 및 민영도매시장의 개설자에 대한 보고를 제외한다)를 하지 아니하거나 거짓된 보고를 한 자
  ㉧ 농림축산식품부장관의 감독상 필요한 조치 명령을 위반한 자

(2) 부과권자

과태료는 대통령령으로 정하는 바에 따라 **농림축산식품부장관, 해양수산부장관, 시·도지사** 또는 **시장**이 부과·징수한다.

> **알아두기** 과태료의 부과기준(시행령 제38조 관련 [별표 2])

1. 일반기준
   가. 위반행위의 횟수에 따른 과태료의 가중된 부과기준은 최근 2년간 같은 위반행위로 과태료 부과처분을 받은 경우에 적용한다. 이 경우 기간의 계산은 위반행위에 대하여 과태료 부과처분을 받은 날과 그 처분 후 다시 같은 위반행위를 하여 적발된 날을 기준으로 한다.
   나. 가목에 따라 가중된 부과처분을 하는 경우 가중처분의 적용 차수는 그 위반행위 전 부과처분 차수(가목에 따른 기간 내에 과태료 부과처분이 둘 이상 있었던 경우에는 높은 차수를 말한다)의 다음 차수로 한다.
   다. 부과권자는 다음 어느 하나에 해당하는 경우에는 제2호의 개별기준에 따른 과태료 금액의 2분의 1 범위에서 그 금액을 줄일 수 있다.
   1) 위반행위가 사소한 부주의나 오류로 인정되는 경우
   2) 위반사항을 시정하거나 해소하기 위한 노력이 인정되는 경우

2. 개별기준 (단위 : 만원)

위반행위	근거 법조문	위반횟수별 과태료 금액		
		1회	2회	3회 이상
가. 법 제10조 제2항에 따른 유통명령을 위반한 경우	법 제90조 제1항 제1호	250	500	1,000
나. 법 제27조 제4항을 위반하여 경매사 임면신고를 하지 않은 경우	법 제90조 제3항 제1호	12	25	50
다. 법 제29조 제5항(법 제46조 제3항에 따라 준용되는 경우를 포함한다)에 따른 도매시장 또는 도매시장 공판장의 출입제한 등의 조치를 거부하거나 방해한 경우	법 제90조 제3항 제2호	25	50	100
라. 법 제38조의2 제2항에 따른 출하 제한을 위반하여 출하(타인명의로 출하하는 경우를 포함한다)한 경우	법 제90조 제3항 제3호	25	50	100
마. 매수인이 법 제53조 제1항을 위반하여 포전매매의 계약을 서면에 의한 방식으로 하지 않은 경우	법 제90조 제2항 제1호	125	250	500
바. 매도인이 법 제53조 제1항을 위반하여 포전매매의 계약을 서면에 의한 방식으로 하지 않은 경우	법 제90조 제3항 제3호의2	25	50	100
사. 매수인이 법 제53조 제3항의 표준계약서와 다른 계약서를 사용하면서 표준계약서로 거짓 표시하거나 농림수산식품부 또는 그 표식을 사용한 경우	법 제90조 제1항 제2호	1,000		
아. 법 제74조 제1항 전단을 위반하여 도매시장에서의 정상적인 거래와 시설물의 사용기준을 위반하거나 적절한 위생·환경 유지를 저해한 경우(도매시장법인, 시장도매인, 도매시장공판장의 개설자 및 중도매인은 제외한다)	법 제90조 제3항 제4호	25	50	100
자. 법 제74조 제2항에 따른 단속을 기피한 경우	법 제90조 제2항 제2호	125	250	500
차. 법 제75조 제2항을 위반하여 교육훈련을 이수하지 않은 경우	법 제90조 제3항 제4호의2	25	50	100
카. 법 제79조 제1항에 따른 보고를 하지 않거나 거짓보고를 한 경우	법 제90조 제2항 제3호	125	250	500
타. 법 제79조 제2항에 따른 보고(공판장 및 민영도매시장의 개설자에 대한 보고는 제외한다)를 하지 않거나 거짓 보고를 한 경우	법 제90조 제3항 제5호	25	50	100
파. 법 제81조 제3항에 따른 명령을 위반한 경우	법 제90조 제3항 제6호	25	50	100

CHAPTER 02 적중예상문제

01 농수산물 유통 및 가격안정에 관한 법률의 제정 목적이다. 괄호 안에 들어갈 내용을 순서대로 옳게 나열한 것은?　　제8회

> 농수산물의 ( )을(를) 원활하게 하고 적정한 ( )을(를) 유지하게 함으로써 생산자와 ( )의 이익을 보호하고 국민생활의 안정에 이바지함을 목적으로 한다.

① 판매, 소비, 판매자
② 유통, 가격, 소비자
③ 유통, 품질, 소비자
④ 생산, 가격, 거래자

해설 이 법은 농수산물의 유통을 원활하게 하고 적정한 가격을 유지하게 함으로써 생산자와 소비자의 이익을 보호하고 국민생활의 안정에 이바지함을 목적으로 한다(법 제1조).

02 다음 중 농수산물 유통 및 가격안정에 관한 법률의 목적으로 옳은 것으로만 이루어진 것은?　　제3회

> ㉠ 농수산물의 원활한 유통
> ㉡ 농수산물의 상품성 제고
> ㉢ 생산자와 소비자의 이익보호
> ㉣ 농수산물의 적정한 가격유지

① ㉠, ㉡, ㉢
② ㉠, ㉢, ㉣
③ ㉡, ㉢, ㉣
④ ㉠, ㉡, ㉣

정답 1 ② 2 ②

03 농수산물 유통 및 가격안정에 관한 법률에서 정하고 있는 다음 정의 중 맞는 것은? 〔제1회〕

① "시장도매인"은 시·도지사의 지정을 받고 상장된 농수산물을 직접 매수하거나 도매하는 자를 말한다.
② "매매참가인"이란 도매시장·공판장 또는 민영 도매시장에 상장된 농수산물을 중도매인으로부터 매수하는 가공업자, 소매업자 등 농수산물의 수요자를 말한다.
③ "도매시장법인"은 농수산물도매시장 개설자로부터 지정을 받고 농수산물을 위탁받아 상장하여 도매하거나 이를 매수하여 도매하는 법인을 말한다.
④ "지방도매시장"이란 서울 외의 지방에 소재하는 도매시장을 말한다.

해설
① "시장도매인"이란 농수산물도매시장 또는 민영농수산물도매시장의 개설자로부터 지정을 받고 농수산물을 매수 또는 위탁받아 도매하거나 매매를 중개하는 영업을 하는 법인을 말한다(법 제2조 제8호).
② "매매참가인"이라 함은 농수산물도매시장·농수산물공판장 또는 민영농수산물도매시장의 개설자에게 신고를 하고, 농수산물도매시장·농수산물공판장 또는 민영농수산물도매시장에 상장된 농수산물을 직접 매수하는 자로서 중도매인이 아닌 가공업자·소매업자·수출업자 및 소비자단체 등 농수산물의 수요자를 말한다(법 제2조 제10호).
④ "지방도매시장"이란 중앙도매시장 외의 농수산물도매시장을 말한다(법 제2조 제4호).

04 농수산물 유통 및 가격안정에 관한 법령상 '생산자단체'가 될 수 없는 것은? 〔제8회〕

① 지역농업협동조합
② 품목조합연합회
③ 산림조합
④ 한국농어촌공사

해설 대통령령이 정하는 생산자 관련 단체(시행령 제7조)
㉠ 농산물을 공동으로 생산하거나 농산물을 생산하여 이를 공동으로 판매·가공·홍보 또는 수출하기 위하여 지역농업협동조합, 지역축산업협동조합, 품목별·업종별협동조합, 조합공동사업법인, 품목조합연합회 및 산림조합과 그 중앙회(농협경제지주회사를 포함한다) 중 둘 이상이 모여 결성한 조직으로서 농림축산식품부장관이 정하여 고시하는 요건을 갖춘 단체
㉡ 영농조합법인 및 영어조합법인, 농업회사법인 및 어업회사법인, 농협경제지주회사의 자회사
㉢ 농산물을 공동으로 생산하거나 농산물을 생산하여 이를 공동으로 판매·가공·홍보 또는 수출하기 위하여 농업인 또는 어업인 5인 이상이 모여 결성한 법인격이 있는 조직으로서 농림축산식품부장관이 정하여 고시하는 요건을 갖춘 단체
㉣ ㉡ 또는 ㉢의 단체 중 둘 이상이 모여 결성한 조직으로서 농림축산식품부장관 또는 해양수산부장관이 정하여 고시하는 요건을 갖춘 단체

05 농수산물 유통 및 가격안정에 관한 법령에서 규정하는 도매시장 거래품목의 부류가 아닌 것은?
　　　　　　　　　　　　　　　　　　　　　　　　　　　　　　　　　　　제4회

① 청과부류　　　　　　　　　　　② 양곡부류
③ 약용작물부류　　　　　　　　　④ 식품부류

해설　농수산물도매시장의 거래품목(시행령 제2조)
- 양곡부류 : 미곡·맥류·두류·조·좁쌀·수수·수수쌀·옥수수·메밀·참깨 및 땅콩
- 청과부류 : 과실류·채소류·산나물류·목과류(木果類)·버섯류·서류(薯類)·인삼류 중 수삼 및 유지작물류와 두류 및 잡곡 중 신선한 것
- 축산부류 : 조수육류(鳥獸肉類) 및 난류
- 수산부류 : 생선어류·건어류·염(鹽)건어류·염장어류(鹽藏魚類)·조개류·갑각류·해조류 및 젓갈류
- 화훼부류 : 절화(折花)·절지(折枝)·절엽(切葉) 및 분화(盆花)
- 약용작물부류 : 한약재용 약용작물(야생물이나 그 밖에 재배에 의하지 아니한 것을 포함한다). 다만, 약사법에 따른 한약은 같은 법에 따라 의약품판매업의 허가를 받은 것으로 한정한다.
- 그 밖에 농어업인이 생산한 농수산물과 이를 단순가공한 물품으로서 개설자가 지정하는 품목

06 농수산물도매시장, 도매시장법인, 중도매인, 경매사 등에 관한 설명 중 옳은 것은?
　　　　　　　　　　　　　　　　　　　　　　　　　　　　　　　　　　　제5회
① 지방도매시장의 업무규정은 농림축산식품부장관의 승인을 받아야 한다.
② 중앙도매시장의 경매사는 해당 도매시장의 개설자가 임명한다.
③ 농수산물도매시장에서 중도매인의 업무를 하고자 하는 자는 부류별로 해당 도매시장 개설자의 허가를 받아야 한다.
④ 지방도매시장을 개설하고자 하는 자는 농림축산식품부장관의 허가를 받아야 한다.

해설　① 중앙도매시장의 업무규정은 농림축산식품부장관 또는 해양수산부장관의 승인을 받아야 한다(법 제17조 제4항).
　　　② 도매시장법인이 경매사를 임면(任免)하였을 때에는 농림축산식품부령 또는 해양수산부령으로 정하는 바에 따라 그 내용을 도매시장 개설자에게 신고하여야 한다(법 제27조 제4항).
　　　④ 시가 지방도매시장을 개설하려면 도지사의 허가를 받아야 한다(법 제17조 제1항).

07 도매시장법인 및 중도매인에 관한 설명으로 옳지 않은 것은? ㅣ제6회ㅣ

① 도매시장법인이란 농수산물도매시장의 개설자로부터 지정을 받고 농수산물을 위탁받아 상장하여 도매하거나 이를 매수하여 도매하는 법인을 말한다.
② 중도매업의 업무를 하고자 하는 자는 도매시장법인의 허가를 받아야 한다.
③ 중도매인이란 농수산물도매시장·농수산물공판장 또는 민영농수산물도매시장에 상장된 농수산물을 매수하여 도매하거나 매매를 중개하는 영업을 하는 자를 말한다.
④ 도매시장법인이 다른 도매시장법인을 인수하거나 합병을 하는 경우에는 해당 도매시장 개설자의 승인을 얻어야 한다.

해설 ② 중도매인의 업무를 하려는 자는 부류별로 해당 도매시장 개설자의 허가를 받아야 한다(법 제25조 제1항).
① 법 제2조 제7호
③ 법 제2조 제9호 가목
④ 법 제23조의2 제1항

08 특별시·광역시·특별자치시 또는 특별자치도가 개설한 농수산물도매시장 중 해당 관할구역 및 그 인접지역의 도매의 중심이 되는 농수산물도매시장은? ㅣ제5회ㅣ

① 지방도매시장
② 도매시장법인
③ 중앙도매시장
④ 민영농수산물도매시장

해설 ① 지방도매시장이란 중앙도매시장 외의 농수산물도매시장을 말한다(법 제2조 제4호).
② 도매시장법인이란 농수산물도매시장의 개설자로부터 지정을 받고 농수산물을 위탁받아 상장(上場)하여 도매하거나 이를 매수(買受)하여 도매하는 법인(도매시장법인의 지정을 받은 것으로 보는 공공출자법인을 포함한다)을 말한다(법 제2조 제7호).
④ 민영농수산물도매시장이란 국가, 지방자치단체 및 농수산물공판장을 개설할 수 있는 자 외의 자(민간인 등)가 농수산물을 도매하기 위하여 시·도지사의 허가를 받아 특별시·광역시·특별자치시·특별자치도 또는 시 지역에 개설하는 시장을 말한다(법 제2조 제6호).

09 농수산물도매시장·농수산물공판장 또는 민영농수산물도매시장의 개설자에게 등록하고, 농수산물을 수집하여 농수산물도매시장·농수산물공판장 또는 민영농수산물도매시장에 출하하는 영업을 하는 자는? 제6회

① 시장도매인
② 산지유통인
③ 매매참가인
④ 중도매인

해설 ① 시장도매인 : 농수산물도매시장 또는 민영농수산물도매시장의 개설자로부터 지정을 받고 농수산물을 매수 또는 위탁받아 도매하거나 매매를 중개하는 영업을 하는 법인을 말한다(법 제2조 제8호).
③ 매매참가인 : 농수산물도매시장·농수산물공판장 또는 민영농수산물도매시장의 개설자에게 신고를 하고, 농수산물도매시장·농수산물공판장 또는 민영농수산물도매시장에 상장된 농수산물을 직접 매수하는 자로서 중도매인이 아닌 가공업자·소매업자·수출업자 및 소비자단체 등 농수산물의 수요자를 말한다(법 제2조 제10호).
④ 중도매인 : 농수산물도매시장·농수산물공판장 또는 민영농수산물도매시장의 개설자의 허가 또는 지정을 받아 다음의 영업을 하는 자를 말한다(법 제2조 제9호).
　㉠ 농수산물도매시장·농수산물공판장 또는 민영농수산물도매시장에 상장된 농수산물을 매수하여 도매하거나 매매를 중개하는 영업
　㉡ 농수산물도매시장·농수산물공판장 또는 민영농수산물도매시장의 개설자로부터 허가를 받은 비상장 농수산물을 매수 또는 위탁받아 도매하거나 매매를 중개하는 영업

10 농수산물 유통 및 가격안정에 관한 법령상 시장도매인에 관한 설명으로 옳지 않은 것은? 제8회
① 도매시장의 개설자는 시장도매인의 지정 유효기간을 8년으로 할 수 있다.
② 시장도매인은 해당 도매시장의 도매시장법인·중도매인에게 농수산물을 판매하지 못한다.
③ 시장도매인은 농수산물을 경매 또는 입찰의 방법으로 매매하여야 한다.
④ 시장도매인의 임원 중에는 피성년후견인이나 피한정후견인이 없어야 한다.

해설 ③ 도매시장에서 시장도매인이 매수·위탁 또는 중개할 때에는 출하자와 협의하여 송품장에 적은 거래방법에 따라서 하여야 한다(시행규칙 제35조 제1항).

11 다음 중 주산지의 지정·변경 및 해제 등에 대한 설명으로 맞지 않는 것은? 제4회
① 주산지의 지정은 읍·면·동 또는 시·군·구 단위로 한다.
② 시·도지사는 주산지를 지정하고자 할 때에는 미리 농림축산식품부장관과 협의하여야 한다.
③ 시·도지사는 지정된 주산지가 지정요건에 적합하지 아니하게 되었을 때에는 그 지정을 변경하거나 해제할 수 있다.
④ 농림축산식품부장관 또는 해양수산부장관은 주산지 지정에 필요한 주요 농수산물의 품목을 지정한 때에는 이를 고시하여야 한다.

해설 ② 특별시장·광역시장·특별자치시장·도지사 또는 특별자치도지사(시·도지사)는 주산지를 지정하였을 때에는 이를 고시하고 농림축산식품부장관 또는 해양수산부장관에게 통지하여야 한다(시행령 제4조 제2항).

12 다음 중 농수산물 유통 및 가격안정에 관한 법률에서 규정한 농림업관측전담기관은? 제3회
① 한국농촌경제연구원
② 한국농수산식품유통공사
③ 농·수·축협중앙회
④ 국립농산물품질관리원

해설 농림업관측전담기관의 지정(시행규칙 제7조 제1항)
농업관측전담기관은 한국농촌경제연구원으로 한다.

13 농림업관측에 관한 설명으로 틀린 것은? 제5회
① 농림업관측전담기관은 한국농촌경제연구원으로 한다.
② 농림축산식품부장관은 농림업관측업무를 효율적으로 실시하기 위하여 농림업 관련 연구기관 또는 단체를 농림업관측 전담기관으로 지정할 수 있다.
③ 농림축산식품부장관은 효율적인 농림업관측을 위하여 필요하다고 인정하는 경우에는 품목을 지정하여 지역농업협동조합, 지역축산업협동조합, 품목별·업종별 협동조합, 산림조합 그 밖에 농림축산식품부령으로 정하는 자로 하여금 농림업관측 또는 국제곡물관측을 실시하게 할 수 있다.
④ 농림업관측전담기관의 업무범위 및 필요한 지원 등에 관한 세부사항은 대통령령으로 정한다.

해설 ④ 농림업관측전담기관의 업무범위 및 필요한 지원 등에 관한 세부사항은 농림축산식품부장관이 정한다(시행규칙 제7조 제2항).

14 농수산물 유통 및 가격안정에 관한 법률에서 정한 농수산물의 수급조절과 가격안정을 위한 가격예시와 과잉생산시의 생산자보호에 관한 설명으로 옳지 않은 것은?

① 농림축산식품부장관 또는 해양수산부장관은 필요하다고 인정하는 때에는 해당 농산물의 수확기 또는 수산물의 채취기에 하한가격을 예시할 수 있다.
② 농림축산식품부장관 또는 해양수산부장관은 예시가격을 결정하는 때에는 미리 재정경제부장관과 협의하여야 한다.
③ 농림축산식품부장관 또는 해양수산부장관은 가격안정을 위하여 수매한 농수산물을 판매 또는 수출하거나 사회복지단체에 기증하거나 그 밖에 필요한 처분을 할 수 있다.
④ 농림축산식품부장관은 수매 및 처분에 관한 업무를 농업협동조합중앙회·산림조합중앙회 또는 한국농수산식품유통공사에 위탁할 수 있다.

해설 ① 농림축산식품부장관 또는 해양수산부장관은 농림축산식품부령 또는 해양수산부령으로 정하는 주요 농수산물의 수급조절과 가격안정을 위하여 필요하다고 인정하는 때에는 해당 농산물의 파종기 또는 수산물의 종묘입식시기 이전에 생산자의 보호를 위한 하한가격(예시가격)을 예시할 수 있다(법 제8조 제1항).

15 농수산물 유통 및 가격안정에 관한 법령상 농수산물의 생산조정 및 출하조절에 관한 설명으로 옳은 것은?

① 농림축산식품부장관 또는 해양수산부장관은 농산물의 파종기 이전에 생산자 보호를 위한 상한가격을 예시할 수 있다.
② 농림축산식품부장관 또는 해양수산부장관이 예시가격을 결정하는 때에는 공정거래위원회와 협의하여야 한다.
③ 생산조정 또는 출하조절에도 불구하고 과잉생산의 우려가 있는 경우 수확 이전에 생산자로부터 수매할 수 있다.
④ 농수산물이 과잉생산되었을 경우 가격안정을 위하여 농어촌진흥기금으로 수매할 수 있다.

해설 ① 농림축산식품부장관 또는 해양수산부장관은 농림축산식품부령 또는 해양수산부령으로 정하는 주요 농수산물의 수급조절과 가격안정을 위하여 필요하다고 인정할 때에는 해당 농산물의 파종기 또는 수산물의 종자입식(種苗入植) 시기 이전에 생산자를 보호하기 위한 하한가격["예시가격"(豫示價格)이라 한다]을 예시할 수 있다(법 제8조 제1항).
② 농림축산식품부장관 또는 해양수산부장관은 예시가격을 결정할 때에는 미리 재정경제부장관과 협의하여야 한다(법 제8조 제3항).
④ 농림축산식품부장관은 채소류 등 저장성이 없는 농산물의 가격안정을 위하여 필요하다고 인정할 때에는 그 생산자 또는 생산자단체로부터 농산물가격안정기금으로 해당 농산물을 수매할 수 있다. 다만, 가격안정을 위하여 특히 필요하다고 인정할 때에는 도매시장 또는 공판장에서 해당 농산물을 수매할 수 있다(법 제9조 제1항).

16 저장성 없는 채소류 등이 과잉생산되었을 경우 생산자 보호방법으로 옳은 것은? 제7회

① 가격안정을 위하여 생산자 또는 생산자단체로부터의 매수는 가능하나 공판장에서의 수매는 불가능하다.
② 농림축산식품부장관은 수매 및 처분에 관한 업무를 농업협동조합중앙회·산림조합중앙회·한국농수산식품유통공사에 위탁할 수 있다.
③ 농수산물을 수매하는 경우에 형평성의 문제가 있으므로 출하계약한 생산자의 농산물은 수매할 수 없다.
④ 농림축산식품부장관이 허가하는 경우에는 저장성이 있는 농수산물을 수매할 수 있다.

해설 ② 농림축산식품부장관은 수매 및 처분에 관한 업무를 농업협동조합중앙회·산림조합중앙회 또는 한국농수산식품유통공사법에 따른 한국농수산식품유통공사에 위탁할 수 있다(법 제9조 제3항).
①·④ 농림축산식품부장관은 채소류 등 저장성이 없는 농산물의 가격안정을 위하여 필요하다고 인정할 때에는 그 생산자 또는 생산자단체로부터 농산물가격안정기금으로 해당 농산물을 수매할 수 있다. 다만, 가격안정을 위하여 특히 필요하다고 인정할 때에는 도매시장 또는 공판장에서 해당 농산물을 수매할 수 있다(법 제9조 제1항).
③ 농림축산식품부장관은 농산물(쌀과 보리는 제외한다)의 수급조절과 가격안정을 위하여 필요하다고 인정할 때에는 농산물가격안정기금으로 농산물을 비축하거나 농산물의 출하를 약정하는 생산자에게 그 대금의 일부를 미리 지급하여 출하를 조절할 수 있다(법 제13조 제1항).

17 다음 괄호 안에 들어갈 내용을 순서대로 나열한 것은? 제5회

┌ 유통협약 ┐
주요 농산물의 생산자, 산지유통인, 저장업자, 도·소매업자 및 소비자 등의 대표는 해당 농수산물의 자율적인 (   )과 (   )을 위하여 (   ) 또는 (   )을 위한 협약을 체결할 수 있다.

① 수급조절, 품질향상, 생산조정, 출하조절
② 생산조정, 출하조절, 품질향상, 유통조절
③ 생산조정, 수급조절, 계약생산, 유통조절
④ 유통조절, 수급조절, 품질향상, 수매비축

해설 유통협약 및 유통조절명령(법 제10조 제1항)
주요 농수산물의 생산자, 산지유통인, 저장업자, 도매업자·소매업자 및 소비자 등의 대표는 해당 농수산물의 자율적인 수급조절과 품질향상을 위하여 생산조정 또는 출하조절을 위한 협약(유통협약)을 체결할 수 있다.

18 농수산물 유통 및 가격안정에 관한 법령상 비축사업 등에 관한 설명으로 옳지 않은 것은?

① 비축사업실시기관은 비축사업을 위한 자금을 해당기관의 회계와 구분하여야 한다.
② 비축용 농산물은 가격안정을 위해 필요한 경우 도매시장이나 공판장에서 수매할 수 있다.
③ 농림축산식품부장관은 비축사업을 농림협중앙회에 위탁할 수 있다.
④ 비축용 농산물은 생산자 보호를 위해 수입할 수 없다.

해설 ④ 비축용 농산물은 생산자 및 생산자단체로부터 수매하여야 한다. 다만, 가격안정을 위하여 특히 필요하다고 인정할 때에는 도매시장 또는 공판장에서 수매하거나 수입할 수 있다(법 제13조 제2항).

19 다음 중 농림축산식품부장관이 농업협동조합중앙회, 농협경제지주회사, 산림조합중앙회 또는 한국농수산식품유통공사에 위탁하여 실시하는 농산물의 비축 또는 출하조절사업이 아닌 것은? 제3회

① 비축농산물의 확보를 위한 재배・양식・선매계약의 체결
② 농산물 생산자의 보호를 위한 하한가격의 예시
③ 비축농산물의 수매・수입・포장・수송・보관 및 판매
④ 농산물의 출하약정 및 선급금의 지급

해설 비축사업 등의 위탁(시행령 제12조 제1항)
- 비축용 농산물의 수매・수입・포장・수송・보관 및 판매
- 비축용 농산물을 확보하기 위한 재배・양식・선매 계약의 체결
- 농산물의 출하약정 및 선급금(先給金)의 지급
- 위의 규정에 따른 사업의 정산

20 농수산물 유통 및 가격안정에 관한 법률상 비축사업 등에 관한 설명으로 옳은 것은? 제6회

① 비축용 농산물은 도매시장 또는 공판장에서 우선적으로 수매하거나 수입하여야 한다.
② 농림축산식품부장관은 재배·양식·선매계약을 체결할 농산물의 비축 또는 출하조절사업을 농업회사법인에 위탁하여 실시한다.
③ 농림축산식품부장관은 비축용 농산물을 수입함에 있어 국내 생산량 감소에 대비하여 선물거래를 할 수 있다.
④ 화재·도난·침수 등의 사고로 인하여 비축한 농산물이 멸실·훼손·부패 또는 변질된 때의 피해에 대하여는 비축사업실시기관이 이를 변상한다.

해설 ① 비축용 농산물은 생산자 및 생산자단체로부터 수매하여야 한다. 다만, 가격안정을 위하여 특히 필요하다고 인정하는 때에는 도매시장 또는 공판장에서 수매하거나 수입할 수 있다(법 제13조 제2항).
② 농림축산식품부장관은 농산물의 비축 또는 출하조절사업을 농림협중앙회 또는 한국농수산식품유통공사에 위탁할 수 있다(법 제13조 제4항).
③ 농림축산식품부장관은 비축용 농산물을 수입하는 경우 국제가격의 급격한 변동에 대비하여야 할 필요가 있다고 인정할 때에는 선물거래를 할 수 있다(법 제13조 제3항).

21 농산물의 수입 추천 등에 관한 다음 설명 중 올바른 것은? 제2회

① 농림축산식품부장관이 비축용 농산물로 수입·판매하게 할 수 있는 품목은 쌀, 고추, 마늘, 파, 생강, 참깨이다.
② 참기름의 수입이익금 징수액은 판매수익금에서 물품대금·운임·보험료·기타 수입에 소요되는 비용과 제세공과금·운송료 등 국내 판매에 소요되는 비용을 공제한 금액으로 한다.
③ 농림축산식품부장관이 생산자단체를 지정하여 수입·판매하게 할 수 있는 품목은 오렌지·감귤류이다.
④ 농산물 수입이익금을 납부하여야 하는 자는 수입이익금을 농림축산식품부장관이 고지하는 기한까지 해당품목 생산자단체가 지정하는 구좌에 입금하여야 한다.

해설 ① 농림축산식품부장관이 비축용 농산물로 수입·판매하게 할 수 있는 품목은 고추·마늘·양파·생강·참깨이다(시행규칙 제13조 제2항 제1호).
② 참기름의 수입이익금 징수액은 해당 품목의 수입자로 결정된 자가 수입자 결정시 납입의 의사를 표시한 금액이다(시행규칙 제14조 제1항 제2호).
④ 수입이익금을 납부하여야 하는 자는 수입이익금을 농림축산식품부장관이 고지하는 기한까지 기금에 납입하여야 한다. 이 경우 수입이익금이 1천만원 이하인 경우에는 신용카드, 직불카드 등으로 납입할 수 있다(시행규칙 제14조 제2항).

22 다음 중 농수산물도매시장 개설에 관한 설명으로 맞는 것은?   제2회

① 지방도매시장은 특별시·광역시 또는 시가 별도의 허가 없이 직접 개설한다.
② 시가 지방도매시장을 개설하고자 하는 때에는 도지사의 허가를 받아야 한다.
③ 특별시·광역시 또는 시가 중앙도매시장 또는 지방도매시장을 개설하고자 하는 때에는 미리 농림축산식품부장관의 허가를 받아야 한다.
④ 특별시 또는 광역시가 중앙도매시장을 개설하고자 하는 때에는 미리 농림축산식품부장관의 허가를 받아야 하며, 지방도매시장은 시가 별도의 허가 없이 직접 개설한다.

> **해설** 도매시장은 대통령령으로 정하는 바에 따라 부류(部類)별로 또는 둘 이상의 부류를 종합하여 중앙도매시장의 경우에는 특별시·광역시·특별자치시 또는 특별자치도가 개설하고, 지방도매시장의 경우에는 특별시·광역시·특별자치시·특별자치도 또는 시가 개설한다. 다만, 시가 지방도매시장을 개설하려면 도지사의 허가를 받아야 한다(법 제17조 제1항).

23 경기도 하남시가 농수산물도매시장을 개설하고자 할 경우 누구의 허가를 받아야 하는가?   제4회

① 국토교통부장관   ② 농림축산식품부장관
③ 경기도지사   ④ 국무총리

> **해설** **도매시장의 개설 등(법 제17조 제1항)**
> 도매시장은 대통령령으로 정하는 바에 따라 부류(部類)별로 또는 둘 이상의 부류를 종합하여 중앙도매시장의 경우에는 특별시·광역시·특별자치시 또는 특별자치도가 개설하고, 지방도매시장의 경우에는 특별시·광역시·특별자치시·특별자치도 또는 시가 개설한다. 다만, 시가 지방도매시장을 개설하려면 도지사의 허가를 받아야 한다.

24 도매시장 개설 등에 관한 설명으로 옳지 않은 것은?   제6회

① 울산광역시가 지방도매시장을 개설하고자 하는 때에는 미리 업무 규정과 운영관리계획서를 작성하여야 한다.
② 부산광역시가 반여동 농산물도매시장을 폐쇄하고자 하는 경우 그 3개월 전에 농림축산식품부장관의 허가를 받아야 한다.
③ 대전광역시가 오정 농수산물도매시장의 업무규정을 변경하고자 하는 때에는 농림축산식품부장관 또는 해양수산부장관의 승인을 얻어야 한다.
④ 안양시가 농수산물도매시장을 폐쇄하고자 하는 때에는 그 3개월 전에 경기도지사의 허가를 받아야 한다.

> **해설** ② 시가 지방도매시장을 폐쇄하려면 그 3개월 전에 도지사의 허가를 받아야 한다. 다만, 특별시·광역시·특별자치시 및 특별자치도가 도매시장을 폐쇄하는 경우에는 그 3개월 전에 이를 공고하여야 한다(법 제17조 제6항).

25 도매시장법인에 관한 설명으로 옳은 것은? [제7회]

① 도매시장법인은 임원 중 파산선고를 받고 복권되지 아니한 자나 피성년후견인이나 피한정후견인이 없어야 한다.
② 도매시장법인은 도매시장 또는 직판장 업무에 2년 이상 종사한 임원이 2명 이상 있어야 한다.
③ 도매시장법인은 도매시장 또는 직판장 업무에 2부류 이상을 종합하여 지정하여야 한다.
④ 도매시장 개설자는 도매시장법인의 인수·합병을 명할 수 있다.

해설
① 법 제23조 제3항 제3호
② 도매시장법인은 도매시장 또는 공판장 업무에 2년 이상 종사한 경험이 있는 업무집행 담당 임원이 2명 이상 있어야 한다(법 제23조 제3항 제1호).
③ 도매시장법인은 도매시장의 개설자가 부류별로 지정한다(법 제23조 제1항).
④ 도매시장법인이 다른 도매시장법인을 인수하거나 합병하는 경우에는 해당 도매시장 개설자의 승인을 받아야 한다(법 제23조의2 제1항).

26 농수산물도매시장의 개설자가 관리사무소 또는 시장관리자로 하여금 수행하게 할 수 있는 업무가 아닌 것은? [제4회]

① 시설물관리
② 유통종사자 허가(지정) 및 취소
③ 유통종사자 지도·감독
④ 거래질서 유지

해설 도매시장의 개설자는 관리사무소 또는 시장관리자로 하여금 시설물관리, 거래질서유지, 유통종사자의 지도·감독 등에 관한 업무범위를 정하여 해당 도매시장 또는 그 개설구역에 있는 도매시장의 관리업무를 수행하게 할 수 있다(법 제21조 제2항).
※ 다음에 따른 도매시장 개설자의 권한은 대통령령으로 정하는 바에 따라 시장관리자에게 위탁할 수 있다(법 제85조 제2항).
• 산지유통인의 등록과 도매시장에의 출입의 금지·제한 또는 그 밖에 필요한 조치
• 도매시장법인·시장도매인·중도매인 또는 산지유통인에 대한 보고명령

27 다음 중 도매시장에서의 하역 업무에 대한 설명으로 맞지 않는 것은? [제4회]

① 도매시장의 개설자가 업무규정으로 정하는 규격출하품에 대한 표준하역비는 도매시장법인 또는 시장도매인이 부담한다.
② 농림축산식품부장관은 하역체제의 개선 및 하역기계화를 위하여 도매시장의 개설자에게 필요한 조치를 명할 수 있다.
③ 도매시장법인 또는 시장도매인은 도매시장 안에서의 하역 업무에 대하여 하역전문업체 등과 용역계약을 체결할 수 있다.
④ 표준하역비는 농림축산식품부령으로 정한다.

해설 ④ 표준하역비는 도매시장의 업무규정에서 정할 사항이다(시행규칙 제16조 제1항 제20호).

28 다음 중 농수산물도매시장 개설과 관련하여 도매시장의 업무규정에 정할 사항이 아닌 것은?

제3회

① 전자식 경매, 입찰의 방법에 관한 사항
② 도매시장법인의 겸영에 관한 사항
③ 출하자 신고 및 출하예약에 관한 사항
④ 해당 지역의 수급실적과 수급전망에 관한 사항

> **해설** 도매시장의 업무규정에 정할 사항(시행규칙 제16조 제1항)
> - 도매시장의 명칭·장소 및 면적
> - 거래품목
> - 도매시장의 휴업일 및 영업시간
> - 지방공기업법에 따른 지방공사, 공공출자법인 또는 한국농수산식품유통공사를 시장관리자로 지정하여 도매시장의 관리업무를 하게 하는 경우에는 그 관리업무에 관한 사항
> - 지정하려는 도매시장법인의 적정 수, 임원의 자격, 자본금, 거래규모, 순자산액 비율, 거래대금의 지급보증을 위한 보증금 등 그 지정조건에 관한 사항
> - 도매시장법인이 다른 도매시장법인을 인수·합병하려는 경우 도매시장법인의 임원의 자격, 자본금, 사업계획서, 거래대금의 지급보증을 위한 보증금 등 그 승인요건에 관한 사항
> - 중도매업의 허가에 관한 사항, 중도매인의 적정 수, 최저거래금액, 거래대금의 지급보증을 위한 보증금, 시설사용계약 등 그 허가조건에 관한 사항
> - 법인인 중도매인이 다른 법인인 중도매인을 인수·합병하려는 경우 거래규모, 거래보증금 등 그 승인요건에 관한 사항
> - 산지유통인의 등록에 관한 사항
> - 출하자 신고 및 출하 예약에 관한 사항
> - 도매시장법인의 매수거래 및 상장되지 아니한 농수산물의 중도매인 거래허가에 관한 사항
> - 도매시장법인 또는 시장도매인의 매매방법에 관한 사항
> - 도매시장법인 및 시장도매인의 거래의 특례에 관한 사항
> - 도매시장법인의 겸영(兼營)에 관한 사항
> - 도매시장법인 또는 시장도매인 공시에 관한 사항
> - 지정하려는 시장도매인의 적정 수, 임원의 자격, 자본금, 거래규모, 순자산액 비율, 거래대금의 지급보증을 위한 보증금, 최저거래금액 등 그 지정조건에 관한 사항
> - 시장도매인이 다른 시장도매인을 인수·합병하려는 경우 시장도매인의 임원의 자격, 자본금, 사업계획서, 거래대금의 지급보증을 위한 보증금 등 그 승인요건에 관한 사항
> - 최소출하량의 기준에 관한 사항
> - 농수산물의 안전성 검사에 관한 사항
> - 표준하역비를 부담하는 규격출하품과 표준하역비에 관한 사항
> - 도매시장법인 또는 시장도매인의 대금결제방법과 대금 지급의 지체에 따른 지체상금의 지급 등 대금결제에 관한 사항
> - 개설자, 도매시장법인, 시장도매인 또는 중도매인이 징수하는 도매시장 사용료, 부수시설 사용료, 위탁수수료, 중개수수료 및 정산수수료
> - 지방도매시장의 운영 등의 특례에 관한 사항
> - 시설물의 사용기준 및 조치에 관한 사항
> - 도매시장법인, 시장도매인, 도매시장공판장, 중도매인의 시설사용면적 조정·차등지원 등에 관한 사항
> - 도매시장거래분쟁조정위원회의 구성·운영 및 분쟁 심의대상 등에 관한 세부 사항
> - 최소경매사의 수에 관한 사항
> - 도매시장법인의 매매방법에 관한 사항
> - 대량입하품 등의 우대조치에 관한 사항
> - 전자식경매·입찰의 예외에 관한 사항

- 정산창구의 운영방법 및 관리에 관한 사항
- 표준송품장의 양식 및 관리에 관한 사항
- 판매원표의 관리에 관한 사항
- 표준정산서의 양식 및 관리에 관한 사항
- 시장관리운영위원회의 운영 등에 관한 사항
- 매매참가인의 신고에 관한 사항
- 그 밖에 도매시장 개설자가 도매시장의 효율적인 관리·운영을 위하여 필요하다고 인정하는 사항

29 도매시장법인이 별도의 정산창구를 통하여 대금결제를 하는 경우 절차를 순서대로 나열한 것은?

제5회

㉠ 도매시장법인은 출하자의 송품장 사본을 거래신고소에 제출
㉡ 정산창구에서는 출하자에게 대금을 결제하고, 표준정산서의 사본을 거래신고소에 제출
㉢ 출하자는 송품장을 작성하여 도매시장법인에게 제출
㉣ 도매시장법인은 표준정산서를 출하자와 정산창구에 발급하고, 대금결제를 의뢰

① ㉢, ㉣, ㉡, ㉠
② ㉢, ㉠, ㉣, ㉡
③ ㉢, ㉣, ㉠, ㉡
④ ㉣, ㉢, ㉡, ㉠

해설 대금 결제의 절차 등(시행규칙 제36조 제1항)
별도의 정산 창구를 통하여 출하대금결제를 하는 경우에는 다음의 절차에 따른다.
1. 출하자는 송품장을 작성하여 도매시장법인 또는 시장도매인에게 제출
2. 도매시장법인 또는 시장도매인은 출하자에게서 받은 송품장의 사본을 도매시장 개설자가 설치한 거래신고소에 제출
3. 도매시장법인 또는 시장도매인은 표준정산서를 출하자와 정산창구에 발급하고, 정산창구에 대금결제를 의뢰
4. 정산 창구에서는 출하자에게 대금을 결제하고, 표준정산서 사본을 거래신고소에 제출

30 도매시장의 운영에 관한 설명으로 맞는 것은?

① 도매시장의 개설자는 도매시장에 그 시설규모, 거래액 등을 고려하여 적정 수의 중도매인을 지정하여 이를 운영하게 하여야 한다. 다만, 중앙도매시장에는 중도매인을 법인으로 하여야 한다.
② 도매시장 개설자는 도매시장에 그 시설규모·거래액 등을 고려하여 적정 수의 도매시장법인·시장도매인 또는 중도매인을 두어 이를 운영하게 하여야 한다. 다만, 중앙도매시장의 개설자는 청과부류, 수산부류에 대하여는 도매시장법인을 두어야 한다.
③ 도매시장의 개설자는 도매시장 운영의 활성화를 위하여 가능한 한 많은 수의 도매시장법인과 중도매인을 두어 이를 운영하게 하여야 한다. 다만, 중앙도매시장에는 부류마다 도매시장법인과 중도매법인을 두어야 한다.
④ 도매시장의 개설자는 도매시장의 공정한 운영과 거래의 활성화를 위하여 관리공사 또는 관리사무소를 두어 이를 운영하게 하여야 한다. 다만 중앙도매시장에는 부류마다 적정 수의 도매시장법인을 두어야 한다.

해설 도매시장의 운영 등(법 제22조)
도매시장 개설자는 도매시장에 그 시설규모·거래액 등을 고려하여 적정 수의 도매시장법인·시장도매인 또는 중도매인을 두어 이를 운영하게 하여야 한다. 다만, 중앙도매시장의 개설자는 농림축산식품부령 또는 해양수산부령으로 정하는 부류에 대하여는 도매시장법인을 두어야 한다.
※ 농림축산식품부령 또는 해양수산부령으로 정하는 부류 : 청과부류, 수산부류(시행규칙 제18조의2 제1항)

31 도매시장법인의 지정 등에 관한 사항으로 옳은 것은?

① 도매시장법인은 부류와 관계없이 지정한다.
② 도매시장법인을 지정할 경우 3년 이상 5년 이내의 범위에서 지정유효기간을 설정할 수 있다.
③ 도매시장법인은 다른 도매시장법인을 자유롭게 인수하거나 합병할 수 있다.
④ 도매시장법인의 임원 중 파산선고를 받고 복권되지 아니한 자나 피성년후견인이나 피한정후견인이 발생하면 해당 임원을 지체 없이 해임하여야 한다.

해설 ① 도매시장법인은 도매시장의 개설자가 부류별로 지정한다(법 제23조 제1항).
② 도매시장법인을 지정할 경우 5년 이상 10년 이하의 범위에서 지정 유효기간을 설정할 수 있다(법 제23조 제1항).
③ 도매시장법인이 다른 도매시장법인을 인수하거나 합병을 하는 경우에는 해당 도매시장 개설자의 승인을 받아야 한다(법 제23조의2 제1항).

32 다음 중 경매사의 업무가 아닌 것은?

① 도매시장법인이 상장한 농수산물에 대한 경매 우선순위의 결정
② 도매시장법인이 상장한 농수산물의 직접 매수
③ 도매시장법인이 상장한 농수산물의 가격평가
④ 도매시장법인이 상장한 농수산물의 경락자의 결정

해설 경매사의 업무(법 제28조 제1항)
- 도매시장법인이 상장한 농수산물에 대한 경매 우선순위의 결정
- 도매시장법인이 상장한 농수산물에 대한 가격평가
- 도매시장법인이 상장한 농수산물에 대한 경락자의 결정
- 도매시장법인이 상장한 농수산물의 정가매매·수의매매(隨意賣買)에 대한 협상 및 중재

33 산지유통인 등록에 관한 설명으로 옳은 것은?

① 농림축산식품부장관은 산지유통인 등록을 하여야 하는 자가 등록을 하지 않고 업무를 행할 때 도매시장 출입제한조치를 할 수 있다.
② 중도매인 및 이들의 주주는 해당 도매시장에서 산지유통인 업무를 할 수 있다.
③ 종합유통센터·수출업자 등이 잔품을 도매시장에 상장하는 경우에는 산지유통인 등록을 하지 않아도 된다.
④ 산지유통인은 등록된 도매시장에서 농수산물 판매업무를 할 수 있다.

해설 ① 도매시장의 개설자는 산지유통인 등록을 하여야하는 자가 등록을 하지 않고 산지유통인의 업무를 하는 경우에는 도매시장에의 출입을 금지·제한하거나 그 밖에 필요한 조치를 할 수 있다(법 제29조 제5항).
② 도매시장법인, 중도매인 및 이들의 주주 또는 임·직원은 해당 도매시장에서 산지유통인의 업무를 하여서는 아니 된다(법 제29조 제2항).
④ 산지유통인은 등록된 도매시장에서 농수산물의 출하업무 외의 판매·매수 또는 중개업무를 하여서는 아니 된다(법 제29조 제4항).

34. 농수산물 유통 및 가격안정에 관한 법률상 산지유통인 등록에 관한 내용이다. 괄호 안에 들어갈 내용을 순서대로 옳게 나열한 것은? [제8회]

> 농수산물을 (　　)하여 도매시장에 출하하려는 자는 농림축산식품부령 또는 해양수산부령으로 정하는 바에 따라 (　　)별로 도매시장의 개설자에게 등록해야 한다.

① 구매, 품목
② 가공, 부류
③ 생산, 품목
④ 수집, 부류

해설 산지유통인의 등록(법 제29조)
농수산물을 수집하여 도매시장에 출하하려는 자는 농림축산식품부령 또는 해양수산부령으로 정하는 바에 따라 부류별로 도매시장 개설자에게 등록하여야 한다. 다만, 다음의 어느 하나에 해당하는 경우에는 그러하지 아니하다.
- 생산자단체가 구성원의 생산물을 출하하는 경우
- 도매시장법인이 매수한 농수산물을 상장하는 경우
- 중도매인이 비상장 농수산물을 매매하는 경우
- 시장도매인이 매매하는 경우
- 그 밖에 농림축산식품부령 또는 해양수산부령으로 정하는 경우

35. 도매시장법인의 거래방법에 관한 설명으로 옳지 않은 것은? [제7회]

① 도매시장법인이 행하는 도매는 출하자로부터 위탁을 받아 하는 것이 원칙이다.
② 도매시장법인은 농수산물을 경매·입찰·정가매매 또는 수의매매의 방법으로 매매하는 것이 원칙이다.
③ 도매시장법인이 하는 경매 또는 입찰의 방법은 전자식이 원칙이다.
④ 도매시장법인은 대량입하품을 우선적으로 판매하는 것이 원칙이다.

해설 ④ 도매시장 개설자는 효율적인 유통을 위하여 필요한 경우에는 농림축산식품부령 또는 해양수산부령으로 정하는 바에 따라 대량 입하품, 표준규격품, 예약 출하품 등을 우선적으로 판매하게 할 수 있다(법 제33조 제2항).

정답 34 ④　35 ④

36 다음 중 도매시장의 개설자가 유통의 효율화를 위하여 도매시장법인 또는 시장도매인으로 하여금 우선적으로 판매하게 할 수 있는 품목이 아닌 것은?　　　　　　　　　　　　　　　　　제1회

① 출하자가 우선판매를 요구한 출하품
② 대량입하품
③ 농수산물 품질관리법의 관련 규정에 의한 표준규격품
④ 도매시장 개설자가 선정하는 우수출하주의 출하품

> **해설** 도매시장 개설자는 효율적인 유통을 위하여 필요한 경우에는 농림축산식품부령 또는 해양수산부령으로 정하는 바에 따라 대량 입하품, 표준규격품, 예약 출하품 등을 우선적으로 판매하게 할 수 있다(법 제33조 제2항).
> **대량입하품 등의 우대(시행규칙 제30조)**
> 도매시장 개설자는 법 제33조 제2항에 따라 다음의 품목에 대하여 도매시장법인 또는 시장도매인으로 하여금 우선적으로 판매하게 할 수 있다.
> • 대량 입하품
> • 도매시장 개설자가 선정하는 우수출하주의 출하품
> • 예약 출하품
> • 농수산물 품질관리법 제5조에 따른 표준규격품 및 같은 법 제6조에 따른 우수관리인증농산물
> • 그 밖에 도매시장 개설자가 도매시장의 효율적인 운영을 위하여 특히 필요하다고 업무규정으로 정하는 품목

37 도매시장법인이 정가매매 또는 수의매매를 할 수 있는 경우가 아닌 것은?　　　　　　　제6회

① 해당 농수산물의 입하량이 일시적으로 현저하게 증가하여 정상적인 거래가 어려운 경우
② 천재・지변 그 밖의 불가피한 사유로 인하여 경매 또는 입찰의 방법에 의하는 것이 극히 곤란한 경우
③ 도매시장 개설자의 허가를 받아 중도매인 또는 매매참가인 외의 자에게 판매하는 경우
④ 다른 도매시장법인 또는 공판장에서 이미 가격이 결정되어 바로 입하된 물품을 매매하는 경우

> **해설** 매매방법 – 정가매매 또는 수의매매(시행규칙 제28조 제1항 제2호)
> • 출하자가 정가매매・수의매매로 매매방법을 지정하여 요청한 경우(시장관리운영위원회의 심의를 거쳐 매매방법을 경매 또는 입찰로 정한 경우, 해당 농수산물의 입하량이 일시적으로 현저하게 증가하여 정상적인 거래가 어려운 경우 등 정가매매 또는 수의매매의 방법에 의하는 것이 극히 곤란한 경우는 제외한다)
> • 시장관리운영위원회의 심의를 거쳐 매매방법을 정가매매 또는 수의매매로 정한 경우
> • 전자거래 방식으로 매매하는 경우
> • 다른 도매시장법인 또는 공판장(경매사가 경매를 실시하는 농수산물집하장을 포함한다)에서 이미 가격이 결정되어 바로 입하된 물품을 매매하는 경우로서 해당 물품을 반출한 도매시장법인 또는 공판장의 개설자가 가격・반출지・반출물량 및 반출차량 등을 확인한 경우
> • 해양수산부장관이 거래방법・물품의 반출 및 확인절차 등을 정한 산지의 거래시설에서 미리 가격이 결정되어 입하된 수산물을 매매하는 경우
> • 경매 또는 입찰이 종료된 후 입하된 경우
> • 경매 또는 입찰을 실시하였으나 매매되지 아니한 경우
> • 도매시장 개설자의 허가를 받아 중도매인 또는 매매참가인 외의 자에게 판매하는 경우
> • 천재・지변 그 밖의 불가피한 사유로 인하여 경매 또는 입찰의 방법에 의하는 것이 극히 곤란한 경우

38 다음 중 도매시장법인의 영업제한에 관한 설명으로 맞는 것은? 제3회

① 도매시장법인은 도매시장 외의 장소에서 농수산물의 판매 업무를 할 수 있다.
② 도매시장법인은 농수산물의 판매업무 외의 사업을 일체 겸영하지 못한다.
③ 도매시장법인은 농수산물의 생산지에서 포장, 선별, 보관 등 출하관련사업을 할 수 있다.
④ 도매시장법인이 겸영사업을 개시한 때에는 특별히 보고할 의무가 없다.

해설 ① 도매시장법인은 도매시장 외의 장소에서 농수산물의 판매업무를 하지 못한다(법 제35조 제1항).
② 농수산물의 선별・포장・가공・제빙(製氷)・보관・후숙(後熟)・저장・수출입 등의 사업은 농림축산식품부령 또는 해양수산부령으로 정하는 바에 따라 겸영할 수 있다(법 제35조 제4항).
④ 도매시장법인 또는 시장도매인이 겸영사업을 하는 경우 그 사업내용을 해당 도매시장의 게시판이나 정보통신망에 공시하여야 한다(시행규칙 제34조의2).

39 다음은 도매시장 운영주체의 영업제한에 관한 설명이다. 괄호 안에 들어갈 운영주체는? 제2회

> (　　)은 농수산물의 판매업무 외의 사업을 겸영하지 못한다. 다만, 농수산물의 선별・포장・가공・제빙(製氷)・보관・후숙(後熟)・저장・수출입 등의 사업은 농림축산식품부령 또는 해양수산부령으로 정하는 바에 따라 겸영할 수 있다.

① 산지유통인
② 매매참가인
③ 중도매인
④ 도매시장법인

정답 38 ③ 39 ④

40 다음 중 그 업무를 수행함에 있어서 정당한 사유 없이 입하된 농수산물의 수탁 또는 위탁받은 농수산물의 판매를 거부·기피하거나 거래관계인에게 부당한 차별 대우를 하여서는 아니 되는 것으로 규정된 도매시장 유통 주체는? 〔제2회〕

① 도매시장법인 또는 시장도매인
② 도매시장 개설자
③ 매매참가인
④ 도매시장관리공사 또는 관리사무소

해설 **수탁의 거부금지 등(법 제38조)**
도매시장법인 또는 시장도매인은 그 업무를 수행할 때에 다음의 어느 하나에 해당하는 경우를 제외하고는 입하된 농수산물의 수탁을 거부·기피하거나 위탁받은 농수산물의 판매를 거부·기피하거나, 거래 관계인에게 부당한 차별대우를 하여서는 아니 된다.
- 유통명령을 위반하여 출하하는 경우
- 출하자 신고를 하지 아니하고 출하하는 경우
- 안전성 검사 결과 그 기준에 미달되는 경우
- 도매시장 개설자가 업무규정으로 정하는 최소출하량의 기준에 미달되는 경우
- 그 밖에 환경 개선 및 규격출하 촉진 등을 위하여 대통령령으로 정하는 경우
※ "대통령령으로 정하는 경우"란 농림축산식품부장관, 해양수산부장관 또는 도매시장 개설자가 정하여 고시한 품목을 농수산물 품질관리법에 따른 표준규격에 따라 출하하지 아니한 경우를 말한다(시행령 제18조의2).

41 농수산물 유통 및 가격안정에 관한 법령상 출하농수산물의 안전성관리에 관한 설명으로 옳지 않은 것은? 〔제8회〕

① 도매시장개설자는 해당 도매시장에 반입되는 농수산물에 대하여 유해물질의 잔류허용기준 등의 초과여부에 관한 안전성검사를 실시하여야 한다.
② 도매시장개설자는 안전성검사결과 기준미달품 출하자에 대하여 2년 이내의 범위에서 도매시장에 출하하는 것을 제한할 수 있다.
③ 농산물가격안정기금으로 농산물 안전성 강화와 관련된 조사 및 연구사업을 지원할 수 있다.
④ 시장관리운영위원회에서 도매시장출하품의 안전성 제고에 관하여 심의할 수 있다.

해설 도매시장 개설자는 안전성 검사 결과 기준미달로 판정되면 기준미달품 출하자(다른 도매시장 개설자로부터 안전성 검사 결과 출하제한을 받은 자를 포함한다)에 대하여 다음에 따라 해당 농수산물과 같은 품목의 농수산물을 해당 도매시장에 출하하는 것을 제한할 수 있다(시행규칙 제35조의2 제2항).
- 최근 1년 이내에 1회 적발 시 : 1개월
- 최근 1년 이내에 2회 적발 시 : 3개월
- 최근 1년 이내에 3회 적발 시 : 6개월

42 도매시장법인 또는 시장도매인이 농수산물의 판매를 위탁한 출하자로부터 징수하는 위탁수수료의 최고 한도 중 틀린 것은? 제1회

① 축산부류 : 거래금액의 1천분의 20
② 수산부류 : 거래금액의 1천분의 60
③ 양곡부류 : 거래금액의 1천분의 20
④ 화훼부류 : 거래금액의 1천분의 60

해설 **위탁수수료의 최고 한도(시행규칙 제39조 제4항)**
• 양곡부류 : 거래금액의 1천분의 20
• 청과부류 : 거래금액의 1천분의 70
• 수산부류 : 거래금액의 1천분의 60
• 축산부류 : 거래금액의 1천분의 20(도매시장 또는 공판장 안에 도축장이 설치된 경우 축산물위생관리법에 의하여 징수할 수 있는 도살·해체수수료는 이에 포함되지 아니한다)
• 화훼부류 : 거래금액의 1천분의 70
• 약용작물부류 : 거래금액의 1천분의 50

43 다음 중 농수산물공판장을 개설할 수 없는 자는? 제2회

① 농업협동조합중앙회
② 서울특별시 농수산물공사
③ 품목별·업종별 협동조합
④ 지역 축산업협동조합

해설 **농수산물공판장의 개설자(시행령 제3조)**
• 농어업경영체 육성 및 지원에 관한 법률에 따른 영농조합법인 및 영어조합법인과 농업회사법인 및 어업회사법인
• 농업협동조합법에 따른 농협경제지주회사의 자회사[다만, 농업협동조합중앙회가 개설한 공판장은 농협경제지주회사 및 그 자회사가 개설한 것으로 본다.
• 한국농수산식품유통공사법에 따른 한국농수산식품유통공사

44 농수산물공판장의 개설 및 운영 등에 관한 설명으로 옳은 것은? 제6회

① 한국농어촌공사는 공판장을 개설할 수 있다.
② 공판장의 개설자가 업무규정을 변경한 때에는 이를 시·도지사에게 보고하여야 한다.
③ 공판장에는 도매시장법인·시장도매인·중도매인 및 경매사를 둘 수 있다.
④ 생산자단체가 공판장을 개설할 경우에는 경매장을 설치하지 아니하여도 된다.

해설 ① 한국농어촌공사는 공공기관이라 공판장을 개설할 수 없다(법 제2조 제5호 및 시행령 제3조).
③ 공판장에는 중도매인·매매참가인·산지유통인 및 경매사를 둘 수 있다(법 제44조 제1항).
④ 도매시장법인을 두지 아니하는 지방도매시장의 경우 경매장을 설치하지 아니할 수 있다(시행규칙 [별표 2]).

45 민영도매시장의 개설 및 운영에 관한 설명으로 옳지 않은 것은? 　제7회

① 민간인 등이 특별시에 민영도매시장을 개설하고자 하는 때에는 농림축산식품부장관의 허가를 받아야 한다.
② 농수산물을 수집하여 민영도매시장에 출하하고자 하는 자는 민영도매시장의 개설자에게 산지유통인으로 등록하여야 한다.
③ 민영도매시장의 중도매인은 민영도매시장의 개설자가 지정한다.
④ 민영도매시장의 경매사는 민영도매시장의 개설자가 임면한다.

해설　① 민간인 등이 특별시·광역시·특별자치시·특별자치도 또는 시 지역에 민영도매시장을 개설하고자 하는 때에는 시·도지사의 허가를 받아야 한다(법 제47조 제1항).

46 민영도매시장의 개설 및 운영에 관한 설명으로 옳지 않은 것은? 　제8회

① 민간인 등이 특별시·광역시·특별자치시·특별자치도 또는 시지역에 민영도매시장을 개설하고자 할 때에는 시·도지사의 허가를 받아야 한다.
② 민영도매시장의 개설자는 도매시장법인·중도매인·종합유통센터를 두어 운영하여야 한다.
③ 민영도매시장의 경매사는 민영도매시장의 개설자가 임면한다.
④ 민영도매시장의 시장도매인은 민영도매시장의 개설자가 지정한다.

해설　민영도매시장의 개설자는 중도매인, 매매참가인, 산지유통인 및 경매사를 두어 직접 운영하거나 시장도매인을 두어 이를 운영하게 할 수 있다(법 제48조).

47 다음 중 민영도매시장의 개설, 운영 등에 대한 설명으로 맞지 않는 것은? 　제4회

① 민영도매시장의 개설자는 중도매인, 매매참가인, 산지유통인 및 경매사를 두어 직접 운영하거나 시장도매인을 두어 운영하게 할 수 있다.
② 민영도매시장의 중도매인은 민영도매시장의 개설자가 지정한다.
③ 민간인 등이 읍·면·동 지역에 민영도매시장을 개설하고자 하는 경우에는 농림축산식품부장관의 허가를 받아야 한다.
④ 민영도매시장의 경매사는 민영도매시장의 개설자가 임면한다.

해설　③ 민간인 등이 특별시·광역시·특별자치시·특별자치도 또는 시 지역에 민영도매시장을 개설하려면 시·도지사의 허가를 받아야 한다(법 제47조 제1항).

48 다음 중 민영도매시장의 개설에 대한 설명으로 옳은 것은?   제2회

① 시·도지사의 승인을 받아 개설한다.
② 농림축산식품부장관의 승인을 받아 개설한다.
③ 시·도지사의 허가를 받아 개설한다.
④ 농림축산식품부장관의 허가를 받아 개설한다.

해설 민영도매시장의 개설(법 제47조 제1항)
민간인 등이 특별시·광역시·특별자치시·특별자치도 또는 시 지역에 민영도매시장을 개설하려면 시·도지사의 허가를 받아야 한다.

49 민영도매시장을 개설하고자 하는 자가 개설허가 신청서에 첨부하여야 하는 서류로 규정되어 있지 않은 것은?   제5회

① 거래품목
② 운영관리계획서
③ 민영도매시장의 업무규정
④ 해당 민영도매시장의 소재지를 관할하는 시장 또는 자치구의 구청장의 의견서

해설 민영도매시장을 개설 시 개설허가신청서에 첨부해야 할 서류(시행규칙 제41조)
• 민영도매시장의 업무규정
• 운영관리계획서
• 해당 민영도매시장의 소재지를 관할하는 시장 또는 자치구의 구청장의 의견서

50 다음에서 농수산물집하장 설치와 운영에 관하여 필요한 기준을 정하는 자로 옳게 짝지어진 것은?   제7회

㉠ 지방자치단체장	㉡ 지역농업협동조합장
㉢ 농업협동조합중앙회장	㉣ 산림조합중앙회장
㉤ 수산업협동조합중앙회장	

① ㉠, ㉡, ㉢
② ㉠, ㉢, ㉤
③ ㉡, ㉢, ㉣
④ ㉢, ㉣, ㉤

해설 농업협동조합중앙회·산림조합중앙회·수산업협동조합중앙회의 장 및 농협경제지주회사의 대표이사는 농수산물집하장의 설치와 운영에 필요한 기준을 정하여야 한다(시행령 제20조 제2항).

정답 48 ③ 49 ① 50 ④

51 산지유통 등에 관한 설명으로 틀린 것은?

① 농림수협 등 또는 공익법인은 경매 또는 입찰방법에 따라 창고경매·포전(圃田)경매 또는 선상(船上)경매 등을 할 수 있다.
② 채소류 등 저장성이 없는 농수산물의 포전매매(圃田賣買)의 계약은 구두 계약에 의한 방식으로 하여야 한다.
③ 국가 또는 지방자치단체는 농수산물산지유통센터의 운영을 생산자단체 또는 전문유통업체에 위탁할 수 있다.
④ 농림축산식품부장관은 포전매매의 계약에 필요한 표준계약서를 정하여 보급하고 그 사용을 권장할 수 있다.

해설 ② 농림축산식품부장관이 정하는 채소류 등 저장성이 없는 농산물의 포전매매의 계약은 서면에 의한 방식으로 하여야 한다(법 제53조 제1항).

52 농수산물 유통 및 가격안정에 관한 법률에서 농산물가격안정기금의 융자 또는 대출 대상사업으로 규정하고 있지 않은 것은?

① 농산물의 수출 및 수입 촉진
② 농산물의 가격조절과 생산·출하의 장려 또는 조절
③ 농산물의 보관·관리 및 가공
④ 농산물의 상품성 향상

해설 농산물가격안정기금의 융자 또는 대출 대상사업(법 제57조 제1항)
• 농산물의 가격조절과 생산·출하의 장려 또는 조절
• 농산물의 수출촉진
• 농산물의 보관·관리 및 가공
• 도매시장, 공판장, 민영도매시장 및 경매식 집하장의 출하촉진·거래대금정산·운영 및 시설설치
• 농산물의 상품성 향상
• 그 밖에 농림축산식품부장관이 농산물의 유통구조개선, 가격안정 및 종자산업진흥의 진흥을 위하여 필요하다고 인정하는 사업

53 다음 중 농산물가격안정기금으로 지출할 수 있는 사업은?

① 농산물의 보관·관리 및 가공
② 농산물의 상품성 제고
③ 농산물의 가격조절과 생산·출하의 장려 또는 조절
④ 농산물가격안정기금이 관리하는 유통시설의 설치·취득 및 운영

해설 기금의 용도(법 제57조 제2항)
- 농수산자조금의 조성 및 운영에 관한 법률에 따른 농수산자조금에 대한 출연 및 지원
- 과잉생산 시의 생산자 보호, 몰수농산물 등의 이관, 비축사업 등 및 종자산업법의 품종목록 등재품종 등의 종자생산에 따른 사업 및 그 사업의 관리
- 유통명령 이행자에 대한 지원
- 기금이 관리하는 유통시설의 설치·취득 및 운영
- 도매시장 시설현대화 사업 지원
- 그 밖에 대통령령으로 정하는 농산물의 유통구조 개선 및 가격안정과 종자산업의 진흥을 위하여 필요한 사업(시행령 제23조)
  - 농산물의 가공·포장 및 저장기술의 개발, 브랜드 육성·저온유통·유통정보화 및 물류표준화의 촉진
  - 농산물의 유통구조개선 및 가격안정사업과 관련된 조사·연구·홍보·지도·교육훈련 및 해외시장개척
  - 종자산업의 진흥과 관련된 우수종자의 품종육성·개발, 우수유전자원의 수집 및 조사·연구
  - 식량작물과 축산물을 제외한 농산물의 유통구조개선을 위한 생산자의 공동이용시설에 대한 지원
  - 농산물 가격안정을 위한 안전성 강화와 관련된 조사·연구·홍보·지도·교육훈련 및 검사·분석시설 지원

54 농림축산식품부장관이 농수산물의 소매유통을 개선하기 위해 지원할 수 있는 사업이 아닌 것은?

① 농수산물의 생산자 또는 생산자단체와 소비자 또는 소비자단체간의 직거래사업
② 농수산물소매시설의 현대화 및 운영에 관한 사업
③ 농수산물공판장의 설치 및 운영에 관한 사업
④ 농수산물직판장의 설치 및 운영에 관한 사업

해설 농수산물 소매유통의 개선을 위해 지원할 수 있는 사업(시행규칙 제45조)
- 농수산물의 생산자 또는 생산자단체와 소비자 또는 소비자단체간의 직거래사업
- 농수산물소매시설의 현대화 및 운영에 관한 사업
- 농수산물직판장의 설치 및 운영에 관한 사업
- 그 밖에 농수산물직거래 및 소매유통의 활성화를 위하여 농림축산식품부장관 또는 해양수산부장관이 인정하는 사업

정답 53 ④ 54 ③

55
다음 중 도매시장의 효율적인 운영·관리를 위하여 도매시장의 개설자 소속하에 설치된 시장관리운영위원회에서 심의하는 사항이 아닌 것은?　　제2회

① 수수료·시장사용료·하역비 등 제반비용 결정에 관한 사항
② 도매시장의 거래질서의 확립에 관한 사항
③ 도매시장 출하품의 안전성 향상 및 규격화의 촉진에 관한 사항
④ 도매시장의 거래제도의 개선에 관한 사항

해설　시장관리운영위원회에서 심의하는 사항(법 제78조 제3항)
- 도매시장의 거래제도 및 거래방법의 선택에 관한 사항
- 수수료, 시장사용료, 하역비 등 각종 비용 결정에 관한 사항
- 도매시장 출하품의 안전성 향상 및 규격화의 촉진에 관한 사항
- 도매시장의 거래질서의 확립에 관한 사항
- 정가매매·수의매매 등 거래 농수산물의 매매방법 운용기준에 관한 사항
- 최소출하량 기준의 결정에 관한 사항
- 그 밖에 도매시장의 개설자가 특히 필요하다고 인정하는 사항

56
도매시장거래 분쟁조정위원회의 심의·조정대상으로 규정하고 있지 아니한 것은?　　제4회

① 도매시장 거래제도와 관련된 분쟁
② 낙찰자 결정에 관한 분쟁
③ 거래대금의 지급에 관한 분쟁
④ 낙찰가격에 관한 분쟁

해설　조정위원회의 심의·조정대상(법 제78조의2 제2항)
- 낙찰자 결정에 관한 분쟁
- 낙찰가격에 관한 분쟁
- 거래대금의 지급에 관한 분쟁
- 그 밖에 도매시장 개설자가 특히 필요하다고 인정하는 분쟁

57
농림축산식품부장관, 해양수산부장관, 시·도지사 또는 도매시장 개설자는 중도매인, 도매시장법인 등에게 업무정지를 명하려는 경우, 그 업무의 정지가 해당 업무의 이용자 등에게 심한 불편을 주거나 공익을 해할 우려가 있을 때 업무의 정지에 갈음하여 부과할 수 있는 것은?　　제5회

① 몰 수
② 벌 금
③ 과태료
④ 과징금

해설　과징금 : 농림축산식품부장관, 해양수산부장관, 시·도지사 또는 도매시장 개설자는 도매시장법인 등이 법 제82조 제2항에 해당하거나 중도매인이 제82조 제5항에 해당하여 업무정지를 명하려는 경우, 그 업무의 정지가 해당 업무의 이용자 등에게 심한 불편을 주거나 공익을 해칠 우려가 있을 때에는 업무의 정지를 갈음하여 도매시장법인 등에는 1억원 이하, 중도매인에게는 1천만원 이하의 과징금을 부과할 수 있다(법 제83조).

정답　55 ④　56 ①　57 ④

58 농산물도매시장의 개설자가 할 수 있는 행정처분의 종류가 아닌 것은? 〔제4회〕

① 지정취소
② 벌 금
③ 업무정지
④ 주 의

해설
- 도매시장 개설자는 도매시장법인 등이 해당 법의 위반 등을 하면 6개월 이내의 기간을 정하여 해당 업무의 정지를 명하거나 그 지정 또는 승인을 취소할 수 있다(법 제82조 제2항).
- 해당 규정에 따른 위반행위별 처분기준은 농림축산식품부령 또는 해양수산부령으로 정한다(법 제82조 제6항).
- 행정처분의 순서는 주의, 경고, 업무정지 6개월 이내, 지정(허가, 승인, 등록) 취소의 순으로 하며, 업무정지의 기간은 6개월 이내에서 위반 정도에 따라 10일, 15일, 1개월, 3개월 또는 6개월로 하여 처분한다(시행규칙 [별표 4]).

59 농수산물 유통 및 가격안정에 관한 법률상 과태료 처분에 대한 설명으로 옳지 않은 것은? 〔제6회〕

① 경매사 임면 신고를 하지 아니한 자는 100만원 이하의 과태료에 처한다.
② 도매시장에서의 정상적인 거래와 시설물의 사용기준을 위반하거나 적절한 위생·환경의 유지를 저해한 자는 300만원 이하의 과태료에 처한다.
③ 거래질서 유지에 따른 단속을 기피한 자는 500만원 이하의 과태료에 처한다.
④ 유통명령을 위반한 자는 1천만원 이하의 과태료에 처한다.

해설
② 도매시장에서의 정상적인 거래와 시설물의 사용기준을 위반하거나 적절한 위생·환경의 유지를 저해한 자(도매시장법인, 시장도매인, 도매시장공판장의 개설자 및 중도매인은 제외)에게는 100만원 이하의 과태료를 부과한다(법 제90조 제3항 제4호).
① 법 제90조 제3항 제1호
③ 법 제90조 제2항 제2호
④ 법 제90조 제1항 제1호

정답 58 ② 59 ②

CHAPTER 03 농수산물의 원산지 표시 등에 관한 법률

농수산물의 원산지 표시 등에 관한 법률 [시행 2022.1.1.] [법률 제18525호, 2021.11.30, 일부개정]
농수산물의 원산지 표시 등에 관한 법률 시행령 [시행 2025.10.1.] [대통령령 제35811호, 2025.10.1, 타법개정]
농수산물의 원산지 표시 등에 관한 법률 시행규칙 [시행 2025.1.9.] [농림축산식품부령 제701호, 2025.1.9, 일부개정]

01 총 칙

1. 목적(법 제1조)

농산물·수산물과 그 가공품 등에 대하여 **적정하고 합리적인 원산지 표시**와 유통이력 관리를 하도록 함으로써 **공정한 거래를 유도**하고 **소비자의 알권리를 보장**하여 **생산자와 소비자를 보호**하는 것을 목적으로 한다.

2. 용어의 뜻(법 제2조)

(1) 농산물이란 농업활동으로 생산되는 산물로서 대통령령으로 정하는 것에 따른 농산물을 말한다.

(2) 원산지란 농산물이나 수산물이 **생산·채취·포획된 국가·지역이나 해역**을 말한다.

(3) 유통이력이란 수입 농산물 및 농산물 가공품에 대한 수입 이후부터 소비자 판매 이전까지의 유통단계별 거래명세를 말하며, 그 구체적인 범위는 농림축산식품부령으로 정한다.

(4) 통신판매
① 통신판매란 전자상거래 등에서의 소비자보호에 관한 법률 제2조 제2호에 따른 통신판매(같은 법 제2조 제1호의 전자상거래로 판매되는 경우를 포함) 중 대통령령으로 정하는 판매를 말한다.
② **통신판매의 범위(시행령 제2조)** : "대통령령으로 정하는 판매"란 전자상거래 등에서의 소비자보호에 관한 법률에 따라 신고한 통신판매업자의 판매(전단지를 이용한 판매는 제외) 또는 통신판매중개업자가 운영하는 사이버몰(컴퓨터 등과 정보통신설비를 이용하여 재화를 거래할 수 있도록 설정된 가상의 영업장)을 이용한 판매를 말한다.

(5) 이 법에서 사용하는 용어의 뜻은 이 법에 특별한 규정이 있는 것을 제외하고는 농수산물 품질관리법, 식품위생법, 대외무역법이나 축산물위생관리법에서 정하는 바에 따른다.

3. 다른 법률과의 관계(법 제3조)

이 법은 농수산물 또는 그 가공품의 원산지 표시와 수입 농산물 및 농산물 가공품의 유통이력 관리에 대하여 다른 법률에 우선하여 적용한다.

4. 농수산물의 원산지 표시의 심의(법 제4조)

이 법에 따른 농산물·수산물 및 그 가공품 또는 조리하여 판매하는 쌀·김치류, 축산물(축산물위생관리법에 따른 축산물을 말한다) 및 수산물 등의 원산지 표시 등에 관한 사항은 농수산물 품질관리법에 따른 농수산물품질관리심의회(이하 "심의회"라 한다)에서 심의한다.

02 원산지 표시 등

1. 원산지 표시(법 제5조)

(1) 대통령령으로 정하는 농수산물 또는 그 가공품을 수입하는 자, 생산·가공하여 출하하거나 판매(통신판매를 포함) 또는 판매할 목적으로 보관·진열하는 자는 다음에 대하여 원산지를 표시하여야 한다.
　① 농수산물
　② 농수산물 가공품(국내에서 가공한 가공품은 제외)
　③ 농수산물 가공품(국내에서 가공한 가공품에 한정)의 원료

> **알아두기** 원산지의 표시대상(시행령 제3조)
> ① 법 제5조 제1항 각 호 외의 부분에서 "대통령령으로 정하는 농수산물 또는 그 가공품"이란 다음의 농수산물 또는 그 가공품을 말한다.
> 　1. 유통질서의 확립과 소비자의 올바른 선택을 위하여 필요하다고 인정하여 농림축산식품부장관과 해양수산부장관이 공동으로 고시한 농수산물 또는 그 가공품
> 　2. 대외무역법에 따라 산업통상부장관이 공고한 수입 농수산물 또는 그 가공품. 다만, 대외무역법 시행령에 따라 원산지 표시를 생략할 수 있는 수입 농수산물 또는 그 가공품은 제외한다.
> ② 농수산물 가공품의 원료에 대한 원산지 표시대상은 다음과 같다. 다만, 물, 식품첨가물, 주정(酒精) 및 당류(당류를 주원료로 하여 가공한 당류가공품을 포함한다)는 배합비율의 순위와 표시대상에서 제외한다.
> 　1. 원료 배합비율에 따른 표시대상
> 　　가. 사용된 원료의 배합비율에서 한 가지 원료의 배합비율이 98% 이상인 경우에는 그 원료
> 　　나. 사용된 원료의 배합비율에서 두 가지 원료의 배합비율의 합이 98% 이상인 원료가 있는 경우에는 배합비율이 높은 순서의 2순위까지의 원료
> 　　다. 가목 및 나목 외의 경우에는 배합비율이 높은 순서의 3순위까지의 원료

라. 가목부터 다목까지의 규정에도 불구하고 김치류 및 절임류(소금으로 절이는 절임류에 한정한다)의 경우에는 다음의 구분에 따른 원료
   1) 김치류 중 고춧가루(고춧가루가 포함된 가공품을 사용하는 경우에는 그 가공품에 사용된 고춧가루를 포함한다)를 사용하는 품목은 고춧가루 및 소금을 제외한 원료 중 배합비율이 가장 높은 순서의 2순위까지의 원료와 고춧가루 및 소금
   2) 김치류 중 고춧가루를 사용하지 아니하는 품목은 소금을 제외한 원료 중 배합비율이 가장 높은 순서의 2순위까지의 원료와 소금
   3) 절임류는 소금을 제외한 원료 중 배합비율이 가장 높은 순서의 2순위까지의 원료와 소금. 다만, 소금을 제외한 원료 중 한 가지 원료의 배합비율이 98% 이상인 경우에는 그 원료와 소금으로 한다.
2. 1.에 따른 표시대상 원료로서 식품 등의 표시·광고에 관한 법률에 따른 식품 등의 표시기준에서 정한 복합원재료를 사용한 경우에는 농림축산식품부장관과 해양수산부장관이 공동으로 정하여 고시하는 기준에 따른 원료

③ ②를 적용할 때 원료(가공품의 원료를 포함한다) 농수산물의 명칭을 제품명 또는 제품명의 일부로 사용하는 경우에는 그 원료 농수산물이 같은 항에 따른 원산지 표시대상이 아니더라도 그 원료 농수산물의 원산지를 표시해야 한다. 다만, 원료 농수산물이 다음의 어느 하나에 해당하는 경우에는 해당 원료 농수산물의 원산지 표시를 생략할 수 있다.
1. ①의 1.에 따라 고시한 원산지 표시대상에 해당하지 않는 경우
2. ②의 각 호 외의 부분 단서에 따른 식품첨가물, 주정 및 당류(당류를 주원료로 하여 가공한 당류가공품을 포함한다)의 원료로 사용된 경우
3. 식품 등의 표시·광고에 관한 법률의 표시기준에 따라 원재료명 표시를 생략할 수 있는 경우

예시문제 맛보기

국내가공품에 다음 원료를 사용하였을 경우 원산지 표시대상이 모두 아닌 것은?

① 식용유, 식품첨가물, 당류
② 식용유, 당류, 식염
③ 물, 식품첨가물, 주정 및 당류
④ 식용유, 물, 식품첨가물, 식염

정답 ③

---

(2) 다음 어느 하나에 해당하는 때에는 원산지를 표시한 것으로 본다.

① 농수산물 품질관리법 또는 소금산업 진흥법에 따른 표준규격품의 표시를 한 경우
② 농수산물 품질관리법에 따른 우수관리인증의 표시, 품질인증품의 표시 또는 소금산업 진흥법에 따른 우수천일염인증의 표시를 한 경우
③ 소금산업 진흥법에 따른 천일염생산방식인증의 표시를 한 경우
④ 소금산업 진흥법에 따른 친환경천일염인증의 표시를 한 경우
⑤ 농수산물 품질관리법에 따른 이력추적관리의 표시를 한 경우
⑥ 농수산물 품질관리법 또는 소금산업 진흥법에 따른 지리적표시를 한 경우
⑦ 식품산업진흥법 또는 수산식품산업의 육성 및 자원에 관한 법률에 따른 원산지인증의 표시를 한 경우
⑧ 대외무역법에 따라 수출입 농수산물이나 수출입 농수산물 가공품의 원산지를 표시한 경우
⑨ 다른 법률에 따라 농수산물의 원산지 또는 농수산물 가공품의 원료의 원산지를 표시한 경우

(3) 식품접객업 및 집단급식소 중 **대통령령으로 정하는 영업소**나 **집단급식소**를 설치·운영하는 자는 다음의 어느 하나에 해당하는 경우에 그 농수산물이나 그 가공품의 원료에 대하여 원산지(쇠고기는 식육의 종류를 포함한다)를 표시하여야 한다. 다만, 식품산업진흥법 또는 수산식품산업의 육성 및 자원에 관한 법률에 따른 원산지인증의 표시를 한 경우에는 원산지를 표시한 것으로 보며, 쇠고기의 경우에는 식육의 종류를 별도로 표시하여야 한다.
  ① 대통령령으로 정하는 농수산물이나 그 가공품을 조리하여 판매·제공(배달을 통한 판매·제공을 포함한다)하는 경우
  ② ①에 따른 농수산물이나 그 가공품을 조리하여 판매·제공할 목적으로 보관하거나 진열하는 경우

> **알아두기** 원산지의 표시대상(시행령 제3조)
> ⑤ "대통령령으로 정하는 농수산물이나 그 가공품을 조리하여 판매·제공하는 경우"란 다음의 것을 조리하여 판매·제공하는 경우를 말한다. 이 경우 조리에는 날 것의 상태로 조리하는 것을 포함하며, 판매·제공에는 배달을 통한 판매·제공을 포함한다.
>   1. 쇠고기(식육·포장육·식육가공품을 포함한다)
>   2. 돼지고기(식육·포장육·식육가공품을 포함한다)
>   3. 닭고기(식육·포장육·식육가공품을 포함한다)
>   4. 오리고기(식육·포장육·식육가공품을 포함한다)
>   5. 양고기(식육·포장육·식육가공품을 포함한다)
>   6. 염소(유산양을 포함한다)고기(식육·포장육·식육가공품을 포함한다)
>   7. 밥, 죽, 누룽지에 사용하는 쌀(쌀가공품을 포함하며, 쌀에는 찹쌀, 현미 및 찐쌀을 포함한다)
>   8. 배추김치(배추김치가공품을 포함한다)의 원료인 배추(얼갈이배추와 봄동배추를 포함한다)와 고춧가루
>   9. 두부류(가공두부, 유바는 제외한다), 콩비지, 콩국수에 사용하는 콩(콩가공품을 포함한다)
> ⑥ ⑤의 원산지 표시대상 중 가공품에 대해서는 주원료를 표시해야 한다. 이 경우 주원료 표시에 관한 세부기준에 대해서는 농림축산식품부장관과 해양수산부장관이 공동으로 정하여 고시한다.
> ⑦ 농수산물이나 그 가공품의 신뢰도를 높이기 위하여 필요한 경우에는 ①부터 ③까지, ⑤ 및 ⑥에 따른 표시대상이 아닌 농수산물과 그 가공품의 원료에 대해서도 그 원산지를 표시할 수 있다. 이 경우 법 제5조 제4항에 따른 표시기준과 표시방법을 준수하여야 한다.

2. 원산지의 표시기준(시행령 제5조 제1항 관련 [별표 1])

(1) **농수산물**
  ① 국산 농산물 : "**국산**"이나 "**국내산**" 또는 그 농산물을 **생산·채취·사육한 지역의 시·도명**이나 **시·군·구 명**을 표시한다.
  ② 원산지가 다른 동일 품목을 혼합한 농수산물
    ㉠ 국산 농수산물로서 그 생산 등을 한 지역이 각각 다른 동일 품목의 농수산물을 혼합한 경우에는 혼합 비율이 높은 순서로 3개 지역까지의 시·도명 또는 시·군·구명과 그 혼합비율을 표시하거나 "국산", "국내산" 또는 "연근해산"으로 표시한다.
    ㉡ 동일 품목의 국산 농수산물과 국산 외의 농수산물을 혼합한 경우에는 혼합비율이 높은 순서로 3개 국가(지역, 해역 등)까지의 원산지와 그 혼합비율을 표시한다.

(2) 수입 농수산물과 그 가공품 및 반입 농수산물과 그 가공품
① 수입 농수산물과 그 가공품(이하 "수입농수산물 등"이라 한다)은 대외무역법에 따른 원산지를 표시한다.
② 남북교류협력에 관한 법률에 따라 반입한 농수산물과 그 가공품(이하 "반입농수산물 등"이라 한다)은 같은 법에 따른 원산지를 표시한다.

(3) 농수산물 가공품(수입농수산물 등 또는 반입농수산물 등을 국내에서 가공한 것을 포함한다)
① 사용된 원료의 원산지를 기준에 따라 표시한다.
② 원산지가 다른 동일 원료를 혼합하여 사용한 경우에는 혼합 비율이 높은 순서로 2개 국가(지역, 해역 등)까지의 원료 원산지와 그 혼합 비율을 각각 표시한다.
③ 원산지가 다른 동일 원료의 원산지별 혼합 비율이 변경된 경우로서 그 어느 하나의 변경의 폭이 최대 15% 이하이면 종전의 원산지별 혼합 비율이 표시된 포장재를 혼합 비율이 변경된 날부터 1년의 범위에서 사용할 수 있다.
④ 사용된 원료(물, 식품첨가물, 주정 및 당류는 제외한다)의 원산지가 모두 국산일 경우에는 원산지를 일괄하여 "국산"이나 "국내산" 또는 "연근해산"으로 표시할 수 있다.
⑤ 원료의 수급 사정으로 인하여 원료의 원산지 또는 혼합 비율이 자주 변경되는 경우로서 다음의 어느 하나에 해당하는 경우에는 농림축산식품부장관과 해양수산부장관이 공동으로 정하여 고시하는 바에 따라 원료의 원산지와 혼합 비율을 표시할 수 있다.
㉠ 특정 원료의 원산지나 혼합 비율이 최근 3년 이내에 연평균 3개국(회) 이상 변경되거나 최근 1년 동안에 3개국(회) 이상 변경된 경우와 최초 생산일부터 1년 이내에 3개국 이상 원산지 변경이 예상되는 신제품인 경우
㉡ 원산지가 다른 동일 원료를 사용하는 경우
㉢ 정부가 농수산물 가공품의 원료로 공급하는 수입쌀을 사용하는 경우
㉣ 그 밖에 농림축산식품부장관과 해양수산부장관이 공동으로 필요하다고 인정하여 고시하는 경우

3. 농수산물 등의 원산지 표시방법(시행규칙 제3조 제1호 관련 [별표 1])

(1) 적용대상
① 시행령 [별표 1]의 (1)에 따른 농수산물
② 시행령 [별표 1]의 (2)에 따른 수입 농수산물과 그 가공품 및 반입 농수산물과 그 가공품

(2) 표시방법
① 포장재에 원산지를 표시할 수 있는 경우
㉠ 위치 : 소비자가 쉽게 알아볼 수 있는 곳에 표시한다.

ⓒ 문자 : **한글로 하되, 필요한 경우에는 한글 옆에 한문 또는 영문 등으로** 추가하여 표시할 수 있다.
ⓒ 글자 크기
- 시행령 [별표 1] (1)에 따른 농수산물과 시행령 [별표 1] (2)에 따른 수입 농수산물 및 반입 농수산물
  - 포장 표면적이 3,000cm² 이상인 경우 : 20포인트 이상
  - 포장 표면적이 50cm² 이상 3,000cm² 미만인 경우 : 12포인트 이상
  - 포장 표면적이 50cm² 미만인 경우 : 8포인트 이상. 다만, 8포인트 이상의 크기로 표시하기 곤란한 경우에는 다른 표시사항의 글자 크기와 같은 크기로 표시할 수 있다.
  - 위의 세 가지 포장 표면적은 포장재의 외형면적을 말한다. 다만, 식품 등의 표시·광고에 관한 법률에 따른 식품 등의 표시기준에 따른 통조림·병조림 및 병제품에 라벨이 인쇄된 경우에는 그 라벨의 면적으로 한다.
- 시행령 [별표 1] (2)에 따른 수입 농수산물 가공품 및 반입 농수산물 가공품
  - 10포인트 이상의 활자로 진하게(굵게) 표시해야 한다. 다만, 정보표시면 면적이 부족한 경우에는 10포인트보다 작게 표시할 수 있으나, 식품 등의 표시·광고에 관한 법률에 따른 원재료명의 표시와 동일한 크기로 진하게(굵게) 표시해야 한다.
  - 위의 글씨는 각각 장평 90% 이상, 자간 -5% 이상으로 표시해야 한다. 다만, 정보표시면 면적이 100cm² 미만인 경우에는 각각 장평 50% 이상, 자간 -5% 이상으로 표시할 수 있다.
ⓒ 글자색 : 포장재의 바탕색 또는 내용물의 색깔과 다른 색깔로 선명하게 표시한다.
ⓒ 그 밖의 사항
- 포장재에 직접 인쇄하는 것을 원칙으로 하되, 지워지지 아니하는 잉크·각인·소인 등을 사용하여 표시하거나 스티커(붙임딱지), 전자저울에 의한 라벨지 등으로도 표시할 수 있다.
- 그물망 포장을 사용하는 경우 또는 포장을 하지 않고 엮거나 묶은 상태인 경우에는 꼬리표, 안쪽 표지 등으로도 표시할 수 있다.

② 포장재에 원산지를 표시하기 어려운 경우(일괄 안내표시판의 경우는 제외한다)
ⓒ 푯말, 안내표시판, 일괄 안내표시판, 상품에 붙이는 스티커 등을 이용하여 다음의 기준에 따라 소비자가 쉽게 알아볼 수 있도록 표시한다. 다만, 원산지가 다른 동일 품목이 있는 경우에는 해당 품목의 원산지는 일괄 안내표시판에 표시하는 방법 외의 방법으로 표시하여야 한다.
- 푯말 : 가로 8cm × 세로 5cm × 높이 5cm 이상
- 안내표시판
  - 진열대 : 가로 7cm × 세로 5cm 이상
  - 판매장소 : 가로 14cm × 세로 10cm 이상

- 축산물 위생관리법 시행령에 따른 식육판매업 또는 식육즉석판매가공업의 영업자가 진열장에 진열하여 판매하는 식육에 대하여 식육판매표지판을 이용하여 원산지를 표시하는 경우의 세부 표시방법은 식품의약품안전처장이 정하여 고시하는 바에 따른다.
- 일괄 안내표시판
  - 위치 : 소비자가 쉽게 알아볼 수 있는 곳에 설치하여야 한다.
  - 크기 : 안내표시판 판매장소에 따른 기준 이상으로 하되, 글자 크기는 20포인트 이상으로 한다.
- 상품에 붙이는 스티커 : 가로 3cm × 세로 2cm 이상 또는 직경 2.5cm 이상이어야 한다.
ⓒ 문자 : 한글로 하되, 필요한 경우에는 한글 옆에 한문 또는 영문 등으로 추가하여 표시할 수 있다.
ⓒ 원산지를 표시하는 글자(일괄 안내표시판의 글자는 제외한다)의 크기는 제품의 명칭 또는 가격을 표시한 글자 크기의 1/2 이상으로 하되, 최소 12포인트 이상으로 한다.

4. 농수산물 가공품의 원산지 표시방법(시행규칙 제3조 제1호 관련 [별표 2])

(1) 적용대상 : 시행령 [별표 1] (3)에 따른 농수산물 가공품

(2) 표시방법

① 포장재에 원산지를 표시할 수 있는 경우
  ㉠ 위치 : 식품 등의 표시ㆍ광고에 관한 법률의 표시기준에 따른 원재료명 표시란에 추가하여 표시한다. 다만, 원재료명 표시란에 표시하기 어려운 경우에는 소비자가 쉽게 알아볼 수 있는 위치에 표시하되, 구매시점에 소비자가 원산지를 알 수 있도록 표시해야 한다.
  ㉡ 문자 : 한글로 하되, 필요한 경우에는 한글 옆에 한문 또는 영문 등으로 추가하여 표시할 수 있다.
  ㉢ 글자 크기
    - 10포인트 이상의 활자로 진하게(굵게)표시해야 한다. 다만, 정보표시면 면적이 부족한 경우에는 10포인트보다 작게 표시할 수 있으나, 식품 등의 표시ㆍ광고에 관한 법률 제4조에 따른 원재료명의 표시와 동일한 크기로 진하게(굵게) 표시해야 한다.
    - 위에 따른 글씨는 각각 장평 90% 이상, 자간 −5% 이상으로 표시해야 한다. 다만, 정보표시면 면적이 100cm² 미만인 경우에는 각각 장평 50% 이상, 자간 −5%이상으로 표시할 수 있다.
  ㉣ 글자색 : 포장재의 바탕색과 다른 단색으로 선명하게 표시한다. 다만, 포장재의 바탕색이 투명한 경우 내용물과 다른 단색으로 선명하게 표시한다.
  ㉤ 그 밖의 사항
    - 포장재에 직접 인쇄하는 것을 원칙으로 하되, 지워지지 아니하는 잉크ㆍ각인ㆍ소인 등을 사용하여 표시하거나 스티커, 전자저울에 의한 라벨지 등으로도 표시할 수 있다.

- 그물망 포장을 사용하는 경우에는 꼬리표, 안쪽 표지 등으로도 표시할 수 있다.
- 최종소비자에게 판매되지 않는 농수산물 가공품을 가맹사업거래의 공정화에 관한 법률에 따른 가맹사업자의 직영점과 가맹점에 제조·가공·조리를 목적으로 공급하는 경우에 가맹사업자가 원산지 정보를 판매시점 정보관리(POS ; Point of Sales) 시스템을 통해 이미 알고 있으면 포장재 표시를 생략할 수 있다.

② 포장재에 원산지를 표시하기 어려운 경우 : [별표 1]의 (2) 표시방법을 준용하여 표시한다.

> **예시문제 맛보기**
>
> 국내 가공공장에서 국산 고추 55%와 중국산 고추 45%를 혼합하여 고춧가루를 생산하였다. 이때 고춧가루 포장재에 표시하는 원산지 표시방법으로 맞는 것은?
> ① 고추 : 국산 55%, 중국산 45%
> ② 고춧가루 : 중국산 45%, 국산 55%
> ③ 고추 : 국산 55%
> ④ 고춧가루 : 중국산 45%
>
> **정답** ①

5. 통신판매의 경우 원산지 표시방법(시행규칙 제3조 제1호 관련 [별표 3])

(1) 일반적인 표시방법

① 표시는 한글로 하되, 필요한 경우에는 한글 옆에 한문 또는 영문 등으로 추가하여 표시할 수 있다. 다만, **매체 특성상 문자로 표시할 수 없는 경우에는 말로 표시하여야 한다.**

② 원산지를 표시할 때에는 소비자가 혼란을 일으키지 않도록 글자로 표시할 경우에는 글자의 위치·크기 및 색깔은 쉽게 알아 볼 수 있어야 하고, 말로 표시할 경우에는 말의 속도 및 소리의 크기는 제품을 설명하는 것과 같아야 한다.

③ 원산지가 같은 경우에는 일괄하여 표시할 수 있다. 다만, (3)의 ②의 경우에는 일괄하여 표시할 수 없다.

(2) 판매 매체에 대한 표시방법

① 전자매체 이용

㉠ 글자로 표시할 수 있는 경우(인터넷, PC통신, 케이블TV, IPTV, TV 등)
- 표시 위치 : 제품명 또는 가격표시 옆·위·아래에 붙여서 원산지를 표시하거나, 자막 또는 별도의 창의 위치를 알려주는 표시를 첫 화면(소비자가 제품을 구매할 때 통상적으로 그 제품이나 그 제품의 판매업체를 확인할 수 있는 최초의 화면을 말한다)이나 제품명 또는 가격표시 옆·위·아래에 붙여서 표시하고 매체의 특성에 따라 자막 또는 별도의 창을 이용하여 원산지를 표시할 수 있다.

- 표시 시기 : 원산지를 표시하여야 할 제품이 화면에 표시되는 시점부터 원산지를 알 수 있도록 표시해야 한다.
- 글자 크기 : 제품명 또는 가격표시(최초 등록된 가격표시를 기준으로 함)와 같거나 그보다 커야 한다. 다만, 별도의 창을 이용하여 표시할 경우에는 전자상거래 등에서의 소비자보호에 관한 법률에 따른 통신판매업자의 재화 또는 용역정보에 관한 사항과 거래조건에 대한 표시·광고 및 고지의 내용과 방법을 따른다.
- 글자색 : 제품명 또는 가격표시와 같은 색으로 한다.

ⓒ 글자로 표시할 수 없는 경우(라디오 등) : 1회당 원산지를 두 번 이상 말로 표시하여야 한다.

② 인쇄매체 이용(신문, 잡지 등)

ⓐ 표시 위치 : 제품명 또는 가격표시 주위에 표시하거나, 제품명 또는 가격표시 주위에 원산지 표시 위치를 명시하고 그 장소에 표시할 수 있다.

ⓑ 글자 크기 : 제품명 또는 가격표시 글자 크기의 1/2 이상으로 표시하거나, 광고 면적을 기준으로 [별표 1] (2) ① ⓒ의 첫 번째 • 의 기준을 준용하여 표시할 수 있다.

ⓒ 글자색 : 제품명 또는 가격표시와 같은 색으로 한다.

(3) 판매 제공 시의 표시방법

① [별표 1] (1)에 따른 농수산물 등의 원산지 표시방법 : [별표 1] (2) ①에 따라 원산지를 표시해야 한다. 다만, 포장재에 표시하기 어려운 경우에는 전단지, 스티커 또는 영수증(전자적 형태의 영수증 포함) 등에 표시할 수 있다.

② [별표 2] (1)에 따른 농수산물 가공품의 원산지 표시방법 : [별표 2] (2) ①에 따라 원산지를 표시해야 한다. 다만, 포장재에 표시하기 어려운 경우에는 전단지, 스티커 또는 영수증 등에 표시할 수 있다.

③ [별표 4]에 따른 영업소 및 집단급식소의 원산지 표시방법 : [별표 4] (1) 및 (3)에 따라 표시대상 농수산물 또는 그 가공품의 원료의 원산지를 포장재에 표시한다. 다만, 포장재에 표시하기 어려운 경우에는 전단지, 스티커 또는 영수증 등에 표시할 수 있다.

6. 영업소 및 집단급식소의 원산지 표시방법(시행규칙 제3조 제2호 관련 [별표 4])

(1) 공통적 표시방법 ★ 중요

① 음식명 바로 옆이나 밑에 표시대상 원료인 농수산물 명과 그 원산지를 한글로 표시하되, 필요한 경우에는 한글 옆에 한문 또는 영문 등을 추가로 표시할 수 있다. 다만, 모든 음식에 사용된 특정 원료의 원산지가 같은 경우 그 원료에 대해서는 다음 예시와 같이 일괄하여 표시할 수 있다.

예 우리 업소에서는 "국내산 쌀"만 사용합니다.
    우리 업소에서는 "국내산 배추와 고춧가루로 만든 배추김치"만 사용합니다.
    우리 업소에서는 "국내산 한우 쇠고기"만 사용합니다.
    우리 업소에서는 "국내산 넙치"만을 사용합니다.

② 원산지의 글자 크기는 메뉴판이나 게시판 등에 적힌 음식명 글자 크기와 같거나 그보다 커야 한다.
③ 원산지가 다른 2개 이상의 동일 품목을 섞은 경우에는 섞음 비율이 높은 순서대로 표시한다.
   예 국내산(국산)의 섞음 비율이 외국산보다 높은 경우
   - 쇠고기 - 불고기(쇠고기 : 국내산 한우와 호주산을 섞음), 설렁탕(우사골 : 국내산 한우, 쇠고기 : 호주산), 국내산 한우 갈비뼈에 호주산 쇠고기를 접착(接着)한 경우 : 소갈비(갈비뼈 : 국내산 한우, 쇠고기 : 호주산) 또는 소갈비(쇠고기 : 호주산)
   - 돼지고기, 닭고기 등 - 고추장불고기(돼지고기 : 국내산과 미국산을 섞음), 닭갈비(닭고기 : 국내산과 중국산을 섞음)
   - 쌀, 배추김치 - 쌀(국내산과 미국산을 섞음), 배추김치(배추 : 국내산과 중국산을 섞음, 고춧가루 : 국내산과 중국산을 섞음)
   - 넙치, 조피볼락 등 - 조피볼락회(조피볼락 : 국내산과 일본산을 섞음)
   예 국내산(국산)의 섞음 비율이 외국산보다 낮은 경우
   - 불고기(쇠고기 : 호주산과 국내산 한우를 섞음), 죽(쌀 : 미국산과 국내산을 섞음), 낙지볶음(낙지 : 일본산과 국내산을 섞음)
④ 쇠고기, 돼지고기, 닭고기, 오리고기, 넙치, 조피볼락 및 참돔 등을 섞은 경우 각각의 원산지를 표시한다.
   예 햄버그스테이크(쇠고기 : 국내산 한우, 돼지고기 : 덴마크산), 모둠회(넙치 : 국내산, 조피볼락 : 중국산, 참돔 : 일본산), 갈낙탕(쇠고기 : 미국산, 낙지 : 중국산)
⑤ 원산지가 국내산(국산)인 경우에는 "국산"이나 "국내산"으로 표시하거나 해당 농수산물이 생산된 특별시ㆍ광역시ㆍ특별자치시ㆍ도ㆍ특별자치도명이나 시ㆍ군ㆍ자치구명으로 표시할 수 있다.
⑥ 농수산물 가공품을 사용한 경우에는 그 가공품에 사용된 원료의 원산지를 표시하되, 다음 ㉠ 및 ㉡에 따라 표시할 수 있다.
   예 부대찌개[햄(돼지고기 : 국내산)], 샌드위치[햄(돼지고기 : 독일산)]
   ㉠ 외국에서 가공한 농수산물 가공품 완제품을 구입하여 사용한 경우에는 그 포장재에 적힌 원산지를 표시할 수 있다.
      예 소시지야채볶음(소시지 : 미국산), 김치찌개(배추김치 : 중국산)
   ㉡ 국내에서 가공한 농수산물 가공품의 원료의 원산지가 영 [별표 1] (3), ⑤에 따라 원료의 원산지가 자주 변경되어 "외국산"으로 표시된 경우에는 원료의 원산지를 "외국산"으로 표시할 수 있다.
      예 피자[햄(돼지고기 : 외국산)], 두부(콩 : 외국산)
   ㉢ 국내산 쇠고기의 식육가공품을 사용하는 경우에는 식육의 종류 표시를 생략할 수 있다.
⑦ 농수산물과 그 가공품을 조리하여 판매 또는 제공할 목적으로 냉장고 등에 보관ㆍ진열하는 경우에는 제품 포장재에 표시하거나 냉장고 등 보관장소 또는 보관용기별 앞면에 일괄하여 표시한다. 다만, 거래명세서 등을 통해 원산지를 확인할 수 있는 경우에는 원산지표시를 생략할 수 있다.
⑧ 표시대상 농수산물이나 그 가공품을 조리하여 배달을 통하여 판매ㆍ제공하는 경우에는 해당 농수산물이나 그가공품 원료의 원산지를 포장재에 표시한다. 다만, 포장재에 표시하기 어려운 경우에는 전단지, 스티커 또는 영수증 등에 표시할 수 있다.

(2) 영업형태별 표시방법

① 휴게음식점영업 및 일반음식점영업을 하는 영업소
  ㉠ 원산지는 소비자가 쉽게 알아볼 수 있도록 업소 내의 모든 **메뉴판 및 게시판**(메뉴판과 게시판 중 어느 한 종류만 사용하는 경우에는 그 메뉴판 또는 게시판을 말한다)에 표시하여야 한다. 다만, 다음의 기준에 따라 제작한 원산지 표시판을 아래 ㉡에 따라 부착하는 경우에는 메뉴판 및 게시판에는 원산지 표시를 생략할 수 있다.
    • 표제로 "원산지 표시판"을 사용할 것
    • 표시판 크기는 가로×세로(또는 세로×가로) 29×42cm 이상일 것
    • 글자 크기는 60포인트 이상(음식명은 30포인트 이상)일 것
    • (3)의 '원산지 표시대상별 표시방법'에 따라 원산지를 표시할 것
    • 글자색은 바탕색과 다른 색으로 선명하게 표시
  ㉡ 원산지를 원산지 표시판에 표시할 때에는 업소 내에 부착되어 있는 가장 큰 게시판(크기가 모두 같은 경우 소비자가 가장 잘 볼 수 있는 게시판 1곳)의 옆 또는 아래에 소비자가 잘 볼 수 있도록 원산지 표시판을 부착하여야 한다. 게시판을 사용하지 않는 업소의 경우에는 업소의 주출입구 입장 후 정면에서 소비자가 잘 볼 수 있는 곳에 원산지 표시판을 부착 또는 게시하여야 한다.
  ㉢ ㉠ 및 ㉡에도 불구하고 취식(取食)장소가 벽(공간을 분리할 수 있는 칸막이 등을 포함한다)으로 구분된 경우 취식장소별로 원산지가 표시된 게시판 또는 원산지 표시판을 부착해야 한다. 다만, 부착이 어려울 경우 타 위치의 원산지 표시판 부착 여부에 상관없이 원산지 표시가 된 메뉴판을 반드시 제공하여야 한다.
  ㉣ 전자적 매체를 활용한 메뉴판의 경우에는 (1)의 ① 본문 및 (1)의 ②에도 불구하고 별표 3 (2)의 ①, ㉠의 표시위치 및 글자 크기에 따른 표시방법으로 원산지를 표시할 수 있다.

② 위탁급식영업을 하는 영업소 및 집단급식소
  ㉠ 식당이나 취식(取食) 장소에 **월간 메뉴표, 메뉴판, 게시판 또는 푯말 등을 사용**하여 소비자(이용자를 포함한다)가 원산지를 쉽게 확인할 수 있도록 표시하여야 한다.
  ㉡ 교육·보육시설 등 미성년자를 대상으로 하는 영업소 및 집단급식소의 경우에는 ㉠에 따른 표시 외에 원산지가 적힌 주간 또는 월간 메뉴표를 작성하여 가정통신문(전자적 형태의 가정통신문을 포함한다)으로 알려주거나 교육·보육시설 등의 인터넷 홈페이지에 추가로 공개하여야 한다.

③ 장례식장, 예식장 또는 병원 등에 설치·운영되는 영업소나 집단급식소의 경우에는 ① 및 ②에도 불구하고 소비자(취식자를 포함한다)가 쉽게 볼 수 있는 장소에 푯말 또는 게시판 등을 사용하여 표시할 수 있다.

(3) 원산지 표시대상별 표시방법 ★ 중요

① 축산물의 원산지 표시방법

축산물의 원산지는 국내산(국산)과 외국산으로 구분하고, 다음의 구분에 따라 표시한다.

㉠ 쇠고기

- 국내산(국산)의 경우 "**국산**"이나 "**국내산**"으로 표시하고, 식육의 종류를 한우, 젖소, 육우로 구분하여 표시한다. 다만, 수입한 소를 국내에서 6개월 이상 사육한 후 국내산(국산)으로 유통하는 경우에는 "국산"이나 "국내산"으로 표시하되, **괄호 안에 식육의 종류 및 출생 국가명을 함께 표시한다.**
  예 소갈비(쇠고기 : 국내산 한우), 등심(쇠고기 : 국내산 육우), 소갈비[쇠고기 : 국내산 육우(출생국 호주)]

- 외국산의 경우에는 해당 국가명을 표시한다.
  예 소갈비(쇠고기 : 미국산)

㉡ 돼지고기, 닭고기, 오리고기 및 양고기(염소 등 산양 포함)

- 국내산(국산)의 경우 "**국산**"이나 "**국내산**"으로 표시한다. 다만, 수입한 돼지 또는 양을 국내에서 2개월 이상 사육한 후 국내산(국산)으로 유통하거나, 수입한 닭 또는 오리를 국내에서 1개월 이상 사육한 후 국내산(국산)으로 유통하는 경우에는 "국산"이나 "국내산"으로 표시하되, **괄호 안에 출생 국가명을 함께 표시한다.**
  예 삼겹살(돼지고기 : 국내산), 삼계탕(닭고기 : 국내산), 훈제오리(오리고기 : 국내산), 삼겹살[돼지고기 : 국내산(출생국 덴마크)], 삼계탕[닭고기 : 국내산(출생국 프랑스)], 훈제오리[오리고기 : 국내산(출생국 중국)]

- 외국산의 경우 해당 국가명을 표시한다.
  예 삼겹살(돼지고기 : 덴마크산), 염소탕(염소고기 : 호주산), 삼계탕(닭고기 : 중국산), 훈제오리(오리고기 : 중국산)

② 쌀(찹쌀, 현미, 찐쌀을 포함한다) 또는 그 가공품의 원산지 표시방법

쌀 또는 그 가공품의 원산지는 국내산(국산)과 외국산으로 구분하고, 다음의 구분에 따라 표시한다.

㉠ 국내산(국산)의 경우 "밥(쌀 : 국내산)", "누룽지(쌀 : 국내산)"로 표시한다.

㉡ 외국산의 경우 쌀을 생산한 해당 국가명을 표시한다.
  예 밥(쌀 : 미국산), 죽(쌀 : 중국산)

③ 배추김치의 원산지 표시방법

㉠ 국내에서 배추김치를 조리하여 판매·제공하는 경우에는 "배추김치"로 표시하고, 그 옆에 괄호로 배추김치의 원료인 배추(절인 배추를 포함한다)의 원산지를 표시한다. 이 경우 고춧가루를 사용한 배추김치의 경우에는 고춧가루의 원산지를 함께 표시한다.
  예 배추김치(배추 : 국내산, 고춧가루 : 중국산), 배추김치(배추 : 중국산, 고춧가루 : 국내산)
  ※ 고춧가루를 사용하지 않은 배추김치 : 배추김치(배추 : 국내산)

㉡ 외국에서 제조·가공한 배추김치를 수입하여 조리하여 판매·제공하는 경우에는 배추김치를 제조·가공한 해당 국가명을 표시한다.
  예 배추김치(중국산)

④ 콩(콩 또는 그 가공품을 원료로 사용한 두부류 · 콩비지 · 콩국수)의 원산지 표시방법
두부류, 콩비지, 콩국수의 원료로 사용한 콩에 대하여 국내산(국산)과 외국산으로 구분하여 다음의 구분에 따라 표시한다.
　㉠ 국내산(국산) 콩 또는 그 가공품을 원료로 사용한 경우 "국산"이나 "국내산"으로 표시한다.
　　예 두부(콩 : 국내산), 콩국수(콩 : 국내산)
　㉡ 외국산 콩 또는 그 가공품을 원료로 사용한 경우 해당 국가명을 표시한다.
　　예 두부(콩 : 중국산), 콩국수(콩 : 미국산)

7. 거짓 표시 등의 금지(법 제6조)

(1) 누구든지 다음의 행위를 하여서는 아니 된다.
　① 원산지 표시를 **거짓으로 하거나 이를 혼동하게 할 우려가 있는 표시**를 하는 행위
　② 원산지 표시를 혼동하게 할 목적으로 그 표시를 **손상 · 변경**하는 행위
　③ 원산지를 **위장하여 판매**하거나, 원산지 표시를 한 농수산물이나 그 가공품에 다른 농수산물이나 가공품을 **혼합하여 판매**하거나 판매할 **목적으로 보관이나 진열**하는 행위

(2) 농수산물이나 그 가공품을 조리하여 판매 · 제공하는 자는 다음의 행위를 하여서는 아니 된다.
　① 원산지 표시를 **거짓으로 하거나 이를 혼동하게 할 우려가 있는 표시**를 하는 행위
　② 원산지를 **위장하여 조리 · 판매 · 제공**하거나, 조리하여 판매 · 제공할 목적으로 농수산물이나 그 가공품의 원산지 표시를 **손상 · 변경하여 보관 · 진열**하는 행위
　③ 원산지 표시를 한 농수산물이나 그 가공품에 원산지가 다른 동일 농수산물이나 그 가공품을 **혼합하여 조리 · 판매 · 제공**하는 행위

(3) (1)이나 (2)를 위반하여 원산지를 혼동하게 할 우려가 있는 표시 및 위장판매의 범위 등 필요한 사항은 농림축산식품부와 해양수산부의 공동 부령으로 정한다.

(4) 유통산업발전법에 따른 대규모점포를 개설한 자는 임대의 형태로 운영되는 점포(이하 "임대점포"라 한다)의 임차인 등 운영자가 (1) 또는 (2)의 어느 하나에 해당하는 행위를 하도록 방치하여서는 아니 된다.

(5) 방송법에 따른 승인을 받고 상품소개와 판매에 관한 전문편성을 행하는 방송채널사용사업자는 해당 방송채널 등에 물건 판매중개를 의뢰하는 자가 (1) 또는 (2)의 어느 하나에 해당하는 행위를 하도록 방치하여서는 아니 된다.

8. 원산지를 혼동하게 할 우려가 있는 표시 및 위장판매의 범위(시행규칙 제4조 관련 [별표 5])

(1) 원산지를 혼동하게 할 우려가 있는 표시
① 원산지 표시란에는 원산지를 바르게 표시하였으나 포장재·푯말·홍보물 등 다른 곳에 이와 유사한 표시를 하여 원산지를 오인하게 하는 표시 등을 말한다.
② ①에 따른 일반적인 예는 다음과 같으며 이와 유사한 사례 또는 그 밖의 방법으로 기망(欺罔)하여 판매하는 행위를 포함한다.
　㉠ 원산지 표시란에는 외국 국가명을 표시하고 인근에 설치된 현수막 등에는 "우리 농산물만 취급", "국산만 취급", "국내산 한우만 취급" 등의 표시·광고를 한 경우
　㉡ 원산지 표시란에는 외국 국가명 또는 "국내산"으로 표시하고 포장재 앞면 등 소비자가 잘 보이는 위치에는 큰 글씨로 "국내생산", "경기특미" 등과 같이 국내 유명 특산물 생산지역명을 표시한 경우
　㉢ 게시판 등에는 "국산 김치만 사용합니다"로 일괄 표시하고 원산지 표시란에는 외국 국가명을 표시하는 경우
　㉣ 원산지 표시란에는 여러 국가명을 표시하고 실제로는 그중 원료의 가격이 낮거나 소비자가 기피하는 국가산만을 판매하는 경우

(2) 원산지 위장판매의 범위
① 원산지 표시를 잘 보이지 않도록 하거나, 표시를 하지 않고 판매하면서 사실과 다르게 원산지를 알리는 행위 등을 말한다.
② ①에 따른 일반적인 예는 다음과 같으며 이와 유사한 사례 또는 그 밖의 방법으로 기망하여 판매하는 행위를 포함한다.
　㉠ 외국산과 국내산을 진열·판매하면서 외국 국가명 표시를 잘 보이지 않게 가리거나 대상 농수산물과 떨어진 위치에 표시하는 경우
　㉡ 외국산의 원산지를 표시하지 않고 판매하면서 원산지가 어디냐고 물을 때 국내산 또는 원양산이라고 대답하는 경우
　㉢ 진열장에는 국내산만 원산지를 표시하여 진열하고, 판매 시에는 냉장고에서 원산지 표시가 안 된 외국산을 꺼내 주는 경우

9. 원산지 표시 등의 조사(법 제7조, 시행령 제6조)

(1) 농림축산식품부장관, 해양수산부장관, 관세청장, 시·도지사 또는 시장·군수·구청장은 원산지의 표시 여부·표시사항과 표시방법 등의 적정성을 확인하기 위하여 대통령령으로 정하는 바에 따라 관계 공무원으로 하여금 원산지 표시대상 농수산물이나 그 가공품을 수거하거나 조사하게

하여야 한다. 이 경우 관세청장의 수거 또는 조사 업무는 제5조 제1항의 원산지 표시대상 중 수입하는 농수산물이나 농수산물 가공품(국내에서 가공한 가공품은 제외한다)에 한정한다.
① 농림축산식품부장관과 해양수산부장관은 수거한 시료의 원산지를 판정하기 위하여 필요한 경우에는 검정기관을 지정·고시할 수 있다.
② 농림축산식품부장관 및 해양수산부장관은 원산지 검정방법 및 세부기준을 정하여 고시할 수 있다.

(2) (1)에 따른 조사 시 필요한 경우 해당 영업장, 보관창고, 사무실 등에 출입하여 농수산물이나 그 가공품 등에 대하여 확인·조사 등을 할 수 있으며 영업과 관련된 장부나 서류의 열람을 할 수 있다.

(3) (1)이나 (2)에 따른 수거·조사·열람을 하는 때에는 원산지의 표시대상 농수산물이나 그 가공품을 판매하거나 가공하는 자 또는 조리하여 판매·제공하는 자는 정당한 사유 없이 이를 거부·방해하거나 기피하여서는 아니 된다.

(4) (1)이나 (2)에 따른 수거 또는 조사를 하는 관계 공무원은 그 권한을 표시하는 증표를 지니고 이를 관계인에게 내보여야 하며, 출입시 성명·출입시간·출입목적 등이 표시된 문서를 관계인에게 교부하여야 한다.

(5) 농림축산식품부장관, 해양수산부장관, 관세청장이나 시·도지사는 (1)에 따른 수거·조사를 하는 경우 업종, 규모, 거래 품목 및 거래 형태 등을 고려하여 매년 인력·재원 운영계획을 포함한 자체계획을 수립한 후 그에 따라 실시하여야 한다.

(6) 농림축산식품부장관, 해양수산부장관, 관세청장이나 시·도지사는 (1)에 따른 수거·조사를 실시한 경우 다음의 사항에 대하여 평가를 실시하여야 하며 그 결과를 자체계획에 반영하여야 한다.
① 자체계획에 따른 추진 실적
② 그 밖에 원산지 표시 등의 조사와 관련하여 평가가 필요한 사항

(7) (6)에 따른 평가와 관련된 기준 및 절차에 관한 사항은 대통령령으로 정한다.

(8) 원산지를 표시하여야 하는 자는 축산물위생관리법 제31조나 가축 및 축산물 이력관리에 관한 법률 제18조 등 다른 법률에 따라 발급받은 원산지 등이 기재된 영수증이나 거래명세서 등을 매입일부터 6개월간 비치·보관하여야 한다(법 제8조).

10. 원산지 표시 등의 위반에 대한 처분 등(법 제9조)

(1) 농림축산식품부장관, 해양수산부장관, 관세청장, 시·도지사 또는 시장·군수·구청장은 제5조나 제6조를 위반한 자에 대하여 다음의 처분을 할 수 있다. 다만, 제5조 제3항을 위반한 자에 대한 처분은 ①에 한한다.
① 표시의 이행·변경·삭제 등 시정명령
② 위반 농수산물이나 그 가공품의 판매 등 거래행위 금지
　※ 원산지 표시 등의 위반에 대한 처분 및 공표(시행령 제7조 제1항)
　　1. 법 제5조 제1항을 위반한 경우 : 표시의 이행명령 또는 거래행위 금지
　　2. 법 제5조 제3항을 위반한 경우 : 표시의 이행명령
　　3. 법 제6조를 위반한 경우 : 표시의 이행·변경·삭제 등 시정명령 또는 거래행위 금지

(2) 농림축산식품부장관, 해양수산부장관, 관세청장, 시·도지사 또는 시장·군수·구청장은 다음의 자가 2년 이내에 2회 이상 원산지를 표시하지 아니하거나, 법 제6조(거짓 표시 등의 금지)를 위반함에 따라 (1)에 따른 처분이 확정된 경우 처분과 관련된 사항을 공표하여야 한다. 다만, 농림축산식품부장관이나 해양수산부장관이 심의회의 심의를 거쳐 공표의 실효성이 없다고 인정하는 경우에는 처분과 관련된 사항을 공표하지 아니할 수 있다.
① 원산지의 표시를 하도록 한 농수산물이나 그 가공품을 생산·가공하여 출하하거나 판매 또는 판매할 목적으로 가공하는 자
② 음식물을 조리하여 판매·제공하는 자

(3) (2)에 따라 공표를 하여야 하는 사항은 다음과 같다.
① 처분 내용
② 해당 영업소의 명칭
③ 농수산물의 명칭
④ 처분을 받은 자가 입점하여 판매한 방송법에 따른 방송채널사용사업자 또는 전자상거래 등에서의 소비자보호에 관한 법률에 따른 통신판매중개업자의 명칭
⑤ 그 밖에 처분과 관련된 사항으로서 대통령령으로 정하는 사항

(4) (2) 공표는 다음의 자의 홈페이지에 공표한다.
① 농림축산식품부
② 해양수산부
③ 관세청
④ 국립농산물품질관리원
⑤ 대통령령으로 정하는 국가검역·검사기관
⑥ 특별시·광역시·특별자치시·도·특별자치도, 시·군·구(자치구를 말한다)
⑦ 한국소비자원

⑧ 그 밖에 대통령령으로 정하는 주요 인터넷 정보제공 사업자

(5) (1)에 따른 처분과 (2)에 따른 공표의 기준·방법 등에 관하여 필요한 사항은 **대통령령**으로 정한다.

> ※ 원산지 표시 등의 위반에 대한 처분 및 공표(시행령 제7조 제2항)
> 홈페이지 공표의 기준·방법은 다음과 같다.
> 1. 공표기간 : 처분이 확정된 날부터 12개월
> 2. 공표방법
>   - 농림축산식품부, 해양수산부, 관세청, 국립농산물품질관리원, 국립수산물품질관리원, 특별시·광역시·특별자치시·도·특별자치도(이하 "시·도"라 한다), 시·군·구(자치구를 말한다) 및 한국소비자원의 홈페이지에 공표하는 경우 : 이용자가 해당 기관의 인터넷 홈페이지 첫 화면에서 볼 수 있도록 공표
>   - 주요 인터넷 정보제공 사업자의 홈페이지에 공표하는 경우 : 이용자가 해당 사업자의 인터넷 홈페이지 화면 검색창에 "원산지"가 포함된 검색어를 입력하면 볼 수 있도록 공표

03 보 칙

1. 명예감시원(법 제11조)

(1) 농림축산식품부장관, 해양수산부장관, 시·도지사 또는 시장·군수·구청장은 농수산물 품질관리법 제104조의 농수산물명예감시원에게 농수산물이나 그 가공품의 원산지 표시를 지도·홍보·계몽하거나 위반사항을 신고하게 할 수 있다.

(2) 농림축산식품부장관, 해양수산부장관, 시·도지사 또는 시장·군수·구청장은 ①에 따른 활동에 필요한 경비를 지급 할 수 있다.

2. 포상금 지급(법 제12조)

농림축산식품부장관, 해양수산부장관, 관세청장, 시·도지사 또는 시장·군수·구청장은 제5조 및 제6조를 위반한 자를 주무관청이나 수사기관에 신고하거나 고발한 자에 대하여 **대통령령으로 정하는 바에 따라 예산의 범위에서 포상금을 지급**할 수 있다.

> ※ 포상금(시행령 제8조)
> ① 포상금은 1천만원의 범위에서 지급할 수 있다.
> ② 신고 또는 고발이 있은 후에 같은 위반행위에 대하여 같은 내용의 신고 또는 고발을 한 사람에게는 포상금을 지급하지 아니한다.
> ③ ① 및 ②에서 규정한 사항 외에 포상금의 지급 대상자, 기준, 방법 및 절차 등에 관하여 필요한 사항은 농림축산식품부장관과 해양수산부장관이 공동으로 정하여 고시한다.

04 벌칙

1. 벌칙, 양벌규정, 과태료

(1) 벌칙(법 제14조, 제16조)
① 제6조 제1항 또는 제2항을 위반한 자는 7년 이하의 징역이나 1억원 이하의 벌금에 처하거나 이를 병과(倂科)할 수 있다.
② ①의 죄로 형을 선고받고 그 형이 확정된 후 5년 이내에 다시 제6조 제1항 또는 제2항을 위반한 자는 1년 이상 10년 이하의 징역 또는 500만원 이상 1억5천만원 이하의 벌금에 처하거나 이를 병과할 수 있다.
③ 제9조 제1항에 따른 처분을 이행하지 아니한 자는 1년 이하의 징역이나 1천만원 이하의 벌금에 처한다.

(2) 양벌규정(법 제17조)
법인의 대표자나 법인 또는 개인의 대리인, 사용인, 그 밖의 종업원이 그 법인 또는 개인의 업무에 관하여 제14조 또는 제16조에 해당하는 위반행위를 하면 그 행위자를 벌하는 외에 그 법인이나 개인에게도 해당 조문의 벌금형을 과(科)한다. 다만, 법인 또는 개인이 그 위반행위를 방지하기 위하여 해당 업무에 관하여 상당한 주의와 감독을 게을리하지 아니한 경우에는 그러하지 아니하다.

(3) 과태료(법 제18조)
① 1천만원 이하의 과태료 부과에 해당하는 자
  ㉠ 원산지 표시를 하지 아니한 자
  ㉡ 원산지의 표시방법을 위반한 자
  ㉢ 임대점포의 임차인 등 운영자가 거짓 표시 등의 금지에 해당하는 행위를 하는 것을 알았거나 알 수 있었음에도 방치한 자
  ㉣ 해당 방송채널 등에 물건 판매중개를 의뢰한 자가 거짓 표시 등의 금지에 해당하는 행위를 하는 것을 알았거나 알 수 있었음에도 방치한 자
  ㉤ 수거·조사·열람을 거부·방해하거나 기피한 자
  ㉥ 영수증이나 거래명세서 등을 비치·보관하지 아니한 자
② 다음의 어느 하나에 해당하는 자에게는 500만원 이하의 과태료를 부과한다.
  ㉠ 교육 이수명령을 이행하지 아니한 자
  ㉡ 유통이력을 신고하지 아니하거나 거짓으로 신고한 자
  ㉢ 유통이력을 장부에 기록하지 아니하거나 보관하지 아니한 자
  ㉣ 유통이력 신고의무가 있음을 알리지 아니한 자
  ㉤ 수거·조사 또는 열람을 거부·방해 또는 기피한 자

③ ① 및 ②에 따른 과태료는 대통령령으로 정하는 바에 따라 다음의 자가 각각 부과·징수한다.
  ㉠ ① 및 ②의 ㉠의 과태료 : 농림축산식품부장관, 해양수산부장관, 관세청장, 시·도지사 또는 시장·군수·구청장
  ㉡ ②의 ㉡부터 ㉤까지의 과태료 : 농림축산식품부장관

2. 과징금의 부과기준(시행령 제5조의2 관련 [별표 1의2])

(1) 일반기준
① 과징금 부과기준은 2년 이내 2회 이상 위반한 경우에 적용한다. 이 경우 위반행위로 적발된 날부터 다시 위반행위로 적발된 날을 각각 기준으로 하여 위반횟수를 계산한다.
② 2년 이내 2회 위반한 경우에는 각각의 위반행위에 따른 위반금액을 합산한 금액을 기준으로 과징금을 산정·부과하고, 3회 이상 위반한 경우에는 해당 위반행위에 따른 위반금액을 기준으로 과징금을 산정·부과한다.
③ 법 제6조의2 제2항에 따라 법 제6조 제1항 위반 시 각 위반행위에 의한 판매금액은 해당 농수산물이나 농수산물 가공품의 판매량에 판매가격(해당 업소의 판매가격을 알 수 없는 경우에는 인근 2개 업소의 동일 품목 판매가격의 평균을 기준으로 한다. 다만, 평균가격을 산정할 수 없는 경우에는 해당 농수산물이나 농수산물 가공품의 매입가격에 30%를 가산한 금액을 기준으로 한다)을 곱한 금액으로 한다.
④ 법 제6조의2 제2항에 따라 법 제6조 제2항 위반 시 각 위반행위에 의한 판매금액은 다음 ㉠ 및 ㉡에 따라 산출한다.
  ㉠ [음식 판매가격 × (음식에 사용된 원산지를 거짓표시한 해당 농수산물이나 그 가공품의 원가 / 음식에 사용된 총 원료 원가)] × 해당 음식의 판매인분 수
  ㉡ ㉠에 따른 판매금액 산출이 곤란할 경우, 원산지를 거짓표시한 해당 농수산물이나 그 가공품(음식에 사용되어 판매한 것에 한정한다)의 매입가격에 3배를 곱한 금액으로 한다.
⑤ 통관 단계의 수입 농수산물과 그 가공품(이하 "수입농수산물 등"이라 한다) 및 반입 농수산물과 그 가공품(이하 "반입농수산물 등"이라 한다)의 위반금액은 세관 수입신고 금액으로 한다.

(2) 세부 산출기준
① 통관 단계의 수입농수산물 등 및 반입농수산물 등의 경우에는 위반 수입농수산물 등 및 반입농수산물 등의 세관 수입신고 금액의 100분의 10 또는 3억원 중 적은 금액
② ①을 제외한 농수산물 및 그 가공품(통관 단계 이후의 수입농수산물 등 및 반입농수산물 등을 포함한다)

위반금액	과징금의 금액
100만원 이하	위반금액×0.5
100만원 초과 500만원 이하	위반금액×0.7
500만원 초과 1,000만원 이하	위반금액×1.0
1,000만원 초과 2,000만원 이하	위반금액×1.5
2,000만원 초과 3,000만원 이하	위반금액×2.0
3,000만원 초과 4,500만원 이하	위반금액×2.5
4,500만원 초과 6,000만원 이하	위반금액×3.0
6,000만원 초과	위반금액×4.0(최고 3억원)

3. 과태료의 부과기준(시행령 제10조 관련 [별표 2])

(1) 일반기준

① 위반행위의 횟수에 따른 과태료의 가중된 부과기준은 최근 2년 간 같은 유형[(2)의 각 목을 기준으로 구분한다]의 위반행위로 과태료 부과처분을 받은 경우에 적용한다. 이 경우 기간의 계산은 위반행위에 대하여 과태료 부과처분을 받은 날과 그 처분 후 다시 같은 유형의 위반행위를 하여 적발된 날을 기준으로 한다.

② ①에 따라 가중된 부과처분을 하는 경우 가중처분의 적용 차수는 그 위반행위 전 부과처분 차수(①에 따른 기간 내에 과태료 부과처분이 둘 이상 있었던 경우에는 높은 차수)의 다음 차수로 한다.

③ 부과권자는 다음의 어느 하나에 해당하는 경우에는 (2)의 개별기준에 따른 과태료 금액의 2분의 1 범위에서 그 금액을 줄일 수 있다. 다만, 과태료를 체납하고 있는 위반행위자에 대해서는 그렇지 않다.

  ㉠ 위반행위자가 자연재해·화재 등으로 재산에 현저한 손실이 발생했거나 사업여건의 악화로 중대한 위기에 처하는 등의 사정이 있는 경우

  ㉡ 그 밖에 위반행위의 정도, 위반행위의 동기와 그 결과 등을 고려하여 과태료를 줄일 필요가 있다고 인정되는 경우

④ 부과권자는 다음의 어느 하나에 해당하는 경우에는 (2)의 개별기준에 따른 과태료 금액의 2분의 1 범위에서 그 금액을 늘릴 수 있다. 다만, 늘리는 경우에도 법 제18조 제1항 및 제2항에 따른 과태료 금액의 상한을 넘을 수 없다.

  ㉠ 위반의 내용·정도가 중대하여 이해관계인 등에게 미치는 피해가 크다고 인정되는 경우

  ㉡ 그 밖에 위반행위의 정도, 위반행위의 동기와 그 결과 등을 고려하여 과태료를 늘릴 필요가 있다고 인정되는 경우

(2) 개별기준

위반행위	근거 법조문	과태료 금액			
		1차 위반	2차 위반	3차 이상	4차 이상 위반
가. 법 제5조 제1항을 위반하여 원산지 표시를 하지 않은 경우	법 제18조 제1항 제1호	5만원 이상 1,000만원 이하			
나. 법 제5조 제3항을 위반하여 원산지 표시를 하지 않은 경우	법 제18조 제1항 제1호				
1) 쇠고기의 원산지를 표시하지 않은 경우		100만원	200만원	300만원	300만원
2) 쇠고기 식육의 종류만 표시하지 않은 경우		30만원	60만원	100만원	100만원
3) 돼지고기의 원산지를 표시하지 않은 경우		30만원	60만원	100만원	100만원
4) 닭고기의 원산지를 표시하지 않은 경우		30만원	60만원	100만원	100만원
5) 오리고기의 원산지를 표시하지 않은 경우		30만원	60만원	100만원	100만원
6) 양고기 또는 염소고기의 원산지를 표시하지 않은 경우		품목별 30만원	품목별 60만원	품목별 100만원	품목별 100만원
7) 쌀의 원산지를 표시하지 않은 경우		30만원	60만원	100만원	100만원
8) 배추 또는 고춧가루의 원산지를 표시하지 않은 경우		30만원	60만원	100만원	100만원
9) 콩의 원산지를 표시하지 않은 경우		30만원	60만원	100만원	100만원
다. 법 제5조 제4항에 따른 원산지의 표시방법을 위반한 경우	법 제18조 제1항 제2호	5만원 이상 1,000만원 이하			
라. 법 제6조 제4항을 위반하여 임대점포의 임차인 등 운영자가 같은 조 제1항 각 호 또는 제2항 각 호의 어느 하나에 해당하는 행위를 하는 것을 알았거나 알 수 있었음에도 방치한 경우	법 제18조 제1항 제3호	100만원	200만원	400만원	400만원
마. 법 제6조 제5항을 위반하여 해당 방송채널 등에 물건 판매중개를 의뢰한 자가 같은 조 제1항 각 호 또는 제2항 각 호의 어느 하나에 해당하는 행위를 하는 것을 알았거나 알 수 있었음에도 방치한 경우	법 제18조 제1항 제3호의2	100만원	200만원	400만원	400만원
바. 법 제7조 제3항을 위반하여 수거·조사·열람을 거부·방해하거나 기피한 경우	법 제18조 제1항 제4호	100만원	300만원	500만원	500만원
사. 법 제8조를 위반하여 영수증이나 거래명세서 등을 비치·보관하지 않은 경우	법 제18조 제1항 제5호	20만원	40만원	80만원	80만원
아. 법 제9조의2 제1항에 따른 교육 이수 명령을 이행하지 않은 경우	법 제18조 제2항 제1호	30만원	60만원	100만원	100만원
자. 법 제10조의2 제1항을 위반하여 유통이력을 신고하지 않거나 거짓으로 신고한 경우	법 제18조 제2항 제2호				
1) 유통이력을 신고하지 않은 경우		50만원	100만원	300만원	500만원
2) 유통이력을 거짓으로 신고한 경우		100만원	200만원	400만원	500만원
차. 법 제10조의2 제2항을 위반하여 유통이력을 장부에 기록하지 않거나 보관하지 않은 경우	법 제18조 제2항 제3호	50만원	100만원	300만원	500만원
카. 법 제10조의2 제3항을 위반하여 유통이력 신고의무가 있음을 알리지 않은 경우	법 제18조 제2항 제4호	50만원	100만원	300만원	500만원
타. 법 제10조의3 제2항을 위반하여 수거·조사 또는 열람을 거부·방해 또는 기피한 경우	법 제18조 제2항 제5호	100만원	200만원	400만원	500만원

(3) (2)의 개별기준 가목의 원산지 표시를 하지 않은 경우의 세부 부과기준
① 농수산물(통관 단계 이후의 수입농수산물 등 및 반입농수산물 등을 포함하며, 통신판매의 경우는 제외한다)
㉠ 과태료 부과금액은 원산지 표시를 하지 않은 물량(판매를 목적으로 보관 또는 진열하고 있는 물량을 포함한다)에 적발 당일 해당 업소의 판매가격을 곱한 금액으로 하고, 위반행위의 횟수에 따른 과태료의 부과기준은 다음 표와 같다.

과태료 부과금액		
1차 위반	2차 위반	3차 이상 위반
㉠의 금액	㉠의 금액의 200%	㉠의 금액의 300%

㉡ ㉠의 해당 업소 판매가격을 알 수 없는 경우에는 인근 2개 업소의 동일 품목 판매가격의 평균을 기준으로 한다. 다만, 평균가격을 산정할 수 없는 경우에는 해당 농수산물의 매입가격에 30%를 가산한 금액을 기준으로 한다.
㉢ 과태료 부과금액의 최소단위는 5만원으로 하고, 5만원 이상은 천원 미만을 버리고 부과하되, 부과되는 총액은 1천만원을 초과할 수 없다.

② 농수산물 가공품(통관 단계 이후의 수입농수산물 등 또는 반입농수산물 등을 국내에서 가공한 것을 포함하며, 통신판매의 경우는 제외한다)
㉠ 가공업자

기준액(연간 매출액)	과태료 부과금액(만원)		
	1차 위반	2차 위반	3차 이상 위반
1억원 미만	20	30	60
1억원 이상 2억원 미만	30	50	100
2억원 이상 4억원 미만	50	100	200
4억원 이상 6억원 미만	100	200	400
6억원 이상 8억원 미만	150	300	600
8억원 이상 10억원 미만	200	400	800
10억원 이상 12억원 미만	250	500	1,000
12억원 이상 14억원 미만	400	600	1,000
14억원 이상 16억원 미만	500	700	1,000
16억원 이상 18억원 미만	600	800	1,000
18억원 이상 20억원 미만	700	900	1,000
20억원 이상	800	1,000	1,000

• 연간 매출액은 처분 전년도 해당 품목의 1년간 매출액을 기준으로 한다.
• 신규영업·휴업 등 부득이한 사유로 처분 전년도의 1년간 매출액을 산출할 수 없거나 1년간 매출액을 기준으로 하는 것이 불합리한 것으로 인정되는 경우에는 전분기, 전월 또는 최근 1일 평균 매출액 중 가장 합리적인 기준에 따라 연간 매출액을 추계하여 산정한다.
• 1개 업소에서 2개 품목 이상이 동시에 적발된 경우에는 각 품목의 연간 매출액을 합산한 금액을 기준으로 부과한다.

ⓒ 판매업자 : ①의 기준을 준용하여 부과한다.
③ 통관 단계의 수입농수산물 등 및 반입농수산물 등
　㉠ 과태료 부과금액은 수입농수산물 등 및 반입농수산물 등의 세관 수입신고 금액의 100분의 10에 해당하는 금액으로 한다.
　㉡ 과태료 부과금액의 최소단위는 5만원으로 하고, 5만원 이상은 천원 미만을 버리고 부과하되 부과되는 총액은 1천만원을 초과할 수 없다.
④ 통신판매 : ②의 ㉠ 기준을 준용하여 부과한다.

(4) (2)의 개별기준 다목의 원산지의 표시방법을 위반한 경우의 세부 부과기준
① 농수산물(통관 단계 이후의 수입농수산물 등 및 반입농수산물 등을 포함하며, 통신판매의 경우와 식품접객업을 하는 영업소 및 집단급식소에서 조리하여 판매·제공하는 경우는 제외한다)
　㉠ (3)의 ① 기준에 따른 과태료 부과금액의 100분의 50을 부과한다.
　㉡ 과태료 부과금액의 최소단위는 5만원으로 하고, 5만원 이상은 천원 미만을 버리고 부과한다.
② 농수산물 가공품(통관 단계 이후의 수입농수산물 등 또는 반입농수산물 등을 국내에서 가공한 것을 포함하며, 통신판매의 경우는 제외한다)
　㉠ (3)의 ② 기준에 따른 과태료 부과금액의 100분의 50을 부과한다.
　㉡ 과태료 부과금액의 최소단위는 5만원으로 하고, 5만원 이상은 천원 미만을 버리고 부과한다.
③ 통관 단계의 수입농수산물 등 및 반입농수산물 등
　㉠ 과태료 부과금액은 (3)의 ③ 기준에 따른 과태료 부과금액의 100분의 50에 해당하는 금액으로 한다.
　㉡ 과태료 부과금액의 최소단위는 5만원으로 하고, 5만원 이상은 천원 미만을 버리고 부과한다.
④ 통신판매
　㉠ (3)의 ④ 기준에 따른 과태료 부과금액의 100분의 50을 부과한다.
　㉡ 과태료 부과금액의 최소단위는 5만원으로 하고, 5만원 이상은 천원 미만은 버리고 부과한다.
⑤ 식품접객업을 하는 영업소 및 집단급식소

위반행위	과태료 금액		
	1차 위반	2차 위반	3차 이상 위반
1) 쇠고기의 원산지 표시방법을 위반한 경우	25만원	100만원	150만원
2) 쇠고기 식육의 종류의 표시방법만 위반한 경우	15만원	30만원	50만원
3) 돼지고기의 원산지 표시방법을 위반한 경우	15만원	30만원	50만원
4) 닭고기의 원산지 표시방법을 위반한 경우	15만원	30만원	50만원
5) 오리고기의 원산지 표시방법을 위반한 경우	15만원	30만원	50만원
6) 양고기 또는 염소고기의 원산지 표시방법을 위반한 경우	품목별 15만원	품목별 30만원	품목별 50만원
7) 쌀의 원산지 표시방법을 위반한 경우	15만원	30만원	50만원
8) 배추 또는 고춧가루의 원산지 표시방법을 위반한 경우	15만원	30만원	50만원
9) 콩의 원산지 표시방법을 위반한 경우	15만원	30만원	50만원

CHAPTER 03 적중예상문제

01 국산농산물의 원산지 표시방법에 대한 설명으로 맞지 않는 것은? 〔제4회〕
① 포장하여 판매하는 농산물은 포장에 인쇄하거나 스티커로 표시한다.
② 포장하지 아니하고 판매하는 농산물은 푯말, 안내표시판, 일괄 안내표시판, 상품에 붙이는 스티커 등으로 표시한다.
③ 표시는 한글로 할 것. 다만 필요한 경우 한문 또는 영문을 병기할 수 있다.
④ 표시의 위치와 글자의 크기 등은 국립농산물품질관리원장이 정하는 방법에 따른다.

해설 ④ 표시대상, 표시를 하여야 할 자, 표시기준은 대통령령으로 정하고, 표시방법(위치 글자크기 등)과 그 밖에 필요한 사항은 농림축산식품부와 해양수산부의 공동 부령으로 정한다(법 제5조 제4항, 시행규칙 [별표 1]).

02 원산지 표시대상 및 방법에 관한 설명으로 옳은 것은?
① 국산으로 생산지역이 다른 동일품목의 농산물을 혼합한 경우에는 혼합비율이 높은 순으로 2개 지역까지 지역명을 표시하거나 "국산" 또는 "국내산"으로 표시한다.
② 국내 가공품에 포함된 물·식품첨가물·당류 및 식염은 배합비율의 순위에 따라 표시한다.
③ 국내 가공품의 수입원료는 농수산물 품질관리법령에 의한 원산지 국가명을 표시한다.
④ 포장하여 판매하는 국산농산물은 포장에 인쇄하는 것이 원칙이나 스티커로 표시할 수 있다.

해설 ④ 국산농산물 중 포장재에 원산지를 표시할 수 있는 경우에는 포장재에 직접 인쇄하는 것을 원칙으로 하되, 지워지지 아니하는 잉크·각인·소인 등을 사용하여 표시하거나 스티커(붙임딱지), 전자저울에 의한 라벨지 등으로도 표시할 수 있다(시행규칙 [별표 1]).
① 국산 농수산물로서 그 생산 등을 한 지역이 각각 다른 동일 품목의 농수산물을 혼합한 경우에는 혼합비율이 높은 순서로 3개 지역까지의 시·도명 또는 시·군·구명과 그 혼합 비율을 표시하거나 "국산", "국내산" 또는 "연근해산"으로 표시한다(시행령 [별표 1]).
② 물, 식품첨가물, 주정 및 당류는 배합비율의 순위와 표시대상에서 제외한다(시행령 제3조 제2항).
③ 국내 가공품의 수입원료는 농수산물의 원산지 표시 등에 관한 법률 시행령 [별표 1]에 의해 원산지를 표시하여야 한다(시행령 제5조 제1항).

정답 1 ④ 2 ④

03 국내가공품의 원산지 표시방법에 대한 설명이다. 다음 중 틀린 것은? 제1회

① 원산지가 다른 동일 원료를 혼합하여 사용한 경우에는 혼합 비율이 높은 순서로 2개 국가(지역, 해역 등)까지의 원료 원산지와 그 혼합 비율을 각각 표시한다.
② 원산지가 다른 동일 원료의 원산지별 혼합 비율이 변경된 경우로서 그 어느 하나의 변경의 폭이 최대 15% 이하이면 종전의 원산지별 혼합 비율이 표시된 포장재를 혼합 비율이 변경된 날부터 1년의 범위에서 사용할 수 있다.
③ 원료의 수급 사정으로 인하여 원료의 원산지 또는 혼합 비율이 자주 변경되는 경우로서 정부가 농수산물 가공품의 원료로 공급하는 수입쌀을 사용하는 경우 대통령령에 따라 원료의 원산지와 혼합 비율을 표시할 수 있다.
④ 사용된 원료(물, 식품첨가물, 주정 및 당류는 제외한다)의 원산지가 모두 국산일 경우에는 원산지를 일괄하여 "국산"이나 "국내산" 또는 "연근해산"으로 표시할 수 있다.

해설 ③ 원료의 수급 사정으로 인하여 원료의 원산지 또는 혼합 비율이 자주 변경되는 경우로서 정부가 농수산물 가공품의 원료로 공급하는 수입쌀을 사용하는 경우 농림축산식품부장관과 해양수산부장관이 공동으로 정하여 고시하는 바에 따라 원료의 원산지와 혼합 비율을 표시할 수 있다(농수산물의 원산지 표시 등에 관한 법률 시행령 [별표 1]).

04 원산지 표시방법에서 거짓 표시 등의 금지에 관한 설명으로 틀린 것은?

① 누구든지 원산지 표시를 거짓으로 하거나 이를 혼동하게 할 우려가 있는 표시를 하는 행위를 하여서는 아니 된다.
② 누구든지 원산지 표시를 혼동하게 할 목적으로 그 표시를 손상·변경하는 행위를 하여서는 아니 된다.
③ 원산지 표시를 한 농수산물이나 그 가공품에 원산지가 다른 동일 농수산물이나 그 가공품을 혼합하여 조리·판매·제공하는 경우에는 가능하다.
④ 누구든지 원산지를 위장하여 판매하거나, 원산지 표시를 한 농수산물이나 그 가공품에 다른 농수산물이나 가공품을 혼합하여 판매하거나 판매할 목적으로 보관이나 진열하는 행위를 하여서는 아니 된다.

해설 ③ 원산지 표시를 한 농수산물이나 그 가공품에 원산지가 다른 동일 농수산물이나 그 가공품을 혼합하여 조리·판매·제공하는 행위를 하여서는 아니 된다(법 제6조 제2항 제3호).
①·②·④ 법 제6조 제1항

05 장성군에서 생산된 벼를 고창군에 있는 도정공장에서 쌀로 가공하여 포장하였다. 이러한 경우에 원산지 표시 방법으로 맞는 것은?　　　　제1회

① 원산지 : 장성군
② 원산지 : 고창군
③ 원산지 : 전라북도
④ 원산지 : 장성군ㆍ고창군

해설　① 국산 농산물의 경우 "국산"이나 "국내산" 또는 그 농산물을 생산ㆍ채취ㆍ사육한 지역의 시ㆍ도명이나 시ㆍ군ㆍ구명을 표시한다(시행령 [별표 1]).

06 다음 보기에 대한 원산지 표시가 올바른 것은?　　　　제7회

> 이천산 쌀 40%, 공주산 쌀 30%, 철원산 쌀 20%, 고흥산 쌀 10%를 혼합하여 양곡판매점에서 원산지를 표시하여 판매할 경우

① 쌀(이천산 40%, 공주산 30%, 철원산 20%)
② 쌀(이천산, 공주산, 철원산, 고흥산 혼합)
③ 쌀(이천산 40%, 공주산 30%)
④ 쌀(이천산, 공주산, 철원산, 고흥산)

해설　국산 농수산물로서 그 생산 등을 한 지역이 각각 다른 동일 품목의 농수산물을 혼합한 경우에는 혼합 비율이 높은 순서로 3개 지역까지의 시ㆍ도명 또는 시ㆍ군ㆍ구명과 그 혼합 비율을 표시하거나 "국산", "국내산" 또는 "연근해산"으로 표시한다(시행령 [별표 1]).

07 국내 가공공장에서 국산 고추 55%와 중국산 고추 45%를 혼합하여 고춧가루를 생산하였다. 이때 고춧가루 포장재에 표시하는 원산지 표시방법으로 맞는 것은? 제2회

① 고추 : 국산 55%, 중국산 45%
② 고춧가루 : 중국산 45%, 국산 55%
③ 고추 : 국산 55%
④ 고춧가루 : 중국산 45%

해설 ① 원산지가 다른 동일 원료를 혼합하여 사용한 경우에는 혼합 비율이 높은 순서로 2개 국가(지역, 해역 등)까지의 원료 원산지와 그 혼합 비율을 각각 표시한다(농수산물의 원산지 표시 등에 관한 법률 시행령 [별표 1]).

08 영업장의 면적이 150m²인 C음식점에서 국내산 한우와 호주산 소갈비(섞음 비율은 국내산 한우가 높다)를 섞어 조리한 갈비탕, 국내산 쌀로 지은 밥, 중국산 절인 배추와 국내산 고춧가루를 사용하여 국내에서 조리한 김치 등을 판매하고자 한다. 메뉴판의 원산지 표시가 옳은 것은? 제6회

① 갈비탕(국내산 한우와 수입산을 섞음), 쌀(국내산), 배추김치(국내산)
② 갈비탕(국내산 한우와 호주산을 섞음), 쌀(국내산), 배추김치(중국산)
③ 갈비탕(국내산 한우와 수입산을 섞음), 쌀(국내산), 배추김치(배추 중국산, 고춧가루 국내산)
④ 갈비탕(국내산 한우와 호주산을 섞음), 쌀(국내산), 배추김치(배추 중국산, 고춧가루 국내산)

해설 원산지가 다른 2개 이상의 동일 품목을 섞은 경우에는 섞음 비율이 높은 순서대로 표시한다(시행규칙 [별표 4]).
  예 국내산(국산)의 섞음 비율이 외국산보다 높은 경우
    • 쇠고기 – 불고기(쇠고기 : 국내산 한우와 호주산을 섞음), 설렁탕(우사골 : 국내산 한우, 쇠고기 : 호주산), 국내산 한우 갈비뼈에 호주산 쇠고기를 접착(接着)한 경우 : 소갈비(갈비뼈 : 국내산 한우, 쇠고기 : 호주산) 또는 소갈비(쇠고기 : 호주산)
    • 돼지고기, 닭고기 등 : 고추장불고기(돼지고기 : 국내산과 미국산을 섞음), 닭갈비(닭고기 : 국내산과 중국산을 섞음)
    • 쌀, 배추김치 : 쌀(국내산과 미국산을 섞음), 배추김치(배추 : 국내산과 중국산을 섞음, 고춧가루 : 국내산과 중국산을 섞음)
  예 국내산(국산)의 섞음 비율이 외국산보다 낮은 경우
    불고기(쇠고기 : 호주산과 국내산 한우를 섞음), 죽(쌀 : 미국산과 국내산을 섞음), 낙지볶음(낙지 : 일본산과 국내산을 섞음)

PART 02

원예작물학

CHAPTER 01 원예의 이해
CHAPTER 02 원예식물의 생육
CHAPTER 03 원예식물의 환경
CHAPTER 04 재배기술
CHAPTER 05 원예식물의 품종, 번식, 육종
CHAPTER 06 특수원예

합격의 공식 시대에듀
www.sdedu.co.kr

CHAPTER 01 원예의 이해

01 원예작물의 이해

1. 원예작물의 의의

(1) 원예의 뜻

원예(園藝, Horticulture, Gardening)의 문자적·어원적 의미는 울타리를 에워싼 밭에서 작물을 재배한다는 뜻이다.

(2) 원예작물의 구분

① 원예작물이란 이용성과 경제성이 높아서 인간의 재배대상이 되는 식물 중 원예에 속하는 과수, 채소, 화훼 등을 통틀어 말하는데 쌀, 맥류, 감자 등의 농작물이나 임목과는 구별된다.
② 원예작물은 인간에게 부식물과 간식용 채소를 제공하는 채소원예, 기호물 및 간식용 과수를 제공하는 과수원예, 우리 생활을 아름답게 꾸미는 화훼원예 등으로 대분된다.
③ 그 외의 원예에는 대상작물, 재배 및 이용방식에 따라 시설원예, 생활원예, 사회원예 등이 있다.

(3) 원예작물의 중요성

① 비타민의 공급 : 대부분의 비타민은 인체 내에서 합성되지 않으므로 외부로부터 공급받아야 하는데, 채소와 과실은 여러 비타민 중에서도 A와 C의 중요한 공급원이다.
② 무기질의 공급 : 필수무기질은 인체 내의 여러 가지 대사작용을 원활하게 하여 신체발육과 건강을 유지시켜 주는데, 채소와 과실로부터 30여 종의 무기질을 공급받을 수 있다.
③ 섬유소의 공급 : 채소는 섬유소를 많이 함유하고 있어 소화를 돕고 변비를 예방해 준다.
④ 알칼리성 식품 : 대부분의 원예작물은 체액의 산성화를 방지하는 Na, K, Mg, Ca, Fe 등을 많이 함유하고 있는 알칼리성 식품이다.
⑤ 보건적 가치가 크다.
⑥ 기호적 기능을 한다.
⑦ 약리적 효능이 있다.

[원예작물에 함유된 기능성 물질] ★ 중요

채 소	주요 물질	효 능
고 추	캡사이신	암세포 증식 억제
토마토	리코펜	항산화작용, 노화 방지
수 박	시트룰린	이뇨작용 촉진
오 이	엘라테린	숙취 해소
양배추	비타민 U	항궤양성
마늘, 파류	알리인	살균작용, 항암작용
양 파	케르세틴	고혈압 예방, 항암작용
	다이설파이드	혈액응고 억제, 혈전증 예방
상 추	락투시린	진통효과
우 엉	이눌린	당뇨병 치료
치커리	인티빈	노화 방지, 혈액순환 촉진
	클로로제닌산	항암작용, 간장질환 치료
파슬리	아피올	해열, 이뇨작용 촉진
딸 기	엘러진산	항암작용
비 트	베타인	토사진정작용, 구충, 이뇨작용
생 강	진저롤	항산화 및 항염증, 항암작용

> **예시문제 맛보기**
>
> **원예작물과 주요 기능성 물질의 연결이 옳지 않은 것은?** [15회 기출]
> ① 토마토 – 엘라테린(Elaterin)
> ② 수박 – 시트룰린(Citrulline)
> ③ 우엉 – 이눌린(Inulin)
> ④ 포도 – 레스베라트롤(Resveratrol)
>
> **해설** ① 토마토 : 리코펜, 오이 : 엘라테린
> **정답** ①

2. 원예작물의 특성

(1) 재배적 특성
① 원예작물은 종류가 많고, 종류별 품종이 다양하다.
② 연중 수요가 발생하기 때문에 노지재배, 시설재배, 수경재배 등 수요에 맞춘 재배방식이 다양하다.
③ 병해충의 피해가 많고, 방제가 어렵다.
④ 재배가 집약적이다.

(2) 상품적 특성
① 신선한 상태로 공급해야 한다.
② 품질이 변질되고 부패되기 쉽기 때문에 저장시설이 필수이다.

02 원예작물의 분류

1. 식물의 지리적 분류

(1) 니콜라이 바빌로프(Nikolai Ivanovich Vavilov)의 유전자 중심지설
① 발상 중심지에는 변이가 다수 축적되어 있으며, 유전적으로 우성형질을 보유하는 형이 많다.
② 지리적 진화과정은 중심지에서 멀리 떨어질수록 우성형질이 점점 탈락하는 형식을 취한다.
③ 2차 중심지에는 열성형질을 보유하는 형이 많다.

(2) Vavilov의 작물의 기원지 8개 지역 ★ 중요

중국 지역	6조보리, 조, 피, 메밀, 콩, 팥, 파, 인삼, 배추, 자운영, 동양배, 감, 복숭아 등
인도, 동남아시아 지역(인더스 문명)	벼, 참깨, 사탕수수, 모시풀, 왕골, 오이, 박, 가지, 생강 등
중앙아시아 지역	귀리, 기장, 완두, 삼, 당근, 양파, 무화과 등
코카서스, 중동 지역(메소포타미아 문명)	2조보리, 보통밀, 호밀, 유채, 아마, 마늘, 시금치, 사과, 서양배, 포도 등
지중해 연안 지역	완두, 유채, 사탕무, 양귀비, 화이트클로버, 티머시, 오처드그라스, 무, 순무, 우엉, 양배추, 상추 등
중앙아프리카 지역	진주조, 수수, 강두(광저기), 수박, 참외 등
멕시코, 중앙아메리카지역(마야 문명)	옥수수, 강낭콩, 고구마, 해바라기, 호박 등
남아메리카 지역(잉카 문명)	감자, 땅콩, 담배, 토마토, 고추 등

2. 식물학적 분류

식물학적 분류란 꽃·종자·과실·잎 등의 특징을 기초로 식물의 유전적 조성의 유사한 정도를 분석하여 과·종·변종 등으로 분류하는 방법으로, 과학적 분류라고도 한다.

[식물계의 주요 분류군]

무관속(하등식물)	포자	은화	선태식물	솔이끼, 우산이끼, 뿔이끼 등	
			양치식물	솔잎란, 석송, 속새, 고사리류 등	
유관속(고등식물)	종자		나자식물	소나무, 주목, 향나무, 은행나무 등	
		현화	피자식물	단자엽식물	옥수수, 마늘, 난, 잔디 등
				쌍자엽식물	토마토, 사과, 무궁화 등

(1) 선태식물과 양치식물
    ① 포자로 번식하는 포자식물이며, 꽃이 피지 않는 은화식물이다.
    ② 선태식물
        ㉠ 이끼식물이라고도 부른다.
        ㉡ 유관속이 발달하지 않은 하등식물이다.
        ㉢ 우산이끼, 뿔이끼, 솔이끼 등
    ③ 양치식물
        ㉠ 유관속이 발달한 고등식물이다.
        ㉡ 뿌리, 줄기, 잎 등이 발달하였다.
        ㉢ 쇠뜨기, 고사리, 고비, 석송 등

(2) 나자식물과 피자식물
    ① 나자식물
        ㉠ 꽃이 피지 않는 은화식물이다.
        ㉡ 자방이 없고, 종자가 노출되어 있다.
        ㉢ 소나무, 잣나무, 은행나무, 주목 등
    ② 피자식물
        ㉠ 꽃이 피는 현화식물이다.
        ㉡ 자방이 발달하여 자방 안에 종자가 들어 있다.
        ㉢ 사과나무, 토마토, 옥수수, 잔디 등

(3) 단자엽식물과 쌍자엽식물
    ① 단자엽식물
        ㉠ 자엽이 1개이며, 줄기에 유관속이 불규칙하게 흩어져 있다.
        ㉡ 엽맥은 평행상이고, 뿌리는 섬유근계를 형성한다.
        ㉢ 대부분 초본이 많고, 목본은 10% 정도이다.
        ㉣ 구 분
            • 화본과 : 옥수수, 들잔디, 죽순 등
            • 백합과 : 양파, 파, 마늘, 아스파라거스 등
            • 생강과 : 생강, 양하 등
            • 토란과(천남성과) : 토란, 칼라 등
            • 난초과 : 춘란, 심비디움, 한란 등

② 쌍자엽식물
  ⊙ 자엽이 2개이며, 줄기의 유관속은 환상으로 배열되어 있다.
  ⓒ 엽맥은 망상이고, 뿌리는 주근계를 형성한다.
  ⓒ 구 분
   • 가지과 : 고추, 가지, 토마토, 감자 등
   • 국화과 : 국화, 우엉, 쑥갓, 상추 등
   • 꿀풀과 : 들깨, 방아, 로즈마리 등
   • 메꽃과 : 고구마, 나팔꽃 등
   • 명아주과 : 시금치, 근대 등
   • 미나리과 : 당근, 미나리, 파슬리, 셀러리, 고수 등
   • 박과 : 참외, 호박, 수박, 오이, 여주 등
   • 배추과 : 배추, 양배추, 순무, 브로콜리, 무, 고추냉이 등
   • 장미과 : 장미, 사과, 딸기, 자두, 복숭아, 매실, 비파 등
   • 콩과 : 콩, 완두, 팥, 등나무 등

알아두기 원예작물의 식물학적 분류

꽃의 형태나 생리・생태적 특성에 따라 과(科, Family), 속(屬, Genus), 종(種, Species) 등으로 분류하는 방법이다.

과	종 류
송이버섯과	(담자균류) 표고버섯, 느타리버섯, 양송이버섯, 송이버섯, 팽이버섯 등
볏 과 백합과 수선화과 마 과 생강과 천남성과	(외떡잎식물) 죽순, 단옥수수 등 마늘, 파, 쪽파, 양파, 부추, 염교, 달래, 아스파라거스, 백합, 튤립, 히아신스 등 수선화, 군자란, 아마릴리스 등 마 등 생강, 양하 등 토란, 구약 등
배추과(십자화과) 국화과 미나리과(산형화과) 명아주과 아욱과 꿀풀과 콩과(두과) 가지과 박 과 장미과 메꽃과 도라지과 오갈피나무과 마디풀과	(쌍떡잎식물) 배추, 갓, 평지(유채), 춘채, 순무, 양배추, 브로콜리, 콜리플라워, 방울양배추, 케일, 무, 고추냉이, 생강무, 콜라비(순무양배추) 등 상추, 쑥갓, 머위, 치커리, 엔다이브, 우엉, 산우엉 등 셀러리, 삼엽채, 미나리, 파슬리, 고수, 명일엽, 당근 등 시금치, 비트, 근대 등 아욱, 오크라 등 들깨, 차조기 등 완두, 잠두, 강낭콩, 풋대콩 등 고추, 피망, 토마토, 가지, 감자 등 오이, 호박, 수박, 참외, 멜론, 동아, 박 등 장미, 사과, 딸기, 자두, 복숭아, 매실, 비파 등 고구마, 나팔꽃 등 도라지 등 토당귀, 두릅나무 등 식용 대황 등

> **예시문제 맛보기**
>
> 채소작물의 식물학적 분류에서 같은 과(科)끼리 묶이지 않은 것은? [13회 기출]
> ① 브로콜리, 갓 ② 양배추, 상추
> ③ 감자, 가지 ④ 마늘, 아스파라거스
>
> **해설** ② 양배추 : 십자화과, 상추 : 국화과
> ① 브로콜리, 갓 : 십자화과, ③ 감자, 가지 : 가지과, ④ 마늘, 아스파라거스 : 백합과 **정답** ②

3. 채소의 분류

(1) 식용 부위에 따른 분류

① 엽경채류(잎·줄기채소)
  ㉠ 엽채류 : 배추, 양배추, 시금치 등
  ㉡ 화채류(꽃채소) : 콜리플라워, 브로콜리 등
  ㉢ 경채류 : 아스파라거스, 죽순 등
  ㉣ 인경채류(비늘줄기채소) : 양파, 마늘, 파, 부추 등

② 근채류
  ㉠ 직근류(곧은뿌리채소) : 당근, 무 등
  ㉡ 괴근(덩이뿌리채소) : 고구마, 마 등
  ㉢ 괴경류(덩이줄기채소) : 감자, 토란 등
  ㉣ 근경류(뿌리줄기가 덩이로 된 채소) : 생강, 연근, 고추냉이 등

③ 열매채소(과채류)
  ㉠ 두과(콩과) : 완두, 콩, 잠두 등
  ㉡ 박과 : 오이, 수박, 호박, 참외 등
  ㉢ 가지과 : 가지, 고추, 토마토 등

(2) 온도적응성에 따른 분류

① 호온성 채소
  ㉠ 25℃ 정도의 비교적 따뜻한 기후조건에서 생육이 활발한 채소로, 대부분 열매를 이용하는 채소
  ㉡ 가지, 고추, 오이, 토마토, 수박, 참외 등

② 호랭성 채소
  ㉠ 17~20℃ 정도의 비교적 서늘한 기후조건에서 생육이 활발한 채소로, 대부분 영양기관을 이용하는 채소
  ㉡ 양파, 마늘, 딸기, 무, 배추, 파, 시금치, 상추 등

(3) 광적응성에 따른 분류
① 양성 채소
- ㉠ 햇볕이 잘 드는 곳에서 잘 자라는 채소
- ㉡ 박과, 콩과, 가지과, 무, 배추, 상추, 당근 등

② 음성 채소
- ㉠ 어느 정도의 그늘에서도 잘 자라는 채소
- ㉡ 토란, 아스파라거스, 마늘, 부추, 잎채소 등

4. 과수의 분류

(1) 꽃의 발육 부분에 따른 분류 ★ 중요
① 진 과
- ㉠ 씨방(자방)이 발달하여 과육이 된다.
- ㉡ 포도, 복숭아, 단감, 감귤 등

② 위 과
- ㉠ 씨방의 일부나 그 외 화탁(꽃받침) 등 주변기관이 발육하여 과육이 된다.
- ㉡ 사과, 배, 딸기, 무화과 등

(2) 과실의 구조에 따른 분류
① 인과류
- ㉠ 꽃받침이 비대하여 과육을 형성한다.
- ㉡ 씨방은 과실 안쪽에 과심부를 이루고 있지만, 먹을 수 없는 것이 많고, 꽃받침은 꽃 필 때 꽃자루의 반대쪽에 달려 있다.
- ㉢ **사과, 배, 모과, 비파 등**

② 핵과류
- ㉠ 씨방이 비대하여 과육을 형성하며, 먹는 부분은 씨방의 중과피에 해당된다.
- ㉡ 종자는 핵 속에 들어 있어 먹을 수 없다.
- ㉢ **복숭아, 살구, 자두 등**

③ 장과류
- ㉠ 씨방이 비대하여 과육을 형성하며, 먹는 부분은 주로 씨방의 외과피이다.
- ㉡ 외과피에 과즙이 차 있으며, 씨는 과육 사이에서 핵을 이루고 있다.
- ㉢ **포도, 나무딸기, 구즈베리, 무화과, 석류 등**

④ 각과류(견과류)
　㉠ 씨방벽이 변하여 된 단단하고 두꺼운 껍데기 속에 들어 있는 종자의 떡잎이 비대한 과실이다.
　㉡ **밤, 호두, 개암 등**
⑤ 준인과류
　㉠ 씨방벽이 발달하여 과육을 형성하며, 인과류와 과실의 모양은 비슷하나 씨방이 비대한 진과이다.
　㉡ **감귤류와 감 등**

예시문제 맛보기

다음 과실 중 장과류를 모두 고른 것은? [8회 기출]

　㉠ 사 과　　　　　　　　㉡ 포 도
　㉢ 복숭아　　　　　　　　㉣ 나무딸기

① ㉠, ㉡　　　　　　　　② ㉠, ㉢
③ ㉡, ㉣　　　　　　　　④ ㉢, ㉣

해설 ㉠ 사과 : 인과류, ㉢ 복숭아 : 핵과류　　　　**정답** ③

---

(3) 재배지의 기후에 따른 분류

① 온대과수
　㉠ 연평균기온이 0~20℃ 사이의 온대지방에서 일정 시간의 저온처리, 낙엽, 휴면 등의 과정을 거쳐야 결실되는 과수이다.
　㉡ 열대에서는 저온기간이 없어 휴면기를 갖지 못하고, 높은 산악지대에서는 저온처리의 기회는 있지만 저온으로 인한 영양장해를 받게 되어 개화·결실이 불가능하다.
　㉢ 사과, 배, 복숭아, 포도, 감, 밤, 대추 등
② 아열대과수
　㉠ 연평균기온이 17~20℃의 아열대지방에서 자생하는 상록과수이다.
　㉡ 10℃ 이하의 저온에서 세포분열 정지기간이 끝난 후 온도가 상승함에 따라 재분열할 때 꽃눈이 분화되는 것이 많다.
　㉢ 감귤류, 비파, 올리브 등
③ 열대과수
　㉠ 적도 주변 저위도지방의 고온기후에 적응하여 자생하는 과수이다.
　㉡ 바나나, 파인애플, 망고, 파파야 등

5. 화훼의 분류

(1) 생육습성에 따른 분류 - 원예학적 분류

① 한해살이 화초
  ㉠ 파종한 다음 1년 안에 꽃이 피고 씨가 맺힌 후 말라 죽는 화초로, 봄뿌림 한해살이 화초와 가을뿌림 한해살이 화초가 있다.
  ㉡ 봄뿌림 한해살이 화초(춘파 일년초) : 피튜니아, 샐비어, 마리골드 등
  ㉢ 가을뿌림 한해살이 화초(추파 일년초) : 팬지, 금잔화, 시네라리아 등

② 두해살이 화초
  ㉠ 씨앗을 뿌린 후 1년 이상 2년 이내에 꽃이 피고 씨가 맺힌 뒤 말라 죽는 화초이다.
  ㉡ 품종개량이 된 것은 1년 안에 꽃이 피는 것도 있다.
  ㉢ 대개 가을뿌림 한해살이 화초의 생육기간이 길어진 형이다.
  ㉣ 석죽, 접시꽃, 캄파눌라 등

③ 여러해살이 화초(숙근 화초)
  ㉠ 한 번 씨를 뿌려서 모종을 가꾸어 심으면, 매년 같은 자리에서 새싹이 돋아 꽃이 피고 씨가 맺히는 화초이다.
  ㉡ 원산지 및 추위에 견디는 힘에 따라 비내한성(열대지방), 내한성(온대지방), 반내한성(중간성)으로 구분한다.

비내한성	거베라, 군자란, 극락조화 등
내한성	작약, 루드베키아, 옥잠화 등
반내한성	델피늄, 카네이션, 마가리트 등

④ 알뿌리 화초
  ㉠ 여러해살이 화초의 일종으로 잎, 줄기, 뿌리 등의 기관 일부에 양분이 저장되어 여러 형태로 변형된 화초이다.
  ㉡ 커진 영양기관에 따라 비늘줄기, 구슬줄기, 덩이줄기, 덩이뿌리, 뿌리줄기 등으로 구분한다.
  ㉢ 내한성의 강약에 따라 춘식구근(열대 원산), 추식구근(온대 원산)으로 구분하기도 한다.
  ㉣ 춘식구근으로는 글라디올러스, 달리아, 아마릴리스, 칸나, 칼라 등이 있고, 추식구근으로는 나리, 백합, 수선화, 아네모네, 튤립, 프리지아, 히아신스 등이 있다.
  ㉤ 달리아(덩이뿌리), 칸나(뿌리줄기), 히아신스(비늘줄기), 글라디올러스(구슬줄기), 백합(비늘줄기), 시클라멘(덩이줄기) 등

⑤ 선인장과 다육식물
  ㉠ 선인장
    • 대부분 줄기가 커져서 구형이나 기둥 모양으로 변하여 수분과 양분을 저장한다.
    • 잎은 가시나 털 모양으로 변하여 자신을 보호하며, 꽃이 아름답다.

ⓒ 다육식물
- 선인장과 같이 줄기 또는 잎이 커져서 건조에 견딜 수 있도록 수분과 양분을 저장한다.
- 가시가 없고 꽃은 별로 아름답지 않지만, 모양이 진귀한 것이 많다.
- 용설란, 유카, 알로에, 칼랑코에 등

⑥ 난과식물
ⓐ 우리나라나 중국 원산으로 동양에서 주로 재배하고 있는 동양란과, 열대 원산의 난을 서양에서 개량하여 재배하는 서양란이 있다.
ⓑ 지생란 : 일반 식물과 같이 공기유통이 좋은 흙에서 생육하는 것을 말하며 심비듐, 새우란, 춘란 등이 있다.
ⓒ 착생란 : 나무나 암석 위에 부착되어 생육하는 것을 말하며 덴드로븀, 반다, 카틀레야, 팔레놉시스, 풍란 등이 있다.

⑦ 관엽식물
ⓐ 관엽식물이란 아름다운 색이나 생김새를 가진 잎을 감상하기 위해서 주로 화분에 심어 가꾸는 열대·아열대 원산의 사철 푸른 식물을 말한다.
ⓑ 실내장식용으로 많이 쓰이며, 그늘과 고온에 강하지만, 수분의 요구가 많아 건조에 약하다.

일반관엽식물	소철, 아나나스, 안스리움, 디펜바키아 등
야자과식물	켄차야자, 종려죽 등
고사릿과식물	아디안텀, 박쥐란, 프테리스 등
식충식물	네펜데스, 끈끈이주걱, 사라세니아 등

⑧ 그 밖의 화훼류
ⓐ 꽃나무류 : 관상가치가 있는 꽃, 잎, 열매를 보기 위해 가꾸는 목본류로 목련, 벚나무, 장미, 철쭉, 수국, 개나리, 무궁화, 모란 등이 있다.
ⓑ 고산식물 : 한대 또는 고산지방에서 자생하는 식물로, 그 수는 많지 않지만 아름다운 것이 많으며 에델바이스, 새우란, 구름국화 등이 있다.
ⓒ 방향식물 : 향기식물이라고도 하며, 잎이나 꽃의 관상가치는 적지만 잎에서 특이한 향이 방출되는 식물로 라벤더, 구문초, 로즈마리 등이 있다.

(2) 용도에 의한 분류

① 분식용 : 화분에 심어서 재배하는 식물로 국화, 제라늄 등이 있다.
② 절화용 : 잘라서 꽃꽂이 등에 사용하는 식물로 장미, 국화, 백합, 카네이션 등이 있다.
③ 화단용 : 화단을 꾸미는 데 심는 식물로 봉선화, 백일홍, 샐비어 등이 있다.

03 원예작물의 구조

1. 식물의 기본체계

> **식물의 구성단계** : 세포 – 조직 – (조직계) – 기관 – 식물체

(1) 세 포
① 세포는 생물의 구조와 기능상의 최소단위이다.
② 원형질과 후형질
   ㉠ 세포는 원형질과 후형질로 구성된다.
   ㉡ **원형질**은 **살아 있는 세포의 내용물**로서 세포의 본체를 이루며 **핵, 세포질, 세포막 등으로 구성**된다.
   ㉢ **후형질**은 **세포의 생명활동 결과로 인해 만들어지는 물질**을 총칭한다.
   ※ 식물세포에만 존재하는 세포소기관 : 색소체(엽록체), 세포벽, 액포
③ 세포벽
   ㉠ 세포벽은 중층, 1차벽, 2차벽으로 구성되며 벽 안에는 원형질 연락사가 존재한다.
   ㉡ 중층은 세포 생성 시 최초로 형성되는 펙틴질의 얇은 층이며, 셀룰로스가 주성분인 1차벽은 중층 안쪽에 형성된다.
   ㉢ 펙틴(Pectin) ★ 중요
   - 식물의 세포벽 사이에 존재하면서 세포를 단단하게 유지시켜 주는 다당류 물질이다.
   - 과실이나 채소의 경도, 먹는 촉감 등에 큰 영향을 주는 중요한 성분이다.
   - 칼슘(Ca)은 세포벽에서 펙틴의 결합을 더욱 견고하게 하여 과육의 연화를 억제하고, 노화를 지연시키며, 과실을 단단하게 유지시켜 저장력을 향상시킨다.

(2) 조 직
① 분열조직
   ㉠ 세포분열이 계속 일어나는 조직으로 생장점, 형성층 등이 분열조직에 속한다.
   ㉡ 생장점에 있는 분열조직을 정단분열조직이라고 하며, 형성층은 비대생장을 일으키는 분열조직으로 측생분열조직이라고 한다.
② **영구조직** : 분열조직에서 생성된 세포들이 성숙하여 분열활동이 멈춘 세포집단으로 유조직, 기계조직, 통도조직 등이 영구조직에 속한다.

(3) 기 관
원예식물은 여러 기관으로 이루어져 있는데 뿌리, 줄기, 잎 등은 영양기관이라고 하며 꽃, 종자, 과실 등은 생식기관이라고 한다.

2. 뿌리

(1) 뿌리의 구조
① 외부구조
　㉠ 근관 : 뿌리 끝을 모자와 같이 싸고 있는 세포조직으로, 뿌리골무라고도 하며, 유조직과 생장점을 보호한다.
　㉡ 분열대 : 뿌리의 선단에 생장점이 위치하여 분열활동을 하는 세포집단으로, 분열된 세포는 뿌리를 형성하고 생장시킨다.
　㉢ 신장대 : 분열대의 바로 위쪽에 분포하며, 생장점에서 만들어진 세포들이 길게 자라 뿌리를 신장시킨다.
　㉣ 근모대 : 신장대와 이어져 있으며, 토양으로부터 수분이나 영양분을 흡수하는 관상조직으로, 단세포의 근모(뿌리털)가 많이 나 있다.
　㉤ 분화대 : 근모대의 윗부분으로, 근모는 활동을 잃어 탈락하고 내부에서는 조직의 분화가 일어난다.
② 내부구조 : 뿌리의 내부에는 표피, 피층, 내피, 중심주 등이 있다.

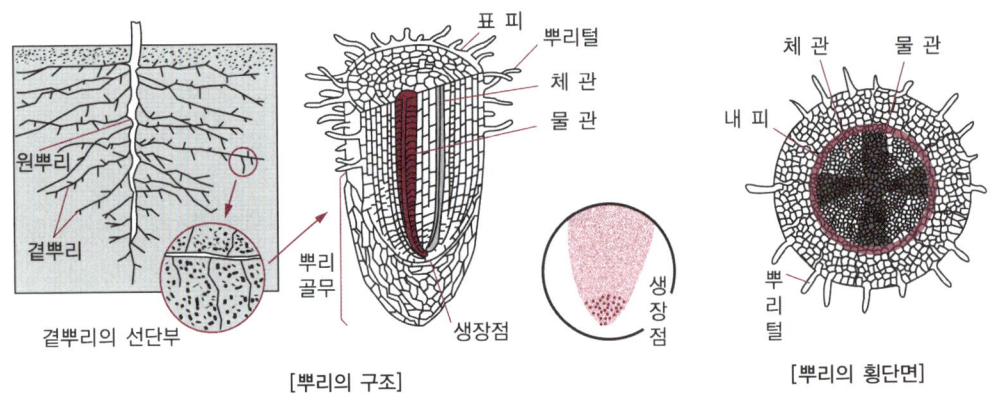

[뿌리의 구조] [뿌리의 횡단면]

(2) 식물체의 생장과 뿌리의 형성
① 배의 유근이 신장해서 생기는 뿌리를 제1차근(종자근)이라고 하며, 이는 선단의 생장점에 존재하는 분열조직에서 생성된다.
② 종자근에서 분기하여 생기는 제2차근(측근, 곁뿌리)은 종자근의 내부조직에서 생성된다.

(3) 뿌리의 기능
① 식물체 지지
② 수분·영양분 흡수
③ 땅속의 영양분 용해 및 공기 호흡

3. 줄기

(1) 줄기의 구성

줄기는 뿌리와 마찬가지로 표피, 피층, 내피, 중심주 등으로 구성된다.
① 표피 : 줄기의 바깥쪽을 싸서 줄기 내부를 보호하는 기능을 한다.
② 피층 : 껍질켜라고도 하며, 유세포로 된 기본조직으로 엽록소를 가지고 있어 광합성을 한다.
③ 내피 : 후막세포로 된 기본조직으로, 피층과 중심주의 경계가 되며, 전분 등을 함유하는 경우도 있다.
④ 중심주
　㉠ 단자엽식물 : 속과 사출속의 구별이 없는 부제 중심주로, 형성층이 없으므로 비대생장은 일어나지 않는다.
　㉡ 쌍자엽식물 : 체관부, 형성층, 도관이 고리모양으로 배열되어 있고, 형성층이 있어 비대생장을 한다.
　㉢ 속이 관다발계를 방사상으로 뚫고 나온 것을 사출속이라고 하는데, 속과 사출속은 줄기의 중심부를 차지하며, 유세포로 되어 있는 기본조직이다.

(2) 줄기의 변형 ★ 중요

① 포도의 덩굴손
② 고구마·딸기 등의 포복경
③ 감자의 괴경

4. 잎

(1) 잎의 구조

① 표 피
　㉠ 잎의 제일 바깥쪽으로, 보통 1층의 무색 세포층으로 구성된 표피층으로 둘러싸여 있다.
　㉡ 표면보다 이면에 많은 기공이 있으며, 엽록체는 표피 중 공변세포에만 있다.
　㉢ 표면에는 큐티클층이 발달해 있다.
② 잎살(엽육)
　㉠ 동화작용을 하는 유조직으로 구성되어 있는데 잎의 위쪽은 책상조직, 아래쪽은 해면조직으로 되어 있다.
　㉡ 엽록체가 많이 분포되어 있어 대부분의 광합성은 잎에서 이루어진다.

③ 잎 맥
  ㉠ 줄기에서 갈라진 관다발 끝이 잎살 사이를 누비듯 가늘게 가지 친 것으로, 잎을 지지한다.
  ㉡ 위쪽은 도관(물관), 아래쪽은 체관으로 되어 있다.
  ㉢ 물이나 무기양분, 동화물질 등의 이동통로이다.
  ㉣ 잎의 유조직에서 만들어진 물질은 원형질 연락사(Plasmodesma)를 통해 수송되어 체관세포로 들어가며, 특히 잎은 플로리겐과 옥신 등의 호르몬을 생성한다.

(2) 잎의 변형 ★ 중요
① 선인장의 가시
② 마늘의 인편
③ 양파의 인경

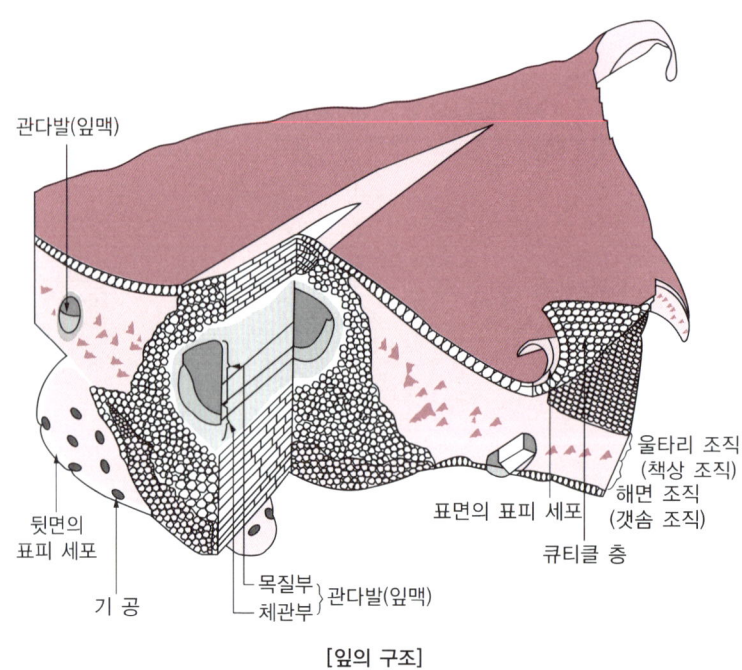

[잎의 구조]

(3) 잎의 형성
① 잎은 정아나 액아에 존재하는 줄기생장점의 분열조직에서 분화하는 잎의 원기에서 형성된다.
② 종자가 발아하여 처음 출현하는 잎을 자엽이라고 하며 단자엽식물은 1장, 쌍자엽식물은 2장이다.
③ 잎의 원기는 생장 초기에는 주로 정단생장을 하여 길이가 증가하고, 지나친 신장생장을 하기 전에 잎의 세포 전부가 왕성한 세포분열과 크기의 증대를 가져온다.

(4) 부정아의 형성
① 원래 눈이 없는 조직에서 생기는 눈으로, 막눈이라고도 한다.
② 부정아는 줄기의 끝이나, 마디부의 엽액 외의 부분인 줄기나 뿌리에서 생긴다.

5. 꽃

(1) 꽃의 구조
① 꽃은 꽃잎, 꽃받침, 수술과 암술로 구성되어 있다.
② 수술은 수술머리와 수술대로 구성되어 있고, 암술은 암술머리와 암술대 및 자방으로 구성되어 있다.

(2) 꽃의 형태
① 양성화·단성화
  ㉠ 양성화 : 하나의 꽃에 암술과 수술을 모두 가진 꽃으로, 완전화 또는 자웅동화라고도 한다.
  ㉡ 단성화 : 하나의 꽃에 암술과 수술 중 하나만을 가진 꽃으로, 불완전화 또는 자웅이화라고도 한다.
② 자웅동주·자웅이주
  ㉠ 자웅동주 : 하나의 개체에 암꽃과 수꽃을 모두 가진 식물로 무, 배추, 양배추, 양파, 수박, 오이, 밤, 호두 등이 있다.
  ㉡ 자웅이주 : 하나의 개체에 암꽃과 수꽃 중 하나만을 가진 식물로 **참다래, 시금치, 아스파라거스, 은행나무** 등이 있다.

예시문제 맛보기

자웅이주(암수딴그루)인 과수는? [20회 기출]
① 밤
② 호 두
③ 참다래
④ 블루베리

정답 ③

CHAPTER 01 | 원예의 이해 **285**

CHAPTER 01 적중예상문제

01 원예식물의 일반적인 역할에 속하지 않는 것은?

① 인간에게 필수적인 영양소를 제공한다.
② 보건적인 효과가 있다.
③ 가격이 안정되어 있어 수익성이 크다.
④ 생활공간을 쾌적하게 만들어 심성을 순화시킨다.

해설 원예식물은 기후의 영향, 수확 후 저장성, 유통구조의 문제 등으로 인해 공급이 불안정하고, 이에 따라 가격 또한 불안정하다.

02 원예식물의 특색으로 옳지 않은 것은?

① 신선한 채소와 과일은 인체의 건전한 발육에 필수적인 비타민 A와 C, 칼슘, 철, 마그네슘 등을 공급한다.
② 채소와 과일은 주로 산성 식품이다.
③ 원예식물은 다른 작물에 비해 집약적인 재배를 하고 있다.
④ 화훼와 관상수는 우리들의 생활공간을 쾌적하게 해 준다.

해설 채소와 과일은 주로 알칼리성 식품으로, 산성 체질을 바꾸어 준다.

03 식품으로서의 채소의 중요성을 설명한 것으로 옳지 않은 것은?

① 비타민과 무기염류의 공급원이다.
② 알칼리성 식품으로 체액을 중화시켜 준다.
③ 열량이 높아 체력 증진에 중요하다.
④ 보건적 기능 및 약리효능이 있다.

해설 채소는 수분함량이 많고, 열량이 낮기 때문에 주식(主食)으로 이용하기 어렵다.

정답 1 ③ 2 ② 3 ③

04 채소의 분류법 중 실용적으로 많이 이용하고 있는 분류법은?

① 원예적 분류 ② 자연적 분류
③ 생태적 분류 ④ 식물학적 분류

해설 원예적 분류란 근채류, 엽채류, 과채류 등 이용 부위에 따른 분류를 말한다.

05 우리나라 채소의 재배면적을 다음의 4가지 품목으로 분류하였다. 가장 넓은 재배면적을 차지하고 있는 것은?(단, 일반재배 = 관행재배)

① 근채류 ② 엽채류
③ 과채류 ④ 조미채소류

해설 재배면적의 크기는 조미채소류 > 과채류 > 엽채류 > 근채류 순이며, 작물 중에서는 고추의 재배면적이 가장 넓다.

06 다음 중 채소의 분류기준이 되지 못하는 것은?

① 식용 부위의 따른 분류
② 광적응성에 따른 분류
③ 수분요구도에 따른 분류
④ 온도적응성에 따른 분류

해설 ① 엽경채류, 근채류, 과채류
② 양성 채소, 음성 채소
④ 호온성 채소, 호랭성 채소

07 다음 중 채소를 생태적 특성에 따라 분류한 것은?

① 엽채류, 근채류
② 호온성 채소, 호랭성 채소
③ 가지과 채소, 박과 채소
④ 인경채류, 양성채류

해설 생태적 특성에 따른 분류는 온도, 광, 수분 등 환경요인에 대한 적응성에 따라 분류하는 것을 말한다.

정답 4 ① 5 ④ 6 ③ 7 ②

08 다음 중 잎이나 줄기를 이용하는 채소는?
① 시금치, 양파
② 고추, 옥수수
③ 무, 생강
④ 딸기, 마늘

해설 이용 부위에 따른 채소의 분류
- 엽경채류 : 잎이나 줄기, 꽃을 이용하는 채소
  - 엽채류 : 배추, 시금치, 상추, 셀러리 등
  - 경채류 : 아스파라거스, 죽순 등
  - 인경채류 : 양파, 파, 마늘, 부추 등
  - 화채류 : 콜리플라워, 브로콜리 등
- 근채류 : 지하에서 발달하는 부위를 이용하는 채소
  - 직근류 : 무, 당근, 우엉 등
  - 괴근류 : 고구마, 마 등
  - 괴경류 : 감자, 토란 등
  - 근경류 : 생강, 연근 등
- 과채류 : 열매를 이용하는 채소
  - 가지과 : 토마토, 고추, 가지 등
  - 박과 : 수박, 참외, 오이, 호박 등
  - 기타 : 딸기, 옥수수 등

09 뿌리채소의 식용 부분에 대한 설명 중 틀린 것은?
① 생육 후반기에 잎이 잘 자라도록 해 주어야 한다.
② 일종의 저장기관이다.
③ 비대발육을 위해서는 생육 전반기에 엽면적의 확보가 중요하다.
④ 온도조건이 유리할 때 광합성이 최대가 되도록 비배관리해야 한다.

해설 생육 후반기에 잎이 무성하게 자라지 않도록 주의해야 한다.

10 다음 중 다년생 채소끼리 짝지어진 것은?
① 미나리 – 아스파라거스
② 셀러리 – 파슬리
③ 양배추 – 근대
④ 고추 – 오크라

해설 다년생 채소 : 아스파라거스, 토당귀, 미나리 등

11 호랭성 채소가 호온성 채소에 비하여 다른 점은?
① 식물체가 크고, 근군의 분포가 깊다.
② 저장온도가 비교적 높다.
③ 질소질 비료의 효과가 크다.
④ 수분의 요구량이 비교적 적다.

해설
- 호온성 채소 : 25℃ 정도의 비교적 따뜻한 기후조건에서 생육이 활발한 채소로, 대부분 열매를 이용하는 채소이다.
- 호랭성 채소 : 17~20℃ 정도의 비교적 서늘한 기후조건에서 생육이 활발한 채소로, 대부분 영양기관을 이용하는 채소이다.

12 과실의 구조에 의한 분류에 해당되지 않는 것은?
① 준인과류
② 핵과류
③ 장과류
④ 감귤류

해설 과실의 구조에 따른 분류
- 인과류 : 사과, 배 등
- 핵과류 : 복숭아, 자두, 매실 등
- 장과류 : 포도, 무화과 등
- 각과류 : 밤, 호두, 아몬드 등
- 준인과류 : 감귤류와 감 등

13 인과류는 어느 부분이 비대하여 식용 부위가 되는가?
① 씨방벽
② 꽃받침
③ 내관피
④ 중과피

해설 인과류는 꽃받침이 비대하여 식용 부위가 된다.

14 다음 과실 중 진과는?
① 사 과
② 복숭아
③ 배
④ 무화과

해설 진과는 자방이 발달하여 과육이 되며 감귤류, 복숭아, 포도, 살구, 밤 등이 진과에 속한다.

정답 11 ③ 12 ④ 13 ② 14 ②

15 다음 중 위과(거짓과실)에 대해 가장 잘 설명한 것은?

① 종자가 없는 과실이다.
② 자방만이 비대하여 형성된 과실이다.
③ 자방의 일부 또는 그 주변기관이 발달한 과실이다.
④ 꽃이 피지 않고 맺힌 과실이다.

해설 위과는 자방의 일부나 그 주변기관이 발달하여 과육이 되며 딸기, 사과, 배 등이 위과에 속한다.

16 다음 채소에 함유된 기능성 물질이 바르게 연결된 것은?

① 오이 – 비타민 U
② 생강 – 캡사이신
③ 마늘 – 알리인(Alliin)
④ 고추 – 루틴(Rutin)

해설 ① 오이 : 엘라테린(Elaterin)
② 생강 : 진저롤(Gingerols)
④ 고추 : 캡사이신(Capsaicin)

17 다음 채소작물 중 화채류(꽃채소)에 속하는 것은?

① 배추, 상추
② 아스파라거스, 토당귀
③ 파, 부추
④ 콜리플라워, 브로콜리

해설 꽃채소 : 꽃덩어리를 이용하는 채소로 콜리플라워, 브로콜리 등이 있다.

18 원예산물의 맛을 결정하는 주요 성분이 틀리게 연결되어 있는 것은?

① 단맛 – 전분
② 신맛 – 가용성 유기산
③ 쓴맛 – 알칼로이드
④ 떫은맛 – 가용성 타닌

해설 ① 단맛 – 당분

15 ③ 16 ③ 17 ④ 18 ① **정답**

19 다음 중 핵과류의 식용부는?

① 씨방벽　　　　　　　　　② 꽃받침
③ 내과피　　　　　　　　　④ 중과피

해설　핵과류는 자방이 비대하여 과육을 형성하며, 먹는 부분은 씨방의 중과피에 해당한다.

20 다음 중 식물의 분열조직에 해당되지 않는 것은?

① 생장점　　　　　　　　　② 형성층
③ 절간조직(외떡잎식물)　　　④ 통도조직

해설　통도조직은 영구조직이다.

21 분열조직의 특성을 잘못 설명한 것은?

① 원형질이 가득 차 있다.　　② 핵이 없거나 작다.
③ 세포벽과 세포막이 얇다.　　④ 세포는 상대적으로 작다.

해설　핵이 없거나 작은 것은 영구조직의 특성이다.

22 영구조직의 유조직에 포함되지 않는 것은?

① 동화조직　　　　　　　　② 저장조직
③ 분비조직　　　　　　　　④ 통도조직

해설　영구조직은 유조직(동화·저장·분비조직), 기계조직, 통도조직, 표피조직 등으로 구분한다.

정답　19 ④　20 ④　21 ②　22 ④

23 다음 중 뿌리의 변형된 형태가 바르게 연결된 것은?

① 달리아 : 괴근
② 고구마 : 괴경
③ 감자 : 주근이 비대
④ 당근 : 측근이 비대

> **해설** ② 고구마 : 괴근
> ③ 감자 : 줄기가 비대
> ④ 당근 : 주근이 비대

24 포도의 덩굴손, 딸기의 포복경, 감자의 괴경 등은 모두 무엇이 변형된 것인가?

① 잎
② 줄기
③ 과실
④ 뿌리

> **해설** 줄기는 여러 가지 형태로 변해 각기 독특한 기능을 수행한다.

25 다음 중 꽃의 구조에 대한 설명으로 올바른 것은?

① 양성화는 암술과 수술이 딴 꽃에 있다.
② 단성화는 대부분 박과 채소에서 발견된다.
③ 양성화는 작물에 관계 없이 꽃잎의 수, 색, 모양 등이 같다.
④ 오이, 시금치는 양성화이다.

> **해설** ① 양성화는 암술과 수술이 한 꽃에 있다.
> ③ 양성화는 작물에 따라 꽃잎이 다양하다.
> ④ 오이, 시금치는 단성화이다.

26 다음 중 식물과 화기 구조상의 특징을 짝지은 것으로 잘못된 것은?

① 배추 : 자웅이주
② 오이 : 자웅이화
③ 시금치 : 자웅이주
④ 옥수수 : 자웅이화

> **해설**
> • 자웅동주 채소 : 무, 배추, 양배추, 양파 등
> • 자웅이화동주 채소 : 오이, 호박, 참외, 수박, 옥수수 등
> • 자웅이주 채소 : 시금치, 아스파라거스 등

정답 23 ① 24 ② 25 ② 26 ①

27 다음 중 잎이 변하여 생성된 기관이 아닌 것은?

① 감자의 괴경
② 선인장의 가시
③ 마늘의 인편
④ 양파의 인경

해설 감자의 괴경은 줄기가 비대하여 형성된 기관이다.

28 다음 중 마늘 인편의 식물해부학적 특성을 바르게 설명한 것은?

① 잎이 저장기관으로 비대변형된 것이다.
② 지하경의 일부가 비대발달한 것이다.
③ 섬유근의 일부가 비대발달한 것이다.
④ 줄기의 생장점이 비대발달한 것이다.

해설 마늘은 잎이 저장기관으로 발달한 특이한 식물로, 비늘 모양의 잎인 인편들이 모여 전체적인 구를 형성하는데, 이를 인경구라고 한다.

29 채소 작물 중 암그루와 수그루가 따로 있는 것은?

① 시금치, 참외
② 참외, 수박
③ 시금치, 상추
④ 시금치, 아스파라거스

해설 시금치, 아스파라거스 등은 은행나무처럼 암꽃을 피우는 그루와 수꽃을 피우는 그루가 따로 있는 암수딴그루(자웅이주)이다.

30 양성화를 가진 작물로만 짝지어진 것은?

① 고추, 가지
② 참외, 수박
③ 참외, 오이
④ 옥수수, 상추

해설 양성화란 하나의 꽃에 암술과 수술을 모두 가진 꽃을 말한다.

정답 27 ① 28 ① 29 ④ 30 ①

CHAPTER 02 원예식물의 생육

01 원예식물의 생장과 발육

1. 생장과 발육의 개념

(1) 생 육
① 생장과 발육을 합하여 생육이라고 부르며 생장, 발육, 생육, 성장 등을 혼용하는 경우가 많다.
② 생장과 발육은 구분은 가능하지만, 서로 독립적이지 않은 밀접한 상관관계를 가지고 있다.

생장(生長)	생육(生育)	발육(發育)
• 시간의 경과에 따른 증가 • 영양생장 • 양적 변화	생장과 발육 양자를 포함한 개념	• 완성되어 가는 과정 • 생식생장 • 질적 변화

(2) 생 장
① 생장이란 세포의 분열과 신장에 의한 양적 생장, 즉 시간이 경과하면서 체적, 중량 및 식물체 자체의 크기가 증가하는 것을 말한다.
② 영양생장과 생식생장
  ㉠ 영양생장 : 해당식물의 종자가 발아하여 줄기·잎의 생성과 증가를 거쳐 꽃눈이 형성되기까지의 단계
  ㉡ 생식생장 : 꽃눈이 형성된 후 개화과정을 거쳐 결실을 맺게 되는 과정의 순서

(3) 발 육
① 발육은 세포의 형태와 성질이 변하는 것으로, 질적 변화에 따른 새로운 조직이나 기관의 발달을 의미한다.
② 양적 변화와 발달을 의미하는 생장과 달리, 발육은 질적 변화와 발달을 의미한다.
③ 상적발육
  ㉠ 작물이 순차적으로 몇 개의 발육상을 거치면서 발육이 완성되는 현상을 말한다.
  ㉡ 화아분화를 기점으로 하여, 영양생장에서 생식생장으로 전환된다.
  ㉢ 상적발육에 관여하는 요인
    • 내적 요인 : C/N율
      – C/N율이 클 때 : 개화 촉진
      – C/N율이 작을 때 : 개화 지연
    • 외적 요인 : 온도, 일장 등

2. 세포분열과 생장속도

(1) 세포분열
원예식물의 생장은 세포의 분열, 세포의 생장 및 세포의 분화를 거쳐 이루어지므로, 식물체의 생장은 세포분열부터 시작한다.

① 정단분열조직(생장점)
  ㉠ 줄기나 뿌리의 선단에 있으며, 정단분열조직에서 세포분열이 이루어져 세포의 수가 많아지고, 이들 세포가 커지고 분화하여 새로운 조직(제1차 영구조직)을 형성한다.
  ㉡ 생장점이라고도 하는데, 줄기의 생장점은 어린잎으로 싸여 있고, 생장점에서 줄기조직이 형성되어 원줄기가 신장함에 따라 가지, 잎, 꽃 등의 측생기관도 형성된다.
  ㉢ 뿌리의 생장점은 근관(뿌리골무)으로 싸여 있다.
  ㉣ 정단분열조직에 의해 이루어지는 생장을 정단생장이라고 한다.

② 측생분열조직(형성층)
  ㉠ 줄기나 뿌리에 환상으로 위치하며, 식물의 비대생장을 주도한다.
  ㉡ 유관속형성층과 코르크형성층 두 가지가 있다.

③ 절간분열조직 : 마디가 두드러지게 명확히 나타나 보이는 식물(벼·보리 등)의 절간에 위치하며, 이 부분의 세포가 분열하여 커짐으로써 절간생장이 이루어진다.

(2) 생장속도

① 원예식물의 초기 단계에서는 세포분열이 진행되기 때문에 생장이 느리지만, 이후 분열된 세포가 급속히 신장하기 때문에 성장은 빠르게 진행되며, 성숙단계에서는 세포의 부피 변화가 거의 없어 생장속도는 다시 느려진다.

② 원예식물의 생장속도는 S자 형태의 곡선으로 나타나며 포도, 복숭아 등은 이중 S자 곡선으로 표현된다.

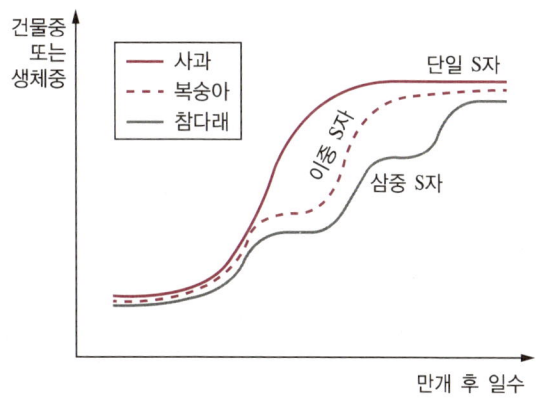

[생장곡선]

※ 원예식물의 생장양상
  • 단일 S자 : 초기 세포분열→중기 급속한 신장→후기 성숙
  • 이중 S자 : 중기에서 중과피와 종자 생장으로 일시적 정지
  • 삼중 S자 : 후기에 급속한 생장이 한번 더 일어남

02 원예식물의 종자

1. 종자 일반

(1) 종자의 구조
원예작물 종자의 대부분은 중복수정의 결과로서 배주가 발달하여 형성되고 종피, 배유, 배를 기본적인 구성요소로 한다.
① 종피 : 종피는 종자를 감싸는 보호기관이다.
② 배 유 ★ 중요
  ㉠ 배유는 씨젖이라고도 하며, 발아에 필요한 양분을 저장하는 기관이다.
  ㉡ 배유에 저장된 양분은 발아 후 독립적으로 양분을 섭취할 수 있을 때까지 계속해서 이용된다.
  ㉢ 식물에 따라서 배유를 가진 것을 배유종자, 배유를 갖지 않은 것을 무배유종자로 구분한다.
    • 배유종자 : 벼, 보리, 옥수수 등
    • 무배유종자 : 콩, 호박, 무 등
③ 배 : 배는 장차 식물체로 발전하는 기관으로 유아, 유근, 자엽 등으로 구성되어 있으며, 각각의 발달 정도는 종자에 따라 다르다.

(2) 수정과 종자의 생성
① 수분과 수정 ★ 중요
  ㉠ 종자가 생성되려면 수정이 이루어져야 하는데, 꽃이 피고 수술의 화분이 암술머리에 붙는 것을 수분이라고 하며, 수분 후 화분 내의 정핵이 배낭을 침투하여 들어가 난핵 및 극핵과 접합하는 것을 수정이라고 한다.
  ㉡ 속씨식물은 보통 중복수정을 하는데, 중복수정이란 꽃가루의 정핵(n)이 배낭 안의 난세포(n)와 결합하여 배(2n)를 형성하고, 또 다른 정핵(n)이 극핵(2개=2n)과 결합하여 배유(3n)를 형성하는 것을 말한다.

> • 정핵(n) + 난핵(n) → 배(2n)
> • 정핵(n) + 극핵(2n) → 배유(3n)

② 종자의 생성 : 성숙한 화분(꽃가루)은 개화와 함께 방출되어 곤충이나 바람 등 여러 가지 수단에 의해 이동되며, 다른 꽃에 정착한 이후 수분과 수정이 이루어지고, 배주가 발육하면 종자가 생성된다.

(3) 수정의 분류
　① 자가수정
　　㉠ 자가수정이란 자신의 꽃가루받이로 자신의 화분을 받아 수정하는 것을 말하는데, 대체로 자연 교잡률은 4% 이하이다.
　　㉡ 완두, 강낭콩, 상추, 가지, 토마토, 잠두, 우엉 등
　② 타가수정
　　㉠ 타가수정이란 남의 화분을 받아 수정하는 것을 말한다.
　　㉡ 박과 채소류는 단성화인데다가 화분이 크고 점착성이어서 바람에 잘 날아가지 않고, 무나 배추 등은 양성화지만 자가불합성이라는 유전적 특성으로 인해 타가수정을 하는 것이 보통이다.
　　㉢ 배추류, 무, 박과 채소, 옥수수, 시금치, 아스파라거스 등
　③ 자가·타가수정
　　㉠ 자가수정과 타가수정을 겸하는 것을 말하며 고추, 딸기, 양파, 당근 등이 이에 해당된다.
　　㉡ 고추의 경우 화분이 단시간 내에 비산하지만 방화곤충이 많아 어느 정도 타가수정을 하게 되고, 셀러리 등은 수술이 암술에 비하여 먼저 성숙하기 때문에 타가수정의 비율이 높아진다.

> **알아두기** **자가불화합성과 웅성불임성**
> 작물의 생식과정에서 환경적 원인이나 유전적 원인에 의하여 종자를 만들지 못하는 것을 불임성이라 하고, 유전적 불임성에는 자가불화합성과 웅성불임성이 있다.
> • 자가불화합성 : 암술과 화분의 기능은 정상이지만, 자가수분을 통해 종자를 형성하지 못해 불임이 되는 현상
> • 웅성불임성 : 암술은 정상이지만 수술이 불완전하여 정상적인 화분이 형성되지 않거나, 화분이 제대로 발육하지 못해 수정능력을 가진 종자를 생산하지 못하는 현상

2. 종자의 관리

(1) 종자의 저장
　① 종자의 수명 : 종자가 발아력을 보유하고 있는 기간을 종자의 수명이라고 한다.
　　㉠ 저장 중 발아력의 상실원인
　　　• 종자가 저장 중 발아력을 상실하는 것은 **종자의 원형질을 구성하는 단백질의 응고**에 기인한다.
　　　• 종자를 장기저장하는 경우 저장 중 호흡에 의한 저장물질의 소모가 발생하지만, 장기저장으로 인해 발아력을 상실한 종자에도 상당량의 저장물질이 남아 있는 것으로 보아, 양분의 소모만으로 인해 발아력을 상실한다는 것은 충분한 이유가 되지 못한다.
　　㉡ 종자의 수명에 영향을 미치는 조건
　　　• 종자의 수명은 작물의 종류나 품종에 따라 다르고 채종지의 환경, 숙도, 수분함량, 수확 및 조제방법, 저장조건 등에도 영향을 받는다.

- 저장종자의 수명에는 수분함량, 온습도, 산소 등이 큰 영향을 미친다.
  - 수분함량이 많은 종자를 고온에 저장하게 되면 호흡속도를 상승시켜 수명이 단축된다.
  - 산소를 제거하면 무기호흡으로 인해 유해물질이 생성되어 발아를 억제하지만, 충분한 농도의 산소는 호흡을 조장하여 종자의 수명을 단축시킨다.
  - 종자를 충분히 건조시키고, 흡습을 방지하며, 산소를 억제한 저온에서 저장하면 종자의 수명이 연장된다.
- ⓒ 종자의 수명에 따른 분류 : 종자는 실온저장하는 경우 2년 이내에 발아력을 상실하는 단명종자, 2~5년 동안 활력을 유지할 수 있는 상명종자, 5년 이상 활력을 유지할 수 있는 장명종자로 구분한다.

[작물별 종자의 수명] ★ 중요

구 분	단명종자(1~2년)	상명종자(2~5년)	장명종자(5년 이상)
농작물류	콩, 땅콩, 목화, 옥수수, 해바라기, 메밀, 기장	벼, 밀, 보리, 완두, 페스큐, 귀리, 유채, 켄터키블루그라스, 목화	클로버, 알팔파, 사탕무, 베치
채소류	강낭콩, 상추, 파, 양파, 고추, 당근	배추, 양배추, 방울다다기양배추, 꽃양배추, 멜론, 시금치, 무, 우엉	비트, 토마토, 가지, 수박, 오이
화훼류	베고니아, 팬지, 스타티스, 일일초, 콜레옵시스	알리섬, 카네이션, 시클라멘, 색비름, 피튜니아, 공작초	접시꽃, 나팔꽃, 스토크, 백일홍, 데이지

② 종자의 저장

저장 중 종자의 수명은 종자의 수분함량, 저장고 내 온습도와 통기상태 등의 영향을 받으며, 가능한 한 저장양분의 소모와 변질이 적어야 하고, 병충해나 쥐 등의 피해를 받지 않아야 한다. 따라서 저장 전 종자를 충분히 건조시키고, 저장 중 건조 및 저온상태를 유지해야 하며, 온습도의 변화가 적어야 한다. 특히, 벼와 보리 같은 곡류는 13% 이하의 수분함량으로 건조시켜 저장하면 안전하다.

- ㉠ **건조저장** : 종자를 건조시켜 저장하는 방법으로, 건조상태의 종자는 생리적 휴면이 끝난 후에도 휴면상태가 유지되어 수명이 연장되고, 발아력이 감퇴되지 않는다. 조절제로는 생석회, 염화칼슘, 짚재 등이 이용된다.
- ㉡ **저온저장** : 낮은 온도에서 종자를 저장하는 방법으로, 저온상태는 종자의 수명을 연장시킨다. 감자의 경우 3℃ 정도로 저장하면 수년간 발아가 억제되고, 발아력도 유지하는 것으로 알려져 있다.
- ㉢ **밀폐저장** : 건조된 종자를 용기에 넣고 밀폐시켜 저장하는 방법으로, 소량저장 시 적합하다.
- ㉣ 토중저장 : 종자의 과숙을 억제하고, 여름의 고온과 겨울의 저온을 피하기 위한 저장방법이다.

(2) 종자의 퇴화

① 의의 : 어떤 품종을 계속해서 재배하는 과정에서, 생산력이 우수하던 종자의 생산량이 감퇴하는 것을 종자의 퇴화라고 한다.

② 원인과 대책

㉠ 유전적 퇴화 : 작물이 세대를 경과함에 따라 자연교잡, 새로운 유전자형의 분리, 돌연변이, 이형종자의 기계적 혼입 등에 의해 종자의 유전적 순수성이 사라져 퇴화하는 것을 말한다.
- 자연교잡
  - 격리재배로 방지할 수 있으며, 다른 품종과의 격리거리는 옥수수 400~500m 이상, 십자화과류 100m 이상, 호밀 250~300m 이상, 참깨·들깨 500m 이상으로 유지하는 것이 좋다.
  - 주요작물의 자연교잡률(%) : 벼 0.2~1.0, 보리 0.0~0.15, 밀 0.3~0.6, 조 0.2~0.6, 귀리·콩 0.05~1.4, 아마 0.6~1.0, 가지 0.2~1.2, 수수 5.0 등
- 이형종자의 기계적 혼입
  - 퇴비나 낙수(落穗) 또는 수확, 탈곡, 보관 시 이형종자의 혼입을 방지한다.
  - 이미 혼입된 경우 이형주 식별이 용이한 출수·성숙기에 이형주를 철저히 도태시키고 조, 수수, 옥수수 등은 순정한 이삭만 골라 채종하기도 한다.
- 주보존이 가능한 작물의 경우 기본식물을 주보존하여 종자를 채취하거나, 순정종자를 장기간 저장하여 해마다 증식시켜 보급하면 세대 경과에 따른 유전적 퇴화를 방지할 수 있다.

㉡ 생리적 퇴화
- 생산환경 또는 재배조건이 불량한 포장에서 채종된 종자나, 저장조건이 불량한 종자는 유전적으로 문제가 없을지라도 생리적으로 퇴화하여 종자의 생산력이 저하되는데, 이를 생리적 퇴화라고 한다.
- 감자의 경우 평지에서 채종하면 고랭지에서 채종하는 것에 비해 퇴화가 심하다.
  - 평지에서는 고랭지에 비해 생육기간이 짧아 씨감자가 충실하지 못하고, 온도가 높아 저장 중 저장양분의 소모도 커 생리적으로 불량하며, 바이러스병의 발생도 많아 생리적·병리적으로 퇴화된다.
  - 감자의 생리적 퇴화를 경감시키기 위하여 평지에서는 가을재배를 하는 것이 좋다.
- 재배조건의 불량으로 인한 종자의 생리적 퇴화는 재배시기 조절, 비배관리 개선, 착과수 제한, 종자 선별 등을 통해 방지할 수 있다.

㉢ 병리적 퇴화
- 종자의 전염병해, 특히 종자소독으로도 방제가 불가능한 바이러스병 등의 만연은 종자를 병리적으로 퇴화시킨다.
- 병리적 퇴화의 방지를 위해서는 무병지 채종, 이병주 제거, 병해 방제, 약제 소독, 종자 검정 등 여러 대책이 필요하다.

② 저장종자의 퇴화
- 저장 중인 종자의 발아력 상실의 주원인은 원형질 구성 단백질의 응고에 기인하며, 효소의 활력 저하나 저장양분의 소모 또한 원인으로 작용한다.
- 유해물질의 축적, 발아 유도기구의 분해, 리보솜의 분리 저해, 효소분해 및 불활성, 가수분해 효소의 형성과 활성, 지질의 산화, 균의 침입, 기능상 구조 변화 등도 저장종자의 퇴화에 영향을 미친다.
- 퇴화된 종자는 호흡 감소, 유리지방산 증가, 발아율 저하, 성장 및 발육 저하, 저항성 감소, 출현율 감소, 비정상묘 증가, 효소활력 저하, 종자 침출물 증가, 저장력 감소, 발아 균일성 감소, 수량의 감소 등의 증상이 나타난다.

(3) 종자의 품질

① 외적 조건
  ㉠ 순 도
  - 전체 종자에 대한 정립종자(순수종자)의 중량비를 순도라고 하며, 순도가 높을수록 종자의 품질은 향상된다.
  - 불순물에는 이형종자, 잡초종자, 협잡물(돌, 흙, 모래, 잎, 줄기 등) 등이 있다.
  ㉡ 종자의 크기와 중량
  - 크고 무거운 종자가 충실하고, 발아와 생육이 좋다.
  - 종자의 크기는 1,000립중 또는 100립중으로 표시하며, 종자의 무게(충실도)는 비중 또는 1L중으로 나타낸다.
  ㉢ 색택과 냄새
  - 품종 고유의 신선한 냄새와 색택을 가진 종자가 건전하고 충실해, 발아와 생육이 좋다.
  - 수확기의 일기불순, 수확시기, 저장 중 불량환경, 병해 등의 영향을 받는다.
  ㉣ 수분함량 : 종자의 수분함량이 낮을수록 저장력이 우수하며, 발아력의 유지기간이 길어지고, 변질 및 부패의 우려가 적어진다.
  ㉤ 건전도 : 오염·변색·변질이 없고, 기계적 손상이 없는 종자가 우량하다.

② 내적 조건
  ㉠ **유전성** : 우량품종에 속하고, 이형종자의 혼입이 없어야 하며, 유전적으로 순수해야 한다.
  ㉡ **발아력**
  - 발아율이 높고 발아가 빠르며, 균일하고 초기 신장성이 좋은 것이 우량종자이다.
  - 순활종자(진가, 용가)는 종자의 순도와 발아율에 의해 결정된다.

  $$순활종자(\%) = \frac{순도(\%) \times 발아율(\%)}{100}$$

  ㉢ **병충해** : 종자의 전염성 병충원이 없어야 하고, 종자소독으로도 방제할 수 없는 바이러스병은 종자의 품질을 크게 떨어뜨리므로 관리에 주의해야 한다.

③ 종자검사
　㉠ 종자의 검사항목
　　• 순도분석 : 순수종자 이외의 이종종자와 이물의 내용을 확인할 때 실시하는 검사항목이다.
　　• 이종종자 입수검사 : 특정 품종의 종자 또는 특정 이종종자의 숫자를 파악하는 검사로 해초, 기피종자의 유무를 판단한다.
　　• 발아검사 : 종자의 발아력을 검사하며, 종자의 수확에서 판매까지의 품질 비교 및 결정 시 가장 중요한 검사항목이다.
　　• 수분검사 : 종자가 함유하고 있는 수분의 양을 검사하는 항목으로, 수분함량은 종자의 저장 중 품질에 가장 큰 영향을 끼치는 요인이다.
　　• 천립중검사 : 정립종자에 대하여 계립기 등을 이용해 천립중을 측정한다.
　　• 종자 건전도검사 : 식물방역, 종자보증, 작물평가, 농약처리에 있어 주요 수단이 된다.
　　• 품종검증 : 주로 종자나 유묘, 식물체 외관상의 형태적 차이로 구별하나, 구별이 어려운 경우 종자를 재배하여 수확할 때까지 특성을 조사하는 전생육검사를 통해 평가하고, 보조방법으로 생화학적 및 분자생물학적 검정방법을 이용한다.
　㉡ 형태적 특성에 의한 검사
　　• 종자의 특성조사 : 종자의 크기, 너비, 비중, 배의 크기, 종피색, 합점(주심·주피·주병이 서로 붙어 생긴 조직)의 모양, 영의 특성, 까락의 장단, 모용 유무 등에 대한 조사이다.
　　• 유묘의 특성조사 : 잎의 색과 형태, 잎의 하부 배축의 색, 엽맥 형태, 절간 길이, 모용, 엽신의 무게 등에 대한 조사이다.
　　• 전생육검사 : 종자를 파종하여 수확할 때까지 작물의 생장·발육 특성을 관찰하여 꽃의 색깔, 결실종자의 특성, 모용, 엽설(잎혀) 등을 조사하는 것이다.
　　• 생화학적 검정
　　　– 자외선형광검정 : 자외선 아래에서 형광물질을 가진 종자 및 유묘를 검사한다.
　　　– 페놀검사 : 벼, 밀, 블루그래스 등의 페놀(Phenol)에 대한 영의 착색반응을 이용하여 품종을 비교할 수 있다.
　　　– 염색체수조사 : 뿌리 끝 세포 염색체수를 조사하여 2배체와 4배체를 구분할 수 있다.
　㉢ 영상분석법 : 종자의 특성을 카메라와 컴퓨터를 이용해 영상화한 후 자료를 전산화하고 프로그램을 이용하여 분석하는 기술이다.
　㉣ 분자생물학적 검정 : 전기영동법, 핵산증폭지문법 등의 방법으로 단백질 조성을 분석하거나, 단백질을 만드는 DNA를 추적하여 품종을 구별할 수 있다.
④ 종자보증
　㉠ 국가 또는 종자관리사가 정해진 기준에 따라 종자품질을 보증하는 것으로, 국가보증과 자체보증이 있다.

ⓛ 방 법
- 작물 고유의 특성이 가장 잘 나타나는 생육기에 1회 이상의 포장검사를 한다.
- 합격한 포장에 대하여 종자의 규격, 순도, 발아, 수분 등의 종자검사를 한다.
- 작물별 포장·종자검사의 기준과 방법은 종자관리요강에서 정하는 바에 따른다.
ⓒ 종자검사를 필한 보증종자는 분류번호, 종명, 품종명, 소집단번호, 발아율, 이품종률, 유효기간, 수량, 포장일자 등의 보증표시를 하여 판매한다.

(4) 채종재배

① **종자의 선택 및 처리** : 채종재배 시 종자는 원원종포 또는 원종포 등에서 생산된 믿을 수 있는 종자를 선종하고, 종자소독 등 필요한 처리 후 파종한다.

② **재배지의 선정**

ⓐ 기 상
- 기온 : 가장 중요한 조건은 기상이며, 그중에서도 기온이 가장 큰 영향을 미친다.
- 강우 : 개화부터 등숙기까지 강우는 종자의 수량 및 품질에 큰 영향을 미치며, 이 시기에는 강우량이 적은 곳이 채종재배에 알맞다. 강우량이 너무 많거나 다습하면 수분장해로 인해 임실률이 떨어지고, 수발아를 일으키기도 한다.
- 일장 : 화아의 형성과 추대에 큰 영향을 미친다.

ⓑ 토양 : 배수가 좋은 양토가 알맞고, 병해충 발생빈도가 낮아야 하며, 연작장해가 있는 작물의 경우 윤작지를 선택하는 것이 좋다.

ⓒ 환 경
- 지역 : 품종에 따라 알맞은 지역이 있으며, 콩의 경우 평야보다는 산간지대의 비옥한 곳이 생리적으로 더 충실한 종자가 생산되고, 감자의 경우 평야지에서 재배 시 바이러스병을 매개하는 진딧물의 발생이 많아 감염되기 쉬우므로 진딧물이 적은 고랭지에서 재배하는 것이 적합하다.
- 포장 : 한 지역에서 단일품종을 집중적으로 재배하면 혼종을 방지할 수 있고, 재배기술을 종합적으로 이용하기 편하며, 탈곡이나 조제 시의 기계적 혼입 또한 방지할 수 있다.

③ **채종포의 관리**

ⓐ 격리 및 파종
- 포장의 격리 : **타가수정작물의 종자를 생산하는 포장은 일반포장과 반드시 격리**되어야 하며, 최소 격리거리는 작물의 종류, 종자의 생산단계, 포장의 크기, 화분의 전파방법 등에 따라 다르다.
- 파 종
  - 온도 및 토양수분이 발아에 알맞은 적기에 파종하는 것이 좋다.
  - 파종 전 살균제 또는 살충제를 미리 살포하고, 휴면종자는 휴면타파처리를 한다.

- 휴폭(이랑너비)과 주간
  - 빛의 투과와 공기의 흐름이 잘되도록 작물에 알맞은 파종간격을 정한다.
  - 일반적으로 종자용 작물은 조파를 하며, 이는 이형주 제거와 포장검사에 용이하다.
ⓒ 정지 및 착과조절
- 착과위치, 착과수는 채종량과 종자의 품위에 영향을 미치므로 우량종자 생산을 위해 적심, 적과, 정지 등을 하는 것이 좋다.
- 개화기간이 길고, 착과위치에 따라 숙도가 다른 작물에는 적심이 필요하다.
ⓒ 관개와 시비
- 관개 : 수분이 충분해야 작물의 생육이 왕성하고, 많은 수량을 낼 수 있으며, 특히 생식생장기의 수분장해는 종자를 생산할 수 있는 잠재능력을 감소시킨다.
- 시 비
  - 알맞은 양의 양분 공급은 작물의 생육과 밀접한 관련이 있으며, 채종재배 시 개화·결실을 위한 비배관리가 중요하다.
  - 채종재배는 영양체의 수확에 비해 재배기간이 길어 그만큼 많은 시비량을 요한다.
  - 작물에 따라 특정 양분을 필요로 하는데, 예를 들어 무, 배추, 양배추, 셀러리 등은 붕소의 요구도가 높고, 콩 종자의 칼슘 함량은 발아율과 상관관계가 있다.
② 이형주의 제거와 수분 및 제초
- 이형주의 제거 : 종자 생산에 있어 이형주의 제거는 순도가 높은 종자의 채종을 위해 반드시 필요하다.
- 수분 : 암술머리에 화분이 옮겨지는 수분과 수분 후의 수정은 자연적 과정이지만, 수분과정에서 곤충 등의 도움은 종자 생산에 큰 도움이 된다.
- 제초 : 종자 생산을 위한 포장에는 방제하기 어려운 다년생 잡초가 없어야 하며, 잡초는 화학적·생태적 방제법 등을 종합적으로 활용하여 방제한다.
ⓜ 병충해 방제 : 종자전염병은 종자의 생육과 생산을 크게 저해하며, 종자의 색과 모양 또한 나쁘게 하기 때문에 저장 중이나 파종 전에 종자소독을 하는 것이 필요하다.
ⓗ 수확 및 탈곡
- 채종재배에 있어 적기수확은 매우 중요하다.
- 조기수확은 채종량이 감소하고 활력이 떨어지며, 적기보다 너무 늦은 수확은 탈립, 도복 및 수확·탈곡 시 기계적 손상을 유발한다.
- 화곡류의 채종적기는 황숙기, 십자화과 채소의 채종적기는 갈숙기이다.
- 수확 후 일정 기간 후숙시키면 종자의 성숙도가 비슷해져 발아율, 발아속도, 종자수명 등이 좋아진다.
- 탈곡·조제 시 이형립과 협잡물의 혼입이 없어야 하며, 특히 탈곡 시 기계적 손상에 주의해야 한다.

3. 종자의 발아

(1) 의 의
① 발아 : 종자에서 유아와 유근이 출현하는 것을 발아라고 한다.
② 출아 : 종자 파종 시 발아한 새싹이 지상으로 출현하는 것을 출아라고 한다.
③ 맹아 : 목본식물의 지상부 눈이 벌어져 새싹이 움트거나, 씨감자 등에서 지하부 새싹이 지상으로 자라는 현상 또는 새싹 자체를 맹아라고 한다.
④ 최아 : 발아와 생육을 촉진할 목적으로 종자의 싹을 약간 틔워서 파종하는 것을 최아라고 한다.

(2) 발아조건 ★ 중요
① 수 분
㉠ **모든 종자는 일정량의 수분을 흡수해야만 발아**한다.
㉡ 발아에 필요한 수분함량은 종자의 무게에 대하여 벼 23%, 밀 30%, 쌀보리 50%, 콩 100% 정도이며, 토양이 건조하면 습한 경우에 비해 발아할 때 종자의 함수량이 적어진다.

② 온 도
㉠ 발아에 관여하는 온도에는 최저온도, 최적온도, 최고온도가 있으며, 이는 작물의 종류와 품종에 따라 다르다.
㉡ 최저온도는 0~10℃, 최적온도는 20~30℃, 최고온도는 35~50℃ 범위 안에 있고, 고온작물에 비해 저온작물은 발아온도가 비교적 낮다.
㉢ **최적온도일 때 발아율이 높고 발아속도가 빠르며, 지나친 고온은 발아하지 못하고 휴면상태가 되며 나중에 열사**하게 된다.
㉣ 담배, 박하, 셀러리, 오처드그라스 등의 종자는 변온상태에서 발아가 촉진된다.

③ 산 소
㉠ 종자의 발아 중에는 많은 산소가 요구되므로 산소가 충분히 공급되어야만 발아가 순조롭다. 다만, 볍씨와 같이 산소가 없는 경우에도 무기호흡으로 발아에 필요한 에너지를 얻는 경우도 있다.
㉡ 발아에 있어 종자의 산소요구도는 작물의 종류와 발아 시 온도조건 등에 따라 달라지며, 수중 발아상태를 보고 산소요구도를 파악할 수 있다.
㉢ 수중에서의 종자의 발아 난이도
- **수중 발아를 못하는 종자** : 밀, 귀리, 메밀, 콩, 무, 양배추, 고추, 가지, 파, 알팔파, 옥수수, 수수, 호박, 율무 등
- **수중 발아 시 발아가 감퇴하는 종자** : 담배, 토마토, 카네이션, 화이트클로버, 브롬그래스 등
- **수중 발아가 잘되는 종자** : 벼, 상추, 당근, 셀러리, 피튜니아, 티머시, 캐나다블루그래스 등

④ 광 : 대부분의 종자에 있어 광은 발아와 무관하지만, 광에 의해 발아가 촉진되거나 억제되는 경우도 있다.
  ㉠ 호광성 종자(광발아종자)
    • 광에 의해 발아가 촉진되며, 암조건에서 발아하지 않거나 발아가 몹시 불량한 종자
    • 담배, 상추, 우엉, 차조기, 금어초, 베고니아, 피튜니아, 뽕나무, 버뮤다그래스, 셀러리, 진달래, 철쭉, 프리뮬러 등
      ※ 화본과 목초종자나 잡초종자는 대부분 호광성이며, 땅속에 묻히게 되면 산소와 광 부족으로 인해 휴면하다가, 지표 가까이 올라오면 산소와 광에 의해 발아하게 된다.
  ㉡ 혐광성 종자(암발아종자)
    • 광에 의해 발아가 억제되고, 암조건에서 발아가 잘되는 종자
    • 호박, 토마토, 가지, 오이, 파, 고추, 무, 양파, 백일홍, 시클라멘, 나리과 식물 등
  ㉢ 광무관종자
    • 발아 시 광에 영향을 받지 않는 종자
    • 벼, 보리, 옥수수 등의 화곡류와 대부분의 콩과 작물 등

> **알아두기** 광발아성과 광감수성
> • 적색광과 근적색광 전환계는 호광성 종자의 발아에 영향을 미치며, 광발아성은 후숙과 발아 시 온도에 따라 달라지기도 한다.
> • 광감수성은 화학물질에 의해서도 달라지는데, 지베렐린 처리는 호광성 종자의 암중발아를 유도하며, 약산처리에 의해 호광성이 혐광성으로 바뀌는 경우도 있다.

(3) 발아과정 ★ 중요

① 발아의 순서 : 수분의 흡수 → 저장양분의 분해효소 생성 및 활성화 → 저장양분의 분해, 전류 및 재합성 → 배의 생장 개시 → 과피의 파열 → 유묘의 출현
  ㉠ 종자는 적당한 수분, 온도, 산소, 광 등에 의한 생장기능의 발현으로 인해 생장점이 종자 외부에 나타나는데, 배의 유근 또는 유아가 종자 밖으로 출현하면서 발아하게 된다.
  ㉡ 유근과 유아의 출현순서는 수분의 다소에 따라 다르게 나타나지만, 일반적으로 유근이 먼저 나온다.
② 수분의 흡수
  ㉠ 종자가 수분을 흡수하면 물은 세포를 팽창시키고, 종자 전체의 부피가 커지며, 종피가 파열되면서 물과 가스의 흡수가 가속화되어 배의 생장점이 나타나기 시작한다.
  ㉡ **수분 흡수에 관여하는 주요 요인** : 종자의 화학적 조성, 종피의 투수성, 물의 이용성, 용액의 농도와 온도 등
③ 저장양분의 분해효소 생성 및 활성화
  ㉠ 수분의 흡수 제2단계로, 종자가 어느 정도 수분을 흡수하면 종자 내 여러 가수분해효소들이 생성되고 활성화된다.

ⓒ 탄수화물, 지방, 단백질 등의 저장양분은 분해, 전류, 재합성 등의 화학반응을 거쳐 발아에 필요한 에너지를 생성한다.
　　ⓓ 종자는 발아 시 호흡이 왕성해지고 에너지소비량도 커지는데, 발아 시 호흡량은 건조종자의 100배에 달한다.
　④ 저장양분의 분해, 전류 및 재합성
　　㉠ 종자의 배유와 떡잎에 저장되어 있던 전분은 가수분해 후 배와 생장점으로 이동되어 호흡의 기질로 사용되는 한편, 셀룰로스·비환원당·전분 등으로 합성된다.
　　ⓒ 단백질과 지방은 가수분해 후 유식물로 이동되어 구성물질로 재합성되고, 일부는 호흡의 기질로 쓰인다.
　⑤ 배의 생장 개시 : 효소의 활성화로 인해 새로운 물질이 합성되고, 세포분열이 일어나 상배축과 하배축, 유근과 같은 기관의 크기가 커진다.
　⑥ 종피의 파열과 유묘의 출현 : 종자가 물을 흡수하여 팽창하는 동시에, 세포분열로 인해 조직이 커지면서 생기는 내부압력에 의해 종피가 파열되고, 유근이나 유아가 출현한다.
　⑦ 독립영양생장기로의 전환(이유기) : 유식물 초기에는 배유나 떡잎의 저장양분에 의해 생육하지만, 시간이 지나면서 저장양분은 소진되고 광합성 등의 동화작용으로 양분을 합성하여 생육하는 독립영양생장기로 전환되는데, 이를 이유기라고 한다.

(4) 발아와 생육 촉진처리

　① 최 아
　　㉠ 발아·생육 촉진을 목적으로 종자의 싹을 약간 틔워 파종하는 최아는 벼의 조기육묘, 한랭지의 벼농사, 맥류의 만파재배, 땅콩의 생육 촉진 등에 이용된다.
　　ⓒ 벼종자의 경우 침종을 포함해 10℃에서 약 10일, 20℃에서 약 5일, 30℃에서 약 3일의 기간이 소요되며, 발아 적산온도는 100℃로 어린 싹이 1~2mm 출현할 때가 알맞다.
　② 프라이밍 : 파종 전 종자에 수분을 가해 발아에 필요한 생리적 준비를 조기에 갖추어 발아속도와 균일성을 높이는 처리방법이다.
　③ 전발아처리 : 포장발아 100%를 목적으로 하는 처리방법으로, 유체파종(액상파종)과 전발아종자가 있다.
　④ 종자의 경화 : 불량환경에서의 출아율을 높이기 위한 처리방법으로, 파종 전 종자에 수분 공급와 건조를 반복적으로 행하여 초기 발아과정 중 수분의 흡수를 촉진한다.
　⑤ 과산화물처리 : 과산화물은 수중에서 분해되어 산소를 방출하므로, 물에 용존산소를 증가시켜 종자의 발아와 유묘의 생육을 증진시키며, 벼 직파재배에 많이 이용된다.
　⑥ 저온·고온처리 : 발아 촉진을 위하여 수분을 흡수한 종자를 5~10℃의 저온에 7~10일간 처리하거나, 벼 종자의 경우 50℃로 예열한 후 물 또는 질산칼륨(KNO_3)에 24시간 침지시키기도 한다.
　⑦ 박피 제거 : 강산·강알칼리성 용액 또는 NaOCl, $CaOCl_2$에 종자를 담가 종피의 일부를 녹여서 실의 종피를 약화시켜 휴면타파나 발아를 촉진시키는 방법이다.

⑧ 발아촉진물질 : GA₃, 티오우레아(티오요소, Thiourea), KNO₃, KCN, NaCN, DNP, H₂S, NaN₃ 등이 발아촉진물질로 알려져 있다.

(5) 발아력 검정

① 발아조사
  ㉠ 발아율(PG ; Percent Germination) : 파종된 총종자수에 대한 발아종자수의 비율(%)이다.
  ㉡ 발아세(GE ; Germination Energy) : 치상 후 정해진 기간 내의 발아율을 의미하며, 맥주보리 발아세는 20℃ 항온에서 96시간 이내에 발아하는 종자수의 비율을 의미한다.
  ㉢ 발아시 : 파종된 종자 중에서 최초로 1개체가 발아된 날
  ㉣ 발아기 : 파종된 종자의 약 40%가 발아된 날
  ㉤ 발아전 : 파종된 종자의 대부분인 80% 이상이 발아된 날
  ㉥ 발아일수 : 파종부터 발아기까지의 일수
  ㉦ 발아기간 : 발아시부터 발아전까지의 기간
  ㉧ 평균발아일수(MGT ; Mean Germination Time) : 발아된 모든 종자의 발아일수의 평균
  ㉨ 발아속도(GR ; Germination Rate) : 종자를 파종한 후 경과일수에 따라 발아되는 속도
  ㉩ 평균발아속도(MDG ; Mean Daily Germination) : 발아한 총종자의 평균적인 발아속도
  ㉪ 발아속도지수(PI ; Promptness Index) : 발아율과 발아속도를 동시에 고려하여 발아속도를 지수로 표시한 것

② 발아시험에 의한 발아력 검정
  ㉠ 발아시험기 또는 샬레에 여지, 탈지면, 세사를 깐 후 적당한 수분을 공급하고, 그 위에 종자를 놓고 발아시킨다.
  ㉡ 발아력은 발아율과 발아세를 조사하여 검정한다.
  ㉢ 발아율 : 총공시종자수에 대한 발아종자수의 백분율로 표시하며, 발아율이 높은 종자가 좋은 종자라 할 수 있다.
  ㉣ 발아세 : 발아시험 시작부터 일정 기간을 정하여 그 기간 내에 발아한 종자를 총공시종자 수에 대한 비율로 표시한 것이다.
  ㉤ 종자의 순도를 조사하고 발아율을 알면 종자의 가치를 총체적으로 표시하는 용가를 계산할 수 있다.

$$종자의 순도(\%) = \frac{순정종자\ 중량}{종자\ 총중량} \times 100$$

$$종자의 용가(\%) = \frac{P \times G}{100}$$

여기서, P : 순도
　　　　G : 발아율

③ 종자 발아력 간이검정법
  ㉠ **테트라졸륨법(Tetrazolium Method)** : TTC(2,3,5-Triphenyltetrazolium Chloride) 용액을 화본과의 경우 0.5%, 두과의 경우 1%로 처리 시 배·유아의 단면이 적색으로 염색되는 것이 발아력이 강하다.
  ㉡ 과이어콜법(Guaiacol Method) : 종자를 파쇄하여 1%의 과이어콜 수용액 한 방울을 가하고, 다시 1.5% 과산화수소액 한 방울을 가하면 오래된 종자는 색반응이 나타나지 않고, 신선한 종자는 자색으로 착색된다.
  ㉢ 전기전도율 검사법
    • 기계를 사용하여 종자의 개별적인 전기전도율을 측정하는 방법이다.
    • 세력이 낮거나 퇴화된 종자를 물에 담그면 세포 내 물질이 침출되어 나오는데, 이들이 지닌 전하를 전기전도계로 계측한 값으로 발아력을 측정한다.
    • 완두나 콩 등에 많이 이용되며, 전기전도율이 높으면 활력이 낮다는 의미이다.

4. 화아분화와 추대

(1) 화아분화

① 화아분화의 개시
  ㉠ 식물체가 영양생장을 통한 유년기를 끝내고 성숙한 다음 특정한 환경조건이 주어지면 정아 또는 액아에서 질적인 변화가 일어난다.
  ㉡ 그동안 계속되던 영양기관의 분화에서 생식기관의 분화가 일어나 조직의 형태적 변화를 보이는데, 이를 화아분화의 개시라고 한다.
② 화아분화의 의의 : 화아분화란 꽃눈분화라고도 하며, 발육 중에 있는 정아 또는 액아가 잎으로 될 원기는 가지고 있으나, 일정한 요건에 의해 원기 형성을 중지하고 꽃이 되는 것을 말한다.
③ 화아분화의 특징
  ㉠ 화아분화가 시작되면 **잎줄기채소는 생장속도가 둔화**되고, **뿌리채소는 뿌리의 비대가 불량**해진다.
  ㉡ 화아는 장차 꽃으로 발전할 세포조직으로, 이 화아분화를 기점으로 하여 대부분의 작물은 생식생장이 시작된다.
④ 화성의 유인
  ㉠ 화성유도의 주요 요인
    • 내적 요인
      - C/N율로 대표되는 동화생산물의 양적 관계
      - 옥신(Auxin)과 지베렐린(Gibberellin) 등 식물호르몬의 체내 수준 관계
    • 외적 요인 : 일장, 온도 등

ⓒ C/N율설
- C/N율(탄질률) : 식물체 내의 탄수화물과 질소의 비율
- C/N율설 : C/N율이 식물의 생육, 화성, 결실을 지배하는 기본요인이 된다는 견해
- 크라우스와 크레이빌의 토마토 연구결과
    - 수분과 질소를 포함한 광물질 양분이 풍부하더라도 탄수화물 생성이 불충분하면 생장이 미약하고 화성 및 결실도 불량하다.
    - 탄수화물 생성이 풍부하고 수분과 광물질 양분, 특히 질소가 풍부하면 생육은 왕성하지만 화성 및 결실이 불량하다.
    - 수분과 질소의 공급이 조금 줄고, 탄수화물의 생성이 촉진되어 풍부해지면 화성 및 결실은 양호하지만, 생육이 감퇴한다.
    - 탄수화물이 풍부한 상태에서 수분과 질소의 공급이 계속해서 줄면 생육은 더욱 감퇴하고, 화아는 형성되지만 결실하지 못하며, 심하면 화아도 형성되지 않는다.

(2) 추 대

① 추대의 의의 : 식물은 화아(꽃눈)분화 후 개화에 이를 때까지 비교적 짧은 기간에 급속히 꽃대가 신장되는데, 이처럼 화아를 가진 줄기가 급속히 신장하는 것을 추대라고 한다.
② 추대의 문제 : 무, 배추, 양배추 등의 재배에서 예기치 않는 저온으로 인한 조기추대 등은 수량을 감소시키므로 큰 문제가 된다.
③ 화아분화와 추대의 촉진요건
  ㉠ 일장 : 저온감응성을 가지고 있는 무·배추 등은 장일상태에서 화아분화와 발육이 촉진되고, 추대도 빨라진다.
  ㉡ 온도 : 추대에 적당한 온도는 25~30℃이고, 고온일수록 추대가 빨라진다.
  ㉢ 토양 : 점질토양이나 비옥토보다 사질토양이나 척박토에서 추대가 더 빠르게 진행된다.

5. 춘화처리(Vernalization)

(1) 춘화처리의 의의

① 생육기간 중 일정한 시기에 고온 또는 저온으로 처리하여 개화·출수를 유도하는 방법이다.
② 춘화처리가 필요한 식물에 춘화처리를 하지 않으면 개화가 지연되거나 영양기에 머물게 된다.
③ 춘화처리 자극의 감응 부위는 생장점이다.

(2) 춘화처리의 구분

① 처리온도에 따른 구분
  ㉠ 저온춘화 : 월년생 식물은 비교적 저온인 1~10℃의 춘화처리가 유효하다.
  ㉡ 고온춘화 : 단일식물은 비교적 고온인 10~30℃의 춘화처리가 유효하다.

ⓒ 일반적으로 저온춘화가 고온춘화에 비해 효과가 결정적이므로, 춘화처리라고 하면 보통은 저온춘화(저온처리)를 의미한다.
② 처리시기에 따른 구분 ★ 중요
ㄱ. 종자춘화형 식물
• 최아종자에 춘화처리하는 식물
• 추파맥류, 완두, 잠두, 봄무 등
ㄴ. 녹식물춘화형 식물
• 식물이 일정한 크기에 달한 녹체기에 춘화처리하는 식물
• 양배추, 우엉, 당근, 히요스 등
ㄷ. 비춘화처리형 식물 : 춘화처리의 효과가 인정되지 않는 식물
③ 그 밖의 구분
ㄱ. 단일춘화
• 추파맥류는 종자춘화형 식물로, 최아종자를 저온처리하면 봄에 파종해도 좌지현상이 방지되고 정상적으로 출수 가능하다.
• 저온처리하지 않아도 본잎 1매 정도를 녹체기에 약 한달 동안 단일처리를 하되, 명기에 적외선이 많은 광을 조사하면 춘화처리를 한 것과 같은 효과가 발생하는데, 이를 단일춘화라고 한다.
ㄴ. 화학적 춘화 : 지베렐린 같은 화학물질을 사용하여 춘화처리와 같은 효과를 나타내는 경우를 화학적 춘화라고 한다.

(3) **춘화처리에 관여하는 조건**
① 최 아
ㄱ. 춘화처리에 필요한 수분의 흡수율은 작물에 따라 각각 다르다.
ㄴ. 일반적으로 수온은 12℃ 정도가 알맞다.
ㄷ. 종자춘화 시 종자근의 시원체인 백체가 나타나기 시작할 무렵까지 최아하여 처리한다.
ㄹ. 최아종자의 처리기간이 길어지면 부패 또는 유근의 도장(웃자람) 우려가 있다.
② 처리온도 및 기간
ㄱ. 처리온도 및 기간은 유전성에 따라 각각 다르다.
ㄴ. 일반적으로 겨울작물은 저온춘화, 여름작물은 고온춘화가 효과적이다.
③ **산소 : 춘화처리에서 산소의 공급이 반드시 필요**하고, 산소 부족 시 호흡을 불량하게 하여 춘화처리의 효과가 지연되거나(저온), 발생하지 못한다(고온).
④ 광 선
ㄱ. 저온춘화는 광선의 유무에 관계없다.
ㄴ. 고온춘화는 처리 중 암흑상태가 필요하다.
ㄷ. 일반적으로 온도 유지와 건조 방지를 위해 암중보관한다.

⑤ 건조 : 처리 중이나 처리 후의 고온·건조는 저온처리의 효과를 경감시키거나 소멸시키므로 피해야 한다.

(4) 이춘화와 재춘화
① 이춘화 : 저온처리 시 불량조건으로 인해 처리효과가 감퇴되거나 심할 경우 전혀 나타나지 않을 수 있는데, 이와 같이 춘화처리의 효과가 어떤 원인에 의해서 상실되는 현상을 이춘화라고 한다.
② 춘화처리의 정착 : 춘화의 정도가 진행될수록 이춘화가 어려우며, 이춘화가 발생하지 않고 완전히 춘화처리된 것을 춘화처리의 정착이라고 한다.
③ 재춘화 : 가을호밀이 이춘화 후 다시 저온처리하면 춘화처리의 효과가 발현되는 현상을 재춘화라고 한다.

(5) 춘화처리의 농업적 이용
① 수량 증대 : 추파맥류를 춘화처리하면 춘파가 되어 추파맥류를 춘파형 재배지대에서 재배할 수 있다.
② 채종 : 월동작물을 저온처리하면 봄에 심어도 출수·개화하므로 채종에 이용될 수 있다.
③ 촉성재배 : 딸기의 화아분화에는 저온이 필요하기 때문에 겨울출하를 위한 촉성재배 시 사용할 딸기묘를 여름철에 저온처리한다.
④ 육종상의 이용 : 춘화처리를 세대단축에 이용한다.
⑤ 종 또는 품종의 감정 : 라이그래스류의 종자를 3~4주일 동안 춘화처리하면 발아율에 따라 종 또는 품종을 구별할 수 있다.

6. 일장효과(광주기효과)

(1) 일장효과의 의미
① 의 의
  ㉠ 일장이 식물의 개화와 화아분화 및 여러 발육에 영향을 미치는 현상을 말한다.
  ㉡ 식물의 화아분화와 개화에 가장 큰 영향을 주는 것은 일조시간의 변화이다.
  ㉢ 개화에는 광의 강도뿐만 아니라 광이 조사되는 기간의 길이, 즉 일장이 중요하다.
② 장일과 단일
  ㉠ 장일 : 1일 24시간 중 명기가 암기보다 긴 때로, 명기의 길이가 12~14시간 이상인 것
  ㉡ 단일 : 명기가 암기보다 짧은 때로, 명기의 길이가 12~14시간 이하인 것
③ 일장과 화성유도
  ㉠ 유도일장 : 식물의 화성을 유도할 수 있는 일장
  ㉡ 비유도일장 : 식물의 화성을 유도할 수 없는 일장

ⓒ 한계일장 : 유도일장과 비유도일장의 경계가 되는 일장
　　　ⓔ 최적일장 : 화성을 가장 빨리 유도하는 일장
　④ 피토크롬(Phytochrome)
　　　㉠ 일장효과는 빛을 흡수하는 색소단백질인 피토크롬과 관련이 있다.
　　　㉡ 적색광을 흡수하기 때문에 청색 또는 청록색으로 보인다.
　　　ⓒ 적색광(660nm)이 발아에 가장 효과적이며, 원적색광(730nm)은 발아와 적색광의 효과를 억제한다.
　　　ⓔ 피토크롬은 서로 다른 파장의 빛을 흡수하여 한 가지 형태에서 다른 형태로 전환된다.

(2) 작물의 일장형 ★ 중요
　① 장일식물
　　　㉠ 보통 16~18시간의 장일상태에서 화성이 유도·촉진되는 식물로, 단일상태는 개화를 저해한다.
　　　㉡ 최적일장과 유도일장의 주체는 장일측, 한계일장은 단일측에 있다.
　　　ⓒ 추파맥류, 시금치, 양파, 상추, 아마, 아주까리, 감자 등
　② 단일식물
　　　㉠ 보통 8~10시간의 단일상태에서 화성이 유도·촉진되는 식물로, 장일상태는 개화를 저해한다.
　　　㉡ 최적일장과 유도일장의 주체는 단일측, 한계일장은 장일측에 있다.
　　　ⓒ 국화, 콩, 담배, 들깨, 조, 기장, 피, 옥수수, 호박, 오이, 늦벼, 나팔꽃 등
　③ 중성식물
　　　㉠ 일정한 한계일장 없이 넓은 범위의 일장에서 개화하는 식물로, 화성이 일장의 영향을 받지 않는다고도 할 수 있다.
　　　㉡ 강낭콩, 가지, 토마토, 당근, 셀러리 등
　④ 정일식물
　　　㉠ 중간식물이라고도 하며, 특정한 좁은 범위의 일장에서만 화성이 유도되고, 2개의 한계일장이 있다.
　　　㉡ 사탕수수의 F-106이란 품종은 12시간에서 12시간 45분의 일장에서만 개화한다.
　⑤ 장단일식물
　　　㉠ 화성유도를 위해 처음에는 장일조건, 이후에는 단일조건이 요구되는 식물로, 일정한 일장에만 두면 개화하지 못한다.
　　　㉡ 주로 낮이 짧아지는 늦여름과 가을에 개화한다.
　　　ⓒ 야래향, 칼랑코에속 등
　⑥ 단장일식물
　　　㉠ 화성유도를 위해 처음에는 단일조건, 이후에는 장일조건이 요구되는 식물로, 장단일식물과 마찬가지로 일정한 일장에만 두면 개화하지 못한다.

㉡ 주로 낮이 길어지는 초봄에 개화한다.
㉢ 토끼풀, 초롱꽃, 등

(3) 일장효과에 영향을 미치는 조건
① 발육단계
　㉠ 어린 식물은 일장에 감응하지 않고 어느 정도 발육한 후에 감응하며, 발육단계가 더욱 진전되면 점차 감수성이 없어진다.
　㉡ 벼의 경우 주간 본엽수가 7~9매로 되고, 분얼수도 급격히 증가하는 시기부터 예민하게 감응하며, 출수 30일 전쯤 감수성이 소멸된다.
② 처리일수 : 도꼬마리나 나팔꽃처럼 감수성이 민감한 단일식물은 극히 단기간의 1회 처리에도 감응하여 개화한다.
③ 온 도
　㉠ 일장효과의 발현에는 어느 정도의 한계온도가 영향을 미친다.
　㉡ 가을국화의 경우 10~15℃ 이하에서는 일장과 관계없이 개화하며, 장일성인 사리풀의 경우 저온에서는 단일조건이라도 개화한다.
④ 광의 강도 : 명기가 약광이라도 일장효과는 나타나며, 대체로 광도가 증가할수록 효과가 크다.
⑤ 광 질
　㉠ 장일식물과 단일식물의 유효 광파장은 같다.
　㉡ 광파장의 효과는 600~660nm의 적색광이 가장 크고, 380nm 부근의 자색광이 그 다음으로 크며, 480nm 부근의 청색광은 효과가 가장 적다.
⑥ 질소의 사용
　㉠ 장일식물은 질소 부족 시 개화가 촉진된다.
　㉡ 단일식물은 질소요구도가 커서 질소가 풍부해야 생장속도가 빨라지고, 단일효과가 더욱 잘 나타난다.
⑦ 연속암기와 야간조파
　㉠ 장일식물은 24시간 주기가 아니더라도 명기가 암기보다 상대적으로 길면 개화가 촉진되지만, **단일식물은 일정 시간 이상의 연속암기가 절대적으로 필요**하다.
　㉡ 암기가 극히 중요한 단일식물은 장야식물 또는 장암기식물이라고도 하며, 장일식물은 단야식물 또는 단암기식물이라고도 한다.
　㉢ 단일식물의 연속암기 중에 광을 조사하여 연속암기를 분단하면 암기의 합계가 명기보다 길어도 단일효과가 발생하지 않는데, 이것을 **야간조파** 또는 광중단이라고 한다.
　㉣ 야간조파에 가장 효과가 큰 광파장은 600~660nm의 적색광이다.

(4) 일장효과의 기구
① **감응 부위** : 감응 부위는 성숙한 잎이며, 어린잎은 거의 감응하지 않는다.
② **자극의 전단** : 일장처리에 의한 자극은 잎에서 정단분열조직으로 이동되며, 모든 방향으로 전달된다.
③ **일장효과의 물질적 본체** : 호르몬성 물질로, 플로겐 또는 개화호르몬이라고 불린다.
④ **화학물질과 일장효과**
  ㉠ 옥신처리 : 장일식물은 화성이 촉진되는 경향이 있고, 단일식물은 화성이 억제되는 경향이 있다.
  ㉡ 지베렐린처리 : 저온·장일의 대치적 효과가 커서 1년생 히요스 등은 지베렐린 공급 시 단일에서도 개화한다.

(5) 개화 이외의 일장효과
① **성의 표현**
  ㉠ 모시풀은 자웅동주식물이지만 일장에 따라 성의 표현이 달라진다.
   - 14시간 이상의 일장에서는 모두 웅성
   - 8시간 이하의 일장에서는 모두 자성
  ㉡ 오이, 호박 등은 단일하에서 암꽃이 많아지고, 장일하에서 수꽃이 많아진다.
  ㉢ 자웅이주식물인 삼(대마)은 단일에서 수그루(♂) → 암그루(♀) 또는 암그루(♀) → 수그루(♂)의 성전환이 이루어진다.
② **영양생장**
  ㉠ 단일식물이 장일하에 놓이면 영양생장이 계속되어 줄기가 길어져 거대형이 된다.
  ㉡ 장일식물이 단일하에 놓이면 추대현상이 이루어지지 않아 줄기가 신장하지 못하고, 지표면의 잎만 출엽하는 근출엽형이 된다.
③ **저장기관의 발육**
  ㉠ 고구마의 덩이뿌리, 봄무나 파의 비대근, 감자나 돼지감자의 덩이줄기, 달리아의 알뿌리 등은 단일조건에서 발육이 촉진된다.
  ㉡ 양파나 마늘의 비늘줄기는 장일조건에서 발육이 촉진된다.
④ **결협 및 등숙** : 단일식물인 콩이나 땅콩은 단일조건에서 결협 및 등숙이 촉진된다.
⑤ **수목의 휴면** : 수종과 일장 여하에 관계없이 15~21℃의 온도에서 수목은 휴면하지만, 21~27℃의 온도에서 장일(16시간)은 생장을 지속시키고, 단일(8시간)은 휴면을 유도하는 경향이 있다.

(6) 일장효과의 농업적 이용
① **수량 증대** : 오처드그라스, 라디노클로버 등의 북방형 목초는 장일식물이지만, 가을철 단일기에 일몰부터 20시경까지 보광으로 장일조건을 조성하거나 심야에 1~1.5시간의 야간조파로 연속암기를 분단시키면, 단일조건이 파괴되고 장일효과가 발생하여 절간신장을 하고 산초량이 70~80% 증대한다.

② 꽃의 개화기 조절
  ㉠ 일장처리에 의해 개화기를 변동시켜 원하는 시기에 개화시킬 수 있다.
  ㉡ 단일성 국화의 경우 단일처리로 촉성재배하고, 장일처리로 억제재배하여 연중 개화시킬 수 있는데, 이것을 주년재배라고 한다.
③ 육종상의 이용
  ㉠ 인위개화 : 고구마를 나팔꽃에 접목하여 8~10시간 정도 단일처리하면 인위적으로 개화가 유도되어 교배육종이 가능해진다.
  ㉡ 개화기 조절 : 개화기가 다른 두 품종의 교배 시 일장처리하면 개화기를 맞출 수 있다.
  ㉢ 육종연한의 단축 : 온실재배와 일장처리를 통해 여름작물을 겨울철에 재배하여 육종연한을 단축시킬 수 있다.
④ 성전환에 이용

예시문제 맛보기

여름철에 암막(단일)재배를 하여 개화를 촉진할 수 있는 화훼작물은? [16회 기출]
① 추국(秋菊) ② 피튜니아
③ 금잔화 ④ 아이리스

정답 ①

---

7. 과실의 착과와 성숙

(1) 과실의 착과
① 의 의
  ㉠ 일반적으로 수정이 이루어지고 나면 종자가 형성되고 과실도 건전하게 발육하지만, 그렇지 않은 경우에는 낙화·낙과가 심하게 발생하고 착과하여도 기형과가 많이 발생한다.
  ㉡ 수정된 자방은 대부분 자방벽과 태좌로 구성되는데, 대개 개화 후 세포분열이 끝나기 때문에 자방의 비대는 세포분열이 아닌 세포 크기의 확장에 의하여 이루어진다.
  ㉢ 세포의 크기는 체외 양분과 수분 축적에 의해 확장된다.
② 과실의 생성
  ㉠ 생식기관인 꽃은 결국 종자와 과실을 생산하기 위한 도구이므로, 착과 이후에는 탄수화물, 무기물, 수분 등의 모든 양분이 과실로 향하게 된다.
  ㉡ 이로 인하여 다른 영양기관은 급속도로 기능이 쇠퇴해 가며, 과실 상호 간에 심한 양분경합이 나타난다.
  ㉢ 영양생장과 생식생장이 동시에 이루어지는 경우에는 과실 간의 양분경합은 물론 영양기관과의 양분경합도 나타난다.

③ 과실의 비대
　㉠ 과실 간의 양분경합의 예가 바로 과채류의 착과주기성이며 영양기관과의 경쟁으로 나타나는 것이 생리적 낙과, 과실 비대불량 등이다.
　㉡ 과실의 비대 중에는 옥신이 많이 생성되어 비대를 촉진한다.
　㉢ 수정이 되지 않아도 옥신계 생장조절물질을 처리하면, 착과가 촉진되고 과실이 비대해지는 단위결과현상이 나타난다.

알아두기　단위결과
수분이나 수정이 되지 않아 종자가 형성되지 않았는데도 과실이 비대발육하는 현상을 단위결과라고 하며, 단위결과의 요인은 다음과 같이 나뉜다.
- 자연적 단위결과 : 자방에 옥신이 많이 함유되어 있어 자연적으로 단위결과가 이루어지는 것
　예 토마토, 고추, 바나나, 감귤, 파인애플, 오이, 호박, 포도, 오렌지, 그레이프프루트, 감, 무화과 등
- 환경적 단위결과 : 저온·고온·일장·곤충작용 등의 특수한 환경조건에서 단위결과가 이루어지는 것
- 화학적 단위결과 : 지베렐린, PCA, NAA 등과 같은 화학물질로 단위결과를 유도하는 것

(2) 과실의 성숙 ★ 중요

① 의의 : 과실의 성숙이란 과실의 중량과 크기가 최고에 달하고, 바로 수확할 수 있는 단계에 이른 것을 말한다.
② 생리적 성숙의 의미 : 생리학적 의미에서 성숙이란, 형태적으로 고유의 모양을 갖추고 최대 크기에 달한 한편, 다음과 같은 질적 변화를 수반한다.
　㉠ 저장탄수화물이 당으로 변한다.
　㉡ 유기산이 감소하여 신맛이 감소한다.
　㉢ 엽록소가 감소하고, 카로티노이드와 안토시아닌이 증가한다.
　㉣ 세포벽의 펙틴질이 분해되어 조직이 연화된다.
　㉤ 여러 가지 향기가 난다.
　㉥ 호흡이 일시적으로 상승하기도 한다.
　㉦ 에틸렌의 급격한 상승이 일어난다.
③ 과실의 성숙과 호흡에 따른 분류
　㉠ 클라이매트릭(Climactric)형 과실
　　• 과실의 성숙, 수확 후 또는 노화과정에서 일시적으로 호흡이 증가하는 작물
　　• 수박, 사과, 토마토, 바나나, 멜론, 복숭아, 감, 자두, 배 등
　　• 클라이매트릭형 과실은 에틸렌처리로 성숙을 촉진시킬 수 있다.
　㉡ 논클라이매트릭(Non-climactric)형 과실
　　• 과실의 성숙, 수확 후 또는 노화과정에서 호흡이 완만하게 감소하거나 큰 변화가 없는 작물
　　• 딸기, 감귤, 포도, 동양배 등

8. 종자의 휴면

(1) 휴면의 뜻과 형태
① 수분, 온도, 산소 등 발아에 적당한 환경조건을 갖추어도 성숙한 종자가 일정 기간 동안 발아하지 않는 현상을 휴면이라고 한다.
② **자발적 휴면** : 발아능력이 있는 성숙한 종자가 발아에 알맞은 환경조건에서 내적 요인에 의해 발아하지 않는 본질적 휴면을 말한다.
③ **타발적 휴면** : 종자의 외적 조건이 발아에 부적당해서 유발되는 휴면을 말한다.

(2) 휴면의 원인
① **종피의 불투수성** : 종피가 발아에 필수적인 수분을 투과시키지 못해 휴면하는 것으로 고구마, 연, 오크라, 콩과 작물, 화본과 목초 등 경실종자 휴면의 주원인이다.
   ※ **경실** : 종피가 단단하여 수분의 투과를 저해하기 때문에 발아하지 않는 종자를 경실이라고 하며, 종자에 따라 종피의 투수성이 다르기 때문에 몇 년에 걸쳐 조금씩 발아하는 것이 보통이다.
② **종피의 불투기성** : 귀리, 보리 등의 종자는 종피의 불투기성으로 인해 산소 흡수가 저해되며, 이산화탄소가 축적되어 휴면한다.
③ **종피의 기계적 저항** : 종자에 산소나 수분이 흡수되어 배가 팽대할 때 종피의 기계적 저항으로 인해 배의 팽대가 억제되어 종자가 함수상태로 휴면하는 것으로, 잡초종자에서 흔히 나타난다.
④ **발아억제물질**
   ⊙ 콩과, 화본과 목초, 연, 고구마 등 많은 작물의 휴면에는 일종의 발아억제물질이 관련되어 있다고 알려져 있다.
   ⓒ 벼종자의 경우 영에 있는 발아억제물질이 휴면의 원인으로, 종자를 물에 잘 씻거나 과피를 제거하면 발아된다.
   ⓒ 옥신은 측아의 발육을 억제하고, ABA(Abscisic Acid)는 사과·자두·단풍나무 등에 작용하여 겨울철 눈의 휴면을 유도한다.
⑤ **배의 미숙** : 미나리아재비, 장미과 식물, 인삼, 은행 등은 모주로부터 미숙상태의 종자가 이탈하여 발아하지 못하는데, 미숙상태의 종자가 수주일 또는 수개월 동안 완전히 발육하고 발아에 필요한 생리적 변화를 완성하는 과정을 후숙이라고 한다.
⑥ **배휴면** : 형태적으로는 종자가 완전히 발달하였으나 발아에 필요한 외적 조건이 충족되어도 발아하지 않는 상태로, 배 자체의 생리적 원인에 의해 발생하는 생리적 휴면이다.

(3) 휴면타파와 발아촉진
① **경실종자의 발아촉진법** : 경실종자란 종피의 불투수성으로 인해 장기간 휴면하는 종자로, 소립의 두과 목초종자인 클로버류, 자운영, 벳치, 아카시아, 강낭콩, 싸리 등과 고구마, 연, 오크라 등이 있다.

- ㉠ 종피파상법
    - 경실종자의 종피에 상처를 내는 방법이다.
    - 자운영, 콩과의 소립종자 등은 종자량의 25~35%의 모래를 혼합하여 20~30분간 절구에 찧어 종피에 가벼운 상처를 낸 후 파종하면 발아가 촉진된다.
    - 고구마의 경우 배의 반대편에 손톱깎이 등으로 상처를 내어 파종한다.
- ㉡ 진한 황산처리
    - 진한 황산에 경실종자를 넣고 일정 시간 교반하여 종피를 침식시키는 방법으로, 처리 후 물에 씻어 파종하면 발아가 촉진된다.
    - 처리시간 : 고구마 1시간, 감자종자 20분, 레드클로버 15분, 화이트클로버 30분, 연 5시간, 목화 5분, 오크라 4시간 등
- ㉢ 온도처리
    - 저온처리 : 알팔파종자를 −190℃ 액체공기에 2~3분 침지한 후 파종하면 발아가 촉진된다.
    - 고온처리 : 알팔파종자를 80℃ 건열에 1~2시간 또는 알팔파, 레드클로버 등은 105℃에서 4분간 처리한다.
    - 습열처리 : 라디노클로버는 종자를 40℃ 온탕에 5시간 또는 50℃ 온탕에 1시간 처리한다.
    - 변온처리 : 자운영종자는 17~30℃와 20~40℃의 온도조건에서 변온처리를 한다.
- ㉣ 진탕처리 : 스위트클로버는 종자를 플라스크에 넣고 초당 3회 비율로 10분간 진탕처리를 한다.
- ㉤ 질산처리 : 버팔로그래스는 종자를 0.5% 질산용액에 24시간 침지하고, 5℃에서 6주간 냉각시켜 파종하면 발아가 촉진된다.
- ㉥ 기타 : 알코올, 이산화탄소, 펙티나아제 등의 처리도 유효하다.

② **화곡류 및 감자의 발아촉진법**
- ㉠ 벼종자 : 40℃에서 3주간 또는 50℃에서 4~5일간 보관하면 발아억제물질이 불활성화되어 휴면이 완전히 타파된다.
- ㉡ 맥류종자 : 0.5~1% 과산화수소액(H_2O_2)에 24시간 침지한 후 젖은 상태로 5~10℃의 저온에서 수일간 보관하면 휴면이 타파된다.
- ㉢ 감자종자 : 절단 후 2ppm 정도의 지베렐린 수용액에 30~60분간 침지한 후 파종하는 방법이 가장 간편하고 효과적이다.

③ **목초종자의 발아촉진법**
- ㉠ 질산염류액처리 : 화본과 목초종자는 0.2% 질산칼륨, 0.2% 질산알루미늄, 0.2% 질산망간, 0.1% 질산암모늄, 0.1% 질산소다, 0.1% 질산마그네슘 수용액에 처리하면 발아가 촉진된다.
- ㉡ 지베렐린처리 : 브롬그래스, 휘트그래스, 화이트클로버 등의 목초종자는 100ppm, 차조기는 100~500ppm의 지베렐린 수용액에 처리하면 휴면이 타파되고 발아가 촉진된다.

④ 발아촉진물질의 이용
  ㉠ 지베렐린처리
    • 각종 종자의 휴면타파나 발아 촉진에 효과가 크다.
    • 감자는 2ppm, 목초는 100ppm, 약용 인삼은 25~100ppm의 농도가 효과적이다.
    • 호광성 종자인 양상추, 담배 등은 10~300ppm의 지베렐린 수용액에 처리하면 발아를 촉진하는 적색광의 대체효과가 나타난다.
  ㉡ 에스렐처리 : 에틸렌 대신 에스렐을 이용하여 양상추는 100ppm, 땅콩은 3ppm, 딸기종자는 5,000ppm의 수용액으로 처리하면 발아가 촉진된다.
  ㉢ 질산염처리 : 화본과 목초에서 발아를 촉진하며 벼 종자에도 유효하다.
  ㉣ 사이토키닌(Cytokinin)처리 : 호광성 종자인 양상추에 처리하면 적색광 대체효과가 있어 발아를 촉진하며, 땅콩의 발아 촉진에도 이용된다.

(4) 휴면 연장과 발아 억제
① 온도 조절 : 발아가 억제되고 동결되지 않는 온도에 저장하며, 감자는 0~4℃, 양파는 1℃ 내외의 온도조건이 알맞다.
② 약제처리
  ㉠ 감 자
    • 수확하기 4~6주 전에 1,000~2,000ppm의 MH-30 수용액을 경엽에 살포한다.
    • 수확 후 저장 시 TCNB(Tetrachloro-nitrobenzene) 6% 분제를 감자 180L 당 450g 비율로 분의해서 저장한다.
    • 토마토톤, 노나놀, 벨비탄 K, 클로르 IPC 등의 처리도 발아를 억제한다.
  ㉡ 양 파
    • 수확 15일 전에 3,000ppm의 MH 수용액을 잎에 살포한다.
    • 수확 당일 MH 0.25%액에 하반부를 48시간 침지한다.
  ㉢ 방사선 조사 : 감자, 양파, 당근, 밤 등은 γ선을 조사하면 발아가 억제된다.

알아두기 기상생태형의 분류
• 기본생장형(BIt) : 기본생장성이 크고, 감온성과 감광성이 작아 기본영양생장성에 지배되는 형태의 품종
• 감광형(bLt) : 감광성만 커서 생육기간이 감광성에 지배되는 품종
• 감온형(bIT) : 감온성만 커서 생육기간이 감온성에 지배되는 품종
• blt형 : 기상생태형을 구성하는 세 가지 성질이 모두 작아 어떤 환경에서도 생육기간이 짧은 품종

CHAPTER 02 적중예상문제

01 다음 중 바르게 설명된 것은?
① 생장은 질적 증가를 뜻한다.
② 발육은 세포들이 형태적·기능적으로 변하는 것을 뜻한다.
③ 생장과 발육은 상호 독립적인 현상이다.
④ 작물의 생육은 생장으로 완성된다.

해설 ① 생장은 양적 변화를 뜻한다.
③ 생장과 발육은 상호 연관성이 있다.
④ 생육은 발육과 함께 완성된다.

02 다음 영양생장 과정 중 가장 핵심인 것은?
① 잎의 분화
② 줄기의 분화
③ 화아분화
④ 종자의 발달

해설 영양생장 과정의 핵심은 화아분화이며, 화아분화를 기점으로 하여 영양생장에서 생식생장으로 전환된다.

03 다음 중 세포분열이 활발한 곳이 아닌 것은?
① 생장점
② 형성층
③ 절간분열조직
④ 엽조직

해설 세포분열이 활발한 곳은 분열조직이며, 분열조직에는 정단분열조직(생장점), 측생분열조직(형성층), 절간분열조직 등이 있다.

04 수분과 수정이 완료된 후 자방 내의 배주가 발달하여 형성된 것은?
① 꽃
② 줄기
③ 과실
④ 종자

해설 원예작물 종자의 대부분은 중복수정의 결과로서 배주가 발달하여 형성되고 종피, 배유, 배를 기본적인 구성요소로 한다.

정답 1 ② 2 ③ 3 ④ 4 ④

05 화분관이 자라 주공을 통해 배낭 속으로 들어가 극핵 및 난핵과 결합하는 과정을 무엇이라 하는가?
① 수 분
② 화분과 신장
③ 단위생식
④ 수 정

해설 꽃이 피고 수술의 화분이 암술머리에 붙는 것을 수분이라고 하며, 수분 후 화분 내의 정핵이 배낭을 침투하여 들어가 난핵 및 극핵과 접합하는 것을 수정이라고 한다.

06 식물의 수정에 필요한 정핵 및 난세포와 같은 생식세포는 어떤 분열과정을 거친 후 생성되는가?
① 감수분열
② 체세포분열
③ 영양생식
④ 단위생식

해설 정핵 및 난세포와 같은 생식세포는 감수분열로 생성되며, 핵상이 n이다.

07 피자식물이 가지는 중복수정에서 염색체의 조성은?
① 배 n, 배유 n
② 배 n, 배유 2n
③ 배 2n, 배유 3n
④ 배 2n, 배유 2n

해설 속씨식물은 보통 중복수정을 하는데, 중복수정이란 꽃가루의 정핵(n)이 배낭 안의 난세포(n)와 결합하여 배(2n)를 형성하고, 또 다른 정핵(n)이 극핵(2개=2n)과 결합하여 배유(3n)를 형성하는 것을 말한다.

08 다음 중 반수체가 아닌 것은?
① 꽃가루
② 배 유
③ 정 자
④ 난 핵

해설 배유(배젖)의 핵상은 3n이다.

09 다음 중 가장 수명이 긴 종자는?
① 토마토
② 콩
③ 양 파
④ 고 추

해설 콩, 양파, 고추 등은 단명종자이다.

정답 5 ④ 6 ① 7 ③ 8 ② 9 ①

10 종자의 수명에 가장 영향을 적게 미치는 조건은?

① 종자의 수분함량
② 저장습도
③ 저장온도
④ 광 선

> **해설** 종자의 수명에 영향을 미치는 요인 : 종자의 내부요인, 상대습도와 온도, 종자 내의 수분, 저장고 내의 가스, 유전적 요인, 기계적 손상 등

11 저장 중인 종자가 수명을 잃는 주된 원인은?

① 원형질 구성 단백질의 응고
② 저장양분의 증가
③ 휴면온도
④ 종자의 산도 저하

> **해설** 저장 중인 종자가 수명을 잃는 주원인은 원형질 구성 단백질의 응고에 기인하며, 그 외에 효소의 활력 저하나 저장양분의 소모 또한 원인으로 작용한다.

12 종자의 저장방법으로 가장 좋은 것은?

① 온도가 높고 건조한 상태로 저장한다.
② 온도가 낮고 건조한 상태로 저장한다.
③ 온도가 높고 다습한 상태로 저장한다.
④ 온도가 낮고 다습한 상태로 저장한다.

> **해설** 종자의 저장에는 저온·건조·밀폐의 조건이 가장 유리하다.

13 다음에 열거한 화학물질 중 종자의 발아 촉진과 가장 관계가 깊은 것은?

① 질산칼륨(KNO_3)
② 에틸렌
③ 수크로스
④ ABA

> **해설** 질산칼륨은 종자의 발아 촉진에 널리 이용되고 있으며, 보통 0.1~1.0%의 농도로 처리한다.

14 다음 중 종자의 발아에 광이 필요한 것은?
   ① 상추, 셀러리 ② 오이, 호박
   ③ 무, 양파 ④ 고추, 토마토

   해설
   - 호광성 종자 : 담배, 상추, 우엉, 차조기, 금어초, 베고니아, 피튜니아, 뽕나무, 버뮤다그래스, 셀러리, 진달래, 철쭉, 프리뮬러 등
   - 혐광성 종자 : 호박, 토마토, 가지, 오이, 파, 고추, 무, 양파, 백일홍, 시클라멘, 나리과 식물 등
   - 광무관종자 : 벼, 보리, 옥수수 등의 화곡류와 대부분의 콩과 작물 등

15 다음 중 물속에서도 발아가 잘되는 종자는?
   ① 고 추 ② 상 추
   ③ 가 지 ④ 콩

   해설 수중 발아가 잘되는 종자 : 벼, 상추, 당근, 셀러리, 피튜니아, 티머시, 캐나다블루그래스 등

16 다음 중 고온에서 발아가 불량한 채소는?
   ① 시금치 ② 토마토
   ③ 가 지 ④ 고 추

   해설
   - 저온성 채소 : 상추, 시금치, 셀러리, 부추 등
   - 중온성 채소 : 파, 양파, 완두 등
   - 고온성 채소 : 박과 채소, 토마토, 가지, 고추 등

17 종자 발아에 가장 큰 영향을 미치는 제일 중요한 환경요인은?
   ① 수 분 ② 공 기
   ③ 바 람 ④ 햇 빛

   해설 모든 종자는 일정량의 수분을 흡수해야만 발아하며, 종자가 수분을 흡수하면 체내 호르몬과 효소가 활성화되어 발아가 시작된다.

정답 14 ① 15 ② 16 ① 17 ①

18 종자의 발아에 관여하는 내적 요인이 아닌 것은?
① 유전성의 차이
② 온 도
③ 육종에 의한 발아력의 향상
④ 종자의 성숙도

해설
- 종자 발아의 내적 요인 : 유전성의 차이, 육종에 의한 발아력 향상, 종자의 성숙도, 선발효과 등
- 종자 발아의 외적 요인 : 수분, 산소, 온도, 광, 화학물질 등

19 종자의 발아력 검정을 위한 TTC 테스트에서 활력이 있는 종자는 어떤 반응을 보이는가?
① 배가 적색으로 변한다.
② 종피가 갈색으로 변한다.
③ 배유가 청색으로 변한다.
④ 종자가 즉시 발아한다.

해설 TTC(Triphenyltetrazolium Chloride) 용액은 종자의 배가 대사과정을 통해 방출하는 수소이온과 결합하여 배를 적색으로 물들인다.

20 다음 중 인경(비늘줄기)의 비대에 가장 중요한 요소는?
① 토양산도
② 장 일
③ 질소비료도
④ 저 온

해설 인경의 비대에 가장 중요한 요소는 장일조건이며, 마늘이나 양파 등은 고온의 장일조건에서 인경의 비대와 동시에 휴면에 들어간다.

21 고구마 괴근의 비대 촉진에 관여하는 식물호르몬은?
① 사이토키닌
② IAA
③ 지베렐린
④ ABA

해설 고구마의 괴근은 IAA의 함량이 많아야 비대하고, 감자의 괴경은 IAA의 함량이 적어야 비대한다.
※ **식물호르몬의 효과**
- 사이토키닌 : 세포분열 촉진, 노화 억제, 측아 생장 촉진 등의 효과가 있는 식물호르몬으로, 뿌리에서 생성되어 지상부로 이동하며, 반드시 옥신과 함께 존재하여야 세포분열이 촉진된다.
- 옥신 : 식물의 생장호르몬이라고 불리는 물질의 총칭으로 세포 신장, 정아우세, 유기발근 촉진, 과실 비대, 단위결과 유도, 박과 채소의 성 발현, 에틸렌 발생 촉진 등의 효과가 있으며, 줄기의 선단에서 생성되어 아래로 이동한다.
- 지베렐린(GA) : 고등식물의 생장조절제로 줄기 신장, 휴면타파, 추대 촉진, 개화 및 성 표현 조절, 착과 촉진, 노화 억제 등의 효과가 있으며, GA는 옥신 함량을 증대시키고 세포의 삼투압을 증가시키며 세포활력을 증진시켜 생장을 촉진한다.
- ABA(아브시스산) : 무기양분의 부족 등 식물체가 스트레스를 받은 상태에서 발생이 증가하며 잎의 노화, 낙엽 촉진, 휴면 유도, 발아 억제, 화성 촉진, 내한성 증진 등의 효과가 있다.

정답 18 ② 19 ① 20 ② 21 ②

22 무의 바람들이현상이 생기는 시기는?

① 수확 직전부터 생긴다.　　　② 저장 중에 일어난다.
③ 추대하는 경우에 주로 일어난다.　　　④ 최대 생장시기 직후에 시작된다.

해설　무의 바람들이는 뿌리의 비대가 왕성할 때나, 수확기가 늦어져 동화양분인 탄수화물이 부족할 때 세포가 텅 비고, 세포막이 찢어지거나 구멍이 생기는 현상이다. 바람들이를 방지하기 위해서는 알맞은 품종을 선택하고, 지나친 밀식을 피하여 생육 후반기에 과습하지 않도록 관리하는 것이 중요하다.

23 다음 중 식물의 영양생장기간은?

① 종자 형성에서 발아까지　　　② 맹아에서 발아까지
③ 발아에서 화아분화 전까지　　　④ 발아에서 결실까지

해설　화아분화는 영양생장에서 생식생장으로 전환되는 기점이다.

24 다음 중 화아분화의 설명으로 잘못된 것은?

① 생육상의 전환이다.
② 생장점이나 엽액에서 꽃으로 될 원기가 생겨나는 현상이다.
③ 열매채소는 화아분화를 유도하면 경제적 가치가 크게 감소한다.
④ 뿌리채소의 화아분화는 바람직하지 못하다.

해설　열매채소는 과실이 수확 대상이기 때문에 화아분화가 적극적으로 요구되는 반면, 잎줄기채소나 뿌리채소는 화아분화로 인해 상품가치를 상실하게 된다.

25 영양기관을 수확하고자 하는 엽·근채류에서 화아분화로 인해 생기는 불리한 점이 아닌 것은?

① 엽채류는 큰 포기를 얻지 못한다.　　　② 근채류는 뿌리 비대에 불리하다.
③ 상품가치가 저하된다.　　　④ 종자를 얻을 수 있다.

해설　종자를 얻으면 영양기관을 얻지 못한다.

정답　22 ④　23 ③　24 ③　25 ④

26 잎채소 재배에 있어 화아분화 및 추대가 재배목적에 배치되는 가장 기본이 되는 이유는?

① 잎의 크기가 작아진다. ② 잎의 수가 늘지 않는다.
③ 잎의 품질이 나빠진다. ④ 쓴맛이 생긴다.

해설 화아분화가 시작되면 잎의 수가 늘지 않고, 생장속도도 둔화된다.

27 채소의 화아분화에 미치는 저온처리의 효과를 가장 잘 설명한 것은?

① 화아분화는 반드시 저온을 경과해야 이루어진다.
② 종자춘화형 채소는 종자 때부터 저온에 감응한다.
③ 작물의 저온 감응 부위는 새로 전개되는 잎이다.
④ 녹식물춘화형은 식물의 크기에 관계없이 저온에 감응한다.

해설 화아분화는 광이나 작물의 유전적인 요인과 관계가 있으며, 저온 감응 부위는 생장점이고, 녹식물춘화형은 식물체가 일정한 크기에 달한 후에 저온에 감응한다.

28 춘화처리(Vernalization)란 무슨 뜻인가?

① 작물의 종자를 일장처리를 함으로써 개화가 촉진된다는 뜻
② 작물의 종자를 고온처리를 함으로써 종자의 발아를 촉진시킨다는 뜻
③ 작물의 종자를 저온처리를 함으로써 추파형이 춘파형으로 변한다는 뜻
④ 개화에 소요되는 기간을 단축시킨다는 뜻

해설 **춘화처리의 의미**
• 생육기간 중 일정한 시기에 고온 또는 저온으로 처리하여 개화·출수를 유도하는 방법이다.
• 춘화처리가 필요한 식물에 춘화처리를 하지 않으면 개화가 지연되거나 영양기에 머물게 된다.
• 춘화처리 자극의 감응 부위는 생장점이다.
※ 추파맥류를 춘화처리하면 춘파가 되어 추파맥류를 춘파형 재배지대에서 재배할 수 있다.

29 화훼에서 춘화처리를 이용하는 주된 목적은?

① 개화 조절에 이용한다. ② 주로 병해충 방제에 이용한다.
③ 구근을 비대시키는 데 이용한다. ④ 관수를 합리적으로 이용한다.

해설 종자를 저온처리하여 화아가 형성할 때까지의 과정을 촉진시킨다.

30 식물체가 어느 정도 커진 다음 저온에 감응하여 화아분화되는 채소는?

① 무
② 순 무
③ 배 추
④ 양배추

해설 양배추, 꽃양배추, 파, 양파, 우엉, 당근 등은 식물체가 어느 정도 커진 다음 저온에 감응하여 화아분화를 일으키는 녹식물춘화형 채소이다.

31 로제트(Rosette)현상이란 무엇인가?

① 생장조절제에 의해 키가 자라지 않는 현상
② 가지가 사방으로 퍼져서 둥그렇게 자라는 현상
③ 영양생장기간에 줄기의 자람이 멈추고 있는 현상
④ 휴면에 의해 발아가 늦어지는 현상

해설 로제트현상은 줄기 부분, 즉 마디 사이가 극도로 단축되어 있는 것으로 배추, 상추, 무, 당근 등에서 나타난다.

32 엽채류의 결구와 추대는 서로 깊은 관계가 있는데 추대의 회피와 결구의 유도에 대한 설명 중 틀린 것은?

① 결구채소는 화아분화의 시작과 잎의 분화가 동시에 일어난다.
② 파종기가 늦어 엽수를 확보하지 못하면 결구하지 못한다.
③ 봄배추는 저온을 경과하면 추대한다.
④ 상추는 고온에 의해서 추대가 촉진된다.

해설 엽채류는 화아분화의 시작과 동시에 잎의 분화가 정지되므로, 조기에 화아분화가 시작되면 결구하지 못하고 추대하게 된다.

정답 30 ④ 31 ③ 32 ①

33 다음 중 장일성 식물에 관한 설명으로 가장 올바른 것은?

① 낮의 길이가 한계일장보다 길어질 때 개화하는 식물
② 낮의 길이가 한계일장보다 짧아질 때 개화하는 식물
③ 낮의 길이에 상관없이 개화하는 식물
④ 낮의 길이가 10시간 이하일 때 개화하는 식물

해설 ② 단일식물, ③ 중성식물
  ※ 장일식물
  • 보통 16~18시간의 장일상태에서 화성이 유도·촉진되는 식물로, 단일상태는 개화를 저해한다.
  • 최적일장과 유도일장의 주체는 장일측, 한계일장은 단일측에 있다.
  • 추파맥류, 시금치, 양파, 상추, 아마, 아주까리, 감자 등

34 다음 채소 중 단일성 채소는?

① 무 ② 양배추
③ 시금치 ④ 옥수수

해설 • 단일성 채소 : 옥수수, 호박, 딸기 등
  • 중일성 채소 : 가지, 고추, 토마토, 강낭콩 등
  • 장일성 채소 : 시금치, 상추, 무, 당근, 배추, 양배추, 감자 등

35 국화를 7월 중순에 꺾꽂이하여 12월 하순에 개화시켜 출하하려고 한다. 재배기간 중 어떤 처리과정이 필요한가?

① 고온처리 ② 단일처리
③ 저온처리 ④ 전조처리

해설 국화의 전조재배 : 인공조명을 조사하여 개화기를 늦추는 방법으로, 주로 단일식물인 가을국화나 겨울국화를 장일상태로 만들어 개화를 억제시킬 때 사용된다.

36 노지재배에서 10월에 개화하는 국화를 8월에 개화시키려면 어떤 조치가 필요한가?

① 단일처리 ② 장일처리
③ 정지 및 정전 ④ 지베렐린 살포

해설 국화는 단일식물이고 한계일장이 12시간이므로 단일처리하면 개화를 앞당기고, 장일처리하면 개화를 늦출 수 있다.

37 식물의 개화에 영향을 가장 크게 미치는 두 요인은?

① 온도와 일장
② 일장과 수분
③ 수분과 온도
④ 일장과 양분

해설 식물의 개화에는 일장효과와 춘화작용(온도)이 가장 큰 영향을 미친다.

38 일장에 감응하여 개화 유도물질을 생산하는 식물의 주된 부위는?

① 어린눈
② 어린잎
③ 성숙한 잎
④ 녹색의 어린줄기

해설 일장에 감응하는 식물의 부위는 전개된 성숙한 잎이며, 잎에서 일장에 감응하여 만들어진 꽃눈 형성물질이 생장점으로 이행하여 개화를 유도한다.

39 식물의 춘화현상은 저온감응에 의해 나타난다. 이때 저온에 감응하는 부위는?

① 꽃눈조직
② 동화조직
③ 형성층
④ 생장점조직

해설 춘화처리 자극에 감응하는 부위는 생장점이며, 저온춘화 시에는 보통 0~10°C의 저온으로 처리한다.

40 다음 중 휴면의 정의를 바르게 나타낸 것은?

① 작물이 화아분화를 위해서 필요로 하는 저온의 정도
② 작물이 일시적으로 생장활동을 멈추는 생리현상
③ 작물이 종자를 형성하고 고사하기까지의 상태
④ 종자가 형성된 후부터 발아까지의 생육 정지현상

해설 원예식물의 대부분은 휴면을 하며, 휴면은 식물 자신이 처한 불량환경을 극복하기 위한 하나의 수단이다.

41 휴면을 하지 않는 과수종자는?

① 감귤류, 포도
② 사과, 배
③ 복숭아, 살구
④ 매실, 밤

해설
- 휴면하지 않는 과수종자 : 감귤류, 감, 포도 등
- 휴면하는 과수종자 : 사과, 배, 복숭아, 자두, 살구, 매실, 밤 등

정답 37 ① 38 ③ 39 ④ 40 ② 41 ①

42 다음 중 원예식물의 휴면을 잘못 설명하고 있는 것은?

① 포도나무는 가을이 되면 휴면에 들어간다.
② 감자는 수확 후 수주간 휴면에 들어가는 것이 보통이다.
③ 마늘은 겨울이 되면 깊은 휴면에 빠진다.
④ 딸기의 휴면시기는 포도와 비슷하다.

> **해설** 마늘, 양파, 튤립, 수선화 등은 여름이 될 때까지 구가 비대해지고, 한여름이 되면 휴면에 들어가 고온을 극복하며, 겨울에 저온으로 인해 휴면이 타파된다.

43 낙엽과수의 휴면에 대한 설명으로 바르지 못한 것은?

① 대부분 8월 중에 자발휴면에 들어간다.
② 자발휴면이 타파되면 환경이 나빠도 발아한다.
③ 과수에 따라 다르지만 발아하기까지 상당한 저온을 요구한다.
④ 과수의 부위에 따라 휴면시기가 다를 수 있다.

> **해설** 자발휴면이 타파된 후에 환경이 불량하면 다시 타발휴면을 하게 된다.

44 다음 중 배휴면을 하는 종자의 휴면타파에 흔히 사용하는 방법은?

① 종피파상법　　　　② 층적법
③ 종피제거법　　　　④ 진탕법

> **해설** **층적법** : 습한 모래나 이끼를 종자와 엇바꾸어 쌓아 올려 저온에 두는 방법

45 종자에 황산이나 수산화칼륨 등을 처리하는 이유는?

① 종자소독　　　　② 휴면타파
③ 발아 억제　　　　④ 춘화 촉진

> **해설** **종자의 휴면타파법** : 종피에 상처를 내는 방법, 화학약품(황산, 수산화칼륨 등)처리, 온도처리 등

46 직근류를 점질토양에서 재배할 때 예상되는 문제점은?

① 겉모양이 나빠진다.
② 육질이 치밀하지 못하다.
③ 쓴맛과 매운맛이 많아진다.
④ 저장력이 떨어진다.

해설 점질토양은 입자가 작고 치밀하여 뿌리가 곧게 뻗지 못하고 갈라지거나 비정상적인 모양이 되기 쉽다. 이로 인해 상품성이 떨어지고 겉모양이 좋지 않게 된다.

47 정아우세현상을 잘못 설명한 것은?

① 정아가 측아의 신장에 영향을 미친다.
② 정아가 왕성하게 생장하면 부근 측아의 신장이 억제된다.
③ 정아우세가 강한 식물은 분지가 상대적으로 빈약하다.
④ 식물호르몬과는 관련이 없다.

해설 정아우세현상은 식물호르몬인 옥신과 관련이 깊다.

48 인경채소류의 인경 형성과 비대를 촉진하는 환경조건은?

① 장일과 고온　　　　　② 단일과 고온
③ 장일과 저온　　　　　④ 단일과 저온

해설 인경 형성과 비대 촉진의 조건은 추대조건과 같다.
　※ **화아분화와 추대의 촉진요건**
　　• 일장 : 저온감응성을 가지고 있는 무·배추 등은 장일상태에서 화아분화와 발육이 촉진되고, 추대도 빨라진다.
　　• 온도 : 추대에 적당한 온도는 25~30℃이고, 고온일수록 추대가 빨라진다.
　　• 토양 : 점질토양이나 비옥토보다 사질토양이나 척박토에서 추대가 더 빠르게 진행된다.

49 인경채소류의 인편분화에 가장 크게 영향을 미치는 환경조건은?

① 저 온　　　　　② 고 온
③ 단 일　　　　　④ 장 일

해설 인편분화는 배추과의 화아분화와 마찬가지로 저온에 큰 영향을 받는다.

정답　46 ①　47 ④　48 ①　49 ①

50 종자의 수명에 관한 설명 중 잘못된 것은?

① 호흡에 의한 양분 고갈은 수명을 단축시킨다.
② 작물의 종류와 품종에 따라 다르다.
③ 저온・건조조건에서 수명이 길어진다.
④ 산소 농도를 높이면 수명이 길어진다.

해설 산소 농도를 높이면 호흡량이 증가해 수명이 단축된다.

51 수박종자의 저장양분을 저장하는 곳은?

① 과 피
② 종 피
③ 배 유
④ 떡 잎

해설 수박은 무배유종자이므로 양분의 저장기관은 떡잎이다.

52 다음 설명으로 옳지 않은 것은?

① 기본영양생장형(Blt형)은 기본영양생장성이 크고 감온성, 감광성이 작아서 생육기간이 주로 기본영양생장성에 지배되는 형태의 품종이다.
② 감온형(blT형)은 기본영양생장성과 감광성이 작고 감온성만 크므로 생육기간이 감온성에 지배된다.
③ 감광형(bLt형)은 기본영양생장기간이 짧고 감온성이 낮으며 감광성만 커서 생육기간이 감광성에 지배된다.
④ blt형은 기상생태형을 구성하는 세 가지 성질이 모두 작아서 어떠한 환경에도 생육이 힘든 품종이다.

해설 blt형 : 세 가지 성질이 모두 작아 어떤 환경에서도 생육기간이 짧은 품종

CHAPTER 03 원예식물의 환경

01 토양환경

1. 지력

(1) 의의
① 토양은 재배작물의 수량을 지배한다.
② 토양의 물리적·화학적·생물학적인 모든 성질이 작물의 생산력을 지배하며, 이를 지력이라 하고, 주로 물리적·화학적 지력조건을 토양비옥도라고도 한다.

(2) 토양 일반
① **토성** : 양토를 중심으로 사양토 내지 식양토가 수분, 공기 및 비료성분의 종합적인 조건이 작물재배에 알맞다. 사토는 수분 및 비료성분이 부족하고, 식토는 공기가 부족하다.
② **토양구조** : 입단구조와 단립구조로 나뉘며, 입단구조의 토양수분과 공기상태가 작물생육에 좋다.
③ **토층** : 작토가 깊고 양분의 함량이 충분하며, 심토까지 투수성 및 투기성이 알맞아야 한다.
④ **토양반응** : 중성이나 약산성이 알맞으며, 강산성 또는 알칼리성은 작물생육을 저해한다.
⑤ **유기물 및 무기성분**
  ㉠ 대체로 토양 중 유기물 함량이 증가할수록 지력이 높아지나, 습답의 경우 유기물 함량이 많은 것은 도리어 해가 될 수 있다.
  ㉡ 무기성분이 풍부하고 균형 있게 포함되어 있어야 지력이 높다.
  ㉢ 비료의 3요소인 질소, 인산, 칼륨의 함량이 높아야 하며, 일부 성분의 과다 또는 결핍은 생육을 저해한다.
⑥ **토양수분과 토양공기**
  ㉠ 토양수분의 부족은 한해를 유발하며, 과다는 습해나 수해를 유발한다.
  ㉡ 토양공기는 토양수분과 관계가 깊으며, 토양 중 공기 또는 산소 부족, 이산화탄소 등의 유해가스 과다는 작물뿌리의 생장과 기능을 저해한다.
⑦ **토양미생물** : 유용미생물의 번식에 좋은 토양이 작물생육에 유리하고, 병충해를 유발하는 미생물이 적어야 한다.
⑧ **유해물질** : 유해물질에 의한 토양의 오염은 작물생육을 저해하고, 심하면 생육이 불가능하다.

2. 토양의 기계적 조성

(1) 토양의 3상

① 토양의 3상 구성
  ㉠ 토양은 여러 토양입자로 구성되어 있고, 이들 입자 사이에는 공극이 존재하며, 이 공극에는 공기 또는 액체가 존재한다.
  ㉡ 토양의 3상
  • 고상 : 유기물·무기물인 흙
  • 기상 : 토양공기
  • 액상 : 토양수분

② 토양의 3상과 작물생육 ★ 중요
  ㉠ 고상 : 기상 : 액상의 비율이 50% : 25% : 25%로 구성된 토양이 보수·보비력과 통기성이 좋아 이상적이다.
  ㉡ 토양 3상의 비율은 토양의 종류에 따라 다르고, 같은 토양 내에서도 토층에 따라 차이가 크다.
  ㉢ 작물은 고상에 의해 기계적 지지를 받고, 액상에서 양분과 수분을 흡수하며, 기상에서 산소와 이산화탄소를 흡수한다.
  ㉣ 고상은 유기물과 무기물로 이루어져 있으며, 일반적으로 입자가 작고 유기물 함량이 많아질수록 고상의 비율은 낮아진다.
  ㉤ 기상과 액상의 비율은 기상조건, 특히 강우에 따라 크게 변동한다.
  ㉥ **액상의 비율이 높으면 통기가 불량하고, 뿌리의 발육이 저해**된다.
  ㉦ **기상의 비율이 높으면 수분 부족으로 위조·고사**한다.

(2) 토양입자의 분류

① 토양은 크고 작은 여러 입자로 구성되어 있으며, 토양입자는 입경에 따라 다음 표와 같이 구분한다.

[입경에 다른 토양입자의 분류법]

토양입자의 구분			입경(mm)	
			미국농무성법	국제토양학회법
자갈			2.00 이상	2.00 이상
세토	모래	매우 거친 모래	2.00~1.00	–
		거친 모래	1.00~0.50	2.00~0.20
		보통 모래	0.50~0.25	–
		고운 모래	0.25~0.10	0.20~0.02
		매우 고운 모래	0.10~0.05	–
	미사		0.05~0.002	0.02~0.002
	점토		0.002 이하	0.002 이하

② 자 갈
   ㉠ 암석의 풍화로 인해 가장 먼저 생긴 여러 모양의 굵은 입자이다.
   ㉡ 화학적·교질적 작용이나 비료분이 없고 보수력도 약하지만, 투기성·투수성은 좋다.
③ 모 래
   ㉠ 석영을 많이 함유한 암석이 부서져 생긴 것으로, 입경에 따라 거친 모래, 보통 모래, 고운 모래로 세분된다.
   ㉡ 거친 모래는 자갈과 비슷한 특성을 가지나, 고운 모래는 물이나 양분을 다소 흡착하고 투기성·투수성이 좋으며, 토양을 부드럽게 한다.
④ 점 토
   ㉠ 토양 중 가장 미세한 입자이며, 화학적·교질적 작용을 하고, 물과 양분을 흡착하는 힘이 크지만 투기·투수를 저해한다.
   ㉡ 점토나 부식의 입자는 입경이 $1\mu m$ 정도로 매우 미세하며, 특히 $0.1\mu m$ 이하의 입자는 교질(Colloid)로 되어 있다.
   ㉢ **교질입자는 보통 음이온(-)을 띠고 있어 양이온을 흡착**한다.
   ㉣ 토양 중 교질입자가 증가하면 치환성 양이온을 흡착하는 힘이 강해진다.

> **알아두기** 양이온치환용량(CEC ; Cation Exchange Capacity)
> 염기치환용량(BEC ; Base Exchange Capacity)이라고도 하며, 토양 100g이 보유하는 치환성 양이온의 총량을 mg당량(me)으로 표시한 것으로, 토양 중 고운 점토와 부식이 증가하면 CEC도 증가하고, CEC가 증가하면 NH_4^+, K^+, Ca^{2+}, Mg^{2+} 등의 비료성분을 흡착·보유하는 힘이 커져 비료를 많이 주어도 일시적 과잉흡수가 억제된다. 또한 비료성분의 용탈이 적어져 비효가 오래 지속되며, 토양의 완충능이 커진다.

⑤ 토 성
   ㉠ 토양입자의 입경에 따라 나눈 토양을 다시 모래와 점토의 구성비로 구분한 것을 토성이라고 한다.
   ㉡ 식물의 생육에 중요한 여러 이화학적 성질을 결정하는 기본요인이다.
   ㉢ 입경 2mm 이하의 입자로 된 토양을 세토라고 하며, 세토 중 점토 함량에 따라 토성을 분류하면 다음 표와 같다.

토성의 명칭	세토(입경 2mm 이하) 중 점토 함량(%)
사토(砂土, Sand)	12.5 이하
사양토(砂壤土, Sandy Loam)	12.5~25.0
양토(壤土, Loam)	25.0~37.5
식양토(埴壤土, Clay Loam)	37.5~50.0
식토(埴土, Clay)	50.0 이상

• 사토 : 척박하고 한해를 입기 쉬우며, 토양침식이 심하여 점토를 객토하거나 유기물을 증식하여 토성을 개량할 필요가 있다.

- 식토 : 통기 및 통수가 불량하고 유기질의 분해가 더뎌 습해나 유해물질에 의한 피해를 받기 쉬우며, 점착력이 강하고 건조하면 굳어져서 경작이 곤란하므로 미사나 부식을 많이 주어 토성을 개량할 필요가 있다.
  ㉣ 점토 함량과 함께 미사, 세사, 조사의 함량까지 고려하여 토성을 더욱 세분하기도 한다.
  ㉤ 토성에 따른 생육반응 비교 ★ 중요

작 물	사질토양	점질토양
채 소	• 조숙, 노화 촉진, 조기추대, 저항성 약화 • 지근 발생 억제, 바람들이 촉진, 외관 양호 • 향기 저하(우엉), 육질 허술, 저장력 감소 • 박막외피(마늘, 양파), 대형과, 과육 허술 • 수송성 불량(수박), 착과수 감소(딸기)	• 만숙, 노화 억제, 만추대, 저항성 증진 • 지근 발생 촉진, 바람들이 억제, 외관 불량 • 향기 양호(우엉), 육질 양호, 저장력 우수 • 후막외피(마늘, 양파), 소형과, 과육 치밀 • 수송성 양호(수박), 착과수 증가(딸기)
과 수	측근 발생 억제, 착색 및 성숙 촉진, 조기결실, 경제수령 단축	잎의 과번무, 화아분화 억제, 소과, 품질 저하, 결실 지연

3. 토양의 구조 및 토층

(1) 토양구조

토성이 같아도 알갱이들의 결합·배열방식, 즉 구조가 다르면 토양의 물리적 성질 또한 달라진다. 토양의 구조는 단립구조, 이상구조, 입단구조 등으로 구분한다.

① 단립(홑알)구조
  ㉠ 토양입자가 서로 결합되어 있지 않고, 독립적인 단일상태로 집합되어 있는 구조이다.
  ㉡ 주로 해안의 사구지에서 볼 수 있다.
  ㉢ 대공극이 많고, 소공극이 적어 토양의 통기성과 투수성은 좋으나 보수·보비력은 작다.

② 이상구조
  ㉠ 미세한 토양입자가 단일상태로 집합되어 있는 구조로, 단일구조와는 달리 건조하면 각 입자가 서로 결합하여 부정형의 흙덩이를 이룬다.
  ㉡ 부식 함량이 적고, 과식한 식질토양이 많이 보이며, 소공극은 많고 대공극은 적어 토양통기가 불량하다.

③ 입단(떼알)구조 ★ 중요
  ㉠ 단일입자가 결합하여 2차 입자가 되고 다시 3차, 4차 등으로 집합되어 입단을 구성하고 있는 구조이다.
  ㉡ 입단을 가볍게 누르면 몇 개의 작은 입단으로 부스러지고, 이것을 다시 누르면 다시 작은 입단으로 부스러진다.
  ㉢ 유기물과 석회가 많은 표토층에서 많이 나타난다.
  ㉣ 대공극과 소공극이 모두 많아 통기성과 투수성이 양호하며, 보수·보비력이 커 작물생육에 알맞다.

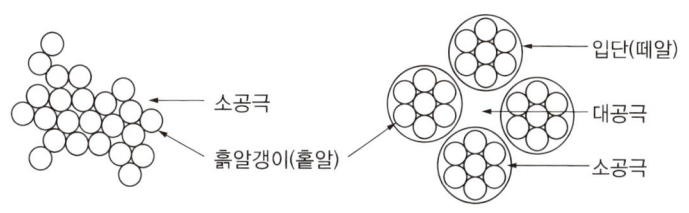

[토양구조]

(2) 입단의 형성과 파괴

① 입단의 형성
  ㉠ 입단구조가 이루어지려면 일차적으로 입자들이 서로 가까워져야 하고, 다음으로 알갱이들을 단단하게 결합시키는 접착제와 같은 물질인 결합제가 있어야 한다.
  ㉡ 입단구조를 형성하는 주요 인자 ★ 중요
    • 유기물과 석회의 시용 : 유기물이 미생물에 의해 분해되면서 분비하는 점질물질이 토양입자를 결합시키며, 석회는 칼슘이온을 공급하여 유기물의 분해와 토양입단화를 촉진시킨다.
    • 콩과 작물의 재배 : 콩과 작물은 잔뿌리가 많고, 석회분이 풍부해 입단 형성에 유리하다.
    • 지렁이 : 지렁이가 토양을 섭취한 후 배설하면 내수성 입단구조가 발달한다.
    • 토양의 피복 : 토양을 피복하면 유기물의 공급 및 표토의 건조, 토양유실의 방지를 통해 입단을 형성하고 유지하는 데 유리하다.
    • 토양개량제의 시용 : 인공적으로 합성된 고분자 화합물인 아크릴소일(Acryl Soil), 크릴륨(Krilium) 등의 작용은 입단구조를 형성한다.

② 입단구조의 중요성
  ㉠ 작은 입자로 되어 있는 단립구조의 토양은 입자 사이에 생기는 공극도 작기 때문에 공기의 유통이나 수분의 이동이 느리며, 건조하면 땅 갈기가 힘들어진다. 이에 반해 **입단구조는 소공극과 대공극이 모두 많아 소공극은 모세관력에 의해 보수력을 증진시키고, 대공극은 과잉수분을 배출**한다.
  ㉡ 입단구조의 장점
    • 배수가 잘된다.
    • 공기가 잘 통한다.
    • 풍화되지 않는다.
    • 물에 의한 침식이 줄어든다.
    • 땅이 부드러워져 땅갈기가 쉬워진다.
    • 물을 알맞게 간직할 수 있는 좋은 토양이 된다.
  ㉢ 입단의 크기가 너무 크면 물을 간직할 수 없고, 공극의 크기도 커지므로 어린 식물은 가뭄의 피해를 입을 수 있다.
  ㉣ 입단의 알갱이 지름은 1~2mm 범위의 것이 알맞으며, 많이 생길수록 좋다.

③ 입단구조를 파괴하는 요인 ★ 중요
  ㉠ 경운 : 토양이 너무 마르거나 젖어 있을 때 경운을 하는 것은 입단을 파괴시킬 우려가 있으므로 피해야 한다.
  ㉡ 나트륨의 시용 : 나트륨이온(Na^+)은 알갱이들이 엉기는 것을 방해하므로, 나트륨이 많이 함유된 물질이 토양에 유입되면 토양의 물리적 성질을 약화시킨다.
  ㉢ 입단의 팽창과 수축의 반복
  ㉣ 비, 바람

(3) 토 층
  ① 의의 : 지면을 수직으로 파 내려간 다음 단면을 조사해 보면, 토양의 빛깔과 알갱이의 크기를 달리하는 몇 개의 층으로 구분되는 것을 볼 수 있는데, 이처럼 토양이 수직적으로 분화된 층을 토층 또는 층위(Horizon)라고 한다.
  ② 토양학적 토층의 분류
    ㉠ 토양의 단면이 몇 개의 층으로 나누어지는 것을 토층의 분화라고 한다.
    ㉡ **토층의 구분** : 토층은 O층, A층, B층, C층, R층의 5개로 대분한다.

O1	유기물층		유기물의 원형을 육안으로 식별할 수 있는 유기물층
O2			유기물의 원형을 육안으로 식별할 수 없는 유기물층
A1	용탈층	성토층	부식화된 유기물과 광물질이 섞여 있는 암흑색의 층
A2			규산염 점토와 철, 알루미늄 등의 산화물이 용탈된 담색층(용탈층)
A3			A층에서 B층으로 이행하는 층위로, A층의 특성에 가까운 층
B1	집적층		A층에서 B층으로 이행하는 층위로, B층의 특성에 가까운 층
B2			규산염 점토와 철, 알루미늄 등의 산화물 및 유기물의 일부가 집적되는 층(집적층)
B3			B층에서 C층으로 이행하는 층위로, B층의 특성에 가까운 층
C	모재층		토양 생성작용을 거의 받지 않은 모재층으로 칼슘, 마그네슘 등의 탄산염이 교착상태로 쌓여 있거나 위에서 녹아 내려온 물질들이 엉켜서 쌓인 층
R	모암층		C층 밑에 있는 풍화되지 않은 바위층(단단한 모암)

  ③ 경지의 토층 : 경지는 흔히 다음 3가지의 토층으로 분류한다.
    ㉠ 작 토
      • 계속해서 경운되는 층위이기 때문에 경토라고도 부르며, 작물의 뿌리가 주로 발달하는 층위로 작물생육과 가장 밀접한 관계가 있다.
      • 부식이 많으며, 흙이 검고, 입단의 형성이 좋다.
    ㉡ 서상 : 작토 바로 아래에 위치한 층위로, 작토보다 부식이 적다.
    ㉢ 심토(하층토) : 서상층 밑에 위치한 하층으로 하층토라고도 부르며, 일반적으로 부식이 극히 적고, 구조가 치밀하다.
    ㉣ 경지의 토층과 작물생육
      • 경지의 토층은 작물의 생육과 밀접한 관계가 있으며, 특히 작토의 질적·양적 문제는 작물뿌리의 발달과 생리작용에 큰 영향을 미친다.

- 일반적으로 심경을 통해 작토층은 가급적 깊게 하는 것이 좋다.
- 경지의 토양으로는 양토를 중심으로 한 사양토 내지 식양토로 유기물과 유효성분이 풍부한 것이 좋다.
- 심토가 너무 치밀하면 투수성과 투기성이 불량해져 지온이 낮아지고, 뿌리가 깊게 뻗지 못해 생육이 나빠진다.
  ※ 논토양에서 심토가 과도하게 치밀하면 투수가 몹시 불량해져 토양공기의 부족으로 인해 유기물의 분해가 억제되고, 유해가스가 발생하며, 경우에 따라서는 지온이 낮아져 벼의 생육이 나빠지므로 지하배수를 적당히 꾀하여야 한다.
- 토성의 범위는 넓으므로 많은 수량과 좋은 품질의 작물을 안정적으로 생산하려면 알맞은 토성을 선택하는 것이 중요하며, 토성에 따라 배수를 달리해야 한다.

4. 토양수분

(1) 토양수분함량의 표시

① 토양수분함량의 표시방법
  ㉠ 토양 내 수분의 비율로 표시한다.
    - 중량수분함량 : 건토에 대한 수분의 중량비로 표시
    - 용적수분함량 : 토양의 전체 부피에 대한 수분 부피의 비율로 표시
  ㉡ 토양이 수분을 흡착하는 힘을 토양수분장력 수치로 표시한다.

② 토양수분장력(pF)
  ㉠ 토양입자가 수분을 흡착하여 유지하는 힘을 말한다.
  ㉡ 토양이 지니는 수분포텐셜(물을 당기는 에너지)을 표시하는 압력단위인 kPa(1kPa = 0.01bar)을 국제표준단위로 사용한다.
  ㉢ 현장에서는 pF(Potential Force) 단위를 주로 사용한다.
  ㉣ 토양수분장력(pF) 값이 클수록 토양 내 수분이 부족함을 뜻한다.

> **알아두기** 일액현상과 일비현상
> - 일액현상 : 지온이 높고 토양수분이 많으며, 바람이 없고 기온이 낮아 공중습도가 포화상태일 때 잎의 선단이나 가장자리의 수공을 통하여 물이 액체상태로 배출되는 현상
> - 일비현상 : 지온이 높고 토양수분이 많은 상태에서 줄기 또는 뿌리를 절단하거나 상처를 냈을 때 수액이 배출되는 현상

③ 토양수분장력의 변화
  ㉠ 토양수분함유량과 토양수분장력 사이에는 함수관계가 있으며, 수분이 증가하면 수분장력은 감소하고, 수분이 감소하면 수분장력이 증가한다.
  ㉡ 수분함유량이 같아도 토성에 따라 수분장력은 달라진다.

(2) 토양의 수분항수

① 의의 : 토양수분의 함유상태는 연속적인 변화를 보이지만 토양수의 운동성, 토양의 물리성, 작물의 생육과 비교적 뚜렷한 관계를 가지는 특정한 수분 함유상태들이 있는데, 이를 토양의 수분항수라고 한다.

② 주요 토양수분항수
  ㉠ **최대용수량(pF 0)** : 토양의 모든 공극에 물이 찬 포화상태를 의미하며, 포화용수량이라고도 한다.
  ㉡ **포장용수량(pF 2.5~2.7)**
    - 포화상태의 토양에서 중력수가 완전 배제되고, 모세관력에 의해서만 유지되고 있는 수분 함유상태로, 최소용수량이라고도 한다.
    - 수분당량(ME) : 젖은 토양에 중력의 1,000배에 해당하는 원심력을 가한 후 잔류하는 수분 함유상태로 포장용수량과 거의 일치한다.
    ※ 포장용수량 이상은 중력수여서 작물이 사용할 수 없고, 토양의 통기 저해로 인해 작물생육이 불리하다.
  ㉢ **초기위조점(pF 3.9)** : 생육이 정지하고, 하엽이 시들기 시작하는 수분 함유상태
  ㉣ **영구위조점(pF 4.2)**
    - 위조된 식물을 포화습도의 공기 중에 24시간 방치하여도 회복되지 않는 수분 함유상태
    - 위조계수 : 영구위조점에서의 토양함수율로, 토양건조중에 대한 수분의 중량비를 말한다.
  ㉤ **흡수계수(pF 4.5)** : 상대습도 98%(25℃)인 공기 중에서 건조토양이 흡수하는 수분 함유상태로, 흡습수만 남아 작물이 이용할 수 없는 상태이다.
  ㉥ 풍건상태와 건토상태
    - 풍건상태 : 약 pF 6
    - 건토상태 : 105~110℃의 온도에서 항량에 도달되도록 건조한 토양으로 약 pF 7이다.

(3) 토양수분의 형태 ★ 중요

① **결합수(pF 7.0 이상)** : 화합수 또는 결정수라고도 하며, 토양을 105℃로 가열해도 분리시킬 수 없는 점토광물의 구성요소로서의 수분으로, 작물이 흡수·이용할 수 없다.
② **흡습수(pF 4.2~7)** : 토양을 105℃로 가열 시 분리 가능하며, 토양표면에 피막상으로 흡착되어 있는 수분으로, 작물이 흡수·이용하지 못한다.
③ **모관수(pF 2.7~4.2)** : 토양공극 내에서 표면장력에 의해 중력에 저항하여 유지되는 수분으로, 모관현상으로 인해 지하수가 모관공극을 따라 상승하여 작물에 공급되며, 작물이 가장 유용하게 이용하는 수분이다.
④ **중력수(pF 2.7 이하)** : 중력에 의하여 비모관공극을 통해 흘러내리는 수분으로, 근권 이하로 내려가 작물이 직접 이용하지는 못한다.
⑤ **지하수** : 지하에 정체되어 모관수의 근원이 되는 수분으로, 지하수위가 낮은 경우 토양이 건조하기 쉽고, 높은 경우 과습하기 쉽다.

(4) 유효수분

① 유효수분(pF 2.7~4.2)
   ㉠ 식물이 토양으로부터 흡수하여 이용할 수 있는 수분으로, **포장용수량과 영구위조점 사이의 수분**을 말한다.
   ㉡ 식물생육에 가장 알맞은 최대함수량은 최대용수량의 60~80%이다.
   ㉢ 점토 함량이 많을수록 유효수분의 범위가 넓어지므로 사토에서는 범위가 좁고, 식토에서는 범위가 넓다.
   ㉣ 일반 노지식물은 모관수를 활용하지만, 시설원예식물은 모관수와 중력수를 활용한다.

② 수분의 역할
   ㉠ **광합성과 각종 화학반응의 원료**가 된다.
   ㉡ **용매와 물질의 운반매체**로, 식물에 필요한 영양소들을 용해하여 작물이 흡수·이용할 수 있도록 한다.
   ㉢ 각종 **효소의 활성을 증대**시켜 촉매작용을 촉진한다.
   ㉣ 수분을 흡수한 세포의 팽압 증가로 인해 세포가 팽창하여 **식물체의 체형이 유지**된다.
   ㉤ 증산작용을 통해 **체온 상승을 억제**하여 체온을 조절한다.

③ 관 수
   ㉠ 관수시기는 보통 유효수분의 50~85%가 소모되었을 때(pF 2.0~2.5)이다.
   ㉡ 관수방법
   - 지표관수 : 지표면에 물을 뿌려 수분을 공급하는 방법
   - 살수(스프링클러)관수 : 지하에 송수관을 묻고 선단에 설치된 노즐을 통해 수분을 공급하는 방법
   - 지하관수 : 땅속에 작은 구멍이 뚫려 있는 송수관을 묻어 수분을 공급하는 방법
   - **점적관수** : 가장 발전된 형태의 관수방법으로, 물을 천천히 조금씩 흘러나오게 하여 필요 부위에 집중적으로 수분을 공급하는 방법
   - **저면관수** : 하단에 구멍이 뚫린 화분을 물에 잠기도록 하여 식물의 뿌리 쪽부터 수분을 공급하는 방법으로, 토양에 의한 오염이나 토양병해를 방지할 수 있고, 미세종자 파종상자와 양액재배, 분화재배 등에 이용한다.

5. 토양공기

(1) 토양의 용기량

① **토양용기량** : 토양공기의 용적은 총공극용적에서 토양수분의 용적을 뺀 것으로, 토양 중 공기가 차지하는 공극량을 말한다(토양공기용적 = 총공극용적 − 토양수분용적).
② 최소용기량은 토양 내 수분함량이 최대용수량일 때의 용기량이고(최소용기량 = 최대용수량), 최대용기량은 풍건상태의 용기량이다.

(2) 토양공기의 조성
① 토양 중 공기의 조성은 **대기에 비하여 이산화탄소 농도는 몇 배나 높고, 산소 농도는 훨씬 낮다.**
② 토양 속으로 깊이 들어갈수록 이산화탄소 농도는 점차 높아지고, 산소 농도가 더욱 감소하는데, 약 150cm 이하의 토양 내에서는 이산화탄소 농도가 산소 농도보다 오히려 높다.
③ 토양 내 유기물의 분해, 뿌리나 미생물의 호흡 등으로 인해 산소는 소모되고 이산화탄소는 배출되는데, 대기와의 가스교환이 더뎌 계속해서 산소는 적어지고, 이산화탄소는 많아진다.

(3) 토양공기의 지배요인
① **토성** : 일반적으로 사질토양은 대공극이 많아 토양용기량이 증가하고, 토양용기량이 증가하면 산소 농도가 높아진다.
② **토양구조** : 식질토양에서 입단이 형성되면 비모관공극이 증대하여 토양용기량이 증가한다.
③ **경운** : 심경은 토양의 깊은 곳까지 토양용기량을 증가시킨다.
④ **토양수분** : 토양 내 수분이 증가하면 토양용기량은 감소되어 산소 농도가 낮아짐과 동시에 이산화탄소 농도가 높아진다.
⑤ **유기물** : 미숙유기물의 시용은 산소의 농도를 크게 감소시키지만 이산화탄소 농도를 증가시키지는 않는다.
⑥ **식생** : 식물뿌리의 호흡으로 인해 이산화탄소 농도가 나지보다 현저히 높아진다.

(4) 토양공기와 작물생육
① 토양용기량과 작물의 생육은 밀접한 관계가 있는데, 토양용기량이 어느 한도 이상으로 증가하면 토양함수량이 과도하게 감소되어 작물생육에 불리한 경우도 있지만, 일반적으로 토양용기량이 증대하면 산소가 많아지고, 이산화탄소는 적어져 작물생육에 이롭다.
② 토양 내 이산화탄소 농도가 높아지면 수소이온을 생성하여 토양이 산성화되고, 수분과 무기염류의 흡수를 저해하여 작물에 부정적인 영향을 미친다.
   ※ 무기염류의 저해 정도 : K > N > P > Ca > Mg
③ 토양 내 산소가 부족하면 뿌리호흡과 여러 가지 생리작용이 저해될 뿐만 아니라, 환원성 유해물질이 생성되어 뿌리가 상하게 되며, 유용한 호기성 토양미생물의 활동이 위축되어 유효태 식물양분이 감소한다.

(5) 토양통기의 촉진
① **토양처리**
   ㉠ 배수 : 토양 내 수분의 배출은 토양용기량을 늘린다.
   ㉡ 토양입단 조성 : 유기물, 석회, 토양개량제 등을 사용한다.
   ㉢ 심경(深耕)
   ㉣ 객토 : 식질토성을 개량하거나 습지의 지반을 높인다.

② 재배적 조건
　　㉠ 답전윤환재배를 한다.
　　㉡ 답리작·답전작을 한다.
　　㉢ 중습답에서는 휴립재배를 한다.
　　㉣ 습전에서는 휴립휴파를 한다.
　　㉤ 중경을 한다.
　　㉥ 파종 시 미숙퇴비 및 구비를 종자 위에 두껍게 덮지 않는다.

6. 무기양분과 작물

(1) 개 요
① 토양 내에는 각종 무기성분이 함유되어 있어 작물생육의 영양원으로 쓰인다.
② 토양 내 무기성분
　　㉠ 토양 내 무기성분이란 광물성분을 의미한다.
　　㉡ 1차 광물 : 암석에서 분리된 광물
　　㉢ 2차 광물 : 1차 광물의 풍화로 인해 생성되고 재합성된 광물

(2) 필수원소
① 필수원소의 종류(16종)
　　㉠ 다량원소(9종) : 탄소(C), 산소(O), 수소(H), 질소(N), 인(P), 칼륨(K), 칼슘(Ca), 마그네슘(Mg), 황(S)
　　㉡ 미량원소(7종) : 철(Fe), 망간(Mn), 구리(Cu), 아연(Zn), 붕소(B), 몰리브덴(Mo), 염소(Cl)
② 규소(Si), 알루미늄(Al), 나트륨(Na), 아이오딘(I), 코발트(Co) 등은 필수원소는 아니지만 식물체 내에서 검출되며, 특히 **규소는 벼 등의 화본과 식물에서 중요한 생리적 역할**을 한다.
③ 자연 함량이 부족하여 인공적 보급이 필요한 성분을 비료요소라고 한다.
　　㉠ **비료의 3요소** : N, P, K
　　㉡ **비료의 4요소** : N, P, K, Ca
　　㉢ **비료의 5요소** : N, P, K, Ca, 부식

(3) 필수원소의 생리작용
① 탄소(C), 산소(O), 수소(H)
　　㉠ 식물체의 90~98%를 차지한다.
　　㉡ 엽록소의 구성원소이다.
　　㉢ 광합성에 의한 여러 가지 유기물의 구성재료가 된다.

② 질소(N)
　㉠ 질소는 질산태(NO_3^-)와 암모니아태(NH_4^+)로 식물체에 흡수되며, 식물체 내에서 유기물로 동화된다.
　㉡ 단백질의 중요한 구성성분으로, 원형질은 건물의 40~50%가 질소화합물이며 효소, 엽록소도 질소화합물이다.
　㉢ 결핍 : 노엽의 단백질이 분해되어 생장이 왕성한 부분으로 질소분이 이동함에 따라 하위엽에서 **황백화현상이 일어나고, 화곡류의 분얼이 저해**된다.
　㉣ 과다 : 작물체의 수분함량이 높아지며, 세포벽이 얇아지고 연해져서 **한발, 저온, 기계적 상해, 해충 및 병해에 대한 각종 저항성이 저하**된다.

③ 인(P)
　㉠ 인산이온($H_2PO_4^-$, HPO_4^{2-})의 형태로 식물체에 흡수되며 세포의 분열, 광합성, 호흡작용, 녹말과 당분의 합성·분해, 질소동화 등에 관여한다.
　㉡ 세포핵, 분열조직, 효소, ATP 등의 구성성분으로, 어린 조직이나 종자에 많이 함유되어 있다.
　㉢ 결핍 : 생육 초기의 **뿌리 발육이 저해되고, 어린잎이 암녹색이 되면서 둘레에 오점이 생기며, 심하면 황화되고 결실이 저해**된다.

④ 칼륨(K)
　㉠ 칼륨은 체내이동성이 매우 크며 잎, 생장점, 뿌리의 선단 등 분열조직에 많이 함유되어 있고, 여러 가지 물질대사에서 일종의 촉매로서 작용한다.
　㉡ 광합성, 탄수화물 및 단백질 형성, 세포 내 수분 공급과 증산에 의한 수분 상실의 제어 등의 역할을 하며, 효소반응의 활성제로서 중요한 작용을 한다.
　㉢ 칼륨은 탄소동화작용을 촉진하므로 일조가 부족한 때에 효과가 크다.
　㉣ 단백질합성에 필요하므로 칼륨흡수량과 질소흡수량의 비율은 거의 같은 것이 좋다.
　㉤ 결핍 : **생장점이 말라 죽고, 줄기가 약해지며, 잎의 끝이나 둘레가 황화되고, 하위엽의 조기낙엽현상이 나타나며 결실이 저해**된다.

⑤ 칼슘(Ca)
　㉠ 세포막 중 중간막의 주성분이며, 잎에 많이 존재한다.
　㉡ 체내에서는 이동성이 매우 낮다.
　㉢ 분열조직의 생장, 뿌리 끝의 발육과 작용에 불가결하며, 결핍되면 뿌리나 눈의 생장점이 붉게 변하며 죽게 된다.
　㉣ 토양 중 석회 과다 시 마그네슘, 철, 아연, 코발트, 붕소 등의 흡수가 저해되는 길항작용이 나타난다.
　㉤ 결 핍
　　• 상추, 부추, 양파, 마늘, 대파, 백합의 잎끝마름증상
　　• **토마토, 수박, 고추의 배꼽썩음병**
　　• **사과의 고두병**

- 벼, 양파, 대파의 도복
- 참외의 물찬참외증상

⑥ 마그네슘(Mg)
  ㉠ 엽록체의 구성원소로, 잎에서의 함량이 높다.
  ㉡ 체내이동성이 비교적 커서 부족하면 늙은 조직으로부터 새 조직으로 이동한다.
  ㉢ 결 핍
   - **황백화현상이 나타나고, 줄기나 뿌리의 생장점 발육이 저해**된다.
   - 체내의 비단백태질소가 증가하고, 탄수화물이 감소되며, 종자의 성숙이 저해된다.
   - 석회가 부족한 산성토양이나 사질토양, 칼륨이나 염화나트륨이 지나치게 많은 토양 및 석회를 과다하게 사용했을 때 결핍현상이 나타나기 쉽다.

⑦ 황(S)
  ㉠ 원형질과 식물체의 구성성분으로, 효소 생성 및 여러 특수기능에 관여한다.
  ㉡ 체내이동성이 낮으며, 결핍증세는 새 조직에서부터 나타난다.
  ㉢ 결핍 : **엽록소의 형성이 억제되고, 콩과 작물에서는 근류균의 질소고정능력이 저하되며, 세포분열이 억제**되기도 한다.

⑧ 철(Fe)
  ㉠ 철은 엽록소의 구성성분은 아니지만 엽록소 합성과 밀접한 관련이 있다.
  ㉡ pH가 높거나 토양 중 인산 및 칼슘의 농도가 높으면 흡수가 크게 저해된다.
  ㉢ 니켈, 코발트, 크롬, 아연, 몰리브덴, 망간 등의 과잉은 철의 흡수를 저해한다.
  ㉣ 결핍 : **항상 어린잎에서부터 황백화현상이 나타나며, 마그네슘과 함께 엽록소의 형성을 감소**시킨다.

⑨ 망간(Mn)
  ㉠ 여러 효소의 활성을 높이고 광합성물질의 합성과 분해, 호흡작용 등에 관여한다.
  ㉡ 생리작용이 왕성한 곳에 많이 함유되어 있고, 체내이동성이 낮아서 결핍증은 새 잎부터 나타난다.
  ㉢ 토양이 과습 또는 강한 알칼리성이 되거나, 철분이 과다하면 망간의 결핍을 초래한다.
  ㉣ 결핍 : **엽맥에서 먼 부분(엽맥 사이)이 황화되며, 화곡류에서는 세로 줄무늬**가 생긴다.

⑩ 구리(Cu)
  ㉠ 산화효소의 구성원소이다.
  ㉡ 엽록체 안에 비교적 많이 함유되어 있으며, 엽록체의 복합단백 구성성분으로서 광합성에 관여한다.
  ㉢ 철 및 아연과 길항관계에 있다.
  ㉣ 결핍 : **단백질합성이 저해되며, 잎 끝에 황백화현상이 나타나고, 심하면 고사**한다.

⑪ 아연(Zn)
  ㉠ 효소의 촉매 또는 반응조절물질로 작용한다.
  ㉡ 결핍 : 황백화, 괴사, 조기낙엽 등을 초래한다.

⑫ 붕소(B)
  ㉠ 효소의 촉매 또는 반응조절물질로 작용하며, 석회 결핍의 영향을 경감시킨다.
  ㉡ 생장점 부근에 함유량이 높고, 체내이동성이 낮아 결핍증상은 생장점 또는 저장기관에서 나타나기 쉽다.
  ㉢ 석회의 과잉시용과 토양의 산성화는 붕소 결핍의 주원인이며, 산야의 신개간지에서 나타나기 쉽다.
  ㉣ 결 핍
    • **분열조직의 괴사(Necrosis)를 일으키는 경우가 많다.**
    • **채종재배 시 수정・결실이 나빠진다.**
    • **콩과 작물의 근류 형성 및 질소고정능력이 저해**된다.
⑬ 몰리브덴(Mo)
  ㉠ 질산환원효소의 구성성분으로, 질소대사에 필요하다.
  ㉡ 결 핍
    • **잎이 황백화**된다.
    • **모자이크병과 비슷한 증세**가 나타난다.
    • **콩과 작물의 질소고정능력이 저해**된다.
⑭ 염소(Cl)
  ㉠ 광합성과 물의 광분해과정에서 촉매작용을 한다.
  ㉡ 세포의 삼투압을 높이며, 식물조직의 수화작용과 아밀로스(Amylose)의 활성을 증진시키고, 세포즙액의 pH를 조절하는 기능을 한다.
  ㉢ 결핍 : **어린잎이 황백화되고, 전 식물체에 위조현상**이 나타난다.

(4) 비필수원소의 생리작용
① 규소(Si)
  ㉠ 규소는 **모든 작물의 필수원소는 아니지만, 화본과 식물에게는 필수적**이다.
  ㉡ 화본과 작물에 가용성 규산화 유기물을 시용하면 생육과 수량에 효과가 있으며, 특히 벼는 규산요구도가 높고 시용효과도 크다.
  ㉢ 해충과 도열병 등에 대한 내성이 증대되고, 경엽의 직립화로 인해 수광상태가 좋아져 광합성에 유리해지며, 뿌리의 활력이 증대된다.
② 코발트(Co)
  ㉠ 콩과 작물의 근류균 활동에 필요한 것으로 여겨지고 있다.
  ㉡ 비타민 B_{12}의 구성성분이다.
③ 나트륨(Na) : 필수원소는 아니지만 셀러리, 사탕무, 순무, 목화, 크림슨클로버 등에서는 시용효과가 인정되고 있다.

④ 알루미늄(Al)
   ㉠ 규산과 함께 토양 중 점토광물의 주체를 이룬다.
   ㉡ 산성토양에서는 토양의 알루미나가 활성화되어 쉽게 용출되고, 식물에 유해하다.
   ㉢ 뿌리의 신장을 저해하고, 맥류의 잎에서는 엽맥 사이의 황화현상이 나타나며, 토마토 및 당근 등에서는 지상부에 인산결핍증과 비슷한 증세가 나타난다.
   ㉣ 알루미늄의 과다는 칼슘, 마그네슘, 질산의 흡수 및 인의 체내이동을 저해시킨다.

예시문제 맛보기

결핍 시 잎에서 황화 현상을 일으키는 원소가 아닌 것은? [18회 기출]
① 질소
② 인
③ 철
④ 마그네슘

해설 결핍 시 잎에서 황화 현상을 일으키는 원소 : 질소(N), 마그네슘(Mg), 칼륨(K), 철(Fe), 황(S) 등   **정답** ②

---

7. 토양유기물

(1) 토양유기물의 기능

① 토양 내 유기물, 즉 동물과 식물의 잔재는 미생물이나 화학작용을 통해 분해되어 원형을 잃고 암갈색 또는 흑색을 띠게 되는데, 이를 부식이라고 한다.

② 토양유기물의 주요 기능 ★ 중요
   ㉠ 암석의 분해 촉진 : 유기물은 분해될 때 여러 가지 산을 생성하여 암석의 분해를 촉진한다.
   ㉡ 양분의 공급 : 유기물은 분해되어 질소, 인산, 칼륨, 칼슘, 마그네슘 등의 다량원소와 망간, 구리, 코발트, 아연, 붕소 등의 미량원소를 공급한다.
   ㉢ 대기 중 이산화탄소 공급 : 유기물 분해 시 방출되는 이산화탄소는 작물 주변의 대기로 방출되어 이산화탄소 농도를 높이고, 광합성을 촉진한다.
   ㉣ 생장촉진물질의 생성 : 유기물은 분해될 때 호르몬, 비타민, 핵산물질 등의 생장촉진물질을 생성한다.
   ㉤ 입단의 형성 : 유기물 분해 시 생성되는 부식콜로이드와 거친 유기물은 토양입단의 형성을 증진시키고, 토양의 물리성을 개선한다.
   ㉥ 보수・보비력의 증대 : 부식콜로이드는 양분을 흡착하는 힘이 강하고, 입단과 함께 작용하여 토양의 통기성과 보수・보비력을 증대시킨다.
   ㉦ 완충능의 증대 : 부식콜로이드는 토양반응을 급격히 변동시키지 않는 완충능을 증대시키고, 알루미늄의 독성을 중화한다.
   ㉧ 미생물의 번식 촉진 : 미생물의 영양원이 되어 유용미생물의 번식을 촉진한다.

  ⓩ 지온의 상승 : 토양색을 검게 하여 지온을 상승시킨다.
  ⓒ 토양의 보호 : 유기물로 토양을 피복하거나, 유기물 사용으로 인해 토양입단이 형성되면 빗물의 지하침투를 좋게 하여 토양침식이 경감된다.

(2) 토양의 부식 함량과 작물생육
① 토양의 부식은 작물생육에 이롭기 때문에 부식 함량의 증대는 곧 지력의 증대를 의미한다.
② 투수가 잘 안 되는 습답에서는 토양공기가 부족해 유기물의 분해가 저해되어 과다한 축적을 가져오고, 고온기에 분해가 왕성할 때는 토양을 심한 환원상태로 만들어 여러 가지 해를 끼친다.
③ 배수가 잘 되는 밭이나 투수가 잘 되는 논에서는 유기물의 분해가 왕성하므로 과다한 축적은 보이지 않는다.

8. 산성토양

(1) 토양반응
① 토양반응이란 토양의 산성, 중성, 염기성 정도를 말하며, 기준은 pH(수소이온 농도)이다.
② 수소이온 농도(pH)
  ㉠ pH = $-\log[H^+]$
  ㉡ 물의 이온상수 K_w = $[H^+][OH^-]$ = 10^{-14}몰/L
  ㉢ pH의 계산 예
   • A용액 : $[H^+] = 10^{-3}$, $[OH^-] = 10^{11}$, pH = $-\log 10^{-3}$ = 3
   • B용액 : $[H^+] = 10^{-9}$, $[OH^-] = 10^{5}$, pH = $-\log 10^{-9}$ = 9
  ㉣ pH가 7이면 중성이라고 한다.
  ㉤ pH가 7보다 작으면 산성이라고 하며, 그 값이 작아질수록 산성이 강해진다.
  ㉥ pH가 7보다 크면 알칼리성이라고 하며, 그 값이 커질수록 알칼리성이 강해진다.

(2) 토양반응과 작물의 생육 ★ 중요
① 양분의 유효도는 중성 또는 약산성에서 가장 높다.
② 강산성
  ㉠ **인, 칼슘, 마그네슘, 붕소, 몰리브덴 등의 가급도가 감소되어 작물생육에 불리**하다.
  ㉡ 알루미늄, 구리, 아연, 망간 등의 용해도가 증가하고, 그 독성으로 인해 작물생육이 저해된다.
  ※ 가급도 : 식물이 양분을 흡수, 이용할 수 있는 유효도
③ 강알칼리성
  ㉠ **붕소, 철, 망간 등의 용해도가 감소되어 작물생육에 불리**하다.
  ㉡ 강염기가 증가하여 작물생육을 저해한다.
※ 강산성이나 강알칼리성은 점토와 부식을 분산시켜 토양의 입단화를 저해한다.

④ 산성토양에 대한 작물의 적응성
  ㉠ 극히 강한 것 : 벼, 귀리, 토란, 아마, 기장, 땅콩, 감자, 호밀, 수박 등
  ㉡ 강한 것 : 메밀, 당근, 옥수수, 목화, 오이, 완두, 토마토, 고구마, 담배 등
  ㉢ 약간 강한 것 : 유채, 파, 무 등
  ㉣ 약한 것 : 보리, 클로버, 양배추, 근대, 가지, 고추, 완두, 상추 등
  ㉤ 가장 약한 것 : 알파파, 콩, 시금치, 셀러리, 부추, 양파 등
⑤ 알칼리성토양에 적응성이 높은 작물 : 사탕무, 수수, 유채, 양배추, 목화, 보리, 버뮤다그래스 등

(3) 토양반응의 생성원인

① 산성토양 : 토양 중의 염기가 빗물에 용해되어 유실되거나 산성비료(유안, 염화칼륨, 황산칼륨, 인분뇨)에 의해서 산성토양이 형성된다.
② 알칼리성토양
  ㉠ 해안지대의 신간척지 또는 바닷물의 침입지대에서는 알칼리성토양이 형성된다.
  ㉡ 강우가 적은 건조지대는 규산염광물이 가수분해되어 방출하는 강염기에 의해 알칼리성토양이 형성된다.

(4) 산성토양의 해 ★ 중요

① 과다한 수소이온(H^+)이 작물뿌리에 해를 가한다.
② 알루미늄이온(Al^{3+}), 망간이온(Mn^{2+})이 용출되어 작물에 해를 가한다.
③ 인(P), 칼슘(Ca), 마그네슘(Mg), 붕소(B), 몰리브덴(Mo) 등의 필수원소가 결핍된다.
④ 석회가 부족하고, 미생물의 활동이 저해되어 유기물 분해가 감소하여 토양의 입단 형성을 방해한다.
⑤ 질소고정균 등 유용미생물의 활동이 저해된다.

(5) 산성토양의 개량

① 근본적인 개량대책은 석회분말, 백운석분말, 탄산석회분말, 규회석분말 등의 석회물질과 함께 퇴비, 녹비 등의 유기물질을 넉넉히 시용하여 토양반응과 구조를 개선하는 것이다.
② 석회만 시용하여도 토양반응은 조정되지만, 유기물질과 함께 시비하면 석회의 지중침투성을 높여 석회의 중화효과를 더 깊은 토층까지 미치게 한다.
③ 유기물질은 토양구조 개선, 부족한 미량원소 공급, 완충능 증대, 알루미늄이온 등의 독성 경감 등의 작용을 한다.
④ 개량에 필요한 석회의 양은 토양의 pH와 종류에 따라 다르며, pH가 동일하더라도 점토나 부식의 함량이 많은 토양은 석회의 시용량을 늘려야 한다.
⑤ 내산성 작물을 심는 것이 안전하며, 산성비료의 시용을 피해야 한다.
⑥ 용성인비는 산성토양에서도 유효태인 수용성 인산을 함유하며, 마그네슘의 함유량도 많아 효과가 크다.

9. 토양미생물

(1) 토양미생물의 역할

① 유기물의 분해
  ㉠ 유기물을 분해하여 무기화작용으로 인해 유리되는 양분을 식물이 흡수할 수 있도록 한다.
  ㉡ 무기화작용 : 유기태 질소화합물을 무기태로 변환하는 과정으로, 첫 단계는 아마이드물질로부터 암모니아를 생성하는 암모니아화작용이다.
  ㉢ 점성의 분해중간물은 토양입단의 안정성을 높여 준다.
  ㉣ 유기물이 분해되는 과정에서 생기는 유기·무기산(질산, 황산, 탄산 등)은 석회석과 같은 암석이나 인산, 철, 망간과 같은 양분의 유효도를 높여 준다.

② 유리질소의 고정
  ㉠ 대기 중에 풍부한 유리상태의 질소는 고등식물이 직접 이용할 수 없고, 반드시 암모니아와 같은 화합형태가 되어야만 양분이 될 수 있는데, 이 과정을 분자질소의 고정작용이라고 하며 자연계의 물질순환, 식물에 대한 질소 공급, 토양비옥도 향상을 위해서 매우 중요하다.
  ㉡ 근류균은 콩과 식물과 공생하면서 유리질소를 고정하며, *Azotobacter*와 *Azotomonas* **등은 호기성 상태,** *Clostridium* **등은 혐기성 상태에서 단독으로 유리질소를 고정**한다.

③ **질산화작용** : 암모늄이온(NH_4^+)이 아질산(NO_2^-)과 질산(NO_3^-)으로 산화되는 과정으로, 암모늄이온을 작물이 이용할 수 있는 질산으로 변환시켜 작물생육을 이롭게 한다.

④ 무기물을 산화시킨다.

⑤ 가용성 무기성분의 동화로 유실을 감소시킨다.

⑥ 균사 등의 점질물질은 토양의 입단을 형성한다.

⑦ 미생물 간 길항작용에 의해 유해작용이 경감된다.

⑧ 호르몬성 생장촉진물질을 분비한다.

⑨ **근권의 형성** : 식물뿌리는 많은 유기물을 분비하고, 근관이나 잔뿌리가 탈락하면서 새로운 유기물이 되어 다른 생물의 먹이가 되므로 뿌리 근처에는 강력한 생물학적 활동영역인 근권이 형성되는데, 근권은 뿌리의 양분 흡수를 촉진하고, 뿌리의 신장생장을 억제하며, 뿌리의 효소활성을 높인다.

⑩ 균근의 형성
  ㉠ 뿌리에 사상균 등이 착생하여 공생하면 내생균근이라는 특수한 형태를 형성하게 되는데, 이로 인해 식물은 물과 양분의 흡수가 용이해지고, 뿌리의 유효표면적이 증가하며, 내염성·내건성·내병성 등이 강해진다.
  ㉡ 토양양분의 유효화로 인해 담자균류, 자낭균 등의 외생균근이 왕성해지면 병원균의 침입을 막을 수 있는데, 이는 균사가 펙틴질이나 탄수화물 등을 섭취하여 자라면서 뿌리 외부를 피복하기 때문이다.

(2) 토양미생물의 해작용

① 토양유래 식물병을 일으키는 미생물도 많다.
② 탈질세균은 탈질작용($NO_3^- \rightarrow NO_2^- \rightarrow N_2O$, N_2)을 일으켜 작물생육을 저해한다.
③ 혐기성 세균은 황산염(SO_4)을 환원시켜 황화수소(H_2S) 등의 유해한 환원성 물질을 생성한다.
④ 미숙유기물을 시비했을 때의 질소기아현상처럼 작물과 미생물 간에 양분쟁탈이 일어난다.

(3) 토양조건과 미생물

① 유용 토양미생물의 생육조건
  ㉠ 토양 내에 유기물이 많고, 통기가 좋은 조건에서 잘 자란다.
  ㉡ 토양반응은 중성이나 미산성, 토양온도는 20~30℃, 토양습도는 과습하거나 과건하지 않은 조건에서 생육이 왕성하다.
② 유해한 토양미생물은 윤작, 담수, 배수, 토양소독 등을 통해 생육활동을 억제하거나 경감시킬 수 있다.

10. 논토양과 밭토양

(1) 논토양과 밭토양의 차이점

① 양분의 존재형태

원 소	논토양(환원상태)	밭토양(산화상태)
탄소(C)	메탄(CH_4), 유기산물	이산화탄소(CO_2)
질소(N)	질소(N_2), 암모늄이온(NH_4^+)	질산염(NO_3^-)
망간(Mn)	Mn^{2+}	Mn^{4+}, Mn^{3+}
철(Fe)	Fe^{2+}	Fe^{3+}
황(S)	황화수소(H_2S), S	황산(SO_4^{2-})
인(P)	인산이수소철[$Fe(H_2PO_4)_2$], 인산이수소칼슘[$Ca(H_2PO_4)_2$]	인산(H_2PO_4), 인산알루미늄($AlPO_4$)
산화환원전위(Eh)	낮다.	높다.

② 토양의 색깔
  ㉠ 논토양 : 청회색, 회색
  ㉡ 밭토양 : 황갈색, 적갈색
③ 산화물과 환원물의 존재
  ㉠ 논토양 : 환원물(N_2, H_2S, S)이 존재
  ㉡ 밭토양 : 산화물(NO_3^-, SO_4^{2-})이 존재

④ 양분의 유실과 천연공급
  ㉠ 논토양 : 관개수에 의한 양분의 천연공급량이 많다.
  ㉡ 밭토양 : 강우에 의한 양분의 유실량이 많다.
⑤ 토양반응(pH) : 논토양은 담수로 인해 낮과 밤 또는 담수기간과 낙수기간에 따라 차이가 있으나, 밭토양은 그렇지 않다.
⑥ 산화환원전위도
  ㉠ 산화환원전위(Eh) : 논토양의 산화와 환원 정도를 나타내는 기호
  ㉡ 단위는 밀리볼트(mV) 또는 볼트(Volt)이다.
  ㉢ Eh값은 환원이 심한 여름에 작아지고, 산화가 심한 가을부터 봄까지 커진다.
  ㉣ pH와 상관관계가 있어 pH가 증가하면 Eh값은 감소하는 경향이 있다.

(2) 논토양의 일반적인 특성
① 논토양의 특징
  ㉠ 논토양의 환원과 토층분화
    - **갈색의 산화층과 회색(청회색)의 환원층으로 분화되는 것**을 논토양의 토층분화라고 한다.
    - 산화층은 수mm에서 1~2cm이고, 작토층은 환원되며, 이때 활동하는 미생물은 혐기성 미생물이다.
    - 작토 밑의 심토는 산화상태로 남는다.
  ㉡ 산화환원전위와 pH
    - 산화환원전위 경계는 0.3Volt이며, 논토양은 0.3Volt 정도로 청회색을 띤다.
    - 미숙한 유기물을 많이 시용하거나 미생물이 왕성한 토양은 산소의 소비가 많아 Eh값이 **0.0 이하가 된다.**
    - 산화환원전위값은 토양이 산화될수록 증가하고, 환원될수록 감소한다.
  ㉢ 양분의 유효화
    - 산화상태의 철이나 망간은 수도(水稻)에 대한 이용률은 낮지만, 환원되면 용해도가 증가하여 양분으로 흡수된다.
    - 논이 물에 잠겨 있으면 유기물이 축적되는 경향이 있으며, 물이 빠지면 유기태 질소가 분해되어 흡수되기 쉬운 형태로 변한다.
    - 물속에서 환원상태가 발달하면 토양에 있던 인산이 흡수되기 쉬운 형태로 변한다.
  ㉣ 논토양에서의 탈질현상
    - 비료로 사용한 암모니아 또는 토양유기물이 분해되어 생긴 암모니아의 경우
      – 환원상태의 논토양에서는 암모니아태(NH_4^+)로 안정하게 존재한다.
      – 논토양의 산화층에서는 암모미나태질소가 질산화작용에 의해 질산태질소(NO_3^-)로 산화된다.

- 음이온인 질산태질소는 토양에 흡착되지 못하고 환원층으로 이행되는데, 환원층에서는 질산태질소가 질산환원균에 의해 질소가스(N_2)로 환원되어 공중으로 휘산되는 탈질현상이 일어나 토양 내 질소가 소실된다.
- 질소질 비료를 논에 사용할 때는 탈질현상을 막기 위해 될 수 있는 대로 환원층에 들어가도록 전층시비(심층시비)하여 비료의 이용률을 높이는 것이 좋다.

⑩ 관개수에 의한 양분 공급 : 논에 관개되는 물에는 여러 가지 종류의 양분이 녹아 있는데, 관개수에 함유된 양분의 농도는 낮지만 공급되는 물의 양이 많기 때문에 토양은 적지 않은 양분을 이용할 수 있다.

② 바람직한 논토양의 성질
㉠ 작토 : 작물의 뿌리가 자유롭게 뻗어 양분을 흡수하는 토양층
㉡ 유효토심 : 뿌리가 작토 밑으로 더 뻗어 나갈 수 있는 깊이
㉢ 투수성 : 논토양에서 매우 중요한 성질 중 하나로, 물이 스며들게 하는 성질
㉣ 토성 : 모래와 점토의 함량에 따른 토양의 구분

(3) 논토양의 개량

① **저위생산논** : 충분한 시비와 노력으로도 벼의 수확량이 얼마 되지 않는 논의 유형으로 노후화 토양, 누수 토양, 물빠짐이 나쁜 질흙이 그 대부분을 차지한다.

② **노후화 논과 개량**
㉠ 노후화 논 : 논의 작토층으로부터 철이 용탈됨과 동시에 여러 가지 염기도 함께 용탈·제거되어 생산력이 몹시 떨어진 논으로, 물빠짐이 지나친 사질토양은 노후화 논이 되기 쉽다.
㉡ **추락현상** : 노후화 논의 벼는 초기에는 건전해 보이지만 벼가 자람에 따라 깨씨무늬병의 발생이 많아지며, 점차 아랫잎이 죽고 가을 성숙기에 이르러서는 윗잎까지도 죽어 벼의 수확량이 감소하는 것을 말한다.
㉢ 추락의 과정
- 물에 잠겨 있는 논에서 황 화합물은 온도가 높은 여름에 환원되어 식물에 유해한 황화수소(H_2S)가 되는데, 이때 작토층에 충분한 양의 활성철이 있으면 황화수소는 불용성의 황화철(FeS)로 침전되므로 황화수소의 유해작용은 나타나지 않는다.
- 노후화 논은 작토층으로부터 활성철이 용탈되어 있기 때문에 황화수소를 황화철로 침전시킬 수 없어 추락현상이 발생한다.

㉣ 추락답의 개량
- 객토하여 철을 공급해 준다.
- 미량원소를 공급한다.
- 심경을 하여 토층 밑으로 침전된 양분을 반전시켜 준다.
- 황산기 비료인 황산암모늄[$(NH_4)_2SO_4$]이나 황산칼륨(K_2SO_4) 등을 사용하지 않아야 한다.

② 누수답과 개량
  ㉠ 누수답 : 작토의 깊이가 얕고, 밑에는 자갈이나 모래층이 있어 물빠짐이 심하며, 보수력이 약한 논을 말한다.
  ㉡ 누수답의 특징
    • 지온 상승이 느리다.
    • 작토의 깊이가 얕다.
    • 물빠짐이 심하고, 보수력이 약하다.
    • 점토분이 적고, 토성도 좋지 않다.
    • 양분의 용탈이 심하여 쉽게 노후화 토양이 된다.
  ㉢ 누수답의 개량 : 객토 및 유기물을 시용하고, 바닥의 토층을 밑다듬질한다.
③ 식질 논과 개량
  ㉠ 식질 토양의 특징
    • 통기성이 불량해진다.
    • 유기물이 집적된다.
    • 단단한 점토의 반층 때문에 뿌리가 잘 뻗지 못한다.
    • 배수불량으로 인해 유해물질의 농도가 높아져 뿌리의 활력이 감소한다.
  ㉡ 식질 논의 개량 : 가을갈이를 하고, 유기물을 시용하여 토양의 구조를 떼알로 만들어 불량성질을 개량한다.

(4) 밭토양 개량 ★ 중요
① 밭토양의 특징
  ㉠ 경사지에 많이 분포되어 있다.
  ㉡ 양분의 천연공급량이 낮다.
  ㉢ 연작장해가 많다.
  ㉣ 양분이 용탈되기 쉽다.
② 바람직한 밭토양
  ㉠ 보수성과 배수성이 모두 좋아야 한다.
  ㉡ 밭토양에서 나타나기 쉬운 산성이 되지 않고, 인산과 미량원소 결핍 등의 문제가 없어야 한다.
  ㉢ 작토와 유효토심의 깊이 : 작토는 20cm 이상, 유효토심은 50cm 이상인 것이 바람직하고, 유효토심의 토양경도는 너무 높지 않아야 한다.
  ㉣ 공극의 양과 크기 : 토양의 공극량은 전체 부피의 절반이고, 그 공극에 물과 공기가 반씩 들어 있는 것이 좋다.
  ㉤ 토양반응 : 밭작물은 대체로 미산성 내지 중성에서 잘 성장한다.

③ 밭토양의 개량
  ㉠ 돌려짓기
    • 콩과 식물 또는 심근성 식물 : 돌려짓기는 토양의 지력을 향상시킬 뿐만 아니라 토양의 물리성을 개량하는 효과도 있다.
    • 목초 : 몇 년 재배하여 돌려짓기하면 토양의 유기물 함량을 높이는 데 효과가 매우 크다.
  ㉡ 산성의 개량 : 채소를 재배하는 밭토양은 용탈뿐만 아니라 다비에 의해서도 산성으로 되기 쉽고, 또한 양분의 불균형 및 미량원소의 결핍 등이 일어나기 쉽다.
    • 석회 시용 : 산성을 중화하고, 부족한 양분을 공급한다.
    • 퇴비 시용 : 미량원소를 공급한다는 측면에서 매우 효과적이다.
  ㉢ 유기물 시용 : 계속적인 시용이 중요하다.
  ㉣ 깊이갈이(심경)
    • 목적 : 깊이갈이의 목적은 뿌리의 생활범위를 넓혀 주고 생육환경을 개선하기 위함으로, 우리나라 갈이흙의 깊이는 10cm 정도로 얕은 편이었으나, 동력농기계가 사용되면서부터 점차 그 깊이가 깊어지고 있다.
    • 작토의 깊이 : 작토깊이는 작물의 종류에 따라 다르지만, 일반적으로 20~25cm이고, 유효토심은 50cm 이상인 것이 바람직하다.
    • 심토파쇄 또는 토층개량을 한다.
    • 각종 농기계에 의한 경운의 깊이는 종류에 따라 다르다.

11. 개간지·간척지 토양

(1) 개간지 토양
① 특 성
  ㉠ 대체로 산성이다.
  ㉡ 부식과 점토가 적다.
  ㉢ 토양구조가 불량하며, 인산 등 비료성분도 적어 토양비옥도가 낮다.
  ㉣ 경사진 곳이 많아 토양 보호에 유의해야 한다.
② 개량방법
  ㉠ 토양 면에서 개간 초기에는 밭벼, 고구마, 메밀, 호밀, 조, 고추, 참깨 등을 재배하는 것이 유리하다.
  ㉡ 기상 면에서 고온작물, 중간작물, 저온작물 중 알맞은 것을 선택하여 재배한다.

(2) 간척지 토양

① 특 성
- ㉠ 염분의 해작용 : 토양 중 염분이 과다하면 물리적으로는 토양용액의 삼투압이 높아져 벼뿌리의 수분 흡수가 저해되고, 화학적으로는 특수 이온을 이상흡수하여 영양과 대사가 저해된다.
- ㉡ 황화물의 해작용 : 해면하에 다량 집적되어 있던 황화물이 간척 후 산화되면서 황산으로 되어 토양은 강산성이 된다.
- ㉢ 토양물리성 불량 : 점토가 과다하고 나트륨 이온이 많아 토양의 투수성과 통기성이 매우 불량하다.

② 개량방법
- ㉠ 관배수시설로 염분과 황산을 제거하고, 이상환원상태의 발달을 방지한다.
- ㉡ 석회를 사용하여 산성을 중화하고, 염분의 용탈을 쉽게 한다.
- ㉢ 석고, 토양개량제, 생짚 등을 시용하여 토양의 물리성을 개량한다.
- ㉣ 제염법에는 담수법, 명거법, 여과법, 객토 등이 있는데 노력, 경비, 지세 등을 고려하여 합리적인 방법을 선택한다.

③ 내염재배
- ㉠ 의의 : 염분이 많은 간척지 토양에 적응하는 재배법
- ㉡ 내염성이 강한 품종을 선택한다.
- ㉢ 작물의 내염성 ★ 중요

	밭작물	과 수
강	사탕무, 유채, 양배추, 목화 등	-
중	알팔파, 토마토, 수수, 보리, 벼, 밀, 호밀, 아스파라거스, 시금치, 양파, 호박 등	무화과, 포도, 올리브 등
약	완두, 셀러리, 고구마, 감자, 가지, 녹두 등	배, 살구, 복숭아, 귤, 사과 등

- ㉣ 조기재배 및 휴립재배를 한다.
- ㉤ 논에 물을 말리지 않고, 자주 환수한다.
- ㉥ 석회, 규산석회, 규회석 등을 충분히 시비한다.
- ㉦ 비료는 여러 차례 나누어 시비하고, 시비량은 많게 한다.

12. 토양오염과 토양의 보호

(1) 토양오염

① 농업 생산에 있어 건전하고 비옥한 토양은 필수조건인데 화학비료와 농약의 투입량이 늘어나면서 대기나 수질의 오염과 함께 토양오염 또한 심각한 문제가 되어 가고 있다.
② 토양오염은 토양의 생태순환을 감퇴시키고, 오염물질이 농작물에 흡수될 경우 작물생육에 장해를 일으켜 수량과 품질을 저하시킨다.
③ 인체에 유해한 물질이 농산물에 축적된 채로 유통될 수 있으며, 이는 큰 문제가 되고 있다.

(2) 중금속오염

① 중금속은 대부분 토양에 축적된다.
② 식물이 중금속을 지나치게 흡수하면 세포가 사멸하고, 소량 흡수하면 호흡작용이 저해된다.
③ 식물의 중금속 흡수 억제방법
    ㉠ 담수재배와 환원물질 시용
    ㉡ 석회질 비료 시용
    ㉢ 유기물 시용
    ㉣ 인산물질 시용
    ㉤ 점토광물 시용
    ㉥ 경운, 객토, 쇄토를 통한 중금속 농도 희석
    ㉦ 중금속 흡수식물 재배

(3) 염류집적

① 토양에 염류가 과다하게 집적되면 작물에 피해를 주게 된다.
② 노지에서는 용탈과 유실로 인해 표토에 집적되는 경우가 거의 없으나, 시설에서는 비료성분의 유실·용탈이 거의 없고 토양수분의 증산량이 많아 표토에 집적된다.
③ 염류피해는 토양수분이 적고, 산성토양일수록 크다.
④ 염류피해의 기작
    ㉠ 토양 내 염류 농도가 높으면 식물의 삼투압에 의한 양분과 수분의 흡수가 저해된다.
    ㉡ 지상부의 생육장해가 발생하며, 심하면 고사한다.
⑤ 염류피해의 대책 ★ 중요
    ㉠ 객 토
    ㉡ 심 경
    ㉢ 유기물 시용
    ㉣ 피복물 제거
    ㉤ 담수처리
    ㉥ 흡비작물 재배

예시문제 맛보기

비닐하우스 내 토양의 염류집적에 관한 개선방안이 아닌 것은? [12회 기출]

① 연작 재배   ② 객토 및 유기물 시용
③ 담수 처리   ④ 제염작물 재배

정답 ①

(4) 토양 보호

① **토양침식** : 빗물 또는 바람에 의해 표토가 유실되는 현상
  ㉠ 수식 : 강우가 원인이 되는 침식
  ㉡ 풍식 : 바람이 원인이 되는 침식

② **수식의 원인**
  ㉠ 강 우
  ㉡ 토양성질
    - 잘 분산되지 않고, 토양 속으로 빗물이 잘 침투하는 토양은 침식으로 인한 피해가 작다.
    - 사토는 분산되기 쉬워 침식되기 쉽고, 식토는 빗물의 흡수가 적어 침식되기 쉽다.
  ㉢ 지 형
    - 경사가 급하면 유거수의 유속이 빨라져 침식되기 쉽다.
    - 경사면이 길면 유거수의 가속도에 의해 침식이 증가한다.
  ㉣ 식생 : 식생의 표토피복도가 클수록 침식은 적어진다.

③ **수식의 대책**
  ㉠ 조 림
  ㉡ 초생재배 ★ 중요
    - 과수원의 경우 청경재배 대신 초생재배를 한다.
    - 초생재배를 하면 토양입단화와 함께 침식을 방지할 수 있다.
    - 작물과의 양·수분 경합, 병해충의 잠복처 제공 등의 단점도 있다.
  ㉢ 단구식재배 : 대상 포장의 경사가 심한 경우 계단식으로 단구를 구축한다.
  ㉣ 대상재배 : 경사지에 일정한 간격을 두고 등고선을 따라 목초대를 조성하면 침식을 줄일 수 있다.
  ㉤ 등고선경작 : 등고선을 따라 이랑을 만들면 비가 올 때 유속이 줄어 침식이 방지된다.
  ㉥ 토양 피복
  ㉦ 작부체계

④ **풍식의 원인과 대책**
  ㉠ 원인 : 토양이 건조할 때 풍속이 크면 발생한다.
  ㉡ 대 책
    - 방풍림이나 방풍울타리 등을 설치하여 풍속을 줄인다.
    - 피복식물을 재배한다.
    - 관개하여 토양을 젖어 있는 상태로 만든다.
    - 이랑의 방향을 풍향과 직각이 되도록 한다.
    - 작물 수확 시 높이베기하여 그루터기를 높게 남겨 풍속을 약화시키고, 지표에 잔재물을 그대로 둔다.

02 수분환경

1. 물의 생리작용

(1) **생리작용**
  ① 작물의 수분
    ㉠ 식물체의 70% 이상은 수분으로 구성되어 있으며 원형질에 약 75% 이상, 다즙식물은 70~80%, 다육식물은 85~95%, 목질부에는 50%의 수분이 함유되어 있다.
    ㉡ 건조한 종자라도 10% 이상의 수분을 함유하고 있다.
    ㉢ 잎의 수분함량이 감소하면 기공의 폐쇄가 시작되어 수분의 소비를 억제하고, 이산화탄소의 흡수 또한 감소되면서 광합성도 억제한다.
  ② 작물생육에 있어 수분의 기본역할 ★ 중요
    ㉠ 원형질의 생활상태를 유지한다.
    ㉡ 식물체 구성물질의 성분이다.
    ㉢ 식물체에 필요한 물질의 흡수용매이다.
    ㉣ 세포의 긴장상태를 유지시켜 식물의 체제 유지를 가능하게 한다.
    ㉤ 필요물질의 합성·분해의 매개체이다.
    ㉥ 식물의 체내물질 분포를 고르게 한다.

(2) **수분퍼텐셜(Water Potential, ψ_w)**
  ① 개 념
    ㉠ 어떤 상태의 물이 지니는 화학퍼텐셜을 이용하여 수분의 이동을 설명하고자 도입된 개념으로, 토양-식물-대기로 이어지는 연속계에서 물의 화학퍼텐셜을 서술하고, 수분이동을 설명하는 데 사용한다.
    ㉡ 정의 : 수분퍼텐셜이란 어떤 조건에서의 용액 중 물의 화학퍼텐셜(μ_w)과 대기압하 같은 온도에서의 순수한 물의 화학퍼텐셜(μ_w^0) 차이를 물의 부분몰부피(V_w)로 나눈 값이다.

$$\psi_w = \frac{\mu_w - \mu_w^0}{V_w}$$

    ㉢ 어떤 물질의 화학퍼텐셜은 주어진 상태에서의 한 물질의 퍼텐셜과 표준상태에서의 같은 물질의 퍼텐셜 차이로 나타내는 상대값으로, 수분퍼텐셜도 그 절대량을 특정할 수 없어 어떤 기준점을 설정하여 이를 중심으로 값을 정하는데, 1기압 등온조건의 기준상태에서 순수한 물의 수분퍼텐셜을 0으로 간주한다. 따라서 용액의 수분퍼텐셜은 항상 0보다 낮은 음(-)의 값을 가진다.

ⓔ 수분이동 ★ 중요
- 삼투압 : **낮은 삼투압 → 높은 삼투압**
- 수분퍼텐셜 : **높은 수분퍼텐셜 → 낮은 수분퍼텐셜**

② 수분퍼텐셜의 구성
㉠ 수분퍼텐셜(ψ_w) = 삼투퍼텐셜(ψ_s) + 압력퍼텐셜(ψ_p) + 매트릭퍼텐셜(ψ_m)
㉡ 삼투퍼텐셜(ψ_s)
- 용질의 농도에 영향을 받는 물의 퍼텐셜이다.
- 용질이 첨가될수록 감소하며, 항상 음(−)의 값을 가진다.

㉢ 압력퍼텐셜(ψ_p)
- 식물세포 내 벽압이나 팽압의 결과로 인해 생기는 정수압에 따른 퍼텐셜에너지이다.
- 식물세포에서는 일반적으로 양(+)의 값을 가진다.

㉣ 매트릭퍼텐셜(ψ_m)
- 교질물질과 식물세포의 표면에 대한 물의 흡착친화력에 의해 나타나는 퍼텐셜에너지이다.
- 항상 음(−)값을 가지며, 토양의 수분퍼텐셜 결정에 있어 매우 중요하다.

㉤ 식물체 내 수분퍼텐셜
- 식물체 내 수분퍼텐셜에서는 매트릭퍼텐셜의 영향이 거의 없으므로 $\psi_w = \psi_s + \psi_p$로 표시할 수 있다.
- 세포의 부피와 압력퍼텐셜의 변화에 따라 삼투퍼텐셜과 수분퍼텐셜이 변화한다.
- 압력퍼텐셜과 삼투퍼텐셜이 같아지면($\psi_p = \psi_s$) 세포의 수분퍼텐셜은 0이 되므로 팽만상태가 된다.
- 수분퍼텐셜과 삼투퍼텐셜이 같아지면($\psi_w = \psi_s$) 압력퍼텐셜은 0이 되므로 원형질 분리가 일어난다.
- 수분퍼텐셜은 토양이 가장 높고, 대기가 가장 낮으며, 식물체 내에서 중간값이 나타나므로 수분은 토양 → 식물체 → 대기 순으로 이동한다.

(3) 흡수의 기구

① 삼투압
㉠ 삼투 : 식물세포의 원형질막은 인지질로 된 반투막이며, 외액이 세포액보다 농도가 낮을 때는 외액의 수분 농도가 세포액보다 높다는 의미이므로, 외액의 수분이 반투성 원형질막을 통하여 세포 속으로 확산해 들어가는 현상을 삼투라고 한다.
㉡ 삼투압 : 삼투압이란 내·외액의 농도 차에 의해 삼투를 일으키는 압력을 말한다.

② 팽 압
㉠ 삼투에 의해 세포 내 수분이 증가하면서 세포의 크기를 증대시키려는 압력이다.
㉡ 식물의 체제 유지를 가능하게 한다.

③ 막압 : 팽압에 의해 늘어난 세포막이 탄력성에 의해 다시 안으로 수축하려는 압력이다.
④ 흡수압 : 삼투압은 세포 내로 수분이 들어가려는 압력이고, 막압은 세포 외로 수분이 나오려는 압력으로 볼 수 있는데, 실제 흡수는 삼투압과 막압의 차이에 의해 이루어지며, 이것을 흡수압 또는 DPD(확산압차, Diffusion Pressure Deficit)라고 한다.
⑤ 토양의 수분보유력 및 삼투압을 합친 것을 SMS(Soil Moisture Stress)라고 하는데, DPD와 SMS의 차이에 의해 토양수분은 작물뿌리를 통해 식물체 내로 이동한다.
⑥ 확산압차구배 : 작물조직 내의 세포마다 DPD가 서로 다르며 이를 확산압차구배(DPDD)라고 하는데, 세포 사이의 수분이동은 각 세포 간의 DPD 차이에 의해 이루어진다.
⑦ 수동적 흡수 : 도관 내의 부압에 의한 흡수를 수동적 흡수라고 하며, ATP의 소모 없이 이루어진다.
⑧ 능동적 흡수 : 세포의 삼투압에 기인하는 흡수를 말하며, ATP의 소모가 동반된다.

2. 작물의 요수량

(1) 요수량
① **요수량** : 작물이 건물 1g을 생산하는 데 소비되는 수분량을 의미한다.
② **증산계수** : 건물 1g을 생산하는 데 소비되는 증산량을 의미하며, 요수량과 증산계수는 동의어로 사용되고 있다.
③ **증산능률** : 일정량의 수분을 증산하여 축적된 건물량을 의미하며, 요수량과 반대되는 개념이다.
④ 요수량은 일정 기간 내의 수분소비량과 건물축적량을 측정하여 산출하는데, 작물의 수분경제의 척도를 나타낼 뿐이지 수분의 절대소비량을 표시하는 것은 아니다.
⑤ 대체로 요수량이 작은 작물이 건조한 토양과 한발에 대한 저항성이 강하다.

(2) 요수량의 요인
① **작물의 종류** ★ 중요
  ㉠ 수수, 옥수수, 기장 등은 요수량이 작고, 호박, 알팔파, 클로버 등은 요수량이 크다.
  ㉡ 일반적으로 요수량이 작은 작물일수록 내건성이 크지만 옥수수, 알팔파 등과 같이 상반되는 경우도 있다.
② **생육단계** : 건물의 생산속도가 낮은 생육 초기에 요수량이 크다.
③ **환경** : 광의 부족, 많은 바람, 공중습도의 저하, 저온과 고온, 토양수분의 과다 및 과소, 척박한 토양 등의 환경은 건물 축적을 감소시켜 요수량이 커진다.

3. 공기 중 수분과 강수

(1) 공기습도
① 공기습도가 높으면 증산량이 적어지고, 뿌리의 수분흡수력이 감소해 물질의 흡수 및 순환이 줄어든다.
② 공기습도의 포화상태에서는 기공이 거의 닫히기 때문에 광합성이 쇠퇴하여 건물생산량이 줄어든다.
③ 일반적으로 공기습도가 높으면 표피가 연약해지고 도장하여 낙과와 도복의 원인이 된다.
④ 과습의 해작용 ★ 중요
　㉠ 개화수정에 장해를 일으킨다.
　㉡ 증산을 감소시킨다.
　㉢ 병균의 발달을 조장한다.
　㉣ 식물체의 기계적 조직이 약해져 병해와 도복을 유발한다.
　㉤ 탈곡 및 건조작업이 곤란해진다.
⑤ 동화양분의 전류는 공기가 다소 건조할 때 촉진된다.
⑥ 과도한 건조는 불필요한 증산을 크게 하여 한해(旱害)를 유발한다.

(2) 강 수
① 이슬 : 건조가 심한 지역에서는 이슬이 수분 공급의 역할을 하지만, 대체로 이슬은 기공을 폐쇄시켜 증산 및 광합성을 감퇴시키고, 작물을 연약하게 하여 병원균의 침입을 조장한다.
② 안 개
　㉠ 안개는 일광을 차단하여 지온을 낮추고, 공기를 과습하게 하므로 작물에 해롭다.
　㉡ 안개가 심한 바닷가 지역에는 해풍이 불어오는 방향으로 잎이 나부끼어 안개를 잘 헤치는 큰오리나무, 참나무, 전나무, 낙엽송 등으로 방풍림을 설치한다.
③ 강 우
　㉠ 적당한 강우는 작물생육의 기본조건이다.
　㉡ 강우의 부족은 가뭄을 유발하고, 과다는 습해와 수해를 유발한다.
　㉢ 계속되는 강우는 일조 부족, 공중습도 및 토양 과습, 온도 저하 등을 유발하므로 작물생육에 해롭다.
④ 우 박
　㉠ 작물을 심하게 손상시키며, 대체로 국지적으로 발생한다.
　㉡ 우박으로 인한 피해는 생리적·병리적 장해를 수반한다.
　㉢ 우박 후에는 약제를 살포하여 병해를 예방하고, 비배관리로 작물의 건실한 생육을 유도하여야 한다.

⑤ 눈
- ㉠ 이 점
  - 눈은 월동 중 토양에 수분을 공급하여 월동작물의 건조해를 경감시킨다.
  - 풍식을 경감하고, 동해를 방지한다.
- ㉡ 설 해
  - 과다한 눈은 작물에 기계적 상처를 입힌다.
  - 광을 차단하여 생리적 장해를 유발하는 원인이 되기도 한다.
  - 눈은 눈사태와 습해의 원인이 되기도 한다.
  - 늦은 봄의 눈은 목야지의 목초 생육을 더디게 한다.
  - 맥류에서는 병해의 발생을 유발하기도 한다.

4. 관 개

(1) 관개의 효과

① 밭에서의 효과
- ㉠ 작물에 생리적으로 필요한 수분을 공급하고, 한해를 방지하며, 생육을 촉진시키고, 수량 및 품질 등이 향상된다.
- ㉡ 작물 선택의 폭 확장, 다비재배 및 파종·시비의 적기작업 가능, 효율적 실시 등으로 인해 재배수준이 향상된다.
- ㉢ 혹서기에는 지온의 상승을 억제하고, 냉온기에는 보온효과가 있으며, 여름철 관개로 북방형 목초의 하고현상을 경감시킬 수 있다.
- ㉣ 관개수에 의해 미량원소가 보급되며, 가용성 알루미늄이 감퇴되고, 비료의 이용효율이 증대된다.
- ㉤ 건조 또는 바람이 많은 지대에서 관개하면 풍식을 방지할 수 있다.
- ㉥ 혹한기 살수결빙법 등으로 동상해를 방지할 수 있다.

② 논에서의 효과
- ㉠ 생리적으로 필요한 수분을 공급한다.
- ㉡ 못자리 초기와 본답의 냉온기에 관개로 인해 보온이 되고, 혹서기에는 과도한 지온의 상승을 억제한다.
- ㉢ 벼농사기간 중 관개수에 섞인 천연 양분이 공급된다.
- ㉣ 관개수에 의해 염분 및 유해물질이 제거된다.
- ㉤ 잡초의 발생이 적어지고, 제초작업이 쉬워진다.
- ㉥ 해충의 만연이 적어지고, 토양선충이나 토양전염병원균이 소멸·경감된다.
- ㉦ 이앙, 중경, 제초 등의 작업이 용이해진다.
- ㉧ 벼생육을 조절하거나 개선할 수도 있다.

(2) 수도의 용수량
① 벼 재배기간 중 관개에 소요되는 수분의 총량을 용수량이라고 한다.
② 용수량의 계산
  ㉠ **관개량 = 용수량 – 유효강우량** = (엽면증발량 + 수면증발량 + 지하침투량) – 유효강우량
  ㉡ 엽면증발량 : 같은 기간의 증발계증발량의 1.2배 정도이다.
  ㉢ 수면증발량 : 증발계증발량과 거의 비슷하다.
  ㉣ 지하침투량 : 토성에 따라 크게 다르며, 평균 536mm 정도이다.
  ㉤ 유효강우량 : 관개수에 추가되는 우량이며, 강우량의 75% 정도이다.

(3) 관개의 방법
① **지표관개** : 지표면에 물을 흘려 공급하는 방법
  ㉠ 전면관개 : 지표면 전면에 물을 대는 관개법
  ㉡ 휴간관개 : 이랑을 세우고, 이랑 사이에 물을 대는 관개법
② **살수관개** : 공중으로 물을 뿌려 공급하는 방법
  ㉠ 다공관관개 : 파이프에 작은 구멍을 여러 개 뚫어 살수하는 관개법
  ㉡ 스프링클러관개 : 주로 노지재배에서 스프링클러를 이용하여 살수하는 관개법
  ㉢ 미스트관개 : 물에 높은 압력을 가하여 안개처럼 만들어 공중습도를 유지하는 관개법으로, 주로 고급 화초나 난 등에 이용한다.
  ㉣ **점적관개** : 가장 좋은 관개법 중 하나로, 물을 천천히 조금씩 흘러나오게 하여 필요 부위에 집중적으로 물을 공급하며, 토양전염병을 방지할 수 있다.
③ **지하관개** : 지하로부터 물을 공급하는 방법
  ㉠ 개거법 : 개방된 수로에 통수시킨 물이 침투하여 모관 상승을 통해 작물에 공급되는 관개법으로, 지하수위가 낮지 않은 사질토 지대에 이용된다.
  ㉡ 암거법 : 지하에 토관, 목관, 플라스틱관 등을 배치하여 통수하고, 간극으로부터 스며 오르도록 하는 관개법
  ㉢ 압입법 : 뿌리가 깊은 과수 등에 기계적으로 물을 주입하는 방법

5. 배 수

(1) 배수효과
① 습해나 수해를 방지한다.
② 토양의 성질을 개선하여 작물생육에 도움을 준다.
③ 1모작답을 2·3모작답으로 사용할 수 있어 경지이용도를 높인다.
④ 농작업을 용이하게 하고, 기계화를 촉진한다.

(2) 배수방법
  ① **객토법** : 객토하여 토성을 개량하거나 지반을 높여 자연적으로 배수하는 방법
  ② **기계배수** : 인력, 축력, 풍력, 기계력 등을 이용해서 배수하는 방법
  ③ **개거배수** : 포장 내에 알맞은 간격으로 도랑을 치고, 포장 둘레에도 도랑을 쳐서 지상수 및 지하수를 배수하는 방법
  ④ **암거배수** : 지하에 배수시설을 설치하여 배수하는 방법

6. 습 해

(1) 의 의
  ① 토양의 과습상태 지속으로 인해 토양산소가 부족하게 되어 뿌리가 상하고, 심하면 지상부의 황화가 나타나며 위조·고사하는 것을 습해라고 한다.
  ② 저습한 논의 답리작 맥류나 침수지대의 채소 등에서 흔히 볼 수 있다.
  ③ 담수하에서 재배되는 벼에서 토양산소가 몹시 부족하여 나타나는 여러 가지 장해도 일종의 습해라고 할 수 있다.

(2) 습해의 발생
  ① 토양의 과습으로 인해 토양산소가 부족하여 나타나는 직접적인 피해로, 뿌리의 호흡장해를 일으켜 양분 흡수를 저해한다.
  ② 유해물질이 생성된다.
  ③ 유기물함량이 높은 토양은 환원상태가 심해 습해로 인한 피해가 크다.
  ④ 습해가 발생하면 토양전염병의 발생 및 전파가 증가한다.
  ⑤ 생육 초기보다도 생육 성기에 특히 습해를 입기 쉽다.

(3) 작물의 내습성
  ① 의의 : 다습한 토양에 대한 작물의 적응성을 내습성이라고 한다.
  ② 내습성 관여요인
    ㉠ **경엽으로부터 뿌리로 산소를 공급하는 능력**
      • 벼의 경우 잎, 줄기, 뿌리의 통기계가 발달하여 지상부에서 뿌리로 산소를 공급할 수 있기 때문에 담수조건에서도 생육이 좋으며, 뿌리의 피층세포가 직렬로 되어 있어 사열로 되어 있는 것보다 세포간극이 커서 내습성이 강하다.
      • 생육 초기 맥류와 같이 잎이 지하에 착생하고 있는 것은 뿌리로의 산소 공급능력이 크다.

ⓒ **뿌리조직의 목화**
- 뿌리조직이 목화한 것은 환원상태나 뿌리의 산소결핍에 견디는 능력과 관계가 크다.
- 벼와 골풀은 보통의 상태에서도 뿌리의 외피가 심하게 목화된다.
- 외피 및 뿌리털이 쉽게 목화되는 맥류는 내습성이 강하고, 목화되기 힘든 파의 경우 내습성이 약하다.

ⓒ **뿌리의 발달습성**
- 습해 시 부정근의 발생력이 큰 것은 내습성이 강하다.
- 근계가 얕게 발달하면 내습성이 강하다.

ⓔ **환원성 유해물질에 대한 저항성** : 뿌리가 황화수소, 아산화철 등에 대한 저항성이 큰 작물은 내습성이 강하다.

ⓜ 채소작물의 내습성 : 양상추, 양배추, 토마토, 가지, 오이 > 시금치, 우엉, 무 > 당근, 꽃양배추, 멜론, 피망

(4) 습해의 대책

① 배수 : 가장 기본적인 습해의 대책이다.
② 정지 : 밭에서는 휴립휴파, 논에서는 휴립재배, 경사지에서는 등고선재배 등을 한다.
③ 시비 : 미숙유기물과 황산근비료의 사용을 피하고, 표층시비로 뿌리를 지표면 가까이 유도하며, 뿌리의 흡수장해 시 엽면시비를 한다.
④ 토양 개량 : 세토의 객토, 부식·석회·토양개량제 등을 사용하여 입단 조성으로 인한 공극량을 증대시킨다.
⑤ 과산화석회(CaO_2) 사용 : 종자에 과산화석회를 분의(粉衣, Dust Coating)해 파종하거나, 토양에 혼입하면 산소가 방출되므로 습지에서 발아 및 생육이 촉진된다.

7. 수 해

(1) 수해의 발생

① 의 의
  ㉠ 많은 비로 인해 발생되는 피해를 수해라고 한다.
  ㉡ 수해는 흔히 단기간의 호우로 발생하며, 우리나라에서는 7~8월 우기에 국지적 수해가 발생한다.

② 수해의 형태
  ㉠ 토양 붕괴로 인한 산사태, 토양침식 등을 유발
  ㉡ 유토에 의한 전답의 파괴 및 매몰
  ㉢ 유수에 의한 작물의 도복과 손상 및 표토의 유실
  ㉣ 침수에 의해 흙앙금이 앉고, 생리적인 피해로 인한 생육작물의 저해
  ㉤ 침수에 의해 저항성이 약해지고, 병원균의 전파로 인한 병충해의 발생 증가

③ 관수해(冠水害)의 생리
   ⊙ 작물이 완전히 물에 잠기게 되는 침수를 관수라고 하며, 그 피해를 관수해라고 한다.
   ⊙ 산소의 부족으로 인해 무기호흡을 하게 된다.
   ⊙ 무기호흡은 산소호흡에 비해 동일한 에너지를 얻는 데 호흡기질의 소모량이 많아, 무기호흡이 오래 계속되면 당분, 전분 등 호흡기질이 소진되어 마침내 기아상태에 이르게 된다.
   ⊙ 관수 중의 벼 잎은 급성장하여 이상신장이 유발되기도 한다.
   ⊙ 관수로 인한 급격한 산소 부족은 여러 가지 대사작용을 저해하며, 관수상태에서는 병균의 전파침입이 조장되고 작물의 병해충에 대한 저항성이 약해져서 병충해의 발생이 심해진다.

(2) 수해의 발생조건
① 작물의 종류와 품종
   ⊙ 침수에 강한 밭작물 : 화본과 목초, 피, 수수, 옥수수, 땅콩 등
   ⊙ 침수에 약한 밭작물 : 콩과작물, 채소, 감자, 고구마, 메밀 등
   ⊙ 생육단계 : 벼는 분얼 초기에는 침수에 강하고, 수잉기부터 출수개화기까지 극히 약하다.
② 침수해의 요인
   ⊙ 수온 : **높은 수온은 호흡기질의 소모가 많아져 관수해가 크다.**
   ⊙ 수 질
     • **탁한 물은 깨끗한 물보다, 고여 있는 물은 흐르는 물보다 수온이 높고 용존산소가 적어 피해가 크다.**
     • 청고 : 수온이 높은 정체탁수로 인한 관수해로, 단백질 분해가 거의 일어나지 못해 벼가 푸른색으로 변하면서 죽는 현상을 말한다.
     • 적고 : 흐르는 맑은 물에 의한 관수해로, 단백질 분해로 인해 갈색으로 변하면서 죽는 현상을 말한다.
③ 재배적 요인 : 질소비료를 과다시용하거나 추비를 많이 하면 체내 탄수화물이 감소하고, 호흡작용이 왕성해지며, 내병성과 관수저항성이 약해져 피해가 커진다.

(3) 수해의 대책
① 사전대책
   ⊙ 치산을 잘해서 산림을 녹화하고, 하천을 보수하여 치수를 잘하는 것이 수해의 기본대책이다.
   ⊙ 경사지는 피복작물을 재배하거나 피복하여 토양의 유실을 방지한다.
   ⊙ 배수시설을 강화한다.
   ⊙ 수해상습지에서는 작물의 종류나 품종의 선택에 유의한다.
   ⊙ 파종기와 이식기를 조절하여 수해를 회피·경감하고, 질소의 과다사용을 피한다.

② 침수 중 대책
　㉠ 배수에 노력하여 관수기간을 짧게 한다.
　㉡ 물이 빠질 때 잎의 흙앙금을 씻어 준다.
　㉢ 키가 큰 작물은 서로 결속하여 유수에 의한 도복을 방지한다.
③ 퇴수 후 대책
　㉠ 산소가 많은 새 물로 환수하여 새 뿌리의 발생을 촉진시킨다.
　㉡ 김을 매어 토양 내 통기를 좋게 한다.
　㉢ 표토의 유실이 많을 때는 새 뿌리의 발생 후에 추비를 준다.
　㉣ 침수 후에는 병충해의 발생이 많아지므로 방제를 철저히 한다.
　㉤ 피해가 격심할 때에는 추파, 보식, 개식, 대파 등을 고려한다.

8. 한해(旱害)

(1) 의 의
① 토양의 건조는 식물체 내의 수분함량을 감소시켜 위조상태로 만들고, 더욱 감소하게 되면 고사한다. 이처럼 수분의 부족으로 인해 작물에 발생하는 장해를 한해라고 한다.
② 식물체 내의 수분 부족은 강우와 관개의 부족으로 인해 발생하지만, 수분이 충분하여도 근계 발달이 불량하여 시들게 되는 경우도 있다.

(2) 한해의 발생
① 세포 내 수분이 감소하면 수분이 제한인자가 되어 광합성이 감퇴되고, 양분 흡수와 물질 전류 등 여러 생리작용도 저해된다.
② 효소작용의 교란으로 인해 광합성이 감퇴되고, 이화작용이 우세해져서 단백질과 당분이 소모되어 피해를 입는다.
③ 건조에 의해 세포가 탈수될 때 원형질은 세포막에서 이탈되지 못한 상태로 수축하므로 기계적 견인력을 받아 파괴된다.
④ 탈수된 세포가 갑자기 수분을 흡수할 때도 세포막이 원형질과 이탈되지 않은 상태로 먼저 팽창하므로, 원형질은 역시 기계적 견인력을 받아 파괴된다.
⑤ 세포로부터의 심한 탈수는 원형질의 회복될 수 없는 응집을 초래하여 작물의 위조·고사를 불러일으킨다.

(3) 작물의 내건성[= 내한성(耐旱性)]
① 의의 : 작물이 건조에 견디는 성질을 의미하며, 여러 요인에 의해 지배된다.
② 내건성이 강한 작물의 특성
　㉠ 체내 수분의 손실이 적다.
　㉡ 수분의 흡수능력이 크다.
　㉢ 체내 수분보유력이 크다.
　㉣ 수분함량이 낮은 상태에서의 생리기능이 높다.
③ 형태적 특성
　㉠ 표면적과 체적의 비가 작고, 왜소하며, 잎이 작다.
　㉡ 뿌리가 깊고, 지상부에 비하여 근군의 발달이 좋다.
　㉢ 잎조직이 치밀하고, 잎맥과 울타리조직이 발달하였으며, 표피에 각피가 잘 형성되고, 기공이 작고 많다.
　㉣ 저수능력이 크고, 다육화의 경향이 있다.
　㉤ 기동세포가 발달하여 탈수되면 잎이 말려서 표면적이 축소된다.
④ 세포적 특성
　㉠ 세포가 작아 수분이 줄어도 원형질의 변형이 작다.
　㉡ 세포 중 원형질 또는 저장양분이 차지하는 비율이 높아 수분보유력이 강하다.
　㉢ 원형질의 점성이 높고, 세포액의 삼투압이 높아서 수분보유력이 강하다.
　㉣ 탈수 시 원형질의 응집이 덜하다.
　㉤ 원형질막의 수분, 요소, 글리세린 등에 대한 투과성이 크다.
⑤ 물질대사적 특성
　㉠ 건조 시 증산이 억제되고, 급수 시 수분 흡수능력이 크다.
　㉡ 건조 시 호흡이 낮아지는 정도가 크고, 광합성의 감퇴 정도가 낮다.
　㉢ 건조 시 단백질과 당분의 소실이 늦다.

(4) 생육단계 및 재배조건과 한해
① 작물의 내건성은 생육단계에 따라 다르지만, 일반적으로 생식생장기에 가장 약하다.
② **벼의 한해 정도** : 감수분얼기 > 출수개화기와 유숙기 > 분얼기
③ 퇴비, 인산, 칼륨의 결핍 또는 질소의 과다는 한해를 조장한다.
④ 퇴비가 적으면 토양보수력의 저하로 인해 한해가 심하다.
⑤ 휴립휴파는 평휴나 휴립구파보다 한발에 약하다.

(5) 한해의 대책

① 관개 : 근본적인 한해의 대책으로 충분히 관수한다.
② 내건성 작물 및 품종의 선택
③ 토양수분의 보유력 증대와 증발 억제
　㉠ 토양입단의 조성
　㉡ 드라이파밍(Dry Farming) : 휴간기에 비가 올 때 땅을 갈아 빗물을 지하에 잘 저장하고, 재배기간에는 토양을 잘 진압하여 지하수의 모관 상승을 유도하여 한발적응성을 높이는 농법
　㉢ 피복과 중경제초
　㉣ 증발억제제의 살포 : OED 유액을 지면이나 엽면에 뿌리면 증발·증산이 억제된다.
④ 밭에서의 재배대책
　㉠ 뿌림골을 낮게 한다(휴립구파).
　㉡ 뿌림골을 좁히거나 재식밀도를 성기게 한다.
　㉢ 질소의 다용을 피하고 퇴비, 인산, 칼리를 증시한다.
　㉣ 봄철의 맥류 재배포장이 건조할 때 답압한다.
⑤ 논에서의 재배대책
　㉠ 중북부의 천수답지대에서는 건답직파를 하고, 남부의 천수답지대에서는 만식적응재배를 한다.
　　※ 밭못자리모, 박파모는 만식적응성에 강하다.
　㉡ 이앙기가 늦을 시 모솎음, 못자리가식, 본답가식, 저묘 등으로 과숙을 회피한다.
　㉢ 모내기가 한계 이상으로 지연될 경우에는 조, 메밀, 기장, 채소 등을 대파한다.

9. 수질오염

(1) 의 의

① 도시오수, 공장·광산폐수 등의 배출로 인해 하천, 호수, 지하수, 해양의 수질이 오염되어 인간이나 동식물이 피해를 입는 것을 의미한다.
② 수질오염물질에는 각종 유기물, 시안화합물, 중금속류, 농약, 강산성 또는 강알칼리성 폐수 등이 있다.
③ 소량의 유기물이 유입된 경우 수생미생물의 영양원으로 이용되고, 용존산소가 충분한 경우 호기성 균의 산화작용으로 인해 이산화탄소와 물로 분해되는 자정작용이 일어난다.
④ 다량의 유기물이 유입된 경우 수생미생물이 왕성하게 증식하여 용존산소가 다량소모되고, 산소의 공급이 그에 수반되지 못해 결국 산소 부족상태가 된다.

(2) 수질오염원

① 도시오수

㉠ 질소 및 유기물
- 주택단지 또는 도시 근교의 논에 질소함량이 높은 폐수가 관개되면 벼에 과번무, 도복, 등숙불량, 병충해 등의 질소 과잉장해가 나타난다.
- 유기물함량이 높은 오수가 관개되면 혐기조건에서는 메탄, 유기산, 알코올류 등의 중간대사물이 생성되며, 이 분해과정에서 토양의 Eh(산화환원전위)가 낮아진다.
- 황화수소는 유기산과 함께 벼 뿌리에 영향을 주며, 심한 경우 근부현상이 나타나고 칼리, 인산, 규산, 질소의 흡수가 저해되어 수량이 감소한다.

㉡ 부유물질 : 논에 부유물질의 유입되어 침전되면 어린 식물은 기계적 피해를 입고, 토양은 표면 차단으로 인해 투수성이 낮아지며, 침전된 유기물의 분해과정에서 생성된 유해물질의 장해 등으로 벼의 생육이 부진해지고 쭉정이가 많아진다.

㉢ 세제 : 합성세제의 영향으로 인해 뿌리의 노화현상이 빠르게 일어난다.

㉣ 도시오수의 피해대책
- 오염되지 않은 물과 충분히 혼합·희석하여 이용하거나 그렇지 못한 경우 물 걸러대기로 토양의 이상환원을 방지한다.
- 저항성 작물 및 품종을 선택하여 재배한다.
- 질소질 비료를 줄이고 석회, 규산질 비료의 사용으로 벼를 강건하게 한다.

② 공장폐수

㉠ 산과 알칼리
- 논에 산성 물질이 유입되면 벼 줄기와 잎이 황변하고, 토양 내 유해중금속의 용출로 인한 피해가 발생한다.
- 강알칼리성 물질이 유입되면 뿌리가 고사하고, 약알칼리성 물질이 유입되면 토양 내 미량원소의 불용화로 인한 양분의 결핍증상이 나타난다.

㉡ 중금속
- 관개수에 중금속이 다량 함유하게 되면 식물의 발근과 지상부 생육이 저해되고, 심하면 중금속 특유의 피해증상이 발생한다.
- 중금속이 축적된 농산물의 섭취는 사람과 가축에게 심각한 피해를 불러일으킨다.

㉢ 유 류
- 유입된 기름이 물 표면을 부유하며 식물체의 줄기와 잎에 흡착되면, 접촉 부위가 적갈색으로 변하면서 고사할 수 있다.
- 부유하는 기름으로 인해 공기와 물 표면의 접촉이 차단되어 용존산소가 부족하게 되고, 벼는 근부현상을 일으키고 심하면 고사한다.

(3) 수질등급
① 용존산소량, 생물화학적 산소요구량, 화학적 산소요구량(COD), 대장균수, pH 등을 고려하여 수질의 등급을 구분한다.
② 용존산소량(DO)
  ㉠ 물에 녹아 있는 산소량을 나타낸 것으로, 수온이 높아지면 용존산소량은 낮아진다.
  ㉡ 용존산소량이 낮아지면 BOD, COD가 높아지게 된다.
③ 생물화학적 산소요구량(BOD)
  ㉠ 수중의 오탁유기물이 호기성균에 의해 생물화학적으로 산화·분해되어 무기성 산화물과 가스체로 안정화되는 과정에서 소모되는 총산소량(단위 : ppm 또는 mg/L)을 의미한다.
  ㉡ 물을 오염시키는 유기물량의 정도를 나타내는 지표로, BOD가 높으면 오염도가 크다는 의미이다.
④ 화학적 산소요구량(COD) : 오수 중에 있는 전체 유기물이 화학적으로 산화되어 산화물이 되는 데 필요한 산소량을 측정하고, 이로부터 산출한 오탁유기물의 양을 ppm으로 나타낸 것이다.

03 온도환경

1. 온도에 따른 대사작용

(1) 대사반응
① 작물의 생리대사는 온도의 영향을 받는다.
② 작물은 생육적온이 있고, 적온까지는 온도 상승에 따라 생물학적 반응속도가 빠르게 증가하지만, 적온 이상의 고온에서는 온도가 상승하더라도 생물학적 반응속도는 더이상 증가하지 않고 오히려 감소한다.
③ 온도계수
  ㉠ 온도가 10℃ 상승함에 따라 증가하는 이화학적 반응 또는 생리작용의 배수(변화 정도)를 온도계수 또는 Q_{10}이라고 하는데, 일반적으로 생물학적 반응속도는 온도가 10℃ 상승하면 2~3배 증가한다.
  ㉡ Q_{10}은 높은 온도에서의 생리작용률을 10℃ 낮은 온도에서의 생리작용률로 나눈 값이다.

$$Q_{10} = \frac{R_2}{R_1} = \frac{(온도\ T+10℃)에서의\ 반응속도}{온도\ T에서의\ 반응속도}$$

  ㉢ Q_{10}은 다른 온도에서 알고 있는 값으로부터 특정 온도에서의 생리작용율을 계산하는 데 이용되고, 보통 높은 온도일수록 낮은 온도에서보다 Q_{10}값이 적게 나타난다.

(2) 온도에 따른 광합성과 호흡
① 온도와 광합성
㉠ 광합성은 이산화탄소의 농도, 광, 수분, 온도 등 여러 환경적 요인의 영향 중에서 온도의 영향을 가장 크게 받는다.
㉡ 광합성속도는 온도의 상승과 함께 증가하지만, 적온보다 높아지면 오히려 감소한다.
② 온도와 호흡
㉠ 온도가 상승하면 작물의 호흡속도는 빨라진다.
㉡ 일반적으로 Q_{10}은 30℃ 정도까지는 2~3이고, 32~35℃ 정도에 이르면 감소하며, 50℃ 부근에서 호흡은 정지한다.
㉢ 적온을 넘는 고온에서는 체내 효소계의 파괴로 인해 호흡속도가 오히려 감소한다.

(3) 양분의 흡수 및 이행
① 온도가 상승하면 세포의 투과성 및 용질의 확산속도가 빨라지고, 양분의 흡수 및 이행이 증가한다.
② 적온 이상의 온도에서는 호흡에 필요한 산소의 공급량이 적어져 정상적인 호흡을 못 하게 되고, 탄수화물의 소모가 많아지면서 양분의 흡수가 감퇴된다.

(4) 온도와 증산
① 증산은 작물로부터 물을 발산하는 중요한 기작 중 하나이며, 작물의 체온 조절과 물질의 전류에 있어 중요한 역할을 한다.
② 온도가 상승하면 작물의 증산량이 증가되고, 온도에 따른 작물의 체온 유지의 역할을 한다.

2. 온도의 구분

(1) 주요 온도
① 유효온도 : 작물생육이 가능한 범위의 온도
② 최저온도 : 작물생육이 가능한 가장 낮은 온도
③ 최고온도 : 작물생육이 가능한 가장 높은 온도
④ 최적온도 : 작물생육이 가장 왕성한 온도

(2) 적산온도
① 작물의 발아부터 성숙까지의 기간 동안 0℃ 이상의 일평균기온을 모두 합산한 온도이다.
② 작물이 정상적인 생육을 하려면 일정한 총온도량이 필요하다는 개념에서 생겨났다.
③ 유효적산온도 : 생육 가능한 온도, 즉 10℃ 이상의 일평균기온의 합계

3. 변온과 작물의 생육

(1) 변온과 작물의 생리
① 야간의 온도가 적온에 비해 높거나 낮으면 뿌리의 호기적 물질대사가 억제되어 무기성분의 흡수가 감퇴된다.
② 변온은 당분이나 전분의 전류에 중요한 역할을 하는데, 야간의 온도가 낮아지는 것은 탄수화물 축적에 유리한 영향을 준다.

(2) 변온과 작물의 생장
① 벼
　㉠ 밤의 저온은 분얼최성기까지는 신장을 억제하지만, 분얼은 증대시킨다.
　㉡ 분얼기의 초장은 25~35℃ 변온에서 최대가 되고, 유효분얼수는 15~35℃ 변온에서 증대된다.
② 고구마 : 괴근의 형성은 항온보다는 20~29℃ 변온에서 현저히 촉진된다.
③ 감자 : 야간온도가 10~14℃로 저하되는 변온에서 괴경의 발달이 촉진된다.

(3) 변온과 작물의 개화와 결실
① 개화 : 맥류의 경우 특히 밤의 기온이 높아 변온이 작을 때 출수·개화가 촉진된다고 하지만, 일반적으로 일교차가 커서 밤의 기온이 비교적 낮은 것이 동화물질을 축적하는 데 도움을 주기 때문에 개화를 촉진하며, 화기도 커진다.
② 결 실
　㉠ 대체로 변온은 작물의 결실에 효과적이다.
　㉡ 주야간의 온도 차가 커지면 벼의 등숙이 빨라지며, 야간의 저온은 청미를 적게 한다.

(4) DIF(Difference Between Day and Night Temperatures)
① 주간과 야간의 기온 차를 의미한다.
② 자연조건하에서 항상 양(+)의 값을 가지지만, 식물공장 등에서는 조절할 수 있다.
③ DIF를 이용하면 왜화제 등을 사용하지 않고 환경제어만으로 화훼류와 채소묘의 초장을 조절할 수 있다.

4. 고온장해

(1) 열 해
① 의 의
　㉠ 작물은 생육 최고온도 이상의 온도에서 생리적 장애가 나타나고, 한계온도 이상에서는 고사하게 되는데, 이처럼 기온이 지나치게 높아 입는 피해를 열해 또는 고온해라고 한다.

ⓛ 열사 : 일반적으로 1시간 정도의 짧은 시간동안 받는 열해로 고사하는 것
　　ⓒ 열사점(열사온도) : 열사를 일으키는 온도
　　② 최적온도가 낮은 북방형 목초나 각종 채소를 하우스재배할 때 흔히 열해가 문제되고, 묘포에서 어린 묘목이 여름을 날 때도 열사의 위험성이 있다.
② 열해의 기구
　　㉠ **유기물의 과잉소모**
　　㉡ **질소대사의 이상** : 고온은 단백질합성을 저해하여 암모니아의 축적을 증가시키므로 유해물질로 작용한다.
　　㉢ **철분의 침전** : 고온에 의한 물질대사의 저해는 철분의 침전으로 인한 황백화현상을 유발한다.
　　㉣ **증산의 과도한 증가**
③ 열사의 원인
　　㉠ **원형질 구성 단백질의 응고** : 지나친 고온은 원형질 구성 단백질의 열응고를 유발하므로 열사의 직접적인 원인으로 여겨진다.
　　㉡ **원형질막의 액화** : 고온에 의해 원형질막이 액화되면 기능을 상실하여 세포의 생리작용이 붕괴되고 사멸한다.
　　㉢ **전분의 점괴화** : 고온에 의해 전분이 점괴화되면 엽록체가 응고·탈색되어 기능을 상실한다.
　　㉣ **팽압에 의한 원형질의 기계적 피해**
　　㉤ **유독물질의 생성**
④ 열해의 대책
　　㉠ 내열성 작물을 선택한다.
　　㉡ 혹서기의 위험을 회피한다.
　　㉢ 관개를 통해 지온을 낮춘다.
　　㉣ 피음(被陰) 및 피복한다.
　　㉤ 시설재배에서는 환기를 조절하여 지나친 고온을 회피한다.
　　㉥ 과도한 밀식과 질소과용 등을 피한다.
⑤ 작물의 내열성
　　㉠ 내건성이 큰 작물이 내열성도 크다.
　　㉡ 세포 내 결합수가 많고, 유리수가 적으면 내열성이 크다.
　　㉢ 세포의 점성, 염류 농도 및 단백질·당분·유지 등의 함량이 증가하면 내열성은 커진다.
　　㉣ 작물의 연령이 많아지면 내열성은 커진다.
　　㉤ 기관별로는 주피와 완성엽의 내열성이 가장 크고, 눈과 어린잎이 그 다음이며, 미성엽과 중심주가 가장 약하다.
　　㉥ 고온, 건조, 강광 등의 환경에서 오래 생육한 작물은 경화되어 내열성이 크다.

(2) 목초의 하고현상(夏枯現象)

① 의의 : 내한성이 커서 잘 월동하는 다년생 한지형 목초가 여름철 생장이 쇠퇴하거나 정지하고, 심하면 고사하여 목초생산량이 감소되는 현상을 말한다.

② 원 인
  ㉠ 고온 : 한지형 목초는 생육온도가 낮아 18~24℃에서 생육이 감퇴되고, 24℃ 이상에서는 생육이 정지한다.
  ㉡ 건조 : 한지형 목초는 대체로 요수량이 커서 여름철 고온과 건조는 하고현상의 큰 원인이 된다.
  ㉢ 장일 : 월동목초는 대부분 장일식물로, 초여름 장일조건은 생식생장을 유도하여 하고현상을 조장한다.
  ㉣ 병충해 및 잡초

③ 하고현상의 대책
  ㉠ 스프링 플러시의 억제
    • 스프링 플러시(Spring Flush) : 북방형 목초는 봄철 생육이 왕성하여 이때 목초생산량이 집중되는데, 이러한 현상을 스프링 플러시라고 한다.
    • 스프링 플러시의 경향이 심할수록 하고현상이 가속되므로, 봄철 일찍부터 약한 채초(採草)를 하거나 방목하여 스프링플러시를 완화시켜야 한다.
  ㉡ 관개 : 고온건조기에 관개를 통해 지온을 저하시키고, 수분을 공급하여 하고현상을 경감시킨다.
  ㉢ 초종의 선택 : 환경에 따라 하고현상이 경미한 초종을 선택하여 재배한다.
  ㉣ 혼파 : 하고현상이 적거나 없는 남방형 목초를 혼파하면 하고현상에 의한 목초생산량의 감소를 줄일 수 있다.

5. 저온장해

(1) 냉 해

① 의 의
  ㉠ 식물체의 조직 내에 결빙이 생기지 않는 범위의 저온에 의해 받는 피해를 말한다.
  ㉡ 고온이 필요한 여름작물이 장기간 지속적인 저온으로 인해 입는 피해를 냉해라고 한다.

② 냉해의 구분 ★ 중요
  ㉠ 지연형 냉해
    • 생육 초기부터 출수기에 걸쳐 오랜 시간 저온이나 일조 부족으로 인해 생육 및 출수가 지연되고, 등숙기에 저온으로 인해 등숙이 불량하여 결국 수량에까지 영향을 미치는 냉해이다.

- 질소, 인산, 칼리, 규산, 마그네슘 등의 양분 흡수, 물질의 동화 및 전류가 저해되고, 질소동화작용이 위축되어 암모니아 축적이 증가하며, 호흡 감소로 인해 원형질유동이 감퇴·정지되어 모든 대사기능이 저해된다.
  ⓒ 장해형 냉해
  - 유수형성기부터 개화기 사이, 특히 생식세포의 감수분열기에 저온의 영향을 받아서 생식기관이 정상적으로 형성되지 못하거나, 꽃가루의 방출 및 수정에 장해를 일으켜 결국 불임현상을 초래하는 냉해이다.
  - 타페트 세포의 이상비대는 장해형 냉해의 특징이며, 품종이나 작물의 냉해저항성의 기준이 되기도 한다.
  ⓒ 병해형 냉해
  - 벼의 경우 저온에서는 규산의 흡수가 줄어들기 때문에 조직의 규질화가 충분히 진행되지 못해 도열병균의 침입에 대한 저항성이 저하된다.
  - 광합성의 저하로 인해 체내 당 함량이 낮아지고, 질소대사 이상을 초래하여 체내에 유리아미노산이나 암모니아가 축적되어 병의 발생을 더욱 조장하는 냉해이다.
  ⓔ 혼합형 냉해 : 장기간의 저온으로 인해 지연형 냉해, 장해형 냉해 및 병해형 냉해 등이 혼합된 형태로 나타나는 현상으로, 수량 감소에 가장 치명적이다.

③ 냉해의 기구
  ⊙ 냉해 초기증상은 세포막의 손상을 수반한다.
  ⓒ 저온장해를 받은 조직은 원형질막의 침투성 증가로 인해 전해질이 침출되고, 엽록체와 미토콘드리아의 막도 해를 입게 된다.
  ⓒ 저온에 민감한 작물은 장애가 일어나는 온도에서 갑작스럽게 반투막의 성질이 변하는데, 저온에 강한 작물은 그러한 갑작스런 변화가 일어나지 않는다.
  ⓔ **삼투현상의 주체인 반투과성 막이 한계온도 이하의 저온으로 인해 고형화되어 선택적 투과에 이상이 초래된다.**

④ 냉온에 의한 작물의 생육장애
  ⊙ 광합성 능력 저하
  ⓒ 양·수분의 흡수장애
  ⓒ 양분의 전류 및 축적장애
  ⓔ 단백질합성 및 효소활력 저하
  ⓜ 꽃밥 및 화분의 세포 이상

⑤ 냉해의 대책
  ⊙ 내랭성 품종의 선택 : 냉해에 저항성을 가진 품종 또는 냉해회피성 품종(조생종)을 선택한다.
  ⓒ 입지조건의 개선
  - 방풍림 설치
  - 객토, 밑다짐 등으로 누수답 개량

- 암거배수 등으로 습답 개량
- 지력배양으로 건실한 생육 유도
ⓒ 보온육묘로 못자리 냉해를 방지하고, 생육기간을 앞당겨 등숙기의 냉해를 회피한다.
ⓔ 재배방법의 개선
  - 조기재배나 조식재배로 출수·성숙을 앞당긴다.
  - 인산, 칼리, 규산, 마그네슘 등을 충분히 시용한다.
ⓜ 냉온기의 담수 : 냉해의 위험이 있는 냉온기에 수온 19~20℃ 이상의 물을 15~20cm 깊이로 깊게 담수하면 냉해가 경감·방지된다.
ⓗ 수온 상승책 강구
  - 수온이 20℃ 이하일 때에는 물이 넓고 얕게 고이는 온수저류지를 설치한다.
  - 수로를 넓게 하여 물이 얕고 넓게 흐르게 하며, 낙차공이 많은 온조수로를 설치한다.
  - 물이 파이프 등을 통과하도록 하여 관개수온을 높인다.
  - OED(증발억제제·수온상승제)를 10a당 5kg 정도씩 3일 간격으로 논에 살포하여 수면증발을 억제하면 수온이 1~2℃ 상승한다.

(2) 한해(寒害)
 ① 동해의 발생
  ⓐ 작물의 조직 내 결빙으로 인한 피해이며, 월동작물은 흔히 동해를 입는다.
  ⓑ 세포 외 결빙 : 식물체 조직 내 즙액의 농도가 낮은 세포간극에서 먼저 결빙이 발생하는 현상
  ⓒ 세포 내 결빙 : 결빙이 더욱 진전되면서 세포 내 원형질이나 세포액이 어는 현상
  ⓓ 세포 외 결빙의 경우 세포 내 수분의 세포 밖 이동으로 인해 세포 내 염류 농도가 높아지고, 수분 부족으로 인해 원형질 구성 단백질이 응고되어 세포는 죽게 된다.
  ⓔ 세포 외 결빙 시 온도의 상승으로 인해 결빙이 급격히 융해되면 원형질이 물리적으로 파괴되어 세포는 죽게 된다.
 ② 작물의 동사점
  ⓐ 동사점 : 작물의 동결로 인해 단시간 내에 동사하는 온도
  ⓑ 작물의 동사점은 그 작물이 동결에 견디는 정도를 의미한다.
  ⓒ 동사점은 작물의 종류와 품종에 따라 차이를 보이며, 동일작물이라도 발육상태, 생육단계, 부위 등에 따라 다르다.
  ⓓ 작물이나 조직의 동사는 저온의 직접적인 영향이 아닌 조직 내 결빙으로 유발된다.
 ③ 작물의 내동성
  ⓐ 생리적 요인
   - 세포 내 자유수 함량이 많으면 세포 내 결빙이 발생하기 쉬워 내동성이 저하된다.
   - 세포액의 삼투압이 높으면 빙점이 낮아지고, 세포 내 결빙이 적어지며, 세포 외 결빙 시 탈수저항성이 커져 원형질이 기계적 변형을 적게 받아 내동성이 증대한다.

- 전분 함량이 낮고 가용성 당 함량이 높으면 세포의 삼투압이 커지고, 원형질 구성 단백질의 변성이 적어 내동성이 증가한다.
- 원형질의 물투과성이 크면 원형질 변형이 적어 내동성이 커진다.
- 원형질의 점도가 낮고, 연도가 크면 결빙에 의한 탈수와 융해 시 세포가 물을 다시 흡수할 때 원형질의 변형이 적으므로 내동성이 크다.
- 지유와 수분이 공존하면 빙점강하도가 커져 내동성을 증대시킨다.
- 칼슘이온(Ca^{2+})은 세포 내 결빙의 억제력이 크고, 마그네슘이온(Mg^{2+})도 억제작용이 있다.
- 원형질 구성 단백질에 다이설파이드기(-SS기)보다 설프하이드릴기(-SH기)가 많으면 기계적 견인력에 의해 분리되기 쉬워져 원형질의 파괴가 적고, 내동성이 크다.

ⓒ 맥류에서의 형태와 내동성
- 초형이 포복성인 것이 직립성인 것보다 내동성이 크다.
- 관부가 깊어 생장점이 땅속 깊이 있는 것이 내동성이 크다.
- 엽색이 진한 것이 내동성이 크다.

ⓒ 발육단계와 내동성
- 작물은 생식생장기가 영양생장기에 비해 내동성이 극히 약하다.
- 가을밀의 경우 2~4엽기의 영양체는 -17℃에서도 동사하지 않고 견디지만, 수잉기 생식기관은 -1.3~1.8℃에서도 동해를 받는다.

ⓒ 내동성의 계절적 변화
- 월동하는 겨울작물의 내동성은 기온이 낮아지면 차차 증가하고, 기온이 다시 높아지면 점점 감소한다.
- 경화 : 5℃ 이하의 지속적인 저온하에서 월동작물의 내동성이 커지는 현상
- 경화상실 : 경화된 작물을 다시 높은 온도로 처리하면 원상태로 되돌아오는 현상

ⓒ 휴면상태일 때 내동성이 크다.

④ 한해의 대책

ⓒ 일반대책
- 내동성 작물과 품종을 선택한다.
- 입지조건을 개선한다.
  - 방풍시설을 설치하여 찬바람의 내습을 경감시킨다.
  - 토질을 개선하여 서리의 발생을 억제한다.
  - 배수에 유의한다.
- 보온재배를 한다.
- 이랑을 세워 뿌림골을 깊게 한다.
- 적기파종하고, 파종량을 늘려 준다.
- 서리 시 적절히 답압을 해 준다.

ⓒ 응급대책
- 관개법 : 저녁관개는 물의 열을 토양에 보급하고, 낮에 데워진 지중열을 끌어올리며, 수증기가 지열의 발산을 막아 동상해(凍霜害)를 방지할 수 있다.
- 송풍법 : 동상해가 발생하는 밤의 지면 부근의 온도분포는 온도역전현상으로 인해 지면에 가까울수록 온도가 낮아지는데, 송풍기 등으로 기온역전현상을 파괴하면 작물 부근의 온도를 높여 동상해를 방지할 수 있다.
- 피복법 : 이엉, 거적, 플라스틱필름 등으로 작물체를 직접 피복하면 작물체로부터의 방열을 방지할 수 있다.
- 연소법 : 연료를 태워 발생시킨 열로 작물 주위의 기온을 높여 주는 적극적인 방법이다.
- 살수빙결법 : 작물체의 표면에 미세한 입자의 물을 살포하면 얼음막을 형성하여 작물체의 동결을 방지할 수 있다.

ⓒ 사후대책
- 속효성 비료의 추비 및 엽면시비로 생육을 촉진시킨다.
- 병충해를 철저히 방제한다.
- 동상해 후에는 낙화하기 쉬우므로 적화시기를 늦춘다.
- 피해가 심한 경우 대파를 강구한다.

04 광(光)환경

1. 광도와 광질

(1) 광 도
① 광도와 광합성량

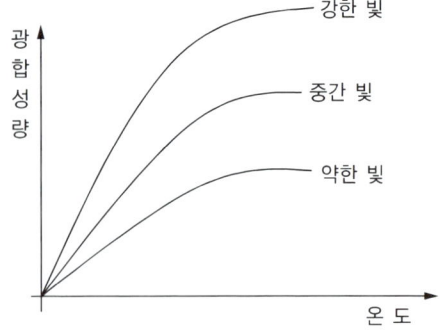

② 낮은 광도에서의 식물생장 ★ 중요
  ㉠ 광합성이 억제된다.
  ㉡ 줄기는 가늘어지고, 마디 사이는 길어진다.
  ㉢ 잎이 넓어지지만 엽육이 얇아진다.
  ㉣ 책상조직의 부피가 작아지고, 엽록소가 감소한다.
  ㉤ 결구가 늦어진다.
  ㉥ 근계 발달이 불량해진다.
  ㉦ 인경 비대와 꽃눈 발달, 착색, 착과, 과실 비대가 불량해진다.

> **예시문제 맛보기**
>
> **양지식물을 반음지에서 재배할 때 나타나는 현상으로 옳지 않은 것은?** [15회 기출]
> ① 잎이 넓어지고 두께가 얇아진다.
> ② 뿌리가 길게 신장하고, 뿌리털이 많아진다.
> ③ 줄기가 가늘어지고 마디 사이는 길어진다.
> ④ 꽃의 크기가 작아지고, 꽃수가 감소한다.
>
> **정답** ②

(2) 광 질

작물의 생육에 미치는 광질은 광합성과 관련이 깊다.

① **자외선** : 신장 억제, 엽육의 두께 증대, 안토시아닌계 색소의 발현 촉진 등에 관여
② **가시광선**
  ㉠ 적색광 : 광합성, 광주기성(일장), 호광성 종자의 발아 등에 관여
  ㉡ 청색광 : 광합성, 카로티노이드계 색소 형성 등에 관여
③ **원적외선** : 발아, 화아유도, 휴면, 형태 형성 등에 관여

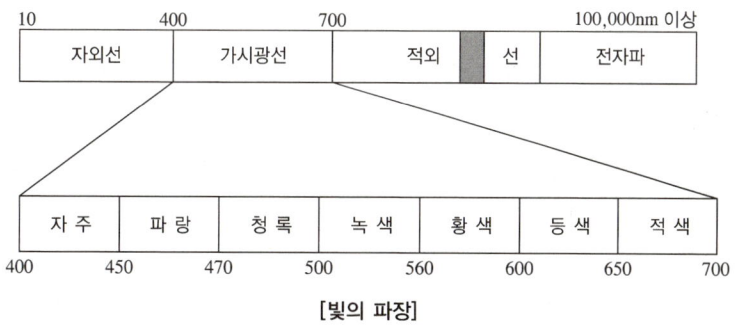

[빛의 파장]

(3) 광보상점과 광포화점

① **광보상점** : 광합성 시 흡수한 이산화탄소량과 호흡 시 방출한 이산화탄소량이 같을 때의 빛의 세기
② **광포화점** : 빛의 세기가 증가하여도 광합성량이 더 이상 증가하지 않을 때의 빛의 세기

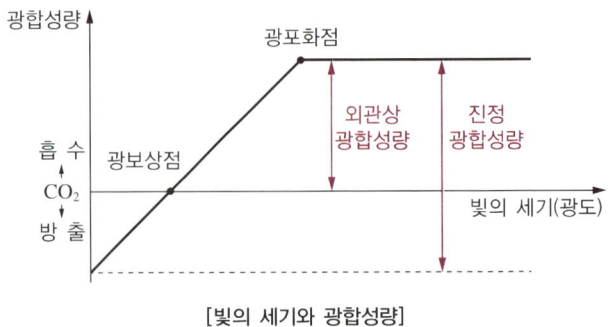

[빛의 세기와 광합성량]

2. 광과 식물의 생리작용

(1) 광합성 작용

$$6CO_2 + 6H_2O \xrightarrow[\text{엽록소}]{\text{빛(E)}} C_6H_{12}O_6 + 6O_2$$
(무기물)　　　　　(유기물)

① 명반응(제1과정)
　㉠ 광조건에서 암반응에 필요한 에너지공여체(ATP)와 수소공여체(NADPH)를 형성하면서 산소를 방출하는 과정이다.
　㉡ 엽록체와 틸라코이드에서 일어난다.
　㉢ 엽록소의 광에너지 흡수, 물의 광분해, 전자 전달과 광인산화반응이 주도한다.

② 암반응(제2과정)
　㉠ 명반응의 결과로 얻어진 ATP와 NADPH를 이용하여 이산화탄소를 환원시켜 포도당을 합성하는 과정이다.
　㉡ 엽록체의 기질(스트로마)에서 일어난다.
　㉢ 이산화탄소의 환원물질에 따라 C_3식물, C_4식물, CAM식물로 구분한다.
　　• C_3식물
　　　- 이산화탄소를 공기에서 직접 얻어 캘빈회로에 공급하는 식물
　　　- 벼, 밀, 콩, 귀리 등
　　• C_4식물
　　　- 수분을 보존하고, 광호흡을 억제하는 적응기구를 갖고 있는 식물
　　　- 덥고 건조한 조건에서는 기공을 닫아 수분을 보존하는 동시에, 이산화탄소를 4탄소화합물로 고정시키는 효소를 가지고 있다.
　　　- 4탄소화합물이 유관속초세포로 건너가 분해되면서 캘빈회로에 이산화탄소를 공급하므로, 기공이 대부분 닫혀 있어도 광합성을 계속할 수 있다.
　　　- 옥수수, 수수, 사탕수수 등

- **CAM(Crassulacean Acid Metabolism)식물**
  - 밤에만 기공을 열어 이산화탄소를 흡수하여 수분을 보존하고, 이산화탄소를 C_4식물과 같이 4탄소화합물로 고정한다.
  - 밤에는 4탄소화합물의 형태로 이산화탄소를 축적했다가, 낮에는 기공을 닫고 4탄소화합물을 캘빈회로에 공급하여 광합성을 계속한다.
  - 선인장, 파인애플, 대부분의 다육식물 등

③ 광합성의 유효파장
  ㉠ 675nm를 중심으로 하는 650~700nm의 적색광 부분과 450nm을 중심으로 하는 400~500nm의 청색광 부분이 가장 유효하다.
  ㉡ 녹색, 황색, 주황색 파장의 광은 대부분 투과·반사되어 효과가 적다.

(2) 호흡작용(이화작용)

$$C_6H_{12}O_6 + 6O_2 \rightarrow 6CO_2 + 6H_2O + 38ATP$$

① 체내 저장양분을 소모하는 과정이다.
② 호흡량과 산물의 저장
  ㉠ 호흡량이 많은 아스파라거스, 브로콜리 등은 저장이 어렵다.
  ㉡ 호흡량이 적은 양파, 감자 등은 저장기관을 이용하여 휴면한다.
③ 호흡계수(RQ)
  ㉠ 포도당 : $RQ = \dfrac{6CO_2}{6O_2} ≒ \dfrac{CO_2}{O_2} = 1$
  ㉡ 지방 : $C_{17}H_{35}COOH + 26O_2 \rightarrow 18CO_2 + 18H_2O$

  $\therefore RQ = \dfrac{18}{26} = 0.7$

(3) 굴광성

① 의의 : 식물의 한쪽으로만 광이 조사되면 조사방향으로 식물체가 구부러지는 현상을 말한다.
② 원인 : 광이 조사된 쪽의 옥신(Auxin) 농도가 낮아지고, 그 반대쪽은 옥신 농도가 높아져 나타나는 현상이다.
③ 지상부는 옥신 농도가 높은 쪽의 생장속도가 빨라져 광을 향하여 자라는 향광성이 나타나지만, 뿌리는 반대로 배광성이 나타난다.
④ 굴광성에는 400~500nm, 특히 440~480nm의 청색광이 가장 유효하다.

(4) 착 색

① **황백화현상** : 광이 없을 때 엽록소의 형성은 저해되고, 에티올린(Etiolin)이라는 담황색 색소가 형성되면서 나타난다.

② **엽록소의 형성** : 450nm를 중심으로 한 430~470nm의 청색광과 650nm를 중심으로 한 620~670nm의 적색광이 가장 유효하다.
③ **사과·포도·딸기 등의 착색** : 착색의 주체는 안토시아닌이며, 안토시아닌은 비교적 저온에서 많이 생성되고, 햇볕이 좋을 때 착색이 잘된다.

(5) 신장 및 개화
① 자외선과 같은 단파장은 식물의 신장을 억제시킨다.
② 광의 부족 또는 자외선 투과가 적은 경우 웃자라기 쉽다.
③ 광 조사가 좋은 환경에서는 탄수화물의 축적이 증가하고, 이로 인해 C/N율이 높아져 화성이 촉진된다.
④ 일장은 화성의 유도에 영향을 미친다.

3. 일사와 재배

(1) 광입지에 따른 작물의 선택
작물 재배 시 일사를 고려해야 하는데, 작물이 받는 일사는 입지에 따라 달라지며, 수광량의 차이는 작물의 기초대사나 건물의 생산 등에 영향을 미친다.

(2) 작휴와 파종
① **이랑의 방향**
  ㉠ 경사지는 등고선경작이 유리하지만, 평지는 수광량을 고려해 이랑의 방향을 정해야 한다.
  ㉡ 동서이랑보다는 남북이랑에서 수량의 증가가 나타난다.
  ㉢ 일반적으로 전체 수광량은 남북이랑이 크지만, 겨울작물이 아직 크게 자라지 않았을 때는 동서이랑이 수광량이 많고, 북서풍도 막을 수 있어 유리하다.
② **파종의 위치** : 강한 일사를 요구하지 않는 감자는 동서이랑도 무난하며, 촉성재배 시 동서이랑의 골에 파종하되, 골 북쪽으로 붙여서 파종하면 많은 광을 받을 수 있다.

(3) 보광과 차광
① **보광** : 흐린 날 또는 밤에 인공광으로 광합성을 촉진시킬 때는 적색광이 유리하다.
② **차광**
  ㉠ 여름철 온실, 묘포 등에서 고온, 건조 및 과도한 일사를 피하기 위해 실시한다.
  ㉡ 인삼처럼 그늘에서 재배하는 작물은 미리 차광조치를 취한다.

05 공기환경

1. 대기조성과 작물

(1) 대기조성

대기의 조성비는 대체로 일정 비율을 유지하며, 특히 질소, 산소, 이산화탄소가 가장 눈에 띄는 비율을 차지한다.
① 질소 : 약 78% 이상
② 산소 : 약 21%
③ 이산화탄소 : 약 0.035%
④ 기타 : 수증기, 먼지, 연기, 미생물, 각종 가스 등

(2) 대기와 작물

① 작물은 대기 중 이산화탄소를 광합성의 재료로 하고, 산소를 이용하여 호흡한다.
② 질소고정균에 의해 대기 중 질소가 고정된다.
③ 대기 중 아황산가스 등의 유해성분은 작물에 직접적인 유해를 가한다.
④ 토양산소의 부족은 토양 내 환원성 유해물질 생성의 원인이 된다.
⑤ 토양산소의 변화는 비료성분의 변화와 관련이 있어 작물생육에 영향을 미친다.
⑥ 바람은 작물생육에 여러 영향을 미친다.

2. 대기 중 산소와 질소

(1) 산 소

① 식물의 호흡과 광합성이 균형을 이루면, 대기 중 산소와 이산화탄소의 균형이 유지된다.
② 대기 중 산소 농도의 감소는 호흡속도를 감소시키며, 5~10% 이하에 이르면 호흡은 크게 감소한다.
③ 산소 농도의 증가는 일시적으로 작물의 호흡을 증가시키지만, 90%에 이르면 호흡은 급속히 감퇴하고, 100%에서는 식물이 고사한다.

(2) 질 소

① 유리질소의 고정 : 근류균, *Azotobacter* 등은 공기 중에 함유되어 있는 질소가스를 고정한다.
② 천연양분 공급 : 대기 중에는 소량의 화합물 형태로 질소가 존재하며, 공중방전이나 강우에 의해 암모니아, 질산, 아질산 등이 토양 중에 공급되어 작물의 양분이 된다.
③ 인공합성 : 비료공업 등에 의해 고정된 공중질소는 화학비료의 형태로 작물에 공급된다.

3. 이산화탄소

(1) 호흡작용
① 대기 중 이산화탄소 농도는 호흡에 관여하는데, 이산화탄소 농도가 증가하면 호흡속도는 감소한다.
② 5%의 이산화탄소 농도하에서 발아종자의 호흡은 억제된다.
③ 사과의 경우 10~20%의 이산화탄소 농도하에서 호흡이 즉시 정지하며, 어린 과실일수록 영향이 크다.

(2) 광합성
① 이산화탄소 농도가 감소하면 광합성속도가 감소한다.
② 일반 대기 중 이산화탄소 농도인 0.03%보다 높으면 식물의 광합성은 증대된다.
③ 이산화탄소 포화점
　㉠ 광합성량은 이산화탄소 농도가 증가함에 따라 증가하지만 일정 농도 이상에서는 더 이상 증가하지 않는데, 이 한계점을 이산화탄소 포화점이라고 한다.
　㉡ **작물의 이산화탄소 포화점은 대기 농도의 7~10배(0.21~0.3%) 정도이다.**
④ **작물의 이산화탄소 보상점은 대기 농도의 1/10~1/3(0.003~0.01%) 정도이다.**

(3) 탄산시비
① 광합성에서의 이산화탄소 포화점은 대기 중 농도보다 훨씬 높으며, 이산화탄소의 농도가 높아지면 광포화점도 높아져 작물의 생육을 촉진할 수 있다.
② 인위적으로 이산화탄소 농도를 높여 주는 것을 탄산시비라고 한다.
③ 일반 포장에서의 이산화탄소 공급은 쉬운 일이 아니지만 퇴비나 녹비의 시용 후 부패 시 발생하는 이산화탄소로도 탄산시비와 같은 효과를 얻을 수 있다.
④ 이산화탄소가 특정 농도 이상 증가하면 광합성량은 증가하지 않고 오히려 감소하므로, 이산화탄소와 함께 광도를 높여 주는 것이 바람직하다.
⑤ 시설 내 이산화탄소 농도는 대기보다 낮지만, 인위적으로 이산화탄소 농도를 조절할 수 있기 때문에 실용적으로 탄산시비를 적용할 수 있다.
⑥ 탄산시비의 효과
　㉠ 시설 내 탄산시비는 생육을 촉진하여 수량이 증대되고, 품질을 향상시킨다.
　㉡ 열매채소의 수량 증대가 두드러지고, 잎채소와 뿌리채소에도 상당한 효과가 있다.
　㉢ 절화에서도 품질 향상과 수명 연장의 효과가 나타난다.
　㉣ 육묘 중에 탄산시비하면 모종의 소질이 향상되고, 정식 후에도 시용효과가 계속 유지된다.

(4) 이산화탄소 농도에 영향을 주는 요인

① 계 절
  ㉠ 여름철에는 왕성한 광합성으로 인해 이산화탄소 농도가 낮아지고, 가을철에 다시 높아진다.
  ㉡ 지표면 근처는 여름철 토양유기물의 분해와 뿌리의 호흡으로 인해 오히려 이산화탄소 농도가 높아진다.
② 지표면과의 거리 : 이산화탄소는 비교적 무거워 가라앉기 때문에 지표면으로부터 멀어지면 농도가 낮아진다.
③ 식생 : 식생이 무성하면 이산화탄소를 공급해 주는 바람을 막고, 뿌리가 왕성한 호흡을 하기 때문에 지표면에 가까울수록 이산화탄소 농도가 높아지지만, 반대로 지표면으로부터 멀어질수록 잎의 왕성한 광합성으로 인해 이산화탄소 농도는 낮아진다.
④ 바람 : 바람은 대기 중 이산화탄소 농도의 불균형을 완화시킨다.
⑤ 미숙유기물 사용 : 미숙퇴비, 낙엽, 구비, 녹비의 사용은 부패 시 이산화탄소를 발생하므로 탄산시비의 효과를 기대할 수 있다.

4. 바 람

(1) 연 풍

① 의의 : 풍속 4~6km/h 이하의 바람을 의미한다.
② 연풍의 효과
  ㉠ 증산을 촉진하고, 양분의 흡수를 증대시킨다.
  ㉡ 잎을 흔들어 그늘진 잎에 광을 조사하여 광합성을 증대시킨다.
  ㉢ 이산화탄소 농도의 저하를 경감시켜 광합성에 도움을 준다.
  ㉣ 풍매화 화분의 매개체이다.
  ㉤ 여름철 기온 및 지온을 낮추는 효과가 있다.
  ㉥ 봄과 가을의 서리를 막아 준다.
  ㉦ 수확물의 건조를 촉진한다.
③ 연풍의 해작용
  ㉠ 잡초의 씨 또는 균을 전파한다.
  ㉡ 건조기에 더욱 건조한 상태를 조장한다.
  ㉢ 저온의 바람은 냉해를 유발하기도 한다.

(2) 풍 해

① 의의 : 풍속 4~6km/h 이상의 강풍과 태풍에 의한 피해를 말하며, 풍속이 빠르고 공중습도가 낮을수록 심해진다.

② 직접적인 기계적 장애
  ㉠ 작물의 절손, 열상, 낙과, 도복, 탈립 등을 초래하며, 이러한 기계적 장해로 인해 2차적으로 병해나 부패 등이 발생하기 쉬워진다.
  ㉡ 벼의 풍해
    • 출수 3~4일의 것이 피해가 가장 심하다.
    • 도복을 초래하는 경우 출수 15일 이내의 것이 가장 피해가 심하다.
    • 출수 30일 이후의 것은 피해가 경미하다.
③ 직접적인 생리적 장애
  ㉠ 호흡의 증대
  ㉡ 광합성의 감퇴
  ㉢ 작물체의 건조
  ㉣ 작물 체온의 저하
  ㉤ 염풍의 피해
④ 풍해의 대책
  ㉠ 일반대책 : 방풍림이나 방풍울타리 등을 설치하여 풍세를 약화시킨다.
  ㉡ 풍식대책
    • 방풍림이나 방풍울타리 등을 설치한다.
    • 피복식물을 재배한다.
    • 관개하여 토양을 젖어 있는 상태로 만든다.
    • 풍향과 직각방향으로 이랑을 조성한다.
    • 겨울에 건조하고 바람이 센 지역은 높이베기를 하여 그루터기를 이용해 풍력을 약화시키고, 지표에 잔재물을 그대로 둔다.
  ㉢ 재배적 대책
    • 내풍성 작물 선택
    • 내도복성 품종 선택
    • 조기재배 등을 통한 작기의 이동
    • 담 수
    • 배토, 지주 및 결속
    • 생육의 건실화
    • 낙과방지제 살포
  ㉣ 사후대책
    • 쓰러진 것은 일으켜 세우거나 바로 수확한다.
    • 태풍 후에는 병의 발생이 증가하므로 약제를 살포한다.
    • 낙엽에는 병든 것이 많으므로 제거한다.

06 생물환경

1. 작물을 둘러싸고 있는 생물

(1) 경지에 서식하는 생물
① 경지는 초원, 삼림과는 크게 다른 인위적 환경이다.
② 경지는 자연계와 같은 다양성을 갖지 못하고, 목적하는 작물만 집중적으로 재배되는 단순성을 가진다.

(2) 경지에 유익한 생물과 유해한 생물
① 유익한 생물
  ㉠ 조류 : 경지에서 과실이나 곡물에 해를 끼치기도 하지만, 작물의 해충을 잡아먹어 천적으로서의 역할도 크다.
  ㉡ 천 적
    • 해충을 포식하거나 해충에 기생하는 생물을 천적이라고 한다.
    • 경지에는 육식성 소동물이 서식하며, 해충의 이상번식을 방지하는 역할을 한다.
  ㉢ 화분매개곤충
  ㉣ 토양미생물
② 유해한 생물
  ㉠ 작물생육을 저해하는 생물을 의미하며, 병을 일으키는 병원성 미생물과 바이러스, 작물에 해를 끼치는 해충과 해조류, 잡초 등 여러 생물이 있다.
  ㉡ 유해생물의 이상번식은 작물에 큰 피해를 입히므로 이들의 방지를 위해 직접적 방제, 윤작, 재배방법에 따른 회피, 천적의 도입 등을 강구해야 한다.

2. 작물의 병해와 방제

(1) 병해의 종류와 발병원인
① 의의 : 작물의 정상적 대사활동이 어떤 원인으로 인해 장해를 받아 작물 본래의 기능을 상실하여 잎이 시들고, 생육이 정지되는 등의 이상증상을 나타내는 것을 병해라고 한다.
② 병해의 종류
  ㉠ 전염성 병해 : 사상균, 세균, 바이러스 등의 병원체가 원인으로, 주변으로 확산되는 전염성을 가지고 있다.
  ㉡ 비전염성 병해 : 부적합한 토양이나 기상, 환경오염물질, 영양결핍, 약해 등이 원인으로, 주변으로 확산되지 않는다.

③ 발병의 원인
  ㉠ **주인** : 병해를 일으키는 병원체
  ㉡ **유인** : 발병을 유발하는 환경조건
  ㉢ **소인** : 병에 걸리기 쉬운 성질
    ※ **벼 도열병의 발생조건**
      • 주인 : 도열병균의 분생포자가 다발
      • 유인 : 장시간 강우, 일조의 부족, 저온, 질소의 과다시비, 밀식, 만식 등
      • 소인 : 도열병에 걸리기 쉬운 품종의 재배
  ㉣ 작물의 병해는 하나의 원인만으로 발생하지 않고 2~3개 이상의 원인이 겹쳐져 발생한다.

(2) 사상균에 의한 병해
  ① 사상균의 특징
    ㉠ 작물의 병해 중 사상균에 의한 병해가 가장 많다.
    ㉡ 곰팡이 또는 균류라고도 하며, 분류학상으로는 식물에 속하지만 엽록소를 갖고 있지 않아 다른 것으로부터 영양을 취하여 생활한다.
  ② **사상균의 분류** : 죽은 식물의 사체에서 영양을 취하는 부생균과 살아 있는 작물에 침입하여 영양을 취하는 기생균으로 구분한다.
    ㉠ **조건적 부생균**
      • 살아 있는 식물체에 기생하지만, 조건에 따라서는 죽은 식물에서도 부생적으로 생활한다.
      • 도열병균, 역병균, 깨씨무늬병 등 대다수의 병원균
    ㉡ **조건적 기생균**
      • 부생적 생활을 하지만, 작물의 생육이 약해졌을 때는 기생한다.
      • 입고병균, 잎집무늬마름병균 등
    ㉢ **절대기생균**
      • 살아 있는 식물에서만 영양을 취한다.
      • 녹병균, 뿌리혹병균 등
  ③ **사상균병의 종류** : 전염방식에 따라 공기전염성 병해와 토양전염성 병해로 구분한다.
    ㉠ 공기전염성 병해
      • 병원균이 물, 바람, 종자, 곤충 등에 의해 전염되는 병해
      • 벼의 도열병과 잎집무늬마름병, 감자 역병, 맥류 깜부기병, 사과 적성병 등
    ㉡ 토양전염성 병해
      • 병원균이 토양에 있어 작물의 뿌리 또는 줄기 밑부분으로 침입하여 발생하는 병해
      • 벼 입고병, 배추 뿌리혹병, 오이·토마토 등의 역병 등
      • 연작장해의 주요 원인 중 하나이다.

④ 사상균병의 전염방법
  ㉠ 종자전염 : 벼 도열병, 맥류 깜부기병, 고구마 흑반병 등
  ㉡ 풍매전염 : 벼 도열병, 맥류 녹병, 배 적성병 등
  ㉢ 수매전염 : 벼 황화위축병, 감자 역병 등
  ㉣ 충매전염 : 오이 탄저병, 배 적성병 등
  ㉤ 토양전염 : 토마토 입고병, 가지 위축병, 배추 뿌리혹병 등
⑤ 발 병
  ㉠ 사상균은 작물의 조직 내에 침입하여 영양을 흡수하면서 발육·만연한다.
  ㉡ 발병 : 사상균의 발육·만연으로 인해 증상이 나타나는 것을 발병이라고 한다.
  ㉢ 병징 : 발병으로 인해 작물에 나타나는 병적 변화를 의미하며, 병명을 판단하는 데 있어 중요한 단서가 된다.

(3) 세균에 의한 병해
① 세균의 특징
  ㉠ 하나하나가 독립된 작은 단세포의 미생물이다.
  ㉡ 모양으로 구분 시 간상, 구상, 나선상, 사상 등으로 분류하며, 작물의 병해는 대부분 간상의 세균이 일으킨다.
② 침입장소에 따른 세균병의 분류
  ㉠ 유조직병
    • 작물의 유조직으로 세균이 침입하며 반점, 엽고, 변부, 썩음 등의 병징이 나타난다.
    • 벼 흰빛잎마름병, 오이 반점세균병, 양배추 검은썩음병, 채소의 연부병 등
  ㉡ 도관병
    • 작물의 도관으로 세균이 침입·증식하며, 주변 조직을 파괴하고 도관을 막아 물의 상승을 억제하여 위조현상이 나타난다.
    • 토마토·가지 등의 청고병, 담배 입고병, 백합 입고병 등
  ㉢ 증생병
    • 세균이 방출한 호르몬의 작용으로 인해 세포가 커져 조직의 일부가 이상비대하는 증상이 나타난다.
    • 배·감·포도·사과·당근 등의 근두암종병 등
③ 세균병의 전염
  ㉠ 세균은 광과 건조에 약하여 피해작물의 조직 또는 토양 등 수분이 많은 곳에서 생활한다.
  ㉡ 빗물, 관개수 등에 의해 물과 흙이 혼합되어 운반되거나, 종묘나 곤충에 의해서도 전염된다.
  ㉢ 사상균과는 달리 작물의 표피를 뚫고 침입할 수 있는 기관이 없어 상처나 기공, 수공, 밀선 등의 자연개구부나, 보호층이 발달하지 않은 근관 등으로 침입한다.

(4) 바이러스에 의한 병해
    ① 바이러스의 특징 ★ 중요
        ㉠ 바이러스병은 거의 모든 작물에서 발생한다.
        ㉡ 병원체는 식물바이러스라고 한다.
        ㉢ 본체는 DNA 또는 RNA의 핵산이며, 단백질 껍질을 갖는다.
        ㉣ 간상, 사상, 구상 등의 여러 모양을 갖는다.
        ㉤ 일반 광학현미경으로 보이지 않을 만큼 크기가 작다.
        ㉥ 특정 식물에 감염하여 병해를 일으키는 성질이 있다.
        ㉦ 인공배양할 수 없다.
        ㉧ 오로지 세포 내에서만 증식한다.
    ② 바이러스병의 종류
        ㉠ 위축병 : 벼, 맥류, 담배, 콩 등
        ㉡ 위황병 : 백합 등
        ㉢ 모자이크병 : 감자, 토마토, 오이, 튤립, 수선 등
        ㉣ 괴저모자이크병 : 담배, 토마토 등
        ㉤ 잎말림병 : 감자 등
    ③ 바이러스병의 전염
        ㉠ 진딧물, 멸구, 매미충 등과 선충 및 곰팡이 등을 매개로 하는 것이 많다.
        ㉡ 작물 간의 접촉이나 종묘, 토양, 접목 등에 의해서도 전염된다.
        ㉢ 표피에 생긴 상처의 즙액이나 꽃가루에 의해 전염되기도 한다.

(5) 파이토플라스마(Phytoplasma)
    ① 바이러스와 세균의 중간 영역에 위치하는 미생물로, 생물계에서 가장 작고 단순하다.
    ② 동물에서는 마이코플라스마라고 하며, 식물에서는 파이토플라스마로 별칭한다.
    ③ 옥수수·복숭아·밤나무 등의 오갈병, 감자·고구마·대추·오동나무 등의 빗자루병 등

(6) 바이로이드(Viroid)
    ① 바이러스와는 다르게 핵산(DNA)으로만 구성되어 있다.
    ② 바이러스와 비슷한 전염 특성을 지닌다.
    ③ 바이러스보다 작고, 식물에만 존재한다.
    ④ 생장 억제 또는 왜화현상이 나타난다.
    ⑤ 과수는 동록(구리빛 잎)이 나타나거나 작아지며, 기형과도 발생한다.

(7) 예방과 방제
① 예 방
  ㉠ 발병 전 예방에 주력하는 것이 합리적이다.
  ㉡ 예방방법
   • 병원균이 경지에 침입하지 못하게 한다.
   • 저항성 품종과 대목을 선정한다.
   • 작물을 건전하게 생육시켜 저항력을 갖게 한다.
   • 병원균의 활동을 억제할 수 있는 재배환경을 만든다.
   • 종자 및 토양의 소독과 윤작 등을 통하여 병원균의 밀도를 낮춘다.
② 방 제
  ㉠ 경종적 방제 : 환경이나 재배기술을 이용하는 방제법
   • 내병성 품종 선택
   • 적절한 환경 조절
   • 합리적인 시비와 윤작
   • 잡주와 이병주 제거
   • 접 목
   • 무병종묘 이용
  ㉡ 화학적 방제 : 농약을 이용한 방제법
  ㉢ 생물적 방제 : 천적이나 길항미생물 등을 이용한 방제법
  ㉣ 물리적 방제 : 열이나 빛을 이용한 방제법
   • 물리적 방제의 목적은 병원균의 사멸 또는 불활성화이다.
   • 온도(고온·저온)처리, 광처리, 공기의 건조, 물대기 등
    ※ 물리적 방제법은 환경친화적이지만 효과가 불확실하고, 비용이 많이 드는 단점이 있다.
  ㉤ 종합적 방제 : 두 가지 이상의 방제법을 병행하는 방제법
  ※ 토양전염성병, 세균병, 바이러스병, 바이로이드, 파이토플라스마 등은 발병 후 방제가 어렵다.

3. 작물의 해충과 방제

(1) 해충의 종류와 피해
① 해충의 종류
  ㉠ 대부분의 해충은 곤충이며, 그 외에 진드기류, 선충류, 갑각류, 복족류 등이나 소형 무척추동물도 해충에 속한다.
  ㉡ 입의 모양에 따라 흡즙성 해충과 저작성 해충 등으로 구분한다.
② 해충의 피해
  ㉠ 가해 : 작물에 입힌 직접적인 상처 또는 장해를 주어 쇠약하게 만드는 피해

ⓒ 피해 : 해충의 가해로 인해 작물에 나타나는 증상
ⓒ 해충의 가해양식
- 식해 : 이화명나방, 혹명나방, 멸강나방, 벼잎벌레, 줄기굴파리, 벼물바구미 등
- 흡즙해(즙액 흡수) : 멸구, 애멸구, 진딧물, 진드기, 방귀벌레, 깍지진디, 패각충 등
- 산란·상해 : 포도뿌리진딧물, 진드기, 선충류 등
- 벌레혹 형성 : 끝동매미충, 잎벌, 콩잎굴파리 등
- 기타(중독물질) : 벼줄기굴파리, 벼심고선충 등

(2) 해충의 방제
① 의 의
ⓐ 병해와 달리 해충은 발생 후에도 약제를 살포하여 방제가 가능하다.
ⓑ 약제의 다량사용은 천적류의 피해, 환경오염, 해충의 내성 증가, 잔류독성 등의 부정적인 면도 많다.
ⓒ 해충의 방제에는 예방과 방제를 조합한 종합적 방제대책이 필요하다.
ⓓ 해충의 방제목표와 주요 방제방법
- 예 방
  - 방제목표 : 해충의 발생 억제 및 가해 회피
  - 주요 방제방법 : 윤작과 휴한, 저항성 품종의 선택, 천적의 이용, 재배시기의 이동, 차단, 전등조명에 의한 기피 등
- 방 제
  - 방제목표 : 발생한 해충을 제거
  - 주요 방제방법 : 살충제 살포, 포살·유살·소살, 경운, 대항식물·천적 및 불임웅 이용 등

② 천적 이용
ⓐ 천적의 의의
- 특정 곤충을 포식하거나 그 곤충에 기생·침입하여 병을 일으키는 생물을 천적이라고 한다.
- 밀폐공간에서 작물을 재배하는 시설원예에서는 천적의 이용이 유리하며, 유기원예에서 중요한 해충의 구제방법이다.
ⓑ 천적의 분류와 종류 ★ 중요
- 기생성 천적 : 기생벌, 기생파리, 선충 등
- 포식성 천적 : 무당벌레, 포식성 응애, 풀잠자리, 포식성 노린재류 등
- 병원성 천적 : 세균, 바이러스, 원생동물 등

ⓒ 천적의 종류와 대상 해충

대상해충	도입 대상천적(적합한 환경)	이용작물
점박이응애	칠레이리응애(저온)	딸기, 오이, 화훼 등
	긴이리응애(고온)	수박, 오이, 참외, 화훼 등
	캘리포니아커스이리응애(고온)	수박, 오이, 참외, 화훼 등
	팔리시스이리응애(야외)	사과, 배, 감귤 등
온실가루이	온실가루이좀벌(저온)	토마토, 오이, 화훼 등
	황온좀벌(고온)	토마토, 오이, 멜론 등
진딧물	콜레마니진디벌	엽채류, 과채류 등
총채벌레	애꽃노린재류(큰 총채벌레 포식)	과채류, 엽채류, 화훼 등
	오이이리응애(작은 총채벌레 포식)	과채류, 엽채류, 화훼 등
나방류, 잎굴파리	명충알벌	고추, 피망 등
	굴파리좀벌(큰 잎굴파리유충)	토마토, 오이, 화훼 등
	잎굴파리고치벌(작은 유충)	토마토, 오이, 화훼 등

ⓓ 천적의 이용방법
- 작물의 생육환경에 따라 적당한 천적을 선택해야 한다.
- 천적의 이용효과를 높이기 위해 가능하면 무병종묘를 이용하고, 외부해충의 침입을 막아야 한다.
- 천적의 활동에 알맞은 환경을 조성하고, 가급적 조기투입한다.

ⓔ **유지식물(Banker Plant)**
- 천적의 증식과 유지에 이용되는 식물을 유지식물이라고 한다.
- 유연관계가 먼 작물들은 해충의 종류도 서로 달라, 주작물의 해충으로는 작용하지 않으면서 천적의 증식을 위한 먹이로 이용된다.

    ※ **딸기의 유지식물**
    - 단자엽식물인 보리가 이용된다.
    - 보리에는 초식자인 보리두갈래진딧물과 그 천적인 콜레마니진디벌이 동시에 증식한다.
    - 보리에 증식한 진디벌은 딸기에 발생하는 진딧물을 공격한다.

- 유지식물은 해충 발생 전에 준비하고, 유지식물의 천적 발생시기와 주작물의 해충 발생시기를 일치시켜야 한다.
- 기주곤충의 추가접종이 필요하다.

ⓕ 천적 이용 시 문제점
- 모든 해충의 구제는 불가능하다.
- 천적의 관리 및 이용에 대한 기술적 어려움과 경제적 측면도 고려해야 한다.
- 대상해충이 제한적이다.
- 해충의 밀도가 지나치게 높으면 방제효과가 떨어진다.
- 천적도 환경의 영향을 크게 받으므로 방제효과가 환경에 따라 달라진다.
- 농약과 같은 즉시효과가 나타나지 않는다.

③ 가해 회피
　　㉠ 발생시기와 가해시기를 피해 재배시기를 이동하여 회피할 수 있다.
　　㉡ 차단, 유살·포살·소살, 조명 등의 방법도 병행한다.
④ 약제 방제
　　㉠ 예방효과는 적지만, 방제효과가 단시간에 확실히 나타난다.
　　㉡ 재배방법에도 제약이 없다.
　　㉢ 약제 사용 시 주의점
　　　　• 해충 또는 작물에 알맞은 약제를 선택한다.
　　　　• 포장환경과 작물의 생육에 맞는 제형을 선택한다.
　　　　• 농도 및 살포량을 정확하게 지킨다.
　　　　• 살포적기에 사용한다.
　　　　• 동일약제를 연용하지 말고, 성분이 다른 약제를 조합한다.
　　　　• 천적에 해를 주지 않는 선택성 농약을 사용한다.

(3) 병충해 종합관리(IPM ; Integrated Pest Management)

① 의 의
　　㉠ 경제적, 환경적, 사회적 가치를 고려한 종합적이고 지속 가능한 병충해 관리전략
　　㉡ IPM은 병충해의 전멸이 목표가 아니라 일정 수준의 병충해의 존재와 피해 속에서도 수익성·상품성 있는 작물을 생산 가능하도록 하는 데 그 목적이 있다.

　　※ 용어 설명
　　　• Integrated(종합적) : 병충해 문제 해결을 위해 생물학적, 물리적, 화학적, 작물학적, 유전학적 조절방법을 종합적으로 사용하는 것을 의미한다.
　　　• Pest(병충해) : 수익성 및 상품성 있는 산물의 생산에 위협이 되는 모든 종류의 잡초, 질병, 곤충을 의미한다.
　　　• Management(관리) : 경제적 손실을 유발하는 병충해를 사전적으로 방지하는 과정을 의미한다.

② 농약의 사용 절감을 위한 병충해 종합관리
　　㉠ 병충해 발생을 억제할 수 있는 재배기술의 실천
　　㉡ 물리적 방제기술의 실천
　　㉢ 천적 또는 페르몬 등 생물학적 방제법의 도입
　　㉣ 농약은 최후수단으로서 꼭 필요한 경우에만 사용

예시문제 맛보기

과수의 병해충 종합관리체계는?　　　　　　　　　　　　　　　　　　　　　　　　[17회 기출]
① IFP　　　　　　　　　　　　　　　② INM
③ IPM　　　　　　　　　　　　　　　④ IAA

정답 ③

4. 잡초와 방제

(1) 잡초의 의의와 피해
① 의 의
  ㉠ 일반적으로 재배포장 내에 발생하는 작물 이외의 식물을 의미하지만, 넓은 의미의 잡초는 포장뿐만 아니라 포장 주변, 도로, 제방 등에서 발생하는 식물까지 포함한다.
  ㉡ 작물 사이에서 자연적으로 발생하여 직간접적으로 작물의 수량이나 품질을 저하시키는 식물을 잡초라고 한다.

② 잡초의 피해
  ㉠ 양·수분의 수탈
  ㉡ 광의 차단
  ㉢ 환경의 악화
  ㉣ 병충해의 번식 조장
  ㉤ 유해물질의 분비 : 유해물질을 분비하여 작물생육을 억제하는 상호대립 억제작용(타감작용, Allelopathy)
  ㉥ 품질의 저하
  ㉦ 가축에의 피해
  ㉧ 미관의 손상
  ㉨ 수로 또는 저수지 등에서의 관수 방해

③ 잡초의 유용성
  ㉠ 지면을 피복하여 토양침식을 억제한다.
  ㉡ 토양에 유기물의 제공원이 될 수 있다.
  ㉢ 구황작물로 이용될 수 있는 것들이 많다.
  ㉣ 야생동물, 조류 및 미생물의 먹이와 서식처로 이용되어 환경에 기여한다.
  ㉤ 유전자원으로 이용될 수 있다.
  ㉥ 과수원 등에서 초생재배식물로 이용된다.
  ㉦ 약용성분 및 기타 유용한 천연물질의 추출원이다.
  ㉧ 가축의 사료로서 가치가 있다.
  ㉨ 환경오염지역에서 오염물질을 제거한다.
  ㉩ 일부 품종의 경우 자연경관을 아름답게 하는 조경재료로 쓰인다.

④ 잡초의 단점
  ㉠ 원하지 않는 장소에 발생한다.
  ㉡ 자연의 야생상태에서도 잘 번식한다.
  ㉢ 번식력이 왕성하며, 큰 집단을 형성한다.
  ㉣ 근절하기 힘들고, 작물이나 동물, 인간에게 피해를 준다.

ⓜ 이용가치가 적다.
ⓗ 미관을 손상시킨다.

(2) 잡초의 종류와 생태
① 잡초의 종류
ⓐ 생활사에 따라 1년생, 2년생 및 다년생으로 구분한다.
- 1년생 잡초 : 생활주기가 1년 이내인 잡초
- 2년생 잡초 : 생활주기가 1~2년인 잡초
- 다년생 잡초 : 2년 이상 생존하며 종자로 번식하기도 하지만, 영양번식을 하는 경우가 많은 잡초

ⓑ 우리나라의 주요 잡초 ★ 중요

구 분			잡초
논잡초	1년생	화본과	강피, 물피, 돌피, 뚝새풀 등
		방동사니과	참방동사니, 알방동사니, 바람하늘지기, 바늘골 등
		광엽잡초	물달개비, 물옥잠, 여뀌, 자귀풀, 가막사리 등
	다년생	화본과	나도겨풀 등
		방동사니과	너도방동사니, 올방개, 올챙이고랭이, 매자기 등
		광엽잡초	가래, 벗풀, 올미, 개구리밥, 미나리 등
밭잡초	1년생	화본과	바랭이, 강아지풀, 돌피, 뚝새풀(2년생) 등
		방동사니과	참방동사니, 금방동사니 등
		광엽잡초	개비름, 명아주, 여뀌, 쇠비름, 냉이(2년생), 망초(2년생), 개망초(2년생) 등
	다년생	화본과	참새피, 띠 등
		방동사니과	향부자 등
		광엽잡초	쑥, 씀바귀, 민들레, 쇠뜨기, 토끼풀, 메꽃 등

② 잡초의 생태
ⓐ 종자생산량이 많고 대부분 소립종자로, 발아가 빠르고 초기의 생장속도도 빠르다.
ⓑ **대개 C_4형 광합성을 하므로 광합성효율이 높고, 생장이 빨라 경합적 측면에서 많은 장점**을 갖고 있다.
ⓒ 불량환경에 대한 적응력이 높고, 한발 및 과습의 조건에서도 잘 견딘다.

(3) 잡초의 방제
① 잡초의 예방
ⓐ 윤 작
ⓑ 방 목
ⓒ 소각 및 소토
ⓓ 경 운
ⓔ 퇴비를 잘 부숙시켜 퇴비 중 잡초종자의 경감

- ⓗ 종자 선별
- ⓢ 피 복
- ⓞ 답전윤환
- ⓩ 담수 및 써레질

② **잡초의 방제**
- ㉠ 물리적(기계적) 방제
  - 물리적 힘을 이용하여 잡초를 제거하는 방법
  - 수취, 화염제초, 베기, 경운, 중경 등
- ㉡ 경종적(생태적) 방제
  - 잡초와 작물의 생리·생태적 특성을 이용하여 잡초의 경합력을 저하시키고, 작물의 경합력을 높이는 방법
  - 재배시기의 조절, 윤작, 시비의 조절 등
- ㉢ 생물학적 방제
  - 생태계 파괴 없이 잡초를 제거하는 방법
  - 곤충, 소동물, 어패류 등의 이용
- ㉣ 화학적 방제
  - 농약을 이용하여 잡초를 제거하는 방법
  - 장 점
    - 사용폭이 넓고 효과가 커서 비교적 완전한 제초가 가능하다.
    - 효과가 상당 기간 지속되고, 경비가 절감된다.
    - 사용이 간편하다.
  - 단 점
    - 인축과 작물에 약해 가능성이 있다.
    - 교육 및 훈련이 필요하다.
- ㉤ 종합적 잡초 방제(IWP ; Integrated Weed Management)
  - 잡초 방제를 위해 2종 이상의 방제법을 혼합하여 사용하는 방법
  - 불리한 환경으로 인한 경제적 손실이 최소화되는 범위 내에서 유해생물의 군락을 조절하는 데 목적이 있으며, 이를 위한 가장 이상적인 방제법을 선택한다.

③ **제초제**
- ㉠ 제초제의 구비조건
  - 제초효과가 커야 한다.
  - 작물, 인축 및 환경 등에 대한 안전성이 높아야 한다.
  - 사용이 편리해야 한다.
  - 조건의 차이에 있어서 효과가 안정해야 한다.
  - 가격이 적절해야 한다.

- 약해가 적어야 한다.
- 처리 시 안전해야 한다.
- 노력 절감을 위해 다른 약제와 혼용이 가능해야 한다.

ⓒ 제초제 사용 시 유의점
- 제초제 선택과 사용시기, 사용농도를 적절히 한다.
- 파종 후 처리 시 복토를 다소 깊고 균일하게 한다.
- 인축에 유해한 것은 특히 취급에 주의한다.
- 제초제의 연용에 의한 토양조건이나 잡초군락의 변화에 유의해야 한다.
- 농약, 비료 등과의 혼용을 고려해야 한다.
- 제초제에 대한 저항성 품종의 육성이 고려되어야 한다.

5. 농 약

(1) 농약의 분류
① **살균제** : 보호살균제(보르도액), 직접살균제(다이포라탄), 종자소독제(지오람 수화제), 토양살균제(클로로피크린) 등
② **살충제** : 소화중독제, 접촉제, 훈증제, 침투성 살충제, 기피제, 불임제, 유인제, 보조제 등

(2) 농약의 주요 구비조건
① 살균·살충력이 강해야 한다.
② 작물 및 인축에 해가 없어야 한다.
③ 사용법이 간편해야 한다.
④ 저장 중 변질되지 않아야 한다.
⑤ 다른 약제와 혼용할 수 있어야 한다.
⑥ 대량생산이 가능해야 한다.

(3) 농약의 안전한 살포방법
① 모자, 마스크, 방수복 등을 착용하고 살포한다.
② 바람을 등지고 살포한다.
③ 바람이 강한 날에는 살포하지 않는다.
④ 기온이 높을 때는 서늘한 저녁 무렵에 살포한다.

01 pF 값은 무엇을 나타내는 단위인가?
① 토양용액의 산도
② 토양염류의 농도
③ 토양수분장력
④ 토양의 최대용수량

해설 토양수분장력 : pF(Potential Force)값으로 나타내며, 토양수분의 측정에는 텐시오미터가 많이 이용된다.

02 원예작물의 재배에서 초기위조현상이 발생하는 pF값은?
① 1.7
② 2.5
③ 3.9
④ 5.6

해설
- 초기위조점(pF 3.9) : 식물의 생육이 정지하고, 하엽이 시들기 시작하는 수분 함유상태
- 영구위조점(pF 4.2) : 위조된 식물을 포화습도의 공기 중에 24시간 방치하여도 회복되지 않는 수분 함유상태

03 식물이 가장 유용하게 이용하는 토양수분의 종류는?
① 중력수
② 모관수
③ 흡습수
④ 결합수

해설 모관수(PF 2.7~4.2) : 토양공극 내에서 표면장력에 의해 중력에 저항하여 유지되는 수분으로, 모관현상으로 인해 지하수가 모관공극을 따라 상승하여 작물에 공급되며, 작물이 가장 유용하게 이용하는 수분이다.

04 토양 유효수분의 범위는?
① 최대용수량과 포장용수량 사이
② 최대용수량과 최소용수량 사이
③ 포장용수량과 영구위조점 사이
④ 영구위조점과 흡습수 사이

해설 작물이 생장할 수 있는 토양의 유효수분은 포장용수량에서부터 영구위조점까지의 범위이다.

정답 1 ③ 2 ③ 3 ② 4 ③

05 토양 3상(고상 : 기상 : 액상)의 구성비로 옳은 것은?

① 40% : 30% : 30%
② 50% : 25% : 25%
③ 60% : 20% : 20%
④ 30% : 30% : 40%

해설 원예작물이 자라는 데 알맞은 토양 3상의 구성비는 고상 50%(무기물 45% + 유기물 5%), 기상 25%, 액상 25%이다.

06 다음 중 토양 내의 통기성과 산소 부족에 영향을 가장 덜 받는 원예식물은?

① 오이, 당근
② 멜론, 배추
③ 가지, 상추
④ 감자, 무

해설 정상적인 생육을 위해서는 보통 토양공기의 산소 함량을 2~8%로 유지해야 한다.

토성에 따른 생육반응

작물	사질토양	점질토양
채소	• 조숙, 노화 촉진, 조기추대, 저항성 약화 • 지근 발생 억제, 바람들이 촉진, 외관양호 • 향기 저하(우엉), 육질 허술, 저장력 감소 • 박막외피(마늘, 양파), 대형과, 과육 허술 • 수송력 불량(수박), 착과수 감소(딸기)	• 만숙, 노화 억제, 만추대, 저항성 증진 • 지근 발생 촉진, 바람들이 억제, 외관불량 • 향기 양호(우엉), 육질 양호, 저장력 우수 • 후막외피(마늘, 양파), 소형과, 과육 치밀 • 수송성 양호(수박), 착과수 증가(딸기)
과수	측근 발생 억제, 착색 및 성숙 촉진, 조기결실, 경제수령 단축	잎의 과번무, 화아분화 억제, 소과, 품질 저하, 결실 지연

07 다음 중 조직이 치밀하고 단단한 저장 무 생산에 적합한 토양은?

① 질참흙
② 모래참흙
③ 모래흙
④ 참 흙

해설 질참흙에서 뿌리의 비대는 억제되지만 저장성과 품질이 좋은 무가 생산된다.

08 다음 중 물주기가 어려운 지역의 사질토양에서 재배가 바람직한 작물은?

① 오 이
② 땅 콩
③ 고 추
④ 토마토

해설 물주기가 어려운 사질토양에는 내건성이 강한 땅콩, 고구마 등을 재배하는 것이 좋다.

09 토양수분 과다로 인한 습해의 가장 큰 원인은?

① 입단 파괴로 인한 토양구조의 불량
② 토양의 통기불량에 의한 산소 부족
③ 식물체를 지지하는 뿌리의 부실
④ 세균의 수월한 번식과 침입

해설 토양공극은 공기용적과 수분용적으로 구성되어 있으므로 토양수분이 과다하면 공기용적이 줄어 토양 내 산소가 부족해진다.

10 토양 중 질석을 고온으로 가열하여 만든 것은?

① 오스만다
② 펄라이트
③ 버미큘라이트
④ 피트

해설 토양 중 질석을 고온으로 가열하여 만든 버미큘라이트는 주로 원예용 특수토양으로 이용된다.

11 토양의 입단화를 가장 좋게 하는 것은?

① 땅밟기를 자주한다.
② 유기물을 사용한다.
③ 물대기를 자주한다.
④ 붕소를 사용한다.

해설
- 토양의 입단화 촉진 : 유기물과 석회 시용, 콩과 작물 재배, 토양개량제 사용, 토양 피복 등
- 토양의 입단화 파괴 : 경운, 입단의 팽창 및 수축 반복, 비와 바람, 나트륨이온 첨가 등

12 토양의 입단구조 발달에 좋은 영향을 주는 요소들이 바르게 짝지어진 것은?

① 유기물, 점토, 석회
② 유기물, 점토, 나트륨
③ 유기물, 석회, 나트륨
④ 점토, 나트륨, 석회

해설 유기물이 미생물에 의해 분해되면서 분비하는 점질물질이 토양입자를 결합시키며, 석회는 칼슘이온을 공급하여 유기물의 분해와 토양입단화를 촉진시킨다.

13 토양을 입단구조로 만들기 위한 토양개량제는?

① OED
② 아크릴소일
③ 엔티졸
④ 버미큘라이트

해설 아크릴소일, 크릴륨 등은 토양입단화를 위한 토양개량제이다.

정답 9 ② 10 ③ 11 ② 12 ① 13 ②

14 비료 유실이 가장 많은 토양은?
① 유기물 함량이 낮은 사질토
② 유기물 함량이 높은 사질토
③ 유기물 함량이 낮은 식토
④ 유기물 함량이 높은 식토

해설 유기물 함량이 적을수록, 토양의 모래 함량이 많을수록 비료의 유실이 크다.

15 토양의 완충작용에 대한 설명으로 옳지 않은 것은?
① 점토 함량이 많을수록 크다.
② 유기물 함량이 많을수록 크다.
③ 염기포화도가 클수록 크다.
④ 양이온 교환용량이 클수록 크다.

해설 외부에서 토양에 산이나 염기성 물질을 가할 때 pH의 변화를 억제하는 작용을 토양의 완충작용이라고 하는데, 토양의 완충능은 양이온 교환용량이 클수록, 유기물이나 점토의 함량이 많을수록 커진다.

16 토양 속 토양유기물의 작용효과가 아닌 것은?
① 토양 유용미생물을 감소시킨다.
② 수분함유량을 높인다.
③ 토양 pH를 높인다.
④ 양분유효도를 높인다.

해설 **토양유기물의 작용** : 암석의 분해 촉진, 양분의 공급, 대기 중 이산화탄소의 공급, 입단의 형성, 보수·보비력의 증대, 완충능의 확대, 미생물의 번식 촉진, 지온 상승 및 토양 보호

17 식물생육에 영양원이 되는 무기성분 중 미량원소로만 짝지어진 것은?
① 철(Fe), 망간(Mn), 붕소(B)
② 칼슘(Ca), 마그네슘(Mg), 붕소(B)
③ 몰리브덴(Mo), 인산(P), 칼슘(Ca)
④ 질소(N), 망간(Mn), 붕소(B)

해설 **필수원소의 종류(16종)**
• 다량원소(9종) : 탄소(C), 산소(O), 수소(H), 질소(N), 인(P), 칼륨(K), 칼슘(Ca), 마그네슘(Mg), 황(S)
• 미량원소(7종) : 철(Fe), 망간(Mn), 구리(Cu), 아연(Zn), 붕소(B), 몰리브덴(Mo), 염소(Cl)

18 채소의 전 생육기간 중 가장 많이 흡수하는 원소는?
① 질소(N)
② 인산(P)
③ 칼륨(K)
④ 석회(Ca)

해설 채소의 전 생육기간을 통한 흡수총량은 칼륨 > 칼슘 > 질소 > 인산 > 마그네슘 순이다.

19 다음 중 병의 발생을 특히 많게 하는 것은?

① 규소(Si)   ② 칼륨(K)
③ 질소(N)   ④ 인산(P)

> 해설 질소가 과다하면 작물체는 수분함량이 많아지고, 세포벽이 얇아지며, 병해충에 대한 저항성이 떨어진다.

20 잎 색이 진하고 과실의 착색이 지연되는 현상이 나타났다면 어느 성분의 과다인가?

① 질소(N)   ② 인산(P)
③ 칼륨(K)   ④ 석회(Ca)

> 해설 질소가 과다하면 잎 색이 진해지고, 과실의 착색이 지연된다.

21 작물체내에서 이동이 가장 쉬운 양분은?

① 석회(Ca)   ② 인산(P)
③ 규소(Si)   ④ 철(Fe)

> 해설 인산은 체내이동성이 매우 크고, 결핍 시 생육 초기의 뿌리 발육이 저해되고, 어린잎이 암녹색이 되면서 둘레에 오점이 생기며, 심하면 황화되고 결실이 저해된다.

22 인산질 비료가 질소나 칼륨질보다 이용률이 떨어지는 주된 이유는?

① 빗물에 의하여 쉽게 유실되므로
② 수용성 성분이 적으므로
③ 탈질되기 쉬우므로
④ 철이나 알루미늄과 결합하여 고정되므로

> 해설 인산은 토양 중 철이나 알루미늄과 잘 결합하여 고정되기 때문에 식물이 이용하기 어렵다.

23 식물체 내에 가장 많이 함유되어 있으며 생리적 기능에 중요한 역할을 하는 양이온은?

① 칼륨(K)   ② 철(Fe)
③ 질소(N)   ④ 붕소(B)

> 해설 칼륨은 K^+의 형태로 이용되며, 광합성 및 생화학적 기능에 있어 중요한 역할을 한다.

정답 19 ③ 20 ① 21 ② 22 ④ 23 ①

24 다음 중 토양입자에 가장 잘 흡착되는 질소의 형태는?

① 암모니아태　　　　　　② 질산태
③ 단백태　　　　　　　　④ 요소태

> **해설**　암모니아태(NH_4^+) 질소는 식물이 직접 흡수하여 이용할 수 있는 유효태로, 주로 토양의 콜로이드에 흡착되어 쉽게 용탈되지 않는다.

25 오이의 쓴맛이 생기는 원인으로 볼 수 있는 것은?

① 철분 결핍이 계속된다.
② 노지 억제재배에서 많이 나타난다.
③ 백다다기계 오이 품종에서 나타난다.
④ 칼륨이 부족하다.

> **해설**　오이의 쓴맛은 엘라테린(Elaterin)이라는 알칼로이드의 영향이며, 환경조건이 나쁘거나 칼륨이 부족할 때 생긴다.

26 마그네슘 결핍증상과 거리가 먼 증상은?

① 늙은 잎에서 먼저 나타난다.
② 칼륨질 비료의 사용이 지나치게 많을 경우 나타난다.
③ 잎맥 사이의 색이 누렇게 변한다.
④ 잎의 끝과 둘레가 갈색으로 변한다.

> **해설**　④는 칼륨 결핍증상으로, 칼륨이 부족하면 식물의 생장점이 말라 죽으며, 잎의 끝과 둘레가 황화되거나 갈색으로 변한다.

27 산성토양을 개량하는 옳은 방법은?

① 인분을 거름으로 충분히 준다.
② 밭갈이할 때 석회를 토양에 섞어 준다.
③ 이어짓기를 한다.
④ 물을 계속 준다.

> **해설**　산성토양은 석회나 유기물을 시용하여 개량한다.

28 다음 중 채소밭이 산성화되는 원인이 아닌 것은?
   ① 황산암모늄을 많이 시비한다.   ② 퇴비를 많이 사용한다.
   ③ 질소비료를 많이 사용한다.   ④ 자주 관수한다.

   해설 ①·③·④는 토양산성화의 원인이 될 수 있으며, 특히 자주 관수하면 염기가 물에 씻겨 용탈되므로 산성화를 촉진한다.

29 토양산도에 따라 꽃 색이 달라지는 것은?
   ① 동 백   ② 철 쭉
   ③ 장 미   ④ 수 국

   해설 수국은 산성토양에서 파란색의 꽃이 핀다.

30 과수원 토양관리에서 초생법의 문제점은?
   ① 양·수분 쟁탈   ② 토양 유실
   ③ 온도의 급변(하절기 온도 상승)   ④ 입단화 저해

   해설 **초생법** : 과수원 토양을 풀이나 목초로 피복하는 방법으로, 토양의 입단화가 촉진되고 토양침식이 방지되지만, 양·수분의 경합이 증대된다.

31 경사지 과수원의 장마철 토양관리법은?
   ① 청경법 실시   ② 초생법 실시
   ③ 제초법 실시   ④ 경운법 실시

   해설 경사지에서는 반드시 초생법을 실시하여 토양침식은 물론 양·수분의 손실을 최대한 방지한다.

정답 28 ② 29 ④ 30 ① 31 ②

32 토양침식을 방지하는 토양보존방법을 기술한 것으로 옳지 않은 것은?

① 나무를 등고선식 심기 또는 계단식 심기로 한다.
② 물모임 도랑을 옆으로 돌려 튼튼한 배수로에 연결시켜 준다.
③ 청경법을 실시한다.
④ 심경을 한다.

> 해설 청경법 : 과수원 토양에 풀이 자라지 않도록 깨끗하게 김을 매주는 방법으로, 양·수분의 손실 및 경합이 없고 병해충의 잠복처를 제공하지 않는 등의 장점이 있으나, 토양의 입단구조가 파괴되고 토양이 유실되는 단점이 있다.

33 염해지 토양의 특징은?

① 유기물 함량이 높다.
② 치환성 석회 함량이 높다.
③ 활성철 함량이 높다.
④ 마그네슘, 나트륨 함량이 높다.

> 해설 염해지나 시설원예지대의 토양에서는 Ca, NaCl, K, Mg 등이 많이 발견된다.

34 다음 중 관수할 때 적정한 수온은?

① 재배하는 곳의 기온보다 낮아야 한다.
② 재배하는 곳의 기온보다 높아야 한다.
③ 재배하는 곳의 토양온도와 비슷해야 한다.
④ 지온이나 기온과는 별 상관없다.

> 해설 수온은 대체로 재배하는 지역의 기온이나 토양의 온도와 큰 차이가 없는 것이 좋다.

35 다음 중 관수를 해야 하는 때는?

① 유효수분의 30~50%가 소모되었을 때
② 유효수분의 90% 이상이 소모되었을 때
③ 유효수분의 50~85%가 소모되었을 때
④ 위조점이 왔을 때

> 해설 유효수분의 50~85%가 소모되었을 때 관수를 해야 하며, 위조점에 가까워지면 수분의 흡수속도가 느려지기 때문에 대개 위조점보다 높게 수분함량을 유지해야 한다.

36 다음 중 저면관수법에 대한 설명이 잘못된 것은?

① 대립종자를 파종한 경우에 유리한 방법이다.
② 토양의 유실, 표토의 경화를 방지할 수 있다.
③ 토양에 의한 오염, 토양병해를 방지할 수 있다.
④ 양액재배, 분화재배에서 이용하고 있다.

해설 저면관수 : 하단에 구멍이 뚫린 화분을 물에 잠기도록 하여 식물의 뿌리 쪽부터 수분을 공급하는 방법으로, 토양에 의한 오염이나 토양병해를 방지할 수 있고, 미세종자 파종상자와 양액재배, 분화재배 등에 이용한다.

37 물을 천천히 조금씩 흘러나오게 하여 필요한 부위에 집중적으로 관수하는 방법은?

① 전면관수 ② 분수관수
③ 점적관수 ④ 살수관수

해설 점적관수의 장점
• 표토가 굳지 않고, 토양의 유실이 없다.
• 유수량이 적어 높은 수압을 요구하지 않는다.
• 넓은 면적에 균일하게 관수할 수 있다.

38 다음 중 수분을 가장 많이 절약할 수 있는 관수방법은?

① 고랑관수 ② 살수관수
③ 지중관수 ④ 점적관수

해설 점적관수는 가장 발전된 형태의 관수방법으로, 물을 천천히 조금씩 흘러나오게 하여 필요 부위에 집중적으로 공급하므로 수분을 절약할 수 있다.

39 중금속으로 오염된 토양에서 중금속 농도를 줄이기 위한 방법이 아닌 것은?

① 석회를 사용하여 토양의 pH를 높인다.
② 유기물을 시용한다.
③ 토양 중의 유해중금속을 불용화시킨다.
④ 물을 빼서 논을 말린다.

해설 중금속으로 오염된 토양은 물을 충분히 공급하여 중금속을 씻어내야 한다.
※ 유해중금속의 불용화 정도는 인산염 > 수산화물 > 황화물 순이며, 이 물질들을 시용하여 중금속을 불용화한다.

정답 36 ① 37 ③ 38 ④ 39 ④

40 밤과 낮의 온도 차이가 원예식물의 생육에 미치는 영향을 가장 잘 설명한 것은?

① 광합성의 산물인 녹말의 체내 축적과 저장기관으로의 이동에 영향을 준다.
② 낮의 고온은 광합성을 억제하고, 밤의 저온은 호흡을 촉진한다.
③ 식물은 밤과 낮의 온도 차가 적어야 광합성작용이 활발해진다.
④ 밤과 낮의 온도 차이는 식물의 생육에 아무런 영향을 주지 않는다.

해설 ② 낮의 고온은 광합성을 촉진하고, 밤의 저온은 호흡을 억제한다.
③ 식물은 밤과 낮의 온도 차가 커야 광합성작용이 활발해진다.
④ 온도와 식물생육에는 밀접한 관련이 있다.

41 채소의 생육과 온도환경과의 관계를 잘못 설명하고 있는 것은?

① 주야간의 변온이 작물의 결실에 유리하다.
② 생육적온은 생육단계별로 다르다.
③ 발아적온은 생육적온보다 다소 높다.
④ 잎채소와 줄기채소는 주로 호온성 채소에 속한다.

해설 잎채소와 줄기채소는 주로 호랭성 채소에 속한다.

42 다음 중 내한성이 강한 채소가 아닌 것은?

① 시금치, 파　　　　　　　② 토마토, 고추
③ 마늘, 부추　　　　　　　④ 배추, 무

해설 열대원산의 채소는 내한성은 약하고, 내서성이 강하다.

43 오이 재배 시 저온피해를 받을 경우 나타나는 양상은?

① 종자가 많이 생긴다.
② 측지의 발생이 많아지고, 수량이 많아진다.
③ 생장점 분립의 생육이 정지된다.
④ 검은 가시가 흰 가시로 변한다.

해설 오이는 밤 기온이 지나치게 낮으면 생장점 분립의 생육이 정지된 난쟁이 묘가 된다.

정답 40 ①　41 ④　42 ②　43 ③

44 같은 과수의 품종인데도 생산지에 따라 성숙시기가 다른 까닭은?

① 비배관리가 다르기 때문이다.　　② 강수량의 차이 때문이다.
③ 일조량이 다르기 때문이다.　　④ 적산온도가 다르기 때문이다.

해설 적산온도 : 작물의 발아부터 성숙까지의 기간 동안 0℃ 이상의 일평균기온을 모두 합산한 온도

45 과수 재배 시 내한성이 가장 약한 시기는?

① 발육기　　② 휴면 초기
③ 휴면 중기　　④ 휴면 말기

해설 대부분의 과수는 발육기에 내한성이 약하여 영하 1~4℃의 온도에서 피해를 입지만, 낙엽 후 휴면기가 되면 내한성이 강해진다.

46 복숭아 재배 시 저온의 피해가 가장 심한 시기는?

① 휴면기 때의 저온　　② 가을휴면에 들어가기 전 저온
③ 휴면이 끝난 후의 저온　　④ 개화기 때의 서리 피해

해설 복숭아는 개화기가 빨라 초봄 늦서리의 피해를 자주 입는다.

47 주야간의 온도 차이가 과실의 품질을 좋게 하는 까닭은?

① 동화물질의 축적이 많다.
② 수세가 좋아진다.
③ 야간저온일 때 열매가 자극을 받아 크게 자란다.
④ 적산온도를 생각하면 야간저온은 불리하다.

해설 변온에서는 탄수화물의 축적이 촉진된다.

정답 44 ④　45 ①　46 ④　47 ①

48 가을에 심는 알뿌리화초의 촉성재배 시 알뿌리를 냉장처리하는 이유는?

① 휴면을 타파하여 개화를 조절하기 위하여
② 생육을 억제하기 위하여
③ 저장 중 병해충을 예방하기 위하여
④ 개화를 억제하기 위하여

해설 가을에 심는 알뿌리화초를 다음해 봄에서 여름에 걸쳐 꽃피게 하려면 알뿌리를 냉장처리하여 휴면타파를 유도해야 한다.

49 외계조건의 변화에 따라 원예식물의 증산작용에 미치는 현상 중 틀린 것은?

① 낮에는 왕성해지고 밤이면 감소한다.
② 공기가 건조하면 증산은 촉진된다.
③ 기온이 높으면 증기압이 높아지므로 증산작용이 억제된다.
④ 바람이 불면 엽면의 증기압 부족으로 인해 증산작용이 촉진된다.

해설 기온이 높아지면 대기의 증기압 부족으로 인해 증산작용이 촉진된다.

50 증산작용과 대기환경과의 관계를 옳게 설명한 것은?

① 광도는 약할수록, 습도는 낮을수록, 온도는 높을수록 증산작용은 왕성하다.
② 광도는 약할수록, 습도는 높을수록, 온도는 낮을수록 증산작용은 왕성하다.
③ 광도는 강할수록, 습도는 높을수록, 온도는 높을수록 증산작용은 왕성하다.
④ 광도는 강할수록, 습도는 낮을수록, 온도는 높을수록 증산작용은 왕성하다.

해설 ④ 이외에도 기공의 개폐가 빈번할수록, 기공이 크고 밀도가 높을수록, 일정 범위까지 엽면적이 증가할수록 증산량이 많아진다.

51 식물이 빛을 받아 광에너지 및 CO_2와 H_2O를 원료로 하여 동화물질을 합성하는 작용을 무엇이라 하는가?

① 광합성작용
② 호흡작용
③ 분해작용
④ 탈질작용

해설 녹색식물이 태양의 복사에너지를 흡수하여 이산화탄소와 물을 재료로 탄수화물을 생성하는 것을 광합성작용 또는 탄소동화작용이라고 한다.

52 광합성에 유효한 광파장 범위는?

① 100~400nm
② 400~700nm
③ 700~1,000nm
④ 1,000~1,300nm

해설 광합성에는 400~500nm의 청색 부분과 650~700nm의 적색 부분이 가장 유효하다.

53 다음 중 식물생육에 미치는 자외선의 영향을 바르게 설명한 것은?

① 식물의 키를 작게 한다.
② 광합성을 촉진한다.
③ 식물의 체온을 유지시킨다.
④ 특별한 작용이 없다.

해설 식물의 생육과 관련이 깊은 광선은 가시광선이며, 자외선은 생육을 억제하여 식물의 키를 작게 한다.

54 하루 중 채소의 광합성이 가장 활발하게 이루어지는 시간은?

① 아침 해 뜬 직후
② 오전 11시경
③ 오후 3시경
④ 저녁 해지기 직전

해설 광합성작용은 보통 해가 뜨면서부터 시작되어 정오경 최고조에 달하고, 그 뒤 점차 둔해진다.

55 광합성과 관련된 CO_2 농도를 잘못 설명한 것은?

① 대기 중의 CO_2 농도는 약 0.03%이다.
② 광합성이 활발할 때 잎 주위의 CO_2 농도는 대기 중의 CO_2 농도보다 조금 높다.
③ CO_2 농도를 높여 주면 광합성을 어느 정도까지는 증가시킬 수 있다.
④ 시설재배에서 CO_2시비를 하는 경우도 있다.

해설 광합성이 활발하면 잎 주위의 CO_2 농도가 낮아져 광합성의 제한인자가 된다.

56 광, 온도, 수분 등의 환경조건이 적당할 경우 광합성에 적합한 CO_2 농도는 대략 어느 정도인가?

① 300~500ppm
② 1,200~1,800ppm
③ 2,500~3,000ppm
④ 4,000~5,000ppm

해설 이산화탄소 포화점 : 대기보다 훨씬 높은 1,200~1,800ppm(대기 농도의 7~10배 정도)으로, 이산화탄소 농도를 높여 주면 광합성이 증가하여 생육이 촉진된다.

정답 52 ② 53 ① 54 ② 55 ② 56 ②

57 식물생육에 대한 수분의 작용으로 거리가 먼 것은?

① 식물의 체온을 조절한다. ② 토양의 온도를 조절한다.
③ 광합성과 호흡작용에 관여한다. ④ 세포와 조직의 모양을 유지한다.

해설 ①·③·④ 이외에도 수분은 각종 영양원소와 물질을 운반하고, 각종 효소의 활성을 증대시켜 촉매작용을 촉진한다.

58 수분 공급의 부족으로 나타나는 현상이 아닌 것은?

① 세포의 비대 억제 ② 세포벽의 생성 촉진
③ 광합성률 저하 ④ 근채류 뿌리의 비대 저하

해설 수분의 공급이 부족하면 단백질과 세포벽의 생성이 억제되어 잎이 작아진다.

59 다음 중 원예식물이 흡수한 수분을 배출하는 가장 중요한 기관은?

① 잎 선단의 수공 ② 잎 표면의 기공
③ 잎의 통도조직 ④ 잎줄기의 표피조직

해설 원예식물은 체외로 배출하는 수분의 90% 이상을 잎 표면의 기공을 통하여 배출한다.

60 작물체 내에서 수분의 역할이 잘못된 것은?

① 광합성의 원료가 된다. ② 식물의 체형을 유지한다.
③ 효소의 활성을 감소시킨다. ④ 식물의 체온을 조절한다.

해설 수분은 작물체 내 효소의 활성을 증대시킨다.

61 토양반응에 영향을 미치는 요인 중 가장 그 영향이 작은 것은?

① 염기포화도 ② 작물의 종류
③ 비료의 종류 ④ 수분함량

해설 수분함량은 토양반응에 큰 영향을 미치지 않는다.

62 바이러스병의 진단에 흔히 이용되는 식물을 무엇이라고 하는가?

① 지표식물　　　　　　　② 표적식물
③ 진단식물　　　　　　　④ 실험식물

해설　지표식물 : 어떤 병에 대하여 감수성이 매우 크거나 특이한 병징을 나타내는 식물
※ 감자바이러스는 천일홍, 뿌리혹선충은 토마토와 봉선화, 과수근두암종병은 감나무 묘목 등이 각각의 지표식물이다.

63 물에 의해 전반되는 식물병원체가 아닌 것은?

① 세 균　　　　　　　　② 난 균
③ 곰팡이　　　　　　　　④ 바이러스

해설　병원체가 기주식물에 운반되는 것을 전반이라고 하는데, 바이러스는 주로 접목, 종자, 토양, 매개곤충 등에 의해 전반된다.

64 식물이 어떤 병에 걸리기 쉬운 성질은?

① 감수성　　　　　　　　② 면역성
③ 회피성　　　　　　　　④ 내병성

해설　② 면역성 : 식물이 전혀 어떤 병에 걸리지 않는 성질
③ 회피성 : 적극적 또는 소극적으로 식물병원체의 활동기를 피하여 병에 걸리는 성질
④ 내병성 : 감염되어도 기주가 실질적인 피해를 적게 받는 성질

65 질소 비료를 과용하면 여러 가지 병의 발병을 촉진한다. 질소비료 과용이 발병에 미치는 역할은?

① 병원(病原)　　　　　　② 원인(原因)
③ 주인(主因)　　　　　　④ 유인(誘因)

해설　**발병의 원인**
• 주인 : 병해를 일으키는 병원체
• 유인 : 발병을 유발하는 환경조건
• 소인 : 병에 걸리기 쉬운 성질

정답　62 ①　63 ④　64 ①　65 ④

66 다음 중 비전염성인 병은?

① 선충에 의한 병
② 영양결핍에 의한 병
③ 세균에 의한 병
④ 바이러스에 의한 병

해설
- 전염성 병해 : 사상균, 세균, 바이러스 등의 병원체가 원인으로, 주변으로 확산되는 전염성을 가지고 있다.
- 비전염성 병해 : 부적합한 토양이나 기상, 환경오염물질, 영양결핍, 약해 등이 원인으로, 주변으로 확산되지 않는다.

67 토마토 배꼽썩음병 방제에 역효과가 나는 경우는?

① 염화칼슘 0.5%를 엽면에 살포한다.
② 칼륨과 마그네슘 비료를 많이 준다.
③ 토양이 건조하지 않도록 한다.
④ 토양의 염류 농도를 낮춘다.

해설 토마토 배꼽썩음병은 칼슘 부족이 직접적인 원인이며, 칼륨과 마그네슘의 과다시용은 칼슘의 흡수를 저해하여 역효과를 일으킨다.

68 다음 중 생리장애에 의한 증상이 아닌 것은?

① 고추의 역병
② 토마토의 공동과
③ 토마토 배꼽썩음병
④ 오이 등의 순멎이현상

해설
① 고추의 역병 : 잎, 줄기, 열매에 암갈색 또는 암록색 병반을 형성하며, 뿌리는 부분적으로 갈변·부패하여 죽는 병으로, 병원균은 토양이나 피해작물체에서 월동한 후 온습도가 알맞으면 발병한다.
② 토마토 공동과 : 고온 시 착과촉진제를 과농도로 처리하거나, 과습한 환경 또는 질소질 비료의 과사용 시 발생한다.
③ 토마토 배꼽썩음병 : 석회 부족 시 발병한다.
④ 오이 등의 순멎이현상 : 육묘 시 지나친 저온으로 인해 발생한다.

69 바이러스병의 매개충은?

① 파리
② 메뚜기
③ 나비
④ 진딧물

해설 진딧물은 바이러스병의 대표적인 매개충이다.

정답 66 ② 67 ② 68 ① 69 ④

70 바이러스병의 일반적인 증상은?
① 위축 모자이크　　② 갈색의 반점
③ 혹의 형성　　④ 줄기의 쪼개짐

해설　바이러스병의 일반적인 증상은 위축 모자이크, 줄무늬, 괴저, 기형 등이다.

71 다음 중 바이러스병은 어느 것인가?
① 벼 잎집무늬마름병　　② 채소의 무름 병
③ 배나무 붉은별무늬병　　④ 사과나무 고접병

해설　①·③ 진균에 의한 병, ② 세균에 의한 병

72 씨감자를 고랭지에서 생산하는 이유는?
① 감자의 수확이 늦어 알이 굵어지기 때문
② 감자역병의 발생이 적은 환경이기 때문
③ 토양이 비옥하고 여름온도가 낮기 때문
④ 바이러스 병에 걸리지 않는 씨감자를 생산하기에 알맞은 환경이기 때문

해설　고랭지에는 바이러스병을 매개하는 진딧물의 수가 적기 때문이다.

73 식물병 중 세균에 의하여 발생하는 병의 일반적인 병징은 어떤 것인가?
① 황하 증상　　② 무름 증상
③ 모자이크 증상　　④ 빗자루 증상

해설　세균병의 일반적인 병징으로는 무름, 점무늬, 시들음, 기관의 고사 등이 있다.

74 배나무 붉은별무늬병의 중간기주식물은?
① 조팝나무　　② 아카시아나무
③ 전나무　　④ 향나무

해설　배나무 붉은별무늬병(적성병)의 병원균은 배나무와 향나무 사이에서 기주전환을 하며, 비가 많이 오는 해의 4~5월에 다발한다.

정답　70 ①　71 ④　72 ④　73 ②　74 ④

75 다음 배나무 붉은별무늬병(적성병)에 관한 설명 중 틀린 것은?

① 4월 하순~5월경 비가 자주 오는 해에 많이 발생한다.
② 4~5월경에 비가 오면 향나무에 형성된 겨울포자가 발아하여 소포자를 형성하며, 바람에 의해 배나무로 옮겨진다.
③ 서양배는 이 병에 대하여 저항성이며, 일본배는 감수성이다.
④ 중간기주인 향나무가 배나무와 100m 이상 떨어져 있으면 안전하다.

해설 배 과수원으로부터 1.6km 이내에 향나무가 있다면 감염위험성이 높다.

76 포도 노균병은 주로 어느 부위에 피해를 주는 병인가?

① 가 지
② 잎, 과실
③ 과실, 가지
④ 뿌 리

해설 **포도 노균병** : 비가 많은 해의 여름부터 가을에 걸쳐 잎이나 과실에 발생하며, 병의 피해를 방지하려면 장마철에 약제를 철저히 살포해야 한다.

77 다음 중 전염기의 강우 일수나 강우량과 밀접한 관계를 가지고 있는 병이 아닌 것은?

① 무 사마귀병
② 복숭아 잎오갈병
③ 배나무 붉은별무늬병
④ 포도 새눈무늬병

해설 ②·③·④는 비가 발병유인으로 작용한다.

78 포도 재배 시 포도뿌리혹벌레의 피해를 막기 위해 취할 수 있는 방법은?

① 시 비
② 접 목
③ 시설재배
④ 지베렐린 처리

해설 **포도 뿌리혹벌레** : 포도나무의 뿌리 또는 잎에 붙어서 수액을 흡수하여 가해하며, 피해부에 혹이 생긴다. 저항성이 있는 대목에 접목하는 것이 피해를 막기 위한 가장 좋은 방법이다.

정답 75 ④ 76 ② 77 ① 78 ②

79 외국으로부터 날아오는 해충끼리 짝지어진 것은?

① 애멸구 - 벼멸구
② 벼멸구 - 번개매미충
③ 벼멸구 - 흰등멸구
④ 번개매미충 - 이화명나방

해설 벼멸구와 흰등멸구는 우리나라에서 월동하지 못하고 매년 기류를 타고 날아와 농작물에 큰 피해를 주는 비래해충이다.

80 다음 중 병해충을 재배적으로 방제하기 위한 방법이 아닌 것은?

① 환경조건을 바꾸어 준다.
② 내병성·내충성 품종을 선택한다.
③ 병해충의 가해시기를 회피하여 재배한다.
④ 천적을 이용한다.

해설 천적을 이용하는 것은 생물적 방제방법이다.

81 곤충이 냄새로 의사를 전달하기 위해 분비하는 물질로 해충을 유인하여 방제하기 위해 사용되는 것은?

① 왁스
② 실크
③ 페로몬
④ 엑디손

해설 페로몬은 곤충이 냄새로 의사를 전달하기 위해 분비하는 신호물질로, 페로몬의 종류에는 성페로몬, 집합페로몬 등이 있다.

82 농약의 구비조건 중 적당치 않은 것은?

① 농작물에 피해가 없을 것
② 물리적 성질이 양호한 것
③ 혼용 범위가 넓은 것
④ 효력은 부정확하더라도 사용법이 간편한 것

해설 **농약의 주요 구비조건**
- 살균·살충력이 강한 것
- 작물 및 인축에 해가 없는 것
- 사용법이 간편한 것
- 저장 중 변질되지 않는 것
- 다른 약제와 혼용할 수 있는 것
- 대량생산이 가능한 것

83 농약 살포 중의 중독사고를 방지하기 위한 예방책이 아닌 것은?

① 다량의 약제를 흡입하거나 몸에 부착되지 않도록 한다.
② 노출이 작은 작업복을 착용한다.
③ 마스크, 보호안경 등을 착용한다.
④ 풍향을 고려하여 바람을 안고 살포한다.

해설 농약 살포 시에는 바람을 등지고 살포해야 한다.

84 농약의 습전성에 대한 설명이 올바른 것은?

① 약제의 미립자가 용액 중에서 균일하게 분산되는 성질
② 약제가 식물체나 충체에 스며드는 성질
③ 살포한 농약이 식물체나 충체의 표면을 적시는 성질
④ 살포한 약액이 식물체나 충체에 잘 부착되는 성질

해설 ① 유화성, ② 침투성, ④ 부착성

85 농약 살포액의 조제 시 고려사항 중 가장 중요한 것은?

① 농약독성 ② 농약잔류성
③ 희석배수 ④ 환경독성

해설 희석배수는 농약을 희석하는 배율로, 희석을 잘못하면 효과가 저해되거나 약해가 생긴다.

86 과수나 정원수의 해충을 방제하기 위해서 나무줄기 등에 처리하여 사용되는 농약 사용방법은?

① 관주법 ② 침지법
③ 도포법 ④ 도말법

해설 ① 관주법 : 농약을 토양 중에 사용하는 방법
② 침지법 : 종자나 모를 농약에 일정 시간 침지하여 소독하는 방법
④ 도말법 : 농약으로 종자를 코팅하는 방법

87 진딧물을 방제하고자 할 때 가장 적당한 살충제는?

① 살비제
② 독 제
③ 접촉제
④ 침투성 살충제

해설 진딧물은 흡즙성 해충으로, 약제가 식물체 내부까지 흡수되는 침투성 살충제가 더 효과적이다.

88 보르도액에 관한 설명 중 옳지 않은 것은?

① 보르도액은 보호살균제이므로 예방을 목적으로 사용해야 한다.
② 보르도액은 용액이므로 조제한 다음 시간이 많이 지난 후에 사용해도 약효에는 아무 이상이 없다.
③ 보르도액에 의해 약해가 나기 쉬운 식물에는 묽은 보르도액을 뿌려준다.
④ 구리에 약한 식물에는 보르도액 조제 때 황산아연을 가용해서 쓰는 것도 좋다.

해설 **보르도액**
- 황산구리와 수산화칼슘이 조제원료이다.
- 조제가 끝난 보르도액을 오래 두면 앙금이 생겨 약해를 일으킬 염려가 있고, 효과도 떨어지므로 조제 즉시 살포해야 한다.
- 살포액이 완전히 건조해서 막을 형성해야 하므로 비 오기 직전이나 후에는 살포하지 않는 것이 좋다.
- 예방목적이 강하므로 발병 전에 사용한다.

89 다음 중 응애 구제에 가장 적합한 농약은?

① 나크 분제(세빈)
② 디코폴 수화제(켈센)
③ 지오릭스 분제(마릭스)
④ 메티온 유제(수프라사이드)

해설 ① 잎말이나방, ③ 담배나방, ④ 깍지벌레

90 급성 독성 정도에 따른 농약의 구분이 아닌 것은?

① 중독성
② 맹독성
③ 고독성
④ 보통독성

해설 농약은 급성 독성 정도에 따라 맹독성, 고독성, 보통독성, 저독성으로 구분한다.

정답 87 ④ 88 ② 89 ② 90 ①

91 농약의 독성은 무엇을 기준으로 하는가?

① 맹독성 ② 고독성
③ 반수치사량 ④ 농약의 증기압

해설 농약의 독성은 반수치사량 LD_{50}을 기준으로 한다.

92 종합적 잡초 방제법이란?

① 완전방제를 위한 잡초방제체계
② 제초제를 전 생육기에 처리하는 방안
③ 주어진 잡초를 방제하기 위해 방제법을 2종 이상 혼합사용하는 방제법
④ 잡초에만 도입된 기초방제법

해설 종합적 잡초 방제(IWM ; Integrated Weed Management)
  • 잡초 방제를 위해 2종 이상의 방제법을 혼합하여 사용하는 방법
  • 완전제거가 아닌 불리한 환경으로 인한 경제적 손실이 최소화되는 범위 내에서 유해생물의 군락을 조절하는 데 목적이 있으며, 이를 위한 가장 이상적인 방제법을 선택한다.

93 생물농약에 대한 설명이 바른 것은?

① 안전성이 떨어진다. ② 표적 외 생물에 대한 영향이 크다.
③ 내성이 발생하지 않는다. ④ 개발비용이 비싸다.

해설 생물농약은 안전성이 높고, 표적 외 생물에 대한 영향이 적으며, 자연 유래 물질을 사용하므로 개발비용이 저렴한 편이다.

94 다음 중 맞는 설명은?

① 수화제와 유제는 혼합사용을 권장한다.
② 비료와 농약을 혼용하면 약해 염려가 없다.
③ 비오기 전 흐린 날이 농약 살포의 적기이다.
④ 나크제, 메프제 등은 유과기에 살포하는 것이 좋다.

해설 ① 수화제와 유제는 혼합사용을 피하는 것이 좋다.
  ② 농약과 비료를 혼용하면 약해 가능성이 높아진다.
  ④ 나크제, 메프제 등은 유과기에 살포하면 안 된다.

CHAPTER 04 재배기술

01 재배관리

1. 정지(整地)

(1) 의의
① 토양의 이화학적·기계적 성질을 작물생육에 적당한 상태로 개선할 목적으로, 파종 또는 이식 전에 하는 작업을 의미한다.
② 파종 또는 이식 전 경기, 쇄토, 작휴, 진압 같은 작업이 포함된다.

(2) 경기(경운)
① 의의 : 토양을 갈아엎어 큰 흙덩이를 대강 부수는 작업을 의미한다.
② 경기의 효과
　㉠ **토양물리성 개선** : 토양을 부드럽게 하여 파종과 이식작업을 용이하게 하고, 투수성과 투기성을 좋게 하여 근군의 발달을 돕는다.
　㉡ **토양화학성 개선** : 토양의 투기성이 좋아져 토양 중 유기물의 분해가 왕성해지고, 유효태 비료성분이 증가한다.
　㉢ **잡초 발생의 억제** : 지표면의 잡초종자나 어린 잡초를 땅속에 묻어 잡초의 발아와 생육을 억제한다.
　㉣ **해충의 경감** : 토양 속에 숨은 해충의 유충이나 번데기를 표층으로 노출시켜 서식환경을 파괴한다.
③ 경기의 시기 : 경기는 작물의 파종 또는 이식에 앞서 하는 것이 보통이지만, 동기휴한하는 일모작답이나 추파맥류 등의 포장은 경우에 따라 가을갈이 또는 봄갈이를 하기도 한다.
　㉠ 가을갈이(추경)
　　• 습하고, 차지며, 유기물 함량이 많은 토양은 가을갈이가 좋다.
　　• 장 점 ★ 중요
　　　- 유기물의 분해가 촉진된다.
　　　- 토양의 통기가 개선된다.
　　　- 충해를 경감시킨다.
　　　- 토양을 부드럽게 해 준다.

- ⓒ 봄갈이(춘경)
    - 사질토양이며, 겨울에 강우가 많아 풍식이나 수식이 조장되는 곳은 가을갈이보다 봄갈이가 좋다.
    - 가을갈이는 월동 중 비료성분의 용탈과 유실을 조장하여 불리한 경우도 있어 봄갈이가 유리하다.
- ④ 경기의 깊이 : 재배작물의 종류와 재배법, 토양의 성질, 토층구조, 기상조건, 시비량에 따라 결정된다.
    - ⊙ 근군의 발달이 적은 작물은 천경만으로도 충분하지만, 대부분의 작물은 생육과 수량을 고려하여 심경하는 것이 유리하다.
    - ⓒ 쟁기의 경우 9~12cm 정도의 천경이 한계이지만, 트랙터의 경우 20cm 이상의 심경이 가능하다.
    - ⓒ 심경 시 유의사항
        - 심경은 넓은 범위의 수분과 양분을 이용할 수 있어 지상부의 생육이 좋아지고, 한해(旱害) 및 병충해에 대한 저항력 등이 증가하여 건전한 발육을 돕는다.
        - 일시에 심경하는 경우 당년에는 심토가 많이 올라와 작토와 섞여 작물생육에 불리할 수 있으므로 유기물을 많이 시비하여야 한다.
        - 생육기간이 짧은 산간지 또는 만식재배 시에는 심경에 의한 후기 생육이 지연되어 성숙이 늦어져 등숙이 불량할 수 있으므로 과도한 심경은 피해야 한다.
        - 심경은 한 번에 하지 않고 매년 조금씩 늘려 가면서 유기질 비료를 증시하여 비옥한 작토를 점차 깊이 만드는 것이 좋다.
        - 누수가 심한 사력답에서의 심경은 양분의 용탈을 조장하므로 피하는 것이 좋다.

> **알아두기** 건토효과
> - 흙을 충분히 건조시켰을 때 유기물의 분해로 인해 작물에 대한 비료분의 공급이 증대되는 현상을 건토효과라고 한다.
> - 밭보다는 논에서 효과가 더 크다.
> - 겨울과 봄에 강우가 적은 지역은 추경에 의한 건토효과가 크지만, 봄철 강우가 많은 지역은 겨울 동안 건토효과로 생긴 암모니아가 강우로 유실되므로 춘경이 유리하다.
> - 건토효과가 클수록 지력의 소모가 심하고, 논에서는 도열병의 발생을 조장할 수 있다.
> - 추경을 통해 건토효과를 얻으려면 유기물의 시용을 늘려야 한다.

(3) 쇄 토

① 경운한 후의 흙덩어리를 알맞은 크기로 분쇄하는 것을 쇄토라고 한다.
② 쇄토는 파종 및 이식작업을 용이하게 하고, 작물의 발아 및 생육을 좋게 한다.
③ 논에서는 경운 후 물을 대 토양을 부드럽게 한 다음 시비를 하고 써레로 흙덩어리를 곱게 부수는 것을 써레질이라고 하는데, 시비한 토양을 고르고 평평하게 하므로 전층시비의 효과를 얻을 수 있다.

(4) 작휴법

① **평휴법** : 이랑을 평평하게 하여 이랑과 고랑의 높이를 같게 하는 방식이다.
  ㉠ 건조해와 습해가 동시에 완화된다.
  ㉡ 밭벼 및 채소 등의 재배에 실시된다.
② **휴립법** : 이랑을 세우고 고랑은 낮게 하는 방식이다.
  ㉠ **휴립구파법**
    - 이랑을 세우고 낮은 골에 파종하는 방식이다.
    - 중북부지방에서 맥류 재배 시 한해와 동해의 방지를 목적으로 한다.
    - 감자의 발아 촉진과 배토가 용이하도록 한다.
  ㉡ **휴립휴파법**
    - 이랑을 세우고 이랑에 파종하는 방식이다.
    - 토양의 배수 및 통기가 좋아진다.
③ **성휴법** : 이랑을 보통보다 넓고 크게 만드는 방식이다.
  ㉠ 중부지방의 맥후작 콩 재배에 실시된다.
  ㉡ 파종이 편리하고, 생육 초기의 건조해와 장마철 습해를 막을 수 있다.

02 작부체계

1. 작부체계의 발전

(1) 작부체계 일반

① 의의 : 작부체계란 일정한 토지에 몇 가지 종류의 작물을 조합하여 일정한 순서에 따라 순환적으로 재배하는 방식을 의미한다.
② 중요성 ★ 중요
  ㉠ 지력의 유지와 증강
  ㉡ 병충해의 발생 억제
  ㉢ 잡초의 발생 감소
  ㉣ 토지이용도의 제고
  ㉤ 노동의 효율적 배분과 잉여노동의 활용
  ㉥ 생산성과 수익성의 향상 및 안정화

(2) 작부체계의 변천과 발달
   ① 대전법
      ㉠ 인구가 적고 이용할 수 있는 토지가 넓어 조방농업이 주를 이루던 시대에, 개간한 토지에서 몇 해 동안 작물을 연속해서 재배한 후 생산력이 떨어지면 다른 토지를 개간하여 작물을 재배하는 작부방식이다.
      ㉡ 가장 원시적이고 오래되었으며, 화전이 대표적이다.
   ② 주곡식 대전법 : 인구 증가로 인해 인류가 정착생활을 시작하면서 초지와 경지를 분리하고, 경지에 주곡을 중심으로 재배하는 작부방식이다.
   ③ 휴한농법 : 지력의 감퇴를 방지하기 위해 농지의 일부를 몇 해에 한 번씩 작물을 심지 않고 휴한하는 작부방식이다.
   ④ 윤작 : 하나의 경지에 몇 가지 작물을 돌려짓는 작부방식이다.
      ㉠ 순3포식 농법 : 경지를 3등분하여 2/3에 곡물을 재배하고, 1/3은 휴한하는 것을 순차적으로 교차하는 작부방식이다.
      ㉡ 개량3포식 농법 : 순3포식 농법과 같이 1/3은 휴한하지만, 휴한하는 경지에 클로버, 알팔파, 베치 등의 두과 작물을 재배하여 지력의 증진을 도모하는 작부방식이다.
      ㉢ 노포크식 윤작법 : 영국 노포크(Norfolk) 지방의 윤작체계로, 농지를 4등분하여 순무, 보리, 클로버, 밀을 순환재배하는 작부방식이다.
   ⑤ 자유식 : 시장상황이나 가격변동에 따라 재배작물을 수시로 바꾸는 작부방식이다.
   ⑥ 답전윤환 : 지력 증진 등의 목적으로 논작물과 밭작물을 몇 해씩 교대로 재배하는 작부방식이다.

2. 연작과 기지현상

(1) 연작의 기지의 의의
   ① 동일포장에 동일작물을 계속해서 재배하는 것을 연작(이어짓기)이라고 하며, 연작의 결과 작물의 생육이 뚜렷하게 나빠지는 것을 기지라고 한다.
   ② 수익성과 수요량이 크고, 기지현상이 나타나지 않는 작물은 연작하는 것이 보통이나, 기지현상이 있더라도 특별히 수익성이 높은 작물의 경우 대책을 세워 연작하는 일이 있다.

(2) 작물의 종류와 기지
   ① 작물의 기지 정도 ★ 중요
      ㉠ 연작의 해가 적은 것 : 벼, 맥류, 조, 옥수수, 수수, 삼, 담배, 고구마, 무, 순무, 당근, 양파, 호박, 연, 미나리, 딸기, 양배추 등
      ㉡ 1년 휴작을 요하는 작물 : 파, 쪽파, 생강, 콩, 시금치 등
      ㉢ 2년 휴작을 요하는 작물 : 오이, 감자, 땅콩, 잠두 등

② 3년 휴작을 요하는 작물 : 참외, 쑥갓, 강낭콩, 토란 등
⑩ 5~7년 휴작을 요하는 작물 : 수박, 토마토, 가지, 고추, 완두, 사탕무, 레드클로버 등
⑪ 10년 이상 휴작을 요하는 작물 : 인삼, 아마 등
② 과수의 기지 정도
㉠ 기지가 문제되는 과수 : 복숭아, 무화과, 감귤류, 앵두 등
㉡ 기지가 나타나는 정도의 과수 : 감나무 등
㉢ 기지가 문제되지 않는 과수 : 사과, 포도, 자두, 살구 등

(3) 기지의 원인

① 토양비료분의 소모
㉠ 연작은 비료성분의 일방적인 수탈이 일어나기 쉽다.
㉡ 토란, 알팔파 등은 석회 흡수가 많아 토양 중 석회 결핍이 나타나기 쉽다.
㉢ 다비성인 옥수수는 연작으로 인해 유기물과 질소가 결핍된다.
㉣ 심근성 또는 천근성 작물을 다년간 연작하면 토층의 양분만 집중적으로 수탈된다.
② **토양염류의 집적** : 최근 시설재배 등이 증가함에 따라 시설 내 다비연작으로 인해 작토에 염류가 과잉집적되어 작물생육을 저해하는 경우가 많이 발견되고 있다.
③ 토양물리성의 악화
㉠ 화곡류와 같은 천근성 작물을 연작하면 작토의 하층이 굳어지면서 다음 재배작물의 생육이 억제된다.
㉡ 심근성 작물을 연작하면 작토의 하층까지 물리성이 악화된다.
㉢ 석회 등의 성분 수탈이 집중되면 토양반응이 악화될 위험도 있다.
④ 토양전염병의 만연
㉠ 연작은 특정 미생물의 번성을 유발하여 작물별로 특정 병이 발생하기도 한다.
㉡ 아마와 목화(잘록병), 가지와 토마토(풋마름병), 사탕무(뿌리썩음병 및 갈반병), 강낭콩(탄저병), 인삼(뿌리썩음병), 수박(덩굴쪼김병) 등이 그 예이다.
⑤ 토양선충의 번성으로 인한 피해
㉠ 연작으로 인해 토양선충의 서식밀도가 증가하면서 직접 피해를 주기도 하며, 2차적으로 병균의 침입을 조장하여 병해가 다발할 수 있다.
㉡ 밭벼, 두류, 감자, 인삼, 사탕무, 무, 제충국, 우엉, 가지, 호박, 감귤류, 봉숭아, 무화과 등의 작물에서는 연작에 의한 선충의 피해가 크게 인정되고 있다.
⑥ 유독물질의 축적
㉠ 작물의 유체 또는 생체에서 나오는 물질이 동종이나 유연종 작물의 생육에 피해를 주는 타감작용(Allelopathy)을 유발하여 기지현상이 발생한다.
㉡ 유독물질에 의한 기지현상은 유독물질의 분해 또는 유실로 인해 없어진다.

⑦ 잡초의 번성 : 잡초의 번성이 쉬운 작물을 연작하면 잡초의 번성을 초래하며, 동일작물의 연작 시 특정 잡초가 번성하기도 한다.

(4) 기지의 대책
① 윤작 : 윤작은 기지에 대한 가장 일반적이고 효과적인 대책이다.
② 담수 : 담수처리는 밭상태에서 번성한 선충이나 토양미생물을 감소시키고, 유독물질을 용탈시켜 연작장해를 경감시킬 수 있다.
③ 저항성 품종의 재배 및 저항성 대목을 이용한 접목
　㉠ 기지현상에 대한 저항성이 강한 품종을 선택한다.
　㉡ 저항성 대목을 이용한 접목을 통해 기지현상을 경감·방지할 수 있으며 멜론, 수박, 가지, 포도 등에서는 실용적으로 이용되고 있다.
④ 객토 및 환토
　㉠ 새로운 흙을 이용하여 객토하면 기지현상을 경감시킬 수 있다.
　㉡ 시설재배의 경우 배양토를 바꾸어 기지현상을 경감시킬 수 있다.
⑤ 합리적 시비 : 동일작물의 연작으로 인해 일방적으로 많이 수탈되는 성분을 비료로 충분히 공급하고, 심경과 함께 퇴비를 많이 시비하여 지력을 배양하면 기지현상을 경감시킬 수 있다.
⑥ 유독물질의 제거 : 유독물질의 축적이 기지의 원인인 경우에는 관개 또는 약제를 이용해 제거하면 기지현상을 경감시킬 수 있다.
⑦ 토양소독 : 병충해가 기지현상의 주요 원인인 경우에는 살선충제 또는 살균제 등의 농약을 이용하여 토양을 소독하거나 가열소독, 증기소독을 하기도 한다.

3. 윤 작

(1) 의 의
① 동일포장에서 동일작물을 이어짓기하지 않고, 몇 가지 작물을 특정한 순서대로 규칙적이고 반복적으로 재배하는 것을 윤작(돌려짓기)이라고 한다.
② 윤작 시 작물의 선택
　㉠ 지역 사정에 따라 주작물은 다양하게 변화한다.
　㉡ 지력 유지를 목적으로 콩과 작물 또는 녹비작물을 포함한다.
　㉢ 식량작물과 사료작물을 병행한다.
　㉣ 토지이용도를 목적으로 하작물과 동작물을 결합한다.
　㉤ 잡초 경감을 목적으로 중경작물과 피복작물을 포함한다.
　㉥ 토양 보호를 목적으로 피복작물을 포함한다.
　㉦ 이용성과 수익성이 높은 작물을 선택한다.
　㉧ 작물의 재배순서는 기지현상을 회피하도록 배치한다.

(2) 윤작의 효과 ★ 중요

① 지력의 유지·증강
  ㉠ 질소 고정 : 콩과 작물의 재배는 공중질소를 고정한다.
  ㉡ 잔비량 증가 : 다비작물의 재배는 잔비량을 증가시킨다.
  ㉢ 토양구조 개선 : 근채류, 알팔파 등 뿌리가 깊게 발달하는 작물의 재배는 토양의 입단 형성을 촉진하여 토양구조를 좋게 한다.
  ㉣ 토양유기물 증대 : 녹비작물의 재배는 토양유기물을 증대시키고, 목초류 또한 잔비량이 많다.
  ㉤ 구비생산량 증가 : 사료작물의 재배는 구비생산량을 증가시켜 지력 증강에 도움이 된다.
② 토양의 보호 : 윤작에 피복작물을 포함하면 토양침식을 방지하여 토양을 보호한다.
③ 기지의 회피 : 윤작을 통해 기지현상을 회피할 수 있으며, 화본과 목초의 재배는 토양선충을 경감시킨다.
④ 병충해의 경감
  ㉠ 연작 시 특히 많이 발생하는 병충해는 윤작으로 경감시킬 수 있다.
  ㉡ 토양전염병원균의 경우 윤작에 의한 경감효과가 크다.
  ㉢ 연작으로 인해 선충피해를 받기 쉬운 콩과 및 채소류 등은 윤작으로 피해를 줄일 수 있다.
⑤ 잡초의 경감 : 중경작물, 피복작물의 재배는 잡초의 번성을 억제한다.
⑥ 수량의 증대 : 기지의 회피, 지력의 증강, 병충해와 잡초의 경감 등으로 인해 수량이 증대된다.
⑦ 토지이용도의 향상 : 하작물과 동작물의 결합 또는 곡실작물과 청예작물의 결합을 통해 토지이용도를 높일 수 있다.
⑧ 노력분배의 합리화 : 여러 작물을 고르게 재배하면 계절적 노력의 집중화를 경감하고, 노력의 분배를 시기적으로 합리화할 수 있다.
⑨ 농업경영의 안정성 증대 : 여러 작물을 재배하면 자연재해나 시장변동에 따른 피해를 분산 또는 경감할 수 있어 농업경영의 안정성이 증대된다.

4. 답전윤환재배

(1) 의 의

① 포장을 담수한 논상태와 배수한 밭상태를 몇 해씩 돌려가며 재배하는 방식을 답전윤환이라고 한다.
② 답전윤환은 벼를 재배하지 않는 기간만 맥류나 감자를 재배하는 답리작 또는 답전작과는 다르며, 논기간과 밭기간은 각각 최소 2~3년으로 하는 것이 알맞다.

(2) 답전윤환이 윤작의 효과에 미치는 영향

① **토양의 물리적 성질** : 산화상태의 토양은 입단이 형성되고, 통기성·투수성·가수성이 양호해지며, 환원상태의 토양은 입단이 분산되고, 통기성과 투수성이 작아지며, 가수성이 커진다.

② **토양의 화학적 성질** : 산화상태의 토양은 유기물의 소모가 크고, 양분 유실이 적으며, pH가 저하되지만 환원상태가 되면 유기물의 소모가 적고, 양분 집적이 많아지며, 토양의 철과 알루미늄 등에 부착된 인산을 유효화하는 장점이 있다.

③ **토양의 생물적 성질** : 환원상태가 되는 담수조건에서는 토양의 병충해, 선충과 잡초의 발생이 감소한다.

(3) 답전윤환의 효과

① **지력의 증진** : 밭상태 동안은 논상태에 비하여 토양입단화와 건토효과가 나타나며, 미량원소의 용탈이 적어지고, 환원성 유해물질의 생성이 억제되며, 콩과 목초와 채소는 토양을 비옥하게 하여 지력이 증진된다.

② **기지의 회피** : 답전윤환은 토성을 달라지게 하며, 병원균과 선충을 경감시키고, 작물의 종류도 달라져 기지현상이 회피된다.

③ **잡초의 감소** : 담수상태와 배수상태가 서로 교체되면서 잡초의 발생이 적어진다.

④ **벼의 수량 증가** : 밭상태로 클로버 등을 2~3년 재배한 후 벼를 재배하면 첫해에 수량이 상당히 증가하며, 질소의 시용량도 크게 절약할 수 있다.

⑤ **노력의 절감** : 잡초와 병충해의 발생이 억제되면서 노력이 절감된다.

(4) 답전윤환의 한계

① 수익성에 있어 벼를 능가하는 작물을 찾기 어렵다.
② 2모작 체계에 비하여 답전윤환만의 이점이 드러나지 않는다.

5. 혼 파

(1) 의 의

두 종류 이상의 종자를 섞어 파종하는 방식으로, 사료작물 재배 시 화본과 종자와 콩과 종자를 섞어 파종하여 목야지를 조성하는 데 널리 이용된다. 종자의 조합으로는 클로버 + 티머시, 베치 + 이탈리안 라이그래스, 레드클로버 + 클로버 등이 있다.

(2) 혼파의 장점
① **가축 영양상의 이점** : 탄수화물이 주성분인 화본과 목초와 단백질을 풍부하게 함유하고 있는 콩과 목초가 섞이면 영양분이 균형 잡힌 사료의 생산이 가능해진다.
② **공간의 효율적 이용** : 상번초와 하번초를 혼파하거나 심근성 작물과 천근성 작물을 혼파하면 광(光), 수분 및 영양분을 입체적으로 더 잘 활용할 수 있다.
③ **비료성분의 효율적 이용** : 화본과와 콩과, 심근성과 천근성은 흡수하는 성분의 질과 양, 토양의 흡수층에 차이가 있어 비료성분을 더 효율적으로 이용할 수 있다.
④ **질소비료의 절약** : 콩과 작물의 공중질소 고정으로 인해 고정된 질소를 화본과도 이용하게 되므로 질소비료가 절약된다.
⑤ **잡초의 경감** : 오처드그래스와 같은 직립형 목초지에는 잡초가 발생하기 쉬운데, 클로버가 혼파되어 공간을 메우면 잡초의 발생이 줄어든다.
⑥ **생산안정성의 증대** : 여러 종류의 목초를 함께 재배하면 불량환경이나 각종 병충해에 대한 안정성이 증대된다.
⑦ **목초 생산의 평준화** : 여러 종류의 목초가 함께 생육하면 생육형태가 각기 다르므로 혼파목초지의 산초량은 시기적으로 표준화된다.
⑧ **건초 및 사일리지 제조상의 이점** : 수분함량이 많은 콩과 목초는 건초의 제조가 불편하지만, 화본과 목초가 섞이면 건초의 제조가 용이해진다.

(3) 혼파의 단점
① 작물의 종류가 제한적이고 파종작업이 힘들다.
② 목초별로 생장이 달라 시비, 병충해 방제, 수확 등의 작업이 불편하다.
③ 채종이 곤란하다.
④ 수확기가 서로 다르면 수확에 제한을 받는다.

6. 혼작(섞어짓기)

(1) 의 의
① **생육기간이 거의 같은 두 종류 이상의 작물을 동시에 같은 포장에 섞어서 재배**하는 것을 혼작이라고 한다.
② 작물 사이에 주작물과 부작물이 뚜렷하게 구분되는 경우도 있으나, 명확하지 않은 경우가 많다.
③ 혼작하는 작물들의 여러 생태적 특성으로 인해 따로 재배하는 것보다 혼작의 합계수량이 많아야 의미가 있다.
④ 혼작물의 선택은 키, 비료의 흡수, 건조나 그늘에 견디는 정도 등을 고려하여 작물 상호 간 피해가 없는 것이 좋다.

(2) 혼작의 방법

① 조혼작
  ㉠ 여름작물을 작휴의 줄에 따라 심고, 다른 작물을 일렬로 점파·조파하는 방법이다.
  ㉡ 서북부지방의 조 + 콩, 팥 + 녹두 등

② 점혼작
  ㉠ 본작물 내의 주간 군데군데 다른 작물을 한 포기 또는 두 포기씩 점파하는 방법이다.
  ㉡ 콩 + 수수·옥수수, 고구마 + 콩 등

③ 난혼작
  ㉠ 군데군데 혼작물을 주단위로 재식하는 방법으로, 그 위치가 정해져 있지 않다.
  ㉡ 콩 + 수수·조, 목화 + 참깨·들깨, 조 + 기장·수수, 오이 + 아주까리, 기장 + 콩, 팥 + 메밀 등

7. 간작(사이짓기)

(1) 의 의

① **한 종류의 작물이 생육하고 있는 사이에 한정된 기간 동안 다른 작물을 재배**하는 것을 간작이라고 하며, 생육시기가 서로 다른 작물을 일정 기간 같은 포장에서 생육시키는 것으로, 수확시기가 서로 다른 것이 보통이다.
② 이미 생육하고 있는 것을 주작물 또는 상작이라고 하며, 나중에 재배하는 작물을 간작물 또는 하작이라고 한다.
③ 주목적은 주작물에 큰 피해 없이 간작물을 재배·생산하는 데 있다.
④ 주작물은 키가 작아야 통풍·통광이 좋고, 빨리 성숙하는 품종이어야 먼저 수확하여 간작물을 빨리 독립시킬 수 있어 좋다.
⑤ 주작물 파종 시 이랑 사이를 넓게 하는 것이 간작물의 생육에 유리하다.

(2) 간작의 장점

① 단작보다 토지이용률이 높다.
② 노력의 분배·조절이 용이하다.
③ 주작물과 간작물을 적절히 조합하면 비료의 경제적 이용이 가능하고, 녹비에 의한 지력 증강을 꾀할 수 있다.
④ 주작물은 불리한 기상조건과 병충해로부터 간작물을 보호하는 역할을 한다.
⑤ 간작물이 조파조식되어야 하는 경우 이것을 가능하게 하여 수량이 증대된다.

(3) 간작의 단점
① 간작물로 인해 작업이 복잡해진다.
② 기계화가 곤란하다.
③ 간작물의 생육장해가 발생할 수 있다.
④ 토양 내 수분 부족으로 인해 발아가 불량할 수 있다.
⑤ 간작물로 인하여 토양비료의 부족이 발생할 수 있다.

8. 기 타

(1) 교호작(엇갈아짓기)
① 일정 이랑씩 두 작물 이상의 작물을 교호로 배열하여 재배하는 방식을 교호작이라고 한다.
② 작물들의 생육시기가 거의 같고, 작물별 시비와 관리작업이 가능하며, 주작과 부작의 구별이 뚜렷하지 않다.
③ 교호작의 규모가 큰 것을 대상재배라고 한다.

(2) 주위작(둘레짓기)
① 포장의 주위에 포장 내 작물과는 다른 작물을 재배하는 것을 주위작이라고 하며, 혼파의 일종이다.
② 주목적은 포장 주위의 공간을 생산에 이용하는 것이다.

03 파 종

1. 파종시기

(1) 의 의
① 종자를 토양에 뿌리는 것을 파종이라고 한다.
② 파종시기는 작물의 종류 및 품종, 재배지역, 작부체계, 토양조건, 출하기 등에 따라 결정된다.

(2) 파종기
파종기는 종자의 발아와 발아 후 생장 및 성숙과정이 원만하게 이루어질 수 있는 기간을 선택해야 하는데, 파종된 종자의 발아에 필요한 기온이 발아 최저온도 이상이어야 하고, 토양수분도 필요 수준 이상이어야 하며, 작물의 종류 및 품종에 따른 감온성과 감광성 등 여러 요인을 고려해야 한다.

① 작물의 종류 및 품종
  ㉠ 일반적으로 월동작물은 가을에, 여름작물은 봄에 파종한다.
  ㉡ 월동작물 중에서도 내한성이 강한 호밀의 경우 만파적응을 하지만, 내한성이 약한 쌀보리의 경우는 만파적응을 하지 못한다.
  ㉢ 여름작물 중에서도 춘파맥류와 같이 낮은 온도에 견디는 경우 초봄에 파종하지만, 옥수수와 같이 생육온도가 높은 작물은 늦봄에 파종한다.
  ㉣ 벼 중에서 감광형 품종은 만파만식에 적응하지만, 기본영양생장형 품종과 감온형 품종은 조파조식이 안전하다.
  ㉤ 추파맥류 중에서 추파성 정도가 높은 품종은 조파하는 것이 좋지만, 추파성 정도가 낮은 품종은 만파하는 것이 좋다.

② 기 후
  ㉠ 동일품종이라도 재배지의 기후에 따라 파종기를 달리해야 한다.
  ㉡ 감자의 경우 평지에서는 이른 봄에 파종하지만, 고랭지에서는 늦봄에 파종한다.
  ㉢ 맥주보리 골든멜론 품종은 제주도에서는 추파하지만, 중부지방에서는 월동하지 못하므로 춘파한다.

③ 작부체계
  ㉠ 벼 재배 시 단일작인 경우에는 가능한 일찍 심는 것이 좋아 5월 상순~6월 상순에 이앙하지만, 맥후작인 경우에는 6월 중순~7월 상순에 이앙한다.
  ㉡ 콩이나 고구마 등은 단작인 경우에는 5월에 심지만, 맥후작인 경우에는 6월 하순경에 심는다.

④ 토양조건
  ㉠ 토양이 건조하면 파종 후 발아가 불량하므로 적당한 토양수분 상태일 때 파종하고, 과습한 경우에는 정지작업이나 파종작업이 곤란하므로 파종이 지연된다.
  ㉡ 벼의 천수답 이앙시기는 강우가 절대적으로 지배한다.

⑤ 출하기 : 시장상황을 반영한 출하기를 고려하여 파종하는 경우가 많으며, 채소나 화훼류의 촉성재배나 억제재배가 이에 해당된다.

⑥ 재해의 회피
  ㉠ 벼는 냉해와 풍해를 회피하기 위해 조식조파한다.
  ㉡ 해충피해를 회피하기 위한 목적으로 파종기를 조절하기도 하는데, 멸나병을 회피하기 위해 조의 경우 만파를 하고, 가을채소의 경우 발아기에 해충이 많이 발생하는 지역에서는 파종시기를 늦춘다.
  ㉢ 하천부지에 위치한 포장에서 채소류 재배 시 수해를 회피하기 위해 홍수기 이후 파종한다.
  ㉣ 봄채소는 조파하면 한해(旱害)가 경감된다.

⑦ 노동력 사정 : 노동력의 문제로 인해 파종기가 늦어지는 경우도 적지 않으며, 적기파종을 위해서는 기계화·생력화가 필요하다.

2. 파종방법

(1) 파종양식

① 산파(흩어뿌림)
  ㉠ 포장 전면에 종자를 흩어 뿌리는 방법이다.
  ㉡ 노력이 적게 든다는 장점이 있다.
  ㉢ 단점으로는 종자의 소요량이 많고, 생육기간 중 통풍 및 수광이 나쁘며, 도복하기 쉽고, 중경제초나 병충해 방제 그 외에 비배관리 등의 작업이 불편하다.
  ㉣ 잡곡을 늦게 파종할 때와 맥류에서 파종노력을 줄이기 위한 경우 등에 적용된다.
  ㉤ 목초, 자운영 등의 파종에 주로 적용한다.

② 조파(골뿌림)
  ㉠ 뿌림골을 만들어 종자를 줄지어 뿌리는 방법이다.
  ㉡ 종자의 필요량은 산파보다 적고, 골 사이가 비어 있어 수분과 양분의 공급이 좋으며, 통풍 및 수광도 좋고, 비배관리 작업도 편리해 생장이 고르고, 수량과 품질도 좋다.
  ㉢ 맥류와 같이 개체별로 차지하는 공간이 넓지 않은 작물에 적용한다.

③ 점파(점뿌림)
  ㉠ 일정한 간격을 두고 하나 또는 수개의 종자를 띄엄띄엄 뿌리는 방법이다.
  ㉡ 종자의 필요량이 적고, 생육 중 통풍 및 수광이 좋으며, 개체 간 간격이 조절되어 생육이 양호하다.
  ㉢ 파종에 시간과 노력이 많이 드는 단점이 있다.
  ㉣ 일반적으로 콩과, 감자 등 개체가 면적을 많이 차지하는 작물에 적용한다.

④ 적 파
  ㉠ 점파와 비슷한 방법으로, 점파 시 한 곳에 여러 개의 종자를 뿌리는 방법이다.
  ㉡ 조파 및 산파에 비하여 파종노력이 많이 들지만 수분, 비료, 통풍 및 수광 등의 조건이 좋아 생육이 양호하고, 비배관리 작업도 편리하다.
  ㉢ 목초, 맥류 등과 같이 개체가 평면으로 좁게 차지하는 작물을 집약적으로 재배하는 데 적용하며, 벼의 모내기의 경우도 결과적으로는 적파와 비슷하다고 볼 수 있고, 결구배추를 직파할 때도 적파를 이용한다.

⑤ 화훼류의 파종방법
  ㉠ 화훼류의 파종은 이식성, 종자의 크기, 파종량에 따라 달리한다.
  ㉡ 상파 : 이식을 해도 좋은 품종에 이용하는 방법으로, 배수가 잘되는 곳에 파종상을 설치하고 종자 크기에 따라 점파, 산파, 조파를 한다.
  ㉢ 상자파 및 분파 : 종자가 소량이거나 귀중하고 비싼 종자나 미세종자와 같이 집약적인 관리가 필요한 경우에 이용하는 방법이다.

ⓔ 직파 : 재배량이 많거나 직근성이어서 이식 시 뿌리의 피해가 우려되는 경우에 적합한 방법으로, 최근 직근성 초화류도 지피포트를 이용하여 이식할 수 있도록 육묘하고 있다.

(2) 파종량 결정
① 파종량 : 종자별 파종량은 정식할 모수, 발아율, 성묘율(육묘율) 등을 고려하여 산출하며, 보통 소요묘수 2~3배의 종자가 필요하다.
② 파종량이 적을 경우
　㉠ 수량이 적어진다.
　㉡ 잡초발생량이 증가한다.
　㉢ 토양수분 및 비료성분의 이용도가 낮아진다.
　㉣ 성숙이 늦어지고, 품질이 저하될 수 있다.
③ 파종량이 많을 경우
　㉠ 과번무로 인해 수광상태가 나빠진다.
　㉡ 식물체가 연약해져 도복, 병충해, 한해(旱害) 등이 조장되며, 수량 및 품질이 저하된다.
　㉢ 일반적으로 파종량이 많을수록 단위면적당 수량은 어느 정도 증가하지만, 일정 한계를 넘으면 수량은 오히려 줄어든다.
④ 파종량 결정 시 고려사항
　㉠ 작물의 종류 : 작물 종류에 따라 재식밀도 및 종자의 크기가 다르므로 파종량은 달라진다.
　㉡ 종자의 품질 : 병충해 종자의 혼입, 경실이 많이 포함된 경우, 쭉정이 및 협잡물이 많은 경우, 발아력이 감퇴된 경우 등은 파종량을 늘려야 한다.
　㉢ 종자의 크기 : 동일작물에서도 품종에 따라 종자의 크기가 다르기 때문에 파종량 역시 달라지며, 생육이 왕성한 품종은 파종량을 줄이고, 그렇지 않은 경우 파종량을 늘인다.
　㉣ 파종기 : 파종시기가 늦어지면 대체로 작물의 개체발육도가 작아지므로 파종량을 늘리는 것이 좋다.
　㉤ 재배지역 : 한랭지는 대체로 발아율과 개체발육도가 낮으므로 파종량을 늘린다.
　㉥ 재배방식 : 맥류의 경우 산파 시 조파보다 파종량을 늘리고, 콩이나 조 등은 맥후작 시 단작보다 파종량을 늘리며, 청예용이나 녹비용 재배 시 채종재배보다 파종량을 늘린다.
　㉦ 토양 및 시비 : 토양이 척박하고 시비량이 적으면 파종량을 다소 늘리는 것이 유리하고, 토양이 비옥하고 시비량이 충분할지라도 많은 수확을 위해서는 파종량을 늘리는 것이 유리하다.

(3) 파종절차
정지 후 파종절차는 작물의 종류 및 파종양식에 따라 다르다.

> 작조 → 시비 → 간토 → 파종 → 복토 → 진압 → 관수

① **작조(골타기)** : 종자를 뿌릴 골을 만드는 것을 작조라고 하며, 점파의 경우 작조 대신 구덩이를 만들고, 산파 및 부정지파는 작조하지 않는다.
② **시비** : 파종할 골 및 포장 전면에 비료를 뿌리는 작업이다.
③ **간토(비료섞기)** : 시비 후 그 위에 흙을 덮어 종자가 비료에 직접 닿지 않도록 하는 작업이다.
④ **파종** : 종자를 토양에 뿌리는 작업이다.
⑤ **복 토**
　㉠ 파종한 종자 위에 흙을 덮어 주는 작업이다.
　㉡ 복토는 종자의 발아에 필요한 수분을 보존하고, 조수에 의한 해나 파종종자의 이동을 막을 수 있다.
　㉢ 복토깊이는 종자의 크기, 발아습성, 토양, 기후 등에 따라 달라진다.
　　• 볍씨를 물못자리에 파종하는 경우 복토를 하지 않는다.
　　• 광발아종자는 얕게 복토하거나 하지 않고, 암발아종자는 깊게 복토한다.
　　• 미세종자는 가급적 얕게 복토하거나 파종 후 가볍게 눌러 주고, 복토를 하지 않는 경우도 있다.
　　• 소립종자는 얕게, 대립종자는 깊게 복토하며, 보통은 종자 크기의 2~3배 정도 복토한다.
　　• 점질토는 얕게, 경토는 깊게 복토한다.
　　• 토양이 습윤한 경우 얕게, 건조한 경우 깊게 복토한다.
　　• 적온에서는 얕게, 저온 또는 고온에서는 깊게 복토한다.
⑥ **진 압**
　㉠ 발아를 조장할 목적으로 파종 후 복토하기 전이나 후에 종자 위를 가압하는 작업이다.
　㉡ 진압은 토양을 긴밀하게 하고, 파종된 종자가 토양에 밀착되어 모관수 상승 시 종자가 수분을 흡수하기 알맞은 환경을 조성하여 발아를 촉진한다.
　㉢ 경사지 또는 바람이 센 곳에서는 우식 및 풍식을 경감하는 효과가 있다.
⑦ **관 수**
　㉠ 토양의 건조를 방지하기 위해 복토 후 관수한다.
　㉡ 파종상을 이용해 미세종자를 파종하는 경우에는 저면관수하는 것이 좋다.
　㉢ 저온기 온실에서 파종하는 경우에는 수온을 높여 관수하는 것이 좋다.

04 육 묘

1. 육묘 일반

(1) 의 의
① 이식용으로 못자리에서 키운 어린작물을 묘(苗)라고 하며 초본묘, 목본묘, 종자로부터 양성된 실생묘, 종자 이외의 작물영양체로부터 양성한 삽목묘, 접목묘, 취목묘 등으로 구분한다.
② 종자를 경작지에 직접 뿌리지 않고, 이러한 묘를 일정 기간 시설 등에서 집약적으로 생육하고 관리하는 것을 육묘라고 한다.

(2) 육묘의 목적 ★ 중요
① 조기수확이 가능하다.
② 출하기를 앞당길 수 있다.
③ 품질을 향상시킬 수 있다.
④ 수량 증대가 가능하다.
⑤ 집약적인 관리와 보호가 가능하다.
⑥ 종자를 절약할 수 있다.
⑦ 직파가 불리한 딸기, 고구마 등의 재배에 유리하다.
⑧ 배추, 무 등의 화아분화 및 추대를 방지할 수 있다.
⑨ 본 밭의 적응력을 향상시킬 수 있다.
⑩ 본 밭의 토지이용도를 높여서 단위면적당 수량과 수익을 증가시킬 수 있다.

(3) 유효묘
파종한 종자가 발아해서 이앙이 가능하게 자란 건전한 어린 묘를 말하는데, 유효묘수의 계산은 다음과 같다.

$$유효묘수 = 구 \times 판 \times 발아율 \times 성묘율$$

2. 묘 상

(1) 묘상의 종류
① 의의 : 묘를 육성하는 장소를 묘상이라고 하며, 특히 벼의 경우에는 못자리, 수목의 경우에는 묘포라고 한다.

② 지면고정에 따른 분류
  ㉠ 저설상(지상) : 지면을 파서 설치하는 묘상으로, 보온효과가 커서 저온기 육묘에 이용되며, 배수가 좋은 곳에 설치한다.
  ㉡ 평상 : 지면과 같은 높이로 만드는 묘상을 말한다.
  ㉢ 고설상(양상) : 지면보다 높게 만든 묘상으로, 온도와 무관한 경우 또는 배수가 나쁜 곳이나 비가 많이 오는 시기에 설치한다.
③ 보온양식에 따른 분류
  ㉠ 노지상 : 자연포장상태로 설치하는 묘상을 말한다.
  ㉡ 냉상 : 태양열만 유효하게 이용하는 방법이다.
  ㉢ 온상 : 태양열과 함께 열원을 이용하는 방법으로, 열원에 따라 양열온상, 전열온상 등으로 구분한다.
④ 못자리의 종류
  ㉠ 물못자리 : 초기부터 물을 대고 육묘하는 방식이다.
    • 장 점
      - 관개를 통해 초기 냉온으로부터 보호한다.
      - 모가 비교적 빨리 균일하게 자란다.
      - 잡초, 병충해, 설치류, 조류 등에 의한 피해가 적다.
    • 단 점
      - 모가 연약해지고, 발근력이 약하다.
      - 모가 빨리 노숙하게 된다.
  ㉡ 밭못자리 : 못자리기간 동안 관개하지 않고, 밭상태의 토양조건에서 육묘하는 방식이다.
    • 장점 : 모가 단단해 노쇠가 더디고, 발근력도 강하여 만식재배, 다수확재배에 알맞다.
    • 단점 : 도열병과 잡초 발생이 많고, 설치류와 조류 등에 의한 피해가 많다.
  ㉢ 절충못자리 : 물못자리와 밭못자리를 절충한 방식이다.
  ㉣ 보온절충못자리
    • 초기에는 폴리에틸렌필름 등으로 피복하여 보온하고, 물은 통로에만 대주다가 7~14일이 지나 제2본엽이 반 정도 자랐을 때, 보온자재를 벗기고 못자리 전면에 담수하여 물못자리로 교체하는 방식이다.
    • 물못자리에 비해 10~12일 조파하여 약 15일 정도 조기이앙할 수 있고, 모도 안전하게 자라는 등의 이점이 있어 우리나라에 가장 널리 보급되어 있는 방식이다.
  ㉤ 보온밭못자리 : 육묘기간 중 물을 대지 않는 밭상태로 육묘하되, 폴리에틸렌필름으로 터널식 프레임을 만들어 그 속에서 육묘하는 방식이다.
  ㉥ 상자육묘 : 기계이앙을 위한 상자육묘에는 파종 후 8~10일에 모내기를 하는 유묘, 파종 후 20일경에 모내기를 하는 치묘, 파종 후 30일경에 모내기를 하는 중묘가 있다.

(2) 묘상의 설치장소

① 본포에서 멀지 않은 가까운 곳이 좋다.
② 집에서 멀지 않아 관리가 편리한 곳이 좋다.
③ 관개용수의 수원이 가까워 관개수를 얻기 쉬운 곳이 좋다.
④ 저온기 육묘는 양지바르고 따뜻하며, 방풍이 되어 강한 바람을 막아 주는 곳이 좋다.
⑤ 배수가 잘되고, 오수와 냉수가 침입하지 않는 곳이 좋다.
⑥ 인축, 동물, 병충 등의 피해가 없는 곳이 좋다.
⑦ 지력이 너무 비옥하거나 척박하지 않은 곳이 좋다.

(3) 묘상의 구조와 설비

① 노지상 : 지력이 양호한 곳을 골라 파종상을 만들고 파종하며 모판은 배수, 통기, 관리 등 여러 면을 고려하여 보통 너비 1.2m 정도 양상으로 하는 경우가 많고, 파종상에 비닐 또는 폴리에틸렌필름으로 덮으면 보온묘판이 된다.
② 냉상 : 구조와 설비는 온상과 거의 같지만 구덩이는 깊지 않게 하고 양열재료 대신 단열재료를 넣는데, 단열재료는 상토의 열이 흩어져 달아나지 않도록 짚, 왕겨 등을 상토 밑 10cm 정도에 넣는다.
③ 온상 : 구덩이를 파고 그 둘레에 온상틀을 설치한 다음 발열 또는 가열장치를 한 후, 그 위에 상토를 넣고 온상창과 피복물을 덮어서 보온한다.
   ㉠ 온상구덩이
   - 너비는 관리의 편의상 1.2m, 길이 3.6m 또는 7.2m로 하는 것을 기준으로 한다.
   - 깊이는 발열재나 장치에 따라 조정하며, 발열의 균일성을 위해 중앙부를 얕게 판다.
   ㉡ 온상틀
   - 콘크리트, 판자, 벽돌 등으로 만들 경우 견고하지만 비용이 많이 든다.
   - 볏짚을 두르면 비용이 적게 들고 보온도 양호하지만, 당년에만 쓸 수 있다.
   ㉢ 열 원
   - 열원으로는 전열, 온돌, 스팀, 온수 등이 이용되지만, 양열재료를 밟아 넣어 발열시키는 경우가 많다.
   - 양열재료의 종류
     - 주재료로는 탄수화물이 풍부한 볏짚, 보릿짚, 건초, 두엄 등이 이용된다.
     - 보조재료 또는 촉진재료로는 질소분이 많은 쌀겨, 깻묵, 계분, 뒷거름, 요소, 황산암모늄 등이 이용된다.
     - 지속재료는 부패가 더딘 낙엽 등이 이용된다.

- 양열재료 사용 시 유의점
  - 양열재료에서 생성되는 열은 호기성균, 효모와 같은 미생물의 활동에 의해 각종 탄수화물과 섬유소가 분해되면서 발생하는 열로, 이에 관여하는 미생물은 영양원으로 질소를 소비하고 탄수화물을 분해하므로 재료에 질소가 부족하면 적당량의 질소를 첨가해 주어야 한다.
  - 발열은 균일하게 장시간 지속되어야 하는데, 이를 위해서는 양열재료와 수분 및 산소의 양이 알맞아야 하며, 밟아 넣을 때 여러 층으로 나누어 밟아 재료가 고루 잘 섞이고 충분히 단단하게 해야 한다.
  - 물이 과다하고 너무 단단하게 밟으면 열이 잘 나지 않고, 물이 부족하고 허술하게 밟으면 발열이 빠르고 왕성하나 지속되지 못한다.
- 양열재료의 C/N율이 20~30 정도일 때 발열상태가 양호하다.
- 수분함량은 전체의 60~70% 정도로 양열재료의 건물 중 1.5~2.5배 정도가 발열이 양호하다.

② 상 토
- 배수가 잘되면서 보수력이 좋고, 비료성분이 넉넉하며, 병충원이 없어야 한다.
- 퇴비와 흙을 섞어 쌓았다가 다시 잘 섞은 후 체로 쳐서 사용한다.
- 상토의 종류
  - 관행상토(숙성상토) : 퇴비와 흙을 섞어 쌓아 충분히 숙성시킨 것
  - 속성상토 : 단시일에 대량으로 만든 상토로, 유기물과 흙을 5 : 5 또는 3 : 7의 비율로 하고, 화학비료와 석회를 적당량 배합하여 만든 것
  - 플러그육묘상토(공정육묘상토) : 피트모스, 버미큘라이트, 펄라이트 등을 혼합하여 사용하는 속성상토

③ 온상창
- 가볍고, 질기며, 투광성이 좋은 비닐 또는 폴리에틸렌필름이 많이 사용된다.
- 유리는 무겁고, 유지는 투광이 나쁘며, 둘 다 파손되기 쉽다.

④ 피복물 : 온상창 위를 덮어 보온하는 피복물로 거적, 이엉, 가마니 등이 주로 쓰이며 보온효과도 크다.

(4) 기계이앙용 상자육묘

① **육묘상자** : 규격은 가로 60cm × 세로 30cm × 높이 3cm이고, 필요 상자수는 파종량과 본답의 재식밀도 등에 따라 다르지만 대체로 본답 10a당 어린모는 15개, 중모는 30~35개이다.

② **상토** : 부식 함량이 적당하고, 배수가 양호하면서도 적당한 보수력을 가지고 있어야 하며, 병원균이 없는 pH 4.5~5.5 정도의 상토가 알맞고, 양은 복토할 것까지 계산하여 상자당 4.5L가 필요하다.

③ **비료** : 기비(밑거름)를 상토에 고루 섞어 주는데 어린모는 상자당 질소, 인, 칼륨을 각 1~2g, 중모는 질소 1~2g, 인 4~5g, 칼륨 3~4g을 섞어 준다.

④ **파종** : 파종량은 상자당 마른종자로 어린모 200~220g, 중모 100~130g 정도로 한다.

⑤ **육묘관리** : 육묘관리는 출아기, 녹화기, 경화기로 구분하여 한다.
  ㉠ 출아기 : 출아에 알맞은 30~32℃로 온도를 유지한다.
  ㉡ 녹화기
    - 어린 싹이 1cm 정도 자랐을 때부터 시작하고 낮에는 25℃, 밤에는 20℃로 온도를 유지하며, 2,000~3,500lx의 약광을 조사한다.
    - 갑작스러운 강광은 백화묘를 발생시키므로 주의해야 한다.
  ㉢ 경화기
    - 처음 8일은 낮에는 20℃, 밤에는 15℃의 온도가 알맞고, 이후 20일간은 낮에는 15~20℃, 밤에는 10~15℃의 온도가 알맞다.
    - 경화기에는 모의 생육에 지장이 없는 한 될 수 있으면 자연상태로 관리한다.

> **알아두기 상토**
> 육묘, 즉 모종을 가꾸는 온상에 쓰이는 흙을 상토(床土)라고 하며, 상토의 조건은 다음과 같다.
> - 부드럽고, 여러 가지 양분을 갖춰야 한다.
> - 배수가 잘되고, 보수력이 좋아야 한다.
> - 공기의 유통이 좋아야 한다.
> - 유효미생물이 많이 번식하고 있되, 병원균이나 해충이 없어야 한다.

3. 육묘의 주요 방식

(1) 온상육묘
① 저온기에 인위적으로 온도를 높이고 태양열을 이용하여 온상에서 육묘하는 방법으로, 주로 봄의 육묘에 이용된다.
② 낮에는 온도를 높여서 광합성을 촉진하고, 밤에는 온도를 낮추어 호흡에 의한 양분의 소모를 줄인다.

(2) 접목육묘
① **박과와 가지과 채소의 만할병, 위조병, 역병, 청고병 등 토양전염성 병에 대한 내성과 불량환경에 견디는 힘을 높이고, 흡비력을 증진시키기 위해 호박, 박, 야생가지, 토마토, 공대 등을 대목으로 하여 접목**을 실시한다.
② 접목묘는 기상과 토양환경이 불량한 시설재배에 많이 이용되며, 접목방법에는 삽접, 호접, 할접 등이 있다.

(3) 양액육묘

① 의의 : 상토 대신 작물생육에 필요한 무균의 영양소를 지닌 배양액을 공급하거나 배양액만으로 육묘하는 방식이다.

② **양액육묘의 장점** ★ 중요
  ㉠ 상토육묘에 비해 발근 등 생육이 빠르다.
  ㉡ 병충해 발생의 위험성이 적다.
  ㉢ 생력육묘가 가능하다.
  ㉣ 노력과 자재가 절감된다.
  ㉤ 대량육묘가 가능하다.

③ 양액육묘의 단점
  ㉠ 건물률이 낮고, 활착이 더디다.
  ㉡ 도장할 우려가 있다.

(4) 공정육묘(플러그육묘)

① 플러그육묘라고도 불리며, 규격화된 자재와 집약적 관리를 통해 육묘비용을 줄이고 질을 향상시키는 방식으로, 최근에 많이 이용되고 있다.

② 공정육묘는 재래육묘와 비교하여 다음과 같은 이점이 있다. ★ 중요
  ㉠ 단위면적당 모의 대량생산이 가능하다.
  ㉡ 기계화를 통해 관리인건비와 모의 생산비를 절감할 수 있다.
  ㉢ 운반 및 취급이 간편해 화물화가 용이하다.
  ㉣ 대규모화를 통한 기업화 또는 상업화가 가능하다.
  ㉤ 육묘기간 단축과 함께 주묘 생산과 연중 생산이 가능하다.
  ㉥ 자동화된 생산시설을 통해 육묘의 생력화가 가능하다.

4. 경 화

(1) 경화의 의의와 방법

① 의의 : 포장에 정식하기 전에 외부환경에 적응할 수 있도록 정식지의 환경에 조금씩 노출시켜 모종을 굳히는 것을 경화라고 한다.

② **경화방법** : 묘상에서 서서히 관수량을 줄이고, 온도를 낮추며, 직사광선에 노출되는 시간을 늘려 준다.

(2) 경화의 효과 ★ 중요
① 엽육이 두꺼워지고, 큐티클층과 왁스층이 발달한다.
② 건물량이 증가한다.
③ 지상부 생육은 둔화되는 반면에 지하부 생육은 발달한다.
④ 내한성과 내건성이 증가한다.
⑤ 외부환경에 견디는 힘이 강해진다.
⑥ 활착이 촉진된다.

05 이 식

1. 이식의 효과와 시기

(1) 이식의 효과
① 의 의
  ㉠ 이식 : 묘상 또는 못자리에서 키운 모를 본포로 옮겨 심거나, 작물이 현재 자라는 곳에서 장소를 옮겨 심는 일을 이식이라고 한다.
  ㉡ 정식 : 수확까지 재배할 장소, 즉 본포로 옮겨 심는 것을 정식이라고 한다.
  ㉢ 가식 : 정식까지 잠시 이식해 두는 것을 가식이라고 한다.
  ㉣ 이앙 : 벼의 이식을 이앙이라고 한다.
② 이식의 장점
  ㉠ **생육 촉진 및 수량 증대** : 이식은 온상에서 보온육묘를 전제하는 경우가 많으므로, 이는 생육기간의 연장으로 인해 작물의 발육이 크게 촉진되어 증수를 기대할 수 있고, 초기의 생육 촉진을 통해 수확을 빠르게 하여 경제적으로 유리하다.
  ㉡ **토지이용도 제고** : 본포에 전작물이 있는 경우에는 묘상 등에서 모를 양성하여 전작물 수확 후 또는 전작물 사이에 정식함으로써 경영을 집약화할 수 있다.
  ㉢ **숙기 단축** : 채소의 이식은 경엽의 도장을 억제하고, 생육을 양호하게 하여 숙기가 단축되고 상추, 양배추 등의 결구를 촉진한다.
③ 이식의 단점
  ㉠ 무, 당근, 우엉 등의 직근류는 어릴 때 이식하여 뿌리가 손상되면 그 후 근계 발육에 나쁜 영향을 미친다.
  ㉡ 수박, 참외, 결구배추, 목화 등은 뿌리의 절단이 매우 해로우므로, 이식을 해야 하는 경우 분파하여 육묘하고 뿌리의 절단을 피해야 한다.

ⓒ 벼의 경우 대체적으로 이앙재배를 하지만, 한랭지에서의 이앙은 착근까지 시일을 많이 필요로 하므로 생육이 늦어지고 임실이 불량해져 파종을 빨리하거나 직파재배가 유리한 경우가 많다.

④ 가식의 효과
  ㉠ 묘상 절약 : 작은 면적에 파종하고 자라는 대로 가식하면 처음부터 큰 면적의 묘상이 필요하지 않다.
  ㉡ 활착 증진 : 가식은 단근으로 인해 새로운 세근이 밀생하여 근군을 충실하게 하므로 정식 시 활착을 빠르게 하는 효과가 있다.
  ㉢ 재해 방지 : 천수답에서 한발로 모내기가 많이 늦어진 경우 무논에 일시 가식하였다가 비가 온 후 이앙하면 한해(旱害)를 방지할 수 있으며, 채소 등은 포장조건으로 이식이 늦어질 때 가식해 두면 도장이나 노화를 방지할 수 있다.

(2) 이식시기

① 이식기는 작물의 종류, 토양 및 기상조건, 육묘사정 등에 따라 다르다.
② 과수, 수목 등 다년생 목본식물은 싹이 움트기 전 이른 봄 춘식하거나, 가을 낙엽이 진 뒤 추식하는 것이 활착이 잘된다.
③ 일반작물 또는 채소의 이식기는 육묘의 진행상태, 즉 모의 크기와 파종기 결정요인과 같은 조건들의 지배를 받는다.
④ 작물의 종류에 따라 이식에 알맞은 모의 발육도가 있다.
  ㉠ 너무 어린모나 노숙한 모의 이식은 식상이 심하거나 생육이 고르지 못해 정상적으로 생육하지 못하는 경우가 많다.
  ㉡ 일반적으로 벼 이앙의 경우 손이앙은 40일모(성묘), 기계이앙은 30~35일모(중묘, 엽 3.5~4.5매)가 좋다.
  ㉢ 토마토나 가지는 첫 꽃이 개화되었을 정도의 모가 좋다.
⑤ 토양수분은 넉넉하고, 바람 없이 흐린 날 이식하면 활착에 유리하다.
⑥ 지온은 발근에 알맞은 온도로, 서리나 한해(寒害)의 우려가 없는 시기에 이식하는 것이 안전하다.
⑦ 가을에 보리를 이식하는 경우 월동 전 뿌리가 완전히 활착할 수 있는 기간을 두고, 그 이전에 이식하는 것이 안전하다.

2. 이식의 양식과 방법

(1) 이식의 양식

① **조식** : 골에 줄을 지어 이식하는 방법으로 파, 맥류 등에서 실시된다.
② **점식** : 포기를 일정한 간격을 두고 띄어서 이식하는 방법으로 콩, 수수, 조 등에서 실시된다.

③ 혈식 : 포기 사이를 많이 띄어서 구덩이를 파고 이식하는 방법으로 과수, 수목, 화목 등과 양배추, 토마토, 오이, 수박 등의 채소류 등에서 실시된다.
④ 난식 : 일정한 질서 없이 점점이 이식하는 방법으로, 콩밭에 들깨나 조 등을 이식하는 경우에 실시된다.

(2) 이식의 방법
① 이식간격 : 1차적으로 작물의 생육습성에 의해 결정된다.
② 이식을 위한 묘의 준비
  ㉠ 이식 시 단근 및 손상을 최소화하기 위해 관수를 충분히 하여 상토가 흠뻑 젖은 다음 모를 뜬다.
  ㉡ 묘상 내 몇 차례 가식하여 근군을 작은 범위 내에서 밀생시켜 이식하는 것이 안전하며, 특히 본포에 정식하기 며칠 전 가식하여 신근이 다소 발생하려는 시기가 정식에 좋다.
  ㉢ 온상육묘의 모는 비교적 연약하므로 이식 전 경화시키면 식물체 내 즙액의 농도가 증가하고, 저온 및 건조 등의 자연환경에 대한 저항성이 증대되어 흡수력이 좋아지고 착근이 빨라진다.
  ㉣ 큰 나무와 같이 식물체가 크거나 활착이 힘든 것은 뿌리돌림을 하여 세근을 밀생시켜 두고 가지를 친다.
  ㉤ 이식 시 단근이나 식상 등으로 인해 뿌리의 수분 흡수는 저해되지만, 증산작용은 동일해 수분의 수급균형이 깨져 시들고 활착이 나빠지는 현상을 방지하기 위해 지상부의 가지나 잎의 일부를 전정하기도 한다.
  ㉥ 증산억제제인 OED 유액을 1~3%로 처리하여 모를 담근 후 이식하면 효과가 크다.
③ 본포 준비 : 정지를 알맞게 하고, 퇴비나 금비(화학비료)를 기비로 사용하는 경우 흙과 잘 섞어야 하며, 미숙퇴비는 뿌리와 접촉되지 않도록 주의하고 호박, 수박 등은 북(둑 또는 이랑)을 만들기도 한다.
④ 이 식
  ㉠ 이식깊이는 묘상에 묻혔던 깊이로 하되 건조지는 깊게, 습지는 얕게 한다.
  ㉡ 표토는 속으로, 심토는 겉으로 덮는다.
  ㉢ 벼는 쓰러지지 않을 정도로 얕게 심어야 활착이 좋고, 분얼의 확보가 용이하다.
  ㉣ 감자, 수수, 담배 등은 얕게 심고, 생장함에 따라 배토한다.
  ㉤ 과수의 접목묘는 접착부가 지면보다 위에 나오도록 한다.
⑤ 이식 후 관리
  ㉠ 잘 진압하고 관수를 충분히 한다.
  ㉡ 건조한 경우 피복하여 지면증발을 억제하고, 건조를 예방한다.
  ㉢ 쓰러질 우려가 있는 경우 지주를 세운다.

06 재배관리

1. 보식과 솎기

(1) 보식
① **보파[추파(追播)]** : 발아가 불량한 곳에 추가로 보충하여 파종하는 것
② **보식** : 이식 후 고사로 인해 결주가 생긴 곳에 추가로 보충하여 이식하는 것
③ 보파 또는 보식은 되도록 일찍 실시해야 생육의 지연이 덜 된다.

(2) 솎기
① **의의**
  ㉠ 발아 후 밀생한 곳의 일부 개체를 제거해 주는 작업을 솎기라고 한다.
  ㉡ 솎기는 적기에 실시하여야 하며, 일반적으로 첫 김매기와 같이 실시하는데, 늦으면 개체 간 경쟁이 심해져 생육이 억제된다.
  ㉢ 솎기는 한 번에 끝내지 말고 생육상황에 따라 수회에 걸쳐 실시한다.
② **솎기의 효과**
  ㉠ 개체의 생육공간을 확보하여 균일한 생육을 유도할 수 있다.
  ㉡ 불량환경에서 파종 시 솎기를 전제로 파종량을 늘리면 발아가 불량하더라도 빈 곳이 생기지 않는다.
  ㉢ 파종 시 파종량을 늘리고 나중에 솎기를 하면 불량개체를 제거하고 우량개체만 재배할 수 있다.
  ㉣ 개체 간 양분, 수분, 광 등에 대한 경합을 조절하여 건전한 생육이 가능하다.

2. 중경

(1) 의의
파종 또는 이식 후 작물이 생육하는 도중에 경작지의 표면을 호미나 중경기로 긁어 부드럽게 하는 토양관리 작업을 말한다.

(2) 중경의 장점 ★ 중요
① **발아 촉진** : 파종 후 비가 온 다음 중경을 하면 토양이 부드러워져 종자의 발아가 촉진된다.
② **토양 내 통기 개선** : 중경을 하면 토양 속의 공기유통과 투수성을 개선시켜 뿌리의 활력이 증진되고, 토양유기물의 분해가 촉진된다.

③ 토양수분의 증발 억제 : 토양을 얕게 중경하면 모세관이 절단되어 토양유효수분의 증발이 억제되고, 한해 또한 덜 수 있다.
④ 비효 증진 : 황산암모늄 등 암모니아태 질소를 표층에 시비하고 중경하면 심층시비와 같은 효과가 나타나 질소질 비료의 비효를 증진한다.
⑤ 잡초 방제 : 중경은 잡초 제거에 도움이 된다.

(3) 중경의 단점
① **단근의 피해** : 작물이 어린 영양생장 초기에는 단근이 적고 단근이 되더라도 뿌리의 재생력이 왕성하여 피해가 적지만, 생식생장에 들어선 작물은 단근에 의한 피해가 크다.
② **토양침식의 조장** : 중경을 하면 표층이 건조되어 바람이나 비로 인한 토양침식이 조장된다.
③ **동상해의 조장** : 중경을 하면 발아 중의 식물이 저온이나 서리로 인한 동상해를 입을 수 있다.

3. 배토와 토입

(1) 배토(북주기)
① 의 의
   ㉠ 작물이 생육하고 있는 중에 이랑 사이 또는 포기 사이의 흙을 그루 밑으로 긁어모아 주는 작업을 말한다.
   ㉡ 횟수는 보통 최후 중경제초를 겸하여 한 번 정도한다.
   ㉢ 파와 같이 연백화(줄기를 부드럽고 하얗게 재배)를 목적으로 하는 작물은 여러 차례에 걸쳐 하는 경우도 있다.
② 배토의 효과 ★ 중요
   ㉠ 옥수수, 수수, 맥류 등의 경우 바람에 쓰러지는 도복이 경감된다.
   ㉡ 담배, 두류 등의 신근을 발생시켜 생육에 도움을 준다.
   ㉢ 감자 괴경의 발육을 촉진하고, 괴경이 광에 노출되어 녹화되는 것을 방지한다.
   ㉣ 당근 수부의 착색을 방지한다.
   ㉤ 파, 셀러리, 아스파라거스 등의 연백화를 유도한다.
   ㉥ 벼와 밭벼 등에서 마지막 김매기를 하는 유효분얼종지기의 배토는 무효분얼의 발생이 억제되어 증수효과가 있다.
   ㉦ 토란의 분구를 억제하고, 비대생장을 촉진한다.
   ㉧ 과습기 배수효과와 잡초 방제효과가 있다.

(2) 토입(흙넣기)
① 의의 : 맥류 재배에 있어 골 사이의 흙을 곱게 부수어 자라는 골 속에 넣어 주는 작업을 말한다.
② 토입의 효과
　㉠ 월동 전 : 복토를 보강할 목적으로 하는 약간의 토입은 월동에 도움이 된다.
　㉡ 해빙기 : 1cm 정도 얕게 토입하면 분얼이 촉진되고, 건조해를 경감한다.
　㉢ 유효분얼종지기 : 2~3cm로 토입하면 무효분얼이 억제되고, 후에 도복이 경감되는 등 토입의 효과가 가장 큰 시기이다.
　㉣ 수잉기 : 3~6cm로 토입하면 도복을 방지할 수 있지만, 건조할 때는 뿌리가 말라 오히려 해가 될 수 있으므로 주의해야 한다.

4. 답압과 멀칭

(1) 답압(밟기)
① 의의 : 가을보리 재배 시 생육 초기부터 유수형성기 전까지 보리밭을 밟아 주는 작업을 말한다.
② 답압의 효과
　㉠ 서릿발이 많이 발생하는 곳에서의 답압은 뿌리를 땅에 고착시켜 동사를 방지한다.
　㉡ 도장이나 과도한 생장을 억제한다.
　㉢ 건생적 생육을 유도하여 한해(旱害)를 경감시킨다.
　㉣ 분얼을 촉진하며, 유효경수가 증가하고, 출수가 고르게 된다.
　㉤ 토양이 건조할 때의 답압은 토양비산을 경감시킨다.

(2) 멀칭(바닥덮기)
① 의의 : 작물을 재배하는 토양의 표면을 피복하는 작업으로 피복재로는 비닐, 플라스틱, 짚, 건초 등이 쓰인다.
② 멀칭의 효과
　㉠ **토양의 건조 방지** : 멀칭은 토양 중 모관수의 유통을 단절시키고, 멀칭 내 공기습도를 높여 주며, 토양의 표토 증발을 억제하여 토양 건조를 방지하고, 한해(旱害)를 경감시킨다.
　㉡ **토양의 보호** : 멀칭은 풍식 또는 수식 등에 의한 토양침식을 경감·방지하는 동시에 토양 내 비료성분의 유실 또한 막아 준다.
　㉢ **지온의 조절**
　　• 여름철 멀칭은 열의 복사를 억제시켜 토양의 과도한 온도 상승을 억제한다.
　　• 겨울철 멀칭은 지온을 상승시켜 작물의 월동을 돕고, 서리피해를 막아 준다.
　　• 봄철 저온기 투명필름 멀칭은 지온을 상승시켜 이른 봄의 촉성재배 등에 이용된다.

- ② 잡초의 발생 억제
    - 잡초종자는 호광성 종자가 많아 흑색필름으로 멀칭하면 잡초종자의 발아를 억제하고, 발아하더라도 생장이 억제된다.
    - 흑색필름 멀칭은 이미 발생한 잡초라도 광을 제한하여 잡초의 생육을 억제한다.
- ⑩ **생육 촉진** : 보온효과가 커서 조식재배가 가능하고, 생육이 촉진되어 촉성재배가 가능하다.
- ⑪ **과실의 품질 향상** : 과채류 포장에 멀칭을 하면 과실이 청결하고 신선해진다.
- ⑫ **병원체 차단** : 멀칭을 하면 흙 속에 잠복해 있는 병원체가 지상부 식물체와 접하는 것을 막아주어 병 발생을 줄일 수 있다.

③ 필름의 종류에 따른 멀칭의 효과
- ㉠ 투명필름 : 지온 상승의 효과가 크고, 잡초 억제의 효과는 작다.
- ㉡ 흑색필름 : 지온 상승의 효과는 작고, 잡초 억제의 효과가 크며, 지온이 높을 때는 지온을 낮춰 준다.
- ㉢ 녹색필름 : 녹색광과 적외광의 투과는 잘되지만, 청색광이나 적색광을 강하게 흡수하여 지온 상승과 잡초 억제의 효과가 모두 크다.

07 비료의 시비

1. 비료 일반

(1) 의 의

① 비 료
- ㉠ 부식이나 식물에 필요한 무기원소를 포함한 물질로, 작물생육을 위해 토양 또는 작물체에 인공적으로 공급하는 것을 비료라고 한다.
- ㉡ **비료의 3요소 : 질소(N), 인(P), 칼리(K, 칼륨)** 를 비료의 3요소라고 한다.
- ㉢ 직접비료 : 비료의 3요소는 토양 중 가장 결핍하기 쉬우며, 이 3요소 중 어느 하나의 성분만이라도 함유되어 있으면 이를 직접비료라고 한다.
- ㉣ 간접비료 : 석회의 경우 토양 내 함유량이 많아 작물생육에 있어 석회 결핍이 나타나는 경우는 거의 없으나, 석회의 사용은 토양의 이화학적 성질을 개선하여 식물생육을 유리하게 만드는 경향이 있는데, 이처럼 간접적으로 작물생육을 돕는 비료를 간접비료라고 한다.

② 시비 : 작물체에 비료를 주는 것을 시비라고 한다.

(2) 비료의 분류

① 비효 및 성분에 따른 분류

㉠ 3요소 비료
- 질소질 비료 : 황산암모늄(유안), 요소, 질산암모늄(초안), 석회질소, 염화암모늄 등
- 인산질 비료 : 과인산석회(과석), 중과인산석회(중과석), 용성인비 등
- 칼리질 비료 : 염화칼륨, 황산칼륨 등
- 복합비료 : 화성비료(17-21-17, 22-22-11), 산림용 복비, 연초용 복비 등
- 유기질 비료

㉡ 기타 화학비료
- 석회질 비료 : 생석회, 소석회, 탄산석회 등
- 규산질 비료 : 규산고토석회, 규석회 등
- 마그네슘(고토)질 비료 : 황산마그네슘, 수산화마그네슘, 탄산마그네슘, 고토석회, 고토과인산 등
- 붕소질 비료 : 붕사 등
- 망간질 비료 : 황산망간 등
- 기타 : 세균성 비료, 토양개량제, 호르몬제 등

② 비효의 지속성에 따른 분류

㉠ 속효성 비료 : 요소, 황산암모니아, 과석, 염화칼륨 등
㉡ 완효성 비료 : 깻묵, METAP 등
㉢ 지효성 비료 : 퇴비, 구비(두엄) 등

③ 화학반응에 따른 분류

㉠ 화학적 반응에 따른 분류 : 화학적 반응이란 수용액과의 직접적인 반응을 의미한다.
- 화학적 산성 비료 : 과인산석회, 중과인산석회 등
- 화학적 중성 비료 : 황산암모늄(유안), 염화암모늄, 요소, 질산암모늄(초안), 황산칼륨, 염화칼륨, 콩깻묵 등
- 화학적 염기성 비료 : 석회질소, 용성인비, 나뭇재 등

㉡ 생리적 반응에 따른 분류 : 시비 후 토양 내 뿌리의 흡수작용 또는 미생물작용을 받은 뒤 나타나는 반응을 의미한다.
- 생리적 산성 비료 : 황산암모늄(유안), 염화암모늄, 황산칼륨, 염화칼륨 등
- 생리적 중성 비료 : 질산암모늄, 요소, 과인산석회, 중과인산석회, 석회질소 등
- 생리적 염기성 비료 : 석회질소, 용성인비, 나뭇재, 칠레초석, 퇴비, 구비 등

④ 급원에 따른 분류
  ㉠ 무기질 비료 : 요소, 황산암모늄, 과석, 염화칼륨 등
  ㉡ 유기질 비료
    • 식물성 비료 : 깻묵, 퇴비, 구비 등
    • 동물성 비료 : 골분, 계분, 어분 등

2. 시비

(1) 시비의 원리

① 최소양분율 : 여러 종류의 양분은 작물생육에 필수적이지만 실제 재배에 모든 양분이 동시에 작물생육을 제한하는 것은 아니며, 양분 중 필요량에 대한 공급량이 가장 적은 양분에 의해 작물생육이 저해되는데, 이러한 양분을 최소양분이라고 하며, 최소양분의 공급량에 의해 작물의 수량이 지배되는 것을 최소양분율이라고 한다.

② 제한인자설 : 작물생육에 관여하는 수분, 광, 온도, 공기, 양분 등의 모든 인자 중에서 요구조건을 가장 충족하지 못하는 인자에 의해 작물생육이 지배되는 것을 최소율 또는 제한인자라고 한다.

③ 수량 절감의 법칙(보수 절감의 법칙) : 비료의 시용량에 따라 일정 한계까지는 수량이 크게 증가하지만, 어느 한계 이상으로 시비량이 증가하면 수량의 증가량은 점점 감소하고, 마침내 시비량이 증가해도 수량은 더 이상 증가하지 않는 상태에 도달하는 것을 수량 절감의 법칙이라고 한다.

(2) 유효성분의 형태와 특성

① 질 소
  ㉠ 질산태질소($NO_3^- - N$)
    • 질산암모늄(NH_4NO_3), 칠레초석($NaNO_3$), 질산칼륨(KNO_3), 질산칼슘[$Ca(NO_3)_2$] 등이 있다.
    • 물에 잘 녹고 속효성이며, 밭작물 추비에 알맞다.
    • 음이온이어서 토양에 흡착되지 않고 유실되기 쉽다.
    • 논에서는 용탈에 의한 유실과 탈질현상이 심해서 질산태질소 비료의 시용은 불리하다.
  ㉡ 암모니아태질소($NH_4^+ - N$)
    • 황산암모늄[$(NH_4)_2SO_4$], 염산암모늄(NH_4Cl), 질산암모늄(NH_4NO_3), 인산암모늄[$(NH_4)_2HPO_4$], 부숙인분뇨, 완숙퇴비 등이 있다.
    • 물에 잘 녹고 속효성이지만, 질산태질소보다는 속효성이 아니다.
    • 양이온이어서 토양에 흡착되어 유실이 잘되지 않고, 논의 환원층에 시비하면 비효가 오래간다.
    • 밭토양에서는 속히 질산태로 변하여 작물에 흡수된다.
    • 유기물이 함유되지 않은 암모니아태질소의 연용은 지력 소모를 가져오며, 암모니아 흡수 후 남는 산근으로 인해 토양이 산성화된다.

- 황산암모늄은 질소의 3배에 해당되는 황산을 함유하고 있어 농업상 불리하므로, 유기물을 같이 사용하여 해를 덜어야 한다.

ⓒ 요소[$(NH_2)_2CO$]
- 물에 잘 녹고, 이온이 아니기 때문에 토양에 잘 흡착되지 않아 시용 직후 유실될 우려가 있다.
- 토양미생물의 작용으로 인해 속히 탄산암모늄[$(NH_4)_2CO_3$]을 거쳐 암모니아태가 되어 토양에 흡착이 잘 되고, 질소효과는 암모니아태질소와 비슷하다.
- 인산 성분 : 인산암모늄(48%), 중과인산석회(46%), 용성인비(21%), 과인산석회(15%)

ⓔ 사이안아마이드(Cyanamide)태질소(CH_2N_2)
- 석회질소가 이에 속하며, 물에 잘 녹으나 작물에 해롭다.
- 토양 중 화학변화로 인해 탄산암모늄이 되는 데 1주일 정도 소요되므로, 작물을 파종하기 2주일 정도 전에 시용할 필요가 있다.
- 환원상태에서는 다이사이안다이아마이드(Dicyandiamide, $C_2H_4N_4$)가 되어 유독하고, 분해가 힘들어 밭토양에 시용하는 것이 좋다.

ⓜ 단백태질소
- 깻묵, 어비, 골분, 녹비, 쌀겨 등이 이에 속하며, 토양 내에서 미생물에 의해 암모니아태 또는 질산태로 변한 후 작물에 흡수·이용된다.
- 지효성이며, 논과 밭 시비에 모두 알맞아 효과가 크다.

② 인 산

㉠ 인산질 비료는 함유된 인산의 용제에 대한 용해성에 따라 수용성, 가용성, 구용성, 불용성으로 구분하며, 사용상으로는 유기질 인산비료와 무기질 인산비료로 구분한다.

㉡ 과인산석회(과석)·중과인산석회(중과석)
- 대부분 수용성이며 속효성으로, 작물에 흡수가 잘 된다.
- 산성 토양에서는 철, 알루미늄과 반응하여 불용화되고, 토양에 고정되어 흡수율이 극히 낮아진다.
- 토양 내 고정을 경감시켜야 시비효율이 높아지므로 토양반응의 조정 및 혼합사용, 입상비료 등이 유효하다.

㉢ 용성인비
- 구용성 인산을 함유하며, 작물에 빠르게 흡수되지 못하므로 과인산석회 등과 같이 사용하는 것이 좋다.
- 토양 내 고정이 적고 규산, 석회, 마그네슘 등을 함유하는 염기성 비료로, 산성 토양의 개량효과도 있다.

③ 칼리
- ㉠ 무기태칼리와 유기태칼리로 구분할 수 있으며, 거의 수용성이고 비효가 빠르다.
- ㉡ 유기태칼리는 쌀겨, 녹비, 퇴비 등에 많이 함유되어 있으며, 지방산과 결합된 칼리는 수용성이고 속효성이지만, 단백질과 결합된 칼리는 물에 난용성이고 지효성이다.

④ 칼 슘
- ㉠ 직접적으로는 다량으로 요구되는 필수원소이고, 간접적으로는 토양의 물리적·화학적 성질을 개선하며, 일반적으로 토양에 가장 많이 함유되어 있다.
- ㉡ 비료에 함유되어 있는 칼슘은 산화칼슘(CaO), 탄산칼슘($CaCO_3$), 수산화칼슘[$Ca(OH)_2$], 황산칼슘($CaSO_4$) 등의 형태이고, 가장 많이 이용되는 석회질 비료는 수산화칼슘이다.
- ㉢ 부산물로 얻어지는 부산소석회, 규회석, 용성인비, 규산질 비료 등에도 칼슘이 많이 함유되어 있다.

(3) 작물의 종류와 시비

작물은 종류에 따라 필요로 하는 비료의 종류와 양, 시비시기 및 흡수상태가 각기 다르기 때문에 시비 시 이에 따라 비료의 종류, 시비량 및 시비법 등을 고려해야 한다.

① 종자를 수확하는 작물
- ㉠ 영양생장기 : 질소질 비료는 경엽의 발육, 영양물질의 형성에 중요하므로 부족함이 없도록 해야 한다.
- ㉡ 생식생장기 : 질소질 비료가 많을 때는 생식기관의 발육과 성숙이 불량해지므로 질소는 차차 줄이고, 개화와 결실에 효과가 큰 인산과 칼리의 시비를 늘려야 한다.

② 과실을 수확하는 작물 : 일반적으로 결과기에는 인산과 칼리가 충분해야 과실의 발육과 품질 향상에 유리하며, 적당한 질소질 비료도 지속시켜야 한다.

③ 잎을 수확하는 작물 : 수확기까지 질소질 비료를 충분히 계속 유지시켜야 한다.

④ 뿌리나 지하경을 수확하는 재배 : 고구마, 감자 등의 작물은 동화에 관련된 기관이 충분히 발달된 초기에는 양분이 많이 저장되도록 질소를 많이 주어 생장을 촉진해야 하나, 양분이 저장되기 시작하면 질소를 줄이고 탄수화물의 이동 및 저장에 관여하는 칼리를 충분히 시용해야 한다.

⑤ 꽃을 수확하는 작물 : 꽃을 수확하는 작물은 꽃망울이 생길 때 질소의 효과가 잘 나타나도록 하면 착화와 발육이 좋아진다.

⑥ 작물별 3요소의 흡수비율(질소 : 인 : 칼륨)
- ㉠ 콩 5 : 1 : 1.5
- ㉡ 벼 5 : 2 : 4
- ㉢ 맥류 5 : 2 : 3
- ㉣ 옥수수 4 : 2 : 3
- ㉤ 고구마 4 : 1.5 : 5
- ㉥ 감자 3 : 1 : 4

(4) 시비방법 및 비료의 배합
① 시비방법
  ㉠ 평면적으로 본 분류
    - 전면시비 : 논이나 과수원에서 여름철 속효성 비료의 시용 시 전면시비를 한다.
    - 부분시비
      - 시비구를 파서 비료를 시비하는 방법이다.
      - 조파나 점파 시 작조 옆에 골을 파고 시비하는 방식과 과수의 경우 주위에 방사상 또는 윤상의 골을 파고 시비하는 방식, 구덩이를 파고 시비한 후 작물이나 수목을 심는 방식 등이 있다.
  ㉡ 입체적으로 본 분류
    - 표층시비 : 토양의 표면에 시비하는 방법으로, 작물의 생육기간 중 포장에 사용되는 방법이다.
    - 심층시비 : 작토 속에 시비하는 방법으로, 논에서 암모니아태질소를 시용하는 경우에 유용하다.
    - 전층시비 : 비료를 작토 전층에 고루 혼합되도록 시비하는 방법이다.
② 비료의 배합 : 한 종류를 단독으로 사용하기도 하지만, 작업의 편의상 여러 종류의 비료를 배합하여 사용하기도 하는데, 배합 시 다음의 사항을 주의해야 한다.
  ㉠ 비료성분이 소모되지 않도록 해야 한다.
  ㉡ 비료성분이 불용성이 되지 않도록 해야 한다.
  ㉢ 습기를 흡수하지 않도록 해야 한다.

(5) 엽면시비
① 의 의
  ㉠ 식물체는 뿌리뿐만 아니라 잎에서도 비료성분을 흡수할 수 있는데, 이를 이용하여 작물체의 잎에 직접 시비하는 것을 엽면시비라고 한다.
  ㉡ 비료는 잎의 표면보다는 이면에서 더 잘 흡수되는데, 이는 잎의 표면표피가 이면표피보다 큐티클층이 더 발달되어 있어 물질의 투과가 용이하지 않고, 이면에 살포액이 더 잘 부착되기 때문이다.
  ㉢ 엽면의 비료성분 흡수의 속도 및 분량은 작물의 종류, 생육상태, 살포액의 종류와 농도 및 살포방법, 기상조건 등에 따라 달라진다.
② 엽면시비의 실용성
  ㉠ **작물에 미량원소의 결핍증이 나타났을 경우** : 결핍된 원소를 토양에 시비하는 것보다 엽면에 시비하는 것이 효과가 빠르고, 사용량도 적어 경제적이다.
  ㉡ **작물의 초세를 급속히 회복시켜야 할 경우** : 작물이 각종 해를 받아 생육이 쇠퇴한 경우에 엽면시비하면 토양시비보다 빨리 흡수되어 시용의 효과가 매우 크다.

ⓒ **토양시비로는 뿌리 흡수가 곤란한 경우** : 뿌리가 해를 받아 뿌리에서의 흡수가 곤란한 경우에 엽면시비하면 생육이 좋아지고, 신근이 발생하여 피해가 어느 정도 회복된다.
ⓓ **토양시비가 곤란한 경우** : 참외, 수박 등과 같이 덩굴이 지상에 포복·만연하여 추비가 곤란한 경우, 과수원의 초생재배로 인해 토양시비가 곤란한 경우, 플라스틱필름 등으로 표토를 멀칭하여 토양에 직접적인 시비가 곤란한 경우 등에는 엽면시비의 시용효과가 높다.
ⓔ **특수한 목적이 있을 경우**
- 엽면시비는 품질 향상을 목적으로 실시하는 경우도 많다.
- 채소류의 엽색을 좋게 하고, 영양가를 높인다.
- 보리, 채소, 화초 등에서는 하엽의 고사를 막는 효과가 있다.
- 청예사료작물에서는 단백질 함량을 증가시킨다.
- 뽕나무나 차나무의 경우 찻잎의 품질을 향상시킨다.

③ 엽면시비 시 흡수에 영향을 미치는 요인 ★ 중요
ⓐ 잎의 표면보다는 이면에서 흡수가 더 잘 된다.
ⓑ 잎의 호흡작용이 왕성할 때 흡수가 더 잘되므로 가지 또는 정부에 가까운 잎에서 흡수율이 높고, 노엽보다는 성엽이, 밤보다는 낮에 흡수가 더 잘 된다.
ⓒ 일반적으로 미(약)산성의 살포액이 흡수가 잘 된다.
ⓓ 살포액에 전착제를 가용하면 흡수가 촉진된다.
ⓔ 작물에 피해가 가지 않는 범위 내에서 농도가 높을수록 흡수가 빠르다.
ⓕ 석회의 시용은 흡수를 억제하고, 고농도 살포의 해를 경감한다.
ⓖ 작물의 생리작용이 왕성한 기상조건에서 흡수가 빠르다.

(6) 시비량과 시비시기

① 시비량
ⓐ 시비량은 작물의 종류 및 품종, 지력의 정도, 기후, 재배양식 등에 따라 달라진다.
ⓑ 시비량 결정 시 수량과 품질의 향상, 비료의 가격 등을 고려해 경제적으로 유리해야 한다.
ⓒ 시비량의 계산

- 시비량 = $\dfrac{비료요소의\ 흡수량 - 천연공급량}{비료요소의\ 흡수율}$

- 비료 중 성분량 = 비료량 × $\dfrac{보증성분량(\%)}{100}$

- 비료중량 = 비료량 × $\dfrac{100}{보증성분량(\%)}$

② 시비시기
  ㉠ 기비(밑거름) : 파종 또는 이식 시 주는 비료
  ㉡ 추비(덧거름) : 작물생육 중간에 추가로 주는 비료
  ㉢ 시비시기와 횟수는 작물과 비료의 종류, 토양과 기상의 조건, 재배양식 등에 따라 달라지며, 일반적 원리는 다음과 같다.
    • 지효성 또는 완효성 비료, 인산, 칼리, 석회 등의 비료는 일반적으로 기비로 준다.
    • 속효성 질소비료는 생육기간이 극히 짧은 작물을 제외하고는 대체로 추비와 기비로 나누어 시비한다.
    • 생육기간이 길고 시비량이 많은 작물은 기비량을 줄이고, 추비량과 추비횟수를 늘린다.
    • 속효성 비료일지라도 평지 감자재배와 같이 생육기간이 짧은 경우 주로 기비로 시비하고, 맥류나 벼와 같이 생육기간이 긴 경우 나누어 시비한다.
    • 조식재배로 생육기간이 길어진 경우나 다비재배의 경우 기비비율을 줄이고, 추비비율과 추비횟수를 늘린다.
    • 누수답과 같이 비료분의 용탈이 심한 경우 추비 중심의 분시를 한다.
    • 잎을 수확하는 엽채류와 같은 작물은 늦게까지 질소비료를 추비하여도 좋으나, 종실을 수확하는 작물의 경우 마지막 시비시기에 주의해야 한다.
    • 비료의 유실이 쉬운 누수답, 사력답, 온난지 등에서는 추비량과 횟수를 늘린다.

08 과수의 생육 조절

1. 생육형태의 조절

(1) 정지(整枝)

① 의의 : 과수 등의 자연적인 생육형태를 인공적으로 변형시켜 목적하는 생육형태로 유도하는 것을 정지라고 한다.
② 정지의 종류
  ㉠ 입목형 정지
    • 주간형(원추형)
      - 수형이 원추상태가 되도록 하는 정지법이다.
      - 주지수가 많고 주간과 결합이 강하다는 장점이 있으나, 수고가 높아 관리가 불편하다.
      - 풍해를 심하게 받을 수 있고, 아래쪽 가지는 광 부족으로 인해 발육이 불량해지기 쉬우며, 과실의 품질도 불량해지기 쉽다.
      - 왜성 사과나무, 양앵두 등에 적용한다.

- 배상형(개심형)
  - 주간을 일찍 잘라 짧은 주간에 3~4개의 주지를 발달시켜 수형이 술잔 모양으로 되도록 하는 정지법이다.
  - 관리가 편하고, 수관 내 통풍과 통광이 좋지만 주지의 부담이 커서 가지가 늘어지기 쉽고, 결과수가 적어진다.
  - 배, 복숭아, 자두 등에 적용한다.
- 변칙주간형(지연개심형)
  - 주간형과 배상형의 장점을 취할 목적으로, 초기에는 수년간 주간형으로 재배하다가 이후 주간의 선단을 잘라 주지가 바깥쪽으로 벌어지도록 하는 정지법이다.
  - 주간형의 단점인 높은 수고와 수관 내 광 부족을 개선할 수 있다.
  - 사과, 감, 밤, 서양배 등에 적용한다.
- 개심자연형
  - 배상형의 단점을 개선한 수형으로, 짧은 주간에 2~4개의 주지를 배치하되 주지 간에 15cm 정도의 간격을 두어 바퀴살 가지가 되는 것을 피하고, 주지는 곧게 키우되 비스듬하게 사립시켜 결과부를 배상형에 비해 입체적으로 구성하는 정지법이다.
  - 수관 내부가 완전히 열려 있어 투광이 좋고, 과실의 품질이 좋으며, 수고가 낮아 관리가 편하다.

ⓒ 울타리형 정지(니핀식, 웨이크만식)
- 2단 정도로 길게 직선으로 친 철사 등에 가지를 유인하여 결속하는 정지법으로, 포도나무에 흔히 적용한다.
- 시설비가 적게 들고, 관리가 편하지만 나무의 수명이 짧아지고, 수량이 적다.
- 관상용 배나무, 자두나무 등에도 적용한다.

ⓒ 덕형 정지(덕식)
- 공중 1.8m 정도 높이에 가로, 세로로 철선 등을 치고, 결과부를 평면으로 만들어 주는 정지법이다.
- 수량이 많고, 과실의 품질도 좋아지며, 수명도 길어지지만 시설비가 많이 들고, 관리가 불편하다.
- 정지, 전정, 수세 조절 등이 잘 안되었을 때 가지가 혼잡해져 과실의 품질이 저하되거나 병해충의 발생이 증가되는 등의 문제점도 있다.
- 포도나무, 키위, 배나무 등에 적용한다.
- 배나무에서는 풍해를 막을 목적으로 적용하기도 한다.

(2) 전 정

① 의의 : 정지를 위해 가지를 절단하거나, 생육과 결과의 조절 등을 위해 과수 등의 가지를 잘라 주는 것을 전정이라고 한다.

② 전정의 효과
  ㉠ 목적하는 수형을 만들 수 있다.
  ㉡ 병충해 피해 가지, 노쇠한 가지, 죽은 가지 등을 제거하고, 새로운 가지로 갱신하여 결과를 좋게 한다.
  ㉢ 통풍과 수광을 좋게 하여 품질 좋은 과실이 열리게 한다.
  ㉣ 결과부의 상승을 억제하고, 공간을 효율적으로 이용할 수 있게 한다.
  ㉤ 보호 및 관리를 편리하게 한다.
  ㉥ 결과지의 알맞은 절단을 통해 결과를 조절하여 해거리를 예방하고, 적과 노력을 줄일 수 있다.

③ 전정의 방법
  ㉠ 갱신전정 : 오래된 가지를 새로운 가지로 갱신할 목적으로 하는 전정이다.
  ㉡ 솎음전정 : 밀생한 가지를 솎아 내기 위한 목적으로 하는 전정이다.
  ㉢ 보호전정 : 죽은 가지, 병충해 가지 등의 제거를 목적으로 하는 전정이다.
  ㉣ 절단전정 : 가지를 중간에서 절단하는 전정으로, 남은 가지의 장단에 따라 장전정법과 단전정법으로 구분한다.
  ㉤ 전정시기에 따라 휴면기전정은 동계전정, 생장기전정은 하계전정으로 구분한다.

④ 전정 시 주의사항
  ㉠ 작은 가지를 전정할 때는 예리한 전정가위를 사용해야 하며, 그렇지 않은 경우 유합이 늦어지고 불량해진다.
  ㉡ 전정 시 가장 위에 남는 눈의 반대쪽으로 비스듬히 자른다.
  ㉢ 전정 시 전정가위로 한 번에 자르지 못하고 여러 번 움직여 자르면, 절단면이 고르지 못하고 유합이 늦어진다.
  ㉣ 전정 시 절단면이 넓으면 도포제를 발라 상처 부위를 보호하고, 빨리 재생시켜야 한다.

⑤ 과수의 결과습성 ★ 중요
  ㉠ **1년생 가지**에 결실하는 과수 : 포도, 감, 밤, 무화과, 호두, 참다래(키위), 감귤 등
  ㉡ 2년생 가지에 결실하는 과수 : 복숭아, 자두, 살구, 매실, 양앵두(체리) 등
  ㉢ 3년생 가지에 결실하는 과수 : 사과, 배 등

(3) 그 밖의 생육형태 조절
    ① 적심(순지르기)
        ㉠ 주경 또는 주지의 순을 잘라 생장을 억제시키고, 측지의 발생을 많게 하여 개화, 착과, 착립을 돕는 작업이다.
        ㉡ 과수, 과채류, 두류, 목화 등에서 실시된다.
        ㉢ 담배의 경우 꽃이 진 뒤 순을 자르면 잎의 성숙이 촉진된다.
    ② 적아(눈따기)
        ㉠ 눈이 트려 할 때 불필요한 눈을 따 주는 작업이다.
        ㉡ 포도, 토마토, 담배 등에서 실시된다.
    ③ 환상박피
        ㉠ 줄기 또는 가지의 껍질을 3~6cm 정도 둥글게 벗겨 내는 작업이다.
        ㉡ 화아분화 및 과실의 발육과 성숙이 촉진된다.
    ④ 적엽(잎따기)
        ㉠ 통풍과 투광을 좋게 하기 위해 하부의 낡은 잎을 따 주는 작업이다.
        ㉡ 토마토, 가지 등에서 실시된다.
    ⑤ 절상 : 눈 또는 가지 바로 위에 가로로 깊은 칼금을 넣어, 그 눈이나 가지의 발육을 조장하는 작업이다.
    ⑥ 언곡(휘기) : 가지를 수평이나 그보다 더 아래로 휘어서 가지의 생장을 억제하고, 정부우세성을 이동시켜 기부에 가지가 발생하도록 하는 작업이다.
    ⑦ 제 얼
        ㉠ 감자 재배 시 1포기에 여러 개의 싹이 나올 때 그 가운데 충실한 것을 몇 개 남기고 나머지를 제거하는 작업이다.
        ㉡ 토란, 옥수수에서도 실시된다.
    ⑧ 화훼의 생육형태 조절
        ㉠ 노지 장미 재배의 경우 낡은 가지, 내향지, 불필요한 잔가지 등을 절단하여 건강한 새 가지가 균형적으로 광을 잘 받을 수 있도록 겨울철 전정을 한다.
        ㉡ 카네이션 재배의 경우 적심을 한다.
        ㉢ 국화와 카네이션 재배의 경우 정화를 크게 하기 위해 곁꽃봉오리를 따 주는 적뢰를 실시한다.
        ㉣ 국화 재배의 경우 재배방식과 관계없이 적심하여 3~4개의 곁가지를 내게 한다.
        ㉤ 화목의 묘목 또는 알뿌리 생산의 경우 번식기관의 생장을 돕기 위해 적화를 한다.

2. 결실의 조절

(1) 적화 및 적과
① 의 의
  ㉠ 과수 등에 있어 개화수가 너무 많을 경우 꽃눈이나 꽃을 솎아 따 주는 작업을 적화라고 하며, 착과수가 너무 많을 경우 유과를 솎아 따 주는 작업을 적과라고 한다.
  ㉡ 손으로 직접 작업하기도 하지만 근래에는 식물생장조절제를 많이 이용한다.
② 적화제 : 꽃봉오리 또는 꽃의 화기에 장해를 주는 약제로 DNOC(Sodium 4,6 - Dinitro - Ortho - Cresylate), 석회황합제, 질산암모늄(NH_4NO_3), 요소, 계면활성제 등이 대표적이다.
③ 적과제 : NAA, 카바릴(Carbaryl), MEP, 에세폰(Ethephon), ABA, 에틸클로제이트(Ethylchlozate), 벤질아데닌(BA) 등이 있으며, 대표적으로 사과에는 카바릴, 감귤에는 NAA가 널리 쓰인다.
④ 적화 및 적과의 효과
  ㉠ 착색, 크기, 맛 등 과실의 품질을 향상시킨다.
  ㉡ 꽃눈분화의 발달을 좋게 하고 해거리를 방지한다.
  ㉢ 감자의 경우 화방이 형성되었을 때 이를 따 주면 덩이줄기의 발육에 도움이 된다.

(2) 수분의 매개
① 수분의 매개가 필요한 경우
  ㉠ 수분을 매개할 곤충이 부족할 경우 : 흐리고 비오는 날이 계속되거나, 농약의 살포를 심하게 한 경우 또는 온실 등의 재배 시 수분의 매개곤충이 부족할 수가 있다.
  ㉡ 작물 자체의 화분이 부적당하거나 부족한 경우
    • 잡종강세를 이용하는 옥수수 등의 채종 시 다른 개체의 꽃가루가 수분되도록 해야 한다.
    • 3배체의 씨 없는 수박의 재배 시 2배체의 정상 꽃가루를 수분해야 과실이 잘 비대한다.
    • 과수에서는 자체 꽃가루가 많이 부족하므로 다른 품종의 꽃가루가 공급되어야 한다.
  ㉢ 다른 꽃가루의 수분이 결과에 더 좋을 경우
    • 감의 부유와 같은 품종은 꽃가루가 없어도 완전한 단위결과를 하지만, 다른 꽃가루를 수분하면 낙과가 경감되고, 품질이 향상된다.
    • 과수에서는 자체 꽃가루로 정상과실을 생산할 수 있더라도 다른 꽃가루로 수분될 때 더 좋은 결과를 초래하는 경우도 있다.
② 수분의 매개방법
  ㉠ 인공수분 : 과채류 등의 경우 손으로 인공수분하는 경우도 있고, 사과나무 등 과수의 경우 꽃가루를 대량으로 수집하여 살포기구를 이용하기도 한다.
  ㉡ 곤충의 방사 : 과수원이나 채소밭 근처에 꿀벌을 사육하거나, 온실 등에 꿀벌을 방사하여 수분을 매개한다.

ⓒ 수분수의 혼식
- 사과나무 등의 과수에 꽃가루를 공급하기 위해 혼식하는 품종이 다른 과수를 수분수라고 한다.
- 수분수의 선택조건은 주품종과 친화성이 있어야 하고, 개화기가 주품종과 같거나 조금 빨라야 하며, 건전한 꽃가루의 생산이 많고, 과실의 품질도 우량해야 한다.

(3) 단위결과의 유도
① 씨 없는 과실은 상품가치를 높일 수 있어 포도, 수박 등의 경우 단위결과를 유도함으로써 씨 없는 과실을 생산하고 있다.
② 씨 없는 수박은 3배체나 상호전좌를 이용하고, 씨 없는 포도는 지베렐린을 처리하여 단위결과를 유도한다.
③ 토마토, 가지 등도 착과제를 처리하여 씨 없는 과실을 생산할 수 있다.

(4) 낙 과
① 낙과의 종류
  ㉠ 기계적 낙과 : 태풍, 강풍, 병충해 등에 의해 발생하는 낙과이다.
  ㉡ 생리적 낙과 : 생리적 원인에 의해 이층이 발달하여 발생하는 낙과이다.
  ㉢ 시기에 따라 조기낙과(6월 낙과)와 후기낙과(수확 전 낙과)로 구분한다.
② 생리적 낙과의 원인
  ㉠ 수정이 이루어지지 않아 낙과가 발생한다.
  ㉡ 수정이 된 것이라도 발육 중 불량환경, 수분 및 비료분의 부족, 수광태세 불량으로 인한 영양부족 등으로 인해 낙과가 발생한다.
  ㉢ 유과기 저온에 의한 동해로 낙과가 발생한다.
③ 낙과 방지 ★ 중요
  ㉠ 수분매조
  ㉡ 동해 예방
  ㉢ 합리적 시비
  ㉣ 건조 및 과습의 방지
  ㉤ 수광태세 향상
  ㉥ 방풍시설
  ㉦ 병해충 방제
  ㉧ **생장조절제 살포** : 옥신 등의 생장조절제는 이층 형성을 억제하여 낙과 예방의 효과가 크다.

④ 해거리(격년결과) 방지
  ㉠ 전정과 조기적과를 실시한다.
  ㉡ 시비 및 토양관리를 적절하게 한다.
  ㉢ 건조의 방지 및 병충해를 예방한다.

(5) 봉지씌우기(복대)
① 의의 : 사과, 배, 복숭아 등의 과수 재배에 있어 적과 후 과실에 봉지를 씌우는 것을 복대라고 한다.
② 복대의 장점
  ㉠ 검은무늬병, 심식나방, 흡즙성 나방, 탄저병 등의 병충해가 방제된다.
  ㉡ 착색이 증진되어 외관이 좋아진다.
  ㉢ 사과 등에서는 열과가 방지된다.
  ㉣ 숙기를 조절할 수 있다.
  ㉤ 농약이 직접 과실에 부착되지 않아 상품성이 좋아진다.
③ 복대의 단점
  ㉠ 수확기까지 복대를 하는 경우 과실의 착색이 불량해질 수 있으므로 수확 전 적당한 시기에 제대해야 한다.
  ㉡ 복대는 노력이 많이 들기 때문에 근래에는 복대 대신 농약의 살포를 합리적으로 하여 병충해를 적극적으로 방제하는 무대재배를 하는 경우가 많다.
  ㉢ 가공용 과실의 경우에는 비타민 C 함량이 낮아지므로 무대재배를 하는 것이 좋다.

(6) 성숙의 촉진과 지연
① 성숙의 촉진
  ㉠ 산물의 조기출하는 상품가치를 높일 수 있으므로, 이를 위해 작물의 성숙을 촉진하는 재배법이 실시되고 있다.
  ㉡ 과수, 채소 등의 촉성재배나 에스렐, 지베렐린 등의 생장조절제를 이용하는 방법을 주로 사용한다.
② 성숙의 지연
  ㉠ 작물의 숙기를 지연시켜 출하시기를 조절할 수 있다.
  ㉡ 포도 델라웨어 품종의 경우 아미토신, 캠벨얼리 품종의 경우 에세폰을 처리하면 숙기를 지연시킬 수 있다.

09 작물의 내적 균형, 생장조절제, 방사성 동위원소

1. 작물의 내적 균형

(1) 의의
작물의 어떤 생리적·형태적 균형이나 비율은 작물생육의 특정한 방향을 표시하는 좋은 지표가 되므로 재배적으로 매우 중요하다. 이러한 지표에는 C/N율(C/N Ratio), T/R률(Top/Root Ratio), G-D균형(Growth Differentiation Balance) 등이 있다.

(2) C/N율
① 의의
  ㉠ 작물체 내의 탄수화물(C)에 대한 질소(N)의 비율
  ㉡ 작물의 생육, 화성 및 결실 등이 발육을 지배하는 요인이라는 견해를 C/N율설이라고 한다.
② C/N율설
  ㉠ 피셔(Fisher, 1905~1916)는 C/N율이 높을 경우 화성이 유도되고, C/N율이 낮을 경우 영양생장이 계속된다고 하였다.
  ㉡ 수분과 질소의 공급이 약간 쇠퇴하고, 탄수화물 생성의 촉진으로 인해 탄수화물이 풍부해지면 화성과 결실은 양호하나, 생육은 감퇴한다.
③ C/N율설의 적용
  ㉠ C/N율설을 적용하면 여러 작물에서의 생육, 화성 및 결실의 관계를 설명할 수 있다.
  ㉡ 과수 재배 시 환상박피나 각절을 통해 개화·결실을 촉진할 수 있다.
  ㉢ 고구마순을 나팔꽃의 대목으로 접목하면 화아 형성 및 개화가 가능하다.

(3) T/R률
① 의의 : 작물의 지하부 생장량에 대한 지상부 생장량의 비율을 T/R률이라고 하며, T/R률의 변동은 작물의 생육상태 변동을 표시하는 지표가 될 수 있다.
② T/R률과 작물의 관계
  ㉠ 감자나 고구마 등은 파종이나 이식이 늦어지면 지하부의 중량 감소가 지상부의 중량 감소보다 커서 T/R률이 커진다.
  ㉡ 질소의 다량시비 시 지상부는 질소 집적이 많아지고, 단백질합성이 왕성해지며, 잉여 탄수화물은 적어져 지하부로의 전류가 감소하게 되므로, 상대적으로 지하부 생장이 억제되어 T/R률이 커진다.
  ㉢ 일사가 적어지면 체내에 탄수화물의 축적이 감소하여 지상부보다 지하부의 생장이 더욱 저하되고 T/R률이 커진다.

② 토양함수량의 감소는 지하부 생장에 비해 지상부 생장을 저해시키므로 T/R률은 작아진다.
⑩ 토양 내 통기불량은 뿌리의 호기호흡을 저해시키므로 지하부의 생장이 지상부의 생장보다 더욱 감퇴되어 T/R률이 커진다.

(4) G-D균형

식물의 생육 또는 성숙을 생장(生長, Growth, G)과 분화(分化, Differentiation, D)의 두 측면에서 보면, 생장과 분화의 균형이 식물의 생육과 성숙을 지배하므로 G-D균형은 식물의 생육을 지배하는 요인이 된다는 것이다.

2. 식물호르몬의 종류와 특징

(1) 의의

① 식물체 내 어떤 조직 또는 기관에서 형성되어 체내를 이행하며, 조직이나 기관에 미량만으로도 형태적·생리적으로 특수한 변화를 일으키는 화학물질을 식물호르몬이라고 한다.
② 식물호르몬에는 생장호르몬(옥신류), 도장호르몬(지베렐린), 세포분열호르몬(사이토키닌), 개화호르몬(플로리겐) 등이 있다.
③ 식물의 생장 및 발육에 있어 미량만으로도 큰 영향을 미치는 인공적으로 합성된 호르몬성 화학물질을 총칭하여 식물생장조절제라고 한다.
④ 식물생장조절제의 종류

계열	구분	종류
옥신류	천연	IAA, IAN, PAA
	합성	NAA, IBA, 2,4-D, 2,4,5-T, PCPA, MCPA, BNOA
지베렐린	천연	GA_2, GA_3, GA_{4+7}, GA_{55}
	합성	$GA_{4+7+BAP}$
사이토키닌류	천연	IPA, 제아틴(Zeatin)
	합성	BA, 키네틴(Kinetin)
에틸렌	천연	C_2H_4
	합성	에세폰(Ethephon)
생장억제제	천연	ABA, 페놀
	합성	CCC, B-9, Phosphon-D, AMO-1618, MH-30

(2) 옥신류(Auxin)

① 옥신의 생성과 작용
  ㉠ 줄기나 뿌리의 선단에서 합성되어 체내의 아래로 극성이동을 한다.
  ㉡ 주로 세포의 신장 촉진작용을 하여 조직이나 기관의 생장을 촉진하지만, 한계농도 이상에서는 생장을 억제하는 현상을 보인다.

ⓒ 굴광현상의 원인물질로, 광이 조사된 줄기의 반대쪽에 옥신 농도가 증가하여 생장이 촉진되고, 이로 인해 줄기는 빛을 향하여 자라는 향광성을 보이지만, 반대로 뿌리에서는 생장이 억제되는 배광성을 보인다.

ⓔ 정아에서 생성된 옥신은 정아의 생장을 촉진하지만 아래로 확산하여 측아의 발달을 억제하는데, 이를 정아우세현상이라고 한다.

② 주요 합성 옥신류

ⓐ 인돌산(Indole Acid) 그룹 : IPAC, Indole Propionic Acid
ⓑ 나프탈렌산(Naphthalene Acid) 그룹 : NAA(Naphthaleneacetic Acid), β-Naphthoxyacetic Acid
ⓒ 클로로페녹시산(Chlorophenoxy Acid) 그룹 : 2,4-D(Dichlorophenoxyacetic Acid), 2,4,5-T(2,4,5-Trichlorophenoxyacetic Acid), MCPA(2-Methyl-4-Chlorophenoxyacetic Acid)
ⓓ 벤조익산(Benzoic Acid) 그룹 : Dicamba, 2,3,6-Trichlorobenzoic Acid
ⓔ 피콜리닉산(Picolinic Acid) 유도체 : Picloram

③ 옥신의 재배적 이용 ★ 중요

ⓐ 발근 촉진 : 삽목이나 취목 등 영양번식의 경우 발근을 촉진하기 위해 사용한다.
ⓑ 접목 시 활착 촉진 : 접수의 절단면 또는 대목과 접수의 접합부에 IAA 라놀린 연고를 바르면 유상조직의 형성이 촉진되어 활착이 촉진된다.
ⓒ 개화 촉진 : 파인애플에 NAA, B-IBA, 2,4-D 등의 수용액을 살포하면 화아분화가 촉진된다.
ⓓ 낙과 방지 : 사과의 경우 자연낙화 직전에 NAA, 2,4-D 등의 수용액을 처리하면 과경의 이층 형성이 억제되어 낙과를 방지할 수 있다.
ⓔ 가지의 굴곡 유도 : 관상수목 등의 경우 가지를 구부리려는 반대쪽에 IAA 라놀린 연고를 바르면 옥신 농도가 높아져 원하는 방향으로 굴곡을 유도할 수 있다.
ⓕ 적화 및 적과 : 사과, 온주밀감, 감 등은 만개 후 NAA처리를 하면 꽃이 떨어져 적화 또는 적과의 효과를 볼 수 있다.
ⓖ 과실의 비대와 성숙 촉진
 • 강낭콩의 경우 PCA 2ppm 용액 또는 분말을 살포하면 꼬투리의 비대현상이 나타난다.
 • 토마토의 경우 개화기에 토마토 톤 50배액 또는 2,4-D 10ppm을 처리하면 과실의 비대 촉진과 함께 조기수확을 해도 수량이 크게 증가한다.
 • 사과, 복숭아, 자두, 살구 등의 경우 2,4,5-T 100ppm 용액을 성숙 1~2개월 전에 살포하면 과일의 성숙이 촉진된다.
ⓗ 단위결과 유도
 • 토마토, 무화과 등의 경우 개화기에 PCA나 BNOA 25~50ppm 용액을 살포하면 단위결과가 유도된다.
 • 오이, 호박 등의 경우 2,4-D 0.1% 용액을 살포하면 단위결과가 유도된다.

ⓩ 증수효과 : 고구마싹을 NAA 1ppm 용액에 6시간 정도 침지하거나, 감자종자를 IAA 20ppm 용액이나 헤테로옥신 62.5ppm 용액에 24시간 정도 침지 후 이식 또는 파종하면 증수되며, 그 외에도 옥신 용액에 여러 작물의 종자를 침지하면 소기의 증수효과를 볼 수 있다.

ⓩ 제초제로의 이용
- 옥신류는 세포의 신장생장을 촉진하지만, 식물에 따라 상편생장을 유도하므로 선택형 제초제로 이용되고 있다.
- 페녹시아세트산(Phenoxyacetic Acid)의 유사물질인 2,4-D, 2,4,5-T, MCPA가 대표적인 예로, 특히 2,4-D는 최초의 제초제로 개발되어 현재까지도 선택성 제초제로 사용되고 있다.

(3) 지베렐린(Gibberellin)

① 생리작용

㉠ 식물체 내에서 생합성되어 뿌리, 줄기, 잎, 종자 등 모든 기관으로 이행되며, 특히 미숙종자에 많이 함유되어 있다.

㉡ 극성이 없어 일정한 방향성이 없으므로 식물의 어떤 곳에 처리하여도 모든 부위에서 반응이 나타난다.

② 지베렐린의 재배적 이용

㉠ **발아 촉진** : 종자의 휴면타파로 인해 발아가 촉진되고, 호광성 종자의 발아를 촉진하는 효과가 있다.

㉡ **화성의 유도 및 촉진**
- 저온·장일에 의해 추대되고 개화하는 월년생 작물에 지베렐린을 처리하면 저온·장일을 대체하여 화성을 유도하고 개화를 촉진하는 효과가 있다.
- 배추, 양배추, 무, 당근, 상추 등은 저온처리 대신 지베렐린을 처리하면 추대·개화한다.
- 팬지, 프리지어, 피튜니아, 스톡 등 여러 화훼에 지베렐린을 처리하면 개화 촉진의 효과가 있다.
- 추파맥류의 경우 6엽기 정도부터 지베렐린 100ppm 수용액을 몇 차례 처리하면 저온처리가 불충분해도 출수한다.

㉢ **경엽의 신장 촉진**
- 특히 왜성식물에 있어 경엽 신장을 촉진하는 효과가 현저하다.
- 기후가 냉한 지역의 생육 초기 목초에 지베렐린처리를 하면 초기 생장량이 증가한다.

㉣ **단위결과 유도** : 포도 거봉 품종은 만화기 전 14일 및 10일경에 지베렐린을 2회 처리하면 무핵과가 형성되고, 성숙도 크게 촉진된다.

㉤ **수량 증대** : 가을씨감자, 채소, 목초, 섬유작물 등에 효과적이다.

㉥ **성분 변화** : 뽕나무에 지베렐린을 처리하면 단백질이 증가한다.

(4) 사이토키닌(Cytokinin)
  ① 의 의
    ㉠ 주로 뿌리에서 형성되어 물관을 통해 지상부의 다른 기관으로 전류된다.
    ㉡ 어린잎, 뿌리 끝, 어린 종자와 과실에 많은 양이 존재한다.
    ㉢ 세포분열을 촉진하며, 옥신과 함께 존재해야 효력을 발휘할 수 있어 조직배양 시 두 호르몬을 혼용하여 사용한다.
  ② 사이토키닌의 작용 ★ 중요
    ㉠ 내한성을 증대시킨다.
    ㉡ 발아를 촉진한다.
    ㉢ 잎의 생장을 촉진한다.
    ㉣ 호흡을 억제한다.
    ㉤ 엽록소 및 단백질의 분해를 억제한다.
    ㉥ 잎의 노화를 방지한다.
    ㉦ 저장 중 신선도의 증진효과가 있다.
    ㉧ 포도의 경우 착과를 증진시킨다.
    ㉨ 사과의 경우 모양과 크기를 향상시킨다.

(5) ABA(Abscisic Acid)
  ① 의 의
    ㉠ 색소체가 존재하는 부위에서 합성될 수 있다.
    ㉡ 식물체가 스트레스를 받는 상태, 예를 들어 건조, 무기양분 부족, 침수상태 등에서 증가하기 때문에 식물의 저항성과 관련 있는 것으로 추정된다.
    ㉢ 생장억제물질로, 생장촉진호르몬과 상호작용하여 식물생육을 조절한다.
  ② 아브시스산의 작용 ★ 중요
    ㉠ 잎의 노화 및 낙엽을 촉진한다.
    ㉡ 휴면을 유도한다.
    ㉢ 종자의 휴면을 연장하여 발아를 억제한다.
    ㉣ 장일조건에서 단일식물의 화성을 유도하는 효과가 있다.
    ㉤ ABA가 증가하면 기공이 닫혀 위조저항성이 증진된다.
    ㉥ 목본식물의 경우 내한성이 증진된다.

(6) 에틸렌(Ethylene)
  ① 의 의
    ㉠ 과실 성숙의 촉진 등에 관여하는 식물생장조절물질이다.
    ㉡ 환경스트레스와 옥신은 에틸렌의 합성을 촉진시킨다.

© 에틸렌을 발생하는 에세폰 또는 에스렐(2-Chloroethylphos-Phonic Acid)이라고 불리는 물질이 개발되어 사용되고 있다.

② 에틸렌의 작용 ★ 중요
　　㉠ 발아를 촉진시킨다.
　　㉡ 정아우세현상을 타파하여 곁눈의 발생을 촉진한다.
　　㉢ 꽃눈이 많아지는 효과가 있다.
　　㉣ 성표현 조절 : 오이, 호박 등 박과 채소의 암꽃 착생수를 증대시킨다.
　　㉤ 잎의 노화를 가속화한다.
　　㉥ 적과의 효과가 있다.
　　㉦ 많은 작물의 과실 성숙을 촉진시킨다.
　　㉧ 탈엽 및 건조제로서의 효과가 있다.

(7) 기타 생장억제물질
① B-Nine(N-Dimethylamino Succinamic Acid)
　　㉠ 신장을 억제하는 작용을 한다.
　　㉡ 밀의 도복을 방지한다.
　　㉢ 국화의 변·착색을 방지한다.
　　㉣ 사과의 신장 억제, 수세왜화, 착화 증대, 개화 지연, 낙과 방지, 과중 감소, 숙기 지연, 저장성 향상 등의 효과가 있다.
② Phosfhon-D : 국화, 포인세티아 등의 줄기 길이를 단축하는 데 이용되며 콩, 메밀, 땅콩, 강낭콩, 목화, 해바라기, 나팔꽃 등에서도 초장 감소효과가 인정된다.
③ CCC(Cycocel)
　　㉠ 많은 식물의 절간신장을 억제한다.
　　㉡ 국화, 시클라멘, 제라늄, 마리골드, 옥수수 등의 개화를 촉진한다.
　　㉢ 밀의 줄기를 단축시킨다.
④ Amo-1618 : 강낭콩, 국화, 해바라기, 포인세티아 등의 키를 작게 하고, 잎의 녹색을 진하게 한다.
⑤ 파클로부트라졸(Paclobutrazol)
　　㉠ 지베렐린 생합성 조절제로, 지베렐린 함량을 낮추며 엽면적과 초장을 감소시킨다.
　　㉡ 화곡류의 절간신장기에 처리하면 절간신장을 억제하여 도복을 방지하는 효과가 있어 도복방지제로 이용된다.
⑥ MH(Maleic Hydrazide)
　　㉠ 생장저해물질로, 담배의 측아 발생을 방지하여 적심의 효과를 높인다.
　　㉡ 감자, 양파 등의 맹아 억제효과가 있다.

⑦ 모르팍틴(Morphactins)
　㉠ 굴지성·굴광성을 파괴하여 생장을 지연시키고, 왜화시킨다.
　㉡ 정아우세를 파괴한다.
　㉢ 가지를 많이 발생시킨다.
⑧ Rh-531(CCDP)
　㉠ 맥류 간장의 감소로 인해 도복이 방지된다.
　㉡ 벼모의 경우 신장을 억제하여 기계이앙에 알맞게 된다.
⑨ BOH(β-Hydroxyethyl Hydrazine) : 파인애플 줄기의 신장을 억제하며, 화성을 유도한다.
⑩ 2,4-DNC : 강낭콩의 키를 작게 하며, 초생엽중을 증가시킨다.

3. 방사성 동위원소

(1) 방사성 동위원소와 방사선
① 원자번호는 같지만 원자량이 다른 원소를 동위원소(Isotope)라고 하며, 방사능을 가진 동위원소를 방사성 동위원소라고 한다.
② 방사선의 종류에는 α, β, γ선이 있고, 이 중 γ선이 가장 현저한 생물적 효과를 가지고 있으며, 투과력이 가장 크고, 이온화작용·사진작용·형광작용 등을 한다.
③ 농업상 이용되는 방사성 동위원소 : ^{14}C, ^{32}P, ^{15}N, ^{45}Ca, ^{36}Cl, ^{35}S, ^{59}Fe, ^{60}Co, ^{131}I, ^{42}K, ^{64}Cu, ^{137}Cs, ^{99}Mo, ^{24}Na, ^{65}Zn 등

(2) 방사성 동위원소의 재배적 이용
① 추적자로서의 이용 : 추적자란 그것을 표지로 하여 어떤 물질을 추적할 수 있다는 의미이며, 추적자로 표지한 화합물을 표지화합물이라고 한다.
　㉠ 영양생리 연구 : 식물의 영양생리 연구에 ^{32}P, ^{42}K, ^{45}Ca 등을 표지화합물로 이용하여 필수원소인 질소, 인, 칼륨, 칼슘 등 영양성분의 체내 동태를 파악할 수 있다.
　㉡ 광합성 연구 : ^{14}C, ^{11}C 등으로 표지된 이산화탄소를 잎에 공급하면 시간의 경과에 따른 탄수화물의 합성과정을 규명할 수 있으며, 동화물질 전류와 축적의 과정도 밝힐 수 있다.
　㉢ 농업토목 이용 : ^{24}Na를 이용하여 제방의 누수개소 발견, 지하수 탐색, 유속 측정 등을 정확히 할 수 있다.
② 식품저장에 이용
　㉠ ^{60}Co, ^{137}Cs 등에 의한 γ선의 조사는 살균·살충 등의 효과가 있어 육류, 통조림 등의 식품저장에 이용된다.
　㉡ γ선을 조사하면 감자, 양파, 밤 등의 발아가 억제되어 장기저장이 가능해진다.
③ 육종에 이용 : 방사선은 돌연변이를 유도하는 작용이 있어 돌연변이육종에 이용된다.

CHAPTER 04 적중예상문제

01 다음 중 경운의 효과가 아닌 것은?
① 토양의 물리성 개선
② 토양의 유실 감소
③ 토양의 수분 유지
④ 잡초의 발생 유지

해설 경운은 지표면의 잡초종자나 어린 잡초를 땅속에 묻어 잡초의 발아와 생육을 억제한다.

02 심경하는 방법 중 그 종류가 아닌 것은?
① 사양토나 벼의 만식재배의 경우 깊게 파 주는 방법
② 연차적으로 구덩이를 파고 유기물을 넣어주는 방법
③ 도랑식이라고 하며 나무 사이를 도랑과 같이 길게 파 주는 방법
④ 윤구식이라고 하여 나무의 주위를 둥글게 연차적으로 심경해 주는 방법

해설 누수가 심한 사양토나 벼의 만식재배와 같은 경우에는 심경이 해롭다.

03 다음 중 이랑을 만드는 이유가 아닌 것은?
① 관리의 편리
② 배수 양호
③ 작토층을 두껍게 한다.
④ 지온 하강과 통기 향상

해설 이랑을 만들면 지온 상승의 효과가 있다.

04 삼포식 농법의 목적은 무엇인가?
① 병해충 예방
② 지력 회복
③ 수분 절약
④ 냉해 방지

해설 3포식 농법 : 경지를 3등분하여 2/3에 곡물을 재배하고, 1/3은 휴한하는 것을 순차적으로 교차하는 작부방식으로, 지력 회복이 주목적이다.

정답 1 ④ 2 ① 3 ④ 4 ②

05 윤작의 직접적인 효과와 거리가 가장 먼 것은?

① 토양구조 개선효과 ② 수질 보호효과
③ 기지 회피효과 ④ 수량 증대효과

해설 윤작의 효과 : 지력의 유지·증강, 토양의 보호, 기지의 회피, 병충해의 경감, 잡초의 경감, 수량의 증대, 토지이용도의 향상, 노력분배의 합리화, 농업경영의 안정성 증대 등

06 연작의 피해가 비교적 적은 채소는?

① 감 자 ② 고구마
③ 참 외 ④ 토 란

해설 동일포장에 동일작물을 계속해서 재배하는 것을 연작이라고 하며, 연작 시 작물의 생육이 뚜렷하게 나빠지는 것을 기지라고 한다.

작물의 기지 정도
- 연작의 해가 적은 것 : 벼, 맥류, 조, 옥수수, 수수, 삼, 담배, 고구마, 무, 순무, 당근, 양파, 호박, 연, 미나리, 딸기, 양배추 등
- 1년 휴작을 요하는 작물 : 파, 쪽파, 생강, 콩, 시금치 등
- 2년 휴작을 요하는 작물 : 오이, 감자, 땅콩, 잠두 등
- 3년 휴작을 요하는 작물 : 참외, 쑥갓, 강낭콩, 토란 등
- 5~7년 휴작을 요하는 작물 : 수박, 토마토, 가지, 고추, 완두, 사탕무, 레드클로버 등
- 10년 이상 휴작을 요하는 작물 : 인삼, 아마 등

07 다음 중 연작의 해가 가장 큰 채소는?

① 무 ② 배 추
③ 파 ④ 수 박

해설 수박은 연작장해의 원인인 덩굴쪼김병(만할병)을 방지하기 위해 접목재배를 한다.

08 작물의 기지현상의 원인이 아닌 것은?

① 토양 비료분의 소모 ② 토양 중의 염류 집적
③ 토양물리성의 악화 ④ 잡초의 제거

해설 기지의 원인 : 토양비료분의 소모, 토양염류의 집적, 토양물리성의 악화, 토양전염병의 만연, 토양선충의 번성으로 인한 피해, 유독물질의 축적, 잡초의 번성 등

정답 5 ② 6 ② 7 ④ 8 ④

09 기지의 근본적인 대책이 되는 것은?
① 윤 작
② 담 수
③ 환 토
④ 결핍 성분의 보급

해설 윤작은 기지에 대한 가장 일반적이고 효과적인 대책이다.

10 연작장해를 해소하기 위한 가장 친환경적인 영농방법은?
① 토양소독
② 유독물질의 제거
③ 돌려짓기
④ 시비를 통한 지력 배양

해설 연작장해를 해소하기 위한 가장 친환경적인 영농방법은 윤작(돌려짓기)이다.
※ **기지의 대책** : 윤작, 담수, 저항성 품종의 재배 및 저항성 대목을 이용한 접목, 객토 및 환토, 합리적 시비, 유독물질의 제거, 토양소독 등

11 윤작의 원리에 알맞지 않은 것은?
① 주작물은 지역의 사정에 따라서 다양하게 변하고 있다.
② 토지의 이용도를 높이기 위하여 여름작물이나 겨울작물 중 한 가지로 통일한다.
③ 지력 유지를 위해 콩과 작물이나 녹비작물이 포함된다.
④ 잡초의 경감을 위해서 중경작물이나 피복작물이 포함된다.

해설 토지이용도를 높이기 위해서는 여름작물과 겨울작물이 결합되어야 한다.
※ **윤작의 효과** : 지력의 유지·증강, 토양의 보호, 기지의 회피, 병충해의 경감, 잡초의 경감, 수량의 증대, 토지이용도의 향상, 노력분배의 합리화, 농업경영의 안정성 증대 등

12 작부체계별 특성에 대한 설명으로 틀린 것은?
① 단작은 많은 수량을 낼 수 있다.
② 윤작은 경지의 이용효율을 높일 수 있다.
③ 혼작은 병해충 방제와 기계화 작업에 효과적이다.
④ 단작은 재배나 관리 작업이 간단하고, 기계화 작업이 가능하다.

해설 병해충 방제에 효과적인 것은 윤작이고, 기계화 작업에 효과적인 것은 단작이다.
※ 혼작이란 생육기간이 거의 같은 두 종류 이상의 작물을 동시에 같은 포장에 섞어서 재배하는 것을 말한다.

13 다음 중 혼작의 예가 아닌 것은?

① 콩 + 옥수수 ② 목화 + 들깨
③ 콩 + 수수 ④ 보리 + 콩

해설 일반적으로 보리와 콩은 간작으로 재배한다.

14 생육기간이 거의 같은 두 종류 이상의 작물을 동시에 같은 포장에 섞어서 재배하는 작부방식을 무엇이라 하는가?

① 간 작 ② 교호작
③ 혼 작 ④ 윤 작

해설
① 간작 : 한 종류의 작물이 생육하고 있는 사이에 한정된 기간 동안 다른 작물을 재배하는 것
② 교호작 : 일정 이랑씩 두 작물 이상의 작물을 교호로 배열하여 재배하는 것
④ 윤작 : 몇 가지 작물을 특정한 순서대로 규칙적이고 반복적으로 재배하는 것

15 교호작의 대표적 작물은?

① 옥수수와 콩 ② 감자와 고구마
③ 콩과 수수 ④ 콩과 목화

해설 옥수수와 콩은 교호작으로 재배하는 대표적인 작물로, 일반적으로 이랑의 비율은 옥수수 1 : 콩 2이다.
교호작(엇갈아짓기)
• 일정 이랑씩 두 작물 이상의 작물을 교호로 배열하여 재배하는 것을 교호작이라고 한다.
• 작물들의 생육시기가 거의 같고, 작물별 시비와 관리작업이 가능하며, 주작과 부작의 구별이 뚜렷하지 않다.
• 교호작의 규모가 큰 것을 대상재배라고 한다.

16 혼파에 관한 설명 중 옳지 않은 것은?

① 가축 영양상의 이점이 많다. ② 공간을 효율적으로 이용할 수 있다.
③ 잡초를 경감시킬 수 있다. ④ 시비, 병충해 방제 등의 관리가 용이하다.

해설 **혼파의 단점**
• 작물의 종류가 제한적이고 파종작업이 힘들다.
• 목초별로 생장이 달라 시비, 병충해 방제, 수확 등의 작업이 불편하다.
• 채종이 곤란하다.
• 수확기가 서로 다르면 수확에 제한을 받는다.

17 다음 중 파종 전에 해야 할 사항은?
① 이랑 만들기, 종자소독
② 종자소독, 복토
③ 파종상 준비, 진압
④ 복토, 관수

> **해설** 파종 전에 해야 할 사항 : 이랑 만들기, 종자 선택, 종자소독 등

18 다음 중 파종기를 결정하게 하는 요인은?
① 재배방식, 종자의 크기
② 종자의 크기, 기후조건
③ 품종의 특성, 정식 및 출하기
④ 출하기, 종자의 크기

> **해설** 파종기 결정요인 : 품종의 특성, 재배방식, 토양 및 기후의 조건, 정식 및 출하기 등

19 다음 중 파종량의 결정에 고려될 사항은?
① 작물의 종류 및 품종, 종자의 색
② 기후 및 토양조건, 종자의 가격
③ 작물의 종류 및 품종, 토양의 색
④ 작물의 종류, 종자의 발아력

> **해설** 파종량 결정 시 고려사항 : 작물의 종류, 종자의 품질(발아력) 및 크기, 파종기, 재배지역(기후), 재배방식, 토양 및 시비

20 종자 파종 시 점파하고 깊게 복토하는 것이 좋은 종자는?
① 대립종자
② 소립종자
③ 미세종자
④ 중립종자

> **해설**
> • 미세종자는 가급적 얕게 복토하거나 파종 후 가볍게 눌러 주고, 복토를 하지 않는 경우도 있다.
> • 소립종자는 얕게, 대립종자는 깊게 복토하며, 보통은 종자 크기의 2~3배 정도 복토한다.

21 일반적으로 종자를 파종할 때 알맞은 흙덮기의 기준은?
① 종자 두께의 0.5~1배
② 종자 두께의 1~1.5배
③ 종자 두께의 2~3배
④ 종자 두께의 4~5배

> **해설** 복토깊이는 종자의 크기, 발아습성, 토양, 기후 등에 따라 달라지지만, 보통은 종자 크기의 2~3배 정도 복토한다.

정답 17 ① 18 ③ 19 ④ 20 ① 21 ③

22 파종 후 복토방법을 잘못 설명한 것은?

① 미세종자는 얕게 복토한다.
② 대립종자는 깊게 복토한다.
③ 점질토양은 얕게 복토한다.
④ 호광성 종자는 깊게 복토한다.

해설 복토깊이
- 볍씨를 물못자리에 파종하는 경우 복토를 하지 않는다.
- 광발아종자는 얕게 복토하거나 하지 않고, 암발아종자는 깊게 복토한다.
- 미세종자는 가급적 얕게 복토하거나 파종 후 가볍게 눌러 주고, 복토를 하지 않는 경우도 있다.
- 소립종자는 얕게, 대립종자는 깊게 복토하며, 보통은 종자 크기의 2~3배 정도 복토한다.
- 점질토는 얕게, 경토는 깊게 복토한다.
- 토양이 습윤한 경우 얕게, 건조한 경우 깊게 복토한다.
- 적온에서는 얕게, 저온 또는 고온에서는 깊게 복토한다.

23 다음 중 미세종자의 파종방법으로 좋은 것은?

① 모래와 섞어 체로 쳐서 파종한다.
② 상자에 줄뿌림을 한다.
③ 샬레에서 발아시킨 후 파종한다.
④ 버미큘라이트에 뿌린 후 얕게 복토한다.

해설 미세종자의 파종순서
- 종자를 모래와 섞는다.
- 체로 쳐서 파종한다.
- 파종 후 저면관수한다.

24 미세종자의 파종방법으로 파종해야 하는 것은?

① 팬 지
② 피튜니아
③ 마리골드
④ 샐비어

해설 미세종자 : 파, 양파, 당근, 상추, 피튜니아, 채송화, 셀러리 등

25 채소를 육묘해서 심는 목적이 아닌 것은?

① 수확을 빨리한다.
② 추대를 촉진한다.
③ 여러 재해를 막을 수 있다.
④ 품질 향상과 수량 증대가 가능하다.

해설 육묘의 목적 : 조기수확 및 조기출하, 품질 향상, 수량 증대, 집약적인 관리와 보호, 종자 절약, 토지이용도 증대, 단위면적당 수량과 수익 증가, 직파가 불리한 작물 재배, 추대 방지, 본밭의 적응력 향상 등

26 딸기를 8월 중에 고랭지에서 육묘하는 이유는?

① 내건성 강화
② 화아분화 촉진
③ 러너 발생 억제
④ 휴면타파

해설 　딸기의 화아분화 조건은 저온·단일이므로 고랭지에서 육묘하기 적당하다.

27 야간에 상온을 낮게 하는 것을 야랭육묘라고 한다. 야랭육묘를 하는 이유가 아닌 것은?

① 모의 도장을 방지한다.
② 탄수화물의 소모를 촉진한다.
③ 열매채소의 화아를 발달시킨다.
④ 건묘를 육성한다.

해설 　야간의 고온은 모를 도장(웃자람)시키고, 호흡작용이 심해져 탄수화물을 많이 소모하므로 모가 충실하게 자라지 못한다.

28 상토의 재료로 부적당한 것은?

① 식물이 생육할 수 있는 여러 양분이 함유되어야 한다.
② 보수가 양호하고, 통기성이 좋아야 한다.
③ 흙과 퇴비의 혼합률은 1 : 2로 표토가 굳어야 한다.
④ 흙이 점토질일 때는 모래를 혼합한다.

해설 　③ 퇴비가 너무 많아도 염류장해 및 통기 불량이 나타나며, 표토가 굳는 것은 좋지 않다.
　　상 토
　　육묘, 즉 모종을 가꾸는 온상에 쓰이는 흙을 상토(床土)라고 하며, 상토의 조건은 다음과 같다.
　　• 부드럽고, 여러 가지 양분을 갖춰야 한다.
　　• 배수가 잘되고, 보수력이 좋아야 한다.
　　• 공기의 유통이 좋아야 한다.
　　• 유효미생물이 많이 번식하고 있되, 병원균이나 해충이 없어야 한다.

29 상토를 조제할 때 알맞은 조성은?

① 밭의 겉흙, 완숙퇴비, 강모래
② 논흙, 완숙퇴비, 강모래
③ 밭의 겉흙, 미숙퇴비, 바다모래
④ 논흙, 미숙퇴비, 바다모래

해설 　상토의 조제에는 논흙, 완숙퇴비, 강모래와 약간의 비료가 필요하다.

정답　26 ②　27 ②　28 ③　29 ②

30 공정육묘용 상토 제조 시 통기성과 배수성이 좋아 가장 많이 사용하는 재료는?

① 논 흙
② 모 래
③ 피트모스
④ 왕 겨

해설 피트모스는 기존의 화학비료를 대신할 뿐만 아니라 조경원예 및 농업 분야에서 보수·보비력을 강화시켜 주고, 토양을 개량하는 데 큰 효과가 있다.
※ 피트모스(Peat Moss) : 초탄 또는 이탄이라고도 하며, 수천~수만년 전 늪지대에서 생성된 유기광물로 이끼, 수초 또는 수목질의 유체가 분지에 퇴적되어 생화학적으로 분해·변질된 천연유기물이다.

31 속성으로 상토를 만들 때 유기물의 분해를 촉진시키기 위하여 사용되는 것은?

① 붕 소
② 석 회
③ 황산마그네슘
④ 깻 묵

해설 속성상토 제조 시 유기물의 분해를 촉진시키기 위해 석회나 효소제를 첨가한다.

32 접목육묘의 장점만을 나타낸 것은?

① 토양전염성병 예방, 활착력 지연
② 양수분의 흡수력 증대, 토질 개선
③ 저온신장성 강화, 이식성 향상
④ 이식성 향상, 저온신장성 억제

해설 접목육묘의 장점 : 토양전염성병 예방, 초세 강화, 재배기간 연장, 저온신장성 강화, 이식성 향상 등

33 수박을 접목육묘하는 가장 큰 목적은?

① 수확을 빨리하기 위해서
② 과실을 크게 하기 위해서
③ 수박의 품질을 좋게 하기 위해서
④ 병을 막기 위해서

해설 수박 접목육묘의 목적은 덩굴쪼김병(만할병)을 방지하기 위함이다.

34 삽목육묘에 대한 설명으로 잘못된 것은?

① 박과 채소에 많이 쓰인다.
② 부정근을 발생시켜 육묘한다.
③ 도장한 모를 사용할 수 없다.
④ 뿌리가 굵고 튼튼한 모를 얻을 수 있다.

해설 삽목육묘는 박과 채소의 발아 후에 배축을 절단하여 삽목하고 부정근을 발생시켜 육묘하는 방법으로, 도장한 모를 활용할 수 있다.

35 다음 중 양액육묘의 장점으로 볼 수 없는 것은?

① 연작장해를 심하게 받는다.
② 청정재배가 가능하다.
③ 관리작업을 대폭적으로 자동화할 수 있다.
④ 생육이 빨라 연간생산량이 많다.

해설 상토 대신 작물생육에 필요한 무균의 영양소를 지닌 배양액을 공급하거나 배양액만으로 육묘하는 양액육묘는 연작장해로 인한 피해를 받지 않는다.

36 모종 굳히기에 알맞은 조건은?

① 저온, 건조, 약광선
② 고온, 다습, 강광선
③ 고온, 건조, 약광선
④ 저온, 건조, 강광선

해설 경화란 포장에 정식하기 전에 외부환경에 적응할 수 있도록 정식지의 환경에 조금씩 노출시켜 모종을 굳히는 것으로, 묘상에서 서서히 관수량을 줄이고, 온도를 낮추며, 직사광선에 노출되는 시간을 늘려 준다.

37 모종을 경화시킬 때 나타나는 현상이 아닌 것은?

① 엽육이 두꺼워진다.
② 건물량이 감소한다.
③ 지하부의 발달이 촉진된다.
④ 내한성이 증가한다.

해설 경화의 효과 : 엽육의 두께 증가, 큐티클층과 왁스층 발달, 건물량 증가, 지상부의 생육 둔화 및 지하부의 생육 발달, 내한성과 내건성 증가, 외부환경에 대한 저항성 증가, 활착 촉진 등

38 육묘의 주된 목적이라고 볼 수 없는 것은?

① 조기 출하
② 종자 절약
③ 유묘 보호
④ 엽채류의 화아분화 촉진

해설 엽채류의 화아분화 촉진은 추대로 이어져 생산성을 저하시키므로 오히려 문제가 된다.

39 육묘 중에 모종의 자리바꿈을 실시하는 이유는?
① 이식성을 향상시키기 위하여
② 밀식에 의한 도장을 방지하기 위하여
③ 내병충성을 강화하기 위하여
④ 생육기간을 단축시키기 위하여

해설 마지막 가식으로부터 정식할 때까지의 기간이 길면 모종이 너무 커질 뿐만 아니라, 뿌리가 길게 뻗어나가 정식할 때 뿌리가 많이 끊어져 활착이 더디기 때문에 이식성이 향상을 위해 모종의 자리바꿈을 실시한다.

40 다음 중 모종의 자리바꿈 시기로 적당한 것은?
① 정식 2~3일 전
② 정식 3~4일 후
③ 정식 7~10일 전
④ 정식 15일 후

해설 보통 정식 7~10일 전에 실시하여 식상을 방지한다.

41 육묘상에 가식을 하는 이유로서 가장 타당한 것은?
① 병해충을 방지하기 위하여
② 토지이용률을 높이기 위하여
③ 노력을 절감하기 위하여
④ 도장을 방지하기 위하여

해설 가식의 목적 : 모종의 웃자람(도장) 방지, 이식성 증대, 불량모종 도태 및 균일한 모종 생산 등

42 정식할 때의 유의점으로 옳은 것은?
① 미리 플라스틱 멀칭을 하여 적정온도를 확보한다.
② 지온을 낮춘 후에 정식한다.
③ 묘상은 물을 빼고 건조시켜 둔다.
④ 모 뿌리의 흙을 깨끗이 제거한다.

해설 정식 후의 식상을 방지하려면 지온을 높이고, 충분히 관수한 후 흙을 많이 붙여서 정식한다.

43 오이의 정식 시 새 뿌리를 가장 빨리 내리게 하려면?
① 분육묘를 한다.
② 정식시기를 빨리한다.
③ 정식시기를 늦게 한다.
④ 정식을 오전에 한다.

해설 오이는 떡잎이 완전히 전개된 다음 플라스틱분이나 종이분 등에 이식하면 정식 후의 활착이 빨라진다.

44 다음 중 솎기의 효과가 아닌 것은?

① 개체의 생육공간을 넓혀 준다.
② 종자를 넉넉히 뿌려 빈 곳이 없게 할 수 있다.
③ 파종량을 줄일 수 있다.
④ 싹이 튼 수 개체의 밀도가 높은 곳의 일부 개체를 제거하는 것이다.

> **해설** 솎기란 발아 후 밀생한 곳의 일부 개체를 제거해 주는 작업이므로 솎기를 전제로 할 때는 파종량을 늘려야 한다.

45 파를 재배할 때 이랑 사이의 흙을 그루에 모아 주는 가장 큰 이유는?

① 줄기를 연백시키기 위하여
② 도복을 방지하기 위하여
③ 잎의 비대를 촉진하기 위하여
④ 줄기의 착색을 촉진하기 위하여

> **해설** 파 재배 시 연백화를 목적으로 여러 차례에 걸쳐 배토한다.

46 북주기의 효과가 아닌 것은 어느 것인가?

① 새 뿌리의 발생을 촉진한다.
② 헛가지 발생을 억제한다.
③ 쓰러짐을 줄인다.
④ 키를 크게 한다.

> **해설** **배토의 효과**
> • 옥수수, 수수, 맥류 등의 경우 바람에 쓰러지는 도복이 경감된다.
> • 담배, 두류 등의 신근을 발생시켜 생육에 도움을 준다.
> • 감자 괴경의 발육을 촉진하고, 괴경이 광에 노출되어 녹화되는 것을 방지한다.
> • 당근 수부의 착색을 방지한다.
> • 파, 셀러리, 아스파라거스 등의 연백화를 유도한다.
> • 벼와 밭벼 등에서 마지막 김매기를 하는 유효분얼종지기의 배토는 무효분얼의 발생이 억제되어 증수효과가 있다.
> • 토란의 분구를 억제하고, 비대생장을 촉진한다.
> • 과습기 배수효과와 잡초 방제효과가 있다.

47 중경의 효과가 아닌 것은?

① 토양 중으로 산소 투입
② 유해가스의 방출
③ 잡초 방제
④ 병해충 방제

> **해설**
> • 중경의 장점 : 발아 촉진, 토양 내 통기 개선, 토양수분의 증발 억제, 비효 증진, 잡초 방제 등
> • 중경의 단점 : 단근의 피해, 토양침식의 조장, 동상해의 조장 등

정답 44 ③ 45 ① 46 ④ 47 ④

48 다음 중 중경의 효과가 아닌 것은?

① 발아 촉진
② 수분 증발 촉진
③ 토양 통기 개선
④ 잡초 제거

해설 토양을 얕게 중경하면 모세관이 절단되어 토양유효수분의 증발이 억제되고, 한해 또한 덜 수 있다.

49 다음 중 멀칭을 하는 목적이 아닌 것은?

① 지온 조절
② 토양수분 유지
③ 해충 방제
④ 토양유실 방지

해설 멀칭은 작물을 재배하는 토양의 표면을 피복하는 작업으로, 해충의 방제효과는 따로 없다.

50 다음 중 멀칭의 효과와 직접적인 관계가 없는 것은?

① 지온상승
② 지온하강 억제
③ 유기물 공급
④ 토양수분 유지

해설 멀칭의 효과
- 토양의 건조 방지 : 멀칭은 토양 중 모관수의 유통을 단절시키고, 멀칭 내 공기습도를 높여 주며, 토양의 표토 증발을 억제하여 토양 건조를 방지하고, 한해(旱害)를 경감시킨다.
- 지온의 조절
  - 여름철 멀칭은 열의 복사를 억제시켜 토양의 과도한 온도 상승을 억제한다.
  - 겨울철 멀칭은 지온을 상승시켜 작물의 월동을 돕고, 서리 피해를 막아 준다.
  - 봄철 저온기 투명필름 멀칭은 지온을 상승시켜 이른 봄의 촉성재배 등에 이용된다.
- 토양의 보호 : 멀칭은 풍식 또는 수식 등에 의한 토양침식을 경감·방지할 수 있다.
- 잡초의 발생 억제
  - 잡초종자는 호광성 종자가 많아 흑색필름으로 멀칭하면 잡초종자의 발아를 억제하고, 발아하더라도 생장이 억제된다.
  - 흑색필름 멀칭은 이미 발생한 잡초라도 광을 제한하여 잡초의 생육을 억제한다.
- 생육 촉진 : 보온효과가 커서 조식재배가 가능하고, 생육이 촉진되어 촉성재배가 가능하다.
- 과실의 품질 향상 : 과채류 포장에 멀칭을 하면 과실이 청결하고 신선해진다.
- 병원체 차단 : 멀칭을 하면 흙속에 잠복해 있는 병원체가 지상부 식물체와 접하는 것을 막아 주어 병 발생을 줄일 수 있다.

51 필름으로 멀칭했을 때 나타나는 효과와 가장 거리가 먼 것은?
① 땅의 통기성을 높여 준다. ② 수분의 증발을 막아 준다.
③ 토양의 침식을 막아 준다. ④ 잡초의 발생을 억제시켜 준다.

해설   필름은 수분 보존, 잡초 억제의 효과가 크며, 토양의 침식을 막아 준다.

52 낮에 지온을 높이는 데 가장 효과적인 방법은?
① 지면을 긁어 준다. ② 그대로 둔다.
③ 짚을 덮는다. ④ 투명필름으로 덮는다.

해설   투명필름은 지온 상승의 효과는 크고, 잡초 억제의 효과는 작다.

53 채소밭의 짚깔기와 플라스틱 멀칭을 할 경우 병의 방제효과는 어떤 면에서 가장 유리한가?
① 보온효과가 있어 생육이 좋아 저항력 증가
② 수분 증발을 막아 병균의 발생 억제
③ 식물체가 병원체와 접하는 것을 차단
④ 잡초 발생을 억제하여 병의 전염원 제거

해설   멀칭을 하면 흙속에 잠복해 있는 병원체가 지상부 식물체와 접하는 것을 막아 주어 병 발생을 줄일 수 있다.

54 다음 중 배추를 고온기에 육묘할 때 망사로 피복하는 이유는?
① 지온을 상승시키기 위하여 ② 바이러스병을 막기 위하여
③ 거세미의 침입을 막기 위하여 ④ 배추흰나방을 막기 위하여

해설   망사로 피복하면 바이러스 매개 곤충(진딧물 등)이 침입하지 못하므로 바이러스병을 예방할 수 있다.

정답   51 ①   52 ④   53 ③   54 ②

55 늦서리 위험이 지난 시기에 정식한 후 멀칭(Mulching)하고 소형 터널을 씌워 수확을 앞당기는 채소 재배방식은?

① 보통재배
② 조숙재배
③ 촉성재배
④ 반촉성재배

해설 조숙재배 : 온상에서 육묘하여 늦서리의 위험이 지난 다음에 정식하는 재배방식으로 오이, 호박 등은 정식한 뒤 소형 터널을 씌워서 보호하고, 고추는 보통 플라스틱필름으로 멀칭한다.

56 비료의 분류 중 주성분에 따른 분류가 잘못된 것은?

① 질소질 비료 : 요소, 유안, 석회질소, 계분
② 인산질 비료 : 과석, 용성인비, 골분
③ 칼륨질 비료 : 염화칼륨, 황산칼륨, 초산칼륨
④ 유기질 비료 : 퇴비, 두엄, 용성인비, 염화칼륨

해설 급원에 따른 비료의 분류
- 무기질 비료 : 요소, 황산암모늄, 과석, 염화칼륨 등
- 유기질 비료
  - 식물성 비료 : 깻묵, 퇴비, 구비 등
  - 동물성 비료 : 골분, 계분, 어분 등

57 다음 중 속효성 비료에 속하지 않는 것은?

① 요소
② 퇴비
③ 유안
④ 염화칼륨

해설 비효의 지속성에 따른 비료의 분류
- 속효성 비료 : 요소, 황산암모늄(유안), 과석, 염화칼륨 등
- 완효성 비료 : 깻묵, METAP 등
- 지효성 비료 : 퇴비, 구비 등

58 비료의 효과가 오랫동안 지속적으로 나타나는 것이 좋은 경우가 아닌 것은?

① 생육기간이 긴 경우
② 초세를 계속 유지시킬 경우
③ 멀칭재배할 경우
④ 식물을 빨리 수확해야 하는 경우

해설 식물을 빨리 수확해야 하는 경우에는 속효성 비료가 유리하다.
※ 멀칭재배는 생육 중에 시비가 어려우므로, 한 번 시비한 비료가 서서히 분해되어 전 생육기간에 걸쳐 지속적으로 효과를 나타내는 것이 좋다.

59 다음 중 전량을 기비로 줄 수 없는 것은?
① 퇴 비
② 석 회
③ 인산질 비료
④ 화학비료

해설 퇴비, 석회, 인산질 비료 등은 전량을 기비로 주고, 화학비료는 일부는 기비, 나머지는 추비로 준다.

60 다음 중 과수와 화목의 시비를 잘못 설명한 것은?
① 12~3월의 휴면기간에 기비를 사용한다.
② 추비는 새순의 생장이 왕성한 5~6월에 사용한다.
③ 나무의 수세를 회복시키기 위해 추비한다.
④ 수확 전에 추비한다.

해설 수확 전에 추비할 경우, 과실의 품질이 저하되거나 수확 후 생육에 나쁜 영향을 줄 수 있다.

61 엽면시비에 대한 설명 중 잘못된 것은?
① 기공과 세포막을 통하여 무기영양을 공급한다.
② 초세를 급격히 회복시킬 필요가 있는 경우 실시한다.
③ 뿌리의 양·수분 흡수기능이 불량할 때 살포한다.
④ 토양시비보다 효과적이고 경제적이다.

해설 엽면시비는 토양시비보다 효과적이지만, 지속성과 경제성 면에서 떨어진다.

62 토양에 석회를 사용하는 주된 목적은?
① 토양반응 개량
② 토양의 점질화
③ 유기물 분해 촉진
④ 보수력 증대

해설 석회는 알칼리성 물질로 산성 토양을 개량하는 데 사용된다.

정답 59 ④ 60 ④ 61 ④ 62 ①

63 엽면시비 방법을 잘못 설명한 것은?

① 잎의 뒷면(이면)에 살포하면 효과가 떨어진다.
② 초세를 급격히 회복시킬 필요가 있는 경우 실시한다.
③ 뿌리의 양·수분 흡수기능이 불량할 때 살포한다.
④ 정기적으로 살포하는 것이 좋다.

해설 비료는 잎의 표면보다는 이면에서 더 잘 흡수되는데, 이는 잎의 표면표피가 이면표피보다 큐티클층이 더 발달되어 있어 물질의 투과가 용이하지 않고, 이면에 살포액이 더 잘 부착되기 때문이다.

64 엽면시비가 효과적인 경우는?

① 특정 성분이 지나치게 많이 흡수되었을 때
② 초세를 천천히 증가시킬 때
③ 뿌리의 흡수기능이 불량할 때
④ 토양의 수분이 적당할 때

해설 엽면시비의 실용성
- 작물에 미량원소의 결핍증이 나타났을 경우
- 작물의 초세를 급속히 회복시켜야 할 경우
- 토양시비로는 뿌리 흡수가 곤란한 경우
- 토양시비가 곤란한 경우
- 특수한 목적이 있을 경우

65 식물의 엽면시비에 대한 설명으로 적합하지 않은 것은?

① 살포된 무기양분은 주로 기공을 통해 흡수된다.
② 엽면시비에 이용되는 양분은 전부 미량원소이다.
③ 엽면시비는 토양시비의 보조수단으로 이용된다.
④ 영양부족상태를 신속히 회복시키고자 할 때 이용한다.

해설 엽면시비의 살포액은 미량원소뿐만 아니라 질소, 인산, 칼륨 및 농약과도 혼용 가능하다.

66 다음 중 엽면시비에 많이 이용되는 원소는?

① C, H, O
② N, P, K
③ Ca, S
④ Ca, Mg

해설 엽면시비에는 Ca, Mg 등의 각종 미량원소와 함께 질소질 비료 중 요소가 많이 이용된다.

정답 63 ① 64 ③ 65 ② 66 ④

67 다음 중 요소의 엽면시비에 대한 설명으로 틀린 것은?

① 잎의 표면보다는 뒷면에서 더욱 잘 흡수된다.
② 살포액은 보통 약알칼리성 상태에서 가장 잘 흡수된다.
③ 일반 노지식물은 0.5~2%의 농도로 살포한다.
④ 피해가 나타나지 않는 범위 내에서는 살포액의 농도가 높을 때 흡수가 빠르다.

해설 엽면시비 흡수에 적당한 살포액의 pH는 식물의 종류에 따라 다르지만 보통 약산성의 살포액이 가장 잘 흡수된다.

68 다음 중 1년생 가지에서 결실하는 과수는?

① 사과, 배
② 복숭아, 매실
③ 자두, 살구
④ 포도, 감귤

해설 과수의 결과습성
- 1년생 가지에 결실하는 과수 : 포도, 감, 밤, 무화과, 호두, 감귤 등
- 2년생 가지에 결실하는 과수 : 복숭아, 자두, 살구, 매실, 양앵두 등
- 3년생 가지에 결실하는 과수 : 사과, 배 등

69 다음 중 결과모지가 곧 열매가지인 것은?

① 포 도
② 사 과
③ 배
④ 복숭아

해설 포도와 같이 당년생 가지에서 결실하는 과수는 결과모지를 열매가지라고 한다.
- 결과모지 : 열매가지가 나오게 하는 가지
- 결과지(열매가지) : 열매를 맺는 가지

70 다음 중 순정꽃눈을 가진 대표적인 과수는?

① 사 과
② 감
③ 복숭아
④ 포 도

해설 순정꽃눈은 꽃눈에서 잎이나 새 가지가 전혀 나오지 않고 꽃만 피는 눈으로 복숭아, 자두 등의 꽃눈이 순정꽃눈에 해당한다.

정답 67 ② 68 ④ 69 ① 70 ③

71 다음 중 웨이크만식으로 수형을 만드는 과수는?

① 사 과
② 배
③ 포 도
④ 복숭아

해설 덩굴성 과수(포도)의 수형 : 평덕식, 울타리식(니핀식·웨이크만식)

72 다음 중 변칙주간형에 대한 설명으로 옳은 것은?

① 나무의 자연성을 거의 변형시킨 형이다.
② 주간 연장지상의 심을 제거한다.
③ 수관 내부는 폐쇄되므로 결실성이 낮아진다.
④ 수세가 약하고 수령이 짧다.

해설 변칙주간형은 나무의 자연성을 최대로 살리면서 수세 유지와 함께 결실성을 높인다. 또한 수세가 강하고 직립성이며 수령이 비교적 길다.

73 배상형과 자연형의 장점을 따서 만든 수형은?

① 변칙주간형
② 개심자연형
③ 방추형
④ 니핀식

해설 **변칙주간형(지연개심형)**
- 주간형과 배상형의 장점을 취할 목적으로, 초기에는 수년간 주간형으로 재배하다가 이후 주간의 선단을 잘라 주지가 바깥쪽으로 벌어지도록 하는 정지법이다.
- 주간형의 단점인 높은 수고와 수관 내 광 부족을 개선할 수 있다.
- 사과, 감, 밤, 서양배 등에 적용한다.

74 왜성 사과나무의 알맞은 수형은 어느 것인가?

① 배상형
② 방추형
③ 울타리형
④ 변칙주간형

해설 왜성 사과나무는 밀식재배를 하므로 광의 투과가 좋은 방추형(주간형·원추형)이 알맞다.

71 ③ 72 ② 73 ① 74 ②

75 다음 중 남부지방에서 배나무에 평덕식 지주를 가설하는 이유는?

① 내풍성이 약하기 때문에
② 내비성이 약하기 때문에
③ 내수성이 약하기 때문에
④ 내건성이 약하기 때문에

해설 배는 과실이 크고 열매자루가 길어 풍해로 인한 낙과가 심하기 때문에 지역에 따라 여러 가지 다른 수형으로 재배된다.

76 다음 중 복숭아나무의 수형으로 적합한 것은?

① 변칙주간형
② 원추형
③ 개심자연형
④ 주간형

해설 복숭아나무는 내음성이 약해 수관 내부에 햇빛이 들어오지 않으면 밑의 가지가 말라 죽으므로, 중심이 비어 있는 개심자연형으로 키우는 것이 좋다.

77 다음 중 정지와 전정의 원칙을 바르게 설명한 것은?

① 간장은 가급적 높게 한다.
② 자연성을 최대한 살린다.
③ 분지의 각도를 좁게 한다.
④ 바퀴살가지를 형성한다.

해설 정지와 전정의 원칙
- 항상 나무의 자연성을 최대한 살려야 한다.
- 간장은 가급적 낮게 한다.
- 분지의 각도는 50~60°로 넓게 한다.
- 가지는 굵기의 차이를 두고 키운다.

78 다음 중 전정의 목적이 아닌 것은?

① 나무의 뼈대를 조화 있게 만든다.
② 나무의 세력을 조절한다.
③ 관리가 편리하도록 나무의 모양을 조절한다.
④ 나무의 수명을 연장하고 해거리를 조장한다.

해설 해거리는 어떤 해에 개화·결실량이 너무 많아 나무의 영양이 과다하게 소모되어 그 다음 해의 결실이 불량해지는 것으로, 전정으로 개화·결실량을 조절하여 예방할 수 있다.

정답 75 ① 76 ③ 77 ② 78 ④

79 전정의 효과로 옳은 것은?

① 결실량의 조절이 가능하다.
② 유목에 약전정을 하면 결실을 늦추어 준다.
③ 노목에서의 강전정은 수세를 약화시킨다.
④ 병충해의 피해가 있을 경우 강전정은 피해를 가중시킨다.

해설 일반적으로 유목의 약전정은 결실을 앞당기고, 노목은 강전정하여 나무의 세력을 키우고 결실을 조절한다. 또한 병해충의 피해를 입은 가지는 전정하여 그 자리를 다른 가지로 채워 준다.

80 다음 중 작년에 결실이 적게 되었던 나무의 전정으로 알맞은 것은?

① 엽면적 확보를 위해 약전정을 한다.
② 결실 과다를 막기 위하여 강전정을 한다.
③ 화아분화를 좋게 하도록 뿌리를 끊어 T/R률을 높인다.
④ 수세 유지를 위하여 도장지만 잘라 준다.

해설 해거리를 한 다음 해에는 화아분화가 많이 되므로 전정을 강하게 하여 결실을 조절한다.

81 다음 중 겨울전정의 알맞은 시기는?

① 낙엽 후에서 발아 전까지
② 월평균 기온이 가장 낮은 1월
③ 수액이 이동하기 직전
④ 낙엽 후부터 수액 이동 전까지

해설
- 겨울전정 : 나무의 모양이나 가지의 생장 및 열매 맺힘을 조절하기 위한 전정으로, 휴면기전정이라고도 하며 대부분의 전정이 이에 속한다. 보통 낙엽 후부터 수액이 이동하기 전인 이른 봄까지 실시하며, 혹한기 이전에 전정하면 포도 등은 동해를 받을 우려가 있다.
- 여름전정 : 잎이 달려 있는 동안 전정하는 것으로 눈따기, 순지르기, 환상박피 등이 있다.

82 자름전정을 하여도 꽃눈 형성이 잘되는 과수는?

① 사과나무
② 감나무
③ 밤나무
④ 복숭아나무

해설 자름전정 : 자라난 가지의 중간을 자르는 것으로, 튼튼한 새 가지를 발생시키거나 결과부의 전진을 막으려고 할 때 실시하며 배, 포도, 복숭아 등의 겨울전정에 많이 이용된다.

83 다음 중 주로 솎음전정을 하는 과수는?

① 사과나무
② 배나무
③ 포도나무
④ 복숭아나무

해설 솎음전정 : 가지의 기부를 잘라 솎아 내는 것으로, 가지가 밀생하거나 다른 가지와 경쟁하게 되어 생장에 방해가 될 때 실시하며 사과, 감, 밤, 호두 등은 보통 솎음전정을 한다.

84 다음 중 전정의 방법으로 옳지 않은 것은?

① 가지의 끝쪽은 넓게, 밑쪽은 뾰족하게 전정한다.
② 전정은 높은 곳에서 아래로 잘라 내려온다.
③ 큰 가지를 자를 때는 가지 밑동을 남기지 말고 바짝 자른다.
④ 잔가지를 자를 때는 눈의 위치보다 다소 위쪽을 자른다.

해설 가지의 끝쪽은 뾰족하게, 밑쪽은 넓게 전정한다.

85 열매 맺는 부위의 상승을 방지하기 위하여 예비지전정을 하는 대표적인 과수는?

① 사 과
② 배
③ 복숭아
④ 감 귤

해설 복숭아는 열매 맺는 부위가 상승하기 쉬우므로 이를 막기 위해 예비지를 두어야 하는데, 예비지는 세력이 왕성한 가지를 택하여 기부에 2~3개의 눈만 남기고 짧게 자르며, 이 가지에는 과실이 달리지 않도록 한다.

86 작물이나 과수에 순지르기의 영향이 아닌 것은?

① 생장을 억제시킨다.
② 측지의 발생을 많게 한다.
③ 개화나 착과의 수를 적게 한다.
④ 목화나 두류에서도 효과가 크다.

해설 적심(순지르기)의 목적
• 개화·결실 및 측지의 발육을 촉진한다.
• 고사한 부분과 병해충에 감염된 부분을 제거하여 식물체를 보호한다.

정답 83 ① 84 ① 85 ③ 86 ③

87 적화와 적과에 대한 설명으로 옳은 것은?

① 적화는 꽃의 상태일 때 불필요한 것을 제거하는 작업이다.
② 적과란 수정이 되지 않은 상태에서 솎아 주는 작업을 말한다.
③ 적과는 수확기에 가까워졌을 때 실시하는 것이 좋다.
④ 적화를 하면 남은 꽃들이 제대로 결실을 하지 못했을 때도 충분한 수확량을 확보할 수 있는 장점이 있다.

해설 적과는 수정 후 어린 열매를 솎아 주는 작업으로, 일찍 실시할수록 좋고 적화는 양분의 경제적인 측면에서는 바람직하지만 남은 과실이 제대로 결실하지 못하면 충분한 수확량을 확보할 수 없다.

88 과수의 적과시기로 가장 적당한 것은?

① 개화 직전
② 개화 직후
③ 생리적 낙과 후
④ 후기 낙과 후

해설 조기낙과기간에 예비적과를 하며, 생리적 낙과 후 착과가 안정되고 양분의 소모가 적은 시기에 마지막 적과를 한다.
※ 적과(열매솎기)의 효과
 • 착색, 크기, 맛 등 과실의 품질을 향상시킨다.
 • 꽃눈분화의 발달을 좋게 하고, 해거리를 방지한다.
 • 병해충 피해를 입은 과실이나 모양이 나쁜 것을 제거한다.

89 다음 중 단위결과성 과실의 가장 중요한 특징은?

① 과실 비대에 종자가 반드시 필요하다.
② 체내의 옥신 함량이 상대적으로 높다.
③ 수정이 반드시 이루어져야 과실이 맺힌다.
④ 재배 중에 반드시 착과제를 사용해야 한다.

해설 단위결과성 과실은 옥신 함량이 높으며, 종류에 따라서는 착과제가 불필요한 과실도 있다.
※ 단위결과 : 수분이나 수정이 되지 않아 종자가 형성되지 않았는데도 과실이 비대발육하는 현상

90 다음 중 생리적 낙과의 원인으로 볼 수 없는 것은?
① 생식기관의 발육이 불완전한 경우
② 수정이 되지 않았을 경우
③ 단위결과성이 강한 품종일 경우
④ 질소, 탄수화물, 수분이 과하거나 부족한 경우

해설 단위결과성이 약한 품종은 비교적 과실이 작고, 생리적 낙과가 많다.

91 과실의 조기낙과(June Drop)의 원인과 관계 깊은 것은?
① 병해충의 침해를 받았을 때
② 수정 후 강우가 있을 때
③ 배의 발육이 정지되었을 때
④ 급속한 온도의 상승이 있을 때

해설 조기낙과의 원인
- 생식기관의 발육이 불완전한 경우
- 배의 발육이 멈추었을 경우
- 단위결과성이 약한 품종인 경우
- 질소나 탄수화물이 너무 많거나 적은 경우

92 다음 중 과수에 인공수분이 필요한 때는?
① 결실이 과다할 때
② 수분수가 없을 때
③ 개화가 만발했을 때
④ 벌과 기타 매개곤충이 많이 올 때

해설 대부분의 과수들은 타가수분을 하므로 수분수가 없을 때는 반드시 인공수분이 필요하다.

93 사과나 배에서 수분수의 재식비율은 대개 몇 %가 적당한가?
① 25%
② 40%
③ 60%
④ 80%

해설 수분수의 재식비율은 주품종의 75~80%, 수분수 품종의 20~25%가 알맞다.

정답 90 ③ 91 ③ 92 ② 93 ①

94 사과 봉지씌우기 재배에서 적합하지 않은 효과는?

① 착색 증진
② 병해충 방제
③ 동록 방지
④ 저장력 증진

해설 복대의 장점 : 병해충 방제, 착색 증진, 열과 방지, 숙기 조절, 상품성 증진 등
※ 과실에 봉지를 씌우지 않고 재배하는 것을 무대재배라고 하며, 무대재배한 과실은 영양가도 높고, 저장력과 수송력도 증가한다.

95 다음 중 과실에 봉지를 씌우는 시기로 알맞은 것은?

① 꽃피기 직전
② 꽃핀 직후
③ 수확 전 낙과 후
④ 조기낙과 후

해설 보통 조기낙과 후 열매솎기가 모든 끝난 다음에 봉지를 씌우지만, 동록을 방지하기 위해서는 낙과 후 즉시, 즉 과실이 아주 어릴 때 실시하는 것이 좋다.

96 다음 중 사과 동록의 효과적인 방지대책은?

① 낙과 후 10일 내에 봉지를 씌운다.
② 유과기에 보르도액이나 구리수화제만 살포한다.
③ 중심과에 잘 생기므로 다발 품종은 측과를 남기고 중심과를 적과한다.
④ 병균에 의한 것이기 때문에 낙화 직후 약제 살포를 철저히 한다.

해설 사과 동록 : 과실의 표피세포가 큐티클층 밖으로 튀어나와 과피에 거칠거칠한 코르크 조직을 형성하는 현상으로, 중심과보다 측과에서 많이 발생하고 약해, 병해, 저온, 질소 과다 등이 원인이다.

97 T/R률의 설명으로 부적당한 것은?

① 지상부와 지하부의 비율이다.
② T/R률이 1 이상이 되면 지상부 전정이 필요하다.
③ 지상부의 생육이 지하부보다 더 중요하다.
④ 1 이하가 되면 비옥도가 낮다는 증거이다.

해설 T/R률(Top/Root Ratio) : 작물의 지하부 생장량에 대한 지상부 생장량의 비율

98 원예식물의 화학조절을 가장 잘 설명하고 있는 것은?

① 농약의 올바른 사용으로 저공해 농산물을 생산하는 것
② 생장조절제를 이용하여 생육을 조절하는 것
③ 각종 화학물질로 잡초를 방제하는 것
④ 환경조절로 원예식물 내의 화학반응을 조절하는 것

해설 원예식물의 화학조절 : 인위적으로 합성된 식물호르몬 또는 그와 유사한 화학물질을 이용하여 식물의 생육을 조절하는 것

99 다음 중 식물체 내에서 합성되는 천연호르몬 옥신은?

① NAA
② 2,4-D
③ IAA
④ IPA

해설 NAA, 2,4-D는 인공적으로 합성한 호르몬이고, IPA는 천연 사이토키닌이다.

생장조절제의 종류

계 열	구 분	유효성분(약칭, 품목명 등)
옥 신	천 연	Indole Acetic Acid(IAA), Indole Butric Acid(IBA)
	합 성	NAA, 4-CPA(토마토톤), 2,4-D, 1-Naphtyl-Acetamide(루톤) Dichlorprop, Cloxyfonac(토마토란), Quinmerac, IAA+BAP(인돌비)
지베렐린	천 연	Gibberellic Acid(GA), GA_3, GA_{4+7}
	합 성	$GA_{4+7+BAP}$
사이토키닌	천 연	Zeatin, IPA
	합 성	Kinetin, 6-Benzyladenine(BA), 6-Benzylaminopurine(BAP), Forchlorfenuron, Thidizuron
에틸렌	천 연	Ehtylene(C_2H_4)
	합 성	• 2-Chlorethylphosphonic Acid(에세폰), Triclopyr Acid, Aminethoxyvinyglycine(AVG) • 항에틸렌 : 1-Methylcyclopropene
생장억제제	천 연	ABA(Abscisic Acid), Phenols
	합 성	• 항옥신 : MH • 항지베렐린 : Mepiquat Chloride, Trinexapac-Ethyl(TE), Chlormequat Chloride(Cycocel, CCC) • 기타 : Daminozide(B-9), Carbaryl(세빈), Chlorphropham, Phosphon-D, AMO-1618

정답 98 ② 99 ③

100 다음 중 옥신의 재배적 이용과 거리가 먼 것은?

① 발근 촉진
② 과실의 비대와 성숙 촉진
③ 정아우세현상의 타파
④ 단위결과의 유도

해설 옥신의 재배적 이용
- 발근 촉진
- 개화 촉진
- 가지의 굴곡 유도
- 과실의 비대와 성숙 촉진
- 증수효과
- 접목 시 활착 촉진
- 낙과 방지
- 적화 및 적과
- 단위결과 유도
- 제초제로의 이용

101 지베렐린의 생리작용이 아닌 것은?

① 꽃눈의 형성 및 개화를 억제한다.
② 포도의 단위결과를 촉진한다.
③ 종자의 휴면을 타파하고 발아를 촉진한다.
④ 신장의 생장을 촉진한다.

해설 지베렐린은 꽃눈의 형성 및 개화를 촉진한다.

102 포도의 무핵과 형성에 이용되는 생장조절제는?

① 지베렐린
② 사이토키닌
③ 옥신
④ ABA

해설 지베렐린은 씨 없는 포도를 재배하는 데 이용되며, 보통 2회에 걸쳐 처리한다. 사이토키닌은 포도알 비대 및 착립 증진, ABA는 착색 증진에 이용되고 있다.

103 다음 중 씨 없는 포도(델라웨어 품종)를 만들기 위한 지베렐린의 처리시기로 알맞은 것은?

① 발아 후 13~14일 1차 처리, 개화 10일 전 2차 처리
② 만개 13~14일 전 1차 처리, 만개 10일 후 2차 처리
③ 만개 13~14일 전 1차 처리, 수확 25일 전 2차 처리
④ 개화 10일 후 1차 처리, 수확 25일 전 2차 처리

해설 지벨렐린의 1차 처리는 씨를 없애기 위해, 2차 처리는 포도알의 비대 및 성숙 촉진을 위해 보통 100ppm의 농도로 실시한다.

정답 100 ③ 101 ① 102 ① 103 ②

104 세포분열을 촉진하고 노화 억제효과가 있는 사이토키닌은 주로 어디에서 합성되는가?

① 생장점
② 잎
③ 줄기
④ 뿌리

해설 사이토키닌은 주로 뿌리에서 합성되어 물관을 통해 지상부의 다른 기관으로 전류된다.

105 식물호르몬 가운데 불량환경이나 스트레스 조건에서 많이 생성되는 것은 어느 것인가?

① 옥신
② 지베렐린
③ 사이토키닌
④ ABA

해설 ABA는 식물체가 스트레스를 받는 상태(건조, 무기양분 부족, 침수상태 등) 또는 식물체가 노쇠하거나 생육이 지연·정지되는 과정에서 많이 생성된다.

106 다음 중 식물이 휴면상태에 들어가는 조건은?

① ABA가 증가하고 지베렐린도 증가한다.
② ABA가 증가하고 지베렐린은 감소한다.
③ ABA가 감소하고 지베렐린도 감소한다.
④ ABA가 감소하고 지베렐린은 증가한다.

해설 식물의 휴면
- 식물의 휴면은 체내 ABA 농도가 GA 농도에 비해 상대적으로 높아질 때 발생한다.
- 봄이 되면 이 두 물질의 농도비가 반전되어 휴면이 타파되면서 맹아가 일어난다.
※ 수목의 눈은 가을이 되어 일장이 짧아지고, 기온이 떨어지면 휴면에 들어간다.

107 식물호르몬 ABA의 생리적 작용이 아닌 것은?

① 휴면의 유도 및 유지
② 노화 및 탈리 촉진
③ 수분대사 조절
④ 신장생장 촉진

해설 ABA(Abscisic Acid) : 대표적인 생장억제물질로 잎의 노화 및 낙엽 촉진, 휴면 유도, 발아 억제, 위조저항성 증진 등의 효과가 있다.

108 식물생장에 있어서 바람이나 물리적 접촉자극을 주면 신장이 억제되는데, 다음 중 어느 호르몬과 관련되는가?

① 지베렐린
② 옥 신
③ ABA
④ 에틸렌

해설 식물체는 마찰이나 압력 등의 기계적 자극이나 병해충의 피해를 받으면 에틸렌의 생성이 증가되어 식물체의 길이가 짧아지고 굵어지는 등 형태적인 변화가 나타난다.

109 다음 중 암상태에서도 발아 촉진효과를 보일 수 있는 식물호르몬 조합은?

① 옥신, 지베렐린
② 옥신, 사이토키닌
③ 지베렐린, 사이토키닌
④ 사이토키닌, 에틸렌

해설 지베렐린과 사이토키닌은 호광성 종자의 발아를 촉진한다.

CHAPTER 05 원예식물의 품종, 번식, 육종

01 품 종

1. 품종 일반

(1) 의 의
  ① 재배 또는 이용상 동일특성을 나타내며, 동일단위로 취급되는 개체군에 대한 명칭
  ② 다른 것과 구별되는 유전형질이 균일하며 영속적인 개체들의 집단

(2) 특성과 형질
  ① 특성 : 다른 품종과 구별하는 데 필요한 특징
  ② 형 질
    ㉠ 특성을 표현하기 위하여 측정의 대상이 되는 것
    ㉡ 양적 형질 : 길이, 크기 등 계측이 가능한 형질
    ㉢ 질적 형질 : 꽃의 색깔 등 계측할 수 없는 형질

(3) 계 통
  ① 계통 : 돌연변이, 교잡 등에 의해 유전형질이 다른 개체들이 섞이게 되었을 때 집단을 다시 가려내는 것
  ② 순계 : 유전적으로 순수한 계통

2. 우량품종

(1) 우량품종 일반
  ① 의의 : 재배적 특성이 우수한 것
  ② 우량품종의 구비조건 ★ 중요
    ㉠ 우수성 : 재배적 특성이 다른 품종보다 우수하여야 한다.
    ㉡ 균일성 : 품종 안의 모든 특성과 유전형질이 균일하여야 한다.
    ㉢ 영속성 : 우수하고 균일한 특성이 변치 않고 지속되어야 한다.
    ㉣ 광지역성 : 특정 지역에만 국한되기보다는 넓은 지역에 적응·재배되는 성질이어야 한다.
  ③ 우량품종으로 국가 품종목록에 등재된 것 : 벼, 보리, 콩, 옥수수, 감자

(2) 품종의 퇴화
① 유전적 퇴화 : 자연교잡, 돌연변이 등에 의한 퇴화
② 생리적 퇴화 : 재배조건의 불량으로 인한 퇴화
③ 병리적 퇴화 : 병해, 바이러스 등에 의한 퇴화

※ 씨감자의 품종퇴화 방지
- 진딧물 바이러스병 방지 : 생장점 배양
- 진딧물 발생 억제 : 고랭지 재배

(3) 우량품종의 특성유지법
① 신품종・우량품종의 종자 이용
② 영양번식 : 유전적 퇴화를 방지하기 위해 영양기관의 일부를 이용하여 새로운 개체로 증식
③ 격리재배 : 자연교잡의 방지
④ 종자의 저온저장 : 새 품종의 종자를 건조・밀폐・냉장하여 해마다 종자 증식의 기본종자로 사용
⑤ 종자갱신 : 원종포・채종포에서 채종한 종자를 이용하여 체계적으로 퇴화를 방지

3. 종 묘

(1) 종묘의 뜻
① 작물 재배에 있어 번식의 기본단위로 사용되는 것으로 종자, 영양체, 모 등이 포함되며, 이러한 작물 번식의 시발점이 되는 것을 종물이라고 한다.
② 종물 중 유성생식의 결과로서 수정에 의해 배주(밑씨)가 발육한 것을 식물학상 종자(Seed)라고 하며, 종자를 그대로 파종하기도 하지만 묘를 길러서 재식하기도 하는데, 이러한 묘 또한 작물 번식에서 있어 기본단위로 볼 수 있으므로 종물과 묘를 총칭하여 종묘라고 한다.

(2) 종자의 분류
수정에 의해 배주가 발육한 것뿐만 아니라 아포믹시스(Apomixis, 무수정생식・무수정종자 형성)에 의해 형성된 종자도 식물학상 종자로 취급하며, 체세포배를 이용한 인공종자 또한 종자로 분류한다.
① 형태에 의한 분류
  ㉠ 식물학상 종자 : 두류, 유채, 담배, 아마, 목화, 참깨, 배추, 무, 토마토, 오이, 수박, 고추, 양파 등
  ㉡ 식물학상 과실
    - 과실이 나출된 것 : 밀, 쌀보리, 옥수수, 메밀, 호프, 삼, 차조기, 박하, 제충국, 상추, 우엉, 쑥갓, 미나리, 근대, 시금치, 비트 등
    - 과실이 영(穎)에 싸여 있는 것 : 벼, 겉보리, 귀리 등
    - 과실이 내과피에 싸여 있는 것 : 복숭아, 자두, 앵두 등

ⓒ 포자 : 버섯, 고사리 등
　　　ⓓ 영양기관 : 감자, 고구마 등
　② 배유의 유무에 의한 분류
　　　㉠ 배유종자 : 벼, 보리, 옥수수 등 화본과 종자와 피마자, 양파 등
　　　㉡ 무배유종자 : 콩, 완두, 팥 등 두과 종자와 상추, 오이 등
　③ 저장물질에 의한 분류
　　　㉠ 전분종자 : 벼, 맥류, 잡곡류, 화곡류 등
　　　㉡ 지방종자 : 참깨, 들깨 등의 유료종자 등

(3) 종묘로 이용되는 영양기관의 분류
　① 눈 : 포도나무, 마, 꽃의 아삽 등
　② 잎 : 산세베리아, 베고니아 등
　③ 줄 기
　　　㉠ 지상경 또는 지조 : 사탕수수, 포도나무, 사과나무, 귤나무, 모시풀 등
　　　㉡ 근경(땅속줄기) : 생강, 연, 박하, 호프 등
　　　㉢ 괴경(덩이줄기) : 감자, 토란, 돼지감자 등
　　　㉣ 구경(알줄기) : 글라디올러스 등
　　　㉤ 인경(비늘줄기) : 나리, 마늘 등
　　　㉥ 흡지 : 박하, 모시풀 등
　④ 뿌 리
　　　㉠ 지근 : 부추, 고사리, 닥나무 등
　　　㉡ 괴근(덩이뿌리) : 고구마, 마, 달리아 등

(4) 묘의 분류
　식물학적으로 포본묘, 목본묘 등으로 구분되고 육성법에 따라서는 실생묘, 삽목묘, 접목묘, 취목묘 등으로 구분된다.

4. 종 자

(1) 종자의 생성
　① 종자의 생성은 화분과 배낭 속에 있는 생식세포인 자웅 양 핵의 접합으로 이루어진다.
　② 속씨식물은 보통 중복수정을 한다.
　③ 수정이 완료된 원핵은 분열을 하며, 발육하여 주피와 종피가 되고, 모체의 생활기능에서 분리되어 독립하게 되는데, 이것을 종자라고 한다.

(2) 종자의 구조
  ① 종피 : 배주를 싸고 있는 주피가 변해 이루어진 것으로, 성숙한 종자에는 배꼽, 배꼽줄, 씨구멍 등이 있다.
  ② 배유 : 2개의 극핵과 1개의 정핵이 수정하여 만들어지며, 발아에 필요한 양분을 저장한다.
  ③ 배 : 난핵과 정핵이 수정하여 만들어지며, 장차 식물체가 되는 부분이다.
  ④ 배유종자와 무배유종자
    ㉠ 배유종자
      • 배유에 양분이 저장되어 있다.
      • 배는 잎, 생장점, 줄기, 뿌리 등 어린 조직이 모두 구비되어 있다.
      • 외떡잎식물과 뽕나무 종자 등
    ㉡ 무배유종자
      • 자엽에 양분이 저장되어 있다.
      • 배는 유아, 배축, 유근 세 부분으로 구성된다.
      • 콩과 작물의 종자 등

(3) 종자의 품질
  ① 우량종자의 외적 조건
    ㉠ 순수종자 외에 이형종자, 잡초종자, 기타 협작물이 포함되지 않아야 한다.
    ㉡ 크고 무거운 것이 발아력과 생육이 좋다.
      ※ 종자의 크기는 1,000립중 또는 100립중으로 표시하고, 무게는 1L중 또는 비중으로 표시한다.
    ㉢ 품종 고유의 색택과 신선한 냄새를 가져야 한다.
    ㉣ 수분함량이 낮을수록 좋다.
    ㉤ 오염, 변색, 변질 및 기계적 손상 없이 외형이 건전하여야 한다.
  ② 우량종자의 내적 조건
    ㉠ 우수성, 균일성, 영속성, 광지역적응성을 갖고, 유전적으로 순수해야 한다.
    ㉡ 발아력이 높고, 발아세가 빨라야 한다.
  ③ 우량종자를 얻기 위한 조건 ★ 중요
    ㉠ 유전적으로 순수한 원종
    ㉡ 다른 꽃가루에 의한 오염수분 방지
    ㉢ 건강한 종자 생산을 위한 환경과 비배 관리, 병해충 방제
    ㉣ 생명력과 발아력을 위한 수확 후 관리
    ㉤ 잡초 등의 이물질 최소화

02 번식

1. 종자번식

(1) 종자번식의 의의
① 세대를 이어주는 역할을 한다.
② 불량환경을 극복하는 수단이다.
③ 유전적 변이를 이용한다.
   ㉠ 종자 형성에 암수의 성이 관여하며, 유전자 교환이 일어난다.
   ㉡ 유전자 교환은 유전적 다양성, 즉 변이의 근원이 된다.
   ㉢ 새로운 품종을 만들어 낼 수 있다.
④ 식물의 중요한 이동수단이다.
⑤ 중요한 식량이며, 에너지원이다.
⑥ 농업생산의 중요한 수단이다.

(2) 종자번식의 장점 ★ 중요
① 번식방법이 쉽고, 다수의 묘를 생산할 수 있어 육묘비가 저렴하다.
② 영양번식에 비해 발육이 왕성하고, 수명이 길다.
③ 우량종의 개발이 가능하다.
④ 종자의 수송이 용이하다.

(3) 종자번식의 단점 ★ 중요
① 변이가 일어날 가능성이 크다.
② 불임과 단위결과성 식물의 번식이 어렵다.
③ 목본류는 개화까지의 기간이 오래 걸린다.

(4) 종자번식의 종류
① 자가수정번식
   ㉠ 완전자가수정(교잡률 : 4% 이하) : 토마토, 상추, 완두, 강낭콩 등
   ㉡ 부분자가수정(교잡률 : 5~79%) : 가지, 고추, 부추, 오이, 호박, 수박, 잠두 등
② 타가수정번식(교잡률 : 80% 이상) : 배추, 무, 파, 양파, 당근, 시금치, 쑥갓, 단옥수수, 과수류 등

2. 영양번식

(1) 영양번식의 의의와 장점
① 영양번식의 의의
  ㉠ 영양기관을 번식에 직접 이용하는 것을 영양번식이라고 한다.
  ㉡ 자연영양번식 : 감자의 괴경이나 고구마의 괴근과 같이 모체에서 자연적으로 생성·분리된 영양기관을 이용하는 영양번식법
  ㉢ 인공영양번식 : 포도, 사과, 장미 등과 같이 영양체의 재생·분생기능을 이용하여 인공적으로 영양체를 분할하여 번식시키는 영양번식법

② 영양번식의 장점
  ㉠ 보통재배로는 채종이 곤란하여 종자번식이 어려운 작물에 이용된다(고구마, 감자, 마늘 등).
  ㉡ 우량한 유전질을 쉽게 영속적으로 유지시킬 수 있다(고구마, 감자, 과수 등)
  ㉢ 종자번식보다 생육이 왕성해 조기수확이 가능하며 수량도 증가한다(감자, 모시풀, 과수, 화훼 등).
  ㉣ 암수 어느 한쪽만 재배할 때 이용된다(호프는 영양번식으로 암그루만 재배가 가능하다).
  ㉤ 접목은 수세 조절, 풍토적응성 증대, 병충해저항성 증진, 결과 촉진, 품질 향상, 수세 회복 등을 기대할 수 있다.

(2) 인공영양번식
① 분주(포기나누기)
  ㉠ 모주에서 발생한 흡지를 뿌리가 달린 채 분리하여 번식시키는 방법이다.
  ㉡ 시기는 화아분화나 개화시기에 의해 결정되며 춘기분주(3월 하순~4월), 하기분주(6~7월), 추기분주(9월 상순~9월 하순)로 구분한다.
  ㉢ 접란, 닥나무, 머위, 아스파라거스, 토당귀, 박하, 모시풀, 작약, 석류, 나무딸기 등에 이용된다.

② 삽목(꺾꽂이)
  ㉠ 의 의
    • 모체에서 분리해 낸 영양체의 일부를 알맞은 곳에 심어 뿌리가 내리도록 하여 독립개체로 번식시키는 방법이다.
    • 발근이 용이한 작물과 그렇지 않은 작물이 구분되며, 삽수·삽상의 조건에 따라 다르므로 삽수의 선택 및 삽상의 조건이 알맞아야 성공한다.
    • 발근 촉진을 위한 발근촉진호르몬과 그 외의 처리를 한다.
  ㉡ 삽목에 이용되는 부위에 따라 엽삽, 근삽, 지삽 등으로 구분된다.
    • 엽삽 : 베고니아, 펠라고늄 등에 이용된다.
    • 근삽 : 사과, 자두, 앵두, 감, 국화 등에 이용된다.
    • 지삽 : 포도, 무화과, 수국 등에 이용된다.

ⓒ 지삽의 가지 이용에 따라 녹지삽, 경지삽, 신초삽, 일아삽으로 구분한다.
　　　• 녹지삽 : 다년생 초본녹지를 삽목하는 것으로 카네이션, 펠라고늄, 콜리우스, 피튜니아 등에 이용된다.
　　　• 경지삽(숙지삽) : 묵은 가지를 이용하여 삽목하는 것으로 포도, 무화과 등에 이용된다.
　　　• 신초삽(반경지삽) : 1년 미만의 새 가지를 이용하여 삽목하는 것으로 인과류, 핵과류, 감귤류 등에 이용된다.
　　　• 일아삽(단아삽) : 눈을 하나만 가진 줄기를 이용하여 삽목하는 것으로 포도 등에 이용된다.
③ 취목(휘묻이)
　　ⓐ 의의 : 식물의 가지나 줄기의 조직에 외부환경의 영향에 의해 부정근이 발생하는 성질을 이용하여, 식물의 가지를 모체에서 분리하지 않고 흙에 묻는 등 조건을 만들어 발근시킨 후 잘라내어 독립적으로 번식시키는 방법이다.
　　ⓑ 성토법
　　　• 모체의 기부에 새로운 측지가 나오게 한 다음 측지의 끝이 보일 정도로 흙을 덮어 발근시킨 후 잘라서 번식시키는 방법이다.
　　　• 사과, 자두, 양앵두, 뽕나무 등에 이용된다.
　　ⓒ 휘묻이법 : 가지를 휘어 일부를 흙에 묻는 방법이다.
　　　• 보통법 : 가지 일부를 흙 속에 묻는 방법으로 포도, 자두, 양앵두 등에 이용된다.
　　　• 선취법 : 가지의 선단부를 휘어서 묻는 방법으로, 나무딸기에 이용된다.
　　　• 파상취목법 : 긴 가지를 파상으로 휘어서 지곡부마다 흙을 덮고 하나의 가지에서 여러 개의 개체를 발생시키는 방법으로, 포도 등에 이용된다.
　　　• 당목취법 : 가지를 수평으로 묻고 각 마디에서 새 가지를 발생시켜 하나의 가지에서 여러 개의 개체를 발생시키는 방법으로 포도, 자두, 양앵두 등에 이용된다.
　　ⓓ **고취법(양취법)**
　　　• 줄기나 가지를 땅 속에 묻을 수 없을 때 높은 곳에서 발근시켜 취목하는 방법이다.
　　　• 발근시키고자 하는 부분에 미리 절상이나 환상박피 등을 하면 효과적이다.
④ 접목
　　ⓐ 의 의
　　　• 두 가지 식물의 영양체를 형성층이 서로 맞물리도록 접합함으로써 상호 간의 생리작용이 원활하게 교류되어 독립개체를 형성하도록 하는 것을 접목이라고 한다.
　　　• 접수 : 접목 시 정부가 되는 부분
　　　• 대목 : 접목 시 기부가 되는 부분
　　　• 활착 : 접목 후 접합되어 생리작용의 교류가 원만하게 이루어지는 것
　　　• 접목친화 : 접목 후 활착이 잘되고, 발육과 결실이 좋은 것
　　ⓑ 접목변이 : 접목 후 접수와 대목의 상호작용으로 인해 형태적·생리적·생태적 변이를 나타내는 것을 접목변이라고 한다.

ⓒ 접목의 장점
- 결과 촉진 : 접목묘를 이용하면 실생묘에 비해 결과에 소요되는 연수가 단축된다.
- 수세 조절
  - 왜성대목 이용 : 서양배를 마르멜로 대목에, 사과를 파라다이스 대목에 접목하면 현저히 왜화하여 결과연령이 단축되고, 관리가 편하다.
  - 강화대목 이용 : 살구를 일본종 자두 대목에, 앵두를 복숭아 대목에 접목하면 지상부 생육이 왕성해지고, 수령도 현저히 길어진다.
- 풍토적응성 증대
  - 고욤 대목에 감을 접목하면 내한성이 증대된다.
  - 개복숭아 대목에 복숭아 또는 자두를 접목하면 알칼리성 토양에 대한 적응성이 높아진다.
  - 중국콩배 대목에 배를 접목하면 건조토양에 대한 적응성이 높아진다.
- 병충해저항성 증진
  - 포도나무 뿌리진딧물인 필록세라(Phylloxera)는 *Vitis rupertris*, *V. berlandieri*, *V. Riparia* 등의 저항성 대목에 접목하면 경감된다.
  - 사과의 선충은 *Winter mazestin*, *Northern spy*, 환엽해당 등의 저항성 대목에 접목하면 경감된다.
  - 토마토 풋마름병이나 위조병은 야생토마토에, 수박의 덩굴쪼김병은 박 또는 호박 등에 접목하면 회피·경감된다.
- 결과 향상 : 온주밀감의 경우 유자 대목보다 탱자나무 대목에 접목하면 과피가 매끄럽고, 착색·감미가 좋으며, 성숙도 빠르다.
- 수세 회복 및 품종 갱신
  - 감이 탄저병으로 인해 지면 부분이 상했을 경우에 환부를 깎아 내고 소독한 후 건전부에 교접하면 수세가 회복된다.
  - 탱자나무 대목의 온주밀감이 노쇠했을 경우에 유자 뿌리를 접목하면 수세가 회복된다.
  - 고접으로 노목의 품종갱신이 가능하다.
  - 모본의 특성을 지닌 묘목을 대량으로 생산할 수 있다.
ⓔ 접목방법
- 포장에 대목이 있는 채로 접목하는 거접과 대목을 파내서 하는 양접이 있으며, 그 외에는 다음과 같이 세분된다.
- 접목시기에 따라 : 춘접, 하접, 추접 등
- 대목위치에 따라 : 고접, 목접, 근두접, 근접 등
- 접수에 따라 : 아접, 지접 등
- 지접에서 접목방식에 따라 : 피하접, 할접, 복접, 합접, 설접, 절접 등
- 접목방식에 따른 분류
  - 쌍접 : 뿌리를 갖는 두 식물을 접촉시켜 활착시키는 방법이다.

- 삽목접 : 뿌리가 없는 두 식물의 가지끼리 접목하는 방법이다.
- 교접 : 동일식물의 줄기와 뿌리 중간에 가지나 뿌리를 삽입하여 상하조직을 연결시키는 방법이다.
- 이중접 : 접목친화성이 낮은 두 식물(A, B)을 접목해야 하는 경우, 두 식물에 대한 친화성이 높은 다른 식물(C)을 두 식물 사이에 접목하는 방법(A-C-B)으로 이중접목이라고도 하며, 이때 사이에 들어가는 식물(C)을 중간대목이라고 한다.
- 설접(혀접) : 굵기가 비슷한 접수와 대목을 각각 비스듬하게 혀 모양으로 잘라 서로 결합시키는 방법이다.
- 할접(짜개접) : 굵은 대목과 가는 소목을 접목할 때 대목 중간을 쪼개 그 사이에 접수를 넣는 방법이다.
- 지접(가지접) : 휴면기 저장했던 수목을 이용하여 3월 중순에서 5월 상순에 접목하는 방법으로 절접, 할접, 설접, 삽목접 등이 있으며 주로 절접을 한다.
- 아접(눈접) : 8월 상순부터 9월 상순경까지가 접목시기이며, 그해 자란 수목의 가지에서 1개의 눈을 채취하여 대목에 접목하는 방법이다.

⑤ 박과 채소류의 접목 ★ 중요
  ㉠ 장 점
    • 수박, 오이, 참외의 덩굴쪼김병 등 토양전염성 병의 발생을 억제한다.
    • 불량환경에 대한 내성이 증대된다.
    • 흡비력이 증대된다.
    • 과습에 잘 견딘다.
    • 과실의 품질이 우수해진다.
  ㉡ 단 점
    • 질소의 과다흡수 우려가 있다.
    • 기형과 발생이 많아진다.
    • 당도가 떨어진다.
    • 흰가루병에 약하다.

⑥ 인공영양번식에서 발근 및 활착 촉진처리
  ㉠ 황화 : 새로운 가지 일부를 일광의 차단을 통해 엽록소 형성을 억제하여 황화시키면 이 부분에서 발근이 촉진된다.
  ㉡ 생장호르몬 처리 : 삽목 시 IBA, NAA, IAA 등의 옥신류를 처리하면 발근이 촉진된다.
  ㉢ 자당(Sucrose)액 침지 : 포도 단아삽 시 6% 자당액에 60시간 정도 침지하면 발근이 크게 촉진된다.
  ㉣ 과망간산칼륨($KMnO_4$)액 처리 : 0.1~1.0% $KMnO_4$ 용액에 삽수의 기부를 24시간 정도 침지하면 소독의 효과와 함께 발근이 촉진된다.

ⓐ 환상박피 : 취목 시 발근시킬 부위에 환상박피, 절상, 연곡 등의 처리를 하면 탄수화물이 축적되고, 상처호르몬이 생성되어 발근이 촉진된다.
ⓑ 증산경감제 처리 : 접목 시 대목 절단면에 라놀린(Lanolin)을 바르거나, 호두나무의 경우 접목 후 대목과 접수에 석회를 바르면 증산이 경감되어 활착이 좋아진다.

⑦ **조직배양**
  ㉠ 의 의
   - 조직배양 : 식물의 일부인 세포, 조직, 기관 등을 무균상태에서 배양하여 완전한 식물체로 재분화시키는 것을 조직배양이라고 한다.
   - **전체형성능(Totipotency) : 한 번 분화한 식물세포가 정상적인 식물체로 재분화할 수 있는 능력을 의미한다.**
   - 조직배양은 삽목이나 접목에 비하여 짧은 시간에 대량증식이 가능하고, 생장점 증식을 통해 무병종묘의 육성이 가능하다.
   - 배지 : 배양조직의 영양요구도에 따라 조성은 달라지며, 보통 MS(Murashige-skoog)배지를 기본배지로 하여 배양재료에 맞게 배지를 만든다.
  ㉡ 세포 및 조직배양의 이용
   - 세포 증식, 기관 분화, 조직 생장 등의 식물 발생과 형태 형성, 발육과정과 이에 관여하는 영양물질, 비타민, 호르몬의 역할, 환경조건 등에 대한 기본적 연구가 가능해진다.
   - 번식이 곤란한 난 등의 관상식물의 대량육성이 가능하다.
   - 세포돌연변이를 분리해서 이용할 수 있다.
   - 바이러스나 그 밖의 병에 걸리지 않는 새로운 개체의 생산이 가능하다(감자, 딸기, 마늘, 카네이션, 구근류 등).
   - 사탕수수의 자당, 약용식물의 알칼로이드, 화곡류의 전분, 수목의 리그닌, 비타민 등의 특수물질이 세포나 조직의 배양에 의한 생합성에 의해 공업적 생산이 가능하다.
   - 농약에 대한 독성이나 방사능감수성을 세포나 조직배양물을 이용하여 간편하게 검정할 수 있다.
  ㉢ 배배양(胚培養)의 이용
   - 나리, 목화, 벼 등 정상적으로 발아·생육하지 못하는 잡종종자를 배배양을 통해 잡종식물로 육성할 수 있다.
   - 나리, 장미, 복숭아 등의 결과연령을 단축하여 육종연한을 단축시킬 수 있다.
   - 양앵두 등은 자식배가 퇴화하기 전에 분리배양하여 새로운 개체를 육성할 수 있다.
  ㉣ 약배양(葯培養)의 이용
   - 화분의 소포자로부터 배가 생성되는 4분자기 이후 2핵기 사이에 꽃밥을 배지에서 인공적으로 배양하여 반수체를 얻고 염색체를 배가시키면, 유전적으로 순수한 2배체식물(동형접합체)을 얻을 수 있어 육종연한을 단축시킬 수 있다.

- 벼, 감자, 담배, 십자화과 등의 자가불화합성 식물로부터 새로운 개체를 분리·육종할 수 있다.

ⓜ 병적 조직배양의 이용
- 병해충과 숙주의 관계를 기초적으로 연구할 수 있다.
- 종양조직의 이상생장 기구를 규명할 수 있다.
- 바이러스, 선충 등에 관한 기초정보를 얻을 수 있다.

예시문제 맛보기

화훼작물과 주된 영양번식 방법의 연결이 옳지 않은 것은? [17회 기출]

① 국화 – 분구 ② 수국 – 삽목
③ 접란 – 분주 ④ 개나리 – 취목

해설 ① 국화 : 삽목(꺾꽂이) **정답** ①

---

03 육 종

1. 육종의 과정

(1) 의 의
작물의 육종은 목표형질에 대한 유전변이를 만들고, 우량유전자형을 선발하여 신품종을 육성하며, 이를 증식·보급하는 과학기술이다.

(2) 육종의 기본과정

> 육종목표 설정 → 육종재료 및 방법 결정 → 변이 작성 → 우량계통 육성 → 생산성 검정 → 지역적응성 검정 → 신품종 결정 및 등록 → 종자증식 → 보급

① **육종목표 설정** : 기존품종의 결점 보완, 농업인 및 소비자의 요구, 미래수요 등에 부합하는 형질 특성을 구체적으로 정한다.
② **육종재료 및 방법 결정** : 대상작물의 생식방법, 목표형질의 유전양식을 알고 고려하여야 한다.
③ **변이 작성** : 자연변이의 이용 또는 인공교배, 돌연변이 유발, 염색체 조작, 유전자 전환 등의 인위적 방법을 사용한다.

④ 우량계통 육성
  ㉠ 작성된 변이를 이용하여 반복적인 선발을 통해 우량계통을 육성한다.
  ㉡ 우량계통의 육성에는 여러 해가 걸리고, 많은 계통을 재배할 포장과 특성 검정을 위한 시설, 인력, 경비 등이 필요하다.
⑤ **신품종 결정** : 육성한 우량계통을 생산성 검정과 지역적응성 검정을 거쳐 신품종으로 결정한다.
⑥ **보급** : 신품종은 국가기관에 등록하고, 보급종자를 생산·보급한다.

2. 자식성 작물의 육종

(1) 자식성 작물집단의 유전적 특성

① 자식성 작물은 자식에 의해 집단 내 이형접합체가 감소하고 동형접합체가 증가하는데, 이는 잡종집단에서 우량유전자형을 선발하는 이론적 근거가 된다.
② 자식성 작물의 잡종집단에서의 유전
  ㉠ 한 쌍의 대립유전자에 대한 이형접합체(F_1, Aa)를 자식하면, F_2의 유전자형 구성은 1/4 AA : 1/2 Aa : 1/4 aa로 동형접합체와 이형접합체가 1/2씩 존재한다.
  ㉡ 이를 모두 자식하면 동형접합체는 똑같은 유전자형을 생산하고 이형접합체만 다시 분리하므로 [1/2 Aa → 1/2 (1/4 AA : 1/2 Aa : 1/4 aa)] F_3의 이형접합체는 F_2보다 1/2 감소한다.
  ㉢ 이후 자식에 의한 세대의 진전에 따라 이형접합체는 1/2씩 감소한다.

(2) 자식성 작물의 육종방법

① 순계선발(순계분리)
  ㉠ 분리육종 : 재래종 집단에서 우량유전자형을 분리하여 품종으로 육성하는 방법이다.
    • **자식성 작물** : 개체선발을 통해 순계를 육성한다.
    • **타식성 작물** : 집단선발에 의한 집단개량을 한다.
    • **영양번식작물** : 영양계를 선발하여 증식한다.
  ㉡ 자식성 작물의 재래종은 재배과정 중 여러 유전자형을 포함하지만 오랜 세대를 거쳐 자식하므로 대부분 동형접합체이다.
  ㉢ 순계선발
    • 순계 : 동형접합체로부터 나온 자손
    • 재래종 집단에서 우량한 유전자형을 선발해 계통재배하면 순계를 얻을 수 있다.
    • 생산성 검정과 지역적응성 검정을 거쳐 우량품종으로 육성하는 것을 순계선발이라고 한다.
    • 우리나라 벼 '은방주', 콩 '장단백목', 고추 '풋고추' 등은 순계선발로 육성된 품종이다.

② 교배육종(교잡육종)
　㉠ 의 의
　　• 재래종 집단에서 우량유전자형을 선발할 수 없을 때 인공교배를 통해 새로운 유전변이를 만들어 신품종을 육성하는 것으로, 현재 재배되는 대부분의 작물품종 육성방법이다.
　　• 조합육종 : 교배를 통해 어버이의 우량형질을 새 품종에 모아 재배적 특성을 종합적으로 향상시키는 것
　　• 초월육종 : 같은 형질에 대하여 양친보다 더 우수한 특성이 나타나는 것
　　• 교배친(교배모본)의 선정은 교배육종에서 매우 중요하다.
　㉡ 계통육종
　　• 인공교배를 통해 F_1을 만들고 F_2부터 매 세대 개체선발과 계통재배·계통선발을 반복하여 우량한 유전자형의 순계를 육성하는 방법이다.
　　• 잡종 초기부터 계통단위로 선발하므로 육종의 효과가 빠른 장점이 있다.
　　• 효율적으로 선발하기 위해 목표형질의 특성 검정방법이 필요하며, 육종가의 경험과 안목이 중요하다.
　　• F_1은 20~30개체를 양성하고, F_2는 2,000~10,000개체를 전개해 5~10%를 선발한다.
　　• F_2에서는 육안감별이 쉬운 질적 형질이나 유전력이 높은 양적 형질을 집중적으로 선발하고, 수량은 폴리진의 관여 및 환경의 영향을 크게 받기 때문에 개체선발의 의미가 없다.
　　• F_3 이후 계통선발 시 먼저 계통군을 선발하고, 계통을 선발하며, 계통 내에서 개체를 선발한다.
　㉢ 집단육종
　　• 잡종 초기에는 선발하지 않고, 혼합채종 및 집단재배의 반복 후 집단의 80% 정도가 동형접합체가 된 후대에 개체선발하여 순계를 육성하는 방법이다.
　　• 장 점 ★ 중요
　　　- 잡종집단의 취급이 용이하다.
　　　- 동형접합체가 증가한 후대에 선발하므로 선발이 간편하다.
　　　- 집단재배하므로 자연선택을 유리하게 이용할 수 있다.
　　　- 출현빈도가 낮은 우량유전자형의 선발 가능성이 높다.

[계통육종과 집단육종 비교]

구 분	계통육종	집단육종
장 점	• F_2부터 선발을 시작하므로 육안관찰 및 특성 검정이 용이하여 형질 개량에 효율적이다. • 육종가의 정확한 선발에 의해 육종규모를 줄일 수 있으며, 육종연한을 단축할 수 있다.	• 잡종 초기 집단재배하므로 유용유전자의 상실 위험이 적다. • 선발을 하는 후기세대에 동형접합체가 많아 폴리진이 관여하는 양적 형질의 개량에 유리하다. • 관리와 선발에 별도의 노력이 필요하지 않다.
단 점	• 선발이 잘못되면 유용유전자를 상실하게 된다. • 육종재료의 관리 및 선발에 시간, 노력, 경비가 많이 든다.	• 집단재배기간 중 육종규모를 줄이기 어렵다. • 계통육종에 비해 육종연한이 길다.

② 파생계통육종
　　　　　• 계통육종과 집단육종을 절충한 육종방법이다.
　　　　　• F_2 또는 F_3에서 질적 형질에 대한 개체선발로 파생계통을 만들고, 파생계통별로 집단재배 후 F_5~F_6 세대에 양적 형질에 대한 개체선발을 한다.
　　　⑩ 1개체1계통육종
　　　　　• 집단육종과 계통육종의 이점을 모두 살리는 육종방법이다.
　　　　　• F_2~F_4의 매 세대마다 모든 개체를 1립씩 채종하여 집단재배하고, F_4 각 개체별로 F_5 계통재배를 한다. 따라서 F_5의 각 계통은 F_2 각 개체로부터 유래하게 된다.
　　　　　• 잡종 초기세대는 집단재배를 통해 유용유전자를 유지할 수 있다.
　　　　　• 육종규모가 작아 온실 등에서 육종연한의 단축이 가능하다.
　③ 여교배육종
　　　㉠ 양친 A와 B를 교배한 F_1을 다시 양친 중 어느 하나인 A 또는 B와 교배시키는 육종방법으로, 우량품종의 한두 가지 결점을 보완하는 데 효과적이다.
　　　㉡ 여교배잡종의 표시 : BC_1F_1, BC_2F_1, …로 표시한다.

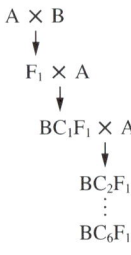

[여교배의 과정]

　　　㉢ 1회친 : 여교배를 여러 번 할 때 처음 한 번만 사용하는 교배친
　　　㉣ 반복친 : 반복해서 사용하는 교배친
　　　㉤ 장점 : 이전하려는 1회친의 특성만 선발하므로 육종효과가 확실하고, 재현성이 높다.
　　　㉥ 단점 : 목표형질 이외의 다른 형질의 개량을 기대하기 어렵다.
　　　㉦ 여교배육종의 성공조건
　　　　　• 만족할 만한 반복친이 있어야 한다.
　　　　　• 여교배 동안 이전형질의 특성이 변하지 않아야 한다.
　　　　　• 여러 번 여교배 후에도 반복친의 특성을 충분히 회복해야 한다.

3. 타식성 작물의 육종

(1) 타식성 작물 집단의 유전적 특성
　① 타식성 작물은 타가수정을 하므로 대부분 이형접합체이다.

② 근교약세(자식약세)
  ㉠ 타식성 작물의 인위적 자식, 근친교배로 인해 작물체의 생육불량, 생산성 저하 등이 나타나는 현상이다.
  ㉡ 원인 : 근친교배에 의해 이형접합체가 동형접합체로 되면서 이형접합체의 열성유전자가 분리되기 때문이다.
③ 잡종강세
  ㉠ 타식성 작물의 근친교배로 인해 약세화된 작물 또는 빈약한 자식계통끼리 교배한 F_1이 양친보다 우수한 생육을 나타내는 현상으로, 근교약세의 반대현상이라고 할 수 있다. 자식성 작물에서도 잡종강세가 나타나지만 타식성 작물에서 월등히 크게 나타난다.
  ㉡ 원인 : 우성설과 초우성설로 설명된다.
    • 우성설(Bruce, 1910) : F_1에 집적된 우성유전자들의 상호작용에 의하여 잡종강세가 발현된다는 설이다.
    • 초우성설(Shull, 1908) : 잡종강세가 이형접합체(F_1)로 되면 공우성이나 유전자 연관 등에 의해 잡종강세가 발현된다는 설이다.
  ㉢ 타식성 작물은 자식 또는 근친교배로 인해 동형접합체의 비율이 높아지면 집단적응도가 떨어지므로 타가수정을 통해 적응에 유리한 이형접합체를 확보한다고 할 수 있다. 따라서 타식성 작물의 육종목표는 근교약세를 일으키지 않고, 잡종강세를 유지하는 우량집단을 육성하는 것이다.

(2) 타식성 작물의 육종
  ① 집단선발
    ㉠ 타식성 작물의 분리육종은 근교약세를 방지하고, 잡종강세를 유지하기 위해 순계선발이 아닌 집단선발 또는 계통집단선발을 실시한다.
    ㉡ 타가수분에 의한 불량개체와 이형개체의 분리를 위해 반복적인 선발이 필요하다.
    ㉢ 집단선발
      • 기본집단에서 우량개체의 선발 및 혼합채종 후 집단재배하고, 집단 내 우량개체 간 타가수분을 유도하여 품종을 개량하는 방법이다.
      • 의도하지 않은 다른 품종의 수분을 방지하기 위해 격리가 필요하다.
    ㉣ 계통집단선발
      • 기본집단에서 선발한 우량개체를 계통재배한 후 거기에서 선발한 우량계통을 혼합채종하여 집단을 개량하는 방법이다.
      • 선발한 우량개체의 우수성을 확인할 수 있으므로 단순 집단선발보다 육종효과가 우수하다.
  ② 순환선발
    ㉠ 먼저 우량개체를 선발한 후 상호교배함으로써 집단 내 우량유전자형의 빈도를 높여 가는 육종방법이다.

- ⓒ 단순순환선발
    - 기본집단에서 선발한 우량개체를 자가수분하고, 동시에 검정친과 교배하여 검정교배한 F_1 중에 잡종강세가 높은 조합의 자식계통으로 개량집단을 만든 후, 개체 간 상호교배로 집단을 개량하는 방법이다.
    - 일반조합능력을 개량하는 데 효과적이며, 3년 주기로 반복실시한다.
- ⓒ 상호순환선발
    - 두 집단 A, B를 동시에 개량하는 방법으로, 3년 주기로 반복실시한다.
    - 집단 A의 개량에는 B를 검정친으로, 집단 B의 개량에는 A를 검정친으로 사용한다.
    - 두 집단에 서로 다른 대립유전자가 많을수록 효과적이며, 일반조합능력과 특정조합능력을 함께 개량할 수 있다.

③ 합성품종
- ㉠ 여러 개의 우량계통을 격리포장에서 자연수분 또는 인공수분하여 다계교배시켜 육성한 품종을 합성품종이라고 한다.
- ㉡ 여러 계통이 관여하므로 세대가 진전되어도 비교적 높은 잡종강세가 나타난다.
- ㉢ 유전적 폭이 넓어 환경 변동에 대한 안정성이 높다.
- ㉣ 자연수분에 의하므로 채종 노력과 경비가 절감된다.
- ㉤ 영양번식이 가능한 타식성 사료작물에 많이 이용된다.

4. 영양번식작물의 육종

(1) 영양번식작물의 유전적 특성
① 영양번식작물은 배수체가 많고, 감수분열 때 다가염색체를 형성하므로 불임성이 높아 종자를 얻기 어려우며, 종자로부터 발생한 식물체는 비정상적인 것이 많다.
② 영양번식과 함께 유성생식도 하며, 영양계는 이형접합성이 높아 자가수정으로 얻은 실생묘는 유전자형이 분리된다.
③ 영양계끼리 교배한 F_1은 다양한 유전자형이 발생하며, 이 F_1에서 선발한 영양계는 1대잡종 유전자형을 유지한 채 영양번식을 통해 증식되어 잡종강세를 나타낸다.

(2) 영양번식작물의 육종
① 영양번식에 의한 경우 동형접합체는 물론 이형접합체도 유전자형을 그대로 유지할 수 있다.
② 영양번식작물의 육종은 영양계선발을 통해 신품종을 육성한다.
③ 영양계선발은 교배 또는 돌연변이에 의한 유전변이나 실생묘 중 우량한 것을 선발하여 증식함으로써 신품종을 육성한다.
④ 영양계선발 시 바이러스에 감염되지 않은 개체의 선발이 중요하다.
⑤ 무병(Virus Free) 개체를 얻기 위해서 생장점을 무균배양한다.

5. 1대잡종육종

(1) 1대잡종육종의 장점 ★ 중요
① 1대잡종육종은 잡종강세가 큰 교배조합의 1대잡종(F_1) 품종을 육성하는 방법이다.
② 수량이 많고, 균일한 산물을 얻을 수 있다.
③ 우성유전자의 이용이 유리하다.
④ 조합능력의 향상을 위해 자식계통을 육성하며, F_1 종자의 경제적 채종을 위해서 자가불화합성과 웅성불임성을 이용한다.

(2) 1대잡종 품종의 육성
① 품종 간 교배
  ㉠ 1대잡종 품종의 육성은 자연수분 품종(고정종) 간 교배나 자식계통 간 교배 또는 여러 개의 자식계통으로 합성품종을 만든다.
  ㉡ 자연수분 품종 간 교배한 F_1 품종은 자식계통을 이용했을 때보다 생산성은 낮으나, 채종이 유리하고 환경스트레스에 대한 적응성이 높다.
  ㉢ 자가불화합성으로 인해 자식이 곤란한 경우나, 과수와 같이 세대가 길어 계통육성이 어려운 경우에 주로 이용한다.
② 자식계통 간 교배
  ㉠ 1대잡종 품종의 강세는 이형접합성이 높을 때 크게 나타나므로 동형접합체인 자식계통을 육성하여 교배친으로 이용한다.
  ㉡ 자식계통의 육성 : 우량개체를 선발하여 5~7세대 동안 자가수정시킨다.
  ㉢ 육성된 자식계통은 자식이나 형매교배로 유지하며, 다른 우량한 자식계통과 교배하여 능력을 개량한다.
  ㉣ 자식계통을 통한 1대잡종 품종의 육성방법
    • 단교배(A/B) : 잡종강세가 가장 큰 장점이지만, 채종량이 적고 종자가격이 비싸다.
    • 3원교배(A/B//C)
    • 복교배(A/B//C/D)

[단교배, 3원교배, 복교배에 의한 1대잡종 품종의 육성]

  ㉤ 사료작물은 3원교배 또는 복교배한 1대잡종 품종을 많이 이용한다.

③ 조합능력
　㉠ F₁이 잡종강세를 나타내는 교배친의 상대적 능력을 말한다.
　㉡ 일반조합능력(GCA ; General Combining Ability) : 어떤 자식계통이 다른 많은 검정계통과 교배되어 나타나는 F₁의 평균잡종강세
　㉢ 특정조합능력(SCA ; Specific Combining Ability) : 특정한 교배조합의 F₁에서만 나타나는 잡종강세
　㉣ 조합능력의 검정 : 먼저 톱교배로 일반조합능력을 검정한 후 거기에서 선발된 자식계통을 단교배하여 특정조합능력을 검정한다.
　㉤ 톱교배 : 특정한 자식계통을 여러 개의 검정친으로 자연수분하는 것

(3) 1대잡종 종자의 채종
① F₁ 종자의 채종은 인공교배, 웅성불임성 및 자가불화합성을 이용한다.
　㉠ **인공교배 이용** : 오이, 수박, 멜론, 참외, 호박, 토마토, 피망, 가지 등
　㉡ **웅성불임성 이용** : 상추, 고추, 당근, 쑥갓, 양파, 파, 벼, 밀, 옥수수 등
　㉢ **자가불화합성 이용** : 무, 배추, 양배추, 순무, 브로콜리 등
② 웅성불임성(CGMS)을 이용한 F₁ 종자의 생산체계 : 3계통법
　㉠ 웅성불임친(A계통) : 완전불임으로 조합능력이 높고 채종량이 많아야 한다.
　㉡ 웅성불임유지친(B계통) : 웅성불임을 유지하여야 한다.
　㉢ 임성회복친(C계통) : 웅성불임친의 임성을 회복시키고, 화분량이 많으면서 F₁의 임성을 온전히 회복시킬 수 있어야 한다.
③ 자가불화합성을 이용한 F₁ 종자의 생산
　㉠ S유전자형이 다른 자식계통을 같이 재배하여 자연수분으로 자방친과 화분친 모두 F₁ 종자를 채종한다.
　㉡ 자가불화합성을 타파하기 위해 뇌수분하거나 3~10%의 이산화탄소를 처리한다.
　㉢ 뇌수분 : 꽃봉오리 때 수분하는 것

6. 배수성육종

(1) 의 의
① 배수체의 특성을 이용하여 신품종을 육성하는 방법이다.
② 3배체 이상의 배수체는 2배체에 비해 세포기관이 크고, 병해충에 대한 저항성이 증진되거나 함유하는 성분이 증가되는 등의 형질 변화가 일어난다.

(2) 염색체의 배가법

① 콜히친(Colchicine, $C_{22}H_{25}NO_6$) 처리법
  ㉠ 가장 효과적인 방법으로, 세포분열이 왕성한 생장점에 콜히친을 처리한다.
  ㉡ 콜히친은 분열 중인 세포에서 방추체 형성, 동원체 분할, 방추사 발달 등을 방해하는 작용을 한다.
  ㉢ 2배체 식물의 발아종자, 정아 또는 액아의 생장점에 0.01~0.2의 콜히친수용액을 처리하면 복제된 염색체가 양극으로 분리하지 못해 4배성 세포($2n = 4x$)가 생겨 4배체로 발달한다.

② 아세나프텐(Acenaphtene, $C_{12}H_{10}$) 처리법 : 아세나프텐은 물에 불용성이지만 승화하여 가스상태로 식물의 생장점에 작용한다.

③ 동질배수체
  ㉠ 동질배수체는 주로 3배체와 4배체를 육성한다.
  ㉡ 주로 콜히친 처리에 의해서 염색체를 배가시켜 동질배수체[(n → 2n, 2n → 4n 등), 3배체(3n)는 4n × 2n의 방법으로 작성]를 작성한다.
  ㉢ 동질배수체의 특성
    • 형태적 특성 : 세포가 커지고, 영양기관의 왕성한 발육으로 거대화하며, 생육과의 개화·성숙이 늦어지는 경향이 있다.
    • 결실성 : 임성이 저하하며, 3n 등은 거의 완전불임이 되고, 화기·종자가 대형화된다.
    • 저항성 : 내한성, 내건성, 내병성 등이 대체로 증대하지만, 감소되는 경우도 있다.
    • 함유성분 : 함유성분에 차이가 생기는데 사과, 시금치, 토마토 등은 비타민 C의 함량이 증가한다.
  ㉣ 동질배수체의 이용
    • 사료작물 : 레드클로버, 이탈리안라이그래스, 퍼레니얼라이그래스 등
    • 화훼류 : 금어초, 피튜니아, 플록스 등에서 많이 이용한다.

④ 이질배수체(복2배체)
  ㉠ 이질배수체의 육성
    • 게놈이 다른 양친을 동질4배체로 만들어 교배한다.
    • 이종게놈의 양친을 교배한 F_1의 염색체를 배가시킨다.
    • 체세포를 융합시킨다.
  ㉡ 이질배수체의 특성
    • 어버이의 중간특성을 나타낼 때가 많으나 현저한 특성 변화를 나타낼 때도 있다.
    • 동질배수체보다 임성이 높은 것이 보통이며, 특히 모든 염색체가 완전히 2n으로 조성되어 있는 것은 완전히 정상적인 임성을 나타낸다.
  ㉢ 이질배수체의 이용 : 이질배수체는 임성이 높은 것이 많으므로 종자를 목적으로 재배할 경우에도 유리하다.

⑤ 반수체 이용
　㉠ 반수체는 생육이 빈약하고, 완전불임이어서 실용성이 없다.
　㉡ 반수체의 염색체를 배가하면 곧바로 동형접합체를 얻을 수 있어 육종연한을 많이 줄일 수 있고, 상동게놈이 1개뿐이므로 열성형질의 선발이 쉽다.
　㉢ 인위적으로 반수체를 만드는 방법에는 약배양, 화분배양, 종속 간 교배, 반수체유도유전자 등이 있고, 약배양이 화분배양에 비해 배양이 간단하고 식물체의 재분화율이 높다.

7. 돌연변이육종

(1) 의 의
① 기존품종의 종자나 식물체의 돌연변이 유발원을 처리하여 변이를 일으킨 후, 특정 형질만 변화시키거나 새로운 형질이 나타난 변이체를 골라 신품종으로 육성한다.
② 돌연변이율이 낮고, 열성돌연변이가 많으며, 돌연변이 유발장소를 제어할 수 없는 특징이 있다.
③ 교배육종이 어려운 영양번식작물에 유리하다.

(2) 돌연변이 유발원
① 방사선 : X선, γ선, 중성자, β선 등
② 화학물질 : EMS(Ethyl Methane Sulfonate), NMU(Nitroso Methyl Urea), DES(Diethyl Sulfate), NaN_3(Sodium Azide) 등
③ X선과 γ선은 균일하고 안정한 처리가 쉬우며, 잔류방사능이 없어 많이 사용된다.

(3) 돌연변이육종의 장점 ★ 중요
① 새로운 유전자를 만들 수 있다.
② 단일유전자만을 변화시킬 수 있다.
③ 영양번식작물에서도 인위적으로 유전적 변이를 일으킬 수 있다.
④ 방사선으로 처리하면 불화합성을 화합성으로 유도할 수 있으므로, 종래 불가능했던 자식계나 교잡계를 만들 수 있다.
⑤ 연관군 내의 유전자들을 분리시킬 수 있다.

(4) 돌연변이육종의 단점
① 인위적으로 돌연변이를 일으키면 형태적 기형화나 불임률 저하 등 이롭지 않은 변이가 많이 나타날 수 있다.
② 우량형질의 출현율이 낮아 돌연변이육종법은 아직 교잡육종법에 비해 안정적인 효율성이 낮다.

8. 생물공학적 작물육종

(1) 조직배양
① 세포, 조직, 기관 등으로부터 완전한 식물체를 재분화시키는 배양기술로 원연종, 속간잡종 육성, 바이러스무병묘 생산, 우량이형접합체 증식, 인공종자 개발, 유용물질 생산, 유전자원 보존 등에 이용된다.
② 배지에 돌연변이 유발원이나 스트레스를 가하면 변이세포를 선발할 수 있다.
③ 기내수정
  ㉠ 기내(器內)에서 씨방의 노출된 밑씨에 직접 화분을 수분시켜 수정하도록 하는 것을 말한다.
  ㉡ 종속 간 잡종의 육성은 기내수정을 하여 얻은 잡종의 배배양, 배주배양, 자방배양을 통해 F_1 종자를 얻는다.
④ 바이러스무병묘 : 식물생장점의 조직배양을 통해 세포분열속도가 빠르고, 바이러스에 감염되지 않은 묘를 얻을 수 있다.
⑤ 인공종자 : 체세포의 조직배양으로 유기된 체세포배를 캡슐에 넣어 만든다.

(2) 세포융합
① 펙티나아제, 셀룰라아제 등을 처리하여 세포벽을 제거시킨 원형질체인 나출원형질체를 융합시키고, 융합세포를 배양하여 식물체를 재분화시키는 기술이다.
② 체세포잡종
  ㉠ 서로 다른 두 식물종의 세포융합으로 얻은 재분화 식물체를 말한다.
  ㉡ 보통의 유성생식에 의한 잡종은 핵만 잡종이지만, 체세포잡종은 핵과 세포질이 모두 잡종이다.
  ㉢ 종속 간 잡종의 육성, 유용물질의 생산, 유전자 전환, 세포 선발 등에 이용되며 생식과정을 거치지 않고 다른 식물종의 유전자를 도입하므로 육종재료의 이용범위를 크게 넓힐 수 있다.
③ 세포질잡종
  ㉠ 핵과 세포질이 모두 정상인 나출원형질체와 세포질만 정상인 나출원형질체를 융합하여 만든 잡종을 말한다.
  ㉡ 세포질만 잡종이므로 웅성불임성 도입, 광합성능력 개량 등 세포질유전자에 의해 지배받는 형질의 개량에 유리하다.

(3) 유전자전환
① 의 의
  ㉠ 다른 생물의 유전자(DNA)를 유전자운반체(Vector)나 물리적인 방법으로 직접 도입하여 형질전환식물을 육성하는 기술을 말하며, 이를 이용하는 육종을 형질전환육종이라고 한다.
  ㉡ 세포융합을 이용한 체세포잡종은 양친 모두의 게놈을 가지므로 원하지 않는 유전자도 갖지만, 형질전환식물은 원하는 유전자만 갖는다.

② 형질전환육종의 단계
　㉠ 1단계 : 원하는 유전자(DNA)를 분리하여 클로닝한다.
　㉡ 2단계 : 클로닝한 유전자를 벡터에 재조합하여 식물세포에 도입한다.
　㉢ 3단계 : 재조합유전자(DNA)를 도입한 식물세포를 증식하고, 식물체로 재분화시켜 형질전환식물을 선발한다.
　㉣ 4단계 : 형질전환식물의 특성을 평가하여 신품종으로 육성한다.

04 신품종의 유지와 증식 및 보급

1. 신품종 등록과 특성의 유지

(1) 신품종의 등록과 보호
① 신품종의 등록
　㉠ 신품종의 품종보호권을 설정·등록(국립종자원)하면 종자산업법에 의해 육성자의 권리를 20년간(과수와 임목은 25년) 보장받는다.
　㉡ 우리나라가 2002년 1월 7일에 가입한 국제식물신품종보호연맹(UPOV ; International Union for the Protection of New Varieties of Plants)의 회원국은 국제적으로 육성자의 권리를 보호받는다.
　㉢ 보호품종 : 법적으로 보호받는 품종
② 신품종의 보호요건
　㉠ **신규성, 구별성, 균일성, 안정성, 고유한 품종명칭을 구비**해야 한다.
　　※ 신품종 3대 구비조건 : 구별성, 균일성, 안정성
　㉡ 품종보호요건 중 신규성이란, 품종보호출원일 이전에 우리나라와 국제식물신품종보호조약 체결국에서는 1년 이상, 그 외 국가에서는 4년(과수와 임목은 6년) 이상 상업적으로 이용 또는 양도되지 않은 품종을 의미한다.

(2) 신품종의 특성 유지
① 특성 유지방법 : 개체집단선발, 계통집단선발, 주보존, 격리재배, 원원종재배 등
② 품종퇴화 : 신품종을 반복채종하여 재배할 때 유전적, 생리적, 병리적 원인에 의해 품질 고유의 특성이 변화하는 것
③ 종자갱신
　㉠ 신품종의 특성 유지와 품종퇴화 방지를 위해 일정 기간마다 우량종자로 바꾸어 재배하는 것
　㉡ 우리나라 벼, 보리, 콩 등의 자식성 작물의 종자갱신연한은 4년 1기이다.

㉢ 옥수수와 채소류의 1대잡종 품종은 매년 새로운 종자를 사용한다.

2. 신품종 종자의 증식과 보급

(1) 신품종 종자의 증식
① 종자 증식 시 채종조건은 우량한 종자를 생산하는 데 영향을 미친다.
② 우리나라의 종자 증식체계
㉠ **기본식물 → 원원종 → 원종 → 보급종**의 단계를 거친다.
㉡ 기본식물 : 신품종 증식의 기본이 되는 종자
• 옥수수의 기본식물은 매 3년마다 톱교배에 의한 조합능력 검정을 실시한다.
• 감자는 조직배양으로 기본식물을 만든다.
㉢ 원원종 : 기본식물을 증식하여 생산한 종자
㉣ 원종 : 원원종을 재배하여 채종한 종자
㉤ 보급종 : 원종을 증식한 것으로 농가에 보급하는 종자

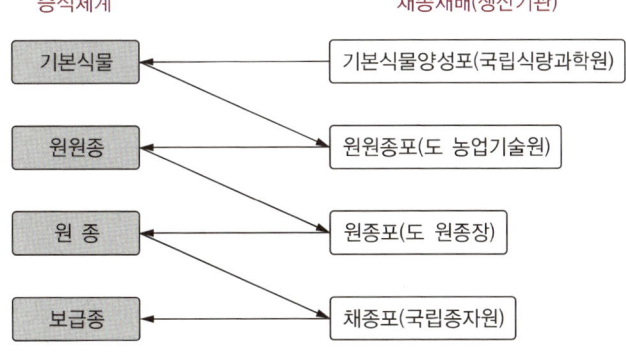

[우리나라 자식성 작물의 종자 증식체계]

(2) 신품종 종자의 보급
① 신품종 종자의 농가 보급은 종자 보급체계를 따라 이루어진다.
② 보급 시 적지적 품종에 대한 면밀한 검토가 있어야 한다.
③ 각종 재해에 대한 위험 분산, 시장성, 재배안정성 등을 충분히 고려하여야 한다.

알아두기 주요 원예작물의 국내 육성 품종
• 딸기 : 설향, 금실, 메리퀸, 킹스베리 등 등
• 배 : 신고, 원황, 화산, 감천배, 황금배 등
• 복숭아 : 유명, 미홍, 수미, 미황 등
• 감귤 : 하례조생, 미래향, 미니향, 사라향, 탐빛1호 등
• 국화 : 백강, 백마 등
• 사과 : 홍로, 감홍, 아리수, 썸머킹 등
• 포도 : 청수, 흑보석, 스텔라 등
• 참다래 : 제시골드, 한라골드 등
• 단감 : 감풍, 봉황 등
• 마늘 : 홍산, 단양, 남도 등

CHAPTER 05 적중예상문제

01 우량종자라고 볼 수 있는 것은?
① 발아율은 높고 발아세는 낮다.
② 발아율은 높고 발아세도 높다.
③ 발아율은 낮고 발아세도 낮다.
④ 발아율은 낮고 발아세는 높다.

해설 우량종자는 발아율과 발아세가 모두 높아야 한다.

02 다음 중 중복수정에서 배를 형성하는 것은?
① 정핵 + 극핵
② 정핵 + 난세포
③ 극핵 + 난세포
④ 화분관핵 + 난세포

해설 중복수정 시 정핵(n)과 난핵(n)이 결합하여 배(2n)를 형성한다.

03 조직배양으로 얻은 무병종묘란?
① 어떠한 병에도 걸리지 않은 묘
② 바이러스에 감염되지 않은 묘
③ 세균성 병에 감염되지 않은 묘
④ 병충해의 피해를 입지 않은 묘

해설 무병묘의 주된 목표는 감자, 마늘과 같은 영양번식작물로부터 바이러스를 제거하는 것이다.

04 다음 중 무성번식이 갖는 장점은 무엇인가?
① 다른 개체 간에 유전자를 교환할 수 있다.
② 모체와 유전적으로 동일한 개체를 생산할 수 있다.
③ 바이러스에 감염되면 제거하기가 쉽다.
④ 저장과 운반이 편리하다.

해설 무성번식은 영양번식이므로 모체와 유전적으로 동일하다.

정답 1 ② 2 ② 3 ② 4 ②

05 다음 중 1년초는 어느 방법으로 번식하는가?

① 삽목번식 ② 접목번식
③ 종자번식 ④ 휘묻이번식

해설 종자번식은 1~2년생 화훼에 이용된다.

06 영양번식의 특징을 잘못 설명한 것은?

① 어버이의 형질이 그대로 보존된다.
② 동일품종의 증식률이 높다.
③ 개화, 결과기가 단축된다.
④ 접목, 꺾꽂이, 포기나누기 방법 등이 있다.

해설 영양번식은 바이러스에 감염되면 제거가 불가능하고, 저장과 운반이 어려우며, 고도의 기술이 필요하고, 종자와 비교해 동일품종의 증식률이 낮은 단점이 있다.

07 다음 중 접목의 적기가 바르게 설명된 것은?

① 봄에는 나무의 눈이 싹튼 후 2~3주일 뒤에 한다.
② 대목은 수액이 정지된 상태에서 한다.
③ 접수는 휴면상태일 때 한다.
④ 여름접은 6월에서 7월 사이에 실시한다.

해설 ① 봄에는 나무의 눈이 싹트기 2~3주일 전에 한다.
② 대목은 수액이 움직이기 시작한 상태, 접수는 아직 휴면 중인 상태가 적기이다.
④ 여름철은 8월 상순에서 9월 상순 사이에 실시한다.

08 깎기접에 사용되는 접수의 채취시기로 가장 적당한 것은?

① 낙엽 직후 ② 발아 직후
③ 낙엽 직전 ④ 접목할 때

해설 낙엽 직후에 채취한 충실한 가지를 비닐로 싸서 3~5℃의 온도로 저장한 다음 접수로 사용하면 활착이 좋다.

정답 5 ③ 6 ② 7 ③ 8 ①

09 접목활착률을 높이려고 할 때 제일 먼저 고려해야 할 사항은?

① 접목시기와 온도 ② 접수와 대목의 굵기
③ 접목방법 ④ 접수와 대목의 친화성

해설 접목친화성 : 접수와 대목이 접합된 다음 생리작용의 교류가 원만하게 이루어져서 발육과 결실이 좋은 것

10 다음 중 대목과 접수의 친화력이 가장 큰 것은?

① 동종간 ② 동속이종간
③ 동과이속간 ④ 이과간

해설 대목과 접수가 식물분류상 가까울수록 친화력이 크다.

11 다음 중 접수를 1~5℃로 유지하는 까닭은 무엇인가?

① 휴면상태 유지
② 저장양분의 손실 방지
③ 상대습도를 높이기 위하여
④ 접수 내에 있는 호르몬의 활성을 증가시키기 위하여

해설 접수는 저장 중 온도가 높으면 발아한다.

12 다음 중 노목의 품종갱신으로 적합한 방법은?

① 복 접 ② 근 접
③ 고 접 ④ 근투접

해설 고접은 가지나 줄기의 높은 곳에 접붙이는 방법으로, 노목의 품종갱신에 알맞다.

13 사과의 성목원에서 수분수를 필요로 할 때 가장 빨리 대처할 수 있고 경제적인 방법은?

① 노목을 심는다. ② 유목을 심는다.
③ 수분수를 고접한다. ④ 개화 초기의 나무를 중간 중간 식재한다.

해설 수분수를 고접하면 2~3년 이내에 개화가 가능하다.

14 다음 중 꺾꽂이에 대한 설명으로 옳은 것은?

① 잎으로만 할 수 있다.
② 줄기로만 할 수 있다.
③ 뿌리로만 할 수 있다.
④ 줄기, 잎, 뿌리 어느 것으로도 할 수 있다.

> 해설 꺾꽂이는 줄기, 잎, 뿌리 등의 영양기관을 모본으로부터 잘라 내어 번식시키는 것이다.

15 휘묻이는 주로 어느 원예식물의 번식에 이용되는가?

① 모든 원예식물 ② 과수, 채소
③ 채소, 화목류 ④ 과수, 화훼

> 해설 취목은 접목이나 삽목이 잘되지 않는 화훼나 과수의 번식에 흔히 이용하는 방법이다.

16 조직배양을 이용할 수 있는 것은 식물의 어떤 능력 때문인가?

① 세포분화능력 ② 기관분화능력
③ 탈분화능력 ④ 전체형성능력

> 해설 **전체형성능(Totipotency)** : 하나의 기관이나 조직 또는 세포가 완전한 식물체로 분화·발달할 수 있는 능력

17 조직배양의 기본적인 작업순서를 바르게 나타낸 것은?

① 작물선정 → 배양방법 및 배지 결정 → 살균 → 치상 → 배양 → 경화 → 이식
② 작물선정 → 배양방법 및 배지 결정 → 경화 → 치상 → 배양 → 살균 → 이식
③ 작물선정 → 배양방법 및 배지 결정 → 살균 → 이식 → 배양 → 치상 → 경화
④ 작물선정 → 배양방법 및 배지 결정 → 배양 → 살균 → 치상 → 이식 → 경화

> 해설 조직배양의 구체적인 작업순서는 매우 다양하지만 증식을 목적으로 하는 경우에는 ①과 같다.

정답 14 ④ 15 ④ 16 ④ 17 ①

18 조직배양을 육종에 응용하는 이유로 볼 수 없는 것은?
① 세대를 단축할 수 있다.
② 배수체를 유기할 수 있다.
③ 이종속 간의 교배불화합성을 극복할 수 있다.
④ 자가불화합성을 유기할 수 있다.

해설　조직배양으로는 자가불화합성을 유기할 수 없다.

19 식물 조직배양이 원예적 측면에서 유용한 이유에 해당하지 않는 것은?
① 무병주 생산　　　　　　② 원예식물 품종의 일률화
③ 급속 대량증식　　　　　④ 2차 산물의 생산

해설　조직배양은 원예식물의 품종을 다양화한다.

20 카네이션의 무병주 생산에 가장 적합한 방법은?
① 접목번식 배양　　　　　② 꺾꽂이 배양
③ 생장점 배양　　　　　　④ 잎꽂이 배양

해설　생장점 배양의 목적은 무병주 개체의 증식이다.

21 과수의 신품종 육종방법으로 널리 쓰이는 방법은?
① 깎기접　　　　　　　　② 종자번식
③ 눈 접　　　　　　　　　④ 꺾꽂이

해설　과수의 번식에는 종자번식과 영양번식이 이용되는데, 종자번식의 경우 대목 양성과 신품종 육종을 위해서만 쓰인다.

22 배추와 무에서 뇌수분을 하는 이유는?
① 자식열세의 회복　　　　② 잡종강세의 발현
③ 웅성불임의 소거　　　　④ 자가불화합성의 타파

해설　뇌수분은 꽃이 개화되기 전 어린 화뇌상태에서 수분을 실시하는 것을 말하는데, 육종에서 자식을 실시하기 위해 일시적으로 자가불화합성을 타파하는 데 이용된다.

정답　18 ④　19 ②　20 ③　21 ②　22 ④

23 내혼약세에 대한 설명 중 잘못된 것은?

① 근친교배를 계속하면 세력이 점차 약해지는 현상
② 육종과정에서 매우 필요한 현상
③ 타식성 작물에서 특히 심한 현상
④ 작물에 따라 약세 정도가 다르게 나타남

해설 타식성 작물에 나타나는 특성이지만, 내혼약세는 육종과정을 어렵게 한다.

24 일대교잡종(F_1 품종)에 대한 설명 중 틀린 것은?

① 잡종강세를 이용한다.
② 집단의 형질이 균일하다.
③ 종묘생산업을 가능하게 한다.
④ 과수에서 많이 이용된다.

해설 과수의 번식에는 주로 영양번식이 이용된다.

25 다음 중 웅성불임의 실용적 이용분야는?

① 일대교잡종의 경제적 채종
② 고정종의 농가 자가채종
③ 씨 없는 과실의 종자 채종
④ GMO 채소의 형질 전환

해설 웅성불임이나 자가불화합성의 기작은 수술을 제거하는 작업 없이 F_1 종자를 경제적으로 채종하기 위해 이용된다.

26 다음 중 자가수정을 주로 하는 식물은?

① 토마토, 상추
② 무, 배추
③ 파, 양파
④ 수박, 참외

해설 종자로 번식하는 식물에는 한 꽃 안에서 수정이 되는 자가수정식물과 다른 개체의 꽃가루에 의해 수정이 되는 타가수정식물이 있다.
- 자가수정식물 : 토마토, 상추, 완두, 강낭콩 등
- 타가수정식물 : 배추, 무, 파, 양파, 당근, 시금치 등

27 종속 간의 교배에 의해 새로운 잡종식물을 만들어 내는 데 가장 효과적으로 사용될 수 있는 방법은?
① 화분배양
② 배배양
③ 일장처리
④ 단위결과 유발물질처리

해설 이외에도 배배양은 육종연한을 단축시킬 수 있고, 퇴화하기 전에 자식배를 분리·배양하여 새로운 개체를 육성할 수도 있다.

28 현재 재배되고 있는 품종보다 수익성과 이용가치가 더 높은 품종을 새로 만들어 내는 것을 무엇이라고 하는가?
① 선 별
② 육 종
③ 도 입
④ 순 화

해설 육종의 주된 성과는 증수, 품질의 향상, 재배지역이나 계절의 확대, 생산의 안정, 농업경영의 합리화 등이다.

29 다음 중 내병성 품종의 육종 성과는?
① 증수는 되나 품질이 나빠진다.
② 품질은 향상되나 수량이 떨어진다.
③ 농약 살포를 줄일 수 있으나 그만큼 낮은 가격을 받는다.
④ 증수와 품질 향상, 환경오염을 방지한다.

해설 내병성 품종은 농약 살포를 줄일 수 있어 유기농 재배가 가능하므로 환경오염을 방지하고, 증수와 품질 향상을 통해 높은 가격을 받을 수 있다.

30 보통 수박의 염색체 수는 22개이다. 씨 없는 수박의 염색체 수는 몇 개인가?
① 11개
② 22개
③ 33개
④ 44개

해설 보통 수박의 염색체는 2n이고, 씨 없는 수박의 염색체는 3n이다.

정답 27 ② 28 ② 29 ④ 30 ③

31 다음 중 품종에 대한 설명으로 옳지 않은 것은?

① 자가수정식물에서의 품종은 순계를 말한다.
② 타가수정식물에서의 품종은 유전자형이 타집단과 구별되거나 유전자 빈도를 달리한다.
③ 1대잡종(F_1)은 유전적으로 모두 헤테로상태이므로 품종이라고 할 수 없다.
④ 새로운 품종은 유전적으로 우수하고 균등성과 영속성을 구비하여야 한다.

해설 모든 1대잡종은 완전 헤테로이지만, 그 유전적 조성이 균일하여 품종으로 취급할 수 있다.

32 다음 중 주로 타가수정식물에만 적용하는 육종방법은?

① 집단선발법
② 인공교배법
③ 도입육종법
④ 단위생식이용법

해설 개체 또는 계통의 집단을 대상으로 하여 선발을 거듭하는 방법으로, 타가수정식물에는 주로 집단선발법이 이용된다.

33 두 품종을 교잡하여 그 후대에 좋은 형질을 가진 개체를 분리·선발하여 고정시키는 육종 방법은?

① 분리육종법
② 선발육종법
③ 계통육종법
④ 교잡육종법

해설 교잡육종법은 자가수정식물의 개량에 많이 쓰인다.

34 내병성 품종의 육성이나 유전자의 분리 및 연쇄관계를 밝히는 방법으로 흔히 쓰이는 것은?

① 단교잡법
② 복교잡법
③ 여교잡법
④ 삼원교잡법

해설 여교잡법은 재배품종이 가지고 있는 소수형질을 개량할 때 많이 쓰이며, 우수한 특성이 있으나 한두 가지의 결점이 발견된 품종을 비교적 짧은 세대 동안에 개량하여 육종할 수 있다.

정답 31 ③ 32 ① 33 ④ 34 ③

35 1대잡종을 이용하는 육종에서 구비되어야 할 조건이 아닌 것은?
① 1회 교잡으로 다량의 종자를 생산할 수 있어야 한다.
② 교잡 조작이 용이해야 한다.
③ 단위면적당 재배에 소요되는 종자량이 많아야 한다.
④ F_1의 실용가치가 커야 한다.

> 해설 단위면적당 재배에 소요되는 종자량이 적어야 한다.

36 옥수수, 토마토 등 많은 식물에서 1대잡종 종자를 이용하는 이유가 아닌 것은?
① 높은 생산량을 얻는 데 있다. ② 병해충에 대한 저항성이 있다.
③ 생산성은 낮으나 양질성이 있다. ④ 내비성, 내도복성에 있다.

> 해설 1대잡종 종자는 값이 비싸고, 매년 바꿔 써야 하는 단점이 있지만 다수확성, 균일성, 내병성, 내비성, 내도복성 등으로 인해 많이 이용되며, 수량이 많고 균일한 산물을 얻을 수 있다.

37 1대잡종을 많이 이용하는 식물은?
① 벼 ② 콩
③ 보 리 ④ 옥수수

> 해설 옥수수의 잡종강세 발견으로 인해 세계의 농업생산성이 크게 향상되었다.
> **채소류의 1대잡종 이용방법**
> • 인공교배 이용 : 토마토, 오이, 가지, 수박 등
> • 웅성불임성 이용 : 양파, 고추, 당근 등
> • 자가불화합성 이용 : 배추, 양배추, 무 등
> • 암수 다른 꽃 이용 : 오이, 수박, 옥수수 등
> • 암수 다른 포기 이용 : 시금치 등

38 채소 육종에서 웅성불임성을 이용하는 식물은?
① 오 이 ② 배 추
③ 양 파 ④ 시금치

> 해설 웅성불임성을 이용하는 채소는 양파, 고추, 당근 등이다.

39 다음 중 잡종강세현상을 옳게 설명한 것은?
① F_1에서만 나타나며, 양친보다 우수한 생육·수량을 보이는 현상이다.
② 자가수정식물에서 주로 이용되며, F_1 잡종의 강세현상은 영속적인 유전을 한다.
③ 잡종강세란 F_1 잡종개체의 자식을 뜻하며, 모든 형질은 우수하고 영속성을 가진다.
④ F_1 잡종의 육종법은 주로 벼, 콩 등 타가수정식물에서 이용되는 특수육종법이다.

해설 타식성 작물의 근친교배로 인해 약세화된 작물 또는 빈약한 자식계통끼리 교배한 F1이 양친보다 우수한 생육을 나타내는 현상으로, 근교약세의 반대현상이라고 할 수 있다. 자식성 작물에서도 잡종강세가 나타나지만 타식성 작물에서 월등히 크게 나타난다.

40 F_1 품종이 갖고 있는 유전 특성은?
① 잡종강세   ② 근교약세
③ 원연교잡   ④ 자식열세

해설 **잡종강세** : 다른 품종 또는 다른 계통 간 교잡 시 1대잡종이 양친보다 왕성한 생활양상을 나타내는 현상
※ **근교약세** : 타식성 작물에서 인위적으로 자식시키거나 근친교배하여 나온 작물체가 생육이 빈약하고 수량성이 떨어지는 현상

41 잡종강세가 크게 나타나는 F_1 종자를 채종하기 위하여 이용할 수 있는 현상은?
① 웅성불임성, 역도태   ② 자가불화합성, 자식약세
③ 웅성불임성, 자가불화합성   ④ 자식약세, 역도태

해설 1대잡종 종자의 채종에는 인공교배, 웅성불임성, 자가불화합성 등을 이용한다.

42 잡종강세가 가장 큰 교잡종은?
① 단교잡종   ② 변형 단교잡종
③ 삼계잡종   ④ 복교잡종

해설 **단교잡** : 관여하는 계통이 2개뿐이므로 우량한 조합의 선정이 용이하고, 잡종강세현상이 뚜렷하며, 각 형질이 균일하고 불량형질이 나타나는 일이 별로 없다.

정답 39 ① 40 ① 41 ③ 42 ①

43 단교잡의 단점은?

① 잡종강세가 발현되나 종자 생산이 적다.
② 균일성의 발현되나 종자 생산이 없다.
③ 종자 생산은 극히 많으나 균일성이 저하된다.
④ 수량이 많으나 병해에 약하다.

> **해설** 단교잡은 생육이 빈약한 자식계통을 직접 양친으로 사용하기 때문에 종자의 생산량이 적고, 종자의 발아력이 약해 대량의 종자를 필요로 하는 경우에는 적합하지 않다.

44 다음 중 1대잡종을 만들기에 알맞은 어버이로서 갖추어야 할 조건이 아닌 것은?

① 자가불화합성을 가진 것
② 영양번식이 쉬운 것
③ 되도록 순계에 가까운 것
④ 가루받이가 어려운 것

> **해설** 가루받이가 쉬워야 한다.

45 생식기관이 암수 모두 형태적 또는 기능적으로 완전하나 어떤 특정한 것들과 교배될 경우에는 수정이 이루어지지 않아 종자가 형성되지 못하는 불임은?

① 웅성불임성
② 자성불임성
③ 생리적 불임성
④ 불화합성

> **해설** A를 B, C, D와 교배하였을 때 AB, AC 조합에서는 종자를 형성하는데, AD 조합에서는 종자를 형성하지 못하면 A와 D를 불화합성이라고 한다.

46 재래종의 육종상 중요한 의의는?

① 재배지역의 기상생태형에 적합한 인자를 다수 보유한다.
② 각종 저항성이 신품종보다 크다.
③ 수량과 품질이 우수하다.
④ 종자를 확보하기 쉽다.

> **해설** 재래종은 재배지역의 여러 특성을 갖추었다는 장점이 있다.

정답 43 ① 44 ④ 45 ④ 46 ①

47 1대잡종의 채종에서 중요시되는 사항이 아닌 것은?

① 양친 계통을 유지할 때 자식열세를 최소화한다.
② 계통의 유전적 순수성을 유지한다.
③ 시판용 종자 생산 시에는 순수한 계통 간에 교잡이 일어나야 한다.
④ 시판용 종자 생산 시에 교잡비용을 최대화한다.

> **해설** 시판종자 생산 시에 교잡비용을 최소화하여 목적하는 화분 이외의 다른 화분에 의한 오염수분을 방지한다.

48 다음 중 교배 시 양친식물들이 갖추어야 할 조건으로 가장 중요한 것은?

① 개화기의 일치   ② 초장의 일치
③ 꽃 크기의 일치   ④ 휴면기간의 일치

> **해설** 두 식물의 개화기가 일치되어야 교배할 수 있으며, 일치하지 않을 때는 인위적으로 조절하여 일치시켜야 한다.

49 우량품종의 구비조건으로 볼 수 없는 것은?

① 균등성   ② 변이성
③ 우수성   ④ 영속성

> **해설** 우량품종의 구비조건 : 우수성, 균일성, 영속성, 광지역성

50 신품종의 특성을 유지하기 위하여 취해야 할 조치가 아닌 것은?

① 원원종재배   ② 격리재배
③ 영양번식에 의한 보존재배   ④ 개화기 조절

> **해설** 신품종의 특성 유지방법 : 개체집단선발, 계통집단선발, 주보존, 격리재배, 원원종재배, 종자갱신 등

51 품종의 퇴화를 유전적 퇴화와 생리적 퇴화로 나눌 때 생리적 퇴화에 속하는 것은?

① 토양적 퇴화   ② 돌연변이 퇴화
③ 자연교잡 퇴화   ④ 이형 유전자형의 분리

> **해설**
> • 유전적 퇴화 : 이형 유전자형의 분리, 자연교잡, 돌연변이, 이형종자의 기계적 혼입 등
> • 생리적 퇴화 : 토양, 기상 등

정답 47 ④ 48 ① 49 ② 50 ④ 51 ①

52 다음 중 채종에 가장 좋은 장소는?

① 평 지
② 농작물 재배지
③ 도시 외곽지
④ 지리적 격리지

해설 다른 품종과의 자연교잡을 방지하기 위해서는 섬이나 산간지처럼 지리적으로 격리된 지역을 채종포로 이용하는 것이 좋다.

53 채종포관리 시 주의할 점에 속하지 않는 것은?

① 수분매개충의 제거
② 다른 화분에 의한 오염 방지
③ 이형주 제거
④ 비배관리

해설 수분매개충을 제거하면 수분매개가 어려워져 종자생산량이 감소한다.

54 종자의 수확기는 보통 어느 때가 적당한가?

① 실용적 성숙일수보다 5~10일 정도 경과한 후에 수확
② 발아력 생성기보다 5~10일 정도 경과한 후에 수확
③ 실용적 성숙일수보다 5~10일 정도 이전에 수확
④ 발아력 생성기보다 5~10일 정도 이전에 수확

해설 품종에 따라 차이가 있지만 보통 발아력 생성기 약 10~20일 정도 후에 실용적 성숙기가 되며, 실용적 성숙일수보다 5~10일 정도 경과한 후에 수확하는 것이 좋다.

55 과채류의 채종과는 후숙시키는 것이 일반적인데 그 주된 목적은 무엇인가?

① 채종과를 조기수확하기 위하여
② 채종모본의 보호를 위하여
③ 종자의 발아력을 높이기 위하여
④ 채종이 용이하도록 하기 위하여

해설 후숙하면 발아력이 좋아지며 당근, 파, 양파 등의 경우 식물체를 예취한 후 꼬투리 채로 통풍이 잘되는 곳에서 음건하면 후숙효과가 나타난다.

정답 52 ④ 53 ① 54 ① 55 ③

CHAPTER 06 특수원예

01 시설재배

1. 시설재배의 개념

(1) 의 의

작물의 재배환경을 생육에 알맞게 인위적으로 조절하는 모든 재배양식을 의미하며, 유리 혹은 플라스틱필름이나 온실, 식물공장 내에서 재배하는 것이다.

(2) 시설재배의 필요성

① 원예작물은 계절에 관계없이 일 년 내내 요구되므로 주년적 공급체계는 시설재배와 밀접한 관련이 있다.
② 시설원예는 노지원예와 달리 제철이 아닌 때 생산이 가능하므로 비싼 값으로 출하할 수 있어 노지원예에 비해 수익성이 높다.

(3) 우리나라의 시설원예

① 대부분 플라스틱 하우스지만 최근 유리온실이 증가하고 있다.
② 전체 시설면적은 채소 84%, 과수 10%, 화훼 5%로 구성되어 있으며, 선진국과 비교하면 채소의 비중이 높은 편이다.
③ 채소의 시설재배
  ㉠ 재배면적 : **과일과채류 > 엽경채류 > 조미채소류 > 근채류**
    ※ 2024년 시설재배 면적 : 과일과채류 약 25,986ha, 엽경채류 약 14,418ha, 조미채소류 8,334ha, 근채류 906ha
  ㉡ 재배면적은 수박이 가장 크고 다음으로 딸기, 참외, 오이, 토마토, 상추 순이며 고추, 시금치, 부추, 호박 등도 많이 재배하고 있다.

2. 시설의 종류와 특성

시설의 종류에는 시설자재에 따라 유리온실, 플라스틱 하우스 등이 있고, 시설의 모양에 따라 여러 가지로 구분된다.

(1) 유리온실
    ① 외지붕형 온실
        ㉠ 한쪽 지붕만 있는 시설로, 동서방향의 수광각도가 거의 수직이다.
        ㉡ 북쪽벽 반사열로 인해 온도 상승에 유리하고, 겨울에 채광·보온이 잘된다.
        ㉢ 주로 가정에서의 소규모 취미원예에 이용된다.
    ② 3/4 지붕형 온실
        ㉠ 남쪽 지붕길이가 지붕 전 길이의 3/4을 차지하는 시설로, 겨울철 채광·보온성이 우수하다.
        ㉡ 고온성 원예작물인 멜론 재배에 적합하다.
    ③ 양쪽 지붕형 온실
        ㉠ 양쪽 지붕의 길이가 같은 시설로, 남북방향의 광선 입사가 균일하다.
        ㉡ 통풍이 양호하고, 가장 보편적인 형태이다.
        ㉢ 재배관리가 편리하기 때문에 토마토, 오이 등의 열매채소와 카네이션, 국화 등의 화훼류 재배에 이용되고 있다.
    ④ 연동형 온실
        ㉠ 남북방향이 유리하며, 시설비가 저렴하고, 토지이용률이 높다.
        ㉡ 바람의 영향을 많이 받고, 열손실도 많아 비경제적이다.
    ⑤ 벤로형 온실
        ㉠ 처마가 높고 폭이 좁은 양지붕형 온실을 연결한 것으로, 연동형 온실의 결점을 보완한 시설이다.
        ㉡ 토마토, 오이, 피망 등의 키가 큰 호온성 열매채소류를 재배하는 데 적합하다.
    ⑥ 둥근지붕형 온실 : 곡면유리를 사용하여 지붕의 곡면이 크고 밝아 식물전시용 시설이나 대형식물, 열대성 관상식물을 재배하는 데 적합하다.

(2) 플라스틱 하우스
    ① 터널형 하우스
        ㉠ 보온성이 크고, 내풍성이 강하며, 광의 입사량이 고르다.
        ㉡ 환기능률이 떨어지고, 많은 눈에 잘 견디지 못하는 단점이 있다.
    ② 지붕형 하우스
        ㉠ 바람이 세거나 적설량이 많은 지역에 적합한 형태이다.
        ㉡ 천장과 측창의 구조 및 설치와 창의 개폐가 간단하다.
    ③ 아치형 하우스(가장 많이 보급)
        ㉠ 지붕이 곡면이며, 자재비가 적게 들고, 간단하게 지을 수 있다.
        ㉡ 이동이 용이하고, 내풍성이 강하며, 광선이 고르게 투과된다.
        ㉢ 적설에 약하고, 환기능률이 나쁘다.

(3) 시설자재
　① 골격자재
　　㉠ 목 재
　　　• 초기에는 많이 이용되었으나 요즘은 철재, 경합금재가 많이 이용된다.
　　　• 골격률이 크고, 투광률과 내구성이 낮다.
　　㉡ 경합금재
　　　• 알루미늄을 주성분으로 하는 여러 종류의 합금재이다.
　　　• 장점 : 가볍고, 내부식성이 강하며, 광투과율이 좋다.
　　　• 단점 : 강재에 비해 강도가 낮고, 가격이 비싸다.
　　㉢ 강 재
　　　• 강도와 내구성이 높아 하중이 큰 대형 온실에 적합하다.
　　　• 강재의 종류
　　　　- 경량형 강재 : 두께 3.2mm 이하로, 유리온실이나 플라스틱온실에 쓰인다.
　　　　- 압연강재 : 강도가 높고, 강한 힘의 작용을 받는 굴곡 부분이 두꺼우며, 대형 유리온실 등에 쓰인다.
　　　　- 구조강관 : 두께 1.2mm, 바깥지름 22mm인 강관이 많이 사용되고, 단동 및 연동하우스의 골격재로 많이 쓰이며, 아연도금으로 인해 내구연한이 길다.
　② **피복자재** : 고정시설을 피복하여 계속해서 사용하는 유리나 플라스틱필름 등의 기초피복재와 보온, 차광 등을 목적으로 사용하는 부직포, 거적 등의 추가피복재가 있다.
　　㉠ 기초피복재 : 유리온실, 플라스틱온실 등의 고정시설 피복, 소형터널 등의 간이구조 피복 및 멀칭 등의 지면 피복 등 상태의 변화 없이 계속해서 사용하는 피복자재를 말한다.
　　　• 유리 : 유리는 투과성, 내구성, 보온성이 우수하다는 장점이 있지만, 충격에 약하고, 시설비가 많이 들며, 연질필름에 비해 기밀도가 떨어진다는 단점이 있다.
　　　　- 판유리 : 투명유리를 이용하며, 일반적으로 두께 3mm 정도이고, 벤로형 온실 또는 안전도가 커야 하는 곳은 4mm 정도의 두께를 이용한다.
　　　　- 형판유리 : 표면이 요철 모양으로 처리되어 있어 투과광의 일부가 산란되므로 시설 내 광분포가 고르다.
　　　　- 열선흡수유리 : 가시광선의 투과성이 높고, 열선투과율은 낮다.
　　　• 플라스틱필름
　　　　- 연질필름 : 두께 0.05~0.2mm 정도로 **폴리에틸렌필름(PE), 염화비닐필름(PVC), 에틸렌아세트산비닐필름(EVA)** 등이 있다.
　　　　- 경질필름 : 두께 0.10~0.20mm 정도로 **경질염화비닐필름, 경질폴리에스테르필름** 등이 있다.

- 경질판 : 두께 0.2mm 정도로 **FRA판, FRP판, MMA판, 복층판** 등이 있다.
- 반사필름 : 시설의 보광이나 반사광 이용 시 사용하는 플라스틱필름이다.

ⓒ 추가피복재 : 기초피복재 위에 보온, 차광 및 반사 등의 목적으로 사용하는 피복자재를 말하며 커튼, 외면피복 및 부직포, 매트, 거적 등이 있다.
- 부직포 : 커튼 또는 차광피복재로 사용된다.
- 매트 : 소형터널의 보온피복에 많이 사용되며, 단열성은 좋으나 광선투과율 및 유연성이 나쁘다.
- 한랭사 : 시설의 차광이나 서리 방지를 위한 피복재로 사용된다.

ⓒ 피복자재의 조건 ★ 중요
- 투광률은 높고, 열선투과율은 낮아야 한다.
- 보온성이 커야 한다.
- 열전도율이 낮아야 한다.
- 내구성이 커야 한다.
- 수축과 팽창이 작아야 한다.
- 충격에 강해야 한다.
- 가격이 저렴해야 한다.

3. 설비의 종류와 용도

(1) 난방설비

① 온풍난방기

㉠ 의의 : 연료의 연소에 의해 발생하는 열을 공기에 전달하여 따뜻하게 하는 난방방식으로, 플라스틱 하우스의 난방에 많이 쓰인다.

㉡ 장점 : 열효율이 80~90%로 다른 난방방식에 비하여 높고, 짧은 시간에 필요한 온도로 가온하기가 쉬우며, 시설비가 저렴하다.

㉢ 단점 : 건조하기 쉽고, 가온하지 않을 때는 온도가 급격히 떨어지며, 연소에 의한 가스장해가 발생하기 쉽다.

② 온수난방장치

㉠ 의의 : 보일러로 데운 온수(70~115℃)를 시설 내에 설치한 파이프나 방열기(라디에이터)에 순환시켜 표면에서 발생하는 열을 이용하는 난방방식으로, 면적이 2,000~3,000m^2 정도인 온실에 적합하다.

㉡ 특징 : 열이 방열되는 시간은 많이 걸리지만, 한 번 가온되면 오랫동안 지속되며, 균일하게 난방할 수 있다.

ⓒ 구성 : 온수보일러, 방열기(라디에이터), 펌프 및 팽창수조 등으로 구성된다.
ⓔ 난방방식 : 배관방법에 따라 유닛히터 이용방식, 라디에이터(팬코일 유닛) 시스템, 공중배관난방, 이랑 사이 노출배관난방, 지중난방 등으로 구분된다.
③ 증기난방방식
ⓐ 의의 : 보일러에서 만들어진 증기를 시설 내에 설치한 파이프나 방열기(라디에이터)로 보내 여기에서 발생한 열을 이용하는 난방방식이다.
ⓑ 이용 : 대규모 시설에서는 고압식, 소규모 시설에서는 저압식을 사용한다.

(2) 냉방설비
① 팬 앤 패드방법
ⓐ 한쪽 벽에 목모(부패가 잘 안 되는 나무섬유)를 채운 8~10cm 두께의 패드를 설치하고, 패드 위에 노즐을 이용하여 물을 흘러내리게 하여 패드가 완전히 젖게 한다.
ⓑ 반대쪽 벽에는 환기팬을 설치하여 실내의 공기를 밖으로 뽑아내고, 이때 외부의 공기가 패드를 통과하여 시설 내로 들어오면서 냉각되어 시설 내의 온도가 낮아진다.
② 팬 앤 포그방법
ⓐ 포그노즐을 사용하여 30μm 이하의 작은 물 입자를 온실의 내부에 뿌려 주고, 천장에 환기팬을 설치하여 실내의 공기를 뽑아낸다.
ⓑ 작은 물 입자가 고온의 공기와 접촉하여 기화함으로써 온실 내의 공기를 냉각시키는 방법이다.
ⓒ 온실의 온도를 바깥기온보다 2~4℃ 정도 낮출 수 있다.
③ 기타 : 팬 앤 미스트법, 지붕 분무냉각법, 작물체 분무냉각법 등
④ 냉방보조설비
ⓐ 차광 : 발, 한랭사 등의 차광재를 지붕 위에 설치하여 햇볕을 부분적으로 차단함으로써 시설 내의 온도 상승을 억제한다.
ⓑ 옥상 유수 : 지붕 위에 물을 흘러내려 태양열을 흡수시키고, 지붕면을 냉각시킨다.
ⓒ 열선흡수유리 : 열선을 주로 흡수하는 유리를 피복하여 시설 내 온도 상승을 억제한다.

(3) 관수설비
① 살수장치
ⓐ 스프링클러
- 짧은 시간에 많은 양의 물을 넓은 면적에 살수할 수 있으며 노즐, 송수호스, 펌프로 구성되어 있다.
- 살수각도는 180°, 360° 등이 있고 종류는 저각도용, 범용, 광역용, 정원용 등이 있다.
ⓑ 소형 스프링클러
- 육묘상이나 잎채소류의 재배용으로 사용할 수 있도록 개발된 것으로, 대부분이 플라스틱 제품이며, 용도에 따라 부속품을 쉽게 교환할 수 있도록 설계되어 있다.

- 관수방향과 범위에 따라 하향 미립자살수, 하향 회전살수, 상향 180° 회전살수, 상향 광폭살수, 상향 초광폭살수 등이 있다.
ⓒ 유공튜브
- 경질이나 연질의 플라스틱필름에 지름 0.5~1.0mm의 구멍을 뚫어 살수하는 것으로, 수압이 낮아도 균일하게 관수할 수 있다.
- 오래 사용할 수 없으나, 시공이 간편하고 비용이 저렴하다.
- 작물의 종류나 재배방식에 따라 지면에 직접 설치하는 저설용, 하우스 서까래에 매달아 사용하는 고설용, 멀칭필름 밑에 설치하는 멀칭용 등이 있다.

② 점적관수장치
ⓐ 플라스틱 파이프나 튜브에 분출공을 만들어 물이 방울방울 떨어지게 하거나, 천천히 흘러나오게 하는 방법이다.
ⓑ 저압으로 관수하기 때문에 물의 양을 절약할 수 있으며, 하우스 내 습도의 영향도 줄일 수 있다.
ⓒ 잎과 줄기, 꽃에 살수하지 않아 열매채소의 관수에 특히 좋으며 점적단추, 내장형 점적호스, 점적튜브, 다지형 스틱 점적방식 등이 있다.

③ 분무장치 : 온실 천장마다 길이방향으로 파이프라인을 가설한 다음 분무용 노즐을 설치하여 고압으로 압송된 물을 파종상 관수, 엽면 관수, 농약 살포, 하우스 내 가습과 냉방 등에 사용한다.

④ 저면관수장치
ⓐ 화분의 관수방법으로, 벤치에 화분을 배열한 다음 물을 공급하여 화분의 배수공을 통해 물이 스며 올라가도록 하는 방법이다.
ⓑ 채소의 육묘와 분화재배 등에 사용된다.

⑤ 지중관수
ⓐ 땅속에 매설한 급수파이프로부터 토양 중에 물이 스며 나와 작물의 근계에 수분을 공급하는 방법이다.
ⓑ 급수파이프로부터 모세관현상으로 인해 작물의 뿌리까지 물이 스며 올라오는 데 오랜 시간이 걸리고 물의 손실이 많다.

⑥ 관수시설 및 자재
ⓐ 수원시설 : 지하수, 수돗물, 하천 등이 수원으로 이용되고 있지만, 일반적으로 지하수를 이용하는 경우가 많다.
ⓑ 급수시설 : 수원의 물을 재배포장에 공급하는 시설로는 급수관과 수도를 직접 연결하는 직결식을 비롯하여 펌프방식, 고가탱크방식, 압력탱크방식 등이 있다.
ⓒ 펌프 : 원예용 관수설비에는 회전형 원심펌프(터빈형·벌류트펌프 등)가 가장 많이 이용된다.
ⓓ 배관재료 : 관의 종류에는 배관용 탄소강 강관(SPP) 및 경질 염화비닐관(PVC)으로서 일반관(VG), 박막관(VU), 전선관(HI), 특수 박막관(VI) 등이 있다.

ⓒ 이음재료 : 소켓, 엘보, 티, 캡 등이 사용되고, 일반적으로 SPP관은 나사이음으로, 염화비닐관은 접착제로 접속한다.
ⓗ 밸브 : 밸브는 형식에 따라 글로브밸브, 게이트밸브, 역류방지밸브 등이 있다.
- 글로브밸브 : 주로 유량조절용으로 사용된다.
- 게이트밸브 : 주로 개폐정지용으로 사용된다.
- 역류방지밸브 : 체크밸브라고도 하며, 물을 한 방향으로만 흐르게 하므로 펌프와 압력탱크의 중간에 설치한다.

(4) 환기설비

① 자연환기장치
ⓐ 천창이나 측창 등의 환기창을 통하여 이루어지는 환기를 자연환기라고 한다.
ⓑ 연동형 시설에서는 천창과 측면 환기의 중간에서 하는 곡간환기를 사용한다.
ⓒ 천창이나 측창을 여닫는 데는 전동모터를 사용하며, 모터의 작동을 온도조절기로 제어하는 시스템이 개발되어 사용되고 있다.

② 강제환기장치
ⓐ 프로펠러형 환풍기
- 압력 차가 적으나 많은 환기량이 요구되는 넓은 면적의 환기에 사용된다.
- 일반적으로 지름 60cm 이하의 팬은 모터와 팬이 직접 연결된 직결식이다.
- 60cm 이상의 대형 팬은 벨트로 모터의 동력을 축에 전달하는 벨트식이다.
ⓑ 튜브형 환풍기 : 덕트환기 등에서 사용하며, 프로펠러형 환풍기보다 환기용량은 적으나, 압력 차가 큰 경우에도 압력 손실이 적다.

(5) 이산화탄소 발생기

① 연소식 이산화탄소 발생기
ⓐ 프로판가스, 천연가스, 백등유 등을 연소시켜 이산화탄소를 발생시키는 장치이다.
ⓑ 백등유는 유해가스의 발생 위험이 크고, 농도 제어가 어려운 점이 있다.
ⓒ 프로판가스는 연료 구입이 쉽고, 유해가스의 발생이 거의 없어 많은 농가에서 사용하고 있다.
ⓓ 천연가스는 공급지역이 한정되어 있어 이용에 한계가 있다.

② 액화 이산화탄소 발생기
ⓐ 순수 압축정제된 이산화탄소를 균일하게 공급하는 기기로, 이산화탄소의 농도 조절이 자유롭고, 유해가스가 없어 작물에 해가 없다.
ⓑ 한 개의 시스템으로 여러 동의 하우스에 이산화탄소를 공급할 수 있다.
ⓒ 설치비용이 비싸고, 용기의 교체가 번거로우며, 시판장소가 한정된 것이 단점이다.

(6) 방제설비
① 액제 살포장치
  ㉠ 농약을 물에 타서 분무기로 뿌리는 방법이다.
  ㉡ 최근 시설원예에서 사용하는 주요한 장치로는 무인 주행형 배터리카에 의한 방제장치, 고정배관식 미세분무 살포장치, 배관 이동식 미세분무 살포장치 등이 있다.
② 훈연법
  ㉠ 최근에 사용되는 방제법으로, 농약을 가열하여 연기상태로 살포한다.
  ㉡ 사용하기 간편하며, 시설하우스 내부의 습도를 상승시키지 않고, 짧은 시간 내에 균일하고 안전하게 살포할 수 있다.
③ 연무기
  ㉠ 농약을 가열하거나 고압을 가하여 육안으로 볼 수 없을 정도의 미세한 입자(연무)로 만들어 살포하는 장치이다.
  ㉡ 상온연무기 : 약제를 상온에서 압축시켜 이용하는 방식을 말한다.
  ㉢ 고온연무기 : 연료(가솔린)가 폭발할 때 발생하는 고온·고속의 배기가스 흐름을 이용하는 방식을 말한다.

4. 노지와는 다른 시설 내 환경특이성

온도	광	수분	토양	공기
• 일교차가 크다. • 위치별 분포가 다르다. • 지온이 높다.	• 광질이 다르다. • 광량이 감소한다. • 광분포가 불균일하다.	• 토양이 건조해지기 쉽다. • 공중습도가 높다. • 인공관수를 한다.	• 염류농도가 높다. • 토양물리성이 나쁘다. • 연작장해가 있다.	• 탄산가스가 부족하다. • 유해가스의 집적이 크다. • 바람이 없다.

5. 시설 내 병해충

(1) 많이 발생하는 병해
역병, 균핵병, 잿빛곰팡이병, 흰가루병, 노균병, 검은별무늬병, 풋마름병, 배꼽썩음병 등이 많이 발생한다.

(2) 저온·고온장애로 인해 발생하는 병해
① 저온 : 노균병, 균핵병, 잿빛곰팡이병 등
② 고온 : 시들음병, 풋마름병, 탄저병, 덩굴쪼김병 등

02 식물공장과 양액재배

1. 식물공장

(1) 식물공장의 개념
① 정보통신과 생물공학기술을 농업생산에 적용하여 기후환경과 재배관리의 모든 과정이 로봇에 의해 완벽하게 제어되는 공장이다.
② 환경조건을 작물생장에 알맞게 인위적으로 제어하고, 생산공정을 자동화한 새로운 생산방식이다.
③ 작물의 수요에 따라 생산계획을 세울 수 있고, 파종에서 수확은 물론 유통까지도 종합적으로 대처할 수 있도록 하는 고효율 작물 생산시스템이다.

(2) 식물공장의 특징
① 입 지
  ㉠ 자연조건의 영향을 받지 않는다.
  ㉡ 토지이용률이 높으므로 땅값이 비싼 곳에서도 유리하다.
  ㉢ 소비지와 가까운 곳에 설치할 수 있어 도시형 농업이 가능하다.
② 작업환경 : 작업환경이 좋고, 힘든 작업이 없어 노약자도 작업이 가능하다.
③ 품질 : 농약을 적게 사용한 고품질의 농산물을 생산할 수 있다.
④ 생 산
  ㉠ 인건비를 최소화할 수 있다.
  ㉡ 단위면적당 생산량이 많다.
  ㉢ 생산시기 및 생산량을 계획하여 조절할 수 있다.
⑤ 재 배
  ㉠ 생육속도가 빨라 재배기간이 짧다.
  ㉡ 이어짓기로 인한 장해가 없다.
  ㉢ 에너지원에 이상이 없는 한 연중가동이 가능하다.
  ㉣ 생력화가 가능하다.

(3) 식물공장의 종류
① 완전제어형 식물공장
  ㉠ 햇볕이 투과되지 않는 건물에서 인공조명을 이용하여 작물을 재배한다.
  ㉡ 인공조명은 일반적으로 햇볕에 가까운 고압나트륨등을 이용하지만, 형광등을 사용하는 경우도 있다.

② **태양광 병용형 식물공장**: 햇볕을 이용하여 작물을 재배하는 유리와 플라스틱필름 온실로, 햇볕이 약하거나 일조시간이 짧은 계절에는 인공조명을 함께 사용한다.
③ **태양광 이용형 식물공장**
   ㉠ 태양광 병용형처럼 햇볕을 투과시키는 유리와 플라스틱필름을 피복재로 사용하는 온실로, 햇볕만을 이용하여 작물을 생산한다.
   ㉡ 아직까지는 재배과정의 자동화나 재배환경의 최적화 등의 기술적인 문제로 인해 태양광 이용형과 태양광 병용형 식물공장이 주류를 이루고 있다.

(4) 식물공장의 재배방식
① **입체식**: 베드를 입체적으로 배치하여 작은 공간에 보다 많은 작물을 심을 수 있는 장점이 있지만, 설치비용이 많이 든다.
② **평면식**: 입체식에 비해 설치비용은 적게 들지만, 공간의 활용과 재배관리에 제한을 받는 단점이 있다.

(5) 식물공장에 필요한 기계장치
① **환경 조절장치**: 온습도 조절장치, 환기장치, 이산화탄소 발생장치, 창문 개폐기, 인공조명장치 등이 있다.
② **제어장치**
   ㉠ 식물이나 환경에 대한 정보를 입수하여 원하는 제어를 하기 위해서는 식물공장에 맞는 컴퓨터나 조절장치가 필요하다.
   ㉡ 컴퓨터와 조절장치 외에도 여러 가지 인터페이스(Interface), 모뎀(Modem), 기록계(Recorder), A/D 변화기(Analogue/Digital Converter) 등이 필요하다.
③ **수경재배장치**
   ㉠ 식물공장에서의 재배방식은 수경재배방식이 가장 적합하다.
   ㉡ 토양재배 시 이어짓기장해나 병충해 등의 피해가 발생할 수 있으며, 토양의 복잡한 물리화학적 성질로 인해 지하부의 조절을 정밀하게 할 수 없어 자동화가 곤란하다.
④ **식물생태 측정장치**: 식물공장은 식물의 재배환경을 최적화한 자동 생산시스템으로 광합성, 증산량, 수분퍼텐셜(Potential), 생체중, 품질 등 식물생태에 대한 정보를 연속적이고, 비파괴적으로 측정할 수 있는 센서 및 분석장치들이 필요하다.

2. 양액재배

(1) 의 의
① 토양 대신 생육에 요구되는 무기양분을 용해시킨 영양액으로 작물을 재배하는 것으로, 무토양(Soilless)재배라고도 한다.
② 복잡한 토양환경을 양액으로 대체하여 지하부 근권환경을 단순화시켰다는 것이 가장 큰 특징이다.
③ 작물의 생육환경을 보다 완벽하게 조절할 수 있는 것은 물론이고, 작업의 생력화와 자동화가 훨씬 쉽다.

(2) 장단점 ★ 중요
① 장 점
　㉠ 품질과 수량성이 좋다.
　㉡ 농약사용량이 적다.
　㉢ 청정재배가 가능하다.
　㉣ 자동화가 쉬워 노력을 크게 줄일 수 있다.
　㉤ 장소에 관계없이 오염지, 바위섬, 사막 등에서도 재배가 가능하다.
　㉥ 토양을 사용하지 않기 때문에 연작이 가능하다.
② 단 점
　㉠ 양액의 완충능이 없다.
　㉡ 초기자본이 많이 필요하다.
　㉢ 전문적인 지식과 기술이 필요하다.
　㉣ 환경의 변화에 작물이 쉽게 대처하지 못하며, 병해를 입으면 치명적인 손실을 초래할 수 있다.
　㉤ 재배 가능한 작물의 종류가 많지 않다.
　㉥ 폐자재의 활용이 어렵다.

(3) 청정재배와 NFT(박막수경재배)
① NFT는 세계적으로 가장 널리 보급되어 있는 순환식 수경방식이다.
② 장 점
　㉠ 시설비가 저렴하고, 설치가 간단하다.
　㉡ 중량이 가벼워 관리가 편하다.
　㉢ 산소 부족이 없다.

> **예시문제 맛보기**
>
> **양액재배의 장점으로 옳지 않은 것은?** [15회 기출]
> ① 토양재배가 어려운 곳에서도 가능하다.
> ② 재배관리의 생력화와 자동화가 용이하다.
> ③ 양액의 완충능력이 토양에 비하여 크다.
> ④ 생육이 빠르고 균일하여 수량이 증대된다.
> **정답** ③

(4) 양액(무토양)재배의 종류

구 분	재배방식
기상배지경	분무경(공기경), 분무수경(수기경)
액상배지경	• 담액수경 : 연속통기식, 액면저하식, 등량교환식, 저면담수식 • 박막수경 : 환류식
고형배지경	• 천연배지경 : 자갈, 모래, 왕겨, 톱밥, 코코넛 섬유, 수피, 피트모스 등 • 가공배지경 : 훈탄, 암면, 펄라이트, 버미큘라이트, 발포점토, 폴리우레탄 등

[토양재배와 양액재배의 비교]

항 목	토양재배	양액재배
이어짓기장애	발생한다.	발생하지 않는다.
잡초 방제	잡초가 많아 제초작업이 필요하다.	잡초 제거가 필요 없다.
병충해	많은 토양전염성 병원균, 선충, 해충 때문에 돌려짓기를 한다.	배지 내에 병해충이 없고, 돌려짓기가 필요 없지만, 외부병원균이 침입하면 만연되기 쉽다.
재식밀도	영양분과 광량 때문에 제한된다.	제한요인이 광량뿐이어서 밀식이 가능하다.
배지 소독	• 노동력과 시간이 요구된다. • 완전소독이 불가하다.	단기간 소용되며, 간단하다.
시 비	시비량이 많고, 균등시비가 어려우며, 이용효율이 나쁘다.	시비량이 적고, 균등시비가 가능하며, 이용효율이 좋다.
정 식	• 이식과 정식에 시간이 걸린다. • 정식의 해를 입고, 정지작업이 힘들다.	• 이식과 정식이 간편하다. • 이식 및 정식의 해가 적고, 특별한 정지작업이 필요 없다.

> **예시문제 맛보기**
>
> **고형배지 없이 베드 내 배양액에 뿌리를 계속 잠기게 하여 재배하는 방법은?** [13회 기출]
> ① 분무경(Aeroponics)   ② 담액수경(Deep Flow Technique)
> ③ 암면재배(Rockwool Culture)   ④ 저면담배수식(Ebb And Flow)
> **정답** ②

01 시설원예의 중요성과 거리가 먼 것은?
　① 농한기 노동력의 활용으로 인한 노동생산성 증대
　② 기업적 경영과 계획생산출하로 상업적 경영 가능
　③ 신선한 원예식물의 주년공급 가능
　④ 저렴한 생산설비를 통한 순수익의 증대
　해설 시설 투자비용의 절감, 재배관리기술의 생력화 등이 과제로 남아 있다.

02 우리나라의 시설재배면적 중 가장 많은 재배면적을 차지하는 채소는?
　① 근채류　　　　　　　　② 조미채소류
　③ 과채류　　　　　　　　④ 엽채류
　해설 과채류 > 엽채류 > 조미채소류 > 근채류 순이다.

03 다음 시설재배 채소 중 가장 많이 생산되고 있는 것은?
　① 오 이　　　　　　　　② 수 박
　③ 참 외　　　　　　　　④ 토마토
　해설 수박 > 오이 > 참외 > 토마토 순이다.

04 우리나라에 가장 많이 보급되어 있는 시설의 형태는?
　① 양지붕형　　　　　　　② 반지붕형
　③ 벤로형　　　　　　　　④ 아치형
　해설 우리나라에는 아치형이 가장 많이 보급되어 있다.

정답　1 ④　2 ③　3 ②　4 ④

05 아치형 하우스에 관한 내용 중에서 잘못 표현된 것은?

① 광선 : 시설 내 광분포가 균일함
② 보온 : 방열면적이 넓고 보온성이 떨어짐
③ 습도 : 상부에 물방울이 생겨 다습해짐
④ 환기 : 천장환기를 하지 않으면 환기능률이 떨어짐

해설 아치형 하우스는 방열면적이 좁고, 보온성이 양호하다.

06 플라스틱필름 아치형 하우스의 장점은?

① 천창환기가 쉽다.
② 눈이 많이 오는 지역에 효과적이다.
③ 상부에 물방울이 생기지 않는다.
④ 실내 광분포가 균일하다.

해설 ①, ②, ③은 지붕형 하우스의 장점이다.

07 개량 아치연동형 하우스(1-2W형)의 기본시설에 해당되는 장치는?

① 측면 개폐장치
② 탄산가스 발생장치
③ 강제 팬 환기장치
④ 종합 컨트롤장치

해설 개량 아치연동형 하우스 : 아치형 하우스의 문제점을 개선하기 위해 설계된 것으로, 농가보급용 표준형에는 기본시설과 부대시설이 있다.
- 기본시설 : 구조 및 피복, 곡부 1·2종 개폐장치, 측면 개폐장치, 수평 커튼장치, 관수장치
- 부대시설 : 난방장치, 탄산가스 발생장치, 방제장치, 강제 환기장치, 종합 컨트롤장치

08 양지붕 연동형 온실의 장점이 아닌 것은?

① 토지의 이용률이 높다.
② 환기가 잘된다.
③ 난방효율이 높다.
④ 단위면적당 건축비가 싸다.

해설 양지붕 연동형 온실은 광분포가 불균일하고, 환기가 잘 안 되며, 적설로 인한 피해를 입기 쉬운 단점이 있다.

09 단동형보다 연동형 하우스의 보온비가 더 큰 이유는?
① 연동형의 외표면적이 크기 때문이다.
② 연동형의 기밀도가 상대적으로 작기 때문이다.
③ 연동형의 방열면적이 작기 때문이다.
④ 연동형이 외표면적에 대한 바닥면적 비율이 크기 때문이다.

> **해설** 바닥면적이 증가한 연동형이 보온에 더 유리하다.
> 보온비 = 온실 바닥면적 / 온실 표면적

10 다음 중 온실의 기울기를 가장 크게 해야 될 경우는?
① 바람이 많이 부는 곳에 설치되는 온실
② 강우량이 많은 곳에 설치되는 온실
③ 일사량이 적은 곳에 설치되는 온실
④ 적설량이 많은 곳에 설치되는 온실

> **해설** 온실의 기울기가 60° 이상인 경우에는 눈이 쌓이지 않고, 30~40°인 경우에는 50% 정도 쌓인다.

11 온실자재 알루미늄의 특징을 잘못 표현한 것은?
① 가벼워 다루기가 용이하다.
② 부식에 강하여 오래 쓸 수 있다.
③ 성형이 쉬워 복잡한 단면가공이 가능하다.
④ 강도가 강하여 많은 부재로 이용된다.

> **해설** 알루미늄은 철강보다 강도가 떨어지며, 내식성 알루미늄의 경우 값이 비싸 경제성의 문제가 발생한다.

12 다음 중 피복자재의 구비조건으로 잘못된 것은?
① 저렴해야 한다.
② 높은 광투과율을 지녀야 한다.
③ 열전도율이 높을수록 좋다.
④ 내구성이 크고 팽창 및 수축이 작아야 한다.

> **해설** 열전도율이 낮아야 보온력이 높다.

13 우리나라에서 가장 많이 사용되고 있는 피복자재는?

① 염화비닐(PVC)필름 ② 아세트산비닐(EVA)필름
③ 폴리에틸렌(PE)필름 ④ 유 리

해설 PE필름은 우리나라 하우스 외피복재의 70% 이상을 차지하고 있다.

14 다음 중 염화비닐필름의 성질을 설명한 것으로 적당하지 않은 것은?

① 장파복사열의 차단효과가 있다.
② 가소제가 표면으로 용출되어 먼지가 잘 달라붙는다.
③ 필름끼리 서로 달라붙는다.
④ 광선투과율이 낮다.

해설 염화비닐필름의 성질
- 광선투과율이 높다.
- 장파투과율과 열전도율이 낮아 보온력이 뛰어나다.
- 비료, 농약 등에 대한 내성이 크다.
- 연질이라 사용이 편리하다.
- 하우스의 외피복재로 가장 적합하나 값이 비싸 보급률이 낮다.

15 지면 피복용으로 사용되는 자재 중 산광효과를 동시에 얻을 수 있는 것은?

① 부직포 ② 연질필름
③ 반사필름 ④ 기포매트

해설 반사필름은 시설의 보광이나 반사광 이용 시 사용되며, 이 필름으로 커튼피복하면 열절감률이 높아진다.

16 다음 중 외피복용 피복자재로만 짝지어진 것은?

① 유리, 반사필름 ② FRA판, 한랭사
③ FRA판, PVC필름 ④ PE필름, 반사필름

해설 반사필름은 주로 반사 및 보광에, 한랭사는 차광에 이용된다.

17 시설 내의 온도 상승을 억제하고 잎이 타는 현상을 막기 위하여 사용되는 피복재는?
① 유 리
② 한랭사
③ PE필름
④ PVC필름

해설 한랭사는 시설의 차광이나 서리 방지를 위한 피복재로 사용된다.

18 온실의 피복자재로 유리를 이용할 때의 장점으로 틀린 것은?
① 내구성
② 불연성
③ 보온성
④ 내충격성

해설 유리는 투과성, 내구성, 보온성이 우수하다는 장점이 있지만 충격에 약하고, 시설비가 많이 들며, 연질필름에 비해 기밀도가 떨어진다는 단점이 있다.

19 시설원예 작물의 생육에 관여하는 환경조절요인은?
① 각 환경이 독립적인 요인으로 개별적인 영향을 미친다.
② 각 환경이 독립적 영향뿐만 아니라 상호간섭적으로 영향을 미친다.
③ 온도와 습도환경을 주축으로 모든 환경이 종속적 영향을 미친다.
④ 광강도를 주축으로 모든 환경이 종속적 영향을 미친다.

해설 시설은 인위적으로 조성된 공간이므로 외부와는 전혀 다른 환경 특징을 가지며, 각 환경인자가 독립적 또는 상호간섭적으로 영향을 미친다.

※ 노지와는 다른 시설 내 환경특이성

온 도	광	수 분	토 양	공 기
• 일교차가 크다. • 위치별 분포가 다르다. • 지온이 높다.	• 광질이 다르다. • 광량이 감소한다. • 광분포가 불균일하다.	• 토양이 건조해지기 쉽다. • 공중습도가 높다. • 인공관수를 한다.	• 염류농도가 높다. • 토양 물리성이 나쁘다. • 연작장해가 있다.	• 탄산가스가 부족하다. • 유해가스의 집적이 크다. • 바람이 없다.

20 시설원예 환경조절의 의미와 거리가 먼 것은?
① 환경 보호 및 보전
② 고품질 작물 생산
③ 작물의 최적 생육환경 조성
④ 생력화 재배

해설 ②, ③, ④는 시설원예 환경조절의 목표이다.

정답 17 ② 18 ④ 19 ② 20 ①

21 국화의 절화재배 시 장일처리를 할 때 광처리방법에 속하지 않는 것은?

① 보 광
② 인공조명
③ 차 광
④ 교호조명

해설 차광은 개화기를 앞당기는 단일처리에 필요한 방법이다.

22 온실의 투과량 증대방안이 아닌 것은?

① 커튼이나 터널 등의 2중 피복
② 강도가 높고 용적이 작은 골재의 선택
③ 시설의 설치방향 조절
④ 내음성 작물 개발 등 경종적 방법 개선

해설 광투과율이 높은 피복재라도 보온성을 높이기 위해 커튼이나 터널 등을 2중 피복하면 광투과율이 40% 이상 감소한다.

23 다음 중 시설 설치방향의 설명으로 틀린 것은?

① 단동일 경우 광선의 입사량을 증대시키기 위해 동서로 설치한다.
② 단동일 경우 반촉성재배 시는 입사광량을 감소시키기 위해 남북으로 설치한다.
③ 계절풍이 강하게 부는 지역은 바람의 방향과 평행하게 설치한다.
④ 연동일 경우 사각에 의한 연속차광을 줄이기 위해 동서로 설치한다.

해설 연동의 경우에는 동서 설치가 남북 설치보다 그림자가 심하게 드리워서 광분포의 불균일성이 크다.

24 태양고도가 낮을 때 동서동의 시설 북측벽에 반사판을 설치하면 어떤 효과가 나타나는가?

① 광량을 증대시킬 수 있다.
② 광분포를 균일하게 할 수 있다.
③ 광질을 크게 개선할 수 있다.
④ 해충의 비래를 막을 수 있다.

해설 반사광을 실내로 유도하면 광량을 증대시킬 수 있는데, 태양의 고도가 35°일 때 투과광 74%, 반사광 38%로 총 112%가 되어 바깥보다 12%의 광량이 많아진다.

정답 21 ③ 22 ① 23 ④ 24 ①

25 자외선이 차단된 필름을 사용하면 어떠한 반응이 일어나는가?

① 안토시아닌의 발현 촉진 ② 벌의 활동 억제
③ 균핵병 포자의 형성 촉진 ④ 엽면적의 확대

> **해설** 자외선의 투과를 억제하는 필름은 가지류나 화훼류의 착색을 불량하게 하며, 수분매조의 비래를 방해하여 딸기 등에서의 수분을 불충분하게 한다.

26 시설에서 하루 중 CO_2 농도가 가장 높은 때는?

① 해 뜨기 직전 ② 한 낮
③ 해 지기 직전 ④ 한밤중

> **해설** 야간에는 식물체의 호흡과 토양미생물의 분해활동으로 배출되는 탄산가스로 인해 높은 탄산가스 농도를 유지하지만, 아침에 해가 뜨고 광합성이 시작되면서부터 서서히 낮아진다.

27 밀폐된 시설에서 채소의 광합성을 저해하며 생육에 부진한 영향을 미치게 하는 요인은 무엇인가?

① 비료의 과용 ② 수분의 과다
③ 일산화탄소의 부족 ④ 이산화탄소의 부족

> **해설** 밀폐된 시설 내에서 식물을 재배하면 광합성에 의한 탄산가스의 일방적인 소모로 인해 주변의 탄산가스가 감소하고, 보통 오전 11~12시경에는 노지에 비해 탄산가스 농도가 낮다.

28 시설 내의 환경에서 가장 중요하게 취급되는 인자는?

① 온도 환경 ② 광 환경
③ 수분 환경 ④ CO_2 환경

> **해설** 온도는 조절이 용이하지 않고 식물, 계절, 생육단계, 기상조건에 따라 관리를 달리 해야 하기 때문에 시설 내에서 가장 중요한 환경인자이다.

정답 25 ② 26 ① 27 ④ 28 ①

29 시설의 온도는 항온보다 낮에는 높고 밤에는 가급적 낮게 유지하는 변온관리가 바람직하다. 그 이유는?
① 광합성을 촉진하고, 야간의 호흡작용을 억제하기 때문에
② 한겨울에 난방비를 절약할 수 있기 때문에
③ 작물체를 자극시켜 휴면을 타파시킬 수 있기 때문에
④ 광합성을 늦게까지 지속시키기 위하여

해설 낮의 높은 온도는 광합성을 증가시키고, 밤의 낮은 온도는 호흡을 억제시켜 상품성을 좋게 한다.

30 시설의 온도관리에서 일몰 직후 실내온도를 다소 높게 유지시켜 주는 이유는?
① 광합성물질의 전류를 촉진하기 위하여
② 야간온도의 급격한 하강을 방지하기 위하여
③ 야간온도에 대한 적응성을 높여 주기 위하여
④ 광합성을 늦게까지 지속시키기 위하여

해설 광합성물질의 전류가 끝난 다음에는 호흡을 억제시키기 위해 온도를 좀 더 낮은 수준으로 유지한다.

31 시설 내의 보온효율을 높이는 방법으로 옳지 않은 것은?
① 단열재를 매설한다.
② 플라스틱멀칭을 한다.
③ 시설의 바닥면적을 줄이고, 표면적을 크게 한다.
④ 토양수분을 적절히 유지한다.

해설 시설의 바닥면적이 크고, 표면적이 작아야 보온에 유리하다.

32 시설 내부에 축열량을 증대시키기 위한 방법으로 적절치 못한 것은?
① 하우스의 방향을 동서동으로 한다.
② 투광률이 높은 피복자재를 사용한다.
③ 이동식 커튼에서 고정식 커튼으로 바꾸어 열원을 증대시킨다.
④ 야간에는 방열량을 최소화하여 보온력을 높인다.

해설 고정식 커튼에서 이동식 커튼으로 바꾸어 열원을 증대시켜야 한다.

33 온실의 난방부하란 무엇인가?

① 난방 중인 온실로부터 외기로 방출되는 열량 중 난방설비가 부담해야 할 열량
② 난방에 필요한 열량 중 지중전열량을 제외한 총열량을 공급하는 데 필요한 열량
③ 난방 중인 온실 내에서 관류열량과 환기전열량을 보충하여야 할 필요열량의 총합
④ 온실의 표면적과 온실 내의 기온 차에 비례하여 부족한 열량을 난방설비가 부담해야 할 열량

해설 난방부하 : 작물생육에 필요한 시설 내 적정온도를 유지하기 위해 시설로부터 방출되는 열량을 난방설비로 공급해야 할 열량

34 온실의 열손실 가운데 가장 큰 비중을 차지하는 것은?

① 관류열량
② 환기전열량
③ 지중전열량
④ 난방열량

해설 관류열량이란 시설의 피복재를 통과하여 나가는 열량으로, 전체 열손실의 60% 이상을 차지한다.

35 동화산물의 전류에 가장 큰 영향을 미치는 환경요인은?

① 광
② 온 도
③ 습 도
④ 탄산가스

해설 온도가 높으면 잎으로부터 과실과 뿌리로의 동화산물 전속속도가 빠르지만, 온도가 낮으면 전류속도가 느리고 전류량도 적다.

36 다음 중 시설 내의 공기습도가 낮아지면 발생하는 현상으로 알맞은 것은?

① 광합성량이 감소한다.
② 곰팡이 병해가 많이 발생한다.
③ 토양수분함량이 높아진다.
④ 식물체의 증산량이 증가한다.

해설 시설 내의 공기습도가 낮아지면 증산량이 증가하여 수분 흡수가 촉진되고, 공기습도가 높아지면 증산량 및 광합성이 감소하며 병해가 심하게 발생한다.

정답 33 ① 34 ① 35 ② 36 ④

37 시설원예 식물이 가장 유용하게 이용하는 토양수분은 어느 것인가?

① 모관수와 흡착수
② 모관수와 포장용수량
③ 중력수와 흡착수
④ 중력수와 모관수

해설 일반 노지식물은 모관수, 시설원예 식물은 모관수와 중력수를 유용하게 이용한다.

38 시설재배에서 토양염류의 축적원인으로 관계가 가장 적은 것은?

① 다비재배
② 다 습
③ 고 온
④ 무강우

해설 시설 내 높은 온도와 계속적인 비료의 다량시비 그리고 토양 내 물질이 용탈되지 않는 시설 내 특성 때문에 염기가 축적된다.

39 염류농도를 낮추는 방법이 아닌 것은?

① 관수 또는 담수로 제염한다.
② 휴한기를 이용하여 단기간 내염성 식물을 재배한다.
③ 마른 볏짚이나 마른 옥수수대 같은 미분해성 유기물을 사용한다.
④ 시설재배지에 연작을 한다.

해설 연작은 염류의 축적을 가중시킨다.

40 시설 내 환기의 효과로 볼 수 없는 것은?

① 온도 조절
② 습도 조절
③ 산소 조절
④ 유해가스 배출

해설 ①, ②, ④와 더불어 탄산가스 공급, 시설 내 공기 유동 등의 효과가 있다.

41 다음 중 시설 내의 가스장해에 대한 대책으로 가장 알맞은 방법은?

① 토양을 건조시킨다.
② 시비량을 증가시킨다.
③ 환기한다.
④ 요소비료를 토양 표면에 많이 시비한다.

해설 유해가스는 대개 공기보다 무거우므로 강제환기한다.
시설 내 가스장해 대책
- 토양이 건조하거나 과습하면 아질산가스가 많이 발생하기 때문에 토양을 중성으로 하고, 적습을 유지한다.
- 요소비료를 줄이고, 완숙된 유기물을 사용한다.
- 유해가스에 저항성이 있는 식물을 선택한다.

42 시설재배 시 주간에 환기를 충분히 해 주지 않았을 때 일어날 수 있는 현상이 아닌 것은?

① 습도가 높아진다.
② 온도가 높아진다.
③ CO_2의 농도가 높아진다.
④ 유해가스의 농도가 높아진다.

해설 시설 내에는 탄산가스 농도가 낮아 광합성량의 저하로 인한 생육불량이 나타나는데, 이때 환기하면 탄산가스 농도를 대기수준과 유사한 정도까지 높일 수 있다.

43 다음의 시설 내 유해가스 중에서 주로 토양으로부터 방출되는 가스는?

① 암모니아가스
② 아황산가스
③ 일산화탄소
④ 아세틸렌가스

해설
- 토양 중 유기물이 분해되면서 발생하는 것 : 암모니아가스, 질산가스 등
- 난방기의 화석원료 연소과정에서 발생하는 것 : 일산화탄소, 아황산가스, 에틸렌가스 등

정답 41 ③　42 ③　43 ①

44 자연환기를 위한 환기창의 면적은 전체 하우스 표면적의 어느 정도가 적당한가?

① 10% ② 15%
③ 20% ④ 25%

해설 약 15% 정도가 적당하다.
자연환기방식의 특징
- 환기창의 면적이나 위치를 잘 선정하면 비교적 많은 환기량을 얻을 수 있다.
- 온실 내의 온도분포가 비교적 균일하다.
- 풍향이나 풍속 등 외부 기상조건의 영향을 받는다.

45 다음 중 강제환기방식의 설명으로 잘못된 것은?

① 환기량은 환풍기의 풍량 및 대수, 흡입구와 배출구의 면적이나 위치에 따라 변한다.
② 환기효과가 낮고, 균일하지 않다.
③ 환풍기의 그림자로 인해 실내 광량의 감소가 있다.
④ 환풍기에 의한 환기는 전기료 및 소음 그리고 정전 시 문제가 있다.

해설 ②는 자연환기방식의 단점이다.

46 다음 중 시설 내 생리장애 발생의 원인으로 가장 거리가 먼 것은?

① 일조시간의 단축
② 시설의 피복
③ 유해가스의 배출
④ 토양수분의 과다

해설 ①, ③, ④ 외에도 토양염류의 집적, 농약의 오남용 등 여러 원인이 있다.

47 딸기의 시설재배에서 꿀벌을 방사하는 이유는?

① 딸기꿀을 채취하기 위해서
② 수분과 수정을 돕기 위하여
③ 꿀벌의 월동을 돕기 위하여
④ 화아분화를 유도하기 위하여

해설 개화기에는 꿀벌을 방사하여 수분을 매개하는 것이 일반적인데, 고온에서는 방사하지 않고 방사하더라도 높게 날기 때문에 수분매개가 잘 되지 않아 수정불량으로 인해 기형과의 발달이 많아질 우려가 있다.

48 시설 내의 작물이 병해충에 대하여 연약하게 되는 이유가 아닌 것은?

① 주간에 온도가 높다.
② 시설 내의 광도가 낮다.
③ 환기불량으로 인해 산소가 부족하다.
④ 습도가 대단히 높다.

해설 시설 내 병해충 발생
• 야간의 저온, 주간의 고온은 병원균의 발아와 생장을 촉진시킨다.
• 대부분의 식물병은 다습한 조건에서 발생이 심하다.
• 광도가 낮으면 병해충에 대한 저항성이 약해진다.

49 하우스 내 재배식물에 병이 많이 발생하는 가장 큰 이유는 어느 것인가?

① 높은 온도
② 높은 습도
③ 강한 광선
④ 낮은 온도

해설 다습한 환경조건에서는 노균병이나 역병 등의 여러 병해가 발생한다.

정답 47 ② 48 ③ 49 ②

50 양액재배의 효과가 아닌 것은?

① 관수 노력 절감
② 비배관리의 자동화
③ 이어짓기의 해를 받는다.
④ 청정재배의 효과

해설 양액재배는 연작장해를 회피할 수 있어 같은 장소에 같은 식물을 재배할 수 있다.

※ 양액(무토)재배의 장단점

장 점	단 점
• 연작재배가 가능하다.	• 양액의 완충능이 작다.
• 청정재배가 가능하다.	• 많은 자본이 필요하다.
• 자동화 · 생력화가 쉽다.	• 전문적 지식이 필요하다.
• 생육과 수량성이 좋다.	• 병균의 전염성이 빠르다.
• 아무 곳에서나 가능하다.	• 작물의 선택이 제한적이다.

51 양액재배의 특징 중 장점이 아닌 것은?

① 비배관리의 자동화가 가능하다.
② 많은 설비투자가 필요하다.
③ 비료의 비용을 절감할 수 있다.
④ 황폐지에서도 이용이 가능하다.

해설 양액재배는 초기 자본이 많이 필요하다는 단점이 있다.

52 양액재배의 특성으로 가장 옳은 것은?

① 연작장해를 받으며, 같은 식물을 반복해서 재배할 수 없다.
② 각종 채소의 청정재배가 가능하다.
③ 생육이 느려서 생산량은 감소한다.
④ 배양액의 완충능력이 높으므로 양분 농도나 pH 변화의 영향을 받기 어렵다.

해설 양액재배는 토양이 없는 상태에서 오염되지 않은 영양액을 사용하므로 병균이나 중금속 등의 오염을 피할 수 있다.

53 양액관리의 자동화가 필요한 이유 중 옳지 않은 것은?

① 토양재배에 비하여 비료의 완충작용이 크기 때문에 자동화가 용이하고, 비용이 적게 든다.
② 양액관리에 인력이 많이 소요되어 자동화하지 않으면 경제성이 떨어진다.
③ 식물 및 생육단계별로 정확한 양액의 공급과 조절이 필요하여 기계화해야 한다.
④ 생육상황이나 기상에 따라 양액관리가 달라지기 때문에 자동화하지 않으면 면밀한 관리가 어렵다.

해설 양액재배는 식물체의 지하부가 완충능이 작은 물속에 있으므로 토양재배에 비해 pH, 온도, 산소량 등의 영향을 쉽게 받는다.

54 휘록암 등을 섬유화하여 적절한 밀도로 성형화시킨 것으로서 통기성, 보수성, 확산성이 뛰어난 양액재배용 배지에 해당되는 것은?

① 질 석
② 훈 탄
③ 경 석
④ 암 면

해설 암면은 락울(Rockwool)배지라고도 하며 휘록암, 석회암 및 코크스 등을 섞어 고온에서 용해시킨 후 섬유화한 것이다.

55 다음 중 NFT(Nutrient Film Technique)에 대한 설명으로 잘못된 것은?

① 고형배지경의 일종이다.
② 삼각형의 필름배드를 사용한다.
③ 1/100 이상의 경사도가 있어야 한다.
④ 조금씩 양액을 흘려보낸다.

해설 NFT는 세계적으로 가장 널리 보급되어 있는 순환식 수경방식이다.

※ 무토재배의 종류

구 분	재배방식
기상배지경	분무경(공기경), 분무수경(수기경)
액상배지경	• 담액수경 : 연속통기식, 액면저하식, 등량교환식, 저면담수식 • 박막수경 : 환류식
고형배지경	• 천연배지경 : 자갈, 모래, 왕겨, 톱밥, 코코넛 섬유, 수피, 피트모스 등 • 가공배지경 : 훈탄, 암면, 펄라이트, 버미큘라이트, 발포점토, 폴리우레탄 등

정답 53 ① 54 ④ 55 ①

56 다음 중 NFT 시설의 결점은?

① 시설비가 많이 든다.　　② 산소가 부족하기 쉽다.
③ 설치가 어렵다.　　　　④ 고온기에 양액의 온도가 너무 높다.

해설　NFT의 장점
- 시설비가 저렴하고, 설치가 간단하다.
- 중량이 가벼워 관리가 편하다.
- 산소 부족이 없다.

57 양액재배에서 양액의 pH가 낮아졌을 때 양액의 pH를 높이기 위하여 넣어 주는 것은?

① 질 산　　　　　　　　② 인 산
③ 황 산　　　　　　　　④ 수산화나트륨

해설　양액의 pH를 높이기 위해서는 수산화나트륨이나 수산화칼륨을 넣어 주고, 양액의 pH를 낮추기 위해서는 황산을 넣어 준다.

58 양액재배에서 양액의 염류농도 지표로 삼는 것은?

① pH　　　　　　　　　② 산소 농도
③ 전기전도도　　　　　　④ 탄산가스 농도

해설　양액의 농도는 전기전도도(EC)로 표시하고, 배양액 중에 이온이 많으면 수치가 커지며, 대부분의 식물 EC의 적정범위는 1.5~2.5이다.

59 양액이 갖추어야 할 조건으로 옳지 않은 것은?

① 뿌리에서 흡수하기 쉬운 형태로 물에 용해된 이온상태일 것
② 식물에 유해한 이온을 함유하지 않을 것
③ 용액의 pH 범위가 5.5~6.5일 것
④ 재배기간 동안 농도, 무기원소 간의 비율 등이 변화할 것

해설　재배기간 동안 농도, 무기원소 간의 비율, pH 등이 변화하지 않아야 한다.

정답　56 ④　57 ④　58 ③　59 ④

60 식물공장에서 재배되는 식물의 특징으로 옳은 것은?

① 연작장해가 심하다.
② 단위면적당 생산량이 떨어진다.
③ 외부 기상조건의 영향을 많이 받는다.
④ 생육속도가 빨라 재배기간이 단축된다.

해설 식물공장은 인위적으로 조성된 최적 환경을 제공하므로 생장속도가 빨라 수확기를 단축할 수 있다.

61 식물공장의 설명으로 볼 수 없는 것은?

① 장소의 제한을 받지 않는다.
② 노동력과 생산비를 크게 줄일 수 있다.
③ 고품질의 농산물 생산이 가능하다.
④ 계절에 관계없이 계획생산이 가능하다.

해설 식물공장은 노동력을 줄일 수 있는 장점이 있지만, 초기 투자비와 유지비가 많이 드는 단점도 있다.

62 식물공장의 단점이 아닌 것은?

① 양액재배방식에 의한 연작장해가 있다.
② 초기 투자비 및 유지비가 많이 든다.
③ 수경재배방식이므로 병 발생 시 식물 전체에 오염될 가능성이 있다.
④ 양액의 완충능력이 적기 때문에 양액관리가 까다롭다.

해설 양액재배는 토양을 사용하지 않기 때문에 연작이 가능하다.

63 공장식 생산시스템을 가진 완전제어형 식물공장의 특성을 잘못 표현한 것은?

① 계획생산과 주년생산 가능
② 실내환경의 완전제어 가능
③ 작업의 공정자동화 가능
④ 자연광의 효율적 이용 가능

해설 완전제어형 식물공장은 광을 투과시키지 않는 단열재료를 사용하여 건설하며, 전적으로 인공조명에 의존하여 작물을 재배한다.

정답 60 ④ 61 ② 62 ① 63 ④

교육은 우리 자신의 무지를 점차 발견해 가는 과정이다.

– 윌 듀란트 –

PART 03

수확 후 품질관리론

CHAPTER 01   농산물의 유통과 수확 후 품질관리
CHAPTER 02   수 확
CHAPTER 03   품질구성과 평가
CHAPTER 04   수확 후 처리
CHAPTER 05   선별과 포장
CHAPTER 06   저 장
CHAPTER 07   수확 후 장해
CHAPTER 08   안전성과 신선편이농산물

합격의 공식 시대에듀
www.sdedu.co.kr

CHAPTER 01 농산물의 유통과 수확 후 품질관리

01 농산물의 유통

1. 농산물 유통의 특징과 실태

(1) 농산물 유통의 특징

① 양과 질의 불균일성
  ㉠ 원예산물은 생산장소, 토양, 생산기술과 방법에 따라 동일품종이라도 생산량과 품질이 균일하지 않다.
  ㉡ 원예산물은 생산량과 품질이 불균일하기 때문에 **표준화와 등급화가 어려우며 가격이 불안정**하다.
  ㉢ 대안 : 생산기술을 개발하여 균일한 제품이 생산되도록 노력해야 하며, 이를 표준화·등급화하여야 한다.

② 용도의 다양성
  ㉠ 원예산물의 주된 용도는 식품이지만 식품원료, 가공식품, 공업원료로도 이용된다.
  ㉡ 수요량과 공급량, 가격에 따라 대체작물의 이용이 가능하다.
  ㉢ 대안 : 1차 산업뿐만 아니라 2·3차 산업도 농업 연관 산업으로 해석하고, 활용가치가 높은 대체작물을 개발하여야 한다.

③ 수요와 공급의 비탄력성
  ㉠ 원예산물은 가격 변화에 따른 수요와 공급의 변화가 매우 적다. 즉, **비탄력적**이다.
  ㉡ 공급요인 : 원예산물은 자연의 영향을 많이 받고, 일정한 재배기간이 존재하므로 수요의 변화에 따른 즉각적인 공급이 일어나지 않는다. 또한 가격이 하락한다고 해도 즉각적으로 공급을 감소시키기 힘들다.
  ㉢ 수요요인 : 원예산물은 생존에 필수적인 식품으로서의 특성으로 인해 공급의 변화에 따른 수요의 변화가 크지 않다.
  ㉣ 대안 : 시기적으로 수요와 공급을 예측하여 과잉공급이나 공급부족이 일어나지 않도록 조절하여야 한다.

④ 계절의 편재성
  ㉠ 대체적으로 원예산물은 재배 및 수확시기가 일정하게 정해져 있다.
  ㉡ 영농자재의 공급, 인력의 편재, 자연조건의 변화 및 시장출하의 계절성 등으로 인해 시장에서의 가격 형성을 예측하기 힘들다.

ⓒ 계절의 편재에 따라 수확된 물량이 비슷한 시기에 출하되는 현상이 일어나 가격이 하락하는 경우가 많다.
　　② 대안 : 영농기술을 개선하여 출하시기를 조절하는 한편, 장기저장기술을 개발하여 이용기간을 연장하고, 가공기술을 개발하여 잼, 음료, 주류 등 이용방법을 다양화해야 한다.
⑤ 부피와 중량
　　㉠ 원예산물은 가치에 비해 부피가 크고 무거운 편이어서 수송비용 및 저장·보관비용이 많이 든다.
　　㉡ 대안 : 포장규격과 등급규격에 맞는 표준규격품으로 포장·출하하여 부피와 중량을 감소시킴으로써 수송비용을 절감하고, 쓰레기 처리비용을 줄이는 등 사회적 이익을 동시에 얻을 수 있도록 한다.
⑥ 부패성
　　㉠ 원예산물은 대부분 유기산물이므로 내구성이 약하고, 손상 또는 부패하기 쉽다.
　　㉡ 원예산물은 수확에서부터 수송, 저장, 보관 등 유통의 전 과정에서 그 신선도를 유지하기가 어렵다.
　　ⓒ 대안 : 원예산물의 상품가치를 위해서는 유통의 전 과정에서 신선도를 유지하여야 하므로 저온유통체계(Cold Chain System)를 체계화하여야 한다.
⑦ 국내 농가의 영농규모의 영세성
　　㉠ 농가당 농경지의 규모가 작고, 영농규모가 영세하다.
　　㉡ 대안 : 작목반 또는 영농법인 등을 통한 농업의 규모화가 필요하다.

(2) 농산물 유통의 실태
① 상온유통의 재래유통시스템 의존
　　㉠ 생산자와 유통업자 모두 영세하고, 저온유통체계 등의 기반시설이 미비하여 재래식 상온유통에 의존하는 경우가 많다.
　　㉡ 우리나라의 경우 냉장차에 의한 수송이 미흡하여 운송 중 품질의 손상이 많이 발생한다.
② 복잡한 유통경로
　　㉠ 생산자로부터 소비자에 이르기까지 유통의 기구와 경로가 복잡하다.
　　㉡ 농산물의 유통과정 : 생산자 → 수집상 → 도매시장 → 도매상 → 소매상 → 소비자
③ 수확 후 관리의 경제성
　　㉠ 수확 후 유통관리
　　　• 원예생산물은 수확 후에 저장·선별 또는 포장 후 유통과정을 거쳐 소비자에게 판매되거나 가공원료로 이용된다.
　　　• 수확 후 유통관리는 생산물의 생리대사작용과 수분 함량의 변화, 장해현상을 감소시키기 위한 기술을 응용하여 품질을 최상으로 유지하는 데 그 목적을 두고 있다.

- 원예생산물은 비교적 크기가 크고, 조직이 연하며, 수분 함량이 높고, 호흡이 왕성하기 때문에 건조 후 유통되는 주곡작물에 비해 수확 후 부패되기 쉬워 곡물에 비해 수확 후의 손실이 매우 크다.

[원예생산물의 수확 후 유통단계별 손실원인]

유통단계	손실원인
수 확	작업 시 기계적 상처, 이물질(흙 등) 혼입, 불량환경(강우, 서리 등)하에서의 수확
선별 및 포장	거친 작업에 의한 손상, 부적합한 선별에 의한 진동상(박스 안에 담겨진 과일의 크기가 불균일한 경우), 포장용기 내의 불량환경에 의한 생리적·병리적 손상
저 장	과숙 및 노화에 의한 부패, 감자의 발아와 같은 2차 생장, 생리장해 및 병리장해, 해충이나 쥐에 의한 손상
수 송	압상, 진동상, 불량환경(온도, 습도, 가스 등)에 의한 손상
판 매	빈번한 취급작업에 의한 물리적 손상, 판매기간의 연장에 따른 과숙 및 노화
소 비	보관기간의 연장에 따른 부패

ⓒ 원예생산물의 수확 후 손실률
- 우리나라의 경우 사과, 감귤 등 비교적 포장화가 잘 되어 유통되는 품목의 손실률은 낮은 편이나 포장화가 미비한 무, 배추 등의 손실률은 높게 나타나고 있다.
- 수확 후 손실을 줄이는 것은 음식물의 영양가치를 증진시키고, 식량자원을 보존하며, 식량을 생산하는 데 필요한 에너지와 인력을 줄일 수 있다는 장점이 있다.

[원예생산물의 품목별 손실률]

손상용이도	평균보존 가능기간(주)	품 목		손실률(%)
		과 일	채 소	
매우 높음	< 1	딸기, 살구, 버찌, 무화과 등	상추, 시금치, 파, 완숙토마토, 양송이버섯 등	25~50
높 음	1~2	포도, 비파, 밀감, 복숭아, 자두, 구아바, 망고, 파파야, 바나나 등	가지, 고추, 애호박, 양배추 등	20~40
중 간	2~4	사과, 배, 오렌지, 레몬, 자몽 등	무, 당근, 미숙감자 등	15~30
낮 음	4 <	야자, 핵과류, 건과류 등	완숙감자, 양파, 마늘, 늙은 호박, 고구마 등	10~20

2. 수 송

(1) 수송기능
① 생산자와 소비자 사이의 장소적 격리 또는 시간적인 불일치를 조절한다.
② 시장의 개발과 경쟁의 조성을 위해 중요한 역할을 하며, 신속한 수송은 농산물의 신선도 유지를 통한 상품성 유지, 산물의 재고 조정과 저장비용 절감 등에 영향을 준다.

(2) 수송방법
① 운송수단에 따른 분류
    ㉠ 육로수송
        - 자동차수송 : 단거리 수송으로 운송비가 적게 들며, 기동성이 있고, 도로망이 많아 문 앞까지의 접근이 용이하며, 소량수송이 가능하다.
        - 철도수송 : 정확성이나 안전성은 우수하지만 융통성이 적으며, 장거리인 경우에는 수송비용이 적게 들고 대량수송이 가능하지만, 단거리인 경우에는 오히려 비용이 많이 든다.
    ㉡ 해상수송 : 주로 장거리 수송에 많이 이용되며, 대량수송이 가능하고, 운송비가 저렴하지만 제한적이다.
    ㉢ 항공수송 : 고가의 신선농산물에 많이 이용되며, 비용이 많이 들고, 공항이나 항로에 따라 제한적이다.
② 저온 및 예랭된 농산물은 냉동기가 부착된 냉장차나 냉장트레일러 및 컨테이너를 이용하여 10℃ 이하로 수송하는 것이 바람직하다.
③ 표준팰릿(1,100×1,100mm)을 사용하여 적재한 채로 수송하면 인력 절감과 함께 수송 및 상하차 시 산물의 파손을 줄여 거래가 신속하게 이루어지므로 시간이나 비용을 절감할 수 있다.

02 수확 후 품질관리의 개념

1. 수확 후 품질관리의 의의와 필요성

(1) 의의
① 수확 후의 품질관리란 농산물이 수확되어 최종소비자에게 도달되는 과정에서 신선도를 유지하고 부패를 방지하여 품질을 높이고, 감모율을 줄이며, 유통기간을 연장시키기 위한 목적으로 실시되는 모든 조치를 총칭한다.
② 수확한 작물의 선별, 예랭, 저장, 포장, 수송 등에 이르는 전 과정에 대한 기술을 전문적으로 이용하여 상품성을 최대한 증가시키는 활동이다.
③ 수확 후 품질관리는 농산물의 물류효율화를 위한 핵심기술이며, 상품성 향상을 통해 부가가치를 창출하는 제2의 생산활동이라고 할 수 있다.

(2) 필요성
① 수확 후 관리의 이론적 배경
㉠ 농산물의 수확 이후 품질은 생산된 농산물의 특성, 관리기술의 활용 정도, 사회·문화적 소비수준 등의 요소에 따라 달라진다.
㉡ 생산된 농산물의 생명현상 중 호흡, 증산, 에틸렌, 성숙, 숙성, 노화, 성분 변화 등의 특성과 원리에 대하여 이해함으로써 수확 이후 발생하는 손실을 최소화하고 품질을 장기간 유지시키는 것을 목적으로 한다.
② 국제 여건의 변화 : 외국 농산물과의 가격 및 품질, 경쟁력 제고의 필요성
③ 유통구조의 변화
㉠ 유통경로별 원예산물의 유통 점유비율 증가
㉡ 대형 유통업체와 전자상거래는 계속 성장하지만, 재래시장 등은 정체 및 쇠퇴 경향
㉢ 고품질·규격화 농산물의 연중 공급요구 증대
④ 소비자의 기호 변화
㉠ 신선도, 안전성에 대한 요구 증대
㉡ 수량, 가격에서 신선도, 안전성으로 우선순위 변화
⑤ 농업소득의 하락
㉠ 가격 하락, 소비 정체, 수입 증가 등으로 인한 농업소득 하락 추세
㉡ 대안으로서의 농업소득 안정을 위한 수출 확대, 신선편이(Fresh-cut) 등의 신규수요 필요
㉢ 농산물의 부가가치를 높이는 대안의 필요

2. 수확 후 품질관리기술

(1) 품질 결정요소

사회·문화적 환경(소비수준)	• 소비자 기호	• 소비자 유형	• 시장성
생물적 특성	• 품 종 • 저장성	• 재배법 • 가공성	• 수확시기 • 수송성
품질관리기술	• 품질안정성 유지기술 • 상품차별화 기술 • 부가가치 창출기술 • 시설, 장비의 효율적인 이용기술		

(2) 수확 후 품질관리기술의 개념

수확 후 생명유지 작용		• 호 흡 • 성 숙	• 수분 증산 • 장 해	• 에틸렌 발생
유통환경		• 온 도 • 에틸렌 농도 • 화학제재 사용	• 상대습도 • 빛	• 가스조성 • 진동·충격
품질관리기술	품질안전성 유지기술	• 예랭, 저온저장, 저온수송 • CA저장, MA포장, 신선도 유지재 • 큐어링, 훈증, 살균 • GAP, HACCP 적용 및 관련 기술		
	상품화 기술	• 선 별 • 탈 삽	• 포 장 • 후 숙	
	부가가치 창조기술	• 신선편이(Fresh-cut) • 음 료	• 잼 • 주류가공	
	시스템화 기술	유통센터, 물류시스템 구축 및 효율화		

CHAPTER 02 수 확

01 성숙과 수확

1. 성숙

(1) 성숙의 개념 ★ 중요
① 식물체상에서 미숙한 과실이 수확 가능한 상태로 변해가는 과정을 성숙이라고 하며, 먹기에 가장 적합한 상태로 익어가는 과정을 숙성이라고 한다.
② 생리적 성숙 : 식물의 외관이 갖추어지고 충실해지며, 꽃이 피고 열매를 맺어 종자가 발아할 수 있는 상태가 되어 수확의 적기가 되는 것을 성숙이라고 한다.
③ 원예적 성숙 : 생리적 성숙에는 미치지 못하였더라도 애호박이나 오이 등의 경우처럼 원예적 이용목적에 따라 수확하는 시기를 원예적 성숙이라고 한다.
④ 상업적 성숙 : 상업적 가치에 따라 수확시기가 결정된다.

(2) 생리적 성숙도 판정기준
① 원예산물의 품종 고유의 색깔 및 특색이 발현된다.
② 익어 가는 과실은 신맛과 떫은맛이 적어지고, 단맛이 많아지며, 과육이 연하게 물러진다.
③ 품종 고유의 색이 오르고, 향기가 나며, 씨가 굳는다.
④ 개화기에서 성숙기까지는 거의 일정한 시간이 걸린다.
⑤ 잘 익은 과실은 본주에서 꼭지가 잘 떨어진다.

(3) 주요 과실별 판정지표
① **사과 : 전분 함량**
   ※ **아이오딘(요오드) 검사** : 전분은 아이오딘과 반응하여 청색을 나타내는데, 사과는 성숙이 진행될수록 반응이 약해져 완전히 숙성된 과일은 반응이 나타나지 않으며, 아이오딘반응의 정도에 따라 장기저장용, 단기저장용, 직출하용으로 나누어 수확기를 결정할 수 있다.
② **복숭아 : 경도**
③ **감귤 : 주스 함량**
④ **배추 : 결구**
⑤ **단감 : 떫은맛**
⑥ **키위, 멜론 : 산 함량**

[성숙기 판정에 이용되는 지표]

판정지표	해당 품목 또는 현상
개화 후 경과일수	사과, 배 등
누적온도(적산온도)	사과, 배, 옥수수 등
이층(離層)의 발달	멜론류, 사과 등
표면의 형태	멜론의 네트 발달, 왁스층의 발달
크 기	모든 품목
비 중	감자, 수박 등
모 양	꽃양배추의 충실함
견고함	양상추, 양배추의 결구 정도
조직의 단단함	사과, 배, 복숭아 등
외부색상	모든 품목
당 도	복숭아, 참다래 등
전 분	사과, 배 등
당 함량	사과, 배, 핵과류, 포도 등
산도 또는 당산 비율	감귤류, 참다래, 멜론, 석류 등
과 즙	감귤류 등
떫은맛	감 등
내부 에틸렌 농도	사과, 배 등

예시문제 맛보기

사과의 수확시기를 예측하기 위한 인자로 가장 적합한 것은? [3회 기출]
① 중 량 ② 전분지수
③ 호흡량 ④ 에틸렌 발생량

정답 ②

---

2. 수 확

(1) 수확시기
① 원예산물의 이용목적에 따라 수확기를 결정한다.
② 발육 정도, 재배조건, 시장조건, 기상조건에 따라 수확기를 결정한다.
③ 과실의 외관만으로 성숙을 판단할 수 있는 품종도 있으나 외관상 판단이 어려운 품종도 있으므로 **개화일자를 기록하여 날수로 판단함이 정확**하다.

(2) 수확적기의 판정
① 수확을 위한 적당한 성숙에 이르렀는지의 여부를 결정한다.
② 수확 당시의 품질이 최상의 상태가 아닌, 소비자 구매 시 생산물의 품질이 가장 우수할 때가 되는 시점을 의미한다.

③ 생리대사의 변화 ★ 중요
　㉠ 호흡속도 : 성숙이나 숙성 중 호흡의 변화량에 따라 결정되는데, 클라이메트릭(호흡급등현상)형 과실은 호흡량이 최저에 달했다가 약간 증가되는 초기단계가 수확의 적기이다.
　　• 성숙과 숙성과정에서 호흡이 급격하게 증가하는 호흡급등형(Climacteric Type) 과실과 호흡의 변화가 없는 비호흡급등형(Non-climacteric Type) 과실이 있다.
　　• 호흡급등형 과실에는 사과, 배, 복숭아, 참다래, 바나나, 아보카도, 토마토, 수박, 살구, 멜론, 감, 키위, 망고, 파파야 등이 있다.
　　• 비호흡급등형 과실에는 포도, 감귤, 오렌지, 레몬, 고추, 가지, 오이, 딸기, 호박, 파인애플 등이 있다.
　㉡ 에틸렌 대사 : 호흡급등형 과실은 성숙과정과 에틸렌 발생량이 매우 밀접한 관계를 가지고 있어 에틸렌 발생량이나 과실 내부의 에틸렌 농도를 측정하여 성숙 정도를 알 수 있으며, 이를 바탕으로 수확시기를 결정할 수 있다.

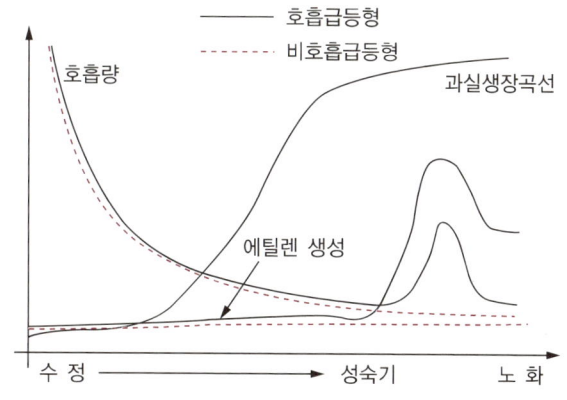

[과실의 생장곡선 - 호흡과 에틸렌 생성]

　㉢ 성숙 및 숙성과정의 대사산물의 변화
　　• 단맛의 증가 : 사과, 키위, 바나나 등은 전분이 당으로 가수분해되어 단맛이 증가한다.
　　• 신맛의 감소 : 사과, 키위, 살구 등은 유기산의 변화로 인해 신맛이 감소한다.
　　• 색의 변화 : 엽록소 분해, 색소의 합성 및 발현으로 인해 색의 변화가 일어난다.
　　• 과육의 연화 : 세포벽이 붕괴되며, 과육의 연화현상이 일어난다.
　　• 떫은맛의 소실 : 감은 타닌의 중화반응으로 인해 떫은맛이 없어진다.
　　• 풍미 발생 : 사과, 유자 등은 휘발성 에스테르의 합성으로 인해 고유의 풍미가 나타난다.
　　• 과피의 외관 및 상품성 : 표면 왁스물질의 합성 및 분비로 인해 외관이 좋아지며, 상품성이 향상된다.
④ 만개 후 일수 : 꽃이 80% 이상 개화된 만개일시를 기준으로 한다.
　㉠ 후지사과 : 개화 후 160~170일
　㉡ 신고배 : 개화 후 165~170일
⑤ 색깔, 맛, 경도 및 품질과 내외적 품질 구성요소를 만족시켜야 한다.

(3) 수확시기의 중요성
   ① 수확기는 산물의 색, 크기 등의 외관은 물론 맛과 품질을 결정하지만 적정 수확기는 수확기의 품질과 생산량에 따라 결정되는 것이 아니고, 수확 후 저장기간과 유통기간을 고려하여 결정되어야 한다.
   ② 수확기에 따라 산물의 품질과 저장력이 결정된다.
      ㉠ 배 신고의 경우 수확기가 늦으면 저장장해의 발생이 크게 증가하므로 적기에 수확하는 것이 장기저장을 위해서 바람직하다.
      ㉡ 사과 후지의 경우도 저온저장이나 CA저장을 할 경우 수확기가 늦으면 저장 중 내부갈변 등의 생리장해가 크게 증가한다.
      ㉢ 양파의 경우 수확기가 늦으면 전체 수확량은 증가하지만 저장 중 손실 또한 급격히 증가한다.
      ㉣ 봄배추의 경우 수확기가 늦으면 결구상태는 좋아지나, 저장 중 부패 또는 깨씨무늬병의 증상이 심하게 발생할 수 있다.
   ③ 경제성과의 관계를 고려하여야 한다.
      ㉠ 생산량 : 생산량을 위해 수확기를 늦출 경우 수확량은 증가할지 모르나 품질이 떨어져 제 가격을 받지 못할 수 있으므로, 품질과 생산량 두 가지 요인이 모두 충족되는 시점을 선택하여야 한다.
      ㉡ 가격 : 수확기는 품질, 생산량, 가격 등의 각 요인에 따라 결정하여야 하는데, 산물의 가격 변동이 클수록 수확기의 결정은 어려워진다.
      ㉢ 기타 요인 : 수확 전 낙과현상이 심한 경우 낙과되기 전에 수확을 끝낼 수 있는 수확계획 역시 수확기 결정의 고려사항이다.
   ④ 용도와 출하시기를 고려하여야 한다.
      ㉠ 생리적 성숙과 원예적 성숙이 일치하지 않을 수 있으므로 산물의 용도에 따라 수확기를 결정하여야 한다.
      ㉡ 수확 후 바로 출하할 것인지 저장할 것인지에 따라 수확기에 간격을 두기도 하며, 사과나 배와 같은 저장용 과일은 수확기에 따라 저장력의 차이를 보이기도 한다.

(4) 수확방법
   ① 물리적 손상을 받기 쉬운 작물은 손으로 수확하는 방법이 아직은 절대적 수확방법이다.
   ② 수확시간은 기온이 낮은 이른 아침부터 오전 중이 적당하다.
   ③ 성숙한 과일부터 몇 차례 나누어 수확한다.
   ④ 압력을 주면 상처를 받기 쉬우므로 치켜올려 따거나 가위나 칼로 딴다.
   ⑤ 수확된 산물은 던지거나 충격을 주어서는 안 된다.
   ⑥ 소비지가 멀거나 장기저장용 산물은 약간 덜 숙성된 것을 수확하고, 즉석에서 팔거나 먹을 것은 완숙된 것을 수확하는 것이 좋다.
   ⑦ 충해나 병해를 입은 산물은 별도로 따서 처리한다.

(5) 기계수확과 인력수확

① 기계수확
㉠ 신선농산물은 조직이 연하여 수확 시 상처가 발생하기 쉬우므로 성숙상태의 과실 수확에는 적당하지 않다.
㉡ 가공용인 경우 노동력의 절감을 위하여 기계로 수확하는 것이 일반적이다.
㉢ 단시간에 많은 면적의 수확이 가능하다.

② 인력수확
㉠ 상처 발생을 최소화하기 위하여 손으로 수확하는 것이 일반적이다.
㉡ 생식용 원예산물은 대부분 인력으로 수확하며, 전체 노동력 가운데 수확에 소요되는 비중이 큰 편이다.

(6) 주요 작물별 수확방법

① 사 과
㉠ 저장기술 및 저장기간 등 수확 후 계획에 따라 적기를 결정한다.
㉡ 즉시출하용은 당도, 산도, 경도를 측정하여 품종 고유의 풍미가 날 때 수확한다.
㉢ 저장용은 저장방법 및 기간에 따라 7~15일 정도 빨리 수확하며, 이때 전분지수를 활용하는 것이 바람직하다.

> **알아두기** 사과 후지의 저장기간별 전분지수
> • 장기저장(CA저장) : 전분지수 2(70% 소실)
> • 단기저장(저온저장) : 전분지수 1(90% 이상 소실)
> • 단기보관 또는 즉시출하 : 전분지수 0(완전 소실)

② 배
㉠ 2~3차례 나누어 적숙기에 도달한 과실부터 수확한다.
㉡ 지베렐린 처리를 한 과실부터 수확하면 남은 과실의 생장이 촉진된다.
㉢ 잘 떨어지지 않는 과실은 과실자루의 이층이 형성되지 않은 것이므로 무리해서 수확하지 않으며, 무리한 수확으로 인한 과실자루 부근의 상처는 부패의 원인이 되기도 한다.
㉣ 비 온 직후에는 과실봉지가 젖어 저장 전처리를 할 때 부패균의 증식이 우려되므로 2~3일이 지나 과실이 마른 후 수확한다.

③ 단 감
㉠ 색택과 당도가 충분히 완숙된 것부터 3~4회 나누어 수확한다.
㉡ 과실 표면에 수분이 맺혔을 때 수확한 과실은 오손과의 발생이 많으므로 표면에 수분이 있을 때는 수확하지 않는 것이 좋다.

ⓒ 표피는 큐티클층으로 되어 있어 수확 시 발생한 상처는 재배 중 발생한 상처와 달리 치유가 불가능하므로 상처가 발생하지 않도록 세심한 주의를 기울여야 한다.
ⓔ 수확가위를 이용하여 하나씩 따는 것이 바람직하다.
ⓜ 태풍피해로 인해 낙엽이 20% 이상인 과원, 병충해 피해를 심하게 받은 과원, 탄저병 등의 병해를 입은 과원의 과실은 저장병이 많이 발생하므로 장기저장을 피하는 것이 좋다.

④ 복숭아
ⓐ 한 나무에서의 결과지 위치나 수관조건에 따라 숙도의 차이가 크므로 수확 초기에는 2일마다, 최성기에는 매일 수확하는 것이 좋다.
ⓑ 중간 및 굵은 가지 착과과실은 옆으로 돌려서 따고, 가는 가지 착과과실은 가지 끝을 향하여 내려서 딴다.
ⓒ 맑은 날의 경우 온도가 낮은 오전 10시경까지 수확을 끝내는 것이 좋다.
ⓔ 비가 온 후에는 과피가 얇아져 압상과 부패과가 많이 발생하므로 2~3일 경과 후 수확하는 것이 좋다.

⑤ 딸기
ⓐ 과실의 온도가 올라가기 전에 수확을 마치는 것이 좋다.
ⓑ 적숙기의 과실은 철저히 수확하고, 성숙이 빠른 시기에는 수확간격을 단축하여 과숙과를 수확하지 않도록 한다.
ⓒ 부패한 과실과 부패 우려가 있는 과숙과는 미리 제거한다.
ⓔ 착색된 과실의 중앙 부분은 쉽게 물러지므로 가급적 손을 대지 않는다.
ⓜ 수확 용기에 지나치게 많은 과실을 담지 않아야 한다.

⑥ 고추
ⓐ 에틸렌 발생이나 세균 등의 침입을 방지하기 위해 꼭지 부분은 상처 없이 붙여서 수확한다.
ⓑ 전염을 막기 위해 병충해과는 철저히 제거한다.
ⓒ 수확 1주일 전에 안전사용기준을 준수하여 방제약을 처리한 후 수확해야 한다.

⑦ 양파
ⓐ 인력수확은 소규모 재배지에 유리하고, 1차 선별과의 상처발생률이 낮다.
ⓑ 기계와 작업도구에 의한 상처, 낙상이나 압상에 의한 상처가 발생하지 않도록 주의해야 한다.
ⓒ 잎의 절단 시 기계적 상처가 발생하지 않도록 주의해야 한다.

⑧ 감자
ⓐ 토양이 건조한 맑은 날을 선택하여 수확한다.
ⓑ 토양이 다습할 경우 토양을 건조(토양수분 약 30%)시킨 후 수확한다.
ⓒ 병원균에 감염된 경우 저장 중 부패의 원인이 될 수 있으므로 수확 시 제거해야 한다.
ⓔ 손상을 최소화해야 하며 직접적인 일사, 고온 및 저온(서리피해)에 주의해야 한다.

⑨ 결구배추 : 뿌리를 잘라서 수확한다.
⑩ 방울토마토 : 하나씩 따서 수확한다.
⑪ 절화류 : 꽃대를 길게 하여 수확한다.

02 수확 후 생리작용

1. 호흡

(1) 호흡작용
① 수확된 과실도 살아 있는 생명체로서의 호흡작용을 계속한다.
② 호흡은 살아 있는 식물체에서 일어나는 주된 물질대사이며 전분, 당, 탄수화물 및 유기산 등의 저장양분(기질)이 산화(분해)되는 과정이다.
③ 같은 세포 내에 존재하는 복합물질들을 이산화탄소나 물과 같은 단순물질로 변환시키고, 이와 동시에 세포가 사용할 수 있는 여러 가지 분자와 에너지를 방출하는 일종의 산화적 분해과정이다.
④ 생성된 에너지는 일부 생명 유지에 필요한 대사작용에 소모되기도 하지만, 수확한 과실의 경우에는 대부분 호흡열로서 체외로 방출된다.
⑤ 호흡하는 동안 발생하는 열을 호흡열이라고 하며, 저장과 저장고 건축 시 냉각용적을 설계하는 데 중요한 기준이 된다.
⑥ 수확 후 관리기술은 호흡열을 줄이기 위하여 외부 환경요인을 조절한다.

(2) 호흡과정
호흡의 과정은 다음과 같다.

> 포도당 + 산소 → 이산화탄소 + 수분 + 에너지(대사에너지 + 열)
> $C_6H_{12}O_6 + 6O_2 → 6CO_2 + 6H_2O + 에너지$

(3) 호흡에 영향을 미치는 환경요인
① 온 도
  ㉠ 온도는 대사과정에서 호흡 등의 생물학적 반응에 큰 영향을 주기 때문에 수확 후 저장수명에도 가장 큰 영향을 주는 요인이다.
  ㉡ 작물 대부분의 생리적인 반응을 근거로 온도 상승은 호흡반응의 기하급수적인 상승을 유도한다.

ⓒ 생물학적 반응속도는 온도 10℃ 상승 시 2~3배 정도 상승하고, 온도 10℃ 간격에 대한 온도상수를 Q_{10}이라고 부르며, Q_{10}은 높은 온도에서의 호흡률(R_2)을 10℃ 낮은 온도에서의 호흡률(R_1)로 나눈 값이다($Q_{10} = R_2/R_1$).
ⓔ Q_{10}은 다른 온도에서 알고 있는 값으로부터 특정 온도에서의 호흡률을 계산하는 데 이용되고, 보통 Q_{10}은 온도에 따라 다르게 변화하며, 높은 온도일수록 낮은 온도에서보다 Q_{10}값이 작게 나타난다.
ⓜ Q_{10}값은 온도에 따라 같은 작물에서도 다르게 나타나는데, 이는 호흡률이나 품질 그리고 상대적인 저장수명에 영향을 끼친다. 예를 들어, 20℃에서 13일간 저장수명이 유지되는 저장산물이 0℃에서 100일간 유지될 수 있고, 반대로 40℃에서는 4일밖에 유지되지 않는다.

② 대기조성
ⓐ 식물은 충분한 산소조건에서 호기성 호흡을 하며, 대부분의 작물은 산소 농도가 21%에서 2~3%까지 떨어질 때 호흡률과 대사과정이 감소한다.
ⓑ 1% 이하의 산소 농도는 저장온도가 최적일 때는 저장수명을 연장하지만, 저장온도가 높을 때는 ATP(아데노신3인산)에 의한 산소 소모가 발생하기 때문에 혐기성 호흡을 유발한다.
ⓒ 왁스 처리, 표면코팅 처리, 필름피막 처리 등 수확 후 여러 취급과정을 선택하는 데는 충분한 산소 농도가 필요하다. 예를 들어 포장 처리하는 동안 대기조성이 잘못될 경우 저장산물은 혐기성 호흡이 진행되어 이취가 발생하게 된다.
ⓓ 저장산물 주변의 이산화탄소 농도가 증가하게 되면 호흡을 감소시키고, 노화를 지연시키며, 균의 생장을 지연시키지만, 저농도 산소조건하에서의 높은 이산화탄소 농도는 발효과정을 촉진시킬 수 있다.
ⓔ 산소 유무에 따른 호흡유형의 분류
  - 호기성 호흡
  - 혐기성 호흡
  - 미호기성 호흡
  - 통성혐기성 호흡

③ 저온 및 고온 스트레스
ⓐ 수확 후 식물이 받는 스트레스는 호흡률에 큰 영향을 끼친다.
ⓑ 일반적으로 식물은 수확 후 0℃ 이상의 온도 범위에서는 저장온도가 낮을수록 호흡률이 떨어지지만, 열대나 아열대가 원산지인 식물은 수확 후 빙점온도(0℃) 이상 10~12℃ 이하의 온도에서 저온에 의한 스트레스를 받게 되며, 이때의 호흡률은 Q_{10}의 공식에 따르지 않는다.
ⓒ 온도가 생리적인 범위를 넘으면 호흡상승률은 떨어지고, 조직이 열괴사상태에 이르면 마이너스가 되며, 대사과정은 불규칙해지고 효소단백질이 파괴된다.
ⓓ 많은 조직들이 몇 분 동안 고온에서 견딜 수 있으며, 몇몇 과일에서는 과피의 포자를 죽이는 데 이러한 특성을 이용하기도 한다.

④ 물리적 스트레스
   ㉠ 약간의 물리적 스트레스에도 호흡반응은 흐트러지고, 심할 경우에는 에틸렌 발생 증가와 더불어 급격한 호흡 증가를 유발한다.
      ※ 에틸렌은 호흡을 자극하는 반응 외에도 저장산물에 여러 영향을 미치는 많은 생리적 효과가 있다.
   ㉡ 물리적 스트레스에 의해 발생된 피해표시는 직접적으로 피해를 받은 조직으로부터 나타나기 시작해서 나중에는 피해받지 않은 인접한 조직에도 생리적 변화를 유발한다.
   ㉢ 물리적 스트레스로 인한 중요한 생리적 변화는 호흡 증가, 에틸렌 발생, 페놀물질의 대사과정 그리고 상처 치유 등이다.
   ㉣ 상처에 의해 유기된 호흡은 일시적이고 단지 몇 시간이나 며칠 동안 지속되지만, 몇몇 조직에서의 상처는 숙성을 촉진하는 등 발달과정의 변화를 유발하여 지속적인 호흡 증가를 유지하게 된다.

(4) 호흡상승과와 비호흡상승과
① 호흡은 산소의 이용 유무에 따라 호기성 호흡과 혐기성 호흡으로 구분할 수 있으며, 작물의 호흡률은 조직의 대사활성을 나타내는 좋은 지표로서 작물의 잠재적인 저장수명을 예상하는 데 있어 기초가 된다.
② 호흡상승과
   ㉠ 작물의 무게단위당 호흡률은 미숙상태일 때 가장 높게 나타나고 이후 지속적으로 감소하지만 토마토, 사과와 같은 작물은 숙성과 일치하여 호흡이 현저히 증가하는데, 이러한 호흡현상이 나타나는 작물을 호흡상승과로 분류한다.
   ㉡ 호흡 상승의 시작은 대략 작물의 크기가 최대에 도달했을 때와 일치하며, 숙성 동안 발생하는 모든 특징적인 변화가 이 시기에 일어나고, 숙성과정의 완성뿐만 아니라 호흡 상승도 작물이 모체에 달려 있을 때나 수확했을 때 모두 진행된다.
   ㉢ **호흡상승과에는 수박, 사과, 바나나, 토마토, 멜론, 복숭아, 감, 자두, 키위, 망고, 배, 참다래, 아보카도, 살구, 파파야 등이 있다.**
③ 비호흡상승과
   ㉠ 감귤류, 딸기, 파인애플과 같은 작물들은 호흡 상승이 나타나지 않으며, 이러한 작물들을 비호흡상승과로 분류한다.
   ㉡ 비호흡상승과는 호흡상승과에 비해 숙성이 느리며, 대부분의 채소류는 비호흡상승과로 분류된다.
   ㉢ **비호흡상승과에는 고추, 가지, 오이, 딸기, 호박, 감귤, 포도, 오렌지, 파인애플, 동양배, 레몬 등이 있다.**
④ 일반적으로 식물조직이 성숙하게 되면 호흡률은 전형적으로 감소하며, 많은 채소류와 미성숙 과일 같은 생장 중 수확된 산물의 호흡률은 매우 높은 반면, 성숙한 과일과 휴면 중인 눈 그리고 저장기관은 상대적으로 호흡률이 낮다.

⑤ 수확 후의 호흡률은 일반적으로 낮아지며, 비호흡상승과와 저장기관에서는 천천히 낮아지고, 영양조직과 미성숙 과실에서는 빠르게 낮아진다.
⑥ 호흡반응에서의 중요한 예외는 수확 후 언젠가 호흡이 급격히 증가한다는 것인데, 이러한 현상은 호흡상승과의 숙성 중 일어난다.
⑦ 수확한 원예산물에서의 호흡은 숙성 진행과 생명 유지를 위해서는 반드시 필요하지만, 신선도 유지 및 저장의 측면에서는 수확 후 품질에 나쁜 영향을 끼칠 수 있으므로 농산물의 대사작용에 장해가 되지 않는 선에서 호흡작용을 억제하는 것이 신선도 유지에 효과적이다.

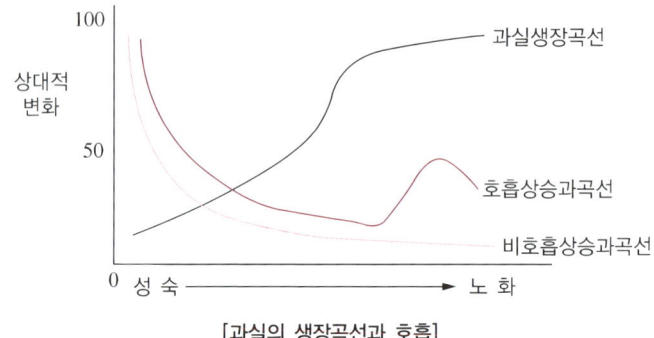

[과실의 생장곡선과 호흡]

예시문제 맛보기

다음 원예산물 중 호흡급등형이 아닌 것은? [9회 기출]
① 토마토　　　　　　　　② 바나나
③ 참다래　　　　　　　　④ 딸기

정답 ④

(5) 호흡속도

① 호흡속도는 원예산물의 저장력과 밀접한 관련이 있어 저장력의 지표로 사용된다.
② 호흡은 저장양분을 소모시키는 대사작용이므로 호흡속도를 알면 호흡으로 인해 소모되는 기질의 양을 계산할 수 있으며, 호흡속도는 일정 무게의 식물체가 단위시간당 발생시키는 이산화탄소의 무게나 부피의 변화로 표시한다.
③ 수확 후 호흡속도는 원예생산물의 형태적 구조나 숙도에 따라 결정되며, 생리적으로 미숙한 식물이나 표면적이 큰 엽채류는 호흡속도가 빠르고, 감자나 양파 등의 저장기관이나 성숙한 식물은 호흡속도가 느리며, 호흡속도가 빠른 식물은 저장력이 약하다.
④ 호흡속도가 낮은 작물은 증산에 의한 중량 감소가 잘 조절될 수 있으므로 장기저장이 가능하고, 체내의 호흡속도가 높은 작물은 저장력이 매우 약하며, 주위온도가 높아져 호흡속도가 상승하면 저장기간 역시 단축된다.
⑤ 원예산물이 물리적·생리적 장해를 받았을 경우 호흡속도가 상승하므로 호흡은 작물의 온전성을 타진하는 수단으로도 이용할 수 있고, 이를 이용한 호흡의 측정은 원예생산물의 생리적 변화를 합리적으로 예측할 수 있게 해 준다.

⑥ 일반적으로 호흡속도가 빠른 작물은 수확 후 품질 변화도 급속히 진행되는 특성을 보인다.
⑦ 호흡속도의 특징 ★ 중요
　㉠ 주변 온도가 높아지면 빨라진다.
　㉡ 물리적 또는 생리적 장해의 발생 시 증가한다.
　㉢ 저장 가능기간에 영향을 주며, 상승하면 저장기간이 단축된다.
　㉣ 내부성분 변화에 영향을 준다.
　㉤ 원예작물의 온전성 타진의 수단이 되기도 한다.
⑧ 호흡속도에 따른 원예산물의 분류
　㉠ 매우 높음 : 버섯, 강낭콩, 아스파라거스, 브로콜리 등
　㉡ 높음 : 딸기, 아욱, 콩 등
　㉢ 중간 : 서양배, 살구, 바나나, 체리, 복숭아, 자두 등
　㉣ 낮음 : 사과, 감귤, 포도, 키위, 망고, 감자 등
　㉤ 매우 낮음 : 견과류, 대추야자 열매류 등

> **알아두기** 원예생산물의 호흡속도
> - 과일 : 딸기 > 복숭아 > 배 > 감 > 사과 > 포도 > 키위 순으로 빠르다.
> - 채소 : 브로콜리, 아스파라거스 > 완두 > 시금치 > 당근 > 오이 > 토마토 > 무 > 양파 순으로 빠르다.

(6) 호흡조절
① 호흡상승과의 공통점은 익으면서 에틸렌의 생성이 증가하고, 에틸렌 또는 유사한 물질(프로필렌, 아세틸렌 등)을 처리하면 과실의 호흡이 증가한다는 것이다.
② 미성숙 과실은 에틸렌에 대한 감응능력이 발달되어 있지 않기 때문에 미성숙과와 비호흡상승과는 에틸렌에 의해 호흡만 증가하고, 에틸렌 생성은 촉진되지 않는다.

2. 숙성 · 노화 · 증산작용

(1) 숙성과 노화
① 숙성은 과실의 조직감과 풍미가 발달하는 단계로, 식물체상에서 숙성이 완료되는 과실은 성숙과 숙성의 구별이 모호한 경우가 많다.
② 숙성 다음에 오는 노화는 발육의 마지막 단계에서 일어나는 일련의 비가역적 변화로, 궁극적으로 세포의 붕괴와 죽음을 유발한다.
③ 과일이나 채소는 노화를 거치는 동안 연화되고, 증산에 의해 상품성을 잃게 되며, 병균의 침입이 쉬워져 쉽게 부패한다.

(2) 증산작용

① 식물체에서 수분이 빠져 나가는 현상으로, 식물생장에는 필수적인 대사작용이지만 수확한 산물에 있어서는 여러 가지 나쁜 영향을 미친다.
② 수분은 신선한 과일이나 채소의 경우 중량의 80~95%를 차지하는 가장 많은 성분이고, 신선한 산물의 저장생리에 매우 중요하다.
③ 일반적으로 증산으로 인한 중량 감소는 호흡으로 발생하는 중량 감소보다 10배 정도 크다.
④ 증산에 따른 상품성의 변화
 ㉠ 중량이 감소한다.
 ㉡ 조직에 변화를 일으켜 신선도가 저하된다.
 ㉢ 시듦현상으로 인해 외양에 지대한 영향을 미치며, 일반적으로 수분이 5% 정도 소실되면 상품가치를 잃게 된다.
 ㉣ 대부분 채소는 수분 함량이 90% 이상이며, 온도가 높고 상대습도가 낮은 환경에서는 증산이 많아져 산물의 생체중이 5~10%까지 줄어들어 상품성이 크게 떨어지게 된다.
 ㉤ 과실은 수분 함량이 85~95%이고, 수분이 5~8% 정도 증산되면 상품가치를 잃게 된다.
 ㉥ 사과의 경우 9% 정도의 중량이 감소되면 표피가 쭈그러지는 위조현상이 일어난다.
⑤ 증산작용의 증가 ★ 중요
 ㉠ 온도가 높을수록 증가한다.
 ㉡ 상대습도가 낮을수록 증가한다.
 ㉢ 공기유동량이 많을수록 증가한다.
 ㉣ 부피에 비해 표면적이 넓을수록 증가한다.
 ㉤ 큐티클층이 얇을수록 증가한다.
 ㉥ 표피조직의 상처나 절단 부위를 통해 증가한다.
⑥ 작물에 따른 증산량

증산량	채소류	과일류
많음	파, 쌈채소, 딸기, 버섯, 파슬리, 엽채류 등	살구, 복숭아, 감, 무화과, 포도 등
중간	완두, 오이, 아스파라거스, 고추, 당근, 토마토, 고구마, 셀러리 등	배, 바나나, 석류, 레몬, 밀감, 오렌지, 천도복숭아 등
적음	마늘, 양파, 감자, 가지 등	사과, 참다래 등

3. 에틸렌

(1) 의 의

① 에틸렌은 기체상태의 식물호르몬으로, 호흡급등형(Climacteric Type) 과실의 과숙에 관여한다.
② 경제적으로 중요한 에틸렌의 작용 중 하나는 사과, 자두, 복숭아, 살구, 토마토, 바나나, 오이류 등 호흡급등형 과실류의 과숙을 조절하는 것이다.

③ 대부분의 원예산물은 수확 후 노화가 진행되거나 과실이 익는 동안 에틸렌이 생성되는데, **에틸렌가스는 과실의 숙성, 잎이나 꽃의 노화를 촉진시켜 노화호르몬이라고도 부른다.**
④ 에틸렌은 과실의 연화현상을 비롯하여 숙성과 관련된 여러 가지 생리적 변화를 유발한다.
⑤ 원예산물을 취급하는 과정에서 상처나 불리한 조건에 처하면 조직으로부터 에틸렌이 발생하는데, 이는 산물의 품질을 나쁘게 변화시키는 요인으로 작용한다.
⑥ 일반적으로 조생품종은 만생품종에 비해 에틸렌 발생량이 비교적 많고, 저장성도 낮다.
⑦ 에틸렌 발생을 고려하여 장기간 저장 시에는 단일품종 또는 단일과종만을 저장하는 것이 유리하다.
⑧ 에세폰은 에틸렌을 발생시키는 식물조절제로 이용되고 있으며, 미국에서는 여러 가지 용도의 처리에 사용되고 있다.
⑨ 에틸렌에 의해 클로로필(Chlorophyll, 엽록소)은 클로로필리드와 피톨로 분해된다.

(2) 에틸렌의 특성
① 불포화탄화수소로, 상온과 대기압에서 가스로 존재한다.
② 가연성이며, 색깔은 없고, 약간 단 냄새가 난다.
③ 0.1ppm의 낮은 농도만으로도 생물학적 영향을 미친다.
④ 수확 후 관리에 있어 노화, 연화 및 부패를 촉진하여 상품보존성을 저하시킨다.
⑤ 성숙을 촉진시켜 식미를 높이거나 착색 등 외관을 좋게 하는 긍정적 효과도 있다.
⑥ 화학구조가 비슷한 프로필렌, 아세틸렌 등의 유사물질도 에틸렌과 같은 효과를 보이는 경우가 있다.

(3) 에틸렌의 발생
① 생물체의 대사반응 또는 화학반응에 의해 만들어진다.
② 동물에게는 정상적인 대사산물은 아니지만 인간이 숨을 쉴 때도 미량 발생한다.
③ 고등식물은 종에 따라 발생량의 편차가 크고, 특히 발육단계에 따라 발생량의 편차를 보이는 경우가 흔하다.
  ㉠ 엽근채류는 에틸렌 발생이 매우 적지만 에틸렌의 피해를 쉽게 받아 품질이 나빠지는데, 상추나 배추는 조직이 갈변하고, 당근은 쓴맛이 나며, 오이는 과피의 황화가 촉진된다.
  ㉡ **에틸렌이 많이 발생하는 품목으로는 토마토, 바나나, 복숭아, 참다래, 조생종 사과, 배 등**이 있고, **에틸렌 발생이 미미한 과실에는 포도, 딸기, 귤, 신고배 등**이 있다.
④ 유기물질이 산화되거나 태울 때도 발생하며, 화석연료를 연소시킬 때, 특히 불완전연소될 때 더 많은 양이 발생한다.
⑤ 원예산물의 스트레스에 의한 발생
  ㉠ 생물학적 요인에 의한 발생 : 병해충에 의한 스트레스로 발생한다.
  ㉡ 저온에 의한 발생 : 열대·아열대 작물처럼 저온에 약한 작물은 12~13℃ 이하의 온도에서 피해가 발생하는데, 이때 에틸렌 발생량이 많아지고 쉽게 부패하며 오이, 가지, 호박, 파파야, 미숙토마토, 고추 등이 이에 속한다.

ⓒ 고온에 의한 발생 : 지나치게 높은 고온에 노출되어도 피해를 받으며, 직사광선은 작물의 온도를 높여 생리작용을 촉진하며, 에틸렌 발생과 함께 노화를 촉진시킨다.
　⑥ 에틸렌의 생성경로
　　ⓐ 에틸렌의 생성량은 조직 및 기관의 종류, 식물의 발달단계, 작물의 종류 등에 따라 크게 달라진다.
　　ⓑ 식물에서의 에틸렌 생성은 그 원인이 어디에 있던지 모두 동일한 생합성경로를 거치며, 그 과정은 Methionine → SAM → ACC → Ethylene을 경유한다.
　　ⓒ 에틸렌은 2개의 탄소원자가 불포화결합되어 있는 매우 단순한 구조의 탄화수소이다.
　　ⓓ 에틸렌의 전구물질은 ACC이고, 에틸렌의 작용은 에틸렌 수용체와의 결합, 특정 유전자의 발현, 효소의 합성 또는 활성화 등 일련의 과정을 경유한다.

(4) 에틸렌의 제거

① 과실에 따른 에틸렌 발생을 잘 숙지하여 에틸렌을 다량 발생하는 품목을 다른 품목과 같은 장소에 저장하거나 운송하지 않도록 주의해야 한다.
② 에틸렌의 제거방법에는 흡착식, 자외선파괴식, 촉매분해식 등이 있으며, **흡착제로는 과망가니즈산칼륨($KMnO_4$), 목탄, 활성탄, 오존, 자외선 등**이 이용되고 있다.
③ 1-MCP(1-Methylcyclopropene)
　ⓐ 새로운 식물생장조절제로서 식물체의 에틸렌 결합 부위를 차단하여 에틸렌의 작용을 무력화시키는 특성을 지닌 물질로, 과실의 연화나 식물의 노화 등을 감소시켜 수확 후 저장성을 향상시키는 데 유용하게 쓰일 수 있다.
　ⓑ 1,000ppb의 농도로 12~24시간 동안 처리하면 호흡, 에틸렌 생성, 휘발성 물질 생성, 엽록소 소실, 색깔, 단백질, 세포막 붕괴, 연화, 산도, 당도 등에 영향을 미쳐 과일과 채소류 등의 수확 후 저장성 및 품질을 향상시킨다.

(5) 에틸렌의 영향

① 저장이나 수송하는 과일의 후숙과 연화를 촉진시킨다.
② 신선한 채소의 푸른색을 잃게 하거나 노화를 촉진시킨다.
③ 수확한 채소의 연화를 촉진시킨다.
④ 상추에서는 갈색반점이 나타난다.
⑤ 이층 형성을 촉진하여 낙엽을 촉진시킨다.
⑥ 과일이나 구근에서 생리적인 장해를 일으킨다.
⑦ 절화의 노화를 촉진시킨다.
⑧ 분재식물의 잎이나 꽃잎의 조기낙엽을 촉진시킨다.
⑨ 당근과 고구마의 쓴맛을 형성한다.
⑩ 엽록소 함유 엽채류의 황화현상과 잎의 탈리현상으로 인해 상품성을 저하시킨다.

⑪ 대부분의 식물조직은 조기에 경도가 낮아져 품질이 저하된다.
⑫ 아스파라거스와 같은 줄기채소류는 에틸렌의 작용으로 인해 섬유질화되면서 줄기의 경화현상이 나타난다.

예시문제 맛보기

에틸렌이 원예산물에 미치는 영향으로 옳지 않은 것은? [14회 기출]
① 토마토의 착색
② 아스파라거스 줄기의 연화
③ 떫은 감의 탈삽
④ 브로콜리의 황화

해설 ② 에틸렌은 아스파라거스 줄기의 경화를 촉진한다. 정답 ②

---

(6) 에틸렌의 농업적 이용

① 과일의 성숙 및 착색촉진제로 이용된다.
② 녹숙기의 바나나, 토마토, 떫은 감, 감귤, 오렌지 등의 수확 후 미숙성 시 후숙(엽록소 분해, 착색 촉진, 떫은 감의 연화 등을 통한 상품가치 향상)을 위해 에틸렌 처리를 한다.
  ㉠ 처리조건
    • 온도 : 18~25℃
    • 습도 : 90~95%
    • 시간 : 24~72시간(과일의 종류 및 숙기에 따라 결정)
    • 고르게 작물과 접촉할 수 있도록 공기 순환이 필요하다.
    • 이산화탄소가스가 심하게 축적될 수 있으며, 이 경우 처리효율이 감소할 수 있으므로 환기가 필요하다.
  ㉡ 농 도
    • 일반적으로 10~100ppm의 농도로 처리한다.
    • 밀폐도에 따라 농도를 조절할 수 있으며, 100ppm 이상의 농도는 더 이상의 효과를 보지 못하므로 특별히 고농도로 처리할 필요는 없다.
③ 오이, 호박 등의 암꽃 발생을 유도한다.
④ 파인애플의 개화를 유도한다.
⑤ 발아촉진제로 사용된다.

(7) 에틸렌피해의 방지

① 피해의 방지를 위해서는 지속적으로 발생하는 에틸렌의 발생원을 제거하거나 축적된 에틸렌을 제거해 줘야 한다.
② 에틸렌 제거는 에틸렌 감응도가 높은 작물의 저장성을 향상시키며, 절화류는 에틸렌 발생을 억제함으로써 선도를 유지할 수 있다.

③ 에틸렌의 민감도에 따라 혼합관리를 피해야 한다.

[에틸렌 감응도에 따른 분류]

구 분	과 수	채 소
매우 민감	키위, 감, 자두 등	수박, 오이 등
민 감	배, 살구, 무화과, 대추 등	멜론, 가지, 애호박, 토마토, 당근 등
보 통	사과(후지), 복숭아, 밀감, 오렌지, 포도 등	늙은 호박, 고추 등
둔 감	앵두 등	피망 등

출처 : 농수산물유통공사, 알기 쉬운 농산물 수확 후 관리(에틸렌의 역할과 이용), 황용수

[에틸렌 발생이 많은 작물과 에틸렌가스에 피해받기 쉬운 작물] ★ 중요

에틸렌 발생이 많은 작물	에틸렌피해가 쉽게 발생하는 작물
사과, 살구, 바나나(완숙과), 멜론, 참외, 무화과, 복숭아, 감, 자두, 토마토, 모과 등	당근, 고구마, 마늘, 양파, 강낭콩, 완두, 오이, 고추, 풋호박, 가지, 시금치, 꽃양배추, 상추, 바나나(미숙과), 참다래(미숙과) 등

출처 : 농수산물유통공사, 알기 쉬운 농산물 수확 후 관리(에틸렌의 역할과 이용), 황용수

[에틸렌에 의한 저장작물의 피해 유형] ★ 중요

작물명	피해 유형	대표적 증상
시금치, 브로콜리, 파슬리, 애호박	엽록소 분해	황 화
대부분 과실류	성숙 및 노화 촉진	연 화
양치(고사리 등)	잎의 장해	반점 형성
당 근	맛 변질	쓴맛 증가
감자, 양파	휴면타파	발아 촉진, 건조
관상식물	낙엽, 낙화	이층 형성 촉진
카네이션	비정상 개화	개화 정지
아스파라거스	육질 경화	조직의 섬유질화
동양배	과피의 장해	박피, 얼룩

출처 : 농수산물유통공사, 알기 쉬운 농산물 수확 후 관리(에틸렌의 역할과 이용), 황용수

(8) 에틸렌 발생원의 제거

저장고에 과도한 에틸렌이 축적되는 것을 방지하기 위해 발생원은 미리 제거하여야 한다. 저장작물 중 과숙, 부패 및 상처받은 작물은 미리 제거하고, 부패성 미생물이 서식할 경우 미생물로부터 에틸렌이 발생하므로 저장고를 미리 소독하여야 한다.

① 환 기
  ㉠ 저장기간이 길어지거나 온도가 높을 경우 에틸렌이 축적될 수 있다.
  ㉡ 에틸렌 축적이 예상될 경우에는 환기를 시켜 에틸렌 농도를 낮출 필요가 있다.
  ㉢ 저장고와 외부의 온도 차이에 따라 저장고 온도의 급격한 변화가 생기지 않는 범위 내에서 환기하여야 한다.

② 저장고 외부의 공기가 건조한 경우 저장고 내 습도가 낮아지므로 환기량과 환기 시 외기 온습도 관리에 주의하여야 한다.
② **혼합저장 회피**
　　⊙ 생리현상이나 에틸렌 감응도에 대한 고려 없이 혼합저장하는 경우 에틸렌 감응도가 높은 작물은 심각한 피해를 입을 수 있다.
　　ⓒ 저장적온을 고려하지 않은 경우 에틸렌피해뿐만 아니라 저온피해까지 받는 경우가 있다.
　　ⓒ 작물의 특성을 모르는 경우 혼합저장을 피해야 하며, 혼합저장을 하는 경우 저장적온과 에틸렌 감응도를 고려하여 단기간 저장하여야 한다.
　　② 에틸렌이 다량 발생하는 품목과 에틸렌 감응도가 높은 품목을 함께 혼합저장해서는 안 된다.
③ **화학적 제거방법** : 저장고 내 에틸렌을 제거하면 숙성 지연에 따른 품질 유지, 부패 등으로 인한 손실 감소 및 엽록소의 분해 억제를 통한 신선도 유지효과를 볼 수 있다.
　　⊙ 과망가니즈산칼륨($KMnO_4$)
　　　• 에틸렌 산화에 효과적이고, 다공성 지지체(벽돌이나 질석 등)에 과망가니즈산칼륨을 흡수시켜 저장고에 넣어 두면 에틸렌이 흡착·제거되며, 주기적으로 교환하여야 한다.
　　　• 에틸렌 제거효율이 우수하고, 에틸렌 발생량이 많은 작물에 효과적이다.
　　　• 과망가니즈산칼륨 용액과 작물이 접촉하는 경우 변색이 되므로 주의하여야 한다.
　　　• 중금속과 망가니즈를 포함하고 있어 폐기 시 매우 주의하여야 한다.
　　ⓒ 활성탄
　　　• 흡착식으로, 에틸렌 제거효율이 우수하며, 포화되기 전에 교체하여야 한다.
　　　• 환경친화적이며, 저농도 에틸렌 제거에 유리하다.
　　　• 포화된 후에는 흡착된 에틸렌이 누출될 가능성이 있다.
　　　• 가열건조할 경우 재생이 가능하다.
　　ⓒ 브로민화 활성탄
　　　• 활성탄에 브로민을 도포하여 이용하며, 저농도 에틸렌도 효과적으로 제거할 수 있다.
　　　• 제거효율이 우수하고, 에틸렌을 다량으로 발생하는 품목에 적합하다.
　　　• 누출된 브로민이나 인산이 작물과 접촉할 경우 피해를 일으킬 수 있다.
　　　• 브로민은 독성화합물이므로 폐기 시 주의해야 한다.
　　② 백금촉매 처리
　　　• 에틸렌을 백금촉매와 함께 고온 처리하면 산화되는 것을 이용하여 제거한다.
　　　• 반영구적으로 사용할 수 있다.
　　　• 반응 후에는 아세트알데하이드와 물이 생성된다.
　　　• 습도조건에 영향을 받지 않는다.
　　　• 고농도 에틸렌 제거에는 불리하다.

ⓤ 이산화타이타늄(TiO_2)
- 이산화타이타늄을 자외선과 반응시키면 에틸렌이 산화되는 것을 이용하여 제거한다.
- 반응 후에는 이산화탄소와 물이 생성된다.
- 저장고 내부에 존재하는 미생물을 살균하는 효과도 있다.
- 반응패널에 먼지가 낄 경우 효율이 떨어지는 단점이 있다.

ⓥ 오존 처리
- 오존의 산화력을 이용하여 에틸렌을 제거한다.
- 살균효과도 기대할 수 있는 장점이 있다.
- 반응 후에는 이산화탄소, 일산화탄소, 포름알데하이드 등이 생성된다.
- 너무 높은 농도의 오존이 창고 내부에 축적되면 저장산물에 직접적인 피해를 줄 수 있으므로 주의해야 한다.

예시문제 맛보기

저장고 내에 발생된 에틸렌을 제거하는 방법만을 고른 것은? [9회 기출]

ㄱ. 1-MCP 처리 ㄴ. AVG 처리
ㄷ. 과망가니즈산칼륨 처리 ㄹ. 활성탄 처리

① ㄱ, ㄴ ② ㄱ, ㄹ
③ ㄴ, ㄷ ④ ㄷ, ㄹ

정답 ④

---

(9) 혼합저장 시 고려해야 할 사항

혼합저장 시 다음과 같은 사항을 고려했을지라도 장기보관은 바람직하지 않으며, 임시저장 또는 단거리 수송에서만 사용하는 것이 바람직하다.

① 저장온도
② 에틸렌 발생량
③ 에틸렌 감응도
④ 방향성 물질에 대한 특성

CHAPTER 02 적중예상문제

01 다음 중 과실의 기계적 수확에 대한 설명으로 틀린 것은?

① 균일한 성숙상태의 과실을 수확할 수 있다.
② 단기간에 많은 면적의 수확이 가능하다.
③ 생식용 과실보다는 가공용 과실의 수확에 많이 이용된다.
④ 생력화(省力化) 수확이 가능하다.

해설 균일한 성숙상태를 확인하고 수확할 수 있는 방법은 인력수확에 해당한다.

기계수확	인력수확
단시간 다면적·생력화	–
불균일	균 일
가공용	생식용
미숙과	완숙과

02 사과의 성숙단계에서 나타나는 특징은?

① 에틸렌 감소
② 비대 생장
③ 호흡 급등
④ 전분 증가

해설 사과의 성숙
- 사과는 성숙 중 전분이 당으로 가수분해되면서 당이 증가하며, 호흡급등형 과실로 에틸렌도 증가한다.
- 과실은 대부분 성숙단계가 되면 비대생장이 완성되어 숙성단계에서는 비대생장을 보이지 않는다.
- 아이오딘(요오드) 검사 : 전분은 아이오딘과 반응하여 청색을 나타내는데, 사과는 성숙이 진행될수록 반응이 약해져 완전히 숙성된 과일은 반응이 나타나지 않으며, 아이오딘반응의 정도에 따라 장기저장용, 단기저장용, 직출하용으로 나누어 수확기를 결정할 수 있다.

03 원예작물의 수확적기를 판정할 때 고려사항으로 거리가 먼 것은?

① 각 품종에 맞는 고유의 색택이 발현될 때 수확한다.
② 만개 후 일수는 해마다 기상이 다르기 때문에 고려하지 않는 것이 옳다.
③ 과실의 성숙기 때 호흡량의 변화를 관찰한다.
④ 외관만으로 성숙을 판단하기 어려운 품종이 있다.

해설 과실의 외관상 판단이 어려운 품종도 있으므로 개화일자를 기록하여 날수로 판단함이 정확하다.

정답 1 ① 2 ③ 3 ②

04 원예산물의 숙성과정에서 나타나는 성분의 변화로 옳지 않은 것은?
① 토마토의 엽록소가 분해된다.
② 사과의 전분이 가수분해된다.
③ 감의 타닌(Tannin)이 가수분해된다.
④ 복숭아의 펙틴(Pectin)이 가수분해된다.

> **해설** 타닌은 물에 녹는 가용성으로 떫은 감의 떫은맛을 내며, 외부로부터 산소가 공급되지 않을 때 감 세포에서 분자 간 호흡이 일어나 생기는 물질과 중화되어 불용화되는 탈삽작용을 통해 제거할 수 있다.

05 다음 원예작물과 숙기판정의 지표가 옳게 짝지어진 것은?
① 결구상추 - 당산비
② 사과 - 전분 함량
③ 감 - 에틸렌 농도
④ 오이 - 안토시아닌 함량

> **해설**　① 결구상추 : 결구 정도
> 　　　③ 감 : 떫은 맛, 당산비 등
> 　　　④ 오이 : 색, 크기, 경도 등

06 호흡급등형 과실을 장기간 저장하고자 할 때 적당한 수확시기는?
① 완숙되었을 때 수확한다.
② 하루 중 가장 온도가 높을 때 수확한다.
③ 완숙시기보다 조금 일찍 수확한다.
④ 과실의 호흡량이 많을 때 수확한다.

> **해설** 호흡급등형 과실은 호흡이 최저에 달했다가 증가하는 초기가 수확적기이며, 장기저장용 과실은 약간 미숙상태일 때 수확하는 것이 좋다.

07 호흡급등현상에 대해 바르게 설명한 것은?
① 완숙에서 노화의 단계로 갈 때 점점 호흡이 증가하는 현상이다.
② 에틸렌 생성과는 관련이 없고 조절이 불가능하다.
③ 모든 원예산물은 호흡급등현상을 나타낸다.
④ 사과, 토마토에서 명확하게 나타난다.

해설 • 호흡급등형 원예산물 : 수박, 사과, 바나나, 토마토, 멜론, 복숭아, 감, 자두, 키위, 망고, 배, 참다래, 아보카도, 살구, 파파야 등
• 비호흡급등형 원예산물 : 고추, 가지, 오이, 딸기, 호박, 감귤, 포도, 오렌지, 파인애플, 동양배, 레몬 등

08 그림에서 ⓐ형의 호흡특성과 연관하여 올바르게 설명한 것은?

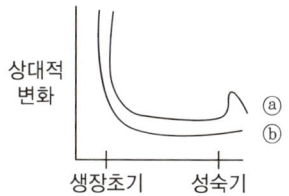

① 포도, 오렌지가 속하며 호흡급등현상이 미비하다.
② 사과, 밀감이 속하며 호흡급등 시 과실 크기가 증가한다.
③ 딸기, 오이가 속하며 호흡급등 시 색 변화가 많이 일어난다.
④ 사과, 복숭아가 속하며 수확 후 이용목적에 따른 수확기 판정의 근거가 된다.

해설 호흡속도 : 성숙이나 숙성 중 호흡의 변화량에 따라 결정되는데, 사과나 복숭아와 같은 클라이메트릭(호흡급등현상)형 과실은 호흡량이 최저에 달했다가 약간 증가되는 초기단계가 수확의 적기이다.

09 원예작물의 수확시기와 관련된 설명으로 옳지 않은 것은?
① 각 품종에 맞는 고유의 색택이 발현될 때 수확한다.
② 고온 및 고광도하에서의 수확은 피하는 것이 좋다.
③ 과실의 수확시기와 관련된 인자로는 전분지수 및 호흡량 등이 있다.
④ 저장용 과실은 상품성을 향상시키기 위해 늦게 수확한다.

해설 장기저장용 과실은 약간 미숙상태일 때 수확하는 것이 좋다.

10 원예작물 수확 시 손수확과 비교하여 기계수확의 특성으로 옳지 않은 것은?

① 노동력이 절감되고 작업환경이 개선된다.
② 단위시간당 수확량이 많다.
③ 품질이 향상된다.
④ 적용 가능한 작목이 제한적이다.

> **해설** 기계수확은 상품의 균일성을 담보할 수 없고, 물리적 상처 등의 발생으로 인해 품질의 향상을 기대할 수 없다.

11 신선농산물의 수확 후 손실 경감대책으로 옳지 않은 것은?

① 생산지와 소비지에 적정 저장시설 확충
② 수확 후 처리시설 및 저장고 청결 유지
③ 수확 시 중급 이하의 농산물은 가공용으로도 활용
④ 신선농산물은 품목을 혼합하여 저장

> **해설** 작물별 호흡속도와 에틸렌 발생량이 각기 다르므로 상품성 보존과 저장기간 증가를 위해서는 단일품목·단일품종만 저장하는 것이 좋다.

12 원예산물의 연화(Softening)와 관련 있는 인자로 옳게 짝지어진 것은?

| ㉠ 타 닌 | ㉡ 펙 틴 |
| ㉢ 헤미셀룰로스 | ㉣ 플라보노이드 |

① ㉠, ㉡ ② ㉡, ㉢
③ ㉡, ㉣ ④ ㉢, ㉣

> **해설** 타닌은 단감 등에서 떫은맛을 내는 물질이고, 플라보노이드는 비질소성 식물색소로 식물세포의 경도와는 관련이 없다.

13 사과의 성숙단계에서 나타나는 특징이 아닌 것은?

① 엽록소와 안토시아닌이 증가한다.   ② 에틸렌 발생량이 많아진다.
③ 전분이 가수분해되어 당이 많아진다.   ④ 호흡급등현상이 나타난다.

> **해설** 안토시아닌은 증가하지만 엽록소는 감소한다.

14 기계수확에 대한 설명이다. 옳지 않은 것은?

① 단시간에 많은 면적을 수확할 수 있다.   ② 노동력을 줄일 수 있다.
③ 미성숙 과실에 적당하다.   ④ 식용 과실 수확에 적당하다.

> **해설** 식용 과실은 기계수확 시 물리적 상처가 발생할 위험이 있으므로 기계수확보다는 인력수확이 효과적이다.

15 성숙에 따른 변화에 대한 설명이다. 옳지 않은 것은?

① 세포벽의 붕괴로 인해 경도가 감소한다.
② 엽록소가 분해되고 색소의 합성이 일어나 색의 변화가 일어난다.
③ 모든 과실은 호흡량과 에틸렌 발생량이 증가한다.
④ 휘발성 에스테르의 합성으로 인해 고유의 향기가 난다.

> **해설** 대부분의 작물은 생장기간 동안 호흡량이 감소하지만, 성숙기에 호흡량이 최저에 달했다가 급등하는 호흡급등형과 호흡량의 변화가 거의 없는 비호흡급등형으로 나뉜다. 호흡급등형 과실의 경우 에틸렌 발생량 역시 증가한다.

16 다음 중 생리적 성숙에 이르지 못하였더라도 상업적 성숙만으로도 이용이 가능한 품목은?

① 감 귤   ② 딸 기
③ 풋고추   ④ 복숭아

> **해설** 원예적 성숙도에 따라 수확기를 결정하는 품목들은 생리적 성숙에 이르지 못하였더라도 상업적 성숙도에 따라 이용이 가능하다.

17 과일을 수확적기보다 조기에 수확하였다. 나타나는 현상이 아닌 것은?

① 에스테르의 합성이 적어 고유의 풍미가 부족하다.
② 미숙에 따른 생리장해로 인해 저장력이 떨어진다.
③ 표면에 왁스물질의 생성 부족으로 수분의 증발량이 많아진다.
④ 떫은맛이나 신맛이 많아 식미가 떨어진다.

> **해설** 조기수확은 수확적기에 비해 장기저장에 유리하고, 적기보다 늦은 수확은 여러 생리장해로 인해 저장력이 크게 떨어진다.

정답 14 ④ 15 ③ 16 ③ 17 ②

18 수확에 대한 설명이다. 옳은 것은?

① 수확 후 생리장해를 줄이기 위하여 호흡이 왕성한 하루 중 기온이 가장 높은 시간에 수확한다.
② 비가 올 때는 표피에 수분 함량이 높아지므로 강우 중 수확하는 것이 유리하다.
③ 기온이 높을 때 수확한 산물은 빨리 포장하여야 한다.
④ 신선도 유지를 위하여 이른 아침부터 오전 중에 수확한다.

> **해설** 수확은 호흡량이 적은 오전에 수확하는 것이 유리하며, 기온이 높을 때 수확하는 경우에는 예랭 후 포장하고, 비가 오거나 더운 날은 피하는 것이 좋다.

19 기계수확에 대한 설명이다. 옳지 않은 것은?

① 기계 운영에 따른 인건비가 많이 들어간다.
② 물리적 상처 발생으로 성숙한 과실에는 적당하지 않다.
③ 생력화가 가능하다.
④ 가공용 과실에 적당하다.

> **해설** 기계수확은 인력수확에 비해 인건비가 적게 들지만 물리적 상처가 발생할 가능성이 커서 주로 가공용 과실의 수확에 적용된다.

20 과실의 성숙과정에서 일어나는 세포벽 구성물질의 변화로 옳은 것은?

① 가용성 펙틴의 함량이 감소한다.
② 불용성 펙틴이 증가한다.
③ 셀룰로스의 합성이 일어난다.
④ 헤미셀룰로스의 함량이 감소한다.

> **해설** 세포벽 구성물질의 가수분해가 진행되면서 불용성 펙틴이 가용성 펙틴으로 분해되고 불용성 펙틴, 셀룰로스, 헤미셀룰로스 등 세포벽 구성물질은 감소한다.

21 사과의 수확적기 판정 시 사용되는 요오드 테스트는 어떤 물질의 화학변화를 이용하는 방법인가?

① 세포벽의 분해물질
② 유기산의 감소
③ 전분의 분해
④ 당분의 증가

> **해설** 아이오딘(요오드) 검사 : 전분은 아이오딘과 반응하여 청색을 나타내는데, 사과는 성숙이 진행될수록 반응이 약해져 완전히 숙성된 과일은 반응이 나타나지 않으며, 아이오딘반응의 정도에 따라 장기저장용, 단기저장용, 직출하용으로 나누어 수확기를 결정할 수 있다.

정답 18 ④ 19 ① 20 ④ 21 ③

22 원예산물의 수확기를 결정할 때 고려할 사항으로 거리가 먼 것은?

① 조직감과 풍미가 가장 좋을 때 수확한다.
② 수확 후 품질 변화양상을 고려하여 결정한다.
③ 수확시기는 계획된 출하시기에 따라 달리한다.
④ 저장용 산물은 적용하는 저장기술에 따라 시기를 달리한다.

해설 저장·유통과정 등을 고려하여 소비시점에서 조직감과 풍미가 가장 우수하여야 한다.

23 다음 중 포도의 수확에 관한 내용이 잘못 설명된 것은?

① MBA는 당도가 낮은 상태에서도 착색이 잘 되므로 수확에 주의한다.
② 맑은 날 이른 아침에 수확한다.
③ 품종 고유의 색택이 나타나고 향기가 나며 당도가 높을 때 수확한다.
④ 과분은 품종 고유의 색택을 저해하므로 제거하며 수확한다.

해설 과분의 부착이 양호해야 하므로 과분이 떨어지지 않도록 송이의 아랫부분을 받치고 가위로 꼭지를 자른다.

24 다음은 사과의 비대에 관한 설명이다. 잘못된 것은?

① 과실의 비대는 기온의 영향을 받지 않는다.
② 저온지대에서 생산된 과실은 고온지대에서 생산된 과실보다 길이가 길다.
③ 과실의 비대는 초기에는 길이로 생장하다 후기에는 폭으로 생장한다.
④ 열매속기를 빠르고 강하게 할수록 커진다.

해설 과실의 비대는 기온에 영향을 받으며, 기온이 낮으면 폭의 비대가 불량하여 같은 품종이라도 저온지대에서 생산된 과실은 고온지대에서 생산된 과실보다 길이가 길다. 또한 과실의 생장은 초기에는 종축, 후기에는 횡축으로 성장한다.

정답 22 ① 23 ④ 24 ①

25 배의 당도를 높이는 방법으로 가장 거리가 먼 것은?

① 수확기까지 계속 관수하여 수분의 공급을 충분히 한다.
② 유기질 비료를 사용하고 질소의 과용을 피한다.
③ 재배과정 중 충분한 잎의 수를 확보한다.
④ 조기낙엽을 방지하고 서리 후까지 잎을 보전한다.

해설 수확기까지 관수를 계속하면 착색이 불량해지며, 당도가 저하되어 품질이 나빠지므로 수확 3~4주 전에 관수를 중지하여야 한다.

26 단감의 저장에 관한 설명이다. 옳지 않은 것은?

① 된서리를 맞은 단감은 저장성이 낮다.
② 단감의 꼭지를 잘라 내야 저장성이 좋다.
③ 단감의 저장 중 나타나는 병리적 장해는 대부분 곰팡이가 상처를 통해 침입하여 발생하므로 물리적 상처에 주의해야 한다.
④ 장기저장을 할 때는 약간 미숙상태에서 수확한다.

해설 단감의 꼭지는 호흡에 매우 중요한 역할을 하므로 잘라 내거나 상처가 나면 저장력이 약해진다.

27 다음 중 토마토의 난형과가 생기는 재배적 원인을 가장 잘 설명한 것은?

① 지나친 호르몬제의 사용
② 토양수분 과다
③ 온도와 영양조건의 나쁨
④ 토양선충의 피해

해설 토마토 재배 시 난형과는 저온, 고농도 착과제, 질소 과다, 과습 등의 생리적 원인에 의해 발생한다.

28 수확한 작물의 호흡작용과 연관하여 올바르게 설명한 것은?

① 수확 후에 호흡을 억제시키면 대부분 상품성이 저하된다.
② 호흡속도는 작물의 유전적 특성과 무관하다.
③ 호흡 시 발생되는 호흡열은 작물을 부패시키는 원인이 된다.
④ 작물의 호흡은 대기의 산소와 이산화탄소 농도에 영향을 받지 않는다.

해설
① 수확 후 호흡을 억제시키면 대부분 상품성이 유지된다.
② 호흡속도는 유전적 특성과 밀접한 관계가 있다.
④ 호흡은 대기의 산소와 이산화탄소 농도의 영향을 받는다.

29 원예산물 수확 후의 활발한 호흡이 품질에 미치는 영향을 틀리게 설명한 것은?

① 저장물질의 소모에 의해서 노화가 빨라진다.
② 식품으로서의 영양가가 저하된다.
③ 단맛, 신맛 등 품질성분이 향상된다.
④ 호흡열에 의한 품질열화가 촉진된다.

> **해설** 수확 후 활발한 호흡은 당과 유기산 등 여러 성분이 호흡의 기질로 사용되어 감소하고, 숙성과 노화가 촉진되면서 품질열화가 촉진된다.

30 산소 유무에 상관없이 생육할 수 있는 미생물은?

① 호기성 미생물 ② 혐기성 미생물
③ 통성혐기성 미생물 ④ 미호기성 미생물

> **해설** 산소와 관련한 호흡 유형
>
> | 호흡 유형 | 산소의 이용 유무 |
> |---|---|
> | 호기성 | ○ |
> | 혐기성 | × |
> | 미호기성 | △ |
> | 통성혐기성 | ○, × |

31 원예산물의 호흡현상에 대한 설명으로 옳지 않은 것은?

① 호흡의 생성물로 이산화탄소와 에틸렌이 생성된다.
② 호흡기질의 소모로 인해 중량이 감소한다.
③ 유기산이 기질로 사용되면 호흡계수(RQ)는 1보다 크다.
④ 호흡의 결과로 발생하는 열은 저장고 온도를 상승시킨다.

> **해설** 호흡의 생성물로 이산화탄소는 생성되지만, 에틸렌은 호흡의 생성물이 아니다.
> ※ **호흡계수(RQ)** : CO_2/O_2 즉 호흡 시 취하는 산소량과 배출하는 이산화탄소의 비율

정답 29 ③ 30 ③ 31 ①

32 원예산물의 호흡속도에 대한 설명으로 맞는 것은?

① 호흡속도는 주위 온도가 높아지면 느려진다.
② 호흡속도는 내부성분의 변화에 영향을 주지 않는다.
③ 호흡속도는 저장 가능기간에 영향을 준다.
④ 호흡속도는 물리적인 장해를 받았을 때 감소한다.

해설 ① 호흡속도는 주위 온도가 높아지면 빨라진다.
② 호흡속도에 따라 호흡기질이 소모되고, 숙성과 노화를 촉진하므로 내부성분의 변화에 영향을 미친다.
④ 호흡속도는 물리적인 장해를 받았을 때 증가한다.

33 원예작물의 수확 후 호흡작용을 가장 올바르게 설명한 것은?

① 호흡속도는 온도와 밀접한 관련이 있다.
② 수확 후 호흡작용으로 신선도가 더 좋아진다.
③ 호흡속도가 빠를수록 저장성이 증대된다.
④ 호흡률이 높은 작물은 저장성이 높다.

해설 호흡속도의 특징
- 주변 온도가 높아지면 빨라진다.
- 물리적 또는 생리적 장해의 발생 시 증가한다.
- 저장 가능기간에 영향을 주며, 상승하면 저장기간이 단축된다.
- 내부성분 변화에 영향을 준다.
- 원예작물의 온전성 타진의 수단이 되기도 한다.

34 에틸렌의 생리작용과 관련하여 연계성이 없는 것은?

① 착색과 성숙의 촉진
② 맹아 억제와 착색의 촉진
③ 조직의 연화와 노화 촉진
④ 엽록소의 파괴와 이층 형성 촉진

해설 에틸렌을 처리하면 맹아가 촉진된다.

35 원예산물의 성숙과정 중 에틸렌작용을 바르게 설명한 것은?

① 당도 감소
② 조직 강화
③ 저장성 증가
④ 클로로필 분해

해설 에틸렌에 의해 클로로필(Chlorophyll, 엽록소)은 클로로필리드와 피톨로 분해된다.

36 다음 중 저장고 내에서 발생된 에틸렌을 제거하는 올바른 방법이 아닌 것은?

① 과망가니즈산칼륨(KMnO₄) 이용
② 생석회(CaO) 이용
③ 오존(O₃) 이용
④ 자외선(UV Light) 이용

> **해설** 에틸렌의 제거방법에는 흡착식, 자외선파괴식, 촉매분해식 등이 있으며, 흡착제로는 과망가니즈산칼륨(KMnO₄), 목탄, 활성탄, 오존, 자외선 등이 이용되고 있다.

37 에틸렌이 원예작물의 생리에 미치는 영향으로 옳지 않은 것은?

① 토마토의 착색을 촉진한다.
② 아스파라거스의 줄기 연화를 촉진한다.
③ 호박의 암꽃 발생을 유도한다.
④ 감자의 맹아를 촉진한다.

> **해설** 아스파라거스와 같은 줄기채소류는 에틸렌의 작용으로 인해 섬유질화되면서 줄기의 경화현상이 나타난다.

38 에틸렌에 대한 설명으로 틀린 것은?

① 산소 농도가 낮으면 에틸렌 합성이 억제된다.
② AgNO₃는 에틸렌작용을 억제한다.
③ 자신의 생합성을 촉진하는 특징이 있다.
④ 1-MCP는 에틸렌작용을 촉진한다.

> **해설** 1-MCP(1-Methylcyclopropene)
> - 새로운 식물생장조절제로서 식물체의 에틸렌 결합 부위를 차단하여 에틸렌의 작용을 무력화시키는 특성을 지닌 물질로, 과실의 연화나 식물의 노화 등을 감소시켜 수확 후 저장성을 향상시키는 데 유용하게 쓰일 수 있다.
> - 1,000ppb의 농도로 12~24시간 동안 처리하면 호흡, 에틸렌 생성, 휘발성 물질 생성, 엽록소 소실, 색깔, 단백질, 세포막 붕괴, 연화, 산도, 당도 등에 영향을 미쳐 과일과 채소류 등의 수확 후 저장성 및 품질을 향상시킨다.

39 저장고 내 에틸렌 축적으로 인한 원예산물의 품질 변화로 옳은 것은?

① 참다래의 과피 건조
② 당근의 쓴맛
③ 무의 바람들이
④ 카네이션의 일소

> **해설** 당근은 에틸렌의 영향으로 인해 이소구마린을 합성하여 쓴맛이 난다.

정답 36 ② 37 ② 38 ④ 39 ②

40 에틸렌 발생이 촉진되는 원인과 관계가 먼 것은?

① 진동, 충격, 압상
② 병해 또는 장해
③ 수분 스트레스
④ 저농도의 산소

해설 에틸렌은 6% 이하의 저농도 산소조건하에서는 합성이 거의 일어나지 않는다.

41 사과와 배를 같은 저장고에 저장하였을 때 예상되는 사항을 올바르게 설명한 것은?

① 사과와 배는 호흡속도가 같기 때문에 호흡열도 같다.
② 사과에서 발생되는 에틸렌가스에 의해 배가 장해를 받을 가능성이 있다.
③ 배와 사과는 에틸렌 발생량이 비슷하기 때문에 같이 저장해도 괜찮다.
④ 사과와 배는 동결온도가 차이가 많이 나기 때문에 저장고에서 적재위치를 다르게 해야 한다.

해설 신고배와 후지사과는 저장온도와 습도는 비슷하지만 에틸렌 발생량이 서로 다르다.

42 저온저장고 내에서 원예산물의 증산을 억제하는 방법으로 적절하지 않은 것은?

① 감압저장
② 저온 유지
③ 고습도 유지
④ 플라스틱필름 포장

해설 압력을 낮추면 원예산물 표피의 수분이 증발하여 증산량이 증가된다.

43 저장 중인 원예산물의 증산에 대한 설명으로 틀린 것은?

① 상대습도가 낮을수록 감소한다.
② 큐티클층이 두꺼울수록 감소한다.
③ 온도가 높을수록 증가한다.
④ 표면적이 클수록 증가한다.

해설 상대습도가 높을수록 증가한다.

정답 40 ④ 41 ② 42 ① 43 ①

44 원예작물의 증산작용에 대한 설명이 아닌 것은?

① 저장고 내의 온도와 과실 자체의 품온 차이가 클수록 증산이 많아진다.
② 같은 작목에서 표면적이 작을수록 증산이 많아진다.
③ 저장고 내의 풍속이 빠를수록 증산이 많아진다.
④ 저장고 내의 습도가 낮을수록 증산이 많아진다.

해설 부피에 비해 표면적이 넓을수록 증산량이 증가한다.

45 수확 후 수분 손실을 낮추는 직접적인 방법은?

| ㄱ. MA저장 | ㄴ. 유기산 처리 |
| ㄷ. 저온저장 | ㄹ. 지베렐린 처리 |

① ㄱ, ㄷ
② ㄱ, ㄹ
③ ㄴ, ㄷ
④ ㄴ, ㄹ

해설
• 유기산 처리 : 주로 신선편이농산물의 갈변 억제제로 사용
• 지베렐린 처리 : 발아촉진제로 사용

46 원예산물의 호흡에 관한 설명으로 옳지 않은 것은?

① 체내의 저장양분과 주변의 산소를 이용하여 호흡을 하면서 이산화탄소를 방출한다.
② 물리적 장해나 생리적 장해를 받았을 때 호흡속도가 저하된다.
③ 호흡급등형 과실은 에틸렌을 처리하면 호흡이 증가할 수 있다.
④ 과점을 통해 호흡을 하는 과실이 있다.

해설 물리적·생리적 장해로 인한 스트레스는 작물의 호흡속도를 빠르게 한다.

47 에틸렌과 관련하여 성숙 및 숙성 제어에 관한 설명으로 옳지 않은 것은?

① 사과의 저장 전 1-MCP 처리는 노화를 억제할 수 있다.
② 떫은 감 연화 시 카바이드 처리는 에틸렌을 이용한 것이다.
③ 에틸렌으로 후숙 가능한 과실에는 바나나, 떫은 감, 키위 등이 있다.
④ 절화에 STS를 이용하면 에틸렌작용을 억제할 수 있다.

해설 카바이드로부터 에틸렌과 화학구조가 비슷한 아세틸렌을 발생시키는 카바이드 처리는 떫은 감의 연화를 유도한다.

48 원예산물의 저장 중 수분 손실에 관한 설명으로 옳지 않은 것은?

① 저장온도가 낮을수록 적다.
② 저장상대습도가 높을수록 적다.
③ 표피가 치밀한 작물일수록 적다.
④ 용적대비 표면적이 큰 작물일수록 적다.

해설 용적대비 표면적이 큰 작물일수록 크다.

49 에틸렌 수용체에 결합하여 에틸렌작용을 억제시키는 화합물은?

① 1-MCP(1-Methycylopropene)
② ABA(Abscisic Acid)
③ 오존(O_3)
④ 이산화타이타늄(TiO_2)

해설 1-MCP(1-Methylcyclopropene)
- 새로운 식물생장조절제로서 식물체의 에틸렌 결합 부위를 차단하여 에틸렌의 작용을 무력화시키는 특성을 지닌 물질로, 과실의 연화나 식물의 노화 등을 감소시켜 수확 후 저장성을 향상시키는 데 유용하게 쓰일 수 있다.
- 1,000ppb의 농도로 12~24시간 동안 처리하면 호흡, 에틸렌 생성, 휘발성 물질 생성, 엽록소 소실, 색깔, 단백질, 세포막 붕괴, 연화, 산도, 당도 등에 영향을 미쳐 과일과 채소류 등의 수확 후 저장성 및 품질을 향상시킨다.

50 원예산물의 수확 후 호흡에 영향을 미치는 외적 요인이 아닌 것은?

① 온 도
② 공기조성
③ 호흡기질
④ 물리적 스트레스

해설 호흡기질은 내적 요인이다.

51 다음 원예산물 중 호흡률이 높은 것으로 옳게 짝지은 것은?

| ㉠ 양배추 | ㉡ 당 근 |
| ㉢ 브로콜리 | ㉣ 시금치 |

① ㉠, ㉡
② ㉠, ㉣
③ ㉡, ㉢
④ ㉢, ㉣

해설 브로콜리, 아스파라거스 > 완두 > 시금치 > 당근 > 오이 > 토마토 > 무 > 양파 순으로 빠르다.

52 다음 중 호흡속도가 가장 빠른 것은?

① 배
② 복숭아
③ 감
④ 딸기

해설 딸기 > 복숭아 > 배 > 감 > 사과 > 포도 > 키위 순으로 빠르다.

53 원예산물의 부패에 관한 설명으로 옳지 않은 것은?

① 저온장해 발생 시 부패가 쉽다.
② 상대습도가 낮을수록 곰팡이 증식이 쉽다.
③ 물리적 상처는 부패균의 감염통로가 된다.
④ 수분활성도가 높을수록 부패가 쉽다.

해설 상대습도가 높을수록 곰팡이 증식이 쉽다.

54 원예산물의 수확 후 대사 조절방법과 효과가 옳지 않은 것은?

① 에테폰처리 : 고추의 착색 억제
② 에탄올처리 : 감의 탈삽 촉진
③ 중온열처리 : 결구상추의 갈변 억제
④ UV처리 : 포도의 레스베라트롤 함량 증가

해설 에테폰은 고추의 착색을 촉진한다.

정답 51 ④ 52 ④ 53 ② 54 ①

55 원예산물의 저장 시 CO_2의 농도를 증가시켰다. 옳지 않은 결과는?

① 호흡이 감소한다.
② 혐기호흡 결과 이취가 발생할 수 있다.
③ 연화가 촉진된다.
④ 세균 또는 곰팡이의 생장이 지연된다.

해설 CO_2 농도가 증가하면 호흡이 감소되고, 노화가 지연되므로 연화 역시 지연된다.

56 증산이 일어나는 원리를 올바르게 설명한 것은?

① 습도가 낮은 곳에서 높은 곳으로 수분 이동이 일어난다.
② 증기압은 온도가 낮을수록 커진다.
③ 온도는 증산에 영향을 미치지 않는다.
④ 온도와 상대습도에 따른 증기압의 차이에 의해 증산이 일어난다.

해설 온도와 상대습도가 높을수록 증기압은 커지므로 과실의 품온이 높을수록 과실 내 증기압은 높아지고, 그에 비례하여 외부환경과의 증기압 차이도 커지면서 증산이 증가한다.

57 호흡속도의 특징에 대한 설명이다. 다음 보기 중 옳은 것을 모두 고르시오.

> ㉠ 작물의 온전성 타진의 수단이 되기도 한다.
> ㉡ 물리적 상처에 의해 증가한다.
> ㉢ 생리적 스트레스에 영향이 없다.
> ㉣ 온도의 상승은 생리적 범위에 관계없이 호흡을 증가시킨다.
> ㉤ 내부성분 변화에 영향을 준다.
> ㉥ 저장 가능기간과 호흡속도는 무관하다.

① ㉠, ㉡, ㉢
② ㉢, ㉣, ㉤
③ ㉡, ㉤, ㉥
④ ㉠, ㉡, ㉤

해설 ㉢ 생리적 스트레스에 영향을 받아 증가한다.
㉣ 온도가 생리적 범위를 넘으면 호흡상승률은 감소한다.
㉥ 호흡속도가 증가하면 저장 가능기간이 짧아진다.

58 수확된 사과를 물 세척 후 왁스처리를 하였다. 옳지 않은 설명은?

① 너무 두껍게 된 경우 이취가 발생할 수 있다.
② 호흡이 감소한다.
③ 미생물의 생장이 증가한다.
④ 에틸렌 발생량이 감소한다.

해설 왁스처리는 외관이 좋아지고, 대기 중의 산소와 증산된 수증기를 차단하는 효과가 있다.

59 에틸렌에 대한 설명이다. 옳지 않은 것은?

① 1-MCP(1-Methylcyclopropene)는 새로운 식물생장조절제로서 식물체의 에틸렌 결합 부위를 차단하여 에틸렌의 작용을 무력화하는 특성을 지닌 물질이다.
② 유기물질이 산화될 때나 태울 때도 발생하며 화석연료를 연소시킬 때, 특히 불완전연소될 때 더 많은 양이 발생한다.
③ 엽근채류는 에틸렌 발생이 매우 많고, 에틸렌에 의해서 쉽게 피해를 받아 품질이 나빠지게 된다.
④ 부패성 미생물이 서식할 경우 미생물로부터 에틸렌이 발생하므로 저장고를 미리 소독하여야 한다.

해설 엽근채류는 에틸렌 발생량은 적지만 에틸렌 감응도가 높아 에틸렌에 의한 피해를 받기 쉽다.

60 증산작용에 대한 설명으로 옳지 않은 것은?

① 저장고 대기온도와 산물의 품온 차이가 클수록 증산량은 많아진다.
② 수박과 같이 표면적이 넓은 작물은 증산량이 많아 위조현상이 빨리 나타난다.
③ 증발기 코일과 저장고 내 온도편차가 크면 결로현상으로 인해 증산량이 증가한다.
④ 플라스틱필름 포장을 하는 경우 증산량은 줄어든다.

해설 수박은 표면적은 넓으나 부피가 커서 수분 함량이 많기 때문에 증산으로 인한 위조현상이 늦게 나타난다.

정답 58 ③ 59 ③ 60 ②

61 수확 후 호흡에 대한 설명이다. 옳지 않은 것은?

① 미성숙 산물은 호흡속도가 빠르다.
② 호흡속도가 빠른 작물은 저장력이 강하다.
③ 주변 온도가 높아지면 호흡은 증가한다.
④ 호흡속도가 빠른 작물은 품질 변화도 빠르게 진행된다.

해설 호흡속도가 빠른 작물은 저장력이 약하다.

62 호흡속도가 낮은 작물끼리 연결된 것은?

① 버섯, 콩
② 살구, 딸기
③ 강낭콩, 바나나
④ 사과, 키위

해설 호흡속도에 따른 원예산물의 분류
- 매우 높음 : 버섯, 강낭콩, 아스파라거스, 브로콜리 등
- 높음 : 딸기, 아욱, 콩 등
- 중간 : 서양배, 살구, 바나나, 체리, 복숭아, 자두 등
- 낮음 : 사과, 감귤, 포도, 키위, 망고, 감자 등
- 매우 낮음 : 견과류, 대추야자 열매류 등

63 다음 중 에틸렌 발생이 촉진되는 원인과 가장 거리가 먼 것은?

① 물리적 상처
② 낮은 농도의 산소조건
③ 병해 또는 충해
④ 높은 온도조건

해설 낮은 농도의 산소조건은 에틸렌 발생을 억제시킨다.

64 다음 중 에틸렌가스의 피해 유형이 아닌 것은?

① 아스파라거스 조직의 연화현상
② 당근의 쓴맛
③ 분재식물의 조기낙엽
④ 엽채류의 황화현상

해설 아스파라거스와 같은 줄기채소류는 에틸렌의 작용으로 인해 섬유질화되면서 줄기의 경화현상이 나타난다.

정답 61 ② 62 ④ 63 ② 64 ①

65 다음 중 에틸렌의 특성으로 보기 어려운 것은?

① 상온에서 대기 중에 가스로 존재한다.
② 화학구조가 비슷한 프로필렌, 아세틸렌 등의 유사물질도 에틸렌과 같은 영향을 보이는 경우가 있다.
③ 1ppm 이하의 너무 낮은 농도에서는 생물학적 영향을 미치지 않는다.
④ 노화, 연화 등을 촉진하여 상품 보존성을 저하시킨다.

해설 에틸렌은 0.1ppm의 낮은 농도에서도 생물학적 영향을 미친다.

66 다음 중 세포 사이를 연결하는 중층물질로 과일의 연화와 경도 변화에 관여하는 물질은?

① 아미노산
② 유기산
③ 펙 틴
④ 단당류

해설 펙틴은 식물의 세포벽과 세포 간 조직에 들어 있는 수용성 탄수화물로, 과일이 숙성되면서 불용성에서 가용성으로 변하며, 과일의 연화를 주도한다.

67 수확 후 산물의 처리조건 중 에틸렌 발생량이 가장 많은 조건은?

① 저산소조건
② CA환경
③ 물리적 상처
④ 저온환경

해설 물리적 상처는 에틸렌 발생을 증가시키는 원인이고, 저산소조건과 CA환경은 산화효소의 활성을 억제하여 에틸렌 합성을 억제하며, 저온환경은 대사작용을 감소시킨다.

68 다음 중 에틸렌에 의한 품질 변화에 해당하지 않는 것은?

① 아스파라거스의 경화현상
② 감귤의 색택 발현
③ 카네이션의 개화 정지
④ 배의 위조현상

해설 위조현상은 고온·저습도환경에서의 저장·유통과정 중 증산에 의해 나타난다.

정답 65 ③ 66 ③ 67 ③ 68 ④

69 카네이션의 꽃잎이 피지 못하는 꽃잎말이현상을 일으키는 호르몬은?

① 에틸렌
② 사이토키닌
③ 지베렐린
④ 옥 신

해설 에틸렌에 의해 개화가 정지되며, 개화가 되더라도 비정상적으로 개화한다.

70 호흡을 억제함으로써 기대할 수 있는 효과는?

① 단맛이 오래 유지될 수 있다.
② 과실의 색깔이 좋아진다.
③ 과실의 연화가 촉진된다.
④ 신맛이 빨리 사라진다.

해설 호흡은 유기산, 당, 탄수화물 등의 성분을 기질로 소모하는 에너지활동으로, 호흡을 억제하면 과실의 신맛과 단맛이 오래 유지된다.

71 원예산물의 유통과정 중 소매단계에서 특히 조직의 연화, 부패에 의한 손실이 발생하기 쉬워 유통기간의 연장기술이 필요하다. 다음 중 유통기간과 관련된 설명으로 적합하지 않은 것은?

① CA저장한 산물은 일반저장에 비해 유통기간 중 품질 변화가 적다.
② 유통기간 중 상대습도를 높게 유지하면 신선도 저하 방지와 함께 부패발생률을 감소하는 효과를 볼 수 있다.
③ 저온유통시스템은 유통기간의 연장에 매우 필요하다.
④ 수확 후 예랭처리는 유통기간의 연장에 효과가 있다.

해설 상대습도를 높일 경우 증산량이 감소하여 신선도 저하 방지효과는 볼 수 있으나, 부패발생률은 오히려 증가할 수 있다.

72 원예산물의 저장 시 에틸렌의 피해를 줄일 수 있는 방법으로 부적당한 것은?

① 수확 시 병충해과와 과숙과는 선별하여 별도로 관리한다.
② 저장고 내 온도를 적절하게 관리한다.
③ 장기저장 시는 에틸렌 발생량이 서로 다른 과실을 함께 저장하여 보완효과를 높인다.
④ 수확, 선별 시 물리적 상처가 나지 않도록 주의한다.

해설 장기저장 시 단일품목·단일품종만 저장하는 것이 효과적이다.

73 원예산물의 수확 후 경도가 낮아지는 연화현상을 보이는 이유로 옳은 것은?

① 호흡으로 인해 유기산이 소모되기 때문이다.
② 무기물의 함량이 감소하기 때문이다.
③ 호흡으로 인해 발생한 이산화탄소가 용해되기 때문이다.
④ 펙틴물질이 분해되기 때문이다.

> **해설** 원예산물이 숙성·노화되면서 세포와 세포를 연결하는 중층물질인 펙틴이 분해되고 이로 인해 과육의 연화현상이 나타난다.

74 과일과 채소의 증산작용의 설명으로 옳지 않은 것은?

① 품온이 높아지면 증산량도 증가한다.
② 표피조직이 발달되지 못한 미숙과는 증산량이 많다.
③ 부피가 큰 과일은 표면적이 넓어 증산에 의한 위조현상이 빠르게 나타난다.
④ 일반적으로 과일류는 엽채류에 비해 증산량이 적다.

> **해설** 부피가 큰 과실은 부피에 비해 표면적이 적어 수분증산에 따른 위조현상이 상대적으로 늦게 나타난다.

75 원예산물의 저장 중 증산작용의 억제 방법으로 거리가 먼 것은?

① 송풍기의 풍속을 저장고 온도가 상승하지 않는 범위 내에서 낮춘다.
② 저장고 내 생석회를 비치한다.
③ 저장고 내 온도변화가 적도록 온도를 조절한다.
④ 저장고 내 온도를 낮춘다.

> **해설** 생석회는 저장고 내 이산화탄소 흡착을 위해 비치하지만, 석회의 특성상 흡습의 효과도 있다.

정답 73 ④ 74 ③ 75 ②

CHAPTER 03 품질구성과 평가

01 품질구성

품질구성요인은 외관, 조직감, 풍미, 영양가치, 안전성 등으로 나눌 수 있으며 이를 다시 외적 요인과 내적 요인으로 나눌 수 있다.

요인	요소
외적 요인	• 외관 : 크기, 모양, 색깔, 상처(물리적 손상) 등 • 조직감 : Firmness, Softness, Crispness, Juiciness, Toughness 등 • 풍미 : 맛(단맛, 신맛, 쓴맛, 떫은맛), 향(향기, 이취) 등
내적 요인	• 영양적 가치 : 미네랄 함량, 비타민 함량 등 • 독성 : 솔라닌 등 • 안전성 : 농약잔류량, 부패 등

1. 품질구성의 외적 요인

(1) 양적 요인
① 외형을 결정하는 양적 요인에는 크기, 무게, 길이, 둘레, 직경, 부피 등이 포함되며 크기 선별을 통한 객관적 구분이 가능하다.
② 무게, 길이, 크기 등을 계량기준으로 하여 각각의 구분표에서 무게, 길이, 크기가 다른 것의 혼입률을 측정하여 전체 포장된 산물의 등급을 결정하는데, 서로 다른 크기의 작물이 함께 포장되면 전체적인 품질이 떨어진 것으로 여긴다.
   ⑤ 무게 : 사과, 배, 포도 등
   ⑥ 길이 : 오이, 고추, 애호박, 가지 등
   ⑦ 직경 : 양파, 마늘 등

(2) 모양과 형태
① 모양이란 품종 고유의 모양과 형태를 말하며, 표준규격의 등급판정에 있어 품종 고유의 모양이 아니거나 모양이 심히 불량한 경우에는 결점으로 분류된다.
② 원예산물의 외형을 기술하는 또 다른 요인인 전반적인 모양이나 형태는 직경과 높이의 비율로 결정되며, 동일한 종 또는 품종은 유사한 형태를 지니므로 이들을 구분하는 수단으로써 활용할 수 있다.
   ※ **고구마의 장폭비** : 길이÷두께로 3.0 이하인 것이 80% 이상은 둥근형, 3.1 이상인 것이 80% 이상은 긴형으로 나눈다.

③ 정상적인 재배환경에서 자란 작물의 형태는 대체로 유사한 모습을 보이므로 이러한 외형에서 벗어난 작물은 기형으로 취급되며, 내적 요인과 관계없이 형태적 측면에서 품질이 낮은 것으로 평가된다.

※ 무, 배추, 마늘, 양파, 토마토 등의 형상불량은 중결점으로 분류된다.

(3) 색 상

① 색택은 소비자에게 가장 강하게 느껴지는 상품의 선택요인 중 하나이므로 품위를 결정할 때 큰 영향을 끼치지만, 원예산물이 지닌 색 자체가 내적 품질에 기여하는 정도와는 상관관계를 보이지 않을 수 있다.

② 원예생산물의 기본색을 조절하는 식물색소에는 플라보노이드계(안토시아닌·플라본), 카로티노이드계(카로티노이드·리코펜) 및 클로로필 등이 있다.

[주요 색소] ★ 중요

구 분	색 소	색 상
플라보노이드계	안토시아닌	pH에 따라 빨간색, 보라색, 파란색
	플라본	노란색
카로티노이드계	카로티노이드	노란색~오렌지색
	리코펜	주황색
클로로필		엽록소를 주성분으로 하며 녹색

③ 색소는 다른 파장의 빛을 흡수함으로써 특징적인 색깔을 나타내며, 색깔이나 광택은 작물의 유전적인 특징이지만 작물의 청결상태나 표면수분에 의해서도 영향을 받는다.

④ 색의 평가

㉠ 주관적으로 평가하거나 객관적인 측정을 통하여 평가하는데, 주관적 평가는 특별한 장비 없이 육안에 의하여 평가하므로 사람 또는 빛의 상태에 따라 결과가 달라질 수 있어 객관성 또는 신뢰성이 떨어지는 단점이 있고, 객관적 평가는 고가의 장비를 필요로 하지만 기계로 측정하여 수치화함으로써 객관성과 신뢰성이 담보되는 합리적인 평가방법이다.

㉡ 관능적 평가 : 농산물의 등급판정에 있어 품위 계측의 방법 중 하나로 사과, 감귤, 단감, 참외 등은 착색비율을 구하여 등급을 판정하고 있다.

㉢ 색의 객관적 지표 : 표준색 또는 기기의 측정수치로 표현하며, 색의 3요소인 명도(Value ; Lightness), 색상(Hue), 채도(순도, Chroma ; Intensity)를 수치 또는 기호로 표시하고, 지표로는 칼라차트나 색체계가 이용된다.

㉣ 보편적으로 먼셀(Munsell)표색계, CIE표색계, 헌터(Hunter)색계 등이 사용되며, 헌터색계는 적녹색도(a), 황청색도(b), 명도(L)로 계산하여 수치와 색도 간의 연관성을 명료하게 나타낼 수 있기 때문에 널리 사용된다.

[헌터(Hunter)색계]

a값(적녹)	(+) 적색 ← 0 → 녹색 (−)
b값(황청)	(+) 황색 ← 0 → 청색 (−)
L값(명도)	색상의 밝기를 의미하며, 100에 가까울수록 흰색을 나타낸다.

(4) 결 점

① 모든 원예생산물은 완전한 품질을 지닐 것으로 기대할 수 없고, 재배·유통과정에서 다양한 원인으로 인해 결점이 발생하여 상품가치를 저하시키거나 상품가치를 완전히 상실하게 된다.
   ※ 등급판정에 있어 중결점과 경결점으로 분류하여 판정의 주요 지표로 삼고 있다.

② 원예생산물의 결점은 다양한 원인에 의하여 발생하며 환경적 원인, 생리적 원인, 생물학적 원인, 기계적 원인, 유전적 원인, 생태적 원인, 화학적 원인, 부적절한 수확 후 관리에 의한 원인 등으로 구분할 수 있다.

　㉠ 환경적 원인 : 기후나 날씨, 토양상태, 관수 등 재배환경에 의하여 결점이 발생하는 경우

　㉡ 생리적 원인 : 영양소 결핍, 수확기의 부적절한 성숙 정도, 내부조직 갈변, 다양한 생리적 장해에 의해 결점이 발생하는 경우

　㉢ 생물학적 원인 : 작물의 재배과정이나 수확 후 관리과정에서 병해 또는 충해를 입어 작물이 손상을 받은 경우

　㉣ 기계적 원인(물리적 원인) : 작물을 수확·포장·수송·판매하는 과정에서 여러 가지 원인에 의해 물리적 손상(압상·자상·열상 등)이 발생하는 경우

　㉤ 유전적 원인 : 품종에 따라 특정 결점에 약해 동록·열과 등이 흔히 발생하여 품질이 떨어지는 경우

　㉥ 생태적 원인 : 감자·마늘·양파의 발아, 양파의 뿌리생장, 배추나 무의 추대 등 생산한 작물의 저장·유통기간이 길어질 때 싹이 트거나 뿌리가 생장하여 품질이 낮아지는 경우

　㉦ 화학적 원인 : 사용방법이나 시기를 지키지 않은 채 사용한 농약이나 화학비료 등으로 인해 농약잔류물이 작물 표면을 오염시키거나 동록을 일으키는 경우 또는 작은 반점을 형성하여 품질을 저하시키는 경우

(5) 질감(조직감)

① 질감은 식미의 가치를 결정하는 중요한 요인으로 작용하며, 수송력에도 많은 영향을 미친다.

② 원예생산물의 질감은 촉감인 단단한 정도, 연한 정도, 즙액의 양 등과 이로 느낄 수 있는 단단함, 연함, 사각거림, 분질성, 씹힘, 점착성 등 그리고 혀와 입안에서 느낄 수 있는 다즙성, 섬유질, 입자, 점착성, 미끄러움 등 여러 요인에 의하여 결정된다.

③ 질감은 촉감에 의해 느껴지는 물리적 특성이며 힘, 시간, 거리의 작용을 고려하여 객관적으로 측정할 수 있다.

④ 질감에 궁극적으로 영향을 끼치는 구조적 요인으로는 세포벽 구성물(전분, 효소, 펙틴 등) 및 그것들과 결합된 다당류와 리그닌 등이 있다.
⑤ 일반적으로 사용하는 원예생산물의 질감평가는 경도로서 표시할 수 있으며, 대체적으로 신선작물의 경우 가공식품과 달리 조직의 단단함 정도가 경도를 대표하고, 이것이 전반적인 질감을 나타내는 대표적인 요인으로 간주될 수 있다.
⑥ 원예산물에 따른 조직감의 유형
  ㉠ 사과 : 숙성이 진행되면서 경도가 감소하므로 씹는 느낌의 사각거림이 중요한 조직감의 요인으로 평가된다.
  ㉡ 배 : 석세포가 씹히는 느낌과 다즙성이 조직감으로 평가된다.
  ㉢ 감귤류 : 수분 함량과 관련하여 과즙의 양이 조직감으로 평가된다.
  ㉣ 복숭아 : 쉽게 연화되는 특성이 있어 연화의 정도가 조직감으로 평가된다.

(6) 풍미(맛과 향기)

① 풍미는 질감보다 정의하기 더욱 어려운 품질구성요인이며, 대체적으로 조직을 입에 넣어 씹을 때 맛과 향의 화학적 반응을 입과 코로 인지하여 종합적으로 느낄 수 있다.
② 맛을 구성하는 네 가지의 기본적인 기준은 단맛, 신맛, 쓴맛, 짠맛으로 나타낼 수 있고, 종종 떫은맛도 평가기준에 포함되기도 하며, 매운 맛은 정상적인 미각이 아닌 혀의 통각으로부터 느껴지는 감각이지만 고추의 품질평가에서는 중요한 요인이 되기도 한다.
  ㉠ 단 맛
    • 조직이 함유하고 있는 당 함량에 의해 결정된다.
    • 과일, 채소류에 가장 많이 함유된 당은 포도당, 과당, 자당 등이며 과실류에서는 일반적으로 굴절당도계를 이용한 당도로 표시한다.
    • 현재는 비파괴선별기가 개발되어 주관적 품질을 객관적으로 표시하려는 추세이다.
  ㉡ 신 맛
    • 원예생산물이 가지고 있는 유기산에 의하여 결정되며, 작물별로 축적되는 유기산의 종류가 많으므로 산 함량을 조사한 다음 그 작물의 대표적인 유기산으로 환산하여 나타낸다.
    • **대부분의 과실에는 사과산과 구연산이** 많이 함유되어 있으며 **사과와 배에는 능금산, 포도에는 주석산, 귤과 오렌지 등의 밀감류에는 구연산**의 함량이 높은 편이다.
    • 상대적으로 당 함량이 높아도 산 함량이 높으면 단맛을 제대로 느낄 수 없어 당도보다 산 함량이 더욱 중요한 지표로 작용할 수 있으며, 유통과정 또는 소비단계에서의 단맛 증가는 당 성분이 새롭게 형성된 것이 아니라 유기산의 소모로 인해 신맛이 감소하여 상대적으로 단맛이 강하게 느껴지기 때문이다.
    • 가공식품에 있어서는 적정량의 염분이 첨가되면 단맛이 강화되기도 한다.

ⓒ 당산비
- 맛을 평가할 때 당과 산의 비율에 의해 결정되는 경우가 많으므로 당산비에 관하여 정확히 이해하여야 한다.
- 최근에는 당도도 높고, 동시에 산도가 풍부한 맛이 실제로 우수한 것으로 평가되고 있다.

ⓔ 쓴 맛
- 중요한 맛의 결정요인은 아니지만 특정한 조건이나 생리적 장해가 발생했을 때 조직이 쓴맛을 나타내기도 한다.
- 당근이 에틸렌에 노출된 경우 이소구마린을 합성하여 쓴맛이 나타난다.

ⓜ 떫은맛
- 성숙하지 않은 작물에서 종종 나타나며, 가용성 타닌과 관련되어 있다.
- 떫은 감은 탈삽과정을 거쳐 타닌이 불용화되거나 소멸되면 떫은맛이 사라진다.
- 타닌은 감뿐만 아니라 덜 익은 과실에도 들어 있다가 익으면서 줄어드는 경향이 있다.

ⓗ 짠맛 : 소금을 기준으로 결정되지만, 신선작물에는 짠맛을 느낄 정도의 소금이 쌓여 있지 않기 때문에 품질의 결정요인으로 보지 않는다.

③ 원예산물로부터 발산되는 냄새는 향기 결정에 중요하지만 이를 구체적으로 결정하기란 쉽지 않으며, 사람은 약 1만 종의 냄새를 구분하는데 냄새를 만드는 화학물질은 매우 낮은 농도에서도 독특한 향을 나타내므로 이를 검출하기 매우 어렵다.

④ 일부 과일에서는 향기가 품질에 큰 영향을 미치기도 하는데, 후지 사과의 경우 특유의 향기가 풍부해야 고품질로 인정받으며 딸기, 복숭아 등의 품질에도 중요한 영향을 미친다.

⑤ 향기는 휘발성 물질에 의해 결정되며, 원예산물의 종류나 숙성에 따라 종류나 함량이 달라진다.

2. 품질구성의 내적 요인

(1) 영양적 가치

① 원예생산물은 인간에게 필요한 여러 가지 영양물질을 공급해 주는 중요한 공급원이지만, 영양가치는 눈에 보이는 품질요인이 아니므로 소비자가 작물을 선택할 때 큰 영향을 미치지 못하는 경우가 흔하다.

② 원예생산물로부터 얻을 수 있는 인간에게 필요한 영양물질에는 무기원소, 탄수화물, 지방, 단백질, 비타민 등이 있으며 이 중 원예산물은 섬유소, 무기원소(Na, K, Ca, Fe, P 등), 약간의 탄수화물과 비타민의 중요한 공급원이지만, 대부분 지방 함량이 낮아 지방의 공급원이 되지는 못한다.

③ 비타민 중 수용성 비타민의 중요한 공급원이며, 직접적인 형태나 전구물질의 형태로 공급된다. 또한 섬유소는 소화되지 않지만 대장의 활동을 강화하여 변비를 방지하는 효과가 있으며, 원예산물은 중요한 섬유소의 공급원이다.

④ 원예산물로부터 공급되는 이러한 영양물질 중 비타민 C는 수확 후 관리가 부적절할 때 더욱 많이 감소하는 경향을 보인다.
⑤ 고추의 캡사이신과 마늘이나 양파의 알린계 등의 매운 맛 성분은 항암성, 항산화작용 등 건강기능성이 매우 우수한 것으로 밝혀져 있다.

(2) 안전성

안전성에 영향을 주는 위해요소는 크게 물리적, 화학적, 생물학적 요소로 구분된다.
① **물리적 요소** : 흙이나 돌조각 같은 이물질
② **화학적 요소** : 잔류농약, 중금속 등의 유독성 화학물질
③ **생물학적 요소** : 곰팡이, 박테리아, 바이러스와 같은 미생물 및 기생충 등

(3) 천연독성물질

① 오이의 쿠쿠비타신(Cucurbitacin)과 상추의 락투세린(Lactucerin) 같은 배당체는 쓴맛을 내는 독성물질이다.
② 근대나 토란 같은 근채류의 경우 성숙과정에서 영양적인 불균형에 의해 수산염이 생성되고, 감자는 괴경(덩이줄기)이 광(光)에 노출되면 솔라닌(Solanine)이 축적되는데 고농도일 경우 인체에 치명적일 수 있으며, 고구마의 경우 이포메아마론(Ipomeamarone)이 축적될 수 있다.
③ 배추나 무, 순무 등 십자화과류의 경우 글루코시놀레이트(Glucosinolate)가 축척될 수 있다.
④ 곰팡이에 의해 생성되는 진독균(Mycotoxin)과 박테리아에서 분비되는 독소(Toxin)는 자연오염물질로, 병든 작물에서 발생된다. ★ 중요
  ㉠ 아플라톡신 : 옥수수, 땅콩, 쌀, 보리 등에서 검출되는 곡류독이다.
  ㉡ 오크라톡신 : 밀, 옥수수 등 곡류와 육류, 가공식품에서 검출된다.
  ㉢ 제잘레논 : 옥수수, 맥류 등에서 검출되며 생식기능장해와 불임 등을 유발한다.
  ㉣ 파튤린 : 사과주스를 오염시킬 수 있다.
⑤ 토양 내 중금속은 작물의 뿌리를 통해 흡수된 후 과일이나 잎에 축적되는데 수은(Hg), 카드뮴(Cd), 납(Pb) 등의 중금속은 체내 과다축적 시 치명적인 중독증상이 나타나는 것으로 알려져 있다.
⑥ 작물의 재배과정에서 환경조건이나 시비조건이 맞지 않으면 고농도의 질산염과 아질산염이 작물에 축적되는데, 이 또한 바람직하지 않은 물질로 알려져 있다.

(4) 미생물 오염

① 유기질 비료를 채소와 과일에 사용하기 전에 소독처리과정을 거쳐 신선생산물이 살모넬라(Salmonella)나 리스테리아(Listeria) 등의 병균에 오염되는 위험을 피해야 하고, 수확된 작물은 토양으로부터 쉽게 오염되므로 수확·선별과정에서 주의 깊게 취급하고 세척하는 과정이 필요하다.

② 미생물에 대한 안전성 문제는 비위생적인 조건하에서 수확 후 관리되거나, 적정온도(대부분의 경우 0℃)보다 높은 온도에서 가공된 과일이나 채소에서 발생할 가능성이 더 높다.

③ 미생물 오염과 관련된 안전성 평가는 이미 법제화되어 있고, 안전성에 많은 연구가 국내외에서 지속적으로 수행되고 있다.

(5) 잔류농약

① 소비자의 식품안전에 대한 요구와 함께 농산물의 잔류농약에 대한 관심이 커지고 있으며, 특히 국가 간 무역에 의한 농산물 수출입 시의 검역과도 연관되어 있고, 농산물의 경우 농약의 잔류허용 기준이 각국마다 정해져 있다.

② 대부분의 국가들은 신선채소에 잔류된 농약을 안전성 문제에 있어서 가장 중요한 요인으로 여기고 있다.

③ 잔류허용기준은 작물별, 농약 종류별로 다르므로 농약의 사용에 있어 반드시 사용지침에 따라 사용하여야 한다.

④ 잔류농약 허용량의 개념
  ⊙ 농약으로 인해 오염된 산물을 섭취하였을 때 잔류하여도 건강상 무방한 기준농도를 의미한다.
  ⓒ 설정은 원칙적으로 세계보건기구(WHO), 세계식량농업기구(FAO), 농약전문가합동회의에서 정해진 방법에 따르며, 한 가지 농약이라도 여러 작용에 사용되어 작물에 따라 잔류량이 모두 다를 때는 작물별 잔류허용량을 설정하여야 한다.

⑤ 잔류농약 허용량의 산출 : 특정 식품의 1일 평균소비량과 식습관을 고려하며, 농약허용 최대한계(Permissible Level)는 다음 공식에 따른다.

$$P = \frac{ADI \times W}{F}$$

여기서, P : 농약허용 최대한계(mg/kg식품)
  W : 체 중
  F : 농약이 함유된 식품의 1일 평균소비량
  ADI : 인체허용 1일 섭취량(mg/kg체중)

02 품질평가

1. 품질의 개념

(1) 의의
① 원예산물 품질의 우수성은 맛, 조직감, 모양, 형태뿐만 아니라 향기, 영양적 가치 및 안전성에 의해 결정된다.
② 최근에는 영양적 가치나 안전성 및 기능성이 구성요소로 크게 부각되고 있으며, 환경친화형 농업의 중요성이 확산되면서 잔류농약 등 식품안전성에 대한 관심이 커지고 있어 원예산물의 품질평가에 있어 중요한 구성요소로 자리 잡고 있다.
③ 체계적인 품질평가는 합리적 가격 산정, 품질 향상, 우수한 상품의 유통을 유도해 소비자의 신뢰도를 높일 수 있다.

(2) 품질평가기준
① 상품성과 관련된 품질평가는 지금까지 주로 품질의 크기, 부피, 모양, 색깔 등 외적 요인을 기준으로 수행되어 왔다.
② 최근에는 색깔, 당도, 조직감, 안전성 등 산물의 내적 요인을 기준으로 한 품질평가가 유통센터를 중심으로 이루어지고 있다.

2. 품질의 평가

(1) 품질평가의 개요
① 품질평가는 오래 전부터 사용되어 온 파괴적 평가방법인 관능검사법과, 대형물류센터에서 많은 물량의 품질을 신속하게 판단할 수 있도록 정밀한 분석기기를 이용하는 비파괴적 분석방법으로 구분된다.
② 최근까지는 주로 크기를 기준으로 한 비파괴적 품질평가가 이루어져 왔으며 당도, 과피색 등이 중심이 되어 이와 관련된 선별기가 개발되어 왔다.
③ 현재 농산물의 조직감을 측정할 수 있는 경도 평가방법 및 안전성과 관련한 평가방법 확립에 대한 연구가 진행 중이고, 머지않아 이와 관련된 자동선별기의 산업화가 가능할 전망이다.

(2) 품질평가방법
① 형상
  ㉠ 과실의 형상을 나타내는 가장 단순한 방법은 과고와 과경을 측정하여 그 비를 나타내는 것이다.
  ㉡ 학술적으로 널리 사용하는 용어로는 원형도(Roundness)와 구형도(Sphericity)가 있다.

ⓒ 원형도는 물체의 모서리가 얼마나 예리한가를 나타내는 척도이며, 구형도는 물체의 원주들이 얼마나 균일한가를 나타내는 척도이다.

② 밀도 또는 비중
  ㉠ 밀도는 물체의 단위부피당 질량을 나타내는 척도로 kg/m^3, g/cm^3의 단위로 표현한다.
  ㉡ 밀도를 물의 밀도에 대비하여 나타낸 것이 비중이며, 과실의 비중을 측정하는 손쉬운 방법에는 부력법이 있다.
  ㉢ 부력법은 용기에 물을 채우고 물체를 용기의 벽면에 닿지 않으면서 완전히 물속에 잠기게 하였을 때, 물의 부피가 증가한 만큼 나타나는 저울의 무게를 측정하여 비중으로 환산하는 방법이다.
  ㉣ 부력법은 물체의 비중뿐만 아니라 부피와 밀도도 측정할 수 있다.

③ **수분 함량 : 수분은 105℃ 건조법에 의하여 측정함을 원칙**으로 하되, 이와 동등한 측정결과를 얻을 수 있는 **130℃ 건조법, 적외선조사식 수분계, 전기저항식 수분계, 전열건조식 수분계, 기타 수분 측정이 가능한 장비 등에 의한 측정을 보조방법으로 채택**할 수 있다.

④ 당 도
  ㉠ 과실의 단맛을 내는 성분은 포도당이나 과당과 같은 단당류와 자당과 같은 소당류로 수용성 고형분에 해당한다.
  ㉡ 단맛의 정도를 당도라고 하며, 흔히 굴절당도계로 측정한다.
  ㉢ 굴절당도계의 값이 당 함량의 참값은 아닐지라도 그 일관성과 편의성으로 인해 널리 사용되고 있다.
  ㉣ 굴절계는 원래 물질의 굴절률(공기 중에서의 빛의 속도에 대비한 물질 속에서의 빛의 속도비)을 측정하는 기기인데, 수용성 고형분의 함량에 따른 굴절률을 이용하여 당도를 측정한다.
  ㉤ 당도의 측정단위는 일반적으로 브릭스로 나타낸다.

⑤ 산도(pH)
  ㉠ 과실의 신맛은 과실이 함유하고 있는 유기산에 기인하며, 유기산이 함유된 정도를 산도라고 한다.
  ㉡ 과실에서 가장 풍부한 유기산은 사과산(Malic Acid)과 구연산(Citric Acid)이며, 품목에 따라 주석산(Tartaric Acid), 옥살산(Oxalic Acid) 등 다양한 유기산이 함유되어 있다.
  ㉢ 유기산은 수산기(-OH)와 밀접한 관계가 있기 때문에 pH값이 곧 산도를 뜻하지는 않는다고 하더라도, pH계로 측정한 pH값으로 유기산 함량의 정도를 가늠해 볼 수 있다.

⑥ 경도(압축특성) : 과실이 얼마나 단단한가를 나타내는 척도로 흔히 경도계를 사용한다.

(3) 관능검사법

① 농산물의 품질을 한 가지로 통일시켜 객관화하여 측정하기는 불가능하며, 관능검사법은 검사인의 주관적인 판단에 의해 결정되지만 여러 사람에 의해 반복되고 훈련된 과정을 거쳐 주관적인 결과를 객관화시키는 방법이다. 따라서 숙련된 검사원이 필요하다.

② 상품성의 판단은 보통 맛(당도, 산도 등), 색깔, 질감, 크기와 모양 등을 종합하는데, 이 중 당도는 일반적으로 굴절당도계, 질감은 경도계 또는 씹을 때의 느낌 등에 의하여 판단하므로 관능검사법은 파괴적인 방법으로 분류한다.

(4) 비파괴검사법

① 비파괴검사법이란 선별과정에서 빠르게 지정한 품질요인을 분석한 뒤 그 결과에 따라 선별하는 방식으로 진행되며, 과일과 채소의 비파괴적 방법에 의한 평가요인은 색, 모양, 크기 등의 외양, 질감과 향미 등이다.

② 지금까지 이용되고 있는 여러 비파괴검사법에는 참깨와 인삼의 원산지 판별에 이용되는 광학적 특성 이용방법, 오렌지의 동결장해과 자동선별장치, 수박 과육의 자동선별기에 이용되는 X-ray 및 MRI 분석방법, 그 외 신호의 주파수와 진폭을 품질에 연계하여 품질을 분석하는 방법인 음향 또는 초음파기술 등이 있다.

③ 비파괴검사법의 장단점 ★ 중요
  ㉠ 신속하고 정확하다.
  ㉡ 사용한 시료를 반복해서 사용 가능하다.
  ㉢ 숙련된 검사원을 필요로 하지 않아 인건비가 절약된다.
  ㉣ 시설의 대형화가 요구되므로 초기 투자비용이 크다.

03 항목별 품위계측 및 감정방법(농산물 표준규격 제12조 관련 [별표 6])

1. 과실류

(1) 공시량
포장단위 수량이 50과 이상은 50과를 무작위 추출하고, 50과 미만은 전량을 추출한다.

(2) 낱개의 고르기
① 크기 구분표의 크기 호칭은 공시량 평균 무게 또는 지름에 해당하는 것을 말한다.
② 공시량의 평균 크기(무게 또는 지름)를 기준으로 크기 구분표의 해당 호칭을 정하고, 그 평균 크기(무게 또는 지름)의 호칭과 비교하여 크기(무게 또는 지름)가 다른 것의 개수 비율을 구한다.

(3) 착색비율

① 공시량 중에서 품종 고유의 색깔이 가장 떨어지는 5과의 착색비율을 평균한 것으로 한다.
② 금감은 공시량 전량에 대하여 등급별 착색비율에 미달하는 것의 개수비율을 구한다.
③ 낱개마다 품종 고유의 색깔에 대비하여 착색 정도별 면적비율과 해당 면적별 착색비율을 각각 측정하고 다음과 같이 산출한다.

※ 착색비율(%) = $(A_1 \cdot B_1 + A_2 \cdot B_2 + A_3 \cdot B_3 + \cdots + A_n \cdot B_n)/100$
  $A_1, A_2, A_3, \cdots, A_n$ = 착색정도별 면적비율
  $B_1, B_2, B_3, \cdots, B_n$ = 해당면적별 착색비율

(4) 당 도

① 대상품목은 과실류 중 사과, 배, 복숭아, 포도, 감귤, 금감, 단감, 자두의 8품목으로 한다.
② 측정기기는 "과실류 당도 측정기 - 시험방법(KS B 5642)"에 적합한 것으로 한다.
③ 공시량이 50개인 과실류는 품종 고유의 색깔이 가장 떨어지는 과실 5과, 공시량이 50개 미만인 과실은 품종 고유의 색깔이 가장 떨어지는 과실 3과를 측정한 평균값을 당도(°Bx)로 한다.
④ 사과, 배는 씨방, 단감은 씨, 감귤은 껍질과 씨, 복숭아, 자두는 핵을 제거한 후 이용한다.
⑤ 1과의 착즙은 씨방, 핵, 껍질, 씨 등을 제외한 가식부 전체를 착즙함을 원칙으로 하되, 품목별 특성을 고려하여 다음과 같이 착즙할 수 있다.
  ㉠ 금감 : 꼭지를 제거한 전체를 착즙한다.
  ㉡ 포도 : 1송이의 상·중·하에서 중간 품위의 낱알을 각각 5알씩 채취하여 착즙한다.
  ㉢ 사과, 배, 단감, 복숭아, 자두, 감귤 : [그림 1]과 같이 과실의 크기에 따라 꼭지를 중심으로 세로로 4~8등분하여 품종 고유의 색깔이 가장 떨어지는 부분과 그 반대쪽을 선택한 후 품목별 제거 부위를 제외한 부위를 착즙한다.

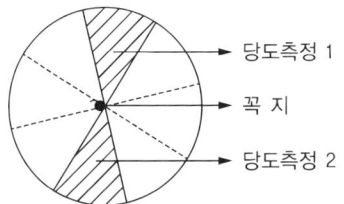

[그림 1] 채취 및 착즙부위

⑥ 착즙요령
  ㉠ 착즙도구 : 소형 착즙기, 거름망, 착즙액 용기
  ㉡ 착즙방법 : 착즙부위를 적당한 크기로 절단한 후 소형 착즙기에 넣고, 거름망과 착즙액 용기를 놓은 다음 착즙하여 잘 섞은 후 측정액으로 사용한다.
⑦ 당도 측정 : 착즙한 측정액을 굴절당도계 프리즘(측정액을 넣는 곳)에 적당량을 넣은 후 측정한다.

(5) 산함량/당산비(당도를 산도로 나눈 값)

① 시료는 당도 측정에 이용한 과즙을 사용한다.

② 산함량(산도) 측정은 "KS H 2188(과실·채소주스) 6.3 산도의 시험방법"을 준용하되, 이와 동등한 결과를 얻을 수 있는 방법 및 기계에 의한 방법을 보조방법으로 채택할 수 있다.

※ 당산비 = 당도(°Bx) ÷ 산함량(%)

(6) 결점과 판정기준 및 혼입률 산출방법

① 결점과는 공시량 중에서 매 과마다 경결점 이상인 것을 선별한 후 이를 다시 중결점, 경결점으로 분류하여 각각 개수비율을 산출한다.

② 결점과 혼입률 산출은 다음 식에 의한다.

$$혼입률(\%) = \frac{중결점(경결점) \ 개수}{공시 \ 개수} \times 100$$

③ 동일한 결점이 산재한 것은 종합하여 판정하고, 1과에 여러 가지 결점이 있는 것은 가장 중한 결점에 따른다.

2. 채소류

(1) 공시량

포장단위 수량이 50과 이상은 50과를 무작위 추출하고, 50과 미만은 전량을 추출한다.

(2) 낱개의 고르기

① 마른 고추, 고추, 오이, 호박, 가지 : 공시량 중에서 중결점 및 경결점, 심하게 구부러진 것 등을 제외하고 매개의 길이 또는 무게를 측정하여 평균을 구하고 품목(품종)별 허용길이 또는 무게를 초과하거나 미달하는 것의 개수비율을 구한다. 단, 평균길이(무게)는 공시량 중에서 10개를 무작위로 추출하여 측정한 값을 사용할 수 있다.

② 위의 품목을 제외한 채소류 : 공시량 중에서 중결점과를 제외하고 전량의 무게(또는 크기)를 계측하여 무게(또는 크기) 구분표에서 무게(또는 크기)가 다른 것의 개수비율을 구한다.

(3) 마른 고추의 품질평가

① 수분 : 고르기 계측용 시료 중에서 30g 정도를 무작위로 채취하여 꼭지를 제거한 후 시료분쇄기로 과피와 씨를 20매시(약 1mm) 정도로 분쇄·혼합하여 측정한다.

② 탈락씨 및 이물 : 매 포장단위에서 탈락씨와 이물을 따로 골라내어 전체 무게에 대한 비율을 구한다.

(4) 마늘의 품질평가

① **열구** : 공시료(50구) 중에서 마늘쪽의 일부 또는 전부가 줄기로부터 벌어져 있는 통마늘을 분류하여 개수비율을 산출한다. 다만, 마늘통 높이의 3/4 이상이 외피에 싸여 있는 것은 제외한다.

② **쪽마늘** : 포장단위 전체에서 쪽마늘을 분리한 후 전체 무게에 대한 무게비율을 구한다.

(5) 당 도

① 대상품목은 과채류 중 수박, 조롱수박, 참외, 멜론, 딸기의 5품목으로 한다.
② 측정기기는 "과실류 당도 측정기 – 시험방법(KS B 5642)"에 적합한 것으로 한다.
③ 공시량이 50개인 과채류는 품종 고유의 색깔이 가장 떨어지는 과채류 5개, 공시량이 50개 미만인 과채류는 품종 고유의 색깔이 가장 떨어지는 과채류 3개를 측정한 평균값을 당도(°Bx)로 한다.
④ 수박, 조롱수박은 껍질과 씨, 참외는 태좌와 씨, 멜론은 껍질, 태좌, 씨를 제거한 후 이용한다.
⑤ 1개의 착즙은 씨, 껍질, 태좌 등을 제외한 가식부 전체를 착즙함을 원칙으로 하되, 품목별 특성을 고려하여 다음과 같이 착즙할 수 있다.

㉠ 딸기 : 꼭지를 제거한 전체를 착즙한다.
㉡ 수박, 조롱수박 : [그림 1]과 같이 크기에 따라 꼭지를 중심으로 세로로 4~8등분하여 X자(대칭)로 2조각([그림 1] 참조)을 선택하여 각각 [그림 2]와 같이 3개 부위를 절단한 후 제거 부위를 제외한 부위를 착즙한다.

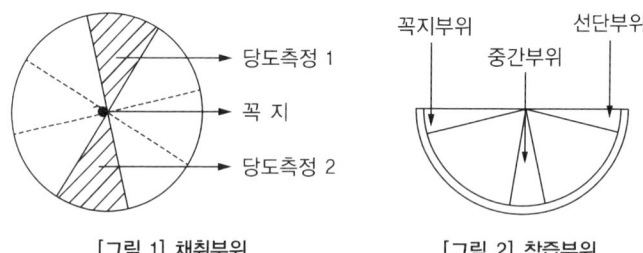

[그림 1] 채취부위   [그림 2] 착즙부위

㉢ 참외, 멜론 : 꼭지와 꽃자리의 중간부위를 수평으로 [그림 1]과 같이 2등분하여 각 등분별로 X자(대칭)로 2조각([그림 2])을 선택한 후 제거 부위를 제외한 부위를 착즙한다.

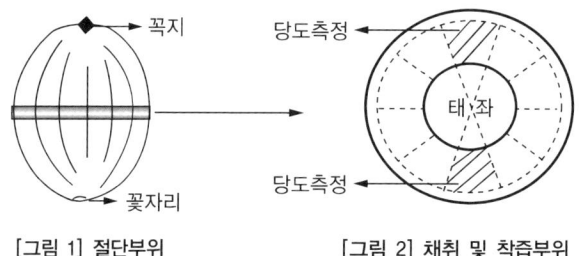

[그림 1] 절단부위   [그림 2] 채취 및 착즙부위

⑥ 착즙요령
  ㉠ 착즙도구 : 소형 착즙기, 거름망, 착즙액 용기
  ㉡ 착즙방법 : 착즙부위를 적당한 크기로 절단한 후 소형 착즙기에 넣고, 거름망과 착즙액 용기를 놓은 다음 착즙하여 잘 섞은 후 측정액으로 사용한다.
⑦ 당도 측정 : 착즙한 측정액을 굴절당도계 프리즘(측정액을 넣는 곳)에 적당량을 넣은 후 측정한다.

(6) 결점 판정기준 및 혼입률 산출방법
① 결점은 매 개마다 경결점 이상인 것을 선별한 후 이를 다시 경결점, 중결점으로 분류하여 각각 개수비율을 산출한다.
② 결점 혼입률 산출은 다음 식에 의한다.

$$혼입률(\%) = \frac{중결점(경결점)\ 개수}{공시\ 개수} \times 100$$

3. 서류, 특작류, 곡류

(1) 서류(薯類)
채소류에 준한다.

(2) 특작류
① 고르기(알땅콩) : 매 포장단위에서 200g 정도를 무작위로 추출하여 무게 구분표에서 무게가 다른 것의 중량비율을 구한다.
② 빈 꼬투리, 이물 : 매 포장단위에서 200g 정도를 균분하여 각각의 무게비율을 구한다.
③ 용적중 : "1L 용적중 측정 곡립계"로 측정함을 원칙으로 하되 이와 동등한 측정결과를 얻을 수 있는 **브라웰곡립계 등에 의한 측정을 보조방법으로 할 수 있다. 단, 브라웰곡립계 계측 시 이물을 제외한 시료를 150g 균분하여 사용**한다.
④ 피해립, 이종곡립, 이종피색립 : 용적중을 계측한 시료 중에서 50g 정도를 균분하여 각각의 무게비율을 구한다.
⑤ 수삼 낱개의 고르기 · 결점 혼입률 : 채소류에 준한다.

(3) 곡류
국립농산물품질관리원 고시 농산물 검사 · 검정방법 및 절차 등에 관한 규정 [별표 4] 곡종별 품위검정 순위표에 준한다. 다만, 해당 품목이 없을 경우 유사한 품목을 적용한다.

CHAPTER 03 적중예상문제

01 원예작물의 품질구성요인과 관련된 설명으로 잘못된 것은?

① 품질은 내적 요인과 외적 요인으로 나눌 수 있다.
② 크기와 모양은 선별 및 포장에 있어 중요한 요인이 된다.
③ 품질의 외적 요인에는 영양적 가치, 질감, 색깔, 풍미 등이 있다.
④ 색깔을 기준으로 선별하는 시스템은 맛과 항상 일치하지 않는다.

해설 영양적 가치는 내적 요인에 속한다.
※ 품질구성요인

요 인	요 소
외적 요인	• 외관 : 크기, 모양, 색깔, 상처(물리적 손상) 등 • 조직감 : Firmness, Softness, Crispness, Juiciness, Toughness 등 • 풍미 : 맛(단맛, 신맛, 쓴맛, 떫은맛), 향(향기, 이취) 등
내적 요인	• 영양적 가치 : 미네랄 함량, 비타민 함량 등 • 독성 : 솔라닌 등 • 안전성 : 농약잔류량, 부패 등

02 원예산물의 외적 품질구성요인으로 짝지어지지 않은 것은?

① 모양, 영양가
② 향기, 당도
③ 크기, 색상
④ 질감, 수분

03 원예산물의 품질은 다양한 요인에 의하여 결정된다. 다음 중 외관 품질결정 지표로 널리 이용되는 항목으로 짝지어진 것은?

① 크기, 함수율
② 색상, 크기
③ 색상, 에틸렌 발생량
④ 경도, 증산속도

04 과실의 품질구성요소 중 조직감과 가장 관련이 깊은 성분은?

① 단백질
② 지 방
③ 무기성분
④ 펙 틴

해설 질감에 궁극적으로 영향을 끼치는 구조적 요인으로는 세포벽 구성물(전분, 효소, 펙틴 등) 및 그것들과 결합된 다당류와 리그닌 등이 있다.

정답 1 ③ 2 ① 3 ② 4 ④

05 원예산물의 맛을 결정하는 주요 성분이 틀리게 연결되어 있는 것은?
① 단맛 – 전분
② 신맛 – 가용성 유기산
③ 쓴맛 – 알카로이드
④ 떫은맛 – 가용성 타닌

해설 원예작물의 단맛은 조직이 함유하고 있는 당 함량에 의해 결정되며, 전분이 가수분해되어 과일의 단맛이 나타나지만 전분이 직접적으로 단맛을 결정한다고 볼 수 없다.

06 원예산물별 수확 후 관리과정과 성분 변화가 바르게 연결된 것은?
① 포도 – 후숙 – 색소 발현
② 키위 – 연화 – 가용성 펙틴 감소
③ 토마토 – 후숙 – 리코펜 증가
④ 배 – 후숙 – 아스코르브산 합성

해설 토마토는 수확 후 후숙에 의해 주황색 색소물질인 리코펜이 증가한다.

07 농산물에 함유되어 있는 성분 중 인체에 유해한 성분은?
① 플라보노이드(Flavonoid)
② 솔비톨(Sorbitol)
③ 솔라닌(Solanine)
④ 타닌(Tannin)

해설 감자는 괴경(덩이줄기)이 광(光)에 노출되면 솔라닌(Solanine)이 축적되는데 고농도일 경우 인체에 치명적일 수 있다.

08 토마토 과실에 함유된 색소가 아닌 것은?
① 카로티노이드
② 엽록소
③ 리코펜
④ 안토시아닌

해설 토마토는 카로티노이드계 색소를 가지며, 플라보노이드계인 안토시아닌은 함유되어 있지 않다.

09 원예작물의 품질평가요소에 대한 세부 품질인자가 틀리게 연결된 것은?
① 외관 – 색도
② 조직감 – 세포벽조성
③ 풍미 – 산 함량
④ 안전성 – 타닌 함량

해설 타닌은 떫은맛을 내는 물질로 안전성과는 관계가 없다.

정답 5 ① 6 ③ 7 ③ 8 ④ 9 ④

10 다음 원예작물과 대표적인 유기산을 옳게 짝지은 것은?

① 포도 - 구연산
② 사과 - 주석산
③ 딸기 - 구연산
④ 귤 - 능금산

해설 신 맛
- 원예생산물이 가지고 있는 유기산에 의하여 결정되며, 작물별로 축적되는 유기산의 종류가 많으므로 산 함량을 조사한 다음 그 작물의 대표적인 유기산으로 환산하여 나타낸다.
- 대부분의 과실에는 사과산과 구연산이 많이 함유되어 있으며 사과와 배에는 능금산, 포도에는 주석산, 귤과 오렌지 등의 밀감류에는 구연산의 함량이 높은 편이다.

11 다음 중 농산물의 품질관리상 위해요소가 아닌 것은?

① 비소(As)
② 대장균 O157 : H7
③ 아스코르빈산(Ascorbic Acid)
④ 파라퀴트(Paraquat)

해설 아스코르빈산(Ascorbic Acid)은 비타민 C로 위해요소가 아니다.

12 식품 안전성을 위협하는 유해물질로 사과주스에서 발견될 수 있는 곰팡이 독소는?

① 파튤린(Patulin)
② 소르비톨(Sorbitol)
③ 솔라닌(Solanine)
④ 아플라톡신(Aflatoxin)

해설 곰팡이에 의해 생성되는 진독균(Mycotoxin)과 박테리아에서 분비되는 독소(Toxin)는 자연 오염물질로, 병든 작물에서 발생된다.
- 아플라톡신 : 옥수수, 땅콩, 쌀, 보리 등에서 검출되는 곡류독이다.
- 오크라톡신 : 밀, 옥수수 등 곡류와 육류, 가공식품에서 검출된다.
- 제랄레논 : 옥수수, 맥류 등에서 검출되며, 생식기능장해와 불임 등을 유발한다.
- 파튤린 : 사과주스를 오염시킬 수 있다.

13 과실의 조직감과 관련이 없는 것은?

① 수분 함량
② 경 도
③ 세포벽 구성물질
④ 색 도

해설 질감(조직감)
- 원예생산물의 질감은 촉감인 단단한 정도, 연한 정도, 즙액의 양 등과 이로 느낄 수 있는 단단함, 연함, 사각거림, 분질성, 씹힘, 점착성 등 그리고 혀와 입안에서 느낄 수 있는 다즙성, 섬유질, 입자, 점착성, 미끄러움 등 여러 요인에 의하여 결정된다.
- 질감에 궁극적으로 영향을 끼치는 구조적 요인으로는 세포벽 구성물(전분, 효소, 펙틴 등) 및 그것들과 결합된 다당류와 리그닌 등이 있다.

14 떫은 감이 연시가 되어 떫은맛을 느끼지 못하는 이유는?
① 떫은맛 성분인 펙틴이 불용화되기 때문
② 떫은맛 성분인 솔라닌이 에틸렌에 의해 불용화되기 때문
③ 수용성 타닌이 불용성 타닌으로 전환되기 때문
④ 떫은 감의 붉은 색소인 안토시아닌이 불용화되기 때문

해설 떫은 감의 떫은맛은 수용성 타닌이 불용화되면서 없어진다.

15 품질평가방법과 관련하여 올바르지 못한 것은?
① 과실의 내부결함을 판정하기 위하여 비파괴 측정기를 이용하여 측정한다.
② 과실의 단단한 정도를 알아내기 위하여 경도계로 측정한다.
③ 과실의 당도를 측정하기 위하여 요오드반응을 실시한다.
④ 과실의 객관적인 맛을 평가하기 위하여 관능평가를 실시한다.

해설 아이오딘(요오드)반응은 전분을 검사하는 데 이용된다.

16 원예작물의 과실 품질을 평가하는 방법 중 성격이 다른 하나는?
① 과피색을 구분하기 위해서 영상처리를 이용한다.
② 과실의 내부충실도를 알기 위해서 X-Ray를 이용한다.
③ 굴절당도계를 이용하여 과실의 당도를 측정한다.
④ 과실의 생리장해를 판별하기 위하여 MRI를 이용한다.

해설 ③ 관능검사법, ①·②·④ 비파괴검사법

17 원예산물의 품질평가에 있어서 화학적 분석법과 비교할 때 비파괴검사법의 장점이 아닌 것은?
① 신속하다.
② 숙련된 기술자를 필요로 하지 않는다.
③ 동일시료를 반복해서 사용할 수 있다.
④ 화학적 분석법보다 정확도가 높다.

해설 비파괴검사법은 관능검사법과 비교하면 객관적이지만, 화학적 분석법보다는 정확도가 낮다.

정답 14 ③ 15 ③ 16 ③ 17 ④

18 원예산물의 품질평가방법에 관한 설명으로 옳은 것은?

① 굴절당도계로 측정 시 당도는 온도에 영향을 받지 않는다.
② MRI나 근적외선은 품질을 평가할 수 없다.
③ 비파괴 품질평가방법에는 X-ray방법이 있다.
④ 산도계는 농약의 잔류량을 측정할 수 있다.

> 해설 ① 굴절당도계로 측정 시 온도에 따라 굴절률이 달라질 수 있다.
> ② MRI나 근적외선을 이용하여 내부의 충실도와 장해 등을 평가할 수 있다.
> ④ 산도계는 농약의 잔류량을 측정할 수 없다.

19 원예산물의 품질평가내용으로 옳지 않은 것은?

① 비파괴 당도 측정 시 표준오차는 SEP로 표현할 수 있다.
② 경도의 단위는 N으로 표현할 수 있다.
③ 색도의 단위는 Hunter 'L', 'a', 'b'값으로 표현할 수 있다.
④ 굴절당도계의 당도 표시는 °RB로 표현할 수 있다.

> 해설 굴절당도계의 당도 표시는 °Bx 또는 %로 표현한다.

20 다음 품질평가방법 중 성격이 다른 하나는?

① 인삼의 원산지 판별을 위하여 근적외선을 이용하였다.
② 굴절당도계를 이용하여 배의 당도를 측정하였다.
③ X-ray를 이용하여 오렌지의 동결장해과를 판별하였다.
④ MRI를 이용하여 수박과육의 상태를 검사하였다.

> 해설 ② 관능검사법, ①·③·④ 비파괴검사법

21 품질평가방법 중 관능검사법에 비하여 비파괴검사법의 장점이 아닌 것은?

① 빠르고 신속하다.
② 동일한 시료의 반복사용이 가능하다.
③ 초기 투자비용이 적게 든다.
④ 숙련된 검사원을 필요로 하지 않는다.

> 해설 비파괴검사법은 시설의 대형화가 요구되므로 초기 투자비용이 큰 단점이 있다.

22 품질구성요소에 대한 설명으로 옳지 않은 것은?

① 내적 요인이 만족된다면 품질은 형태적 측면에 관계없이 평가된다.
② 색택과 맛은 항상 일치하지는 않지만 소비자 선택에 있어 중요한 지표가 되고 있다.
③ 일반적으로 질감은 경도로 표시한다.
④ 맛을 평가할 때 당과 산의 비율에 따라 결정되는 경우가 많아 당산비를 구하기도 한다.

해설 정상적인 재배환경에서 자란 작물의 형태는 대체로 유사한 모습을 보이므로 이러한 외형에서 벗어난 작물은 기형으로 취급되며, 내적 요인과 관계없이 형태적 측면에서 품질이 낮을 것으로 평가된다.

23 수확 후 저장 및 유통과정에서 생산물 관리가 부적합할 경우 인체에 유해한 물질이 형성된다. 이러한 독성물질의 설명으로 적합한 것은?

① 감자가 광에 노출될 때 형성되는 솔라닌
② 저온장해에 의한 아플라톡신
③ 양파에 함유된 쿼세틴
④ 감에 함유된 타닌중합체

해설 아플라톡신은 곰팡이에 의해 생성되는 진독균(Mycotoxin)이며, 쿼세틴은 양파나 사과에 포함된 기능성 페놀물질이고, 감의 타닌중합체는 떫은맛과 연관이 있다.

24 Hunter색계의 설명이다. 옳지 않은 것은?

① L값은 명도를 나타내며 100에 가까울수록 흰색을 나타낸다.
② a값은 적녹색도를 나타내며 +값이 크면 적색, -값이 크면 녹색을 나타낸다.
③ a값이 0일 경우는 검은색을 나타낸다.
④ b값은 황청색도를 나타내며 +값이 크면 황색, -값이 크면 청색을 나타낸다.

해설 a값의 0은 회색을 나타낸다.

25 성숙과정에서의 붉은색 계통 사과 과실의 색깔 발현에 관여하는 색소 변화를 설명한 것으로 적합한 것은?

① 엽록소 감소 + 안토시아닌 색소 합성 증가
② 엽록소 증가 + 안토시아닌 색소 합성 증가
③ 엽록소 감소 + 카로티노이드 색소 합성 증가
④ 엽록소 증가 + 카로티노이드 색소 합성 증가

해설 사과는 성숙과정에서 엽록소가 분해되고, 안토시아닌 색소의 합성이 증가하면서 붉은색이 표출된다.

정답 22 ① 23 ① 24 ③ 25 ①

26 작물과 함유된 천연 독성물질의 연결이 잘못된 것은?

① 배추 – 글루코시놀레이트   ② 감 – 타닌
③ 감자 – 솔라닌   ④ 고구마 – 이포메아마론

해설 타닌은 떫은맛을 내는 물질로, 독성물질이 아니다.

27 원예산물의 안전성에 있어 화학적 위해요소로 옳은 것은?

① 살모넬라(Salmonella)   ② 리스테리아(Listeria)
③ 병원성 대장균   ④ 파라콰트(Paraquat)

해설 ①, ②, ③은 생물학적 위해요소에 해당한다.

28 잔류농약 허용량 결정요인이 아닌 것은?

① 농약허용 최대한계(mg/kg 식품)   ② 농약 살포시기
③ 체 중   ④ 인체허용 1일 섭취량

해설 **잔류농약 허용량의 산출** : 특정 식품의 1일 평균소비량과 식습관을 고려하며, 농약허용 최대한계(Permissible Level)는 다음 공식에 따른다.

$$P = \frac{ADI \times W}{F}$$

여기서, P : 농약허용 최대한계(mg/kg식품)
W : 체 중
F : 농약이 함유된 식품의 1일 평균소비량
ADI : 인체허용 1일 섭취량(mg/kg체중)

29 사람이 느끼는 맛과 이 맛을 나타내는 인자가 잘못 연결된 것은?

① 신맛 – 유기산   ② 매운맛 – 캡사이신
③ 단맛 – 당 함량   ④ 쓴맛 – 타닌

해설 타닌은 쓴맛보다는 떫은맛을 나타낸다.

30 Hunter색계의 값을 나타내는 기호가 아닌 것은?

① a
② b
③ c
④ L

해설 헌터(Hunter)색계

a값(적녹)	(+) 적색 ← 0 → 녹색 (−)
b값(황청)	(+) 황색 ← 0 → 청색 (−)
L값(명도)	색상의 밝기를 의미하며, 100에 가까울수록 흰색을 나타낸다.

31 Hunter색계의 'a'가 의미하는 것은?

① 적색 − 녹색
② 황색 − 청색
③ 흰색 − 검은색
④ 주황색 − 회색

해설 a : 적색 − 녹색, b : 황색 − 청색, L : 명도

32 소비자가 느끼는 맛과 품질요인과의 관계가 잘못 연결된 것은?

① 신맛 − 유기산 함량
② 풍미 − 수분 함량
③ 조직감 − 경도
④ 단맛 − 당 함량

해설 수분 함량은 조직감과 관련된 다즙성을 나타낸다.

33 과일의 색 발현에 관여하는 주요 색소가 잘못 연결된 것은?

① 복숭아 − 안토시아닌
② 딸기 − 카로티노이드
③ 사과 − 안토시아닌
④ 단감 − 카로티노이드

해설 딸기의 붉은 색은 안토시아닌에 의해 표출된다.

34 사과의 수확 후 조직감을 유지하기 위하여 수확 전에 살포하거나 수확 후 강제침투시키는 화학물질은?

① 인
② 황
③ 칼슘
④ 마그네슘

해설 사과나 토마토의 경도 저하를 늦추기 위해 칼슘제제를 살포하거나 용액을 강제침투시킨다.

정답 30 ③ 31 ① 32 ② 33 ② 34 ③

35 오이에 쓴맛이 나타났다. 다음 중 가장 관계가 가까운 것은?
① 재배 중 수분이 과다했을 때
② 비타민 C의 결핍
③ 수확기가 늦었을 때
④ 질소 성분이 과다했을 때

> **해설** 오이의 쓴맛은 환경조건이 나쁘거나, 질소 과다 및 칼륨 부족 시 나타난다.

36 감자의 독성물질인 솔라닌이 생성되었다. 다음 환경요인 중 원인과 가장 가까운 것은?
① 토 양
② 광
③ 수 분
④ 온 도

> **해설** 감자의 천연독성물질인 솔라닌은 감자 괴경이 광에 노출되면 축적된다.

37 다음 품질평가방법 중 옳지 않은 것은?
① 사과의 당도를 측정하기 위하여 요오드테스트를 하였다.
② 오렌지의 동결장해과 선별을 위해 X-ray를 이용하였다.
③ 복숭아의 단단한 정도를 알기 위하여 경도계를 이용하였다.
④ 인삼의 원산지 판별을 위하여 근적외선을 사용하였다.

> **해설**
> • 전분 : 아이오딘(요오드)반응 - 청색
> • 단백질 : 뷰렛반응 - 청자색
> • 포도당(환원당) : 베네딕트반응 - 보라색

38 다음 중 비파괴 품질평가방법에 이용될 수 없는 평가방법은?
① 초음파를 이용하는 방법
② 굴절당도계를 이용하는 방법
③ X-ray를 이용하는 방법
④ MRI를 이용하는 방법

> **해설** 굴절당도계는 과즙을 이용하는 파괴적인 방법(관능검사법)이다.

39 원예산물의 품질구성요인에 대한 설명이다. 옳지 않은 것은?
① 크기나 무게에 따른 양적 요인과 모양은 선별에 있어 중요한 요인이다.
② 품질의 내적 요인으로는 영양적 가치, 안전성, 독성물질 등이 있다.
③ 품질은 내적 요인과 외적 요인으로 나눌 수 있다.
④ 색을 기준으로 한 선별은 맛과 항상 일치한다.

> **해설** 색과 맛이 항상 일치하는 것은 아니다.

40 품질의 평가는 객관성이 요구된다. 다음 품질평가기준 중 객관적인 판단기준과 거리가 먼 것은?
① 조직의 경도
② 매운맛의 정도
③ 유기산의 함량
④ 당의 함량

해설 매운맛은 사람에 따라 정도가 다르게 나타나므로 객관성이 결여된 주관적 지표로 볼 수 있다.

41 원예산물의 맛과 관련 있는 성분이 아닌 것은?
① 과당(Fructose)
② 나린진(Naringin)
③ 구연산(Citric Acid)
④ 리코펜(Lycopene)

해설
② 나린진(Naringin) : 과실의 쓴맛 성분
④ 리코펜(Lycopene) : 주황색을 나타내는 식물색소

42 원예산물의 품질평가방법으로 옳지 않은 것은?
① 당도는 굴절당도계를 이용하고 °Brix로 표시한다.
② 경도는 경도계를 이용하고, Newton(N)으로 표시한다.
③ 산도는 산도계를 이용하고, $mmho \cdot cm^{-1}$로 표시한다.
④ 과피색은 색차계를 이용하고, Hunter 'L', 'a', 'b'로 표시한다.

해설 산도(pH)는 시료 중의 산의 양을 환산하여 백분비(%)로 표시한다.

43 원예산물의 비파괴 측정선별법에 관한 설명으로 옳지 않은 것은?
① 전수조사가 어렵다.
② 선별속도가 빠르다.
③ 설치, 운용비용이 높다.
④ 당도 등 내부품질을 측정할 수 있다.

해설 기계를 이용한 빠른 선별로 전수조사가 가능하다.

정답 40 ② 41 ④ 42 ③ 43 ①

CHAPTER 04 수확 후 처리

01 세척

1. 세척방법

(1) 건식세척
   ① 비용은 저렴하지만 재오염의 가능성이 높은 단점이 있다.
   ② 건식세척방법
      ㉠ 체눈의 크기를 이용한 이물질 제거
      ㉡ 바람에 의한 이물질 제거
      ㉢ 자석에 의한 이물질 제거
      ㉣ 원심력에 의한 이물질 제거
      ㉤ 솔을 이용한 이물질 제거
      ㉥ X선을 이용한 이물질 제거
      ㉦ 정전기를 이용한 미세먼지 제거

(2) 습식세척
   ① 원예산물에 부착되어 있는 오염물질을 세척제를 사용한 침적, 용해, 흡착, 분산 등의 화학적인 방법과 확산·이동 등의 물리적인 방법을 사용하여 제거하는 방법이다.
   ② 세척 후 습기 제거가 수반되어야 한다.
   ③ 재오염이 되지 않도록 하고, 손상이나 변질이 없어야 한다.
   ④ 습식세척방법
      ㉠ 세척수를 이용한 담금에 의한 세척
      ㉡ 분문에 의한 세척
      ㉢ 부유에 의한 세척
      ㉣ 초음파를 이용한 세척

(3) 자외선살균
   ① 자외선을 이용하여 세균, 곰팡이 등을 죽이는 살균방법으로, 효과가 크다.
   ② 주로 이용되는 자외선의 파장은 10~400nm로, 화학작용에 강하다.

(4) 탈 수
① 세척 후 원예산물에 남아 있는 수분을 제거하는 과정이다.
② 부착수가 남은 경우에는 곰팡이, 미생물 등의 증식으로 인한 부패를 유발하고, 골판지상자의 강도를 저하시키는 요인 등이 될 수 있으므로 주의가 필요하다.

(5) 원예산물별 세척
① **근채류** : 당근, 감자, 셀러리, 무 등은 세척시점과 소비시점이 길지 않아야 한다.
② **엽채류**
  ㉠ 미생물의 확산이나 취급과정에서 생긴 상처 부위에 따라 곰팡이의 증식요인이 되기도 한다.
  ㉡ 곰팡이를 억제제하기 위해 클로린(염소) 100ppm 정도를 처리한다.
③ **과채류** : 이물질을 제거하기 위하여 과일을 닦는 일은 이물질 제거와 함께 광택도 낼 수 있으나, 한편으로는 상처를 낼 수 있고 손상된 세포를 통하여 숙성을 촉진시켜 에틸렌 발생이 증가되기도 한다.

02 큐어링 · 예랭 · 예건 · 맹아 억제

1. 큐어링

(1) 의 의
① **수확 시 원예산물이 받은 상처의 치료를 목적으로 유상조직을 발달시키는 처리과정**을 말한다.
② 땅속에서 자라기 때문에 수확 시 많은 물리적 상처를 입는 감자와 고구마, 마늘이나 양파 등의 인경채류는 잘라 낸 줄기 부위가 제대로 아물고 바깥의 보호엽이 제대로 건조되어야 장기저장할 수 있다.
③ 수확 시 입은 상처는 병균의 침입구가 되므로 **빠른 시일 내에 치유되어야 수확 후 손실을 줄일** 수 있다.

(2) 품목별 처리방법
① 감 자
  ㉠ **수확 후에 온도 15~20℃, 습도 85~90%의 환경조건하에서 2주일 정도** 큐어링하여 코르크층을 형성시키면, 수분 손실과 부패균의 침입을 막을 수 있다.
  ㉡ 큐어링 중에는 온습도를 유지하여야 하기 때문에 가급적 환기를 피하고, 22℃ 이상인 경우에는 호흡량과 세균의 감염이 급속도로 증가하기 때문에 주의가 필요하다.

② 고구마 : **수확 후 1주일 이내에 온도 30~33℃, 습도 85~90%의 환경조건하에서 4~5일간** 큐어링한 후 열을 방출시키고 저장하면 상처가 잘 치유되고 당분 함량이 증가한다.
③ 양파와 마늘
　㉠ 양파와 마늘은 보호엽이 형성되고 건조되어야 저장 중 손실이 적다.
　㉡ 일반적으로 밭에서 1차 건조시키고, 저장 전 선별장에서 완전히 건조시켜 입고한 후 온도를 낮추기 시작한다.

2. 예 랭

(1) 의 의
① 수확 후 원예산물에서 발생할 수 있는 품질 악화의 기회를 감소시켜 소비할 때까지 신선한 상태로 유지할 수 있도록 하는 매우 중요한 수확 후 처리과정이다.
② 수확한 원예산물은 본주로부터 더 이상 양분과 수분을 공급받지 못하지만 생리현상은 계속 진행되어 축적된 양분과 수분을 이용하여 생명현상을 유지하는데, 이러한 대사작용의 속도는 온도의 영향을 크게 받으므로 수확 후 온도관리는 가장 중요한 수확 후 관리기술이다.
③ 수확한 작물에 축적된 열을 포장열이라고 하며, 수확기 온도가 높은 작물은 저장고에 입고된 후에도 저장고의 온도가 잘 떨어지지 않는 경우가 많은데, 예랭은 작물에 나쁜 영향을 주지 않는 적합한 수준으로 포장열의 온도를 낮추어 주는 과정이다.
④ 수확 직후의 청과물 품질을 유지하기 위하여 수송 또는 저장하기 전에 전처리하여 급속히 품온을 낮추는 것을 예랭이라고 한다.
⑤ 청과물을 저장하기 전에 동결점 근처까지 급속히 냉각시켜 호흡을 억제함으로써 저장양분의 소모를 감소시켜 품질열화를 방지하고, 저장성과 수송성을 높이며, 증산과 부패를 억제하여 신선도를 유지하기 위해 사용한다.
⑥ 청과물 자체의 호흡량을 억제하는 냉각작업으로, 저온유통체계를 활성화시킨다.

(2) 예랭의 효과 ★ 중요
① 작물의 온도를 낮추어 호흡 등의 대사작용속도 지연
② 에틸렌의 생성 억제
③ 병원성·부패성 미생물의 증식 억제
④ 노화에 따른 생리적 변화를 지연시켜 신선도 유지
⑤ 증산량 감소로 인한 수분의 손실 억제
⑥ 유통과정의 농산물을 예랭함으로써 유통과정 중 수분의 손실 감소

(3) 예랭의 효과를 높이기 위한 방법
① 수확 후 바로 저온시설로 수송하기 어려운 경우에는 차광막 등 그늘에 둔다.
② 작물에 적합한 냉각방식을 선택하여 적용한다.
③ 예랭시기를 놓치지 않고 제때에 예랭한다.
④ 속도와 목표온도를 정확히 한다.
⑤ 예랭 후 적절한 처리를 한다.

(4) 예랭 적용 품목
① 호흡작용이 격심한 품목
② 기온이 높은 여름철에 주로 수확되는 품목
③ 인공적으로 높은 온도에서 수확된 품목(하우스재배 시설채소류 등)
④ 선도 저하가 빠르면서 부피에 비하여 가격이 비싼 품목
⑤ 에틸렌 발생량이 많은 품목
⑥ 증산량이 많은 품목
⑦ 세균, 미생물 및 곰팡이 발생률이 높은 품목과 부패율이 높은 품목

3. 예랭방식

(1) 냉풍냉각식 예랭(Room Cooling)
① 일반 저온저장고에 냉장기를 가동시켜 냉각하는 방식으로, 냉각속도가 매우 느리며, 냉각시간은 냉각공기와 접하는 상자의 표면적과 산물의 중량에 좌우된다.
② 냉각속도가 느리므로 급속냉각이 요구되는 산물에는 적용할 수 없지만, 온도에 따른 품질 저하가 적은 작물이나 장기저장하는 작물(사과, 감자, 고구마, 양파 등) 등에 주로 이용된다.
③ 저장고 면적에 비하여 적은 양의 산물을 넣고 냉각시킬 경우 지나치게 건조되어 품질이 떨어지기도 한다.
④ 장 점
  ㉠ 일반 저온저장고를 이용하므로 특별한 예랭시설이 필요하지 않다.
  ㉡ 예랭과 저장을 같은 장소에서 실시하므로 예랭 후 저장산물을 이동시킬 필요가 없다.
  ㉢ 냉동기의 최대부하를 작게 할 수 있다.
⑤ 단 점
  ㉠ 냉각속도가 느려 급속한 냉각이 요구되는 작물에는 이용할 수 없으며, 예랭 중 품질 저하의 우려가 있다.
  ㉡ 포장용기와 냉기의 접촉이 유리하도록 적재 시 용기 사이에 공간을 두어야 하므로 저장고 활용면적이 작아진다.

ⓒ 냉각이 용기 주변으로부터 내부로 진행되므로 내부의 공기가 외부로 이동하면서 외부 쪽 산물에 결로가 생길 우려가 있다.
ⓓ 적재위치에 따라 온도가 불균일하기 쉽다.

(2) 강제통풍식 예랭(Forced Air Cooling)

① 공기를 냉각시키는 냉동장치와 찬 공기를 적재물 사이로 통과시키는 공기순환장치로 구성되며, 예랭고 내의 공기를 강제적으로 교반시키거나 산물에 직접 냉기를 불어 넣는 방식으로, 냉풍냉각식보다는 냉각속도가 빠르다.
② 냉각 소요시간은 품목, 포장용기, 적재방법, 용기의 통기공, 냉각용량 등에 영향을 받는다.
③ 포장상자의 통기공이나 적재방법에 따라 냉각속도에 큰 차이가 있으며, 적재상자와 상자 사이로 찬 공기가 흐르지 않고, 상자의 통기공을 거쳐 산물과 직접 접촉하여 공기가 흐르도록 해야 한다.
④ 산물이 비를 맞았을 경우 냉각효과가 떨어지므로 입고량을 줄이고 풍량과 풍속을 증가시켜 냉각속도를 빠르게 하여야 한다.
⑤ 냉풍온도가 동결온도보다 낮으면 동해를 입을 수 있으므로 산물의 빙결점보다 1℃ 정도 높은 온도로 하는 것이 안전하고, 과채류 등의 저온장해를 입기 쉬운 품목은 저온장해를 일으키지 않는 온도범위를 결정하여야 한다.
⑥ 장 점
　ⓐ 냉풍냉각식에 비하여 예랭속도가 빠르다.
　ⓑ 예랭실의 위치별 온도가 비교적 균일하게 유지된다.
　ⓒ 기존 저온저장고의 개조가 가능하므로 시설비가 저렴하다.
　ⓓ 예랭 후 저장고로의 사용이 가능하다.
⑦ 단 점
　ⓐ 냉기의 흐름과 방향에 따라 온도가 불균일해질 가능성이 있다.
　ⓑ 냉각기 근처의 산물은 저온장해를 받기 쉽다.
　ⓒ 차압통풍식에 비하여 예랭속도가 느리다.
　ⓓ 가습장치가 없을 경우 과실의 수분이 손실될 수 있다.

(3) 차압통풍식 예랭

① 강제통풍식에 비해 냉각속도가 빠르고, 냉각불균일도 비교적 적다.
② 약간의 경비로 기존 저온저장고의 개조가 가능하다.
③ 포장용기 및 적재방법에 따라 냉각편차가 발생하기 쉽다.
④ 골판지상자에 통기구멍을 내야 하고, 차압팬에 의해 흡·배기된다.
⑤ 장 점
　ⓐ 공기가 항상 상류층에서 하류층으로 흘러 냉풍냉각식과 같은 결로현상이 발생하지 않는다.
　ⓑ 냉각 중 변질이 적다.

　　　　ⓒ 강제통풍식처럼 거의 모든 작물의 예랭에 이용이 가능하다.
　　　　ⓓ 냉각속도가 빨라 단위시간과 예랭고 체적당 냉각능력이 크고, 예랭비용을 줄일 수 있다.
　　⑥ 단 점
　　　　㉠ 상자의 적재에 시간이 많이 걸린다.
　　　　㉡ **용기에 통기공을 뚫어야 하므로 골판지상자의 경우 강도 저하요인이 된다.**
　　　　㉢ 공기통로가 필요하므로 적재효율이 낮다.
　　　　㉣ 적재량이 많거나 냉기의 관통거리가 길어지면 상류와 하류의 온도가 균일하지 않을 수 있다.
　　　　㉤ **풍속이 빨라지면 중량 감소가 증가할 수 있다.**

(4) 진공식 예랭
　① 물은 1기압(760mmHg)에서는 100℃에서 증발하지만 압력이 저하되면 비등점도 낮아져 4.6mmHg에서는 0℃에서 끓기 시작하며, 0℃의 물 1kg이 증발하기 위해서는 597kcal의 열이 필요하고, 이처럼 액체상태의 물질이 기화하는 데 필요한 열을 증발잠열이라고 한다.
　② 진공식 예랭은 원예산물의 주변 압력을 낮춰 산물의 수분 증발을 촉진시켜 증발잠열을 빼앗아 단시간에 냉각하는 방식이다.
　③ 진공조, 진공장치(진공펌프 또는 이젝터), 콜드트랩, 냉동기 및 제어장치 등으로 구성되어 있다.
　④ **엽채류의 냉각속도는 빠르지만 과채류(사과, 토마토, 피망 등)는 속도가 느려 부적당**하고, 동일품목 내에서도 크기에 따라 냉각속도가 달라진다.
　⑤ 냉각속도가 서로 다른 품목을 혼합하는 경우 위조현상이나 동해의 발생도 가능하므로, 냉각시간이 같은 종류의 품목을 조합하여야 한다.
　⑥ 장 점
　　　㉠ **냉각속도가 빠르고, 균일하다.**
　　　㉡ 출하용기에 포장상태로 예랭이 가능하다.
　⑦ 단 점
　　　㉠ 시설비와 운영경비가 많이 든다.
　　　㉡ 품목에 따라서는 냉각이 잘 되지 않는 품목도 있다.
　　　㉢ 수분 증발에 따른 중량 감소현상이 발생할 수 있다.
　　　㉣ 조작에 따라 원예산물에 기계적 장해가 생길 수 있다.

(5) 냉수냉각식 예랭
　① 냉각기 또는 얼음으로 냉각한 0~2℃의 물을 매체로하는 냉수와 산물의 열전달을 이용하여 냉각하는 방식이다.
　② 접촉방식에 따른 유형
　　　㉠ 스프레이식 : 압력으로 가압한 냉각수를 분무하여 냉각하는 방식
　　　㉡ 침전식 : 냉각수가 들어 있는 수조에 침전시켜 냉각하는 방식

ⓒ 벌크식 : 대량의 벌크상태의 산물을 냉각 초반은 침전식으로 냉각하고, 후반은 컨베이어벨트로 끌어올려 살수하여 냉각하는 방식
③ 냉각효율은 매우 좋으나 실용화를 위해서는 미생물 오염과 같은 여러 문제점을 해결하여야 한다.
④ 과채류, 근채류, 과실류 등의 예랭에 효율적이며 시금치, 브로콜리, 무, 당근 등에 이용된다.
⑤ 청과물이 물에 젖게 되므로 작물에 따라 문제가 생기기도 한다.
⑥ 빠른 냉각속도와 함께 세척효과도 있다.
⑦ 장 점
  ㉠ 냉각속도가 매우 빠르다.
  ㉡ **위조현상이 없고, 오히려 작물에 따라 시듦현상이 회복될 수 있다.**
  ㉢ 냉각 중 동해가 발생할 우려가 없다.
  ㉣ 시설비와 운영경비가 다른 예랭방식에 비해 적게 든다.
  ㉤ 냉각부하가 큰 수박을 비롯하여 무, 당근 등과 같은 근채류에 특히 알맞다.
⑧ 단 점
  ㉠ 포장재에 따라 흡습으로 인해 무거워질 수 있다.
  ㉡ 골판지상자를 포장재로 사용할 경우 강도가 저하된다.
  ㉢ 물에 젖게 되므로 품목에 따라서는 사용이 불가능하다.
  ㉣ 냉각수에 의해 미생물 등에 오염될 수 있다.
  ㉤ 부착수를 제거하여야 한다.

(6) 빙랭식 예랭

① 잘게 부순 얼음을 원예산물과 함께 포장하여 수송하므로 수송 중 냉각이 이루어진다.
② 얼음과 산물이 직접 접촉하므로 신속한 예랭이 가능하다.
③ 일반적으로 고온에 품질 변화가 빠르고, 물에 젖어도 변화가 적은 작물에 이용된다.
④ 포장재가 젖게 되므로 내수성이 강한 재료를 사용하여야 한다.

[예랭방식에 따른 장단점 비교]

구 분	장 점	단 점
강제통풍식	• 설비비 저렴 • 모든 품목에 적용 가능 • 예랭 후 저온저장고로 활용 가능 • 운전조작이 간단, 보수 용이	• 냉각불균일이 생기기 쉬움 • 증발온도가 낮아 쿨러 토출구 부근에서 국부적 동결이 발생하기 쉬움 • 부하 변동에 약하고, 대용량 예랭에 부적합 • 냉각시간이 길고(12~20시간), 당일출하가 어려움
차압통풍식	• 설비비가 진공식보다 저렴 • 모든 품목에 적용 가능 • 예랭시간이 비교적 짧고(2~6시간), 당일출하 가능 • 기존 저온저장고의 개조 가능 • 최적 통풍속도 시 강제통풍식에 비해 에너지 절약 가능	• 강제통풍식보다 설비비가 고가(약 1.5배) • 강제통풍식보다 수용능력이 약간 떨어지고, 포장상자 배열에 노력 필요 • 풍속이 클 경우 건조 발생

구 분	장 점	단 점
진공식	• 예랭시간이 매우 짧고(20~40분), 신선도가 가장 높음 • 냉각에 의해 수분이 제거되므로 비에 젖은 청과물 예랭 가능 • 골판지상자 통기구의 크기나 적재방법에 영향을 받지 않음	• 적용 품목이 거의 엽채류로 한정 • 설비비가 비교적 높고, 예랭 후 저온저장고가 필요하여 전체 시설의 대형화 초래
냉수냉각식	• 설비비가 진공식보다 저렴 • 예랭시간이 짧고(0.5~1시간), 당일출하 가능 • 세척효과	• 적용 품목이 근채류 중심 • 보랭고 필요 • 골판지상자 등 포장재의 사용 불가
빙랭식	처음 접촉 시 신속한 예랭 가능	• 얼음이 녹자마자 예랭속도 느려짐 • 비용이 많이 들고, 물에 견디는 포장상자 필요

(7) 예랭방식별 적용 가능 품목

① 냉풍냉각식, 강제통풍식, 차압통풍식 : 사과, 배, 복숭아, 단감, 감귤, 포도, 키위, 딸기, 양배추, 브로콜리, 콜리플라워, 오이, 참외, 멜론, 수박, 애호박, 토마토, 고추, 피망, 파프리카, 감자 등
② 진공식 : 결구상추, 배추, 양배추, 시금치, 셀러리, 버섯, 콜리플라워 등
③ 냉수냉각식 : 수박, 시금치, 사과, 배, 브로콜리, 셀러리, 아스파라거스, 파, 무, 당근, 고구마, 멜론, 오이, 참외, 고추, 피망, 파프리카, 단옥수수, 감자 등
④ 빙랭식 : 브로콜리, 저온장해에 강한 엽채류, 파, 완두, 단옥수수 등

(8) 예랭효율과 반감기

① 예랭효율이란 산물의 온도 저하속도를 의미한다.
② 예랭효율에 영향을 미치는 요인에는 생산물의 품온과 냉매의 온도 차이, 냉매의 이동속도, 냉매의 물리적 성상, 표면적의 기하학적 구조 등이 있고, Q_{10}값이 클수록 예랭효율은 높아진다.
③ 반감기
  ㉠ 방사성 물질의 반감기가 방사성 물질의 양이 반으로 줄어드는 데 소요되는 시간을 의미하는 것처럼, 원예산물의 온도가 목표온도의 절반까지 줄어드는 데 소요되는 시간을 의미한다.
  ㉡ 예랭효율의 지표로, 반감기가 짧을수록 예랭이 빠르다고 해석할 수 있다.
  ※ 단감의 경우 품온의 반감기가 50분 정도이고, 목표온도까지 떨어지는 데 6~8시간이 소요된다.

(9) 품목별 예랭효과

① 예랭효과가 높은 품목 : 사과, 포도, 오이, 딸기, 시금치, 브로콜리, 아스파라거스, 상추 등
② 예랭효과가 낮은 품목 : 감귤, 마늘, 양파, 감자, 호박, 수박, 멜론, 만생종 과일류 등

예시문제 맛보기

진공식 예랭의 효율성이 떨어지는 원예산물은? [17회 기출]

① 사 과　　　　　　　　　　② 시금치
③ 양상추　　　　　　　　　　④ 미나리

정답 ①

4. 예건과 맹아 억제

(1) 예 건
① 수확 시 외피에 수분 함량이 많고, 상처나 병충해 피해를 받기 쉬운 작물은 호흡 및 증산작용이 왕성하여 그대로 저장하는 경우 미생물의 번식이 촉진되고, 부패율도 급속히 증가하기 때문에 충분히 건조시킨 후 저장하여야 한다.
② 식물의 외층을 미리 건조시켜 내부조직의 수분 증산을 억제시키는 방법으로, 수확 직후에 수분을 어느 정도 증산시켜 과습으로 인한 부패를 방지한다.
③ 마늘의 경우 수확 직후 수분 함량이 85% 정도여서 부패하기 쉬우므로 장기저장을 위해서는 인편의 수분 함량을 약 65%까지 감소시켜 부패를 막고, 응애와 선충의 밀도를 낮추어야 한다.
④ 현재 국내 농가에서는 예랭시설 부족으로 인해 주로 예건을 실시하고 있으며, 예건을 통해 수확 후 과실의 호흡작용이 안정화되고, 과피에 탄력이 생겨 상처를 덜 받게 되며, 과피의 수분을 제거함으로써 곰팡이의 발생을 억제할 수 있다.
⑤ 수확 직후 건물의 북쪽이나 나무그늘 등 통풍이 잘되고 직사광선이 닿지 않는 곳을 택하여 야적하였다가, 습기를 제거한 후 기온이 낮은 아침에 저장고에 입고시킨다.

(2) 맹아(움돋이) 억제
① 양파, 마늘, 감자 등의 품목은 기간이 지나면 휴면기가 끝나고 보통 저장고에서 싹이 자라 상품가치가 급속히 저하되므로 맹아의 발생을 억제하여야 한다.
② MH(Maleic Hydrazide) 처리
　㉠ 양파의 생장점은 인엽으로 싸여 있어 수확 후에 약제를 처리하는 것은 효과가 없다.
　㉡ 수확하기 약 2주 전에 0.2~0.25%의 MH를 엽면에 살포하면 생장점의 세포분열이 억제되면서 맹아의 생장을 억제한다.
　㉢ 살포시기가 너무 빠르면 저장 중 구 내에 틈이 생기기 쉽고, 늦으면 효과가 적다.
③ 방사선처리
　㉠ 양파와 마늘, 감자 등에 이용되며 γ선을 조사하여 맹아를 억제할 수 있는데, 맹아 방지에 필요한 최저 선량은 양파의 경우 2,000rad, 감자의 경우 7,000~12,000rad 정도이며, 선량이 과다하면 부패량이 증가한다.
　㉡ 생장점 부근의 조직은 방사선에 대한 감수성이 가장 예민하므로 이 부분의 장해를 막고, 다른 조직에 대해서는 영향이 가장 적은 선량이 바람직하다.
　㉢ 방사선처리 후에는 상온에서도 상당히 장기간 저장할 수 있다.

> **알아두기** 발아촉진 처리방법
> - 생리적 휴면타파 : 건조보관, 예랭, 예열, 광, 질산칼륨처리, 지베렐린처리, 폴리에틸렌 피복 등
> - 경실종자처리방법 : 침지, 기계적 상처내기, 산으로 상처내기 등

CHAPTER 04 적중예상문제

01 큐어링(Curing, 치유)을 해야 하는 작목으로 바른 것은?
① 마늘, 셀러리
② 양파, 고추
③ 감자, 양파
④ 고구마, 토마토

> **해설** 큐어링 적용 품목 : 마늘, 양파, 감자, 고구마, 생강 등

02 큐어링이 필요한 원예작물로 옳게 짝지어진 것은?
① 고구마 – 감자
② 마늘 – 수박
③ 당근 – 양파
④ 오이 – 무

03 다음 원예산물 중 예랭효과가 가장 적은 품목은?
① 에틸렌 발생을 많이 하는 품목
② 호흡활성이 높은 품목
③ 한낮 또는 여름철에 수확한 품목
④ 수분 증산이 비교적 적은 품목

> **해설** 예랭 적용 품목
> • 호흡작용이 격심한 품목
> • 기온이 높은 여름철에 주로 수확되는 품목
> • 인공적으로 높은 온도에서 수확된 품목(하우스재배 시설채소류 등)
> • 선도 저하가 빠르면서 부피에 비하여 가격이 비싼 품목
> • 에틸렌 발생량이 많은 품목
> • 증산량이 많은 품목
> • 세균, 미생물 및 곰팡이 발생률이 높은 품목과 부패율이 높은 품목

04 예랭의 효과가 가장 낮은 품목은?
① 호흡속도가 낮아 장기간 저장이 가능한 품목
② 호흡작용이 활발한 품목
③ 고온기에 수확되는 품목
④ 선도 저하가 빠르면서 부피에 비해 가격이 비싼 품목

정답 1 ③ 2 ① 3 ④ 4 ①

05 차압식 예랭방법의 설명으로 거리가 먼 것은?
① 작물의 증발잠열을 이용하여 예랭하는 방법이다.
② 예랭의 효과를 높이기 위하여 작물에 알맞은 예랭상자를 이용하는 것이 바람직하다.
③ 예랭시 냉기유속을 조절하기 위한 차압시트가 필요하다.
④ 강제통풍식 예랭과 비교하여 예랭시간을 단축시키는 장점이 있다.

해설 증발잠열을 이용하는 예랭방식은 진공식 예랭이다.

06 마늘이나 양파를 장기간 저온저장할 때 알맞은 상대습도조건은?
① 90~95%
② 80~90%
③ 65~75%
④ 40~55%

해설 일반적으로 과일류는 90~95%, 신선채소류는 90~98%, 늙은 호박·마늘·양파 등은 65~75%의 상대습도조건하에 저장한다.

07 원예산물의 저장성을 증진시키기 위한 전처리로서 거리가 먼 것은?
① 예 랭
② 치유(Curing)
③ 왁스처리
④ 에틸렌처리

해설 저장 중인 원예산물에 에틸렌을 처리하면 숙성·노화가 촉진되어 저장력을 약화시킨다.

08 여름철에 수확한 복숭아를 예랭과정을 거쳐 유통시키고자 한다. 0℃ 차압통풍식으로 예랭할 때 온도반감기가 1시간이라면 품온이 32℃인 과일을 4℃까지 낮추기 위한 이론적인 예랭 소요시간은?
① 2시간
② 3시간
③ 4시간
④ 8시간

해설 반감기가 1시간이므로 32℃의 품온은 1시간 후에는 16℃, 2시간 후에는 8℃, 3시간 후에는 4℃로 떨어진다.
※ 반감기 계산 시 필요조건 : 품온, 목표온도, 반감시간, 예랭고 온도 등

09 원예산물 예랭의 장점으로 옳지 않은 것은?
① 품온을 낮춘다.
② 에틸렌 생성을 증가시킨다.
③ 저장기간을 증가시킨다.
④ 미생물의 증식을 억제한다.

해설 예랭으로 품온을 낮춤으로써 숙성을 지연시켜 에틸렌 발생을 억제한다.

10 원예산물 세척에 관한 설명으로 옳지 않은 것은?
① 세척의 효과를 높이기 위해 건조를 하지 않고 바로 출하한다.
② 세척 시 압상을 줄이기 위해 유속을 조절해야 한다.
③ 살균·소독을 위한 세척수의 종류에는 염소수, 오존수 등이 있다.
④ 미생물뿐만 아니라 농약도 일부 제거한다.

해설 세척 후 탈수과정을 거치지 않으면 세균, 미생물, 곰팡이 증식의 위험이 커진다.

11 다음 원예산물 중 예랭효과가 가장 적은 품목은?
① 선도 저하가 빠른 품목
② 호흡작용이 격심한 품목
③ 증산량이 많은 품목
④ Q_{10}(온도상수)값이 작은 품목

해설 Q_{10}값이 클수록 예랭효과가 높다.

12 강제통풍식 예랭에 대한 설명이다. 옳지 않은 것은?
① 차압통풍식에 비해 예랭속도가 빠르다.
② 냉각기 근처 산물은 저온장해 가능성이 있어 주의해야 한다.
③ 냉기의 흐름과 방향에 따라 온도가 불균일해질 가능성이 있다.
④ 저온저장고에 비하여 냉각능력과 순환송풍량을 증대시킬 수 있다.

해설 강제통풍식은 시설은 간단하지만 예랭속도는 차압통풍식에 비하여 느리다.

정답 9 ② 10 ① 11 ④ 12 ①

13 예랭기술 중 생산물과 냉각매체의 직접적인 접촉에 의한 감열적 예랭방식이 아닌 것은?

① 강제통풍식 예랭
② 수냉각식 예랭
③ 진공식 예랭
④ 차압통풍식 예랭

> **해설** 진공식 예랭은 원예산물의 주변 압력을 낮춰 산물의 수분 증발을 촉진시켜 증발잠열을 빼앗아 단시간에 냉각하는 방식이다.

14 원예생산물과 예랭방식 적용기술이 부적합한 것은?

① 딸기 – 차압통풍식
② 당근 – 수냉각식
③ 사과 – 수냉각식
④ 포도 – 진공식

> **해설** 포도에 적합한 예랭방식은 차압통풍식이며, 진공식 예랭은 과실에 적용할 때 효과가 떨어지고, 단으로 묶은 엽채류나 과립이 밀집한 포도와 같은 과실에 수냉각식 예랭을 적용할 경우 자칫하면 예랭 후 과습이나 물방울에 의한 부패 발생 및 조직 붕괴의 우려가 있다.

15 20℃ 딸기를 차압통풍식 예랭기술을 이용하여 0℃로 설정한 예랭실에서 온도를 저하시킬 때 반감기가 1시간이라면 3시간 후 딸기의 품온은 이론적으로 몇 ℃에 도달할 수 있는가?

① 10℃
② 5℃
③ 2.5℃
④ 1.25℃

> **해설** 반감기가 1시간이므로 20℃의 품온은 1시간 후에는 10℃, 2시간 후에는 5℃, 3시간 후에는 2.5℃로 떨어진다.

16 세척방법에 대한 설명 중 옳지 않은 것은?

① 건식세척법은 습식에 비해 재오염의 가능성이 높다.
② 습식세척법은 탈수에 의한 수분 제거가 수반되어야 한다.
③ 습식세척법은 세균, 미생물의 증식 위험이 건식에 비하여 적다.
④ 건식세척법은 습식에 비해 비용이 저렴하다.

> **해설** 습식세척법은 세척과정 중 물리적 상처의 위험이 있어 세균, 미생물이 증식되지 않도록 하고, 손상이나 변질이 없도록 주의해야 한다.

17 다음은 예랭에 대한 설명이다. 옳지 않은 것을 모두 고르면?

> ㉠ 품온을 낮추어 생리작용을 억제하는 전처리과정이다.
> ㉡ 겨울철에 수확된 산물은 예랭의 필요성이 없다.
> ㉢ 여름철에 수확된 산물은 호흡열로 인한 품질 손상위험이 크므로 예랭이 중요하다.
> ㉣ 예랭한 산물은 저온유통과는 큰 연관성이 없다.
> ㉤ 세균, 미생물 및 곰팡이 발생률이 높은 품목은 예랭이 필요하다.
> ㉥ 증산량이 많은 품목의 예랭은 불필요하다.

① ㉠, ㉡, ㉢
② ㉣, ㉤, ㉥
③ ㉠, ㉢, ㉤
④ ㉡, ㉣, ㉥

[해설] 예랭은 저장 전처리과정으로, 수확 후 바로 품온을 내려 호흡이나 증산 등의 생리작용을 억제하여 저장양분의 소모를 감소시키고, 저장력을 증가시키는 저온유통체계의 시작이라고 할 수 있다.

18 예랭효과를 높이기 위한 방법으로 옳지 않은 것은?

① 수확 후 저온시설로 바로 수송하기 어려운 경우에는 차광막 등 그늘에 둔다.
② 예랭이 필요한 작물은 예랭방식에 관계없이 온도를 빠르게 낮춰 준다.
③ 예랭의 시기를 놓치지 않고 제때에 실시하여야 한다.
④ 예랭 후 처리가 적절하여야 효과를 높일 수 있다.

[해설] 작물별 적절한 예랭방식을 채택하여야만 효과를 높일 수 있다.

19 작물별 저장 전처리방법으로 옳지 않은 것은?

① 단감은 예건을 실시하여 호흡 안정과 곰팡이 발생률을 억제한다.
② 인경채류는 큐어링을 실시하여 병균의 침입을 방지한다.
③ 감자는 지베렐린처리를 하여 맹아를 억제시킨다.
④ 감자는 수확 시 상처 치유를 위해 큐어링을 실시한다.

[해설] 감자의 맹아 억제를 위해서는 MH처리 또는 방사선처리를 하며, 지베렐린의 경우 발아촉진제로 사용된다.

20 다음 중 예랭의 효과로 보기 어려운 것은?

① 에틸렌 생성 억제　　② 수확 후 생리대사작용 촉진
③ 부패율 감소　　④ 수분 손실 억제

해설　예랭으로 온도를 낮춤으로써 생리대사작용은 억제된다.

21 다음 수확 후 처리 내용 중 농산물의 저장력을 높이기 위한 처리방법과 거리가 가장 먼 것은?

① 사과 세척 후 왁스처리　　② 감자 수확 후 큐어링처리
③ 감귤의 에틸렌처리　　④ 딸기의 예랭처리

해설　감귤에 에틸렌을 처리하면 착색이 촉진된다.

22 딸기나 포도에 적합한 예랭방식은?

① 빙냉식 예랭　　② 진공식 예랭
③ 냉수냉각식 예랭　　④ 차압통풍식 예랭

해설　예랭방식별 적용 가능 품목
- 냉풍냉각식, 강제통풍식, 차압통풍식 : 사과, 배, 복숭아, 단감, 감귤, 포도, 키위, 딸기, 양배추, 브로콜리, 콜리플라워, 오이, 참외, 멜론, 수박, 애호박, 토마토, 고추, 피망, 파프리카, 감자 등
- 진공식 : 결구상추, 배추, 양배추, 시금치, 셀러리, 버섯, 콜리플라워 등
- 냉수냉각식 : 수박, 시금치, 사과, 배, 브로콜리, 셀러리, 아스파라거스, 파, 무, 당근, 고구마, 멜론, 오이, 참외, 고추, 피망, 파프리카, 단옥수수, 감자 등
- 빙랭식 : 브로콜리, 저온장해에 강한 엽채류, 파, 완두, 단옥수수 등

23 다음 중 예랭에 대하여 잘못 설명한 것은?

① 반감기는 처음 품온에서 예랭고 온도의 절반으로 떨어지는 데 소요되는 시간을 의미한다.
② 산물과 매체와의 접촉면적이 넓을수록 효율이 높다.
③ 온도의 저하속도는 시간이 경과할수록 커진다.
④ 반감기가 짧을수록 예랭효율이 높다.

해설　온도의 저하속도는 시간이 경과할수록 작아진다.

24 다음 설명에 맞는 예랭방식은?

> 기압을 낮추면 수분이 쉽게 증발하는 원리를 이용하여 산물 주변의 기압을 낮추어 증발잠열을 빼앗아 단시간에 산물의 품온을 낮춘다.

① 강제통풍식 ② 차압통풍식
③ 진공식 ④ 냉수냉각식

25 다음 중 예랭효과가 가장 떨어지는 것은?
① 겨울철 노지에서 수확한 품목
② 인공적인 고온에서 시설재배된 품목
③ 신선도 저하가 빠른 품목
④ 호흡량이 많은 품목

해설 겨울철 노지에서 수확한 품목은 품온이 낮기 때문에 예랭효과가 떨어진다.

26 양파의 수확 전 MH를 엽면살포하는 이유는 무엇인가?
① 수확 후 빠른 휴면타파
② 저장 중 움돋이 억제
③ 수확 후 호흡 억제
④ 수확 후 증산량 감소

해설 MH는 생장점의 세포분열을 억제하여 맹아(움돋이)의 생장을 억제하는데, 양파의 경우 맹아 억제를 위해 수확하기 약 2주 전에 0.2~0.25%의 MH를 엽면살포한다.

정답 24 ③ 25 ① 26 ②

27 마늘의 수확 후 예건처리방법을 잘못 설명한 것은?

① 마늘의 줄기는 마늘통 위에서 1~2cm 정도 남기고 자른다.
② 마늘의 뿌리 부분은 짧게 자른다.
③ 마늘의 건조 정도는 인편을 분리했을 경우 마늘 내부줄기 부분의 수분이 바짝 마른 경우(수분 함량 약 5%)가 가장 적합하다.
④ 예건온도는 40℃가 넘지 않도록 한다.

해설 마늘의 건조 정도는 인편을 분리했을 경우 마늘 내부줄기 부분의 수분이 어느 정도 마른 경우(수분 함량 약 21%)가 가장 적합하다.

28 원예산물의 예랭을 위한 냉각방식에 관한 설명으로 옳은 것은?

① 진공식은 과채류에 주로 이용된다.
② 냉풍냉각식은 냉각속도가 늦다.
③ 냉수냉각식은 미생물 오염에 안전하다.
④ 차압통풍식은 적재효율이 높다.

해설 ① 진공식은 엽채류에 주로 이용된다.
③ 냉수냉각식은 냉각수 관리가 적절하지 못할 경우 미생물 오염 등의 우려가 있다.
④ 차압통풍식은 적재효율이 낮다.

29 원예산물의 수확 후 관리방법과 효과가 옳지 않은 것은?

① 예건 : 딸기의 연화 억제
② 큐어링 : 감자의 부패 억제
③ 방사선 조사 : 마늘의 맹아 억제
④ 칼슘처리 : 사과의 고두병 억제

해설 딸기의 연화를 억제하기 위해서는 예랭을 실시하는 것이 바람직하다.

CHAPTER 05 선별과 포장

01 표준규격과 품질규격

1. 농산물 표준규격 ※ 국립농산물품질관리원 고시 제2025-6호

(1) 목적(제1조)

이 고시는 농수산물 품질관리법 제5조 및 같은 법 시행규칙 제5조에서 제7조까지 규정에 따라 포장규격 및 등급규격에 관하여 규정함으로써 농산물의 상품성 향상과 유통효율 제고 및 공정한 거래 실현에 기여하고, 환경오염 방지와 자원순환이 가능한 포장재 사용을 목적으로 한다.

(2) 용어의 정의(제2조)

① 표준규격품 : 이 고시에서 정한 포장규격 및 등급규격에 맞게 출하하는 농산물을 말한다. 다만, 등급규격이 제정되어 있지 않은 품목은 포장규격에 맞게 출하하는 농산물을 말한다.
② 포장규격 : 거래단위, 포장치수, 포장재료, 포장방법, 포장설계 및 표시사항 등을 말한다.
③ 등급규격 : 농산물의 품목 또는 품종별 특성에 따라 고르기, 크기, 형태, 색깔, 신선도, 건조도, 결점, 숙도(熟度) 및 선별상태 등 품질구분에 필요한 항목을 설정하여 특, 상, 보통으로 정한 것을 말한다.
④ 거래단위 : 농산물의 거래 시 포장에 사용되는 각종 용기 등의 무게를 제외한 내용물의 무게 또는 개수를 말한다.
⑤ 포장치수 : 포장재 바깥쪽의 길이, 너비, 높이를 말한다.
⑥ 겉포장 : 산물 또는 속포장한 농산물의 수송을 주목적으로 한 포장을 말한다.
⑦ 속포장 : 소비자가 구매하기 편리하도록 겉포장 속에 들어있는 포장을 말한다.
⑧ 포장재료 : 농산물을 포장하는 데 사용하는 재료로서 식품위생법 등 관계 법령에 적합한 골판지, 그물망, 폴리에틸렌대(PE대), 직물제 포대(PP대), 종이, 발포폴리스티렌(스티로폼) 등을 말한다.
⑨ 친환경 포장 : 포장재의 사용을 원천적으로 줄이고 재활용이 쉬운 재질 및 구조의 포장재를 사용하며 재사용이 가능한 포장재를 선택하여 환경 영향을 최소화한 포장을 말한다.

(3) 거래단위(제3조)

① 농산물의 표준거래 단위는 [별표 1]과 같다.
② ①에 따라 설정되지 않은 5kg 미만 또는 최대 거래단위 이상은 거래당사자 간의 협의 또는 시장 유통 여건에 따라 다른 거래단위를 사용할 수 있다.

알아두기 농산물의 표준거래단위(제3조 관련 [별표 1])

종 류	품 목	표준거래단위
과실류	사 과	2kg, 5kg, 7.5kg, 10kg
	배, 감귤	3kg, 5kg, 7.5kg, 10kg, 15kg
	복숭아, 매실, 단감, 자두, 살구, 모과	3kg, 4kg, 4.5kg, 5kg, 10kg, 15kg
	포 도	2kg, 3kg, 4kg, 5kg
	금감, 석류	5kg, 10kg
	유 자	5kg, 8kg, 10kg, 100과
	참다래	5kg, 10kg
	양앵두(버찌)	5kg, 10kg, 12kg
	앵 두	8kg
채소류	마른 고추	6kg, 12kg, 15kg
	고 추	5kg, 10kg
	오 이	10kg, 15kg, 20kg, 50개, 100개
	호 박	8kg, 10kg, 10~28개
	단호박	5kg, 8kg, 10kg, 4~11개
	가 지	5kg, 8kg, 10kg, 50개
	토마토	2kg, 2.5kg, 4kg, 5kg, 7.5kg, 10kg, 15kg
	방울토마토, 피망	2kg, 3kg, 5kg, 10kg
	참 외	5kg, 10kg, 15kg, 20kg
	딸 기	1kg, 2kg
	수 박	5~22kg, 1~5개
	조롱수박	5~6kg, 2~5개
	멜 론	5kg, 8kg, 2~10개
	풋옥수수	8kg, 10kg, 15kg, 20개, 30개, 40개, 50개
	풋완두콩	8kg, 20kg
	풋 콩	15kg, 20kg
	양 파	5kg, 8kg, 10kg, 12kg, 15kg, 20kg
	마 늘	1kg, 5kg, 10kg, 15kg, 20kg, 50개, 100개
	깐마늘, 마늘종	5kg, 10kg, 20kg
	대파, 쪽파	1kg, 2kg, 5kg, 10kg
	무	8~12kg, 18~20kg, 5~12개
	총각무, 비트	5kg, 10kg
	결구배추, 양배추	2~6포기
	당 근	10kg, 15kg, 20kg
	시금치, 들깻잎	1kg, 4kg, 8kg, 10kg, 15kg
	결구상추	8kg
	부 추	1kg, 4kg, 5kg, 10kg, 20kg
	마, 생강, 우엉	10kg, 20kg
	연 근	5kg, 15kg, 20kg
	미나리	1kg, 4kg, 5kg, 10kg, 15kg
	고구마순	10kg, 20kg

종 류	품 목	표준거래단위
채소류	쑥갓, 양미나리(셀러리), 케일	1kg, 2kg, 4kg, 10kg
	붉은양배추(루비볼)	14~16kg, 18~20kg
	녹색꽃양배추(브로콜리), 고들빼기, 머위	8kg, 10kg
	꽃양배추(콜리플라워)	8kg, 10kg, 12kg
	신립초	15kg
	갓	5kg, 10kg
	콩나물	6kg, 10kg
	달 래	8kg, 10kg
서 류	감 자	2kg, 5kg, 10kg, 15kg, 20kg
	고구마	2kg, 5kg, 10kg, 15kg
특작류	참깨, 피땅콩	20kg
	알땅콩	12kg, 15kg, 18kg, 20kg
	들 깨	12kg
	수 삼	10kg, 15kg, 20kg
버섯류	큰느타리버섯(새송이버섯)	2kg, 4kg, 6kg
	팽이버섯	5kg
	영지버섯	5kg, 10kg
곡 류	쌀, 찹쌀, 현미, 보리쌀, 눌린보리쌀, 할맥, 좁쌀, 율무쌀, 콩, 팥, 녹두, 수수쌀, 기장쌀, 메밀	10kg, 20kg
	옥수수(팝콘용)	15kg, 20kg
	옥수수쌀	12kg, 20kg

※ 5kg이하 표준거래 단위는 별도로 정한 품목 외에 거래 당사자 사이의 협의 또는 시장 유통 여건에 따라 자율적으로 정하여 사용할 수 있음

종 류	품 목	표준거래단위
화훼류	국 화	300~800본
	카네이션, 석죽	300~1,000본
	장 미	200~700본
	백 합	200~600본
	글라디올러스, 극락조화	200~300본
	튤립, 아이리스, 리아트리스, 공작초	400~500본
	거베라, 해바라기	300~400본
	프리지아, 스타티스	350~400본
	금어초, 칼라, 리시안사스	300~350본
	안개꽃	1,000~2,000본
	스토크	250~300본
	달리아	350~450본
	알스트로메리아	150~300본
	안스리움	20~50본
	포인세티아	6분, 8분, 12분, 15분, 20분
	칼랑코에	4분, 6분, 8분, 12분, 15분, 20분
	시클라멘	4분, 6분, 8분, 12분, 15분, 20분

(4) 포장치수(제4조)

① 농산물의 포장치수는 다음의 어느 하나에 해당하여야 한다.
　㉠ 한국산업규격(KS T 1002)에서 정한 수송포장 계열치수
　㉡ [별표 2]에서 정하는 골판지상자, 종이포장재, 폴리에틸렌대(PE대), 직물제 포대(PP대), 그물망, 플라스틱상자, 다단식 목재상자·금속재상자, 발포폴리스티렌상자의 포장규격
　㉢ T-11형 팰릿(1,100mm×1,100mm) 또는 T-12형 팰릿(1,200mm×1,000mm)의 평면 적재효율이 90% 이상인 것
② 골판지상자, 발포폴리스티렌상자의 높이는 해당 농산물의 포장이 가능한 적정 높이로 한다.

예시문제 맛보기

국내 표준팰릿 규격은? [16회 기출]

① 1,100mm×1,000mm　　② 1,100mm×1,100mm
③ 1,200mm×1,100mm　　④ 1,200mm×1,200mm

정답 ②

알아두기 농산물용 포장치수(제4조 관련 [별표 2])

① 골판지상자

일련번호	포장치수(길이mm × 너비mm)	일련번호	포장치수(길이mm × 너비mm)
1	1,300×350 ※ 화훼류에 한함	14	430×320
2	1,010×360 ※ 화훼류에 한함	15	423×254
3	1,025×533	16	420×325
4	930×275	17	415×260
5	825×275	18	400×300
6	554×246	19	391×317
7	545×335	20	366×260
8	530×350	21	350×350
9	520×280	22	350×250
10	510×360	23	330×256
11	500×366	24	300×175
12	450×305	25	220×165
13	440×310		

② 종이포장재

일련번호	포장치수(길이mm × 너비mm)
1	550×300(절입 75mm)
2	650×380(절입 75mm)
3	650×420(절입 75mm)

③ 폴리에틸렌대(PE대), 직물제 포대(PP), 그물망

일련번호	포장치수(길이mm × 너비mm)	일련번호	포장치수(길이mm × 너비mm)
1	1,470×700	29	600×400
2	1,010×610	30	600×380
3	950×650	31	590×370
4	900×700	32	570×380
5	860×460	33	570×350
6	850×610	34	560×460
7	850×570	35	550×430
8	850×550	36	530×200
9	830×560	37	520×320
10	800×500	38	510×350
11	800×400	39	510×240
12	770×610	40	470×340
13	770×470	41	470×270
14	770×380	42	470×240
15	750×330	43	450×320
16	720×510	44	400×530
17	720×340	45	400×490
18	700×500	46	400×440
19	690×450	47	400×400
20	670×500	48	400×240
21	670×340	49	400×180
22	650×430	50	300×195
23	650×250	51	290×190
24	640×550	52	250×150
25	640×390	53	240×170
26	600×520	54	235×140
27	600×500	55	230×120
28	600×470	56	210×140

④ 플라스틱상자

일련번호	포장치수(길이mm × 너비mm × 높이mm)	일련번호	포장치수(길이mm × 너비mm × 높이mm)
1	1,100×1,100×200	7	550×366×320
2	1,010×360×240	8	550×366×245
3	660×440×245	9	550×366×230
4	560×510×330	10	550×366×180
5	560×510×230	11	550×366×155
6	550×366×350	12	366×275×155

⑤ 다단식 목재상자·금속재상자

일련번호	포장치수(길이mm × 너비mm × 높이mm)
1	1,100×1,100×200

⑥ 발포폴리스티렌상자

일련번호	포장치수(길이mm × 너비mm)	일련번호	포장치수(길이mm × 너비mm)
1	535×340	10	349×249
2	450×310	11	365×250
3	440×310	12	302×232
4	410×340	13	280×220
5	348×250	14	265×203
6	360×260	15	257×190
7	355×258	16	250×195
8	350×264	17	250×190
9	350×240	18	190×140

(5) 포장치수의 허용범위(제5조)
① 골판지상자의 포장치수 중 길이, 너비의 허용범위는 ±2.5%로 한다.
② 그물망, 직물제 포대(PP대), 폴리에틸렌대(PE대)의 포장치수의 허용범위는 길이의 ±10%, 너비의 ±10mm, 종이포장재의 경우에는 각각 길이·너비의 ±5mm, 발포폴리스티렌상자의 경우는 길이·너비의 ±2mm로 한다.
③ 플라스틱상자의 포장치수의 허용범위는 각각 길이·너비·높이의 ±3mm로 한다.
④ 속포장의 규격은 사용자가 적정하게 정하여 사용할 수 있다.

(6) 포장재 표시중량의 허용범위(제5조의2)
① 골판지상자, 폴리에틸렌대(PE대), 종이포장재, 발포폴리스티렌상자의 경우 ±5%로 한다.
② 직물제 포대(PP대), 그물망의 경우 ±10%로 한다.

(7) 포장재료 및 포장재료의 시험방법(제6조)
① 포장재료 및 포장재료의 시험방법은 [별표 3]에서 정하는 기준에 따른다.
② ①에도 불구하고 포장재료의 압축·인장강도 및 직조밀도 등에서 [별표 3]에서 정하는 기준과 동등 이상의 강도와 품질이 인정되는 경우 공인검정기관 성적서 제출 등을 통해 국립농산물품질관리원장의 확인을 받아 사용할 수 있다.

(8) 친환경 포장(제6조의2)
① 농산물 포장은 환경오염 방지와 자원순환이 가능하도록 친환경 포장 사용을 권장한다.
② 친환경 포장을 선택하여 제작할 때는 감량(Reduce), 재사용(Reuse), 재활용(Recycle)이 용이하도록 [별표 8]에서 정하는 방법을 참고하여 설계할 수 있다.
③ 농산물 포장과정에서 보조적으로 소비되는 고정재, 완충재 등 부자재는 가급적 플라스틱 사용을 줄이기 위해 종이재질 사용을 권장한다.

알아두기 포장재료 및 포장재료의 시험방법(제6조 관련 [별표 3])

① 골판지상자

표시단량	2kg 미만	2kg 이상 10kg 미만	10kg 이상 15kg 미만	15kg 이상
골판지 종류	양면골판지1종	양면골판지2종	이중양면골판지1종	이중양면골판지2종

※ 골판지의 품질기준 및 시험방법은 KS T 1018(상업포장용 미세골 골판지), KS T 1034(외부포장용 골판지)에서 정하는 바에 따른다. 단, 사과, 배에 사용되는 골판지상자는 다음 규격에 적합하여야 한다.

품 목	포장단량(kg)	압축강도	인쇄도수
배	15	4.6~5.5kN(470~560kgf)	4도 이내
사과, 배	7.5, 10	4.4~5.4kN(450~550kgf)	
	5	4.1~5.0kN(420~510kgf)	

② PE대(폴리에틸렌대)

표시단량	5kg 미만	5kg 이상 10kg 미만	10kg 이상 15kg 미만	15kg 이상
PE 두께	0.03mm 이상	0.05mm 이상	0.07mm 이상	0.10mm 이상

※ PE대의 품질기준 및 시험방법은 KS T 1093(포장용 폴리에틸렌필름)에서 정하는 바에 따른다.

③ PP대(직물제 포대)

섬도(Tex)	인장강도(N)	봉합실 인장강도(N)	직조밀도(올/5cm)	기 타
100±1	29 이상	39 이상	20±2	원단의 위사 너비는 4~6mm 이내로 접혀진 원사로 제작한다.

※ PP대의 품질기준 및 시험방법은 KS T 1015[포대용 폴리올레핀 연신사(길게 늘인 실)]에서 정하는 바에 따른다.

④ 표시단량별 그물망의 무게

표시단량	5kg 미만	5kg 이상 10kg 미만	10kg 이상 15kg 미만	15kg 이상
포장재 무게	15g 이상	25g 이상	35g 이상	45g 이상

※ 원단은 고밀도 폴리에틸렌 모노필라멘트계이며, 메리야스상으로 직조한 것

⑤ 종이포장재

거래단위	10kg 미만	10kg 이상	20kg 이상
평량(80g/m²)	2~3겹	3겹	4겹(3겹은 평량 90g/m²)

※ 종이포장재의 품질기준 및 시험방법은 KS M 7501(크라프트지)에서 정하는 바에 따른다.

⑥ 플라스틱상자
플라스틱상자의 품질기준 및 시험방법은 KS T 1081(플라스틱제 운반용 회수용기)에서 정하는 바에 따른다. 단, 6.3의 압축강도는 KS T 1081 [표 2] "압축하중 종별"에서 4m를 적용한다.

⑦ 발포폴리스티렌상자
발포폴리스티렌상자의 품질기준 및 시험방법은 KS T 1045(포장용 발포폴리스티렌 완충재)에서 정하는 바에 따른다.

(9) 포장방법(제7조)

내용물은 포장에서 흘러나오지 않도록 하여야 하며, 내용물이 보이도록 개방형으로 포장하는 경우에는 적재하는 데 용이하여야 한다.

(10) 골판지상자 형식(제8조)

골판지상자의 형식은 KS T 1006에 따른다.

(11) 표시방법(제9조)

표준규격품의 표시방법은 [별표 4]에 따른다.

> **알아두기** 표준규격품의 표시방법(제9조 관련 [별표 4])

1. 표시사항
   ① 의무표시사항
      ㉠ "표준규격품" 문구
      ㉡ 품목
      ㉢ 산지 : 산지는 농수산물의 원산지 표시에 관한 법률 시행령 제5조(원산지의 표시기준) 제1항의 국산농산물 표시기준에 따른다.
      ㉣ 품종 : 품종을 표시하여야 하는 품목과 표시방법은 다음과 같다.

종류	품목	표시방법
과실류	사과, 배, 복숭아, 포도, 단감, 감귤, 자두	품종명을 표시
채소류	멜론, 마늘	품종명 또는 계통명 표시
화훼류	국화, 카네이션, 장미, 백합	
	위 품목 이외의 것	품종명 또는 계통명 생략 가능

   ㉤ 등급 : [별표 5] 농산물의 등급규격에 따른다.
   ㉥ 내용량 또는 개수 : 농산물의 실중량을 표시한다. 다만, [별표 1] 농산물의 표준거래단위에 따라 무게 또는 개수로 표시할 수 있는 품목은 다음과 같다.

종류	품목	표시방법
과실류	유자	무게 또는 개수를 표시
채소류	오이, 호박, 단호박, 가지, 수박, 조롱수박, 멜론, 풋옥수수, 마늘, 무, 결구배추, 양배추	무게 또는 개수(포기수)를 표시
화훼류	전 품목	개수(본수 또는 분수)를 표시

   ※ 무게 또는 개수의 표시는 [별표 1] 농산물의 표준거래단위에 맞아야 하며, 3kg 미만의 내용물(개수) 확인이 가능한 소(속)포장은 무게를 생략하고 개수(송이수)만 표시할 수 있다.
   ㉦ 생산자 또는 생산자단체의 명칭 및 전화번호
   ※ 생산자 또는 생산자단체의 명칭은 판매자 명칭으로 갈음할 수 있다.
   ㉧ 식품안전 사고 예방을 위한 안전사항 문구
      • 버섯류(팽이, 새송이, 양송이, 느타리버섯) : "그대로 섭취하지 마시고, 충분히 가열 조리하여 섭취하시기 바랍니다." 또는 "가열 조리하여 드세요."
      • 껍질째 먹을 수 있는 과실류·채소류(사과, 포도, 금감, 단감, 자두, 블루베리, 양앵두(버찌), 앵두, 고추, 오이, 토마토, 방울토마토, 송이토마토, 딸기, 피망, 파프리카, 브로콜리) : "세척 후 드세요." 또는 "씻어서 드세요"
      ※ 세척하지 않고 바로 먹을 수 있도록 세척, 포장, 운송, 보관된 농산물은 표시를 생략 할 수 있다.
   ② 권장표시사항
      ㉠ 당도 및 산도표시
         • 당도표시를 할 수 있는 품목(품종)과 등급별 당도규격

품목	품종	등급	
		특(°Bx)	상(°Bx)
사과	• 후지, 화홍, 감홍, 홍로	14 이상	12 이상
	• 홍월, 서광, 홍옥, 쓰가루(착색계)	12 이상	10 이상
	• 쓰가루(비착색계)	10 이상	8 이상
배	• 황금, 추황, 신화, 화산, 원황	12 이상	10 이상
	• 신고(상 10 이상), 장십랑	11 이상	9 이상
	• 만삼길	10 이상	8 이상

품 목	품 종	등 급	
		특	상
복숭아	• 서미골드, 진미 • 찌요마루, 유명, 장호원황도, 천홍, 천중백도 • 백도, 선광, 수봉, 미백 • 포목, 창방, 대구보, 선프레, 암킹	13 이상 12 이상 11 이상 10 이상	10 이상 10 이상 9 이상 8 이상
포 도	• 델라웨어, 새단, MBA, 샤인머스캣 • 거 봉 • 캠벨얼리	18 이상 17 이상 14 이상	16 이상 15 이상 12 이상
감 귤	• 한라봉, 천혜향, 진지향 • 온주밀감(시설), 청견, 황금향 • 온주밀감(노지)	13 이상 12 이상 11 이상	12 이상 11 이상 10 이상
금 감	• 특 : 12°Bx에 미달하는 것이 5% 이하인 것. 단, 10°Bx에 미달하는 것이 섞이지 않아야 한다. • 상 : 11°Bx에 미달하는 것이 5% 이하인 것. 단, 9°Bx에 미달하는 것이 섞이지 않아야 한다.		
단 감	• 서촌조생, 차량, 태추, 로망 • 부 유 • 대안단감	14 이상 13 이상 12 이상	12 이상 11 이상 11 이상
자 두	• 포모사 • 대석조생	11 이상 10 이상	9 이상
참 외	–	11 이상	9 이상
딸 기	–	11 이상	9 이상
수 박	–	11 이상	9 이상
조롱수박	–	12 이상	10 이상
멜 론	–	13 이상	11 이상

※ 당도를 표시하는 경우 등급규격은 등급별 당도 규격을 포함하여 특, 상, 보통으로 표시하여야 한다.
• 당도 표시방법
  – 해당 당도를 브릭스(°Bx) 단위로 표시하되 다음 예시와 같이 표시모형과 구분표 방식으로 표시할 수 있다.
  – 당도 구분은 [별표 4] 권장표시사항의 등급별 당도규격의 상등급 미만은 "보통당도", 상등급은 "높은당도", 특등급은 "매우높은 당도"로 표시한다.
  예 수박의 당도 표시

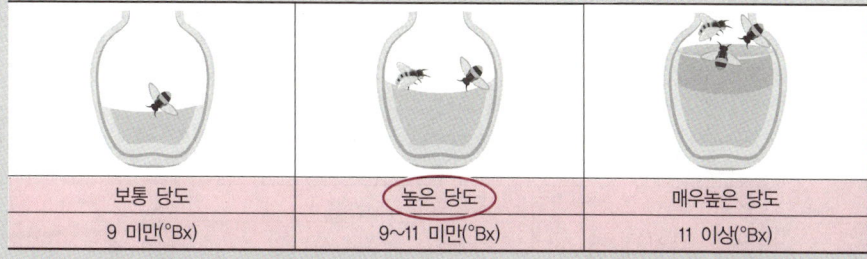

보통 당도	높은 당도	매우높은 당도
9 미만(°Bx)	9~11 미만(°Bx)	11 이상(°Bx)

※ 다만, 비파괴 당도선별기를 이용한 품목의 경우 아래 표와 같이 허용오차를 줄 수 있다.

종 류	품 목	허용오차
과실류	사과, 배, 감귤	±0.5°Bx
채소류	수 박	±1.0°Bx
	멜론, 참외	±1.5°Bx

• 감귤류는 당도 이외에 산도를 %단위로 표시

- 사과, 배의 경우 맛(당도, 산도, 경도)에 대해 시각화하여 표시할 수 있다. 이 경우 당도, 산도, 경도 중 일부를 선택하여 표시할 수 있다.
  예 사과(후지)의 당도, 산도, 경도 규격 및 표시

규격(안)	당도(°Bx)	12.0 미만	12.0~14.0	14.0 이상
	산도(%)	0.25 미만	0.25~0.35	0.35 이상
	경도(N)	17.7 미만	17.7~23.5	23.5 이상
표시(안)	당 도			
	산 도			
	경 도			

  * 경도(N)는 5mm 프로브로 측정(kgf/Φ5mm)한 값을 N으로 환산한 값
  ※ 위 표시는 당도, 산도, 경도를 도안 형태로 변형하여 표현 가능[(예시) 당도 ●, ●●, ●●● / 산도 ◐, ◐◐, ◐◐◐ / 경도 ●, ●●, ●●●]

ⓒ 크기(무게, 길이, 지름) 구분에 따른 구분표 또는 개수(송이수) 구분표 표시
  예 사과의 크기 구분 표시

구분\호칭	3L	2L	L	M	S	2S
g/개	375 이상	300 이상 375 미만	250 이상 300 미만	214 이상 250 미만	188 이상 214 미만	167 이상 188 미만

또는 상자당 단위무게로 산출한 개수 표시

구분\호칭	3L	2L	L	M	S	2S
개/5kg	13 미만	13 이상 17 미만	17 이상 20 미만	20 이상 23 미만	23 이상 27 미만	27 이상 30 미만

  ※ 크기(무게) 구분표에 체크 방식으로 표시, 과일 등은 개수 구분 표시 가능

ⓒ 포장치수 및 포장재 중량
ⓔ 영양 – 주요 유효성분
- 품목과 성분

품 목	영양·주요 유효성분
사과, 배, 감귤, 감자 등 농산물 표준규격이 제정된 품목 (화훼류 제외)	에너지, 단백질, 지질, 탄수화물, 캡사이신, 안토시아닌 등

- 표시방법 : 농촌진흥청의 "국가표준 식품성분표" 및 식품 등의 표시·광고에 관한 법률에 따른 "식품 등의 표시기준" 등의 표시방법에 따라 표시
- 고추 매운정도(캡사이신 함량) 표시방법 : 고추의 매운정도를 4단계로 구분하여 아래 표시예시와 같이 표시
  예 고추 매운정도 표시

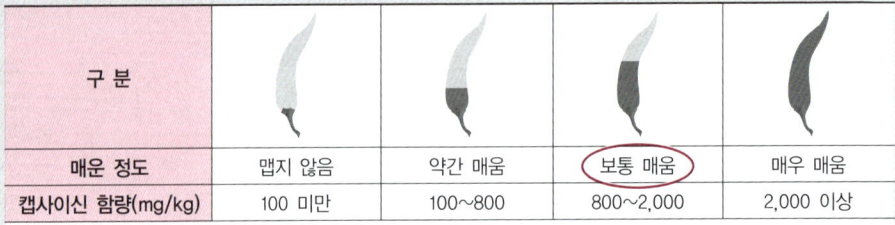

구분					
매운 정도	맵지 않음	약간 매움	보통 매움	매우 매움
캡사이신 함량(mg/kg)	100 미만	100~800	800~2,000	2,000 이상
생육시기 또는 소비자 입맛에 따라 매운 정도 차이가 발생할 수 있음				

  ※ 소포장의 경우 해당 단계의 "매운 정도" 표시만 할 수 있음

2. 표시방법
① 포장재 겉면에 일괄 표시하되 품목, 생산자 또는 생산자단체의 명칭 및 전화번호, 권장 표시사항은 별도로 표시할 수 있다.
② 의무 및 권장 표시사항 외에 추가 표시사항이 있는 경우에는 추가할 수 있다.
③ 표시양식(예시)

표준규격품					
품 목		등 급		생산자(생산자단체)	
품 종		내용량 (개수)	kg ( )	이 름	
산 지				전화번호	
세척 후 드세요 또는 가열조리하여 드세요.					

※ 포장재치수 : 510×360×140mm, 포장재중량 : 1,200g±5%

④ 글자 및 양식의 크기와 표시위치는 품목의 특성, 포장재의 종류 및 크기 등에 따라 임의로 조정할 수 있다.
※ 곡류, 서류는 양곡관리법 시행규칙 제7조의3(양곡의 표시사항 등)에 따른 표시사항을 준수해야 함

2. 품질규격

(1) 품질규격의 의의와 목적

① 의 의
㉠ 품질의 규격화는 출하 전 상품성 부여를 위한 기본단계이다.
㉡ 생산자는 수취가격에 대한 기대치를 결정한다.
㉢ 소비자는 구입 시 가격에 대한 의사결정요인이 된다.

② 목 적
㉠ 좋은 상품에 대한 시장과 소비자의 요구 및 다양한 소비자계층의 요구 충족을 위해 상품의 다양한 등급화가 이루어져야 한다.
㉡ 시장의 유통질서를 위해 거래 시 판단을 용이하게 한다.
㉢ 품질과 가격에 대한 거래당사자 간 분쟁을 해결하여 공정한 거래를 실현시킨다.
㉣ 생산자는 자신의 상품과 다른 상품에 대한 품질 차이를 인식함으로써 생산기술과 상품성을 향상시킨다.

(2) 품질규격과 선별의 필요성

① 선별은 객관적인 등급규격에 맞게 생산물을 구분하는 작업이다.
② 선별의 결과에 따라 생산자, 유통업자, 소비자의 입장에서 품질평가의 만족도가 달라진다.
③ 선별이 잘된 상품은 신뢰도가 높아져 좋은 가격이 보장된다.

02 선별과 포장

1. 선 별

(1) 의 의

원예산물의 선별은 불필요한 물질이나 변형·부패된 산물을 분리·제거하고, 객관적인 품질평가기준에 따라 등급을 분류하여 분류된 등급에 상응하는 품질을 보증함으로써, 농산물의 균일성을 통해 상품가치를 높이고, 유통상의 상거래질서를 공정하게 유지하도록 한다.

(2) 선별방법

① 무게에 의한 선별
  ㉠ 원예산물을 개체 중량에 따라 분류하는 선과기를 이용하여 사과, 배, 복숭아, 감 등의 낙엽과수와 피망, 토마토, 감자 등을 선별한다.
  ㉡ 계측방법에 사용되는 선과기에는 개체의 중량, 분동, 용수철의 장력 등에 의해 선별하는 기계식 중량선별기와 중량센서를 계측중심부로 이용하는 전자식 중량선별기 등이 있다.
② 크기에 의한 선별 : 체질에 의한 선별과 크기 기준에 따른 선별방법으로, 드럼식 형상선별기 등이 이용된다.
③ 모양에 의한 선별 : 생산물 고유의 모양에 의한 선별방법으로, 원판분리기 등이 이용된다.
④ 색에 의한 선별 : 품종 고유의 색택에 의한 선별방법으로 색채선별기, 광학선별기 등이 이용된다.
⑤ 비파괴선별 : 광의 투과, 반사 및 흡수 특성을 이용하여 구성성분과 정성 및 정량을 분석하는 선별방법으로, 비파괴 과실 당도측정기 등이 이용된다.

2. 포 장

(1) 포장의 개념

① 의의 : 포장이란 농산물의 유통과정에 있어 그 보존성과 위생적 안전성을 높이고, 편의성과 보호성을 부여하며, 판매를 촉진하기 위해 알맞은 재료나 용기를 사용하여 적절한 처리를 하는 기술을 의미한다.
② 기능 : 생산부터 소비까지의 과정에 있어 수송 중의 물리적 충격과 미생물, 병충해 등에 의한 오염 및 빛, 온도, 수분 등에 의한 산물의 변질을 방지한다.
③ 목 적
  ㉠ 편의성 : 상품의 수송·하역·보관과 유통상의 편의를 위해 포장의 필요성이 커지고 있다.
  ㉡ 표준화 및 정보 제공 : 상품의 품질, 등급 및 생산정보의 표시수단이 된다.
  ㉢ 소비자의 구매욕구 증대 : 브랜드 개념을 도입한 다양한 디자인을 통해 소비자의 구매욕을 증대시키는 목적도 큰 비중을 차지한다.

(2) 포장의 분류

① 소비·유통 측면의 포장분류
  ㉠ 겉포장 : 속포장한 농산물의 운반과 수송 및 취급을 목적으로 큰 단위로 포장하는 것
  ㉡ 속포장 : 상품을 몇 개씩 용기에 담아 유통단위나 소비단위로 만드는 것
  ㉢ 낱개포장 : 속포장의 일종으로, 특별히 상품을 하나씩 포장하는 것

② 유통기능에 따른 분류
  ㉠ 1차 포장 : 제품을 직접 담는 용기 혹은 필름백
  ㉡ 2차 포장 : 안전성 향상을 위한 박스포장
  ㉢ 3차 포장(직송포장) : 수송 및 저장의 안전성과 효율을 높이기 위한 대단위포장

(3) 포장재의 기본조건

① 겉포장재
  ㉠ 외부의 충격을 방지할 수 있어야 한다.
  ㉡ 수송 및 취급이 편리해야 한다.
  ㉢ 부적절한 환경으로부터 내용물을 보호할 수 있어야 한다.

② 속포장재
  ㉠ 상품이 서로 부딪혀 물리적 상처를 입지 않도록 해야 한다.
  ㉡ 적절한 공간을 확보하고, 충격을 흡수할 수 있어야 한다.
  ㉢ 유통 중 발생할 수 있는 부패 또는 오염의 확산을 막을 수 있는 재질이어야 한다.

(4) 포장재의 구비조건

① 위생성·안전성
  ㉠ 속포장재의 경우 포장재질로부터의 유해물질이 내용물에 전이되지 않아야 한다.
  ㉡ 속포장재를 사용하지 않고 바로 겉포장을 하는 경우 겉포장재의 위생성 및 안전성이 확보되어야 한다.

② 보존성·보호성·차단성
  ㉠ 내용물의 보존성과 보호성에 적합한 통기구를 가지고 있어야 하며, 물리적 강도를 가져야 한다.
  ㉡ 차단성
    • 겉포장재는 물리적 강도를 유지하기 위한 방습성·방수성이 있어야 한다.
    • 유통과정에서의 오염물질이나 휘발성 이취 발생물질의 노출 위험과 인쇄잉크의 유기용매 냄새 등이 산물에 오염되는 경우를 예방하기 위해 속포장재는 내용물의 품질을 보호하기 위한 냄새의 차단성이 필요하다.

- 생리활성이 높은 농산물의 경우 지나친 차단성은 CO_2 축적에 따른 생리적 장해를 발생시키거나 결로현상으로 인한 미생물 증가의 위험성이 있으므로, 속포장재를 플라스틱필름으로 사용하는 경우에는 저산소 장해, 고이산화탄소 장해, 과습에 의한 부패 등을 고려하여 포장재를 선택하고 가스의 투과성 또한 고려하여야 한다.

③ 작업성(기계화)
  ㉠ 겉포장재는 접은 상태로 보관하여 공간 점유면적이 최소화되도록 하여야 한다.
  ㉡ 쉽게 펼쳐지고, 모양을 갖출 수 있어야 하며, 봉합이 용이하도록 설계되어야 한다.
  ㉢ 속포장재는 일정한 경탄성, 미끄럼성, 열접착성이 있어야 하고, 정전기가 발생하지 않도록 대전성이 없어야 한다.

④ 인쇄적정성 및 정보성
  ㉠ 인쇄적정성, 광택, 투명성 등의 외관은 물론 상품의 특성이 잘 나타나야 한다.
  ㉡ 속포장필름의 경우에는 상품의 품질이 쉽게 확인될 수 있도록 투명해야 소비자의 신뢰도를 높일 수 있다.
  ㉢ 인증표시 등 소비자가 요구하는 정보가 제대로 표시되어야 한다.

⑤ 편리성 : 소비자 입장에서 해체 및 개봉이 편리해야 한다.

⑥ 경제성
  ㉠ 포장재료의 생산비, 디자인 개발비 등은 모두 포장경비에 포함되므로 경제성을 갖추어야 한다.
  ㉡ 소비자의 욕구에 부응하고, 물류효율화에 적합한 포장설계가 필요하다.

⑦ 환경친화성 : 분해성과 소각성이 좋아야 하고, 쓰레기문제가 야기되지 않도록 재활용·재사용 시스템을 갖추어야 한다.

⑧ 예랭과 내열성 : 포장 후 예랭하는 경우 빠른 예랭이 가능하고, 내열성을 갖추어야 한다.

(5) 포장재의 종류 및 특성

① 골판지상자
  ㉠ 장 점
    - 대량생산품의 포장에 적합하다.
    - 대량주문 요구를 수용할 수 있다.
    - 가볍고 체적이 작아 보관이 편리하므로 운송 및 물류비가 절감된다.
    - 작업이 용이하고, 기계화와 생력화(省力化)가 가능하다.
    - 조건에 맞는 강도 및 형태의 제작이 용이하다.
    - 외부충격을 완충하여 내용물의 손상을 방지한다.
  ㉡ 단 점
    - 습기에 약하고, 수분에 의해 강도가 저하된다.
    - 소단위 생산 시 단위당 비용이 많이 든다.
    - 취급 시 변형과 파손되기 쉽다.

ⓒ 원예산물의 저장과 수확 후 관리 중 골판지상자의 강도 저하요인 ★ 중요
- 세척 시 탈수과정에서 수분이 남았을 때 과습에 의한 강도 저하
- 냉수냉각식 예랭에서 수분의 제거가 덜 된 경우의 강도 저하
- 산물이 저온저장고에서 상온으로 출고되었을 때 결로에 의한 강도 저하
- 저온저장고 안에서 흡습으로 인한 강도 저하
- 차압통풍식 예랭에서 통기공에 의한 강도 저하
- 적재하중에 따른 강도 저하

ⓔ 발수성의 표현 : 골판지의 방수 특성은 발수도 R로 표현하는데, 물을 흘려보낼 때 물이 스미는 정도를 나타내며, R값이 클수록 방수성이 높음을 의미한다.
- R2 이상 : 건조된 농산물로, PE대 PP대 등으로 속포장하여 내용물의 수분이 영향을 거의 미치지 않는 농산물(쌀, 콩, 들깨, 참깨, 땅콩 등)
- R4 이상 : 수분 증발과 호흡작용이 대체로 적은 농산물(사과, 배, 오이, 호박, 양파 등)과 수분과 호흡작용이 과다하나 겉포장을 보호하기 위해 PE대 등으로 속포장한 농산물(상추, 깻잎, 두릅 등)
- R6 이상 : 수분과 호흡작용이 과다하여 내용물의 수분이 상자에 영향을 미칠 우려가 있는 농산물(감자, 고구마, 시금치, 파, 딸기 등)과 PE대 등 속포장에도 불구하고 수분이 겉포장 상자에 영향을 미칠 우려가 있는 농산물(미나리 등)

② 플라스틱상자
ⓐ 폴리프로필렌 성형수지에 규정된 2종 05500급 이상 또는 폴리에틸렌 성형수지의 3종 3~4류를 사용한다.
ⓑ 낙하 충격 및 하중 변형에 견디는 강도를 필요로 한다.

③ PE대(폴리에틸렌대)
ⓐ 폴리에틸렌필름 봉투형태의 겉포장재로 내용물의 중량에 따라 적정한 두께가 정해져 있다.
ⓑ 인장강도, 신장율, 인열강도 등은 KS M 3509(포장용 폴리에틸렌필름)에 따른다.

④ PP대(직물제 포대) : 포장용 폴리올레핀 연신사로 직조한 포대포장으로 인장강도, 직조밀도 등을 규정한다.

⑤ 그물망
ⓐ 양파, 마늘 등의 겉포장재로 널리 쓰인다.
ⓑ 고밀도 폴리에틸렌 모노필라멘트계 원단을 사용해 메리야스상으로 직조한 그물로, 포장단량에 따라 적당한 그물망의 강도를 무게로 정하고 있다.

⑥ PE · PP · PVC
ⓐ PE(Polyethylene) : 과일류, 채소류 포장에 많이 이용되며, 가스의 투과도가 높다.
ⓑ PP(Polypropylene) : 연신 등 가공이 쉬우며 방습성, 내열성, 내한성, 투명성이 높아 투명포장 및 채소류 수축포장에 많이 이용된다.
ⓒ PVC(염화비닐, Polyvinyl Chloride) : 과일류, 채소류 및 식품 포장에 많이 이용되고 있다.

(6) 그 밖에 기능성 포장재
① **방담(防曇)필름** : 선도 유지를 목적으로 하는 포장재로, 청과물의 수분 증산을 억제하고 투습상태에 있어 결로를 방지하는 목적으로 이용된다.
② **항균필름** : 항균력 있는 물질을 코팅하여 곰팡이 및 유해미생물에 대한 안전성을 확보하기 위한 포장재이다.
③ **고차단성 필름** : 수분, 산소, 질소, 이산화탄소와 저장산물의 고유한 향을 내는 유기화합물 등의 차단성을 높인 포장재이다.
④ **키토산필름**
　㉠ 키토산은 유해균의 성장을 억제하는 효과가 있으며, 200ppm 정도의 농도에서 유해균에 대한 강력한 저해활성을 발휘한다.
　㉡ 이와 같은 항균물질을 필름 제조 시 압축성형 및 코팅처리한 필름을 키토산필름이라고 한다.
⑤ **미세공필름** : 포장재에 미세한 공기구멍이 있어 수증기의 투과도를 높여 포장 내부습도를 유지시킨 포장재이다.

CHAPTER 05 적중예상문제

01 후지 사과의 선별기 도입 시 고려될 수 없는 방식은?
① 전자식 중량선별기
② 드럼식 형상선별기
③ 색채선별기
④ X선선별기

해설 드럼식 형상선별기는 감귤, 매실 등에 적용한다.

02 현재 우리나라 산지유통센터(APC)에서 이용하는 과실류의 선별인자에 해당되지 않는 것은?
① 모 양
② 점 도
③ 당 도
④ 산 도

03 수확 후 관리단계에서 농산물의 등급 지정, 비상품과 제거 그리고 규격화를 목적으로 하는 것은?
① 선 별
② 포 장
③ 수 송
④ 저 장

04 골판지상자의 강도 저하의 요인과 가장 관련이 적은 것은?
① 수 분
② 적재하중
③ 통기공
④ 온 도

해설 골판지상자의 강도 저하요인
- 세척 시 탈수과정에서 수분이 남았을 때 과습에 의한 강도 저하
- 냉수냉각식 예랭에서 수분의 제거가 덜 된 경우의 강도 저하
- 산물이 저온저장고에서 상온으로 출고되었을 때 결로에 의한 강도 저하
- 저온저장고 안에서 흡습으로 인한 강도 저하
- 차압통풍식 예랭에서 통기공에 의한 강도 저하
- 적재하중에 따른 강도 저하

정답 1 ② 2 ② 3 ① 4 ④

05 포장재로 사용한 골판지상자의 강도 저하가 일어난 원인과 가장 관련이 적은 것은?
① 저온저장고에서 상온으로 출고하였다.
② 고온에 장기노출시켰다.
③ 과습한 저온저장고에 장기간 저장하였다.
④ 차압통풍식 예랭고 입고를 위해 통기공을 뚫었다.

06 원예산물 포장용 골판지상자의 시험방법과 거리가 먼 것은?
① 인장강도
② 파열강도
③ 압축강도
④ 수분 함량

해설 인장강도는 플라스틱필름의 시험방법에 해당한다.

07 원예산물을 포장하는 목적이 아닌 것은?
① 물리적 충격 방지
② 해충, 미생물, 먼지에 의한 오염 방지
③ 적정 온습도 관리
④ 홍수 출하 방지

해설 생산부터 소비까지의 과정에 있어 수송 중의 물리적 충격과 미생물, 병충해 등에 의한 오염 및 빛, 온도, 수분 등에 의한 산물의 변질을 방지한다.

08 다음 중 포장의 기능으로 보기 어려운 것은?
① 유통에 있어 보존성과 위생적 안전성 증가
② 유통과정 중 물리적 충격 방지
③ 저장 중 기능성 물질 증가
④ 미생물과 병충해 등에 의한 오염 방지

09 다음 농산물 포장재 중 동일조건에서 산소투과도가 가장 낮은 것은?
  ① 폴리스티렌(PS)
  ② 폴리에스터(PET)
  ③ 폴리비닐클로라이드(PVC)
  ④ 저밀도폴리에틸렌(LDPE)

  해설 필름 종류별 가스투과성 : 저밀도폴리에틸렌(LDPE) > 폴리스티렌(PS) > 폴리프로필렌(PP) > 폴리비닐클로라이드(PVC) > 폴리에스터(PET)

10 원예산물 포장에 일반적으로 사용되고 있는 PP(Polypropylene)필름의 특징이 아닌 것은?
  ① 연신 등 가공이 쉽다.
  ② 방습성이 높다.
  ③ 산소투과도가 낮다.
  ④ 광택 및 투명성이 높다.

  해설 PP(Polypropylene) : 연신 등 가공이 쉬우며 방습성, 내열성, 내한성, 투명성이 높아 투명포장 및 채소류 수축포장에 많이 이용된다.

11 포장재의 선택 시 구비조건으로 가장 거리가 먼 것은?
  ① 무공해성이어야 하며, 호흡가스를 충분히 차단할 수 있는 차단성을 갖추고 있어야 한다.
  ② 상품의 정보를 잘 나타내기 위해 인쇄적성이 높아야 한다.
  ③ 기계화에 의한 작업효율을 높일 수 있는 작업성을 갖추어야 한다.
  ④ 자연상태에서 빨리 분해될 수 있는 환경친화성이 있어야 한다.

  해설 호흡가스가 충분히 투과되는 소재를 사용하여야 한다.

12 다음 중 겉포장재가 갖추어야 할 기본요건으로부터 가장 거리가 먼 것은?
  ① 외부 충격의 방지
  ② 적절한 공간의 확보
  ③ 수송 또는 취급의 편리성
  ④ 부적절한 환경으로부터 내용물의 보호

  해설 적절한 공간의 확보는 속포장재의 기본요건에 가깝다.

정답 9 ② 10 ③ 11 ① 12 ②

13 골판지상자의 장점으로 보기 어려운 것은?

① 가볍고 체적이 작아 보관이 편리하므로 운송 및 물류비가 적게 든다.
② 조건에 맞는 강도 및 형태의 제작이 용이하다.
③ 작업이 용이하고 기계화가 가능하다.
④ 소단위 생산 시 단위당 비용이 적게 든다.

해설 골판지상자는 소단위 생산 시 단위당 비용이 많이 든다.

14 다음 중 골판지상자의 장점으로 보기 어려운 것은?

① 내충격성, 내구성이 뛰어나다.
② 인쇄적정성이 뛰어나다.
③ 내습성이 강하다.
④ 수송이나 보관이 용이하다.

해설 골판지상자는 물과 습기에 약하므로 내습성이 약하다.

15 플라스틱필름을 이용한 농산물 포장의 장점으로 볼 수 없는 것은?

① 물리적 손상이 방지된다.
② 포장 내 습도 유지로 인해 증산량이 줄어든다.
③ 차단성이 좋아 외부로부터 병해충에 의한 장해가 개선된다.
④ 이상적인 필름은 산소와 이산화탄소의 차단성이 좋아야 한다.

해설 이상적인 필름은 호흡가스를 충분히 투과시킬 수 있어야 한다.

CHAPTER 06 저 장

01 상온저장과 저온저장

1. 저장의 개념

(1) 의 의
① 저장이란 식품의 품질이 변하지 않도록 하는 일이다.
② 여기서 품질이란 영양학적 가치, 기호적 가치 및 위생학적 가치를 들 수 있는데, 소비자들은 기호적 가치를 더 중요시하는 경향이 있다.
③ 식품의 기호적 가치에 영향을 미치는 것은 화학적 성분, 물리적 성분 및 조직적 상태이며 이들의 성상이 변치 않도록 하는 것이 저장의 궁극적인 목적이라고 할 수 있다.
④ 저장의 가장 바람직한 환경의 조성은 온도, 공기순환, 상대습도, 대기조성이 조절될 수 있는 시설을 갖춤으로써 가능하다.

(2) 저장의 기능
① 수확 후 신선도 유지기능 : 생산된 원예산물이 생산 이후 소비될 때까지 신선도를 유지할 수 있도록 한다.
② 수급 조절기능 : 수확시기에 따른 홍수출하로 인한 가격 폭락 또는 흉작과 계절별 편재성에 따른 가격 급등을 방지하며, 유통량의 수급을 조절하는 기능을 가지고 있다.
③ 계절적 편재성이 높은 원예산물을 장기저장함으로써 소비자에게 연중 공급이 가능하도록 한다.
④ 저장력이 높아지면 장거리 수송이 가능해져 소비와 수요가 확대될 수 있다.
⑤ 가공산업에 원료농산물의 연중 지속공급이 가능해져 농산물 가공산업을 발전시킨다.

(3) 저장력에 영향을 미치는 요인
① 저장 중 온도
  ㉠ 저장 중 온도가 높으면 호흡량의 증가로 내부성분의 변화가 촉진된다.
  ㉡ 온도가 높으면 세균, 미생물, 곰팡이 등의 증식이 활발해지므로 부패율이 증가한다.
  ㉢ 온도에 따른 증산량의 증가로 중량의 감모율이 증가한다.
  ㉣ 저온에 저장하는 것이 적당하지만 작물에 따라서는 저온장해를 받는 작물이 있으므로 작물의 저장적온을 알고 저장하는 것이 중요하다.

② **저장 중 습도** : 저장고의 습도가 너무 낮으면 증산량이 증가하여 중량의 감모현상이 나타나며, 습도가 너무 높으면 부패발생률이 증가한다.
③ **재배 중 온도와 강우** : 과일의 경우 건조·고온조건에서 재배된 것이 저장력이 강하다.
④ **재배 중 토양** : 사질토보다는 점질토에서 재배된 과실과 경사지로서 배수가 잘되는 토양에서 재배된 과실이 저장력이 강하다.
⑤ **재배 중 비료**
  ㉠ 질소의 과다한 시비는 과실을 크게 하지만 저장력을 저하시킨다.
  ㉡ 충분한 칼슘은 과실을 단단하게 하여 저장력을 증대시킨다.
⑥ **수확시기**
  ㉠ 일반적으로 조생종에 비해 만생종의 저장력이 강하다.
  ㉡ 장기저장용 과일은 일반적으로 적정 수확시기보다 일찍 수확하는 것이 저장력이 강하다.
⑦ **수분활성도(Aw ; Water Activity)**
  ㉠ 미생물의 생육에 필요한 물의 활성 정도를 나타내는 지표이다.
  ㉡ 0에서 1까지의 범위를 가지며, 1에 가까울수록 미생물 증식에 좋은 환경이고, 0에 가까울수록 미생물 증식에 나쁜 환경을 의미한다.
  ㉢ 수분의 건조, 물의 온도 저하, 소금의 첨가 등을 통해 수분활성도를 낮출 수 있다.

2. 상온저장

(1) 상온저장의 개념
① 상온저장은 보통저장이라고도 하는데 외기의 온도 변화에 따라 외기의 도입·차단, 강제송풍 처리, 보온, 단열, 밀폐처리 등으로 가온이나 저온처리장치 없이 저장하는 방법이다.
② 상온저장의 종류
  ㉠ 도랑저장
    - 가장 간단한 저장법으로 주로 호랭성 채소인 무, 당근, 감자, 배추, 양배추 등의 저장에 많이 쓰이지만, 기온이 급격히 떨어지면 어는 경우가 있고, 한 겨울에 접어들기 전에 미리 두껍게 덮으면 과온이 되기 쉬우므로 흙덮기에 주의해야 한다.
    - 자재가 거의 들지 않고 무제한으로 대량저장이 가능하지만, 꺼내기가 불편하다.
  ㉡ 움저장
    - 땅에 1~2m 깊이로 구덩이를 판 뒤 그 안에 수확한 원예산물을 넣고, 그 위에 왕겨나 짚을 덮은 후 다시 흙으로 덮어 준다.
    - 채소류는 싹이 트지 않도록 거꾸로 세워 저장한다.
    - 현재처럼 저장시설이 발달하지 못했던 때 많이 이용하던 방법으로, 움의 온도는 10℃ 내외, 습도는 85%로 유지하는 것이 저장에 유리하다.

ⓒ 지하저장고 : 여름에는 시원하고 겨울에는 따뜻해 연중 채소저장에 편리하며, 특히 겨울 동안 고구마, 토란, 생강 등 호온성 채소를 저장하기 좋지만, 환기가 불량하면 과습하게 되기 쉽다.
ⓓ 환기저장 : 환기는 원예산물의 장기저장 시 반드시 필요하며, 청과물의 상온저장은 온도 변화를 작게 하고 통풍설비가 완비된 시설에서 저장하는 것이 좋다.

(2) 피막제를 이용한 저장
① 각종 왁스나 증산억제제 등을 이용하는 저장방법이다.
② 식품위생상의 문제점이 있지만 주로 감귤, 사과 등에 이용되고 있다.

(3) 방사선을 이용한 저장
① 방사선 중에서도 감마선과 베타선이 사용된다.
② 주로 발아 억제를 목적으로 많이 이용하고 있으며, 밤의 저장 중 발아 억제를 위한 감마선 조사가 현저한 효과가 있다.
③ 방사선을 조사하면 일시적으로 호흡이 촉진되므로 바나나의 숙도 조절이나 감의 탈삽 등에도 이용되고 있다.

3. 저온저장

(1) 저온저장의 개념
① 냉각을 통해 일정한 온도까지 원예산물의 온도를 내린 후(동결점 이상) 일정한 저온에서 저장하는 것을 말하며, 일반적으로 냉장이라고 한다.
② 원예산물에서 일어나는 생리적 반응들은 온도 변화에 큰 영향을 받으며, 온도가 낮을수록 반응속도는 느려진다. 또한 온도의 저하는 미생물의 활성도를 낮춰 부패발생률이 낮아진다.
③ 최근 저온저장고의 온습도를 인터넷으로 모니터링하고, 필요시 원격제어하는 기술이 개발되어 농산물 저온저장고 건축 시 이러한 시스템의 장착이 가능해졌다.
④ 실내온도를 균일하게 하기 위해 팬으로 공기를 순환시키며, 채소류는 많은 수분을 발산하여 과습하기 쉬우므로 유의해야 한다.

(2) 저온저장고
저장고는 기능과 구조가 일반 건축물과는 다르므로 위치 및 건축자재 등의 선택에 신경을 써야 한다. 단열자재의 선택, 건물 내부 및 외부의 청결상태 유지를 위한 구조설계 등이 요구된다.
① 냉장원리
ⓐ 냉매가 기화되면서 주변 열을 흡수하여 주변의 온도를 낮추는 원리를 이용한다.
ⓑ **냉매를 압축기에서 압축하고, 응축기에서 액체상태로 만들며, 액화된 냉매가 팽창밸브를 거쳐 저압으로 변하여 증발기 내를 흐르면서 기체로 변한다.**

② 냉장기기 ★ 중요
  ㉠ 압축기
  ㉡ 응축기
  ㉢ 팽창밸브
  ㉣ 냉각기(증발기)
  ㉤ 제상장치
③ 냉장용량 : 냉장용량은 저장고에서 발생하는 모든 열량을 합산하여 구하는데 이를 냉장부하라고 하며, 온도 상승요인에는 포장열, 호흡열, 전도열, 대류침투열, 장비열 등이 있고, 포장열과 호흡열이 냉장부하의 대부분을 차지한다.
  ㉠ **포장열**
    • 수확한 작물이 지니고 있는 열을 포장열이라고 한다.
    • 포장열을 얼마나 빨리 제거하느냐에 따라 저온저장의 효과가 달라진다.
    • 고온에서 수확하는 농산물은 품온이 높아 예랭하지 않은 상태로 입고하는 경우 포장열 제거에 필요한 냉장용량을 많이 차지하게 된다.
  ㉡ **호흡열**
    • 산물의 호흡에 의해 방출되는 생리대사열을 호흡열이라고 한다.
    • 호흡열은 산물의 호흡에 의해 지속적으로 발생한다.
    • 산물의 온도가 낮아지면 호흡열도 동시에 감소한다.
    • 작물에 따라 상이하며, 온도가 낮을수록 줄어들고, CA저장환경에서는 더욱 감소한다.
  ㉢ **전도열**
    • 저장고 외부에서 저장고 내부로 전도되는 열을 전도열이라고 한다.
    • 전도열은 저장고의 온도 상승을 유발하므로 지속적으로 제거되어야 한다.
    • 저장고 내외부의 온도 차이와 단열재료에 따라 상이하다.
    • 실제 외부온도에 따라 열의 유입과 함께 열의 손실도 일어나지만 냉장용량의 계산 시에는 유입열량만 고려한다.
  ㉣ **대류열**
    • 외부로부터 내부로 공기가 혼입되면서 일어나는 대류현상으로 인해 유입되는 열을 대류열이고 한다.
    • 대류열의 유입은 문을 자주 여닫는 경우 심하며, 저장고를 닫았을 때 최소화된다.
    • 완전히 밀폐된 CA저장고의 경우 이론적으로 대류열은 0이 된다.
  ㉤ **장비열**
    • 적재 시 사용되는 지게차, 조명등, 송풍기 등에서 발산되는 열을 장비열이라고 한다.
    • 저장고 내에서 작동하는 기계류 등에서 발생하는 열량도 냉장용량의 계산 시 고려하여야 하며, 특히 지속적으로 작동되는 기기의 열량은 추가되어야 한다.

- ⓗ 냉장용량의 계산
  - 저온저장고 내 제거해야 할 열량은 각 원인으로부터 발생하는 열량의 합산으로 구한다.
  - 제상시간을 고려하여야 한다.
  - 위의 5가지 요인에 의한 열량 합산치의 1.2~1.3배가 냉장용량이 된다.
- ⓢ 적정 냉장용량의 중요성
  - 냉장용량의 설정은 저장산물의 품질에 미치는 영향이 매우 크다.
  - 모든 작물은 온도가 빠르게 저하될수록 품질이 오래 유지된다.
  - 냉장용량은 저장실별로 저장품목, 포장열, 1일 입고량, 호흡속도, 저장고 단열 정도에 근거하여 계산한 후에 결정한다.

(3) 저온저장고의 관리

① 온도관리

ⓐ 적재방법
- 온도가 균일하기 위해서는 냉각기의 찬 공기가 저장고 전체로 고르게 퍼져 나가야 한다.
- 산물의 적재 시 저장고 바닥, 포장재와 벽면 사이, 천정 사이에 공기의 통로가 확보되어야 한다.
- 일반적으로 중앙통로 50cm, 팰릿과 벽면의 사이와 팰릿과 팰릿의 사이는 30cm, 천정과의 사이는 50cm 이상의 바람이 지날 수 있는 공간을 확보하여야 한다.

ⓑ 온도의 설정
- 저장고 온도는 산물의 호흡이나 세균·미생물·곰팡이 등의 번식과 밀접한 관계가 있다.
- 노화에 의한 조직의 연화현상은 저장고 온도가 높을 때 빠르게 진행된다.
- 저장고 온도를 균일하게 맞추기 힘들기 때문에 온도분포를 고려하여 안전범위가 되도록 설정하는 것이 좋다.

[장기저장 시 적정온습도와 동결온도]

품 목	적정온도(℃)	적정습도(%)	동결온도(℃)
사 과	-0.5~0.5	90~95	-1.5~-1.1
배	0.5~1.0	90~95	-1.5
복숭아	-0.5~0.0	90~95	-0.9
포 도	-0.5~0.0	85~90	-1.2
단 감	-1.0~0.0	90~95	-2.1
밀 감	5.0~8.0	90~95	5.0(저온장해)
배 추	0.0~0.5	95~98	-0.7
브로콜리	0.0~0.5	95~98	-0.6
양 파	-0.5~0.0	70~80	-0.8
마 늘	0.0~3.0	65~70	-0.8

※ **동결온도** : 동결이 일어날 수 있는 가장 높은 온도의 범위기준으로, 예를 들어 마늘의 경우 건조 정도에 따라 -3.0~0.0℃ 범위에서 선택적으로 설정한다.

출처 : 농수산물유통공사, 알기 쉬운 농산물 수확 후 관리(저장기술 및 저장고 환경관리), 박윤문

ⓒ 원예산물별 최적 저장온도 ★ 중요
- 0℃ 혹은 그 이하 : 콩, 브로콜리, 당근, 셀러리, 마늘, 상추, 버섯, 양파, 파슬리, 시금치 등
- 0~2℃ : 아스파라거스, 사과, 배, 매실, 포도, 단감, 자두 등
- 2~7℃ : 서양호박(주키니) 등
- 4~5℃ : 감귤 등
- 5~10℃ : 복숭아 등
- 7~13℃ : 애호박, 오이, 가지, 수박, 단고추, 토마토(완숙과), 바나나 등
- 13℃ 이상 : 생강, 고구마, 토마토(미숙과) 등

ⓓ 온도편차 범위
- 적정온도보다 낮은 온도는 저온장해 또는 동해를 일으킨다.
- 적정온도보다 높은 온도는 저장 가능기간을 단축시킨다.
- 설정온도에서 ±0.5℃를 벗어나지 않는 선에서 조절하는 것이 바람직한 온도편차 범위이다.
- 설비의 오류, 냉장용량의 부족, 공기통로의 부족, 온도관리의 부주의 등으로 온도편차가 커지면 상대습도의 변화도 커지며, 저장력은 떨어진다.

알아두기 저장고 내 위치별 온도편차
- 가장 높음 : 공기가 순환된 후 돌아가는 지점
- 가장 낮음 : 냉각기 앞
- 평균온도 : 냉각기의 공기가 통로를 타고 나오는 지점

② 습도관리
ⓐ 의 의
- 습도는 저장의 효과를 보기 위해서 온도 다음으로 고려할 사항으로, 상대습도를 높게 유지하여야 한다.
- 일반적으로 과일은 85~95%, 채소는 90~98%의 고습도가 신선도 유지에 유리하다.
- 양파, 마늘, 늙은 호박 등은 60~75%가 장기저장에 알맞은 습도이며 무, 당근 등의 근채류는 90~95%의 고습도를 유지해야 조직의 유연성이 유지되며, 중량 감소가 일어나지 않는다.
- 산물에 따라 요구되는 습도와 상품성 유지를 위한 수분 감량허용치가 다르므로 종류나 저장온도 등을 고려하여 습도를 유지하여야 한다.

ⓑ 습도 변화의 원인 : 습도가 낮아지면 산물의 증산량이 많아져 결과적으로 신선도 저하와 중량 감소가 일어난다.
- 냉장기기의 작동주기
- 제상주기에 의한 온도 변화
- 냉각기에 생기는 결로

ⓒ 습도 유지방법 ★ 중요
- 구조 및 기기
  - 적합한 냉장기기와 방습벽을 설치한다.
  - 송풍기 가동 시 공기 유동을 억제한다.
  - 환기는 가능한 극소화한다.
  - 결로현상을 줄이기 위해 저장고 온도와 냉각기 온도의 편차를 줄인다.
- 수분의 보충
  - 저장고 바닥에 물을 충분히 뿌려 콘크리트 바닥의 수분 흡수를 줄인다.
  - 가습기를 주기적으로 가동하여 수분을 보충한다.
  - 포장용기는 수분 흡수가 적은 것을 사용한다.
  - 가습기 이용 시 분무입자가 작아야 효율적이다.

ⓓ 습도 측정
- 건습구온도계
  - 수분 증발에 의한 온도 차이를 상대습도로 환산하는 방식으로, 건구온도계와 젖은 천으로 온도계를 감싼 습구온도계의 온도 차이를 이용해 습도로 환산한다.
  - 가격이 저렴하고 고장이 없다.
  - 온습도 도표를 이용하여 상대습도를 쉽게 측정할 수 있다.
  - 지속적인 측정·기록이 어렵다.
  - 0℃ 이하에서는 습구온도계의 물이 얼어 습도 측정이 어렵다.
  - 저온에서는 측정이 부정확하다.
- 전자식 습도계
  - 공기 중 수분 함량에 따른 전기저항성의 변화를 이용한다.
  - 2% 내외의 정확도가 있다.
  - 감지장치가 오염되거나 수분이 응결된 경우에는 정확한 습도 측정이 불가능하다.
- 물리적 감지장치
  - 공기 중 수분 함량에 따라 길이와 부피가 변하는 물질을 이용한다.
  - 물질의 습도에 따른 신축도에 따라 측정된다.
  - 상대습도가 높아지면 정확도가 떨어지는 단점이 있다.
  - 사용기간이 길어지면 신축성이 변하여 정확한 습도 측정이 불가능하다.

③ 서리 제거
  ⓐ 냉각기에 결로가 생겨 얼음층으로 덮이면 열교환이 일어나지 않아 저장고의 온도 유지가 어려워지며, 심하면 온도가 상승하게 된다.
  ⓑ 고온가스 서리 제거방식과 전열식 서리 제거방식이 있다.
  ⓒ 서리 제거의 주기와 시간은 서리의 양에 따라 결정하고, 제거가 끝나면 바로 냉장에 들어가야 불필요한 에너지 소모와 저장고 내 온도 상승을 막을 수 있다.

④ 에틸렌 제거
　㉠ 노화호르몬인 에틸렌이 축적되면 숙성이 촉진되어 신맛의 감소와 연화현상을 촉진해 저장기간이 단축되고, 품질 저하를 초래한다.
　㉡ 에틸렌 농도가 일정치 이상으로 증가하면 자가촉매반응에 의해 급속히 증가하므로 저장 초기부터 제거하여 일정 수준치를 넘지 않도록 주의해야 한다.
　㉢ 에틸렌 제거는 환기로도 가능하지만 저장고의 온도 상승을 유발하므로 흡착제를 교환해 주거나 분해기를 작동시키는 장치가 필요하다.
　㉣ 에틸렌작용 억제제인 1-MCP(1-Methylcyclopropene)처리기술을 활용하여 품질 유지효과를 거둘 수 있는데, 1-MCP는 기체상태이므로 밀폐된 상태에서만 효과가 있다.
⑤ 저장고 소독
　㉠ 저장고 안에 원예산물로부터 전염된 세균, 곰팡이 및 미생물이 남아 있을 수 있다.
　㉡ 오염된 저장고를 계속 사용하는 경우 저장산물이 오염되고, 저장 중 문제가 생기지 않더라도 출하 후 부패증상이 나타날 수 있다.
　㉢ 저온에서도 활성이 있는 세균들도 있으므로 부패를 방지하기 위해 저장하기 전에 저장고를 소독하는 것이 바람직하다.
　㉣ 세균과 곰팡이 중에는 에틸렌을 발생하는 종류도 있어 산물의 숙성을 촉진시키거나 과피 얼룩 등의 장해를 일으키기도 한다.
　㉤ 소독방법
　　• 유황훈증
　　• 폼알데하이드, 차아염소나트륨 수용액, 제3인산나트륨 또는 벤레이트가 함유된 약제소독
　　• 초산훈증법(친환경 저장고 소독법)

예시문제 맛보기

배의 장기저장을 위한 저장고 관리로 옳지 않은 것은? [17회 기출]
① 공기통로가 확보되도록 적재한다.
② 배의 품온을 고려하여 관리한다.
③ 온도편차를 최소화되게 관리한다.
④ 냉각기에서 나오는 송풍 온도는 배의 동결점보다 낮게 유지한다.

해설 ④ 송풍 온도가 배의 동결점보다 낮으면 동해를 입게 되므로 배의 동결점보다 높게 유지한다. **정답** ④

02 CA저장과 MA저장

1. CA저장(Controlled Atmosphere Storage)

(1) 의의
① 온도, 습도, 대기조성 등을 조절함으로써 장기저장하는 가장 이상적인 방법이다.
② CA저장은 대기조성(약 N_2 78%, O_2 21%, CO_2 0.03%)과는 다른 공기조성하에 저장하는 것을 말한다.
③ 산소 농도는 대기의 약 4~20배(O_2 8%)로 낮추고, 이산화탄소 농도는 약 30~500배(CO_2 1~5%)로 높인 조건하에 저장한다.
④ 또한 신선한 과실, 채소, 관상식물 등 전 수확 후 관리과정에서 각 작물마다 적절한 온도와 상대습도 조건을 충족하여야 한다.
⑤ 이러한 조건에서는 호흡, 에틸렌의 생성 및 작용이 억제되는 등의 효과에 의해 유기산 감소, 과육연화 지연, 당과 유기산 성분 및 엽록소의 분해 등과 같은 과실의 후숙과 노화현상이 지연되며, 미생물의 생장과 번식이 억제되어 원예산물의 품질을 유지하면서 장기저장이 가능해진다.

(2) 원리 및 특징
① CA저장은 호흡이론에 근거를 두고 원예산물 주변의 가스조성을 변화시켜 저장기간을 연장하는 방식이다.
② 호흡은 원예산물 내 저장양분이 소모되면서 이산화탄소와 열을 발산하는 대사작용으로 산소가 필수적이다. 따라서 저장물질의 소모를 줄이려면 호흡작용을 억제해야 하며, 이를 위해서는 산소를 줄이고, 이산화탄소를 증가시켜야 한다.
③ CA저장은 높은 농도의 이산화탄소와 낮은 농도의 산소 조건에서 생리대사율을 저하시킴으로써 품질 변화를 지연시킨다.

(3) 이산화탄소 농도 및 에틸렌 농도 제어 ★ 중요
① CA저장고 내 이산화탄소 농도는 일정 수준까지 증가시키다가 장해가 발생하는 상한선에서 제거해 주어야 한다.
② 한편 CA저장의 효과를 높이려면 숙성호르몬으로 일컬어지는 에틸렌가스의 제거가 수반되어야 한다.
③ 에틸렌가스의 제거방식으로는 흡착인자를 이용하는 흡착식, 자외선파괴식, 촉매분해식 등이 있는데, 최근까지 개발된 방식 중에서는 촉매분해식의 경제적 타당성이 높고, 자외선파괴식은 경제성은 뛰어나지만 현재로서는 실용화되지 못하고 있는 실정이다.

(4) CA저장의 유형
　① 급속 CA(Rapid CA)
　　㉠ 일반적으로 입고 후 산소 농도를 원하는 농도까지 낮추는 데 시간이 많이 소요되는데(1주일 이상), 질소발생기를 이용하여 소요기간을 크게 단축할 수 있게 되었다.
　　㉡ 산소 농도를 24시간 안에 신속하게 낮춰 저장하는 방법으로, 저장 초기의 신속한 산소 농도의 저하는 저장기간의 연장에 효과가 크다.
　② 초저산소 CA(ULO-CA ; Ultra Low Oxygen CA)
　　㉠ 산소 농도를 한계농도인 1%까지 낮춰 저장하는 방식이다.
　　㉡ 시설 및 기기의 성능과 밀접한 관련이 있으며, 설비에 고도의 정밀도가 요구된다.
　　㉢ 산소 농도를 한계점까지 낮추기 때문에 약간의 산소 농도 저하에도 저장물이 저산소에 의한 심각한 피해를 받을 수 있다.
　　㉣ 이산화탄소 농도는 일반적인 CA저장보다 낮게 유지하여야 한다.
　③ 저에틸렌 CA(Low Ethylene CA)
　　㉠ 산소 농도가 낮기 때문에 에틸렌 발생량이 많지 않으나, 밀폐형 저장이기에 발생된 에틸렌의 축적이 불가피하다.
　　㉡ 별도의 에틸렌 제거장치를 이용하여 에틸렌 농도를 낮추어 저장하는 방법을 저에틸렌 CA저장이라고 한다.
　　㉢ 에틸렌 감응도가 높은 품목의 저장에 이용된다.
　④ 기타 방법
　　㉠ 이산화탄소 농도를 10~20%까지 높게 유지하는 고이산화탄소 CA저장이 이용되기도 하는데, 단감처럼 이산화탄소장해에 강한 품목에 적용하며, 일반적으로 단기보관 또는 수송 시 많이 이용되고, 장기저장에 이용되는 경우는 드물다.
　　㉡ CA장해에 매우 민감한 작물의 경우 장해의 발생을 방지하기 위하여 수확 후 일정 기간 저온저장한 후 CA저장을 적용하는 경우가 있다. 대표적으로 후지 사과는 4주 정도 저온저장한 후에 CA저장한다.

(5) CA저장의 효과
　① 호흡, 에틸렌 발생, 연화, 성분 변화와 같은 생화학적·생리적 변화와 연관된 작물의 노화를 방지한다.
　② 에틸렌작용에 대한 작물의 민감도를 감소시킨다.
　③ 작물에 따라서 저온장해와 같은 생리적 장해를 개선한다.
　④ 조절된 대기가 병원균에 직간접으로 영향을 미침으로써 곰팡이의 발생률을 감소시킨다.

(6) CA저장의 위험요소
① 토마토와 같은 일부 작물에서 고르지 못한 숙성을 야기할 수 있다.
② 감자의 흑색심부, 상추의 갈색반점과 같은 생리적 장해를 유발할 수 있다.
③ 낮은 산소 농도하에서의 혐기성 호흡으로 인한 이취를 유발할 수 있다.

(7) CA저장의 문제점
① 시설비와 유지비가 많이 든다.
② 공기조성이 부적절할 경우 장해를 일으킨다.
③ 저장고를 자주 열 수 없으므로 저장물의 상태를 파악하기 힘들다.

(8) CA저장고의 관리와 운영
① 전제조건
　㉠ **밀폐도** : 저장고의 구조적합성을 가장 고려하여야 하는데, 특히 가스밀폐가 잘 이루어져야만 원하는 CA저장환경을 유지할 수 있으며, 장기간 산물의 품질 유지가 가능하다.
　㉡ **적정 조건 및 조성의 유지**
　　• 작물과 품종에 따라 적정 공기조성의 범위를 유지하는 것이 CA저장에 있어 중요한 요소이다.
　　• CA저장환경에서의 품질 유지효과와 공기조성에 따른 장해에 대한 저장 원예산물의 정확한 정보가 있어야 한다.
　　• 작물 또는 품종에 따라 저산소장해나 고이산화탄소장해에 따른 내성의 차이가 있다.
　　• 작물의 생리적 특성, 재배환경의 영향 등을 고려하여 산소 농도는 저산소장해의 한계점 이상, 이산화탄소농도는 고이산화탄소장해의 한계점 이하로 유지하는 관리기술이 필요하다.
　　• 사과의 경우 일반 품종은 산소 1~3%, 이산화탄소 1~5%가 적합하나, 후지 품종의 경우 이산화탄소에 민감하므로 1% 이하로 유지해야만 고이산화탄소장해를 피할 수 있다.

[주요 과일의 CA저장 조건]

품 종	적정 CA 범위(%O_2 + %CO_2)	산소 농도의 한계	이산화탄소 농도의 한계
사과 – 후지	1~3 + ≥ 1.0%	≥ 0.5%	1.0%
사과 – 일반 품종	1~3 + 1~5%	≥ 1.5%	5.0%
배 – 신고	1~3 + ≥ 1%	1.0%	1.0%
복숭아	1~2.5 + 5.0%	1.0%	5.0, 10.0%
단감 – 부유	1~3 + 8~12%	0.5%	≤ 12.0%

출처 : 농수산물유통공사, 알기 쉬운 농산물 수확 후 관리(저장기술 및 저장고 환경관리), 박윤문

[주요 채소의 CA저장 조건]

품 종	적정 CA 범위(%O_2 + %CO_2)	산소 농도의 한계	이산화탄소 농도의 한계
양배추	2.5~5.0 + 2.5~5.0%	2.0%	10.0%
브로콜리	1.0 + 10~15%	0.5%	15.0%
결구상추	1.0~3.0 + 0(2~3)%	0.5%	2.0%
버 섯	air + 10~15%	0.5%	20.0%
딸 기	5~10 + 15~20%	2.0%	25.0%

출처 : 농수산물유통공사, 알기 쉬운 농산물 수확 후 관리(저장기술 및 저장고 환경관리), 박윤문

② 저장고 구조 및 기기
　㉠ 건물구조
　　• CA저장고는 일정한 산소와 이산화탄소의 농도가 유지되어야 하므로 저장고 내로 외부공기가 유입되지 않도록 밀폐가 유지되어야 한다.
　　• 냉장설비, 전선 등의 연결로 인해 생기는 틈을 완전히 밀봉해야 하고 출입문 또한 특수한 구조를 이용하여 설치해야 한다.
　　• 온도 변화 시 압력 변화를 완화시킬 수 있는 압력 조절장치가 필요하다.
　㉡ 기 기
　　• 산소 농도를 낮추기 위한 질소발생기
　　• 이산화탄소 농도 유지를 위한 이산화탄소 흡착기
　　• 에틸렌 제어를 위한 기기
　　• 산소와 이산화탄소의 농도를 측정하는 분석기기 및 제어기기

③ 환경 조성 및 유지
　㉠ 환경 조성
　　• 질소를 불어넣어 저장고 내 산소를 밀어내며 치환한다.
　　• 저장고 산소 농도가 5% 수준까지 떨어지면 질소 공급을 멈추고 저장고를 밀폐한다.
　　• 밀폐가 우수한 저장고는 저장산물의 호흡에 의해 산소 농도는 감소하고, 이산화탄소 농도는 증가하여 적정 수준에 도달한다.
　㉡ 환경 유지 : 가스순환방식에 따라 밀폐순환식과 배출식으로 구분된다.
　　• 밀폐순환식
　　　- 질소발생기와 함께 이산화탄소 제거기, 에틸렌 분해기를 별도로 부착하는 방식이다.
　　　- 이산화탄소와 에틸렌의 농도가 높아지면 외부에 부착된 이산화탄소 흡착기나 에틸렌 분해기로 내부공기를 강제순환시켜 이산화탄소와 에틸렌을 제거한다.
　　　- 산소 농도가 지나치게 낮아지면 공기를 조금씩 넣어 농도를 조절한다.
　　• 배출식
　　　- 질소발생기만 이용하고, 이산화탄소 제거기와 에틸렌 제거기는 별도로 부착하지 않는 방식이다.

- 질소발생기만 가지고 산소 농도를 맞추며, 이산화탄소 농도가 높아지면 질소를 불어넣어 이산화탄소와 에틸렌 등을 밀어내어 배출하는 출구가 있는 것이 특징이 있다.
- 밀폐순환식에 비해 설비가 단순하고, 유해가스의 축적을 피할 수 있는 장점이 있다.
- 단점으로는 질소가스의 소모가 많아 질소발생기를 많이 작동시켜야 하고, 고이산화탄소환경을 요구하는 산물의 농도 조절이 어렵다.

④ CA저장의 잠재적 위험
　㉠ 원예산물은 품목 또는 품종별로 저산소와 고이산화탄소에 대한 내성이 서로 다르다.
　㉡ 지나친 저산소 또는 고이산화탄소 농도 조건에서는 변색, 조직 붕괴, 이취 발생 등의 생리적 장해현상이 나타난다.
　㉢ 특정 유형의 부패가 증가하기도 한다.
　㉣ 따라서 품목과 품종별로 적정 수준의 환경을 조성하여야 한다.

2. MA저장(Modified Atmosphere Storage)

(1) 원리 및 효과

① 필름이나 피막제를 이용하여 산물을 하나씩 또는 소량 포장하여 외부와 차단하고, 포장 내 호흡에 의한 산소 농도 저하와 이산화탄소 농도 증가로 인해 조성된 적정 대기를 통해 품질 변화를 억제하는 방법으로, MA저장은 압축된 CA저장이라고 할 수 있다.
② 포장재의 개발과 함께 발달되었으며, 유통기간의 연장수단으로 많이 사용되고 있다.
③ 각종 플라스틱필름 등으로 원예산물을 포장하는 경우 필름의 기체투과성, 산물로부터 발생한 기체의 양과 종류 등에 의해 포장 내부의 기체조성이 대기와 현저하게 달라지는 점을 이용한 저장방법이다.
④ MA저장은 적정한 가스 농도가 산물의 종류에 따라 달라지는데, 사과는 품종에 따라 다르지만 보통 산소 2~3%, 이산화탄소 2~3%, 감은 산소 1~2%, 이산화탄소 5~8%, 배는 산소 4%, 이산화탄소 5%의 적정 농도가 유지되어야 한다.
⑤ MA저장에 사용되는 필름은 수분투과성과 이산화탄소나 산소 및 다른 공기의 투과성이 무엇보다도 중요하다.
⑥ 수증기의 이동을 억제하므로 증산량이 감소한다.
⑦ 온도에 민감해 장해를 일으키는 작물의 장해 발생 감소에 효과적이다.
⑧ 낱개포장하는 경우 물리적 손상을 방지할 수 있다.
⑨ 필름과 피막처리는 CA효과를 불러일으켜 과육의 연화현상과 노화현상을 지연시킬 수 있다.
⑩ 단감을 제외한 일반적인 원예산물의 경우 포장, 저장 및 유통기술이므로 MAP(Modified Atmosphere Packaging, 가스치환포장방식)로 표현하는 것이 더욱 적절하다.

(2) 전제조건

① 포장 내 과습으로 인한 부패와 내부의 부적합한 가스조성에 따른 생리장해를 초래할 수 있으므로 다음 사항을 고려하여야 한다.

② 고려사항
- ㉠ 작물의 종류
- ㉡ 성숙도에 따른 호흡속도
- ㉢ 에틸렌의 발생량 및 감응도
- ㉣ 필름의 두께
- ㉤ 종류에 따른 가스투과성
- ㉥ 피막제의 특성

③ 필름 종류별 가스투과성 : 저밀도폴리에틸렌(LDPE) > 폴리스티렌(PS) > 폴리프로필렌(PP) > 폴리비닐클로라이드(PVC) > 폴리에스터(PET)

필름 종류	가스투과성($mL/m^2 \cdot 0.025mm \cdot 1day$)		포장 내부
	이산화탄소	산소	이산화탄소 : 산소
저밀도폴리에틸렌(LDPE)	7,700~77,000	3,900~13,000	2.0~5.9
폴리스티렌(PS)	10,000~26,000	2,600~2,700	3.4~5.8
폴리프로필렌(PP)	7,700~21,000	1,300~6,400	3.3~5.9
폴리비닐클로라이드(PVC)	4,263~8,138	620~2,248	3.6~6.9
폴리에스터(PET)	180~390	52~130	3.0~3.5

(3) MA저장의 이용

① 필름포장
- ㉠ 엽채류와 비급등형 작물은 주로 수분의 손실 억제와 생리적 장해 및 노화 지연에 목적을 두고 있다.
- ㉡ 호흡급등형에 속하는 작물은 포장 내 가스조성의 변화를 통한 저장효과에 목적을 둔다.
- ㉢ 흡착물질을 첨가하여 품질 유지효과를 보기도 한다.
- ※ 단감의 PE필름 저장 : 저밀도 PE필름 MA저장으로 4~5개월간의 장기저장이 가능하다.
- ㉣ 유의사항
  - 지나친 차단성은 이산화탄소 축적에 따른 생리적 장해와 결로현상에 의한 미생물 증식의 위험성이 있다.
  - 속포장에 플라스틱필름을 사용하는 경우 저산소장해, 이산화탄소장해, 과습에 따른 부패 등에 따라 각기 다른 포장재를 선택하거나 가스투과성을 고려하여야 한다.

② 피막제
- ㉠ 왁스 및 동식물성 유지류 등이 산물의 저장, 수송, 유통 중 품질 유지를 위하여 사용되고 있다.
- ㉡ 피막제의 도포는 경도와 색택을 유지하고, 산 함량 감소를 방지하는 효과가 있다.

ⓒ 과일의 색감 증가나 표면의 광택 증진 등 외관을 향상시키는 왁스처리가 실용화되어 있다.
　　ⓔ 부분적 위축과 상처 및 장해현상을 유기하기도 하므로 작물의 종류에 따라 적합한 피막제를 선택하여야 한다.
　③ **기능성 포장재의 개발** : 품질 유지를 위하여 여러 가지 물질을 첨가한 기능성 포장재가 개발되고 있다.
　　㉠ 에틸렌 흡착필름 : 제올라이트나 활성탄을 도포하여 포장 내 에틸렌가스를 흡착해 에틸렌에 의한 노화현상을 지연시킨다.
　　㉡ 방담필름 : 식물성 유지를 도포하여 수증기 포화에 의한 포장 내부 표면의 결로현상을 억제한다.
　　㉢ 항균필름 : 항생・항균성 물질 또는 키토산 등을 도포하여 포장 내 세균에 대한 항균작용을 통해 과습에 의한 부패를 감소시킨다.

(4) 수동적 MA저장
① 폴리에틸렌필름이나 폴리플로필렌필름 등을 이용하여 밀봉할 경우 밀봉된 포장 내에서 원예산물의 호흡에 의한 산소 소비와 이산화탄소 방출로 인해 포장 내에 적절한 대기가 조성되도록 하는 방법이다.
② 포장에 사용된 필름은 가스 확산을 막을 수 있는 제한적인 투과성을 지니고 있다.

(5) 능동적 MA저장
① 포장 내부의 대기조성을 원하는 농도의 가스로 바꾸는 방법이다.
② 대부분의 능동적 MA저장은 포장재 표면에 계면활성제를 처리하여 결로현상을 방지하는 방담필름과 항균물을 첨가한 항균필름 등을 사용한다.
③ 최근 고분자필름 소재에 기능성 충전제를 충전시켜 포장하는 환경친화성 신선도 유지형 포장재가 완성되었으며, 유통 시 일반 포장재보다 신선도 유지기간을 획기적으로 연장시킬 수 있다.

예시문제 맛보기

다음의 저장 방법은? [17회 기출]

- 인위적 공기조성 효과를 낼 수 있다.
- 필름이나 피막제를 이용하여 원예산물을 외부공기와 차단한다.

① 저온저장　　　　　　　　② CA저장
③ MA저장　　　　　　　　 ④ 상온저장

정답 ③

3. 콜드체인시스템(Cold Chain System : 저온유통체계)

(1) 의 의
① 수확 즉시 산물의 품온을 낮춰 수확에서부터 판매까지 적정저온이 유지되도록 관리하는 체계를 콜드체인시스템 또는 저온유통체계라고 한다.
② 원예산물의 신선도 및 품질을 유지하기 위하여 산물에 알맞은 적정저온으로 냉각시켜 저장·수송·판매에 걸쳐 적정온도를 일관성 있게 관리하는 것이다.

(2) 관리방법
① 산지 : 출하되기 전까지 적정저온에 저장할 수 있는 저온저장고가 필요하다.
② 운송 : 냉장차량으로 저온을 유지하며 산지에서 소비지까지 운송되어야 한다.
③ 판매 : 적정저온을 유지할 수 있는 냉장시설을 판매대에도 설치하여야 한다.

(3) 저온유통체계의 장점 ★ 중요
① 호흡 억제
② 숙성 및 노화 억제
③ 연화 억제
④ 증산량 감소
⑤ 미생물 증식 억제
⑥ 부패 억제

(4) 도입효과
① 신선도 유지
  ㉠ 저온하에 농산물을 유통시킴으로써 호흡속도 억제, 에틸렌 발생속도 억제, 갈변반응 억제, 증산작용 및 각종 부패를 일으키는 미생물의 생육 억제 등 생산물의 품질을 수확 당시에 가깝게 유지시켜 준다.
  ㉡ 보통 농산물의 각종 생화학반응은 온도를 10℃ 올리거나 내림에 따라 2배에서 많게는 4배 정도 빨라지거나 늦춰지게 되므로, 여름철의 경우 30℃에서 0℃로 품온을 내리면 이론적으로 6배에서 10배까지 유통기한이 연장될 수 있다.
② 유통체계의 안정화
  ㉠ 장기간 신선도를 유지하고, 농산물의 판매시기를 조절하여 안정된 유통체계를 구축함으로써 산지체계를 강화시킬 수 있다.
  ㉡ 여름철에 과잉생산되는 농산물의 경우 예랭처리하여 저온저장고에 보관하면 문제를 해결할 수가 있는데, 배추의 경우 이상기후에 의해 여름철 폭우가 계속될 경우 6월 중순경에 노지 봄 배추를 수확하여 예랭처리하여 저온저장하면 길게는 2개월까지도 저장이 가능하기 때문에 배추 품귀현상에 의한 가격 폭등을 방지할 수 있다.

ⓒ 특히 채소류의 경우 우리나라 도매시장처럼 당일에 팔리지 않으면 헐값에 처분하거나 폐기하는 것이 아니라, 도매시장에 설치되어 있는 저온보관창고에 보관하여 다음날 동일한 가격으로 팔 수 있어 저온유통체계 도입에 의해 안정된 가격으로 유통이 가능해진다.

[저온유통에 의한 선도 유지효과]

항 목	품 목	상온유통	예랭·저온유통
유통기한	양상추	15℃에서 3일간	예랭 후 1℃ 보관 35일
영양성분	시금치	30℃ / 3일 후 비타민 C 85% 손실	예랭 후 10℃ / 21일 후 비타민 C 20% 손실
중량 감소	체 리	10℃ / 3일 후 4.4% 감모	예랭 후 0.6℃ / 3일 후 1.9% 감모
변 색	시금치	30℃ / 3일 후 클로로필 55% 손실	예랭 후 10℃ / 3일 후 클로로필 2% 손실
수송 중 손상	딸 기	10kg / 3단 / 상온 65% 손상과 발생	예랭 후 1kg 단위포장 시 손상과 5% 미만

(5) 관련 기술
① 콜드체인시스템은 예랭과 같은 한 가지 공정의 완벽한 수행만으로는 만족할 만한 효과를 거두기 어렵고, 결국 수확부터 소비자의 손에 들어가기까지 종합적인 품질관리가 필요하다.
② 운영과 관련된 직접기술에는 산지예랭, 포장, 저온수송과 배송, 저온보관 및 저장, 소비지 판매시설 및 주요기술 등이 있다.
③ 목적 달성을 위한 보조기술에는 전처리기술, 표면살균 및 안전성 관련 기술, 선별·규격·표준화 기술, 소포장기술, 환경기술 등이 있다.

[콜드체인시스템 도입과 관련된 주요 기술]

주요 기술	세부기술
예 랭	강제통풍, 차압통풍, 진공, 냉수냉각, 빙랭
저장, 보관	• 온도제어저장 : 저온저장, 빙온저장, 냉동저장 • 온습도제어·관리기술 • 가스제어저장 : CA저장, 감압저장
수송, 배송	• 수송·배송기자재 : 보랭·단열컨테이너, 항공수송용 단열컨테이너, 축랭·단열재 등 • 물류 관련 표준화(팰릿화) • 수송자재 : 포장골판지, 기능성 포장재, 완충자재 • 고도유통시스템 : 유통·배송센터 • 고속대량수송기술 : 항공시스템, 철도수송시스템
포장, 보존, 보장	• 가스치환포장(MAP), 진공포장, 무균충전포장 • 냉동식품 : 포장자재, 동결, 저장, 해동 • 기능성 포장재 : 항균, 흡수폴리머, 가스투과성, 단열성 • 품질유지제 봉입 : 탈산소제, 에틸렌 흡수·발생제
집출하, 선별·검사	• 비파괴 검사 : 근적외법, 역학적, 방사선, 전자기학 • 센서기술(바이오센서, 칩, 디바이스), 선도·숙도 판정
규격, 표시, 정보 처리	• 청과물출하규격, KS규격 • 식품첨가물·원재료 표시 • 정보, 멀티미디어

CHAPTER 06 적중예상문제

01 저온저장고 내에서 원예산물의 증산을 억제하는 방법으로 적절하지 않은 것은?
① 감압저장
② 저온 유지
③ 고습도 유지
④ 플라스틱필름 포장

해설 감압하면 기압이 낮아져 산물 표면의 수분을 증발시키므로 증산량이 증가한다.

02 저장 중인 원예산물의 증산에 대한 설명으로 틀린 것은?
① 상대습도가 낮을수록 감소한다.
② 큐티클층이 두꺼울수록 감소한다.
③ 온도가 높을수록 증가한다.
④ 표면적이 클수록 증가한다.

해설 상대습도가 낮아지면 증산량이 증가하므로 저장 중 상대습도를 높여야 신선도 유지기간이 길어져 저장에 유리하다.

03 저온저장고 내에서 습도를 유지시키거나 높여 주기 위한 방법 중 가장 거리가 먼 것은?
① 가습기를 설치하여 주기적으로 가습기를 가동시킨다.
② 폴리에틸렌필름을 이용하여 팰릿단위로 상자를 덮어씌어 준다.
③ 천장에 냉기배관(덕트)을 설치하여 습도를 유지시킨다.
④ 저장고 바닥에 물을 뿌려 주어 습도를 유지시켜 준다.

해설 천장에 냉기배관(덕트)을 설치하는 것은 온도관리와 관계있고, 습도관리와는 거리가 멀다.

04 저온저장한 원예산물은 출고할 때 결로가 발생하여 자주 문제가 되는데 원예산물의 결로현상과 관계가 없는 것은?
① 수분 배출에 의한 중량 감소
② 미생물의 번식 촉진
③ 골판지상자의 강도 저하
④ 원예산물 품온과 외기의 온도 및 상대습도

해설 결로현상은 대기 중 수증기가 차가운 쪽에 맺히는 현상으로, 원예산물의 수분 배출과는 관계가 없다.

05 CA저장의 설명으로 틀린 것은?

① CA저장은 산소와 이산화탄소의 농도를 조절하여 저장하는 방식이다.
② CA저장고 건축 시 가스밀폐도는 중요한 요소로 고려되어야 한다.
③ CA저장고는 가스조성방식에 따라 순환식, 밀폐식 등이 있다.
④ CA저장고 내의 산소와 이산화탄소의 농도는 작물의 호흡으로 인해 자동적으로 맞추어 진다.

해설 CA저장은 인위적으로 공기조성을 조절하는 저장방식이다.

06 CA저장의 장점이 아닌 것은?

① 엽록소 분해 억제 및 노화 지연
② 저장기간 증대
③ 발근 등 생리현상 촉진으로 인한 상품성 증대
④ 호흡작용 감소

해설 CA저장은 발근 등의 생리현상을 억제하여 저장기간을 연장하는 기술이다.

07 CA저장의 장점을 틀리게 설명한 것은?

① 미생물 번식 억제
② 노화 지연
③ 맹아 촉진
④ 호흡 억제

해설 **CA저장의 효과**
• 호흡, 에틸렌 발생, 연화, 성분 변화와 같은 생화학적·생리적 변화와 연관된 작물의 노화를 방지한다.
• 에틸렌작용에 대한 작물의 민감도를 감소시킨다.
• 작물에 따라서 저온장해와 같은 생리적 장해를 개선한다.
• 조절된 대기가 병원균에 직간접으로 영향을 미침으로써 곰팡이의 발생률을 감소시킨다.

08 CA저장에 대한 설명으로 틀린 것은?

① 저장고를 자주 개방할 수 없어 저장산물의 상태 파악이 어렵다.
② 저장산물의 호흡에 의해 산소와 이산화탄소의 농도가 변하는 원리를 이용한다.
③ 혐기적 호흡이 일어나 이취가 발생할 수 있다.
④ 저장고 내 에틸렌가스를 제거하면 저장효과를 높일 수 있다.

해설 호흡에 의해 산소와 이산화탄소의 농도가 변하는 것은 MA저장의 원리이다.

정답 5 ④ 6 ③ 7 ③ 8 ②

09 MA저장 시 저장효과를 최대로 하기 위해 고려할 사항으로 가장 거리가 먼 것은?

① 필름 종류
② 원예산물의 호흡속도
③ 원예산물의 에틸렌 감응도
④ 저장고의 냉각방식

> **해설** MA저장 시 고려사항
> • 작물의 종류
> • 성숙도에 따른 호흡속도
> • 에틸렌의 발생량 및 감응도
> • 필름의 두께
> • 종류에 따른 가스투과성
> • 피막제의 특성

10 MA포장 시 고려할 사항과 관계가 먼 것은?

① 호흡량
② 저장고의 규모
③ 에틸렌 발생량과 감응도
④ 필름의 두께 및 재질

11 필름을 이용한 MA포장에서 관찰되는 현상으로 볼 수 없는 것은?

① 호흡을 억제한다.
② 경도 변화가 적다.
③ 수분 감소를 억제한다.
④ 에틸렌 발생이 증가한다.

> **해설** MA포장에 의해 호흡이 감소되면서 에틸렌 발생량 역시 감소한다.

12 농산물의 MA포장재 중 가스투과도가 가장 높은 것은?

① 폴리에틸렌(Polyethylene)
② 염화비닐(PVC)
③ 폴리프로필렌(Polypropylene)
④ 나일론(Nylon)

> **해설** **필름 종류별 가스투과성** : 저밀도폴리에틸렌(LDPE) > 폴리스티렌(PS) > 폴리프로필렌(PP) > 폴리비닐클로라이드(PVC) > 폴리에스터(PET)

필름 종류	가스투과성(mL/m² · 0.025mm · 1day)		포장 내부
	이산화탄소	산 소	이산화탄소 : 산소
저밀도폴리에틸렌(LDPE)	7,700~77,000	3,900~13,000	2.0~5.9
폴리스티렌(PS)	10,000~26,000	2,600~2,700	3.4~5.8
폴리프로필렌(PP)	7,700~21,000	1,300~6,400	3.3~5.9
폴리비닐클로라이드(PVC)	4,263~8,138	620~2,248	3.6~6.9
폴리에스터(PET)	180~390	52~130	3.0~3.5

13 배를 저온저장할 때 증산에 의해 중량이 감소하는 것을 줄이기 위한 방법으로 옳지 않은 것은?

① 저장실 벽면의 단열 및 방습처리
② 유닛쿨러(Unit Cooler)의 표면적 축소
③ 실내 공기유동의 최소화
④ 증발기 코일(Coil)과 저장고 내 온도 차이의 최소화

> 해설 유닛쿨러의 표면적이 넓어야 저장고 온도가 빠르게 낮아진다.

14 저온저장고에서 증발기(유닛쿨러) 냉각코일의 온도와 저장고 내 온도의 편차가 과도하게 커서 냉각코일에 성애가 많이 생길 때 예상되는 점은?

① 저장된 신선 원예산물의 무게가 증가된다.
② 저장된 신선 원예산물의 무게가 감소된다.
③ 저장된 신선 원예산물의 무게의 변화가 없다.
④ 저장된 신선 원예산물의 신선도가 증가된다.

> 해설 저온저장고에서 증발기 냉각코일의 온도와 저장고 내 온도의 편차가 과도하게 커서 냉각코일에 성애가 많이 생기면 저장고 내 상대습도가 낮아져 증산량이 증가한다.

15 저온저장고의 냉장설비에 해당되지 않는 것은?

① 응축기(Condenser)   ② 압축기(Compressor)
③ 팽창밸브(Expansion Valve)   ④ 질소발생기(N₂ Generator)

> 해설 저온저장고의 냉장기기 : 압축기, 응축기, 팽창밸브, 냉각기(증발기), 제상장치

16 저온저장시설에서 냉장에 필요한 장치에 해당되는 것은?

① 팰 릿   ② 응축기
③ 질소발생기   ④ 훈증기

17 원예산물 저장에 관한 설명으로 옳지 않은 것은?

① 사과는 저온장해를 받지 않으므로 0℃ 부근에 저장해도 문제가 없다.
② 배는 과피흑변을 일으키기 때문에 저온저장 전에 예건을 실시한다.
③ 1-MCP처리된 사과는 상온에서 저장해도 저온저장과 비슷한 저장기간을 갖는다.
④ CA저장은 산소 농도를 낮추고 이산화탄소 농도를 높여서 저장하는 방법이다.

> **해설** 1-MCP처리는 에틸렌의 작용을 억제하지만, 호흡과 증산을 억제하는 것은 아니므로 저온저장을 해야 한다.

18 신선 원예산물의 MA포장에 관한 설명으로 옳은 것은?

① 호흡량, 필름의 두께 및 재질 등을 고려해야 한다.
② 에틸렌 발생량 및 증산량을 고려하지 않아도 된다.
③ 포장 내 가스조성은 필름의 가스투과도에 영향을 받지 않는다.
④ 산소 농도가 높아져서 숙성 및 노화를 촉진한다.

> **해설** ② 에틸렌 발생량 및 증산량을 고려해야 한다.
> ③ 포장 내 가스조성은 필름의 가스투과도에 영향을 받으므로 필름의 가스투과도는 중요한 고려사항 중 하나이다.
> ④ 산소 농도가 낮아져 숙성과 노화를 억제한다.

19 저장 및 유통 시 원예산물 적재에 관한 설명으로 옳은 것은?

① 저온저장고 내의 상자 적재 시 저장고 용적의 90% 이상을 적재해야 하며, 이때 동력비용도 절약된다.
② 렉(선반)과 팰릿을 이용하여 적재하면 입고 및 출고작업을 원활하게 할 수 있다.
③ 낮은 강도의 골판지를 사용하여 원예산물의 압상을 억제한다.
④ 상자 적재 후 팰릿 전체에 필름밀봉처리를 하면 유해가스의 축적을 방지할 수 있다.

> **해설** ① 충분한 냉기통로가 필요하다.
> ③ 낮은 강도의 골판지를 사용하면 압상의 위험이 커진다.
> ④ 적재 후 필름처리는 증산을 줄이기 위한 방법이다.

20 원예산물의 호흡을 억제할 수 있는 방법으로 옳지 않은 것은?

① 상온저장
② MA저장
③ 예 랭
④ CA저장

해설 호흡의 억제는 저온저장 및 산소와 이산화탄소 농도 조절로 가능하다.

21 저온유통시스템에 대한 설명으로 옳지 않은 것은?

① 매장에서의 저온관리를 포함한다.
② 수확시기에 따라서 생산지예랭이 필요하다.
③ 상온유통에 비해 압축강도가 낮은 포장상자를 사용한다.
④ 장기수송 시 농산물의 혼합적재 가능성을 고려한다.

해설 상온유통에 비해 압축강도가 높은 포장상자를 사용한다.

22 콜드체인시스템에 관한 가장 올바른 설명은?

① 저장적온에서 저장된 원예산물은 콜드체인시스템을 적용하지 않아도 된다.
② 예랭 후 곧바로 콜드체인시스템을 적용하면 작물이 부패된다.
③ 콜드체인시스템은 선진국에 적합한 방식으로 국내 실정에 맞지 않는다.
④ 저온컨테이너 운송은 콜드체인시스템의 하나의 과정이다.

해설 **콜드체인시스템의 의의**
- 수확 즉시 산물의 품온을 낮춰 수확에서부터 판매까지 적정저온이 유지되도록 관리하는 체계를 콜드체인시스템 또는 저온유통체계라고 한다.
- 원예산물의 신선도 및 품질을 유지하기 위하여 산물에 알맞은 적정저온으로 냉각시켜 저장·수송·판매에 걸쳐 적정온도를 일관성 있게 관리하는 것이다.

23 원예산물의 저온유통시스템의 장점은?

① 연화 촉진
② 호흡 촉진
③ 착색 촉진
④ 미생물 번식 억제

해설 **저온유통체계의 장점**
- 호흡 억제
- 숙성 및 노화 억제
- 연화 억제
- 증산량 감소
- 미생물 증식 억제
- 부패 억제

24 원예산물의 저온유통시스템 적용에 관한 설명으로 옳지 않은 것은?

① 저온장해에 민감한 원예산물은 저온장해온도 이상에서 유통을 해야 한다.
② 저온컨테이너 이용 시 컨테이너 내부의 습도 조절이 필요하다.
③ 저온컨테이너 내부는 밀폐된 공간이므로 MA처리를 해서는 안된다.
④ 저온저장 후 결로 방지를 위해 저온으로 운송한다.

> 해설 저온컨테이너로 운반 시 MA처리하면 호흡을 감소시킬 수 있어 상품성 유지에 유리하다.

25 MA포장의 효과를 최대로 높이기 위하여 고려할 사항과 가장 거리가 먼 것은?

① 호흡 억제의 효과를 높이기 위하여 인위적 기체 조성을 하였다.
② 포장의 안전성을 위하여 필름의 인장강도와 내열강도가 높은 필름을 사용하였다.
③ 가스의 투과도를 낮추기 위하여 두꺼운 필름을 사용하였다.
④ 결로현상을 방지하기 위하여 필름 표면에 계면활성제를 처리한 방담필름을 사용하였다.

> 해설 필름이 두꺼운 경우에는 이산화탄소의 투과도가 낮아지므로 축적된 이산화탄소에 의한 고이산화탄소장해가 발생할 수 있다.

26 다음 중 수분활성도(Aw ; Water Activity)가 가장 높은 경우는?

① 당을 첨가하였다.   ② 차아염소산나트륨(NaClO)을 첨가하였다.
③ 차갑게 냉동시켰다.   ④ 소금을 첨가하였다.

> 해설 **수분활성도(Aw ; Water activity)**
> • 미생물의 생육에 필요한 물의 활성 정도를 나타내는 지표이다.
> • 0에서 1까지의 범위를 가지며, 1에 가까울수록 미생물 증식에 좋은 환경이고, 0에 가까울수록 미생물 증식에 나쁜 환경을 의미한다.
> • 수분의 건조, 물의 온도 저하, 소금의 첨가 등을 통해 수분활성도를 낮출 수 있다.

27 다음 산물을 저장고에 저장하고자 한다. 저장고 온도가 가장 높아야 하는 작물은?

① 사 과   ② 감 귤
③ 매 실   ④ 고구마

> 해설 고구마는 고온작물이므로 저온조건하에서는 저온장해가 발생할 수 있으며, 저장적온은 13℃ 정도이다.

28 CA저장에 대한 설명 중 옳지 않은 것은?

① 호흡이론에 근거하여 저장기간을 연장하는 방식이다.
② 공기조성이 부적절한 경우 장해를 일으킬 수 있는 단점이 있다.
③ 에틸렌가스에 의한 장해 방지를 위해 주기적으로 환기가 필요하다.
④ 인위적인 공기조성으로 호흡을 억제하는 방식이다.

해설 환기 시 인위적으로 조성된 공기조성이 달라지므로 환기를 통한 에틸렌가스의 제거는 사용하기 어려운 방법이다.

29 저온저장고에서 냉각코일에 성애가 많이 생겼다. 원인 중 가장 비중이 큰 것은?

① 저장고 내 고습도를 유지하였다.
② 가스장해 방지를 위해 자주 환기시켰다.
③ 냉각기의 표면적을 넓혔다.
④ 냉기의 순환을 위하여 송풍량을 늘렸다.

해설 잦은 환기는 저장고 온도와 냉각코일 온도의 편차를 크게 하는 원인이 되어 성애가 많이 생기게 한다.

30 저온저장고의 습도 유지를 위한 조치 중 가장 잘못된 설명은?

① 저장고 바닥에 물을 충분히 뿌려 콘크리트 바닥의 수분 흡수를 줄인다.
② 포장용기는 수분 흡수가 적은 것을 사용한다.
③ 저장고 온도와 냉각코일의 온도편차를 줄인다.
④ 가습기 이용 시 분무입자는 작은 것보다는 커야 효율적이다.

해설 가습기 이용 시 분무입자는 작아야 효율적이다.

31 농산물 포장재 중 동일조건에서 다음 중 이산화탄소투과도가 가장 높은 필름은?

① 저밀도폴리에틸렌(LDPE)
② 폴리비닐클로라이드(PVC)
③ 폴리프로필렌(PP)
④ 폴리에스터(PET)

해설

필름 종류	가스투과성($mL/m^2 \cdot 0.025mm \cdot 1day$)		포장 내부
	이산화탄소	산소	이산화탄소 : 산소
저밀도폴리에틸렌(LDPE)	7,700~77,000	3,900~13,000	2.0~5.9
폴리스티렌(PS)	10,000~26,000	2,600~2,700	3.4~5.8
폴리프로필렌(PP)	7,700~21,000	1,300~6,400	3.3~5.9
폴리비닐클로라이드(PVC)	4,263~8,138	620~2,248	3.6~6.9
폴리에스터(PET)	180~390	52~130	3.0~3.5

32 다음 중 저온저장의 효과로 보기 어려운 것은?

① 작물의 호흡, 대사작용을 감소시킨다.
② 저장양분의 소모를 줄여 단맛이 증가한다.
③ 산화작용과 갈변현상을 억제시킨다.
④ 증산작용을 감소시켜 수분 손실을 억제한다.

해설 저장의 궁극적인 목적은 식품의 기호적인 가치에 영향을 미치는 화학적 성분, 물리적 성분 및 조직적 상태의 성상이 변치 않도록 하는 것으로, 기능성 물질의 증가 또는 상품성 향상 등의 변화는 저장목적이 아니다.

33 CA저장의 효과로 보기 어려운 것은?

① 생리현상이 증대된다.
② 저장기간이 증대된다.
③ 곰팡이 발생률이 감소한다.
④ 저온장해와 같은 생리적 장해를 개선한다.

해설 CA저장의 효과
- 호흡, 에틸렌 발생, 연화, 성분 변화와 같은 생화학적·생리적 변화와 연관된 작물의 노화를 방지한다.
- 에틸렌작용에 대한 작물의 민감도를 감소시킨다.
- 작물에 따라서 저온장해와 같은 생리적 장해를 개선한다.
- 조절된 대기가 병원균에 직간접으로 영향을 미침으로써 곰팡이의 발생률을 감소시킨다.

34 농산물 수확이나 수확 후 저장 시 주의해야 할 사항 중 옳지 않은 것은?

① 예랭은 상품성을 향상시키므로 모든 청과물은 반드시 예랭을 실시할 것
② 물리적 상처는 호흡과 에틸렌의 발생이 증가하여 품질이 저하되므로 주의할 것
③ 수확 후 가능하면 산물을 저온저장고에 일정량씩 순차적으로 입고시킬 것
④ 수확 후 가능하면 신속하게 산지유통센터로 수송할 것

해설 모든 원예산물에 예랭을 실시하여야 하는 것은 아니며, 산물의 특성에 따라 예건, 큐어링 등 다양한 전처리가 필요하다.

35 CA저장고의 기체환경 변화 및 조절기술로 적합한 설명은?

① CA저장고에서 산소 농도는 계속 증가한다.
② 에틸렌 농도는 저온저장고보다 높게 유지된다.
③ 이산화탄소 농도는 높을수록 유리하다.
④ 저장고 밀폐가 완전한 경우 산소 농도는 계속 감소한다.

> 해설 ①·③ 저장고 밀폐가 제대로 된 CA저장고에서는 산소 농도는 계속 감소하고, 이산화탄소 농도는 계속 증가하므로 각각의 농도 조절이 필요하다.
> ② 에틸렌 농도는 저온저장고보다 낮게 유지된다.

36 예랭한 원예산물을 저온저장고에 저장할 때 냉장부하에 가장 큰 영향을 미치는 것은?

① 장비열　　　　　　　　② 전도열
③ 대류열　　　　　　　　④ 포장열

> 해설 수확한 작물에 축적된 열을 포장열이라고 하며 예랭을 통해 제거할 수 있는데, 예랭하지 않은 상태의 원예산물은 포장열로 인해 냉장용량을 많이 차지하게 된다.

37 콜드체인시스템에 관한 설명으로 가장 올바른 것은?

① 수확 후 관리와 관계없이 판매과정에서 저온으로 판매되는 것을 콜드체인시스템이라고 한다.
② 부패 가능성이 높은 품목은 콜드체인시스템으로 처리하지 않는 것이 좋다.
③ 장기수송 시에는 혼합적재 가능성도 고려하여야 한다.
④ 저온저장고, 냉장차량 등 고비용으로 인해 국내 실정에는 맞지 않는다.

> 해설 **콜드체인시스템의 의의**
> - 수확 즉시 산물의 품온을 낮춰 수확에서부터 판매까지 적정저온이 유지되도록 관리하는 체계를 콜드체인시스템 또는 저온유통체계라고 한다.
> - 원예산물의 신선도 및 품질을 유지하기 위하여 산물에 알맞은 적정저온으로 냉각시켜 저장·수송·판매에 걸쳐 적정온도를 일관성 있게 관리하는 것이다.

38 다음 중 저장의 기능으로 보기 어려운 것은?

① 수확 후 신선도 유지기능
② 식미의 증가를 위한 화학성분 변화의 유도
③ 계절별 편재성에 따른 가격의 급등 방지
④ 유통량의 수급 조절

해설 저장의 궁극적인 목적은 식품의 기호적인 가치에 영향을 미치는 화학적 성분, 물리적 성분 및 조직적 상태의 성상이 변치 않도록 하는 것으로, 기능성 물질의 증가 또는 상품성 향상 등의 변화는 저장목적이 아니다.

39 저장력에 미치는 요인에 대한 설명이다. 옳지 않은 것은?

① 저장 중 온도가 높으면 생리대사의 증가로 인해 저장 가능기간이 짧아진다.
② 질소의 과다한 시비는 과실을 크게 하지만 저장력을 저하시킨다.
③ 일반적으로 조생종에 비해 만생종의 저장력이 강하다.
④ 토양은 경사지보다는 평지에서 재배된 것이 저장력이 강하다.

해설 사질토보다는 점질토에서 재배된 과실과 경사지로서 배수가 잘되는 토양에서 재배된 과실이 저장력이 강하다.

40 저장 시 유의점으로 가장 거리가 먼 것은?

① 원예산물의 적재 시 저장고 바닥과 벽면 사이, 천정 등에 공기의 통로가 확보되도록 적재하여야 한다.
② 저장실별로 포장열, 1일 입고량, 호흡속도 등을 고려하여 냉장용량을 계산하여야 한다.
③ 에틸렌에 의한 장해를 줄이기 위하여 자주 환기해야 한다.
④ 저장고 내 온도의 균일성을 위해 냉각기 온도는 온도분포를 고려하여 안전범위가 되도록 설정하여야 한다.

해설 자주 환기하면 온습도의 관리가 힘들어진다.

41 다음 저장고 소독방법 중 친환경 저장고 소독법으로 많이 사용되는 방법은?

① 유황훈증
② 초산훈증
③ 폼알데하이드 약제 사용
④ 차아염소나트륨 수용액 사용

해설 저장고 소독방법
- 유황훈증
- 폼알데하이드, 차아염소나트륨 수용액, 제3인산나트륨 또는 벤레이트가 함유된 약제소독
- 초산훈증법(친환경 저장고 소독법)

42 MA저장 시 플라스틱필름의 조건으로 거리가 먼 것은?

① 내부수분이 빠져나가지 않도록 차단성이 좋아야 한다.
② 인장강도와 내열강도가 높아야 한다.
③ 이산화탄소 투과도가 산소 투과도보다 좋아야 한다.
④ 유해물질의 방출이 없어야 한다.

해설 지나친 수분차단성은 과습으로 인한 장해를 유발하므로 적당한 투습도가 있어야 한다.

43 단감을 PE필름을 이용하여 MA저장하는 경우 과육 갈변현상의 원인에 해당하는 것은?

① PE필름의 밀봉이 제대로 되지 않았기 때문이다.
② 필름 내부에 과습 때문이다.
③ 상온에서 오랜 시간 경과되었기 때문이다.
④ 사용된 PE필름이 너무 두껍기 때문이다.

해설 단감의 과육 갈변현상은 저산소·고이산화탄소 환경조건에 의한 장해로, 필름이 너무 두꺼울 경우 가스투과도가 낮아져 발생한다.

정답 41 ② 42 ① 43 ④

44 저온저장고 내 산물을 상온으로 출고할 때 결로에 의한 품질 저하가 예상된다. 이를 방지하기 위한 가장 효과적인 방법은?

① 상온과 비슷한 온도로 산물의 온도를 높였다.
② 필름을 이용해 포장한다.
③ 저온유통시스템을 적용한다.
④ 밀폐포장을 한다.

> **해설** 결로현상의 발생은 온도편차에 따른 결과이므로 저온저장고에서 출고한 산물을 다시 저온으로 처리하여 온도편차가 발생하지 않도록 하면 결로 발생을 억제할 수 있다.

45 MA포장에 PE필름이 아닌 OPP필름을 사용하였다. OPP필름을 사용한 목적과 거리가 먼 것은?

① PE필름에 비해 인쇄적정성이 좋기 때문에 수려한 디자인을 하기 위하여
② PE필름에 비해 계면활성제 처리가 용이하여 결로를 방지하기 위하여
③ PE필름에 비해 이산화탄소의 투과도가 좋기 때문에 가스장해를 줄이기 위하여
④ PE필름에 비해 투명성이 좋기 때문에

> **해설** OPP필름은 PE필름에 비해 가스투과도가 낮아 가스장해의 위험성이 크다.

46 고구마를 저장하고자 한다. 알맞은 저장고 온도는?

① 0℃
② 4℃
③ 9℃
④ 13℃

> **해설** 열대·아열대 원산인 작물의 저장온도는 비교적 높아야 한다.
> **원예산물별 최적 저장온도**
> • 0℃ 혹은 그 이하 : 콩, 브로콜리, 당근, 셀러리, 마늘, 상추, 버섯, 양파, 파슬리, 시금치 등
> • 0~2℃ : 아스파라거스, 사과, 배, 복숭아, 매실, 포도, 단감, 자두 등
> • 2~7℃ : 서양호박(주키니) 등
> • 4~5℃ : 감귤 등
> • 7~13℃ : 애호박, 오이, 가지, 수박, 단고추, 토마토(완숙과), 바나나 등
> • 13℃ 이상 : 생강, 고구마, 토마토(미숙과) 등

47 다음 중 장기저장에 있어 나머지에 비해 상대습도가 낮아야 하는 것은?

① 마늘, 양파
② 배추, 무
③ 오이, 당근
④ 사과, 배

해설 일반적으로 과일류는 90~95%, 신선채소류는 90~98%, 늙은 호박·마늘·양파 등은 65~75%의 상대습도조건하에 저장한다.

48 단감을 MA저장하고자 한다. 가장 널리 이용되는 필름은?

① 0.06mm PVC필름
② 0.06mm PET필름
③ 0.06mm LDPE필름
④ 0.06mm PP필름

해설 단감의 MA저장 시에는 주로 가스투과도가 높은 LDPE필름을 사용하며, 그 두께는 0.06mm가 적당하다.

49 CA저장에 대한 설명이다. 옳지 않은 것은?

① CA저장고는 가스밀폐도가 중요한 요소이다.
② CA저장고 내의 가스 농도는 호흡에 의하여 자동적으로 맞추어지는 방식이다.
③ CA저장은 이산화탄소와 에틸렌에 의한 가스장해가 일어날 수 있어 주의해야 한다.
④ CA저장은 산소와 이산화탄소의 농도를 조절하여 저장하는 방식이다.

해설 CA저장은 인위적으로 공기조성을 조절하는 저장방식이다.

50 저온저장고 냉장기기의 냉장사이클에 속하지 않는 것은?

① 압축
② 응축
③ 제상
④ 증발

해설 저온저장고의 열교환사이클은 압축 – 응축 – 팽창 – 증발의 주기로 이루어진다.

51 냉장기기의 열교환사이클 중 저장고 내에서 발생하는 열을 흡수하는 과정은?

① 압 축 ② 응 축
③ 팽 창 ④ 증 발

> **해설** 증발과정에서 액체상태의 냉매가 기화되면서 주변의 열을 흡수하며, 이때 증발기 주변의 차가워진 공기는 송풍기에 의해 저장고 내로 순환된다.

52 과실의 저장성에 대한 설명이다. 바르게 설명한 것은?

① 고온지방보다는 저온지방에서 생산된 과실일수록 저장성이 높다.
② 숙기 촉진을 위하여 생장조절제를 사용한 과실이 저장성이 높다.
③ 조생종이 만생종보다 저장성이 높다.
④ 동일품종의 경우 큰 과실이 작은 과실에 비해 저장성이 높다.

> **해설** 과실의 저장성 비교
> • 만생종 > 조생종
> • 저온지방 > 고온지방
> • 경사지 생산 > 평지생산
> • 예랭 후 저장 > 수확 즉시 저장
> • 동일품종의 경우 작은 과실 > 큰 과실

53 종자의 저장과 관련하여 잘못된 설명은?

① 장마철에 수확한 종자는 저장력이 떨어진다.
② 수분 함량은 종자의 저장력을 크게 좌우한다.
③ 잘 성숙한 종자가 저장력이 높다.
④ 수분 함량을 최대한 낮추는 것이 저장에 유리하다.

> **해설** 수분 함량을 기준 이하로 낮추면 종자의 배가 손상을 입어 저장에 오히려 불리하다.

54 다음 중 장기저장용 마늘로 적합하지 않은 것은?

① 물빠짐이 양호하고 보수력이 좋은 질참흙에서 재배된 것
② 구가 너무 크지 않고 중간 정도인 것
③ 한지형보다는 수확기가 빠르고 휴면기간이 짧은 난지형
④ 수분이 60~62%로 잘 건조된 것

해설 저장용 마늘의 구비조건
- 수분이 60~62%로 잘 건조된 것
- 물빠짐이 좋고 보수력이 좋은 질참흙에서 재배된 것
- 마늘의 구가 너무 크지 않고 중간 정도인 것
- 휴면기간이 길고 수확기가 늦은 한지형
- 토양수분이 알맞을 때 수확된 것
- 병해충의 피해를 받지 않은 것

55 원예산물의 신선도 유지를 위한 저장관리에 관한 설명으로 옳지 않은 것은?

① 에틸렌이 축적되면 품질 저하를 초래한다.
② 아열대산은 온대산에 비해 저장온도가 낮아야 한다.
③ 저장고의 습도 유지를 위해 바닥에 물을 뿌리거나 가습기를 이용한다.
④ 저장고의 공기흐름을 원활하게 하기 위해 적재용적률은 60~65%로 한다.

해설 일반적으로 열대·아열대산은 저장적온이 높다.

56 원예산물의 신선도를 유지하기 위한 콜드체인시스템의 관리방법으로 옳은 것은?

① 상온저장고의 구비
② 판매진열대의 실온 유지
③ 냉장컨테이너 차량의 보급
④ 방습도가 낮은 포장상자 구비

해설 콜드체인시스템의 의의
- 수확 즉시 산물의 품온을 낮춰 수확에서부터 판매까지 적정저온이 유지되도록 관리하는 체계를 콜드체인시스템 또는 저온유통체계라고 한다.
- 원예산물의 신선도 및 품질을 유지하기 위하여 산물에 알맞은 적정저온으로 냉각시켜 저장·수송·판매에 걸쳐 적정온도를 일관성 있게 관리하는 것이다.

CHAPTER 07 수확 후 장해

01 생리적 장해

1. 온도에 의한 장해

(1) 동 해
① 저장 중 **빙점(0℃) 이하의 온도에서 일어나는 장해**이다.
② 식물의 세포는 많은 영양물질을 가지고 있어 물의 빙점(0℃)보다는 약간 낮은 온도에서 결빙된다.
③ 작물의 결빙온도는 작물의 종류 등에 따라 다르나 약 −2℃ 이하에서 조직의 결빙으로 인한 동해가 나타난다.
④ 동해를 입은 작물은 호흡이 증가하고, 병원균에 쉽게 감염되어 부패하기 쉽다.
⑤ **동해의 증상은 결빙 중인 때보다는 해동 후에 나타난다.**
  ㉠ 엽채류 : 수침현상이 나타나고, 조직이 반투명해지며, 엽맥보다는 엽신이 동해에 민감하다.
  ㉡ 과일류 : 수침현상이 나타나며, 과육이 연화되고, 조직이 부분적으로 괴사한다.
  ㉢ 사과 : 표면에 불규칙적으로 수침현상과 함께 갈변현상이 나타난다.
  ㉣ 배 : 투명한 수침형 조직이 먼저 나타나고, 심한 경우 과육에 동공이 생긴다.

(2) 저온장해
① 작물의 종류에 따라 **빙점 이상의 온도에서 저온에 의한 생리적 장해**를 입는 경우가 있다.
② 특이한 한계온도 이하의 저온에 노출될 때 영구적인 생리장해가 나타나는데, 이를 저온장해라고 한다.
③ 빙점 이하에서 조직의 결빙으로 인해 나타나는 동해와는 구별된다.
④ 저온장해를 입는 한계온도는 작물에 따라 다르며, 저장기간과는 관계없이 장해가 나타나기 시작하는 온도가 한계온도이다.
⑤ 열대·아열대 원산의 작물은 온대 작물에 비해 저온에 민감하며, 이러한 작물에는 고추, 오이, 호박, 토마토, 바나나, 멜론, 파인애플, 고구마, 가지 등이 있다.
⑥ 장해증상 ★ 중요
  ㉠ 표피조직의 함몰과 변색
  ㉡ 곰팡이 등의 침입에 대한 민감도 증가
  ㉢ 세포의 손상으로 인한 조직의 수침현상
  ㉣ 사과의 과육 변색

ⓜ 토마토, 고추 등의 함몰
　　ⓑ 복숭아 과육의 섬유질화 또는 스폰지화

[저온장해 한계온도(Ryall and Lipton, 1979)]

작 물	저온장해를 유발하는		저온장해 회피온도(℃)
	온도(℃)	기간(일)	
바나나	–	–	13
멜 론	5	10	7~10
호 박	0~7	8	10
생 강	7	14~21	13
토마토	10	8	12
고구마	10	10	13

(3) 고온장해
① 대부분의 효소는 40~60℃의 고온에서 불활성화되며, 이는 대사작용의 불균형을 유발한다.
② 조직이 치밀한 작물의 경우 고온에 의한 왕성한 호흡작용으로 인해 조직의 산소 소모가 지나치게 증가하여 조직 내 산소 결핍현상이 일어난다.
③ 바나나의 경우 30℃ 이상의 고온에서는 정상적인 성숙이 불가능하다.
④ 토마토의 경우 32~38℃의 고온에서 리코펜의 합성이 억제되어 착색이 불량해지며, 펙틴 분해효소의 불활성화로 인한 과육의 연화 지연 등이 나타난다.
⑤ 사과나 배는 고온의 환경에서 껍질덴병이 발병한다.
⑥ 고온으로 인한 증산량의 증가는 품질 악화를 초래한다.

예시문제 맛보기

다음 중 0~4℃에서 저장할 경우 저온장해가 일어날 수 있는 원예산물만을 옳게 고른 것은?　[12회 기출]

　ㄱ. 오 이　　　　　　　ㄴ. 망 고
　ㄷ. 양배추　　　　　　　ㄹ. 녹숙토마토
　ㅁ. 아스파라거스

① ㄱ, ㄴ, ㄹ　　　　　　② ㄱ, ㄷ, ㅁ
③ ㄴ, ㄷ, ㄹ　　　　　　④ ㄴ, ㄹ, ㅁ

정답 ①

2. 가스에 의한 장해

(1) 이산화탄소장해
① 일반적인 이산화탄소장해의 증상은 표피에 갈색의 함몰 부분이 생기는 것이고, 저산소나 미성숙 등의 영향을 받으며, 이는 주로 저장 초기에 나타난다.
② 외관으로 나타나지 않고 내부의 중심조직에 나타나는 경우도 있다.
③ 후지 사과의 경우 이산화탄소 3% 이상의 조건에서 과육의 갈변현상이 나타날 수 있다.
④ 배의 이산화탄소장해는 숙도와 노화 정도에 비례하며, 저장기간 등의 영향을 받는다.
⑤ 토마토의 경우 이산화탄소 5% 조건하에 1주일간 저장하면 성숙이 비정상적으로 지연되며, 착색이 부분적으로 이루어지고, 악취와 부패과의 발생이 증가한다.
⑥ 감귤류는 과피 함몰증상이 나타난다.
⑦ 양배추, 결구상추 등은 조직의 갈변현상이 나타난다.

(2) 저산소장해
① 정상적인 호흡이 곤란한 낮은 농도의 산소조건하에서 작물은 생리적 장해를 받는다.
② **세포막이 파괴되며, 무기호흡의 결과로 인한 알코올발효가 진행되어 독특한 냄새와 맛이 나타난다.**
③ 표피에 진한 갈색의 수침형 부분이 생기고, 심한 경우 표피뿐만 아니라 조직도 영향을 받아 과심부에도 갈색의 수침형이 생긴다.
④ 왁스처리를 한 경우 온도가 높거나 왁스층이 두꺼울 때 발생하기 쉽다.

(3) 에틸렌장해
① 저장 중 에틸렌 농도가 높으면 노화 촉진 등의 장해가 발생한다.
② 감귤류의 경우 에틸렌 농도나 온도가 높으면 껍질에 회갈색이나 자줏빛의 불규칙적인 함몰형 반점이 생기며, 심하면 이취가 발생한다.

알아두기 영양장해 – 칼슘 결핍에 의한 장해
- 특정 성분의 결핍 또는 과다는 영양성분의 불균형으로 인한 장해를 일으키기도 한다.
- 영양성분의 결핍은 다양한 갈변증상을 보이며, 이는 재배 중이나 수확 후 결핍된 성분을 처리함으로써 어느 정도 억제 가능하다.
- 칼슘 부족으로 인한 영양장해의 유형 : 토마토 배꼽썩음병, 사과 고두병, 양배추 흑심병, 배의 코르크스폿, 상추 잎끝마름병 등

02 기계적 · 병리적 장해

1. 기계적 장해

(1) 발생요인
① 원예산물의 표피에 상처, 멍 등 물리적인 힘에 의해 받는 모든 장해를 포함한다.
② 마찰에 의한 장해 : 과일과 과일 또는 상자 표면과의 마찰에 의한 손실
③ 압축에 의한 장해 : 적재용기 내에서 물리적인 힘에 의해 발생하는 손실
④ 진동에 의한 장해 : 수송 중 진동에 의한 손실
⑤ 산물의 포장 시 상자에 과하게 넣으면 멍이 들기 쉽고, 상자 내 공간에 여유가 너무 많으면 진동에 의한 물리적 장해를 받기 쉽다.

(2) 장해증상
① 과육 및 과피가 변색된다.
② 상처 부위를 통한 수분 증발이 증가하여 수분 손실이 많아진다.
③ 부패균의 침입이 용이해져 부패율이 높아진다.
④ 기계적 장해를 받은 작물은 호흡속도와 에틸렌 발생량 증가로 인해 노화가 촉진되어 저장력을 잃고 부패하기 쉽다.

2. 병리적 장해

(1) 의 의
① 원예산물의 생산 후 소비자에게 이르는 과정에서 발생하는 병해에 의한 피해를 말한다.
② 원예산물은 수분과 양분의 함량이 높아 미생물 등의 생장·번식에 유리한 조건을 가지고 있다.

(2) 병해에 영향을 미치는 요인
① **성숙도** : 성숙·노화가 진행될수록 균에 대한 감수성이 증가하여 발병이 쉬워지며 성숙·노화를 억제하면 병해 또한 억제된다.
② **온도** : 저온은 성숙과 노화를 억제시켜 작물의 균에 대한 저항성을 증가시키고, 균의 생장을 억제시킬 수 있다.
③ **습도** : 높은 습도로 인해 작물의 상처 부위가 다습해지면 균의 증식이 쉬워지므로 수확 후 건조시켜 상처 부위를 아물게 하면 감염에 대한 저항성이 증가한다.

[수확 후 중요 장해] ★ 중요

작물	장해	증상
사과	내부갈변	• 과육에 갈변이 퍼지는 현상을 말하며, 중심이나 바깥쪽 과육이 영향을 받고, 심한 경우 모든 내부조직에 퍼진다. • 저장고 내의 이산화탄소 축적으로 인해 발생하며, 밀증상이 많은 사과일수록 증상이 심하다.
사과	껍질덴병	사과의 표피가 불규칙하게 갈변되어 건조되는 증상이다.
사과	밀증상	• 사과의 유관속 주변이 투명해지는 수침현상을 말하며, 솔비톨이라는 당류가 과육의 특정 부위에 비정상적으로 축적되어 나타나는 현상이다. • 심한 경우 에탄올이나 아세트알데하이드가 축적되어 조직 내 혐기상태를 형성함으로써 과육 갈변이나 내부조직의 붕괴를 일으킨다. • 밀증상이 있는 사과는 가급적 저장하지 않는 것이 좋으며, 저온저장하더라도 단기간 저장하고 출하하는 것이 좋다. • 밀증상이 심한 사과는 저장하지 않는 것이 좋으며, 저장고 내의 이산화탄소 축적을 막아야 한다. • 수확이 늦은 과실일수록 발생률이 높으며, 연화될수록 정도가 심화되어 상품성이 저하되므로 적기에 수확하는 것이 중요하다.
배	심부병	• 과실의 심부 주변 조직이 갈변하고 축축해지면서 붕괴되며, 심한 경우 과경과 심부를 연결하는 유관속이 검게 변한다. • 과숙한 과일이나 고온과 같이 저장수명이 단축되는 조건하에서 조기에 장해가 일어날 수 있다.
배	과피흑변	• 저온저장 초기에 발생하며, 과피에 짙은 흑색의 반점이 생긴다. • 재배 중 질소비료 과다사용으로 인해 많이 발생하며, 수확이 늦어진 과일의 저장고 입고 시 그리고 저장고 내의 과습에 의해서도 많이 발생한다. • 저온저장 전에 예건하여 과피의 수분 함량을 감소시키면 장해를 줄일 수 있다.
배	탈피과	• 저장 중 과피와 과육이 분리되어 벗겨지는 증상이다. • 저장 중 변온에 의해 많이 발생하며, 에틸렌 축적에 의해서도 발생한다. • 발생을 억제하기 위해서는 저장고 내 온도 변화를 방지하고, 주기적 환기를 통해 유해가스 축적을 막아야 한다.
단감	과피흑변	과피조직에 흑변현상이 나타나며, 흑변조직을 제거하면 과육에는 이상이 없으나 외관이 불량해져 상품성이 떨어진다.
단감	과육갈변	• 저장 중 산소 농도가 지나치게 감소하거나 이산화탄소 농도가 급격히 증가할 때 무기호흡에 의한 과육 내 아세트알데하이드 등의 유해성분 축적으로 인해 주로 발생한다. • 단감의 과정부에 원형으로 과피뿐만 아니라 과육까지 갈변하여 과실 전체에 피해를 준다.
포도	저장 중 장해	• 탈립 : 송이로부터 포도알이 떨어지는 증상으로, 온도와 습도를 알맞게 유지하거나 에틸렌을 제거하여 억제할 수 있다. • 부패 : 상처를 방지하고, 적정온도를 유지하며, 아황산가스훈증이나 아황산 발생패드를 이용하여 부패를 억제한다.
감귤	저장 중 장해	꼭지썩음병, 검은썩음병, 검은무늬병 등

CHAPTER 07 적중예상문제

01 원예산물의 수확 후 품질 저하현상을 틀리게 설명한 것은?

① 취급 부주의에 의한 상해는 에틸렌 생성의 원인이 된다.
② 유기산 함량은 저장하면 증가한다.
③ 비타민 C는 불안정하여 저장 중에 감소한다.
④ 절단면의 갈변현상은 페놀성 물질 때문이다.

해설 유기산 함량은 저장하면 감소한다.

02 저온장해의 증상이 맞지 않는 것은?

① 바나나의 과피변색
② 복숭아의 섬유질화
③ 참외의 수침현상
④ 토마토의 공동과

해설 토마토의 공동과는 수정불량이 가장 큰 원인으로, 재배 중 생리장해에 해당한다.

03 수확 후 손실에 관한 설명으로 올바르지 못한 것은?

① 사과 저장 중 발생되는 내부갈변은 생리장해의 대표적인 예이다.
② 배 저장 말기에 발생되는 과심갈변은 노화의 일종으로 볼 수 있다.
③ 포도 저장 중 발생되는 부패과는 저장 전 유황훈증처리로 감소시킬 수 있다.
④ 저온장해는 빙점 이하의 온도에서 발생되는 현상으로 복숭아에서 많이 발생한다.

해설 • 동해 : 저장 중 빙점(0℃) 이하의 온도에서 일어나는 장해이다.
• 저온장해 : 작물의 종류에 따라 빙점 이상의 온도에서 저온에 의한 생리적 장해를 입는 경우가 있으며, 특이한 한계온도 이하의 저온에 노출될 때 영구적인 생리장해가 나타나는데, 이를 저온장해라고 한다.

04 사과의 저장 중에 보이는 고두병을 억제하기 위해서 사용되는 화학물질은?

① 붕 소
② 염화칼슘
③ 이산화황
④ 2,4-D

해설 칼슘 부족으로 인한 영양장해의 유형 : 토마토 배꼽썩음병, 사과 고두병, 양배추 흑심병, 배의 코르크스폿, 상추 잎끝마름병 등

정답 1 ② 2 ④ 3 ④ 4 ②

05 포도의 저장이나 유통 중 부패 억제를 위하여 수확 후에 처리하는 일반적인 방법은?

① 이산화황(SO_2) 처리
② 질소(N_2) 처리
③ 에틸렌(C_2H_4) 처리
④ 염화칼슘($CaCl_2$) 처리

> **해설** 포도의 저장 중 부패장해 : 상처를 방지하고, 적정온도를 유지하며, 아황산가스훈증이나 아황산 발생패드를 이용하여 부패를 억제한다.

06 과육의 특정 부위에 솔비톨(Sorbitol)이 비정상적으로 축적되어 나타나는 과실의 증상은?

① 밀증상(Water Core)
② 내부갈변(Flesh Browning)
③ 과피흑변(Skin Blackening)
④ 일소병(Sun Scald)

> **해설** 밀증상 : 사과의 유관속 주변이 투명해지는 수침현상을 말하며, 솔비톨이라는 당류가 과육의 특정 부위에 비정상적으로 축적되어 나타나는 현상이다.

07 원예산물의 기계적 장해(물리적 손상)에 의해 나타나는 현상은?

① 호흡량의 변화가 없다.
② 중량 감소가 둔화된다.
③ 에틸렌 발생량이 증가한다.
④ 부패발생률에 영향을 미치지 않는다.

> **해설** 기계적 장해증상
> • 과육 및 과피가 변색된다.
> • 상처 부위를 통한 수분 증발이 증가하여 수분 손실이 많아진다.
> • 부패균의 침입이 용이해져 부패율이 높아진다.
> • 기계적 장해를 받은 작물은 호흡속도와 에틸렌 발생량 증가로 인해 노화가 촉진되어 저장력을 잃고 부패하기 쉽다.

08 과일을 저장할 때 발생할 수 있는 생리적 장해가 아닌 것은?

① 사과의 껍질덴병
② 사과의 적성병
③ 배의 심부병
④ 배의 과피흑변

> **해설** 적성병(붉은별무늬병) : 녹균의 일종인 병원균에 의해 발병하며 사과나무, 배나무 등의 잎에 작은 황색 얼룩점 무늬가 생기고, 이것이 차차 커져 적갈색 얼룩점 무늬가 된다.

09 다음 중 0℃ 부근의 저온하에 저장했을 때 저온장해를 입기 쉬운 작물은?

① 아스파라거스 ② 셀러리
③ 양상추 ④ 고구마

해설 저온장해 한계온도(Ryall and Lipton, 1979)

작 물	저온장해를 유발하는		저온장해 회피온도(℃)
	온도(℃)	기간(일)	
바나나	–	–	13
멜론	5	10	7~10
호박	0~7	8	10
생강	7	14~21	13
토마토	10	8	12
고구마	10	10	13

10 사과 '후지'의 저장 중 생리장해의 발생과 관계가 먼 것은?

① 솔비톨(Sorbitol)의 세포 간 축적 ② 칼슘의 세포 내 축적
③ 적기보다 늦은 수확 ④ 저장고 내 산소보다 높은 이산화탄소 농도

해설 칼슘의 부족으로 인해 고두병이 발생할 수 있다.

11 다음 원예산물의 부패를 줄이기 위한 처리기술로 틀린 것은?

① 바나나의 에틸렌처리 ② 장미의 열탕처리
③ 포도의 아황산가스훈증 ④ 배추의 예랭

해설 바나나의 에틸렌처리는 착색을 촉진시키기 위해 실시한다.

12 저장장해에 대한 설명이 올바르지 못한 것은?

① 생리장해는 저장 중 병원균 감염이 원인이다.
② 저장장해는 크게 생리장해 외 기계장해, 병리장해로 나눌 수 있다.
③ 저장장해 감소를 위해 작목의 특성에 맞게 저장한다.
④ 사과 내부갈변, 배 과피흑변 등은 저장장해의 일종이다.

해설 병원균에 의한 장해는 병리적 장해에 해당한다.

정답 9 ④ 10 ② 11 ① 12 ①

13 원예산물 저장 중 생리장해의 원인이 아닌 것은?
① 이산화탄소
② 온 도
③ 에틸렌
④ 미생물

> **해설** 미생물에 의한 장해는 병리적 장해에 해당한다.

14 원예산물의 장해에 관한 설명으로 옳은 것은?
① 복숭아는 0℃ 이하의 저온저장에서 정상적으로 숙성이 이루어진다.
② 사과의 과육갈변과 배의 과심갈변은 고농도 이산화탄소에 의해 일어난다.
③ 포도는 산소 농도 5~10% 상태에서 무기호흡의 알코올발효가 진행된다.
④ 바나나는 1~2℃에서 저온장해를 받지 않는다.

> **해설** ① 복숭아는 저온에서 과육의 섬유질화현상 또는 스폰지화현상이 나타난다.
> ③ 포도의 일반적인 CA저장 시 산소 농도는 3~5% 정도이다.
> ④ 바나나의 저온장해 회피온도는 13℃이다.

15 원예산물의 장해 제어방법으로 옳지 않은 것은?
① 깐마늘의 녹변 – 저온저장
② 유통 중 물리적 장해 – 포장완충제 이용
③ 병충해 발생 – 저장고 훈증
④ 감자의 부패 – 큐어링

> **해설** 마늘 녹변현상의 주원인은 저온저장에 의한 저온장해이다. 이를 해결할 방법에는 열처리, 구연산 처리, 아스코르브산 처리 등이 있다.

16 원예산물의 병충해 및 미생물 발생을 억제하는 방법으로 옳지 않은 것은?
① 포도 수확 후 병충해 제어를 목적으로 지베렐린을 처리한다.
② 이산화염소훈증으로 미생물을 제어한다.
③ 선별라인에서 압축공기 분사는 해충의 밀도를 줄인다.
④ 저장고 및 저장상자 소독은 저장 시 곰팡이 및 미생물의 증식을 억제한다.

> **해설** **포도의 저장 중 부패장해** : 상처를 방지하고, 적정온도를 유지하며, 아황산가스훈증이나 아황산 발생패드를 이용하여 부패를 억제한다.

정답 13 ④ 14 ② 15 ① 16 ①

17 수확 후 손실에 관한 설명으로 올바르지 않은 것은?

① 저온에 의해 토마토의 함몰현상이 나타날 수 있다.
② 사과 저장 중 발생되는 고두병은 병리적 장해의 대표적인 예이다.
③ 엽채류, 사과 등의 수침현상은 동해에 의해 나타난다.
④ 포도의 부패현상은 아황산가스의 훈증으로 막을 수 있다.

> **해설** 사과 고두병은 칼슘 부족으로 인한 영양장해로 생리적 장해에 해당하며, 칼슘을 처리함으로써 어느 정도 억제 가능하다.

18 원예산물의 기계적 장해에 의한 현상으로 보기에 가장 거리가 먼 것은?

① 부패발생률 증가   ② 에틸렌 발생량 증가
③ 중량 증가   ④ 호흡량 증가

> **해설** 물리적 상처를 통한 증산량의 증가로 인해 중량이 감소한다.

19 저장 후 혹은 유통과정에서 일어나는 손실 유형과 그 원인이 잘못 연결된 것은?

① 곰팡이균의 발생 - MA포장 내 과습
② 엽채류나 과실류의 위조현상 - 수송·보관 중 상대습도 저하
③ 과실 내부조직의 갈변 - 저장 중 과습
④ 과채류 표피조직의 수침상 함몰 - 저장 혹은 유통과정에서의 저온장해

> **해설** 과실 내부조직의 갈변은 주로 동해, 저온장해 및 부적합한 가스 농도로 인해 발생한다.

20 시장에 유통되는 과실의 장해현상과 그 원인이 잘못 연결된 것은?

① 복숭아 과육의 스펀지현상 - 장기간 저온저장
② 귤 과실의 표면 갈색 함몰 - 지나치게 높은 저장온도
③ 포도 과립의 탈리 - 저장고 내 에틸렌 축적
④ 참다래 과실의 과육 연화 - 저장고 내 에틸렌 축적

> **해설** 귤은 저온장해에 민감한 과실로, 4℃ 이하에서 장기간 저장할 경우 장해현상을 보이며, 높은 저장온도로 인해 예상되는 손실은 당 함량 감소에 따른 품질 저하와 수분 손실에 따른 위축현상이다.

정답 17 ② 18 ③ 19 ③ 20 ②

21 사과 과실의 저장 중 과실 표면에 발생하여 상품성을 저하하는 고두병의 발생원인으로 적합한 것은?

① 칼슘 성분의 결핍
② 조기수확
③ 생육기의 고온
④ 높은 저장고 온도

해설 사과 과실의 표피조직에 검은 반점이 나타나는 고두병은 칼슘 부족이 원인으로 알려져 있다.

22 기계적 손상에 의해 유기되는 피해 발생 양상에 속하지 않는 것은?

① 에틸렌 발생을 유기하여 연화현상을 촉진한다.
② 상처를 통한 부패균의 침입으로 인해 손실이 발생한다.
③ 수분 손실이 증가한다.
④ 호흡이 감소한다.

해설 기계적 손상은 에틸렌 생성 촉진, 부패 유기, 상처를 통한 수분 감소를 유발한다.

23 다음은 저장 중 동해에 대한 설명이다. 옳지 않은 것은?

① 저장 중 빙점 이하의 온도에서 일어난다.
② 동해를 입은 작물은 병원균에 쉽게 감염되어 부패하기 쉽다.
③ 동해의 증상은 해동 후보다는 결빙 중에 많이 나타난다.
④ 식물 세포는 많은 영양물질을 함유하므로 물의 빙점보다는 약간 낮은 온도에서 결빙된다.

해설 동해의 증상은 결빙 중인 때보다는 해동 후에 나타난다.

24 다음 중 저온장해가 심하게 나타나지 않는 작물은?

① 고구마
② 고추
③ 토마토
④ 배

해설 열대·아열대 원산의 작물은 온대 작물에 비해 저온에 민감하며, 이러한 작물에는 고추, 오이, 호박, 토마토, 바나나, 메론, 파인애플, 고구마, 가지 등이 있다.

25 다음 중 저온장해의 증상이 아닌 것은?
① 사과의 과육변색
② 토마토, 고추의 함몰
③ 복숭아의 연화현상
④ 참외의 수침현상

해설 복숭아는 저온에서 과육의 섬유질화현상 또는 스폰지화현상이 나타난다.

26 다음 작물 중 수확 후 저온에 의한 장해를 보이는 냉해민감성 작물군에 속하지 않는 것은?
① 풋고추
② 가 지
③ 양배추
④ 생 강

해설 저온에 민감한 채소작물에는 오이, 수박, 참외 등의 박과 채소와 고추, 가지, 토마토 등의 가지과 채소 그리고 고구마, 생강 등이 있다.

27 일부 호온성 작물은 수확 후 저장 중 5~7℃의 온도하에 장기저장하는 경우 저온에 의한 장해를 보인다. 이러한 냉해민감성 작물군에 속하는 작물은?
① 단 감
② 포 도
③ 사 과
④ 토마토

해설 저온에 민감한 과실에는 감귤, 오렌지, 레몬 등의 감귤류 과실과 바나나, 아보카도, 파인애플, 망고, 토마토 등의 열대과실 등이 있다.

28 포도의 저장 중 회색곰팡이병 등에 의한 부패 억제에 효과가 있는 방법은?
① 아황산훈증처리
② MH처리
③ 방사선 조사
④ 칼슘처리

해설 아황산훈증처리는 회색곰팡이병 발생을 억제하는 효과가 있어 장거리 수송이나 저장 전에 많이 사용된다.

정답 25 ③ 26 ③ 27 ④ 28 ①

29 다음 중 사과의 밀병에 대한 설명 중 옳지 않은 것은?

① 과육의 일부가 투명해지는 수침현상이다.
② 심한 경우 조직 내 혐기상태를 형성하여 과육 갈변이나 내부조직의 붕괴를 일으킨다.
③ 솔비톨이라는 당류가 축적되며 감미가 증가한다.
④ 과실의 수확시기가 빠를수록, 과실이 작을수록 증상이 많이 나타난다.

해설 밀병은 과실의 수확기가 늦을수록, 과실이 클수록, 1과당 잎수가 많을수록 많이 발생한다.

30 다음 중 토마토 공동과 발생원인과 관련이 가장 적은 것은?

① 광합성 부족
② 칼슘 부족
③ 착과제 고농도처리
④ 질소 과다시용

해설 칼슘 부족으로 인한 영양장해의 유형 : 토마토 배꼽썩음병, 사과 고두병, 양배추 흑심병, 배의 코르크스폿, 상추 잎끝마름병 등

31 원예산물의 동해(Freezing Injury)에 관한 설명으로 옳지 않은 것은?

① 조직이 함몰되고 갈변된다.
② 물의 빙점보다 낮은 온도에서 발생한다.
③ 세포막의 지질유동성 변화가 주요인이다.
④ 세포 외 결빙이 세포 내 결빙보다 먼저 발생한다.

해설 세포막의 지질유동성은 대사활동을 위해 변화하며, 동해와는 아무런 관계가 없다.

CHAPTER 08 안전성과 신선편이농산물

01 안전성

소비환경이 변화됨에 따라 식품의 안전성에 대한 관심은 산물의 고품질 유지와 더불어 가장 중요한 문제로 인식되고 있다. 이에 따라 농수산물 품질관리법에서도 농산물의 품질 향상과 안전한 농산물의 생산·공급을 위하여 토양, 용수, 자재 등과 생산·저장(생산자 저장)의 단계나 출하되기 전단계의 농산물에 대하여 여러 유해물질이 농림축산식품부령으로 정하는 잔류 허용기준을 초과하는지에 관한 여부 조사와 유통·판매단계의 관리를 명시하고 있다.

1. 농산물우수관리제도(GAP ; Good Agricultural Practices)

(1) 의 의
① 농산물의 안전성을 확보하기 위하여 농산물의 생산단계부터 수확 후 포장단계까지 위해요소를 관리하는 기준이다.
② GAP는 자연환경에 대한 위해요인을 최소화하고, 소비자에게 안전한 농산물을 제공하기 위하여 농산물의 재배, 수확, 수확 후 처리, 저장과정 중 농약, 중금속, 미생물 등의 관리 및 그 관리사항을 소비자가 알 수 있도록 하는 체계이다.
③ 농수산물 품질관리법에서는 "농산물우수관리란 축산물을 제외한 농산물의 안전성을 확보하고 농업환경을 보전하기 위하여 농산물의 생산, 수확 후 관리 및 유통의 각 단계에서 작물이 재배되는 농경지 및 농업용수 등의 농업환경과 농산물에 잔류할 수 있는 농약, 중금속, 잔류성 유기오염물질 또는 유해생물 등의 위해요소를 적절하게 관리하는 것을 말한다"라고 정의하고 있다.
④ 농산물우수관리의 인증은 농림축산식품부장관으로부터 인증기관으로 지정받은 일정한 자격을 갖춘 민간기관이 우수관리인증의 기준에 따라 심사하여 인증하도록 되어 있다.

(2) 필요성
① 농산물의 안전성에 대한 소비자의 관심과 요구가 증대되고 있는 상황에서 국가 농산물생산관리시스템을 향상시키기 위한 방안으로서의 도입이 필요하다.
② 안전하고 위생적인 농산물에 대한 소비자의 욕구를 충족하기 위해 생산단계부터 시작되는 농산물 안전관리체계의 구축이 필요하고, 농산물 생산단계의 GAP관리체계와 생산이력관리체계를 통해 생산 → 유통·가공 → 판매에 이르는 일관화된 농산물관리체계 마련의 일환이다.

③ 최근 시장개방화로 인해 농산물의 수입이 급증함에 따라 고품질 안전농산물에 대한 소비자의 선호도가 증가하고 있다.
④ 특히 농산식품의 안전성은 농산물을 구매할 때 중요한 결정요인으로 작용하여 농업과 식품산업에 큰 영향을 미치고 있다.
⑤ 농산물의 안전성에 관련된 국제기준에 따른 수입농산물과의 품질경쟁력 확보체계의 구축과 함께 수출에 있어서의 대응도 필요하다.

(3) 중요성
① 농업인의 입장에서는 안전한 농산물의 소비시장 확대를 통해 농가소득 향상과 지역경제 안정화를 도모할 수 있고, 일반 소비자나 국민의 입장에서는 안전하고 다양한 기능을 지닌 고품질의 농산물을 공급받을 수 있는 장점이 있다.
② 소비자에게 안전한 농산물을 공급하기 위하여 농산물의 생산 및 단순가공 과정에서 토양, 용수, 농약, 중금속, 유해생물 등 식품안전성에 문제를 발생시킬 수 있는 요인을 종합적으로 관리할 수 있다.
③ 농산물의 안전성에 대한 소비자 인식이 제고되고, 소비자가 만족하는 투명한 우수농산물 생산체계를 구축하여 국산 농산물에 대한 소비자 인식 및 신뢰 향상을 통한 수익성 증대를 도모할 수 있다.
④ 저투입 지속형 농법으로 전환하여 자연환경에 미치는 악영향을 최소화하고, 농업의 지속성을 확보할 수 있다.

2. 위해요소중점관리기준(HACCP ; Hazard Analysis Critical Control Points)

(1) 의 의
① 식품의 원재료 생산부터 제조, 가공, 보존, 유통단계를 거쳐 최종소비자가 섭취하기 전까지의 각 단계에서 발생할 우려가 있는 위해요소를 규명하고, 이를 중점적으로 관리하기 위한 중요관리점을 결정하여 자주적이고 체계적이며 효율적인 관리를 통해 식품의 안전성(Safety)을 확보하기 위한 과학적인 위생관리체계라고 할 수 있다.
② HACCP은 위해요소 분석(HA)과 중요관리점(CCP)으로 구성되어 있는데, HA란 위해 가능성이 있는 요소를 찾아 분석·평가하는 것을 말하고, CCP란 해당 위해요소를 방지·제거하고 안전성을 확보하기 위하여 중점적으로 다루어야 할 관리점을 말한다.

(2) HACCP의 원칙 - 국제식품규격위원회(CODEX) 규정
① 위해요소 분석(HA)을 실시한다.
② 중요관리점(CCP)을 결정한다.
③ 한계기준(CL)을 설정한다.

④ 중요관리점(CCP)에 대한 모니터링체계를 확립한다.
⑤ 모니터링 결과 중요관리점(CCP)이 관리상태를 위반했을 경우의 개선조치방법(CA)을 수립한다.
⑥ HACCP가 효과적으로 시행되는지를 검증하는 방법을 수립한다.
⑦ 이들 원칙 및 그 적용에 대한 문서화와 기록 유지방법을 수립한다.

[HACCP의 7원칙 12절차] ★ 중요

절차 1	HACCP팀 구성	준비단계
절차 2	제품설명서 작성	
절차 3	용도 확인	
절차 4	공정흐름도 작성	
절차 5	공정흐름도 현장확인	
절차 6	위해요소 분석 실시	원칙 1
절차 7	중요관리점 결정	원칙 2
절차 8	한계기준 설정	원칙 3
절차 9	모니터링체계 확립	원칙 4
절차 10	개선조치방법 수립	원칙 5
절차 11	검증절차 및 방법 수립	원칙 6
절차 12	문서화 및 기록 유지방법 수립	원칙 7

알아두기 HACCP 위해요소분석표에 따른 위해요소 분류(식품 및 축산물 안전관리인증기준 [별표 2])

생물학적 위해요소 (Biological Hazards)	제품에 내재하면서 인체의 건강을 해할 우려가 있는 병원성 미생물, 부패미생물, 병원성 대장균(군), 효모, 곰팡이, 기생충, 바이러스 등
화학적 위해요소 (Chemical Hazards)	제품에 내재하면서 인체의 건강을 해할 우려가 있는 중금속, 농약, 항생물질, 항균물질, 사용기준 초과 또는 사용 금지된 식품 첨가물 등 화학적 원인물질
물리적 위해요소 (Physical Hazards)	제품에 내재하면서 인체의 건강을 해할 우려가 있는 인자 중에서 돌조각, 유리조각, 플라스틱조각, 쇳조각 등

예시문제 맛보기

원예산물의 GAP관리 시 생물학적 위해 요인을 모두 고른 것은? [17회 기출]

ㄱ. 곰팡이독소 ㄴ. 기생충
ㄷ. 병원성 대장균 ㄹ. 바이러스

① ㄱ, ㄴ
② ㄴ, ㄷ
③ ㄱ, ㄷ, ㄹ
④ ㄴ, ㄷ, ㄹ

정답 ④

(3) 중요성
① 원예산물을 가공하고 포장하는 동안 발생하는 물리적·화학적 오염과 미생물 등에 의한 오염을 예방하는 일은 안전한 농산물의 생산에 필수적이다.
② HACCP는 자주적이고 체계적이며 효율적인 관리를 통해 식품의 안전성을 확보하기 위한 과학적인 위생관리체계라고 할 수 있다.

(4) 효 과
① 적용 업소 및 제품에는 HACCP 인증마크가 부착되므로 기업 및 상품의 이미지가 향상된다.
② 소비자의 건강에 대한 염려 및 관심으로 인해 제품의 경쟁력, 차별성, 시장성이 증대된다.
③ 관리요소, 제품의 불량·폐기·반품, 소비자불만 등이 감소하여 기업의 비용이 절감된다.
④ 체계적이고 자율적으로 위생관리를 수행할 수 있는 위생관리체계를 확립할 수 있다.
⑤ 위생관리 효율성과 함께 농식품의 안전성이 제고된다.
⑥ 미생물오염을 억제하여 부패가 저하되고, 수확 후 신선도 유지기간이 증대된다.

3. 농산물 이력추적관리제도

(1) 의 의
① 농수산물 품질관리법에서는 "축산물을 제외한 농수산물의 안전성 등에 문제가 발생할 경우 해당 농수산물을 추적하여 원인을 규명하고, 필요한 조치를 할 수 있도록 농수산물의 생산단계부터 판매단계까지 각 단계별로 정보를 기록·관리하는 것을 말한다"라고 정의하고 있다.
② **목적** : 농산물에 대한 추적과 역추적체계를 확립함으로써 농산물의 안전성을 확보하고, 문제 발생 시 신속한 원인규명 및 조치를 취하여 농산물에 대한 소비자의 신뢰성을 확보한다.
③ 소비자가 각 단계에서 작성된 기록들을 바코드, IC카드, 인터넷 등을 통하여 검색할 수 있으며, 이 중에서도 생산과정에 관련된 정보에 초점이 맞춰져 있다.
　㉠ 농산물의 품목 및 품종
　㉡ 생산자정보
　㉢ 포장정보 : 면적, 위치 등
　㉣ 작부내용 : 파종 및 정식일, 수확개시일, 수확종료일 등
　㉤ 재배방법 : 유기, 무농약, 저농약, 일반재배 등
　㉥ 시비내용 : 비료의 종류 및 시비횟수 등
　㉦ 농약살포 : 농약의 종류, 사용시기, 사용횟수 등
　㉧ 잔류농약 검사 유무 등

(2) 이력추적관리 농산물의 표시항목
① 산지 : 농산물을 생산한 지역으로 시·군·구 단위까지 적는다.
② 품목(품종) : 종자산업법이나 농산물 품질관리법 시행규칙에 따라 표시한다.
③ 중량·개수 : 포장단위의 실중량이나 개수
④ 생산자 : 생산자 성명이나 생산자단체·조직명, 주소, 전화번호(유통자의 경우 유통자 성명, 업체명, 주소, 전화번호)
⑤ 이력추적관리번호 : 이력추적이 가능하도록 붙여진 이력추적관리번호

(3) 효 과
① 농산물에 대한 체계적인 관리를 통한 안전성 확보와 신뢰성 향상으로 인해 우리 농산물의 국제경쟁력이 강화된다.
② 유통 중인 농산물에 문제 발생 시 추적하여 신속하게 원인을 규명하고, 해당 농산물을 회수할 수 있다.
③ 농산물에 대한 생산·유통·판매단계의 정확한 정보를 제공함으로써 소비자의 알권리를 충족시킬 수 있다.

02 신선편이농산물

(1) 개 념
① **정의** : 신선한 상태로 다듬거나 절단하여 세척한 과일이나 채소 등을 본래의 식품적 특성을 유지한 채 위생적으로 포장하여 편리하게 이용할 수 있는 농산물
② 의 의
  ㉠ 물리적인 변화로 인해 원료가 본래의 형태와는 다르지만 신선한 상태가 유지되는 과일, 채소 또는 그들의 혼합을 신선편이농산물이라고 한다.
  ㉡ 다듬거나 박피, 절단, 세척한 과일이나 채소로, 버려지는 것 없이 모두 이용할 수 있으며, 포장되어 신선한 상태로 유지되고, 소비자에게 높은 편이성과 영양가를 제공할 수 있는 제품이다.

(2) 특 성
① 농산물의 선택에 있어서도 간편성과 합리성을 추구하면서 구입 후 다듬거나 세척할 필요 없이 바로 먹을 수 있거나 조리에 사용할 수 있다.
② 일반적으로 절단·세절하거나 미생물 침입을 막아 주는 표피와 껍질 등을 제거하며, 호흡열이 높고, 에틸렌 발생량이 많다.

③ 노출된 표면적이 크고, 취급단계가 복잡하여 스트레스가 심하며, 가공작업이 물리적 상처로 작용한다.
④ 신선편이농산물의 장점
 ㉠ 요리시간의 절약
 ㉡ 균질의 산물 공급
 ㉢ 건강식품의 섭취
 ㉣ 저장공간의 절약
 ㉤ 포장한 채로 저장
 ㉥ 감모율의 감소

(3) 주의사항 ★ 중요
① 산물의 품질이 쉽게 변한다.
② 절단, 물리적 상처, 화학적 변화 등으로 인해 일반적으로 유통기간이 짧다.
③ 정밀한 온도관리가 중요하고 청결과 위생, 즉 안전성 확보가 기본 전제조건이며, 제품의 품질은 향기와 영양가를 동시에 만족시킬 수 있어야 한다.

(4) 상품화 공정
① 세척 및 살균・소독
 ㉠ 세척 : 일반적으로 세 차례 실시하며, 오염되지 않은 물을 이용하고, 선도 유지를 위해 3~5℃로 냉각하여 세척한다.
  • 1차 세척 : 과채류에 묻어 있는 벌레 및 이물질을 제거한다.
  • 2차 세척 : 염소수를 사용하여 미생물을 제거한다.
  • 3차 세척 : 음용수를 이용하여 깨끗하게 헹군다.
 ㉡ **염소세척**
  • 비용이 적게 드는 장점이 있다.
  • 살균효과가 있어 살균・소독에 가장 널리 이용되고 있다.
  • pH 농도와 온도에 따라 살균효과가 다르며, pH 4.5 내외가 가장 효과적이고, 높아질수록 점차 낮아진다.
  • 실제 산업에서는 장비의 부식을 피하기 위해 pH 6.5~7 정도를 사용한다.
  • 염소계 살균소독제의 종류 : 차아염소산나트륨($NaClO$)과 차아염소산칼슘($CaCl_2O_2$)이 주로 사용된다.
 ㉢ 오존수세척
  • 산화력이 높아 염소보다 빠르게 미생물을 사멸시키며, 낮은 농도로도 사용이 가능하다.
  • 위해성 잔류물이 남지 않으며, 처리과정 중에 pH를 조절할 필요가 없다.
  • 과채류의 부패 방지에 매우 효과적이다.

- 오존가스는 인체에 독성이 있으므로 작업장에 오존가스 농도가 높아지는 것을 주의하여야 한다.
- 초기 시설 및 설비에 들어가는 경제적 부담이 큰 단점이다.

② 전해수를 이용한 살균·소독
- 전해수 : 식염, 염화가리 등을 전기분해하여 얻어진 차아염소산, 차아염소나트륨 등을 함유한 수용액을 말하며, pH에 따라 강산성 전해수, 약산성 전해수, 약알카리성 전해수로 구분한다.
- 신선편이농산물이나 단체급식업체의 식기 세척 등에 이용되고 있다.

⑪ 열처리를 이용한 살균·소독
- 신선편이농산물의 경우 신선도를 위해 저온을 유지하는 것이 기본이지만 살균소독제 사용 시 냄새 등을 피하기 위해 열처리하기도 한다.
- 세척 품목의 조직 특성을 감안하여 열처리 온도 및 시간을 결정하여야 하는데, 결구상추와 같이 조직이 연한 경우 50℃에서 30초 이상 처리하면 조직이 물러져 상품성을 상실하고, 유통기간 중 미생물의 수도 더욱 증가하게 된다.
- 신선편이농산물 중 열처리하는 품목으로는 오이 슬라이스 등이 있으며 1차 세척, 다듬기, 2차 세척 후 100℃에서 1초간 열처리하고 절단하는데, 열처리로 미생물의 수를 줄일 수 있다.

⑭ 탈 수
- 세척 후 표면에 남아 있는 수분을 제거하기 위해 탈수 또는 건조과정을 거쳐야 한다.
- 원심분리식 탈수 : 주로 엽채류의 세척 후 이용되며, 품목별로 적정 회전속도 및 시간이 다르므로 유의하여야 한다.
- 강제통풍식 탈수 : 과채류와 같이 압상을 받기 쉬운 품목은 송풍을 이용해 표면의 수분을 제거한다.

② 박피 및 절단
㉠ 박피 : 조리용 채소류에 있어 양파, 감자가 대표적이며 과일류는 키위, 오렌지류, 밤 등이 박피를 필요로 한다.
㉡ 절단 : 채소의 경우 겉잎을 제거하고 다듬은 후에 절단을 하는데 결구상추, 양배추 등은 자동절단기를 사용하고 감자, 피망, 단호박, 파 등은 수작업으로 절단한다.
㉢ 칼날 : 칼날과 절단면은 신선도 유지에 영향을 미치므로 칼날은 아주 날카롭게 갈아 사용하고, 수시로 갈아 날카로움을 유지하여야 한다.
㉣ 칼날 소독 : 수시로 소독하여 칼날에 의한 교차오염을 방지하여야 한다.

③ 선 별

④ 포 장
㉠ 내부의 수분, 가스, 오염, 이취 등을 차단 또는 제한하여 갈변, 이취, 조직감 등 품질에 영향을 미치는 기술로, MA(Modified Atmosphere)포장, 용기포장 및 진공포장으로 구분한다.

ⓒ 초기에는 단체급식이나 음식점 등에 납품하기 위하여 포장단위가 매우 컸지만, 최근에는 소비자가 직접 구입할 수 있도록 소포장화·다양화되고 있다.

ⓒ MA포장
- 선택적 가스투과성을 가진 필름을 이용하여 포장 내부의 산소 농도는 낮추고, 이산화탄소 농도를 높여 신선편이농산물의 선도를 유지하는 방법이다.
- 산소와 이산화탄소의 농도에 따라 갈변현상이나 이취가 발생할 수 있으므로 적합한 포장필름의 선택이 중요하다.
- 원료의 절단 형태에 의한 호흡률, 무게, 포장재의 산소투과율 및 크기 등이 선도 유지에 영향을 미치므로 특성에 따라 조건을 달리하여야 한다.
- 그동안 PE필름이나 PP필름 등이 사용되었으나 점차 미세공필름(Micro-perforated Films) 등이 도입되어 사용되고 있다.

※ 가스치환포장(MAP) 시 이산화탄소를 충전하여 호흡을 억제시키고, 적정온도에 맞는 저온저장과 저온유통을 반드시 실시한다.

ⓔ 용기포장
- 장 점
  - 물리적 피해를 줄일 수 있어 압상 등에 민감한 품목에 적합하다.
  - 그릇 역할을 하여 이용하기 편리하다.
  - 판매에 있어 진열이 용이하며, 외관이 뛰어나 구매욕구를 불러일으킬 수 있다.
- 단 점
  - 플라스틱필름에 비해 단가가 높다.
  - 밀봉하지 않을 경우 부패, 갈변 등의 문제가 야기될 수 있다.

ⓜ 진공포장
- 식품의 산화 등의 변질 방지를 위해 이용된다.
- 부피 등을 줄일 수 있어 수송에 유리하다.
- 갈변 억제에 도움이 되지만 유통과정이 길면 이취 등이 발생할 수 있으므로 저온유통이 필수적이다.
- 심한 진공포장은 압상 등 물리적 피해의 원인이 될 수 있으며, 급격한 기압의 변화로 인해 증산작용에 의한 시듦현상이 발생할 수 있다.

(5) 원료의 품질 유지

신선편이농산물은 원료의 품질이 좋지 않으면 아무리 우수한 기술과 시설을 갖추어도 고품질의 안전한 상품을 생산하는 데 한계가 있으므로 원료의 신선도 유지는 매우 중요하다.

① 원료가 품질에 미치는 영향
ⓘ 원료의 품질은 가공 후 품질 및 유통기간에 영향을 미치는데 같은 가공방법, 온도를 유지하여도 원료의 품질이 나쁘면 유통기간 중 품질 변화가 발생할 확률이 높다.

  ⓒ 신선편이농산물의 품질에는 수확시기뿐만 아니라 재배환경도 큰 영향을 미친다.
  ⓒ 숙성 정도를 선별하여 가공하는 품목도 있으므로 품목에 따라서는 저온저장고뿐만 아니라 숙성실의 설치가 필요한 경우도 있다.
  ⓔ 과육이 연한 과채류는 상품화 공정 후 품질이 빨리 변하기 때문에 가공 시 원료가 미숙한 것을 선택하는 것이 좋으며, 유통과정 중 숙성되어 착색이 증진되고 향기도 살아나므로 원료의 숙성 정도를 잘 판정하여야 한다.

② **원료의 품질 유지방법**
  ㉠ 온도관리 : 산지에서 수확한 후 가공공장에 도착하기까지 철저한 온도관리가 필요하며, 수송차량은 5℃ 이내로 유지할 수 있어야 한다.
  ㉡ 취급 장비관리
   • 시설과 장비로부터 원료가 오염되는 것을 방지하여야 한다.
   • 원료의 취급과 가공공장의 취급자 및 장비의 분리는 교차오염의 방지에 도움이 된다.
   • 원료가 직접적으로 접촉하는 장비 및 상자는 살균·세척하고, 위생적 유지관리가 쉬운 스테인리스나 플라스틱으로 제작하는 것이 바람직하다.
   • 운반상자
    - 운반상자는 깨끗하게 소독하여 사용해야 한다.
    - 원료의 상자는 산지의 오염물질이 묻어 있을 수 있으므로 청결을 유지하여야 한다.
    - 운반상자가 음식, 농약, 화학물질 등 유해물질을 운반하는 데 사용되지 않도록 하여야 한다.

(6) 가공시설의 위생관리
① **시설관리** : 오염을 방지하기 위해서는 원료의 반입장소, 선별장 및 제조시설이 각기 떨어져 있어야 하며, 작업자도 달리하는 것이 이상적이다.
  ㉠ 가공시설 및 장비의 관리
   • 가공시설 내 장비는 정기적으로 검사 및 관리를 하여야 한다.
   • 중요한 시설은 점검수칙을 마련하여 정기적으로 점검하여야 한다.
   • 가공장비 등의 세정을 철저히 하여야 하며, 각 장치별로 위험성이 있는 부위는 수시점검하여야 한다.
  ㉡ 살균·소독프로그램의 운영
   • 가공공장의 모든 장비 등은 정기적 세정 및 살균·소독 표준운영절차를 설정하여야 한다.
   • 장비 및 시설에 대한 육안검사 또는 모니터링을 실시할 때는 시설의 위치 및 주요 장비별 살균·소독지침에 따라 하는 것이 필요하다.
  ㉢ 제품 및 자재 저장시설의 위생관리
   • 가공된 제품은 바닥과 직접 접촉하지 않도록 팰릿 위에 두고 팰릿과 벽, 바닥 사이에 간격을 둔다.

- 저장고는 깨끗하게 주기적으로 청소하여야 한다.
- 설치류 및 곤충류가 없어야 한다.
- 화학물질, 폐기물 및 냄새나는 물질이 근처에 저장되지 않도록 하여야 한다.
- 정확하고 기록이 가능한 온습도 조절장치가 있어야 한다.
- 포장재는 깨끗하고 건조하여야 한다.
- 오염원으로부터 떨어져 보관되어야 한다.

ㄹ) 시설의 구역 분리 : 효율적인 위생관리를 위해서는 공장 내 시설을 오염확률의 정도에 따라 청결지역, 준청결지역, 오염지역 등으로 구분하여 관리하여야 하고, 장갑, 앞치마, 모자 등을 착용한 뒤에 출입하여야 한다.

② 시설 주변의 위생관리

㉠ 동물 및 병충해 방제
- 가축분뇨는 병원성 미생물의 오염원이 되기 때문에 시설 주변에 동물 및 분뇨의 유입이 없도록 하여야 한다.
- 곤충류, 조류, 동물에 의한 물리적 상처는 원료의 품질 저하와 함께 미생물이 침입할 수 있는 통로가 되어 내부의 오염위험성을 증가시킨다.
- 생물학적 위해요소에 의한 오염을 방지하기 위해서는 곤충, 조류, 동물 등으로부터 시설을 멀리하여야 한다.

㉡ 수질관리 : 제조과정상 물은 필수요소로, 세척 등에 사용되어 가공과정에서 오염을 감소시킬 수 있는 매우 중요한 역할을 한다.
- 가공공정상 사용되는 물
  - 바로 먹거나 조리에 이용하는 신선편이농산물의 생산을 위한 세척공정에서는 음용수 이상의 수질이 권장된다.
  - 질병을 유발하는 생물체가 없어야 한다.
- 주의사항
  - 산물의 품질 유지를 위해 냉각수를 이용하여 세척하므로 호흡률을 낮추고, 특성이 변하는 것을 지연시키는 효과가 있다.
  - 농산물과 냉각수의 온도 차이가 너무 큰 경우 흡입효과가 발생하여 농산물 표면의 오염원 또는 물속의 오염원이 산물에 침투할 수 있다.
  - 냉각수를 농산물 내부온도보다 5℃ 높게 유지하는 것은 흡입효과를 방지하는 데 도움이 된다.
  - 온도 차이를 감소시키기 위해 물 세척 이전에 농산물을 먼저 냉각시킨다.
  - 당근 등 조직이 치밀한 농산물은 흡입효과가 잘 생기지 않는다.
- 물에 의한 오염을 낮추는 방법
  - 오염된 물을 세척에 사용하거나 물관리가 소홀할 경우 세척 시 오염이 발생할 수 있다.
  - 물 시료를 채취하여 미생물검사를 실시한다.

- 정기적으로 물을 교환하여 위생적인 상태를 유지한다.
- 물이 직접적으로 접촉하는 표면 부분을 세척하고 소독한다.
- 오염된 물의 역류를 방지하는 역류 방지장치를 설치한다.
- 수질 유지를 위해 설치한 장비를 정기적으로 검사하고 유지·보수한다.

③ 작업자의 위생관리 : 작업자에게 위생관리의 중요성을 강조하고, 위생관리기술을 이해할 수 있도록 교육하여 위생수칙을 따르게 하여야 한다.

㉠ 개인관리
- 철저한 손 씻기, 청결한 의복, 앞치마, 장갑 및 모자 착용 등 기본적인 개인위생관리가 반드시 필요하다.
- 검사자, 구매자, 방문객도 위생 및 안전관리절차를 따라야 한다.

㉡ 작업자 : 가공에 참여하는 작업자는 역할을 구분하여 정해진 위치에서 작업하도록 하여야 한다.

④ 시설의 청소
㉠ 각 품목의 작업이 끝나면 장비와 주변을 철저히 청소하여야 한다.
㉡ 당일 가공이 끝나면 시설 및 장비에 대한 오염상태를 점검하고, 철저히 소독하여야 한다.

알아두기 신선편이농산물 표준규격(농산물 표준규격 제11조의 ② 관련 [별표 7])

1. 적용범위 : 본 규격은 국내에서 생산된 농산물에 적용되며, 포장단위별로 적용한다.

2. 적용대상 : 농산물을 편하게 조리할 수 있도록 세척, 박피, 다듬기 또는 절단과정을 거쳐 포장되어 유통되는 채소류, 서류, 버섯류 등의 농산물을 대상으로 한다.

3. 품질(적합)규격
   가. 색 깔
   ① 농산물 품목별 고유의 색을 유지하여야 함
   ② 절단된 농산물을 육안으로 판정하여 다음과 같은 변색이 나타나지 않아야 함
   - 엽채류는 핑크색 또는 갈색이 잎의 중앙부(엽맥)까지 확산되지 않아야 함
   - 엽경채류는 육안으로 판정하여 심한 황색 또는 갈색이 나타나지 않아야 함
   - 근채류 중 당근은 표면에 백화현상이 심하지 않아야 하고, 무·당근·연근·우엉 등은 절단면에서 갈변이 심하지 않아야 함
   - 마늘은 녹변 또는 핑크색이 나타나지 않아야 하며, 양파는 색이 검게 나타나지 않고, 파는 황색으로 변하지 않아야 함
   - 감자·고구마는 갈변과 녹변이 심하지 않아야 함
   나. 외 관
   ① 병충해, 상해 등의 피해가 발견되지 않아야 함
   ② 엽채류 잎에 검은 반점 또는 물에 잠긴(수침) 증상이 포장된 상태에서 육안으로 발견되지 않아야 함
   ③ 엽경채류, 근채류, 버섯류 등이 짓물러 있거나 점액물질이 심하게 발견되지 않아야 함
   ④ 과채류가 지나치게 물러져 주스가 흘러내리지 않아야 함
   ⑤ 서류는 지나치게 전분질이 나와 표면에 묻어 있지 않아야 함
   다. 이물질 : 포장된 신선편이농산물의 원료 이외에 이물질이 없어야 함

라. 신선도
① 표면이 건조되어 마른 증상이 없어야 하며, 부패된 것이 나타나지 않아야 함
② 물러지거나 부러짐이 심하지 않아야 함
마. 포장상태 : 유통 중 포장재에 핀홀(구멍)이 발생하거나 진공포장의 밀봉이 풀리지 않아야 함
바. 이취(본래의 냄새가 아닌 다른 냄새) : 포장재 개봉 직후 심한 이취가 나지 않아야 하며, 이취가 발생하여도 약간만 느끼어 품목 고유의 향에 영향을 미치지 않아야 함

4. 포장규격
   가. 포장재료는 식품위생법에 따른 기구 및 용기포장의 기준 및 규격과 폐기물관리법 등 관계 법령에 적합하여야 한다.
   나. 포장치수의 길이, 너비는 한국산업규격(KS T 1002)에서 정한 수송포장 계열치수 69개 및 40개 모듈 또는 표준팰릿(KS T 0006)의 적재효율이 90% 이상인 것으로 한다. 단, 5kg 미만 소포장 및 속포장 치수는 별도로 제한하지 않는다.
   다. 거래단위는 거래당사자 간의 협의 또는 시장 유통여건에 따라 자율적으로 정하여 사용할 수 있다.

5. 표시사항
   가. 출하하는 자가 표준규격품임을 표시할 경우 해당 물품의 포장표면에 "표준규격품"이라는 문구와 함께 품목·산지·품종·등급·무게·생산자 또는 생산자단체 명칭(판매자 명칭으로 갈음할 수 있음) 및 전화번호를 표시하여야 한다. 다만, 품종·등급은 생략할 수 있다.
   나. 포장표면에 소비자의 안전 및 식품안전 사고 예방을 위해 "세척 후(가열 조리하여) 드세요." 또는 "가열 조리하여 드세요."라는 문구를 표시하여야 한다.

〈용어의 정의〉
① 신선편이농산물이란 농산물을 편리하게 조리할 수 있도록 세척, 박피, 다듬기 또는 절단과정을 거쳐 포장되어 유통되는 조리용 채소류, 서류 및 버섯류 등의 농산물을 말한다.
② 신선편이농산물에 사용되는 원료 농산물의 분류는 다음과 같다.
   ㉠ 채소류 : 엽채류, 엽경채류, 근채류, 과채류
      • 엽채류 : 상추, 양상추, 배추, 양배추, 치커리, 시금치 등
      • 엽경채류 : 파, 미나리, 아스파라거스, 부추 등
      • 근채류 : 무, 양파, 마늘, 당근, 연근, 우엉 등
      • 과채류 : 오이, 호박, 토마토, 고추, 피망, 수박 등
   ㉡ 서류 : 감자, 고구마
   ㉢ 버섯류 : 느타리버섯, 새송이버섯, 팽이버섯, 양송이버섯 등
③ 변색이란 육안으로도 쉽게 식별할 수 있을 정도로 농산물 고유의 색이 다른 색으로 변해진 것을 말한다.
④ 백화현상(White Blush)이란 당근 절단면이 주로 건조되면서 나타나는 것으로, 고유의 색이 하얗게 변하는 것을 말한다.
⑤ 갈변이란 절단된 신선편이농산물이 주로 효소작용에 의해 육안으로 판정하여 고유의 색이 아닌 붉은색 또는 갈색을 띠는 것을 말한다.
⑥ 녹변이란 마늘, 감자의 색이 육안으로 판정하여 구별될 수 있을 정도로 녹색으로 변한 것을 말한다.
⑦ 검은반점이란 엽채류에서 산소부족 및 이산화탄소 농도가 매우 높아 잎에 나타나는 것으로 처음에는 갈변의 반점이 나타나고 점차 면적이 커지면서 색이 검게 되는 것을 말한다.
⑧ 잠긴(수침)증상이란 신선편이 엽채류의 잎이 더운물에 데친 것 같은 증상을 나타내는 것을 말한다.
⑨ 신선도란 신선편이 가공 직후 제품과 비교하였을 때 육안으로 차이가 없고, 말라서 농산물 중량이 감소하거나 부패된 것이 없는 것을 말한다.
⑩ 마른증상이란 농산물 수분이 감소되어 당초보다 부피가 작아지거나 모양이 변형된 것을 말한다.
⑪ 이취란 포장된 농산물을 개봉하였을 때 신선편이농산물 고유의 냄새가 아닌 알코올취 등의 다른 냄새를 말한다.

적중예상문제

01 위해요소중점관리기준(HACCP)의 효과와 거리가 먼 것은?
① 미생물 오염 억제에 의한 부패 저하
② 농식품의 안전성 제고
③ 생산량 증대에 의한 가격안정성 확보
④ 수확 후 신선도 유지기간 증대

해설 HACCP의 효과
- 적용 업소 및 제품에는 HACCP 인증마크가 부착되므로 기업 및 상품의 이미지가 향상된다.
- 소비자의 건강에 대한 염려 및 관심으로 인해 제품의 경쟁력, 차별성, 시장성이 증대된다.
- 관리요소, 제품의 불량·폐기·반품, 소비자불만 등이 감소하여 기업의 비용이 절감된다.
- 체계적이고 자율적으로 위생관리를 수행할 수 있는 위생관리체계를 확립할 수 있다.
- 위생관리 효율성과 함께 농식품의 안전성이 제고된다.
- 미생물오염을 억제하여 부패가 저하되고, 수확 후 신선도 유지기간이 증대된다.

02 식품 위해요인을 분석하고 중요관리점을 설정하여 식품안전을 관리하는 시스템은?
① HACCP
② GMP
③ ISO9001
④ QMP

해설 HACCP은 위해요소 분석(HA)과 중요관리점(CCP)으로 구성되어 있는데, HA란 위해 가능성이 있는 요소를 찾아 분석·평가하는 것을 말하고, CCP란 해당 위해요소를 방지·제거하고 안전성을 확보하기 위하여 중점적으로 다루어야 할 관리점을 말한다.

03 식품 위해요소중점관리기준(HACCP)에서 정의하는 중요관리점(CCP)이란 무엇인가?
① 식품의 원료관리, 제조·가공·조리 및 유통의 모든 과정에서 위해한 물질이 식품에 혼입되거나 식품이 오염되는 것을 사전에 방지하기 위하여 각 과정을 중점적으로 관리하는 기준
② 한계기준을 적절히 관리하고 있는지 여부를 평가하기 위하여 수행하는 일련의 계획된 관찰이나 측정 등의 행위
③ 위해요소관리가 허용범위 이내로 충분히 이루어지고 있는지 여부를 판단할 수 있는 기준이나 기준치
④ 식품의 위해요소를 예방·제거하거나 허용수준 이하로 감소시켜 당해 식품의 안전성을 확보할 수 있는 중요한 단계 또는 공정

정답 1 ③ 2 ① 3 ④

04 다음 중 원예산물의 화학적 위해요인은?
① 마이코톡신　　　　　　　　　② 리스테리아
③ 장염비브리오　　　　　　　　④ 살모넬라

해설　마이코톡신 : 곰팡이의 독소나 대사산물 중에서 인축에 해로운 작용을 하는 물질의 총칭

05 식품 위해요소중점관리기준(HACCP)에 대한 설명 중 옳지 않은 것은?
① 식품의 전 과정에서 위해물질이 해당 식품에 오염되는 것을 사전에 방지하기 위하여 각 과정을 중점적으로 관리하는 기준을 말한다.
② 농식품의 안전성과 생산량 증가 및 가격 안정을 위한 시스템적 접근방법이다.
③ HACCP는 위해분석(HA)과 중요관리점(CCP)으로 구성되어 있다.
④ 식품의 안전성을 확보하기 위한 과학적인 위생관리체계이다.

해설　위해요소중점관리기준(HACCP) : 식품의 원재료 생산부터 제조, 가공, 보존, 유통단계를 거쳐 최종소비자가 섭취하기 전까지의 각 단계에서 발생할 우려가 있는 위해요소를 규명하고, 이를 중점적으로 관리하기 위한 중요관리점을 결정하여 자주적이고 체계적이며 효율적인 관리를 통해 식품의 안전성(Safety)을 확보하기 위한 과학적인 위생관리체계라고 할 수 있다.

06 신선편이(Fresh-cut)농산물의 주요 생리특성이 아닌 것은?
① 펙틴량 증가　　　　　　　　　② 호흡량 증가
③ 증산량 증가　　　　　　　　　④ 에틸렌량 증가

해설　신선편이농산물의 특성
- 농산물의 선택에 있어서도 간편성과 합리성을 추구하면서 구입 후 다듬거나 세척할 필요 없이 바로 먹을 수 있거나 조리에 사용할 수 있다.
- 일반적으로 절단·세절하거나 미생물 침입을 막아 주는 표피와 껍질 등을 제거하며, 호흡열이 높고, 에틸렌 발생량이 많다.
- 노출된 표면적이 크고, 취급단계가 복잡하여 스트레스가 심하며, 가공작업이 물리적 상처로 작용한다.

07 신선편이채소의 취급온도를 높이게 되면 이취가 발생한다. 그 원인이 되는 물질은?

① 에틸렌
② 아세트알데하이드
③ 유기산
④ 암모니아

해설 혐기성 호흡의 결과로 인해 아세트알데하이드가 생성되어 이취가 발생할 수 있다.

08 신선편이농산물 가공공장에서 식중독균의 오염을 예방할 수 있는 방법이 아닌 것은?

① 세척수를 철저히 소독하여 사용한다.
② 원료 반입장과 세척·절단실을 분리하지 않고 하나로 설치하여 최대한 빨리 가공한다.
③ 공장 내의 작업자와 출입자의 위생관리를 철저히 한다.
④ 가공기계 및 공장 내부 바닥 등을 매일 깨끗이 청소한다.

해설 신선편이농산물 가공시설의 오염을 방지하기 위해서는 원료의 반입장소, 선별장 및 제조시설이 각기 떨어져 있어야 하며, 작업자도 달리하는 것이 이상적이다.

09 신선편이(Fresh-cut)농산물의 변색 억제방법과 거리가 먼 것은?

① 효소를 불활성화시킨다.
② 저온으로 유지한다.
③ 산소 농도를 높인다.
④ 항산화제를 사용한다.

해설 높은 산소 농도는 산화를 촉진시키므로 변색 억제를 위해서는 포장 시 밀폐에 주의하여야 한다.

10 신선편이(Fresh-cut) 원예산물의 유통기간이 짧아지는 원인으로 틀린 것은?

① 물리적 상처
② 미생물 증식
③ 산물의 표면적 증가
④ 소포장유통

해설 신선편이농산물은 절단, 물리적 상처, 화학적 변화 등으로 인해 일반적으로 유통기간이 짧다.

정답 7 ② 8 ② 9 ③ 10 ④

11 농식품의 안전성을 위한 세척수의 활용 및 처리과정에 대한 설명으로 옳지 않은 것은?
① 차아염소산나트륨(NaOCl) 용액은 pH 7 이상을 유지한다.
② 오존수로 세척하면 미생물을 제거할 수 있다.
③ 오존수 세척공정에서 발생하는 오존가스는 세척실 밖으로 배출시켜야 한다.
④ 절단채소를 세척할 때 염소수의 농도는 비절단채소에 비해 낮게 처리한다.

> **해설** 염소세척의 경우 pH 농도와 온도에 따라 살균효과가 다르며, pH 4.5 내외가 가장 효과적이고, 높아질수록 점차 낮아진다.

12 신선편이에 관한 설명이다. ( )안에 들어갈 내용을 순서대로 옳게 나열한 것은?

> 신선편이채소의 취급 ( )을(를) 높이면 ( )가(이) 발생한다. 그 원인이 되는 물질은 ( )이다.

① 습도, 갈변, 아세트알데하이드
② 습도, 이취, 유기산
③ 온도, 갈변, 유기산
④ 온도, 이취, 아세트알데하이드

13 고품질 신선편이농산물의 생산을 위해 중점관리해야 하는 품질 저하요인으로 거리가 먼 것은?
① 조직 연화
② 미생물 증식
③ 효소적 갈변
④ 영양성분 변화

14 포장된 신선편이농산물의 이취 발생과 관련이 없는 것은?
① 저산소
② 에탄올
③ 저이산화탄소
④ 아세트알데하이드

> **해설** 혐기성 호흡의 결과로 인해 아세트알데하이드가 생성되어 이취가 발생할 수 있다.

15 신선편이농산물을 플라스틱용기로 포장하였다. 옳지 않은 설명은?

① 용기포장은 밀봉의 필요성이 없어 포장작업이 쉽다.
② 물리적 피해를 줄일 수 있어 압상 등에 민감한 품목에 적합하다.
③ 판매에 있어 진열이 용이하다.
④ 그릇 역할을 하여 이용이 편리하다.

해설 용기포장 시 밀봉하지 않을 경우 부패, 갈변 등의 문제가 야기될 수 있다.

16 살균, 세척 방법에 대한 설명 중 옳지 않은 것은?

① 염소세척 : 비용이 적게 들며 살균소독에 가장 널리 이용된다.
② 오존수세척 : 산화력이 높아 염소보다 빠르게 미생물을 사멸시켜 낮은 농도로도 사용이 가능하나 가스는 인체에 독성이 있어 주의해야 한다.
③ 열처리 이용방법 : 미생물의 살균에는 효과가 좋으나 신선편이의 경우 신선도 유지를 위해 사용될 수 없는 방법이다.
④ 전해수 이용방법 : 차아염소산, 차아염소산나트륨 등을 함유한 수용액을 말하며 pH에 따라 강산성, 약산성, 약알카리성 전해수로 구분하며 신선편이 세척과 식기 세척 등에 이용된다.

해설 **열처리를 이용한 살균·소독**
- 신선편이농산물의 경우 신선도를 위해 저온을 유지하는 것이 기본이지만 살균소독제 사용 시 냄새 등을 피하기 위해 열처리하기도 한다.
- 세척 품목의 조직 특성을 감안하여 열처리 온도 및 시간을 결정하여야 하는데, 결구상추와 같이 조직이 연한 경우 50℃에서 30초 이상 처리하면 조직이 물러져 상품성을 상실하고, 유통기간 중 미생물의 수도 더욱 증가하게 된다.
- 신선편이농산물 중 열처리하는 품목으로는 오이 슬라이스 등이 있으며 1차 세척, 다듬기, 2차 세척 후 100℃에서 1초간 열처리하고 절단하는데, 열처리로 미생물의 수를 줄일 수 있다.

17 신선편이농산물의 포장에 대한 설명이다. 옳지 않은 것은?

① 용기포장은 물리적 피해를 줄일 수 있어 압상 등에 민감한 품목에 적합하다.
② 진공포장은 갈변 억제에 도움이 되며 저온유통을 하지 않아도 되는 장점이 있다.
③ MA포장은 선택적 가스투과성을 가진 필름을 이용하여 포장 내부의 기체조성을 조절하여 선도를 유지하는 포장방법이다.
④ 용기포장은 밀봉하지 않을 경우 부패, 갈변 등의 문제가 일어날 수 있다.

해설 진공포장 시에도 저온유통이 필수적이다.

정답 15 ① 16 ③ 17 ②

18 다음은 신선편이농산물의 특징에 대한 설명이다. 옳지 않은 것은?

① 신선편이농산물은 호흡열이 높고 에틸렌 발생량도 많다.
② 신선편이농산물은 저온유통시스템을 적용하므로 유통기간이 길다.
③ 박피와 절단공정으로 인해 증산량이 많다.
④ 신선편이농산물은 가공공정이 물리적 스트레스로 작용한다.

> **해설** 신선편이농산물은 상품화 공정이 물리적 스트레스로 작용하는 등 유통기간이 짧아지는 특징이 있으며, 유통기간 중 상품성 변화를 억제하기 위해 저온유통시스템을 적용하여야 한다.

19 신선편이농산물에 대한 설명이다. 옳지 않은 것은?

① 모든 공정이 기계화·자동화되어 있어 유통기간이 길다.
② 전처리가 되어 있어 손질하지 않고 바로 조리해서 먹을 수 있는 농산물이다.
③ 최근에 상품이 다양화·소포장화되면서 소비가 늘어나고 있다.
④ 가공공정이 복잡하고 스트레스로 작용한다.

> **해설** 신선편이농산물은 상품화 공정이 물리적 스트레스로 작용하는 등 유통기간이 짧아지는 특징이 있다.

20 다음 중 과일이나 최소 가공채소류의 변색 억제를 위한 항산화제로 사용되는 물질이 아닌 것은?

① 아스코르빈산　　② DPA
③ 클로르프로팜　　④ 에톡시퀸

> **해설** 클로르프로팜(Chlorpropham)은 감자의 맹아 억제를 위해 처리하는 약제이다.

PART 04

농산물유통론

CHAPTER 01 농산물 유통의 개요 및 환경
CHAPTER 02 농산물 유통경로 및 마진
CHAPTER 03 농산물 시장 구조
CHAPTER 04 농산물 유통의 기능
CHAPTER 05 농산물 마케팅

합격의 공식 시대에듀
www.sdedu.co.kr

CHAPTER 01 농산물 유통의 개요 및 환경

01 농산물 유통의 개요와 특성

(1) 농산물 유통의 의의
① 유통 : 생산자로부터 소비자 또는 사용자에게 재화나 서비스의 흐름이 원활히 이루어질 수 있도록 해 주는 여러 가지 기업 활동이다. 즉, 생산자와 소비자 간에 존재하는 장소적·시간적·소유권적·품질적·수량적 간격을 좁혀주는 교량과 같은 기능을 수행한다.
② 농산물 유통 : 생산된 농산물이 생산자인 농업인으로부터 소비자나 사용자에게 이르기까지의 모든 경제 활동이다.
③ 농산물 유통의 시작 : 육종사업으로부터 시작된다.
④ 농산물 유통은 단순히 농가에서 판매하는 것만이 아니고, 소비자 또는 사용자가 원하는 농산물을 생산하기 위한 생산계획을 수립하여 생산을 하고 그 농산물이 잘 팔릴 수 있도록 조직적인 경제활동을 수행하며, 판매 후에도 신용을 인정받기 위해 수행하는 모든 활동을 포함한다.
⑤ 농산물의 유통은 그 종류에 따라서 각기 다른 유통기능과 유통과정을 가진다.
⑥ 농산물 유통은 유통업자에 의하여 크게 의존하게 되며, 생산자의 수취 가격과 소비자의 지불 가격은 유통업자에 의해 큰 영향을 받는다.
⑦ 농산물 가공은 농산물 유통 가운데 물리적 기능에 해당하는 것으로 농산물 유통의 범주에 포함시키고 있다.
⑧ 농산물이 농가로부터 소비자에게 이전되기까지의 모든 경제활동과 각 상품의 유통상 특질은 유통조직(유통기구)의 기능적·구조적 특질로 파악된다. 각 상품의 유통조직 형태는 유통의 일반조건과 유통의 기초조건으로 규정된다.
⑨ 유통의 일반조건은 한 나라 경제 중에서 모든 상품의 유통에 공통적으로 영향을 미치는 조건이며, 각 시대 물적(物的) 유통의 기술조건, 인구분포구조(특히 소비재의 경우), 유통산업의 노동사정 등이 이에 해당된다.
⑩ 유통의 기초조건은 같은 유통의 일반조건하에 있으면서 상품의 종류마다 유통면에서 고유의 특성을 가지게 하는 조건이며 당해상품의 생산·공급사정, 소비·수요사정, 상품특성(상품의 품목구성과 물적 특성)이 이에 해당한다. 따라서 같은 농산물이라 하더라도 유통의 기초조건이 똑같지 않기 때문에 농산물 종류마다 유통조직이 다르다.

(2) 농산물의 특성 ★ 중요
① **계절적 편재성**을 가진다.
② **부피와 중량성**을 가진다.
③ **부패성**을 가진다.
④ **질과 양이 불균일**하다.
⑤ **용도의 다양성**을 지닌다.
⑥ 수요와 공급이 비탄력적이다.
⑦ 농산물시장을 구조적으로 특징짓는 **농산물의 특질**은 다음과 같다.
　㉠ 생산과정과 생산물이 자연에 의해 규제받는다. 즉, 생산시기와 기간이 자연에 크게 의존하며, 생산량과 생산물의 질 또한 토질과 기상의 규제를 받게 된다.
　㉡ 축산물과 과일의 경우, 개체 차이가 많고 부패로 인한 변질이 빨라 일반적으로 대량생산에 의한 표준화가 곤란하다.
　㉢ 가격에 비해 용적이 커서 운송과 운반이 곤란하다.
　㉣ 농산물 생산은 대부분 가족단위로 생산하는 경우가 많기 때문에 그 공급은 영세적이고 분산적이다.
　㉤ 농산물 소비는 무수한 가계(家計)에 의하여 매일 반복해서 이뤄지기 때문에 그 수요 또한 영세적이고 분산적이다.
　㉥ 수요·공급이 모두 계절적 변동이 크다. 이런 점은 농산물 일반에 공통적인데 그 정도는 농산물 종류에 따라 크게 다르다.
　㉦ 수요·공급의 영세성에 관해서도 생산자의 감소, 생산자의 조직화에 의한 공동판매의 진전, 농산물가공기업의 대규모화와 소매점의 대형화·연쇄점화(連鎖店化) 등에 의하여 그 정도는 낮아진다.

(3) 농산물 유통의 특성
① 농산물은 수요와 공급뿐만 아니라 가격도 불안정하다.
② 농산물의 수요는 **개별 소비자의 기호**에 따라야 하고, 공급은 생산량과 재고량에 의존해야 한다.
③ 농산물 유통은 유통경로가 여러 단계이므로 유통비용이 많이 든다.
④ 농산물 유통은 농산물의 특성에 기인하게 된다.
⑤ 결국 농산물 유통이란 **농산물이 생산자인 농업인으로부터 최종 소비자의 손에 이르기까지의 모든 경제활동**을 의미하는데, 농산물 유통은 좋은 품종을 만들어 내는 육종사업으로부터 시작되며, 농업인과 상인은 상호 의존관계에 있기도 하고 대립관계에 있기도 하다. 또한, 생산자는 적절한 가격으로 생산비를 보상받을 수 있고 소비자는 적절한 가격으로 살 수 있어야 하며, 상인도 적절한 이윤을 얻을 수 있도록 조절해 주는 것이 유통의 역할이다.

(4) 농산물 유통의 중요성
① 오늘날 농업생산은 상농업 시대의 농업경영방식이다.
② 합리적 경영방법에 의하여 비용을 줄여야 하고 공공판매 등으로 거래과정을 유리하게 하여야 한다.
③ 농산물 유통은 인간생활의 기초가 되는 식품의 유통이므로 매우 중요하다.
④ 결국 농산물 유통은 사회·경제적인 면뿐만 아니라, 개별농가의 입장에서도 그 중요성이 증대되고 있으며, 농업생산은 농업기술의 발전에 따라 점차 생산량이 대량생산, 대량소비, 대량유통의 체계를 구축한다.

> **예시문제 맛보기**
>
> 농산물의 일반적인 특성에 관한 설명으로 옳지 않은 것은? [7회 기출]
> ① 단위가격에 비해 부피가 크고 무거워 운반과 보관에 비용이 많이 발생한다.
> ② 생산은 계절적이지만 소비는 연중 발생하여 보관의 중요성이 크다.
> ③ 품질이나 크기가 균일하지 않기 때문에 표준화·등급화가 용이하다.
> ④ 소득변화에 따른 수요의 변화가 작고, 경지면적의 고정성으로 공급조절이 어렵다.
>
> **해설** ③ 공산품은 규격화가 손쉬운 반면, 농산물은 부피가 크고 생물이라는 특성 때문에 생산물의 규격화·표준화가 어렵다.
> **정답** ③

02 농산물의 생산과 소비 및 가공 환경

(1) 농산물의 생산
① 농산물 생산에 영향을 끼치는 요인
  ㉠ 토지의 제한 : 질적·양적으로 제한되어 있음
  ㉡ 자연적 조건의 영향 : 인위적 조정이 어려움
  ㉢ 일반 제조업에 비하여 기계화 및 분업화가 어려움 : 농업생산성 저하
  ㉣ 타 산업에 비하여 수확체감의 현상이 큼 : 비용의 체증현상
  ㉤ 타 산업에 비하여 자본회전이 느림
  ㉥ 생산의 계절성
② 우리나라 농산물의 생산구조
  ㉠ 농업의 경영규모 영세
  ㉡ 쌀 위주의 주곡생산 농업
  ㉢ 가족노동 위주의 농업
  ㉣ 노동집약적 지역특산물 개발에 주력

ⓜ 농산물의 생산요소 : 토지, 노동, 자본 + 경영
　③ 수익성 높은 농업경영을 위한 합리적 의사결정 시의 고려할 사항
　　　㉠ 어떤 농산물을 생산할 것인가?
　　　㉡ 농산물을 언제 어느 장소에서 판매해야 할 것인가?
　　　㉢ 농업인이 농산물 시장활동 기능을 얼마나 수행하여야 할 것인가?
　　　㉣ 농산물 판매를 확대하기 위해서는 어떤 일을 해야 할 것인가?
　　　㉤ 어떠한 시장활동 방법이 바람직한 것인가?
　　　㉥ 농산물의 공정한 거래를 위해 어떤 일을 해야 할 것인가?

> **알아두기** **수확체감의 법칙**
> 생산요소의 증가량과 생산물의 증가량에 관한 경제학의 기본적 명제. D. 리카도, T. R. 맬서스 등 고전파 경제학자에 의해 토지의 수확체감의 법칙으로 이론화되었다. 일정한 토지에서의 수확량은 노동투입량의 증대에 비례하지 않고 추가노동 1 단위의 수확량은 점차 체감되어 가므로, 수확량을 증가시키기 위해서는 상대적으로 비옥도가 낮고 단위수확량이 낮은 토지도 차례로 사용하게 된다는 것이 이 법칙의 내용이다. 리카도는 이 법칙을 바탕으로 우등지(優等地)와 열등지(劣等地)의 수익차가 지대(地代)의 차이를 발생시킨다고 판단하여 차액지대론을 전개하였다. 맬서스는 인구는 방치하면 기하급수적으로 증가한다는 인구법칙과 이 법칙을 결부시켜, 빈곤은 식량증가가 인구증가를 따라잡지 못해서 발생하는 것이라고 설명하였다. 근대경제학에서도 이 법칙은 모든 생산부문・생산요소에도 적용되어, 이것을 바탕으로 한계생산력설이 전개되고 있다. 주어진 기술수준 내에서 특정한 생산요소만을 증가시키고 다른 생산요소의 투입량은 일정하게 해두면 증가된 생산요소의 1 단위당 생산량(한계생산물)은 일반적으로 감소하는데, 이것을 생산요소에 관한 수확체감의 법칙이라 한다. 이 법칙은 공장이나 기계설비가 일정한 경우 생산량 1 단위당 평균비용은 생산량이 일정규모를 초과하면 체증되어 가는 형태로 나타난다. 농업이나 공업의 경우도 수확체감의 법칙은 발명・개량에 의한 생산성의 상승을 고려한 장기간의 과정에는 타당하지 않다.

(2) 농산물의 소비
　① 농산물 소비에 영향을 끼치는 요인
　　　㉠ 사회적 요인 : 생리적 필요성, 기호, 관습, 준거집단 등
　　　㉡ 경제적 요인 : 인구, 소득 및 가격 등
　　　㉢ 농산물 수요 증가율 : 인구증가율, 1인당 소득증가율, 농산물 수요의 소득탄력성 등
　　　㉣ 농산물의 수요에 영향을 끼치는 요인 : 농산물의 시장가격, 농산물의 대체가격, 소비자 소득, 소비자 기호 및 선호, 인구, 소비자 소득분포 등

> **알아두기** **수요의 가격탄력성**
> 사람들이 일정한 기간에 구입(수요)하고 싶어 하는 재(財)의 수량 또는 판매(공급)하고 싶어 하는 재의 수량은 그 재의 가격에 의존한다. 이 재의 가격변화비율과 그에 의한 수량변화비율의 관계가 가격탄력성이다. A. 쿠르노와 J. S. 밀의 저작에도 이와 같은 견해는 보이지만, 수요량의 %변화($\Delta q/q$)를 가격의 %변화($\Delta p/p$)로 나눈 것을 <탄력성(Elasticity)>이라고 맨 처음 이름붙인 사람은 A. 마셜이다. 어떤 재의 수요의 가격탄력성은 그 재에 대한 좋은 대체재(代替財)가 존재할 때 커지므로, 일반적으로 한 기업이 맞닥뜨린 수요의 가격탄력성은 산업전체의 그것보다 크다. 반대로 알맞은 대체재가 존재하지 않는 술 등의 기호품이나, 소비자의 예산 가운데 지출 비율이 작은 재(예를 들면 소금)의 가격탄력성은 작다. 가격탄력성은 가격을 변화시킴으로써 수입이 어떻게 변화하는지 정보를 주므로, 비탄력적인 수요에 맞닥뜨린 판매자가 수요의 탄력성이 생기는 지점까지 총수입을 증가시키려 할 때 중요 지표가 된다.

② 농산물의 소비구조
　㉠ 소득의 변화 : 1인당 국민소득이 증가할 때 **가계의 소비지출 유형 및 소비구조에도 변화**
　㉡ 농산물에도 열등재와 우등재 존재
　㉢ **식품 소비구조의 변화 등**

> **알아두기** 엥겔의 법칙과 엥겔계수
> 엥겔의 법칙이란 소득이 낮을수록 총가계지출 중에서 식비(食費)가 차지하는 비율이 커진다는 법칙을 말한다. 독일의 통계학자 E. 엥겔이 19세기 중엽에 있었던 벨기에 근로자의 가계조사를 기초로 해서 추출해낸 경험법칙이다. 또한 엥겔계수는 소비지출 총액에서 차지하는 음식비 지출의 비율이다.

> **알아두기** 열등재와 우등재
> 소득수준이 높아짐에 따라서 선호하게 되는 농산물을 우등재(優等財)라 하고, 선호하지 않는 농산물을 열등재(劣等財)라고 한다. 이러한 재화에 관련하여 기펜의 역설이라는 이론은 한 재화의 가격의 하락이 그 재화의 수요를 감소시키는 현상을 말한다. 한 재화의 가격이 하락하면 소비자의 실질소득이 높아진 것과 같은 효과가 나타나 그 재화의 수요를 증가시킨다(소득효과 : 가격의 변화가 수요에 미치는 효과). 그러나 마가린과 같은 열등재 또는 하급재는 소득이 증가하면서 그 수요는 감소하고 상대적으로 우등재 또는 상급재라고 할 수 있는 버터로 대체되어 버터의 수요가 증가된다. 이때 마가린의 가격 때문에 마가린 수요는 감소하게 된다.

(3) 농산물 가공산업

① 가공산업의 의의 : 농림업에서 얻어지는 1차산물과 공장에서 나오는 생물학적 산물을 소재로 하여 물리적·화학적 내지는 생물학적 방법으로 처리하는 것을 말한다. 가공산업은 위생적이며 간편하고 저장성이 있으되, 인간의 기호에 적합하도록 변화시킨 식품으로, 가공·생산하는 기업의 집합체를 말한다.

② 식품가공산업의 중요성 ★ 중요
　㉠ 농업경제에 있어서의 중요성
　　• 가공용 원료가 되는 농산물의 판매증대와 농민의 가공사업 참여로 농가 소득증대
　　• 계약재배를 통한 수급물량, 가격, 소득의 안정 및 저장성 제고로 가격탄력성 유지
　　• 산지가공을 통한 유통비용(원료수송비 절감, 물량감소 등) 감소부분과 원료비, 노임 등의 농촌 귀속에 따른 지역산업구조 다양화로 지역경제 활성화
　㉡ 일반경제 및 사회·문화적 중요성
　　• 고용창출 및 연관산업(기계, 포장, 수송, 도·소매업 등)과 식품과학기술 발전
　　• 조리시간 단축, 휴대 및 취식 간편, 보관기간 연장 등 국민식생활편의 도모
　　• 전통식품의 현대화 및 국제화로 전통 문화의 계승 발전
　　• 맛, 향기, 조직감, 빛깔, 모양의 개선을 통한 식생활의 즐거움 제공
　　• 가공을 통한 비축을 가능케 함으로써 식량안보에 기여

③ 식품가공산업의 전망
　㉠ 대가족에서 핵가족화, 주거형태의 변화(단독주택 → 아파트), 여성의 사회참여도 신장 등으로 편의식 가공식품 소비 증가 및 외식산업 급격 발전
　㉡ 김치, 장류 등 전통식품은 가정에서 만들기 어려워 소매점 등에서 구입 증가
　㉢ 경제발전에 따른 식생활수준 향상으로 건강·기능성 식품 소비 증가
　㉣ FTA 도입에 따른 국제화·자유화로 값싼 수입식품 급증 예상

예시문제 맛보기

소비자들이 특정 상품이나 상표를 선택할 때 영향을 미치는 요인에 대해 가장 잘 설명한 것은? [2회 기출]

① 사회적 요인으로서 사회계층, 준거집단, 가족 등이 포함된다.
② 제도적 요인으로서 직업, 소득, 교육, 소비 스타일 등이 포함된다.
③ 정치적 요인으로서 국내 및 국제적 정치 상황이 포함된다.
④ 법률적 요인으로서 법이 어떻게 바뀌는가에 따라 달라진다.

해설 소비자 구매의사결정에 영향을 미치는 요인
- 문화적 요인 : 문화, 하위문화, 사회규범 등
- 사회적 요인 : 사회계층, 준거집단, 가족 등
- 개인적 요인 : 인구통계적 특성(성별, 연령, 소득, 직업 등), 라이프스타일 등
- 심리적 요인 : 동기, 지각, 학습, 신념과 태도, 개성과 자기개념 등

정답 ①

---

03 농산물 유통정보

(1) 농산물 유통정보의 개념

① **정보** : **의미 있는 형태로 처리된 자료**로 어떤 목적을 가지고 있는 활동에 **간접적 또는 직접적인 도움을 주는 지식**
② 유통정보 : 생산자, 유통업자, 소비자 등 시장활동에 참가하는 사람들이 보다 유리한 거래조건을 확보하기 위해 여러 가지 의사결정에 필요한 각종 자료와 지식
③ 농업정보 : 농산물의 생산, 판매, 소비과정에서 관계가 있는 사람들이 필요로 하는 과학적, 경제적 지식과 알아 두어야 할 것들에 대한 정보

농업생산 정보	기상, 토양, 시비, 재배, 사육관리, 병충해 방지 등에 대한 정보
농업경영 정보	농지의 이용, 노동력 배분, 농업경영관리 등에 대한 정보
농업유통 정보	출하시장, 출하시기, 출하량, 출하가격 등에 대한 정보

(2) 농산물 유통정보의 중요성

① 생산자, 유통업자, 소비자, 정부의 정책 입안자들에게 합리적인 의사결정을 내릴 수 있도록 도와주는 역할
② 생산자 측면 : 무엇을, 언제, 어느 정도를 생산하여 어디에 출하하면 보다 많은 이윤을 얻을 수 있는지에 대해 알려 줌
③ 유통업자 측면 : 무엇을, 언제, 어디서 구입하여 그것을 언제, 어디서 판매할 때 보다 많은 이윤을 얻을 수 있는지에 대해 알려 줌
④ 소비자 측면 : 언제, 어디에 가면 자기가 원하는 농산물을 보다 싼값으로 구입할 수 있는지에 대해 알려 줌
⑤ 정부의 정책 입안자 측면 : 농산물의 수요 및 공급량의 조절, 가격안정, 유통구조의 개선 등 농산물 유통정책의 수립과 시행에 대한 자료를 제공

(3) 농산물 유통정보의 분류

① 내용 및 특성에 따른 분류
  ㉠ 통계정보
    • 일정한 목적을 가지고 사회·경제적 집단의 사실을 조사·관찰했을 때 얻을 수 있는 계량적 자료
    • 주로 정책의 입안 및 평가기준 자료로 활용
  ㉡ 관측정보
    • 농업의 미래 상황을 경제적 측면에서 예측하여 영농·판매계획의 수립과 정책입안 자료 및 농산물의 구매 등에 활용 목적
    • 과거와 현재의 농업 관계 자료를 수집·정리하여 과학적으로 분석·예측한 정보
  ㉢ 시장정보 : 시장 출하자 및 매매자의 의사결정을 도와줄 수 있는 현재의 가격수준 및 가격 형성에 영향을 끼치는 여러 요인에 관한 정보
② 주체에 따른 분류
  ㉠ 공식적 정보 : 공공기관에 의해 수집·분석·분산되는 유통정보
  ㉡ 비공식적 정보 : 주로 상인 등이 자신의 시장활동을 위해 각종 자료를 수집하여 활용하는 것

(4) 농산물 유통정보의 요건

① 정확성
② 신속성과 적시성
③ 객관성
④ 유용성과 간편성
⑤ 계속성과 비교가능성

(5) 농산물 유통정보의 발전방향
① 수집정보에 대한 일정한 기준을 마련하여 통일된 정보 수집체계를 확립
② 정보 분산을 막기 위하여 각 기관의 정보를 통합·조절할 수 있는 통합유통기구 설립
③ 유통정보의 활용을 위한 유통정보교육의 활성화

(6) 농산물 유통정보의 수집 및 이용
① 농산물 유통정보 수집체계
  ㉠ 1963년 : 농업협동조합 중앙회에서 전국 5개 도시의 45개 품목에 대한 도·소매가격과 공판장 경락가격 및 반입량 조사착수
  ㉡ 1975년 : 농산물 유통정보센터의 설립으로 체계적인 활동 시작
  ㉢ 1983년 : 본격적인 정보의 수집활동으로 농업협동조합, 축산업협동조합, 수산업협동조합, 농수산물 유통공사에서 부분적으로 실시하는 시장정보의 업무를 통합·조정하여 일원화
② 농산물 유통정보의 수집
  ㉠ 산지시장 정보수집 : 2000년 7월 1일부터 축산업협동조합은 농업협동조합에 통합되어 농업협동조합에서 10개 품목에 대하여 소는 80개 산지 가축시장에서, 돼지는 39개 사육지 양돈장에서, 그 밖의 품목은 사육농장에서 조사하고 있다.
  ㉡ 소비지 도매시장 정보수집 : 소비지 도매시장의 농·수산물 유통정보의 수집은 농림수산식품부와 농수산물 유통공사가 주로 담당한다.
③ 농산물 유통정보의 이용 ★ 중요
  ㉠ **가격정보 분석 및 이용**
  ㉡ **출하시기 조절**을 위한 가격분석 및 이용
  ㉢ **작목선택**을 위한 자료의 분석 및 이용
  ㉣ **등급별 가격분석 및 이용**
  ㉤ **출하처 개선**을 위한 가격분석 및 이용
④ 농산물 유통정보의 분산
  ㉠ 계통분산 : 행정기관 및 협동조합 조직을 통해 유통정보를 분산시키거나 정보수집의 역순으로 분산시키는 방법으로 정보내용의 정확성과 계속성을 유지할 수 있는 장점은 있지만, 광범위한 이용자의 활용에는 효율적이지 못하다.
  ㉡ 방송매체를 통한 분산 : 일시에 대중 전달성과 신속성은 있으나 방송시간 및 횟수의 제약으로 인하여 포괄적인 정보의 전달이 어렵다.
  ㉢ 인쇄매체를 통한 분산 : 신속성은 없으나 정보를 정확히 전달할 수 있고 기록성과 보존성이 있기 때문에 농산물 유통정보의 분석 및 평가 자료로 활용할 수 있다는 장점이 있다.
  ㉣ 공중정보 통신망을 이용한 제공 : 자동응답전화장치를 이용하는 방법과 인터넷을 이용하는 방법 등이 있다.

⑤ 컴퓨터 통신망을 이용한 정보의 제공 : 농촌진흥청, 농수산물유통공사, 서울특별시 농수산물공사, 농업협동조합, 농수산물무역정보(KATI), 한국농림수산정보센터(AFFIS), 가락동 농수산물시세 등

예시문제 맛보기

농산물 유통정보에 관한 설명으로 옳지 않은 것은? [9회 기출]
① 정보의 비대칭성을 감소시켜 불확실성에 따른 위험부담비용을 줄여준다.
② 유통정보의 적합성보다 신속성 및 다양성이 중요시된다.
③ 유통업자 간에 경쟁을 유도하여 공정거래를 촉진한다.
④ 시세 및 출하물량에 대한 정보 제공으로 출하처 선택에 도움을 준다.

해설 농산물 유통정보의 요건
• 정확성
• 신속성과 적시성
• 객관성
• 유용성과 간편성
• 계속성과 비교가능성

정답 ②

---

04 농산물 시장

(1) 농산물 시장의 의의
① 농산물이 그 가격형성과 변동을 통해서 생산자로부터 소비자의 손으로 넘어가는 과정 및 이를 가능하게 하는 물적·사회적인 조직을 말한다.
② 농산물의 자연적·사회적 특수성이 그 시장에 구조적 특질을 부여하기 때문에 일반 상품시장과는 구별된다. 따라서, 원료농산물이 공업제품과 다름없는 가공식품 등으로 가공될 경우는 가공단계까지가 농산물 시장이 된다.

(2) 농산물 시장의 특징
① 농산물 시장도 농산물이 생산자로부터 소비자까지 그 물적 형태를 바꾸면서 이동해 가는 물적 유통과정과, 수요와 공급이 형성하는 가격에 따라서 거래가 이루어져 농산물의 소유권이 옮겨가는 매매과정의 이중과정으로 이루어진다.
② 물적유통과정의 특징
  ㉠ 야채·과일의 선별 및 포장 또는 이것들의 냉장·보관과 같은 농업생산의 연장에 해당하는 작업이 유통과정에 있기 때문에 중요한 의미를 지니고 있다.

ⓒ 생산자의 마당에서 소매점의 점두(店頭)까지의 유통경로가 길며, 더구나 그것이 집하·중계·분하(分荷 : 도매·소매)와 같이 많은 단계로 나누어져 있다.
③ 매매과정의 특징
    ⓒ 농산물은 품질이 다양하며 매도자·매수자는 다수인 경우가 많기 때문에 현물(現物)을 앞에 놓고 다수의 매도자·매수자가 모여서 집합적으로 거래를 하는 형태가 많다. 근대사회에서 도매시장이 나타나는 것은 이 때문이다.
    ⓒ 장기적인 경향변동, 규칙적인 계절변동, 그리고 일부 농산물에서 볼 수 있는 주기변동 등, 농산물에 독특한 가격변동이 나타난다.
④ 생산자단체의 집하·가공 등으로의 진출을 흔히 볼 수 있으며, 또한 가격지지(價格支持)를 비롯하여 정부의 다양한 형태로의 시장개입을 볼 수 있다는 특징이 있다.
⑤ 개개의 농산물에 따라 갖가지 형태의 농산물 시장이 존재한다.

(3) 농산물 시장의 유형

① 농산물 시장은 여러 각도에서 분류되지만, 기본적으로는 중계단계에 주목하여 그 전후를 포함하는 유통기구로 유형화된다.
② **상품거래소** : 회원인 중개인이 특정 농산물에 대해서 표준품의 선물거래를 차금결제 방식으로 한다. 가격변동에 대해서 연계매매와 투기가 동시에 이루어져 적정가격이 형성된다.
③ **도매시장** : **농축수산물의 현물거래가 복수의 수하(受荷)도매상과 소매상 사이에서 경쟁적으로 이루어진다.** 어느 나라에서나 대도시에서는 공설사영(公設私營)의 형태를 취하며 그 거래에 규제를 가하고 있는 경우가 많은데, 단지 수하도매상만이 집중되어 있는 곳도 있다. 서울 가락동 농수산물도매시장 등이 이에 속한다.
④ **수하도매상** : 산재해 있는 수하도매상이 생산자단체와 산지도매상으로부터 수탁 또는 수매한 물건을 소매상에게 도매한다. 일반적으로는 수하도매상과 소매상 간에는 자유로운 경쟁이 이루어지도록 되어 있다.
⑤ **산지소매점 직결형** : 슈퍼마켓 등 소매점이 대형화되면서 가공식품 부문에서는 가공기업과 소매점과의 직결이 늘어나고 있으며, 수산물 등에서도 **대형생산자·생산자단체·집하도매상(산지도매상)과 소매상이 직결하는 형태**가 늘어나고 있다.
⑥ 가공기업에 의한 원료농산물 직접 집하 : 종래의 가공기업은 수하도매상과 도매시장을 통해서 원료를 조달하고 있었으나, **대규모화에 따라 생산자와 생산자단체를 조직화하여 직접 집하**하게 되었다. 그 집하거래를 장기계약으로 고정화했을 때, 계약생산이라 불린다.

CHAPTER 01 적중예상문제

01 농산물 유통의 특성이라고 할 수 없는 것은?   제10회

① 농산물은 다품목 소량생산 특성으로 상품화가 용이하다.
② 농산물 생산은 계절적이지만 소비는 연중 발생하여 보관의 중요성이 크다.
③ 농산물은 가치에 비해 부피가 크고 무거워 운반과 보관에 많은 비용이 든다.
④ 농산물은 중량이나 크기, 모양이 균일하지 않기 때문에 표준화, 등급화가 어렵다.

해설 농산물 유통의 특성
- 농산물 생산은 계절적이지만 소비는 연중 발생하여 보관의 중요성이 크다.
- 농산물은 가치에 비해 부피가 크고 무거워 운반과 보관에 많은 비용이 든다.
- 농산물은 중량이나 크기, 모양이 균일하지 않기 때문에 표준화, 등급화가 어렵다.
- 생산자와 소비자가 전국적으로 분산되어 있고 규모도 영세하여 생산자로부터 최종 소비자에 이르기까지의 유통단계가 많다.
- 생산계획을 수립하는 시점과 수확하여 판매하는 시점 간에 상당한 시차가 있어 공급 조절이 어렵고 생산량(공급)에 따라 가격변동이 심하다.
- 또한 농산물은 가격이 등락하더라도 소비량에 큰 변화를 가져오지 않는 특성을 갖고 있다.

02 농산물 유통의 사회적 역할을 가장 적절히 설명한 것은?   제2회

① 농산물 유통은 생산기반을 구축하여 지역 내 자급자족을 가능하도록 한다.
② 농산물 유통이 생산과 소비를 연결시켜 줌으로써 농산물의 사회적 순환을 통해 농업발전에 기여한다.
③ 농산물 유통은 유통마진을 축소하고 생산자와 소비자간의 직거래를 확대한다.
④ 농산물 유통은 생산자의 역할과 이익을 도모한다.

해설 농산물유통의 역할
- 농산물의 수급 조절 : 농업 생산과 소비 사이에 경제적 분리를 시장 활동을 통하여 수요와 공급을 조절하고 있다.
- 농업발전 기여 : 농산물유통은 사회에 있어서 생산과 소비를 연결시켜 줌으로써 농산물의 사회적 순환을 통해 농업발전을 촉진시켜 준다.
- 경제적 복지 기여 : 필요한 농산물이 필요한 시기에 필요한 형태로 소비자에게 전달되어 소비자가 만족한 소비생활이 지속된다면 경제적 복지에 크게 기여하는 것이다.

정답 1 ① 2 ②

03 경제발전과 소득수준의 상승에 따른 국민의 식품 소비 및 구매 형태의 변화에 대한 설명으로 틀린 것은?　제5회

① 세척, 커팅 등 전처리 농산물의 수요가 증가하고 있다.
② 상품구매의 편리성을 위해 재래시장 이용 비중이 증가하고 있다.
③ 소포장, 친환경 농산물의 수요가 증가하고 있다.
④ 주곡인 쌀을 포함한 곡류의 소비는 감소하고 육류와 수산물의 소비는 증가하고 있다.

해설　② 상품 구매에 따른 편리성과 쾌적함 등으로 대형마트 이용 비중이 증가하고 있다.

04 최근 식생활의 고급화 및 다양화로 나타난 식품소비행태 변화 추세가 아닌 것은?　제8회

① 소포장 선호, 외식 증가
② 쌀소비량 감소, 육류 및 수산물 소비량 증가
③ 유기가공식품 수요 및 수입물량 증가
④ 신선식품구매 증가, 가공식품구매 감소

해설　④ 신선식품·가공식품구매 증가

05 농산물의 생산환경 변화에 관한 설명으로 옳지 않은 것은?　제9회

① 산지직거래나 계약재배를 통한 맞춤생산 증가
② 농산물의 표준규격화 및 브랜드화 증가
③ 생산 전문화를 통한 농가의 위험부담 경감
④ 농산물 생산의 단지화

해설　③ 생산의 전문화는 농산물 가격변화에 따른 생산농가의 위험부담을 가중시킬 수 있다.

06 최근 농산물 소비 트렌드에 관한 설명으로 옳지 않은 것은?　제11회

① 식료품에 지출되는 소득의 비중(엥겔계수)이 감소하고 있다.
② 가공 및 조리식품의 소비가 감소하고 있다.
③ 신선편이 농산물의 소비가 증가하고 있다.
④ 소포장 농산물의 소비가 증가하고 있다.

해설　② 가공 및 조리식품의 소비가 증가하고 있다.

07 최근 농식품 소비 추세로 옳은 것은?   제12회

① 저위보전 식품 소비 증가
② 신선편이 식품 소비 감소
③ 가정대체식(HMR) 소비 증가
④ 에스닉푸드(Ethnic Food) 소비 감소

해설 경제발전과 소득수준 상승에 따른 식품 소비의 변화
- 세척, 커팅 등 전처리 농산물의 수요가 증가
- 소포장, 친환경 농산물의 수요가 증가
- 주곡인 쌀을 포함한 곡류의 소비는 감소하고 육류와 수산물의 소비는 증가
- 친환경 유기농산물의 수요가 증가함에 따라 새로운 유통문제가 발생

08 농산물 유통환경 변화에 관한 설명으로 옳은 것은?   제12회

① 맞춤생산 증가
② 유통경로의 단일화
③ 수입농산물 증가로 인한 국산농산물 가격 상승
④ 산지와 대형유통업체 간 수직적 통합 약화

해설 농산물 유통환경의 변화
- 수요 및 소비 측면
  - 소비자 농식품 소비성향의 다양화
  - 식품소비의 개성화, 편의화와 고품질·안전·신선도 중시
  - 소비자 농산물 구매성향의 변화(신뢰구매, 가치구매 등)
  - 소비자 농식품 소비형태 변화(가공식품 및 외식소비 확대)
- 생산 및 공급 측면
  - 시장개방화 가속과 국내시장 과잉공급구조 전환
  - 산지간·생산자간·국가간 판매경쟁 심화
  - 산지유통의 조직화·규모화·공동화로 거래교섭력 증대 추세
  - 생산의 규모화·전문화와 거래형태의 다양화
- 소비지 유통환경(소매 및 도매단계)
  - 유통업체의 규모화, 체인화 진전과 시장지배력 다양화
  - 유통업체의 농산물 구매형태의 다양화(계약, 직거래 등)
  - 전자상거래, 인터넷몰, 통신판매 등 거래형태 다양화
  - 다양한 도매유통업체 출현과 도매시장구조의 경쟁심화
  - 농산물 도매유통체계 다극화의 빠른 진전
  - 도매시장 기능 및 역할 축소와 거래의 점진적 위축

09 농산물의 특성으로 옳지 않은 것은?

① 계절적 편재성
② 부피와 중량성
③ 질과 양의 불균일성
④ 용도의 단일성

해설 농산물의 특성
- 계절적 편재성 : 대부분의 농산물은 수확기가 대개 일정하기 때문에 판매, 보관, 운송 등이 계절성을 가지고 있으므로 수확기에는 홍수 출하가 이루어지게 되어 농산물의 값이 하락하게 되고, 비수확기에는 농산물의 값이 상승하게 된다.
- 부피와 중량성 : 농산물은 그 가치에 비해 부피가 크고 무거운 것이 일반적이다.
- 부패성 : 대부분의 농산물은 수분을 많이 함유하고 있으므로 부패하기가 쉽다.
- 질과 양의 불균일성 : 농산물은 동질의 상품이라고 하더라도 실제로는 같은 품종이라 하더라도 그 품질이 동일하지 않고 다양하기 때문에 표준화와 등급화가 어렵다.
- 용도의 다양성 : 농산물은 용도가 다양하므로 수요량 측정이 어렵다.
- 수요와 공급의 비탄력성 : 농산물은 공산품에 비하여 수요와 공급이 비탄력적이다.

10 농산물의 특성에 관한 설명으로 옳은 것은? 제8회

① 표준화 및 등급화가 쉽다.
② 수요와 공급이 탄력적이다.
③ 용도가 다양하다.
④ 운반 및 보관비용이 적다.

해설 ① 표준화 및 등급화가 어렵다.
② 수요와 공급이 비탄력적이다.
④ 운반 및 보관비용이 크다.

11 농산물 유통의 특징으로 옳지 않은 것은?

① 농산물은 상품 가치에 비하여 부피가 크고 무게가 무겁다.
② 농산물은 계절성이 크고 부패·변질하기 쉬운 특성이 있다.
③ 같은 품종이라 하더라도 품질이 같지 않으므로 표준 규격화하기 어렵다.
④ 농산물은 수요와 공급뿐만 아니라 가격도 안정적이다.

해설 ④ 농산물은 수요와 공급뿐만 아니라 가격도 불안정하다.

12 수익성이 높은 농업경영을 하기 위한 합리적 의사결정 시 고려하여야 할 사항과 거리가 먼 것은?
① 어떤 농산물을 생산할 것인가?
② 농산물을 언제 어느 장소에서 판매하여야 할 것인가?
③ 농지를 어떤 용도로 전환할 것인가?
④ 어떠한 시장활동 방법이 바람직할 것인가?

> **해설** 수익성 높은 농업경영을 하기 위한 합리적 의사결정 시 고려하여야 할 사항
> • 어떤 농산물을 생산할 것인가를 결정
> • 수익을 증대시키기 위해서는 농산물을 언제 어느 장소에 판매할 것인가를 결정
> • 농민들이 개인적으로나 생산 집단의 구성원으로서 농산물 시장활동 기능을 얼마나 수행해야 할 것인지를 결정
> • 농산물의 판매를 확대하기 위해서는 어떤 일을 해야 할 것인지를 결정
> • 어떠한 시장활동 방법이 바람직한 것인지를 결정
> • 농산물 거래가 공정하게 이루어지기 위해서는 어떠한 일을 해야 할 것인지를 결정

13 농산물을 표준화 내지 등급화하기 어려운 이유는?
① 농산물의 부피와 중량성
② 농산물의 질과 양의 불균일성
③ 농산물의 용도의 다양성
④ 농산물의 수요와 공급의 비탄력성

> **해설** 농산물은 동질의 상품, 즉 실제로는 같은 품종이라 하더라도 그 품질이 동일하지 않고 다양하기 때문에 표준화와 등급화하기가 어렵다.

14 농산물의 일반적인 특성으로 옳지 않은 것은? 　　　　　　　　　　　　　　　제13회
① 단위가치에 비해 부피가 크고 무겁다.
② 가격 변동에 대한 공급 반응에 물리적 시차가 존재한다.
③ 가격은 계절적 특성을 지닌다.
④ 다품목 소량 생산으로 상품화가 유리하다.

> **해설** ④ 농산물은 상품화가 어렵다는 특징이 있다.

정답 12 ③　13 ②　14 ④

15 농산물 유통의 특징으로 옳지 않은 것은?
① 농산물은 수요와 공급뿐만 아니라 가격도 불안정하다.
② 농산물의 수요는 개별 소비자의 기호에 따라야 하고, 공급은 생산량과 재고량에 의존해야 한다.
③ 농산물의 생산은 자연조건에 큰 영향을 받으며, 인위적으로 조절하기 어렵다.
④ 농산물은 대규모 생산이므로 산지에서 수집해야 하며 중간상인이 많이 참여하게 되므로 유통비용이 낮아지게 된다.

해설 ④ 농산물은 소규모 생산이므로 산지에서 수집해야 하며, 중간상인이 많이 참여하게 되므로 유통비용이 증가하게 된다.

16 농산물 유통경로에 관한 설명으로 옳지 않은 것은? 제14회
① 도매단계, 소매단계는 유통단계에 포함된다.
② 유통경로는 단계와 길이로 구분한다.
③ 중간상이 늘어날수록 유통비용은 증가한다.
④ 유통단계가 많을수록 전체 유통경로의 길이는 짧아진다.

해설 ④ 유통단계가 많을수록 전체 유통경로의 길이는 길어진다.

17 다음은 수입농산물의 증가가 국내 농산물 유통에 미치는 영향을 설명한 내용이다. 이 중에서 가장 크게 직접적으로 영향을 미치는 분야를 든다면? 제3회
① 국내산 농산물의 고급화, 편의성, 건강추구 경향이 가속화될 것이다.
② 국내산 농산물의 가격하락이 지속될 것이다.
③ 국내산 농산물의 직거래 비중이 높아질 것이다.
④ 국내산 농산물의 수급조절을 위한 정부의 시장개입정책이 강화될 것이다.

해설 국내산 농산물의 공급과잉 기조로 인한 가격경쟁력 저하 ⇒ 외국농산물 수입확대, 국내산 농산물의 실질가격 하락

18 우리나라의 농산물 유통의 특징으로 거리가 먼 것은?
① 생산규모가 영세하다.
② 가격이 불안정하며 가격등락의 폭이 작다.
③ 농산물의 수요와 공급뿐만 아니라 가격도 불안정하다.
④ 유통경로가 복잡하여 유통비용이 많이 든다.

해설 우리나라 농산물 유통의 특징
• 유통경로가 복잡하여 유통비용이 많이 든다.
• 생산규모가 영세하며, 도매시장의 기능이 미흡하고 시설이 부족하다.
• 가격이 불안정하며, 가격의 등락폭이 크고, 수요공급도 불안정하다.
• 유통과정에 있어서 생산자 및 생산자 조직의 역할이 미흡하고 산지유통시설도 부족한 편이다.

19 농산물 유통의 합리성과 비용절감 및 가격효율의 증진과 관련된 기능은?
① 표준화와 등급화
② 가공 및 저장기능
③ 시장정보의 수집과 홍보
④ 위험부담과 유통금융

해설 농산물의 표준화는 농산품을 상품화시키기 위한 기준을 정하는 기능이며, 농산물의 등급화는 설정된 기준에 따라 상품을 분류하는 기능으로 이는 합리적인 수송과 저장을 가능하게 하여 비용을 절감시키고 가격효율을 증진시키는 데 도움이 되는 기능이다.

20 토지에 있어서의 수확은 그 면적과 산물의 시장 가격이 일정할 때 이에 투자한 자본·노력에 비례하여 어느 정도까지는 증대하지만 그 정도를 지나면 총수확은 증가하나 단위 비용에 대한 수확은 투입한 자본·노동에 비하여 상대적으로 점차 감소하는 현상을 무엇이라고 말하는가?
① 수확불변의 법칙
② 수확체감의 법칙
③ 자본·노동 일정의 법칙
④ 자본우선의 원칙

21 농산물 유통에 관한 내용으로 옳지 않은 것은?

① 농산물이 농가에서 판매되었다고 농산물 유통 활동이 끝나는 것은 아니다.
② 농가는 소비자 또는 사용자가 원하는 농산물을 생산할 수 있도록 생산계획을 수립하여야 한다.
③ 농가는 농산물이 판매된 후에도 계속적으로 판매될 수 있도록 조직적인 경제활동이 이루어져야 한다.
④ 농산물 유통은 농산물의 수확으로부터 시작된다.

해설 ④ 농산물 유통은 좋은 품종을 만들어 내는 육종사업으로부터 시작된다고 할 수 있다. 소비자가 원하는, 즉 잘 팔리는 품종을 육종하는 과정부터 농산물 유통은 시작되는 것이다.

22 농산물 유통과 관련된 내용으로 적절하지 아니한 것은?

① 농산물 유통에서 농민과 상인과의 상호의존 관계에 있다.
② 상인들의 기능은 원칙적으로 농민의 생산활동을 보완하여 주고 있다고 볼 수 있다.
③ 상인은 소비자에 대한 정보를 농업인에게 제공하는 역할도 한다.
④ 상인과 농업인은 서로 경쟁적 관계에 있으므로 서로 간에 있어서 유리한 입장에 서려고 하므로 정보면에서 매우 독립적이다.

해설 농업인은 상인을 통하여 농산물을 판매하게 되고, 상인은 소비자와 항상 접촉하므로 소비자의 기호를 잘 알게 되며, 이러한 소비자 성향을 농업인에게 전달하여 잘 팔리는 농산물을 생산하도록 정보를 제공하는 상호 보완적 관계에 있다.

23 농산물 유통의 특성에 관한 설명으로 적당하지 아니한 것은?

① 농산물의 유통의 문제는 기본적으로 농업 및 농산물 자체가 지니는 특성으로부터 발생된다.
② 농산물 유통 및 거래조건은 공산품에 비하여 상대적으로 불리하다.
③ 농산물 유통은 유통경로가 단순하다.
④ 농산물의 생산 및 공급이 불안정하다.

해설 농산물은 일반적으로 그 상품적 가치에 비하여 부피가 크고 무게가 많이 나가며, 계절성이 크고 변질하기 쉬운 특성이 있다. 또 농산물은 같은 품종이라 하더라도 생산량과 품질이 같지 않다. 농산물이 지니는 이러한 상품적 특성 때문에 농산물의 유통은 공산품에 비해 감모손실이 크고 저장, 수송 등의 유통비용이 과다하게 발생하며 포장개선, 표준규격화 등 상품성을 제고시키는 데 어려움이 크다. 뿐만 아니라 광범위하게 분산된 다수의 농가에서 소규모로 생산된 농산물을 다수의 소비자에게 신속하게 전달해야 되기 때문에 수집·분산 단계가 필수적이다. 따라서 농산물 유통은 유통경로가 여러 단계이고 중간상인이 많이 참여하게 되어 유통비용도 많이 발생된다.

24 농산물 유통의 중요성에 관한 설명으로 적당하지 아니한 것은?

① 농산물 유통은 사회·경제적인 면에서뿐만 아니라 개별농가의 입장에서도 그 중요성이 점차 증대되고 있다.
② 농업 생산은 농업 기술의 발전에 따라 점차 증가되고 있다.
③ 상업농 유통의 전략 핵심은 시장에서 잘 팔리는 농산물을 생산하는 것이다.
④ 근래에는 판매 목적의 영농보다는 자급자족적 영농이 강화되는 추세이다.

> **해설** 과거의 우리나라 농업은 자급자족적 형태였기 때문에 생산자가 곧바로 소비하게 되는 직접 유통이 주를 이루었던 반면에 근래에는 대부분의 농가가 판매를 목적으로 하는 영농을 하고 있다. 이와 같이 판매를 목적으로 이루어지는 농업을 상농업이라고 한다.

25 상업농의 핵심전략으로 "시장에서 잘 팔리는 농산물을 생산하기" 위한 것으로 적당하지 아니한 것은?

① 농업경영의 협동화로 비용절감
② 공동판매로 거래과정 복잡·전문화
③ 개별농가도 판매전략 고도화
④ 품질을 높이고 선별, 표준 규격화, 포장 등 상품성을 높일 것

> **해설** 상업농 유통 전략의 핵심은 시장에서 잘 팔리는 농산물을 생산하는 일이다. 이를 위해서는 농업경영을 협동화하여 비용을 줄이고 공동판매로 거래과정을 유리하게 하여야 한다. 개별농가에 있어서도 판매전략을 고도화하여야 하며, 품질을 높이고 선별·규격화, 포장 등으로 상품성을 높여야 한다.

26 거미집 이론에서 농산물 가격의 변동에 대한 설명으로 틀린 것은? [제5회]

① 농산물 가격과 공급 간의 시차에 의한 가격변동을 설명한다.
② 수요와 공급곡선의 기울기의 절대값이 같을 때 가격은 일정한 폭으로 진동하게 된다.
③ 계획된 생산량과 실현된 생산량이 언제나 동일함을 가정한다.
④ 공급이 수요보다 더 탄력적일 때 가격은 균형가격으로 점차 수렴한다.

> **해설** 거미집 이론에 의하면 수요의 가격탄력성이 공급의 가격탄력성보다 절대치로서 클 때 균형가격으로 수렴한다.

정답 24 ④ 25 ② 26 ④

27
소비자의 생활수준이 향상되고 식품소비 구조가 고급화·다양화되고 있는 추세이다. 이것이 농산물 유통에 주는 의미 중 가장 알맞은 것은? 〔제1회〕

① 친환경 유기농산물의 수요가 증가함에 따라 새로운 유통 문제가 발생할 수 있다.
② 대형소매업체는 고품질 농산물을 대포장으로 판매하는 경향이 커진다.
③ 농산물 소비패턴의 고급화·다양화는 농산물 유통 대상품목을 곡류 중심으로 집중시킨다.
④ 수요 및 공급의 가격탄력성이 낮은 품목은 시장가격의 변동이 상대적으로 작다.

해설 ② 대형소매업체는 고품질 농산물을 소포장으로 판매하는 경향이 커진다.
③ 농산물 소비패턴의 고급화·다양화로 곡류 중심보다는 채소·과일 등 신선식품, 가공식품, 편의식품의 소비가 증가한다.
④ 수요 및 공급의 가격탄력성이 낮은 품목은 시장가격의 변동이 상대적으로 크다.

28
농산물 유통의 특성에 대한 설명 중 옳지 않은 것은?

① 농산물의 수요는 소비자의 기호에 따른다.
② 농산물의 공급은 생산량과 재고량에 의존한다.
③ 농산물의 생산은 자연조건에 크게 영향을 받는다.
④ 농산물의 가격은 생산자가 다수인 관계로 가격이 안정적이다.

해설 ④ 농산물의 가격은 매우 불안정한 것이 특징이다.

29
농산물의 특성으로 옳지 않은 것은?

① 농산물은 상품적 가치에 비하여 부피가 크고 무게가 많이 나간다.
② 농산물은 계절성이 크고 부패와 변질이 쉽다.
③ 농산물은 같은 품종의 경우 질적으로 동일한 것이 특징이다.
④ 농산물은 크기와 품질이 같지 않아서 표준규격화가 힘들다.

해설 ③ 농산물은 같은 품종이라고 하더라도 크기와 품질이 같지 않은 것이 특징이다.

30
다음 설명 중 농산물의 상품적 특성과 관계가 먼 것은? 〔제3회〕

① 가격에 비하여 부피가 큰 편이다.
② 부패성이 강하여 유통 중 손실이 많이 발생한다.
③ 품종과 품질이 다양하여 표준규격화가 어렵다.
④ 수요와 공급이 탄력적이다.

해설 ④ 수요와 공급이 비탄력적이다.

31 농산물의 표준화 및 등급화의 이점이 아닌 것은?

① 합리적인 수송 및 저장가능
② 비용의 절감
③ 가격효율 증진
④ 유통단계의 확장으로 연관산업 발전도모

해설 표준화 및 등급화는 합리적인 수송과 저장을 가능하게 하여 비용을 절감시키며, 가격효율을 증진시킨다.

32 일정한 목적을 가지고 사회·경제적 집단의 사실을 조사·관찰했을 때 얻을 수 있는 계량적 자료의 정보는?

① 출하정보
② 통계정보
③ 관측정보
④ 시장정보

해설 통계정보는 일정한 목적을 가지고 사회·경제적 집단의 사실을 조사·관찰했을 때 얻을 수 있는 계량적 자료로서 주로 정책입안 및 평가기준 자료로 활용되고 있다.

33 농산물 가격이 농업생산자원의 적절한 배분을 제대로 유도하지 못하는 이유는 무엇인가?

① 농업생산 기간이 장기적이고 계절적이다.
② 농산물에 대한 수요가 탄력적이다.
③ 농산물에 대한 수요가 연중 고르지 못하다.
④ 농산물의 유통비용이 지나치게 높다.

해설 농업생산의 장기성 및 계절성으로 가격이 자원배분의 역할을 제대로 수행하지 못하고 있다.

정답 31 ④ 32 ② 33 ①

34 농산물 유통정보시스템에 대한 설명 중 적절하지 않은 것은?

① 바코드(Bar Code)와 관련된 기술은 주문처리에 있어 주문정보의 정확성과 시스템의 안정성에 도움이 되며, 정보시스템 개발을 위한 기반이 된다.
② 판매시점관리(POS ; Point of Sale) 시스템은 소매상의 판매기록, 발주, 매입, 고객관련 자료 등 소매업자의 경영활동에 관한 정보를 관리하는 것이다.
③ 자동발주시스템(EOS ; Electronic Ordering System)은 판매에 따라 재고량이 재주문점에 도달하게 되면 컴퓨터에 의해 자동발주가 이루어지는 시스템으로서, 도·소매업자 모두에게 효과가 있다.
④ 전자문서교환(EDI ; Electronic Data Interchange)은 정보전달이 인간의 개입 없이 컴퓨터 간에 이루어지는 것으로서, 기업 간 EDI 프로토콜이 달라도 실행이 가능하다.

해설 EDI(Electronic Data Interchange)란 표준화된 기업 간 거래서식 또는 기업과 행정기관 간의 공공(행정)서식을 상호 간에 합의한 통신표준에 따라 컴퓨터와 컴퓨터 간에 교환하는 전자식 문서교환시스템을 말한다. 즉, 일정한 형태로 정형화된 명료한 내용의 거래 및 행정관련 정보를 당사자 전체가 합의된 규범(Protocol)에 맞추어 컴퓨터 통신회로를 통해 상호 전송하는 시스템이다.

35 다음 중에서 농산물 유통정보의 기능이라고 보기 어려운 것은?

① 농민의 문화생활에 도움을 준다.
② 농민의 영농계획 수립에 도움을 준다.
③ 유통업자의 구매 및 판매시기 결정에 도움을 준다.
④ 정책 입안자에게 정책수립의 자료를 제공해 준다.

해설 농산물 유통정보의 기능
- 생산자 : 무엇을, 언제, 어느 정도를 생산하여 어디에 출하하면 보다 많은 이윤을 얻을 수 있는지를 알려 준다.
- 유통업자 : 무엇을, 언제, 어디서 구입하여 그것을 언제, 어디서 판매할 때 보다 많은 이윤을 얻을 수 있는지 알려 준다.
- 소비자 : 언제, 어디에 가면 자기가 원하는 농산물을 보다 싼 값으로 구입할 수 있는지를 알려 준다.
- 정책 입안자 : 농산물의 수요 및 공급량의 조절, 가격 안정, 유통구조의 개선 등 농산물 유통정책 수립과 시행에 대한 자료를 제공해 준다.

36 농산물 유통정보의 요건으로 옳지 않은 것은? 　제8회

① 정보는 원하는 사람에게 적절한 시기에 전달되어야 한다.
② 정보이용자가 쉽게 정보에 접근하고 취득할 수 있어야 한다.
③ 정보수집자의 주관이 반영되어 정보의 가치를 높여야 한다.
④ 정보이용자의 의사결정에 필요한 모든 정보가 포함되어야 한다.

해설 **농산물 유통정보의 요건**
- 정확성
- 신속성과 적시성
- 객관성
- 유용성과 간편성
- 계속성과 비교가능성

37 농산물의 산지시장 정보수집은 어느 기관을 중심으로 이루어지고 있는가?

① 농업협동조합　　　　　　　　② 시장·군수·구청장
③ 농림수산식품부　　　　　　　④ 한국물가협회

해설 농업협동조합은 쌀, 콩, 땅콩, 참깨, 유채, 고구마, 무, 배추, 양파, 건고추, 마늘, 사과, 배, 복숭아, 포도, 감자, 밤 등 18개 품목에 대하여 산지 농산물 공판장의 경락가격과 5일 시장에서 이루어지고 있는 농가수취가격을 품목별로 5개소 이상의 대상 업소를 선정하여 이곳으로부터 청취·조사한 다음 평균가격을 컴퓨터에 입력한다.

38 소비지의 도매시장 정보수집을 담당하고 있지 않은 기관은?

① 농업협동조합　　　　　　　　② 농림수산식품부
③ 농수산물 유통공사　　　　　④ 한국물가협회

해설 소비지 도매시장의 농·수산물 유통정보의 수집은 농림수산식품부와 농수산물 유통공사가 주로 담당하고 있다. 이 밖에 정보를 수집하기 위하여 농업협동조합, 수산업협동조합도 자체적으로 운영하고 있는 소비지 공판장의 거래가격과 반입량을 조사하고 있다. 농수산물 유통공사의 경우에는 조사직원을 두어 자료를 수집하고 있으며 자사 홈페이지의 농·수산물 종합정보란을 통하여 매일 오후 5시에 자료를 갱신하고 있다.

정답 36 ③　37 ①　38 ④

39 농가와 시장의 거리가 농산물 유통에서 중요한 이유는?

① 시장정보의 획득정도를 결정하기 때문에
② 운송비의 다소를 결정하기 때문에
③ 자연적 유리성의 결정요인이므로
④ 자연자원 분포와 관련이 깊기 때문에

해설 농가와 시장과의 거리는 농산물 유통에 있어서 가장 중요한 비용항목인 운송비의 다소를 결정하므로 농가의 수입에 직접적 관계가 있다.

40 다음 농산물 유통정보의 이용과 관련된 내용 중 옳지 않은 것은?

① 농산물 유통정보의 필요한 시기는 생산자, 유통업자, 소비자, 정부가 모두 다르다.
② 산지의 상인들로부터 얻는 비공식 유통정보에 의존하기보다 정부가 제공하는 유통정보에 의존도가 더 높다.
③ 유통업자는 거의 매일, 매시간 정보가 필요하다.
④ 소비자의 입장에서 보면 많은 농산물을 구입하려 하는 때 또는 특정 농산물의 가격이 불안할 때 유통정보가 필요하다.

해설 농민들은 필요한 유통정보를 산지의 상인들로부터 얻는 등 비공식 유통정보의 의존도가 매우 높다. 그 이유는 정부나 공공기관이 제공해 주는 정보는 포괄적이어서 이용자의 다양한 수요를 충족시켜 줄 수 없고 또 컴퓨터 통신이나 인터넷의 이용은 컴퓨터의 준비 및 사용방법을 익히기 어렵기 때문이다.

41 판매자는 하나이고 그가 생산하는 생산물에 대한 가까운 대체재가 없으며 진입의 장벽이 있는 시장구조는?

① 완전경쟁시장   ② 과점시장
③ 독점시장   ④ 독점적 경쟁시장

해설 경쟁상대가 전혀 없는 상태를 독점시장이라 한다.

42 농산물 유통발전 방향과 거리가 먼 것은?

① 생산자 지향의 유통
② 유통시설의 확충
③ 가격안정을 위한 유통구조의 개선
④ 농산물 유통의 정보화 추진

> **해설** 농산물 유통의 발전방향
> • 소비자 지향적 유통
> • 유통시설의 확충
> • 가격안정을 위한 유통구조의 개선
> • 생산자와 소비자의 연대강화
> • 농산물 유통 정보화 추진

43 농산물 유통정보의 분산 방법 중 행정기관 및 협동조합 조직을 통해 유통정보를 분산시키거나 정보수집의 역순으로 분산시키는 방법을 무엇이라고 하는가?

① 계통분산
② 방송매체를 통한 분산
③ 인쇄매체를 통한 제공
④ 공중정보 통신망을 이용한 제공

> **해설** 계통분산은 행정기관 및 협동조합 조직을 통해 유통정보를 분산시키거나 정보수집의 역순으로 분산시키는 방법으로 정보내용의 정확성과 계속성을 유지할 수 있는 장점은 있으나 광범위한 이용자의 활용에는 효율적이지 못한 단점이 있다.

44 다음의 농산물 유통정보와 주체의 연결이 잘못된 것은?

① 생산자 – 생산 및 출하정보
② 소비자 – 구매정보
③ 유통업자 – 구매 및 판매정보
④ 정책 입안자 – 만족도 및 이윤정보

> **해설** 농업정보의 정책 입안자는 농산물의 수요 및 공급량의 조절, 가격안정, 유통구조의 개선 등 농산물 유통정책의 수립과 시행에 대한 자료를 제공해 준다.

45 다음 농산물 유통정보 분산의 방법 중 신속성은 없으나 정보를 정확히 전달할 수 있는 방법은?

① 계통분산
② 인쇄매체를 통한 제공
③ 공중정보통신망을 이용한 제공
④ 컴퓨터통신망을 이용한 제공

해설 인쇄매체를 통한 정보의 분산은 신속성은 없으나 정보를 정확히 전달할 수 있고, 기록성과 보존성이 있기 때문에 농산물 유통정보의 분석 및 평가자료로 활용할 수 있다.

46 농민이 농산물 유통정보를 가장 필요로 하는 시기로 알맞은 것은?

① 작물을 파종할 때
② 작물을 재배하고 있을 때
③ 농작물을 구매하고자 할 때
④ 병해충이 발생했을 때

해설 **농산물 유통정보의 필요시기**
- 농민(생산자) : 농작물 파종을 위해 작목을 선택하려는 시기와 농산물을 출하하려는 시기
- 유통업자 : 거의 매일, 매시간 정보가 필요함
- 소비자 : 많은 농산물을 구입하려는 때 또는 특정 농산물의 가격이 불안할 때
- 정부 : 농업정책, 농산물 유통정책을 세울 때

47 다음 중 판매촉진 기능으로 보기 어려운 것은?

① 제품의 존재를 알린다.
② 제품의 장점·특성을 알린다.
③ 소비자의 행동을 연구한다.
④ 소비자의 구매의욕을 자극한다.

해설 판매촉진이란 제품, 가격, 장소 등 마케팅 활동을 정확히 알려주고 설득하여 소비자의 구매의욕을 자극하는 것이다.

48 농산물 가공에 관한 설명으로 옳지 않은 것은?

① 농산물의 부가가치를 증대시킨다.
② 수송, 저장 등의 물적 기능과 연관이 있다.
③ 농산물의 형태효용을 창출한다.
④ 유통마진의 증가로 총수요를 감소시킨다.

해설 농산물 가공
- 원료 농산물을 가공하면 형태가 변화되고 소비하기에 편리하게 된다. 따라서 원료 농산물에서 소비가 가능한 최종상품으로 접근할수록 소비자들이 느끼는 효용은 증대된다. 즉, 가공활동은 형태효용을 창출한다.
- 해당 농산물의 총수요가 증가된다.
- 유통마진은 보관, 수송이 용이하고 부패성이 적은 농산물은 마진이 낮고, 부피가 크고 저장 수송이 어려운 농산물은 마진이 높다.

49 인적판매의 접근방법을 이해하기 위한 AIDAS 모델에 의하면 판매담당자의 고객에 대한 접근은 다음과 같은 단계로 이루어져야 한다. 잘못 설명된 것은?

① 고객의 주의(Attention)를 모으고 관심(Interest)을 유발하며
② 상품에 대한 욕망(Desire)을 자극하고
③ 구매행동(Action)을 일으키며
④ 거래의 지속성(Sustainability)을 구축하는 단계를 거친다.

해설 S는 구매 후의 고객의 만족(Satisfaction)을 보장한다는 뜻이다.

50 농산물 유통 정보의 요건에 해당되지 않는 것은?

① 이용자의 요구를 충분히 반영하여야 한다.
② 이용자에게 신속하게 제공되어야 한다.
③ 추가 지식이 필요한 전문적인 정보가 담겨야 한다.
④ 실수, 오류 또는 왜곡이 없어야 한다.

해설 ③ 정보의 가치는 그 이용에 있으므로 이용자가 손쉽게 이용할 수 있어야 한다.
농산물 유통 정보의 요건
- 정확성
- 신속성과 적시성
- 객관성
- 유용성과 간편성
- 계속성과 비교가능성

정답 48 ④ 49 ④ 50 ③

CHAPTER 02 농산물 유통경로 및 마진

01 농산물 유통기구

(1) 농산물 유통기구의 개념
① 유통기구란 한 사회 내에 상호관련을 가지고 활동하는 질서 있는 분배조직의 집합체를 의미한다.
② 농산물의 유통은 생산자와 소비자 사이에 많은 단계의 유통경로가 존재한다.
③ 농산물 유통기구란 유통기능을 실제로 담당하고 있는 각종 유통기관이 상호 관련하여 활동하는 전체조직을 말한다. 이는 직계적으로 도매기관 및 소매기관 등 협의의 유통기관으로 구성되며, 방계적(傍系的)으로는 수송·통신·창고·광고·금융업과 같은 광의의 유통기관으로 구성된다.
④ 생산자와 소비자 간에 유통기관이 전혀 개입하지 않고 유통이 이루어질 때, 이를 직접유통이라 하며, 이와 반대로 유통기관이 개입하는 경우를 간접유통이라 한다.

(2) 농산물 유통기구의 구분 ★ 중요
① 수집기구
  ㉠ 여러 농가에 의해 흩어져 있는 농산물을 수집하여 상품단위를 형성(수집단계에서 이루어지며 주로 산지에서 이루어짐)한다.
  ㉡ 농산물은 다수의 소규모 생산자에 의해 소량·분산적으로 생산되고 있으므로, 농산 원료품을 가공공장에 공급하거나 농산식료품을 대도시로 반출하기 위해서는 수집기구가 소량으로 생산되는 농산물을 수집하여 이를 대량화하여야 한다.
  ㉢ 수집기능을 수행하는 유통기관을 중심으로 수집기구가 형성되고 있다.
  ㉣ 수집 기구를 구성하는 유통기관으로는 일반적으로 **수집상·반출상·농업협동조합** 등이 중요시되고 있다.
  ㉤ 우리나라의 경우에는 생산농가를 순회하면서 농산물을 수집하는 수집행상, 5일시장을 순회하면서 수집행위를 하는 장터수집상 등의 영세상인들이 아직도 상존(常存)한다.
② 중계기구
  ㉠ 수집된 농산물을 소매시장으로 이전시켜 주는 기능(주로 도매단계)을 한다.
  ㉡ 중계 기구는 수집 및 분산의 양 기구를 연결시키는 조직으로 수집기구의 종점인 동시에 분산기구의 시발점이 되는 기구이다.
  ㉢ 이 기구를 통해 농산물이 대량으로 신속하게 수집·분산되고 있는데, 중계기구의 일반적인 형태로는 농수산물 도매시장을 들 수 있다.
  ㉣ 중계기구로 반입되어 온 대량의 농산물은 도매상이나 가공공장으로 판매된다.

③ 분산기구
　㉠ 농산물을 최종소비자에게 전달해 주는 기능을 수행(주로 소매단계)한다.
　㉡ 분산기구는 **수집기구에 의해 집중되고 중계기구를 통해 대량화된 농산물이 소비자를 향해서 분산되어가는** 조직이다.
　㉢ 대체로 수집기구가 소규모적이고 분산적인 생산을 전제로 하여 출발하는 데 반해 분산기구는 **농산물의 집적 또는 대량공급을 전제로 하여 다수의 최종소비자의 분산적인 소량수요를 충족시키**는 데 그 특질이 있다.
　㉣ 분산기구를 구성하는 유통기관으로는 **도매상**과 **소매상**을 들 수 있다.
　㉤ 도매상의 경우를 보면 한국에서는 아직까지 도·소매상의 기능분화가 제대로 되어 있지 않아 대다수의 도매상은 도·소매를 겸하고 있다.
　㉥ 농산물 도매상은 수집상이나 반출상의 위탁을 받아 농산물을 판매하여 그 대가로 판매수수료를 취득하는 경우가 많은데, 이러한 도매상을 위탁도매상이라고 한다.

(3) 농산물 유통기구의 내용
① 수집기구
　㉠ 의 의
　　• 생산이 소규모이고 분산되어 있는 경우에 더욱 발달
　　• 주로 산지를 중심으로 형성
　㉡ 종 류
　　• 산지수집시장 : 정기시장, 산지유통인, 회원농업협동조합
　　• 집산지시장
② 중계기구 ★ 중요
　㉠ 의 의
　　• 주로 **도매시장의 형태**로 나타남
　　• 농산물 도매시장, 농·수산업협동조합 공판장, 유사도매시장 등
　㉡ 농산물 도매시장
　　• 농수산물 유통 및 가격 안정에 관한 법률에 의해 개설
　　• 공영도매시장 : 정부가 전액 출자하여 개설된 도매시장
　　• 일반 법정도매시장 : 기존의 건물에 형태만 변경한 다음 지방정부의 개설허가를 받아 설립한 도매시장
　㉢ 농업협동조합 공판장
　　• 농업협동조합법에 의해 개설
　　• 생산자 단체인 농업협동조합에서 도매시장 기능을 수행할 수 있도록 공판장을 개설
　　• 민간 도매시장 구조와 기능이 비슷함

② 유사도매시장
- 소매시장법에 의해 인가되어 도매시장 기능을 하고 있는 유사도매시장
- 소매시장이지만 도매시장의 기능을 수행

③ 분산기구
㉠ 의의 : **도매시장을 거쳐서 유통된 상품을 최종 소비자에게 전달하게 하는 분배기능**
㉡ 종류
- 전통적인 소매시장 : 구멍가게, 일반 식품점, 전문점, 편의점 등 각종 식료품과 농산물을 판매하는 상점
- **대형 소매기관** : 슈퍼마켓, 백화점, 하이퍼마켓 등 대량의 상품을 구비하고 저렴한 가격으로 판매하는 소매기관

(4) 농산물 유통기구의 **특화와 통합**
① 특화 : 하나의 유통기관이 수행하여 오던 여러 가지 기능을 하나 또는 약간의 기능만을 한정하여 담당함으로써 전문화하는 것(주로 중개시장)
② 통합(집중) : 특화에 의하여 분화된 기능을 자본력 또는 기능에 의해서 단일 유통기관에 결합시키는 형태

02 농산물 유통경로 및 조직

(1) 농산물 유통경로
① 유통경로의 개념
㉠ 유통경로 : 생산자로부터 소비자에게로 농산물이 유통되는 통로
㉡ 유통경로에는 농산물을 원활하게 유통시켜 주는 중간상인이 존재한다.
㉢ 유통경로는 농산물의 종류에 따라 다르고 대부분 여러 단계를 거치고 있으며, 공산품에 비해 복잡하다.
② 유통경로의 형태(1) ★ 중요
㉠ 시장경로
- **상인조직**을 통하는 경우 : 일반적으로 5~6단계를 거치고 있으나, 가공농산물 또는 수출농산물은 비교적 단순하다.
- **농업인 조직**을 통하는 경우 : 생산농가 자체에 의해 조직된 **영농조합법인** 및 **작목반**을 통해 유통된다.

- ⓒ 시장 외 유통경로
  - 계약재배방식 : 생산자가 농산물을 대량으로 필요로 하는 공장과 사전에 계약을 체결하여 재배하는 형태
  - 산지직거래 : 생산자와 소비자 사이에 직접 거래가 이루어지는 방식
- ③ 유통경로의 형태(2)
  - ⊙ 생산자-소비자형 : 농업인이 노점이나 도시의 시장에서 호별순회(戶別巡廻)를 하면서 농산물을 판매하는 경우나, 가공공장에서 농산원료품을 생산자로부터 직접 구입할 경우에는 이러한 유통경로가 형성된다.
  - ⓒ 생산자-소매상-소비자형 : 부패성 식료품이나 과실 등은 이러한 경로를 통해 유통되는 경우가 많다. 특히, 선진국에서는 슈퍼마켓이나 연쇄점 등과 같은 대형 소매상이 산지에서 생산자로부터 농산물을 직접 대량구입하고 있는데, 이 경우 이러한 유통경로가 형성된다.
  - ⓒ 생산자-도매상-소매상-소비자형 : 전통적·관례적 유통경로로 오늘날 농산물 유통경로는 대부분 이러한 형태를 취하고 있다. 일반적으로 농산물은 분산적 소량구매가 이루어지므로 생산자는 수많은 소매상과 직접 거래할 수 없기 때문에 도매상을 통해서 판매한다.

(2) 농산물 유통조직

- ① 산지시장 ★ 중요
  - ⊙ 수집상
    - 생산지를 순회하면서 농산물을 수집하여 일정 단위를 만든 다음 소비지의 위탁상이나 도매시장에 출하를 전담하는 기능을 수행하는 상인
    - 점포를 갖고 있지 않으면서 자기의 책임으로 농산물을 구매
  - ⓒ 산지위탁 상인
    - 주로 지방에 있는 시장에서 볼 수 있는 상인
    - 생산지의 생산자로부터 위탁받아 위탁거래를 하거나 수집한 농산물을 도매시장이나 소비지 수집상에게 넘겨주는 기능
  - ⓒ 중개시장 상인의 대리인 : 중개시장에서 활약하는 상인들이 수행하는 유통기능 중에서 일부를 위임받아 활동하는 상인으로 각 지방을 순회하면서 농산물을 수집하는 상인
  - ⓔ 협동조합 : 생산한 농산물을 수집하여 공판장 또는 도매시장에 출하하기도 하고, 집하장을 설치한 다음 일정 시기에 순회하면서 수집하여 중개시장에 출하하기도 함

알아두기	산지농산물의 유통시설
집하장	농산물을 수확하여 집하하는 장소
선별장	기계시설을 이용하여 농산물을 선별하는 장소
예냉시설	수확 직후 청과물을 수송 또는 저장하기 전에 급속히 호흡작용을 억제시키는 시설로 저온유통체계의 시발점
간이집하장	정부나 지방자치단체의 지원으로 산지에 설치한 농산물 집하시설
저온저장고	저장고 내의 온도를 0℃ 내외로 유지하여 농산물의 신선도를 유지하는 시설
개량저장고	일정한 온도를 유지하고 품목의 특성에 적합하도록 개량한 저장고
경매식집하장	농산물을 집하하여 경매를 실시하는 장소
산지유통센터	국고 보조 사업으로 건설된 운영조직

② 중개시장
  ㉠ 도매시장 법인
    • 도매회사로 사실상의 도매주체이다.
    • 도매시장법인은 개설자인 지방자치단체의 장이 지정하고 있다.
    • 여러 종류의 다양한 상품을 대량으로 모아 경매, 입찰, 수의 매매 등의 방법으로 출하자와 매입자 사이에 공정한 가격이 이루어지게 한다.
  ㉡ 중도매인
    • 도매시장 내의 상회를 가진 등록된 상인이다.
    • 도매시장법인으로부터 구매한 상품을 시장 내의 도·소매 상인 또는 식당, 병원, 학교 등 대량 수요자에게 중개해 주는 역할을 한다.
  ㉢ 매매참가인
    • 매매참가인은 가공업자, 소매업자, 소비자 단체 등 농산물을 대량으로 필요로 하는 수요자로 중도매인과 같이 정기적으로 농산물을 대량 구매하는 사업자이다.
    • 매매참가인은 경매에 직접 참여하여 농산물을 구입해야 하므로 일정한 자격을 갖추고 있어야 한다.
  ㉣ 경매사
    • 도매시장법인에게 소속되어 있는 유통종사자를 말한다.
    • 도매시장에 출하한 상장 물품을 평가하여 중도매인 또는 매매참가인에게 경매하는 사람이다.
  ㉤ **협동조합공판장** : 생산자가 그들의 생산물을 판매할 수 있는 시장을 개설할 수 있도록 협동조합법에 의해 개설된 시장이다.
  ㉥ **농산물 물류센터** : **농산물의 출하경로를 다양하게 하고 물류경비를 절감**시키기 위하여 수집·포장·가공·수송·판매 및 그 정보처리 등 농산물의 물류활동에 필요한 시설과 이와 관련이 있는 업무시설을 갖추어 사업을 시행하는 사업장을 말한다.

③ 소비지 시장
　㉠ 일반시장 : 소매기능의 중심이 되는 시장으로 농수산식품 및 일용식품을 소비자에게 공급해주는 시장
　㉡ 소매기관 : 잡화점, 전문점, 백화점, 슈퍼마켓, 할인점, 회원제 클럽, 하이퍼마켓

> **예시문제 맛보기**
>
> **농산물 산지유통에 관한 설명으로 옳지 않은 것은?**　　　　　　　　　　　　　　　　　　　[7회 기출]
> ① 산지에서 다양한 물류기능으로 시간적·장소적·형태적 효용을 창출한다.
> ② 판매계약(Marketing Contract)의 경우 농산물 생산에 따른 위험을 생산자와 구매자가 분담한다.
> ③ 정전거래는 저장, 보관이 가능한 고추, 마늘 등 채소와 사과, 배 등 과일에서 주로 이루어진다.
> ④ 최근 대형유통업체들이 생산농가나 생산자 조직과 계약재배를 하는 경우가 증가하고 있다.
>
> **해설**　계약거래는 계약시점을 기준으로 파종 이전에 계약을 하는 생산계약과 파종 이후에 계약을 하는 판매계약으로 구분할 수 있다. 판매계약의 경우 이미 재배 중이거나, 수확되어 있는 농산물 중 일정한 수량만을 구입하는 방식이므로 농산물 생산에 따른 위험을 구매자가 분담할 필요는 없다.　　　　　　　　　　　　　　　　　　　　　　　　　　**정답** ②

03 농산물 유통마진

(1) 농산물 유통마진의 개념 ★ 중요

① 유통마진의 개념 : 유통마진은 소비자가 농산물의 구입에 대한 지출금액에서 농업인이 수취한 금액을 공제한 것이다.
② 유통마진 유통단계에 종사하고 있는 모든 유통기관에 의해서 수행된 효용증대 활동과 기능에 대한 대가라고 할 수 있다.
③ 유통마진 = 최종소비자 지불가격 − 생산농가의 수취가격
④ 유통마진은 유통비용의 크기와 여러 가지 유통기능의 수행에 있어서의 효율성을 파악하는 하나의 지표로 사용될 수 있다.
⑤ 보관·수송이 용이하고 부패성이 적은 농산물은 마진이 낮고, 부피가 크고 저장·수송이 어려운 농산물은 마진이 높다.

(2) 농산물 유통마진의 구성

① **유통단계별 유통마진** : 수집단계, 도매단계, 소매단계로 구분되며, 일반적으로 소매단계의 유통마진이 높은 것으로 나타난다.

② **유통기능별 유통마진** : 수송비용, 저장비용, 가공비용

　㉠ 수송비용
　　• 장소의 효용증대를 위해 투입된 모든 비용
　　• 계산방법 : 실제로 농산물 수송에 투입된 비용에 의해서만 계산하는 방법과 농산물을 수송할 때 비용이 들어가지 않더라도 농산물을 수송하게 됨으로써 다른 일을 할 수 없기 때문에 발생할 수 있는 기회비용으로 계산하는 방법
　　• 구성 : 상차·하차비와 같은 고정비와 운송거리와 관계가 있는 가변비로 구성되며 수송과정 중의 감모부분을 포함하면 총수송비용이 된다.

　㉡ 저장비용
　　• 시간의 효용증대를 위한 비용
　　• 창고에 입·출고하는 고정비와 저장고 이용의 비용 및 감모 등을 감안한 사회적 비용 등으로 구성

　㉢ 가공비용
　　• 형태의 효용을 증대시키기 위한 비용
　　• 가공을 많이 하면 할수록 비용이 많이 든다.

04 농산물 유통비용

(1) 농산물 유통비용의 개념

① **유통비용** : 상품이 생산자로부터 소비자에게 이르는 과정에서 소유권 이전기능, 물적 유통기능, 유통조성기능을 수행하면서 발생하는 비용

② 이러한 유통비용은 유통마진 중 상업이윤을 제외한 부분을 말한다.

③ 상품 유통에 들어가는 모든 비용으로 배급비용이라고도 한다. 계산적으로는 소비자가격과 생산자가격의 차이로 파악하지만, 내용적으로는 매매비용·보관비용·운송비용 및 유통업자의 이익 등으로 구성되어 있다.

　㉠ 매매비용은 매매기능에 직접 관련되는 비용이며, 광고선전비·판매촉진비·통신비·교통비·사무비 같은 매매경비, 판매원의 급료와 같은 매매인건비 등으로 이루어진다.

　㉡ **보관비용은 상품의 시간적 효용을 증대시키기 위한 비용**이며, 창고·용기·시설 등 보관수단에 필요한 물건비, 보관에 관한 노동을 위한 인건비 등이다.

ⓒ **운송비용은 상품의 장소적(공간적) 효용을 증대시키기 위한 비용**이며, 차량·선박 등 운송 수단에 드는 물건비, 운송에 관한 노동을 위한 인건비 등이다.
④ 근래에 물가상승이나 유통혁명에 관련하여 유통비용의 경감이 과제가 되어 있는데, 대규모점, 컨테이너 수송 등으로 합리화가 강구되고 있다.

(2) 유통비용의 산정방법
① 유통비용의 산정은 생산자가 출하하여 유통경로에 따른 유통기관별 유통비용을 계산하여 이들 전체 유통경로비용을 합산하여 계산한 것이다.
② 총유통비용 = 수집단계의 유통비용 + 도매단계의 유통비용 + 소매단계의 유통비용

(3) 유통비용의 구성
① 직접비용 : 수송비, 포장비, 하역비, 저장비, 가공비 등과 같이 직접적으로 유통하는 데 지불되는 비용
② 간접비용 : 점포 임대료, 자본이자, 통신비, 제세공과금 등과 같이 농산물을 유통하는 데 간접적으로 투입되는 비용
③ 유통비용의 종류

수확과 상차비	생산자 또는 수집상이 출하할 때 수확과 상차에 소요되는 비용
포장재비	수송 및 하역과정 등에서 발생하는 물품의 보호 및 작업의 효율향상을 목적으로, 출하 시 생산자가 대포장하고 소매 시 소포장 하는 등의 포장에 소요되는 비용
상·하차비	산지에서의 상차비와 도매시장에 출하 시의 하차비
운송비	산지에서 도매시장, 도매시장에서 소매시장으로 운반하는 데 드는 비용
선별비	산지 및 도매시장 내에서 농산물을 선별하는 비용
경매 수수료	도매시장에서의 경매 수수료 등
쓰레기 유발부담금	도매시장에서는 출하자에게 쓰레기 유발부담금을 부과
청소비용	중도매인은 시장 내에서 판매할 때 발생하는 쓰레기 처리를 위한 청소비용 부담
감모비	농산물 유통과정에서 감모로 인한 손해와 폐기할 때 발생하는 비용
기타 운영비	지급이자, 인건비, 제세 공과금 등의 기타 운영비
이윤 등	수집상, 중도매인, 소매상 등 각각의 이윤을 비용에 포함

(4) 유통비용의 절감방안 ★ 중요
① 소유권 이전기능의 효율성 증대방안
  ㉠ 산지유통시설의 확충 및 공동출하의 확대
  ㉡ 직거래 활성화
  ㉢ 도매시장 거래방식의 다양화
  ㉣ 인터넷을 통한 **전자상거래의 활성화**

② 물적 유통기능의 효율성 증대방안
　㉠ **저장효율**의 증대
　㉡ **보관관리기술**의 개발
　㉢ **수송기술**의 혁신
　㉣ 수송시설의 가동률의 증대
　㉤ 수송 중의 부패와 감모 방지
③ 유통조성기능의 효율성 증대방안
　㉠ 농산물의 **표준화 및 등급화**의 활성화
　㉡ 농산물 **유통에 대한 금융지원** 강화
　㉢ 농산물 유통의 위험부담 감소방안 모색
　㉣ **시장정보 기능**의 활성화

알아두기 가격차별

재(財)·서비스의 거래에 있어서 파는 쪽이 사는 쪽에 대해 그 판매가격에 차별을 두는 행위. 특정한 매수인(買受人)에 대해 다른 매수인보다 유리한 가격으로 판매한다든지, 같은 매수인에 대해 거래 때마다 가격에 차이를 두는 형태를 취한다. 단, 같은 매수인에 대해 거래 때마다 가격에 차이가 있는 경우라도 그것이 재·서비스의 품질·거래량·거래지점 및 시간 등의 차이에 의해 생겨나는 비용상의 차이에 의한 것은 가격차별이 아니다. 파는 쪽이 가격차별을 행하는 것은 사는 쪽에 대한 차별적 거래가 가능하고 또 그것이 유리하기 때문이다. 가격차별이 유리한 조건은 ① 파는 쪽에 가격지배력이 있고, ② 사는 쪽 수요의 가격탄력성에 차이가 있으며, ③ 사는 쪽 사이에 전매(轉賣)가 곤란한 점 등이다. 서비스의 거래에 있어서 가격차별이 종종 이루어지는 것은 서비스가 그 성질상 적어도 ③의 조건을 충족시키기 때문이다. 가격차별은 자원분배(재·서비스의 공급량)와 소득분배(파는 쪽과 사는 쪽 사이의 소득분배)에 영향을 주는 외에 시장에서의 경쟁(파는 쪽 시장에서의 기업간 경쟁 및 사는 쪽 시장에서의 기업간 경쟁)을 저해할 염려도 있다.

예시문제 맛보기

다음 농산물 유통효율이 향상되는 경우는? [1회 기출]

① 동일한 수준의 산출을 유지하면서 투입수준을 증가시키면 유통효율이 향상된다.
② 시장구조를 불완전 경쟁적으로 유도하면 유통효율이 향상된다.
③ 유통활동의 한계생산성이 1보다 클 때 유통효율이 향상된다.
④ 유통작업이 노동집약적으로 이루어질 때 유통효율이 향상된다.

해설 유통활동에 있어서 한계생산성이 1보다 작으면 유통효율이 작아지고, 1보다 클 경우에는 향상된다. **정답** ③

05 물류관리

(1) 물류의 중요성
① 생산자의 생산비 절감에는 한계점에 이르고 있다.
② 물류비는 계속 증가 추세에 있다.
③ 경제의 서비스화에 대응, 생산자 물류의 혁신이 불가피하다.
④ 향후 경쟁의 승패는 물류혁신에 달려 있다.
⑤ 생산자 이윤의 원천은 물류의 근대화에 달려 있다.

(2) 물류활동 시 발생되는 주요비용
① 고객서비스 유지비용
② 운송비용
③ 보관비용
④ 주문처리 및 정보비용
⑤ 재고유지비용

CHAPTER 02 적중예상문제

01 생산자와 소비자가 농산물을 직거래하는 경우 중간 단계인 유통기구가 배제되어 직접적인 거래가 이루어지고 유통과정도 단축될 수 있는데, 이러한 유통을 무엇이라고 하는가?

① 단축유통
② 직접유통
③ 단순유통
④ 간접유통

해설 직접유통과 간접유통
- 직접유통 : 생산자와 소비자가 농산물을 직거래하는 경우 중간 단계인 유통기구가 배제되어 직접적인 거래가 이루어지고 유통과정도 단축시키는 유통을 말한다.
- 간접유통 : 대부분 생산자와 소비자 사이에는 전문적인 유통기구가 있고 이러한 유통기구에 의해 각종 유통기능을 수행하는 유통을 말한다.

02 농산물 직거래에 대한 설명 중 옳은 것은? 〔제2회〕

① 생산자와 소비자 간 정신적 유대관계를 바탕으로 한 직거래를 유통형태론적 직거래라고 한다.
② 거래규모가 최소효율규모(Minimum Efficient Effect)일 경우 시장유통에 비해 유통비용이 더 든다.
③ 도매시장에서 형성된 가격은 직거래 가격에도 영향을 미친다.
④ 직거래는 생산자와 소비자, 유통업자의 기능을 수평적으로 통합하는 것을 의미한다.

해설
① 농산물 직거래 : 유통단계를 줄임으로써 생산자와 소비자 모두 경제적 이익을 기대하는 유통형태론적인 개념을 의미한다.
② 거래규모가 최소효율규모(Minimum Efficient Effect)일 경우 시장유통에 비해 유통비용이 덜 든다.
④ 산지직거래는 생산자와 소비자 또는 생산자 단체와 소비자 단체가 거래과정을 수직선으로 통합하는 경우이다.

03 산지직거래의 장점이 아닌 것은?

① 유통경비의 절약
② 가격결정에 생산자 참여
③ 안전하고 신선한 농산물 거래
④ 생산자보다는 소비자 이익 중심

해설 ④ 산지직거래는 유통경비의 절약, 가격결정에 있어서 생산자의 참여, 안전하고 신선한 농산물의 거래 등의 장점이 있다.

정답 1 ② 2 ③ 3 ④

04 농산물 직거래에 관한 설명으로 옳지 않은 것은?　　　　　　　　　　　　　　제8회
① 생산자, 유통업자, 소비자의 기능을 수평적으로 통합한다.
② 산지 또는 소비지의 농민시장이 해당된다.
③ 유통단계를 줄이는 데 기여한다.
④ 친환경농산물은 생산자와 소비자 간에 직거래되는 예가 많다.

해설　① 산지직거래는 생산자와 소비자 또는 생산자 단체와 소비자 단체가 거래과정을 수직적으로 통합하는 경우이다.

05 농산물유통은 유통경로에 따라 시장유통과 시장 외 유통으로 구분될 수 있다. 적절하게 설명한 것은?　　제3회
① 시장 외 유통이란 도매시장 밖에서 불법적으로 거래되는 것을 말한다.
② 시장유통이란 이윤을 목적으로 거래되는 것을 총칭하는 표현이다.
③ 시장유통이란 농협 하나로클럽이나 대형유통업체 등과 직접 거래하는 것을 말한다.
④ 시장 외 유통이란 도매기구를 거치지 않고 산지에서 소비지로 직접 유통되는 것을 말한다.

해설　**시장 외 유통** : 도매시장법에 의거하여 개설되어 있는 도매시장을 경유하지 않는 유통으로 산지직송, 슈퍼마켓과 생산자(단체)에 의한 계약구입 등이 있다.

06 농산물의 시장유통과 시장 외 유통에 관한 설명으로 옳은 것은?　　　　　　　　　　　제8회
① 시장유통 경로에서는 계약재배가 포함된다.
② 시장 외 유통은 도매시장을 거치지 않는 유통경로이다.
③ 시장 외 유통은 불법적인 유통이므로 단속대상이 된다.
④ 우리나라의 경우 시장유통 경로 비중이 지속적으로 증가하고 있다.

해설　시장 외 유통이란 도매기구를 거치지 않고 산지에서 소비지로 직접 유통되는 것을 말한다.
① 시장 외 유통경로에서는 계약재배가 포함된다.
③ 시장 외 유통은 불법적인 유통이 아니다.
④ 우리나라의 경우 시장 외 유통경로 비중이 지속적으로 증가하고 있다.

07 가공업자, 소매업자, 소비자단체 등 농산물을 대량으로 필요로 하는 수요자로서 중도매인과 같이 정기적으로 농산물을 대량구매하는 사업자는?

① 중도매인
② 매매참가인
③ 도매시장 법인
④ 경매사

해설 매매참가인은 가공업자, 소매업자, 소비자단체 등 농산물을 대량으로 필요로 하는 수요자로서 중도매인과 같이 정기적으로 농산물을 대량구매하는 사업자이다. 경매에 직접 참가하여 농산물을 구입해야 하므로 일정한 자격을 갖추고 있어야 하며 중도매인과 함께 상품의 평가와 상품지식에 정통하여야 한다.

08 도매시장 개설자에게 등록하고 경매에 참여하여 상장된 농수산물을 직접 매수하는 가공업자, 소매업자, 소비자단체 등의 유통주체는?

제7회

① 중도매인
② 소매상
③ 도매시장법인
④ 매매참가인

해설 매매참가인(농수산물 유통 및 가격안정에 관한 법률 제2조 제10호)
농수산물도매시장·농수산물공판장 또는 민영농수산물도매시장의 개설자에게 신고를 하고, 농수산물도매시장·농수산물공판장 또는 민영농수산물도매시장에 상장된 농수산물을 직접 매수하는 자로서 중도매인이 아닌 가공업자·소매업자·수출업자 및 소비자단체 등 농수산물의 수요자

09 다수의 출하자로부터 판매위탁을 받아 중도매인이나 매매참가인에게 공개적인 방법에 의해 경쟁적으로 거래가 이루어지는 시장은?

① 산지시장
② 중개시장
③ 소비시장
④ 서비스시장

해설 중개시장(도매시장)은 농산물을 도매 거래하는 장소이며, 농산물을 전문적으로 취급하는 시장으로 다수의 출하자로부터 판매위탁을 받아 중도매인이나 매매참가인에게 공개적인 방법에 의해 경쟁적으로 거래가 이루어지는 시장이다.

10 우리나라 농산물 도매시장에 관한 설명으로 옳은 것은? [제8회]
① 산지의 표준규격 농산물의 출하량 증가로 도매시장 거래물량이 크게 증가하고 있다.
② 도매시장에서 징수되는 상장수수료는 대량출하자에게 유리하다.
③ 거래총수 최대화의 원리에 의해 대량거래되므로 거래의 신속성과 효율성을 제고한다.
④ 대량준비의 원리에 의해 사회적 유통비용이 절감된다.

> **해설** 유통비용 절감의 원리
> - 거래총수 최소화의 원리 : 도매시장조직이 개입하면 생산자와 도매조직, 도매조직과 소매업자간의 거래총수가 적어진다.
> - 대량보유의 원리 : 일정한 보유 총량을 도매시장이 보유함으로써 각 소매상이 보유하는 것보다 최소량의 보유총량을 감소시킬 수 있다(수급 변동에 적응).

11 농산물의 일반적인 유통단계와 거리가 먼 것은?
① 수집단계
② 중계(중간)단계
③ 분산단계
④ 도·소매단계

> **해설** 농산물 유통기구, 즉 유통조직은 단계별로 수집단계, 중계단계 그리고 분산단계로 나눌 수 있다.

12 도매시장 내의 상회를 가진 등록된 상인으로 도매시장 법인으로부터 사들인 상품을 시장 내의 도·소매 상인 또는 식당, 병원, 학교 등 대량수요자에게 중개해 주는 역할을 하는 자는?
① 도매시장 법인
② 중도매인
③ 매매 참가인
④ 경매사

> **해설** 중개시장
>
> | | |
> |---|---|
> | 도매시장 법인 | 도매회사로서 사실상의 도매주체이다. 즉, 도매시장 내에 있는 도매회사이다. |
> | 중도매인 | 중도매인은 도매시장 내의 상회를 가진 등록된 상인으로 도매시장 법인으로부터 사들인 상품을 시장 내의 도·소매 상인 또는 식당·병원·학교 등 대량수요자에게 중개해 주는 역할을 하고 있다. |
> | 매매 참가인 | 매매 참가인은 가공업자, 소매업자, 소비자 단체 등 농·수산물을 대량으로 필요로 하는 수요자로서 중도매인과 같이 정기적으로 농산물을 대량 구매하는 사업자이다. |
> | 경매사 | 도매시장에는 경매를 주도하는 경매사가 있는데, 경매사는 도매시장 법인에게 소속되어 있는 유통 종사자로서 도매시장에 출하한 상장 물품을 평가하여 중도매인 또는 매매참가인에게 경매하는 사람이다. |
> | 협동조합 공판장 | 협동조합 공판장은 농·수산업 협동조합이 개장한 도매시장으로서 일반 도매시장과 그 구조와 기능이 비슷하다. |
> | 농산물 물류센터 | 농산물 물류센터란 농산물의 출하 경로를 다양하게 하고 물류 경비를 절감시키기 위하여 수집, 포장, 가공, 수송, 판매 및 그 정보처리 등 농산물의 물류 활동에 필요한 시설과 이와 관련이 있는 업무시설을 갖추어 사업을 시행하는 사업장을 말한다. |

정답 10 ④ 11 ④ 12 ②

13 시장도매인제에 대한 설명 중 관계가 먼 것은? [제3회]

① 농산물도매시장 또는 민영농산물도매시장의 개설자로부터 지정을 받고 농산물을 매수 또는 위탁받아 도매하거나 매매를 중개하는 영업을 하는 법인이다.
② 지방도매시장은 2000년 6월 1일부터 도입되었고, 중앙도매시장은 2006년 1월 1일부터 2년의 범위 내에서 대통령령이 정하는 날부터 도입이 가능하다.
③ 우리나라에 최초로 도입된 시장은 서울 강서농산물도매시장으로 52개 법인이 입주하였다.
④ 위탁 수수료의 최고한도는 청과부류는 거래금액의 1천분의 70, 수산부류는 거래금액의 1천분의 60, 양곡부류는 거래금액의 1천분의 20이다.

해설 ② 지방도매시장은 2000년 6월 1일부터 도입되었고, 중앙도매시장은 2004년 1월 1일부터 2년 안에 대통령이 정하는 날부터 도입이 가능하게 되었다.

14 유통조직인 소매기관 중 한정된 품목의 농산물을 취급하는 독립소매점으로 가격경쟁을 피하고 품질경쟁을 통하여 특정 상품만을 취급하는 판매점은?

① 전문점
② 잡화점
③ 할인점
④ 슈퍼마켓

15 하이퍼마켓의 특징을 가장 적절하게 설명한 것은? [제3회]

① 주택가에 입지하여 식료품, 세탁용품, 가정용품 등 생활필수품을 주로 취급하는 소매점이다.
② 점포의 규모가 구멍가게에 비해 크고 셀프서비스를 주로 한다.
③ 식품과 비식품을 한 점포에서 취급하는 유럽에서 발달된 할인점 형태이다.
④ 미국에서 발전된 형태로 기존 비식품위주의 할인점에 대형 슈퍼가 추가된 개념이다.

해설 하이퍼마켓(Hypermarket) : 1960년대 유럽에서 개발된 식품과 비식품을 종합화한 대형 슈퍼마켓

16 농산물 중계기구에 관한 설명으로 옳은 것은?   제9회
    ① 주로 도매시장의 형태로 나타난다.
    ② 농산물의 수집 및 반출기능을 수행한다.
    ③ 농산물 산지를 중심으로 형성된다.
    ④ 농산물을 최종소비자에게 분산하는 기능을 수행한다.

    해설 중계기구는 수집 및 분산의 양 기구를 연결시키는 조직으로, 수집기구의 종점인 동시에 분산기구의 시발점이
          되는 기구이다. 이 기구를 통해 농산물이 대량으로 신속하게 수집 분산되고 있는데 중계기구의 일반적인 형태로
          서는 농수산물도매시장을 들 수 있다.

17 유통조직 중 개설자인 지방자치단체의 장이 지정하며 여러 종류의 다양한 상품을 대량으로 모아 경매,
    입찰, 수의 매매 등의 방법으로 출하자와 매입자 사이에 공정한 가격이 이루어지는 중개시장은?
    ① 도매시장 법인   ② 농업협동조합
    ③ 산지공판장   ④ 경 매

18 수집기구에 대한 설명으로 옳지 않은 것은?
    ① 수집기구는 생산이 소규모이고 분산되어 있을 경우에 더욱 발달하게 된다.
    ② 농산물의 수집시장은 주로 산지를 중심으로 형성되어 있다.
    ③ 수집시장은 생산지에서 맨 처음 수집되는 집산지시장과 수집된 농산물이 도매시장에 수송되기
        위하여 중간지점에 모이는 산지수집시장으로 분류한다.
    ④ 수집시장의 중심적인 역할을 하는 지방시장에는 정기시장과 회원농업협동조합 등이 있다.

    해설 ③ 수집시장은 생산지에서 맨 처음 수집되는 산지수집시장과 수집된 농산물이 도매시장에 수송되기 위하여
          중간지점에 모이는 집산지시장으로 분류한다.

19 소매시장 허가를 받아 개설한 시장이지만 도매시장 기능을 수행하는 시장은?
    ① 유사도매시장   ② 도매시장법인
    ③ 중도매인   ④ 매매참가인

정답 16 ① 17 ① 18 ③ 19 ①

20 생산자, 중간상인 및 소비자를 연결시켜 주는 것을 무엇이라고 하는가?

① 유통경로
② 유통기구
③ 유통과정
④ 유통조직

해설 유통경로는 생산자로부터 소비자에게로 농산물이 유통되어 가는 경로로서 이러한 유통경로에는 농산물 유통을 가능하게 해 주는 유통기구가 있으며, 이 기구에 중간상인이 있다. 즉, 생산자, 중간상인 및 소비자를 연결시켜 주는 것이 유통경로라 할 수 있다.

21 농산물 유통경로에 관한 설명으로 옳지 않은 것은? 제8회

① 일반적으로 농산물의 유통경로는 공산품에 비하여 단순하다.
② 농가의 수가 많고 분산될수록 유통경로가 길어지는 경향이 있다.
③ 일반적으로 수집, 중계, 분산단계로 구분된다.
④ 최근 유통경로가 다원화되고 있다.

해설 ① 농산물 유통경로는 공산품에 비하여 길고 복잡하다.

22 유통경로에 관한 내용으로 옳지 않은 것은?

① 유통경로란 생산자로부터 소비자에게로 농산물이 유통되는 통로를 말한다.
② 유통경로에는 농산물을 원활하게 유통시켜주는 중간상인이 있다.
③ 유통경로는 농산물의 종류보다는 부피나 무게에 따라 다르다.
④ 유통경로란 자연발생적으로 필요에 의해 만들어진 것으로 각 유통단계에 따라 여러 가지 유통기능을 수행하고 있다.

해설 유통경로는 농산물의 종류에 따라 다르며, 농산물의 상품적 특성상 대부분 여러 단계를 거친다.

23 도매시장의 기능으로 보기 어려운 것은?

① 농산물의 집하
② 중계 및 분산
③ 가격형성을 통한 수급조절기능
④ 농산물 유통과정의 출발점

해설 ④의 경우는 산지시장의 기능이다.

24 도매시장의 필요성에 해당되지 않는 것은?

① 도매시장은 소규모 분산적인 생산과 소비 간 농산물의 질적 양적 모순을 조절한다.
② 대량거래에 의해 유통비용을 절감할 수 있다.
③ 도매시장 조직에 의해 사회적 유통비용이 절감될 수 있는 근거 중 하나는 거래총수 최대화의 원리이다.
④ 매매 당사자가 받아들일 수 있는 적정가격을 형성하고 신속한 대금결제가 이루어질 수 있다.

해설 도매시장의 필요성 및 기능
- 수급 조절기능을 한다.
- 가격 형성기능을 한다.
- 도매시장은 분배기능을 한다.
- 도매시장은 유통경비를 절약할 수 있다.

25 도매시장 법인의 기능으로 알맞지 않은 것은?

① 출하자와 매수자 쌍방이 공정한 가격을 형성한다.
② 도매시장 법인은 생산자가 출하한 상품을 위탁 받는다.
③ 도매시장 법인은 도매업무를 수행하기 때문에 원칙적으로 소비자를 대신하는 입장이다.
④ 여러 종류의 다양한 상품을 대량으로 집하한다.

해설 ③ 도매시장 법인은 도매업무를 수행하기 때문에 원칙적으로 생산자를 대신하는 입장이다. 따라서 높은 가격을 받도록 노력한다.

26 저장기능 중 저장하고 있는 기간 동안에 가격차이가 발생하여 이윤이 발생할 것으로 기대하고 사전에 저장하는 형태는?

① 계절적인 농산물의 재고를 위한 저장
② 효율적인 운영재고를 위한 저장
③ 투기적 저장
④ 비축재고 저장

해설 저장의 목적
- 효율적인 운영재고를 유지하기 위한 저장 : 유통과정 중 상품의 공급이 부족하지 않고 유통시설을 최대한 이용하기 위해서 필요
- 계절적인 농산물 재고를 위한 저장 : 농산물은 대부분 계절적으로 생산되기 때문에 연중 안정적인 소비에 충당할 수 있도록 저장
- 비축재고의 저장 : 이것은 예기치 못한 전쟁이나 그 밖에 국가적 재앙에 대비하기 위한 비축농산물, 연중 계절 가격안정을 위한 비축농산물, 정부관리 농산물 등
- 투기적 저장 : 저장하고 있는 기간 동안에 가격차이가 발생하여 이윤이 발생할 것으로 기대하고 사전에 저장하는 형태

27 다음 중에서 농산물 유통기구가 복잡한 구조를 가지게 된 이유로 보기 어려운 것은?

① 직거래의 활성화
② 농업생산의 전문화
③ 농업생산의 주산지화
④ 농산물소비구조의 다양화

28 유통경로 중 최근 거래점유율이 급속히 커지고 있는 것은?

① 공영도매시장
② 대형유통업체
③ 유사도매시장
④ 농산물공판장

해설 종합유통센터, 대형할인점 등 대형유통업체의 거래점유율은 판매량 증설 및 소비자의 선호에 의해 급속히 커지고 있는 상황이다.

29 철도 수송의 특징으로 보기 어려운 것은?

① 안전성
② 신속성
③ 정확성
④ 융통성

해설 철도 수송은 안전성, 신속성 및 정확성이 있다. 또 장거리 수송인 경우에는 수송비가 저렴하고 많은 농산물을 수송할 수 있다. 그러나 제한된 지역에만 운행할 수 있고 고정시설의 투자와 단거리 수송일 때에는 비용이 많이 든다.

30 산지 농산물 유통시설 중 수확 직후 청과물을 수송 또는 저장하기 전에 급속히 호흡작용을 억제시키는 시설은?

① 저온 저장고
② 예랭시설
③ 선별장
④ 집하장

31 농산물의 출하경로를 다양하게 하고, 물류경비를 절감시키기 위하여 수집, 포장, 가공, 수송, 판매 및 그 정보처리 등 농산물의 물류활동에 필요한 시설과 이와 관련이 있는 업무시설을 갖추어 사업을 시행하는 사업장은?

① 물류센터
② 할인점
③ 도매시장
④ 정기시장

해설 물류센터는 생산자 조직 및 유통시설로부터 농산물을 수집하여 직영점, 가맹점, 슈퍼마켓, 대량 수요처로 직접 보낸다. 또 기존의 도매시장의 기능을 보완하면서 보관, 소포장, 유통가공, 배송, 판매 기능까지 포괄적으로 수행하고 있다. 이때 가격결정방식은 출하자의 판매희망가격, 도매시장 경락가격, 시황 등을 감안하여 서로의 협상에 의해서 결정한다.

32 수송거리와 수송비용의 관계를 나타내는 수송비용함수의 여러 가지 형태에 대한 설명 중 가장 적합한 것은? 제2회

① 수송거리와 관계없이 수송비용이 일정한 수직선 형태의 수송비용함수
② 일정한 지대 내에서는 동일 요금을 적용하고 멀리 위치한 지대에 대해서는 높은 요율을 적용하는 수평선 형태의 수송비용함수
③ 수송거리가 멀수록 한계수송비가 체감적으로 증가하는 형태의 수송비용함수
④ 수송비 중 고정비용이 X축 절편에 표시되는 직선형의 수송비용함수

해설 **수송비용함수**
• 수송비용이 일정한 경우는 수평선 형태가 된다.
• 멀리 위치한 지대에 대해서 높은 요율을 적용하는 것은 계단 형태가 된다.
• 고정비용은 Y축 절편에 표시된다.

33 농산물 등급의 분류기준이 아닌 것은?

① 크 기
② 품 질
③ 가격대
④ 허용기준

해설 농산물의 등급은 크기, 품질, 상태, 허용기준에 따라 분류한다.

정답 31 ① 32 ③ 33 ③

34 산지에서 생산자, 생산자단체, 수집상 간에 이루어지는 거래방식에 관한 설명으로 틀린 것은?
제5회

① 농가가 수확, 선별, 포장에 필요한 노동력이 부족할 경우 포전(圃田)거래를 선호하는 경향이 있다.
② 채소수급안정사업은 대표적인 계약재배 방식이라 할 수 있다.
③ 정전(庭前)거래는 저장성이 없는 농산물을 중심으로 이루어지고 있다.
④ 농산물 성출하기에 주산단지에서 산지공판이 이루어지기도 한다.

해설 ③ 정전거래는 수확 후 저장이 가능한 고추, 마늘, 양파, 사과, 배 등에서 주로 이루어지고 있다.

35 산지유통전문조직에 대한 설명으로 틀린 것은?
제5회

① 규모화되고 전문화된 협동조합과 영농조합법인 등을 중심으로 선정되고 있다.
② 경영에 관한 진단과 컨설팅을 받고 있다.
③ 대형유통업체 등의 시장지배력에 대응하기 위해 유통사업 규모를 대형화한다.
④ 시·군 단위 이상의 농가를 조직화하고 공동브랜드를 사용한다.

해설 ④는 공동마케팅조직을 말한다.

36 산지유통전문조직에 대한 설명으로 옳지 않은 것은?
제7회

① 유통의 전문화·규모화가 잘 이루어지고 있는 협동조합과 영농조합법인 등을 중심으로 육성된다.
② 생산농가, 작목반, 영농회 등 생산주체를 계열화하고 조직화한다.
③ 대형유통업체와 직거래를 활성화하고 품목별, 지역별로 개별출하를 확대한다.
④ 물류개선을 통해 유통비용을 절감하고 경쟁력있는 상품개발을 통해 부가가치를 창출한다.

해설 산지유통조직은 생산자로부터 직접 농산물을 수집하여 원물 또는 가공 과정을 거쳐 도매시장, 소매유통기구, 가공업체 등에 판매하는 역할을 수행한다.

37 산지 회원농협이 수행하는 유통사업과 가장 거리가 먼 것은?
제7회

① 매취판매사업
② 산지공판사업
③ 도매물류센터사업
④ 수탁판매사업

해설 협동조합은 조합원이 생산한 농산물을 수집하여 공판장 또는 도매시장에 출하하기도 하며, 집하장을 설치한 다음 일정 시기에 순회하면서 수집하여 중개시장에 출하하기도 한다.
③ 도매물류센터사업은 농협중앙회의 유통사업과 관련 있다.

38 협동조합 유통의 효과에 관한 설명으로 옳지 않은 것은? 제8회

① 생산자의 거래교섭력 증대
② 유통비용 증가
③ 상인의 초과이윤 억제
④ 가격안정화 유도

해설 협동조합유통의 효과
- 유통마진의 절감 : 생산자가 유통부분을 수직적으로 통합함으로써 수송비와 거래비용을 절감
- 독점화 : 협동조합을 통해서 시장교섭력을 제고
- 초과이윤 억제 : 협동조합이 유통사업에 참여함으로써 민간 유통업자의 시장지배력을 견제할 수 있음
- 시장확보와 위험분산 : 농업 생산자의 경영다각화를 위하여 가격안정화를 유도하고 안정적인 시장을 확보
- 협동조합 임직원의 전문적인 지식과 능력에 의한 효과 배가
- 농산물 출하 시기의 조절이 용이

39 산지시장에서의 유통조직 중 중개시장에서 활약하는 상인들이 수행하는 유통기능 중의 일부를 위임받아 활동하는 상인으로 각 지방을 순회하면서 농산물을 수집하는 상인은?

① 수집상
② 산지위탁 상인
③ 중개시장 상인의 대리인
④ 협동조합

해설 산지시장

수집상	• 생산지를 순회하면서 농산물을 수집하여 일정단위를 만든 다음 소비지의 위탁상이나 도매시장에 출하를 전담하는 기능을 수행하는 상인 • 일정한 점포를 갖추지 않고 생산지를 순회하면서 농산물을 수집하고 때로는 산지 시장에서 자기책임으로 농산물을 구매
산지위탁 상인	주로 지방에 있는 시장에서 볼 수 있는 상인으로 생산지의 청과물을 생산자로부터 위탁받아 위탁거래를 하거나 수집한 농산물을 도매시장이나 소비지 수집상에게 넘겨주는 역할
중개시장 상인의 대리인	• 중개시장에서 활약하는 상인들이 수행하는 유통기능 중에서 일부를 위임받아 활동하는 상인으로 각 지방을 순회하면서 농산물을 수집하는 상인 • 이들은 고정적인 급료를 받고 지방시장에 주재하거나 계절적으로 출하시기에 산지에 머무르면서 농산물의 수급상황을 예측하여 사들인 농산물을 도매시장에 출하하거나 출하를 주선해 주고 있다.
협동조합	조합원이 생산한 농산물을 수집하여 공판장 또는 도매시장에 출하하기도 하며, 집하장을 설치한 다음 일정 시기에 순회하면서 수집하여 중개시장에 출하하기도 한다.

40 유통경로 중 거래량 및 시장점유율이 큰 순서로 맞게 된 것은?

① 재래시장 > 종합유통업체 > 직거래 > 도매시장
② 종합유통업체 > 도매시장 > 직거래 > 재래시장
③ 재래시장 > 직거래 > 도매시장 > 종합유통업체
④ 종합유통업체 > 직거래 > 도매시장 > 재래시장

41 다수의 판매자와 다수의 구매자가 일정한 장소에서 판매해야 할 물품의 가격을 공개적으로 결정하는 방법을 무엇이라고 하는가?

① 경 쟁   ② 경 매
③ 선 물   ④ 구 매

해설 ② 경매는 공정한 거래와 투명한 가격결정을 목적으로 하며, 경매를 통해 판매자(농업인)와 구매자(유통업자) 사이의 불공정한 거래를 개선할 수 있다.

42 다음 유통조직 중 위탁판매를 주로 하는 곳은?

① 법정도매시장   ② 농협공판장
③ 유사도매시장   ④ 소매시장

해설 유사도매시장은 경매를 하지 않고 위탁판매를 하는 것이 특징이다.

43 유통과정에서 발생하는 피해 중 물리적 피해에 해당하는 것은?

① 수요예측의 착오
② 농산물의 파손 및 부패
③ 소비자의 기호나 유행의 변화로 인한 수요감소
④ 법령의 개정이나 제정

해설 농산물의 유통과정에서 발생하는 피해의 구분

물리적 피해	파손, 부패, 감모, 화재, 동해, 풍수해, 열해, 지진 등
경제적 피해	• 농산물의 가치하락 • 소비자의 기호나 유행의 변화로 인한 수요의 감소 • 경쟁조건의 변화 • 법령의 개정이나 제정 • 수요예측의 착오 등

정답 40 ② 41 ② 42 ③ 43 ②

44 농업생산 산업의 특징으로 보기 어려운 것은?
① 자본회전율이 높다.
② 계절성으로 인하여 계절적 실업이 발생할 수 있다.
③ 자연적인 조건의 영향을 많이 받는다.
④ 비용의 체증현상이 일어난다.

해설 ① 농업생산은 일정한 생육기간이 필요하므로 다른 산업에 비하여 자본회전이 느리다.

45 저장활동에 영향을 끼치는 비용이 아닌 것은?
① 저장시설 설치비 및 유지비
② 재고상품에 투입된 투자액에 대한 이자
③ 저장기간 중에 발생한 상품의 질 저하
④ 생산물의 형태

해설 저장활동에 영향을 끼치는 비용
- 저장시설을 설치하고 유지하는 데 필요한 고정비용과 보관비용, 보온냉장과 관련한 연료·동력비 등의 가변비용과 시설의 수리비, 감가상각 및 손실에 대비한 보험료 등
- 저장 중에 재고상품에 투입된 투자액에 대한 이자
- 저장기간 중에 발생한 상품의 질 저하뿐만 아니라 수분증발에 의한 감량과 중량의 감소가 일어나는 것 등

46 산지시장의 종류와 거리가 먼 것은?
① 수집상
② 산지위탁 상인
③ 중도매인
④ 중개시장 상인의 대리인

해설 중도매인은 중개시장의 한 종류이다.

47 도매시장 중 거래량 및 시장점유율이 큰 순서로 맞게 된 것은?
① 공영도매시장 > 농산물공판장 > 법정도매시장 > 민영도매시장
② 민영도매시장 > 법정도매시장 > 농산물공판장 > 공영도매시장
③ 민영도매시장 > 공영도매시장 > 법정도매시장 > 농산물공판장
④ 공영도매시장 > 민영도매시장 > 법정도매시장 > 농산물공판장

정답 44 ① 45 ④ 46 ③ 47 ①

48 농산물 유통기구 중 산지에서 이루어지는 기구에 속하는 것은?
① 수집기구
② 중계기구
③ 분산기구
④ 조정기구

해설 농산물은 다수의 소규모 생산자에 의해 소량·분산적으로 생산되고 있으므로 농산원료품을 가공 공장에 공급하거나 농산식료품을 대도시로 반출하기 위해서는 소량으로 생산되는 농산물을 수집하여 이를 대량화하여야 한다. 이와 같이 수집기능을 수행하는 유통기관을 중심으로 수집기구가 형성되고 있다.

49 농산물 유통기구 중 수집 및 분산의 양 기구를 연결시키는 조직으로, 수집기구의 종점인 동시에 분산기구의 시발점이 되는 기구는?
① 수집기구
② 중계기구
③ 분산기구
④ 조정기구

해설 중계기구는 수집 및 분산의 양 기구를 연결시키는 조직으로 수집기구의 종점인 동시에 분산기구의 시발점이 되는 기구이다. 이 기구를 통해 농산물이 대량으로 신속하게 수집 분산되고 있는데, 중계기구의 일반적인 형태로는 농수산물 도매시장을 들 수 있다. 중계기구로 반입되어 온 대량의 농산물은 도매시장이나 가공 공장으로 판매된다.

50 농산물 유통기구 중 분산기구에 대한 내용과 거리가 먼 것은?
① 분산기구는 수집기구에 의해 집중되고, 중계기구를 통해 대량화된 농산물이 소비자를 향해서 분산되어 가는 조직이다.
② 분산기구는 대체로 소비자를 직접 상대하므로 소규모적이고 분산적인 생산을 전제로 하여 출발된다.
③ 분산기구를 구성하는 유통기관은 도매상과 소매상을 들 수 있다.
④ 농산물 도매상은 수집상이나 반출상의 위탁을 받아 판매하여 그 대가로 판매 수수료를 취득하는 경우가 많은데 이러한 도매상을 위탁도매상이라고 한다.

해설 ② 대체적으로 수집기구가 소규모적이고 분산적인 생산을 전제로 하여 출발하는 데 반해서, 분산기구는 농산물의 집적 또는 대량공급을 전제로 하여 다수의 최종소비자의 분산적인 소량수요를 충족시키는 데 그 특징이 있다.

51 농산물 생산자가 가격 순응자라는 것은 농산물 특성상 어떠한 점과 관계가 깊은가? 〔제1회〕
① 지역적 특화
② 계절성
③ 수요・가격변동에 시차가 존재
④ 생산자의 영세 다수

해설 가격 순응자란 농산물 생산자가 무수히 많이 있는 관계로 가격에 영향을 미치지 못함을 의미한다. 그러므로 시장에서 형성된 가격에 추종하는 자에 불과하다는 것을 의미한다.

52 농산물 산지유통기능을 설명한 것 중 적절한 것은? 〔제1회〕
① 산지에서 1차적 거래기능이 이루어지고 있으며, 거래방법은 획일화되고 있다.
② 생산된 물량은 즉시 출하되기 때문에 수급조절 기능이 없다.
③ 산지에서 다양한 물류기능으로 시간적・장소적・형태적 효용이 창출된다.
④ 산지유통 기능을 점차 위축되고 있으며, 특히 상품화 기능이 급격히 축소되고 있다.

해설 ① 산지유통의 거래방법은 포전매매 및 정전매매, 계약재배 등 다양하다.
② 농산물의 가격변동에 대응해 생산품목과 생산량을 조정하는 기능을 수행한다.
④ 농산물의 생산 후 품질, 지역, 이미지 등을 차별화하여 농산물의 부가가치를 높이는 상품화 기능을 수행한다.

53 농산물 산지유통의 기능에 관한 설명으로 옳지 않은 것은? 〔제8회〕
① 생산자와 산지유통인 사이의 농산물 1차 교환기능
② 농산물의 가격변동에 대응한 공급량 조절기능
③ 생산자와 소매상에 대한 재고유지기능
④ 산지가공공장을 이용한 형태효용 창출기능

해설 **산지유통의 기능**
- 산지유통은 농산물의 가격변동에 대응해 생산품목과 생산량을 조정하는 기능을 수행한다.
- 산지유통은 산지에서 농산물을 일반저장, 저온저장하여 성수기에 출하를 억제하고 비수기에 분산 출하하는 출하조절을 함으로써 시간효용을 창출한다.
- 산지는 농산물을 소비지에 출하함으로써 장소효용을 창출하며, 산지가공공장에서 농가나 생산자들이 가공을 통해 형태효용과 부가가치를 창출하고 있다.
- 산지유통은 농산물 생산 후 품질・지역・가공・이미지를 차별화함으로써 농산물의 부가가치를 높이는 상품화 기능을 수행한다.

정답 51 ④ 52 ③ 53 ③

54. 농산물 산지유통에 관한 설명으로 옳지 않은 것은?

① 산지에서 다양한 물류기능으로 시간적·장소적·형태적 효용을 창출한다.
② 판매계약(Marketing Contract)의 경우 농산물 생산에 따른 위험을 생산자와 구매자가 분담한다.
③ 정전거래는 저장, 보관이 가능한 고추, 마늘 등 채소와 사과, 배 등 과일에서 주로 이루어진다.
④ 최근 대형유통업체들이 생산농가나 생산자 조직과 계약재배를 하는 경우가 증가하고 있다.

해설 산지수집상인은 일정한 점포를 갖추지 않고 생산지를 순회하면서 농산물을 수집하고, 때로는 산지시장에서 자기 책임으로 농산물을 구매하고 있다.

55. 농산물 산지유통의 생산측면 환경변화와 가장 관계가 깊은 것은?

① 산지유통시설은 표준규격화와 브랜드화를 촉진시키는 역할을 하고 있다.
② 생산의 전문화와 규모화는 생산성을 저하시켜 출하물량을 감소시키고 품질의 상대적 다양성을 촉진시킨다.
③ 친환경농산물의 수요는 증가하고 있으나, 생산량은 감소하고 있다.
④ WTO 규정 때문에 친환경 농업에 대한 정부의 지원이 점차 감소되고 있다.

해설 산지유통시설은 유통기능을 단순 출하기능에서 상류와 물류기능을 종합화한 산지유통센터와 저온저장고, 집하장, 선별장 등으로 공동집하, 예랭 및 저온저장, 공동선별, 공동출하를 통해 상품성의 향상과 출하물량의 규모화, 출하시기의 조절, 출하처의 다양화, 상품의 브랜드화를 촉진시키는 역할을 수행하고 있다.

56. 농산물 유통과 관련된 농업생산환경의 변화에 대한 설명으로 옳지 않은 것은?

① 생산시설의 현대화 및 재배기술의 발달로 공급과잉기조에 놓여 있다.
② 생산의 전문화는 농산물 가격변화에 따른 생산농가의 위험부담을 경감시킬 수 있다.
③ 농산물 생산기술과 더불어 수확 후 저장기술도 빠르게 발전하고 있다.
④ 산지 간 판매경쟁의 심화로 생산의 전문화·단지화가 이루어지고 있다.

해설 ② 생산의 전문화는 상품가격 변화에 따른 생산농가의 위험부담을 가중시키며, 가격안정의 중요성을 증대시킨다. 가격안정의 중요성이 증대되면 장차 생산 및 출하 조정을 통한 가격안정을 위한 생산자단체의 역할이 더욱 중요해질 것으로 보인다.

57 농산물 도매시장의 중요성에 대한 설명 중 가장 적절한 것은?

① 소량, 분산적인 물량을 대량화하여 신속하게 분산시킨다.
② 대규모 물량과 특정품목 위주의 전문화로 언제든지 거래가 가능하다.
③ 다양한 소매상의 존재로 유통 효율성을 제고시킨다.
④ 수급을 반영한 적정가격이 형성되나, 공정가격이 아니기 때문에 중심가격이 되지 못한다.

해설 도매시장은 농산물의 집하, 중계 및 분산 등 물적 유통기능뿐만 아니라 가격형성을 통한 수급조절기능, 유통정보기구 등 중추적인 역할을 수행하고 있다.

58 대형할인업체 등장의 영향에 대한 다음 설명 중 맞지 않는 것은?

① 업체간의 치열한 경쟁으로 소비자는 저가격 구입이 가능해졌다.
② 제조업자의 영향력이 이전보다 커졌다.
③ 농산물의 경우 대형할인업체의 산지직구입 비율이 높아졌다.
④ 상품차별화에 대한 관심이 높아져 비가격 경쟁도 중요하게 되었다.

해설 ② 대형할인업체의 등장은 제조업자의 영향력이 줄어들게 된다.

59 선별된 잠재 구매자에게 광고물을 발생하여 제품구매를 유도하는 판매방식은?

① 텔레마케팅(Telemarketing)
② 다이렉트 메일 마케팅(Direct Mail Marketing)
③ 다단계 마케팅(Multi-level Marketing)
④ 인터넷 마케팅(Internet Marketing)

해설 다이렉트 메일 마케팅(Direct Mail Marketing)
기업의 마케팅 관리 측면에서 일반적인 생산자 → 도매상 → 소매상의 전통적 유통경로를 따르지 않고 직접 고객으로부터 주문을 받아 판매하는 것을 다이렉트 마케팅(Direct Marketing)이라고 한다. 전형적 마케팅이 소비자에 대한 대량광고를 통해 소비자의 소비욕구를 자극하여 구입으로 연결시키는 과정을 거치는 데 비해, 다이렉트 마케팅은 소비자와의 보다 긴밀한 광고매체 접촉을 이용하여 소비자와 직접 거래를 실현하는 마케팅 경로를 의미한다.

정답 57 ① 58 ② 59 ②

60 다음 중에서 농산물 소매방법에 해당되지 않는 것은? 〔제2회〕

① 카탈로그 판매　　② 중도매인 판매
③ TV 홈쇼핑 판매　　④ 자동판매기 판매

해설 농산물 소매방법
- 소매점 판매
- 통신판매
- 방문판매
- 자동판매기 판매
- 카탈로그 판매

※ 중도매인 : 도매시장 내의 상회를 가진 등록된 상인으로 도매시장법인으로부터 구매한 상품을 시장 내의 도·소매 상인 또는 식당, 병원, 학교 등 대량 수요자에게 중개해 주는 역할

61 농산물 소매기구의 마케팅 전략(소매믹스 전략)에 대한 설명 중 가장 알맞은 것은? 〔제2회〕

① 일반적으로 높은 유통마진을 추구하는 소매점은 고객에 대한 서비스 수준을 높이고 평균재고의 회전율을 낮춘다.
② 소매믹스 전략 중 가장 중요한 요인은 표적고객의 욕구에 부응하는 상품화 계획인 머천다이징(Merchandising)이다.
③ 상권은 1차, 2차, 3차로 구분되는데, 1차 상권은 구매고객의 60% 내외, 2차 상권은 30% 내외가 거주하고 있는 지역을 말한다.
④ 소매점의 단기적 성과의 촉진수단으로서 광고와 PR이 흔히 사용된다.

해설
② 소매믹스 전략 중 머천다이징(Merchandising)은 표적고객의 라이프스타일을 연구하여 이에 부응하는 상품을 개발하고 확보하며 관리하는 과정이다.
③ 상권은 1차, 2차, 3차로 구분되는데, 1차 상권은 반경 500m 이내에서 매출액의 70% 정도가 발생하는 고객접근 가능지역을 의미한다.
④ 소매점의 단기적 성과의 촉진수단으로서 소매광고와 판촉이 주로 사용된다.

62 유통과정 중 발생할 수 있는 위험은 물리적 위험과 시장위험(경제위험)이 있다. 다음 중 시장위험의 원인에 해당되는 것은? 〔제1회〕

① 홍수피해　　② 시장 하역작업 과정에서의 손실
③ 소비자 기호의 변화　　④ 과다 적재에 의한 파손

해설 물리적 위험과 시장위험

물리적 위험	파손, 부패, 감모, 화재, 동해, 풍수해, 열해, 지진 등
시장위험 (경제적 위험)	농산물의 가치 하락, 소비자의 기호나 유행변화로 인한 수요의 감소, 경쟁조건의(경제적 위험) 변화, 법령의 개정이나 제정, 예측의 착오

63 농산물 시장정보에 대한 설명으로 옳지 않은 것은? 〔제7회〕
① 시장에서 공정한 거래가 이루어지는 한 다양한 시장정보는 의사결정에 혼란을 초래한다.
② 농산물의 물리적 유통량과 유통시간을 감소시킴으로써 유통비용을 절감한다.
③ 유통업자 간 지속적인 경쟁관계를 유지시킴으로써 자원배분의 비효율성을 감소시킨다.
④ 구매자와 판매자 간 정보의 비대칭성을 감소시킴으로써 불확실성에 따른 위험부담비용을 줄인다.

해설 농산물유통정보는 생산자, 유통업자, 소비자, 정부의 정책 입안자들에게 합리적인 의사결정을 내릴 수 있도록 도와주는 것이다.
※ 정보의 효과
- 적정 저장계획 및 효율적인 수송계획 등의 수립을 가능하게 함
- 시장운영의 효율을 제고시키고, 시장선택 등을 합리적으로 할 수 있게 해줌
- 유통활동의 불확실성을 감소시켜 위험부담 비용을 줄임
- 상품의 등급화나 규격화와 연결되어 유통시간을 줄임

64 유통조성기능 중 시장정보에 대한 설명으로 적절한 것은? 〔제1회〕
① 시장정보는 완전성, 정확성, 객관성, 적시성, 유용성 등이 충족되어야 한다.
② 생산자의 판매계획 의사결정에는 유용하지만, 투자계획과는 무관하다.
③ 유통활동의 불확실성을 감소시키는 대신 유통비용을 대폭 증가시킨다.
④ 시장정보는 생산자나 상인에게는 매우 유용하지만, 소비자의 구매에는 영향을 미치지 못한다.

해설 시장정보의 충족기준
- 전체 시장에 대하여 완전하고 종합적이어야 한다.
- 정확하고 신뢰성이 있어야 한다.
- 실용성이 있어야 한다.
- 생산자, 소비자, 상인 모두가 똑같이 접근할 수 있어야 한다.

65 유통조성기능을 가장 적절히 설명한 것은? 〔제2회〕
① 유통조성기능은 소유권 이전 기능과 물적 유통기능이 원활히 수행되기 위한 표준화, 등급화, 위험 부담 등이다.
② 유통조성기능은 상품이 생산자로부터 소비자로 넘어가는 가격 결정 과정을 도와주는 기능이다.
③ 유통조성기능은 고객의 구매 욕구를 일으킬 수 있도록 하는 진열, 포장 등의 기능이다.
④ 유통조성기능은 대금을 주고 구입하는 일체의 활동이다.

66 도매시장의 판매방식은?

① 경매에 의한 방법
② 일괄매도 방법
③ 중개인별 방법
④ 소매방식의 원용

해설 도매시장의 판매방식은 경매에 의한 방법을 이용하고 있으며 경매사가 경매를 대행하고 있다.

67 도매시장 중 위탁판매를 위주로 하는 시장은?

① 법정도매시장
② 농산물 공판장
③ 유사도매시장
④ 공영도매시장

해설 도매시장에는 법정도매시장, 농협 등이 설립한 농산물 공판장, 위탁판매를 위주로 하는 유사도매시장이 있다.

68 일명 집앞거래를 무엇이라고 하는가?

① 포전매매
② 정전판매
③ 가두판매
④ 고정판매

해설 정전판매는 집앞거래로 포전매매와는 다르지만 저장성이 있는 곡물류, 고추, 마늘, 사과, 참깨, 감귤류 등은 아직도 정전판매가 이루어지고 있다.

69 씻거나 다듬는 등 번거로운 손질을 하지 않고 곧바로 조리해 먹을 수 있는 농산물을 무엇이라고 하는가?

① 전처리 농산물
② 친환경 농산물
③ 유전자 농산물
④ 브랜드 농산물

70 다음 유통경로 중 최근 거래점유율이 급속히 확대되고 있는 것은?

① 농산물 공판장
② 유사도매시장
③ 대형할인점
④ 민영도매시장

해설 최근 종합유통센터, 대형할인점 등 대형유통업체의 거래점유율이 판매망 증설 및 소비자의 선호에 의해서 급속도로 확대되고 있다.

71. 대형유통업체가 농산물을 구매할 때 고려하는 요소가 아닌 것은? 〔제7회〕

① 경쟁력 확보를 위한 구매선의 단일화
② 농산물의 안전성 확보
③ 품질과 가격의 조화 추구
④ 거래의 안전성 추구

해설 대형유통업체가 농산물 구매 시 고려하는 요소
다양한 거래방식의 도입, 농산물의 안전성 확보, 품질 및 가격의 합리적인 조화, 거래의 안전성 추구 등이다.

72. 일반적으로 유통마진이 가장 높게 나타나는 유통단계는?

① 출하단계
② 도매단계
③ 소매단계
④ 수송단계

해설 일반적으로 소매단계의 유통마진이 전체의 50%를 차지한다.

73. 선물시장에서 실물을 인도하거나 인수하지 않더라도 가격이 불리하게 움직일 가능성에 대비하여 거래자가 반드시 예치해야 할 부담금을 무엇이라고 하는가? 〔제2회〕

① 순거래(Net Position)
② 마진콜(Margin Calls)
③ 마진(Margin)
④ 베이시스(Basis)

74. 농산물 유통마진에 대한 설명으로 옳지 않은 것은? 〔제7회〕

① 소비자가 지불한 가격에서 농가가 수취한 가격을 뺀 금액이다.
② 유통비용과 유통이윤(상업이윤)의 합으로 구성된다.
③ 곡류보다 채소류의 유통마진이 상대적으로 더 높은 편이다.
④ 유통마진이 높다는 것은 곧 유통이 비효율적이라는 것을 의미한다.

해설 유통마진율에 영향을 주는 요인 : 가공도 및 저장여부, 상품의 부패성 정도, 계절적 요인, 수송 비용, 상품가치 대비 부피 등이 있다.

※ 유통마진이 높은 품목의 일반적인 특징
- 상품의 부피가 크고 무겁고 수집상의 개입이 많으며, 포전거래율이 높다.
- 유통과정에서 과도한 중간 상인의 개입으로 유통단계가 많고 소비지에서 재선별, 소포장하거나 신선유통을 요구한다.
- 상품의 저장성이 낮고 산지 포장화가 미흡하며, 분산 출하가 어렵고 작목반이 발달되어 있지 않은 것이 특징이다.

정답 71 ① 72 ③ 73 ③ 74 ④

75 유통마진에 대한 설명 중 관계가 먼 것은? ｜제3회｜

① 상품의 유통과정에서 수행되는 모든 경제활동에 수반되는 일체의 비용이다.
② 일반적으로 유통마진은 유통비용과 유통이윤으로 구성된다.
③ 유통비용에는 물류비, 인건비 등이 포함되나 감모비는 포함되지 않는다.
④ 상품의 유통마진은 소비자 지불가격과 생산자 수취가격의 차이이다.

해설 ③ 유통비용에는 물류비, 인건비, 감모비(상품의 손실·감모로 인한 비용) 등 유통과정에서 발생하는 모든 비용이 포함된다.

76 다음 중 유통마진의 구성요소가 아닌 것은?

① 토지와 건물의 지대
② 유통기관에 대한 대가
③ 농업인의 소득
④ 유통기관에 대한 비용

해설 유통마진의 구성요소로는 자본차입에 대한 이자, 노동에 대한 보수, 감모, 토지와 건물의 지대, 유통기관에 대한 대가, 유통기관에 대한 비용 등이 있다.

77 농산물 유통비용과 가격에 관한 설명으로 옳은 것은? ｜제8회｜

① 유통비용이 증가하면 일반적으로 소비자가격은 하락한다.
② 유통비용 변화분은 소비자가격과 생산자가격의 변화폭을 합한 것이다.
③ 유통비용 변화에 따른 가격 변화폭은 수요곡선의 이동폭에 따라 결정된다.
④ 공급이 수요보다 비탄력적이면 유통비용 증가는 생산자보다 소비자에게 더 큰 부담을 준다.

해설 유통비용
- 유통비용은 유통마진(소비자 지불가격 − 생산자 수취가격) 중 상업이윤을 제외한 부분을 말한다.
- 유통비용이 증가하면 일반적으로 소비자가격은 상승한다.
- 유통비용 변화에 따른 가격 변화폭은 공급곡선의 이동폭에 따라 결정된다.
- 공급이 수요보다 비탄력적이면 유통비용 증가는 소비자보다 생산자에게 더 큰 부담을 준다.

정답 75 ③ 76 ③ 77 ②

78 농산물 유통비용을 절감시키는 방안으로 적절하지 않은 것은?

① 산지유통 시설을 확충하고 개별출하를 확대한다.
② 직거래를 활성화시킨다.
③ 도매시장 거래방식을 다양화하여 생산자의 선택기회를 확대해 나간다.
④ 인터넷을 통하여 전자상거래를 활성화시킨다.

> **해설** 유통비용을 절감시키기 위해서는 산지유통 시설을 확충하고 공동출하를 확대하여야 한다. 농산물을 개별적으로 출하하는 경우 소규모 생산자의 판매력이 부족하므로 높은 수취가격을 받을 수 없다. 그러나 공동 판매를 실시하였을 경우에는 보다 높은 가격을 받을 수 있다.

79 다음 중에서 장소효용을 증대시키기 위해 발생하는 유통마진은 어느 것인가?

① 수송비용
② 저장비용
③ 가공비용
④ 정보비용

> **해설** 유통기능별 유통마진
> • 수송비용 : 장소의 효용 증대를 위한 비용
> • 저장비용 : 시간의 효용 증대를 위한 비용
> • 가공비용 : 형태의 효용 증대를 위한 비용

80 다음 유통마진의 개념과 관련된 내용으로 옳지 않은 것은?

① 농업인에게 지출한 부분은 농가수취가격이 되고, 유통기능을 수행한 유통기관에게 지출한 부분은 유통마진이 된다.
② 유통마진은 소비자의 농산물 구입에 대한 지출금액에서 농업인이 수취한 금액을 공제한 것이다.
③ 유통마진은 유통단계에 종사하고 있는 모든 유통기관에 의해서 수행된 효용증대활동과 기능에 대한 대가라고 할 수 있다.
④ 유통마진은 유통기능 수행에 따른 유통비용은 포함하지만, 유통단계에 종사하고 있는 유통기관의 이윤은 제외한다.

> **해설** 유통마진은 유통비용 + 상업이윤(유통종사자의 이윤)이므로 유통단계에 종사하고 있는 유통기관의 이윤이 포함된다.

정답 78 ① 79 ① 80 ④

81 물적 유통기능의 효율성 증대방안과 거리가 먼 것은?

① 저장효율의 증대
② 보관관리기술의 개발
③ 농산물 유통에 대한 금융지원 강화
④ 수송시설의 가동률 증대

해설 물적 유통기능의 효율성 증대방안
- 저장효율 증대 : 농산물의 입고와 출고활동이 기계화를 통한 합리적인 창고시설의 설치가 필요하다. 지게차·컨베이어·자동펌프 방법 등을 이용하여 창고시설의 자동화가 이루어져야 한다.
- 보관관리기술의 개발 : 저장되어 있는 농산물의 감모를 감소시킴으로써 저장비용을 감소시켜야 한다. 저장시설의 발달은 저장비용을 감소시키며, 경영기술의 개선은 재고 및 생산조정기술의 향상에 기여한다.
- 수송기술의 혁신 : 냉동수송 자동차와 자동으로 짐을 하역할 수 있는 화차, 2층으로 짐을 적재할 수 있는 트럭 등의 개발은 단위수송 비용을 절감할 수 있다.
- 수송시설의 가동률 증대 : 수송시설의 중복 투자를 배제하고 수송노선을 보다 개선하여 수집과 분배능력을 제고시킨다.
- 수송 중의 부패와 감모 방지 : 적재방법을 개선하고 적당한 수송용기를 사용하면 농산물의 감모를 절감시켜 수송비를 감소시킬 수 있다.

82 농산물에 대한 유발수요에 관한 설명으로 옳은 것은?

① 소매시장에서의 수요를 말한다.
② 최종소비자에 의한 수요를 말한다.
③ 농가수준에서의 수요를 말한다.
④ 1차적 수요를 말한다.

해설 유발수요 : 농촌구매자의 수요는 시장상황에 대한 평가와 소비자의 수요를 반영하며, 그로부터 유발된 것이므로 이러한 관점에서 농가수준의 수요를 말한다.

83 소매단계 유통마진이 높은 것은 어느 것인가?

① 열매채소류   ② 곡물류
③ 엽근채류   ④ 조미채소류

해설 일반적으로 저장성이 낮고 산지포장화가 미흡한 품목일수록 유통마진이 높은데 단계별 유통마진을 보면 대부분의 농산물은 소매단계의 유통마진이 가장 높으며, 특히 엽채류의 소매단계 유통마진이 높은 것으로 나타난다.

84 유통조성기능의 효율성 증대방안으로 부적절한 것은?
① 농산물의 표준화 및 등급화의 활성화
② 농산물 유통에 대한 금융지원 강화
③ 농산물 유통의 위험부담 감소 방안 마련
④ 농산물 보관 관리기술의 개발

해설 ④의 경우는 물적 유통기능의 효율성 증대방안이다.

85 유통기능별 유통마진에 대한 설명 중 옳지 않은 것은?
① 수송기능에 따라 발생하는 수송비용은 장소효용 증대를 위해 투입된 모든 비용을 말한다.
② 수송비는 상차, 하차비와 같은 고정비와 운송거리와 관계 있는 가변비로 구성되어 있는데 수송과정 중의 감모부분을 포함시키면 총수송비용이 된다.
③ 가공비용은 형태효용을 증대시키기 위하여 투입된 비용으로 가공을 많이 하면 할수록 가공비용은 적게 든다.
④ 시간의 효용증대를 위한 저장활동을 할 때 저장비용이 소모된다.

해설 유통 기능별 유통마진
- 수송에 따라 발생하는 수송비용 : 수송기능에 따라 발생하는 수송비용은 장소효용의 증대를 위해 투입된 모든 비용을 말하는데 수송비는 상차, 하차비와 같은 고정비와 운송거리와 관계 있는 가변비로 구성되어 있는데 수송과정 중의 감모부분을 포함시키면 총수송비용이 된다.
- 저장에 따라 발생하는 저장비용 : 시간의 효용증대를 위한 저장활동을 할 때 저장비용이 소모되는데 이는 창고에 입·출고하는 고정비와 저장고 이용의 비용·감모 등을 감안한 사회적 비용 등으로 구성되어 있다.
- 가공에 따라 발생하는 가공비용 : 가공비용은 형태의 효용을 증대시키기 위하여 투입된 비용으로 가공을 많이 하면 할수록 가공비용은 많이 든다.

86 소비자가 농산물의 구입에 대한 지출금액에서 농업인이 수취한 금액을 공제한 것을 무엇이라고 하는가?
① 유통비용   ② 감모비용
③ 유통마진   ④ 농가수취가격

해설 유통마진
- 농업인에게 지출한 부분은 농가취득가격이 되고 유통기능을 수행한 유통기관에게 지출한 부분은 유통마진이 된다.
- 유통마진은 유통단계에 종사하고 있는 모든 유통기관에 의해서 수행된 효용증대 활동과 기능에 대한 대가라고 할 수 있다.
- 유통마진에는 유통기능 수행에 따른 유통비용과 유통단계에 종사하고 있는 유통기관의 이윤이 포함된 것이다.

87 다음 농산물 가격의 기능으로 보기 어려운 것은?

① 자원배분 기능
② 소득분배 기능
③ 자본형성 기능
④ 유통억제 기능

> **해설** 가격의 기능
> • 가격은 상품의 수요와 공급을 조절하는 기능을 한다.
> • 가격은 생산요소를 분배하는 기능을 한다.
> • 가격은 소득분배를 좌우하는 기능을 한다.

88 다음의 공식 중 잘못된 것은?

① 유통마진 = 최종소비자 지불가격 − 생산농가 수취가격
② 유통마진 = 유통비용 + 생산자 이윤
③ 유통마진율 = [(소비자가격 − 농가수취가격) / 소비자가격] × 100
④ 유통마진율 = (총 마진 / 소비자 가격) × 100

> **해설** 유통마진 = 유통비용 + 상업이윤(유통종사자 이윤)

89 농산물 가격의 특징으로 적당하지 않은 것은?

① 농산물은 수요와 공급이 가격의 변화에 비하여 탄력적이다.
② 농산물은 계절적인 영향을 많이 받아 연중 공급이 균등하지 못하고 가격이 불안정하다.
③ 농산물은 공급의 반응속도가 느려 가격의 등락이 장기간 지속될 수 있다.
④ 농산물의 시장개방으로 한 나라의 농산물 가격변동이 다른 나라에도 영향을 미친다.

> **해설** ① 농산물은 수요와 공급이 가격의 변화에 비하여 비탄력적이다.

90 유통비용은 직접비용과 간접비용으로 구분할 수 있는데, 다음 중 직접비용에 속하지 아니하는 것은?

① 점포 임대료
② 수송비
③ 하역비
④ 저장비

> **해설** 유통비용
>
> | | |
> |---|---|
> | 직접비용 | 직접비용은 수송비, 포장비, 하역비, 저장비, 가공비 등과 같이 직접적으로 유통을 하는 데 지불되는 비용이다. |
> | 간접비용 | 간접비용은 점포 임대료, 자본이자, 통신비, 제세 공과금 등과 같이 농산물 유통을 하는 데 간접적으로 투입되는 비용이다. |

87 ④ 88 ② 89 ① 90 ①

91 다음 농산물 시장 관련 내용으로 옳지 않은 것은?
① 독점적 시장구조는 수요와 공급의 조건을 정확하게 반영할 수 있다.
② 농산물은 보통 단일 또는 고립된 시장에서 판매되는 것이 아니고 지리적으로 널리 분산된 수많은 시장에서 판매된다.
③ 시장의 지리적 구조는 그 시장에 있는 상인들의 규모에 영향을 미친다.
④ 수요와 공급이 비탄력적일 때에는 큰 가격변화라 할지라도 작은 양의 조정만으로 가능하다.

해설 독점적 시장구조는 수급의 조건을 제대로 반영하지 못함으로써 불평등을 야기시키는 시장구조이며, 수요와 공급의 조건을 정확하게 반영하는 시장은 완전경쟁시장이다.

92 농산물 유통마진에 대한 인식 중 가장 적절한 것은? 제1회
① 일반적으로 경제가 발전하면 유통마진이 감소되는 경향이 있다.
② 유통마진이 작다고 해서 반드시 유통능률이 높다고 할 수 없다.
③ 중간상인을 배제시키면 반드시 유통마진이 감소하고 농가수취율이 높아진다.
④ 유통마진이 감소하면 생산자 수취가격은 높아지고 소비자 지불가격도 높아진다.

해설 유통마진은 소비자가 농산물의 구입에 대한 지출 금액에서 농업인이 수취한 금액을 공제한 것이다. 유통마진은 유통단계에 종사하고 있는 모든 유통기관에 의해서 수행된 효용증대 활동과 기능에 대한 대가라고 할 수 있다. 그런데 유통마진이 적다고 해서 언제나 유통능률이 있다는 것을 의미하지는 않는다.

93 농산물 유통효율이 향상되는 경우는? 제1회
① 동일한 수준의 산출을 유지하면서 투입수준을 증가시키면 유통효율이 향상된다.
② 시장구조를 불완전 경쟁적으로 유도하면 유통효율이 향상된다.
③ 유통활동의 한계생산성이 1보다 클 때 유통효율이 향상된다.
④ 유통작업이 노동집약적으로 이루어질 때 유통효율이 향상된다.

해설 유통활동에 있어서 한계생산성이 1보다 작으면 유통효율이 작아지고, 1보다 클 경우에는 향상된다.

94 가격과 품질의 상관성에 의한 소비자 심리에 바탕을 둔 가격전략으로 적당한 것은? 〔제1회〕

① 단수가격 전략
② 미끼가격 전략
③ 고가가격 전략
④ 특별염가 전략

해설 고가가격 전략이란 신상품을 도입할 때 그 원가와는 상관없이 가격을 높게 설정해서 구매력이 있는 일부 소비자층에게만 판매하는 방법이다. 가격이 비싸면 그만큼 우수할 것이라고 생각하는 소비자 심리 즉, 가격과 품질의 상관성을 고려한 전략이다. 고가전략은 이러한 가격과 품질의 상관성을 바탕으로 높은 매출액을 실현해 줄 수 있다.

95 농산물 가격 및 수습 안정제도 중 가격유도형이 아닌 것은? 〔제7회〕

① 생산 및 출하 조정
② 부족불제도(Deficiency Payment)
③ 농업관측 및 유통예고
④ 소비촉진프로그램

해설 농산물 가격정책의 유형

유 형		정책수단
시장통제형		관리가격제도, 전매제(잎담배)
시장가격유도형	직접 공급조정	생산조정, 출하조정, 계약재배, 담보융자, 정부방출, 유통쿼터, 산지폐기
	간접 공급조정	가격예시제, 농업관측 및 유통예고
	직접 수요조정	정부매입, 소비촉진프로그램(군관수요, 혼식장려 등)
	간접 수요조정	민간매입지원, 소비홍보, 대체소비유도
	종합 수급조정	가격안정대제도, 완충비축제, 수출입제도
시장가격보정형		부족불제도, 자조금제도

96 다음 유통비용 중 직접비에 속하지 아니하는 것은?

① 포장비
② 하역비
③ 수송비
④ 인건비 및 임대료

해설 유통비용의 직접비는 포장비, 수송비, 하역비 등이며, 간접비는 임대료, 인건비, 제세공과금, 감가상각비 등의 기타 운영비이다.

97 일반적으로 유통비용을 수행하는 기능비용 중 가장 비중이 큰 것은?

① 인건비
② 보험료
③ 창고비
④ 중개수수료

해설 유통기능 수행에 있어서 인건비가 가장 많은 비중을 차지한다.

98 다음 중 유통마진이 가장 높은 것은?

① 쌀, 보리, 밀
② 배추, 무, 상추
③ 사과, 배, 감귤
④ 건고추, 마늘, 양파

해설 농산물은 저장성이 낮고 산지포장화가 미흡한 품목일수록 유통마진이 높다. 유통마진율이 높은 품목은 일반적으로 상품의 부피가 크고 무거우며, 수집상의 개입이 많고 포전거래율이 높다. 그리고 유통과정에서 과도한 중간 상인의 개입으로 유통단계가 많고, 소비지에서 재선별, 소포장이나 신선유통을 요구한다. 또 상품의 저장성이 낮고 산지 포장화가 미흡하며 분산출하가 어렵고 작목반이 발달되어 있지 않은 것이 특징이다.

99 유통비용이 많이 드는 농산물이 아닌 것은?

① 포장되지 않고 출하되는 농산물
② 부피와 무게가 큰 농산물
③ 저온유통이 필요한 농산물
④ 저장성이 강한 농산물

해설 포장출하율이 높고, 수집상의 개입이 적고 작목반이 발달된 품목, 중간도매상의 개입이 없거나 적은 품목, 저장성이 강한 품목 등은 유통비용이 적게 든다.

정답 97 ① 98 ② 99 ④

100 유통비용이 높은 품목의 특성으로 잘못된 것은?

① 포장되지 않고 산물로 출하되며 분산출하가 어려운 품목이거나 저장성이 없어 부패·감모가 많은 품목
② 가치에 비해 부피와 무게가 큰 품목 또는 지리적 여건으로 운송비 등 물류비가 많이 소요되는 품목
③ 산지에서 단으로 묶는 작업 등 작업비가 추가로 소요되는 품목 또는 소비지에서 재선별 및 소포장이 이루어지는 품목
④ 신선유통이 요구되며 기상여건에 따라 가격변동이 작은 품목

해설 신선유통이 요구되며 기상여건에 따라 가격변동이 큰 품목이며 또한 포전거래가 이루어지는 품목으로 수확비용 등이 유통마진에 포함되고 수집단계 추가로 유통단계가 많은 품목 등은 유통비용이 높다.

101 유통마진과 관련된 설명으로 옳지 않은 것은?

① 소비자가 농산물을 구입한 금액과 농업인이 수취한 금액과의 차를 유통마진이라고 한다.
② 유통마진에는 유통기능의 수행에 따른 유통비용과 유통분야에 종사하고 있는 유통기관들의 이윤이 포함되어 있다.
③ 도매가격과 농가판매 가격과의 차를 도매유통마진이라 한다.
④ 소매가격과 농가판매 가격과의 차를 소매유통마진이라 한다.

해설 소매유통마진은 소매가격과 도매가격과의 차를 말한다.

102 유통마진과 관련된 설명으로 적당하지 아니한 것은?

① 표준화와 등급화가 비교적 잘 되어 있는 식량 작물류·과채류·축산물류는 농가수취율이 유통마진율보다 높다.
② 엽근채류, 열매 채소류 등은 유통마진율이 농가수취율보다 낮다.
③ 농산물은 대부분 소매단계의 유통마진이 가장 높다.
④ 유통마진의 내용은 노동에 대한 급부로서의 노임, 차입 자본에 대한 이자, 토지와 건물에 대한 지대, 경영과 위험부담을 안은 자본에 대한 이윤 등이 있다.

해설 엽근채류, 열매채소류 등은 유통마진율이 농가수취율보다 높다.

CHAPTER 03 농산물 시장 구조

01 도매시장거래와 소매시장거래

(1) 도매시장거래
  ① 도매시장거래의 의의와 기능
    ㉠ 도매시장의 의의 : 일반적으로 구체적인 시설과 제도를 갖추고 상설적인 도매거래가 이루어지는 장소(구체적 시장)
    ㉡ 도매시장의 기능 ★ 중요
      • 농산물의 수급조절 기능
      • **가격형성 기능**
      • **분배기능**
      • **유통경비의 절약**
      • 위생적인 거래 가능
    ㉢ 도매시장의 경매
      • 원칙 : 최고가격제
      • 가격을 정하는 방법 : 수지식, 전자식
  ② 도매시장 육성지원사업
    ㉠ 농수산물도매시장 평가조사 업무는 전국 공영도매시장의 개설자, 도매시장법인, 도매시장공판장에 대하여 공정거래노력, 정부의 농수산물 유통정책 수행노력, 업무수행노력, 경영관리부문에 대하여 평가조사를 하여 도매시장 종사자의 건전한 발전과 공정거래를 유도한다.
    ㉡ 소비지 유통개선 자금지원사업
      • 도매시장 출하촉진자금은 대금결제자금과 출하선도금으로 구분되는데, 대금결제자금은 도매시장법인에 자금을 지원하여 출하주에 대한 원활한 대금결제를 유도하고, 출하선도금은 도매시장법인 출하물량 유치를 위해 사용할 수 있도록 지원한다.
      • 산지유통인 출하선도금은 개설자에 등록된 산지유통인에게 자금을 지원하여 도매시장으로 출하하도록 함으로써 도매시장의 기능 활성화를 위하여 지원한다.
      • 도매시장 건설자금은 공영도매시장을 건설하는 지방자치단체에게 자금을 지원하여 도매시장 시설의 현대화・대형화로 대량물량의 신속한 유통을 실현하기 위한 기반을 구축한다.
      • 직거래매취자금은 소비자단체・민간유통업체 및 전자상거래 업체의 직거래사업 추진에 필요한 자금을 지원하여 직거래 활성화를 유도하기 위하여 지원한다.
      • 경매사 자격관리 업무는 도매시장에서 경매를 주관하는 자질있고 능력있는 경매사를 양성하기 위하여 경매사 자격시험을 주관하고 자격소지자를 관리한다.

> **알아두기** 도매시장
> 한 시장 안에 딸려 있거나 또는 따로 동떨어져 있어 물건을 도거리로만 파는 가게들이 있는 시장. 넓은 뜻으로는 생산자와 판매업자, 판매업자 상호 간, 판매업자와 산업용 수요자 간의 거래, 즉 도매거래가 이루어지는 공간적·시간적인 범위를 의미한다. 그러나 일반적으로는 구체적인 시설과 제도를 갖추고 상설인 도매거래가 이루어지는 장소(구체적 시장)를 가리킨다. 그중에서도 청과물(야채·과일)·수산물·식육(食肉)과 같은 신선한 식료품을 중심으로 한 상품에 대하여 현물을 보면서 거래하는 구체적인 장소와 그곳에서의 거래제도를 일컫는 경우가 많다. 청과물·수산물 등의 대부분은 품질·크기·중량 등 가격을 결정할 때의 여러 요소를 규격·통일화하기 어려운 특성이 있다. 그래서 현물을 하나씩 평가하면서 가격을 결정해 가는 방법이 적합하다. 또 대부분의 생산자가 소규모이고 또한 생산품목(품종)이 지리적 조건 등으로 규정되어 있기 때문에 각 지역의 여러 생산자의 상품을 집하(集荷)하지 않고서는 수요를 충족시킬 수 없다.
> 게다가 생산량이 기후 등의 자연조건에 크게 좌우되고 보존이 곤란한 상품이 많기 때문에 수요와 공급의 균형을 맞추기 어렵다. 그래서 신선한 식료품 등의 거래에서는 다수의 생산자(또는 그 대리인)가 상품을 갖고 모여 다수의 소매상(또는 그 대리인) 사이에서 그날그날의 수요량과 공급량을 적절히 참작하면서 현물을 평가하고 가격결정, 소유권 이전, 현물수수(授受), 대금의 결제까지 한 번에 처리하는 시설 및 제도가 세계 각국에서 역사적으로 성립되어 왔다. 한국의 경우 농수산물 유통 및 가격안정에 관한 법률에 의해 농수산물의 원활한 유통과 적정가격 유지로 생산자와 소비자의 이익을 보호하고 국민생활의 안정을 도모할 목적으로 농수산물 도매시장이 각 시에 개설되어 있으며 이곳에서는 양곡류·청과류·어패류·조수육류(鳥獸肉類)·화훼류(花卉類) 등을 취급하고 있다. 유럽 등에는 그 밖에 유제품(乳製品)을 취급하는 도매시장도 있다.

③ 경매방법
  ㉠ 영국식 경매방법(경상식 경매)
    • 경매사가 물건을 팔기 위하여 중도매인에게 낮은 가격으로부터 시작하여 높은 가격을 불러 최고가격을 신청한 사람에게 낙찰시키는 방법
    • 우리나라에서는 영국식 경매방식을 취하고 있음
  ㉡ 네덜란드식 경매방법(경하식 경매)
    경매사가 물건을 사려는 중도매인에게 높은 가격으로부터 시작하여 낮은 가격으로 불러 최고가격을 신청한 사람에게 낙찰시키는 방법

(2) 소매시장거래
  ① 소매시장의 기능
    ㉠ 최종소비자를 대상으로 하여 거래가 이루어지는 시장
    ㉡ 비교적 거래단위가 적다.
    ㉢ 일반적으로 소매상은 상품구매, 보관, 판매 기능
  ② 소매거래의 방법
    ㉠ 매매참가인을 통한 구매
    ㉡ 중도매인을 통한 구매
    ㉢ 가격결정 : 구입가격에 일정한 상업이윤과 유통비용, 손실량을 합하여 결정
  ③ 농산물 소매방법 ★ 중요
    ㉠ 소매점 판매
    ㉡ 통신판매
    ㉢ 방문판매

ⓔ 자동판매기 판매
　　ⓜ 카탈로그 판매

02 선물거래

(1) 선물거래의 개념 및 기능
　① 선물거래의 개념
　　㉠ 선물거래란 선물계약을 정부에 의해 허가된 특별한 거래소에서 사고파는 행위를 말한다.
　　㉡ 선물계약이란 거래 당사자가 특정한 상품을 **미래의 일정한 시점에 미리 정해진 가격**으로 인도, 인수할 것을 현시점에서 **표준화한 계약조건**에 따라 약정하는 계약을 말한다.
　　㉢ 선물거래소 : 선물거래가 이루어지는 공인된 장소
　② 선물거래의 기능 ★ 중요
　　㉠ 위험전가기능
　　㉡ **가격예시기능**
　　㉢ 재고의 배분기능
　　㉣ 자본의 형성기능
　　㉤ **가격변동에 대한 예비기능**

> **알아두기** 선물거래
> 상품거래소에서 행해지는 거래의 하나. 매매계약은 체결되어 있으나 현물 수도(受渡)는 일정기간 뒤에 이루어지는 것으로, '실물거래(實物去來)'와 반대되는 개념이다. 원래 상품거래에서 이용된 거래방식인데, 생산자가 상품 매수자를 확보하기 위하여 또는 소비자가 상품을 확보하기 위하여 장래의 생산품을 거래하였다. 선물시장에서는 실물을 인도하거나 인수하지 않더라도 가격이 불리하게 움직일 가능성에 대비하여 거래자가 반드시 예치해야 할 부담금이 있는데, 이를 마진(Margin)이라고 한다.

(2) 농산물 선물거래
　① 선물거래가 가능한 농산물
　　㉠ **절대거래량이 많고 생산 및 수요의 잠재력이 큰 품목** : 시장규모가 있을 것
　　㉡ **장기 저장성이 있는 품목**
　　㉢ 계절・연도 및 지역별 가격진폭이 큰 품목이거나 연중가격 정보의 제공이 가능한 품목
　　㉣ 대량 생산자, 대량 수요자와 전문 취급상이 많은 품목
　　㉤ **표준규격화가 용이**하고 등급이 단순한 품목, 품위 측정의 객관성이 높은 품목
　　㉥ 정부시책 등으로 생산・가격・유통에 대한 정부의 통제가 없는 품목

② 농산물 선물거래의 발전방안
㉠ **농산물의 표준화·등급화가 선행**되어야 함
㉡ 농산물의 **저장·보관시설**이 갖추어져 있어야 함
㉢ 선물 거래에 대한 교육과 홍보 및 인식의 제고
㉣ 전문인력의 육성
㉤ 정부의 적극적인 지원이 필요

예시문제 맛보기

농산물 선물거래에 대한 설명으로 옳지 않은 것은? [7회 기출]
① 농산물 가격변동의 위험을 관리하는 수단을 제공한다.
② 가격발견기능을 통해 미래의 현물가격을 예시한다.
③ 거래당사자 간 합의에 의하여 계약조건의 변경이 가능하다.
④ 조직화된 거래소에서 선물계약의 매매가 이루어진다.

정답 ③

---

03 전자상거래

(1) 전자상거래의 개념 및 특징

① 전자상거래의 개념
㉠ 컴퓨터를 이용하여 인터넷이나 PC통신에 접속해 물건을 사고파는 행위이다.
㉡ 실제공간이 아닌 가상공간이지만 책, 음반 등 개인이 필요한 물품을 거래하는 소매업부터 국가 간 무역까지 모든 상행위가 가능하다.
㉢ 상품주문은 직접 매장에 가지 않고 집에서 컴퓨터를 통해 인터넷 홈페이지에 게시된 사진 등을 보고 실시하며 대금결제는 온라인 입금이나 신용카드번호를 입력하는 방법을 사용한다.
㉣ 전자상거래를 통한 국가 간 무역에는 관세를 붙이지 않는 무관세 움직임이 일고 있어 앞으로 그 규모가 대폭 늘어날 전망이다.
㉤ 비자, 마스터 등 신용카드업체들은 전자상거래의 규모를 늘리고 안전성을 보장하기 위해 보안규격(SET)을 확정·발표했다.
㉥ SET규격은 상품구매자가 인터넷에서 자신의 신용카드번호를 입력할 때 타인이 함부로 도용하지 못하도록 방지하는 장치이다.

② 전자상거래의 특징 ★ 중요
㉠ **유통경로가 기존의 상거래에 비하여 짧다.**
㉡ **시간과 공간의 제약이 없다.**

ⓒ 판매점포가 불필요하다.
　　ⓔ 고객정보의 획득이 용이하다.
　　ⓜ 효율적인 마케팅 활동이 가능하다.
　　ⓗ 소자본에 의한 사업이 가능한 벤처업종이다.

(2) 전자상거래의 기대효과
　① 산지의 공동출하, 공동판매 등의 생산자 단체의 시장 지배력이 상승할 것이다.
　② 복잡하고 비효율적인 유통과정을 사이버 공간을 이용한 직거래로 전환시킴으로써 시간적·공간적 효율성을 높일 수 있다.
　③ 경매가 신속·정확히 이루어질 수 있다.
　④ **유통경로를 단축시킬 수 있다.**
　⑤ 농산물의 훼손을 줄일 수 있다.
　⑥ 생산자의 수취가격은 높아지고, 소비자의 지출가격은 낮출 수 있다.
　⑦ 농산물의 표준화·등급화를 앞당길 수 있다.

(3) 전자상거래의 유형
　① B2B(Business to Business) : 기업과 기업 사이의 거래
　② B2C(Business to Customer) : 기업과 소비자 사이의 거래
　③ B2G(Business to Government) : 기업과 정부 사이의 거래
　④ C2C(Customer to Customer) : 소비자와 소비자 사이의 거래

> **알아두기** 온라인-오프라인 연결 거래방식(O2O ; Online to Offline)
> 쇼핑몰이나 마트에서 상품을 구경한 후 똑같은 제품을 온라인에서 더 저렴하게 구매하거나, 온라인이나 모바일에서 먼저 결제한 후 오프라인 매장에서 실제 물건이나 서비스를 받는 것과 같은 거래방식이다.

(4) 농산물 전자상거래의 제약요인 및 발전방향
　① 제약요인
　　㉠ 농산물은 부패하기 쉽고 크기가 크며, 품질이 균일하지 못하여 거래품목이 제한됨
　　㉡ 인터넷 이용자의 연령적 편중
　　㉢ 대부분의 농업인이나 영세 가공업자는 **전자상거래에 대한 인식 부족**
　　㉣ **농산물의 표준화 및 등급화가 미흡**
　　㉤ 가격의 불안정 및 상품확보의 어려움
　　㉥ 소량판매로 인한 물류비용이 과다하게 소요

② 발전방향
    ⊙ **거래단위와 포장 등의 표준화** 모색
    ⓒ 상품의 **품질을 규격화**할 수 있도록 모색
    ⓒ 농촌지역의 정보기반시설의 확충
    ② 농업인의 정보화 교육 강화
    ⑩ 전자상거래에 필요한 정보의 수집 및 분산시스템 구축

(5) 전자상거래의 장단점

장 점	단 점
• 시간적·공간적 제약의 해결 • 다양한 상품정보 제공 • 장바구니 기능 • 품질보증제도 • 비용의 감소 • 고객의 구매형태 등의 분석 용이 • 마케팅과 상품광고 용이 • 정보산업의 활성화 • 낮은 진입장벽 • 물류수송의 효율화	• 쇼핑몰 관리자의 경영마인드 부족 • 원하는 상품정보 탐색이 어려움 • 상품규격 등의 비표준화 • 안전한 대금지불방식이 요구됨 • 효율적인 물류 및 배달체계의 구축이 요구됨

> **예시문제 맛보기**
>
> **농산물 전자상거래의 특성에 대한 설명으로 알맞지 않은 것은?** [4회 기출]
> ① 사이버공간을 활용함으로써 시간적, 공간적 제약을 극복할 수 있다.
> ② 전자 네트워크를 통해 생산자와 소비자가 직접 만나기 때문에 유통경로가 짧아지고 유통비용이 절감된다.
> ③ 컴퓨터 및 전산장비를 두루 갖추어야 하기 때문에 대규모 자본의 투자가 필요하다.
> ④ 생산자와 소비자 간 쌍방향 통신을 통해 1:1 마케팅이 가능하고 실시간 고객서비스가 가능해진다. **정답** ③

04 산지직거래

(1) 산지직거래의 의의와 기능 ★ 중요
    ① 의의 : 시장을 거치지 않고 생산자와 소비자 또는 생산자 단체와 소비자 단체가 직결된 형태
    ② 기 능 ★ 중요
        ⊙ 시장의 기능을 수직적으로 통합하여 시장활동
        ⓒ 유통비용의 절감
        ⓒ 산지직거래 가격은 도매시장에서 형성된 가격에도 영향을 받음

(2) 산지직거래의 유형과 거래방법
　① 주말 농어민시장
　　㉠ 도시소비자를 쉽게 찾을 수 있는 광장이나 공터를 이용하여 생산자가 소비자에게 농산물을 직접 판매함으로써 유통비용을 줄임
　　㉡ 생산자와 소비자 상호 간의 이해
　② 농산물 직판장 : **생산자와 소비자의 직거래로 유통단계를 축소**함으로써 생산자・소비자 모두에게 농업유통의 합리화
　③ 농산물 물류센터
　　㉠ 집하된 농산물을 대도시의 슈퍼마켓이나 대량 수요처에 직접 공급해 주는 조직
　　㉡ 유통단계의 축소
　　㉢ 신선한 농산물의 공급
　　㉣ 수요처의 입장에서는 필요한 농산물을 체계적으로 공급받을 수 있는 장점
　④ **농협협동조합의 산지직거래** : 농업협동조합은 주문한 농산물을 조합원을 통하여 수집하여 도시협동조합에 보내는 방식
　⑤ **우편주문판매제도** : 각 지방에서 생산되고 있는 특산품과 전매품 등을 기존 우편망을 통해 소비자에게 직접 공급해 주는 통신서비스의 일종

05 협동조합유통과 농산물 공동판매

(1) 협동조합유통 ★ 중요
　① 의의 : 농가가 농업협동조합이나 그 밖의 조직을 통해서 농산물을 공동으로 판매하는 것
　② 필요성
　　㉠ 유통마진의 절감 : 생산자가 **유통부분을 수직적으로 통합**함으로써 **수송비와 거래비용을 절감**
　　㉡ 독점화 : 협동조합을 통해서 **시장교섭력을 제고**
　　㉢ 초과이윤 억제 : 협동조합이 유통사업에 참여함으로써 **민간 유통업자의 시장지배력을 견제할 수 있음**
　　㉣ 시장확보와 위험분산 : 농업 생산자의 경영다각화를 위하여 **가격안정화를 유도**하고 **안정적인 시장을 확보**
　　㉤ 협동조합 임직원의 전문적인 지식과 능력에 의한 효과 배가
　　㉥ 농산물 **출하 시기의 조절이 용이**

(2) 공동판매

① 의 의
- ㉠ 농산물은 어느 품목이든지 **영세한 농가에 의해 생산**되는 특징이 있으므로 **단독으로 판매하면 불리한 입장**에 서는 경우가 많다.
- ㉡ 농가가 농산물을 유리하게 판매하기 위한 방법
  - 사는 쪽의 의향을 잘 파악하여 그 의향에 따라 생산의 방향을 정한다.
  - 수확된 농산물을 직접 다루는 등 사는 쪽의 의향에 비추어 파는 방법을 고안한다.
  - 사는 쪽에게 정확한 정보를 제공함으로써 농산물을 올바르게 평가하도록 유도하는 일 등이 필요하다.
  - 농산물의 직접적 매주(買主)인 유통업자에 대해서는 **거래력을 강화함**으로써 농산물의 유리한 판매에 협력하도록 유도하는 한편, 최대한의 평가를 내리도록 하는 것도 중요하다.
- ㉢ 공동판매를 효과적으로 실행해 가기 위해서는 집하장・선과장(選果場)・냉장고와 같은 유통시설 장비가 있어야 하고, 광범위한 정보의 수집과 전달이 꼭 필요하며, 원격지(遠隔地)시장에도 출하할 수 있는 체제를 갖추어야 한다.
- ㉣ 이를 위해서는 상당한 경비가 필요하고 고도의 능력도 요구된다. 농가가 단독으로 판매하려는 경우 충분한 효과를 올리기 어려운 것은 이 때문이며, 따라서 농가는 힘을 모아 공동으로 판매하는 방법을 강구하려 한다.
- ㉤ 현재 실시되고 있는 농산물의 공동판매는 농가의 공동조직인 농업협동조합(농협)에 판매를 위탁하는 방법에 의존하는 경우가 많다. 그에 따라 판매 규모가 확대되면 판매에 필요한 모든 경비가 저렴해지는 효과를 기대할 수 있으며, 사는 쪽에 대한 거래력을 강화하는 효과도 기대된다.

② 공동판매의 유형
- ㉠ 수송의 공동화
  - 수송의 공동화란 생산한 농산물의 규모가 작거나 거래의 교섭력을 높이기 위해서 여러 농가가 생산한 농산물을 한데 모아서 공동으로 수송하는 것을 말한다.
  - 생산된 농산물이 적은 경우, 가격위험 등을 분산하기 위한 경우, 가격변동이 심한 상품의 경우 등에 활용할 수 있다.
- ㉡ 선별・등급화・포장 및 저장의 공동화
  - 생산물의 규격 통일・표준화 : 생산물의 신용을 높이고 상품의 가치를 높이기 위해
  - 포장과 선별 : 상품성을 높이고 출하시기를 조절하여 높은 가격을 받기 위해
  - 공동투자 : 전문적인 인력과 시설 및 장비 도입을 위하여
- ㉢ 시장대책을 위한 공동화
  - 시장개척을 위한 공동화
  - 판매조직을 위한 공동화
  - 수급조절의 효율 향상을 위한 공동화

③ 공동판매의 원칙
  ㉠ **무조건 위탁** : 생산물을 공동조직에 위탁할 경우 조건을 붙이지 않고 일체를 위임하는 방식으로 공동조직과 구성원 간의 절대적 신뢰를 전제로 하여야 한다.
  ㉡ **평균판매** : 농산물의 출하기를 조절하거나 수송·보관·저장방법의 개선을 통하여 농산물을 계획적으로 판매함으로써 농업인이 수취가격을 평준화하는 방식으로 농산물의 평준화나 균등화를 통한 전국적인 통일이 전제되어야 한다.
  ㉢ **공동계산제** ★ 중요
    • 다수의 개별농가가 생산한 농산물을 출하주별로 구분하는 것이 아니라 각 농가의 상품을 혼합하여 등급별로 구분하고 관리·판매하여 그 등급에 따라 비용과 대금을 평균하여 농가에 정산해 주는 방법이다.
    • 장 점
      - 개별 농가의 위험 분산
      - 대량 거래의 유리함
      - 출하 조절의 용이성 확보
      - 상품성 제고
      - 도매시장 경매제도 정착
      - 농산물 판매 전문 인력을 활용하여 전략적 마케팅을 구사함으로써 판로 확대
      - 생산자 수취가격 제고
      - 협동조합이나 작목반 단위로 공동 출하함으로써 거래교섭력 제고
      - 판매와 수송 등에서 규모의 경제 실현
④ 공동판매의 발전방향
  ㉠ 농산물의 고급화 등에 대한 제품의 계획수립 필요
  ㉡ 농업인이 적정한 가격을 받을 수 있도록 **생산조절 계획**을 세움
  ㉢ **새로운 유통경로를 개척**, 물적 유통수단의 개발 및 시설투자를 통한 농산물의 상품성 제고, 위험회피를 위한 노력
  ㉣ 조합의 구성원과 조직 간의 긴밀한 협조관계와 조합의 자본금을 늘릴 수 있도록 함

알아두기 계통판매

농어민이 협동조합의 계통조직을 통해 생산한 농수산물을 출하·판매하는 일로, 농산물의 경우 농민이 단위농협·농협공판장·슈퍼마켓 등의 유통과정을 거쳐 출하하는 것을 말한다. 계통출하의 종류는 농어민의 위탁을 받아 농·수협 계통이 판매하는 수탁판매, 정부 위촉 사업으로 하는 위촉판매, 계통조직이 소비자에 알선하는 알선판매 등이 있다. 농수산물의 계통출하는 중간 유통마진을 최소화할 수 있으므로 농어민과 소비자 모두에게 유리하며, 생산자 입장에서는 판매 비용과 위험 부담 모두를 줄일 수 있는 이점이 있다.

> **예시문제 맛보기**
>
> 농산물 공동계산제에 대한 설명으로 옳지 않은 것은? [7회 기출]
> ① 수확한 농산물을 등급별로 공동선별한 후 개별 농가의 명의로 출하한다.
> ② 공동판매를 통하여 개별 농가의 위험을 분산할 수 있다.
> ③ 엄격한 품질관리로 상품성을 제고하여 시장의 신뢰를 얻을 수 있다.
> ④ 출하물량의 규모화로 시장에서 거래교섭력이 증대된다.
>
> **정답** ①

06 우리나라의 농산물 유통 현황

(1) 우리나라 농산물 유통의 특징
  ① 우리나라 농산물 유통의 특징 ★ 중요
    ㉠ **영세한 생산과 소규모 유통**
    ㉡ 생산의 계절성과 홍수출하
    ㉢ **수급불균형과 가격의 불안정**
    ㉣ 다단계 유통과 과다 유통마진
  ② 우리나라 농산물 유통발전 과정
    ㉠ **제1단계** : 곡물과 소매상 중심의 유통
    ㉡ **제2단계** : 신선식료품과 도매시장 중심의 유통
    ㉢ **제3단계** : 고위 보전 식품과 대형 소매점 중심의 유통
  ③ 농산물 유통발전을 위한 원리와 목표
    ㉠ **목표** : 농가소득 보장, 소비자 가계의 보호, 유통업자의 적정이윤 확보를 통한 국민경제발전에 기여
    ㉡ 물량적 증산은 자연적·기술적 여러 가지 요인에 의해 제약이 있지만 경제적 성과는 유통과정에 의해 결정될 수 있다.
    ㉢ 농업경제발전은 생산, 소비, 유통구조의 동시적 변동과 깊은 함수관계에 있다.
  ④ 농산물 유통발전 방향
    ㉠ 소비자 지향적 유통
    ㉡ 유통시설의 확충
    ㉢ 가격안정을 위한 유통구조의 개선
    ㉣ 생산자와 소비자의 연대강화
    ㉤ 농산물유통 정보화의 추진

(2) 양곡유통

① 양곡유통의 특징

㉠ 주요 대표적 양곡 : 쌀, 보리, 밀, 옥수수, 콩

㉡ 양곡 가운데 쌀은 우리 국민의 주식으로 이용되는 가장 중요한 것이다.

> **알아두기** 쌀의 유통경로
> 쌀의 유통경로는 상인조직을 통한 유통경로, 농업협동조합 및 생산자 단체를 통한 유통경로의 유형으로 나눌 수 있다. 쌀의 경우 산지와 소비지 소매상의 직접 거래 비중이 높게 나타나는데 이는 브랜드화된 고품질 지역 특산미의 직거래가 활발히 이루어지고 있기 때문이다.

② 양곡시장의 조직

㉠ 정부관리조직
- 정부가 양곡의 원활한 수급과 가격안정을 위해 추수기에 농민으로부터 양곡을 수매
- 적절한 시기에 행정조직과 농업협동조합을 통해 농업협동조합 공판장과 민간도정공장에 공급하는 조직

㉡ 자유시장 조직
- 상인조직 : 중개인, 도매상, 소매상 등과 같은 상인들의 집합체
- 농업협동조합 거래조직 : 계통출하조직
- 직거래 조직 : 농업인이나 생산자 단체가 직접 소비자 조직 등을 통하여 공급해 주는 조직

③ 양곡유통기관

㉠ 산지시장
- 생산자로부터 양곡을 수집하는 시장
- 정기시장, 산지농업협동조합, 양곡도정공장

㉡ 도매시장
- 산지시장으로부터 각 유통경로를 거쳐 반입되는 양곡을 대량으로 집하하여 분산시키는 중개 역할
- 농업협동조합 공판장, 법정도매시장, 유사도매시장

㉢ 소매상
- 도매시장이나 산지시장 또는 도정공장에서 구입한 양곡을 소매하는 것
- 일반 소매상, 농업협동조합 지정양곡 판매점 등

④ 쌀 산업의 발전방향

㉠ 정책목표 : 쌀의 자급기반 확보

㉡ 전문 경영체제의 육성과 생산비의 절감

㉢ 적정 벼 재배면적의 확보

㉣ 쌀 유통 혁신과 수매제도의 개선

㉤ 논 농사 직접 지불제도 강화

(3) 청과물 유통

① 청과물 유통의 특징
  ㉠ **기후조건**에 가장 큰 영향을 받음
  ㉡ 부피가 크고 무겁기 때문에 **유통비용이 많이 듦**
  ㉢ **신선도**를 유지하기 위해 운반과 저장에 특별한 관리가 필요
  ㉣ 생산규모가 영세하고 적은 양이 소비되기 때문에 **수집과 분산과정이 복잡함**
  ㉤ 종류와 품질이 다양하므로 **표준화와 등급화가 어려움**

② 청과물 유통시장의 발전방향
  ㉠ 생산 및 가격의 안정화 도모
  ㉡ 유통조성 기능의 강화
  ㉢ 산지수집과 출하 기능의 강화
  ㉣ 도매시장의 기능강화
  ㉤ 소매시장의 규모화
  ㉥ 직거래의 활성화

③ 청과물의 공급구조
  ㉠ 기상조건과 생산기간의 제약을 받기 때문에 생산과 공급이 계절성을 크게 나타낸다는 점
  ㉡ 부패변질성이 높기 때문에 수확 후 장기간의 보존이 어렵고 신선도의 유지가 곤란하다는 점
  ㉢ 공산물이나 곡물과는 다르기 때문에 크기, 수분, 영양가, 성숙도 등 품질의 균일성을 기하기가 어렵다는 점
  ㉣ 청과물 자체가 갖는 실중량과 부피에 비하여 매매가격이 상대적으로 낮아 원거리 수송이 자칫하면 비경제적이며, 장기저장 시에 경제성이 낮다는 점

④ 청과물의 수요구조
  ㉠ 청과물의 경우도 소비구조의 제1특성은 생산의 경우와 마찬가지로 그 영세성에 있다.
  ㉡ 신선식료품의 상품으로 청과물이 갖는 제2의 특성은 그 신선도에 있다.
  ㉢ 신선식품으로 청과물이 갖는 제3의 특성은 수요의 가격 및 소득탄력성에 있다.
  ㉣ 신선식품으로 청과물이 갖는 제4의 특성은 수송성에 있다.

(4) 화훼류의 유통

① 화훼유통의 특징
  ㉠ 소비자 지향적인 유통기술이 필요함
  ㉡ 생산에서 판매까지 분류별 유통경로가 다양함
  ㉢ 생산 및 유통분야의 분업화와 전문화가 가능함
  ㉣ 항상 새로운 종류와 품종을 추구하는 소비자의 특성을 가짐

ⓜ 소비의 유행성 및 계절성으로 인하여 상품으로서의 생명주기가 짧음
　　　ⓗ 표준화가 어려움
　② 화훼 유통구조의 문제점
　　　㉠ 법정도매시장의 부족, 유통시설 및 공동출하 체제가 미흡, 유사도매시장이 거래를 주도
　　　㉡ 생산 및 도매 단계의 저온시설 부족, 저온수송 차량의 부족으로 고도의 상품성 유지가 어려움
　　　㉢ 산지의 출하조직이 미비하고 대부분 개별출하에 의존
　　　㉣ 지나치게 서울 중심으로 하여 시장형성, 시장 단계별 가격형성, 표준규격화, 유통정보, 저장, 가공 등 유통기능이 미약
　③ 화훼유통의 발전방향
　　　㉠ 유통시설의 확충과 공정거래 체계의 확립 필요
　　　㉡ 생산자 조직과 공동출하의 확대
　　　㉢ 유통기능의 강화
　　　㉣ 정부의 유통지원
　　　ⓜ 화훼소비 생활화와 건전 소비 확대
　　　ⓗ 새로운 기술의 개발과 수출시장 개척

(5) 축산물 유통

　① 축산물 유통의 특징
　　　㉠ 품종과 사육방법에 따라 품질이 다름
　　　㉡ 신선도 유지를 위하여 특수한 저장유통시설을 갖추어야 함
　　　㉢ 일정한 위생시설이 갖추어진 도축장이나 가공장에서 처리해야 함
　　　㉣ 생산지 단계에서는 생축의 형태로 거래되고 있지만 소비지 단계에서는 지육으로 거래됨
　　　ⓜ 품질에 따른 등급화가 어렵고 부위 및 품질에 따라 가격에 많은 차이가 있음
　② 축산물의 시장조직
　　　㉠ 가축시장
　　　　・축산법에 의해 한우, 육우, 교잡우, 돼지, 양, 말 그 밖에 농림축산식품부장관이 정하는 가축을 거래
　　　　・가축시장의 개설권자는 지방자치단체이지만 주로 농업협동조합이 운영
　　　　・거래는 경매 또는 중개에 의해 이루어지고 있음
　　　㉡ 식육시장
　　　　・도매시장 : 도매시장이나 공판장에서의 거래는 경매에 의해 이루어짐
　　　　・도축장 : 도살을 의뢰할 때 수수료를 받고 도축해 주는 곳
　　　　・소매시장 : 정육점, 축산물 직판장, 슈퍼마켓 등

③ 축산물 유통의 발전방향
    ㉠ 가축사육의 규모화 및 전문화로 생산비를 낮출 것
    ㉡ 생산지역의 특화, 조직적 유통, 출하조정이 필요
    ㉢ 광우병, 구제역, 조류독감 등에 의한 피해를 막기 위하여 안전한 육류의 생산계획 수립
    ㉣ 소규모 가축시장의 통합, 축산물 도매시장의 규모화, 축산물 종합처리장의 현대화 필요
    ㉤ 가축시장의 거래는 중개방법에서 경매방법으로 개선하고, 지육과 정육의 등급화 정착
    ㉥ 생축과 지육의 운송수단을 개선하고 저장시설을 늘림으로써 출하조절을 위한 비축규모의 확대

(6) 친환경농산물의 유통
① 친환경농산물
    ㉠ 친환경농산물 : 농약의 안전사용 기준 준수, 작물별 시비준량의 준수, 적절한 가축사료 첨가제 사용 등 화학자재 사용을 적정수준으로 유지하고, 축산분뇨의 적절한 처리 및 재활용 등을 통하여 환경을 보전하고 안전한 농산물을 생산하는 농업을 영위하는 과정에서 생산된 농산물이다.
    ㉡ 친환경농산물의 인증 : 농림축산식품부장관은 친환경농업의 육성과 소비자보호를 위하여 농산물이 친환경농산물임을 인증할 수 있으며, 친환경농산물의 인증을 받은 친환경농산물의 포장·용기 등에 친환경농산물표시의 도형 또는 문자를 표시할 수 있다.
    ㉢ 친환경인증의 목적
        • 농업의 환경보전 기능을 증대시키고 농업으로 인한 환경오염을 줄임
        • 일반농산물을 친환경농산물로 허위 또는 둔갑 표시하는 것으로부터 생산자·소비자를 보호
        • 유통과정에서의 신뢰구축으로 친환경농산물 생산·공급체계의 확립
② 친환경농산물의 구분
    ㉠ 유기농산물
        • 유기합성농약과 화학비료를 전혀 사용하지 않고 재배한 농산물
        • 전환기간 : 다년생 작물은 최초 수확 전 3년, 그 외 작물은 파종 재식 전 2년
    ㉡ 유기축산물
        • 유기농산물의 재배·생산 기준에 맞게 생산된 유기사료를 급여하면서 인증기준을 지켜 생산한 축산물
        • 전환기간(최소 사육기간) : 한우·육우는 입식 후 12개월, 돼지는 입식 후 5개월
    ㉢ 무농약농산물 : 유기합성농약을 전혀 사용하지 않고, 화학비료는 권장 시비량의 1/3 이내 사용하여 생산한 농산물
    ㉣ 무항생제축산물 : 항생제, 합성항균제, 호르몬제가 첨가되지 않은 일반사료를 급여하면서 인증 기준을 지켜 생산한 축산물

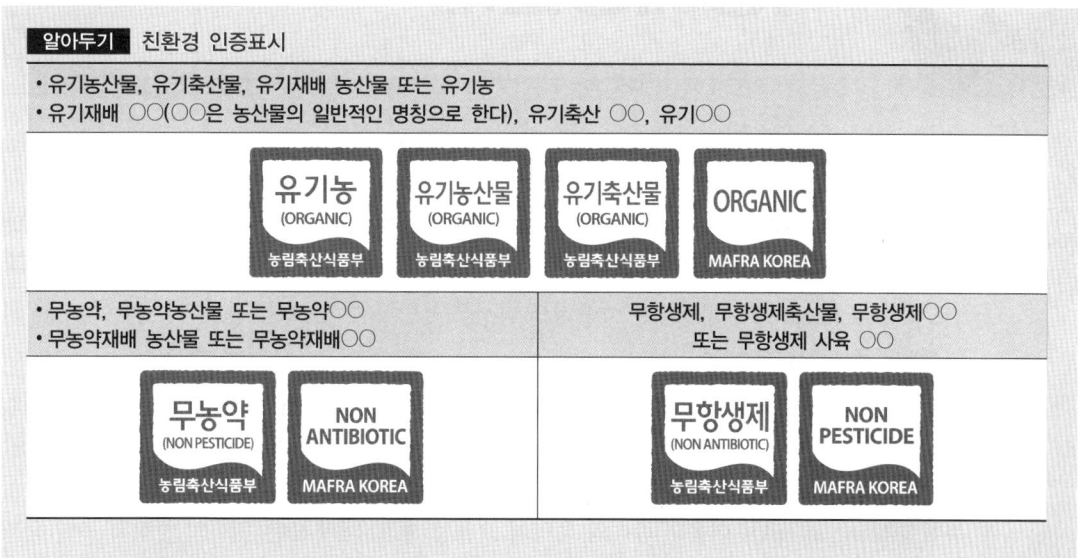

③ 친환경 농산물 유통의 특징 ★ 중요
  ㉠ 일반농산물에 비하여 중간상인의 개입이 없거나 정도가 미미하다.
  ㉡ 지역 내 유통보다는 지역 외 유통이 더 일반적이다.
  ㉢ 일반적으로 일반재배 농산물보다 가격이 비싸고 소비자가 친환경 농산물과 일반농산물의 구별이 어렵다.
  ㉣ 가격기구에 의한 수급조절 기능과 가격결정 기능이 미흡하다.
  ㉤ 일반적으로 노력과 생산비가 많이 들고 생산성은 낮아지지만 총소득은 높아진다.
  ㉥ 생산농가는 환경보전과 경영의식이 뚜렷하고, 소비자 지향적이며 소비자와의 연대의식이 강하다.
④ 친환경 농산물 유통의 발전방향
  ㉠ 신뢰성의 확보와 편리한 구입 도모
  ㉡ 소비자단체와 직거래 활성화
  ㉢ 브랜드화와 품질향상
  ㉣ 규격과 포장의 다양화
  ㉤ 정부의 지원 강화

CHAPTER 03 적중예상문제

01 농산물 시장구조의 변화추세로서 전문화와 다양화, 분산화, 통합화 등의 유형이 있다고 할 때, 이에 대한 설명으로 적절하지 않은 것은? 　제3회

① 전문화(Specialization)의 장점은 효율성의 향상을 유발할 수 있으나, 풍흉에 따른 이윤상실의 위험도는 높아진다.
② 다양화(Diversification)는 전문품목의 취급에서 발생될 수 있는 위험을 분산시키는 장점이 있다.
③ 분산화(Decentralization)는 농산물이 도매시장을 중심으로 하여 분산되므로 가격효율성이 높아지는 장점이 있다.
④ 통합화(Integration)는 이윤의 증대와 운영의 효율성 제고, 재화 또는 원료의 안정적 조달 등을 목표로 하고 있다.

해설 ③ 분산화는 도매시장을 중심으로 유통경로가 여러 곳으로 나뉘거나 지역별로 분산되는 구조를 의미한다. 이는 유통구조가 복잡해지고 가격의 변동성이 커져 가격효율성을 떨어뜨릴 수 있다.

02 선물거래가 가능한 농산물의 조건으로 적절치 않은 것은?

① 연간 절대거래량이 많고 생산 및 수요의 잠재력이 큰 품목으로 시장규모가 있을 것
② 장기 저장성이 있는 품목
③ 계절・연도 및 지역별 가격진폭이 작을 것
④ 대량 생산자・대량 수요자와 전문 취급상이 많은 품목

해설 선물거래가 가능한 농산물의 조건
• 연간 절대거래량이 많고 생산 및 수요의 잠재력이 큰 품목으로 시장규모가 있을 것
• 장기 저장성이 있는 품목, 즉 저장기준 중 품질의 동질성 유지가 가능한 품목일 것
• 계절・연도 및 지역별 가격진폭이 큰 품목이거나 연중 가격정보의 제공이 가능한 품목일 것
• 대량 생산자・대량 수요자와 전문취급상이 많은 품목일 것
• 표준규격화가 용이하고 등급이 단순한 품목, 품위 측정의 객관성이 높은 품목일 것
• 정부시책 등으로 생산, 가격, 유통에 대한 정부의 통제가 없는 품목일 것

정답 1 ③ 2 ③

03 품목별 조합 간 사업을 연계하여 시장에 공동 대응함으로써 거래 교섭력을 높이기 위한 사업에 해당하는 것은? 제3회
① 연합판매사업 ② 공동판매사업
③ 유통활성화사업 ④ 매취판매사업

해설 조합 간 연합판매사업은 개별조합의 영세성을 극복할 수 있기 때문에 가장 바람직한 형태로 인식되고 있다.

04 공동판매의 원칙 중 일정한 기간 내에 출하하거나 출하시기에 따른 판매가격의 차이에도 불구하고 총판매대금 등급별 출하물량에 따라 배분하는 원칙은?
① 무조건 위탁방법 ② 평균판매
③ 공동계산 ④ 출하주별 계산

해설 공동계산
다수의 개별농가가 생산한 농산물을 출하주별로 구분하는 것이 아니라 각 농가의 상품을 혼합하여 등급별로 구분하고 관리·판매하여 그 등급에 따라 비용과 대금을 평균하여 농가에 정산해 주는 방법을 말한다. 그러므로 일정한 기간 내에 출하하거나 출하 시기에 따른 판매가격의 차이에도 불구하고 총판매대금을 등급별 출하물량에 따라 배분하는 것이다.

05 농산물 공동계산제의 장점에 관한 설명으로 옳지 않은 것은? 제8회
① 농산물브랜드 구축에 유리하다.
② 농산물의 품질 저하나 감모(Loss)를 줄일 수 있다.
③ 갑작스런 시장변화에 즉각적으로 대응할 수 있다.
④ 생산자가 유통업체나 가공업체에 종속되는 상황에 대처할 수 있다.

해설 공동계산제의 장점
• 개별 농가의 위험 분산
• 대량 거래의 유리함
• 출하 조절의 용이성 확보
• 상품성 제고
• 도매시장 경매제도 정착
• 농산물 판매 전문 인력을 활용하여 전략적 마케팅을 구사함으로써 판로 확대
• 생산자 수취가격 제고
• 협동조합이나 작목반 단위로 공동 출하함으로써 거래교섭력 제고
• 판매와 수송 등에서 규모의 경제 실현

정답 3 ① 4 ③ 5 ③

06 경매사가 물건을 팔기 위하여 중도매인에게 낮은 가격으로부터 시작하여 높은 가격을 불러 최고가격을 신청한 사람에게 낙찰시키는 경매방식은?

① 미국식 경매방법
② 네덜란드식 경매방법
③ 영국식 경매방법
④ 프랑스식 경매방법

해설 경매방식
- 영국식 경매방법 : 경상식 경매라고 하는데 이는 낮은 가격으로부터 시작하여 높은 가격을 불러 최고가격을 신청한 사람에게 낙찰시키는 경매방식으로 우리나라 도매시장에서는 이 방법을 사용하고 있다.
- 네덜란드식 경매방법 : 경하식 경매방법이라고도 하는데 높은 가격으로부터 시작하여 낮은 가격으로 불러 최고가격을 신청한 사람에게 낙찰시키는 방법이다.

07 농산물 전자상거래의 기대효과로 옳지 않은 것은? 〔제8회〕

① 유통의 시간적 또는 공간적 제약을 줄일 수 있다.
② 생산자의 수취가격 제고와 소비자의 지불가격 절감에 기여한다.
③ 농산물의 훼손가능성을 줄여서 상품가치를 유지하는 데 유리하다.
④ 소비자와의 대면판매가 이루어지지 않아 소비자의 구매정보를 알기 어렵다.

해설 농산물 전자상거래는 소비자와의 대면판매가 이루어지지 않지만 소비자의 구매정보를 쉽게 얻을 수 있다는 특징이 있다.
농산물 전자상거래의 기대효과
- 유통비용 절감
- 효율적인 마케팅
- 농산물의 훼손 경감
- 농산물 표준화·등급화의 가속화

08 전자상거래의 특징으로 옳지 않은 것은? 〔제10회〕

① 시장진입 장벽이 낮다.
② 생산자 주도로 거래한다.
③ 고객정보의 획득이 용이하다.
④ 유통경로가 오프라인(Off-line) 거래에 비해 짧다.

해설 전자상거래의 특징
- 유통경로가 짧다. 도매점, 소매점 등의 중간 유통경로가 필요 없다.
- 시간과 공간의 제약이 없다.
- 판매 점포가 필요 없다.
- 고객정보의 획득이 용이하다.
- 효과적인 마케팅 활동이 가능하다. 특정 고객을 상대로 쌍방향 통신에 의한 1대 1 마케팅이 가능하며, 실시간 서비스로 고객의 필요와 불만 사항에 신속하게 대응할 수 있다.
- 소규모 자본에 의한 사업이 가능한 벤처 업종이다. 토지 및 건물의 구입 비용이 필요 없으므로 소규모 자본으로도 창업이 가능하다.

09 공동계산에 관련된 내용으로 틀린 것은?
① 공동계산을 하게 되면 개별농가의 위험을 분산시킬 수 있다.
② 공동계산의 방식을 취하면 대량거래가 유리하다.
③ 공동계산의 단점은 출하시기를 조절하기 어렵다는 점이다.
④ 공동계산은 상품성 제고 및 도매시장 경매제도를 정착시킬 수 있다.

해설 **공동계산의 이점**
• 개별농가의 위험을 분산시킬 수 있다.
• 대량거래가 용이하다.
• 출하조절이 용이하다.
• 상품성 제고 및 도매시장 경매제도를 정착시킬 수 있다.

10 우리나라의 공동판매 실태에 대한 설명으로 옳지 않은 것은?
① 공동판매 사업은 농업협동조합이나 원예조합 등의 특수조합을 주축으로 하여 발전하고 있다.
② 지역별로 농업인들이 공동으로 가공공장을 설치·운영하고 있다.
③ 작목반을 조직하여 공동출하를 실시하고 있다.
④ 농산물의 공동판매는 채소·과실이 주축을 이루고 있다.

해설 농산물 공동판매는 주로 곡류를 중심으로 하여 이루어지고 있으며, 유통비용이 많은 채소류, 과실류의 순으로 나타나고 있다.

11 농산물 도매시장의 운영상 문제점에 대한 설명으로 틀린 것은? 제5회
① 도매시장의 하역 기계화가 진전되지 못해 하역효율이 낮다.
② 제도개혁과 운영혁신에도 불구하고 중도매인 등 상인의 불공정 행위가 잔존하고 있다.
③ 중도매인의 취급규모가 영세하여 규모의 경제에 따른 이득을 실현하지 못하고 있다.
④ 산지의 표준규격 상품의 출하물량이 증가하면서 도매시장 거래물량이 크게 늘어나고 있다.

해설 ④ 표준규격 상품의 출하물량이 증가하는 것은, 도매시장의 운영상 문제점이 아니라 거래 활성화를 촉진하는 것이다.
도매시장 운영상의 문제점
• 도매시장 정체성의 훼손
• 상장예외품목의 무분별한 지정
• 불공정 거래행위
• 유통환경 변화에 대한 대응력 취약

12 농산물 도매시장에 관한 설명 중에서 가장 적절한 것은? 제2회

① 농산물 물류센터나 대형 슈퍼마켓의 등장으로 농산물 도매시장이 사라질 전망이다.
② 농산물 도매시장은 거래수 최소화원리 및 소량준비의 원리에 의해서 소규모 분산적 생산과 소비를 연결하여 사회적 존재 가치를 인정하고 있다.
③ 농산물 도매시장은 생산과 소비가 일반적으로 영세 분산적이므로 생산자와 소비자의 중간에서 수급의 조절, 상품의 집배, 판매 대금의 결제 등 필수적인 기관이다.
④ 신선 식료품은 선도의 변화가 심하고 표준화가 곤란한 상품적 특성을 갖고 있기 때문에 도매시장과 같은 특정 장소에서 집중 거래하기 곤란하다.

해설 농산물도매시장의 필요성
- 농산물의 생산과 소비가 일반적으로 영세 분산적이므로 수집과 분산을 능률적으로 연결하여 적합화시켜 주는 중계조직으로서 농산물도매시장 기구가 필요하다.
- 신선 식료품은 선도의 변화가 심하고 표준화가 곤란한 상품적 특성을 갖고 있기 때문에 대량의 현물을 특정한 장소에서 집하여 집중거래함으로써 가격형성과 능률적인 분산을 행할 필요가 있다.
- 경제가 발전함에 따라서 도매시장의 기능이 감소되고 생산자와 소비지시장이 직접 연결되는 유통체제로 그 구조가 바뀌어가고 있다.

13 도매시장의 기능과 거리가 먼 것은?

① 수급조절 기능
② 가격형성 기능
③ 분배 기능
④ 생산 기능

해설 도매시장의 기능
- 수급조절 기능 : 도시에서 필요한 농산물을 대량으로 모으고 분산시킬 수 있으므로 필요한 물량을 조절
- 가격형성 기능 : 하나의 시장에서 특정 농산물에 대하여 2개 이상의 가격이 형성되는 것을 막고 균형가격을 공개적으로 형성
- 분배 기능 : 도매시장에서 거래된 농산물은 중도매인에 의해 소매상에게 신속히 분배되기 때문에 소비자는 빠르게 농산물을 구입
- 유통경비 절감 : 판매자나 구매자가 한 번에 대량으로 팔거나 살 수 있기 때문에 시간과 비용을 절약
- 위생적인 거래 : 도매시장의 시설은 법에 의하여 규정되어 있기 때문에 공공위생 및 처리과정이 현대화되어 있으므로 안정성이 있음

14 농산물 도매시장의 기능과 가장 거리가 먼 것은? 〔제7회〕

① 출하된 농산물에 대한 가격형성
② 농산물의 표준 및 등급기준 설정
③ 대량집하 및 분산을 통한 수급조절
④ 대금정산 및 유통정보 제공

> **해설** 농산물 도매시장은 중계기능을 통하여 집하에서 분산까지 고루 영향력을 미침으로써 유통기구의 중추적 역할을 수행하는데, 일반적으로 이들 기능은 소유권 이전기능을 수행하는 상적유통기능, 물류이동에 따라 부가가치를 창출하는 물적유통기능, 각종 가격 및 유통정보를 전파하는 유통정보기능, 수요와 공급상황을 알려주는 수급조절기능을 수행한다.

15 산지유통이 활성화되어 있는 국가에서 농산물 도매시장의 기능 중 그 중요성이 크지 않은 것은 무엇인가? 〔제2회〕

① 배급 기능
② 표준규격화 기능
③ 가격형성 기능
④ 수급조절 기능

> **해설** 산지유통이 활성화되면 산지의 유통센터나 작목반 등에서 공동선별 및 포장에 의한 규격화가 수행되어 도매시장으로 출하되므로 도매시장의 표준규격화 기능은 상대적으로 그 중요성이 크지 않게 된다.

16 도매시장의 가격은 경매를 통하여 결정되는데, 경매가격 제시는 어떤 가격으로 형성되는가?

① 최저가격제
② 균형가격제
③ 시장가격제
④ 최고가격제

> **해설** 우리나라의 경매가격 제시는 최고가격제, 즉 중도매인들이 가장 낮은 가격으로부터 점차 높은 가격을 제시하면 경매사는 그중 가장 높은 가격을 부르는 중도매인에게 낙찰하는 방식으로 형성된다.

정답 14 ② 15 ② 16 ④

17 일정한 거래소에서 미래의 가격과 수량을 미리 확정하여 계약만 체결하고 일정기간이 지나면 돈을 지불하고 물건을 받는 것을 무엇이라고 하는가?

① 현물거래
② 선물거래
③ 선도거래
④ 전자상거래

해설 선물거래
- 의의 : 선물계약을 정부에 의해 허가된 특별한 거래소에서 하는 행위로 계약체결 후 미래에 물건을 인수하는 방법
- 선물계약 : 거래당사자가 특정한 상품을 미래의 일정한 시점에 미리 정해진 가격으로 인도·인수할 것을 현시점에서 표준화한 계약조건에 따라 약정하는 계약

18 현물거래와 선물거래에 관한 설명으로 옳지 않은 것은? 제9회

① 선물가격은 미래의 현물가격에 대한 예시기능을 수행한다.
② 선물거래는 현물거래에 수반되는 가격변동위험을 선물시장에 전가한다.
③ 현물거래와 선물거래는 서로 상이한 상품을 거래대상으로 한다.
④ 현물가격과 선물가격의 차이를 베이시스(Basis)라고 한다.

해설 선물거래(Futures) & 선도거래(Forward)와 현물거래의 차이 : 거래계약과 결제가 동시에 이루어지는 현물거래와 달리 선물거래는 현재 시점에서 특정상품을 현재 합의한 가격으로 미래 일정시점에 인수·인도할 것을 약속하는 계약을 체결한 후 일정기간이 지나서 그 계약조건에 따라 결제가 이루어진다.
- 현물거래 : 현재 시점에서 대금을 지불하고 물건을 구입하는 거래
- 선물거래
  - 미래의 가격을 미리 확정해서 계약만 체결하고 그때 가서 돈을 주고 물건을 인도받는 거래이다.
  - 선물거래는 거래소 이외의 장소에서 미래의 일정한 시점에 상품을 인도·인수하기로 하는 개인 간의 사적거래인 선도거래와는 구분되는 개념이다.
  - 선도계약상의 문제를 해결하기 위해 선도거래의 발전된 형태로 거래소라는 한정된 장소에서 다수의 거래자가 모여 표준화된 상품을 거래소가 정한 규정과 절차에 따라서 거래하고 거래의 이행을 거래소가 보증하는 것을 선물거래라고 한다.

19 농산물의 전자상거래를 활성화하기 위한 방안으로 가장 거리가 먼 것은?
① 거래단위와 포장 등의 표준화
② 농업인의 정보화 교육 필요
③ 전자상거래에 필요한 정보의 수집 및 분산시스템의 구축
④ 상품 무게의 적정화

해설 농산물의 전자상거래 활성화를 위한 방안
• 거래단위와 포장 등이 표준화될 수 있고, 상품의 품질을 규격화할 수 있도록 물류 시스템을 구축하여야 한다.
• 정보화가 상대적으로 뒤떨어져 있는 농촌지역에 정보기반시설을 확충하여 농업인이 쉽게 인터넷에 접할 수 있도록 해야 한다.
• 농업인의 정보이용 능력을 제고할 수 있도록 정보화 교육을 강화하여야 한다.
• 전자상거래에 필요한 정보의 수집 및 분산 시스템을 구축하여야 한다.

20 산지 유통의 유형 가운데 흔히 '밭떼기 거래'로 불리는 포전매매(圃田賣買)가 많이 이루어지는 이유에 대한 설명으로 맞지 않는 것은? 제4회
① 농가가 생산량 및 가격을 예측하기 어렵기 때문에 미리 판매가격을 고정시키고자 한다.
② 계약체결 시 받은 계약보증금으로 영농자재 등의 구입에 필요한 현금수요를 충당할 수 있다.
③ 농가의 노동력 및 저장시설 부족으로 농작물 수확 및 저장관리의 부담을 덜고자 한다.
④ 산지유통인에게 농산물을 직접 판매함으로써 계통출하보다 안정적으로 높은 가격을 받을 수 있다.

해설 포전매매는 일명 밭떼기 거래로 전근대적인 거래방법이지만 농가로서는 생산량과 가격에 대한 예측이 어렵고 저장시설과 노동력 부족 등으로 불가피하게 실시하고 있다. 산지 농협을 통해 출하하는 계통출하에 비하여 가격적으로 불리하다.

21 산지청과물의 포전매매가 필요한 적절한 이유가 아닌 것은? 제2회
① 농가의 입장에서 장래 가격에 대한 예상을 하기 어렵기 때문에
② 상품판매의 위험부담을 줄이고 일시에 판매대금을 회수할 수 있기 때문에
③ 농가가 수확, 선별, 포장 등에 따르는 노동력이 부족하기 때문에
④ 모든 농산물을 조기에 판매해야 높은 가격을 받을 수 있기 때문에

해설 포전매매 사유
• 기상여건, 수급불균형 등에 따른 출하시기의 가격 불안 해소
• 상주 인력 감소와 고령화로 인력 확보가 어려워 적기에 출하하는 데 어려움이 있음
• 시장교섭 능력의 미흡으로 직출하 시 농가수취가격이 떨어지는 경우 발생
• 거래의 편의성을 도모할 수 있고, 일시에 판매대금을 회수할 수 있음

22 농산물의 산지출하에 관한 설명으로 옳지 않은 것은? 　　　제8회

① 정전판매를 위해 파종기에 산지유통인과 계약을 체결한다.
② 농업협동조합에 농산물판매를 의뢰한다.
③ 생산자조직을 결성하여 농산물을 공동출하한다.
④ 수확한 농산물의 처리를 농산물산지유통센터(APC)에 일임한다.

> **해설** 포전판매(圃田販賣)는 산지수집상이 수확 전에 농산물을 농민으로부터 사들이는 것이고, 정전판매(庭前販賣)는 수확 후에 매입하는 것이다.

23 일반 슈퍼마켓과 대형할인점의 중간 규모로 식품 위주의 상품구색을 갖추고 있는 소매 유통업체는? 　　　제9회

① 슈퍼센터(Supercenter)
② 홀세일클럽(Wholesale Club)
③ 카테고리킬러(Category Killer)
④ 슈퍼슈퍼마켓(SSM)

> **해설**
> ① 슈퍼센터(Supercenter) : 슈퍼마켓과 할인점 기능을 복합한 새로운 형태의 업종
> ② 홀세일클럽(Wholesale Club) : 회원제 할인점
> ③ 카테고리킬러(Category Killer) : 상품의 다양성(Variety) 측면에서는 가장 좁고, 상품의 구색(Assortment) 측면에서는 전문점 수준으로 갖추어 놓은 소매업 형태

24 밭떼기 거래에 관한 설명으로 옳지 않은 것은? 　　　제13회

① 선도거래에 해당된다.
② 정전매매라고도 불린다.
③ 무, 배추 등에서 많이 이루어진다.
④ 농가의 수확 전 필요 자금 확보에 도움을 준다.

> **해설** 포전거래는 밭떼기 거래 또는 입도선매라고도 하며, 무·배추·양배추·당근·대파·양파 등 채소류가 많이 거래된다.

22 ①　23 ④　24 ②

25 전자상거래의 구성요소와 거리가 먼 것은?

① 사이버 쇼핑몰을 개설할 것
② 판매·구매를 지원해 주는 기능이 있을 것
③ 물류의 수송배달 체계를 갖추어야 할 것
④ 사이버거래인 관계로 별도의 홍보나 광고는 불필요

해설 전자상거래를 실시하기 위해서는 먼저 사이버 쇼핑몰을 개설하고, 판매·구매를 지원해 주는 기능이 있어야 하며, 물류의 수송배달체계를 갖추어야 하고, 사이버 은행에서 대금을 결제해야 하며, 이때 전자기술 시스템이 갖추어져 있어야 한다. 또 거래의 신뢰를 확보하기 위하여 보안 및 인증이 확실해야 하고, 사이버 광고 등 유통촉진활동이 필요하다.

26 다음 중 수요의 탄력도와 총수입 관계가 옳지 않은 것은?

① 가격탄력도가 1보다 클 경우 가격이 상승하면 총수입은 감소한다.
② 가격탄력도가 1보다 작을 경우 가격이 상승하면 총수입은 증가한다.
③ 가격탄력도가 1일 때에는 가격변화에 관계없이 총수입은 불변이다.
④ 가격탄력도가 1보다 클 경우 가격이 하락하면 총수입은 감소한다.

해설 **수요의 탄력도와 총수입과의 관계**
- 가격탄력도가 1보다 클 경우(탄력적) : 가격하락시 총수입 증가, 가격상승시 총수입 감소
- 가격탄력도가 1일 경우(단위 탄력적) : 가격하락시 총수입 불변, 가격상승시 총수입 불변
- 가격탄력도가 1보다 작을 경우(비탄력적) : 가격하락시 총수입 감소, 가격상승시 총수입 증가

27 버즈(Buse, R. C)는 쇠고기의 수요탄력성은 돼지고기 및 닭고기의 수요탄력성과 연관 지어 계측되어야 한다고 하였다. 즉 어떤 재화의 가격이 1% 변화할 때, 해당 재화와 관련된 재화들의 수요에 발생되는 동시적인 변화를 고려한 이후의 수요량 변화율을 나타내는 탄력성은 무엇인가? 제3회

① 수요의 가격탄력성 ② 대체탄력성
③ 총탄력성 ④ 수요의 교차탄력성

해설 ① 수요의 가격탄력성 : 가격변동에 따른 수요량의 변화
② 대체탄력성 : 소비자가 가지는 두 재화 의 비율이 그 한계대체율의 변화에 어떻게 반응하는가를 보임으로써 X, Y재가 대체되는 정도를 나타내는 척도
③ 총탄력성 : 다양한 요인(가격, 소득 등)이 수요량에 미치는 총체적인 영향을 나타내는 개념

28 농산물의 저장기간에 따라 시장구조가 다른 이유가 아닌 것은?

① 장기간 저장이 가능한 농산물은 가격의 단기변동이 심하다.
② 장기간 저장이 가능한 농산물은 장기저리융자를 위한 자금원을 가진 시장구조를 필요로 한다.
③ 부패성이 높은 농산물은 유통경로가 짧은 시장구조를 필요로 한다.
④ 부패성이 높고 생산이 매우 계절적인 농산물은 생산된 후 비교적 짧은 기간동안 유통된다.

해설 저장이 용이할수록 가격변동이 적고, 부패성이 높을수록 가격의 단기변동이 심하다.

29 공동판매조직을 통하여 공동출하를 할 때의 장·단점으로 보기 어려운 것은?

① 수송비를 절감할 수 있다.
② 노동력을 절감할 수 있다.
③ 시장 교섭력을 높여 농가의 수취가격을 높일 수 있다.
④ 출하의 조절이 어렵다.

해설 공동판매조직을 통하여 공동출하를 하게 되면 출하의 조절이 쉬워진다. 공동출하를 할 때 물량의 대량화와 저장시설의 활용 등으로 공급조절을 할 수 있으며, 지역 간의 균형출하를 통하여 수취가격을 높일 수 있는 장점이 있다.

30 다음 중에서 공동판매의 유형이 아닌 것은 어느 것인가?

① 생산의 공동화
② 수송의 공동화
③ 선별의 공동화
④ 포장의 공동화

해설 공동판매의 유형
- 수송의 공동화 : 어떤 농가가 생산한 농산물의 규모가 작거나 거래의 교섭력을 높이기 위해서 여러 농가가 생산한 농산물을 한데 모아서 수송하는 것을 말한다.
- 선별, 등급화, 포장 및 저장의 공동화 : 공동투자 등 농업인은 공동의 노력으로 선별, 등급화, 포장 및 저장을 함으로써 시장거래의 교섭력을 증대시켜 수취가격을 높일 수 있다.
- 시장대책을 위한 공동화 : 시장대책을 위한 공동화에는 시장개척, 판매조직, 수급조정을 위한 공동판매 등이 있다.
- 시장개척을 위한 공동화 : 어떤 생산물의 생산량이 일정한 수준을 넘게 되면 종래에 출하하였던 시장에만 의존할 수 없으므로 공동조직을 통해 새로운 시장을 개척해야 하며 필요한 경우에는 공동으로 광고, 홍보 등을 해야 한다.
- 판매조직을 위한 공동화 : 생산자가 공동으로 경비를 부담하고 공동판매를 하게 되면 시장정보를 신속히 수집하여 대응할 수 있는 장점이 있다.
- 수급조절의 효율향상을 위한 공동화 : 생산자 단체가 공동으로 시기적 또는 장소적인 수급 불균형을 극복하기 위해 공동판매를 해야 하는 경우 등을 말한다.

31 선물거래의 기능이 아닌 것은?

① 위험의 전가기능 ② 소득의 배분기능
③ 재고의 배분기능 ④ 자본의 형성기능

해설 선물거래의 기능
- 위험 전가기능 : 선물거래가 지닌 가장 기본적이고 중요한 기능으로 가격의 불확실성에서 오는 가격변동 위험을 기피하는 경제주체가 더욱 높은 이익을 추구하려는 경제주체에게 위험을 전가하는 수단을 제공
- 가격 예시기능 : 현재의 선물가격이 미래의 현물가격에 대한 가격예시 기능을 수행
- 재고의 배분기능 : 재고의 시차적 배분기능으로 하고 있으며 장기적으로는 공급의 경제적 분배기능
- 자본 형성기능 : 선물시장은 선물거래를 통해 투자자들이 자본을 공급해 주고 있으므로 일종의 금융시장

32 다음 중 공동판매의 원칙과 거리가 먼 것은?

① 무조건 위탁 ② 평균판매
③ 공동계산 ④ 최고가 판매

해설 공동판매의 원칙
- 무조건 위탁 : 조합원이 그 생산물의 판매를 공동조직에 위탁할 경우 언제, 누구에게, 어느 정도를 팔아 달라는 조건을 붙이지 않고 일체를 위임하는 것을 말한다.
- 평균판매 : 농산물의 출하기를 조절하거나 수송·보관·저장방법의 개선 등을 통하여 농산물을 계획적으로 판매함으로써 농업인의 수취가격을 평준화하는 것이다.
- 공동계산 : 다수의 개별농가가 생산한 농산물을 출하주별로 구분하는 것이 아니라 각 농가의 상품을 혼합하여 등급별로 구분하고 관리·판매하여 그 등급에 따라 비용과 대금을 평균하여 농가에 정산해 주는 방법을 말한다.

33 생산자가 협동조합 유통에 참여함으로써 얻게 되는 이득이 아닌 것은? 　제5회

① 거래교섭력 제고를 통한 완전경쟁체제 구축
② 유통마진의 절감
③ 안정적인 시장 확보와 가격 안정화
④ 민간 유통업자의 시장지배력 견제

해설 저장성이 낮은 품목에 전문화된 생산자일수록 거래상대방과의 거래교섭력이 취약하기 때문에 농민들은 협동조합을 통해 교섭력 강화와 안정적 판로확보를 추구한다.

정답 31 ②　32 ④　33 ①

34 영농조합법인이 사이버거래로 친환경복숭아를 음료회사에 판매한 경우 전자상거래의 유형은?
제9회

① B2C
② B2B
③ C2C
④ B2G

해설 전자상거래의 유형
- B2B(Business to Business) : 기업 간
- B2C(Business to Customer) : 기업-소비자 간
- B2G(Business to Government) : 기업-정부 간
- C2C(Customer to Customer) : 소비자 간

35 농수산물 종합유통센터의 운영과 성과에 대한 설명으로 옳지 않은 것은?
제7회

① 소비자 정보의 신속한 수집과 다양한 행사를 통해 도농교류 활성화에 기여하고 있다.
② 표준규격품 출하유도와 물류체계 개선촉진으로 산지유통개선에 기여하고 있다.
③ 유통경로 단축과 물적 효율성 제고로 유통비용을 절감하여 생산자와 소비자 이익이 증대된다.
④ 농수산물 도매시장과는 다른 유통체계를 구축하여 유통경로를 다원화하기 위해 전국에 10개소를 건설·운영 중이다.

해설 농수산물 종합유통센터
농수산물의 출하경로를 다원화하고 물류비용을 절감하기 위하여 농수산물의 수집·포장·가공·보관·수송·판매 및 그 정보처리 등 농수산물의 물류활동에 필요한 시설과 이와 관련된 업무시설을 갖춘 사업장

36 농수산물 종합유통센터에 관한 설명으로 옳지 않은 것은?
제8회

① 유통정보를 수집하여 생산자에게 전달한다.
② 농산물의 소포장 및 유통가공기능을 수행한다.
③ 물류체계개선을 통한 물류합리화를 도모한다.
④ 가격결정방식은 경매를 원칙으로 한다.

해설 종합유통센터는 경매제도의 불안정성을 극복하는 거래제도 및 가격결정방식을 도입한다.

37 종합유통센터의 통합구매의 효과와 거리가 먼 것은?

① 차량단위 구매가 어려운 품목의 공동구매로 규모의 효과에 의한 조달비용의 절감
② 각 센터 바이어 간 활발한 의견교환
③ 산지 및 판매장 대금 정산업무 간소화
④ 산지 계약업무의 다양화 및 절차화

해설 종합유통센터 통합구매의 효과
- 차량단위 구매가 어려운 품목의 공동구매로 규모의 효과에 의한 조달비용의 절감
- 각 센터 바이어 간 활발한 의견교환
- 산지 및 판매장 대금 정산업무의 간소화
- 산지 계약업무 단일화 및 간소화
- 소량품목, 소출하 품목에서 효과

38 상품의 다양성(Variety) 측면에서는 가장 좁고, 상품의 구색(Assortment) 측면에서는 가장 깊은 소매업 형태는? 제6회

① 카테고리킬러(Category Killer)
② 백화점(Department Store)
③ 할인점(Discount Store)
④ 기업형 슈퍼마켓(Super Supermarket)

해설 카테고리 킬러(Category Killer)란 특정상품군에 대해서만 완벽한 구색과 깊이를 갖춘 업태로 동일상품 군에서 가장 많은 상품을, 가장 낮은 가격에 파는 전문 할인점을 의미한다.

39 다음 중 할인점에 해당되는 것은? 제8회

| ㉠ 카테고리킬러 | ㉡ 슈퍼마켓 |
| ㉢ 통신판매 | ㉣ 아웃렛(Outlet) |

① ㉠, ㉡
② ㉠, ㉣
③ ㉡, ㉢
④ ㉡, ㉣

해설
㉠ 카테고리킬러 : 모든 생활용품을 취급하는 대형 할인점과는 달리 완구나 사무용품, 전자제품 등 특정 품목만을 집중 취급하는 전문 할인점
㉡ 슈퍼마켓 : 셀프 서비스제를 도입하여 상품을 염가로 판매하는 대규모 소매점
㉢ 통신판매 : 통신매체를 이용하여 주문을 받아 판매하거나, 컴퓨터에 의해 판매하는 방식
㉣ 아웃렛 : 제조업자 등이 소유·운영하는 염가매장

정답 37 ④ 38 ① 39 ②

40 농산물 전자상거래에 대한 일반적인 설명으로 가장 적절한 것은? 〔제1회〕

① 상품 공급자의 판매비용은 일반 실물거래보다 높을 수 없다.
② 전자상거래 활성화는 정보통신 기술의 발전만으로 충분하다.
③ 시간과 공간의 제약이 없고 판매점포가 필요 없다.
④ 전자상거래는 항상 유통마진을 감소시킬 수 있다.

> **해설** 전자상거래의 기대효과
> - 복잡하고 비효율적인 유통과정을 사이버 공간을 이용한 직거래로 전환시킴으로써 시간적·공간적 효율성을 높일 수 있다.
> - 경매가 신속·정확히 이루어질 수 있다.
> - 유통경로를 단축시킬 수 있다.
> - 농산물의 훼손을 줄일 수 있다.
> - 생산자의 수취가격은 높아지고, 소비자의 지출가격은 낮출 수 있다.
> - 농산물의 표준화·등급화를 앞당길 수 있다.

41 농산물 공동계산제에 관한 설명으로 옳지 않은 것은? 〔제9회〕

① 시장교섭력의 증대 및 규모의 경제를 실현할 수 있다.
② 개별 생산농가의 명의로 농산물을 출하한다.
③ 엄격한 품질관리로 상품성을 높일 수 있다.
④ 공동정산 주기에 따라 자금수요 충족에 일시적인 곤란이 생길 수도 있다.

> **해설** 공동계산제는 산지에서 농산물을 출하하는 단계에서부터 농가들이 공동으로 농산물을 선별해 출하하고 포장규격화 및 소포장 개발, 물류표준화 등으로 운송체계를 개선, 농산물의 유통비용을 절감하고 품질을 차별화하는 것을 지원하는 유통합리화 시스템이다.

42 농산물 공동계산제의 설명 중 가장 적합한 것은? 〔제1회〕

① 규모화로 수확 후 처리비용의 단위당 비용을 절감할 수 있다.
② 농산물 출하 시 개별농가의 위험을 분산하고, 철저한 품질관리로 개별농가의 브랜드가 증가한다.
③ 공동계산제는 판매대금과 비용을 공동으로 계산하여 생산자의 개별성을 부각시킨다.
④ 공동계산제가 확대되면 판매독점 구조로 전환되어 구매자의 입장에서 안정적 구매가 어렵다.

43 공동계산제의 장점과 거리가 가장 먼 것은? [제2회]

① 개별농가의 위험 분산
② 시장교섭력 제고
③ 판매대금 지불의 신속성
④ 규모의 경제

해설 ③ 판매대금의 지불이 지연되는 단점이 있다.

공동계산제의 장점
- 개별 농가의 위험 분산
- 대량 거래의 유리함, 출하 조절의 용이성 확보
- 상품성 제고, 도매시장 경매제도 정착
- 농산물 판매 전문 인력을 활용하여 전략적 마케팅을 구사함으로써 판로 확대, 생산자 수취가격 제고
- 협동조합이나 작목반 단위로 공동 출하함으로써 거래교섭력 제고
- 판매와 수송 등에서 규모의 경제 실현

44 선물거래의 기능을 바르게 설명한 것은? [제1회]

① 가격변동의 위험을 피할 수 없다.
② 가격변동에 대하여 예시할 수 있다.
③ 투기자들에게 투자대상이 되는 것은 건전한 생산자금의 활용으로 볼 수 없다.
④ 재고를 시차적으로 배분하는 것은 어렵다.

해설 ① 선물거래는 미래 시점의 거래가격을 현재 시점에서 고정시키는 계약이므로 기초 자산의 가격변동 위험을 제거하는 수단으로 이용할 수 있다.
③ 선물시장은 투기자들에게는 좋은 투자 기회를 제공해 주는 장소이며, 각 분야의 부동 자금이 선물시장으로 유입되어 건전한 생산 자금 등으로 활용될 수 있다.
④ 선물거래는 재고의 시차적 배분기능을 하고 있으며, 장기적으로는 공급의 경제적 배분기능을 하고 있다.

45 대형유통업체의 농산물 판매 특성에 대한 설명으로 틀린 것은? [제5회]

① 전처리 및 소포장 농산물의 판매비율이 높아지고 있다.
② 신선식품이 품질 만족도를 높이기 위해 리콜제도를 운영하고 있다.
③ 소비자의 식품에 대한 불신을 해소하기 위해 안전성 관리를 강화하고 있다.
④ 다양한 소비자의 욕구를 충족시키기 위해 고품질 상품 위주로 판매하고 있다.

해설 다양한 소비자의 욕구를 충족시키기 위해 다양한 가격대의 상품을 판매하고 있다.

정답 43 ③ 44 ② 45 ④

46 전자상거래의 추진상의 문제점이 아닌 것은?

① 이용자의 연령적 편중
② 마케팅 전략의 부족함
③ 표준화 및 요소기업 확보 등 기술기반의 취약
④ 전자상거래에 대비한 법·제도의 정비 미흡

해설 전자상거래의 도입 및 확산을 제한하는 요소는 소비자 그룹의 제한, 낮은 속도, 비인가자의 접속, 사이버 범죄, 보안의 복잡성, 개인정보보호 및 컴퓨터 바이러스 등을 들 수 있다.

47 유기합성 농약과 화학비료를 일체 사용하지 않고 재배하는 농산물을 무엇이라고 하는가?

① 유기농산물
② 친환경 농산물
③ 무농약 농산물
④ 저농약 농산물

해설 유기농산물
유기합성 농약과 화학비료를 일체 사용하지 않고 재배하는 농산물

48 다음 중 화훼류 유통의 특징과 거리가 먼 것은?

① 화훼는 기술, 노동, 자본집약적인 농업으로서 생산자 지향적인 유통기술이 필요하다.
② 화훼는 생산에서 판매까지 분류별 유통경로가 다양하며 생산 및 유통분야의 분업화와 전문화가 가능하다.
③ 화훼류는 소득 및 가격의 탄력성이 큰 생활 기호품으로서 원산지가 매우 다양하고 항상 새로운 종류와 품종을 추구하고 있다.
④ 소비의 유행성 및 계절성으로 인하여 상품으로서의 생명주기가 짧다.

해설 화훼는 소비자 지향적인 유통기술이 필요하다.

정답 46 ② 47 ① 48 ①

49 우리나라 축산물 가격의 형성과정의 특징으로 옳지 않은 것은?

① 정부 정책의 영향을 많이 받는다.
② 유통경로가 단순하고 유통마진이 적다.
③ 가격이 불안정하다.
④ 주기적인 가격변동이 나타난다.

> [해설] 우리나라 축산물 가격의 형성과정의 특징
> • 축산물 가격은 정부의 정책, 수출입의 영향을 받고 있다.
> • 유통경로가 복잡하고 유통마진이 전반적으로 높다.
> • 가격이 불안정하고 주기적인 가격변동이 나타난다.

50 출하자에 대해 개선해야 할 도매물류서비스 내용에 속하지 아니하는 것은?

① 취급물량의 축소
② 가격의 독자성 및 안정성 제고
③ 신속한 정산처리
④ 하급품 처리방안 모색

> [해설] 출하자에 대해 개선해야 할 도매물류서비스 항목
> • 취급물량의 확대
> • 가격의 독자성 및 안정성 제고
> • 예약상대거래체계로 안정적인 거래관계 형성
> • 신속한 정산처리
> • 하급품 처리방안 모색

51 농산물종합유통센터의 운영 성과에 관한 설명으로 옳지 않은 것은? 　제11회

① 경매를 통한 도매거래의 투명성 확보
② 농산물 유통경로의 다원화
③ 표준규격품의 출하 유도
④ 유통의 물적 효율성 제고

> [해설] ①은 도매시장 경매 거래제도와 관련된 내용이다.

정답 49 ② 50 ① 51 ①

52 촉진가격 전략은 저가전략의 한 종류로서 고객들의 구매를 자극하기 위하여 한시적으로 가격을 인하하는 전략이다. 이에 속하지 않는 것은?

① 고객유인 가격전략
② 특별염가전략
③ 미끼가격전략
④ 명성가격전략

해설 저가전략의 구분

고객유인 가격전략	고객이 자기 점포를 방문하도록 유도하기 위해 일부 품목의 가격을 한시적으로 인하하는 것이다. 이러한 가격전략에 의해 가격이 인하되는 품목을 전략상품이라고 부른다.
특별염가전략	특정한 브랜드의 매출액을 증대시키기 위하여 중간상인보다는 주로 생산자가 일시적으로 가격을 인하하는 것이다. 대체적으로 편의품의 경우에 널리 이용된다.
미끼가격전략	특정 제품을 매우 낮은 가격으로 판매하여 소비자를 매장으로 유도한 다음, 이익이 높은 다른 상품의 구매를 유도하는 가격전략이다.

53 다음 중 우리나라 농산물 유통의 특징으로 적절하지 못한 것은?

① 영세한 생산
② 소규모 유통
③ 홍수 출하
④ 소단계 유통

해설 우리나라 농산물 유통의 특징은 영세한 생산과 소규모 유통, 생산의 계절성과 홍수출하, 수급불균형과 가격의 불안정, 큰 부피와 다단계 유통에 따른 고유통비용을 들 수 있다.

54 화훼류 유통의 주도시장은?

① 직거래시장
② 산지시장
③ 유사도매시장
④ 유통조합센터

해설 화훼류 유통의 문제는 유사도매시장이 거래를 주도하고 투명한 거래가 이루어지지 않고 있다는 점이다.

55 다음 중에서 화훼 유통구조의 문제점이 아닌 것은?

① 공동출하 체제의 미흡
② 지나친 서울시장 중심형성
③ 공정한 거래 체제
④ 유사도매시장 거래주도

해설 화훼 유통구조의 문제점
- 화훼의 유통구조는 법정도매시장의 부족, 유통시설 및 공동출하 체제가 아직 미비한 단계에 있다. 화훼는 유사도매시장이 거래를 주도하고 있으므로 공정하고 투명한 거래를 저해하고 있다.
- 생산 및 도매단계의 저온시설 부족, 저온수송 차량의 부족 등 유통시설이 미비하므로 고도의 상품성을 유지하기가 어렵다.
- 산지출하조직이 미비하고 대부분 개별출하에 의존하고 있다. 계통 및 공동출하의 저조는 수송비용을 많이 들게 하고 수급조절이 어려워 가격을 불안정하게 한다.
- 화훼류는 지나칠 정도로 서울을 중심으로 하여 시장이 형성되어 있고 시장 단계별 가격형성, 표준규격화, 유통정보, 저장·가공 등 유통기능이 미약하다.

56 제조업자를 위한 도매상의 기능으로 보기 어려운 것은?

① 시장확대 기능
② 재고유지 기능
③ 신용 및 금융기능
④ 시장정보제공 기능

해설 도매상의 기능

제조업자를 위한 도매상의 기능	소매상을 위한 도매상의 기능
• 시장확대 기능 • 재고유지 기능 • 주문처리 기능 • 시장정보제공 기능 • 고객서비스 대행기능	• 구색갖춤 기능 • 소단위판매 기능 • 신용 및 금융 기능 • 소매상서비스 기능 • 기술지원 기능

57 친환경 농산물로 보기 어려운 것은?

① 농약의 안전사용기준의 준수
② 계절별 시비기준량의 준수
③ 적절한 가축사료 첨가제의 사용 등 화학자재 사용을 적정수준 유지
④ 축산분뇨의 적절한 처리 및 재활용 등을 통하여 환경을 보전

해설 친환경 농산물이란 농약의 안전사용기준의 준수, 작물별 시비기준량의 준수, 적절한 가축사료 첨가제 사용 등 화학자재 사용을 적정수준으로 유지하고, 축산분뇨의 적절한 처리 및 재활용 등을 통하여 환경을 보전하고 안전한 농산물을 생산하는 농업을 영위하는 과정에서 생산된 농산물이다.

정답 55 ③ 56 ③ 57 ②

58 독점규제 및 공정거래에 관한 법률의 내용으로 옳지 않은 것은?

① 시장 지배적 지위의 남용행위 금지
② 기업결합 장려
③ 부당한 공공행위 금지
④ 불공정 거래행위 금지

해설 독점규제 및 공정거래에 관한 법률은 시장지배적 지위의 남용행위를 금지시키고, 기업결합을 제한시키며, 부당한 공공행위와 불공정한 거래행위를 금지시키고 있다.

59 다음 중 우리나라 농산물 유통발전 과정이 순서대로 맞는 것은?

⊙ 곡물과 소매상 중심의 유통
ⓒ 신선 식료품과 도매시장 중심의 유통
ⓒ 고위 보전식품과 대형소매점 중심의 유통

① ㉠-㉡-㉢
② ㉡-㉠-㉢
③ ㉡-㉢-㉠
④ ㉢-㉡-㉠

해설 우리나라 농산물 유통발전 과정
- 1단계 : 곡물과 소매상 중심의 유통
- 2단계 : 신선 식료품과 도매시장 중심의 유통
- 3단계 : 고위 보전식품과 대형소매점 중심의 유통

60 다음 친환경 농산물 유통에 관한 내용으로 옳지 않은 것은?

① 일반 농산물에 비하여 중간상인의 개입이 없거나 정도가 미미하다.
② 친환경 농산물은 지역 내 유통보다는 지역 외 유통이 더 일반적이다.
③ 친환경 농산물은 일반적으로 일반 재배농산물보다 가격이 비싸다.
④ 친환경 농산물은 가격기구에 의한 수급조절 기능과 가격결정 기능이 강하다.

해설 ④ 친환경 농산물은 가격기구에 의한 수급조절 기능과 가격결정 기능이 미흡하다.

61 다음 중 새로운 농업의 내용으로 부적절한 것은?

① 차별화된 농산물
② 정보접근에 관심
③ 생산단계에 있어서 서로 독립적 관계
④ 생산단계의 분화

해설 전통적 농업과 새로운 농업

전통적 농업	새로운 농업
• 상품중시, 현물시장 대상 • 농가는 다양한 활동을 수행 • 생산단계는 서로 독립적 관계 • 가격과 생산 위험중시 • 독점적 가격설정 위험에 관심 • 자본이 통제의 원천	• 차별화된 농산물 : 협상과 계약을 중시 • 전문화 : 생산단계의 분화 • 서로 연관된 관계로 생산단계 설정 • 거래관계 위험, 식품안정성 중시 • 정보접근에 관심 • 통제의 원천이 정보

62 도매거래와 소매거래의 특징이 잘못 연결된 것은? 제6회

	도 매	소 매
①	정찰제 보편화	다양한 할인정책
②	낮은 마진율	높은 마진율
③	대량판매 위주	소량판매 위주
④	적재의 효율성 중시	점포 내 진열 중시

해설 ① 도매거래는 다양한 할인정책을 펴는 반면 소매거래는 정찰제를 보편화한다.

63 소매상이 생산자나 도매상을 위해 수행하는 기능으로 옳지 않은 것은? 제8회

① 판매대리인 기능
② 구색갖추기 기능
③ 보관 및 위험부담 기능
④ 시장정보제공 기능

해설 소매상은 생산자나 도매상에게 소비자에 대한 최신 정보를 제공하고, 판매 촉진, 재고로 인한 위험을 부담하는 등의 기능을 수행하고 있다.
② 구색갖추기는 소매상이 소비자를 위해 수행하는 기능에 속한다.

64 화학비료의 남용에 따른 부작용으로 보기 어려운 것은?

① 토양의 알칼리성화
② 수질오염
③ 토양의 단립화
④ 농업생산비의 증가

해설 화학비료의 남용에 따른 부작용은 토양의 산성화, 토양의 단립화, 수질오염, 농업 생산비의 증가 등을 들 수 있다.

정답 61 ③ 62 ① 63 ② 64 ①

65. 비법정시장으로 수집상·반출상으로부터 공급되는 양곡을 위탁받아 경매하거나 일부 도·소매상들이 도시의 일정한 장소에서 도매는 물론 소매까지 이루어지고 있는 시장은?

① 농업협동조합 공판장
② 법정도매시장
③ 유사도매시장
④ 산지시장

해설 도매시장
- 농업협동조합 공판장 : 산지에서 출하되는 계통양곡을 유통시키고 정부양곡의 방출업무를 대행해 주고 있다.
- 법정도매시장 : 산지에서 수집한 쌀을 상장·경매하고 중도매인을 통하여 도·소매상으로 분산시킨다.
- 유사도매시장 : 비법정시장으로 수집상·반출상으로부터 공급되는 양곡을 위탁받아 경매하거나 일부 도·소매상들이 도시의 일정한 장소에서 도매는 물론 소매까지 이루어지고 있다.

66. 농업협동조합이 조합원에게 줄 수 있는 이익이 아닌 것은? 　　　　제6회

① 규모화를 통해 거래교섭력을 증대시킨다.
② 개별 농가에서 할 수 없는 가공사업을 수행하여 부가가치를 높여준다.
③ 농자재 공동구매를 통해 농가 생산비 절감에 기여한다.
④ 수요를 통제하여 농가 수취가를 높여 준다.

해설 농업협동조합이 조합원에게 줄 수 있는 이익
- 거래교섭력 증대, 위험분산
- 농자재 구입비 절감, 유통비용 절감, 공동선별을 통한 비용 절감
- 가격안정화, 농산물의 부가가치 증대, 상인 등의 초과이윤 견제

67. 협동조합이 유통사업에 참여함으로써 얻게 되는 장점을 잘못 설명한 것은? 　　　　제3회

① 공동판매를 통하여 위험을 분산할 수 있다.
② 공동선별을 함으로써 조합원들의 단위 노동력당 비용을 절감할 수 있다.
③ 농산물 시장이 불완전경쟁일 경우 협동조합사업은 상인들의 초과이윤을 견제하게 된다.
④ 도매, 가공, 소매 등 상위단계와의 수평적 조정을 통해 시장력을 높일 수 있다.

해설 협동조합유통의 필요성
- 유통마진의 절감 : 생산자가 유통부분을 수직적으로 통합함으로써 수송비와 거래비용을 절감
- 독점화 : 협동조합을 통해서 시장교섭력을 제고
- 초과이윤 억제 : 협동조합이 유통사업에 참여함으로써 민간 유통업자의 시장지배력을 견제할 수 있음
- 시장확보와 위험분산 : 농업 생산자의 경영다각화를 위하여 가격안정화를 유도하고 안정적인 시장을 확보
- 협동조합 임직원의 전문적인 지식과 능력에 의한 효과 배가
- 농산물 출하 시기의 조절이 용이

68 협동조합을 통한 공동출하의 원칙에 대한 설명 중 옳지 않은 것은? 〔제6회〕

① 공동계산은 조합원의 개별성을 무시하고 조합에서 집계한 실적에 따라 성과를 공정하게 분해하는 원칙이다.
② 무조건위탁은 판매처, 판매시기, 판매방법에 관계없이 판매를 협동조합에 위탁하는 원칙이다.
③ 미국의 신세대 협동조합에서 도입한 새로운 개념의 협동조합운영 원칙이다.
④ 평균판매는 판매를 계획적으로 실시하여 수취가의 지역적·시간적 차이를 평준화하고자 하는 원칙이다.

해설 공동판매의 원칙
- 무조건 위탁 : 조합원이 그 생산물의 판매를 공동조직에 위탁할 경우 언제, 누구에게, 어느 정도를 팔아 달라는 조건을 붙이지 않고 일체를 위임하는 것을 말한다.
- 평균판매 : 농산물의 출하기를 조절하거나 수송·보관·저장방법의 개선 등을 통하여 농산물을 계획적으로 판매함으로써 농업인의 수취가격을 평균화하는 것이다.
- 공동계산 : 다수의 개별농가가 생산한 농산물을 출하주별로 구분하는 것이 아니라 각 농가의 상품을 혼합하여 등급별로 구분하고 관리·판매하여 그 등급에 따라 비용과 대금을 평균하여 농가에 정산해 주는 방법을 말한다.
※ 신세대 협동조합(New Generation Cooperatives)은 판매 가능한 물량을 예상한 후 조합과 조합원이 그 물량만큼만 판매계약을 맺고 농산물을 출하받아 판매하였다. 자본조달 측면에서는 조합원 이외의 투자자들에게 무의결 우선주를 발행하여 자본을 조달하였다.

69 공동판매 조직을 통한 공동출하의 이점이 아닌 것은? 〔제2회〕

① 대규모 거래에 의해 생산비를 절감할 수 있다.
② 노동력을 절감할 수 있다.
③ 시장교섭력을 높일 수 있다.
④ 수송비를 절감할 수 있다.

해설 공동판매조직을 통한 공동출하 이점
- 수송비 절감
- 노동력 절감
- 시장교섭력을 높여 농가의 수취가격을 높일 수 있다.
- 출하의 조절이 쉬워진다.

70 지역농협이나 작목반 및 영농조합법인 등 생산자조직을 통한 공동출하 확대방법으로 적절한 것은?

제3회

① 공동수송을 한다고 해도 비용절감 효과는 크지 않으므로 굳이 추진할 필요는 없다.
② 선별은 공동으로 하고 상품검사는 개별적으로 하는 것이 효과적이다.
③ 공동선별을 위해서는 품종의 공동선택과 재배기술의 평준화가 전제되어야 한다.
④ 공동계산이 공동수송이나 공동선별보다 우선적으로 추진되어야 한다.

해설   공동 투자 등 농업인은 공동의 노력으로 선별, 등급화, 포장 및 저장을 함으로써 시장 거래의 교섭력을 증대시켜 수취가격을 높일 수 있다.

71 다음 축산물 유통의 특징으로 옳지 않은 것은?
① 축산물은 살아 있는 동물로 품종과 사육방법에 따라 품질이 다르다.
② 축산물의 신선도를 유지하기 위해서는 특수한 저장유통시설을 갖추고 있어야 한다.
③ 생산지 단계에서는 주로 지육으로 거래된다.
④ 축산물은 반드시 일정한 위생시설이 갖추어진 도축장이나 가공장에서 처리해야 한다.

해설   생산지 단계에서 소, 돼지, 닭은 생축형태로 거래되고 있지만, 소비지 단계에서는 주로 지육으로 거래되고 있다.

72 다음 중에서 양곡 자급기반을 확보하기 위한 방안은 무엇인가?
① 자유시장 거래
② 소규모 경영체제 육성
③ 적정수입확보
④ 양곡적정생산

73 다음은 청과물의 공급상 특징이다. 틀린 것은?
① 생산공급이 계절성을 크게 나타낸다는 점
② 장기간 보존과 신선도 유지가 곤란하다는 점
③ 품질의 균일성을 기하기가 어렵다는 점
④ 실중량과 부피에 비하여 매매가격이 상대적으로 높다는 점

해설   ④ 실중량과 용적(부피)에 비하여 매매가격이 상대적으로 낮다는 점이 특징이다.

74 신선식료품의 유통구조를 살펴본 것으로 틀린 것은?

① 생산단위가 일반적으로 영세하고 지역적·시간적으로 편재되어 있다.
② 생산단계의 표준화는 대단히 뒤지고 있다.
③ 유통단계에 나타나는 수요는 상당히 탄력적이다.
④ 신선도 유지를 위해 운반·저장에 특별한 관리가 필요하다.

해설 일반적으로 수송성이 결여되어 있기 때문에 실제 유통단계에 나타나는 수요는 상당히 비탄력적이다.

75 다음은 농산물 유통에 있어서 문제점을 설명한 것이다. 그 중 옳지 않은 것은?

① 유통제도의 미비를 들 수 있다.
② 유통시설 및 기능이 미흡하다.
③ 유통단계가 복잡다기하여 유통비용이 과다하고 감모량이 크다.
④ 지금까지의 농업정책은 증산위주의 시책을 펴 왔기 때문에 계획생산이 이루어졌다.

해설 산지유통면에서 지금까지의 농업정책은 증산위주의 시책을 펴 왔으나 계획생산이 어려웠다.

76 청과물의 유통경로의 순서로 맞는 것은?

① 생산자 > 수집상 > 도매상 > 소매상 > 소비자
② 생산자 > 도매상 > 소매상 > 수집상 > 소비자
③ 생산자 > 수집상 > 소매상 > 도매상 > 소비자
④ 생산자 > 소매상 > 수집상 > 도매상 > 소비자

해설 청과물의 유통단계는 수집단계, 중개단계, 분산단계로 나눌 수 있으며, 유통경로는 생산자 > 수집상 > 도매상 > 소매상 > 소비자를 거친다.

정답 74 ③ 75 ④ 76 ①

CHAPTER 04 농산물 유통의 기능

01 유통의 기능

(1) 유통의 기능
① 유통은 농산물이 생산자인 농업인으로부터 최종소비자에게 이동하는 과정에서 이루어지는 주된 활동이다.
② 유통의 기능에는 소유권이전기능, 물적유통기능, 유통조성기능 등이 있다.

(2) 소유권이전기능
상품이 생산자로부터 소비자에게 넘어가는 과정에서 교환을 통하여 소유권이 바뀌는 것과 관련된 경제활동을 의미한다.
① **구매기능** : 농산물을 구입하는 기능
② **판매기능** : 구매자가 농산물을 구매하도록 하거나 구매의욕을 불러일으킬 수 있도록 하는 모든 활동

(3) 물적유통기능 ★ 중요
농산물은 보관·이전·저장하는 것은 물론, 형태를 바꾸는 기능까지 포함한다.
① **저장기능** : 생산과 소비 사이에 시간적 간격을 연결해 주는 기능
② **수송기능** : 생산지와 소비지가 다르기 때문에 이를 이동시켜야 하는데, 이러한 활동을 담당하는 기능
③ **가공기능** : 생산된 원료 형태의 농산물에 인위적으로 힘을 가하여 그 형태를 변화시킴으로써 농산물의 형태 효용을 증가시키는 기능

예시문제 맛보기

농산물 생산과 소비의 시간적 간격을 극복하기 위한 물적유통기능은? [17회 기출]
① 수 송　　　　　　　　　　② 저 장
③ 가 공　　　　　　　　　　④ 포 장

정답 ②

알아두기	수송수단별 특징
철도 수송	• 안전성, 신속성 및 정확성 • 장거리 수송의 경우 : 수송비 저렴, 많은 농산물 수송 가능 • 단거리 수송의 경우 : 비용이 많이 듦
화물자동차 수송	• 기동성, 융통성 • 소량수송이 가능 • 단거리 수송의 경우 수송비가 적게 들지만, 장거리 수송의 경우는 수송비가 철도비용보다 많이 듦 • 도로수송이 대부분을 차지하고 있으나 점차 항공, 해운 등의 수송이 중요시되고 있음
항공 수송	• 주로 수출 농산물의 수송에 이용 • 신속·정확 • 제한된 통로에만 수송이 가능하고 비용이 많이 든다는 단점
선박 수송	• 비용이 적게 들고 대량수송이 가능 • 부두·하역 및 선적시설 투자를 많이 하여야 하고 제한된 경로에만 수송이 가능하며, 신속성이 떨어지는 단점

(4) 유통조성기능

① 표준화

㉠ 의 의
- 표준이란 **공통적으로 합의된 척도**를 말함
- 표준화란 주로 물류의 표준화를 의미

㉡ 대 상
- 포장 : **포장치수**, 재질, 강도, 포장방법, **외부표시 사항** 등
- 등급 : **크기, 품질**
- 운송 : 트럭 등 수송단위 적재함 높이 및 크기
- 보관·저장 : 저장시설 설치기준, 하역시설, 보관 래크 등
- 하역 : 팰릿, 지게차, 컨베이어, 전동차 등
- 정보 : 상품코드, 전표, EDI, POS 등

㉢ 표준화로 인한 장점
- **신용도와 상품성 향상** : 농가의 **소득증대**
- 품질에 따른 **정확한 가격형성** : **거래의 공정화**
- 수송·적재 등의 **비용절감** : **유통의 효율화**
- 선별·포장출하 : 소비지에서의 쓰레기 발생 억제

② 등급화

㉠ 의의 : 이미 정해진 표준에 따라 상품을 다른 무더기로 분류하는 과정

㉡ 등급기준
- 크기 : 상품의 지름, 길이, 무게 등
- 품질 : 품종 고유의 특성, 청결도, 신선도, 형태 등
- 상태 : 상품의 견고성, 신선도 등
- 허용 : 크기, 품질, 상태 등 등급 구분상 허용할 수 있는 한계를 규정한 것

③ 유통금융
  ㉠ 의의 : 농산물 유통금융이란 농산물을 유통시키는 데 필요한 자금을 융통하는 것
  ㉡ 사 례
    • 농업인들이 농산물을 수확할 때까지의 부족한 농업자금을 빌리는 경우
    • 농산물 창고업자가 저온창고를 건축하는 데 필요한 시설자금을 빌리는 경우
    • 농산물 가공업자가 운영자금을 유통하는 경우
    • 경매에 참가하여 농산물을 구매한 지정 중도매인에게 외상으로 판 다음 판매금액을 일정기간이 지난 다음에 받는 것 등

④ 위험부담 ★ 중요
  ㉠ 의의 : 농산물의 유통과정에서 발생할 가능성이 있는 손실을 부담하는 것
  ㉡ 종 류
    • **물적 위험** : 농산물의 물적유통기능을 수행하는 과정에서의 **파손·부패·감모·화재·동해·풍수해·열해·지진 등의 요인으로 농산물이 직접적으로 받는 물리적 손해**
    • **경제적 위험** : 시장가격의 하락으로 인한 재고 농산물의 가치하락, **소비자의 기호나 유행의 변화에 따른 수요감소**, 경제조건의 변화에 의한 시장축소 등에 의해 발생하는 것으로 유통과정 중 **농산물의 가치변화**로 발생하는 손실

⑤ 시장정보 ★ 중요
  ㉠ 의의 : 시장정보기능이란 유통과정 중에 유통활동을 원활하게 하기 위하여 필요한 정보를 수집·분석 및 분배하는 활동
  ㉡ 정보의 기준
    • 전체시장에 대하여 완전하고 종합적일 것
    • **정확성, 신뢰성, 실용성, 적시성, 완전성, 객관성, 유용성**
    • 생산자, 소비자, 상인 모두가 **똑같이 접근할 수 있는 정보일 것**
  ㉢ 정보의 효과
    • 적정 저장계획 및 효율적인 수송계획 등의 수립을 가능하게 함
    • 시장운영의 효율을 제고시키고, 시장선택 등을 합리적으로 할 수 있게 해줌
    • 유통활동의 불확실성을 감소시켜 위험부담 비용을 줄임
    • 상품의 등급화나 규격화와 연결되어 유통시간을 줄임

예시문제 맛보기

농산물 등급화와 관련된 설명으로 옳지 않은 것은? [7회 기출]
① 이미 정해진 표준에 따라 상품을 적절히 구분하여 분류하는 과정이다.
② 지나치게 세분화된 등급은 등급간 가격차이가 미미하여 의미가 없게 된다.
③ 잠재적인 판매자나 구매자의 참여를 감소시켜 시장에서 경쟁수준을 저하시킨다.
④ 농산물의 공동출하를 용이하게 한다.

정답 ③

02 표준규격화

(1) 표준규격화의 의의 및 필요성 ★ 중요

① **의의** : 농림축산식품부장관은 농산물(축산물은 제외한다)의 상품성을 높이고 유통 능률을 향상시키며, 공정한 거래를 실현하기 위하여 농산물의 포장규격과 등급규격(표준규격)을 정할 수 있다. 표준규격에 맞는 농산물(표준규격품)을 출하하는 자는 포장 겉면에 표준규격품의 표시를 할 수 있다.

② **표준규격품** : 포장규격 및 등급규격에 맞게 출하하는 농산물을 말한다. 다만, 등급규격이 제정되어 있지 않은 품목은 포장규격에 맞게 출하하는 농산물을 말한다.
※ **포장규격** : 거래단위, 포장치수, 포장재료, 포장방법, 포장설계 및 표시사항 등

③ **등급규격** : 농산물의 품목 또는 품종별 특성에 따라 고르기, 크기, 형태, 색깔, 신선도, 건조도, 결점, 숙도(熟度) 및 선별상태 등 품질구분에 필요한 항목을 설정하여 특, 상, 보통으로 정한 것을 말한다.

④ **포장규격**
   ㉠ 농산물의 포장치수는 다음의 어느 하나에 해당하여야 한다.
   - 한국산업표준(KS T 1002)에서 정한 수송포장 계열치수
   - 농산물 표준규격의 [별표 2]에서 정하는 골판지상자, 종이포장재, 폴리에틸렌대(PE대), 직물제 포대(PP대), 그물망, 플라스틱 상자, 다단식 목재상자·금속재 상자, 발포폴리스티렌 상자의 포장규격
   - T-11형 팰릿(1,100×1,100mm) 또는 T-12형 팰릿(1,200×1,000mm)의 평면 적재효율이 90% 이상인 것

   ㉡ 골판지상자, 발포폴리스티렌 상자의 높이는 해당 농산물의 포장이 가능한 적정 높이로 한다.
   ㉢ 포장재료 및 포장재료의 시험방법은 농산물 표준규격의 [별표 3]에서 정하는 기준에 따른다.
   ㉣ 골판지상자의 형식은 KS T 1006에 따른다.

※ **농산물 표준규격의 필요성**
- 신용도와 상품성의 향상으로 농가소득의 증대
- 품질에 따른 가격차별화로 정확한 정보의 제공 및 공정거래 촉진
- 수송·적재 등 유통비용 절감으로 유통효율 제고
- 선별·포장출하로 소비지에서의 쓰레기 발생 억제 등

(2) 표준규격의 제정목적 ★ 중요

① 일관수송체계 구축을 통한 **물류비용의 절감**
② 수송·하역·보관 등의 기계화 작업 기반조성
③ 농산물의 상품성 향상 및 감모방지로 **농가수취가격 제고**
④ **유통정보의 정확성, 신뢰성 제고**
⑤ **신용거래 기반조성**

알아두기	농산물 표준규격 제정 품목현황	
과실류	11	사과, 배, 복숭아, 포도, 감귤, 금감, 매실, 단감, 자두, 참다래, 블루베리
채소류	23	마른고추, 고추, 오이, 호박, 단호박·미니단호박, 가지, 토마토, 방울토마토, 송이토마토, 참외, 딸기, 수박, 조롱수박, 멜론, 피망·파프리카, 양파, 마늘, 무, 결구배추, 양배추, 당근, 브로콜리, 비트
서 류	2	감자, 고구마
특작류	5	참깨, 피땅콩, 알땅콩, 들깨, 수삼
버섯류	5	느타리버섯, 큰느타리버섯(새송이버섯), 양송이버섯, 팽이버섯, 영지버섯
곡 류	14	쌀, 찹쌀, 현미, 보리쌀, 좁쌀, 율무쌀, 콩, 팥, 녹두, 찰수수쌀, 찰기장쌀, 메밀, 옥수수(팝콘용), 옥수수쌀
화훼류	20	국화, 카네이션, 장미, 백합, 글라디올러스, 튤립, 거베라, 아이리스, 프리지아, 금어초, 스타티스, 칼라, 리시안시스, 안개꽃, 스토크, 공작초, 알스트로메리아, 포인세티아, 칼랑코에, 시클라멘
계		80

(3) 물류표준화

① 의의 : 농산물의 수송, 저장, 보관, 하역, 포장, 유통정보 등 유통의 각 단계에서 사용되는 시설, 장비, 자재 등을 공통의 기준 부여를 통해 규격화하여 서로 연결이 잘 되게 함으로써 전체적인 효율성을 제고한다.

② 효과 : 시설의 공동화, 하역의 기계화, 일관 연계수송의 실현으로 농산물의 상품화를 촉진시켜 인건비를 절감하고 물류시간을 단축하여 장비활용을 극대화할 수 있어 경쟁력을 향상시킨다.

(4) 콜드체인시스템

① 의의 : 콜드체인(Cold Chain)시스템이란 농산물을 수확 후 선별 포장하여 예랭하고 저온 저장하거나 냉장차로 저온 수송하여 도매시장에서 저온상태로 경매된다. 그리고 시장이나 슈퍼에서 냉장고에 보관하여 판매함으로써 **전 유통 과정을 제품의 신선도유지에 적합한 온도로 관리**하는 시스템을 말한다. 콜드체인시스템은 농산물을 생산 또는 수확 직후의 신선한 상태 그대로 소비자에게 공급하는 유통체계로 신선도 유지, 출하조절, 안전성 확보 등을 위해서 중요한 시스템이다.

② 효 과

  ㉠ 신선도 유지 : **저온하에 농산물을 유통시킴으로써 호흡속도, 에틸렌 발생속도, 갈변반응, 증산작용 및 각종 부패를 일으키는 미생물의 생육 등을 억제**시켜 품질을 수확 당시에 가깝게 유지시켜 준다. 보통 농산물에 있어서 각종 생화학 반응은 온도를 10℃ 올리거나 내림에 따라 2배에서 많게는 4배 정도 빨라지거나 늦춰지게 된다. 따라서 여름철의 경우 30℃에서 0℃로 품온을 내리면 이론적으로 6~10배까지 유통기한이 연장될 수 있다.

  ㉡ 산지체계 강화 : 장기간 신선도를 유지하여 농산물의 판매 시기를 조절하여 안정된 유통 체계를 가짐으로써 산지체계를 강화시킬 수 있다. 우리나라의 경우 특히 여름철에 과잉 생산되는 농산물의 경우 예랭처리에 의하여 저온저장고에 보관함으로써 이러한 문제를 해결할 수 있다. 배추를 예로 들면 이상기후에 의해 여름철 폭우가 계속될 경우 6월 중순 경에 노지 봄 배추를 수확하여 예랭 처리한 다음 저온저장할 경우 길게는 2개월까지도 저장이 가능하기 때문에

배추품귀에 의한 가격폭등을 방지할 수 있다. 이는 외국의 선진 도매시장을 둘러보면 알 수 있는데, 특히 채소류의 경우 우리나라 도매시장처럼 당일에 팔리지 않으면 헐값에 처분하거나 쓰레기화되는 것이 아니라 도매시장에 설치되어 있는 저온 보관창고에 보관하여 다음날 동일한 가격으로 파는 것을 볼 수 있다. 이처럼 저온유통체계도입에 의하면 안정된 가격으로 유통이 가능하다.

③ 관련기술
  ㉠ 콜드체인시스템은 예랭과 같은 한 가지 공정의 완벽한 수행만으로는 만족할 만한 효과를 거두기는 어렵고 결국 수확 후부터 소비자 손에 들어가기까지 종합적인 품질관리가 필요하다.
  ㉡ 콜드체인시스템은 산지예랭, 포장, 저온수송, 저온보관 및 저장, 소비지 판매시설 및 주요기술에서부터 전처리기술, 표면살균 및 안전성 관련기술, 선별·규격·표준화 기술, 정보, 환경 등 세부기술까지 종합적으로 관리하고 운영해야 농산물의 신선도유지 및 출하 조절 등의 기능을 효과적으로 달성할 수 있다.
  ㉢ 콜드체인시스템 도입 관련기술

주요기술	세부기술
예랭기술	강제통풍, 차압통풍, 진공예랭, 냉수예랭, 얼음예랭
저장·보관	• 온도제어저장(저온저장, 빙온저장, 냉동저장) • 온·습도제어, 관리기술 • 가스제어저장
수송·배송	• 수송·배송기자재(보냉·단열컨테이너, 항공수송용 단열컨테이너, 축냉·단열재 등) • 물류관련 표준화(팔레트화) • 수송자재(포장골판지, 기능성 포장재, 완충자재) • 고도유통시스템(유통·배송센터) • 고속대량수송기술(항공시스템, 철도수송시스템)
포장·보존·보장	• 가스치환포장, 진공포장, 무균충전포장 • 냉동식품(포장자재, 동결, 저장, 해동) • 기능성 포장재(항균, 흡수폴리머, 가스투과성, 단열성) • 품질유지제 봉입(탈산소제, 에틸렌 흡수·발생제)
집출하, 선별·검사	• 비파괴 검사(근적외법, 역학적, 방사선, 전자기학) • 센서기술(바이오센서, 칩, 디바이스), 선도, 숙도판정
규격·표시·정보처리	• 청과물출하규격, KS 규격 • 식품첨가물·원자재 표시 등 • 정보, 멀티미디어

예시문제 맛보기

농산물 포장에 대한 설명으로 옳지 않은 것은? [7회 기출]

① 농산물의 손상 및 파손으로부터 보호한다.
② 농산물의 수송, 저장, 전시 등을 용이하게 한다.
③ 유통비용 중 포장비용이 계속 줄어드는 추세이다.
④ 소비자의 안전 및 환경을 고려해야 한다.

정답 ③

03 가격결정기능

(1) 농산물의 가격
　① 수요·공급의 법칙 및 가격형성
　　㉠ 수요·공급의 법칙 : 경쟁시장에서 재화의 시장가격과 거래수량이 수요와 공급에 따라 결정되는 법칙을 말한다. 하나의 재화에 대한 수요량은 그 재화의 가격이 높아지면 감소한다.
　　㉡ 가격형성 : 상품의 교환가치를 나타내는 가격을 결정하는 일을 말한다.
　　㉢ 가격의 결정 : 농산물의 생산자는 높은 가격으로 생산물을 팔려고 하고, 소비자는 낮은 가격으로 사려고 하므로 이와 관련하여 수요와 공급에 의하여 가격이 결정된다.
　② 농산물 가격형성의 특성
　　㉠ 농산물 가격은 경쟁가격 : 농산물 생산자 다수 존재, 영세 생산자 비율이 높음
　　㉡ 가격의 불안정성 : 수요·공급의 특수성
　　㉢ 공산품에 비하여 **계절변동**이 큼 : **수확기에는 공급과잉, 비생산기에는 공급부족**

알아두기	시장의 형태
완전경쟁시장	• 시장에 수요자와 공급자가 많이 존재하여 그들이 스스로의 수요량 또는 공급량을 변화시켜도 시장가격을 변동시킬 수 없는 경우의 시장상황 • 완전경쟁시장에서 개개의 수요자와 공급자는 시장가격으로 자기가 바라는 만큼의 양을 얼마든지 수요 또는 공급할 수 있다. • 이것은 개개의 수요자·공급자가 매매하는 양은 시장 전체의 양에 비하면 아주 적다는 것을 의미하고 있다.
불완전경쟁시장	• 완전경쟁과 독점 중간에 있는 경쟁형태의 총칭 • 다수의 판매자가 동일한 제품을 생산·판매하는 완전경쟁 경제에서는 개개의 기업은 가격에 대한 지배력을 전혀 가지지 못하고 수평적인 수요곡선에 직면해 있다. 이에 대해 독점기업은 완전한 독점력을 가진다. 그러나 보통은 경쟁적 요소와 독점적 요소가 혼재(混在)해 있어 완전히 경쟁적도 아니고 완전히 독점적도 아닌 산업이 현실 경제에서는 대부분을 차지한다. 이와 같은 경쟁 또는 시장형태를 불완전경쟁이라 한다. • 불완전경쟁에는 기업 수가 적은 과점(寡占)과 기업 수가 많은 독점적 경쟁이 있다. • 과점은 제조업에서 흔히 볼 수 있다. 그 특색은 기업수가 적기 때문에 각 기업은 경쟁 기업의 행동을 상당히 의식하여 생산·판매전략을 세운다는 점이다. 제품이 동질적인 경우는 철강·알루미늄·나일론 등의 규모가 큰 기간산업에서 많이 볼 수 있으며, 제품이 차별화된 경우는 자동차·전기제품·중기계 등의 산업에서 많이 볼 수 있다. • 독점적 경쟁은 완전경쟁의 경우와 마찬가지로 다수의 판매자가 있으나, 각 기업은 타사와 조금 다른 제품을 생산판매하기 때문에 어느 정도의 독점력을 가진다.

　③ 농산물 가격의 결정요인 ★ 중요
　　㉠ 원칙 : 수요·공급의 경제원리에 의하여 결정
　　㉡ 장기적 수요량 : 인구의 수와 1인당 실질소득 수준 및 소비자의 기호
　　㉢ 단기적 수요량 : 당해 농산물의 가격수준, **대체농산물**의 가격수준
　　㉣ 공급량 : **국내 생산량 및 수입량에 의존**
　　㉤ 국내 생산요인 : **농경지 면적, 생산기술, 기후조건, 생산자재의 가격, 생산물의 가격 등의 요인에 의한 복합작용**

(2) 농산물 가격변동의 특징

① 농산물은 수요의 **소득탄력성이 낮기 때문에** 1인당 소비량이 한계를 보이고 있는 경우가 많다. 또한 생산이 방대한 수의 가족경영에 의한 경우가 많아 결과적으로 실질가격이 침체되는 경향을 보이고 있다.

② 생산과 소비의 계절성에 근원하여 가격도 규칙적인 계절변동을 보이는 수가 많고 농산물 특유의 주기변동도 있다. 이것은 **영세한 생산자**가 생산계획 시의 높은 가격에 대응하여 **생산을 확대했을 때 공급 시에 공급과잉**이 일어나며, 반대로 낮은 가격에 대응하여 **생산을 축소하면 공급부족**이 일어나는 원인이 된다.

③ 야채나 과일에서는 수확량의 풍흉(豊凶)에 의한 가격변동이 크다.

(3) 농산물 수급안정제도

① 가격통제형
　㉠ 양곡관리제도 : 정부가 생산농가로부터 수확기에 양곡을 매입하여 비축했다가 소비자에게 판매하는 제반사항을 관리하는 것
　㉡ 전매제도 : 인삼, 담배 등 국가가 재정 수익 및 수급 안정 등의 이유로 특정 물품에 대한 판매 및 생산의 권리를 독점하는 것

② **가격유도형** : 직접공급조정, 직접수요조정, 간접공급조정, 간접수요조정, 종합수급조정 등

③ **가격 및 소득보조형** : 부족분지불, 담보융자제, 안정기금제 등

CHAPTER 04 적중예상문제

01 농산물 유통기능 중 시간적 효용을 창출하는 기능에 속하는 것은?
① 운송기능
② 저장기능
③ 가공기능
④ 판매기능

해설 농산물의 저장기능은 농산물 공급이 자연적 조건에 의한 계절적인 제약을 받으므로 공급의 연간 균등화를 위하여 조절하여야 하는 기능으로 시간적 효율을 창출한다.

02 농산물 저장에 관한 설명으로 옳지 않은 것은? [제8회]
① 부패성이 강하여 특수저장시설이 필요하다.
② 투기를 목적으로 저장하는 경우도 있다.
③ 유통금융기능을 수행할 수도 있다.
④ 소유적 효용을 창출한다.

해설 저장기능은 농산물의 생산과 소비 간의 시간적인 불일치를 조정하여 시간적 효용을 창조하는 기능을 수행한다.

03 농산물의 대체이용이 높다는 것은 농산물의 특성 중 어느 것과 관련된 것인가?
① 용도의 다양성
② 수요와 공급의 비탄력성
③ 부패성
④ 부피와 중량성

해설 농산물의 용도가 다양성을 가진다는 것은 대체이용이 높다는 것을 의미한다.

04 농업 생산요소로 토지, 노동, 자본을 드는데 다른 한 가지를 포함하면?
① 판 매
② 소 비
③ 경 영
④ 포 장

해설 농산물의 생산요소에는 토지, 노동, 자본 등이 있는데, 여기에 경영능력을 포함시키기도 한다.

정답 1 ② 2 ④ 3 ① 4 ③

05 농산물 가격의 특징과 거리가 먼 것은?
① 경쟁가격
② 가격의 불안정성
③ 계절적 변동이 큼
④ 농업생산자는 가격결정권자

해설 　대부분의 농산물은 다수 생산자에 의해 생산되어 판매가 이루어지므로 개별생산자인 경우 가격형성에 큰 영향을 주지 못한다. 농업생산자는 가격을 결정하는 사람이 아니라 가격을 받아들이는 사람으로서, 시장가격을 고려하여 자기생산이나 공급량의 증감을 조절할 수 있을 뿐이다.

06 소매상이 소비자에게 제공하는 주요 기능으로 볼 수 없는 것은? 　　제3회
① 상품선택에 필요한 소비자의 비용과 시간을 절감할 수 있게 해준다.
② 상품사용에 대해서 소비자에게 기술적 지원과 조언을 해 준다.
③ 상품관련정보를 제공하여 소비자들의 상품구매를 돕는다.
④ 자체의 신용정책을 통하여 소비자의 금융부담을 덜어준다.

해설 　**소매상의 기능**
- 소비자가 원하는 상품 구색의 제공
- 소매광고, 판매원 서비스, 점포 디스플레이 등을 통해 고객에게 제품관련 정보의 제공
- 자체의 신용정책으로 소비자의 금융부담을 덜어주는 기능의 수행
- 애프터서비스 제공, 제품의 배달, 설치, 사용방법의 교육

07 소매시장의 기능과 가장 거리가 먼 것은?
① 상품의 구매　　　　　　　② 상품의 보관
③ 상품의 판매　　　　　　　④ 상품가격의 형성

해설 　소매시장은 소비자를 대상으로 하여 거래가 이루어지는 시장으로 특정지역의 인구에 비례하여 분포되어 있으며, 비교적 거래단위가 적은 편이다. 일반적으로 소매상은 상품 구매·보관·판매기능을 하고 있다.

정답　5 ④　6 ②　7 ④

08 농산물 소매시장에 관한 설명으로 옳지 않은 것은?　　　제8회
① 중개기능을 담당하고 있다.
② 최근 다양한 업태가 나타나고 있다.
③ 최종소비자를 대상으로 거래가 진행된다.
④ 카탈로그 판매, TV 홈쇼핑 판매 등도 포함된다.

> **해설** 소매시장의 기능
> • 최종소비자를 대상으로 하여 거래가 이루어지는 시장
> • 비교적 거래단위가 적다.
> • 일반적으로 소매상은 상품 구매, 보관, 판매 기능
> ※ 도매시장의 기능에는 수급조절기능, 가격형성기능, 집하기능, 분배기능, 유통금융기능, 유통정보의 수집 및 전달기능 등이 있다.

09 농산물 유통에 있어서 형태적 효용을 창출하는 기능은?
① 저장기능　　　② 운송기능
③ 가공기능　　　④ 표준화

> **해설** 농산물은 가공기능을 통하여 생산의 계절성, 저장성의 취약 등을 극복하고 필요한 시기에 소비자에게 적절한 형태로 공급할 수 있는데, 이러한 가공기능은 형태적 효용의 창출과정이라고 볼 수 있다. 농산물을 가공하면 형태가 변화되고 소비하기에 편리해지기 때문에 소비가 가능한 최종상품으로 접근될수록 소비자들이 느끼는 효용은 증가하게 된다.

10 소유권이전기능과 관계가 먼 것은?
① 구매기능　　　② 교환기능
③ 상거래기능　　④ 가공기능

> **해설** 소유권 이전기능은 가공·저장·운송 등의 실물적 유통기능을 이행하는 데 필요한 의사결정기능으로 구매자와 판매자가 사고파는 활동을 말한다.

11 다음 중에서 농산물 가격의 기능으로 가장 올바른 것은 무엇인가?
① 자본형성의 기능　　　② 소득편중의 기능
③ 지역발전의 기능　　　④ 자원집중의 기능

> **해설** 농산물 가격은 자원배분, 소득분배 및 자본형성의 세 가지 기능을 수행하고 있다.

8 ① 9 ③ 10 ④ 11 ①

12 유통기능의 효용으로 적절하지 않은 것은?

① 시간적 효용의 증대
② 장소적 효용의 증대
③ 상품의 양적 효용의 증대
④ 상품의 소유권적 효용의 증대

해설 유통의 기능은 장소적·시간적·형태적·소유권적 효용을 가진다.

13 논산의 딸기를 서울로 수송하여 제값을 받고 판매하였으며, 서울의 소비자는 먹고 싶은 딸기를 먹을 수 있게 되었다면 유통기능 중 무슨 효용이 창조되었다고 할 수 있는가?

① 장소적 효용
② 시간적 효용
③ 형태적 효용
④ 시장적 효용

해설 농산물의 유통은 농산물 수급의 장소적 조정을 맡아 하며, 이는 장소적 효용을 창출한다고 할 수 있다.

14 물적유통기능 중 가공에 관한 설명으로 틀린 것은?   제5회

① 농산물의 부가가치를 증대시켜 농업소득 증대에 기여한다.
② 원료농산물의 형태와 질을 변화시킴으로써 소비자의 효용을 높여 준다.
③ 산지가공은 농가 단위로 이루어지는 것이 효율적이다.
④ 소비자의 소득 증가와 식생활수준 향상에 따라 가공식품에 대한 수요가 증가한다.

해설 ③ 산지가공은 작목반 형태 또는 영농조합법인 등 공동체 단위로 이루어지는 것이 효율적이다.

15 물적유통기능에 해당되지 않는 것은?   제3회

① 판 촉
② 수 송
③ 보 관
④ 하 역

해설 **물적유통기능** : 농산물을 이전하는 수송기능, 보관·저장하는 저장기능, 형태를 바꾸는 가공기능

정답 12 ③ 13 ① 14 ③ 15 ①

16 농산물 유통기능이 아닌 것은?
① 물적유통기능 ② 소유권이전기능
③ 유통조성기능 ④ 생산억제기능

해설 유통의 기능
- 물적유통기능 : 저장기능, 수송기능, 가공기능
- 소유권이전기능 : 구매기능, 판매기능
- 유통조성기능 : 표준화, 등급화, 유통금융, 위험부담, 시장정보

17 유통기능 중 물적유통기능의 종류에 속하지 아니하는 것은?
① 운송기능 ② 위험부담
③ 가공기능 ④ 저장기능

해설 물적유통기능에는 운송기능, 가공기능, 저장기능 등이 있으며, 위험부담은 유통조성기능에 속하는 내용이다.

18 유통의 기능으로 소유 효용과 관계가 있는 기능은?   제1회
① 거 래 ② 수 송
③ 저 장 ④ 가 공

해설 소유권 이전기능은 상품이 생산자로부터 소비자에게 넘어가는 과정에서 교환을 통하여 소유권이 바뀌는 것과 관련된 경제활동을 말한다. 이를 교환기능이라고도 하며, 여기에는 구매기능과 판매기능이 있다.

19 포장의 원칙에 대한 설명 중 관계가 먼 것은?   제3회
① 소비자의 사용에 편리하도록 해야 한다.
② 포장비용에 구애되지 말고 포장은 화려하게 해야 한다.
③ 광고면에 나타낸 호소와 인상은 현물포장과 일치되도록 계획한다.
④ 소비자의 상품구매 관습, 지적수준, 환경 등을 고려하여야 한다.

해설 포장의 3원칙
- 안전하게 포장한다.
- 저렴하게 포장한다.
- 홍보 및 마케팅용품으로 이용한다.

정답 16 ④ 17 ② 18 ① 19 ②

20 농산물 포장의 목적이 주로 취급을 용이하게 하거나 상품을 보호하는 데에 있는 것은? `제2회`

① 개별포장(Primary Package)
② 외부포장(Secondary Package)
③ 내부포장(Inner Package)
④ 환경친화적 포장(Green Package)

해설
① 개별포장(단위포장) : 물품의 개개 포장
③ 내부포장(속포장) : 물품의 내부포장
④ 환경친화적 포장 : 포장재 인쇄 시 친환경제품인 콩기름잉크를 사용하고 친환경적인 수성코팅을 사용하여 기존 유성잉크보다 재활용에 적합한 코팅을 하는 것

21 단위화물적재시스템(ULS)에 관한 설명으로 옳은 것을 모두 고른 것은? `제13회`

> ㉠ 수송 및 하역의 효율성 제고
> ㉡ 농산물의 파손, 분실 등 방지
> ㉢ 팰릿(Pallet), 컨테이너 등 이용

① ㉠, ㉡
② ㉠, ㉢
③ ㉡, ㉢
④ ㉠, ㉡, ㉢

해설 단위화물적재시스템(Unit Load System)
- 장 점
  - 하역 시 파손, 오손, 분실 등을 방지한다.
  - 운송수단의 운용효율이 높다.
  - 하역의 기계화로 작업생산성이 높다.
  - 포장이 간단하여 포장비가 절감된다.
  - 고층적재가 가능하여 공간효율이 제고된다.
  - 시스템화와 하역의 검수가 용이하다.
- 단 점
  - 컨테이너와 팰릿 확보에 경비가 소요된다.
  - 자재관리에 시간과 비용이 추가되며, 공컨테이너와 공팰릿의 회수 및 관리가 필요하다.
  - 하역기기 등 고정시설 투자가 필요하다.
  - 하역기기가 작업할 수 있는 공간확보가 필요하다.
  - 팰릿이 차지하는 공간으로 인하여 적재효율이 저하되므로 회전율을 제고하여 보완하여야 한다.

정답 20 ② 21 ④

22 농산물 수송을 효율화하기 위한 단위화물적재시스템(Unit Load System)의 설명으로 틀린 것은?

제5회

① 우리나라에서 사용하는 표준 팰릿(Pallet) T11의 규격은 1,000×1,000mm이다.
② 물류관리의 시스템화가 용이하여 하역과 수송의 일관화를 가져올 수 있다.
③ 팰릿(Pallet), 컨테이너(Container) 등을 이용하여 일정한 중량과 부피로 단위화할 수 있다.
④ 운송수단의 이용 효율성을 제고할 수 있다.

해설 우리나라에서 사용하는 표준 팰릿의 규격은 T11형이 1,100×1,100mm이고, T12형이 1,200×1,000mm이다.

23 다음 농산물 표준규격 관련 용어의 설명으로 옳지 않은 것은?

① 포장치수란 포장재 바깥쪽의 길이, 너비, 높이를 말한다.
② 거래단위란 농산물의 거래 시 포장에 사용되는 각종 용기 등의 무게를 포함한 내용물의 무게 또는 개수를 말한다.
③ 등급규격이란 농산물의 품목 또는 품종별 특성에 따라 고르기, 크기, 형태, 색깔, 신선도, 건조도, 결점, 숙도(熟度) 및 선별상태 등 품질구분에 필요한 항목을 설정하여 특, 상, 보통으로 정한 것을 말한다.
④ 속포장이란 소비자가 구매하기 편리하도록 겉포장 속에 들어 있는 포장을 말한다.

해설 ② 거래단위란 농산물의 거래 시 포장에 사용되는 각종 용기 등의 무게를 제외한 내용물의 무게 또는 개수를 말한다(농산물 표준규격 제2조 제4호).

24 다음 중 농수산물 품질관리법에서의 표준규격을 바르게 설명한 것은?

① 농산물의 포장 및 등급규격을 말한다.
② 산업표준화법에 의한 한국산업표준에 의한다.
③ 품목 또는 품종별로 그 특성에 따라 수량, 크기, 형태, 색깔, 신선도, 건조도, 성분함량 또는 선별상태 등 품위구분에 필요한 항목을 정한 규격이다.
④ 보관·수송 등 유통과정의 편리성, 폐기물 처리문제를 고려하여 정한 규격이다.

해설 ②·④는 포장규격, ③은 등급규격에 대한 내용이다.

25 원산지표시에 관련된 내용으로 옳지 않은 것은?
① 우리나라의 경우 원산지표시제도의 도입은 1995년 7월 1일이다.
② 농림축산식품부장관은 농산물의 유통질서 확립 등을 위하여 필요하다고 정한 경우에는 농산물 및 그 가공품을 판매하거나 가공하는 자에 대하여 원산지를 표시하게 하여야 한다.
③ 원산지를 표시하도록 한 농산물 또는 그 가공품을 판매하거나 가공하는 자는 당해 농산물 및 그 가공품의 원료에 대하여 원산지를 표시하여야 한다.
④ 원산지표시제도는 정부의 농산물 수입자유화 계획에 따라 값싼 외국산 농산물이 무분별하게 수입되고 이들 농산물이 국산으로 둔갑 판매되는 등 부정유통사례가 늘어나고 있어 정부에서는 공정한 거래질서를 확립하고 생산농업인과 소비자를 보호하기 위해 도입된 제도이다.

해설 우리나라의 경우 원산지표시제도의 도입은 1991년 7월 1일이다.

26 농산물 표준규격화의 필요성으로 옳지 않은 것은?
① 신용도와 상품성 향상으로 농가소득의 증대
② 품질에 따른 가격차별화로 정확한 정보제공 및 공정거래 촉진
③ 수송·적재 등 유통비용 절감으로 유통의 효율성 제고
④ 선별·포장출하로 생산지에서의 쓰레기 발생 억제

해설 ④ 선별·포장출하로 소비지에서의 쓰레기의 발생을 억제한다.

27 농산물 표준규격화의 필요성에 대한 설명 중 관계가 먼 것은? 제3회
① 품질에 따른 가격차별화로 공정거래 촉진
② 수송, 상하역 등 유통효율을 통한 유통비용의 절감
③ 신용도 및 상품성 향상으로 농가소득 증대
④ 다양한 품종, 재배지역 등의 일원화

해설 **표준규격화의 필요성**
  • 신용도와 상품성의 향상으로 농가소득의 증대
  • 품질에 따른 가격차별화로 정확한 정보제공 및 공정거래 촉진
  • 수송·적재 등 유통비용 절감으로 유통의 효율성 제고
  • 선별·포장출하로 소비지에서의 쓰레기 발생 억제 등

28 농산물 표준규격의 법적 근거는?

① 농수산물 품질관리법
② 농수산물 유통 및 가격안정에 관한 법률
③ 농수산물 가공산업육성법
④ 농산물 표준규격화법

해설 농산물 표준규격은 농수산물 품질관리법에 따라 포장규격 및 등급규격에 관하여 규정함으로써 농산물의 상품성 향상과 유통효율 제고 및 공정한 거래 실현에 기여하고, 환경오염 방지와 자원순환이 가능한 포장재 사용을 목적으로 한다(농산물 표준규격 제1조).

29 산지 유통의 기능과 효용이 옳게 연결된 것은? 　　　　　　　　　　　제6회

① 저장기능 – 장소효용　　　　② 수송기능 – 시간효용
③ 선별기능 – 소유효용　　　　④ 가공기능 – 형태효용

해설 유통기능과 효용
　• 저장기능 : 시간효용
　• 수송기능 : 장소효용
　• 가공기능 : 형태효용
　• 거래기능 : 소유효용

30 물적 유통기능으로서 형태효용을 창출하는 것은? 　　　　　　　　　　제7회

① 거 래　　　　　　　　　　② 수 송
③ 저 장　　　　　　　　　　④ 가 공

해설 ① 거래 : 소유효용
　　　② 수송 : 장소효용
　　　③ 저장 : 시간효용

31 물류표준화의 효과로 적절하지 않은 것은?

① 시설의 공동화　　　　　　② 하역의 기계화
③ 일관 연계수송의 실현　　　④ 농산물의 탈상품화

해설 물류표준화는 시설의 공동화, 하역의 기계화, 일관 연계수송의 실현으로 농산물의 상품화를 촉진시켜 인건비를 절감하고 물류시간을 단축하여 장비활용을 극대화할 수 있어 경쟁력을 향상시킨다.

32 농수산물 품질관리법에 규정된 포장규격의 내용으로 맞지 않는 것은?

① 거래단위 ② 포장치수
③ 포장재료 ④ 신선도

해설 포장규격이란 거래단위, 포장치수, 포장재료, 포장방법 및 표시사항 등을 말하며, ④의 신선도는 등급규격의 내용이다.

33 다음 중 농산물 표준규격의 포장규격 구성으로 옳지 않은 것은?

① 보관·수송 등 유통과정의 편리성과 폐기물 처리문제를 고려하여야 한다.
② 속포장을 기준으로 겉포장 거래단량을 규정한다.
③ 포장요소, 포장재질, 포장치수, 거래단량을 규정한다.
④ 물류표준화 기준을 반영하여 규정한다.

해설 ② 겉포장을 기준으로 속포장 거래단량을 규정한다.

34 농산물 유통조성기능 중 유통금융이 아닌 것은? _{제6회}

① 담보거래 ② 외상거래
③ 견본거래 ④ 어음거래

해설 농산물 유통금융이란 농산물을 유통시키는 데 필요한 자금을 융통하는 것을 말한다.

35 농산물 유통금융에 관한 설명으로 옳은 것을 모두 고른 것은? _{제8회}

> ㉠ 농업인이 농산물을 판매할 때까지의 부족한 자금대출
> ㉡ 농산물 대금의 지급기일을 연기하는 외상매출
> ㉢ 농산물 창고업자가 저온창고를 건축하는 데 소요되는 시설자금융자

① ㉠, ㉡ ② ㉠, ㉢
③ ㉡, ㉢ ④ ㉠, ㉡, ㉢

해설 농산물 유통금융이란 농산물을 유통시키는 데 필요한 자금을 융통하는 것을 말한다.

정답 32 ④ 33 ② 34 ③ 35 ④

36 품질기준이 아닌 것은?

① 품종 고유의 특성　　② 청결도
③ 신선도　　　　　　　④ 크 기

해설　농산물 등급분류

크기의 기준	상품의 지름, 길이, 무게 등으로, 특·상·보통 등으로 분류한다.
품질의 기준	품종 고유의 특성, 청결도, 신선도, 형태 등이다.
상태의 기준	상품의 견고성, 신선도 등이다.
허용의 기준	크기, 품질, 상태 등 등급 구분상 허용할 수 있는 한계를 규정한 것이다.

37 농산물 물류에 콜드체인시스템이 필요하다는 것은 다음 중 농산물의 어떠한 특성과 관계가 깊은가?

① 지역적 특화, 산지 분산
② 최종 소비단위가 개별적이고 규모가 작다.
③ 부패·손상하기가 쉽다.
④ 품질 차이에 의한 가격차가 크다.

해설　콜드체인(Cold Chain)시스템이란 농산물을 수확 후 선별 포장하여 예랭하고, 저온 저장하거나 냉장차로 저온 수송하여, 도매시장에서 저온상태로 경매되어, 시장이나 슈퍼에서 냉장고에 보관하면서 판매하는 것을 말한다. 전 유통 과정을 제품의 신선도 유지에 적합한 온도로 관리하여 농산물을 생산 또는 수확 직후의 신선한 상태 그대로 소비자에게 공급하는 유통체계로 신선도 유지, 출하조절, 안전성 확보 등을 위해서 중요한 시스템이다.

38 표준규격화가 아직까지 큰 성과를 보이지 않는 이유로 알맞은 것은?　　제1회

① 농가 출하규모의 규모화·집합화
② 생산자의 자기 농산물에 대한 강한 주관적 의식 작용
③ 산지에 과잉 노동력의 존재
④ 소비자의 표준규격화 규정 완전 숙지

39 농산물 등급화의 내용을 설명한 것 중 가장 적절한 것은?

① 등급화는 통일된 기준에 의해 선별된 상품을 규격포장에 담는 것이다.
② 등급화의 등급측정 기준은 등급화 주체의 임의적 척도를 적용하여 차별화하는 것이 좋다.
③ 동일 등급 내의 상품은 가능한 이질적이며, 등급구간이 클수록 좋다.
④ 다른 등급 간은 구입자가 가격차이를 인정할 수 있도록 이질적이어야 한다.

해설 등급화란 이미 정해진 표준에 따라 상품을 다른 무더기로 분류하는 과정을 말한다. 등급화가 실효성을 거두기 위해서는 동일한 등급 내에 포함되어 있는 상품은 동질성을 갖추고 있어야 하는 동시에 다른 등급 간에는 구입자가 쉽게 구별할 수 있는 이질적 특성도 갖추고 있어야 한다.

40 농산물 등급제도의 문제점을 설명한 것 중에서 적절하지 않은 것은?

① 지나치게 세분화된 등급은 각 등급에 속하는 충분한 거래량이 부족할 때 가격 차이가 나타나지 않아 의미가 없게 된다.
② 등급화 기준은 감각적, 물리적, 화학적, 생물학적 기준이나 경제적 기준에 의해 이루어진다.
③ 등급화는 생산자, 소비자, 상인의 일반적이고 공통적인 욕구를 충족시킬 수 있는 기준이 설정되어야 하지만, 이들의 합의에 의한 등급 설정이 어렵다.
④ 등급별 명칭은 정부가 정한 기준이 지나치게 단순화되어 농민들에게 맡겨야 하고 비용이 많이 들어 경제성 문제가 발생한다.

해설 농산물의 표준화, 등급화는 농산물 시장에서 상품성을 높게 평가받아 높은 가격을 수취하기 위해 출하 농민들이 표준규격에 맞도록 산지에서 등급과 포장을 표준적으로 구분하여 등급을 정확히 나누고 포장하여 출하하는 것을 말한다.

41 농산물 등급화에 관한 설명으로 옳지 않은 것은?

① 등급의 수를 증가시킬수록 유통의 효율성 중 가격의 효율성이 낮아진다.
② 등급기준은 생산자보다 최종소비자의 입장을 우선적으로 고려해야 한다.
③ 등급화가 정착되면 농산물 거래가 보다 효율적으로 진행된다.
④ 농산물은 무게, 크기, 모양이 균일하지 않기 때문에 등급화가 어렵다.

해설 계량화, 등급화는 가격효율성을 창출한다. 또 등급화, 표준화는 상품의 가치를 높여주므로 가격효율은 높아지나 등급화 표준화 과정에 소요되는 노력과 비용 때문에 경영효율은 저하될 수 있다.

정답 39 ④ 40 ④ 41 ①

42 농산물의 수요량을 정확하게 예측하기 어렵다는 것은 농산물의 어떤 특성과 관련이 있는가?
① 농산물의 계절적 편재성
② 농산물의 용도의 다양성
③ 질과 양의 불균형성
④ 수요와 공급의 비탄력성

해설 농산물의 대체이용이 높으면 수요량을 정확하게 예측하기가 어렵다.
②·③·④ 농산물의 공급과 관련 있는 특성이다.

43 농산물 등급화의 효과가 아닌 것은? 제6회
① 품질에 따른 가격차별화를 촉진한다.
② 농산물의 공동출하를 용이하게 한다.
③ 영농다각화를 촉진한다.
④ 견본거래를 가능하게 한다.

해설 농산물의 등급화는 합리적인 수송과 저장 활동을 가능케 함으로써 비용절감과 등급 간 공정가격형성으로 가격형성 효율성제고, 시장정보의 세분화와 정확성, 소비자의 선호도 충족과 수요를 창출한다. 또 표준화와 등급화는 농산물 유통의 운영 효율을 증진시키고, 견본이나 설명서만으로 상품 판매와 구매를 가능하게 한다.

44 농산물시장을 분리하여 각각 서로 다른 판매가격으로 차등화하는 가격차별화 전략 중 가장 적절한 것은? 제2회
① 농산물시장구조의 경쟁정도를 강화시켜 경제적 효율성을 증진시킨다.
② 수요의 가격탄력성이 비교적 탄력적인 시장에 대해서는 과감히 낮은 가격을 설정한다.
③ 각 농산물시장의 수요의 가격탄력성 차이를 가급적 줄이도록 노력한다.
④ 새로운 판매주체를 유입시켜 서로 담합한다.

해설 가격차별화 전략이란 판매시점에서의 판매가격을 고객별, 지역별, 수량(금액)별, 계절별 등으로 차이를 두는 전략으로 가격수준의 고가화보다는 매출수량의 증대를 목적으로 하는 판매촉진수단으로서의 가격전략인 것이다.
- 수량(금액)별 차별화전략 : 많은 물량을 구입하는 고객(또는 거래처)에게는 높은 에누리를 부여하여 보다 싸게 함으로써 매출규모를 확대시키자는 목적
- 시간별(계절별) 차별화 : 초장에는 비싸게, 막장에는 싸게 파는 전략
- 거리별(지역별) 차별화 : 원거리 고객에게는 싸게 근거리 고객에게는 비싸게(또는 그 반대로) 파는 것이다. 거리상에서 오는 고객의 불편을 고려하여 그만큼 가격적 차이를 둠으로써 매출의 증대를 유도하는 것이다.
- 품질등급별 차별화 : 농산품의 등급을 A등급, B등급, C등급으로 나누어 A등급은 비싸게, C등급은 싸게 판매함으로써 상거래에 대한 신뢰를 높이고 평균적 매출수준을 높여가는 것이다.
- 고객등급별 차별화 : 고객중에는 단골고객, 떠돌이 고객 또는 Hot(열성)고객과 Cold(냉담)고객이 있다. 단골고객이나 열성고객에게는 싸게, 떠돌이 고객이나 냉담고객에게는 다소 비싸게 등으로 차이를 두어 판매하는 것이다.

45 동일한 상품에 대해 서로 다른 소비자에게 각각 다른 가격수준을 부과하는 것을 가격차별(Price Discrimination)이라고 한다. 이에 대한 설명 중 적절하지 않은 것은? 제3회

① 가격탄력성이 동일한 두 개 이상의 시장이 존재하여야 한다.
② 유통주체가 어떤 농산물에 대해 독점적 위치를 확보할 수 있는 여건이 구비될 때 실시한다.
③ 소비자의 선호, 소득, 장소 및 대체재의 유무 등에 따라 서로 다른 가격을 부과한다.
④ 서로 다른 시장에서 매매된 상품이 시장 간에 이동될 수 없어야 한다.

해설 가격차별은 상이한 수요자나 시장 간에 상이한 수요의 가격탄력성을 갖고 있을 때 성립하게 된다.

46 다음 중에서 농산물 가격형성의 특성은 무엇인가?

① 독점가격이다.
② 독점적 경쟁가격이다.
③ 과점가격이다.
④ 경쟁가격이다.

해설 농산물 가격은 경쟁가격이고 불안정하며 공산품에 비해 계절변동이 크다. 농산물 시장은 경쟁시장이며, 이에 따라 농산물의 가격도 경쟁가격을 형성하고 있다. 농업생산은 다수의 농가에 의해서 이루어지고 있으므로 개별농가의 생산량을 총 생산량 중에서 매우 적은 비중을 차지하고 있는데, 이런 의미에서 농산물 시장은 완전경쟁시장에 가깝다고 할 수 있다.

47 장기적으로 농산물과 공산물의 가격차가 가위 모양이 된다는 현상을 무엇이라고 하는가?

① 셰레현상
② 격차현상
③ 엥겔현상
④ 슈바베 법칙

해설 셰레현상은 농산물과 공산물의 가격차가 가위 모양이 된다는 것으로 이는 처음에는 농산물이 공산물보다 높게 책정되었다가 점차 시간이 지남에 따라 공산물 가격이 농산물 가격보다 높게 결정되어 나간다는 것이다.

48 다음 농산물 유통의 기능 중 성질이 다른 하나는?

① 표준화와 등급화
② 위험부담
③ 시장정보의 수집과 홍보
④ 구매기능과 판매기능

해설 유통의 기능에는 소유권이전기능, 물적유통기능, 유통조성기능이 있다. 소유권이전기능에는 구매기능·판매기능이, 물적유통기능에는 저장기능·수송기능·가공기능이, 유통조성기능에는 표준화·등급화·유통금융·위험부담·시장정보 등이 있다.

정답 45 ① 46 ④ 47 ① 48 ④

49 농산물 유통과정에서 일어나는 유통기능 중 물적기능에 해당되는 것은? 제1회

① 구 매
② 표준화
③ 유통금융
④ 수 송

해설 물적유통이란 농산물의 운송·저장·가공 등과 같이 실제로 우리의 눈으로 볼 수 있는 기능을 말한다. 운송 기능은 농산물의 생산지, 가공지 및 소비지가 여러 지역에 분산되어 있기 때문에 농산물을 생산지로부터 가공 또는 소비지로 운송하는 기능을 말한다. 즉, 운송(수송)은 농산물 수급의 장소적 조정을 맡아 하며 이는 장소적 효용을 창출한다고 할 수 있다.

50 농산물 유통기능 중 물적유통기능에 속하지 아니하는 것은?

① 수송기능
② 저장기능
③ 구매기능
④ 가공기능

해설 농산물 유통기능
- 소유권이전(상적유통)기능 : 구매, 판매
- 물적유통기능 : 운송(수송), 보관(저장), 하역, 포장, 유통가공, 정보유통 등
- 유통조성기능 : 표준화·등급화, 금융, 보험(위험부담) 등

51 농산물 유통활동에 관한 일반적인 개념으로 옳은 것을 모두 고른 것은? 제8회

┌───┐
│ ㉠ 상적유통은 상품의 소유권 이전과 관련된 것으로 판촉, 가격결정을 포함한다.   │
│ ㉡ 물적유통은 재화의 물리적 흐름과 관련된 것으로 수송, 보관을 포함한다.   │
│ ㉢ 정보유통은 상품 및 소비자 정보흐름과 관련된 것으로 상품의 포장을 포함한다.   │
└───┘

① ㉠, ㉡
② ㉠, ㉢
③ ㉡, ㉢
④ ㉠, ㉡, ㉢

해설 정보유통은 거래상품에 대한 정보를 제공하거나 물적유통의 각 기능 사이에 흐르는 정보를 원활하게 연결하여 고객에 대한 서비스를 향상시키는 활동이다. 상품의 포장은 물적유통에 속한다.

52 다음 중 저장기능의 내용이 아닌 것은?

① 계절적인 농산물의 연중 안정적 공급
② 유통과정 중 상품공급의 부족방지
③ 유통시설의 최대한 이용
④ 농산물 수급의 장소적 조정

해설 ④의 경우는 운송기능의 내용이다.

53 유통과정에서의 발생피해 중 경제적 피해에 속하지 않는 것은?

① 농산물의 가치하락
② 농산물의 파손 및 부패
③ 소비자의 기호나 유행의 변화로 인한 수요의 감소
④ 경쟁조건의 변화

해설 유통과정에서의 발생피해

물적 피해	파손, 부패, 감모, 화재, 동해, 풍수해, 열해, 지진 등
경제적 피해	농산물의 가치하락, 소비자의 기호나 유행변화로 인한 수요의 감소, 경쟁조건의 변화, 법령의 개정이나 제정, 예측의 착오 등

54 유통조성 기능 중 시장정보의 효과가 아닌 것은? [제12회]

① 효율적인 시장 운영
② 합리적인 시장 선택
③ 거래의 불확실성 감소
④ 유통업자간의 경쟁 감소

해설
- 농산물유통정보는 생산자, 유통업자, 소비자, 정부의 정책 입안자들에게 합리적인 의사결정을 내릴 수 있도록 도와주는 것이다.
- 정보의 효과
  - 적정 저장계획 및 효율적인 수송계획 등의 수립을 가능하게 함
  - 시장운영의 효율을 제고시키고, 시장선택 등을 합리적으로 할 수 있게 해줌
  - 유통활동의 불확실성을 감소시켜 위험부담 비용을 줄임
  - 상품의 등급화나 규격화와 연결되어 유통시간을 줄임

55 유통조성기능에 관한 설명으로 옳지 않은 것은? [제14회]

① 유통기능이 효율적으로 이루어지도록 하는 기능이다.
② 유통정보, 표준화, 등급화가 포함된다.
③ 상적(商的)유통기능을 의미한다.
④ 유통금융과 위험부담기능이 포함된다.

해설 농산물 유통기능
- 소유권이전(상적유통)기능 : 구매, 판매
- 물적유통기능 : 운송, 보관, 하역, 포장, 유통가공, 정보유통 등
- 유통조성기능 : 표준화·등급화, 금융, 보험(위험부담) 등

정답 53 ② 54 ④ 55 ③

CHAPTER 05 농산물 마케팅

01 마케팅 일반

(1) 마케팅의 기초
① 마케팅의 의의
  ㉠ 의의 : 생산자가 상품 또는 서비스를 소비자에게 유통시키는 데 관련된 모든 체계적 경영활동을 말하는 것으로, 매매 자체만을 가리키는 판매보다 훨씬 넓은 의미를 지니고 있다.
  ㉡ 주요개념
    • 욕구 : 마케팅에 내재된 가장 기본적인 개념으로, 무엇인가 결핍감을 느끼는 상태
    • 욕망 : 문화와 개성에 의해서 형성된 욕구를 충족시키기 위한 형태
    • 수요 : 욕망이 구매력을 수반할 때 수요가 됨
    • 제품 : 인간의 욕구나 욕망을 충족시켜 줄 수 있는 것
    • 교환 : 어떤 사람에게 필요한 것을 주고 그 대가로 자신이 원하는 것을 얻는 행위
    • 거래 : 두 당사자 간에 가치를 매매하는 것으로 형성
    • 시장 : 어떤 제품에 대한 실제적 또는 잠재적 구매자의 집합
    • 마케팅 : 인간의 욕망을 충족시킬 목적으로 이루어지는 교환을 성취하기 위해 시장에서 활동하는 것
② 마케팅의 기능
  ㉠ 제품관계 : 신제품의 개발, 기존 제품의 개량, 새 용도의 개발, 포장·디자인의 결정, 낡은 상품의 폐지 등
  ㉡ 시장거래관계 : 시장조사, 수요예측, 판매경로의 설정, 가격정책, 상품의 물리적 취급, 경쟁대책 등
  ㉢ 판매관계 : 판매원의 인사관리, 판매활동의 실시, 판매사무의 처리 등
  ㉣ 판매촉진관계 : 광고·선전, 각종 판매촉진책의 실시 등
  ㉤ 종합조정관계 : 이상의 각종 활동 전체에 관련된 정책·계획책정, 조직설정, 예산관리의 실시 등

(2) 마케팅관리
① 의의 : 마케팅관리란 조직의 목표를 달성하기 위한 목적으로 표적 구매자들과의 상호 유익한 교환을 창조·고양 및 유지하기 위하여 고안된 프로그램을 분석·계획 및 통제하는 활동이라고 할 수 있다.

② 마케팅관리 철학
  ㉠ 생산개념에서의 마케팅관리 : 경영자는 생산성을 높이고 유통효율을 개선시키려는 데 초점을 두어야 한다는 관리철학
  ㉡ 제품개념에서의 마케팅관리 : 소비자들은 품질, 성능, 특성 등이 가장 좋은 제품을 선호하기 때문에 조직체는 계속적으로 제품개선에 정력을 쏟아야 한다는 철학
  ㉢ 판매개념에서의 마케팅관리 : 어떤 조직이 충분한 판매 및 촉진노력을 기울이지 않는다면 소비자들은 그 조직의 제품을 충분히 구매하지 않을 것이라는 철학
  ㉣ 마케팅 개념에서의 마케팅관리 : 조직의 목표를 달성하기 위해서는 표적시장의 욕구와 욕망을 파악하고 이를 경쟁자보다 효과적이고 효율적인 방법으로 충족시켜주어야 한다고 보는 철학
  ㉤ 사회지향적 마케팅 개념에서의 마케팅관리 ★ 중요
    • 마케팅 과정에서 고객과 사회의 복지를 보존하거나 향상시킬 수 있어야 한다는 철학
    • 최근의 소비자는 건강 및 환경문제에 민감하고, 기업의 윤리적 측면도 고려함
    • 마케팅 과제를 삶의 질 향상과 인간지향 및 사회적 책임을 중시하는 데에 둠
③ 마케팅의 종류 ★ 중요
  ㉠ 전환마케팅 : 어떤 제품이나 서비스 또는 조직을 싫어하는 사람들에게 그것을 좋아하도록 태도를 바꾸려고 노력하는 마케팅
  ㉡ 자극마케팅 : 제품에 대하여 모르거나 관심을 갖고 있지 않는 경우 그 제품에 대한 욕구를 자극하려고 하는 마케팅
  ㉢ 개발마케팅 : 고객의 욕구를 파악하고 난 후 그러한 욕구를 충족시킬 수 있는 새로운 제품이나 서비스를 개발하려는 마케팅
  ㉣ 재마케팅 : 한 제품이나 서비스에 대한 수요가 안정되어 있거나 감소하는 경우 그 수요를 재현하려는 마케팅
  ㉤ 동시마케팅 : 제품이나 서비스의 공급능력에 맞추어 수요발생시기를 조정 또는 변경하려고 하는 마케팅
  ㉥ 유지마케팅 : 현재의 판매수준을 유지하려고 하는 마케팅
  ㉦ 디마케팅(역마케팅) : 하나의 제품이나 서비스에 대한 수요를 일시적으로나 영구적으로 감소시키려는 마케팅
  ㉧ 카운터마케팅 : 특정한 제품이나 서비스에 대한 수요나 관심을 없애려는 마케팅
  ㉨ 심비오틱마케팅 : 2개 이상의 독립된 기업이 제품개발, 시장개척, 경로개발, 판매원관리 등 마케팅계획과 자원을 공동으로 추진하고 활용함으로써 기업이 개별적으로 하기 어려운 것을 공동으로 하는 데서 얻는 이익과 마케팅문제를 보다 쉽게 해결하고 마케팅관리를 효율적으로 수행하기 위한 마케팅
  ㉩ 조직마케팅(기관마케팅) : 특정 기관 또는 조직에 대하여 대중이 지니게 되는 태도나 행위를 창조하거나 유지하며 변경하려는 마케팅
  ㉪ 인사마케팅 : 특정 인물에 대한 태도 또는 행위를 창조하거나 유지하며 변경시키려는 마케팅

- ⓣ 아이디어마케팅(사회마케팅) : 사회적인 아이디어나 명분·습관 따위를 목표하고 있는 집단들이 수용할 수 있는 프로그램을 기획하고 실행하며 통제하는 마케팅
- ⓤ 서비스마케팅 : 서비스를 대상으로 하여 이루어지는 마케팅
- ⓥ 국제마케팅 : 상품수출을 중심으로 하는 수출마케팅, 해외기업에 특허권이나 상표 또는 기술적 지식 등의 사용을 허가해 주는 사용허가계약, 현지에의 기업진출을 통해 현지에서의 자사제품의 생산판매 자체를 확립하는 것과 같은 활동도 포함되는 마케팅
- ㉮ 그 외의 마케팅 ★ 중요
  - 메가마케팅 : 전통적으로 제품, 가격, 장소(유통), 판촉 등 4P만을 마케팅의 통제 가능한 주요 마케팅 전략도구로 인식해 왔으나 영향력, 대중관계, 포장까지도 주요 마케팅 전략도구로 취급하는 경향의 마케팅
  - 감성마케팅 : 소비자의 감성에 호소하는 마케팅으로 그 기준도 수시로 바뀔 수 있는 마케팅
    예 다품종 소량생산
  - **그린마케팅 : 사회지향마케팅의 일환으로 소비자와 사회환경 개선에 기업이 책임감을 가지고 마케팅활동을 관리해 가는 마케팅**
  - 관계마케팅 : 기업이 고객과 접촉하는 모든 과정이 마케팅이라는 인식으로 기업과 고객과의 계속적인 관계를 중시하는 마케팅
  - 터보마케팅 : 마케팅활동에서 시간의 중요성을 인식하고 이를 경쟁자보다 효과적으로 관리함으로써 경쟁적 이점을 확보하려는 마케팅
  - 데이터베이스마케팅 : 고객에 관한 **데이터베이스를 구축·활용하여 필요한 고객에게 필요한 제품을 판매하는 마케팅전략으로 '원 투 원(One-To-One) 마케팅'이라고도 함**
  - 스포츠마케팅 : 스포츠를 이용하여 제품판매를 확대하는 것을 목표로 하는 마케팅으로 스포츠 자체의 마케팅과 스포츠를 이용한 마케팅의 분야로 구분
  - **간접마케팅** : 드라마나 영화 등의 매체나, **유통 과정에서 중간상** 등에 의해 수행되는 마케팅

예시문제 맛보기

소비자의 상품구매 특성이 건강 및 환경문제에 민감하고 기업의 윤리적 측면을 고려함에 따라, 마케팅 과제를 삶의 질 향상과 인간지향 및 사회적 책임을 중시하는 데에 두는 마케팅 개념 유형은? [3회 기출]

① 생산지향 개념 ② 제품지향 개념
③ 판매지향 개념 ④ 사회지향 개념

정답 ④

(3) 마케팅환경

① 마케팅환경의 의의 ★ 중요
  ㉠ 마케팅환경은 환경과 목표고객 사이에서 마케팅목표의 실현을 위해 수행되는 마케팅관리 활동에 영향을 미치는 여러 행위주체와 영향요인을 말한다.
  ㉡ 마케팅환경은 크게 미시적 환경과 거시적 환경으로 구분된다.
  ㉢ 마케팅환경은 마케팅활동을 수행하는 데 제약요인이 된다.
  ㉣ 마케팅환경은 기업의 성장 및 존속을 저해하는 요인이 되기도 한다.

② 기업의 미시환경과 거시환경
  ㉠ 미시적 환경 : 기업, 원료공급자, 마케팅중간상, 고객, 경쟁기업, 공중 등
  ㉡ 거시적 환경 : 인구통계적 환경, 경제적 환경, 자연적 환경, 기술적 환경, 정치적 환경, 문화적 환경 등

③ 마케팅환경에의 대응
  ㉠ 기업은 환경적 요인을 분석하고 환경이 제공하는 기회를 이용하고, 환경의 변화에 의한 위협을 회피할 수 있는 경영전략을 수립하고자 한다.
  ㉡ 어떤 기업은 그들의 환경을 관찰하고 그 변화에 따른 적절한 대응을 하는 것을 벗어나서 마케팅환경을 구성하는 요인과 공중들에게 적극적인 행동을 취하려 한다.

(4) 전략적 마케팅계획

① 마케팅전략
  ㉠ 의의 : 마케팅목표를 달성하기 위해서 다양한 마케팅활동을 통합하는 가장 적합한 방법을 찾아 실천하는 일을 말한다.
  ㉡ 전략은 장기적이며 전개방법이 혁신적이며 계속적 개선을 노리는 점에서 마케팅전술과 다르다. 전개의 폭은 통합적이어야 하고, 반드시 모든 마케팅기능을 가장 적합하게 조정·구성하여야 한다. 이 점에서도 개별기능의 개선을 중요시하는 전술과 크게 다르다.
  ㉢ 마케팅전략은 전략 찬스를 발견하기 위한 분석, 가장 알맞은 전략의 입안, 조직 전체의 전개라는 3차원을 포함한다.
  ㉣ 마케팅전략을 전개하려면 기업의 비(非) 마케팅 부문, 즉 인사·경리 등에도 많은 관련을 가지게 된다.

② 포트폴리오계획
  ㉠ 포트폴리오계획방법 중 대표적인 것은 경영자문회사인 Boston Consulting Group이 수립한 방법이다.
  ㉡ BCG의 성장-점유 매트릭스 : 수직축인 시장성장률은 제품이 판매되는 시장의 연간성장률로서 시장매력척도이며, 수평축은 상대적 시장점유율로 시장에서 기업의 강점을 측정하는 척도이다.

- 별(Stars) : 고점유·고성장률을 보이는 사업단위로 그들의 급격한 성장을 유지하기 위해서 많은 투자가 필요한 전략사업단위이다.
- 자금젖소(Cash Cows) : 저성장·고점유율을 보이는 성공한 사업으로 기업의 지급비용을 지불하며 또한 투자가 필요한 다른 전략사업단위 등을 지원하는 데 사용할 자금을 창출하는 전략사업단위이다.
- 의문표(Question Marks) : 고성장·저점유율에 있는 사업단위로 시장점유율을 증가시키거나 성장하기 위하여 많은 자금이 소요되는 전략사업단위이다.
- 개(Dogs) : 저성장·저점유율을 보이는 사업단위로 자체를 유지하기에는 충분한 자금을 창출하지만 상당한 현금창출의 원천이 될 전망이 없는 전략사업단위이다.

③ 성장전략수립
  ㉠ 내부성장전략
  - 내부성장전략은 신제품을 자사(自社)의 연구개발부문에서 개발하고 기업의 기성 판매경로와 경영인재를 이용해서 다변화를 이루어 성장하는 방식이다.
  - 내부성장전략은 현재 가지고 있는 부문과의 사이에 시너지효과가 큰 성장기회에 대하여는 비용과 타이밍의 양면에서 보아 유리한 성장방식이라고 할 수 있다.
  - 선발생산자(先發生産者)로서 높은 창업자적 이득을 얻을 수 있고, 새로운 기술과 노하우(Know-How)가 사내에 축적되며, 사내의 연구개발의욕을 향상시킬 수 있다는 장점이 있다.
  ㉡ 외부성장전략
  - 기업의 내부자원에 의존하지 않고 외부자원을 이용한 성장전략으로 이 전략에는 타 회사와의 기술제휴, 개발이 끝난 신제품의 취득, 타 회사의 흡수·합병 등의 방법이 있다.
  - 장점은 신규사업 분야에의 진출에 있어서 리드타임(Lead Time)을 단축할 수 있다는 것, 투자비용과 투자 위험을 줄인다는 것, 기성제품분야와 시너지효과(Synergy Effect)를 갖지 않는 비관련 성장분야에 진출할 수 있다는 것 등이다.
  - 단점으로는 자사(自社)개발에 비해 수익성이 낮은 것, 사내 연구 개발 의욕의 저하를 초래할 염려가 있는 것, 합병의 경우에는 인사문제가 복잡하게 되는 것 등의 문제가 있다.
  ㉢ 제품시장 확장그리드를 이용한 시장계획 확인
  - 시장침투 : **기존시장 + 기존제품**의 경우로, 어떤 형태로든 제품을 변경시키지 않고 기존고객들에게 보다 많이 판매하도록 하는 전략수립
  - 시장개척 : **신시장 + 기존제품**의 경우로, 시장개척의 가능성을 고려하는 전략수립
  - 제품개발 : **기존시장 + 신제품**의 경우로, 기존시장에다 신제품 또는 수정된 제품을 공급하는 전략수립
  - 다각화 전략 : **신시장 + 신제품**의 경우로, 기존의 제품이나 시장과는 완전히 다른 새로운 사업을 시작하거나 인수하는 전략수립

(5) 마케팅관리과정

① **표적소비자** : 현재 및 장래의 시장규모와 그 시장의 상이한 여러 개의 세분시장들에 대한 자세한 예측이 필요하다.
  ㉠ 시장세분화 : 시장은 여러 형태의 고객, 제품 및 요구로 형성되어 있으므로 마케팅관리자는 기업의 목표를 달성하는 데 있어 **어느 세분시장이 최적의 기회가 될 수 있는가**를 결정하여야 한다.
  ㉡ 표적시장의 선정 : 기업은 여러 세분시장에 대해 충분히 검토한 후에 하나 혹은 소수의 세분시장에 진입할 수 있으므로, 표적시장 선정은 각 세분시장의 매력도를 평가하여 진입할, 하나 또는 그 이상의 세분시장을 선정하는 과정이다.
  ㉢ 시장위치 선정 : 표적소비자의 마음속에 자사의 제품이 경쟁제품과 비교하여 명백하고 독특하고 바람직한 위치를 잡을 수 있도록 하는 활동을 말한다.

② 마케팅 믹스 개발
  ㉠ 마케팅 믹스 : 마케팅목표의 효과적인 달성을 위하여 **마케팅활동에서 사용되는 여러 가지 방법을 전체적으로 균형이 잡히도록 조정·구성하는 활동**을 말한다.
  ㉡ 마케팅 믹스를 보다 효과적으로 구성함으로써 소비자의 욕구나 필요를 충족시키며, 이익·매출·이미지·사회적 명성·ROI(Return On Investment : 투자자본수익률)와 같은 기업목표를 달성할 수 있게 된다.

③ 마케팅활동관리
  ㉠ 마케팅 분석
  ㉡ 마케팅계획의 수립
  ㉢ 마케팅 실행
  ㉣ 마케팅 통제

④ **마케팅의 4요소(4P)는 제품, 가격, 판매촉진, 유통**인데 4P 이외에도 **고객관리기법, 서비스, 영업방법, 유통경로** 등의 통합도 마케팅 믹스로 본다.

⑤ 마케팅 믹스의 최대의 포인트는 각각의 마케팅 요소를 잘 혼합하여 전략적 측면과 시스템적 측면까지 고려함으로써 최대한의 상승효과를 얻는 것이 중요하다.

⑥ 마케팅 믹스의 조합에 있어서 제품을 기본으로 하여 유통과 촉진을 통하여 부가적인 효용을 창출하되 제품의 효율적인 판매를 위한 지원기능을 한다.

⑦ 마케팅 믹스를 활용한 마케팅 전략의 수립과정 순서는 상황분석, 목표설정, 마케팅 믹스의 조합, 마케팅 의사결정, 피드백 순으로 이루어진다.

⑧ 마케팅 활동에 있어서의 4P와 4C

기업의 관점(4P)	고객의 관점(4C)
상품(Product)	고객가치(Customer Value)
유통(Place)	편리성(Convenience)
판매촉진(Promotion)	의사소통(Communication)
가격(Price)	고객측 비용(Cost to the Customer)

※ 인터넷 마케팅의 전략적인 요소(4C) : 콘텐츠(Contents), 커뮤니케이션(Communication), 커머스(Commerce), 커뮤니티(Community)

⑨ 마케팅부서에 의해 통제되는 마케팅 환경요인으로는 표적시장의 선정, 소비자의 인식조사, 마케팅믹스의 구성 등이 있다.

⑩ 풀(Pull)전략과 푸시(Push)전략 ★ 중요
  ㉠ 풀전략 : 기업이 자사의 이미지나 상품의 광고를 통해 소비자의 수요를 환기시켜 **소비자 스스로 하여금 그 상품을 판매하고 있는 판매점에 오게 해서 지명, 구매하도록 하는 마케팅전략**이다.
    예 지방자치단체가 여름휴양지에서 휴양객에게 지역특산물을 나누어 주는 무료행사
  ㉡ 푸시전략 : 기업이 소비자에 대한 광고에는 그다지 노력하지 않고 **판매원에 의한 인적판매를 늘리거나 소매점에 제품을 대량으로 입하시켜 소비자의 수요를 창출하고자 하는 마케팅전략**이다.
    예 RPC(미곡종합처리장)가 대형할인점에 납품하는 쌀 가격을 인하하여 판매를 확대하는 것

(6) 마케팅정보시스템과정
① 마케팅정보욕구의 평가 : 기업은 관리자들이 갖고 싶어 하는 정보가 무엇인지를 알기 위해 그들과 대화를 하여 정보욕구를 평가하여야 한다.
② 정보의 개발 : 내부기록, 마케팅경영정보, 마케팅조사, 정보분석 등
③ 정보의 배분 : 적절한 타이밍에 배분되어야 효과

(7) 마케팅조사
① 마케팅조사의 의의
  ㉠ 마케팅조사란 상품 및 마케팅에 관련되는 문제에 관한 자료를 계통적으로 수집·기록·분석하여 과학적으로 해명하는 일을 말한다.
  ㉡ 마케팅조사의 내용에는 **상품조사·판매조사·소비자조사·광고조사·잠재수요자조사·판로조사** 등 각 분야가 포괄된다. 기법(技法)은 시장분석(Market Analysis)·시장실사(Marketing Survey)·시장실험(Test Marketing)의 3단계로 고찰한다.
  ㉢ 시장조사는 마케팅활동의 결과에 대한 조사에서 그치는 것이 아니라, **문제해결을 지향하는 의사결정을 위한 기초조사**이어야 한다.
② 마케팅조사과정
  ㉠ 문제와 조사목적의 **설정**
  ㉡ 정보수집을 위한 계획의 수립
  ㉢ 조사계획의 실행(자료의 수집과 분석)
  ㉣ 조사결과의 해석과 보고
③ 1차 자료와 2차 자료
  ㉠ 1차 자료 : 1차 자료란 현재의 특수한 목적을 위해서 수집되는 정보를 말한다.
  ㉡ 2차 자료 : 다른 목적을 위해 수집되어진 것으로 이미 어느 곳인가에 존재하는 정보를 말한다.

④ 조사방법 ★ 중요
　㉠ 관찰조사 : 관찰조사란 **대상이 되는 사물이나 현상을 조직적으로 파악하는 방법**으로, 관찰은 자연적 관찰법과 실험적 관찰법으로 구분할 수 있는데, 후자는 일상에서 일어나지 않는 행동을 인위적으로 유발(誘發)하여 조직적·의도적으로 관찰하는 방법이다.
　㉡ 질문조사 : 조사자가 어떤 문제에 관하여 작성한 일련의 질문사항에 대하여 피조사자가 대답을 기술하도록 한 조사방법으로, **많은 대상을 단시간에 일제히 조사할 수 있고, 결과도 비교적 신속하게 기계적으로 처리**할 수 있다. 따라서 연구에 경험이 적은 초보자들이 연구과제에 대한 해답을 쉽고 빠르게 얻고자 조급하고 불충실한 질문지법을 사용하는 경향이 있어서 흔히 게으름뱅이의 방법(Lazy Man's Way)이라고 부르기도 하지만, 실제로는 신중한 절차를 거쳐 질문지를 잘 만드는 것도 어렵거니와 게으름을 피울 수 있을 정도로 손쉬운 방법도 물론 아니다.
　㉢ 실험조사 : 주제에 대하여 서로 비교가 될 **집단을 선별하고 그들에게 서로 다른 자극을 제시하고 관련된 요인들은 통제한 후 집단간의 반응의 차이를 점검**함으로써 1차 자료를 수집하는 조사방법이다.
　　㊀ 신제품에 대한 광고시안을 몇 개의 소비자 집단에 보여주고 그 중에서 소비자의 선호정도 및 기억정도가 가장 높은 광고를 선정하는 것

⑤ 자료의 수집방법 ★ 중요
　㉠ 개인면접법 : 개인면접법은 가정이나 사무실, 거리, 상점가 등에 있는 조사대상자들의 협조를 얻어 그들과의 대화를 통해 정보를 수집하는 방법으로 면접에 협조적이며, 회수율이 높고, 응답자에게 질문을 정확히 설명할 수 있으며, 조사자가 응답자의 기억을 자극할 수 있다. 또한, 중요한 정보의 경우 면접자가 질문사실을 관찰할 수 있다는 장점이 있다.
　㉡ 우편조사법 : 원거리조사·분산조사가 가능하고 부재 시에도 조사가 가능하다. 또한, 회답자가 여유 있게 답할 수 있고 회답자가 익명을 사용하기 때문에 솔직한 정보수집이 가능하며, 면접자에 의한 압박이나 영향을 받지 않는다.
　㉢ 전화조사법 : 전화조사는 비용이 적게 들고 단기간 내에 조사완료가 가능하며, 개인면접 기피자도 조사할 수 있다.

⑥ 마케팅조사에 이용되는 척도
　㉠ 명목척도 : 서로 대립되는 범주, 이를테면 농촌형과 도시형이라는 식의 분류표지로서 표지한다. 상호간에는 수학적인 관계가 없다.
　㉡ 서열척도 : 대상을 어떤 변수에 관해 서열적으로 배열하는 경우(예컨대, 물질을 무게의 순으로 배열하는 등)이다.
　㉢ 간격척도(등간척도) : 크기 등의 차이를 수량적으로 비교할 수 있도록 표지가 수량화된 경우이다.
　㉣ 비율척도 : 간격척도에 절대영점(기준점)을 고정시켜 비율을 알 수 있게 만든 척도로, 법칙을 수식화하고 완전한 수학적 조작을 하기 위해서는 비율척도가 바람직하다.

> **알아두기** 시험마케팅
> 1. 전통적시험시장법 : 전체 표적시장을 대표할 수 있는 몇 개의 지역을 선정하여 그 지역 내 소매상들의 협조를 받아 신제품을 진열공간에 진열하고, 표적시장에 사용될 광고 및 판촉 캠페인과 유사한 캠페인을 실시한 후 소비자의 반응 및 판매성과를 조사하는 방법
> 2. 통제시험시장법(미니시장시험법) : 신제품을 개발한 기업이 시험마케팅을 실시할 지역과 제품을 진열할 점포 수를 지정하면, 조사회사는 해당 점포들에게 신제품을 공급하고 신제품의 진열위치, 구매시점광고, 가격 등을 계획에 의해 통제한 후 매출액 추이를 조사하는 방법
> 3. 모의시험시장법(사전시험시장법) : 실험에 참가한 소비자들에게 신제품을 포함한 여러 제품들의 광고를 보여준 후 실험에 참가한 대가로 받은 소정의 금액으로 실험을 위해 설치된 가상의 점포(또는 실제점포)에서 실제로 제품을 구매하도록 하는 방법

> **예시문제 맛보기**
> 동일표본의 응답자에게 일정기간동안 반복적으로 자료를 수집하여 특정구매나 소비행동의 변화를 추적하는 마케팅 조사법은? [7회 기출]
> ① 소비자 패널조사법　　② 심층 집단면접법
> ③ 초점집단조사　　　　④ 실험조사법　　**정답** ①

02 소비자와 시장

(1) 소비자시장
① 소비자시장의 의의 : 소비자시장이란 개인적 소비를 위해 재화와 서비스를 구입하는 개인과 가정, 즉 최종소비자의 일체를 의미한다.
② 소비자구매행동
　㉠ 소비자구매행동이란 개인적인 소비를 위해 재화와 서비스를 구입하는 최종소비자인 개인 및 가정의 구매행동을 의미한다.
　㉡ 소비자행동에 영향을 미치는 요인 : 문화적 요인, 사회적 요인, 개인적 요인, 심리적 요인
③ 구매자의 구매의사결정 과정 ★ 중요
　㉠ **문제의 인식**
　㉡ **정보의 탐색**
　㉢ **대체안의 평가**
　㉣ **구매의사결정**
　㉤ **구매 후 행동**

(2) 소비자의 관여수준과 소비자행동

① 관여 및 관여도
  ㉠ 관여 : 태도변화와 관계있는 개인의 자아몰입 또는 자기관여를 나타내는 것으로 특정한 주제에 대한 몰입의 정도를 설명하는 데 이용된다. 즉, 소비자행동에 영향을 미치는 개인적 심리상태의 정도, 동기부여수준, 흥미의 정도, 개인적 중요성의 정도를 반영하는 넓은 의미가 내포된 개념이다.
  ㉡ 관여도 : 어떤 개인이 서비스나 제품을 선택할 때 얼마나 많은 관심을 가지고 고민한 뒤 결정했는지를 의미하는데, 그 수준에 따라 고관여제품과 저관여제품으로 구분할 수 있다. 고관여제품은 내구재인 승용차·주택·냉장고 등과 같은 개인의 이미지 구축과 관련된 제품으로 가격과 중요도가 높아 잘못 구매했을 경우 부담이 크다. 고관여제품의 구매는 전체적·포괄적 문제해결 방식이 적용된다.

② 관여수준의 결정요인
  ㉠ 소비자의 특성 : 소비자들의 자아에 대한 이미지, 가장 중요시하는 가치, 제품에 대한 경험과 욕구, 제품구매에 따르는 위험의 인식정도 등에 따라 관여수준은 달라질 것이다.
  ㉡ 제품의 특성 : 제품의 상징적 가치, 복잡성, 소비자가 느끼는 중요성의 정도 등과 같은 제품의 특성에 따라 소비자의 관여수준이 결정된다.
  ㉢ 상황적 특성 : 제품이 구매되고 사용되는 상황에 따라서도 관여수준이 달라진다.

(3) 시장세분화 전략 ★ 중요

① 시장세분화 전략의 의의
  ㉠ **가치관의 다양화, 소비의 다양화**라는 현대의 마케팅환경에 적응하기 위하여 수요의 이질성을 존중하고 **소비자·수요자의 필요와 욕구를 정확하게 충족**시킴으로써 경쟁상의 우위를 획득·유지하려는 경쟁전략이다.
  ㉡ 제품차별화 전략이 대량생산이나 대량판매라는 생산자측 논리에 지배되고 있는 데 대하여, 시장세분화 전략은 **고객의 필요나 욕구를 중심으로 생각하는 고객지향적인 전략**이다.
  ㉢ 다양한 욕구를 가진 고객층과 어느 정도 유사한 욕구를 가진 고객층으로 분류하는 방법이 취해지고 **특정의 제품에 대한 시장을 구성하는 고객을 어떤 기준에 의해 유형별로 나눈다**.
  ㉣ 시장의 세분화를 통하여 고객의 욕구를 보다 정확하게 만족시키는 제품을 개발하고, 세분화된 고객의 욕구를 보다 정확하게 충족시키는 광고, 그 밖의 마케팅 전략을 전개함에 있어서 경쟁상의 우위에 서려는 것이 시장세분화 전략의 기본적인 접근방식이다.

② 시장세분화에서의 마케팅전략
  ㉠ 시장집중전략 : 시장세분화에 의한 각 세분시장의 수요 크기, 성장성·수익성을 예측하고 그 중에서 가장 유리한 세분시장을 선택하여 시장표적으로 하고, 그것에 대해 제품전략에서 촉진적 전략에 이르는 마케팅전략을 집중해 나간다. 이 전략은 자원이 한정되어 있는 중소기업에서 채택되는 경우가 많다.

ⓒ 종합주의전략 : 대기업에서 채택되는 일이 많으며, 각 세분시장을 각기 시장표적으로 하여 각 시장표적의 고객이 정확하게 만족할 제품을 설계·개발하고, 다시 각 시장표적을 향한 촉진적 전략을 전개해 나간다.
③ 시장세분화의 기준
　　시장세분화의 기준에 대해 혁신적 아이디어를 적용하여 잠재적으로 큰 세분시장을 탐구·발견하는 데 있다. 각종 세분화 기준 중에서 풍요한 사회일수록 포착하기 힘든 심리적 욕구변수가 중요하다.
　　㉠ 사회경제적 변수 : **연령, 성별, 소득별, 가족수별, 가족의 라이프 사이클별, 직업별, 사회계층별** 등
　　㉡ 지리적 변수 : 국내 각 지역, 도시와 지방, 해외의 각 시장지역
　　㉢ 심리적 욕구변수 : 자기현시욕, 기호, 브랜드충성도 등
　　㉣ 구매동기 : 경제성, 품질, 안전성, 편리성 등
④ 효과적인 시장세분화 조건
　　㉠ 측정가능성 : 세분시장의 규모와 구매력을 측정할 수 있는 정도
　　㉡ 접근가능성 : 세분시장에 접근할 수 있고 그 시장에서 활동할 수 있는 정도
　　㉢ 실질성 : 세분시장의 규모가 충분히 크고 이익이 발생할 가능성이 큰 정도
　　㉣ 행동가능성 : 특정한 세분시장을 유인하고 그 세분시장에서 효과적인 프로그램을 설계하여 영업활동을 할 수 있는 정도
　　㉤ 유효정당성 : 세분화된 시장 사이에 특징·탄력성이 있어야 함
　　㉥ 신뢰성 : 각 세분화 시장은 일정기간 일관성있는 특징을 가지고 있어야 함
⑤ 시장세분화의 장점
　　㉠ 시장의 세분화를 통하여 마케팅기회를 탐지할 수 있다.
　　㉡ 제품 및 마케팅활동을 목표시장의 요구에 적합하도록 조정할 수 있다.
　　㉢ 시장세분화의 반응도에 근거하여 마케팅자원을 보다 효율적으로 배분할 수 있다.
　　㉣ 소비자의 다양한 욕구를 충족시켜 매출액의 증대를 꾀할 수 있다.

(4) 시장표적화
　① 표적시장의 의의
　　㉠ 어느 기업이나 그 기업의 특수성, 제품과 시장의 특수성 등으로 인하여 마케팅전략을 선택하는 데 많은 제약을 받게 된다.
　　㉡ 표적시장이란 일종의 시장영업범위라고 볼 수 있다.
　② 시장영업범위의 선택이유
　　㉠ 자원의 제한성
　　㉡ 제품의 동질성
　　㉢ 제품의 수명주기

ⓔ 시장의 동질성
ⓜ 경쟁자들의 마케팅전략
③ 시장영업범위 선택의 전략 ★ 중요
㉠ 비차별화 마케팅 : 대량마케팅이라고도 하는데, 기업이 **품질이 균일한 하나의 제품이나 서비스를 갖고 시장전체에 진출하여 가능한 한 다수의 고객을 유치하려는 전략**으로 시장세분화의 필요성이 없게 된다.
㉡ 차별화 마케팅 : 이는 두 개 혹은 그 이상의 시장 부문에 진출할 것을 결정하고 각 **시장부문별로 별개의 제품 또는 마케팅 프로그램을 세우는 것**으로, 각 시장부문에서 더 많은 판매고와 확고한 위치를 차지하려 하며 시장부문별로 소비자들에게 해당 제품과 회사의 이미지를 강화하려고 하는 전략이다. 제품이나 서비스의 구색이 다양하고 복잡한 경우에 적절하다.
㉢ 집중화 마케팅 : 한 개 또는 몇 개의 시장부문에서 시장점유를 집중하려는 전략으로 이는 **기업의 자원이 한정되어 있을 때** 이용하는 전략이다.

(5) 시장위치 선정
① 시장위치 선정의 의의 ★ 중요
㉠ 특정 제품의 위치 : 제품의 중요한 속성들이 구매자에 의해서 정의되는 방식, 즉 어떤 제품이 소비자의 마음속에서 경쟁제품과 비교되어 차지하는 위치를 의미한다.
㉡ 제품포지셔닝 : **소비자의 마음속에 자사의 제품이나 기업을 표적시장·경쟁·기업능력과 관련하여 가장 유리한 포지션에 있도록 노력하는 과정**이다.
- 포지션(Position) : 제품이 소비자들에 의해 지각되고 있는 모습
- 포지셔닝 : **소비자들의 마음속에 자사 제품의 바람직한 위치를 형성**하기 위하여 제품 효익을 개발하고 커뮤니케이션하는 활동
㉢ 제품의 지각도 : 소비자지각의 분포도 내지 지각도를 작성하는 기법으로, 이는 각 상표에 대한 지각과 이상적 상표와의 차이를 나타낸다.
② 위치선정전략의 방법
㉠ 제품의 특성 활용
㉡ 경쟁사와 직접비교
㉢ 다른 제품계층 이용
③ 위치선정전략의 선택과 실행
㉠ 위치선정과정 단계
- 위치를 구축하기 위하여 일련의 가능한 경쟁적 우위를 파악하는 단계
- 올바른 경쟁적 우위를 선택하는 단계
- 선택한 위치를 효과적으로 표적시장에 의사소통하고 전달하는 단계
㉡ 경쟁적 우위확보 : 기업은 경쟁적 우위를 효과적으로 결합함으로써 경쟁사와 자신을 차별화할 수 있다.

④ 마케팅형태의 변화과정
   ㉠ 대중마케팅
   ㉡ 제품다양화 마케팅
   ㉢ 표적마케팅

> **예시문제 맛보기**
>
> 소비자가 상품을 구매하는 의사결정 과정을 순서대로 연결한 것은? [3회 기출]
> ① 정보탐색 - 문제인식 - 선택대안의 평가 - 구매
> ② 정보탐색 - 선택대안의 평가 - 문제인식 - 구매
> ③ 문제인식 - 선택대안의 평가 - 정보탐색 - 구매
> ④ 문제인식 - 정보탐색 - 선택대안의 평가 - 구매
> **정답** ④

03 제품관리

(1) 제품의 정의
① 제품은 기본적 욕구 또는 욕망을 충족시켜 줄 수 있는 것으로 시장에 출시되어 주의나 획득, 사용 또는 소비의 대상이 될 수 있는 것이다.
② 제품에는 물리적 대상물, 서비스, 사람, 장소, 조직, 아이디어 등이 포함된다.

(2) 제품의 분류
① 수준별 제품의 분류 ★ 중요
   ㉠ **핵심제품** : 소비자들이 제품을 구입할 경우 그들이 **실제로 구입하고자 하는 핵심적인 혜익이나 문제를 해결해 주는 서비스**
   ㉡ **실체제품** : 소비자들에게 핵심제품의 혜익을 전달할 수 있도록 결합되는 제품의 부품, 스타일, 특성, 상표명 및 포장 등 기타 속성 등
   ㉢ **확장제품(증폭제품)** : **핵심제품과 실체제품에 추가적으로 있는 서비스와 혜익들로** 품질보증, 애프터서비스, 설치 등
② 내구성 또는 유형성에 의한 분류
   ㉠ 내구재
      • 일반적으로 여러 번 사용되어도 소모되지 않는 유형의 제품을 말한다.
      • 내구재는 일정 기간의 사용에 견디는 것을 확보하기 위해 그 초기에는 일시적으로 거액의 지출을 필요로 하지만, 그 후에는 소액의 유지비 이외에는 지출할 필요가 없는 특징을 가진다.

- 기업회계에서는 감가상각이라는 방법으로 이 문제를 처리하고 있다.
- 내구성이 있기 때문에 불황 때에는 구매를 삼가는 경향이 크며, 수요의 변동이 심한 성격을 가진다.

ⓛ 비내구재
- 보통 한 번 또는 두세 번 사용하는 유형의 제품이다.
- 내용(耐用)기간에 따라 경제재(經濟財)를 분류할 때 내용기간이 비교적 단기인 재화를 말한다.
- 내용기간에 관하여는 미국 상무성에서는 3년 이내로 규정하고 있는데, 의류나 서적 등 비교적 장기간의 사용에도 견딜 수 있는 것도 비내구재로 분류된다.
- 일반적으로 비내구재에 대한 지출은 내구재에 비하면 경기변동에 대한 탄력성이 적어, 비내구 소비재를 비내구재라고 하는 경우도 있다.

ⓒ 서비스 : 판매할 목적으로 제공되는 활동과 혜익 또는 만족

ⓔ 소비재
- 최종소비자가 개인적 소비를 목적으로 구매하는 제품으로 재화의 생산을 위한 원료로 사용되는 생산재(중간재), 재화의 생산을 위한 설비로 사용되는 자본재 등과 구별된다.
- 소비재는 다시 편익(便益)을 받는 기간에 따라서 내구소비재와 비내구소비재로 나누어진다. 일반적으로 편익을 1년 이상 받을 수 있는 것을 내구소비재라고 하는데, 자동차 · 텔레비전 · 냉장고 등이 포함된다.

ⓜ 생산재
- 생산과정에서 필요로 하는 재화를 말한다.
- 인간의 생산활동의 최종적 목적은 소비재를 생산하는 데 있으나 실제로는 이를 위한 원료나 반제품 등 중간생산물과 기계 · 설비 등의 내구적 생산수단(耐久的 生産手段 : 자본재)이 필요하다.
- 따라서 넓은 의미에서 생산재라고 할 때는 중간생산물과 자본재를 포함한다.

③ 소비자의 구매습관에 의한 소비재의 분류
㉠ 편의품
- 제품에 대하여 완전한 지식이 있으므로 최소한의 노력으로 적합한 제품을 구매하려는 행동의 특성을 보이는 제품으로 식료품 · 약품 · 기호품 · 생활필수품 등이 여기에 속한다.
- 구매를 하기 위하여 사전에 계획을 세우거나 점포 안에서 여러 상표를 비교하기 위한 노력을 하지 않으므로 구매자는 대체로 습관적인 행동 양식을 나타낸다.
- 따라서 구매할 필요가 생기면 빠르고 쉽게 구매를 결정하며, 선호하는 상표가 없더라도 기꺼이 다른 상표의 제품으로 대체한다.
- 단위당 가격이 저렴하고 유행의 영향을 별로 받지 않으며, 상표명에 대한 선호도가 뚜렷하다.
- 편의품을 판매하는 소매점의 특성은 별로 중요하지 않으며, 판로의 수가 많을수록 좋다.

ⓛ 선매품
- 제품을 구매하기 전에 가격·품질·형태·욕구 등에 대한 적합성을 충분히 비교하여 선별적으로 구매하는 제품이다.
- 제품에 대한 완전한 지식이 없으므로 구매를 계획하고 실행하는 데 많은 시간과 노력을 소비하며, 여러 제품을 비교하여 최종적으로 결정하는 구매행동을 보이는 제품이다.
- 식품·기호품·일상용품 등 최소한의 노력으로 구매를 결정하는 편의품에 비하여 구매단가가 높고 구매횟수가 적은 것이 보통이다.
- 따라서 소매점의 중요성이 높고, 선매품을 취급하는 상점들이 서로 인접해 하나의 상가를 형성하며 발전한다.

ⓒ 전문품
- 상표나 제품의 특징이 뚜렷하여 구매자가 상표 또는 점포의 신용과 명성에 따라 구매하는 제품이다.
- 비교적 가격이 비싸고 특정한 상표만을 수용하려는 상표집착(Brand Insistence)의 구매행동 특성을 나타내는 제품이다.
- 자동차·피아노·카메라·전자제품 등과 독점성이 강한 디자이너가 만든 고가품의 의류가 여기에 속한다.
- 구매자가 기술적으로 상품의 질을 판단하기 어려우며, 적은 수의 판매점을 통해 유통되어 제품의 경로는 다소 제한적일 수도 있으나, 빈번하게 구매되는 제품이 아니므로 마진이 높다.
- 전문품의 마케팅에서는 상표가 중요하고 제품을 취급하는 점포의 수도 적기 때문에 생산자와 소매점 모두 광고를 광범위하게 사용한다.
- 생산자는 소매점의 광고비를 분담해 주거나 광고 속에 자사의 제품을 취급하는 소매점을 소개하는 협동광고를 실시하기도 한다.

(3) 개별제품의 결정
① 제품속성의 결정
  ㉠ 제품품질 : 제품개발 시 표적시장에서 그 제품의 위치를 조성할 수 있는 품질수준을 미리 결정하여야 한다.
  ㉡ 제품특성 : 제품은 여러 가지 다양한 특성으로 소비자에게 제공된다.
  ㉢ 제품디자인 : 제품의 스타일과 기능을 설계하고 또한 매력적인 제품이 되도록 하는 과정으로 편리성, 안전성, 사용과 서비스를 받을 때 비용이 저렴하며 또한 생산과 유통이 간편하고 경제적이 되도록 하는 과정이다.

② 상표의사의 결정
　㉠ 상표 관련 주요용어
　　• 상표 : 사업자가 자기가 취급하는 상품을 **타인의 상품과 식별하기 위하여** 상품에 사용하는 표지이다. 상품을 업으로 생산·제조·가공·증명 또는 판매하는 자가 그 상품을 다른 사업자의 상품과 식별하기 위하여 사용하는 기호·문자·도형 또는 이들을 결합한 것을 말한다.
　　• 상표명 : 상표 중 말로 표현될 수 있는 부분을 말한다.
　　• 상표마크 : 상표 중 상징, 디자인, 독특한 색상이나 문자와 같이 인식은 되지만 말로 표현될 수 없는 부분을 말한다.
　　• 등록상표 : 상표법에 의하여 지식재산처에 등록된 상표로, 상표가 등록되었다는 것을 나타내기 위하여 그 상품의 한쪽에 작게 ®의 기호나 Reg나 TM의 약호를 붙이는 경우도 있다. 상표등록의 출원은 선원등록주의(先願登錄主義)이므로 원칙적으로 먼저 출원한 쪽에 등록이 허가된다.
　　• 상표권 : 등록상표를 지정상품에 독점적으로 사용할 수 있는 권리로 상표권은 설정등록에 의하여 발생하고, 그 존속기간은 설정등록일로부터 10년이며, 갱신등록의 출원에 의하여 10년마다 갱신할 수 있다. 상표권의 가장 중요한 내용은 지정상품에 대하여 그 등록상표를 사용하는 것인데, 그 외에도 상표권은 재산권의 일종으로 특허권 등과 같이 담보에 제공될 수 있으며, 지정상품의 영업과 함께 이전할 수도 있다.
　㉡ 상표의 기능
　　• 상품식별 기능 : 상표의 가장 기본적인 기능으로 상표가 특정 상품을 표상하는 기능을 말한다. 즉, 동일한 상표가 부착된 상품은 수요자에게 동일한 것으로 인식된다는 것을 의미한다. 이러한 상표의 상품 식별기능에 의하여 수요자는 특정 상품을 타 상품과 구별하여 선택할 수 있게 된다.
　　• 출처표시 기능 : 상품의 동일성을 표상하는 하나의 구체적인 내용으로 상품과 그 상품을 제조, 가공, 증명 또는 판매하는 업자와의 관계를 표상한다. 즉, 상표는 상품의 출처를 나타낸다고 할 수 있다. 이러한 출처 표시기능은 제조원의 표시 등과 같이 구체적인 업자를 표시한다기보다는 어떤 상품이 어떤 업자에 의하여 제공된다는 추상적인 출처를 나타낸다고 할 수 있다. 다시 말하면, 상표는 그 상품을 취급하는 업자의 영업활동의 신뢰성, 우수성, 성실성 등을 수요자에게 인식시킴으로써 상표에 화체된 무형의 자산가치가 업자에게 귀속되게 한다.
　　• 품질보증 기능 : 상품의 동일성을 표상함으로써 상표에 의하여 표상된 상품의 품질의 정도를 수요자에게 인식하게 하는 기능을 가진다. 출처표시 기능이 상표에 화체된 무형의 자산가치의 주체를 표시하는 기능을 가진다고 한다면 품질보증 기능은 상표의 자산가치의 내용을 표시하는 기능을 가진다고 할 수 있을 것이다.

- 광고선전 기능 : 상품의 품질의 우수성, 출처의 성실성, 신뢰성 등이 수요자에게 인식되면 상표의 가치가 이미지로 추상화되어 더욱 넓게 대중성을 획득하게 된다. 즉, 그 상표가 표상하는 상품을 사용한 적이 없는 수요자라 하더라도 그 상품을 사용한 수요자의 인식이 전파되어 그 상품에 대한 강한 인상을 받게 된다. 이러한 이유로 인하여 오늘날의 기업들은 상품의 이미지를 수요자의 특성에 따라 호감이 가도록 형성하기 위하여 여러 가지 광고 수단을 활용하고 있다.
- 업무상의 신용(Good Will) 화체 : 상표가 사용됨에 따라 업자의 업무상의 신용이 점점 상표에 화체됨으로써 마치 상표 그 자체에 무형의 가치가 내재된 것과 같이 나타나게 된다. 이러한 상표의 가치는 시장에서 독보적인 지위를 가지는 기업에 대해서는 그 기업의 유형의 자산보다 수십배 이상 높게 평가되기도 한다.

ⓒ 상표주 결정
- 제조업자상표 : 특정제품이나 서비스의 생산자가 창안하여 소유하는 상표
- 개인상표 : 특정제품이나 서비스의 판매업자가 창안하여 소유하는 상표

ⓔ 통일상표 결정
- 개별상표명 : 개별제품마다 상표를 사용하는 것
- 통일상표명 : 모든 제품에 통일상표명을 부착하는 것
- 계열별 통일상표명 : 제품계열별로 상표를 부여하는 것
- 상호와 개별상표명의 결합 : 회사의 상호와 제품별 상표를 결합시켜 상표를 부착하는 것

ⓜ 상표관련전략
- 상표확장전략 : 성공한 기존의 상표명을 제품수정이나 신제품 도입 시에 그대로 사용하는 전략
- 복수상표전략 : 상표의 위치가 시판 초에 잘 설정되었다고 하더라도 후에 새로운 위치에 수정해야 하는 경우에 활용

③ **제품믹스** ★ 중요
㉠ 의의 : 소비자의 욕구 또는 경쟁자의 활동 등 마케팅 환경요인의 변화에 대응하여 한 기업이 시장에 제공하는 **모든 제품의 배합으로 제품계열(Product Line)과 제품품목(Product Item)의 집합**을 말한다.
- 제품계열 : 기능·고객·유통경로·가격범위 등이 유사한 제품품목의 집단(예 **TV 계열·세탁기 계열**)
- 제품품목 : 규격·가격·외양 및 기타 속성이 다른 하나하나의 제품단위로 제품계열 내의 단위

㉡ 제품믹스는 보통 폭(Width)·깊이(Depth)·길이(Length)·일관성(Consistency) 등 4차원에서 평가된다.
- 제품믹스의 폭 : 서로 다른 제품계열의 수
- 제품믹스의 깊이 : 각 제품계열 내의 제품품목의 수

- 제품믹스의 길이 : 각 제품계열이 포괄하는 품목의 평균수
- 제품믹스의 일관성 : 다양한 제품계열들이 최종용도·생산시설·유통경로·기타 측면에서 얼마나 밀접하게 관련되어 있는가 하는 정도

ⓒ 제품믹스를 확대하는 것은 제품믹스의 폭이나 깊이 또는 이들을 함께 늘리는 것으로 제품의 다양화라고 하는데, 기업의 성장과 수익을 지속적으로 유지하는 데 필요한 중요한 정책이다.

② 제품믹스를 축소하는 것은 제품믹스의 폭과 깊이를 축소시키는 것으로 제품계열 수와 각 제품계열 내의 제품 항목수를 동시에 감소시키는 정책이다.

⑩ 최적의 제품믹스란 제품의 추가·폐기·수정을 통해 마케팅 목표를 가장 효율적으로 달성하는 상태로 정적인 최적화(Static Product-Mix Optimization)와 동적인 최적화(Dynamic Product-Mix Optimization)로 구분할 수 있다.
- 정적인 최적화 : n가지의 가능한 품목들 가운데 일정한 위험수준과 기타 제약조건 아래서 매출액 성장성·안정성·수익성을 최선으로 하는 m가지의 품목을 선정하는 문제
- 동적인 최적화 : 시간의 경과에도 불구하고 최적의 제품믹스상태를 유지할 수 있도록 현재의 제품믹스에 대해 새로운 품목의 추가, 기존품목의 폐기, 기존품목을 수정하는 문제

④ OEM
㉠ A, B 두 회사가 계약을 맺고 A사가 B사에 자사(自社) 상품의 제조를 위탁하여 그 제품을 A사의 브랜드로 판매하는 생산방식 또는 그 제품으로 OEM 생산·OEM 공급이라고도 한다.
㉡ 전기·정밀기계제품 등의 분야에서 흔히 볼 수 있는데, 특히 미니컴퓨터나 퍼스널컴퓨터 등의 컴퓨터업계, 스피커 등의 스테레오업계에서 이 방식을 많이 채택하고 있다.
㉢ OEM의 효과
- 생산하는 기업(공급원)으로서는 공급하는 상대방의 판매력을 이용하여 가득률(稼得率)을 높일 수 있고, 수출상대국의 상표를 이용함으로써 수입억제여론을 완화시키는 효과도 누릴 수 있다.
- 공급을 받는 회사로서는 스스로 생산설비를 갖추지 않아도 되므로 생산비용이 절감된다.

(4) 제품수명주기 이론 ★ 중요

① 전형적인 신제품의 매출은 시간의 추이에 따라서 도입기, 성장기, 성숙기, 쇠퇴기의 네 단계를 거치면서 S자형 커브를 그린다는 것이 제품수명주기 이론이다. 발전단계에 따라서 마케팅 전략과 과제와도 관련이 있다.

② **제품수명주기의 각 단계**
㉠ 도입기 : 수요도 작고 매출 증가율도 낮다. 제품의 가격은 높으며 경쟁은 독과점 양상을 띤다. 제품 도입에 대한 마케팅 비용이 많으므로 이익은 발생하지 않는다. **제품의 본질적 기능을 소비자에게 인지시키는 것이 전략 과제이다.**

ⓒ 성장기 : 수요가 급속도로 커지고 매출도 가속적으로 증가하며, 이익도 발생하기 시작한다. 기술 혁신 및 모방이 일어나고, 많은 진출기업이 등장하지만 시장 전체의 성장으로 흡수되어 다 같이 성장을 구가할 수 있다. **더 많은 시장 확대**가 전략 과제이다.
ⓒ 성숙기 : 매출 증가율이 저하된다. 점유율을 유지하기 위한 마케팅 비용의 증가와 함께 이익이 감소한다. 한정된 시장 수요를 두고 쟁탈 양상을 보이기 시작하고, 제품의 차별성이 중시된다. 경영 자원에 대응한 경쟁에서 살아남는 것이 전략과제이다.
ⓔ 쇠퇴기 : 매출은 저하되고 이익도 발생하지 않는다. 가격은 원가 수준에 머무르며 마케팅 비용은 최소화된다. 이 단계에서는 철수하거나 혁신에 의해 새로운 가치를 창조하거나 어느 한 쪽의 전략을 취해야 한다. 후자를 선택하면 시장 필요를 재검토하는 것으로부터 시작해야 한다.

(5) 제품계획

① 제품계획의 의미
ⓐ 상품계획이라고도 하며, 기업이 판매목표를 효과적으로 실현하기 위하여 소비자의 욕구・구매력 등에 합치되도록 제품의 개발・가격・품질・디자인・포장・상표 등을 기획・결정하는 활동을 말한다.
ⓑ 머천다이징(Merchandising : 상품화계획)과 같은 뜻으로도 쓰인다.
ⓒ 수요자의 동향을 조사하여 수요를 만들어내기 위한 기업의 마케팅활동에 있어 중요한 부분이다.
ⓓ 신제품의 창출에 의한 창업자의 이윤을 크게 하기 위해서 제품계획의 중요성이 높아지고 있다.
ⓔ 제품계획은 주로 기업 내의 전문 제품계획부문과 제품계획위원회 등이 주관하게 되나, 때로는 판매업자가 이를 주관하는 경우도 있다.

② 제품계획의 실시에 있어 추진사항
ⓐ 시장조사
ⓑ 아이디어의 창출과 평가(브레인스토밍(Brain Storming), 제품계획 체크리스트의 활용)
ⓒ 제품 자체의 연구(제품의 시험제작 : 모양・크기・무게・색채 등 디자인, 포장, 제품의 명칭, 표준화의 연구, 특허 및 관계 법규의 연구)
ⓓ 판매시기・판매지역의 연구
ⓔ 판매수량 및 가격의 연구
ⓕ 계획의 입안과 통제

③ 머천다이징(Merchandising)
ⓐ 머천다이징(Merchandising)이란 기업의 마케팅목표를 실현하기 위해 특정의 상품, 서비스를 장소, 시간, 가격, 수량별로 시장에 내놓을 때 따르는 계획과 관리로, 일반적으로는 마케팅의 핵심을 형성하는 활동이라고 정의된다.
ⓑ 상품화계획이라고도 하며, 마케팅 활동의 하나이다.

④ 비주얼 머천다이징(VMD ; Visual Merchandising) : VMD란 비주얼(Visual)과 머천다이징(Merchandising)의 합성어이다. 즉, VMD는 마케팅의 목적을 효율적으로 달성할 수 있도록 특정의 타깃(Target)에 적합한 특정의 상품이나 서비스를 조합하여 적절한 장소, 시간, 수량, 가격 등을 계획적으로 조정하고 이들을 조직적으로 체계를 세워 정보수집, 사입, 재고 관리, 판매촉진을 통해 매력적으로 진열, 판매하는 활동을 말한다. 따라서, VMD라는 것은 머천다이징을 시각적으로 활용하는 것으로 판매장소의 가능한 공간을 이용하여 판매촉진효과를 목적으로 하는 전략적 계획이라고 할 수 있다.

⑤ 신제품 개발
　㉠ 신제품 개발의 목적
　　• 기업의 성장과 확대
　　• 경쟁제품에 대한 대비
　　• 소비자에게 품질 좋은 제품의 공급
　　• 새로운 고객의 창조
　㉡ 신제품 개발의 과정
　　• 아이디어 발생
　　• 아이디어 심사
　　• 사업성 분석
　　• 제품 개발
　　• 시험 판매
　　• 생 산
　　• 시장반응 검토

예시문제 맛보기

상품은 소비자의 욕구 충족을 위한 효용의 집합체라고 할 수 있다. 이와 관련하여 상품 구성차원과 상품 전략에 대한 설명으로 적절하지 않은 것은? [4회 기출]

① 상품이 물리적 속성의 집합체라는 입장에서 상품 기획을 해야 한다.
② 실체상품은 핵심상품에 상표, 디자인, 포장, 라벨 등의 요소가 부가된 물리적 형태의 상품이다.
③ 실체상품에 보증, 반품, 배달, 설치, 애프터서비스 등의 서비스를 추가할 경우 경쟁상품과 차별화할 수 있다.
④ 실체상품에 별 다른 차이가 없는 경우에도 확장 상품을 구성 하는 요소들에 의해 소비자선호가 달라질 수 있다.

정답 ①

04 가격관리

(1) 가격탄력도 ★ 중요
① 수요의 가격탄력도와 가격전략의 관계
㉠ 수요의 가격탄력도란 **제품가격의 변화에 대한 수요의 변화비율**을 말한다.
㉡ **수요의 가격탄력도가 비탄력적인 경우**에는 가격의 변화에도 수요의 변화가 미미하므로 고가전략을 하면 기업이 유리하다.
㉢ **수요의 가격탄력도가 탄력적**이면 가격의 변화에 수요의 변화가 크므로 이는 대체품이 많이 존재한다는 의미이므로 상대적으로 **저가격 전략**을 하여야 기업(생산자)이 유리하다.
㉣ **수요의 가격탄력도가 단위 탄력적**이라면 가격의 변화분만큼 수요의 변화가 일어나므로 가격전략에 별 효과가 없다.
㉤ 어떤 재화의 가격이 1% 변화할 때, **해당 재화와 관련된 재화들의 수요에 발생되는 동시적인 변화를 고려한 이후의 수요량 변화율을 수요의 가격탄력성**이라고 한다.
② 수요의 가격탄력도 구분

구 분	수요의 가격탄력도
완전 비탄력적	수요의 가격탄력도가 0인 경우
비탄력적	수요의 가격탄력도가 1보다 작은 경우
단위 탄력적	수요의 가격탄력도가 1인 경우
탄력적	수요의 가격탄력도가 1보다 큰 경우
완전 탄력적	수요의 가격탄력도가 ∞인 경우

(2) 가격결정
① 가격의 의미
㉠ 재화의 가치를 화폐 단위로 표시한 것으로 가격의 개념은 교환을 떠나서는 존재할 수가 없다.
㉡ 일상생활적인 뜻의 가격은 상품 1단위를 구입할 때 지불하는 화폐의 수량으로 표시하는 것이 보통이지만, 넓은 뜻의 가격은 상품 간의 교환비율을 뜻한다.
㉢ 구별하기 위해 화폐단위로 표시되는 일상생활적인 뜻의 가격을 절대가격(絕對價格)이라고 하고, 상품 간의 교환비율을 나타내는 넓은 뜻의 가격을 상대가격(相對價格)이라 한다.
㉣ 가격은 시장에서 구입할 수 있는 통상적인 좁은 뜻의 상품에 대해서만 존재하는 것이 아니라, 임금 또는 이자에 의한 보수를 받고 고용 또는 임대되는 노동이나 자본과 같은 넓은 뜻의 상품에 대해서도 존재한다. 즉, 임금과 이자는 각각 노동과 자본의 가격이다.
㉤ 이와 같이 그 사회의 법률, 관습, 제도 등에 의하여 소유와 교환이 허용되고 있는 모든 것에 대하여 가격은 존재하며, 상품 간에 일어나는 교환은 그 가격에 따라서 특정한 비율로 이루어진다.

② 가격이론
  ㉠ 어떤 시장 메커니즘에서 개개의 경제주체가 어떤 원리에 입각하여 행동하는지를 밝히는 이론으로 현대경제학에 속하는 각종 이론의 기초가 된다.
  ㉡ 즉, 가계와 기업이라는 주체가 주어진 조건 아래서 어떤 동기와 목적으로 행동하는지 그 특성을 밝히는 서문이다.
  ㉢ 이들의 규명은 여러 가지 재화와 서비스에 대하여 각 시장에서 결정되는 가격과 생산량·판매량의 관계를 밝혀 주게 되며, 이를 통하여 경제사회에서 이루어지는 자원배분이나 소득배분에 관한 이해를 깊게 할 수도 있다.
  ㉣ 일반적으로 시장 메커니즘에의 의존이 가장 중요하며, 동시에 시장 메커니즘이 가지는 특성(그 한계도 포함하여)을 밝히고, 바람직한 의의를 찾는 일도 가격이론의 역할이다.
③ 가격결정의 의미
  ㉠ 이윤을 목적으로 하는 가격형성의 원리로서 가격형성이라고도 한다.
  ㉡ 경제이론상의 가격 결정과 실질적인 가격결정, 마케팅에서의 가격결정은 내용이 서로 다르다.
  ㉢ 경제학의 가격 이론, 즉 한계원리(Marginal Principle)에서는 기업의 주체적인 균형에 있어 가격은 한계적으로 결정된다(한계수입과 한계비용이 같을 때 최대이윤)고 주장한다.
  ㉣ 이에 반하여 실질적인 가격결정이라 할 수 있는 풀 코스트 원리(Full-cost Principle)는 실제의 기업은 가격을 평균적 비용(원가)에다가 일정한 이윤(마크업)을 더하여 가격을 설정한다는 주장이다.
  ㉤ 풀 코스트 원칙
    • 생산물의 비용을 직접재료비·직접노무비·제조간접비·영업비·일반 관리비 등을 합산한 것으로 한다는 주장이다.
    • 오늘날의 과점기업(寡占企業)에서는 생산물 1단위당의 주요비용(원재료비·임금 등의 직접비)을 기초로 하여 거기에 공통비용(감가상각비·이자 등의 간접비)을 충당하기 위하여 일정비율을 곱한 금액을 가산하고 다시 관례적인 비율을 곱한 이윤을 가산한 시점, 즉 풀 코스트(Full Cost)의 높이에서 가격을 결정해야 한다는 원리를 주장하고 있다.
④ 가격결정에 영향을 미치는 요인 ★ 중요
  ㉠ 내부요인 : 마케팅목표, 마케팅믹스 전략, 원가, 조직의 특성
  ㉡ 외부요인 : 시장유형별 가격결정
    • 완전경쟁시장 : 완전경쟁시장이란 **시장참가자가 다수여서, 수요자 상호간, 공급자 상호간 그리고 수요자와 공급자 간의 삼면적(三面的)인 경쟁이 이루어지는 시장**을 말한다. 경쟁가격은 완전경쟁시장하에서 수요와 공급이 일치되는 점에서 결정되는 상품의 가격을 말한다.
    • 독점적 경쟁시장 : **다수의 구매자와 판매자**가 단일시장가격이 아니라 일정한 범위 내의 가격대로 거래를 하는 시장을 말한다.

- 과점시장 : 과점가격이란 시장이 **소수의 기업으로 이루어진 과점상태**에 있을 경우에 성립되는 가격을 말한다. 과점가격은 평균비용의 전액에다 일정한 부가율(附加率)에 의한 이윤을 가산한 것으로 정해지고 있다. 가격의 경쟁이 전혀 없는 것은 아니나, 극히 제한적인 것이기 때문에 과점가격은 대체로 하방경직적(下方硬直的)이다.
- 독점시장 : 독점가격은 **독점기업이 독점이윤을 얻기 위하여 생산물을 시장가격 이상으로 인상하여 판매하는 가격**이다. 자유경쟁에서는 자본과 노동이 더 높은 이윤을 찾아서 마음대로 이동하기 때문에 여러 산업부문의 이윤율이 평균화되고, 생산물은 적정 수준의 시장가격으로 판매되는 경향을 가지지만, 독점지배하에서는 한 기업이 거대한 고정설비와 기술혁신의 성과를 독차지하고, 이를 이용하여 시장에서의 가격경쟁의 승리자가 되며, 그 부문에 대한 새 기업의 참가가 어려워진다. 그리고 그러한 곤란도가 더해질수록 소수기업은 독점이윤을 얻기 위해 가격을 올리거나, 구매자에 따라서 다른 가격으로 판매하는 일이 가능해진다.

⑤ **가격결정의 방법** ★ 중요
  ㉠ 원가기준가격결정법 : 원가를 기준으로 하여 가격을 결정하는 방법
  - 원가가산가격결정법 : 제품의 단위원가에 일정한 이익률을 가산하여 가격을 결정하는 방법
  - 목표가격결정법 : 예측된 표준생산량을 전제로 한 총원가에 대하여 목표이익률을 실현시켜 줄 수 있도록 가격을 결정하는 방법
  ㉡ 수요기준가격결정법 : 수요의 강도를 기준으로 하여 가격을 결정하는 방법
  - 원가차별법 : 특정제품의 고객별·시기별 등으로 수요의 탄력성을 기준으로 하여 둘 혹은 그 이상의 가격을 결정하는 방법
  - 명성가격결정법 : 심리적 가격전략의 하나로, 구매자가 가격에 의하여 품질을 평가하는 경향이 강한 비교적 고급품목에 대하여 가격을 결정하는 방법
  - 단수가격결정방법 : 가격이 최하의 가능한 선에서 결정되었다는 인상을 구매자에게 주기 위하여 고의로 단수를 붙여 가격을 결정하는 방법
  ㉢ 경쟁기준가격결정법 : 경쟁업자가 결정한 가격을 기준으로 해서 가격을 결정하는 방법
  - 경쟁대응가격결정법
  - 경쟁수준 이하의 가격결정방법
  - 경쟁수준 이상의 가격결정방법

⑥ **가격정책** ★ 중요
  ㉠ 가격정책의 의의 : 기업이 존속하고 발전하기 위해서는 반드시 그 기업이 취급하거나 생산하는 상품을 판매하여 이윤을 얻어야 한다. 그러므로 기업은 이윤을 얻을 수 있는 범위 안에서 적당한 가격을 선택하여야 한다. 이 선택을 어떻게 할 것인지가 기업의 가격정책이다. 기업은 특히 신제품을 개발한 경우나 생산이나 수요의 조건이 크게 변동한 경우에는 여기에 적응하기 위한 가격결정, 곧 가격전략이 필요하다. 기업의 가격정책은 제품의 한계이윤율과 제품의 품질·서비스·광고·판매촉진·원재료의 구입에도 영향을 끼치는 것으로 중요한 의미를 갖는다.

- ⓒ 가격전략의 형태(생산과 수요의 조건에 따라)
  - 저가격정책 : **수요의 가격탄력성이 크고, 대량생산으로 생산비용이 절감**될 수 있는 경우에 유리하다.
  - 고가격정책 : **수요의 가격탄력성이 적고, 소량다품종생산인 경우의 가격결정**에 채용된다.
  - 할인가격정책 : **특정상품에 대하여 제조원가보다 낮은 가격을 매겨 '싸다'는 인상을 고객에게** 주어 고객의 구매동기를 자극하고, 제품라인의 총매출액의 증대를 꾀하는 일이다.
- ⓒ 가격정책의 유형
  - 단일가격정책과 탄력가격정책 : 단일가격정책은 동일량의 제품을 동일한 조건으로 구매하는 모든 고객에게 동일한 가격으로 판매하는 가격정책을 말하며, **탄력가격정책은 고객에 따라 동종·동량의 제품을 상이한 가격으로 판매하는 가격정책**을 말한다.
  - 단일제품가격정책과 계열가격정책 : 단일제품가격정책은 각 품목별로 따로따로 검토하여 가격을 결정하는 정책이며, 계열가격정책은 한 기업의 제품이 단일품목이 아니고 많은 제품계열을 포함하는 경우 규격·품질·기능·스타일 등이 다른 각 제품계열마다 가격을 결정하는 정책이다.
  - 상층흡수가격정책과 침투가격정책 : 상층흡수가격정책은 신제품을 시장에 도입하는 초기에 있어서 먼저 고가격을 설정함으로써 가격에 대하여 민감한 반응을 보이지 않는 고소득자층을 흡수하고, 그 뒤 연속적으로 가격을 인하시킴으로써 저소득계층에게도 침투하고자 하는 가격정책이며, 침투가격정책은 신제품을 도입하는 초기에 있어서 저가격을 설정함으로써 신속하게 시장에 침투하여 시장을 확보하고자 하는 가격정책을 말한다.
  - 생산지점가격정책과 인도지점가격정책 : 생산지점가격정책은 판매자가 모든 구매자에 대하여 균일한 공장도가격을 적용하는 정책을 말하며, 인도지점가격정책은 공장도가격에 계산상의 운임을 가산한 금액을 판매가격으로 하는 정책을 말한다.
  - 재판매가격유지정책 : 광고, 기타 판매촉진 등에 의하여 목표가 널리 알려져서 선호되는 상품의 제조업자가 소매상과의 계약에 의하여 자기가 설정한 가격으로 자사제품을 재판매하게 하는 정책을 말한다.

> **알아두기** 재판매가격유지정책(Resale Price Maintenance System) : 재판매제도
> 경쟁시장에서 유표품(Branded Goods)의 제조업자가 소비자에게 판매할 수 있는 가격을 계약 또는 협정으로 정하여 판매업자에게 설정된 가격을 준수, 유지하게 하는 가격유지 제도(예 소비자 희망가격)
> 1. 목적(제조업자 측면)
>   - 상표가 널리 알려져 선호되는 제품이 소매상에서 미끼상품(Loss Leader Products)으로 이용되는 것을 방지하여 시장의 안정과 제품의 명성을 유지하고자 한다.
>   - 일정한 이폭(Margin)을 판매업자에게 보증하여 줌으로써 그들을 유인하여 판매촉진목표를 달성한다.
>   - 염매, 난매 등과 같은 가격경쟁 및 부정거래를 방지한다.
> 2. 목적(소매상 측면)
>   - 소매상 상호간의 판매경쟁을 방지한다.
>   - 슈퍼마켓이나 연쇄점과 같은 대규모소매상의 제품정책에 대응할 수 있게 해준다.

⑦ 제품믹스 가격결정전략
  ㉠ 제품계열별 가격결정법 : 특정 제품계열 내 제품들 간의 원가 차이·상이한 특성에 대한 소비자들의 평가정도 및 경쟁사 제품의 가격을 기초로 하여 여러 제품들 간에 가격단계를 설정하는 것
  ㉡ 선택제품가격결정법 : 주력제품과 함께 판매하는 선택제품이나 액세서리에 대한 가격결정방법
  ㉢ 종속제품가격결정방법 : 주요한 제품과 함께 사용하여야 하는 종속제품에 대한 가격을 결정하는 것
  ㉣ 이분가격결정법 : 서비스가격을 기본 서비스에 대해 고정된 요금과 여러 가지 다양한 서비스의 사용 정도에 따라 추가적으로 서비스에 대해 가격을 결정하는 방법
  ㉤ 부산물가격결정법 : 주요 제품의 가격이 보다 경쟁적 우위를 차지할 수 있도록 부산물의 가격을 결정하는 방법
  ㉥ 제품묶음가격결정법 : 몇 개의 제품을 묶어서 인하된 가격으로 결합된 제품을 제공하는 방법

예시문제 맛보기

상품가격이 1,000원에 비해 990원이 매우 싸다고 느끼는 소비자 심리를 이용한 가격전략은? [7회 기출]
① 단수가격전략
② 유보가격전략
③ 관습가격전략
④ 개수가격전략

해설
① 단수가격전략 : 상품의 판매가격에 단수를 붙이는 것으로 판매가에 대한 고객의 수용도를 높이고자 하는 전략이다.
② 유보가격전략 : 소비자가 어떤 제품에 대해 지불할 의사가 있는 최고가격을 유보가격이라 한다.
③ 관습가격전략 : 제품의 원가가 상승되었음에도 동일 가격을 계속 유지하는 전략이다.
④ 개수가격전략 : 고급품질의 가격이미지를 형성하여 구매를 자극하기 위하여 우수리가 없는 개수의 가격을 구사하는 정책 ↔ 단수가격전략

정답 ①

05 촉진관리

(1) 가격조정전략
① **할인가격과 공제** : 현금할인, 수량할인, 기능할인, 계절할인, 거래공제, 촉진공제 등
② **차별가격결정** : 고객 차별가격, 제품형태별 차별가격, 장소별 차별가격 등
  예 리베이트 : 상품을 구매한 후 영수증 등의 구매 증명서를 제조업자에게 보내면 제조업자가 판매가격의 일정비율에 해당하는 현금을 반환해 주는 할인전략

③ **심리적 가격결정** : 단순히 경제성이 아니라 가격의 심리적 측면을 고려하여 가격을 책정하는 방법으로 그 가격은 그 제품을 대변해 주는 도구로 사용한다.
④ **촉진가격결정** : **단기적으로 판매를 증대**시키기 위하여 **정가 이하**이거나 때로는 **원가 이하**로 가격을 **일시적으로 인하하는 것**을 말한다.
⑤ **지리적 가격결정** : 공장인도가격, 균일운송가격, 구역가격, 기점가격, 운송비흡수가격 등

(2) 가격변경전략
① 저가격전략을 하는 경우
  ㉠ 과잉시설이 있고 경제가 불황인 경우
  ㉡ 격심한 가격경쟁에 직면하여 시장점유율이 저하되는 경우
  ㉢ 저원가의 실현으로 시장을 지배하고자 하는 경우
  ㉣ 소비자의 수요를 자극하고자 할 경우
  ㉤ 시장수요가 가격탄력성이 높을 경우
② 고가격전략의 경우
  ㉠ 코스트 인플레이션으로 원가가 인상된 경우
  ㉡ 초과수요가 있는 경우
  ㉢ 경쟁우위를 확보하고 있을 경우

(3) 광 고
① 광고의 조건
  ㉠ 광고주의 명시성
  ㉡ 광고주가 선택한 사람을 대상으로 함
  ㉢ 광고주의 의도에 따라 행동하게 함
  ㉣ 유 료
  ㉤ 비인적 정보전달(전파·인쇄물 등 사람 이외의 매체를 이용하는 것)
② 광고의 종류 및 특성
  ㉠ TV 광고의 특징
    • 시각·청각에 동시에 소구하므로 자극이 강하다.
    • 받는 쪽이 대개의 경우 집안에서 시청에 전념하는 상태이기 때문에 그 수용성이 높다.
    • 커버할 수 있는 범위가 넓다.
    • 움직임·흐름 등의 표현이 가능하다.
    • 반복소구에 따른 반복효과가 크다.
    • 컬러의 사용이 가능하다.
    • 광고의 노출기회가 시간적으로 제약된다.

- 광고비가 부담이 크다.
- 특정층만을 대상으로 하는 선택소구에는 적당하지 않다.
- 소구는 순간적이며 기록성이 없다.

ⓛ 라디오 광고의 특징
- 광고비가 비교적 싸다.
- 내용의 변경이 비교적 쉽고 융통성이 있다.
- 받는 쪽은 일을 하는 중에도 광고내용의 수용이 가능하다.
- 매스미디어로서는 개인 소구력이 강한 편이다.
- 이동성이 있으므로 청취의 기회가 많다.
- 커버할 수 있는 범위가 넓다.
- 청각에만 소구하기 때문에 받는 쪽에게 자유롭고 근사한 이미지를 부각시키는 것이 가능하다.
- 시간적으로 제한이 있다.
- 메시지의 생명은 순간적이며 기록성이 없다.
- 소구에 대한 받는 쪽의 주위가 산만해지기 쉽다.

ⓒ 신문광고
- 기록성이 있다.
- 매체의 신용을 이용할 수 있다.
- 장문의 설득력있는 메시지가 가능하다.
- 신문의 구매자를 그대로 인용할 수 있다.
- 유료구독이기 때문에 전파보다 안정도가 높다.
- 지역별 선택소구가 가능하다.
- 컬러의 사용에 한계가 있다.
- 통용기간이 짧다.
- 관심·주목의 농도가 기사에 따라 영향을 받는다.
- 차분한 마음으로 읽게 하는 경우가 많다.

ⓓ 잡지광고
- 기록성이 뛰어나다.
- 매체의 신용을 이용할 수 있다.
- 고도의 인쇄기술을 구사할 수 있다.
- 선택소구에 적합하다.
- 여러 페이지에 걸친 설득력 있는 광고가 가능하다.
- 광고의 수명이 길다.
- 시간적 융통성이 결여된다.
- 지역적인 조정은 불가능하다.

㉤ DM광고
- 불특정 다수인을 대상으로 하는 것이 아니기 때문에 자의적으로 소구대상을 집약할 수 있다.
- 1 : 1의 관계로 소구할 수 있다.
- 우송만 가능하다면 사이즈·컬러에 제한이 없다.
- 타광고와 중복되지 않으므로 받는 쪽의 눈을 독점할 수 있다.
- 경쟁업자에게 비밀을 유지하면서 광고할 수 있다.
- 광고주가 생각하는 형태로 광고할 수 있다.
- 반응이 빨라서 효과를 측정하기 쉽다.
- 구매와 직결시킬 수 있다.

㉥ 전단광고
- 특정지역에 대한 선택소구가 가능하다.
- 모양·크기에 대한 융통성이 있다.
- 비용이 비교적 적게 들고, 즉각적인 효과를 올릴 수 있다.
- 광고주의 규모 여하에 불구하고 손쉽게 이용할 수 있다.
- 일상생활의 정보원으로서의 주목률·이용률이 높다.

㉦ 옥외광고
- 특정지역에 대한 소구가 가능하다.
- 광고의 설치장소가 고정되어 있기 때문에 장기에 걸친 소구가 가능하다.
- 표현에 변화를 갖게 할 수 있다.
- 장기간에 걸쳐 동일한 광고가 게재되는 경우가 많으므로 신선한 인상이 없다.

㉧ 교통광고
- 도시에 적합하며, 특정지역의 선택소구에 적합하다.
- 교통기관의 고정고객에 대한 반복소구가 가능하다.
- 광고비용이 비교적 싸다.
- 광고 스페이스에 한계가 있다.

예시문제 맛보기

소비자를 대상으로 한 판매촉진 수단이 아닌 것은? [5회 기출]

① 무료 샘플(Free Sample)
② 쿠폰(Coupon)
③ 구매보조금(Buying Allowances)
④ 경품(Premium)

해설 **판매촉진**
- 소비자 촉진 : 견본, 쿠폰, 환불조건, 소액할인, 경품, 경연대회, 거래 스탬프, 실연 등
- 중간상 촉진 : 구매 공제, 무료 제품, 상품 공제, 협동 광고, 후원금, 상인 판매경연회 등
- 판매원 촉진 : 상여금, 경연대회, 판매원 회합 등

정답 ③

CHAPTER 05 적중예상문제

01 고객정보를 수집하고 분석하여 고객 이탈방지와 신규 고객확보 등에 활용하는 마케팅 기법은?

제10회

① POS(Point of Sales)
② SCM(Supply Chain Management)
③ CRM(Consumer Relationship Management)
④ CS(Consumer Satisfaction)

해설 ③ CRM(고객관계관리) : 생산된 제품을 판매하기 위한 유통회사 및 개인고객의 정보관리
① POS(판매시점 정보관리) : 판매와 관련한 데이터를 관리하고, 고객정보를 수집하여 부가가치를 향상할 수 있도록 상품의 판매 시기를 결정하는 것
② SCM(공급망 사슬관리) : 생산을 하기 위한 자재를 조달하는 각 협력회사와의 정보시스템 연계
④ CS(고객만족) : 고객의 욕구와 기대에 최대한 부응하여 그 결과로서 상품과 서비스의 재구입이 이루어지고 아울러 고객의 신뢰감이 연속적으로 이어지는 상태

02 마케팅에 대한 설명으로 적절하지 않은 것은?

① 제품을 시장에 판매하여 이윤추구만을 목적으로 한다.
② 두 당사자 간에 가치를 매매하는 거래가 있다.
③ 인간의 욕구와 욕망을 충족시키기 위한 수요가 있다.
④ 소유권과 점유권의 이전에 관한 경영활동이다.

해설 마케팅 : 개인과 집단이 제품과 가치를 창조하고 타인과 교환함으로써 그들의 욕구와 욕망을 충족시키는 사회적 또는 관리적 과정

03 전사적 마케팅과 가장 밀접한 것은?

① 마케팅활동은 사회에 대한 책임을 우선으로 해야 한다는 것이다.
② 기업의 총매출액을 극대화시키기 위한 것이다.
③ 국내·외의 시장을 총괄하여 마케팅활동을 전개하는 것이다.
④ 기업의 모든 경영활동을 마케팅활동 중심으로 통합하는 것이다.

해설 전사적 마케팅 : 마케팅활동이 판매부문에만 한정되어 수행되는 것이 아니라 기업의 모든 활동이 마케팅 기능을 수행하게 된다는 통합적 마케팅과 같은 개념

04 표적시장선택을 위한 전략의 사례로 적절하지 않은 것은? 제8회

① 가내수공업으로 두부를 소량생산하는 A업체는 틈새 마케팅이 적절하다.
② 한 종류의 햄을 대량생산하는 B업체는 비차별적 마케팅이 필요하다.
③ 서로 다른 한국과 미국 시장에 각각 진출하려고 하는 C업체는 차별적 마케팅이 적절하다.
④ 개별고객의 욕구와 선호에 부응하는 상품을 생산하는 D업체는 집중적 마케팅이 효과적이다.

해설 시장영업범위 선택의 전략
- 비차별화 마케팅 : 대량마케팅이라고도 하는데 기업이 품질이 균일한 하나의 제품이나 서비스를 갖고 시장전체에 진출하여 가능한 한 다수의 고객을 유치하려는 전략으로 시장세분화의 필요성이 없게 된다.
- 차별화 마케팅 : 이는 두 개 혹은 그 이상의 시장 부문에 진출할 것을 결정하고 각 시장부문별로 별개의 제품 또는 마케팅 프로그램을 세우는 것으로, 각 시장부문에서 더 많은 판매고와 확고한 위치를 차지하려며 시장부문별로 소비자들에게 해당 제품과 회사의 이미지를 강화하려고 하는 전략이다. 제품이나 서비스의 구색이 다양하고 복잡한 경우에 적절하다.
- 집중화 마케팅 : 한 개 또는 몇 개의 시장부문에서 시장점유를 집중하려는 전략으로 이는 기업의 자원이 한정되어 있을 때 이용하는 전략이다.

05 수요상황과 마케팅방식을 올바르게 연결한 것은?

① 부정적 수요 - 개발적 마케팅
② 불규칙적 수요 - 동시화 마케팅
③ 완전수요 - 재마케팅
④ 잠재적 수요 - 자극적 마케팅

해설 ① 전환적 마케팅
③ 유지적 마케팅
④ 개발적 마케팅

06 특정제품에 대한 불건전한 수요나 관심을 줄이거나 없애려는 과제를 지닌 마케팅은?

① 자극적 마케팅
② 유지적 마케팅
③ 카운터 마케팅
④ 개발적 마케팅

해설 카운터 마케팅 : 특정한 제품이나 서비스에 대한 수요나 관심을 없애려는 전략

07 마케팅에 관련된 설명으로 적절하지 않은 것은?
① 마케팅 믹스는 목표시장에서 기업의 목적을 달성하기 위하여 통제 가능한 마케팅 변수를 적절하게 배합하는 것이다.
② 선행적 마케팅기능은 생산이 이루어지기 전에 수행되는 마케팅으로 여기에는 마케팅조사활동과 마케팅계획활동이 포함된다.
③ 경로, 가격, 판매촉진, 유통관리 활동은 후행적 마케팅기능에 포함된다.
④ 디마케팅은 공급이 수요를 초과하는 경우에 자원의 생산적 이용을 유도하기 위하여 적용되는 마케팅과업이다.

해설 디마케팅전략 : 역마케팅전략이라고도 하는데 하나의 제품이나 서비스에 대한 수요를 일시적으로나 영구적으로 감소시키려 하는 전략

08 마케팅 믹스(Marketing Mix) 전략을 적절히 설명한 것은? [제2회]
① 마케팅 믹스 요소는 상품전략, 수송전략, 유통전략, 광고전략으로 나뉜다.
② 기업이 표적시장을 선정한 다음에 여러 가지 자사 상품을 잘 섞어서 판매하는 전략이다.
③ 기업의 마케팅 노하우, 상표, 기업 이미지 등을 경쟁자가 쉽게 모방할 수 없도록 하는 종합적인 전략이다.
④ 기업이 소비자의 욕구와 선호를 효과적으로 충족시키기 위하여 4P를 활용한 마케팅 전략을 말한다.

해설 마케팅 믹스 : 마케팅목표의 효과적인 달성을 위하여 마케팅활동에서 사용되는 여러 가지 방법을 전체적으로 균형이 잡히도록 조정·구성하는 활동을 말한다.
※ 마케팅의 4요소(4P)는 제품, 가격, 촉진, 유통인데 4P 이외에도 고객관리기법, 서비스, 영업방법, 유통경로 등의 통합도 마케팅 믹스로 본다.

09 수요의 계절적 변동이 심한 경우 마케팅 관리자의 과제는?
① 유지마케팅
② 동시화 마케팅
③ 개발마케팅
④ 전환마케팅

해설 동시화 마케팅 : 제품이나 서비스의 공급능력에 맞추어 수요발생시기를 조정 내지 변경하려고 하는 전략

10 고객이 특정제품을 구매할 때 심리적 상태를 중시하고 고객의 기분과 욕구에 적응하는 마케팅활동은?
① 서비스마케팅 ② 조직마케팅
③ 대인마케팅 ④ 감성마케팅

해설 감성마케팅 : 고객이 특정제품을 대할 때의 심리적 상태를 중시하고 그 때의 기분과 욕구에 적합한 상품개발을 목표로 다품종 소량생산 등의 방식을 채택하는 것으로, 소비자의 감성에 호소하는 마케팅이기 때문에 그 기준도 수시로 바뀔 수 있다.

11 마케팅문제의 해결을 위한 의사결정순서를 바르게 배열한 것은?
① 기회의 인식(문제의 정의) → 목표의 설정 → 전제조건의 확인 → 모형의 설정 → 모형의 타당성검증 → 해의 도출 → 해의 이용
② 목표의 설정 → 전제조건의 확인 → 기회의 인식(문제의 정의) → 모형의 설정 → 모형의 타당성 검증 → 해의 도출 → 해의 이용
③ 기회의 인식(문제의 정의) → 전제조건의 확인 → 모형의 설정 → 모형의 타당성 검증 → 목표의 설정 → 해의 도출 → 해의 이용
④ 모형의 설정 → 모형의 타당성 검증 → 기회의 인식(문제의 정의) → 목표의 설정 → 전제조건의 확인 → 해의 도출 → 해의 이용

해설 마케팅문제 해결을 위한 의사결정순서
- 기회인식(문제의 정의)
- 목표의 설정
- 전제조건의 확인
- 모형의 설정
- 모형의 타당성 검증
- 해의 도출
- 해의 이용

12 직접 시장시험을 통해서 신제품 수요를 예측하는 마케팅 조사기법으로 적절한 것은? 제4회
① 델파이법
② 고객의견 조사법
③ 모의시장 시험법
④ 회귀분석법

해설 모의시험 시장법(사전시험 시장법) : 실험에 참가한 소비자들에게 신제품을 포함한 여러 제품들의 광고를 보여준 후 실험에 참가한 대가로 받은 소정의 금액으로 실험을 위해 설치된 가상의 점포(또는 실제점포)에서 실제로 제품을 구매하도록 하는 방법이다.

정답 10 ④ 11 ① 12 ③

13 신제품에 대한 광고시안을 몇 개의 소비자 집단에 보여주고 그 중에서 소비자의 선호 정도 및 기억 정도가 가장 높은 광고를 선정하고자 할 때 적합한 마케팅 조사방법은? 제5회

① 관찰법(Observational Research)
② 서베이조사(Survey Research)
③ 표적집단면접법(Focus Group Interview)
④ 실험조사(Experimental Research)

해설 실험조사는 주제에 대하여 서로 비교가 될 집단을 선별하고 그들에게 서로 다른 자극을 제시하고 관련된 요인들은 통제한 후 집단 간의 반응의 차이를 점검함으로써 1차 자료를 수집하는 조사방법이다.

14 많은 대상을 단시간에 일제히 조사할 수 있는 질문조사법(Survey)에 대한 설명으로 옳은 것은? 제6회

① 조사대상자와의 대화를 통해 정보를 수집하는 방법
② 조사대상자의 집단적 토의를 통해 정보를 수집하는 방법
③ 조사대상이 되는 사물이나 현상을 조직적으로 파악하는 방법
④ 일련의 질문사항에 대하여 피조사자가 대답을 기술하도록 하는 방법

해설 질문조사 : 조사자가 어떤 문제에 관하여 작성한 일련의 질문사항에 대하여 피조사자가 대답을 기술하도록 한 조사방법으로 이 방법은 많은 대상을 단시간에 일제히 조사할 수 있고, 결과도 비교적 신속하게 기계적으로 처리할 수 있다.

15 자료가 부족하고 통계분석이 어려울 때 관련 전문가들을 통하여 종합적인 방향을 모색하는 마케팅 조사법은? 제11회

① 서베이조사법
② 패널조사법
③ 관찰법
④ 델파이법

해설 델파이법 : 전문가의 경험적 지식을 통한 문제해결 및 미래예측을 위한 기법이다. 전문가 합의법이라고도 한다.

정답 13 ④ 14 ④ 15 ④

16 마케팅 조사에 대한 설명 중 관계가 먼 것은?

① 시장의 사정이나 소비자의 요구 또는 동업자의 실태 등을 면밀히 파악한다.
② 상품의 공급 상황과 수요예측을 정확하게 파악하기 위한 시장조사이다.
③ 판매목표 설정을 위해 정확한 판매예측을 한 다음 마케팅 조사를 실시한다.
④ 수요예측은 유효수요뿐만 아니라 잠재수요도 파악해야 한다.

해설 ③ 시장 상황, 소비자 요구, 경쟁자 동향, 상품의 수요와 공급 등 마케팅 조사가 먼저 이루어지고 그 결과를 판매예측과 목표 설정 등 마케팅전략 수립에 활용한다.

17 소비자가 구매한 제품에 대한 만족도 평가가 중요하게 다루어지는 이유를 설명한 것으로 틀린 것은?

① 만족한 소비자는 재구매할 가능성이 높기 때문이다.
② 신규 고객을 유치하는 것보다 기존 고객을 유지하는 것이 훨씬 더 어렵기 때문이다.
③ 불만족한 소비자는 다른 사람에게 비호의적(非好意的)인 구전(口傳)을 행하기 때문이다.
④ 만족한 소비자는 경쟁사의 광고와 제품에 관심을 덜 갖기 때문이다.

해설 기업의 입장에서 신규 고객을 확보하는 것은 기존 고객을 보유하는 것보다 5배 정도 더 많은 비용을 초래하므로, 항상 보다 높은 고객만족도 및 보다 좋은 서비스를 제공해서 기존 고객을 붙잡아 두는 것이 유리하다.

18 촉진(Promotion)의 기능으로 옳지 않은 것은?

① 제품에 대한 정보 제공
② 구매행동을 변화시키기 위한 설득
③ 제품에 대한 기억의 상기
④ 소비자의 관심을 끄는 신제품 개발

해설 촉진은 마케팅에서는 흔히 말하는 마케팅 믹스 4P 중 하나로 브랜드, 상품이나 서비스, 상품군 등에 대한 정보를 퍼뜨리는 행위를 의미한다.

정답 16 ③ 17 ② 18 ④

19 마케팅전략에서 촉진의 기능이 아닌 것은?　　　제6회
① 운영비용의 절감
② 상품정보의 전달
③ 상표에 대한 기억유지
④ 구매행동 강화를 위한 설득

해설　마케팅전략에서 촉진의 기능
　　　• 정보의 제공
　　　• 소비자의 구매 욕구 자극
　　　• 제품의 차별화 및 브랜드 이미지 향상
　　　• 판매의 안정적 유지

20 마케팅 믹스 요소 중 촉진의 기능과 관련이 없는 것은?　　　제7회
① 기업의 새로운 상품에 대하여 정보를 제공한다.
② 소비자의 구매와 관련된 행동의 변화를 유도한다.
③ 소비자의 브랜드에 대한 이미지를 제고시킨다.
④ 소비자가 원하는 가격으로 제품을 생산한다.

21 소비자의 욕구를 확인하고 이에 알맞은 제품을 개발하며 적극적인 광고전략 등에 의해 소비자가 스스로 자사제품을 선택 구매하도록 하는 것과 관련된 마케팅전략은?
① 푸시전략
② 풀전략
③ 머천다이징
④ 선형마케팅

해설　풀전략 : 기업이 자사의 이미지나 상품의 광고를 통해 소비자의 수요를 환기시켜 소비자 스스로 하여금 그 상품을 판매하고 있는 판매점에 오게 해서 지명 구매하도록 하는 마케팅전략을 뜻한다. 따라서 풀(Pull)이란 소비자를 그 상품에 끌어 붙인다는 의미의 전략이다.

22 마케팅관리과정 중 시장기회의 분석과정에 속하는 것은?
① 마케팅정보시스템
② 소비자 행동분석
③ 마케팅프로그램의 실행 및 통제
④ 마케팅전략의 개발

해설　마케팅관리과정 중 시장기회의 분석과정(1단계)에는 마케팅조사와 마케팅정보시스템, 소비자시장, 조직시장 등이 해당된다.

23 제품의 기술적 특성이 강하거나 제품판매에 전문적 지식이 필요한 경우에 적합한 마케팅 조직은?

① 고객별 판매조직
② 제품별 판매조직
③ 기능별 판매조직
④ 지역별 판매조직

해설
- 단일의 제품이나 소규모의 고객이 전시장에 분산되어 있는 경우
- 고객의 수는 적으나 규모가 크거나 타입이 현저하게 다른 경우
- 수많은 소규모의 구매자가 전국적으로 널리 분산되어 있는 경우

24 기업이 신제품을 개발하여 새로운 시장에 내놓는 마케팅 과업은?

① 시장개발
② 시장침투
③ 시장개척
④ 제품다각화

해설 제품다각화 전략은 주로 기존의 제품시장이나 시장과는 완전히 다른 새로운 사업을 시작하거나 인수하는 경우에 고려하는 전략 중 하나이다.

25 BCG 매트릭스에서 상대적 시장점유율이 높고, 시장성장률이 낮은 곳은?

① 스타
② 자금젖소
③ 의문표
④ 개

해설 BCG(보스톤 컨설팅그룹) 매트릭스
- 별(스타) : 고점유율, 고성장률
- 자금젖소 : 고점유율, 저성장률
- 의문표 : 저점유율, 고성장률
- 개 : 저점유율, 저성장률

26 흔히 마케팅 믹스라고 하면 4P를 일컫는데, 이에 해당되지 않는 것은?

① 제 품
② 촉 진
③ 경 로
④ 포 장

해설 4P : 제품(Product), 유통(Place), 가격(Price), 판매촉진(Promotion)

정답 23 ② 24 ④ 25 ② 26 ④

27 각각의 세분시장에 서로 다른 마케팅 믹스(Marketing Mix)를 적용하는 마케팅전략은? 제9회
① 차별적 마케팅(Differentiated Marketing)
② 무차별적 마케팅(Undifferentiated Marketing)
③ 집중적 마케팅(Concentrated Marketing)
④ 대중적 마케팅(Mass Marketing)

해설 ② 제품의 품질이 균일한 경우 무차별적 마케팅이 적합하다.
③ 보유한 자원이 매우 제한적일 경우 집중적 마케팅을 구사하는 것이 적합하다.
④ 기업이 많은 대중에게 받아들여질 수 있다고 보는 상품 하나를 중심으로 마케팅을 집중하는 대중적 마케팅을 수행하는 것이다.

28 다음 마케팅환경 중 거시적 환경에 속하지 않는 것은?
① 인구통계
② 경제적 환경
③ 정치적 환경
④ 경쟁자

29 제품수명주기(Product Life Cycle)의 각 단계에 대한 설명으로 틀린 것은? 제5회
① 도입기 : 신제품의 인지도를 높이기 위해 상대적으로 높은 광고비와 판매촉진비가 투입되어야 한다.
② 성장기 : 혁신소비자 및 조기수용자의 호의적인 구전(口傳)이 시장 확대에 매우 중요한 역할을 한다.
③ 성숙기 : 높은 매출을 실현하게 되며, 제품의 스타일을 개선함으로써 매출을 확대할 수 있다.
④ 쇠퇴기 : 제품의 판매량이 증가하지만 판매증가율은 감소한다.

해설 쇠퇴기(Decline Stage) : 모든 제품은 여러 가지 환경요인들의 변화에 따라 결국 수요가 지속적으로 감소하는 쇠퇴기에 직면하게 된다. 이러한 현상의 원인은 소비자의 기호변화, 성능이 우수하고 저렴한 대체품의 등장, 경쟁자의 월등한 마케팅전략으로 인한 결정적 우위 차지, 정치적 요인이나 법적 요인 등 마케팅환경 요인의 변화 등이다. 쇠퇴기에는 매출액이 지속적으로 감소하고, 경쟁자들이 시장에서 철수하거나 마케팅활동을 축소하기 시작한다.

30 다음 중 구매의사의 결정과정을 순서대로 올바르게 나열한 것은?

┌───┐
│ ㉠ 정보의 탐색   ㉡ 문제의 인식   │
│ ㉢ 대체안의 평가   ㉣ 구매의사의 결정   │
│ ㉤ 구매 후 행동   │
└───┘

① ㉠ - ㉡ - ㉢ - ㉣ - ㉤
② ㉡ - ㉠ - ㉢ - ㉣ - ㉤
③ ㉢ - ㉠ - ㉡ - ㉣ - ㉤
④ ㉣ - ㉠ - ㉡ - ㉢ - ㉤

해설 구매의사의 결정과정
- 문제의 인식
- 정보의 탐색
- 대체안의 평가
- 구매의사의 결정
- 구매 후 행동

31 시장이 확대되어 기업이 생산량을 증가시키고, 상품 및 가격 차별화를 도모하는 상품수명주기(PLC) 단계는? 〔제11회〕

① 도입기   ② 성장기
③ 성숙기   ④ 쇠퇴기

해설 상품수명주기에 대응한 마케팅 전략
- 도입기 : 상표구축전략이다. 즉, 유통경로를 확보하여 소비자들이 제품을 쉽게 구매할 수 있도록 한다.
- 성장기 : 매출액이 늘어나고 시장이 확대되는 성장기에는 공급을 확대하는 한편, 상품 및 가격차별화를 도모한다.
- 성숙기 : 다른 수명주기보다 상품 가격을 낮게 한다.
- 쇠퇴기 : 투자를 줄이고 현금 흐름을 증가시킨다.

32 시장위치선정에 대한 설명 중 옳지 않은 것은?

① 어떤 세분시장에 진출할 것인가를 결정한 후 위치를 선정한다.
② 소비자의 마음속의 경쟁제품과 비교하여 우위에 있는 위치를 선정한다.
③ 선택한 위치를 표적세분시장에 효과적으로 전달한다.
④ 소비자들이 제품을 평가할 때 고려하는 속성 중 모든 제품에 대해 유사하다고 느끼는 속성을 선택한다.

해설 소비자가 모든 제품을 유사하다고 느끼는 속성은 인지도상에서 각 제품의 위치가 거의 동일하게 위치된다는 것을 의미하므로 인지도의 차원으로 위치 선정하는 것은 효과가 없다.

정답 30 ② 31 ② 32 ④

33 시장세분화의 장점이라고 보기 어려운 것은?

① 소비자의 다양한 욕구를 충족시켜 매출액의 증대를 꾀할 수 있다.
② 제품 및 마케팅활동이 목표시장의 요구에 적합하도록 조정할 수 있다.
③ 규모의 경제가 발생한다.
④ 시장세분화의 반응도에 근거하여 마케팅자원을 보다 효율적으로 배분할 수 있다.

해설 규모의 경제는 생산량이나 판매량의 크기에 따라 나타나는 것이므로 시장세분화와는 관계가 없다. 한정된 시장에서 세분화하면 각 세분시장의 수요가 더 작아지므로 오히려 규모의 경제를 이루기가 어렵다.

34 시장세분화에 관한 설명으로 옳은 것을 모두 고른 것은? [제11회]

ㄱ. 소비자의 다양한 욕구를 파악하여 매출증대를 이룰 수 있다.
ㄴ. 제품 및 마케팅 활동을 목표 시장 요구에 적합하도록 조성할 수 있다.
ㄷ. 소비자의 개별적 관점이 아니라 전체를 보고 비용을 절감한다.

① ㄱ, ㄴ ② ㄱ, ㄷ
③ ㄴ, ㄷ ④ ㄱ, ㄴ, ㄷ

해설 시장세분화는 전체 시장이 아니라 세분 시장을 대상으로 하기에 시장 수요의 변화에 보다 신속하게 대응할 수 있다.

35 개인별 마케팅보다는 더 적은 비용을 지출하면서도 동시에 대량 마케팅보다는 더 많은 고객을 확보할 수 있도록 하기 위하여 시장을 세분화 하려고 한다. 이때 시장을 효과적으로 세분하기 위한 요건으로 볼 수 없는 것은? [제4회]

① 세분시장 간에는 어느 정도 동질성이 확보되어야 한다.
② 세분시장의 크기와 구매력을 측정할 수 있어야 한다.
③ 세분시장의 잠재고객에게 쉽게 접근할 수 있어야 한다.
④ 세분시장은 상당한 이익이 실현될 수 있는 규모가 되어야 한다.

해설 시장세분화의 요건 : 이질성, 측정가능성, 접근가능성, 실질성, 행동가능성, 신뢰성, 유효성, 정당성 등이 있다.

36 다음 마케팅전략 가운데서 소비자들의 라이프스타일의 특성이 가장 적게 이용되고 있다고 생각되는 것은?

① 시장세분화를 위한 전략
② 제품 리포지셔닝을 위한 전략
③ 적절한 상표선정을 위한 전략
④ 적절한 광고매체선정을 위한 전략

해설 상표선정에 있어서는 소비자들의 라이프스타일은 영향이 적다.

37 상표의 기능이 아닌 것은? 〔제2회〕

① 상징 기능
② 광고 기능
③ 원산지 표시 기능
④ 품질보증 기능

해설 **상표의 기능** : 상품식별 기능, 출처표시 기능, 품질보증 기능, 광고선전 기능, 업무상의 신용 화체
※ **상표** : 문자, 도형 등의 상징적 표현양식에 의하여 영업자가 취급하는 상품의 동일성을 표시하고 나아가 타인의 상품과의 구별을 가능하게 하며 상품자체의 품질, 성능, 영업의 우수성, 성실성 기타 명성 등의 신용(Good Will)을 상징하는 것이다.

38 소비자들의 욕구, 선호, 구매관습, 구매행위가 각각 다를 때에 적절한 시장세분화 전략은?

① 경쟁적 마케팅
② 차별적 마케팅
③ 집중적 마케팅
④ 비차별적 마케팅

해설 **차별적 마케팅** : 두 개 혹은 그 이상의 시장부문에 진출할 것을 결정하고 각 시장부문별로 별개의 제품 또는 마케팅 프로그램을 세우는 전략

39 표적시장의 선정과 마케팅 전략의 선택에 대한 설명으로 옳지 않은 것은? 〔제7회〕

① 집중적 마케팅 전략은 동일한 마케팅 믹스로 접근 가능한 1~2개의 세분시장을 표적으로 한다.
② 집중적 마케팅 전략은 제품을 생산하고 판매촉진을 하는데 필요한 자원이 제한적일 때 효율적이다.
③ 차별적 마케팅 전략은 다양한 마케팅 믹스를 바탕으로 다양한 세분시장을 표적으로 한다.
④ 차별적 마케팅 전략은 총 매출액이나 수익을 증대시킬 뿐만 아니라 마케팅 비용도 절감한다.

해설 이렇게 차별화된 시장의 경우 세분시장의 수가 많아지기 때문에 이에 따른 마케팅믹스를 수행하기 위한 비용도 증가하게 마련이므로 충분한 자금력을 가지지 못한 기업은 이 전략을 수행하기 어렵다.

정답 36 ③ 37 ③ 38 ② 39 ④

40 시장세분화(Market Segmentation) 전략을 가장 적절히 설명한 것은?   제2회

① 제한된 자원으로 전체 시장에 진출하기보다는 욕구와 선호가 비슷한 소비자 집단으로 나누어 진출하는 전략이다.
② 소비자의 개별적 욕구를 충족하기보다는 전체를 하나로 보아 비용을 절감하고 관리하는 전략이다.
③ 소비자들이 인식하고 있는 취향과 선호에 따라 부분적으로 취하는 소비 전략이다.
④ 모든 개인의 취향과 욕구를 충족하고 관리하여 이익의 극대화를 추구하는 전략이다.

해설 시장세분화 전략 : 가치관의 다양화, 소비의 다양화라는 현대의 마케팅환경에 적응하기 위하여 수요의 이질성을 존중하고 소비자·수요자의 필요와 욕구를 정확하게 충족시킴으로써 경쟁상의 우위를 획득·유지하려는 경쟁전략이다.

---

41 다음 설명 중 시장표적화와 관련하여 옳은 것으로만 짝지어진 것은?

> ㉠ 차별적 마케팅은 대량생산이나 생산의 표준화에 적절하다.
> ㉡ 비차별적 마케팅은 전체시장을 포괄한다.
> ㉢ 비차별적 마케팅에서는 시장세분화의 필요성이 없다.

① ㉠, ㉡
② ㉡, ㉢
③ ㉠, ㉢
④ ㉠, ㉡, ㉢

해설 생산의 표준화에 의한 대량생산은 비차별적 마케팅이다. 비차별화 마케팅은 기업이 하나의 제품이나 서비스를 갖고 시장 전체에 진출하여 가능한 한 다수의 고객을 유치하려는 전략을 말하며 대량마케팅이라고도 한다. 그러므로 비차별적 마케팅에서는 시장세분화의 필요성이 없게 된다.

---

42 시장규모가 너무 작거나 혹은 자신의 상표가 시장 내에서 지배상표이기 때문에 시장을 세분화하면 수익성이 적어질 경우, 어떤 마케팅 전략이 적절한가?   제2회

① 비차별적 마케팅 전략
② 집중화 마케팅 전략
③ 틈새 마케팅 전략
④ 그린 마케팅 전략

해설 ① 비차별 마케팅 전략 : 기업이 세분시장의 시장특성의 차이를 무시하고 한 가지 제품을 가지고 전체시장에서 영업을 하는 시장영업범위전략
② 집중화 마케팅 전략 : 한 개 또는 몇 개의 시장부문에서 시장점유를 집중하려는 전략으로 이는 기업의 자원이 한정되어 있을 때 이용하는 전략
③ 틈새 마케팅 전략 : 이미 공급은 존재하지만 소비자들에게 만족할만한 서비스가 제공되어 있지 못하는 시장을 공략하는 방법
④ 그린 마케팅 전략 : 기존 상품판매전략이 단순히 고객의 욕구나 수요충족에만 초점을 맞추는 것과는 달리 자연환경 보존, 생태계 균형 등을 중시하는 시장접근전략이다.

43 '명품 멜론 2개들이 한 상자에 30만원'과 같이 고가품임을 암시하는 심리적 가격전략에 해당하는 것은?

제10회

① 원가 가산가격
② 과점가격
③ 개수가격
④ 수요자 지향적 가격

해설 개수가격전략은 고급 품질의 가격이미지를 제공하여 구매를 자극하기 위해 하나에 얼마 하는 식의 개수가격을 구사하는 전략이다.

44 제품의 단위당 비용에 적정 이익률을 더하여 최종판매 가격을 결정하는 방법은?

제5회

① 단수가격결정(Odd Pricing)
② 가산이익률에 따른 가격결정(Mark-up Pricing)
③ 목표투자이익률에 따른 가격결정(Target Return Pricing)
④ 손익분기점 분석에 의한 가격결정(Break-even Analysis Pricing)

해설 ① 단수가격결정 : 가격이 최하의 가능한 선에서 결정되었다는 인상을 구매자에게 주기 위하여 고의로 단수를 붙여 가격을 결정하는 방법
③ 목표투자이익률에 따른 가격결정 : 기업이 목표로 하는 투자이익률을 달성할 수 있도록 가격을 설정하는 방법
④ 손익분기점 분석에 의한 가격결정 : 주어진 가격하에서 총수익(가격 매출 수량)이 총비용(고정비+변동비)과 같아지는 매출액이나 매출 수량을 산출해 이를 근거로 가격을 결정하는 방법

45 경쟁업체보다 높은 수준의 정상가격을 유지하다가 파격적인 가격할인으로 수요자를 끌어들이는 가격전략은?

제11회

① EDLP
② 하이-로우가격전략
③ 단수가격전략
④ 개수가격전략

해설 ① EDLP(Every Day Low Price) : 언제나 저가로 제품을 제공하겠다는 전략이다.
③ 단수가격전략 : 가격의 단위를 1,000원, 10,000원 등이 아닌 990원, 9,900원 등으로 설정해서 소비자들이 심리적으로 싸게 느끼도록 하는 것이다.
④ 개수가격전략 : 고급품질의 가격이미지를 형성하여 구매를 자극하기 위하여 우수리가 없는 개수의 가격을 구사하는 전략이다. ⇔ 단수가격전략

정답 43 ③ 44 ② 45 ②

46 제조업자가 직접 소비자를 대상으로 실시하는 판매촉진수단만을 나열한 것은?

① 리베이트(Rebates), 보상판매(Trade-ins)
② 사은품(Premium), 구매공제(Buying Allowances)
③ 판매원 훈련, 콘테스트(Contest)
④ 사은품(Premium), 진열공제(Display Allowances)

> **해설** 소비자대상 판매촉진의 종류
> • 비가격판촉 : 프리미엄, 샘플링, 콘테스트, 추첨(현상경품), 시연회나 이벤트, 마일리지 프로그램 등
> • 가격판촉 : 가격할인, 쿠폰, 리펀드, 리베이트를 들 수 있다.
> ※ **판매촉진** : 어떤 상품의 구매를 촉진하기 위하여 여러 가지 단기적인 인센티브를 제공하는 활동
>   • 소비자 판매촉진 : 제조업자가 직접 소비자를 대상으로 인센티브를 제공하는 것
>   • 중간상 판매촉진 : 제조업자가 중간상을 대상으로 인센티브를 제공하는 것
>   • 도매(소매)업자 판매촉진 : 도매(소매)업자가 소매업자(소비자)를 대상으로 인센티브를 제공하는 것

47 좁은 의미의 판매 촉진에 관해 가장 잘 설명하고 있는 것은?

① 좁은 의미의 판매촉진에서는 광고와 홍보가 가장 중요한 수단이다.
② 광고, 홍보 및 인적판매와 같은 범주에 포함되지 않은 모든 촉진 활동을 말한다.
③ 가격 할인, 경품, 샘플 제공 등을 사용하지 않는다.
④ 광고, 홍보 및 인적판매와 같은 모든 수단을 기업 이미지 개선과 매출 증가를 위해 사용한다.

> **해설** 판매촉진(Sales Promotion)이란 특정제품에 대한 고객 및 중간상의 인지도와 관심을 증대시켜서 짧은 기간 내에 제품구매를 유도하기 위한 마케팅활동으로 광고, 인적판매, 홍보활동에 포함되지 않는 다양한 촉진활동을 의미한다. 판매촉진이란 자사제품의 단기적인 매출증대를 유도하기 위해 소비자에게 추가적으로 인센티브를 제공하는 마케팅활동을 말한다.

48 농산물 판매확대를 위한 촉진전략에 대한 설명으로 알맞지 않은 것은?

① 소비자가 농산물의 구매결정을 내리기 이전단계에서는 홍보 및 광고가 판매촉진보다 효과가 높다.
② 지방자치단체가 여름휴양지에서 휴양객에게 지역특산물을 나누어 주는 무료행사는 풀(Pull) 전략에 해당한다.
③ RPC(미곡종합처리장)가 대형할인점에 납품하는 쌀가격을 인하하여 판매를 확대하는 것은 푸시(Push) 전략에 속한다.
④ 공산품과 달리 차별화하기 어려운 농산물의 경우는 일반 대중을 상대로 한 PR(공중관계) 전략의 효과가 미미하다.

> **해설** 농산물의 경우는 일반 대중을 상대로 한 PR(공중관계) 전략의 효과가 크다.

49 최근 동종의 제품을 생산하는 여러 기업들이 협동상표를 개발하여 사용하는 경우가 늘고 있다. 다음 설명 중 옳은 것은?
① 협동상표전략을 택하고 있는 경우에도 제품·품질의 통제는 각 기업 고유의 관리영역이다.
② 협동상표전략은 중소기업의 고유 업종으로 지정된 업종에만 가능하다.
③ 대기업의 진출에 대항하기 위해 중소기업들이 택할 수 있는 유효한 전략의 하나이다.
④ 협동상표전략은 공예품같이 제품차별성이 큰 경우에 특히 유용하다.

해설 협동상표전략은 두 개 이상의 기업들이 공동으로 상표를 개발해서 사용하는 것을 말하는데, 협동상표는 브랜드 자산을 한 기업이 독자적으로 구축하기 어려운 경우에 선택하는 것으로 주로 중소기업들이 협동하여 개발한다.

50 상표충성도(Brand Loyalty)에 관한 설명으로 옳지 않은 것은? 제11회
① 상표를 통하여 제품의 구매가 결정된다.
② 반복구매를 통하여 나타난다.
③ 편견이 없는 합리적인 구매행동으로 표출된다.
④ 심리적인 의사결정과정에서 형성된다.

해설 브랜드 충성도는 편견이 작용한다.

51 다음 중 상표의 이점에 대한 설명으로 옳지 않은 것은?
① 상표는 재판매가격의 유지에 도움이 된다.
② 상표는 상품의 출처를 밝히는 기능을 하기 때문에 소비자에게 믿음을 준다.
③ 상표는 신제품의 소개를 어렵게 하지만, 판매촉진을 용이하게 한다.
④ 상표는 반복판매를 증진시키며 또한 가격안정에도 도움이 된다.

해설 상표는 신제품의 소개를 용이하게 하는 이점을 가지고 있는 것이지 어렵게 하지는 않는다.

52 배달과 외상, 보증, 판매 후 서비스 등을 포함하는 제품개념은?
① 핵심제품 ② 실체제품
③ 증폭제품 ④ 유형제품

해설 증폭제품은 확장제품이라고도 하는데 핵심제품과 실체제품에 추가적으로 있는 서비스와 혜택들로 품질보증, 애프터서비스, 설치 등이 있다.

정답 49 ③ 50 ③ 51 ③ 52 ③

53 공급독점시장(Monopoly Market)에 대한 설명으로 옳은 것은? 제6회

① 한계수입(한계수익)곡선은 수요곡선 위에 위치한다.
② 공급곡선이 존재하지 않는다.
③ 최적산출량은 한계비용곡선과 수요곡선이 만나는 점에서 결정된다.
④ 소수의 기업이 전략적 행위를 통해 이윤극대화를 추구한다.

해설 독점시장에서의 수요곡선은 완전경쟁시장과 달리 가격을 내리면 수요가 늘어나기 때문에 우하향한다.
① 한계수입(한계수익)곡선은 수요곡선 아래에 위치한다.
③ 최적산출량은 한계비용곡선과 한계수요곡선이 만나는 점에서 결정된다.
④ 과점시장에 대한 설명이다.

54 과점시장의 특징에 대한 설명으로 맞는 것은? 제4회

① 한 시장에 소수의 판매자로 구성되어 있기 때문에 판매자의 가격정책은 상호 의존성이 없다.
② 한 시장에 소수의 판매자가 존재하는 경우로서 생산물이 동질적일 수도 있고 이질적일 수도 있다.
③ 한 기업은 시장 전체에 비해 상대적으로 그리 크지 않기 때문에 시장 전체의 판매량을 크게 변화시키지 못한다.
④ 과점시장의 수요곡선은 시장전체의 수요곡선이 된다.

해설 과점시장의 특징은 시장이 소수의 대기업에 의해 지배되며, 상호의존적이고 담합이 잘 이루어지고, 가격은 경직적이나 비가격경쟁은 치열하며, 새로운 기업의 진입장벽은 상당히 높다는 특징을 갖고 있다.

※ **시장 형태**

구분 \ 종류	완전 경쟁시장	독점시장	독점적 경쟁시장	과점시장
거래자의 수	다 수	하 나	다 수	소 수
상품의 질	동 질	동 질	이 질	동질, 이질
시장 참여	항상 가능	불가능	항상 가능	실질적으로 곤란
시장의 예	주식시장, 쌀시장	전력, 철도	주유소, 병원	가전제품, 자동차

55 제품수명주기(PLC)상 제품의 매출성장률이 둔화되기 시작하고, 재구매 고객에 의한 구매가 판매의 대부분을 차지하는 시기는?
제9회

① 도입기 ② 성장기
③ 성숙기 ④ 쇠퇴기

해설 제품수명주기의 각 단계
- 도입기 : 신제품의 인지도를 높이기 위해 상대적으로 높은 광고비와 판매촉진비가 투입되어야 한다.
- 성장기 : 혁신소비자 및 조기수용자의 호의적인 구전(口傳)이 시장 확대에 매우 중요한 역할을 한다.
- 성숙기 : 높은 매출을 실현하게 되며, 제품의 스타일을 개선함으로써 매출을 확대할 수 있다. 제품의 차별성이 중시된다.
- 쇠퇴기 : 매출은 저하되고 이익도 발생하지 않는다. 가격은 원가 수준에 머무르며 마케팅 비용은 최소화된다.

56 제품수명주기에서 매출액이 급증하며 이익이 발생하기 시작하는 단계는?

① 도입기 ② 성장기
③ 성숙기 ④ 쇠퇴기

해설 성장기에는 신제품이 시장의 요구를 충족시키므로 판매가 증대되기 시작한다. 수요가 급격히 증대되도록 이를 환기한 경우 이 기간 동안의 가격은 그 수준을 그대로 유지하거나 약간 낮아진다. 성장기에는 공급을 확대하고 사품과 가격의 차별화를 도모하고, 촉진비도 경쟁에 대응하고 시장에 정보를 계속 제공하기 위해 현 수준을 유지하거나 약간 확대되기도 한다.

57 제품수명주기 중 성숙기의 특징에 해당되는 것은?

① 치열한 경쟁 ② 이익률의 증가
③ 판매비의 감소 ④ 판매성장률의 증가

해설 판매성장률이 저하되는 시점부터 상대적으로 성숙기에 접어들게 되므로, 판매성장률이 저하되면 과잉시설이 문제가 되며 이 때문에 경쟁이 격화된다. 경쟁업자는 빈번하게 가격을 인하하고 정찰제에 따른 가격설정을 하지 않게 된다.

정답 55 ③ 56 ② 57 ①

58 최근 유통부문에서 가격파괴현상이 일어나고 있는데 가격경쟁형 마케팅전략의 전제조건이 될 수 있는 것은?

① 제품의 수명주기상 성숙기에 있는 경우
② 제품차별화가 이루어지고 있는 경우
③ 수요의 가격탄력성이 낮은 경우
④ 소비자의 과시적 소비경향이 강하게 나타나는 경우

해설 성숙기의 특징은 경쟁이 극심하게 되므로 가격파괴현상이 나타난다.

59 농산물 마케팅에서 거시적 환경요인에 해당하는 것은? 제6회

① 금융회사
② 농산물물류시설
③ 가처분소득
④ 유통조직관리자

해설 기업의 미시환경과 거시환경
• 미시적 환경 : 기업, 원료공급자, 마케팅중간상, 고객, 경쟁기업, 공중 등
• 거시적 환경 : 인구통계적 환경, 경제적 환경, 자연적 환경, 기술적 환경, 정치적 환경, 문화적 환경 등

60 농산물 마케팅 환경분석에 대한 설명으로 옳지 않은 것은? 제7회

① 강점과 약점, 기회와 위험 요인을 분석하는 SWOT분석이 자주 이용된다.
② 미시적 환경요인은 유통업자 스스로의 마케팅 노력에 의해 변경이나 개선이 불가능하다.
③ 미시적 환경요인에는 고객, 경쟁업자, 중간상인, 원료 공급업자 등이 포함된다.
④ 거시적 환경요인에는 인구통계학적 환경, 경제적 환경, 자연적 환경, 사회적문화적 환경 등이 포함된다.

61 다음은 마케팅전략 수립을 위한 상황분석이다. 괄호 안의 용어로 옳은 것은? 〔제8회〕

> 기업 내부여건으로 ( )과(와) ( ), 기업 외부요인으로 ( )과(와) ( )을(를) 분석한다.

① 기회 – 강점 – 약점 – 위협
② 강점 – 기회 – 위협 – 약점
③ 강점 – 약점 – 기회 – 위협
④ 기회 – 위협 – 강점 – 약점

해설 SWOT 분석 : 어떤 기업의 내부환경을 분석하여 강점과 약점을 발견하고, 외부환경을 분석하여 기회와 위협을 찾아내어 이를 토대로 강점은 살리고 약점은 죽이고, 기회는 활용하고 위협은 억제하는 마케팅 전략을 수립하는 것을 말한다.
※ SWOT는 다음 네 글자의 약자다.
    S(Strength) : 강점, W(Weakness) : 약점, O(Opportunity) : 기회, T(Threat) : 위협

62 다음에 제시된 사례에 해당하는 제품수명 주기단계(A~D)는? 〔제8회〕

> 딸기잼을 생산·유통하고 있는 K 영농조합법인은 경쟁업체들의 유사상품 출시에 대응하여 연구소에 기능성 잼의 개발을 의뢰하였다.

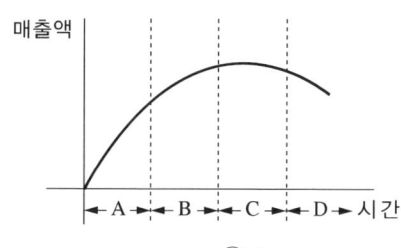

① A
② B
③ C
④ D

해설 제품수명주기의 각 단계
A. 도입기 : 수요도 작고 매출 증가율도 낮다. 제품의 가격은 높으며 경쟁은 독과점 양상을 띤다. 제품 도입에 대한 마케팅 비용이 많으므로 이익은 발생하지 않는다. 제품의 본질적 기능을 소비자에게 인지시키는 것이 전략 과제이다.
B. 성장기 : 수요가 급속도로 커지고 매출도 가속적으로 증가하며, 이익도 발생하기 시작한다. 기술 혁신 및 모방이 일어나고, 많은 진출기업이 등장하지만 시장 전체의 성장으로 흡수되어 다같이 성장을 구가할 수 있다. 더 많은 시장 확대가 전략 과제이다.
C. 성숙기 : 매출 증가율이 저하된다. 점유율을 유지하기 위한 마케팅 비용의 증가와 함께 이익이 감소한다. 한정된 파이의 쟁탈 양상을 보이기 시작하고, 제품의 차별성이 중시된다. 경영 자원에 대응한 경쟁에서 살아남는 것이 전략과제이다.
D. 쇠퇴기 : 매출은 저하되고 이익도 발생하지 않는다. 가격은 원가 수준에 머무르며 마케팅 비용은 최소화된다. 이 단계에서는 철수하거나 혁신에 의해 새로운 가치를 창조하거나 어느 한 쪽의 전략을 취해야 한다. 후자를 선택하면 시장 필요를 재검토하는 것으로부터 시작해야 한다.

63 제품수명주기(PLC)의 단계별 특성과 그에 대응한 농산물 마케팅 전략에 대한 설명으로 맞는 것은?

제4회

① 새로운 농산물이 개발·보급되는 도입기에는 홍보보다 판매촉진활동이 우선시된다.
② 농산물의 매출액이 늘어나고 시장이 확대되는 성장기에는 공급을 확대하는 한편 상품 및 가격차별화를 도모한다.
③ 시장이 포화단계에 이르는 성숙기에는 가격탄력성이 크기 때문에 가격을 인하하면 총수익이 큰 폭으로 줄어든다.
④ 해당 농산물에 대한 시장수요가 줄어드는 쇠퇴기에는 광고를 비롯한 판매촉진활동을 과감하게 시행하여야 한다.

해설 제품수명주기의 단계별 마케팅 전략
- 도입기 : 상표 구축전략이다. 즉 유통경로를 확보하여 소비자들이 제품을 쉽게 구매할 수 있도록 한다.
  - 잠재고객들의 제품인지를 증대시키기 위한 촉진활동을 전개하며, 그러한 캠페인의 주제는 선택적 수요보다는 본원적 수요를 자극해야 한다.
  - 유통망을 확보하기 위하여 마케팅 중간기관(도매상, 소매상 등)을 대상으로 인적 판매를 실시한다.
  - 무료의 견본이나 쿠폰을 배포하여 잠재고객들의 시용을 유도하며(편의품의 경우), 강력한 인적 판매와 교육적 광고를 통하여 구매를 자극한다(전문품이나 선매품의 경우).
- 성장기 : 상표의 강화를 통한 시장 점유율의 급속한 확대 전략이 효과적이다.
  - 광고의 초점을 본원적 수요로부터 선택적 수요로 전환시킨다.
  - 장기적인 시장지위를 확보하기 위하여 유통망을 확충하고 견고히 한다.
  - 경쟁에 대응하여 시장점유율과 현재의 수익 사이에서 목표를 조정한다.
- 성숙기 : 다른 수명 주기보다 제품 가격을 낮게 한다.
  - 현재의 표적시장 범위에 속하는 비사용자(Nonuser)에게 가격인하나 할부판매제의 등을 통하여 구매를 촉구한다.
  - 현재 경쟁자의 상표를 구매하고 있는 소비자로 하여금 상표대체를 구매하도록 유인한다. 현재의 고객으로 하여금 보다 많은 양의 제품을 소비하도록 설득한다.
  - 제품에 대한 새로운 용도를 개발하고 소비자에게 구매하도록 설득한다.
  - 새로운 지역시장, 인구통계적 시장, 기관시장 등으로 진출한다.
  - 제품을 리포지셔닝 시킨다. 리포지셔닝은 제품속성의 조합을 실제로 변경시키는 제품수정의 방법과 제품에 대한 소비자의 지각만을 변경시키려는 심리적 포지셔닝이 있다.
- 쇠퇴기 : 투자를 줄이고 현금 흐름을 증가시킨다.
  - 제품의 생산을 중단하여 제품계열에서 폐기시킨다(폐기전략).
  - 제품은 계속 생산하면서 현재의 마케팅활동을 그대로 유지한다(유지전략).
  - 표적시장의 범위를 축소하여 현재 수준의 마케팅노력을 유리한 세분시장에만 집중시킨다(집중전략).
  - 마케팅노력을 축소시켜 현재의 이익을 증대시킨다(회수전략).

64 소매업체에서 농산물을 판매할 때 경품이나 할인쿠폰 제공 등의 촉진활동 효과로 옳지 않은 것은?
제10회

① 단기적인 매출이 증가한다.
② 경쟁기업이 쉽게 모방하기 어렵다.
③ 가격경쟁을 회피하여 차별화할 수 있다.
④ 신상품 홍보와 잠재고객을 확보할 수 있다.

해설 판매촉진
- 판매촉진은 가격할인, 쿠폰, 경품, 리베이트, 무료견본, 판매경진 등이 있다.
- 고객의 즉각적인 반응을 일으킬 수 있고 그 반응을 쉽게 알아낼 수 있으며 구매시점에서 제공되므로 짧은 시간에 매출을 증가시킬 수 있다.
- 짧은 시간에 소비자들에게 대량으로 구입을 유도하기 때문에 재고정리와 같은 단기적인 수요공급조절이 가능하다.
- 그러나 경쟁업체의 모방이 쉬워 경쟁업체가 똑같은 판매촉진수단으로 대응한다면 경쟁 우위가 사라질 수도 있다. 또한 판매촉진 경쟁이 치열해 질 경우 기업의 수익구조를 악화시킬 수 있고, 경쟁제품에 대한 브랜드선호도가 높은 소비자는 판매촉진 활동으로 구매패턴을 쉽게 바꾸지 않는다.

65 마케팅믹스 중 가격관리에 관한 설명으로 옳지 않은 것은?
제8회

① 업체들은 혁신 소비자층에 대해 초기저가전략을 사용한다.
② 업체간 경쟁이 치열할수록 개별업체는 가격을 독자적으로 결정하기 어렵다.
③ 일반적으로 소비자는 농산물의 품질이 가격과 직접적인 관련이 있다고 본다.
④ 가격관리는 마케팅믹스 중 수익을 창출하는 유일한 요소이다.

해설 **저가격정책** : 수요의 가격탄력성이 크고, 대량생산으로 생산비용이 절감될 수 있는 경우에 유리하다.
※ 초기고가전략(Skimming Pricing)이란 신제품을 시장에 내놓을 때 혁신 소비자층을 상대로 가격을 높게 책정하는 정책으로 초기에 높은 가격을 수용하는 혁신소비자층을 목표고객으로 한다.
※ **저가격전략을 하는 경우**
- 과잉시설이 있고 경제가 불황인 경우
- 격심한 가격경쟁에 직면하여 시장점유율이 저하되는 경우
- 저원가의 실현으로 시장을 지배하고자 하는 경우
- 소비자의 수요를 자극하고자 할 경우
- 시장수요가 가격탄력성이 높을 경우

정답 64 ② 65 ①

66 농산물 가격이 10% 오를 때 수요량은 10% 이상 감소하지 않는다면 이에 알맞은 것은? 〔제3회〕
   ① 수요는 탄력적이다.
   ② 수요는 비탄력적이다.
   ③ 가격은 탄력적이다.
   ④ 가격은 비탄력적이다.

   해설 수요의 가격탄력성은 가격변동에 따른 수요량의 변화를 의미하며, 가격이 10% 상승할 때 수요량은 10% 이상 감소하지 않았다면, 수요의 가격 탄력성은 1 이하이므로 비탄력적이다.

67 기업의 입장에서는 마케팅 믹스의 4P지만 고객의 입장에서는 4C가 된다. 다음 중 4P와 4C를 올바르게 대응한 것은?

   〈마케터관점(4P)〉　　　　　　　　　〈고객관점(4C)〉
   ① 상품(Product)　　　　　　　　　　편리성(Convenience)
   ② 가격(Price)　　　　　　　　　　　고객가치(Customer Value)
   ③ 유통(Place)　　　　　　　　　　　고객측 비용(Cost to the Customer)
   ④ 촉진(Promotion)　　　　　　　　　의사소통(Communication)

   해설 ① 상품(Product) - 고객가치(Customer Value)
   ② 가격(Price) - 고객측 비용(Cost to the Customer)
   ③ 유통(Place) - 편리성(Convenience)

68 신문광고가 가지는 특성이 아닌 것은?
   ① 어떤 매체의 광고보다 통용기간이 길다.
   ② 기록성이 있다.
   ③ 지역별 선택소구가 가능하다.
   ④ 매체의 신용을 이용할 수 있다.

   해설 신문광고는 통용기간이 짧다.

69 다음 설명 중 옳지 않은 것은?

① 라디오 광고는 전파매체에 의해 불특정 다수에 대한 광고이지만 개인적으로 받아들인다는 점에서 개인 앞으로 보내는 광고의 성격이 있다.
② 신문광고는 매체 자체의 신용에 따라 기사와 같은 정도의 신뢰성을 고객에게 준다.
③ DM 광고는 불특정다수를 대상으로 하며 그 정보가 다른 곳에 알려지지 않고 가장 효율이 높은 광고이다.
④ 전철, 버스 등의 광고는 지구별 고객에게 반복적으로 장기에 걸쳐 소구할 수 있는 점에서 평가된다.

해설　DM 광고는 기업측에서 선택한 사람들에게 개별적으로 광고를 한다.

70 신제품 도입 초기에 짧은 기간 동안 시장점유율을 높이기 위해 상대적으로 낮은 가격을 책정하여 총 시장수요를 자극하는 전략은?　　제9회

① 탄력가격 전략
② 명성가격 전략
③ 침투가격 전략
④ 단수가격 전략

해설　① 탄력가격 전략 : 일정한 범위 내에서 가격을 변경하며 적절하게 부과하는 전략
　　　② 명성가격 전략 : 심리적 가격전략 중에서 상품의 가격을 높게 책정하여 품질의 고급화와 상품의 차별화를 나타내는 전략
　　　④ 단수가격 전략 : 제품의 가격을 현재의 화폐단위보다 조금 낮춘 가격으로 책정하는 전략

정답　69 ③　70 ③

71 심리적 가격 전략 중에서 상품의 가격을 높게 책정하여 품질의 고급화와 상품의 차별화를 나타내는 전략은?

　제4회

① 개수가격 전략　　　　　　　② 명성가격 전략
③ 경쟁가격 전략　　　　　　　④ 독점가격 전략

> **해설**　소비자의 머릿속에는 비싼 것일수록 좋은 것이라고 하는 기대심리를 가지고 있기 때문에 어떤 기업들은 상품의 가격을 일부러 높게 책정해서 품질의 고급화와 상품의 차별화를 나타내는 경우도 있는데 이러한 전략을 명성가격 전략이라고 한다.

72 상품을 구매한 후 구매영수증을 비롯한 증명서를 제조업자에게 보내면 제조업자가 판매가격의 일정비율에 해당하는 현금을 반환해 주는 가격할인전략은?

① 현금할인　　　　　　　　　② 거래할인
③ 리베이트　　　　　　　　　④ 특별할인

> **해설**
> ① 현금할인 : 카드나 상품권이 아닌 현금으로 구매할 때 할인해 줌
> ② 거래할인 : 소매상들이 제조업자들로부터 제품할인, 현물, 현금 등을 제공받고 이에 대한 대가로 제조업자들의 제품에 특별촉진노력을 경주하는 활동

73 가격자체가 몇 년 또는 몇 개월 간격으로 반복을 거듭하는 변동형태를 무엇이라고 하는가?

① 추세변동　　　　　　　　　② 주기변동
③ 계절변동　　　　　　　　　④ 불규칙변동

> **해설**　**농산물 가격변동의 형태**
>
> | | |
> |---|---|
> | 추세변동 | 장기간에 걸쳐 일정한 기울기를 가지고 상승하거나 하락하는 형태이다. 추세변동은 소비자의 기호나 소득수준, 인구증가, 기술향상 등에 의해 영향을 받으며 물가의 상승·하락과 관련이 깊다. |
> | 주기변동 | 가격자체가 몇 년 또는 몇 개월 간격으로 정기적인 반복을 거듭하는 변동형태를 말한다. 농산물에서 주기변동이 발생하는 원인은 생산이나 생육 자체가 주기적인 특성이 있거나 농민들의 생산반응이 주기성을 띠고 있기 때문이다. |
> | 계절변동 | 농산물 생산이 자연조건의 영향을 크게 받아 단년생산이 많고 부패성으로 인해 수확기에 홍수출하현상이 발생하여 1년 중 계절적인 변동을 매년 반복하는 경우를 말한다. |
> | 불규칙변동 | 태풍, 폭설, 냉해 등 천재지변이나 정책의 변화 등에 의해 가격이 폭등하거나 폭락하는 등 일정한 규칙 없이 변동하는 형태를 말한다. |

71 ②　72 ③　73 ②

74 친환경농산물의 STP(Segmentation-Targeting-Positioning) 전략이 아닌 것은? 〔제6회〕

① 친환경농산물의 가격을 낮출 수 있는 유통과정 효율화 및 구매편의성 제고가 필요하다.
② 친환경농산물의 소비확대를 위해 안전성에 대한 신뢰도를 높여야 한다.
③ 친환경농산물의 생산확대를 위해 생산기술개발이 필요하다.
④ 친환경농산물의 판매확대를 위해 학교급식과 연계하여 대량소비처를 확보할 필요가 있다.

해설 STP 전략
- 시장세분화(Segmentation) : 전체 시장을 비슷한 욕구를 가진 몇 개의 집단으로 구분하는 활동을 말한다.
- 표적 시장 선정(Targeting) : 시장을 세분화한 후에 각 세분 시장의 매력도를 평가하여 진출하고자 하는 표적 시장을 선정하여 마케팅 활동을 하는 과정이다.
- 포지셔닝(Positioning) : 제품의 중요한 속성들이 구매자에게 인식되는 방식, 즉 소비자의 마음속에 경쟁제품과 비교하여 나타나는 상대적 위치를 말한다.

75 다음은 포지셔닝의 개념을 설명한 내용들이다. 잘못 설명한 것은? 〔제3회〕

① 잠재고객의 머릿속에 자리매김을 하는 것을 의미한다.
② 상품이 물리적 기능을 인식시키는 것을 의미한다.
③ 자사 상품에 대한 경쟁사의 상품과 차별화된 위상을 구축하는 것을 의미한다.
④ 마케팅 믹스에 포함되는 여러 요소들을 효과적으로 결합하는 과정을 의미한다.

해설 개 념
- 포지셔닝 : 소비자의 현저한 지각, 태도, 제품사용 습관을 근거로 하여 제품이나 기관을 표적시장, 경쟁, 기업의 능력과 관련하여 가장 유리한 포지션에 있도록 노력하는 과정
- 제품 포지션(Product Position) : 소비자들의 지각상에서 제품이 차지하고 있는 위치, 즉 제품이 소비자들에 의해 지각되고 있는 모습
- 제품 포지셔닝(Product Positioning) : 마케터가 소비자들의 마음속에서 자사 제품의 바람직한 위치(모습)를 형성하기 위하여 제품효익을 개발하고 커뮤니케이션하는 활동

76 마케팅 목표를 효과적으로 달성하기 위해서 바람직한 목표 포지션을 결정하는 일을 무엇이라고 하는가?

① 시장의 매력도
② 표적시장
③ 포지셔닝
④ 시장세분화

해설 마케팅에서 포지션이란 소비자가 인식한 자사상품과 경쟁상품에 대한 상대적 위상을 말하며, 포지셔닝이란 마케팅 목표를 효과적으로 달성하기 위해서 바람직한 목표 포지션을 결정하는 일, 즉 잠재고객의 머릿속에 자리매김하는 것을 의미한다.

77 브랜드 충성도에 관한 설명이 아닌 것은?

제10회

① 브랜드 충성도는 편견이 작용한다.
② 제조업자의 브랜드 파워가 강할수록 브랜드 충성도가 높다.
③ 소비자가 특정상표에 대해 일관되게 선호하는 경향을 말한다.
④ 브랜드 충성도는 상표고집, 상표인식, 상표출원의 3가지 유형이 있다.

해설 브랜드 충성도의 유형
브랜드에 대해 나타내는 충성도는 브랜드에 대한 호의적인 모습을 보이는 태도적 충성도와 브랜드에 대한 반복적인 구매 행동을 보이는 행동적인 충성도로 나눌 수 있다.
- 행동적 충성도 : 제품에 대한 반복적인 구매, 교차구매 등의 실질적인 구매와 관련이 있다. 고객의 실제 이용행동과 관련된 개념으로 조직에 있어서 직접적인 성과와 연결된다.
- 태도적 충성도 : 브랜드를 좋아하는 선호와 유사한 개념이다. 잠재적으로 성과와 연결될 개념으로 현재 시점에서 미래 행동에 대한 의도(의향)를 말한다.

78 다음 브랜드의 기능으로 옳지 않은 것은?

① 출처표시 기능
② 품질보증 기능
③ 생산촉진 기능
④ 재산보호 기능

해설 브랜드의 기능

상징 기능	기업 또는 상품의 이미지나 개성을 단독으로 상징화한다.
출처표시 기능	기업이 자사가 생산 또는 판매하는 상품임을 다수의 다른 경쟁상품으로부터 식별하기 쉽게 하고 그 책임의 소재를 명확히 한다.
품질보증 기능	소비자로 하여금 동일한 품질수준이 항상 유지되고 있다는 신념을 가지게 한다.
광고 기능	브랜드를 가지고 있는 상품은 매스컴에 쉽게 광고할 수 있으므로 반복적인 광고에 의해 브랜드 이미지가 형성되면 브랜드 그 자체가 광고기능을 수행한다.
재산보호 기능	등록된 상표는 다른 기업의 모방에서 법적으로 보호됨과 아울러 상표권이라는 무형자산이 된다.

79 상품 이름짓기(Brand-Naming)에 있어 상표명이 가져야 할 특징 중 옳지 않은 것은? 〈제2회〉

① 상표명은 가급적 쉽고 흔한 명칭으로 하여야 한다.
② 상표명은 그 제품에 주는 이점을 표현할 수 있어야 한다.
③ 상표명은 제품이나 기업의 이미지와 일치하여야 한다.
④ 상표명은 법적 보호를 받을 수 있어야 한다.

해설 상표명은 발음하거나 기억하기 편리해야 하고 제품의 특성과 효익을 효과적으로 전달할 수 있어야 한다.

80 농산물브랜드에 대한 설명으로 옳지 않은 것은? 〈제6회〉

① 시장에 정착시키는 과정에서 시간이 많이 소요된다.
② 다수의 다른 경쟁상품과의 식별을 가능하게 하고 그 책임소재를 분명히 한다.
③ 공동브랜드를 통해 다품목 소량생산이라는 맞춤식 경쟁력을 보유할 수 있다.
④ 소비자에게 제공하는 가치를 증가시키거나 감소시킬 수 있다.

해설 공동브랜드화는 주로 동일한 품목을 생산하는 작목반이나 지역조합·영농조합법인들이 연합하여 연합마케팅 형식으로 이루어지는 것이 일반적이다.

81 농산물브랜드의 기능이 아닌 것은? 〈제8회〉

① 수급조절 기능　　　　　　　　　② 상징 기능
③ 광고 기능　　　　　　　　　　　④ 품질보증 기능

해설 **농산물브랜드의 기능**
- 본질적 기능 : 타 농산물과 차별적식별 기능, 산지와 생산자를 명확히 하기 위한 생산자 표시 기능, 소비자에 대한 품질보증 기능, 상표법 등록과 브랜드 로열티를 통한 소유자의 자산 기능
- 파생적 기능 : 소비자의 농산물 구매동기를 유발시키는 충성도(Royalty) 기능, 농산물 광고 및 내용 표현을 하기 위한 마케팅 홍보 기능

정답 79 ①　80 ③　81 ①

82 소비자가 특정 브랜드(상표)에 대해서 일관성 있게 선호하는 행동경향은 무엇인가? 〔제3회〕

① 브랜드 파워
② 브랜드 로열티
③ 브랜드 이미지
④ 브랜드 충성도

해설
① 브랜드 파워 : 상표경쟁력, 기업체의 상표가 가지는 힘
② 브랜드 로열티 : 과거의 경험을 통해 만족한 브랜드를 계속 구입한다는 것
③ 브랜드 이미지 : 제품 또는 서비스, 브랜드와 연관된 다양한 속성들에 의해서 형성되는 소비자들의 주관적인 느낌이나 연상, 이성적인 판단 등을 포함하는 포괄적인 의미

83 시장세분화기준 중에서 행동적 기준의 유형과 마케팅전략의 예시가 잘못 연결된 것은? 〔제6회〕

〈행동적 기준〉	〈마케팅전략〉
① 사용량	독신 생활자를 위한 낱개포장
② 사용상황	제철 농산물의 판촉
③ 추구효익	건강기능성 식품개발
④ 브랜드충성도	유명 특산물의 지역브랜드 연계

해설 행동적 변수 : 사용량, 사용상황, 구매준비, 태도, 충성도 등을 기준으로 시장을 세분화할 수 있다.
② 사용상황에는 규칙적 또는 특별한 경우 등이 있다.

84 가격전략의 유형별 설명으로 옳지 않은 것은? 〔제6회〕

① 유인가격전략은 특정제품의 가격을 낮게 책정하여 자사의 다른 제품판매까지 유도하는 것이다.
② 특별가격전략은 현금 또는 신용카드 등 결제수단에 따라 가격을 다르게 책정하는 것이다.
③ 저가전략은 단기간에 대량판매를 하기 위해 처음부터 가격을 낮게 책정하는 것이다.
④ 개수가격전략은 구매동기를 자극하기 위해 한 개당 가격을 설정하는 것이다.

해설 특별가격전략은 특정 계절이나 기간에 한해 본래의 제품가격과 다르게 판매업자가 임의로 부여한 촉진적 가격을 말한다. 대개 이 가격은 염가로 설정되며, 계절적 수요가 큰 상품이나 성수기를 넘긴 제품의 재고를 처리하고 행사기간을 통해 보다 많은 고객을 유치하려는 것이 목적이다.

부록

기출문제해설

2021년 제18회 기출문제해설

2022년 제19회 기출문제해설

2023년 제20회 기출문제해설

2024년 제21회 기출문제해설

2025년 제22회 기출문제해설

합격의 공식 시대에듀
www.sdedu.co.kr

2021년 제18회 기출문제해설

1과목 | 농산물 품질관리 관계 법령

01 농수산물 품질관리법상 용어의 정의로 옳지 않은 것은?

① '생산자단체'란 농수산물 품질관리법의 생산자단체와 그 밖에 농림축산식품부령으로 정하는 단체를 말한다.
② '유전자변형농산물'이란 인공적으로 유전자를 분리하거나 재조합하여 의도한 특성을 갖도록 한 농산물을 말한다.
③ '물류표준화'란 농산물의 운송·보관 등 물류의 각 단계에서 사용되는 기기·용기 등을 규격화하여 호환성과 연계성을 원활히 하는 것을 말한다.
④ '유해물질'이란 농약, 중금속 등 식품에 잔류하거나 오염되어 사람의 건강에 해를 끼칠 수 있는 물질로서 총리령으로 정하는 것을 말한다.

해설 ① '생산자단체'란 농업·농촌 및 식품산업 기본법 제3조 제4호, 수산업·어촌 발전 기본법 제3조 제5호의 생산자단체와 그 밖에 농림축산식품부령 또는 해양수산부령으로 정하는 단체를 말한다(법 제2조 제1항 제2호).
② 법 제2조 제1항 제11호
③ 법 제2조 제1항 제3호
④ 법 제2조 제1항 제12호

정답 1 ①

02 농수산물의 원산지 표시에 관한 법령상 농산물과 수입 농산물(가공품 포함)의 원산지 표시기준으로 옳지 않은 것은?

① 수입 농산물과 그 가공품은 식품위생법에 따른 원산지를 표시한다.
② 국산 농산물로서 그 생산 등을 한 지역이 각각 다른 동일 품목의 농산물을 혼합한 경우에는 혼합 비율이 높은 순서로 3개 지역까지의 시·도명 또는 시·군·구명과 그 혼합 비율을 표시한다.
③ 국산 농산물은 '국산'이나 '국내산' 또는 그 농산물을 생산·채취·사육한 지역의 시·도명이나 시·군·구명을 표시한다.
④ 동일 품목의 국산 농산물과 국산 외의 농산물을 혼합한 경우에는 혼합비율이 높은 순서로 3개 국가(지역 등)까지의 원산지와 그 혼합비율을 표시한다.

해설
① 수입 농산물과 그 가공품은 대외무역법에 따른 원산지를 표시한다(시행령 [별표 1]).
② 국산 농산물로서 그 생산 등을 한 지역이 각각 다른 동일 품목의 농산물을 혼합한 경우에는 혼합 비율이 높은 순서로 3개 지역까지의 시·도명 또는 시·군·구명과 그 혼합 비율을 표시하거나 '국산', '국내산' 또는 '연근해산'으로 표시한다(시행령 [별표 1]).
③ 국산 농산물 : '국산'이나 '국내산' 또는 그 농산물을 생산·채취·사육한 지역의 시·도명이나 시·군·구명을 표시한다(시행령 [별표 1]).
④ 동일 품목의 국산 농산물과 국산 외의 농산물을 혼합한 경우에는 혼합비율이 높은 순서로 3개 국가(지역, 해역 등)까지의 원산지와 그 혼합비율을 표시한다(시행령 [별표 1]).

03 농수산물의 원산지 표시에 관한 법령상 과징금의 최고 금액은?

① 1억원
② 2억원
③ 3억원
④ 4억원

해설 과징금의 부과기준 - 세부 산출기준(시행령 [별표 1의2])
가. 통관 단계의 수입농수산물 등 및 반입농수산물 등의 경우에는 위반 수입농수산물 등 및 반입농수산물 등의 세관 수입신고 금액의 100분의 10 또는 3억원 중 적은 금액
나. 가목을 제외한 농수산물 및 그 가공품(통관 단계 이후의 수입농수산물 등 및 반입농수산물 등을 포함한다)

위반금액	과징금의 금액
100만원 이하	위반금액×0.5
100만원 초과 500만원 이하	위반금액×0.7
500만원 초과 1,000만원 이하	위반금액×1.0
1,000만원 초과 2,000만원 이하	위반금액×1.5
2,000만원 초과 3,000만원 이하	위반금액×2.0
3,000만원 초과 4,500만원 이하	위반금액×2.5
4,500만원 초과 6,000만원 이하	위반금액×3.0
6,000만원 초과	위반금액×4.0(최고 3억원)

04 농수산물 품질관리법령상 정부가 수출·수입하는 농산물로 농림축산식품부장관의 검사를 받지 않아도 되는 것은?

① 콩
② 사 과
③ 참 깨
④ 쌀

해설 검사대상 농산물의 종류별 품목(시행령 [별표 3])
정부가 수출·수입하거나 생산자단체 등이 정부를 대행하여 수출·수입하는 농산물
가. 곡 류
   1) 조곡(粗穀) : 콩·팥·녹두
   2) 정곡(精穀) : 현미·쌀
나. 특용작물류 : 참깨·땅콩
다. 채소류 : 마늘·고추·양파

05 농수산물 품질관리법상 농산물품질관리사가 수행하는 직무에 해당하지 않는 것은?

① 농산물의 등급 판정
② 농산물의 생산 및 수확 후 품질관리기술 지도
③ 농산물의 출하 시기 조절, 품질관리기술에 관한 조언
④ 안전성 위반 농산물에 대한 조치

해설 농산물품질관리사의 직무(법 제106조 제1항)
1. 농산물의 등급 판정
2. 농산물의 생산 및 수확 후 품질관리기술 지도
3. 농산물의 출하 시기 조절, 품질관리기술에 관한 조언
4. 그 밖에 농산물의 품질 향상과 유통 효율화에 필요한 업무로서 농림축산식품부령으로 정하는 업무

정답 4 ② 5 ④

06 농수산물 품질관리법령상 우수관리인증의 취소 및 표시정지에 해당하는 위반사항이다. 최근 1년간 같은 행위로 3차 위반 시 '인증취소' 행정처분을 받는 경우를 모두 고른 것은?(단, 경감 및 가중사유는 고려하지 않음)

> ㄱ. 우수관리기준을 지키지 않은 경우
> ㄴ. 정당한 사유 없이 조사·점검 요청에 응하지 않은 경우
> ㄷ. 우수관리인증의 표시방법을 위반한 경우
> ㄹ. 변경승인을 받지 않고 중요 사항을 변경한 경우

① ㄱ, ㄷ
② ㄴ, ㄹ
③ ㄱ, ㄴ, ㄹ
④ ㄴ, ㄷ, ㄹ

해설 우수관리인증의 취소 및 표시정지에 관한 처분기준 - 개별기준(시행규칙 [별표 2])

위반행위	근거 법조문	위반횟수별 처분기준		
		1차 위반	2차 위반	3차 위반
나. 우수관리기준을 지키지 않은 경우	법 제8조 제1항 제2호	표시정지 1개월	표시정지 3개월	인증취소
라. 우수관리인증을 받은 자가 정당한 사유 없이 조사·점검 또는 자료제출 요청에 응하지 않은 경우	법 제8조 제1항 제4호	표시정지 1개월	표시정지 3개월	인증취소
마. 우수관리인증을 받은 자가 우수관리인증의 표시방법을 위반한 경우	법 제8조 제1항 제4호의2	시정명령	표시정지 1개월	표시정지 3개월
바. 우수관리인증의 변경승인을 받지 않고 중요 사항을 변경한 경우	법 제8조 제1항 제5호	표시정지 1개월	표시정지 3개월	인증취소

6 ③ **정답**

07 농수산물 품질관리법령상 우수관리인증농산물의 표시방법에 관한 설명으로 옳지 않은 것은?

① 포장재의 크기에 따라 표지의 크기를 키우거나 줄일 수 있다.
② 포장재 주 표시면의 옆면에 표시하며 위치를 변경할 수 없다.
③ 표지 및 표시사항은 소비자가 쉽게 알아볼 수 있도록 인쇄하거나 스티커로 포장재에서 떨어지지 않도록 부착하여야 한다.
④ 수출용의 경우에는 해당 국가의 요구에 따라 표시할 수 있다.

해설 ② 포장재 주 표시면의 옆면에 표시하며, 위치를 변경할 수 있다.
우수관리인증농산물의 표시방법(시행규칙 [별표 1])
- 크기 : 포장재의 크기에 따라 표지의 크기를 키우거나 줄일 수 있다.
- 위치 : 포장재 주 표시면의 옆면에 표시하되, 포장재 구조상 옆면에 표시하기 어려울 경우에는 표시위치를 변경할 수 있다.
- 표지 및 표시사항은 소비자가 쉽게 알아볼 수 있도록 인쇄하거나 스티커로 포장재에서 떨어지지 않도록 부착하여야 한다.
- 포장하지 않고 낱개로 판매하는 경우나 소포장 등으로 우수관리인증농산물의 표지와 표시사항을 인쇄하거나 부착하기에 부적합한 경우에는 농산물우수관리의 표지만 표시할 수 있다.
- 수출용의 경우에는 해당 국가의 요구에 따라 표시할 수 있다.
- 표시항목 중 표준규격, 지리적표시 등 다른 규정에 따라 표시하고 있는 사항은 그 표시를 생략할 수 있다.

08 농수산물 품질관리법령상 농산물 명예감시원에 관한 설명으로 옳지 않은 것은?

① 농촌진흥청장, 농수산식품유통공사는 명예감시원을 위촉한다.
② 명예감시원의 주요 임무는 농산물의 표준규격화, 농산물우수관리 등에 관한 지도·홍보이다.
③ 시·도지사는 명예감시원에게 예산의 범위에서 감시활동에 필요한 경비를 지급할 수 있다.
④ 시·도지사는 소비자단체의 회원 등을 명예감시원으로 위촉하여 농산물의 유통질서에 대한 감시·지도를 하게 할 수 있다.

해설 ① 국립농산물품질관리원장, 국립수산물품질관리원장, 산림청장 또는 시·도지사는 농수산물 명예감시원을 위촉한다(시행규칙 제133조 제1항).
② 명예감시원의 임무는 농수산물의 표준규격화, 농산물우수관리, 품질인증, 친환경수산물인증, 농수산물 이력추적관리, 지리적표시, 원산지표시에 관한 지도·홍보 및 위반사항의 감시·신고 또는 그 밖에 농수산물의 유통질서 확립과 관련하여 국립농산물품질관리원장, 국립수산물품질관리원장, 산림청장 또는 시·도지사가 부여하는 임무 등이다(시행규칙 제133조 제2항).
③ 농림축산식품부장관 또는 해양수산부장관이나 시·도지사는 농수산물 명예감시원에게 예산의 범위에서 감시활동에 필요한 경비를 지급할 수 있다(법 제104조 제2항).
④ 농림축산식품부장관 또는 해양수산부장관이나 시·도지사는 농수산물의 공정한 유통질서를 확립하기 위하여 소비자단체 또는 생산자단체의 회원·직원 등을 농수산물 명예감시원으로 위촉하여 농수산물의 유통질서에 대한 감시·지도·계몽을 하게 할 수 있다(법 제104조 제1항).

09

농수산물 품질관리법령상 과태료 부과기준이다. (　)에 들어갈 내용으로 옳은 것은?

> 위반행위의 횟수에 따른 과태료의 가중된 부과기준은 최근 1년간 같은 위반행위로 과태료 부과처분을 받은 경우에 적용한다. 이 경우 기간의 계산은 위반행위에 대하여 (ㄱ)과 그 처분 후 다시 같은 위반행위를 하여 (ㄴ)을 기준으로 한다.
> * A : 적발된 날, B : 과태료 부과처분을 받은 날

① ㄱ : A, ㄴ : A
② ㄱ : A, ㄴ : B
③ ㄱ : B, ㄴ : A
④ ㄱ : B, ㄴ : B

해설 과태료의 부과기준(시행령 [별표 4])
위반행위의 횟수에 따른 과태료의 가중된 부과기준은 최근 1년간 같은 위반행위로 과태료 부과처분을 받은 경우에 적용한다. 이 경우 기간의 계산은 위반행위에 대하여 과태료 부과처분을 받은 날과 그 처분 후 다시 같은 위반행위를 하여 적발된 날을 기준으로 한다.

10

농수산물 품질관리법령상 표준규격품임을 표시하기 위하여 해당 물품의 포장 겉면에 '표준규격품'이라는 문구와 함께 의무적으로 표시하여야 하는 사항을 모두 고른 것은?

> ㄱ. 품 목　　　　　　　　ㄴ. 등 급
> ㄷ. 선별상태　　　　　　ㄹ. 산 지

① ㄱ, ㄴ
② ㄷ, ㄹ
③ ㄱ, ㄴ, ㄷ
④ ㄱ, ㄴ, ㄹ

해설 표준규격품의 출하 및 표시방법 등(시행규칙 제7조 제2항)
표준규격품을 출하하는 자가 표준규격품임을 표시하려면 해당 물품의 포장 겉면에 "표준규격품"이라는 문구와 함께 다음의 사항을 표시하여야 한다.
1. 품 목
2. 산 지
3. 품종. 다만, 품종을 표시하기 어려운 품목은 국립농산물품질관리원장, 국립수산물품질관리원장 또는 산림청장이 정하여 고시하는 바에 따라 품종의 표시를 생략할 수 있다.
4. 생산 연도(곡류만 해당한다)
5. 등 급
6. 무게(실중량). 다만, 품목 특성상 무게를 표시하기 어려운 품목은 국립농산물품질관리원장, 국립수산물품질관리원장 또는 산림청장이 정하여 고시하는 바에 따라 개수(마릿수) 등의 표시를 단일하게 할 수 있다.
7. 생산자 또는 생산자단체의 명칭 및 전화번호

11 농수산물 품질관리법령상 3년 이하의 징역 또는 3천만원 이하의 벌금에 해당하지 않는 경우는?

① 우수표시품이 아닌 농산물에 우수표시품의 표시를 한 자
② 유전자변형농산물의 표시를 거짓으로 한 유전자변형농산물 표시의무자
③ 지리적표시품이 아닌 농산물의 포장·용기·선전물 및 관련 서류에 지리적표시를 한 자
④ 표준규격품의 표시를 한 농산물에 표준규격품이 아닌 농산물을 혼합하여 판매하는 행위를 한 자

해설 ② 유전자변형농수산물의 표시를 거짓으로 하거나 이를 혼동하게 할 우려가 있는 표시를 한 유전자변형농수산물 표시의무자는 7년 이하의 징역 또는 1억원 이하의 벌금에 처한다. 이 경우 징역과 벌금은 병과(倂科)할 수 있다(법 제117조 제1호).
① 법 제119조 제1호
③ 법 제119조 제3호
④ 법 제119조 제2호 가목

12 농수산물 품질관리법령상 이력추적관리의 등록사항이 아닌 것은?

① 생산자 재배지의 주소
② 유통자의 성명, 주소 및 전화번호
③ 유통자의 유통업체명, 수확 후 관리시설명
④ 판매자의 포장·가공시설 주소 및 브랜드명

해설 이력추적관리의 등록사항(시행규칙 제46조 제2항)
1. 생산자(단순가공을 하는 자를 포함한다)
   가. 생산자의 성명, 주소 및 전화번호
   나. 이력추적관리 대상품목명
   다. 재배면적
   라. 생산계획량
   마. 재배지의 주소
2. 유통자
   가. 유통업체의 명칭 또는 유통자의 성명, 주소 및 전화번호
   나. 수확 후 관리시설이 있는 경우 관리시설의 소재지
3. 판매자 : 판매업체의 명칭 또는 판매자의 성명, 주소 및 전화번호
※ 저자의견 : 산업인력공단에서 발표한 최종정답은 ④이지만, 2018. 12. 24 법개정 이후 유통자의 유통업체의 명칭, 수확 후 관리시설이 있는 경우 관리시설의 소재지는 등록사항이고, 수확 후 관리시설명은 등록사항이 아니다. 따라서 ③도 정답이 될 수 있다.

농수산물 품질관리법 시행규칙 [농림축산식품부령 제187호, 2016. 4. 6, 타법개정]	농수산물 품질관리법 시행규칙 [농림축산식품부령 제346호, 2018. 12. 24, 타법개정]
2. 유통자 　가. 유통자의 성명, 주소 및 전화번호 　나. 삭제 〈2016. 4. 6〉 　다. 유통업체명, 수확 후 관리시설명 및 그 각각의 주소 3. 판매자 　가. 판매자의 성명, 주소 및 전화번호 　나. 판매업체명 및 그 주소	2. 유통자 　가. 유통업체의 명칭 또는 유통자의 성명, 주소 및 전화번호 　나. 삭제 〈2016. 4. 6〉 　다. 수확 후 관리시설이 있는 경우 관리시설의 소재지 3. 판매자 : 판매업체의 명칭 또는 판매자의 성명, 주소 및 전화번호

13 농수산물 품질관리법령상 지리적표시 등록 신청서에 첨부·표시해야 하는 것으로 옳지 않은 것은?

① 해당 특산품의 유명성과 시·도지사의 추천서
② 자체품질기준
③ 품질관리계획서
④ 생산계획서(법인의 경우 각 구성원별 생산계획을 포함한다)

> **해설** 지리적표시 등록 신청서 첨부서류(시행규칙 제56조 제1항)
> 지리적표시의 등록을 받으려는 자는 지리적표시 등록(변경) 신청서에 다음의 서류를 첨부하여 농산물은 국립농산물품질관리원장에게 제출하여야 한다. 다만, 지리적표시의 등록을 받으려는 자가 서류를 지식재산처장에게 제출한 경우(2011년 1월 1일 이후에 제출한 경우만 해당)에는 지리적표시 등록(변경) 신청서에 해당 사항을 표시하고 제3호부터 제6호까지의 서류를 제출하지 아니할 수 있다.
> 1. 정관(법인인 경우만 해당한다)
> 2. 생산계획서(법인의 경우 각 구성원별 생산계획을 포함한다)
> 3. 대상품목·명칭 및 품질의 특성에 관한 설명서
> 4. 해당 특산품의 유명성과 역사성을 증명할 수 있는 자료
> 5. 품질의 특성과 지리적 요인과 관계에 관한 설명서
> 6. 지리적표시 대상지역의 범위
> 7. 자체품질기준
> 8. 품질관리계획서

14 농수산물 품질관리법상 농산물의 안전성조사에 관한 설명으로 옳은 것은?

① 농림축산식품부장관은 농산물의 안전관리계획을 5년마다 수립·시행하여야 한다.
② 식품의약품안전처장은 농산물의 안전성을 확보하기 위한 세부추진계획을 5년마다 수립·시행하여야 한다.
③ 식품의약품안전처장은 시료 수거를 무상으로 하게 할 수 있다.
④ 안전성조사의 대상품목 선정, 대상지역 및 절차 등에 필요한 세부적인 사항은 농촌진흥청장이 정한다.

> **해설** ③ 식품의약품안전처장이나 시·도지사는 안전성조사, 위험평가 또는 잔류조사를 위하여 필요하면 관계 공무원에게 시료 수거 및 조사 등을 하게 할 수 있다. 이 경우 무상으로 시료 수거를 하게 할 수 있다(법 제62조 제1항).
> ① 식품의약품안전처장은 농수산물(축산물은 제외한다)의 품질 향상과 안전한 농수산물의 생산·공급을 위한 안전관리계획을 매년 수립·시행하여야 한다(법 제60조 제1항).
> ② 시·도지사 및 시장·군수·구청장은 관할 지역에서 생산·유통되는 농수산물의 안전성을 확보하기 위한 세부추진계획을 수립·시행하여야 한다(법 제60조 제2항).
> ④ 안전성조사의 대상품목 선정, 대상지역 및 절차 등에 필요한 세부적인 사항은 총리령으로 정한다(법 제61조 제3항).

15 농수산물 품질관리법상 유전자변형농산물의 표시 위반에 대한 처분에 해당하지 않는 것은?

① 표시의 변경 시정명령
② 표시의 삭제 시정명령
③ 표시 위반 농산물의 판매 금지
④ 표시 위반 농산물의 몰수

해설 유전자변형농수산물의 표시 위반에 대한 처분(법 제59조 제1항)
1. 유전자변형농수산물 표시의 이행·변경·삭제 등 시정명령
2. 유전자변형 표시를 위반한 농수산물의 판매 등 거래행위의 금지

16 농수산물 품질관리법령상 농산물 지정검사기관이 1회 위반행위를 하였을 때 가장 가벼운 행정처분을 받는 것은?

① 업무정지 기간 중에 검사 업무를 한 경우
② 정당한 사유 없이 지정된 검사를 하지 않은 경우
③ 검사를 거짓으로 한 경우
④ 시설·장비·인력, 조직이나 검사업무에 관한 규정 중 어느 하나가 지정기준에 맞지 않는 경우

해설 농산물 지정검사기관의 지정취소 및 사업정지에 관한 처분기준 - 개별기준(시행규칙 [별표 20])

위반행위	근거 법조문	위반횟수별 처분기준			
		1회	2회	3회	4회
나. 업무정지 기간 중에 검사 업무를 한 경우	법 제81조 제1항 제2호	지정취소			
다. 법 제80조 제3항에 따른 지정기준에 맞지 않게 된 경우	법 제81조 제1항 제3호				
1) 시설·장비·인력, 조직이나 검사업무에 관한 규정 중 어느 하나가 지정기준에 맞지 않는 경우		업무정지 1개월	업무정지 3개월	업무정지 6개월	지정취소
라. 검사를 거짓으로 한 경우	법 제81조 제1항 제4호	업무정지 3개월	업무정지 6개월	지정취소	
바. 정당한 사유 없이 지정된 검사를 하지 않은 경우	법 제81조 제1항 제5호	경고	업무정지 1개월	업무정지 3개월	지정취소

정답 15 ④ 16 ②

17 농수산물 유통 및 가격안정에 관한 법률상 매매방법에 대한 규정이다. ( )에 들어갈 내용으로 옳은 것은?

> 도매시장법인은 도매시장에서 농산물을 경매·입찰·( )매매 또는 수의매매의 방법으로 매매하여야 한다.

① 선 취
② 선 도
③ 창 고
④ 정 가

해설 매매방법(법 제32조)
도매시장법인은 도매시장에서 농산물을 경매·입찰·정가매매 또는 수의매매의 방법으로 매매하여야 한다. 다만, 출하자가 매매방법을 지정하여 요청하는 경우 등 농림축산식품부령으로 매매방법을 정한 경우에는 그에 따라 매매할 수 있다.

18 농수산물 유통 및 가격안정에 관한 법령상 도매시장 개설자가 거래관계자의 편익과 소비자 보호를 위하여 이행하여야 하는 사항으로 옳지 않은 것은?

① 도매시장 시설의 정비·개선
② 농산물 상품성 향상을 위한 규격화
③ 농산물 품위 검사
④ 농산물 포장 개선 및 선도 유지의 촉진

해설 도매시장 개설자의 의무(법 제20조 제1항)
도매시장 개설자는 거래 관계자의 편익과 소비자 보호를 위하여 다음의 사항을 이행하여야 한다.
1. 도매시장 시설의 정비·개선과 합리적인 관리
2. 경쟁 촉진과 공정한 거래질서의 확립 및 환경 개선
3. 상품성 향상을 위한 규격화, 포장 개선 및 선도(鮮度) 유지의 촉진

19 농수산물 유통 및 가격안정에 관한 법령상 농산물 과잉생산 시 농림축산식품부장관이 생산자 보호를 위해 하는 업무에 관한 설명으로 옳지 않은 것은?

① 수매 및 처분에 관한 업무를 한국식품연구원에 위탁할 수 있다.
② 수매한 농산물에 대해서는 해당 농산물의 생산지에서 폐기하는 등 필요한 처분을 할 수 있다.
③ 채소류 등 저장성이 없는 농산물의 가격안정을 위하여 필요하다고 인정할 때에는 그 생산자 또는 생산자단체로부터 해당 농산물을 수매할 수 있다.
④ 수매한 농산물은 판매 또는 수출하거나 사회복지단체에 기증할 수 있다.

해설 ① 농림축산식품부장관은 수매 및 처분에 관한 업무를 농업협동조합중앙회·산림조합중앙회(농림협중앙회) 또는 한국농수산식품유통공사법에 따른 한국농수산식품유통공사에 위탁할 수 있다(법 제9조 제3항).
② 농림축산식품부장관은 수매한 농산물에 대해서는 해당 농산물의 생산지에서 폐기하는 등 필요한 처분을 할 수 있다(시행령 제10조 제1항 후단).
③ 농림축산식품부장관은 채소류 등 저장성이 없는 농산물의 가격안정을 위하여 필요하다고 인정할 때에는 그 생산자 또는 생산자단체로부터 농산물가격안정기금으로 해당 농산물을 수매할 수 있다(법 제9조 제1항).
④ 수매한 농산물은 판매 또는 수출하거나 사회복지단체에 기증하거나 그 밖에 필요한 처분을 할 수 있다(법 제9조 제2항).

20 농수산물 유통 및 가격안정에 관한 법령상 경매사의 임면과 업무에 관한 설명으로 옳지 않은 것은?

① 도매시장법인이 확보하여야 하는 경매사의 수는 2명 이상으로 한다.
② 도매시장법인은 경매사를 임면한 경우 임면한 날부터 10일 이내에 도매시장 개설자에게 신고하여야 한다.
③ 도매시장법인은 해당 도매시장의 시장도매인, 중도매인을 경매사로 임명할 수 없다.
④ 경매사는 상장 농산물에 대한 가격평가 업무를 수행한다.

해설 ② 도매시장법인이 경매사를 임면(任免)한 경우에는 임면한 날부터 30일 이내에 도매시장 개설자에게 신고하여야 한다(시행규칙 제20조 제2항).
① 도매시장법인이 확보하여야 하는 경매사의 수는 2명 이상으로 하되, 도매시장법인별 연간 거래물량 등을 고려하여 업무규정으로 그 수를 정한다(시행규칙 제20조 제1항).
③ 도매시장법인은 해당 도매시장의 시장도매인, 중도매인, 산지유통인 또는 그 임직원을 경매사로 임명할 수 없다(법 제27조 제2항 제4호).
④ 경매사는 도매시장법인이 상장한 농수산물에 대한 가격평가의 업무를 수행한다(법 제28조 제1항 제2호).

정답 19 ① 20 ②

21 농수산물 유통 및 가격안정에 관한 법령상 도매시장 개설자가 도매시장법인으로 하여금 우선적으로 판매하게 할 수 있는 대상을 모두 고른 것은?

> ㄱ. 대량 입하품
> ㄴ. 도매시장 개설자가 선정하는 우수출하주의 출하품
> ㄷ. 예약 출하품
> ㄹ. 농수산물 품질관리법에 따른 우수관리인증농산물

① ㄱ, ㄴ
② ㄱ, ㄷ
③ ㄴ, ㄷ, ㄹ
④ ㄱ, ㄴ, ㄷ, ㄹ

해설 대량 입하품 등의 우대(시행규칙 제30조)
도매시장 개설자는 다음의 품목에 대하여 도매시장법인 또는 시장도매인으로 하여금 우선적으로 판매하게 할 수 있다.
1. 대량 입하품
2. 도매시장 개설자가 선정하는 우수출하주의 출하품
3. 예약 출하품
4. 농수산물 품질관리법에 따른 표준규격품 및 같은 법에 따른 우수관리인증농산물
5. 그 밖에 도매시장 개설자가 도매시장의 효율적인 운영을 위하여 특히 필요하다고 업무규정으로 정하는 품목

22 농수산물 유통 및 가격안정에 관한 법률상 공판장에 관한 설명으로 옳지 않은 것은?

① 농협은 공판장을 개설할 수 있다.
② 공판장의 시장도매인은 공판장의 개설자가 지정한다.
③ 공판장에는 중도매인을 둘 수 있다.
④ 공판장에는 경매사를 둘 수 있다.

해설 ② 시장도매인은 도매시장 개설자가 부류별로 지정한다(법 제36조 제1항).
① 농림수협등, 생산자단체 또는 공익법인이 공판장을 개설하려면 시·도지사의 승인을 받아야 한다(법 제43조 제1항).
③·④ 공판장에는 중도매인, 매매참가인, 산지유통인 및 경매사를 둘 수 있다(법 제44조 제1항).

23 농수산물 유통 및 가격안정에 관한 법령상 유통조절명령에 포함되어야 하는 사항이 아닌 것은?

① 유통조절명령의 이유
② 대상 품목
③ 시·도지사가 유통조절에 관하여 필요하다고 인정하는 사항
④ 생산조정 또는 출하조절의 방안

> **해설** 유통조절명령(시행령 제11조)
> 유통조절명령에는 다음의 사항이 포함되어야 한다.
> 1. 유통조절명령의 이유(수급·가격·소득의 분석 자료를 포함한다)
> 2. 대상 품목
> 3. 기 간
> 4. 지 역
> 5. 대상자
> 6. 생산조정 또는 출하조절의 방안
> 7. 명령이행 확인의 방법 및 명령 위반자에 대한 제재조치
> 8. 사후관리와 그 밖에 농림축산식품부장관 또는 해양수산부장관이 유통조절에 관하여 필요하다고 인정하는 사항

24 농수산물 유통 및 가격안정에 관한 법령상 중도매인이 도매시장 개설자의 허가를 받아 도매시장법인이 상장하지 아니한 농산물을 거래할 수 있는 품목에 관한 내용으로 옳지 않은 것은?

① 온라인거래소를 통하여 공매하는 비축품목
② 부류를 기준으로 연간 반입물량 누적비율이 하위 3% 미만에 해당하는 소량 품목
③ 품목의 특성으로 인하여 해당 품목을 취급하는 중도매인이 소수인 품목
④ 그 밖에 상장거래에 의하여 중도매인이 해당 농산물을 매입하는 것이 현저히 곤란하다고 개설자가 인정하는 품목

> **해설** 상장되지 아니한 농수산물의 거래허가(시행규칙 제27조)
> 중도매인이 도매시장의 개설자의 허가를 받아 도매시장법인이 상장하지 아니한 농수산물을 거래할 수 있는 품목은 다음과 같다. 이 경우 도매시장개설자는 시장관리운영위원회의 심의를 거쳐 허가하여야 한다.
> 1. 농수산물도매시장의 거래목적 부류를 기준으로 연간 반입물량 누적비율이 하위 3% 미만에 해당하는 소량 품목
> 2. 품목의 특성으로 인하여 해당 품목을 취급하는 중도매인이 소수인 품목
> 3. 그 밖에 상장거래에 의하여 중도매인이 해당 농수산물을 매입하는 것이 현저히 곤란하다고 도매시장 개설자가 인정하는 품목

25 농수산물 유통 및 가격안정에 관한 법률상 민영도매시장의 개설 및 운영 등에 관한 내용으로 옳지 않은 것은?

① 민영도매시장을 개설하려면 시·도지사의 허가를 받아야 한다.
② 농산물을 수집하여 민영도매시장에 출하하려는 자는 민영도매시장의 개설자에게 산지 유통인으로 등록하여야 한다.
③ 민간인 등이 민영도매시장의 개설허가를 받으려면 시·도지사가 정하는 바에 따라 민영도매시장 개설허가 신청서를 시·도지사에게 제출하여야 한다.
④ 민영도매시장의 경매사는 민영도매시장의 개설자가 임면한다.

해설 ③ 민간인 등이 민영도매시장의 개설허가를 받으려면 농림축산식품부령으로 정하는 바에 따라 민영도매시장 개설허가 신청서에 업무규정과 운영관리계획서를 첨부하여 시·도지사에게 제출하여야 한다(법 제47조 제2항).
① 민간인 등이 특별시·광역시·특별자치시·특별자치도 또는 시 지역에 민영도매시장을 개설하려면 시·도지사의 허가를 받아야 한다(법 제47조 제1항).
② 농수산물을 수집하여 민영도매시장에 출하하려는 자는 민영도매시장의 개설자에게 산지유통인으로 등록하여야 한다(법 제48조 제3항).
④ 민영도매시장의 경매사는 민영도매시장의 개설자가 임면한다(법 제48조 제4항).

| 2과목 | 원예작물학 |

26 원예작물의 주요 기능성 물질의 연결이 옳은 것은?

① 상추 – 엘라그산(Ellagic Acid)
② 마늘 – 알리인(Alliin)
③ 토마토 – 시니그린(Sinigrin)
④ 포도 – 아미그달린(Amygdalin)

해설 ① 상추 : 락투시린
③ 토마토 : 리코펜
④ 포도 : 레스베라트롤

27 밭에서 재배하는 원예작물이 과습조건에 놓였을 때 뿌리조직에서 일어나는 현상으로 옳지 않은 것은?

① 무기호흡이 증가한다.
② 에탄올 축적으로 생육장해를 받는다.
③ 세포벽의 목질화가 촉진된다.
④ 철과 망가니즈의 흡수가 억제된다.

[해설] ④ 과습조건에서는 철, 망가니즈 등이 많이 녹아나오는데, 밭에서 재배하는 원예작물이 과습조건에 놓일 경우 이들 원소가 과잉 흡수되어 작물에 장해가 나타나기도 한다.

28 마늘의 무병주 생산에 적합한 조직배양법은?

① 줄기배양
② 화분배양
③ 엽병배양
④ 생장점 배양

[해설] 영양번식을 하는 마늘과 같은 작물의 병 중에서 바이러스병이 가장 문제가 되는데, 바이러스에 한번 감염되면 식물 전체에 번지고 대대로 전염도 된다. 그러나 마늘은 식물체 전체에 바이러스가 퍼져있어도 뿌리의 바로 윗부분에 있는 생장점조직에는 바이러스가 거의 없다. 마늘에서 바이러스가 없는 생장점조직을 추출하여 인공 배지에서 배양하여 식물체를 양성하면, 이 식물체는 바이러스가 없는 부위에서 유래되었기 때문에 바이러스가 걸리지 않은 개체가 된다. 마늘의 바이러스 무병화에 실용화되고 있는 방법에는 생장점 배양과 캘러스 배양방법이 있다.

29 결핍 시 잎에서 황화 현상을 일으키는 원소가 아닌 것은?

① 질소
② 인
③ 철
④ 마그네슘

[해설] **황화 현상**
엽록소 합성이 지연되어 노란색을 띠는 황화 현상은 엽록소의 구성 성분인 질소와 마그네슘이 부족할 경우 나타나며, 철, 칼륨 등이 부족한 경우에도 나타난다. 일반적으로 인의 결핍 시에는 녹색을 띤 상태에서 생장이 멈춰 정상적인 잎보다 작다.

정답 27 ④ 28 ④ 29 ②

30 원예작물에 피해를 주는 흡즙성 곤충이 아닌 것은?
① 진딧물
② 온실가루이
③ 점박이응애
④ 콩풍뎅이

해설 식물의 즙액을 빨아먹는 흡즙성 곤충은 바이러스를 매개하는 대표 곤충으로 진딧물, 온실가루이, 응애류, 깍지벌레류, 노린재류 등이 있다.
④ 콩풍뎅이 : 풍뎅잇과의 곤충으로, 몸은 금속광택이 나는 짙은 남색이며, 딱지날개는 누런 갈색으로, 우리나라 각지에 산다. 콩풍뎅이의 성충은 주로 콩류의 잎을 식해하는 해충이다.

31 원예작물의 증산속도를 높이는 환경조건은?
① 미세 풍속의 증가
② 낮은 광량
③ 높은 상대습도
④ 낮은 지상부 온도

해설 ① 공기 유속이 빠를수록 증산속도는 증가한다.
② 광(光)이 있으면 증산작용이 증가한다.
③ 상대습도가 낮을수록 증산작용이 증가한다.
④ 온도가 높을수록 증산작용이 증가한다.

32 딸기의 고설재배에 관한 설명으로 옳지 않은 것은?
① 토경재배에 비해 관리작업의 편리성이 높다.
② 토경재배에 비해 설치비가 저렴하다.
③ 점적 또는 NFT 방식의 관수법을 적용한다.
④ 재배 베드를 허리높이까지 높여 재배하는 방식을 사용한다.

해설 **고설재배**
작업의 편리성을 높이기 위해 양액재배 베드를 허리 높이로 설치하여 NFT 방식 또는 점적관수 방식으로 딸기를 재배하는 방법으로, 초기 설치비가 많이 든다. 허리 높이에 설치한 철재 구조물에 상자를 놓은 뒤 딸기 모종을 정식하여 관을 통해 영양분을 공급하기 때문에, 농작업 시 허리를 굽히지 않아 노동력이 크게 절감되고, 토양에서 발생하는 전염병을 차단하는 등 친환경 딸기 생산에 용이하다.

33 배추과에 속하지 않는 원예작물은?

① 케일
② 배추
③ 무
④ 비트

해설 ④ 비트는 명아주과에 속하는 원예작물이다.

34 일년초 화훼류는?

① 칼랑코에, 매발톱꽃
② 제라늄, 맨드라미
③ 맨드라미, 봉선화
④ 포인세티아, 칼랑코에

해설 ① 칼랑코에, 매발톱꽃 : 다년초
② 제라늄 : 다년초, 맨드라미 : 일년초
④ 포인세티아, 칼랑코에 : 다년초

35 A농산물품질관리사의 출하 시기 조절에 관한 조언으로 옳은 것을 모두 고른 것은?

ㄱ. 거베라는 4/5 정도 대부분 개화된 상태일 때 수확한다.
ㄴ. 스탠다드형 장미는 봉오리가 1/5 정도 개화 시 수확한다.
ㄷ. 안개꽃은 전체 소화 중 1/10 정도 개화 시 수확한다.

① ㄱ
② ㄱ, ㄴ
③ ㄴ, ㄷ
④ ㄱ, ㄴ, ㄷ

해설 ㄷ. 안개꽃은 전체의 소화 중 2/3 정도 개화 시 수확하는 것이 좋다(농산물 표준규격 [별첨]).

정답 33 ④ 34 ③ 35 ②

36 화훼류를 시설 내에서 장기간 재배한 토양에 관한 설명으로 옳지 않은 것은?

① 공극량이 적어진다.
② 특정성분의 양분이 결핍된다.
③ 염류집적 발생이 어렵다.
④ 병원성 미생물의 밀도가 높아진다.

해설 ③ 토양에 염류가 과다하게 집적되면 작물에 피해를 주게 되는데, 노지에서는 용탈과 유실로 인해 염류가 표토에 집적되는 경우가 거의 없으나, 시설 내에서는 비료성분의 유실·용탈이 거의 없고 토양수분의 증산량이 많아 염류가 표토에 집적된다.

37 절화류 보존제는?

① 에틸렌
② AVG
③ ACC
④ 에테폰

해설 노화를 촉진시키는 에틸렌은 절화수명을 단축시키고, ACC 혹은 에테폰을 처리할 경우 에틸렌 생성이 유도되어 절화수명이 감소된다. 에틸렌의 생성을 억제하는 STS, AVG 등이 절화류 보존제로 적절하다.

38 줄기 신장을 억제하여 콤팩트한 고품질 분화 생산을 위한 생장조절제는?

① B-9
② NAA
③ IAA
④ GA

해설 ① B-9 : 생장억제제
②·③ NAA(합성 옥신), IAA(천연 옥신) : 식물 생장 촉진
④ GA(지베렐린) : 줄기 생장 촉진

39 원예작물의 저온 춘화에 관한 설명으로 옳지 않은 것은?

① 저온에 의해 개화가 촉진되는 현상을 말한다.
② 녹색 식물체 춘화형은 일정기간 동안 생육한 후부터 저온에 감응한다.
③ 춘화에 필요한 온도는 -15~-10℃ 사이이다.
④ 생육중인 식물의 저온에 감응하는 부위는 생장점이다.

해설 ③ 일반적으로 저온 춘화의 경우 1~10℃로, 고온 춘화의 경우 10~30℃로 처리한다.

40 양액재배에서 고형배지 없이 양액을 일정 수위에 맞춰 흘려보내는 재배법은?

① 매트재배
② 박막수경
③ 분무경
④ 저면관수

해설 ② 박막수경 : 베드의 바닥에 극히 얇은 막의 상태로 양액이 흐르도록 하고 그 위에 뿌리가 닿게 하는 양액재배 방식이다. 뿌리의 일부는 공중에 노출되고, 나머지는 흐르는 양액에 닿아 공중 산소와 수중 산소를 모두 이용할 수 있다.

41 다음 농산물품질관리사(A~C)의 조언으로 옳은 것만을 모두 고른 것은?

> A : '디펜바키아'는 음지식물이니 광이 많지 않은 곳에 재배하는 것이 좋아요.
> B : 그렇군요. 그럼 '고무나무'도 음지식물이니 동일 조건에서 관리되어야겠군요.
> C : 양지식물인 '드라세나'는 광이 많이 들어오는 곳이 적정 재배지가 되겠네요.

① B
② A, B
③ A, C
④ A, B, C

해설 드라세나
실내에서 기르기 쉽고 관리가 용이하며, 공기정화 효과가 탁월한 식물이다. 그리고 반음지 식물이기 때문에 강한 직사광선에서는 잎이 탈 수 있으므로 광이 많은 곳은 피하는 것이 좋다.

42 과수의 꽃눈분화 촉진을 위한 재배방법으로 옳지 않은 것은?

① 질소시비량을 늘린다.
② 환상박피를 실시한다.
③ 가지를 수평으로 유인한다.
④ 열매솎기로 착과량을 줄인다.

해설 ① 질소가 풍부하면 생육은 왕성하지만 화성 및 결실이 불량하다.

43 수확기 후지사과의 착색 증진에 효과적인 방법만을 모두 고른 것은?

> ㄱ. 과실 주변의 잎을 따준다.
> ㄴ. 수관 하부에 반사필름을 깔아 준다.
> ㄷ. 주야간 온도차를 줄인다.
> ㄹ. 지베렐린을 처리해 준다.

① ㄱ, ㄴ ② ㄱ, ㄹ
③ ㄴ, ㄷ ④ ㄷ, ㄹ

해설 ㄷ. 단순히 주야간 온도차를 줄이는 것이 아니라 온도로 적온은 15~20℃이며 30℃ 이상의 고온과 10℃ 이하의 저온에서는 안토시아닌 생성이 억제된다.
ㄹ. 지베렐린 처리는 식물체의 신장 촉진에 영향을 주므로 착색 증진과는 관련 없다.

44 ( )에 들어갈 내용으로 옳은 것은?

> 사과나무에서 접목 시 주간의 목질부에 홈이 생기는 증상이 나타나는 (ㄱ)의 원인은 (ㄴ)이다.

① ㄱ : 고무병, ㄴ : 바이러스
② ㄱ : 고무병, ㄴ : 박테리아
③ ㄱ : 고접병, ㄴ : 바이러스
④ ㄱ : 고접병, ㄴ : 박테리아

해설 **고접병**
과수에 고접으로 품종을 갱신하고자 할 때 접수나 대목에 바이러스가 이병되어 있을 경우에 발생한다. 고접병에 걸릴 경우 주간의 수피에 균열이 발생하며, 수피나 목질부에 줄기홈이 나타나기도 한다. 감염된 첫해에는 정상적으로 생장하지만 다음 해부터 점차 병징을 나타내기 시작하여 마침내 죽게된다.

45 ( )에 들어갈 내용으로 옳은 것은?

> 배는 씨방 하위로 씨방과 더불어 (ㄱ)이/가 유합하여 과실로 발달하는데 이러한 과실을 (ㄴ)라고 한다.

① ㄱ : 꽃받침, ㄴ : 진과
② ㄱ : 꽃받기, ㄴ : 진과
③ ㄱ : 꽃받기, ㄴ : 위과
④ ㄱ : 꽃받침, ㄴ : 위과

해설 씨방 하위로 씨방과 더불어 꽃받기가 유합하여 과실로 발달하는 위과에는 딸기, 사과, 배 등이 있다.

46 과수에서 삽목 시 삽수에 처리하면 발근 촉진 효과가 있는 생장조절물질은?

① IBA
② GA
③ ABA
④ AOA

해설 ① 삽목 시 IBA, NAA, IAA 등의 옥신류를 처리하면 발근이 촉진된다.

47 월동하는 동안 저온요구도가 700시간인 지역에서 배와 참다래를 재배할 경우 봄에 꽃눈의 맹아 상태는?(단, 저온요구도는 저온요구를 충족시키는 데 필요한 7℃ 이하의 시간을 기준으로 함)

① 배 - 양호, 참다래 - 양호
② 배 - 양호, 참다래 - 불량
③ 배 - 불량, 참다래 - 양호
④ 배 - 불량, 참다래 - 불량

해설 참다래의 저온 요구도는 7.2℃ 이하에서 약 500~700시간이며, 배나무의 저온 요구도는 7.2℃ 이하에서 1,300~1,500시간이다. 따라서 참다래의 꽃눈 맹아 상태는 양호하며, 배의 꽃눈 맹아 상태는 불량하다.

48 사과 고두병과 코르크스폿(Cork Spot)의 원인은?

① 칼륨 과다
② 망가니즈 과다
③ 칼슘 부족
④ 마그네슘 부족

해설 **칼슘(Ca)의 결핍**
- 토마토, 수박, 고추의 배꼽썩음병
- 사과의 고두병, 코르크스폿(Cork Spot)
- 상추의 잎끝마름병
- 참외의 물찬참외증상

49 식물학적 분류에서 같은 과(科)의 원예작물로 짝지어지지 않은 것은?

① 상추 - 국화
② 고추 - 감자
③ 자두 - 딸기
④ 마늘 - 생강

해설 ④ 마늘 : 백합과, 생강 : 생강과
① 상추, 국화 : 국화과
② 고추, 감자 : 가지과
③ 자두, 딸기 : 장미과

정답 46 ① 47 ③ 48 ③ 49 ④

50 유충이 과실을 파고들어가 피해를 주는 해충은?
① 복숭아명나방   ② 깍지벌레
③ 귤응애   ④ 뿌리혹선충

해설 복숭아명나방
잡식성인 해충으로 밤나무, 복숭아나무 등 과수의 종실을 식해하는 활엽수형과 잣나무, 소나무 등의 침엽을 식해하는 침엽수형이 있다.

3과목 | 수확 후 품질관리론

51 수확 후 품질관리에 관한 내용이다. ( )에 들어갈 내용으로 옳은 것은?

> 원예산물의 품온을 단시간 내 낮추는 (ㄱ)처리는 생산물과 냉매와의 접촉면적이 넓을수록 효율이 (ㄴ), 냉매는 액체보다 기체에서 효율이 (ㄷ).

① ㄱ : 예랭, ㄴ : 낮고, ㄷ : 높다
② ㄱ : 예랭, ㄴ : 높고, ㄷ : 낮다
③ ㄱ : 예건, ㄴ : 낮고, ㄷ : 높다
④ ㄱ : 예건, ㄴ : 높고, ㄷ : 낮다

해설 예 랭
- 원예산물의 품온을 단시간 내에 낮추는 처리이다.
- 냉매는 기체보다 액체의 예랭 효율이 높다.
- 냉매의 이동속도가 빠를수록 예랭 효율이 높다.
- 생산물과 냉매와의 접촉면적이 넓을수록 예랭 효율이 높다.

52 복숭아 수확 시 고려사항이 아닌 것은?
① 경 도   ② 만개 후 일수
③ 적산온도   ④ 전분지수

해설 ④ 일반적으로 사과, 배 등은 전분을 기준으로 하지만 복숭아, 참다래 등은 전분지수 보다 당도를 고려한다.

53 A농가에서 다음 품목을 수확한 후 동일 조건의 저장고에 저장중 품목별 5% 수분손실이 발생하였다. 이 때 시들음이 상품성 저하에 가장 큰 영향을 미치는 품목은?
① 감
② 양 파
③ 당 근
④ 시금치

해설 ④ 시금치는 증산량의 증가로 수분을 손실하면 시들어 상품성이 크게 저하되는 품목이다.

54 원예산물별 수확시기를 결정하는 지표로 옳지 않은 것은?
① 배추 – 만개 후 일수
② 신고배 – 만개 후 일수
③ 멜론 – 네트 발달 정도
④ 온주밀감 – 과피의 착색 정도

해설 ① 배추는 파종 후 일수 또는 결구의 단단한 정도로 수확시기를 판정한다.

55 수확 전 칼슘결핍으로 발생 가능한 저장 생리장해는?
① 양배추의 흑심병
② 토마토의 꼭지썩음병
③ 배의 화상병
④ 복숭아의 균핵병

해설 칼슘 부족으로 인한 영양장해의 유형
양배추의 흑심병, 토마토의 배꼽썩음병, 사과의 고두병, 배의 코르크스폿, 상추의 잎끝마름병 등

56 필름으로 원예산물을 외부공기와 차단하여 인위적 공기조성 효과를 내는 저장기술은?
① 저온저장
② CA저장
③ MA저장
④ 저산소저장

해설 ③ MA저장 : 필름이나 피막제를 이용하여 산물을 하나씩 또는 소량 포장하여 외부와 차단하고, 포장 내 호흡에 의한 산소 농도 저하와 이산화탄소 농도 증가로 인해 조성된 적정 대기를 통해 품질 변화를 억제하는 방법이다.

정답 53 ④ 54 ① 55 ① 56 ③

57 호흡양상이 다른 원예산물은?

① 토마토 ② 바나나
③ 살 구 ④ 포 도

해설
- 호흡급등형 원예산물 : 사과, 배, 복숭아, 참다래, 바나나, 아보카도, 토마토, 수박, 살구, 멜론, 감, 키위, 망고, 파파야 등
- 비호흡급등형 원예산물 : 포도, 감귤, 오렌지, 레몬, 고추, 가지, 오이, 딸기, 호박, 파인애플, 양앵두(체리) 등

58 토마토의 성숙 중 색소변화로 옳은 것은?

① 클로로필 합성 ② 리코펜 합성
③ 안토시아닌 분해 ④ 카로티노이드 분해

해설 주요 색소

안토시아닌	사과, 복숭아, 딸기, 가지, 순무(pH에 따라 빨간색, 보라색, 파란색)
카로티노이드	단감, 호박(노란색~오렌지색)
리코펜	토마토(주황색)
클로로필	엽록소(식물에 함유된 녹색 색소)

59 산지유통센터에서 사용되는 과실류 선별기가 아닌 것은?

① 중량식 선별기 ② 형상식 선별기
③ 비파괴 선별기 ④ 풍력식 선별기

해설 과실류 선별기
- 중량식 선별기 : 원예산물의 개체 중량에 따른 선별방법
- 형상식 선별기 : 생산물 고유의 모양에 의한 선별방법
- 비파괴 선별기 : 광의 투과, 반사 및 흡수 특성을 이용하여 구성성분과 정성 및 정량을 분석하는 선별방법
- 크기식 선별기 : 크기 기준에 따른 선별방법
- 색채식 선별기 : 품종 고유의 색택에 의한 선별방법

60 신선편이 농산물 세척용 소독물질이 아닌 것은?

① 중탄산나트륨 ② 과산화수소
③ 메틸브로마이드 ④ 차아염소산나트륨

해설 ③ 메틸브로마이드 : 무색 무취의 기체로 살충제로 사용하며, 흡입 시 두통·복통·호흡기 장애 등을 일으키는 독성 물질이다.
신선편이 농산물 가공 시 세척·소독에 사용 가능한 물질 : 오존수, 차아염소산, 차아염소산나트륨 등

57 ④ 58 ② 59 ④ 60 ③

61 원예산물의 조직감을 측정할 수 있는 품질인자는?

① 색 도
② 산 도
③ 수분함량
④ 당 도

해설 원예산물의 조직감(질감)은 촉감인 단단한 정도, 연한 정도, 즙액의 양 등과 이로 느낄 수 있는 단단함, 연함, 사각거림, 분질성, 씹힘, 점착성 등 그리고 혀와 입안에서 느낄 수 있는 다즙성, 섬유질, 입자, 점착성, 미끄러움 등 여러 요인에 의하여 결정된다.

62 원예산물의 풍미 결정요인을 모두 고른 것은?

ㄱ. 향 기
ㄴ. 산 도
ㄷ. 당 도

① ㄱ
② ㄱ, ㄴ
③ ㄴ, ㄷ
④ ㄱ, ㄴ, ㄷ

해설 풍미는 질감보다 정의하기 더욱 어려운 품질결정요인이며, 대체적으로 조직을 입에 넣어 씹을 때 맛과 향의 화학적 반응을 입과 코로 인지하여 종합적으로 느낄 수 있다. 맛을 구성하는 네 가지의 기본적인 기준은 단맛, 신맛, 쓴맛, 짠맛으로 나타낼 수 있고, 종종 떫은맛도 평가기준에 포함되기도 한다. 향기는 휘발성 물질에 의해 결정되며, 원예산물의 종류나 숙성에 따라 종류나 함량이 달라진다.

63 굴절당도계에 관한 설명으로 옳지 않은 것은?

① 증류수로 영점을 보정한다.
② 과즙의 온도는 측정값에 영향을 준다.
③ 당도는 °Brix로 표시한다.
④ 과즙에 함유된 포도당 성분만을 측정한다.

해설 ④ 굴절당도계는 빛의 굴절률을 이용하여 당의 함량을 측정하는 기계로서, 포도당 성분만을 측정하는 것은 아니다.

정답 61 ③ 62 ④ 63 ④

64
원예산물 저장 중 저온장해에 관한 내용이다. ( )에 들어갈 내용으로 옳은 것은?

> (ㄱ)가 원산지인 품목에서 많이 발생하며 어는점 이상의 저온에 노출 시 나타나는 (ㄴ) 생리장해이다.

① ㄱ : 온대, ㄴ : 영구적인
② ㄱ : 아열대, ㄴ : 영구적인
③ ㄱ : 온대, ㄴ : 일시적인
④ ㄱ : 아열대, ㄴ : 일시적인

해설 저온장해

작물의 종류에 따라 빙점 이상의 온도에서 저온에 의한 생리적 장해를 입는 경우가 있다. 특이한 한계온도 이하의 저온에 노출될 때 영구적인 생리장해가 나타나는데, 이를 저온장해라고 한다. 저온장해를 입는 한계온도는 작물에 따라 다르며, 저장기간과는 관계없이 장해가 나타나기 시작하는 온도가 한계온도이다. 열대·아열대 원산의 작물은 온대 작물에 비해 저온에 민감하여 저온장해가 많이 발생한다.

65
5℃에서 측정 시 호흡속도가 가장 높은 원예산물은?

① 아스파라거스
② 상추
③ 콜리플라워
④ 브로콜리

해설 원예산물의 호흡속도에 따른 분류

호흡속도	원예 생산물
매우 낮음	각과류, 대추야자 열매류
낮음	사과, 감귤류, 포도, 키위, 양파, 감자
중간	서양배, 살구, 바나나, 체리, 복숭아, 자두
높음	딸기, 나무딸기류, 아욱, 콩
매우 높음	버섯, 강낭콩, 아스파라거스, 브로콜리 등

66
CA저장에 필요한 장치를 모두 고른 것은?

> ㄱ. 가스 분석기
> ㄴ. 질소 공급기
> ㄷ. 압력 조절기
> ㄹ. 산소 공급기

① ㄱ, ㄴ
② ㄷ, ㄹ
③ ㄱ, ㄴ, ㄷ
④ ㄴ, ㄷ, ㄹ

해설 CA저장

CA저장고는 일정한 산소와 이산화탄소 농도가 유지되어야 하기 때문에 밀폐가 유지되어야 하고, 완전한 밀폐가 이루어지면 저장고 내 온도 변화 시 압력 변화를 완화시킬 수 있는 압력 자동조절장치가 필요하다. 또, 산소 농도를 낮추기 위한 질소 발생 장치, 이산화탄소 농도를 일정하게 유지하기 위한 이산화탄소 흡착기, 기체의 농도를 측정하는 분석기기와 제어기기 등이 필요하다.

정답 64 ② 65 ① 66 ③

67 딸기의 수확 후 손실을 줄이기 위한 방법이 아닌 것은?
① 착색촉진을 위해 에틸렌을 처리한다.
② 수확 직후 품온을 낮춘다.
③ 이산화염소로 전처리한다.
④ 수확 직후 선별·포장을 한다.

> **해설** 에틸렌이 축적되면 숙성 촉진, 연화 현상 촉진, 저장 기간 단축, 품질 저하 초래 등의 현상이 나타나므로 에틸렌을 노화 호르몬이라고 한다. 따라서 딸기를 수확한 후 에틸렌을 처리하는 것은 손실을 줄이기 위한 방법으로 볼 수 없다. 에틸렌은 녹숙기의 바나나, 토마토, 떫은 감, 감귤, 오렌지 등의 후숙(엽록소 분해, 착색촉진, 떫은 감의 연화 등을 통한 상품 가치 향상)을 위해 사용한다.

68 원예산물 저장 시 에틸렌 합성에 필요한 물질은?
① CO_2
② O_2
③ AVG
④ STS

> **해설** 저장 중 에틸렌 농도가 높으면 노화 촉진 등의 장해가 발생한다. 에틸렌 발생을 억제하는 기술은 청과물의 선도유지 및 장기 저장에 필요하다.

69 저온저장 중 다음 현상을 일으키는 원인은?

- 떫은 감의 탈삽
- 브로콜리의 황화
- 토마토의 착색 및 연화

① 높은 상대습도
② 고농도 에틸렌
③ 저농도 산소
④ 저농도 이산화탄소

> **해설** 에틸렌이 원예산물에 미치는 영향
> - 토마토의 착색 및 연화
> - 아스파라거스 줄기의 경화
> - 떫은 감의 탈삽
> - 브로콜리의 황화

정답 67 ① 68 ② 69 ②

70 수확 후 예건이 필요한 품목을 모두 고른 것은?

| ㄱ. 마 늘 | ㄴ. 신고배 |
| ㄷ. 복숭아 | ㄹ. 양배추 |

① ㄱ, ㄴ
② ㄷ, ㄹ
③ ㄱ, ㄴ, ㄹ
④ ㄱ, ㄷ, ㄹ

해설 예건은 수확된 농산물의 외층을 미리 건조시켜 내부조직의 수분 증산을 억제시키고 병해와 생리장해를 억제하는 방법이다. 예건처리품목에는 양파, 마늘, 단감, 배, 양배추 등이 있다.

71 원예산물의 저온저장고 관리에 관한 내용이다. ( )에 들어갈 내용은?

저장고 입고 시 송풍량을 (ㄱ), 저장 초기 품온이 적정 저장온도에 도달하도록 조치하면 호흡량이 (ㄴ), 숙성이 지연되는 장점이 있다.

① ㄱ : 높여, ㄴ : 늘고
② ㄱ : 높여, ㄴ : 줄고
③ ㄱ : 낮춰, ㄴ : 늘고
④ ㄱ : 낮춰, ㄴ : 줄고

해설 원예산물을 저장고에 입고할 경우 송풍량을 높여 저장 초기에 품온이 적정 저장온도에 빨리 도달할 수 있도록 조치하면 호흡량이 줄어들어 숙성이 지연된다.

72 저온저장중인 원예산물의 상온 선별 시 A농산물품질관리사의 결로 방지책으로 옳은 것은?

① 선별장 내 공기유동을 최소화한다.
② 선별장과 저장고의 온도차를 높여 관리한다.
③ 수분흡수율이 높은 포장상자를 사용한다.
④ MA필름으로 포장하여 외부 공기가 산물에 접촉되지 않게 한다.

해설
- 결로 : 저온저장한 농산물을 상온에 바로 노출시키면 표면에 물기가 맺히는데 이를 결로현상이라고 한다. 결로가 발생하면 골판지 상자의 경우 강도가 낮아져서 쭈그러지거나 파손돼 농산물이 압상을 입기 쉽다. 또한 결로된 상태로 유통하면 부패를 초래할 수도 있다.
- 결로현상의 방지
  - 저온의 농산물을 냉장수송이나 보랭수송
  - 결로방지 덮개를 사용하거나 MA필름으로 포장하여 외부 공기가 산물에 접촉되지 않게 유지
  - 농산물의 품온을 서서히 높인 후 출고

73 다음이 예방할 수 있는 원예산물의 손상이 아닌 것은?

> 팰리타이징으로 단위적재하는 저온유통시스템에서 적재장소 출구와 운송트럭 냉장 적재함 사이에 틈이 없도록 설비하는 것은 외부공기의 유입을 차단하여 작업장이나 컨테이너 내부의 온도 균일화 효과를 얻기 위함이다.

① 생물학적 손상 ② 기계적 손상
③ 화학적 손상 ④ 생리적 손상

해설 원예산물의 화학적 손상이란 사용방법이나 시기를 지키지 않은 채 사용한 농약이나 화학비료 등으로 인해 농약잔류물이 작물 표면을 오염시키거나 동록을 일으키는 경우 또는 작은 반점을 형성하여 품질을 저하시키는 경우를 말한다.

74 원예산물의 생물학적 위해요인이 아닌 것은?

① 곰팡이 독소 ② 병원성 대장균
③ 기생충 ④ 바이러스

해설 ① 곰팡이 독소는 화학적 위해요인이다.
HACCP 위해요소분석표에 따른 위해요소 분류(식품 및 축산물 안전관리인증기준 [별표 2])

생물학적 위해요소 (Biological Hazards)	제품에 내재하면서 인체의 건강을 해할 우려가 있는 병원성 미생물, 부패미생물, 병원성 대장균(군), 효모, 곰팡이, 기생충, 바이러스 등
화학적 위해요소 (Chemical Hazards)	제품에 내재하면서 인체의 건강을 해할 우려가 있는 중금속, 농약, 항생물질, 항균물질, 사용기준초과 또는 사용 금지된 식품 첨가물 등 화학적 원인물질
물리적 위해요소 (Physical Hazards)	제품에 내재하면서 인체의 건강을 해할 우려가 있는 인자 중에서 돌조각, 유리조각, 플라스틱 조각, 쇳조각 등

75 HACCP 실시과정에 관한 내용이다. ( )에 들어갈 내용으로 옳은 것은?

> (ㄱ) : 위해요소와 이를 유발할 수 있는 조건이 존재하는 여부를 파악하기 위하여 필요한 정보를 수집하고 평가하는 과정
> (ㄴ) : 위해요소를 예방, 저해하거나 허용수준 이하로 감소시켜 안전성을 확보하는 중요한 단계, 과정 또는 공정

① ㄱ : 위해요소분석, ㄴ : 한계기준
② ㄱ : 위해요소분석, ㄴ : 중요관리점
③ ㄱ : 한계기준, ㄴ : 중요관리점
④ ㄱ : 중요관리점, ㄴ : 위해요소분석

해설
- 위해요소분석(Hazard Analysis) : 식품 안전에 영향을 줄 수 있는 위해요소와 이를 유발할 수 있는 조건이 존재하는지 여부를 판별하기 위하여 필요한 정보를 수집하고 평가하는 일련의 과정을 말한다(식품 및 축산물 안전관리인증기준 제2조 제3호).
- 중요관리점(CCP ; Critical Control Point) : 식품안전관리인증기준을 적용하여 식품의 위해요소를 예방·제어하거나 허용수준 이하로 감소시켜 당해 식품의 안전성을 확보할 수 있는 중요한 단계·과정 또는 공정을 말한다(식품 및 축산물 안전관리인증기준 제2조 제4호).
- 한계기준(Critical Limit) : 중요관리점에서의 위해요소 관리가 허용 범위 이내로 충분히 이루어지고 있는지 여부를 판단할 수 있는 기준이나 기준치를 말한다(식품 및 축산물 안전관리인증기준 제2조 제5호).

정답 73 ③ 74 ① 75 ②

4과목 | 농산물유통론

76 농산물 유통이 부가가치를 창출하는 일련의 생산적 활동임을 의미하는 것은?

① 가치사슬(Value Chain)
② 푸드시스템(Food System)
③ 공급망(Supply Chain)
④ 마케팅빌(Marketing Bill)

해설 농산물 가치사슬(AVC ; Agricultural Value Chain)
농산물 생산의 원료 조달부터 최종 소비에 이르기까지 참여한 다양한 이해당사자들이 시행한 모든 활동으로, 생산 이전부터 최종 소비에 이르는 과정을 종합적·동태적으로 파악하고, 이를 통해 문제점을 파악하고 경쟁력 제고와 수익 산업 발전 전략을 도출하게 된다.

77 농식품 소비구조 변화에 관한 내용으로 옳지 않은 것은?

① 신선편이농산물 소비 증가
② PB상품 소비 감소
③ 가정간편식(HMR) 소비 증가
④ 쌀 소비 감소

해설 경제발전과 소득수준 상승에 따른 식품 소비의 변화
- 고위보전식품 소비 증가
- 신선편이식품 소비 증가
- 가정대체식(HMR) 소비 증가
- 에스닉푸드(Ethnic Food) 소비 증가
- 소포장·친환경 농산물 수요 증가
- 세척, 커팅 등 전처리 농산물 수요 증가
- 프라이빗 브랜드(PB)상품 소비 증가

78 농산물 유통마진에 관한 설명으로 옳지 않은 것은?

① 유통경로, 시기별, 연도별로 다르다.
② 유통비용 중 직접비는 고정비 성격을 갖는다.
③ 유통효율성을 평가하는 핵심지표로 사용된다.
④ 최종소비재에 포함된 유통서비스의 크기에 따라 달라진다.

해설 ③ 유통마진이 작을수록 유통효율이 높다고 한다면 농민과 최종소비자를 직접 연결하는 산지직거래가 가장 효율적인 방법이 되고 모든 농산물유통이 산지직거래방식으로 유통되어야 한다. 하지만 이같은 방식은 거의 불가능할 뿐만 아니라 바람직한 방향도 아니다. 따라서 유통마진으로 효율성 정도를 판단하는 것은 올바른 방법이 아니다.

79 농산물 공동선별·공동계산제에 관한 설명으로 옳지 않은 것은?
① 여러 농가의 농산물을 혼합하여 등급별로 판매한다.
② 농가가 산지유통조직에 출하권을 위임하는 경우가 많다.
③ 출하시기에 따라 농가의 가격변동 위험이 커진다.
④ 물량의 규모화로 시장교섭력이 향상된다.

> **해설** 공동선별·공동계산제
> 다수의 개별농가가 생산한 농산물을 출하주별로 구분하는 것이 아니라 각 농가의 상품을 혼합하여 등급별로 구분하고 관리·판매하여 그 등급에 따라 비용과 대금을 평균하여 농가에 정산해 주는 방법이다. 협동조합이나 작목반 단위로 공동 출하함으로써 거래교섭력이 높아지고, 개별 농가의 위험이 분산되며, 판매와 수송 등에서 규모의 경제를 실현할 수 있다는 장점이 있다. 생산물을 공동조직에 위탁할 경우 조건을 붙이지 않고 일체를 위임하는 방식으로, 공동조직과 구성원 간의 절대적 신뢰를 전제로 하여야 한다.

80 농산물의 단위가격을 1,000원보다 990원으로 책정하는 심리적 가격전략은?
① 준거가격전략
② 개수가격전략
③ 단수가격전략
④ 단계가격전략

> **해설** ③ 단수가격전략 : 상품의 판매가격에 단수를 붙이는 것으로 판매가에 대한 고객의 수용도를 높이고자 하는 전략이다. 상품가격이 1,000원에 비해 990원이 매우 싸다고 느끼는 소비자 심리를 이용한다.

81 대형유통업체의 농산물 산지 직거래에 관한 설명으로 옳지 않은 것은?
① 경쟁업체와 차별화된 상품을 발굴하기 위한 노력의 일환이다.
② 산지 수집을 대행하는 업체(Vendor)를 가급적 배제한다.
③ 매출규모가 큰 업체일수록 산지 직구입 비중이 높은 경향을 보인다.
④ 본사에서 일괄 구매한 후 물류센터를 통해 개별 점포로 배송하는 것이 일반적이다.

> **해설** ② 산지 직거래는 생산자와 소비자 또는 생산자 단체와 소비자 단체가 직접 연결된 형태로, 유통비용이 절감되는 효과가 있다. 따라서 매출규모가 큰 대형유통업체는 산지 수집을 대행하는 업체를 활용하는 경우가 많다.

82 생산자가 지역의 제철 농산물을 소비자에게 정기적으로 배송하는 직거래 방식은?
① 로컬푸드 직매장   ② 직거래 장터
③ 꾸러미사업   ④ 농민시장(Farmers Market)

해설 ③ 꾸러미사업 : 2000년대 중반부터 시작된 사업으로 유럽이나 미국, 일본 등에서 시작된 CSA가 우리나라에 도입되며 특화된 박스배송 방식 사업이다. 소비자들에게 일정한 주기로 물품을 배송해 주며, 이를 통해 생산자는 경제적·안정적 기반을 마련할 수 있다는 장점이 있다.

83 농산물도매시장 경매제에 관한 내용으로 옳지 않은 것은?
① 거래의 투명성 및 공정성 확보
② 중도매인간 경쟁을 통한 최고가격 유도
③ 상품 진열을 위한 넓은 공간 필요
④ 수급상황의 급변에도 불구하고 낮은 가격변동성

해설 농산물도매시장의 경매제
경매제는 수요와 공급에 따라 가격이 투명하게 드러나지만, 도매상과 직접 거래를 하는 것보다 경매시간이나 물류이동 측면에서 효율성이 떨어진다. 또한 매일의 시장 반입량에 따라 가격이 결정되어 똑같은 상품이라 하더라도 가격변동이 크게 자주 나타난다.

84 우리나라 농산물 종합유통센터의 대표적인 도매거래방식은?
① 경 매   ② 예약상대거래
③ 매취상장   ④ 선도거래

해설 전통적 도매거래에서는 경매 또는 위탁거래의 방식이 주로 사용되었다면, 현대적 도매거래에서는 예약상대거래 방식이 주로 사용된다. 예약상대거래는 정가·수의매매의 한 형태로, 출하자와 중도매인이 사전에 협의하고, 그 내용을 도매시장법인에게 신고하면, 도매시장법인이 출하주와 사전에 금액과 물량을 확인한 후 실제 출하내용을 점검하여 중도매인에게 판매하는 것이다.

85 산지의 밭떼기(포전매매)에 관한 설명으로 옳지 않은 것은?

① 선물거래의 한 종류이다.
② 계약가격에 판매가격을 고정시킨다.
③ 농가가 계약금을 수취한다.
④ 계약불이행 위험이 존재한다.

해설 ① 밭떼기(포전매매)는 농작물이 완전히 성숙하기 이전에 밭에 식재된 상태에서 일괄하여 매도하는 거래의 유형으로 농작물이 성숙할 때까지 매도인(농업인)이 농작물을 관리하다가 약정된 기일에 매수인(수집상)에게 양도하는 계약으로, 선도거래의 한 종류이다. 하지만 선도거래는 계약 불이행의 문제가 많이 발생한다. 따라서 이러한 선도거래를 제도화·표준화한 것이 선물거래이다.

86 농산물 산지유통의 거래유형에 해당하는 것을 모두 고른 것은?

| ㄱ. 계약재배 | ㄴ. 포전거래 |
| ㄷ. 정전거래 | ㄹ. 산지공판 |

① ㄱ, ㄴ
② ㄱ, ㄷ
③ ㄴ, ㄷ, ㄹ
④ ㄱ, ㄴ, ㄷ, ㄹ

해설 농산물 산지유통의 거래유형
정전거래(문전판매, 창고판매), 산지공판, 계약거래(계약영농, 생산계약), 포전거래(밭떼기, 하우스떼기, 입도선매) 등

87 농산물 유통의 기능과 창출 효용을 옳게 연결한 것은?

① 거래 - 장소효용
② 가공 - 형태효용
③ 저장 - 소유효용
④ 수송 - 시간효용

해설 유통의 기능과 창출 효용
• 저장의 기능 : 시간효용
• 수송의 기능 : 장소효용
• 가공의 기능 : 형태효용
• 거래의 기능 : 소유효용

정답 85 ① 86 ④ 87 ②

88. 농산물 유통의 조성기능에 해당하는 것을 모두 고른 것은?

| ㄱ. 포 장 | ㄴ. 표준화·등급화 |
| ㄷ. 손해보험 | ㄹ. 상·하역 |

① ㄱ
② ㄴ, ㄷ
③ ㄷ, ㄹ
④ ㄱ, ㄷ, ㄹ

해설 농산물 유통기능
- 소유권이전기능 : 구매기능, 판매기능
- 물적유통기능 : 저장기능, 수송기능, 가공기능
- 유통조성기능 : 표준화·등급화, 유통금융기능, 위험부담기능, 시장정보기능

89. A영농조합법인이 초등학교 간식용 조각과일을 공급하고자 수행한 SWOT분석에서 'T'요인이 아닌 것은?

① 코로나19 재확산
② 사내 생산설비 노후화
③ 과일 작황 부진
④ 학생 수 감소

해설 ② 사내 생산설비 노후화는 내부의 약점인 'W'요인이다. SWOT분석의 내부 요인은 Strength(강점)과 Weakness(약점), 외부 요인은 Opportunities(기회)와 Threats(위협)이다.

90. 시장세분화에 관한 설명으로 옳지 않은 것은?

① 유사한 욕구와 선호를 가진 소비자 집단으로 세분화가 가능하다.
② 시장규모, 구매력의 크기 등을 측정할 수 있어야 한다.
③ 국적, 소득, 종교 등 지리적 특성에 따라 세분화가 가능하다.
④ 세분시장의 반응에 따라 차별화된 마케팅이 가능하다.

해설 ③ 국적, 소득, 종교 등은 지리적 특성이 아니라 사회경제적 특성이다.

91 6~8명 정도의 소그룹을 대상으로 2시간 내외의 집중면접을 실시하는 마케팅조사 방법은?

① FGI
② 전수조사
③ 관찰조사
④ 서베이조사

해설
① 표적집단면접(FGI ; Focus Group Interview)
② 전수조사 : 대상이 되는 실험 집단을 모두 조사하는 방법이다.
③ 관찰조사 : 대상자의 행동을 직접 관찰하여 자료를 수집하는 방법이다.
④ 서베이조사 : 작성된 질문에 답하게 함으로써 실증적 자료를 체계적으로 수집·분석하는 방법이다.

92 고가가격전략을 실행할 수 있는 경우는?

① 높은 제품기술력을 가지고 있을 경우
② 시장점유율을 극대화하고자 할 경우
③ 원가우위로 시장을 지배하려고 할 경우
④ 경쟁사의 모방 가능성이 높을 경우

해설 **고가가격전략**
신상품을 도입할 때 그 원가와는 상관없이 가격을 높게 설정해서 구매력이 있는 일부 소비자층에게만 판매하는 방법이다. 가격이 비싸면 그만큼 우수할 것이라고 생각하는 소비자 심리, 즉 가격과 품질의 상관성을 고려한 전략이다. 고가가격전략은 이러한 가격과 품질의 상관성을 바탕으로 높은 매출액을 실현해 줄 수 있다.

93 광고에 관한 설명으로 옳지 않은 것은?

① 비용을 지불해야 한다.
② 불특정 다수를 대상으로 한다.
③ 표적시장별로 광고매체를 선택할 수 있다.
④ 상표광고가 기업광고보다 기업이미지 개선에 효과적이다.

해설 ④ 기업광고란 기업의 경영 방침이나 업적 따위를 일반 대중에게 전함으로써 기업의 입장이나 현재의 상태를 이해하도록 하고, 기업에 대한 좋은 인상을 심어 주기 위한 광고이다. 기업이미지를 개선하기 위해서는 상표광고보다 기업광고가 더 효과적이다.

94 소비자의 구매심리과정(AIDMA)을 순서대로 옳게 나열한 것은?

① 욕구 → 주의 → 흥미 → 기억 → 행동
② 흥미 → 주의 → 기억 → 욕구 → 행동
③ 주의 → 흥미 → 욕구 → 기억 → 행동
④ 기억 → 흥미 → 주의 → 욕구 → 행동

해설 소비자의 구매심리과정(AIDMA) 순서
주의(Attention) → 흥미(Interest) → 욕구(Desire) → 기억(Memory) → 행동(Action)

95 농산물 물류비에 포함되지 않는 것은?

① 포장비　　　　　　　　　② 수송비
③ 재선별비　　　　　　　　④ 점포임대료

해설 농산물 물류비에 포함되는 항목
포장·가공·선별비, 보관비, 운송비, 감모·청소비, 하역비, 물류관리비 등

96 국내산 감귤 가격 상승에 따라 수입산 오렌지 수요가 늘어났을 경우 감귤과 오렌지 간의 관계는?

① 대체재　　　　　　　　　② 보완재
③ 정상재　　　　　　　　　④ 기펜재

해설 ① 대체재(代替財) : 서로 대신 쓸 수 있는 관계에 있는 두 가지의 재화로, 쌀과 밀가루, 만년필과 연필, 버터와 마가린 등의 관계를 말한다.

97 생산자단체가 자율적으로 농산물 소비촉진, 수급조절 등을 시행하는 사업은?

① 유통조절명령　　　　　　② 유통협약
③ 농업관측사업　　　　　　④ 자조금사업

해설 ④ "자조금"이란 자조금단체가 농수산물의 소비촉진, 품질향상, 자율적인 수급조절 등을 도모하기 위하여 농수산업자가 납부하는 금액을 주요 재원으로 하여 조성·운용하는 자금을 말한다(농수산자조금의 조성 및 운용에 관한 법률 제2조 제4호).

94 ③　95 ④　96 ①　97 ④

98 농산물 유통정보의 직접적인 기능이 아닌 것은?

① 시장참여자간 공정경쟁 촉진
② 정보 독과점 완화
③ 출하시기, 판매량 등의 의사결정에 기여
④ 생산기술 개선 및 생산량 증대

해설 유통정보란 생산자, 유통업자, 소비자 등 시장활동에 참가하는 사람들이 보다 유리한 거래조건을 확보하기 위해 여러 가지 의사결정에 필요한 각종 자료와 지식이다. 유통정보는 출하시기·판매량의 의사결정에 기여, 시장참여자간 공정경쟁 촉진, 정보 독과점 완화, 작목선택 및 출하처 개선 등에 이용되지만 생산기술 개선과 및 생산량 증대에 직접적으로 이용되는 것은 아니다.

99 농산물 포장의 본원적 기능이 아닌 것은?

① 제품의 보호
② 취급의 편의
③ 판매의 촉진
④ 재질의 차별

해설 포장이란 농산물의 유통과정에 있어 그 보존성과 위생적 안전성을 높이고, 편의성과 보호성을 부여하며, 판매를 촉진하기 위해 알맞은 재료나 용기를 사용하여 적절한 처리를 하는 기술을 의미한다. 포장은 생산부터 소비까지의 과정에 있어 수송 중의 물리적 충격과 미생물, 병충해 등에 의한 오염 및 빛, 온도, 수분 등에 의한 산물의 변질을 방지하는 기능을 한다.

100 소비자의 농산물 구매의사 결정과정 중 구매 후 행동을 모두 고른 것은?

ㄱ. 상표 대체
ㄴ. 재구매
ㄷ. 정보 탐색
ㄹ. 대안 평가

① ㄱ, ㄴ
② ㄴ, ㄷ
③ ㄱ, ㄷ, ㄹ
④ ㄱ, ㄴ, ㄷ, ㄹ

해설 구매자의 구매의사 결정은 '문제 인식 → 정보 탐색 → 대안 평가 → 구매의사 결정 → 구매 후 행동'의 과정으로 이루어지며, ㄷ과 ㄹ은 구매 행동 이전의 활동이다. 구매 후 행동에는 상표 대체, 재구매, 소비자 만족, 불평행동(불만의 정도, 교환·환불의 요구, 법적 조치 → 부정적 구전, 재구매 거부, 경쟁상품 구매 등) 등이 있다.

정답 98 ④ 99 ④ 100 ①

2022년 제19회 기출문제해설

| 1과목 | 농산물 품질관리 관계 법령 |

01 농수산물 품질관리법령상 동음이의어 지리적표시에 관한 정의이다. ( )에 들어갈 내용으로 옳은 것은?

> '동음이의어 지리적표시'란 동일한 품목에 대하여 지리적표시를 할 때 타인의 지리적표시와 ( )은(는) 같지만 해당 지역이 다른 지리적표시를 말한다.

① 발음
② 유래
③ 명성
④ 품질

해설 정의(법 제2조 제1항 제9호)
'동음이의어 지리적표시'란 동일한 품목에 대하여 지리적표시를 할 때 타인의 지리적표시와 발음은 같지만 해당 지역이 다른 지리적표시를 말한다.

02 농수산물 품질관리법령상 농수산물품질관리심의회에서 심의하는 사항이 아닌 것은?

① 농산물 품질인증에 관한 사항
② 농산물 이력추적관리에 관한 사항
③ 유전자변형농산물의 표시에 관한 사항
④ 농산물 표준규격 및 물류표준화에 관한 사항

해설 심의회의 직무(법 제4조)
심의회는 다음의 사항을 심의한다.
1. 표준규격 및 물류표준화에 관한 사항
2. 농산물우수관리ㆍ수산물품질인증 및 이력추적관리에 관한 사항
3. 지리적표시에 관한 사항
4. 유전자변형농수산물의 표시에 관한 사항
5. 농수산물(축산물은 제외)의 안전성조사 및 그 결과에 대한 조치에 관한 사항
6. 농수산물(축산물은 제외) 및 수산가공품의 검사에 관한 사항
7. 농수산물의 안전 및 품질관리에 관한 정보의 제공에 관하여 총리령, 농림축산식품부령 또는 해양수산부령으로 정하는 사항
8. 다른 법령에서 심의회의 심의사항으로 정하고 있는 사항
9. 그 밖에 농수산물 및 수산가공품의 품질관리 등에 관하여 위원장이 심의에 부치는 사항

정답 1 ① 2 ①

03 농수산물 품질관리법령상 2022년 4월 1일 검사한 보리쌀의 농산물검사의 유효기간은?

① 40일
② 60일
③ 90일
④ 120일

해설 농산물검사의 유효기간 - 곡류(시행규칙 [별표 23])

품 목	검사시행시기	유효기간(일)
벼·콩	5.1.~9.30	90
	10.1.~4.30	120
겉보리·쌀보리·팥·녹두·현미·보리쌀	5.1.~9.30	60
	10.1.~4.30	90
쌀	5.1.~9.30	40
	10.1.~4.30	60

04 농수산물 품질관리법령상 다른 사람에게 농산물품질관리사 자격증을 빌려주어 자격이 취소된 사람은 그 처분이 있은 날부터 농산물품질관리사 자격시험에 응시할 수 없는 기간은?

① 1년
② 2년
③ 3년
④ 5년

해설 **농산물품질관리사의 시험·자격부여 등(법 제107조 제3항)**
다음의 어느 하나에 해당하는 사람은 그 처분이 있은 날부터 2년 동안 농산물품질관리사 자격시험에 응시하지 못한다.
1. 제2항에 따라 시험의 정지·무효 또는 합격취소 처분을 받은 사람
2. 제109조에 따라 농산물품질관리사의 자격이 취소된 사람

농산물품질관리사의 자격 취소(법 제109조)
농림축산식품부장관은 다음의 어느 하나에 해당하는 사람에 대하여 농산물품질관리사자격을 취소하여야 한다.
1. 농산물품질관리사의 자격을 거짓 또는 부정한 방법으로 취득한 사람
2. 다른 사람에게 농산물품질관리사의 명의를 사용하게 하거나 자격증을 빌려준 사람
3. 명의의 사용이나 자격증의 대여를 알선한 사람

정답 3 ③ 4 ②

05 농수산물 품질관리법령상 우수관리시설의 지위를 승계한 경우 종전의 우수관리시설에 행한 행정제재처분의 효과는 그 지위를 승계한 자에게 승계된다. 처분사실을 인지한 승계자에게 그 처분이 있은 날부터 행정제재처분의 효과가 승계되는 기간은?

① 6개월
② 1년
③ 2년
④ 3년

해설 행정제재처분 효과의 승계(법 제28조의2)
지위를 승계한 경우 종전의 우수관리인증기관, 우수관리시설 또는 품질인증기관에 행한 행정제재처분의 효과는 그 처분이 있은 날부터 1년간 그 지위를 승계한 자에게 승계되며, 행정제재처분의 절차가 진행 중인 때에는 그 지위를 승계한 자에 대하여 그 절차를 계속 진행할 수 있다. 다만, 지위를 승계한 자가 그 지위의 승계 시에 그 처분 또는 위반사실을 알지 못하였음을 증명하는 때에는 그러하지 아니하다.

06 농수산물 품질관리법령상 우수관리인증농산물 표시의 제도법에 관한 설명으로 옳지 않은 것은?

① 인증번호는 표지도형 밑에 표시한다.
② 표지도형의 영문 글자는 고딕체로 한다.
③ 표지도형 상단의 '농림축산식품부'와 'MAFRA KOREA'의 글자는 흰색으로 한다.
④ 표지도형의 색상은 녹색을 기본색상으로 하고, 포장재의 색깔 등을 고려하여 빨간색으로 할 수 있다.

해설 ③ 표지도형 내부의 'GAP' 및 '(우수관리인증)'의 글자 색상은 표지도형 색상과 동일하게 하고, 하단의 '농림축산식품부'와 'MAFRA KOREA'의 글자는 흰색으로 한다(시행규직 [별표 1]).

07 농수산물 품질관리법령상 농산물의 이력추적관리 등록에 관한 설명으로 옳지 않은 것은?

① 농림축산식품부장관은 이력추적관리의 등록을 한 자에 대하여 이력추적관리에 필요한 비용의 일부를 지원할 수 있다.
② 농림축산식품부장관은 이력추적관리의 등록자로부터 등록사항의 변경신고를 받은 날부터 1개월 이내에 신고수리 여부를 신고인에게 통지하여야 한다.
③ 대통령령으로 정하는 농산물을 생산하거나 유통 또는 판매하는 자는 농림축산식품부장관에게 이력추적관리의 등록을 하여야 한다.
④ 이력추적관리의 등록을 한 자는 등록사항이 변경된 경우 변경 사유가 발생한 날부터 1개월 이내에 농림축산식품부장관에게 신고하여야 한다.

해설 ② 농림축산식품부장관은 이력추적관리의 등록자로부터 등록사항의 변경신고를 받은 날부터 10일 이내에 신고수리 여부를 신고인에게 통지하여야 한다(법 제24조 제4항).

08 농수산물 품질관리법령상 지리적표시 농산물의 특허법 준용에 관한 설명으로 옳지 않은 것은?

① 출원은 등록신청으로 본다.
② 특허권은 지리적표시권으로 본다.
③ 심판장은 농림축산식품부장관으로 본다.
④ 산업통상자원부령은 농림축산식품부령으로 본다.

해설 ③ 심판장은 지리적표시심판위원회 위원장으로 본다(법 제41조 제3항).
특허법의 준용(법 제41조 제3항)
'특허'는 '지리적표시'로, '출원'은 '등록신청'으로, '특허권'은 '지리적표시권'으로, '지식재산처'·'지식재산처장' 및 '심사관'은 '농림축산식품부장관'으로, '특허심판원'은 '지리적표시심판위원회'로, '심판장'은 '지리적표시심판위원회 위원장'으로, '심판관'은 '심판위원'으로, '총리령'은 '농림축산식품부령'으로 본다.
※ 관련 법령 개정(2025.10.1.)으로 특허청은 지식재산처로 격상, 산업통상자원부는 산업통상부로 개편됨

09 농수산물 품질관리법령상 지리적표시품의 1차 위반행위에 따른 행정처분 기준이 가장 경미한 것은?

① 지리적표시품이 등록기준에 미치지 못하게 된 경우
② 등록된 지리적표시품이 아닌 제품에 지리적표시를 한 경우
③ 지리적표시품 생산계획의 이행이 곤란하다고 인정되는 경우
④ 지리적표시품에 정하는 바에 따른 지리적표시를 위반하여 내용물과 다르게 거짓표시를 한 경우

해설 시정명령 등의 처분기준 - 지리적표시품(시행령 [별표 1])

위반행위	근거 법조문	행정처분 기준		
		1차 위반	2차 위반	3차 위반
1) 지리적표시품 생산계획의 이행이 곤란하다고 인정되는 경우	법 제40조 제3호	등록취소		
2) 지리적표시품이 아닌 제품에 지리적표시를 한 경우	법 제40조 제1호	등록취소		
3) 지리적표시품이 등록기준에 미치지 못하게 된 경우	법 제40조 제1호	표시정지 3개월	등록취소	
4) 의무표시사항이 누락된 경우	법 제40조 제2호	시정명령	표시정지 1개월	표시정지 3개월
5) 내용물과 다르게 거짓표시나 과장된 표시를 한 경우	법 제40조 제2호	표시정지 1개월	표시정지 3개월	등록취소

정답 8 ③ 9 ④

10 농수산물 품질관리법령상 안전성조사 업무의 일부와 시험분석 업무를 수행하기 위하여 안전성검사기관을 지정하고 안전성조사와 시험분석 업무를 대행하게 할 수 있는 권한을 가진 자는?

① 식품의약품안전처장
② 국립농산물품질관리원장
③ 농림축산식품부장관
④ 농촌진흥청장

해설 안전성검사기관의 지정 등(법 제64조 제1항)
식품의약품안전처장은 안전성조사 업무의 일부와 시험분석 업무를 전문적·효율적으로 수행하기 위하여 안전성검사기관을 지정하고 안전성조사와 시험분석 업무를 대행하게 할 수 있다.

11 농수산물 품질관리법령상 안전성검사기관에 대해 6개월 이내의 기간을 정하여 업무의 정지를 명할 수 있는 경우는?(단, 경감사유는 고려하지 않음)

① 검사성적서를 거짓으로 내준 경우
② 거짓된 방법으로 안전성검사기관 지정을 받은 경우
③ 부정한 방법으로 안전성검사기관 지정을 받은 경우
④ 업무의 정지명령을 위반하여 계속 안전성조사 및 시험분석 업무를 한 경우

해설 안전성검사기관의 지정 취소 등(법 제65조 제1항)
식품의약품안전처장은 안전성검사기관이 다음의 어느 하나에 해당하면 지정을 취소하거나 6개월 이내의 기간을 정하여 업무의 정지를 명할 수 있다. 다만, 제1호 또는 제2호에 해당하면 지정을 취소하여야 한다.
1. 거짓이나 그 밖의 부정한 방법으로 지정을 받은 경우
2. 업무의 정지명령을 위반하여 계속 안전성조사 및 시험분석 업무를 한 경우
3. 검사성적서를 거짓으로 내준 경우
4. 그 밖에 총리령으로 정하는 안전성검사에 관한 규정을 위반한 경우

12 농수산물 품질관리법령상 유전자변형농산물의 표시기준 및 표시방법이 아닌 것은?

① '유전자변형농산물임'을 표시
② '유전자변형농산물이 포함되어 있음'을 표시
③ '유전자변형농산물이 포함되어 있지 않음'을 표시
④ '유전자변형농산물이 포함되어 있을 가능성이 있음'을 표시

해설 유전자변형농수산물의 표시기준 등(시행령 제20조 제1항)
유전자변형농수산물에는 해당 농수산물이 유전자변형농수산물임을 표시하거나, 유전자변형농수산물이 포함되어 있음을 표시하거나, 유전자변형농수산물이 포함되어 있을 가능성이 있음을 표시하여야 한다.

정답 10 ① 11 ① 12 ③

13 농수산물 품질관리법령상 위반에 따른 벌칙의 기준이 다른 것은?

① 우수관리인증농산물이 우수관리기준에 미치지 못하여 우수관리인증농산물의 유통업자에게 판매 금지 조치를 명하였으나 판매금지 조치에 따르지 아니한 자
② 유전자변형농산물의 표시를 거짓으로 한 자에게 해당 처분을 받았다는 사실을 공표할 것을 명하였으나 공표명령을 이행하지 아니한 자
③ 안전성조사를 한 결과 농산물의 생산단계 안전기준을 위반하여 출하 연기 조치를 명하였으나 조치를 이행하지 아니한 자
④ 지리적표시품의 표시방법을 위반하여 표시방법에 대한 시정명령을 받았으나 시정명령에 따르지 아니한 자

해설 ④ 1천만원 이하의 과태료(법 제123조 제1항 제5호)
① 1년 이하의 징역 또는 1천만원 이하의 벌금(법 제120조 제3호)
② 1년 이하의 징역 또는 1천만원 이하의 벌금(법 제120조 제5호)
③ 1년 이하의 징역 또는 1천만원 이하의 벌금(법 제120조 제6호)

14 농수산물의 원산지 표시 등에 관한 법령상 프랑스에서 수입하여 국내에서 35일간 사육한 닭을 국내 일반음식점에서 삼계탕으로 조리하여 판매할 경우 원산지 표시방법으로 옳은 것은?

① 삼계탕(닭고기 : 국내산)
② 삼계탕(닭고기 : 프랑스산)
③ 삼계탕[닭고기 : 국내산(출생국 : 프랑스)]
④ 삼계탕(닭고기 : 국내산과 프랑스산 혼합)

해설 영업소 및 집단급식소의 원산지 표시방법 - 돼지고기, 닭고기, 오리고기 및 양고기(염소 등 산양 포함)(시행규칙 [별표 4])
1. 국내산(국산)의 경우 '국산'이나 '국내산'으로 표시한다. 다만, 수입한 돼지 또는 양을 국내에서 2개월 이상 사육한 후 국내산(국산)으로 유통하거나, 수입한 닭 또는 오리를 국내에서 1개월 이상 사육한 후 국내산(국산)으로 유통하는 경우에는 '국산'이나 '국내산'으로 표시하되, 괄호 안에 출생국가명을 함께 표시한다.
예 삼겹살(돼지고기 : 국내산), 삼계탕(닭고기 : 국내산), 훈제오리(오리고기 : 국내산), 삼겹살[돼지고기 : 국내산(출생국 : 덴마크)], 삼계탕[닭고기 : 국내산(출생국 : 프랑스)], 훈제오리[오리고기 : 국내산(출생국 : 중국)]
2. 외국산의 경우 해당 국가명을 표시한다.
예 삼겹살(돼지고기 : 덴마크산), 염소탕(염소고기 : 호주산), 삼계탕(닭고기 : 중국산), 훈제오리(오리고기 : 중국산)

15 농수산물의 원산지 표시 등에 관한 법령상 위반행위에 관한 내용이다. (   )에 해당하는 과태료 부과기준은?

> - (ㄱ) : 원산지 표시대상 농산물을 판매 중인 자가 원산지 거짓표시 행위로 적발되어 처분이 확정된 경우 농산물 원산지 표시제도 교육을 이수하도록 명령을 받았으나 교육 이수명령을 이행하지 아니한 자
> - (ㄴ) : 원산지 표시대상 농산물을 판매 중인 자는 원산지의 표시 여부·표시사항과 표시방법 등의 적정성을 확인하기 위하여 수거·조사·열람을 하는 때에는 정당한 사유 없이 이를 거부·방해하거나 기피하여서는 아니되나 수거·조사·열람을 거부·방해하거나 기피한 자

① ㄱ : 500만원 이하, ㄴ : 500만원 이하
② ㄱ : 500만원 이하, ㄴ : 1,000만원 이하
③ ㄱ : 1,000만원 이하, ㄴ : 500만원 이하
④ ㄱ : 1,000만원 이하, ㄴ : 1,000만원 이하

해설
- ㄱ : 법 제18조 제2항 제1호
- ㄴ : 법 제18조 제1항 제4호

16 농수산물의 원산지 표시 등에 관한 법령상 A씨가 판매가 35,000원 상당의 고사리에 원산지를 표시하지 않아 원산지 표시의무를 위반한 경우 부과되는 과태료는?(단, 감경사유는 고려하지 않음)

① 30,000원
② 35,000원
③ 40,000원
④ 50,000원

해설 과태료의 부과기준(시행령 [별표 2])
- 개별기준

위반행위	근거 법조문	과태료			
		1차 위반	2차 위반	3차 위반	4차 이상 위반
가. 법 제5조 제1항을 위반하여 원산지 표시를 하지 않은 경우	법 제18조 제1항 제1호	5만원 이상 1,000만원 이하			

- 원산지 표시를 하지 않은 경우의 세부 부과기준 – 농수산물(통관 단계 이후의 수입농수산물 등 및 반입농수산물 등을 포함하며, 통신판매의 경우는 제외한다)
  1) 과태료 부과금액은 원산지 표시를 하지 않은 물량(판매를 목적으로 보관 또는 진열하고 있는 물량을 포함한다)에 적발 당일 해당 업소의 판매가격을 곱한 금액으로 하고, 위반행위의 횟수에 따른 과태료의 부과기준은 다음 표와 같다.

과태료 부과금액		
1차 위반	2차 위반	3차 이상 위반
1)의 금액	1) 금액의 200%	1) 금액의 300%

  2) 1)의 해당 업소의 판매가격을 알 수 없는 경우에는 인근 2개 업소의 동일 품목 판매가격의 평균을 기준으로 한다. 다만, 평균가격을 산정할 수 없는 경우에는 해당 농수산물의 매입가격에 30%를 가산한 금액을 기준으로 한다.
  3) 과태료 부과금액의 최소단위는 5만원으로 하고, 5만원 이상은 천원 미만을 버리고 부과하되, 부과되는 총액은 1천만원을 초과할 수 없다.

17 농수산물 유통 및 가격안정에 관한 법령상 중앙도매시장은?

① 서울특별시 강서 농산물도매시장
② 부산광역시 반여 농산물도매시장
③ 광주광역시 서부 농수산물도매시장
④ 인천광역시 삼산 농산물도매시장

> **해설** 중앙도매시장(시행규칙 제3조)
> '농수산물도매시장으로서 농림축산식품부령 또는 해양수산부령으로 정하는 것'이란 다음의 농수산물도매시장을 말한다.
> 1. 서울특별시 가락동 농수산물도매시장
> 2. 서울특별시 노량진 수산물도매시장
> 3. 부산광역시 엄궁동 농산물도매시장
> 4. 부산광역시 국제 수산물도매시장
> 5. 대구광역시 북부 농수산물도매시장
> 6. 인천광역시 구월동 농산물도매시장
> 7. 인천광역시 삼산 농산물도매시장
> 8. 광주광역시 각화동 농산물도매시장
> 9. 대전광역시 오정 농수산물도매시장
> 10. 대전광역시 노은 농산물도매시장
> 11. 울산광역시 농수산물도매시장

18 농수산물 유통 및 가격안정에 관한 법령상 가격 예시에 관한 설명으로 옳지 않은 것은?

① 농림축산식품부장관이 예시가격을 결정할 때에는 미리 기획재정부장관과 협의하여야 한다.
② 농림축산식품부장관은 해당 농산물의 파종기 이후에 하한가격을 예시하여야 한다.
③ 가격예시 대상 품목은 계약생산 또는 계약출하를 하는 농산물로서 농림축산식품부장관이 지정하는 품목으로 한다.
④ 농림축산식품부장관은 농림업관측 등 예시가격을 지지하기 위한 시책을 추진하여야 한다.

> **해설** ② 농림축산식품부장관은 농림축산식품부령으로 정하는 주요 농산물의 수급조절과 가격안정을 위하여 필요하다고 인정할 때에는 해당 농산물의 파종기 이전에 생산자를 보호하기 위한 하한가격[이하 '예시가격'(豫示價格)]을 예시할 수 있다(법 제8조 제1항).
> ※ 관련 법령 개정(2025.10.1.)으로 기획재정부는 기획예산처와 재정경제부로 분리됨

19 농수산물 유통 및 가격안정에 관한 법령상 농림축산식품부장관이 필요하다고 인정할 때에 생산자단체를 지정하여 수입·판매하게 할 수 있는 품목은?

① 오렌지 ② 고 추
③ 마 늘 ④ 생 강

해설 농산물의 수입 추천 등(시행규칙 제13조 제2항)
농림축산식품부장관이 비축용 농산물로 수입하거나 생산자단체를 지정하여 수입·판매하게 할 수 있는 품목은 다음과 같다.
1. 비축용 농산물로 수입·판매하게 할 수 있는 품목 : 고추·마늘·양파·생강·참깨
2. 생산자단체를 지정하여 수입·판매하게 할 수 있는 품목 : 오렌지·감귤류

20 농수산물 유통 및 가격안정에 관한 법령상 산지유통인의 등록에 관한 설명으로 옳지 않은 것은?

① 농수산물을 수집하여 도매시장에 출하하려는 자는 부류별로 도매시장 개설자에게 등록하여야 한다.
② 중도매인의 임직원은 해당 도매시장에서 산지유통인의 업무를 하여서는 아니 된다.
③ 거래의 특례에 따라 시장도매인이 도매시장법인으로부터 매수하여 판매하는 경우 산지유통인 등록을 하여야 한다.
④ 생산자단체가 구성원의 생산물을 출하하는 경우 산지유통인 등록을 하지 않아도 된다.

해설 산지유통인 등록의 예외(시행규칙 제25조)
1. 종합유통센터·수출업자 등이 남은 농수산물을 도매시장에 상장하는 경우
2. 도매시장법인이 다른 도매시장법인 또는 시장도매인으로부터 매수하여 판매하는 경우
3. 시장도매인이 도매시장법인으로부터 매수하여 판매하는 경우

21 농수산물 유통 및 가격안정에 관한 법령상 농산물가격안정기금에 관한 설명으로 옳지 않은 것은?

① 기금은 정부 출연금 등의 재원으로 조성한다.
② 기금은 농산물의 수출 촉진 사업에 융자 또는 대출할 수 있다.
③ 기금은 도매시장 시설현대화 사업 지원 등을 위하여 지출한다.
④ 기금은 국가회계원칙에 따라 기획재정부장관이 운용·관리한다.

해설 ④ 기금은 국가회계원칙에 따라 농림축산식품부장관이 운용·관리한다(법 제56조 제1항).

22 농수산물 유통 및 가격안정에 관한 법령상 농수산물전자거래에 관한 설명으로 옳지 않은 것은?

① 농림축산식품부장관은 한국농수산식품유통공사에 농수산물전자거래소의 설치 및 운영·관리업무를 수행하게 할 수 있다.
② 농수산물전자거래의 거래수수료는 거래액의 1천분의 30을 초과할 수 없다.
③ 농수산물전자거래의 거래품목은 농림축산식품부령 또는 해양수산부령으로 정하는 농수산물이다.
④ 농수산물전자거래 분쟁조정위원회 위원의 임기는 2년으로 하며, 최대 연임가능 임기는 6년이다.

해설 ④ 분쟁조정위원회 위원의 임기는 2년으로 하며, 한 차례만 연임할 수 있다(시행령 제35조 제2항).
① 법 제70조의2 제1항 제1호
② 시행규칙 제49조 제3항
③ 시행규칙 제49조 제1항

23 농수산물 유통 및 가격안정에 관한 법령상 전년도 연간 거래액이 8억원인 시장도매인이 해당 도매시장의 중도매인에게 농산물을 판매하여 시장도매인 영업규정 위반으로 2차 행정처분을 받은 경우 도매시장 개설자가 부과기준에 따라 시장도매인에게 부과하는 과징금은?(단, 과징금의 가감은 없음)

① 120,000원
② 180,000원
③ 360,000원
④ 540,000원

해설 과징금의 부과기준(시행령 [별표 1])
1. 일반기준
   가. 업무정지 1개월은 30일로 한다.
   나. 위반행위의 종류에 따른 과징금의 금액은 업무정지 기간에 과징금 부과기준에 따라 산정한 1일당 과징금 금액을 곱한 금액으로 한다.
2. 과징금 부과기준 - 시장도매인

연간 거래액	1일당 과징금 금액
5억원 미만	4,000원
5억원 이상~10억원 미만	6,000원

따라서 해당 시장도매인에게 부과하는 과징금은 30일 × 6,000원 = 180,000원이다.

24 농수산물 유통 및 가격안정에 관한 법령상 도매시장법인의 겸영에 관한 설명으로 옳지 않은 것은?

① 도매시장법인이 해당 도매시장 외의 군소재지에서 겸영사업을 하려는 경우에는 겸영사업 개시 전에 겸영사업의 내용 및 계획을 겸영하려는 사업장 소재지의 군수에게도 알려야 한다.
② 도매시장 개설자는 도매시장법인의 과도한 겸영사업이 우려되는 경우에는 농림축산식품부령이 정하는 바에 따라 겸영사업을 2년 이내의 범위에서 제한할 수 있다.
③ 겸영사업을 하려는 도매시장법인의 유동비율은 100% 이상이어야 한다.
④ 도매시장법인이 겸영사업으로 수출을 하는 경우 중도매인·매매참가인 외의 자에게 판매할 수 있다.

[해설] ② 도매시장 개설자는 산지(産地) 출하자와의 업무 경합 또는 과도한 겸영사업으로 인하여 도매시장법인의 도매업무가 약화될 우려가 있는 경우에는 대통령령으로 정하는 바에 따라 겸영사업을 1년 이내의 범위에서 제한할 수 있다(법 제35조 제5항).

25 농수산물 유통 및 가격안정에 관한 법령상 농수산물 공판장에 관한 설명으로 옳지 않은 것은?

① 공판장의 중도매인은 공판장의 개설자가 허가한다.
② 공판장 개설자가 업무규정을 변경한 경우에는 시·도지사에게 보고하여야 한다.
③ 농림수협등이 공판장을 개설하려면 시·도지사의 승인을 받아야 한다.
④ 도매시장공판장은 농림수협등의 유통자회사로 하여금 운영하게 할 수 있다.

[해설] ① 공판장의 중도매인은 공판장의 개설자가 지정한다(법 제44조 제2항).

| 2과목 | 원예작물학 |

26 원예작물별 주요 기능성 물질의 연결이 옳지 않은 것은?

① 상추 – 시니그린(Sinigrin)
② 고추 – 캡사이신(Capsaicin)
③ 마늘 – 알리인(Alliin)
④ 포도 – 레스베라트롤(Resveratrol)

해설
- 상추 : 락투시린
- 생강 : 시니그린

27 국내 육성 품종을 모두 고른 것은?

ㄱ. 백마(국화)   ㄴ. 샤인머스캣(포도)
ㄷ. 부유(단감)   ㄹ. 매향(딸기)

① ㄱ, ㄴ   ② ㄱ, ㄹ
③ ㄴ, ㄷ   ④ ㄷ, ㄹ

해설 ㄴ・ㄷ 샤인머스캣(포도), 부유(단감) : 일본
※ 주요 원예작물의 국내 육성 품종
- 딸기 : 설향, 금실, 메리퀸, 킹스베리 등
- 사과 : 홍로, 감홍, 아리수, 썸머킹 등
- 배 : 신고, 원황, 화산, 감천배, 황금배 등
- 포도 : 청수, 흑보석, 스텔라 등
- 복숭아 : 유명, 미홍, 수미, 미황 등
- 참다래 : 제시골드, 한라골드 등
- 감귤 : 하례조생, 미래향, 미니향, 사라향, 탐빛1호 등
- 단감 : 감풍, 봉황 등
- 국화 : 백강, 백마 등
- 마늘 : 홍산, 단양, 남도 등

28 과(科, Family)명과 원예작물의 연결이 옳은 것은?

① 가지과 – 고추, 감자   ② 국화과 – 당근, 미나리
③ 생강과 – 양파, 마늘   ④ 장미과 – 석류, 무화과

해설 ② 미나리과 : 당근, 미나리
③ 백합과 : 양파, 마늘
④ 석류나무과 : 석류, 뽕나무과 : 무화과

정답 26 ① 27 ② 28 ①

29 채소 수경재배에 관한 설명으로 옳지 않은 것은?

① 청정재배가 가능하다.
② 재배관리의 자동화와 생력화가 쉽다.
③ 연작장해가 발생하기 쉽다.
④ 생육이 빠르고 균일하다.

해설 ③ 이어짓기로 인한 장해가 없다.

30 채소의 육묘재배에 관한 설명으로 옳지 않은 것은?

① 조기 수확이 가능하다.
② 본밭의 토지이용률을 증가시킬 수 있다.
③ 직파에 비해 발아율이 향상된다.
④ 유묘기의 병해충 관리가 어렵다.

해설 ④ 유묘기에 모판에서 정밀한 관리와 더불어 집약적인 보호가 가능하다.

31 양파의 인경비대를 촉진하는 재배환경 조건은?

① 저온, 다습
② 저온, 건조
③ 고온, 장일
④ 고온, 단일

해설 마늘이나 양파 등은 고온의 장일조건에서 인경의 비대와 동시에 휴면에 들어간다.

32. 토양의 염류집적에 관한 대책으로 옳지 않은 것은?
① 유기물을 시용한다.
② 객토를 한다.
③ 시설로 강우를 차단한다.
④ 흡비작물을 재배한다.

해설 염류피해의 대책
객토, 심경, 유기물 시용, 피복물 제거, 담수처리, 흡비작물 재배 등

33. 우리나라에서 이용되는 해충별 천적의 연결이 옳은 것은?
① 총채벌레 – 굴파리좀벌
② 온실가루이 – 칠레이리응애
③ 점박이응애 – 애꽃노린재류
④ 진딧물 – 콜레마니진디벌

해설
① 총채벌레 : 애꽃노린재류(큰 총채벌레 포식), 오이이리응애(작은 총채벌레 포식)
② 온실가루이 : 온실가루이좀벌(저온), 황온좀벌(고온)
③ 점박이응애 : 칠레이리응애, 긴이리응애 등

34. 장미 블라인드의 원인을 모두 고른 것은?

| ㄱ. 일조량 부족 | ㄴ. 일조량 과다 |
| ㄷ. 낮은 야간온도 | ㄹ. 높은 야간온도 |

① ㄱ, ㄷ
② ㄱ, ㄹ
③ ㄴ, ㄷ
④ ㄴ, ㄹ

해설 장미의 블라인드 현상
• 장미에서 분화된 꽃눈이 꽃으로 발육하지 못하고 퇴화하는 현상이다.
• 일조량의 부족, 낮은 야간온도, 엽수 부족, 질소 부족 등이 주요 원인이다.
• C/N율[작물체내의 탄수화물(C)에 대한 질소(N)의 비율]이 낮을 때 발생한다.

정답 32 ③ 33 ④ 34 ①

35 해충의 피해에 관한 설명으로 옳지 않은 것은?
① 총채벌레는 즙액을 빨아먹는다.
② 진딧물은 바이러스를 옮긴다.
③ 온실가루이는 배설물로 그을음병을 유발한다.
④ 가루깍지벌레는 뿌리를 가해한다.

해설 ④ 가루깍지벌레는 가지와 잎에 달라붙어 수액을 빨아먹는다.

36 화훼작물의 양액재배 시 양액조성을 위해 고려해야 할 사항이 아닌 것은?
① 전기전도도(EC)
② 이산화탄소 농도
③ 산도(pH)
④ 용존산소 농도

해설 수질이 좋은 물을 선택하여 무기양분을 골고루 갖춘 양액을 만들어야 한다. 또한 양액의 pH, EC, 수온 및 용존산소를 식물생육에 적합한 조건으로 조절하고 유지해 주어야 한다.
※ 양액조성 관리 사항 : 양액의 전기전도도, 온도, 산도, 용존산소

37 화훼작물의 저온 춘화에 관한 설명으로 옳지 않은 것은?
① 저온에 의해 화아분화와 개화가 촉진되는 현상이다.
② 종자 춘화형은 일정기간 동안 생육한 후부터 저온에 감응한다.
③ 녹색 식물체 춘화형에는 꽃양배추, 구근류 등이 있다.
④ 탈춘화는 춘화처리의 자극이 고온으로 인해 소멸되는 현상을 말한다.

해설 ② 종자 춘화형은 식물체가 어릴 때에도 저온에 감응되어 추대되는 식물로 무, 배추, 완두, 잠두, 순무, 추파맥류 등이 있다.

38 분화류의 신장을 억제하여 콤팩트한 모양으로 상품성을 향상시킬 수 있는 생장조절제는?

① 2,4-D
② IBA
③ IAA
④ B-9

해설 ④ B-9 : 생장억제제
①・②・③ 2,4-D, IBA(합성 옥신), IAA(천연 옥신) : 식물 생장 촉진

39 다음이 설명하는 재배법은?

- 주요 재배품목은 딸기이다.
- 점적 또는 NFT 방식의 관수법을 적용한다.
- 재배 베드를 허리높이까지 높여 토경재배에 비해 작업의 편리성이 높다.

① 매트재배
② 네트재배
③ 아칭재배
④ 고설재배

해설 고설재배는 땅에서 1m 높이 베드에 딸기를 재배하며 정해진 영양액을 일정한 간격으로 공급해주는 현대화 방식이다.

40 부(-)의 DIF에서 초장 생장의 억제효과가 가장 큰 원예작물은?

① 튤 립
② 국 화
③ 수선화
④ 히야신스

해설 DIF(Difference Between Day and Night Temperatures) : 주간과 야간의 기온 차를 의미한다. DIF에 반응이 큰 식물은 국화이고, DIF에 반응이 작은 식물은 튤립이다.

(+) DIF : 주간평균온도가 높은 경우	(-) DIF : 야간평균온도가 높은 경우
• 절간 생장 속도 빠름 • 바이오매스 축적 속도 증가	• 생장 억제 • 측지 발생 감소 • 초장 짧아짐 • 더욱 축소된 형태의 생장

정답 38 ④ 39 ④ 40 ②

41 조직배양을 통한 무병주 생산이 산업화된 원예작물을 모두 고른 것은?

> ㄱ. 감자   ㄴ. 참외
> ㄷ. 딸기   ㄹ. 상추

① ㄱ, ㄴ
② ㄱ, ㄷ
③ ㄴ, ㄷ
④ ㄷ, ㄹ

해설 조직배양을 통한 무병주 생산은 감자, 딸기, 카네이션 등 채소 및 화훼에서 이용되고 있다.

42 다음이 설명하는 병은?

> • 주로 5~7월경에 발생한다.
> • 사과나 배에 많은 피해를 준다.
> • 피해 조직이 검게 변하고 서서히 말라 죽는다.
> • 세균(*Erwinia amylovora*)에 의해 발생한다.

① 궤양병
② 흑성병
③ 화상병
④ 축과병

해설 과수화상병은 식물병원세균인 *Erwinia amylovora*가 사과, 배 등 장미과 기주에 감염하여 발생하는 식물병이다.

43 그 해 자란 새가지에 과실이 달리는 과수는?

① 사과
② 배
③ 포도
④ 복숭아

해설 과수의 결과습성
• 1년생 가지에 결실하는 과수 : 포도, 감, 밤, 무화과, 참다래, 호두, 감귤 등
• 2년생 가지에 결실하는 과수 : 복숭아, 자두, 살구, 매실, 양앵두 등
• 3년생 가지에 결실하는 과수 : 사과, 배 등

44 과수별 실생대목의 연결이 옳지 않은 것은?
① 사과 - 야광나무
② 배 - 아그배나무
③ 감 - 고욤나무
④ 감귤 - 탱자나무

해설 ② 배 : 신고배나무

45 꽃받기가 발달하여 과육이 되고 씨방은 과심이 되는 과실은?
① 사 과
② 복숭아
③ 포 도
④ 단 감

해설 인과류
씨방은 과실 안쪽에 과심부를 이루고 있으며 먹을 수 없는 것이 많고, 꽃받침은 꽃 필 때 꽃자루의 반대쪽에 달려 있다. 사과, 배, 모과, 비파 등이 있다.

46 과수에서 꽃눈분화나 과실발육을 촉진시킬 목적으로 실시하는 작업이 아닌 것은?
① 하기전정
② 환상박피
③ 순지르기
④ 강전정

해설 결실 과다를 막기 위하여 강전정을 한다.

47 과수원 토양의 입단화 촉진 효과가 있는 재배방법이 아닌 것은?
① 석회 시비
② 유기물 시비
③ 반사필름 피복
④ 녹비작물 재배

해설 토양의 입단화 촉진
유기물과 석회 시용, 콩과 작물 재배, 토양개량제 사용, 토양 피복 등
※ 반사필름 : 시설의 보광이나 반사광 이용 시 사용하는 플라스틱필름이다.

정답 44 ② 45 ① 46 ④ 47 ③

48 과수 재배 시 늦서리 피해 경감 대책에 관한 설명으로 옳지 않은 것은?

① 상로(霜路)가 되는 경사면 재배를 피한다.
② 산으로 둘러싸인 분지에서 재배한다.
③ 스프링클러를 이용하여 수상 살수를 실시한다.
④ 송풍법으로 과수원 공기를 순환시켜 준다.

해설 산으로 둘러싸인 분지 형태의 지형은 야간에 산지로부터 유입된 냉기류가 쉽게 빠져나가지 못하므로 냉기층이 두껍게 형성되어 피해가 크고, 일출 이후 기온의 급상승도 피해를 조장한다.

49 엽록소의 구성성분으로 부족할 경우 잎의 황백화 원인이 되는 필수원소는?

① 철
② 칼슘
③ 붕소
④ 마그네슘

해설
• 마그네슘(Mg)
  – 다량원소로서 작물의 엽록소 구성원소이며 작물체에는 칼슘과 칼리에 비해 그 함량은 적다.
  – 결핍증은 늙은 잎에서 먼저 나타나기 시작하여 어린잎으로 확대되며, 잎맥사이가 황변 또는 황백화된다.
• 철(Fe)
  – 미량원소로서 산화효소의 구성분이며 엽록소 형성에 관여하고, 전자전달 단백질의 구성분으로 광합성, 질소고정 등에 관여한다.
  – 결핍하면 마그네슘의 경우와 같은 현상으로 엽록소가 생성되지 않아 잎맥사이가 황백화되고, 작물체 내에서 이동이 되지 않아 어린잎에서 먼저 결핍증이 나타나는 것이 다르다.

50 경사지 과수원과 비교하였을 때 평탄지 과수원의 장점이 아닌 것은?

① 배수가 양호하다.
② 토양 침식이 적다.
③ 기계작업이 편리하다.
④ 토지 이용률이 높다.

해설 경사지 과수원과 평탄지 과수원의 비교

경사지 과수원의 장점	평탄지 과수원의 단점
• 배수가 양호 • 늦서리의 해가 적은 편 • 땅값이 싼 편임	• 점질토가 많고, 지하수위가 높아 배수가 불량한 경우가 많음 • 땅값이 비싸 개원비가 높아짐 • 분지의 과수원에서는 냉기류가 정체되어 늦서리의 해를 받을 우려

| 3과목 | 수확 후 품질관리론 |

51 원예산물의 수확적기를 판정하는 방법으로 옳은 것은?
① 후지사과 – 요오드반응으로 과육의 착색면적이 최대일 때 수확한다.
② 저장용 마늘 – 추대가 되기 전에 수확한다.
③ 신고배 – 만개 후 90일 정도에 과피가 녹황색이 되면 수확한다.
④ 가지 – 종자가 급속히 발달하기 직전인 열매의 비대최성기에 수확한다.

해설 ① 후지사과 : 개화 후 160~170일에 수확한다.
② 저장용 마늘 : 줄기와 잎이 1/2~2/3 정도 누렇게 말랐을 때 수확한다.
③ 신고배 : 개화 후 165~170일에 수확한다.

52 사과(후지)의 성숙 시 관련하는 주요 색소를 선택하고 그 변화로 옳은 것은?

ㄱ. 안토시아닌
ㄴ. 엽록소
ㄷ. 리코펜

① ㄱ : 증가, ㄴ : 감소
② ㄱ : 감소, ㄴ : 증가
③ ㄱ : 감소, ㄴ : 감소, ㄷ : 증가
④ ㄱ : 증가, ㄴ : 증가, ㄷ : 감소

해설 ㄷ. 리코펜은 토마토의 기능성 물질이다.

53 호흡급등형 원예산물을 모두 고른 것은?

ㄱ. 살구   ㄴ. 가지
ㄷ. 체리   ㄹ. 사과

① ㄱ, ㄴ
② ㄱ, ㄹ
③ ㄴ, ㄷ
④ ㄷ, ㄹ

해설 • 호흡급등형 원예산물 : 사과, 배, 복숭아, 참다래, 바나나, 아보카도, 토마토, 수박, 살구, 멜론, 감, 키위, 망고, 파파야 등
• 비호흡급등형 원예산물 : 포도, 감귤, 오렌지, 레몬, 고추, 가지, 오이, 딸기, 호박, 파인애플, 양앵두(체리) 등

54 포도의 성숙 과정에서 일어나는 현상으로 옳지 않은 것은?

① 전분이 당으로 전환된다.
② 엽록소의 함량이 감소한다.
③ 펙틴질이 분해된다.
④ 유기산이 증가한다.

해설 유통과정 또는 소비단계에서의 단맛 증가는 당 성분이 새롭게 형성된 것이 아니라 유기산의 소모로 인해 신맛이 감소하여 상대적으로 단맛이 강하게 느껴지기 때문이다.

55 오이에서 생성되는 쓴맛을 내는 수용성 알칼로이드 물질은?

① 아플라톡신
② 솔라닌
③ 쿠쿠르비타신
④ 아미그달린

해설 오이의 쿠쿠르비타신(Cucurbitacin)과 상추의 락투세린(Lactucerin) 같은 배당체는 쓴맛을 내는 독성물질이다.

56 원예산물에서 에틸렌의 생합성 과정에 필요한 물질이 아닌 것은?

① ACC합성효소
② SAM합성효소
③ ACC산화효소
④ PLD분해효소

해설 **에틸렌 생성과정** : Methionine → SAM → ACC → Ethylene을 경유한다.
※ PLD는 세포사멸 시 활성화되는 단백질 분해효소인 Caspases의 새로운 기질로 작용하여 세포사멸을 차별적으로 조절한다.

57 원예작물의 수확 후 증산작용에 관한 설명으로 옳은 것은?

① 증산율이 낮은 작물일수록 저장성이 약하다.
② 공기 중의 상대습도가 높아질수록 증산이 활발해져 생체중량이 감소된다.
③ 증산은 대기압에 정비례하므로 압력이 높을수록 증가한다.
④ 원예산물로부터 수분이 수증기 형태로 대기중으로 이동하는 현상이다.

해설 증산작용은 햇빛이 강할 때, 온도가 높을 때, 습도가 낮을 때, 바람이 잘 불 때, 식물체 내의 수분량이 많을 때 잘 일어난다.

58 과실별 주요 유기산의 연결로 옳지 않은 것은?

① 포도 - 주석산
② 감귤 - 구연산
③ 사과 - 말산
④ 자두 - 옥살산

해설 ④ 자두 : 구연산, 사과산

59 원예산물의 조직감과 관련성이 높은 품질구성 요소는?

① 산 도
② 색 도
③ 수분함량
④ 향 기

해설 조직감
• 양적 요소 : 수분함량, 경도, 세포벽효소 활성
• 관능 요소 : 씹는 맛과 촉감(단단함, 연함, 다즙성 등)

정답 57 ④ 58 ④ 59 ③

60 굴절당도계에 관한 설명으로 옳은 것은?
① 당도는 측정 시 과실의 온도에 영향을 받지 않는다.
② 영점을 보정할 때 증류수를 사용한다.
③ 당도는 과실 내의 불용성 펙틴의 함량을 기준으로 한다.
④ 표준당도는 설탕물 10% 용액의 당도를 1%(°Brix)로 한다.

해설
① 당도는 측정 시 과실의 온도에 영향을 받는다.
③ 당도는 수용액 중에 들어있는 가용성 고형물의 % 농도를 말한다. 가용성 고형물에는 당뿐만 아니라 유기산, 무기질, 수용성 펙틴 등이 포함된다.
④ %(°Brix)는 100g의 용액에 함유된 설탕의 g를 표시한다.

61 원예산물에서 카로티노이드 계통의 색소가 아닌 것은?
① α-카로틴
② 루테인
③ 케라시아닌
④ β-카로틴

해설 카로티노이드는 빨간색, 노란색, 주황색 계통의 과일과 채소에 많이 함유되어 있는 식물 색소로, α-카로틴, β-카로틴, 루테인, 리코펜, 크립토잔틴, 지아잔틴 같은 성분들이 여기에 속한다.

62 수확 후 감자의 슈베린 축적을 유도하여 수분손실을 줄이고 미생물 침입을 예방하는 전처리는?
① 예 랭
② 예 건
③ 치 유
④ 예 조

해설 치유(Curing)
감자를 수확하여 저장하거나 유통하기 전에 덩이줄기 자체의 보호조직 재생활동에 가장 적절한 환경조건을 인위적으로 조성해, 기계적 상처로 인한 손실을 최소화하는 수확 후 관리기술이다.

63 원예산물의 세척 방법으로 옳은 것을 모두 고른 것은?

ㄱ. 과산화수소수 처리 ㄴ. 부유세척
ㄷ. 오존수 처리 ㄹ. 자외선 처리

① ㄱ, ㄹ
② ㄱ, ㄴ, ㄷ
③ ㄴ, ㄷ, ㄹ
④ ㄱ, ㄴ, ㄷ, ㄹ

해설 원예산물의 세척 방법
- 건식세척 : 체, 송풍, 자석, 원심력, 솔, X선, 정전기 이용
- 습식세척 : 침지세척법, 분무세척, 부유세척, 초음파세척
※ 식품 표면의 세척을 위한 가공보조제 : 과산화수소, 오존수, 이산화염소, 차아염소산수 등

64 장미의 절화수명 연장을 위해 보존액의 pH를 산성으로 유도하는 물질은?

① 제1인산칼륨, 시트르산
② 카프릴산, 제2인산칼륨
③ 시트르산, 수산화나트륨
④ 탄산칼륨, 카프릴산

해설
- 제1인산칼륨(인산이수소칼륨)은 산성인산염으로, 보존액의 pH를 산성으로 조정하는 데 사용된다.
- 시트르산(구연산)은 대표적인 산도조절제로, 보존액의 pH를 낮추어 절화의 수명 연장에 효과적으로 사용된다.

65 다음 (   )에 알맞은 용어는?

예랭은 수확한 작물에 축적된 (ㄱ)을 제거하여 품온을 낮추는 처리로, 품온과 원예산물의 (ㄴ)을 이용하면 (ㄱ)량을 구할 수 있다.

① ㄱ : 호흡열, ㄴ : 대류열
② ㄱ : 포장열, ㄴ : 비열
③ ㄱ : 냉장열, ㄴ : 복사열
④ ㄱ : 포장열, ㄴ : 장비열

해설 예랭과 비열
- 예랭 : 작물에 나쁜 영향을 주지 않는 적합한 수준으로 포장열의 온도를 낮추어 주는 과정이다.
- 비열 : 어떤 물질 1g의 온도를 1℃만큼 올리는 데 필요한 열량

정답 63 ② 64 ① 65 ②

66 수확 후 후숙처리에 의해 상품성이 향상되는 원예산물은?
  ① 체 리
  ② 포 도
  ③ 사 과
  ④ 바나나

  해설 에틸렌으로 후숙 가능한 과실에는 바나나, 떫은 감, 키위 등이 있다.

67 원예산물의 저장 효율을 높이기 위한 방법으로 옳지 않은 것은?
  ① 저장고 내부를 차아염소산나트륨 수용액을 이용하여 소독한다.
  ② CA저장고에는 냉각장치, 압력조절장치, 질소발생기를 설치한다.
  ③ 저장고 내의 고습을 유지하기 위해 활성탄을 사용한다.
  ④ 저장고 내의 온도는 저장중인 원예산물의 품온을 기준으로 조절한다.

  해설 활성탄은 환경친화적이며, 저농도 에틸렌 제거에 유리하다.

68 원예산물의 MA필름저장에 관한 설명으로 옳지 않은 것은?
  ① 인위적 공기조성 효과를 낼 수 있다.
  ② 방담필름은 포장 내부의 응결현상을 억제한다.
  ③ 필름의 이산화탄소 투과도는 산소 투과도 보다 낮아야 한다.
  ④ 필름은 인장강도가 높은 것이 좋다.

  해설 필름의 이산화탄소 투과도는 산도 투과도보다 높아야 한다.

69 원예산물의 숙성을 억제하기 위한 방법을 모두 고른 것은?

  ㄱ. CA저장   ㄴ. 과망가니즈산칼륨 처리
  ㄷ. 칼슘 처리   ㄹ. 에세폰 처리

  ① ㄱ, ㄴ, ㄷ
  ② ㄱ, ㄴ, ㄹ
  ③ ㄱ, ㄷ, ㄹ
  ④ ㄴ, ㄷ, ㄹ

  해설 원예산물의 숙성을 억제하기 위한 방법
     CA저장, MA저장, 과망가니즈산칼륨 처리, 칼슘 처리 등
     ※ 에세폰은 에틸렌을 발생시키는 식물조절제로 이용되고 있다.

70 농민 H씨가 다음과 같은 배를 동일 조건에서 상온저장 할 경우 저장성이 가장 낮은 것은?

① 신고
② 신수
③ 추황배
④ 영산배

> **해설** ② 신수 : 약 7일
> ①・④ 신고, 영산배 : 약 60일
> ③ 추황배 : 약 120일
> **배의 상온저장성**
> 만삼길(약 180일) > 감천배, 추황배(약 120일) > 수정배, 신고, 영산배(약 60일) > 수황배(약 50일) > 장십랑, 신화, 화산, 황금배(약 30일) > 금촌조생(약 20일) > 신수, 행수(약 7일)

71 원예산물을 저온저장 시 발생하는 냉해(Chilling Injury)의 증상이 아닌 것은?

① 표피의 함몰
② 수침현상
③ 세포의 결빙
④ 섬유질화

> **해설** **저온장해의 증상**
> 표피조직의 함몰과 변색, 곰팡이, 수침현상, 사과의 과육변색, 토마토・고추의 표피 함몰, 복숭아의 섬유질화 또는 스폰지화

72 다음 중 3~7℃에서 저장할 경우 저온장해가 일어날 수 있는 원예산물은?

① 토마토
② 단감
③ 사과
④ 배

> **해설** **저온장해가 일어날 수 있는 원예산물**
> 수박, 참외, 고추, 오이, 바나나, 토마토, 멜론, 파인애플, 고구마 등 노지재배를 했을 경우이며, 농작물의 저장적온 이하에서 보관했을 경우 저온장해를 입는다.

정답 70 ② 71 ③ 72 ①

73 원예산물의 적재 및 유통에 관한 설명으로 옳지 않은 것은?

① 신선채소류에는 수분흡수율이 높은 포장상자를 사용한다.
② 압상을 방지할 수 있는 강도의 골판지상자로 포장해야 한다.
③ 기계적 장해를 회피하기 위해 포장박스 내 적재물량을 조절한다.
④ 골판지 상자의 적재방법에 따라 상자에 가해지는 압축강도는 달라진다.

해설 신선농산물인 채소나 과일은 70~94%의 수분을 함유하고 있으며, 이 수분은 조직·세포 내에서 자유수(水) 또는 반결합수(水)의 형태로 존재한다. 그중에서 자유수는 공기 중의 수증기압에 따라 증감되는데 채소나 과일에서는 97~99%의 상대습도에서 평형을 이룬다. 그리고 이보다 더 낮아지면 신선농산물은 수분을 잃게 된다.

74 동일조건에서 이산화탄소 투과도가 가장 낮은 포장재는?

① 폴리프로필렌(PP)
② 저밀도 폴리에틸렌(LDPE)
③ 폴리스티렌(PS)
④ 폴리에스테르(PET)

해설 필름 종류별 가스투과성
저밀도폴리에틸렌(LDPE) > 폴리스티렌(PS) > 폴리프로필렌(PP) > 폴리비닐 클로라이드(PVC) > 폴리에스테르(PET)

75 다음이 설명하는 원예산물관리제도는?

- 농약 허용물질목록 관리제도
- 품목별로 등록된 농약을 잔류허용기준농도 이하로 검출되도록 관리

① HACCP
② PLS
③ GAP
④ APC

해설 PLS(Positive List System, 농약 허용물질목록 관리제도)
2019년부터 국내, 수입 농산물에 사용되는 농약 성분을 등록하고 잔류허용기준을 설정, 등록된 농약 성분 이외에는 0.01ppm으로 관리하는 제도

| 4과목 | 농산물유통론 |

76 농산물의 특성으로 옳지 않은 것은?
① 계절성·부패성
② 탄력적 수요와 공급
③ 공산품 대비 표준화·등급화 어려움
④ 가격 대비 큰 부피와 중량으로 보관·운반 시 고비용

해설 농산물은 공산품에 비하여 수요와 공급이 비탄력적이다.

77 농산물의 생산과 소비 간의 간격해소를 위한 유통의 기능으로 옳지 않은 것은?
① 시간 간격해소 – 수집
② 수량 간격해소 – 소분
③ 장소 간격해소 – 수송·분산
④ 품질 간격해소 – 선별·등급화

해설 시간 간격해소 – 저장

78 최근 식품 소비트렌드로 옳지 않은 것은?
① 소비품목 다변화
② 친환경식품 증가
③ 간편가정식(HMR) 증가
④ 편의점 도시락 판매량 감소

해설 ④ 편의점 도시락 판매량 증가

정답 76 ② 77 ① 78 ④

79 농산물 유통정보의 종류에 관한 설명으로 옳은 것은?
① 관측정보 – 농업의 경제적 측면 예측자료
② 정보종류 – 거래정보, 관측정보, 전망정보
③ 거래정보 – 산지 단계를 제외한 조사실행
④ 전망정보 – 개별재배면적, 생산량, 수출입통계

해설 관측정보
• 농업의 미래 상황을 경제적 측면에서 예측하여 영농·판매계획의 수립과 정책입안 자료 및 농산물의 구매 등에 활용 목적
• 과거와 현재의 농업 관계 자료를 수집·정리하여 과학적으로 분석·예측한 정보

80 농산물 유통기구의 종류와 역할에 관한 설명으로 옳지 않은 것은?
① 크게 수집기구, 중개기구, 조성기구로 구성된다.
② 중개기구는 주로 도매시장이 역할을 담당한다.
③ 수집기구는 산지의 생산물 구매역할을 담당한다.
④ 생산물이 생산자부터 소비자까지 도달하는 과정에 있는 모든 조직을 의미한다.

해설 농산물 유통기구는 크게 수집기구, 중개기구, 분산기구로 구성된다.

81 농산물 도매시장에 관한 설명으로 옳지 않은 것은?
① 경매를 통해 가격을 결정한다.
② 농산물 가격에 관한 정보는 제공하지 않는다.
③ 최근 직거래 등으로 거래비중이 감소되고 있다.
④ 도매시장법인, 중도매인, 매매참가인 등이 활동한다.

해설 도매시장의 기능에는 수급조절기능, 가격형성기능, 집하기능, 분배기능, 유통금융기능, 유통정보의 수집 및 전달기능 등이 있다.

82 생산자는 산지수집상에게 배추 1천포기를 100만원에 판매하고 수집상은 포기당 유통비용 200원, 유통이윤 800원을 더해 도매상에게 판매했다. 수집상의 유통마진율(%)은?

① 30 ② 40
③ 50 ④ 60

해설 수집상의 유통마진율(%) = [(수집상의 판매가격 − 수집상의 구입가격) / 수집상의 판매가격] × 100
- 수집상의 포기당 구입가격 = 100만원 / 1천포기 = 1천원
- 수집상의 포기당 판매가격 = 1천원 + 200원 + 800원 = 2천원
- ∴ [(2천원 − 1천원) / 2천원] × 100 = 50%

83 협동조합 유통에 관한 설명으로 옳은 것을 모두 고른 것은?

| ㄱ. 시장교섭력 제고 | ㄴ. 불균형적인 시장력 견제 |
| ㄷ. 무임승차 문제발생 우려 | ㄹ. 시장 내 경쟁척도 역할수행 |

① ㄱ, ㄷ ② ㄴ, ㄹ
③ ㄱ, ㄴ, ㄹ ④ ㄱ, ㄴ, ㄷ, ㄹ

해설 협동조합 유통의 필요성
- 유통마진의 절감 : 생산자가 유통부분을 수직적으로 통합함으로써 수송비와 거래비용을 절감
- 독점화 : 협동조합을 통해서 시장교섭력을 제고
- 초과이윤 억제 : 협동조합이 유통사업에 참여함으로써 민간 유통업자의 시장지배력을 견제할 수 있음
- 시장확보와 위험분산 : 농업 생산자의 경영다각화를 위하여 가격안정화를 유도하고 안정적인 시장을 확보
- 협동조합 임직원의 전문적인 지식과 능력에 의한 효과 배가
- 농산물 출하 시기의 조절이 용이

84 공동판매의 장점이 아닌 것은?

① 신속한 개별정산 ② 유통비용의 절감
③ 효율적인 수급조절 ④ 생산자의 소득안정

해설 공동판매조직을 통한 공동출하 이점
- 수송비 절감
- 노동력 절감
- 시장교섭력을 높여 농가의 수취가격을 높일 수 있다.
- 출하의 조절이 쉬워진다.

정답 82 ③ 83 ④ 84 ①

85 소매상의 기능으로 옳은 것을 모두 고른 것은?

> ㄱ. 시장정보 제공 ㄴ. 농산물 수집
> ㄷ. 산지가격 조정 ㄹ. 상품구색 제공

① ㄱ, ㄷ
② ㄱ, ㄹ
③ ㄱ, ㄴ, ㄹ
④ ㄴ, ㄷ, ㄹ

해설 소매상의 기능
- 소비자가 요구하는 다양한 상품구색 제공
- 구매 편의 제공
- 소비자에게 서비스(A/S, 제품의 배달·설치·사용방법 교육 등) 제공
- 소비자에게 필요한 정보(상품 특징, 가격 등) 제공
- 생산자에게 정보(소비자의 구매행동, 시장 트렌드 등) 수집 및 전달
- 생산자의 위험 부담 완화

86 농산물 산지유통의 기능으로 옳은 것을 모두 고른 것은?

> ㄱ. 농산물의 1차 교환
> ㄴ. 소비자의 수요정보 전달
> ㄷ. 산지유통센터(APC)가 선별
> ㄹ. 저장 후 분산출하로 시간효용 창출

① ㄱ, ㄷ
② ㄴ, ㄹ
③ ㄱ, ㄷ, ㄹ
④ ㄴ, ㄷ, ㄹ

해설 산지유통의 기능
- 산지유통은 산지에서 농산물을 일반저장, 저온저장하여 성수기에 출하를 억제하고 비수기에 분산 출하하는 출하조절을 함으로써 시간효용을 창출한다.
- 산지유통은 농산물의 가격변동에 대응해 생산품목과 생산량을 조정하는 기능을 수행한다.
- 농산물 산지유통센터(APC)가 선별 기능을 하고 있다.
- 산지는 농산물을 소비지에 출하함으로써 장소효용을 창출하며, 산지가공공장에서 농가나 생산자들이 가공을 통해 형태효용과 부가가치를 창출하고 있다.
- 산지유통은 농산물 생산 후 품질·지역·가공·이미지를 차별화함으로써 농산물의 부가가치를 높이는 상품화 기능을 수행한다.

87 농산물의 물적유통기능으로 옳지 않은 것은?
① 자동차 운송은 접근성에 유리
② 상품의 물리적 변화 및 이동 관련 기능
③ 수송기능은 생산과 소비의 시간격차 해결
④ 가공, 포장, 저장, 수송, 상하역 등이 해당

해설 ③ 수송기능 : 생산지와 소비지 사이의 공간적 격차를 극복하는 기능

88 농산물 무점포 전자상거래의 장점이 아닌 것은?
① 고객정보 획득용이
② 오프라인 대비 저비용
③ 낮은 시간·공간의 제약
④ 해킹 등 보안사고에 안전

해설 ④ 해킹 등 보안사고에 불안전하다.

89 농산물의 등급화에 관한 설명으로 옳은 것은?
① 상·중·하로 등급 구분
② 품위 및 운반·저장성 향상
③ 등급에 따른 가격차이 결정
④ 규모의 경제에 따른 가격저렴화

해설 농산물 등급화의 효과
- 품질에 따른 가격차별화를 촉진한다.
- 농산물의 공동출하를 용이하게 한다.
- 견본거래를 가능하게 한다.

정답 87 ③ 88 ④ 89 ③

90 농산물 수요의 가격탄력성에 관한 설명으로 옳은 것은?

① 고급품은 일반품 수요의 가격탄력성 보다 작다.
② 수요가 탄력적인 경우 가격인하 시 총수익은 증가한다.
③ 수요의 가격탄력적 또는 비탄력적 여부는 출하량 조정과는 무관하다.
④ 수요의 가격탄력성은 품목마다 다르며, 가격하락 시 수요량은 감소한다.

해설 수요의 가격탄력도란 제품가격의 변화에 대한 수요의 변화비율을 말한다.

91 소비자의 특성으로 옳지 않은 것은?

① 단일 차원적
② 목적의식 보유
③ 선택대안의 비교구매
④ 주권보유 및 행복추구

해설 **소비자행동의 특성**
- 소비자는 자주적인 사고를 한다. 즉, 소비자는 자신의 다양한 자주적 사고와 행동반응을 나타낸다.
- 소비자 동기와 행동은 조사를 통해 이해할 수 있다. 소비자의 행동 과정은 다양한 내·외적 요인에 영향을 받는데, 조사를 통해 소비 동기와 행동을 이해할 수 있다.
- 소비자행동은 목표 지향적이다. 즉, 소비자는 자신이 바라는 욕구나 필요를 충족시켜 줄 수 있다고 판단되는 행동을 취한다.
- 소비자행동에 대한 영향은 사회적으로 합리적인 것이다. 즉, 소비자가 제품 및 서비스의 혜택을 특정 기업으로부터 방해받지 않을 자유를 보증 받을 수 있어야 한다.
- 소비자행동은 마케팅 활동(예 제품, 가격, 유통 및 촉진 등)에 의해 영향을 받는다. 따라서 소비자의 욕구를 잘 파악하여 그에 맞는 제품과 서비스를 제공한다면 소비자의 구매동기와 행동에 영향을 미칠 수 있다.

92 시장세분화 전략에서의 행위적 특성은?

① 소 득
② 인구밀도
③ 개성(Personality)
④ 브랜드충성도(Loyalty)

해설 행동적 변수 : 사용량, 사용상황, 구매준비, 태도, 충성도 등을 기준으로 시장을 세분화할 수 있다.

93 농산물 브랜드의 기능이 아닌 것은?

① 광 고
② 수급조절
③ 재산보호
④ 품질보증

해설 브랜드의 기능 : 상징기능, 출처표시 기능, 품질보증 기능, 광고 기능, 재산보호 기능

94 계란, 배추 등 필수 먹거리들을 미끼상품으로 제공하여 구매를 유도하는 가격전략은?

① 리더가격
② 단수가격
③ 관습가격
④ 개수가격

해설
② 단수가격 : 상품의 판매가격에 단수를 붙이는 것으로 판매가에 대한 고객의 수용도를 높이고자 하는 전략이다.
③ 관습가격 : 제품의 원가가 상승되었음에도 동일 가격을 계속 유지하는 전략이다.
④ 개수가격 : 고급품질의 가격이미지를 형성하여 구매를 자극하기 위하여 우수리가 없는 개수의 가격을 구사하는 정책 ↔ 단수가격전략

정답 92 ④ 93 ② 94 ①

95 경품, 사은품, 쿠폰 등을 제공하는 판매촉진의 효과가 아닌 것은?
① 상품홍보
② 잠재고객 확보
③ 단기적 매출증가
④ 타 업체의 모방 곤란

해설 경쟁업체의 모방이 쉬워 경쟁업체가 똑같은 판매촉진수단으로 대응한다면 경쟁 우위가 사라질 수도 있다. 또한 판매촉진 경쟁이 치열해 질 경우 기업의 수익구조를 악화시킬 수 있고, 경쟁제품에 대한 브랜드선호도가 높은 소비자는 판매촉진 활동으로 구매패턴을 쉽게 바꾸지 않는다.

96 농산물의 유통조성기능이 아닌 것은?
① 정보제공
② 소유권 이전
③ 표준화·등급화
④ 유통금융·위험부담

해설 유통의 기능
• 물적유통기능 : 저장기능, 수송기능, 가공기능
• 소유권 이전기능 : 구매기능, 판매기능
• 유통조성기능 : 표준화, 등급화, 유통금융, 위험부담, 시장정보

97 생산부터 판매까지 유통경로의 모든 프로세스를 통합하여 소비자의 가치를 창출하고 기업의 경쟁력을 판단하는 시스템은?
① POS(Point Of Sales)
② CS(Customer Satisfaction)
③ SCM(Supply Chain Management)
④ ERP(Enterprise Resource Planning)

해설 ① POS(판매시점 정보관리) : 판매와 관련한 데이터를 관리하고, 고객정보를 수집하여 부가가치를 향상할 수 있도록 상품의 판매 시기를 결정하는 것
② CS(고객만족) : 고객의 욕구와 기대에 최대한 부응하여 그 결과로서 상품과 서비스의 재구입이 이루어지고 아울러 고객의 신뢰감이 연속적으로 이어지는 상태
④ ERP(전사적 자원 관리) : 구매, 판매, 생산, 설비, 인사, 회계 등 기업의 각종 경영자원과 정보자원을 하나의 체계로 통합·재구축 함으로써 생산성과 기업의 경쟁력을 극대화하는 전사적 자원관리 시스템

98 농산물 가격변동의 위험회피 대책이 아닌 것은?

① 계약생산
② 분산판매
③ 재해대비
④ 선도거래

해설 농산물 가격변동의 위험회피 대책
계약생산, 유통협약, 선도거래, 선물거래, 분산판매 등

99 단위화물적재시스템의 설명으로 옳지 않은 것은?

① 운송수단 이용 효율성 제고
② 시스템화로 하역·수송의 일관화
③ 팰릿, 컨테이너 등을 이용한 단위화
④ 국내표준 팰릿 T11형 규격은 1,000×1,000mm

해설 ④ 국내표준 팰릿 T11형 규격 : 1,100×1,100mm

100 농산물 유통시장의 거시환경으로 옳은 것을 모두 고른 것은?

ㄱ. 기업환경	ㄴ. 기술적 환경
ㄷ. 정치·경제적 환경	ㄹ. 사회·문화적 환경

① ㄱ, ㄴ
② ㄷ, ㄹ
③ ㄱ, ㄷ, ㄹ
④ ㄴ, ㄷ, ㄹ

해설 기업의 미시환경과 거시환경
- 미시적 환경 : 기업, 원료공급자, 마케팅 중간상, 고객, 경쟁기업, 공중 등
- 거시적 환경 : 인구통계적 환경, 경제적 환경, 자연적 환경, 기술적 환경, 정치적 환경, 사회·문화적 환경 등

정답 98 ③ 99 ④ 100 ④

2023년 제20회 기출문제해설

1과목 | 농산물 품질관리 관계 법령

01 농수산물 품질관리법상 용어의 정의이다. ( )에 들어갈 내용으로 옳은 것은?

> (ㄱ)란 농산물(축산물은 제외한다. 이하 이 호에서 같다)의 안전성을 확보하고 농업환경을 보전하기 위하여 농산물의 생산, 수확 후 관리(농산물의 저장·세척·건조·선별·박피·절단·조제·포장 등을 포함한다) 및 유통의 각 단계에서 작물이 재배되는 농경지 및 농업용수 등의 농업환경과 농산물에 잔류할 수 있는 농약, 중금속, 잔류성 유기오염물질 또는 유해생물 등의 (ㄴ)을/를 적절하게 관리하는 것을 말한다.

① ㄱ : 우수농산물관리, ㄴ : 위해요소
② ㄱ : 우수농산물관리, ㄴ : 잔류물질
③ ㄱ : 농산물우수관리, ㄴ : 위해요소
④ ㄱ : 농산물우수관리, ㄴ : 잔류물질

해설 정의(법 제2조 제4호)
'농산물우수관리'란 농산물(축산물은 제외)의 안전성을 확보하고 농업환경을 보전하기 위하여 농산물의 생산, 수확 후 관리(농산물의 저장·세척·건조·선별·박피·절단·조제·포장 등을 포함) 및 유통의 각 단계에서 작물이 재배되는 농경지 및 농업용수 등의 농업환경과 농산물에 잔류할 수 있는 농약, 중금속, 잔류성 유기오염물질 또는 유해생물 등의 위해요소를 적절하게 관리하는 것을 말한다.

02 농수산물의 원산지 표시에 관한 법령상 미국에서 태어난 소를 국내로 수입하여 7개월 사육한 후 도축한 쇠고기의 소갈비 원산지 표시방법으로 옳은 것은?

① 소갈비(쇠고기 : 미국산 육우)
② 소갈비(쇠고기 : 국내산 육우)
③ 소갈비[쇠고기 : 미국산 육우(도축지 : 한국)]
④ 소갈비[쇠고기 : 국내산 육우(출생국 : 미국)]

해설 영업소 및 집단급식소의 원산지 표시방법 – 쇠고기(시행규칙 [별표 4])
1. 국내산(국산)의 경우 '국산'이나 '국내산'으로 표시하고, 식육의 종류를 한우, 젖소, 육우로 구분하여 표시한다. 다만, 수입한 소를 국내에서 6개월 이상 사육한 후 국내산(국산)으로 유통하는 경우에는 '국산'이나 '국내산'으로 표시하되, 괄호 안에 식육의 종류 및 출생 국가명을 함께 표시한다.
   예 소갈비(쇠고기 : 국내산 한우), 등심(쇠고기 : 국내산 육우), 소갈비(쇠고기 : 국내산 육우(출생국 : 호주))
2. 외국산의 경우에는 해당 국가명을 표시한다.
   예 소갈비(쇠고기 : 미국산)

03 농수산물의 원산지 표시에 관한 법령상 원산지 표시 위반행위를 주무관청에 신고한 자에게 예산의 범위에서 지급할 수 있는 포상금의 범위는?

① 최고 500만원
② 최고 1,000만원
③ 최고 3,000만원
④ 최고 1억원

해설 포상금은 1천만원의 범위에서 지급할 수 있다(시행령 제8조 제1항).

04 농수산물 품질관리법령상 정부가 수매하거나 생산자단체 등이 정부를 대행하여 수매하는 농산물 중 검사를 받아야 하는 품목을 모두 고른 것은?

| ㄱ. 콩 | ㄴ. 사과 |
| ㄷ. 양파 | ㄹ. 배추 |

① ㄱ, ㄴ, ㄷ
② ㄱ, ㄴ, ㄹ
③ ㄱ, ㄷ, ㄹ
④ ㄴ, ㄷ, ㄹ

해설 검사대상 농산물의 종류별 품목(시행령 [별표 3])
정부가 수매하거나 생산자단체 등이 정부를 대행하여 수매하는 농산물
- 곡류 : 벼·겉보리·쌀보리·콩
- 특용작물류 : 참깨·땅콩
- 과실류 : 사과·배·단감·감귤
- 채소류 : 마늘·고추·양파
- 잠사류 : 누에씨·누에고치

05 농수산물 품질관리법령상 농산물의 검사에 관한 내용으로 옳지 않은 것은?

① 검사기준은 농림축산식품부장관이 검사대상 품목별로 정하여 고시한다.
② 누에씨 및 누에고치의 경우에는 시·도지사의 검사를 받아야 한다.
③ 검사항목은 포장단위당 무게, 포장자재, 포장방법 및 품위 등으로 한다.
④ 시료의 추출, 계측, 감정, 등급판정 등 검사방법에 관한 세부 사항은 농림축산식품부 장관이 정하여 고시한다.

해설 ④ 시료의 추출, 계측, 감정, 등급판정 등 검사방법에 관한 세부 사항은 국립농산물품질관리원장 또는 시·도지사(시·도지사는 누에씨 및 누에고치에 대한 검사만 해당)가 정하여 고시한다(시행규칙 제95조).
① 시행규칙 제94조
② 법 제79조 제1항
③ 시행규칙 제94조

06 농수산물 품질관리법령상 농산물품질관리사의 업무로 옳지 않은 것은?
① 농산물의 규격출하 지도
② 포장농산물의 표시사항 개선 명령
③ 농산물의 생산 및 수확 후의 품질관리기술 지도
④ 농산물의 선별·저장 및 포장 시설 등의 운용·관리

> **해설** 농산물품질관리사의 업무(법 제106조 제1항)
> 1. 농산물의 등급 판정
> 2. 농산물의 생산 및 수확 후 품질관리기술 지도
> 3. 농산물의 출하 시기 조절, 품질관리기술에 관한 조언
> 4. 그 밖에 농산물의 품질 향상과 유통 효율화에 필요한 업무로서 농림축산식품부령으로 정하는 업무
>
> 농산물품질관리사의 업무(시행규칙 제134조)
> 1. 농산물의 생산 및 수확 후의 품질관리기술 지도
> 2. 농산물의 선별·저장 및 포장 시설 등의 운용·관리
> 3. 농산물의 선별·포장 및 브랜드 개발 등 상품성 향상 지도
> 4. 포장농산물의 표시사항 준수에 관한 지도
> 5. 농산물의 규격출하 지도

07 농수산물 품질관리법령상 농산물의 생산자가 이력추적관리 등록을 할 때 등록사항이 아닌 것은?
① 주요 판매처 명 및 주소
② 생산자의 성명, 주소 및 전화번호
③ 생산계획량
④ 이력추적관리 대상품목명

> **해설** 이력추적관리의 등록사항(시행규칙 제46조 제2항)
> 1. 생산자(단순가공을 하는 자를 포함)
>   • 생산자의 성명, 주소 및 전화번호
>   • 이력추적관리 대상품목명
>   • 재배면적
>   • 생산계획량
>   • 재배지의 주소
> 2. 유통자
>   • 유통업체의 명칭 또는 유통자의 성명, 주소 및 전화번호
>   • 수확 후 관리시설이 있는 경우 관리시설의 소재지
> 3. 판매자 : 판매업체의 명칭 또는 판매자의 성명, 주소 및 전화번호

08 농수산물 품질관리법령상 이력추적관리 등록에 관한 내용이다. (   )에 들어갈 내용으로 옳은 것은?

> 약용작물류의 등록 유효기간은 (   ) 이내의 범위에서 등록기관의 장이 정하여 고시한다.

① 1년　　　　　　　　　　　　② 3년
③ 5년　　　　　　　　　　　　④ 6년

해설　이력추적관리 등록의 유효기간 등(시행규칙 제50조)
유효기간을 달리 적용할 유효기간은 다음의 구분에 따른 범위 내에서 등록기관의 장이 정하여 고시한다.
- 인삼류 : 5년 이내
- 약용작물류 : 6년 이내

09 농수산물 품질관리법령상 우수관리인증에 관한 내용으로 옳은 것은?
① 인증의 세부 기준은 농촌진흥청장이 정하여 고시한다.
② 인증이 취소된 후 1년이 지나지 아니한 자는 인증을 신청할 수 없다.
③ 인증의 유효기간은 인증을 받은 날부터 3년으로 한다.
④ 인증을 받으려는 자는 신청서를 국립농산물품질관리원장에게 제출하여야 한다.

해설　② 법 제6조 제3항 제1호
① 인증의 세부 기준은 국립농산물품질관리원장이 정하여 고시한다(시행규칙 제8조 제2항).
③ 인증의 유효기간은 인증을 받은 날부터 2년으로 한다(법 제7조 제1항).
④ 인증을 받으려는 자는 신청서를 우수관리인증기관으로 지정받은 기관(우수관리인증기관)에 제출하여야 한다(시행규칙 제10조 제1항).

10 농수산물 품질관리법령상 우수관리인증의 표시에 관한 내용으로 옳은 것은?
① 표지도형 위에 인증번호 또는 우수관리시설 지정번호를 표시한다.
② 표지도형의 크기는 포장재의 크기에 관계없이 조정할 수 없다.
③ 표지도형의 색상은 검정색을 기본색상으로 한다.
④ 수출용의 경우에는 해당 국가의 요구에 따라 표시할 수 있다.

해설　① 표지도형 밑에 인증번호 또는 우수관리시설 지정번호를 표시한다(시행규칙 [별표 1]).
② 표지도형의 크기는 포장재의 크기에 따라 조정한다(시행규칙 [별표 1]).
③ 표지도형의 색상은 녹색을 기본색상으로 하고, 포장재의 색깔 등을 고려하여 파란색, 빨간색 또는 검은색으로 할 수 있다(시행규칙 [별표 1]).

11 농수산물 품질관리법령상 농산물의 등급규격을 정할 때 고려해야 하는 사항을 모두 고른 것은?

ㄱ. 크 기	ㄴ. 숙 도
ㄷ. 성 분	ㄹ. 색 깔

① ㄱ, ㄴ
② ㄷ, ㄹ
③ ㄱ, ㄴ, ㄹ
④ ㄴ, ㄷ, ㄹ

> **해설** 표준규격의 제정(시행규칙 제5조 제3항)
> 등급규격은 품목 또는 품종별로 그 특성에 따라 고르기, 크기, 형태, 색깔, 신선도, 건조도, 결점, 숙도(熟度) 및 선별 상태 등에 따라 정한다.

12 농수산물 품질관리법령상 국립농산물품질관리원장이 농산물의 지리적표시 등록을 결정한 경우 공고하여야 하는 사항이 아닌 것은?

① 지리적표시 대상지역의 범위
② 품질의 특성과 지리적 요인의 관계
③ 지리적표시 등록 농산물의 이력추적관리번호
④ 등록자의 자체품질기준 및 품질관리계획서

> **해설** 지리적표시의 등록공고 등(시행규칙 제58조 제1항)
> 국립농산물품질관리원장, 국립수산물품질관리원장 또는 산림청장은 법에 따라 지리적표시의 등록을 결정한 경우에는 다음의 사항을 공고하여야 한다.
> 1. 등록일 및 등록번호
> 2. 지리적표시 등록자의 성명, 주소(법인은 그 명칭 및 영업소의 소재지) 및 전화번호
> 3. 지리적표시 등록 대상품목 및 등록명칭
> 4. 지리적표시 대상지역의 범위
> 5. 품질의 특성과 지리적 요인의 관계
> 6. 등록자의 자체품질기준 및 품질관리계획서

13 농수산물 품질관리법상 지리적표시심판위원회에 관한 내용으로 옳지 않은 것은?
① 농림축산식품부장관 소속으로 지리적표시심판위원회를 둔다.
② 지리적표시심판위원회는 위원장 1명을 포함한 10명 이내의 심판위원으로 구성한다.
③ 지리적표시심판위원회의 위원장은 심판위원 중에서 호선(互選)한다.
④ 심판위원의 임기는 3년으로 하며, 한 차례만 연임할 수 있다.

해설 ③ 심판위원회의 위원장은 심판위원 중에서 농림축산식품부장관 또는 해양수산부장관이 정한다(법 제42조 제3항).
① 법 제42조 제1항
② 법 제42조 제2항
④ 법 제42조 제5항

14 농수산물 품질관리법상 농산물 안전성조사에 관한 내용으로 옳은 것은?
① 시·도지사는 안전성조사 결과 생산단계 안전기준을 위반한 해당 농산물을 생산한 자에게 해당 농산물의 폐기, 용도 전환, 출하 연기 등의 처리를 하게 할 수 있다.
② 농림축산식품부장관은 생산단계 안전기준을 정할 때에는 관계 중앙행정기관의 장과 협의하여야 한다.
③ 안전성조사의 대상품목 선정, 대상지역 및 절차 등에 필요한 세부적인 사항은 농림축산식품부령으로 정한다.
④ 농림축산식품부장관은 농산물의 품질 향상과 안전한 농산물의 생산·공급을 위한 안전관리계획을 매년 수립·시행하여야 한다.

해설 ① 법 제63조 제1항
② 식품의약품안전처장은 생산단계 안전기준을 정할 때에는 관계 중앙행정기관의 장과 협의하여야 한다(법 제61조 제2항).
③ 안전성조사의 대상품목 선정, 대상지역 및 절차 등에 필요한 세부적인 사항은 총리령으로 정한다(법 제61조 제3항).
④ 식품의약품안전처장은 농수산물(축산물은 제외)의 품질 향상과 안전한 농산물의 생산·공급을 위한 안전관리계획을 매년 수립·시행하여야 한다(법 제60조 제1항).

정답 13 ③ 14 ①

15 농수산물 품질관리법상 유전자변형농산물의 표시 위반에 대한 처분 내용으로 옳지 않은 것은?

① 표시의 변경 등 시정명령
② 표시의 삭제 등 시정명령
③ 표시 위반 농산물의 즉시 폐기
④ 표시 위반 농산물의 판매 등 거래행위의 금지

해설 유전자변형농수산물의 표시 위반에 대한 처분(법 제59조 제1항)
식품의약품안전처장은 제56조(유전자변형농수산물의 표시) 또는 제57조(거짓표시 등의 금지)를 위반한 자에 대하여 다음의 어느 하나에 해당하는 처분을 할 수 있다.
1. 유전자변형농수산물 표시의 이행·변경·삭제 등 시정명령
2. 유전자변형 표시를 위반한 농수산물의 판매 등 거래행위의 금지

16 농수산물 품질관리법상 유전자변형농산물의 표시를 혼동하게 할 목적으로 그 표시를 손상·변경한 유전자변형농산물 표시의무자에 대한 벌칙 기준으로 옳은 것은?

① 1년 이하의 징역 또는 1천만원 이하의 벌금
② 3년 이하의 징역 또는 3천만원 이하의 벌금
③ 5년 이하의 징역 또는 1억원 이하의 벌금
④ 7년 이하의 징역 또는 1억원 이하의 벌금

해설 벌칙(법 제117조)
다음의 어느 하나에 해당하는 자는 7년 이하의 징역 또는 1억 원 이하의 벌금에 처한다. 이 경우 징역과 벌금은 병과(倂科)할 수 있다.
1. 유전자변형농수산물의 표시를 거짓으로 하거나 이를 혼동하게 할 우려가 있는 표시를 한 유전자변형농수산물 표시의무자
2. 유전자변형농수산물의 표시를 혼동하게 할 목적으로 그 표시를 손상·변경한 유전자변형농수산물 표시의무자
3. 유전자변형농수산물의 표시를 한 농수산물에 다른 농수산물을 혼합하여 판매하거나 혼합하여 판매할 목적으로 보관 또는 진열한 유전자변형농수산물 표시의무자

17 농수산물 유통 및 가격안정에 관한 법령상 용어의 정의이다. ( )에 들어갈 내용으로 옳은 것은?

> ( )이란 농수산물도매시장·농수산물공판장 또는 민영농수산물도매시장의 개설자에게 등록하고, 농수산물을 수집하여 농수산물도매시장·농수산물공판장 또는 민영농수산물도매시장에 출하하는 영업을 하는 자(법인을 포함한다)를 말한다.

① 산지유통인 ② 중도매인
③ 조합공동사업법인 ④ 시장도매인

해설 법 제2조 제11호

---

18 농수산물 유통 및 가격안정에 관한 법령상 주산지 지정 등에 관한 내용으로 옳지 않은 것은?

① 주산지의 지정, 변경 및 해제는 한국농수산식품유통공사 사장이 한다.
② 주산지의 지정은 읍·면·동 또는 시·군·구 단위로 한다.
③ 시·도지사는 주산지의 지정목적 달성 및 주요 농산물 경영체 육성을 위하여 생산자 등으로 구성된 주산지협의체를 설치할 수 있다.
④ 주요 농산물은 국내 농산물의 생산에서 차지하는 비중이 크거나 생산·출하의 조절이 필요한 것으로서 농림축산식품부장관이 지정하는 품목으로 한다.

해설 ① 시·도지사는 지정된 주산지가 지정요건에 적합하지 아니하게 되었을 때에는 그 지정을 변경하거나 해제할 수 있다(법 제4조 제4항).
② 시행령 제4조 제1항
③ 법 제4조의2 제1항
④ 법 제4조 제2항

정답 17 ① 18 ①

19 농수산물 유통 및 가격안정에 관한 법령상 농림축산식품부장관이 하는 가격예시에 관한 내용으로 옳지 않은 것은?

① 해당 농산물의 파종기 이전에 생산자를 보호하기 위한 하한가격을 예시할 수 있다.
② 예시가격을 결정할 때에는 해당 농산물의 농림업관측 결과, 예상 경영비, 품목별 최저 거래가격 등을 고려하여야 한다.
③ 예시가격을 결정할 때에는 미리 기획재정부장관과 협의하여야 한다.
④ 예시가격을 지지(支持)하기 위하여 유통협약 및 유통조절명령 등을 연계한 적절한 시책을 추진하여야 한다.

해설 ② 농림축산식품부장관 또는 해양수산부장관은 예시가격을 결정할 때에는 해당 농산물의 농림업관측, 주요 곡물의 국제곡물관측 또는 수산물 유통의 관리 및 지원에 관한 법률에 따른 수산업관측 결과, 예상 경영비, 지역별 예상 생산량 및 예상 수급상황 등을 고려하여야 한다(법 제8조 제2항).
① 법 제8조 제1항
③ 법 제8조 제3항
※ 관련 법령 개정(2025.10.1.)으로 기획재정부는 기획예산처와 재정경제부로 분리됨
④ 법 제8조 제4항 제4호

20 농수산물 유통 및 가격안정에 관한 법령상 농산물의 유통조절명령에 관한 내용으로 옳지 않은 것은?

① 농림축산식품부장관은 기획재정부장관과 협의를 거쳐 유통조절명령을 할 수 있다.
② 생산자단체가 유통조절명령을 요청하는 경우에는 유통조절명령 요청서를 이해관계자 대표 등에게 발송하여 10일 이상 의견조회를 하여야 한다.
③ 농림축산식품부장관은 유통조절명령 집행업무의 일부를 수행하는 생산자단체에 필요한 지원을 할 수 있다.
④ 유통조절명령을 발하기 위한 기준은 품목별 특성, 농림업관측 결과 등을 반영하여 산정한 예상가격과 예상 공급량을 고려하여 농림축산식품부장관이 정하여 고시한다.

해설 **유통조절명령(법 제10조 제2항)**
농림축산식품부장관 또는 해양수산부장관은 부패하거나 변질되기 쉬운 농수산물로서 농림축산식품부령 또는 해양수산부령으로 정하는 농수산물에 대하여 현저한 수급 불안정을 해소하기 위하여 특히 필요하다고 인정되고 농림축산식품부령 또는 해양수산부령으로 정하는 생산자 등 또는 생산자단체가 요청할 때에는 공정거래위원회와 협의를 거쳐 일정 기간 동안 일정 지역의 해당 농수산물의 생산자 등에게 생산조정 또는 출하조절을 하도록 하는 유통조절명령을 할 수 있다.
② 시행규칙 제11조 제2항
③ 법 제12조 제2항
④ 시행규칙 제11조의2

21 농수산물 유통 및 가격안정에 관한 법령상 출하자 신고에 관한 내용으로 옳지 않은 것은?
① 출하자 신고서를 제출할 때에는 주거래 도매시장법인의 확인서를 첨부하여 지역농협 조합장에게 제출하여야 한다.
② 도매시장법인은 신고한 출하자가 출하 예약을 하고 농산물을 출하하는 경우에는 위탁수수료의 인하 및 경매의 우선실시 등 우대조치를 할 수 있다.
③ 출하자가 법인의 경우 출하자 신고서에 법인 등기사항증명서를 첨부하여야 한다.
④ 출하자 신고서는 전자적 방법으로 접수할 수 있다.

해설 ①·③ 도매시장에 농수산물을 출하하려는 자는 서식에 따른 출하자 신고서에 개인의 경우에는 신분증 사본 또는 사업자등록증 1부, 법인의 경우에는 법인 등기사항증명서 1부를 첨부하여 도매시장 개설자에게 제출하여야 한다(시행규칙 제25조의2 제1항).
② 도매시장 개설자, 도매시장법인 또는 시장도매인은 신고한 출하자가 출하 예약을 하고 농수산물을 출하하는 경우에는 위탁수수료의 인하 및 경매의 우선실시 등 우대조치를 할 수 있다(법 제30조 제2항).
④ 도매시장 개설자는 전자적 방법으로 출하자 신고서를 접수할 수 있다(시행규칙 제25조의2 제2항).

22 농수산물 유통 및 가격안정에 관한 법령상 도매시장 개설자가 출하농산물 안전성 검사를 실시할 때 채소류 및 과실류 자연산물의 시료 수거량 기준으로 옳은 것은?(단, 묶음단위 농산물은 고려하지 않음)
① 1kg 이상 2kg 이하
② 1kg 이상 3kg 이하
③ 2kg 이상 5kg 이하
④ 5kg 이상 10kg 이하

해설 출하농수산물 안전성 검사 실시 기준 및 방법(시행규칙 [별표 1])
안전성 검사 실시를 위한 농수산물 종류별 시료 수거량
• 곡류·두류 및 그 밖의 자연산물 : 1kg 이상 2kg 이하
• 채소류 및 과실류 자연산물 : 2kg 이상 5kg 이하

23 농수산물 유통 및 가격안정에 관한 법령상 도매시장 법인이 출하자로부터 거래액의 일정 비율로 징수하는 위탁수수료의 부류별 최고한도로 옳지 않은 것은?
① 양곡부류 : 1천분의 20
② 청과부류 : 1천분의 60
③ 화훼부류 : 1천분의 70
④ 약용작물부류 : 1천분의 50

해설 ② 청과부류 : 1천분의 70(시행규칙 제39조 제4항 제2호)

24 농수산물 유통 및 가격안정에 관한 법령상 농수산물종합유통센터의 시설기준 중 필수시설에 해당하는 것을 모두 고른 것은?

| ㄱ. 포장・가공시설 | ㄴ. 수출지원실 |
| ㄷ. 농산물품질관리실 | ㄹ. 저온저장고 |

① ㄱ, ㄴ
② ㄷ, ㄹ
③ ㄱ, ㄷ, ㄹ
④ ㄴ, ㄷ, ㄹ

해설 ㄴ. 수출지원실은 편의시설에 해당한다.

농수산물종합유통센터의 시설기준(시행규칙 [별표 3])

필수시설	편의시설
• 농수산물 처리를 위한 집하・배송시설 • 포장・가공시설 • 저온저장고 • 사무실・전산실 • 농산물품질관리실 • 거래처주재원실 및 출하주대기실 • 오수・폐수시설 • 주차시설	• 직판장 • 수출지원실 • 휴게실 • 식당 • 금융회사 등의 점포 • 그 밖에 이용자의 편의를 위하여 필요한 시설

25 농수산물 유통 및 가격안정에 관한 법령상 경매사가 도매시장법인이 상장한 농산물의 가격평가를 문란하게 하여 1차 행정처분을 받은 후 1년 이내에 다시 같은 위반행위로 적발되어 2차 행정처분을 받게 되었을 때 처분기준으로 옳은 것은?(단, 가중 및 감경사유는 고려하지 않음)

① 업무정지 10일
② 업무정지 15일
③ 업무정지 1개월
④ 업무정지 6개월

해설 위반행위별 처분기준 - 경매사에 대한 행정처분(시행규칙 [별표 4])

위반사항	근거 법조문	처분기준		
		1차	2차	3차
법에 따른 업무를 부당하게 수행하여 도매시장의 거래질서를 문란하게 한 경우	법 제82조 제4항			
1) 도매시장법인이 상장한 농수산물에 대한 경매 우선순위의 결정을 문란하게 한 경우		업무정지 10일	업무정지 15일	업무정지 1개월
2) 도매시장법인이 상장한 농수산물의 가격평가를 문란하게 한 경우		업무정지 10일	업무정지 15일	업무정지 1개월
3) 도매시장법인이 상장한 농수산물의 경락자의 결정을 문란하게 한 경우		업무정지 15일	업무정지 3개월	업무정지 6개월

2과목 | 원예작물학

26 식물학적 분류로 같은 과(科, Family)가 아닌 것은?
① 시금치
② 비트
③ 당근
④ 근대

[해설] ③ 당근은 미나리과(산형화과) 식물이다.
①·②·④ 시금치, 비트, 근대 : 명아주과

27 원예작물과 주요 기능성 물질의 연결이 옳지 않은 것은?

| ㄱ. 포도 – 레스베라트롤 | ㄴ. 토마토 – 락투신 |
| ㄷ. 양배추 – 엘라그산 | ㄹ. 양파 – 퀘르세틴 |

① ㄱ, ㄷ
② ㄱ, ㄹ
③ ㄴ, ㄷ
④ ㄴ, ㄹ

[해설] ㄴ. 토마토 : 리코펜, 상추 : 락투신
ㄷ. 양배추 : 비타민 U, 딸기 : 엘라그산

28 채소작물에서 화아형성 이후의 추대(Bolting)를 촉진시키는 요인은?
① 저온 – 단일 – 약광
② 저온 – 장일 – 강광
③ 고온 – 단일 – 약광
④ 고온 – 장일 – 강광

[해설] 추대(Bolting)
- 식물은 화아(꽃눈)분화 후 개화에 이를 때까지 비교적 짧은 기간에 급속히 꽃대가 신장되는데, 이처럼 화아를 가진 줄기가 급속히 신장하는 것을 추대라고 한다.
- 무, 배추, 양배추 등의 재배에서 예기치 않는 저온으로 인한 조기 추대 등은 수량을 감소시키므로 큰 문제가 된다.
- 추대는 고온, 강광, 장일 조건에서 촉진된다.

29 장명종자가 아닌 것은?

① 양 파
② 오 이
③ 호 박
④ 가 지

해설 ① 양파는 단명종자이다.
장명종자 : 비트, 토마토, 가지, 수박, 호박, 오이 등

30 호광성 종자의 발아촉진 관련 물질은?

① 플로리진
② 파이토크롬
③ 옥 신
④ 쿠마린

해설 ② 발아는 색소단백질인 파이토크롬이 관여한다.
호광성 종자(광발아 종자)
- 광에 의해 발아가 촉진되며, 암 조건에서는 발아하지 않거나 발아가 몹시 불량한 종자이다.
- 담배, 상추, 우엉, 차조기, 금어초, 베고니아, 피튜니아, 뽕나무, 버뮤다그래스, 셀러리, 진달래, 철쭉, 프리뮬러 등이 있다.
- ※ 화본과 목초 종자나 잡초 종자는 대부분 호광성이며, 땅속에 묻히면 산소와 광 부족으로 휴면하다가, 지표 가까이 올라오면 산소와 광에 의해 발아한다.

31 농산물품질관리사가 딸기 재배 농가에게 우량묘 확보 방법으로 조언할 수 있는 것은?

① 종자 번식
② 포복경 번식
③ 분 구
④ 접 목

해설 ② 딸기는 포복경 식물이므로, 포복경 번식으로 우량묘를 확보할 수 있다.
포복경 번식
포복경 식물의 줄기가 어느 정도 생장했을 때 그 끝을 자르면 3~5개의 측지가 발생하는데, 그 끝이 땅에 닿게 유도하여 뿌리가 나게 함으로써 묘종의 생산을 늘릴 수 있다.
예 딸기, 고구마, 수박 등

32 딸기의 '기형과' 발생 억제를 위한 재배농가의 관리방법은?

① 복 토
② 도복 방지
③ 순지르기
④ 꿀벌 방사

해설 딸기의 기형과는 수정이 이루어지지 않은 상태에서 발생하므로, 재배농가에서는 딸기의 수분과 수정을 돕도록 꿀벌을 방사하여 딸기의 기형과 발생을 억제한다.

33 광환경 개선을 통해 광합성 효율을 높이는 절화장미 재배법은?

① 아칭재배
② 홈통재배
③ 네트재배
④ 지주재배

해설 **아칭재배**
- 장미 재배 시 벤치를 높이고 줄기를 휘거나 꺾어 재배하는 방법을 말한다.
- 삽목묘(꺾꽂이로 생긴 묘목) 이용이 가능하다.
- 50~70cm 높이의 벤치 위에 놓인 암면 슬래브에서 통로 아래쪽으로 경사지게 가지를 꺾어 휘어서 이들 가지가 광합성 전용지로서 영양분을 생산 공급하고, 뿌리 윗부분에서 자란 생장지를 절화로 채화한다.
- 광환경 개선을 통해 광합성 효율을 높이는 절화장미 재배법으로, 절화품질을 향상시킨다.

34 영양번식에 관한 설명으로 옳은 것을 모두 고른 것은?

ㄱ. 금잔화는 취목으로 번식한다.
ㄴ. 산세비에리아는 삽목으로 번식한다.
ㄷ. 백합은 자구나 주아로 번식한다.
ㄹ. 작약은 접목으로 번식한다.

① ㄱ, ㄷ
② ㄱ, ㄹ
③ ㄴ, ㄷ
④ ㄴ, ㄹ

해설 ㄱ. 금잔화는 종자번식하는 식물이다.
ㄹ. 작약은 분주(포기나누기)로 번식한다.

정답 32 ④ 33 ① 34 ③

35 식물공장에 관한 설명으로 옳지 않은 것은?

① 재배 품목의 선택폭이 넓다.
② 연작장해 발생이 적다.
③ 생력화가 가능하다.
④ 생산시기를 조절할 수 있다.

해설 ① 식물공장은 온도나 습도 등 재배 환경이 같아서 동시에 여러 품목을 재배하기 어려우므로, 재배 품목의 선택폭이 좁다.

식물공장
- 정보통신과 생물공학 기술을 농업생산에 적용하여 기후환경과 재배관리의 모든 과정이 로봇에 의해 완벽하게 제어되는 공장이다.
- 환경조건을 작물 생장에 알맞게 인위적으로 제어하고, 생산공정을 자동화한 새로운 생산방식이다.
- 작물의 수요에 따라 생산계획을 세울 수 있고, 파종에서 수확은 물론 유통까지도 종합적으로 대처할 수 있도록 하는 고효율 작물 생산시스템이다.

36 화훼류의 잎, 줄기 등의 즙액을 빨아 먹는 해충이 아닌 것은?

① 파밤나방　　　　　② 진딧물
③ 응애　　　　　　　④ 깍지벌레

해설 ① 파밤나방은 식물체의 표피를 갉아먹거나 구멍을 뚫어 먹는 해충이다.

37 절화류 취급방법에 관한 설명으로 옳지 않은 것은?

① 금어초는 세워서 수송하여 화서 선단부가 휘어지는 현상을 예방한다.
② 안스리움은 2℃ 이하의 저온저장을 통해 수명을 연장시킨다.
③ 카네이션은 줄기 끝을 비스듬히 잘라 물의 흡수를 증가시킨다.
④ 장미는 저온 습식수송으로 꽃목굽음을 방지할 수 있다.

해설 안스리움은 최저 18℃, 최고 28℃에서 생장할 수 있으며(생육적온은 25℃), 15℃ 이하의 저온에 처하면 심한 스트레스를 받아 하엽이 황변하게 되고 회복하는 데 시간이 오래 걸린다.

38 가을에 전조처리(Night Break)를 할 경우 나타나는 현상으로 옳은 것을 모두 고른 것은?

> ㄱ. 포인세티아는 개화가 억제된다.
> ㄴ. 칼랑코에는 개화가 촉진된다.
> ㄷ. 국화는 개화가 촉진된다.
> ㄹ. 개발선인장은 개화가 억제된다.

① ㄱ, ㄷ ② ㄱ, ㄹ
③ ㄴ, ㄷ ④ ㄴ, ㄹ

해설 ㄴ, ㄷ. 칼랑코에, 국화는 개화가 억제된다.
국화의 전조재배
인공조명을 조사하여 개화기를 늦추는 방법으로, 주로 단일식물인 가을 국화나 겨울 국화를 장일 상태로 만들어 개화를 억제할 때 사용한다.

39 화훼류에 관한 설명으로 옳지 않은 것은?

① 장미의 블라인드 현상은 일조량이 부족하면 발생한다.
② 국화의 로제트는 가을에 15°C 이하의 저온에서 발생한다.
③ 백합의 초장은 주야간 온도차인 DIF의 영향을 받는다.
④ 프리지어의 잎은 암흑 상태로 저장하여야 황화가 억제된다.

해설 ④ 프리지어의 잎을 암흑 상태로 저장하면 황화가 나타난다. 황화 현상이란 엽록소 합성이 지연되어 잎이 노란색을 띠는 현상으로, 엽록소의 구성성분인 질소와 마그네슘 및 철, 칼륨 등이 부족할 경우 나타난다.
① 장미의 블라인드 현상이란 장미에서 분화된 꽃눈이 꽃으로 발육하지 못하고 퇴화하는 현상으로, 일조량의 부족, 낮은 야간 온도, 엽수 부족, 질소 부족 등이 주요 원인이다.
② 국화의 로제트는 화훼작물의 선단부 절간장(식물의 마디 사이의 길이)이 신장하지 못하고 짧게 되는 현상으로, 여름철 고온에 의하여 생장 활성이 저하된 후 가을에 저온(15°C 이하)을 접하게 되면 일어날 수 있으며, 토양의 수분부족도 원인이 될 수 있다.
③ 백합의 초장(땅에서 꽃까지의 길이)은 주·야간 온도 차이 DIF(Difference Between Day and Night Temperatures)의 영향을 받는데, 주·야간 온도 차에 따른 음의 DIF가 플러그묘의 절간장을 단축시킨다.

40 화분 밑면의 배수공을 통해 물이 스며들어 화분 위로 올라가게 하는 관수방법은?

① 점적관수
② 저면관수
③ 미스트관수
④ 다공튜브관수

해설 ② 저면관수 : 하단에 구멍이 뚫린 화분을 물에 잠기도록 하여 식물의 뿌리 쪽부터 수분을 공급하는 방법으로, 토양에 의한 오염이나 토양 병해를 방지할 수 있고, 미세 종자 파종상자와 양액 재배, 분화 재배 등에 이용한다.
① 점적관수 : 가장 발전된 형태의 관수 방법으로, 물을 천천히 조금씩 흘러나오게 하여 필요 부위에 집중적으로 수분을 공급하는 방법이다.
③ 미스트관수 : 물에 높은 압력을 가하여 안개처럼 만들어 공중습도를 유지하는 관계법으로, 주로 고급 화초나 난 등에 이용한다.
④ 다공튜브관수 : 파이프에 작은 구멍을 여러 개 뚫어 살수하는 관개법이다.

41 일장에 관계없이 적정온도에서 생장하면 개화하는 특성을 가진 작물은?

① 장 미
② 마리골드
③ 맨드라미
④ 포인세티아

해설 ② 마리골드 : 꽃눈 형성은 일장의 영향을 별로 받지 않지만, 꽃눈 발육은 단일에서 촉진, 장일에서 억제되는 상대적 단일식물이다.
③ 맨드라미 : 20℃ 이하, 14시간 이내의 일장에서는 꽃눈분화가 촉진되고, 14시간 이상이 되면 개화가 늦어지는 상대적 단일식물이다.
④ 포인세티아 : 가을철 밤의 길이가 길어질 때 꽃눈이 발생하고, 겨울에 꽃이 피는 단일식물이다.

작물의 일장형

장일식물	• 보통 16~18시간의 장일 상태에서 화성이 유도·촉진되는 식물로, 단일 상태는 개화를 저해한다. • 추파맥류, 시금치, 양파, 상추, 아마, 아주까리, 감자 등
단일식물	• 보통 8~10시간의 단일 상태에서 화성이 유도·촉진되는 식물로, 장일상태는 개화를 저해한다. • 국화, 콩, 담배, 들깨, 조, 기장, 피, 옥수수, 호박, 오이, 늦벼, 나팔꽃, 포인세티아, 마리골드·맨드라미(상대적 단일식물) 등
중성식물	• 일정한 한계 일장 없이 넓은 범위의 일장에서 개화하는 식물로, 화성이 일장의 영향을 받지 않는다고도 할 수 있다. • 강낭콩, 가지, 토마토, 당근, 셀러리, 장미 등

42 화훼 분류에서 구근류가 아닌 것을 모두 고른 것은?

ㄱ. 몬스테라	ㄴ. 디펜바키아
ㄷ. 글라디올러스	ㄹ. 히아신스
ㅁ. 쉐플레라	ㅂ. 시클라멘

① ㄱ, ㄴ, ㅁ
② ㄱ, ㄷ, ㅂ
③ ㄴ, ㄹ, ㅁ
④ ㄷ, ㄹ, ㅂ

해설 ㄱ. 몬스테라, ㄴ. 디펜바키아, ㅁ. 쉐플레라는 관엽류이다.

43 세균에 의한 과수의 병은?

① 탄저병
② 부란병
③ 화상병
④ 갈색무늬병

해설
③ 화상병 : 배와 사과에 생기는 세균성 병해의 일종으로, 원인이 되는 병원균은 어위니아 아밀로보라(*Erwinia amylovora*)다.
① 탄저병 : 딸기의 포복경(Runner)과 잎자루에서 곰팡이에 의해 주로 검은 반점이 나타나며, 고온 다습하고 질소질 비료가 과다할 경우 많이 발생한다.
② 부란병 : 대개 자낭균에 의한 것을 이르며 뽕나무, 밤나무, 사과나무, 오동나무 등에서 자주 발생한다.
④ 갈색무늬병 : 여름철 비가 많이 내려 기온이 낮은 해에 곰팡이의 일종에 의해 잎에 발생하여 심각한 조기낙엽을 일으키는 병이다.

44 1년생 가지에 착과되는 과수가 아닌 것은?

① 포 도
② 감
③ 사 과
④ 참다래

해설 ③ 사과는 3년생 가지에서 결실되는 과수이다.
과수의 결과습성
• 1년생 가지에 결실하는 과수 : 포도, 감, 밤, 무화과, 호두, 참다래, 감귤류 등
• 2년생 가지에 결실하는 과수 : 복숭아, 자두, 살구, 매실, 양앵두 등
• 3년생 가지에 결실하는 과수 : 사과, 배 등

45 채소작물 재배 시 해충별 천적의 연결이 옳지 않은 것은?

① 총채벌레류 – 애꽃노린재
② 진딧물류 – 콜레마니진디벌
③ 잎응애류 – 칠레이리응애
④ 가루이류 – 어리줄풀잠자리

해설 ④ 가루이류의 천적은 온실가루이좀벌, 황온좀벌이다.

천 적
- 특정 곤충을 포식하거나 그 곤충에 기생·침입하여 병을 일으키는 생물을 말한다.
- 밀폐공간에서 작물을 재배하는 시설원예에서는 천적의 이용이 유리하고, 유기원예에서는 중요한 해충 구제 방법이다.

46 과수의 분류에서 씨방상위과이면서 교목성인 과수는?

① 사 과
② 포 도
③ 감 귤
④ 블루베리

해설 과수의 분류
- 나무의 특성에 따른 분류

교목성 과수	• 지면에서 하나의 원줄기가 올라와 가지와의 구분이 분명하고 키가 크게 자라는 특성이 있는 과수 • 사과나무, 배나무, 복숭아나무, 감귤나무 등
관목성 과수	• 키가 작고 원줄기와 가지가 확실하게 구분되지 않는 형태의 과실나무 • 블루베리, 블랙베리, 구즈베리, 크랜베리 등
덩굴성 과수	• 줄기가 덩굴져 자라는 과수 • 포도, 머루, 참다래, 양다래 등

- 씨방 위치에 따른 분류

씨방상위과 (Hypogyny)	• 씨방이 수술·꽃잎·꽃받침보다 위쪽에 위치·발달한 과실 • 포도, 감귤, 참다래 등
씨방중위과 (Perigyny)	• 수술·꽃잎·꽃받침이 씨방 옆에 붙어 있음 • 복숭아, 양앵두 등
씨방하위과 (Epigyny)	• 씨방이 수술·꽃잎·꽃받침의 아래쪽에 붙어 발달한 과실 • 사과, 배, 블루베리, 바나나 등

47 과수재배 시 C/N율을 높이기 위한 방법을 모두 고른 것은?

ㄱ. 뿌리전정	ㄴ. 열매솎기
ㄷ. 가지의 수평 유인	ㄹ. 환상박피

① ㄱ
② ㄱ, ㄴ
③ ㄴ, ㄷ, ㄹ
④ ㄱ, ㄴ, ㄷ, ㄹ

해설 C/N율
- 작물체 내의 탄수화물(C)에 대한 질소(N)의 비율을 말한다.
- C/N율설을 적용하면 여러 작물에서의 생육, 화성 및 결실의 관계를 설명할 수 있다.
- 과수 재배 시 환상박피나 각절을 통해 개화·결실을 촉진할 수 있다.
- 고구마순을 나팔꽃의 대목으로 접목하면 화아 형성 및 개화가 가능하다.

48 국내 육성 품종이 아닌 것은 몇 개인가?

거 봉	황금배
부 유	홍 로
감 홍	샤인머스캣
청 수	신 고

① 2개
② 3개
③ 4개
④ 5개

해설 국내 육성 품종은 황금배(배), 홍로(사과), 감홍(사과), 청수(포도)이다.

49 과원의 시비 관리에 관한 설명으로 옳은 것은?

① 질소가 과다하면 잎이 작아지고 담황색으로 된다.
② 인산은 산성 토양에서 철, 알루미늄과 결합하여 불용성이 되므로 결핍 증상이 나타난다.
③ 칼륨은 산성 토양을 중화시키는 토양개량제로 이용된다.
④ 붕소는 엽록소의 필수 구성성분으로 결핍되면 엽맥 사이에 황화 현상이 나타난다.

해설
① 질소는 과다 시비하면 식물체가 도장하고 꽃눈 형성이 불량하게 된다.
③ 칼슘은 산성 토양을 중화시키는 토양개량제로 이용된다.
④ 마그네슘은 엽록소의 필수 구성성분으로 부족 시 엽맥 사이의 황화현상을 일으킨다.

과원의 시비 관리
- 알맞은 양의 양분 공급은 작물의 생육과 밀접한 관련이 있으며, 채종재배 시 개화·결실을 위한 비배관리가 중요하다.
- 채종재배는 영양체의 수확에 비해 재배 기간이 길어 그만큼 많은 시비량을 요한다.
- 작물에 따라 특정 양분을 필요로 하는데, 예를 들어 무, 배추, 양배추, 셀러리 등은 붕소의 요구도가 높고, 콩 종자의 칼륨 함량은 발아율과 상관관계가 있다.

50 과수의 번식에 관한 설명으로 옳은 것은?

① 분주는 교목성 과수에서 흔히 사용하는 번식법이다.
② 삽목에 의해 쉽게 번식되는 대표적인 과수는 포도이다.
③ 분주는 바이러스 무병묘 생산을 위한 일반적인 방법이다.
④ 삽목은 대목과 접수를 접합시키는 번식법이다.

해설 ① 분주는 다년생 초본 및 관목류에 이용되는 영양번식법이다
③ 조직배양은 바이러스 무병묘 생산을 위한 일반적인 방법이다.
④ 접목은 대목과 접수를 조직적으로 유합·접착시키는 번식법이다.

3과목 | 수확 후 품질관리론

51 생리적 성숙 완료기에 수확하여 이용하는 원예산물이 아닌 것은?

① 가 지
② 참 외
③ 단 감
④ 수 박

해설 생리적 성숙 완료기에 수확하여 이용하는 작물, 즉 생리적으로 완전히 성숙해야만 이용이 가능한 작물로는 딸기, 단감, 수박, 참외 등이 있다.

생리적 성숙의 의미
생리학적 의미에서 성숙이란, 형태적으로 고유의 모양을 갖추고 최대 크기에 달한 한편, 다음과 같은 질적 변화를 수반한다.
• 저장 탄수화물이 당으로 변한다.
• 유기산이 감소하여 신맛이 감소한다.
• 엽록소가 감소하고, 카로티노이드와 안토시아닌이 증가한다.
• 세포벽의 펙틴질이 분해되어 조직이 연화된다.
• 여러 가지 향기가 난다.
• 호흡이 일시적으로 상승하기도 한다.
• 에틸렌의 급격한 상승이 일어난다.

52 원예산물의 수확기 결정지표의 연결이 옳은 것을 모두 고른 것은?

> ㄱ. 당근 – 파종 후 생육일수
> ㄴ. 사과 – 전분 지수
> ㄷ. 배 – 만개 후 일수
> ㄹ. 감귤 – 착색 정도

① ㄱ, ㄴ
② ㄱ, ㄷ, ㄹ
③ ㄴ, ㄷ, ㄹ
④ ㄱ, ㄴ, ㄷ, ㄹ

해설 원예산물의 수확기 결정지표
- 파종 후 생육일수 : 당근, 배추 등
- 만개 후 일수 : 배, 사과, 고추 등
- 착색 정도 : 감귤
- 결구의 단단한 정도 : 배추
- 네트 발달 정도 : 멜론
- 지상부 도복 정도 : 양파
- 전분 지수 : 사과, 배 등
- 당 함량 : 사과, 배, 포도 등
- 당산비율 : 감귤류, 참다래, 멜론, 석류 등
- 내부 에틸렌 농도 : 사과, 배 등

53 원예산물의 수확 방법에 관한 설명으로 옳지 않은 것은?

① 멜론은 꼭지 채 수확한다.
② 단감은 꼭지를 짧게 잘라준다.
③ 파프리카는 과경을 아래로 당겨 딴다.
④ 딸기는 과실에 압력을 가하지 않도록 딴다.

해설 ③ 파프리카는 과경을 매끈하게 절단하여 수확한다.

정답 52 ④ 53 ③

54 사과(후지)의 수확 전 성숙 과정에서 감소하는 성분을 모두 고른 것은?

ㄱ. 환원당	ㄴ. 유기산
ㄷ. 엽록소	ㄹ. 안토시아닌

① ㄱ, ㄴ
② ㄴ, ㄷ
③ ㄱ, ㄷ, ㄹ
④ ㄴ, ㄷ, ㄹ

해설 사과는 성숙 과정에서 엽록소가 분해되고, 안토시아닌 색소의 합성이 증가하면서 붉은색이 표출된다. 또한 과즙과 당분이 증가하고 유기산 함량은 감소한다.

55 성숙 시 토마토와 호흡 양상이 다른 원예산물은?

① 복숭아
② 바나나
③ 참다래
④ 양앵두

해설 ①·②·③은 토마토와 같은 호흡급등형 과실이고, ④는 비호흡급등형 과실이다.
- 호흡급등형 원예산물 : 사과, 배, 복숭아, 참다래, 바나나, 아보카도, 토마토, 수박, 살구, 멜론, 감, 키위, 망고, 파파야 등
- 비호흡급등형 원예산물 : 포도, 감귤, 오렌지, 레몬, 고추, 가지, 오이, 딸기, 호박, 파인애플, 양앵두(체리) 등

56 에틸렌 제어물질의 작용 기작에 관한 설명으로 옳은 것은?

① $KMnO_4$는 에틸렌을 산화시킨다.
② AVG는 에틸렌 수용체와 결합한다.
③ AOA는 ACC Oxidase의 활성을 억제한다.
④ 1-MCP는 ACC Synthase의 활성을 억제한다.

해설 ②·③ 에틸렌 수용체와 결합하여 에틸렌 발생을 억제하는 물질은 1-MCP이고, AVG(Aminoethoxy Vinyl Glycine)와 AOA(Amino Oxyacetic Acid)는 ACC 합성효소의 활성을 방해하여 에틸렌의 합성을 억제한다.
④ 1-MCP는 식물체의 에틸렌 결합 부위를 차단하여 에틸렌의 작용을 무력화시킨다.

57 카로티노이드계 색소가 아닌 것은?

① 루테인
② 플라본
③ 리코펜
④ 베타카로틴

해설 ② 플라본(노란색)은 플라보노이드(Flavonoid)계 색소이며, 붉은색의 안토사이아닌도 여기에 속한다. 카로티노이드는 빨간색, 노란색, 주황색 계통의 과일과 채소에 많이 함유되어 있는 식물 색소로, 알파카로틴, 베타카로틴, 루테인, 리코펜, 크립토잔틴, 지아잔틴 같은 성분들이 여기에 속한다.

58 다음 ( )에 들어갈 내용으로 옳은 것은?

> Y생산자는 적정 범위 내에서 CA저장고의 (ㄱ)을/를 높게, (ㄴ)을/를 낮게 유지해 저장 원예산물의 증산에 의한 수분 손실을 최소화하였다.

① ㄱ : 기압, ㄴ : 온도
② ㄱ : 온도, ㄴ : 상대습도
③ ㄱ : 상대습도, ㄴ : CO_2 농도
④ ㄱ : CO_2 농도, ㄴ : 기압

해설 증산이란 식물체 안의 수분이 수증기가 되어 공기 중으로 나오는 현상을 말하며, 이러한 현상은 건조하고 온도가 높을수록, 공기의 움직임이 많을수록 촉진된다.

CA저장고
- 온도뿐만 아니라 저장고 내 산소와 이산화탄소 농도를 조절해 농산물의 품질변화를 최소화하는 저장기술을 말한다.
- 기체 조절 방식에 따라 배출식과 순환식으로 구분한다.
  - 배출식은 질소발생기로 질소를 주입해 저장고 내 산소와 이산화탄소를 조절하는 방식이다.
  - 순환식은 산소는 질소발생기와 외부 공기로 조절하고 이산화탄소와 에틸렌을 각각 이산화탄소 제거기와 에틸렌 제거기로 조절한다.

59 원예산물별 맛과 관련된 성분의 연결이 옳지 않은 것은?

① 감 떫은맛 - 타닌
② 고추 매운맛 - 캡사이신
③ 포도 신맛 - 주석산
④ 오이 쓴맛 - 아미그달린

해설 ④ 오이의 쓴맛은 엘라테린(Elaterin)이라는 알칼로이드의 영향이고, 아미그달린(Amygdalin)은 청매실과 관련된 성분이다.

정답 57 ② 58 ③ 59 ④

60 원예산물의 선별 시 드럼식 형상선별기의 이용목적은?

① 크기 선별
② 색택 선별
③ 경도 선별
④ 손상 선별

해설 ① 드럼식 형상선별기는 체질에 의한 선별과 크기 기준에 따른 선별방법이다.

선별방법

무게에 의한 선별	• 개체 중량에 따라 분류하는 선과기를 이용하여 사과, 배, 복숭아, 감 등의 낙엽 과수와 피망, 토마토, 감자 등 선별 • 계측방법에 사용되는 선과기에는 개체의 중량, 분동, 용수철의 장력 등에 의해 선별하는 기계식 중량선별기와 중량센서를 계측중심부로 이용하는 전자식 중량선별기 등이 있다.
크기에 의한 선별	• 체질에 의한 선별과 크기 기준에 따른 선별방법 • 드럼식 형상선별기 등 이용
모양에 의한 선별	• 생산물 고유의 모양에 의한 선별방법 • 원판분리기 등 이용
색에 의한 선별	• 품종 고유의 색택에 의한 선별방법 • 색채선별기, 광학선별기 등 이용
비파괴선별	• 광의 투과, 반사 및 흡수 특성을 이용하여 구성성분과 정성 및 정량을 분석하는 선별방법 • 비파괴 과실 당도측정기 등 이용

61 원예산물의 품질 구성요소와 결정요인의 연결이 옳은 것은?

① 조직감 – 당도, 산도
② 풍미 – 크기, 경도
③ 외관 – 모양, 색도
④ 안전성 – 이취, 비타민 함량

해설 원예산물의 품질 구성요소와 결정요인

외적 요인	외 관	크기, 모양, 색깔, 상처(물리적 손상) 등
	조직감	Firmness, Softness, Crispness, Juiciness, Toughness 등
	풍 미	맛(단맛, 신맛, 쓴맛, 떫은맛), 향(향기, 이취) 등
내적 요인	영양적 가치	미네랄 함량, 비타민 함량 등
	독 성	솔라닌 등
	안전성	농약 잔류량, 부패 등

62 신선편이 농산물의 세척 시 소독제로 사용하는 물질은?

① 클로로피크린
② 차아염소산나트륨
③ 메틸브로마이드
④ 수산화나트륨

해설　신선편이 농산물의 세척 시 소독제로 사용하는 물질 : 오존(O_3), 차아염소산(HOCl), 차아염소산나트륨(NaOCl) 등

63 다음 ( )에 들어갈 내용으로 옳은 것은?

> Y생산자는 농산물품질관리사의 지도하에 올해 수확한 감자를 저장 전에 온도 15℃, 상대습도 (ㄱ) 조건의 큐어링으로 (ㄴ)의 축적을 유도하여 저장 중 수분 손실과 부패균에 의한 피해를 크게 줄일 수 있었다.

① ㄱ : 45%, ㄴ : 리그닌
② ㄱ : 90%, ㄴ : 리그닌
③ ㄱ : 45%, ㄴ : 슈베린
④ ㄱ : 90%, ㄴ : 슈베린

해설　④ 감자는 온도 15℃, 상대습도 85~90%에서 큐어링한다.
큐어링
- 일부 농산물의 경우 숙성과정에서 두꺼운 슈베린 조직을 생성하는데, 이 조직은 증기 확산에 대한 저항성을 높여 주고 표피에 생긴 상처를 치유하는 기능을 한다.
- 양파, 감자, 고구마 등에서 많이 발생한다.

64 저장 및 유통 중 부패균을 살균하는 물질이 아닌 것은?

① 오 존
② 아황산나트륨
③ 염화칼륨
④ 이산화염소

해설　③ 염화칼륨은 비료의 원료로 쓰이는 물질이다.

정답　62 ②　63 ④　64 ③

65 ( )에 들어갈 내용으로 옳은 것은?

> 원예산물 저장 시 저장고의 냉장 용량은 온도 상승을 유발하는 모든 열량을 합산하여 계산하는데, ( )과 ( )이 대부분의 열량을 차지한다.

① 포장열, 호흡열
② 포장열, 전도열
③ 전도열, 대류열
④ 호흡열, 장비열

해설
- 냉장 용량 결정 : 저장고의 크기와 저장작물에 따른 호흡량, 저장 시 일일 입고량, 예랭되지 않는 생산물의 포장열 제거에 소요되는 시간, 저장고의 단열 정도 등을 고려하여 결정한다.
- 냉장 용량 계산 : 저장고 내 온도 상승을 유기하는 포장열, 호흡열, 전도열, 대류열, 장비열의 5가지 요인을 합산한 후 기타 기기 가동과 사람의 출입 요인에 의한 사용요인 비율을 곱해 줌으로써 계산할 수 있다.

66 밀폐순환식 CA저장에 관한 설명으로 옳지 않은 것은?

① O_2 농도는 질소발생기로 낮춘다.
② CO_2 농도는 이산화탄소 제거기로 조절한다.
③ 작업 시 외부 대기자를 두어 내부 작업자를 주시한다.
④ 장거리 선박 수송 시 CA저장이 불가능하다.

해설 ④ 장거리 선박 수송 시에는 CA 컨테이너를 활용한다. CA 컨테이너는 온도와 습도, 산소와 이산화탄소 등 대기 환경을 조절하는 CA저장 기술을 농산물 수송 컨테이너에 적용한 것을 말한다.

CA저장고의 기기
- 산소 농도를 낮추기 위한 질소발생기
- 이산화탄소 농도 유지를 위한 이산화탄소 흡착기
- 에틸렌 제어를 위한 기기
- 산소와 이산화탄소의 농도를 측정하는 분석기기 및 제어기기

CA저장 시 유의사항
- 저장고의 밀폐도가 높아야 한다.
- 저장 대상 작물, 품종, 재배조건에 따라 CA 조건을 적절하게 설정하여야 한다.
- 장시간 작업 시 질식 우려가 있으므로 외부 대기자를 두어 내부를 주시하여야 한다.

67 저온 저장고 관리에 관한 설명으로 옳지 않은 것은?

① 공기순환통로를 확보한다.
② 과일의 적정 적재 용적률은 90~95%이다.
③ 저장고 온도는 품온을 측정하여 조절한다.
④ 환기는 기체장해가 나타나지 않는 수준에서 최소화하여 온도편차를 줄여야 한다.

해설 ② 저장고의 공기흐름을 원활하게 하기 위해 적재용적률은 60~65%로 한다.

68 원예산물별 동해 증상으로 옳은 것을 모두 고른 것은?

> ㄱ. 배의 탈피과　　　　　　　　ㄴ. 고추의 함몰현상
> ㄷ. 사과의 과육 변색　　　　　　ㄹ. 상추의 수침현상

① ㄱ, ㄴ
② ㄱ, ㄷ
③ ㄴ, ㄷ, ㄹ
④ ㄱ, ㄴ, ㄷ, ㄹ

해설 배의 탈피과
- 저장 중 과피와 과육이 분리되어 벗겨지는 증상이다.
- 저장 중 변온에 의해 많이 발생하며, 에틸렌 축적에 의해서도 발생한다.
- 발생을 억제하기 위해서는 저장고 내 온도 변화를 방지하고, 주기적 환기를 통해 유해가스 축적을 막아야 한다.

69 저장 기간 연장을 위해 이산화탄소 전처리를 하는 품목은?
① 사 과
② 배
③ 양 파
④ 딸 기

해설 ④ 딸기는 수확 후 쉽게 물러지므로 적정한 이산화탄소 처리로 경도를 증가시켜 선도를 유지해야 한다.

70 원예산물의 수확 후 손실 경감 방법이 아닌 것은?
① 당근은 냉수세척 후 물기를 없앤다.
② 마늘은 40℃를 넘지 않는 온도에서 예건한다.
③ 풋고추는 0℃에 저장한다.
④ 감귤은 예건으로 중량의 3~5%를 줄인다.

해설 ③ 풋고추는 저온에 민감한 채소 작물이므로, 저온장해 방지를 위해 저장고의 온도를 가장 높게 설정해야 한다. 저온에 민감한 작물로는 고추, 오이, 호박, 토마토, 아보카도, 바나나, 멜론, 파인애플, 고구마, 가지, 옥수수 등이 있다.

정답　68 ③　69 ④　70 ③

71 다음 중 에틸렌에 대한 민감성이 가장 큰 것은?

① 자 두
② 앵 두
③ 오렌지
④ 고 추

해설 에틸렌 감응도에 따른 분류

구 분	과 수	채 소
매우 민감	키위, 감, 자두 등	수박, 오이 등
민 감	배, 살구, 무화과, 대추 등	멜론, 가지, 애호박, 토마토, 당근 등
보 통	사과(후지), 복숭아, 밀감, 오렌지, 포도 등	늙은 호박, 고추 등
둔 감	앵두 등	피망 등

72 MA포장 필름에 관한 설명으로 옳지 않은 것은?

① 필름 종류는 포장 물량 및 유통온도를 고려하여 결정한다.
② 필름 재료로 PE와 PET가 주로 사용된다.
③ 원예산물의 호흡률을 반영하여 기체투과율을 조절한다.
④ 투과도는 CO_2가 O_2보다 높아야 한다.

해설 ② 필름 재료로 주로 사용되는 것은 농산물의 MA포장재 중 가스투과도가 가장 높은 PE(폴리에틸렌)이다. PET(폴리에틸렌 테레프탈레이트)는 페트병(Bottle) 제조, 자동차 분야, 전기·전자분야에서 사용되는 물질이다.

MA저장(Modified Atmosphere Storage)
- 필름이나 피막제를 이용하여 산물을 하나씩 또는 소량 포장하여 외부와 차단하고, 포장 내 호흡에 의한 산소 농도 저하와 이산화탄소 농도 증가로 인해 조성된 적정 대기를 통해 품질변화를 억제하는 방법이다.
- MA저장은 압축된 CA저장이라고 할 수 있다.
- 각종 플라스틱필름 등으로 원예산물을 포장하는 경우 필름의 기체 투과성, 산물로부터 발생한 기체의 양과 종류 등에 의해 포장 내부의 기체조성이 대기와 현저하게 달라지는 점을 이용한 저장방법이다.

73 사과 선별 시 선별장과 저온 저장고와의 온도 차이를 최소화할 때 얻을 수 있는 효과는?

① 동해 억제
② 기체장해 억제
③ 저온장해 회피
④ 결로 방지

해설 ④ 원예산물은 저온저장 후 갑자기 상온으로 노출되면 산물과 공기 온도 차에 의해 결로가 형성되므로, 이를 방지하기 위해서는 선별장과 저온 저장고와의 온도 차이를 최소화하여야 한다.

74 품온이 28°C인 과실을 0°C로 설정된 차압예냉실에서 냉각 시 품온 반감기가 1시간이라면, 이론상 품온을 7°C까지 떨어뜨리는 데 필요한 예랭 시간은?

① 1.5시간
② 2시간
③ 2.5시간
④ 3시간

해설 방사성 물질의 반감기가 방사성 물질의 양이 반으로 줄어드는 데 소요되는 시간을 의미하는 것처럼, 품온 반감기란 원예산물의 온도가 목표온도의 절반까지 줄어드는 데 소요되는 시간을 의미한다. 따라서 '28°C → 14°C ⇒ 1시간, 14°C → 7°C ⇒ 1시간'이므로, 총 2시간이 소요된다.

75 원예산물의 GAP 관리 시 화학적 위해 요인이 아닌 것은?

① 농 약
② 호르몬제
③ 바이러스
④ 곰팡이 독소

해설 ③ 바이러스는 생물학적 위해 요인에 속한다.
HACCP 위해요소분석표에 따른 위해요소 분류(식품 및 축산물 안전관리인증기준 [별표 2])

생물학적 위해요소 (Biological Hazards)	제품에 내재하면서 인체의 건강을 해할 우려가 있는 병원성 미생물, 부패미생물, 병원성 대장균(균), 효모, 곰팡이, 기생충, 바이러스 등
화학적 위해요소 (Chemical Hazards)	제품에 내재하면서 인체의 건강을 해할 우려가 있는 중금속, 농약, 항생물질, 항균물질, 사용기준초과 또는 사용 금지된 식품 첨가물 등 화학적 원인물질
물리적 위해요소 (Physical Hazards)	제품에 내재하면서 인체의 건강을 해할 우려가 있는 인자 중에서 돌조각, 유리조각, 플라스틱 조각, 쇳조각 등

정답 73 ④ 74 ② 75 ③

| 4과목 | 농산물유통론 |

76 농산물 유통비용 중 물류비에 포함되지 않는 것은?

① 재선별비
② 감모비
③ 상품개발비
④ 쓰레기 처리비

해설 농산물 물류비에 포함되는 항목
포장·가공비, 보관비, 재선별비, 운송비, 감모·청소비, 하역비, 물류관리비 등

77 소비촉진을 위한 홍보 및 광고, 연구개발 등을 목적으로 하는 농산물 수급안정 제도는?

① 유통협약
② 유통명령
③ 농업관측
④ 자조금

해설 정의(농수산자조금의 조성 및 운용에 관한 법률 제2조 제4호)
농수산자조금(자조금)이란 자조금 단체가 농수산물의 소비촉진, 품질향상, 자율적인 수급조절 등을 도모하기 위하여 농수산업자가 납부하는 금액을 주요 재원으로 하여 조성·운용하는 자금을 말한다.

78 다음에서 설명하는 가격변동의 형태는?

> 양파 가격은 봄철에 하락하였다가 반등하는 경향을 보인다.

① 계절적 변동
② 주기적 변동
③ 추세적 변동
④ 랜덤 워크(Random Walk)

해설 농산물의 계절적 편재성
대부분의 농산물은 수확기가 대개 일정하기 때문에 판매, 보관, 운송 등이 계절성을 가지고 있으므로 수확기에는 홍수 출하가 이루어지게 되어 농산물의 값이 하락하게 되고, 비수확기에는 농산물의 값이 상승하게 된다.

79 농산물 유통마진에 관한 내용으로 옳은 것은?

① 유통경로나 출하시기에 관계없이 일정하다.
② 가격변동에 따른 단기적 조정이 용이하다.
③ 유통효율성을 평가하는 핵심지표로 사용된다.
④ 소비자 지불가격에서 농가 수취가격을 뺀 것이다.

해설 농산물 유통마진
- 유통마진은 소비자가 농산물의 구입에 대한 지출금액에서 농업인이 수취한 금액을 공제한 것(최종소비자 지불가격 − 생산농가의 수취가격)이다.
- 유통마진 유통단계에 종사하고 있는 모든 유통기관에 의해서 수행된 효용증대 활동과 기능에 대한 대가라고 할 수 있다.
- 유통마진은 유통비용의 크기와 여러 가지 유통기능의 수행에 있어서의 효율성을 파악하는 하나의 지표로 사용될 수 있다.
- 보관·수송이 용이하고 부패성이 적은 농산물은 마진이 낮고, 부피가 크고 저장·수송이 어려운 농산물은 마진이 높다.

80 협동조합의 공동출하 원칙에 해당하지 않는 것은?

① 무조건 위탁
② 즉시 정산
③ 공동계산
④ 평균판매

해설 공동출하
- 농산물을 판매하고자 하는 소규모 생산자들이 규모의 경제를 목적으로 판매 시기와 판매장소를 조정하여 함께 판매하는 행위를 말한다.
- 따라서 공동출하는 우리나라와 같이 영농규모가 영세한 국가에서 농산물유통의 효율을 높이고, 생산 농가의 시장경쟁력을 증진하는 가장 중요한 수단으로 인식되고 있다.
- 반면에 1990년대 초부터 출현한 미국의 신세대 협동조합(New Generation Cooperatives)은 더욱 높은 농산물의 부가가치를 실현하기 위해 민주적 관리 등 최소한의 협동조합 정체성을 지키며 과감한 기업 형식의 경영 기법을 도입하고 있다.

협동조합의 공동출하 원칙

무조건 위탁	조합원이 그 생산물의 판매를 공동조직에 위탁할 경우 언제, 누구에게, 어느 정도를 팔아 달라는 조건을 붙이지 않고 일체를 위임하는 것을 말한다.
평균판매	농산물의 출하기를 조절하거나 수송·보관·저장방법의 개선 등을 통하여 농산물을 계획적으로 판매함으로써 농업인의 수취가격을 평준화하는 것이다.
공동계산	다수의 개별농가가 생산한 농산물을 출하 주별로 구분하는 것이 아니라 각 농가의 상품을 혼합하여 등급별로 구분하고 관리·판매하여 그 등급에 따라 비용과 대금을 평균하여 농가에 정산해주는 방법을 말한다.

81. 농산물 선물거래에 관한 내용으로 옳은 것은?

① 대부분 실물인수도를 통해 최종 결제된다.
② 헤저(Hedger)는 투기 목적으로 참여한다.
③ 가격하락에 대응하여 매도 헤징(Hedging)한다.
④ 가격변동성이 낮을수록 거래가 활성화된다.

해설 선물거래
- 선물거래란 선물계약을 정부에 의해 허가된 특별한 거래소(선물거래소)에서 사고파는 행위를 말한다.
- 선물계약이란 거래 당사자가 특정한 상품을 미래의 일정한 시점에 미리 정해진 가격으로 인도, 인수할 것을 현시점에서 표준화한 계약조건에 따라 약정하는 계약을 말한다.

농산물 선물거래의 특징
- 농산물 가격변동의 위험을 관리하는 수단을 제공한다.
- 농산물 재고의 시차적 배분을 촉진한다.
- 위험전가(헤징)기능과 미래 현물가격에 대한 예시기능을 수행한다.
- 상류(거래의 흐름)와 물류(물건의 흐름)가 분리된 채로 거래되는 경우가 많다.
- 거래소에서 표준화된 계약조건에 따라 거래가 이루어진다.
- 베이시스(Basis : 현물가격과 선물가격의 차이)의 변동이 없을 경우 완전 헤지(Perfect Hedge)가 가능하다.
- 농산물 선물거래를 활성화하기 위한 조건
  - 시장의 규모가 클수록 좋다.
  - 가격변동성이 비교적 커야 한다.
  - 많이 생산되고 품질, 규격 등이 균일해야 한다.
  - 상품가치가 클수록 헤저(Hedger)의 참여를 촉진할 수 있다.

82. 농산물 전자상거래에 관한 내용으로 옳은 것은?

① 상품 진열이 제한적이다.
② 다양한 거래방법의 활용이 가능하다.
③ 소비자 의견 반영이 어렵다.
④ 영업시간 변경이 어렵다.

해설
① 전자상거래는 가상공간에서 이루어지므로 상품 진열과 보관에 한계가 없다.
③ 전자상거래는 특정 고객을 상대로 쌍방향 통신에 의한 1대 1 마케팅이 가능하며, 실시간 서비스로 고객의 필요와 불만 사항에 신속하게 대응할 수 있다.
④ 전자상거래는 시간의 제약이 없다.

83 소매상에 해당하지 않는 것은?

① 대형마트   ② 중개인
③ TV홈쇼핑   ④ 카테고리 킬러

해설 ② 중개인은 도매상 유형에 해당한다.

도매상	소매상

• 제조업자 도매상
• 상인 도매상
  – 완전기능 도매상 : 도매상인, 산업재 유통업자
  – 한정기능 도매상 : 현금거래 도매상, 트럭 도매상, 직송 도매상, 진열 도매상
• 대리 도매상 : 대리인, 브로커(중개인)
	• 편의점, 대형마트, 백화점 등
	• TV홈쇼핑
	• 카테고리 킬러 등

84 농산물도매시장에서 수집, 가격발견 및 분산 기능을 모두 수행하는 유통주체는?

① 도매시장법인   ② 경매사
③ 매매참가인   ④ 시장도매인

해설 ④ 시장도매인 : 농수산물도매시장 또는 민영농수산물도매시장의 개설자로부터 지정을 받고 농수산물을 매수 또는 위탁받아 도매하거나 매매를 중개하는 영업을 하는 법인(농수산물 유통 및 가격안정에 관한 법률 제2조 제8호)

① 도매시장법인 : 농수산물도매시장의 개설자로부터 지정을 받고 농수산물을 위탁받아 상장(上場)하여 도매하거나 이를 매수(買受)하여 도매하는 법인[도매시장법인의 지정을 받은 것으로 보는 공공출자법인 포함(농수산물 유통 및 가격안정에 관한 법률 제2조 제7호)]

② 경매사 : 도매시장법인의 임명을 받거나 농수산물공판장·민영농수산물도매시장 개설자의 임명을 받아, 상장된 농수산물의 가격평가 및 경락자 결정 등의 업무를 수행하는 자(농수산물 유통 및 가격안정에 관한 법률 제2조 제13호)

③ 매매참가인 : 농수산물도매시장·농수산물공판장 또는 민영농수산물도매시장의 개설자에게 신고를 하고, 농수산물도매시장·농수산물공판장 또는 민영농수산물도매시장에 상장된 농수산물을 직접 매수하는 자로서 중도매인이 아닌 가공업자·소매업자·수출업자 및 소비자단체 등 농수산물의 수요자(농수산물 유통 및 가격안정에 관한 법률 제2조 제10호)

85 농산물도매시장의 경매제도에 관한 내용으로 옳지 않은 것은?

① 경락가격의 변동성이 매우 작다.
② 경매방법은 전자식을 원칙으로 한다.
③ 상품 진열을 위한 넓은 공간이 필요하다.
④ 상향식 호가로 진행되는 영국식 경매이다.

> **해설** 농산물도매시장 경매제도의 특징
> • 경매제도는 수요와 공급에 따라 가격이 투명하게 드러나지만, 도매상과 직접 거래를 하는 것보다 경매시간이나 물류 이동 측면에서 효율성이 떨어진다.
> • 매일의 시장 반입량에 따라 가격이 결정되어 똑같은 상품이라 하더라도 가격변동이 크게 자주 나타난다.

86 농산물 종합유통센터에 관한 내용으로 옳지 않은 것은?

① 소포장, 단순가공 등으로 부가가치 창출
② 유통경로 다원화 및 유통 효율성 제고
③ 상장경매로 거래의 공정성 및 투명성 확보
④ 유통단계 축소 및 물류비용 절감

> **해설** ③ 농산물도매시장 경매제도에 관한 내용이다.
> **농수산물 종합유통센터(농수산물 유통 및 가격안정에 관한 법률 제2조 제2호)**
> 농수산물의 출하경로를 다원화하고 물류비용을 절감하기 위하여 농수산물의 수집·포장·가공·보관·수송·판매 및 그 정보처리 등 농수산물의 물류 활동에 필요한 시설과 이와 관련된 업무시설을 갖춘 사업장

87 농산물 산지유통전문조직의 통합마케팅에 관한 내용으로 옳은 것을 모두 고른 것은?

| ㄱ. 생산자 조직화·규모화 | ㄴ. 계약재배 확대 |
| ㄷ. 공동선별·공동계산 확대 | ㄹ. 공동브랜드 육성 |

① ㄱ, ㄴ
② ㄷ, ㄹ
③ ㄱ, ㄷ, ㄹ
④ ㄱ, ㄴ, ㄷ, ㄹ

> **해설** 통합마케팅사업
> 농산물 주산지 시·군 간 과다 경쟁을 해소하고, 대량수요처에 대한 공급능력을 향상시키기 위해 개별 경영체 중심의 시·군 단위 마케팅을 도 단위로 통합하여 도 및 시·군이 공동으로 생산자 조직화·물량규모화·판매창구 단일화 등을 추진하는 사업

88 농산물 포전거래에 관한 내용으로 옳지 않은 것은?
① 밭떼기라고도 한다.
② 선도거래에 해당한다.
③ 계약불이행 위험이 없다.
④ 농가가 계약금을 수취한다.

해설 포전거래는 밭떼기 또는 입도선매라고도 하며 무, 배추, 양배추, 당근, 대파, 양파 등 채소류가 많다.

89 식품업체가 원료를 안정적으로 조달하고 식품의 안전성을 확보하는 데 적합한 산지 거래방식은?
① 공동출하   ② 계약재배
③ 정전거래   ④ 산지공판

해설 **계약재배**
- 식품업체가 원료를 안정적으로 조달하고 식품의 안전성을 확보하는 데 적합한 산지 거래방식이다.
- 생산자가 농산물을 대량으로 필요로 하는 공장과 사전에 계약을 체결하여 재배하는 형태이다.
- 계약재배는 파종기에 미리 대략적인 판매가격과 물량을 서면으로 계약할 것을 요구하기 때문에 수확기에 판로를 걱정할 필요가 없고, 계약물량에 따라 영농자금을 지원받을 수 있어 생산자에게도 편리한 제도이다.

90 농산물의 팰릿(Pallet) 단위 거래에 관한 내용으로 옳지 않은 것은?
① 농산물 상·하역시간 단축
② 도매시장 내 물류 흐름 개선
③ 출하 농산물의 상품성 유지
④ 표준 팰릿 T10(1,000×1,000mm) 사용

해설 ④ 우리나라에서 사용하는 표준 팰릿(Pallet) T11의 규격은 1,100×1,100mm이다.

91 농산물 표준규격화에 관한 내용으로 옳은 것을 모두 고른 것은?

> ㄱ. 등급 및 포장 규격화
> ㄴ. 상류 및 물류의 효율성 증대
> ㄷ. 견본거래, 전자상거래 활성화
> ㄹ. 도매시장의 완전규격출하품 우대

① ㄱ, ㄴ
② ㄷ, ㄹ
③ ㄱ, ㄷ, ㄹ
④ ㄱ, ㄴ, ㄷ, ㄹ

해설 농산물 표준규격화
농림축산식품부장관은 농산물(축산물은 제외)의 상품성을 높이고 유통 능률을 향상시키며, 공정한 거래를 실현하기 위하여 농산물의 포장규격과 등급규격(표준규격)을 정할 수 있다. 표준규격에 맞는 농산물(표준규격품)을 출하하는 자는 포장 겉면에 표준규격품의 표시를 할 수 있다.

92 다음 유통기능에 의해 창출되는 효용을 순서대로 올바르게 나열한 것은?

> K-미곡종합처리장(RPC)은 지난해 수확기부터 저장해온 산물벼를 올해 단경기에 도정하여 학교급식업체에 판매하였다.

① 시간효용 - 형태효용 - 소유효용
② 장소효용 - 시간효용 - 형태효용
③ 시간효용 - 소유효용 - 장소효용
④ 장소효용 - 형태효용 - 시간효용

해설 유통기능과 효용
- 저장기능 : 시간효용
- 수송기능 : 장소효용
- 가공기능 : 형태효용
- 거래기능 : 소유효용

93 단위화물적재시스템(ULS)에 관한 내용으로 옳지 않은 것은?

① 일정한 중량과 부피로 화물 단위화
② 공영도매시장 출하의 필수조건
③ 수송의 효율성 향상
④ 상·하역 작업의 기계화

해설 ② 공영도매시장의 규격품 출하를 유도할 수 있다.

단위화물적재시스템(Unit Load System)의 장단점

장점	• 하역 시 파손, 오손, 분실 등을 방지한다. • 운송수단의 운용효율이 높다. • 하역의 기계화로 인해 작업생산성이 높다. • 포장이 간단하여 포장비가 절감된다. • 고층적재가 가능하여 공간효율이 제고된다. • 시스템화와 하역의 검수가 용이하다.
단점	• 컨테이너와 팰릿 확보에 경비가 소요된다. • 자재관리에 시간과 비용이 추가되며, 공컨테이너와 공팰릿의 회수 및 관리가 필요하다. • 하역기기 등의 고정시설 투자가 필요하다. • 하역기기가 작업할 수 있는 공간 확보가 필요하다. • 팰릿이 차지하는 공간으로 인해 적재효율이 저하되므로 회전율을 제고하여 보완하여야 한다.

94 농산물 유통의 조성기능에 해당하지 않는 것은?

① 전자경매
② 원산지 표시
③ 가격 알림 서비스
④ 안전성 검사

해설 농산물의 유통조성기능
• 소유권 이전기능 : 구매기능, 판매기능
• 물적유통기능 : 저장기능, 수송기능, 가공기능
• 유통조성기능 : 표준화, 등급화, 유통금융, 위험부담, 시장정보

95 농산물 수요와 공급의 특성에 관한 내용으로 옳은 것은?

① 수요와 공급의 탄력성이 크다.
② 수요의 소득탄력성이 크다.
③ 공급의 가격신축성이 크다.
④ 킹(G. King)의 법칙이 적용되지 않는다.

해설 ③ 공급의 가격신축성이란 농산물의 공급량 변동이 가격에 얼마만큼 영향을 미치는지를 계측하는 수치를 말하는데, 농산물은 공급의 가격신축성이 크다.
① 농산물은 공산품에 비하여 수요와 공급이 비탄력적이다.
② 농산물은 수요의 소득탄력성이 낮아서 1인당 소비량이 한계를 보이는 경우가 많다.
④ 킹(G. King)의 법칙이 적용된다. 킹의 법칙은 곡물수확고의 산술급수적 변동과 곡물가격의 기하급수적 변동에 관한 법칙이다.

정답 93 ② 94 ① 95 ③

96 쌀의 공공비축제도에 관한 내용으로 옳지 않은 것은?

① 식량안보를 목적으로 한다.
② 전체소비량 대비 일정량을 재고로 보유한다.
③ 시가로 매입하고, 시가로 방출한다.
④ 추곡수매제도와 동일하게 운영된다.

해설 ④ 2005년 폐지된 추곡수매제도는 시세보다 높은 가격으로 정부가 쌀을 매입해 농가소득을 보전하는 방식이었으나, 공공비축제도는 WTO의 허용보조요건 충족을 위해 시가 매입·방출 원칙에 따라 운영되며 농가소득 보전은 별도의 직접지불제로 이관되었다.

97 고객관계관리(CRM)에 관한 내용으로 옳은 것은?

① 맞춤형 DM쿠폰을 제공할 수 있다.
② 매스 마케팅(Mass Marketing)에 적합하다.
③ 개별고객의 불만 처리가 어렵다.
④ 이탈고객에 대한 관리가 어렵다.

해설 ② 매스 마케팅(Mass Marketing)에 적합한 것은 생산확대를 위한 생산기술개발이다.
③·④ 고객관계관리(CRM)는 생산된 제품을 판매하기 위한 유통회사 및 개인 고객의 정보관리를 말하며, 고객 정보를 수집하고 분석하여 고객 이탈방지와 신규 고객 확보 등에 활용하는 마케팅 기법으로, 개별고객의 불만 처리와 이탈고객에 대한 관리가 용이하다.

98 구매에 영향을 미치는 인구통계적 요인은?

① 연 령
② 라이프 스타일
③ 준거 집단
④ 사회계층

해설 소비자 구매의사결정에 영향을 미치는 요인
- 문화적 요인 : 문화, 하위문화, 사회규범
- 사회적 요인 : 사회계층, 준거집단, 가족
- 개인적 요인 : 인구통계적 특성(성별, 연령, 소득, 직업 등), 라이프스타일
- 심리적 요인 : 동기, 지각, 학습, 신념과 태도, 개성과 자기개념

99 초기 고가전략이 효과적인 경우는?

① 수요의 가격탄력성이 높을 때
② 경쟁기업의 시장진입이 어려울 때
③ 원가우위로 시장을 지배하려고 할 때
④ 규모의 경제를 극대화하려고 할 때

해설 ① · ③ 수요의 가격탄력성이 높을 때와 원가우위로 시장을 지배하려고 할 때는 저가격전략이 효과적이다.
④ 규모의 경제란 생산량이 늘어남에 따라 평균 비용이 줄어드는 현상을 가리키는 용어이며, 이는 '대형화'를 통해 이익을 극대화하는 전략에 해당한다.
초기 고가전략(Skimming Pricing)
신제품을 시장에 내놓을 때 혁신 소비자층을 상대로 가격을 높게 책정하는 정책으로, 초기에 높은 가격을 수용하는 혁신소비자층을 목표 고객으로 한다.

100 고객과 직접 대응하여 구매를 유도하는 마케팅 믹스의 구성요소는?

① 상 품
② 가 격
③ 촉 진
④ 유통경로

해설 촉진은 마케팅 믹스(Marketing Mix)의 4P 전략 중 하나로 브랜드, 상품이나 서비스, 상품군 등에 대한 정보를 퍼트리는 행위를 의미한다.
※ 마케팅 믹스 4P : Product(상품), Price(가격), Place(유통경로), Promotion(판매촉진)

정답 98 ① 99 ② 100 ③

2024년 제21회 기출문제해설

| 1과목 | 농산물 품질관리 관계 법령 |

01 농수산물의 원산지 표시에 관한 법령상 농산물을 수입하거나 생산·가공하여 판매하는 자의 원산지 표시대상에 관한 설명으로 옳지 않은 것은?

① 가공품 원료 중 식품첨가물은 원산지 표시대상에서 제외한다.
② 수입 농산물에 대한 원산지 표시대상은 대외무역법에 따라 농림축산식품부장관이 공고한다.
③ 원산지 표시대상이 아닌 농산물에 대해서도 그 원산지를 표시할 수 있다.
④ 배추로 김치를 담글 때 사용된 소금은 원산지 표시대상이다.

해설 ② 수입 농산물에 대한 원산지 표시대상은 대외무역법에 따라 산업통상부장관이 공고한다(시행령 제3조 제1항 제2호).
① 시행령 제3조 제2항
③ 시행령 제3조 제7항
④ 시행령 제3조 제2항 제1호 라목

02 S일반음식점은 돼지고기와 오리고기를 판매하면서 돼지고기는 원산지를 표시하지 않았고, 오리고기는 원산지 표시방법을 위반하였다. 농수산물의 원산지 표시에 관한 법령상 이 음식점에 부과할 과태료의 총합산금액은?(단, 모두 1차 위반이며, 가중 및 경감은 고려하지 않음)

① 30만원
② 45만원
③ 60만원
④ 100만원

해설 과태료의 부과기준(시행령 [별표 2])
• 개별기준

위반행위	근거 법조문	과태료			
		1차 위반	2차 위반	3차 위반	4차 이상 위반
나. 법 제5조 제3항을 위반하여 원산지 표시를 하지 않은 경우	법 제18조 제1항 제1호				
3) 돼지고기의 원산지를 표시하지 않은 경우		30만원	60만원	100만원	100만원

• 제2호 다목의 원산지의 표시방법을 위반한 경우의 세부 부과기준

위반행위	과태료 금액		
	1차 위반	2차 위반	3차 이상 위반
6) 오리고기의 원산지 표시방법을 위반한 경우	15만원	30만원	50만원

정답 1 ② 2 ②

03 농수산물의 원산지 표시에 관한 법령상 원산지 거짓 표시로 적발되어 처분 관련 사항을 홈페이지에 공표하여야 하는 경우에 그 공표기간은?(단, 위반 행위가 적발된 날과 처분이 확정된 날이 다름)

① 적발된 날부터 6개월
② 처분이 확정된 날부터 6개월
③ 적발된 날부터 12개월
④ 처분이 확정된 날부터 12개월

해설 원산지 표시 등의 위반에 대한 처분 및 공표(시행령 제7조 제2항)
법 제9조 제2항(원산지 표시 등의 위반에 대한 처분 등)에 따른 홈페이지 공표의 기준·방법은 다음과 같다.
1. 공표기간 : 처분이 확정된 날부터 12개월
2. 공표방법
   가. 농림축산식품부, 해양수산부, 관세청, 국립농산물품질관리원, 국립수산물품질관리원, 특별시·광역시·특별자치시·도·특별자치도, 시·군·구(자치구를 말한다) 및 한국소비자원의 홈페이지에 공표하는 경우 : 이용자가 해당 기관의 인터넷 홈페이지 첫 화면에서 볼 수 있도록 공표
   나. 주요 인터넷 정보제공 사업자의 홈페이지에 공표하는 경우 : 이용자가 해당 사업자의 인터넷 홈페이지 화면 검색창에 '원산지'가 포함된 검색어를 입력하면 볼 수 있도록 공표

04 농수산물 품질관리법상 농수산물품질관리심의회의 심의사항을 모두 고른 것은?

ㄱ. 농산물우수관리에 관한 사항
ㄴ. 농산물 이력추적관리에 관한 사항
ㄷ. 농산물(축산물은 제외)의 검사에 관한 사항
ㄹ. 농산물 품질인증에 관한 사항

① ㄱ, ㄹ
② ㄷ, ㄹ
③ ㄱ, ㄴ, ㄷ
④ ㄱ, ㄴ, ㄷ, ㄹ

해설 심의회의 직무(법 제4조)
심의회는 다음의 사항을 심의한다.
1. 표준규격 및 물류표준화에 관한 사항
2. 농산물우수관리·수산물품질인증 및 이력추적관리에 관한 사항
3. 지리적표시에 관한 사항
4. 유전자변형농수산물의 표시에 관한 사항
5. 농수산물(축산물은 제외)의 안전성조사 및 그 결과에 대한 조치에 관한 사항
6. 농수산물(축산물은 제외) 및 수산가공품의 검사에 관한 사항
7. 농수산물의 안전 및 품질관리에 관한 정보의 제공에 관하여 총리령, 농림축산식품부령 또는 해양수산부령으로 정하는 사항
8. 제69조에 따른 수산물의 생산·가공시설 및 해역(海域)의 위생관리기준에 관한 사항
9. 수산물 및 수산가공품의 제70조에 따른 위해요소중점관리기준에 관한 사항
10. 지정해역의 지정에 관한 사항
11. 다른 법령에서 심의회의 심의사항으로 정하고 있는 사항
12. 그 밖에 농수산물 및 수산가공품의 품질관리 등에 관하여 위원장이 심의에 부치는 사항

05 농수산물 품질관리법령상 우수관리인증기관 지정기준의 '인력'에 관한 사항이다. 인증심사원 자격에 적합하지 않은 자는?(단, 법령 등 관련 규정에 따라 인증과 관련된 교육을 받았고 심사업무 수행이 가능함)

① 고등교육법에 따른 국내대학에서 경영학 학사학위를 취득한 자
② 우수관리인증기관에서 2년 6개월 인증업무와 관련된 업무를 담당한 경력이 있는 자
③ 농산물품질관리사 자격증을 소지하고 농업관련 연구소에서 농산물의 품질관리업무를 3개월 담당한 경력이 있는 자
④ 고등교육법에 따른 전문대학에서 전문학사학위를 취득하고 농업관련 기관에서 농산물의 품질관리업무를 1년 8개월 담당한 경력이 있는 자

해설 우수관리인증기관의 지정기준 - 인력(시행규칙 [별표 3])

인증심사원은 다음의 어느 하나에 해당하는 사람으로서 국립농산물품질관리원장이 정한 바에 따라 인증심사원의 역할과 자세, 인증 관련 법령, 인증심사기준, 인증심사 실무 등의 교육을 받은 사람으로서 심사업무를 원활히 수행할 수 있어야 한다.

가) 고등교육법에 따른 학교에서 학사학위를 취득한 사람(학사학위 취득 예정인 사람을 포함하되, 학사학위 취득 예정 사실을 증명하는 서류를 제출하는 경우로 한정) 또는 이와 같은 수준 이상의 학력이 있다고 인정되는 사람

나) 고등교육법에 따른 학교에서 전문학사학위를 취득한 사람(전문학사학위 취득 예정인 사람을 포함하되, 전문학사학위 취득 예정 사실을 증명하는 서류를 제출하는 경우로 한정) 또는 이와 같은 수준 이상의 학력이 있다고 인정되는 사람으로서 농업 관련 기업체·연구소·기관 및 단체 등에서 농산물의 품질관리업무를 2년 이상 담당한 경력(학위 취득 또는 학력 인정 전의 경력을 포함)이 있는 사람

다) 국가기술자격법에 따른 농림분야의 기술사·기사·산업기사 또는 법에 따른 농산물품질관리사 자격증을 소지한 사람. 다만, 산업기사 자격증을 소지한 사람은 농업 관련 기업체·연구소·기관 및 단체 등에서 농산물의 품질관리업무를 2년 이상 담당한 경력(자격 취득 전의 경력을 포함)이 있는 사람이어야 한다.

라) 농업 관련 기업체·연구소·기관 및 단체 등에서 농산물의 품질관리업무를 3년 이상 담당한 경력이 있는 사람

마) 우수관리인증기관에서 2년 이상 인증업무와 관련된 업무를 담당한 경력이 있는 사람

06 농수산물 품질관리법령상 2024년에 지리적표시의 등록을 받으려는 자가 상표법 시행령 제5조 제1호부터 제3호까지의 서류를 특허청장에게 제출한 경우 지리적표시 등록(변경) 신청서에 해당사항을 표시하고 제출을 생략할 수 있는 서류가 아닌 것은?

① 품질의 특성과 지리적 요인과 관계에 관한 설명서
② 지리적표시 대상지역의 범위
③ 해당 특산품의 유명성과 역사성을 증명할 수 있는 자료
④ 자체품질기준 및 품질관리계획서

해설 지리적표시 등록 신청서 첨부서류(시행규칙 제56조 제1항)

지리적표시의 등록을 받으려는 자는 지리적표시 등록(변경) 신청서에 다음의 서류를 첨부하여 농산물은 국립농산물품질관리원장에게 제출하여야 한다. 다만, 지리적표시의 등록을 받으려는 자가 서류를 지식재산처장에게 제출한 경우(2011년 1월 1일 이후에 제출한 경우만 해당)에는 지리적표시 등록(변경) 신청서에 해당 사항을 표시하고 제3호부터 제6호까지의 서류를 제출하지 아니할 수 있다.

1. 정관(법인인 경우만 해당)
2. 생산계획서(법인의 경우 각 구성원별 생산계획을 포함)
3. 대상품목·명칭 및 품질의 특성에 관한 설명서
4. 해당 특산품의 유명성과 역사성을 증명할 수 있는 자료
5. 품질의 특성과 지리적 요인과 관계에 관한 설명서
6. 지리적표시 대상지역의 범위
7. 자체품질기준
8. 품질관리계획서

※ 관련 법령 개정(2025.10.1.)으로 특허청은 지식재산처로 격상됨

07 농수산물 품질관리법령상 지리적표시품의 3차 위반행위에 따른 행정처분 기준이 등록취소에 해당하는 경우는?

① 지리적표시품이 등록기준에 미치지 못하게 된 경우
② 지리적표시품의 표시방법을 위반하여 내용물과 다르게 거짓표시를 한 경우
③ 지리적표시품 생산계획의 이행이 곤란하다고 인정되는 경우
④ 등록된 지리적표시품이 아닌 제품에 지리적표시를 한 경우

해설 시정명령 등의 처분기준 - 지리적표시품(시행령 [별표 1])

위반행위	근거 법조문	과태료 금액		
		1차 위반	2차 위반	3차 위반
1) 지리적표시품 생산계획의 이행이 곤란하다고 인정되는 경우	법 제40조 제3호	등록취소		
2) 등록된 지리적표시품이 아닌 제품에 지리적표시를 한 경우	법 제40조 제1호	등록취소		
3) 지리적표시품이 등록기준에 미치지 못하게 된 경우	법 제40조 제1호	표시정지 3개월	등록취소	
4) 의무표시사항이 누락된 경우	법 제40조 제2호	시정명령	표시정지 1개월	표시정지 3개월
5) 내용물과 다르게 거짓표시나 과장된 표시를 한 경우	법 제40조 제2호	표시정지 1개월	표시정지 3개월	등록취소

정답 6 ④ 7 ②

08 농수산물 품질관리법상 농산물을 생산하여 이력추적관리를 하려는 자의 품목의 특성상 유효기간을 달리 적용할 필요가 없는 농산물에 대한 이력추적관리 등록의 유효기간은?

① 등록한 날부터 3년
② 등록한 날 다음 날부터 3년
③ 등록한 날부터 10년
④ 등록한 날 다음 날부터 10년

해설 이력추적관리 등록의 유효기간 등(법 제25조 제1항)
이력추적관리 등록의 유효기간은 등록한 날부터 3년으로 한다. 다만, 품목의 특성상 달리 적용할 필요가 있는 경우에는 10년의 범위에서 농림축산식품부령으로 유효기간을 달리 정할 수 있다.

09 농수산물 품질관리법령상 유전자변형농산물의 표시 위반에 대해 식품의약품안전처장이 공표사항을 인터넷 홈페이지에 게시할 내용을 모두 고른 것은?

ㄱ. 위반한 농산물 명칭	ㄴ. 영업소의 명칭 및 전화번호
ㄷ. 위반자 주소 및 위반일시	ㄹ. 처분권자, 처분일 및 처분내용

① ㄱ, ㄹ
② ㄴ, ㄷ
③ ㄱ, ㄴ, ㄹ
④ ㄱ, ㄴ, ㄷ, ㄹ

해설 공표명령의 기준·방법 등(시행령 제22조 제3항)
식품의약품안전처장은 법에 따라 지체 없이 다음의 사항을 식품의약품안전처의 인터넷 홈페이지에 게시하여야 한다.
1. '농수산물 품질관리법 위반사실의 공표'라는 내용의 표제
2. 영업의 종류
3. 영업소의 명칭 및 주소
4. 농수산물의 명칭
5. 위반내용
6. 처분권자, 처분일 및 처분내용

10 농수산물 품질관리법령상 유전자변형농산물에 관한 설명으로 옳은 것은?

① 유전자변형농산물의 표시대상품목은 식품안전기본법에 따른 안전성 평가 결과 식품의약품안전처장이 식용으로 적합하다고 인정하여 고시한 품목으로 한다.
② 유전자변형 표시를 위반한 처분과 공표명령 등 이에 따른 인터넷 홈페이지 공표의 기준·방법 등에 필요한 사항은 대통령령으로 정한다.
③ 유전자변형농산물의 표시대상품목, 표시기준 및 표시방법 등에 필요한 사항은 총리령으로 정한다.
④ 유전자변형표시에 따른 대상 농산물의 수거·조사의 방법 등에 관하여 필요한 사항은 농림축산식품부령으로 정한다.

해설 ② 법 제59조 제4항
① 유전자변형농수산물의 표시대상품목은 식품위생법에 따른 안전성 평가 결과 식품의약품안전처장이 식용으로 적합하다고 인정하여 고시한 품목(해당 품목을 싹틔워 기른 농산물을 포함)으로 한다(시행령 제19조).
③ 유전자변형농수산물의 표시대상품목, 표시기준 및 표시방법 등에 필요한 사항은 대통령령으로 정한다(법 제56조 제2항).
④ 유전자변형표시 대상 농수산물의 수거·조사는 업종·규모·거래품목 및 거래형태 등을 고려하여 식품의약품안전처장이 정하는 기준에 해당하는 영업소에 대하여 매년 1회 실시한다. 수거·조사의 방법 등에 관하여 필요한 사항은 총리령으로 정한다(시행령 제21조 제2항).

11 농수산물 품질관리법령상 생산단계 농산물에 대한 안전성조사를 위한 관계 공무원의 시료 수거·조사 등을 거부·방해한 경우 1차 위반행위에 대한 과태료 부과기준은?(단, 감경은 고려하지 않음)

① 100만원　　　　　　② 300만원
③ 500만원　　　　　　④ 1,000만원

해설 과태료의 부과기준 - 개별기준(시행령 [별표 4])

위반행위	근거 법조문	과태료 금액		
		1차 위반	2차 위반	3차 이상 위반
가. 수거·조사·열람 등을 거부·방해 또는 기피한 경우	법 제123조 제1항 제1호	100만원	200만원	300만원

정답　10 ②　11 ①

12 농수산물 품질관리법상 농산물의 안전성조사에 관한 설명이다. (   )에 들어갈 내용으로 옳은 것은?

> (ㄱ)은 축산물을 제외한 농산물의 품질 향상과 안전한 농산물의 생산·공급을 위한 안전관리계획을 (ㄴ) 수립·시행하여야 한다.

① ㄱ : 농림축산식품부장관, ㄴ : 매년
② ㄱ : 농림축산식품부장관, ㄴ : 5년마다
③ ㄱ : 식품의약품안전처장, ㄴ : 매년
④ ㄱ : 식품의약품안전처장, ㄴ : 5년마다

해설 안전관리계획(법 제60조 제1항)
식품의약품안전처장은 농수산물(축산물은 제외)의 품질 향상과 안전한 농수산물의 생산·공급을 위한 안전관리계획을 매년 수립·시행하여야 한다.

13 농수산물 품질관리법령상 농산물 지정검사기관이 검사를 거짓으로 한 경우 1회 위반행위 시 처분의 기준은?(단, 경감은 고려하지 않음)

① 경 고
② 업무정지 1개월
③ 업무정지 3개월
④ 지정취소

해설 농산물 지정검사기관의 지정 취소 및 사업정지에 관한 처분기준 - 개별기준(시행규칙 [별표 20])

위반행위	근거 법조문	위반횟수별 처분기준			
		1회	2회	3회	4회
라. 검사를 거짓으로 한 경우	법 제81조 제1항 제4호	업무정지 3개월	업무정지 6개월	지정취소	

14 농수산물 품질관리법상 위반에 따른 벌칙의 기준이 가장 무거운 자는?

① 지리적표시품이 등록기준에 미치지 못하게 되어 판매금지 처분을 하였으나 처분에 따르지 아니한 자
② 표준규격품의 표시를 한 농산물에 표준규격품이 아닌 농산물을 혼합하여 판매를 목적으로 보관하거나 진열하는 행위를 한 자
③ 농산물 안전성조사를 한 결과 유해물질에 오염되어 인체의 건강을 해칠 우려가 있어 해당 농산물 폐기를 명하였으나 조치를 이행하지 아니한 자
④ 유전자변형농산물 표시 대상임에도 유전자변형농산물의 표시를 하지 아니한 자

해설 ② 3년 이하의 징역 또는 3천만원 이하의 벌금(법 제119조 제2호 가목)
　　　① 1년 이하의 징역 또는 1천만원 이하의 벌금(법 제120조 제2호)
　　　③ 1년 이하의 징역 또는 1천만원 이하의 벌금(법 제120조 제6호)
　　　④ 1천만원 이하의 과태료(법 제123조 제1항 제6호)

15 농수산물 품질관리법상 이력추적관리에 관한 설명으로 옳은 것은?

① 농림축산식품부장관이 정한 기간 내에 신고수리 여부를 신고인에게 통지하지 아니하면 그 기간이 끝난 날에 신고를 수리한 것으로 본다.
② 농산물(축산물 제외)을 생산하는 자 중 이력추적관리를 하려는 자와 대통령령으로 정하는 농산물을 생산하는 자는 농림축산식품부장관에게 이력추적관리의 등록을 하여야 한다.
③ 농림축산식품부장관은 변경신고를 받은 날부터 1개월 이내에 신고수리 여부를 신고인에게 통지하여야 한다.
④ 이력추적관리의 등록을 한 자는 농림축산식품부령으로 정하는 등록사항이 변경된 경우 변경 사유가 발생한 날부터 10일 이내에 농림축산식품부장관에게 신고하여야 한다.

해설
① 농림축산식품부장관이 제4항에서 정한 기간 내에 신고수리 여부 또는 민원 처리 관련 법령에 따른 처리기간의 연장을 신고인에게 통지하지 아니하면 그 기간(민원 처리 관련 법령에 따라 처리기간이 연장 또는 재연장된 경우에는 해당 처리기간)이 끝난 날의 다음 날에 신고를 수리한 것으로 본다(법 제24조 제5항).
③ 농림축산식품부장관은 제3항에 따른 변경신고를 받은 날부터 10일 이내에 신고수리 여부를 신고인에게 통지하여야 한다(법 제24조 제4항).
④ 이력추적관리의 등록을 한 자는 농림축산식품부령으로 정하는 등록사항이 변경된 경우 변경 사유가 발생한 날부터 1개월 이내에 농림축산식품부장관에게 신고하여야 한다(법 제24조 제3항).

16 농수산물 품질관리법상 농산물품질관리사에 관한 규정이다. ( )에 들어갈 내용으로 옳은 것은?

> 농산물품질관리사 자격시험의 실시계획, 응시자격, 시험과목, 시험방법, 합격기준 및 자격증 발급 등에 필요한 사항은 ( )(으)로 정한다.

① 대통령령
② 농림축산식품부령
③ 국립농산물품질관리원 고시
④ 한국산업인력공단법

해설 농산물품질관리사 또는 수산물품질관리사의 시험·자격부여 등(법 제107조 제4항)
농산물품질관리사 또는 수산물품질관리사 자격시험의 실시계획, 응시자격, 시험과목, 시험방법, 합격기준 및 자격증 발급 등에 필요한 사항은 대통령령으로 정한다.

17 농수산물 유통 및 가격안정에 관한 법령상 중앙도매시장이 아닌 곳은?

① 서울특별시 강서 농수산물도매시장
② 부산광역시 엄궁동 농산물도매시장
③ 광주광역시 각화동 농산물도매시장
④ 대전광역시 오정 농수산물도매시장

> **해설** 중앙도매시장(시행규칙 제3조)
> '농수산물도매시장으로서 농림축산식품부령 또는 해양수산부령으로 정하는 것'이란 다음의 농수산물도매시장을 말한다.
> 1. 서울특별시 가락동 농수산물도매시장
> 2. 서울특별시 노량진 수산물도매시장
> 3. 부산광역시 엄궁동 농산물도매시장
> 4. 부산광역시 국제 수산물도매시장
> 5. 대구광역시 북부 농수산물도매시장
> 6. 인천광역시 구월동 농산물도매시장
> 7. 인천광역시 삼산 농산물도매시장
> 8. 광주광역시 각화동 농산물도매시장
> 9. 대전광역시 오정 농수산물도매시장
> 10. 대전광역시 노은 농산물도매시장
> 11. 울산광역시 농수산물도매시장

18 농수산물 유통 및 가격안정에 관한 법률상 주요 농산물의 주산지 지정을 위하여 갖추어야 할 요건에 해당하는 것을 모두 고른 것은?

| ㄱ. 재배면적 | ㄴ. 출하량 |
| ㄷ. 기후 환경 | ㄹ. 소비지 접근성 |

① ㄱ, ㄴ
② ㄱ, ㄷ, ㄹ
③ ㄴ, ㄷ, ㄹ
④ ㄱ, ㄴ, ㄷ, ㄹ

> **해설** 주산지의 지정 및 해제 등(법 제4조 제3항)
> 주산지는 다음의 요건을 갖춘 지역 또는 수면(水面) 중에서 구역을 정하여 지정한다.
> 1. 주요 농수산물의 재배면적 또는 양식면적이 농림축산식품부장관 또는 해양수산부장관이 고시하는 면적 이상일 것
> 2. 주요 농수산물의 출하량이 농림축산식품부장관 또는 해양수산부장관이 고시하는 수량 이상일 것

19 농수산물 유통 및 가격안정에 관한 법률상 농림축산식품부장관의 농림업관측에 관한 설명으로 옳지 않은 것은?

① 농림업관측의 목적은 농산물의 수급안정이다.
② 가격의 등락 폭이 큰 주요 농산물에 대하여 농림업관측을 실시하여야 한다.
③ 주요 곡물에 대하여는 국제곡물관측을 별도로 실시하여야 한다.
④ 농림업관측 결과는 공표가 필요할 경우 농림업관측심의위원회의 심의를 거쳐 공표하여야 한다.

해설 농림업관측(법 제5조 제1항, 제2항)
① 농림축산식품부장관은 농산물의 수급안정을 위하여 가격의 등락 폭이 큰 주요 농산물에 대하여 매년 기상정보, 생산면적, 작황, 재고물량, 소비동향, 해외시장 정보 등을 조사하여 이를 분석하는 농림업관측을 실시하고 그 결과를 공표하여야 한다.
② 제1항에 따른 농림업관측에도 불구하고 농림축산식품부장관은 주요 곡물의 수급안정을 위하여 농림축산식품부장관이 정하는 주요 곡물에 대한 상시 관측체계의 구축과 국제 곡물수급모형의 개발을 통하여 매년 주요 곡물 생산 및 수출 국가들의 작황 및 수급 상황 등을 조사·분석하는 국제곡물관측을 별도로 실시하고 그 결과를 공표하여야 한다.

20 농수산물 유통 및 가격안정에 관한 법률상 '가격 예시'에 관한 설명이다. ( )에 들어갈 내용은?

> 농림축산식품부장관은 농림축산식품부령으로 정하는 주요 농산물의 수급조절과 가격안정을 위하여 필요하다고 인정할 때에는 해당 농산물의 (ㄱ)에 생산자를 보호하기 위한 (ㄴ)을 예시할 수 있다.

① ㄱ : 수확기, ㄴ : 상한가격
② ㄱ : 파종기, ㄴ : 상한가격
③ ㄱ : 수확기, ㄴ : 하한가격
④ ㄱ : 파종기, ㄴ : 하한가격

해설 가격 예시(법 제8조 제1항)
농림축산식품부장관 또는 해양수산부장관은 농림축산식품부령 또는 해양수산부령으로 정하는 주요 농수산물의 수급조절과 가격안정을 위하여 필요하다고 인정할 때에는 해당 농산물의 파종기 또는 수산물의 종자입식 시기 이전에 생산자를 보호하기 위한 하한가격을 예시할 수 있다.

21 농수산물 유통 및 가격안정에 관한 법률상 농림축산식품부장관이 농산물의 '유통조절명령'을 하고자 하는 경우에 미리 협의하여야 하는 관계 기관은?

① 기획재정부
② 산업통상자원부
③ 공정거래위원회
④ 식품의약품안전처

해설 유통조절명령(법 제10조 제2항)
농림축산식품부장관 또는 해양수산부장관은 부패하거나 변질되기 쉬운 농수산물로서 농림축산식품부령 또는 해양수산부령으로 정하는 농수산물에 대하여 현저한 수급 불안정을 해소하기 위하여 특히 필요하다고 인정되고 농림축산식품부령 또는 해양수산부령으로 정하는 생산자 등 또는 생산자단체가 요청할 때에는 공정거래위원회와 협의를 거쳐 일정 기간 동안 일정 지역의 해당 농수산물의 생산자 등에게 생산조정 또는 출하조절을 하도록 하는 유통조절명령을 할 수 있다.
※ 관련 법령 개정(2025.10.1.)으로 기획재정부는 기획예산처와 재정경제부로 분리, 산업통상자원부는 산업통상부로 개편됨

정답 19 ④ 20 ④ 21 ③

22 농수산물 유통 및 가격안정에 관한 법률상 농산물 도매시장의 개설 및 폐쇄에 관한 설명으로 옳지 않은 것은?

① 도매시장은 부류(部類)별로 또는 둘 이상의 부류를 종합하여 개설한다.
② 중앙도매시장은 특별시·광역시·특별자치시 또는 특별자치도가 개설한다.
③ 광역시가 도매시장을 폐쇄하는 경우에는 그 2개월 전에 이를 공고하여야 한다.
④ 지방도매시장은 특별시·광역시·특별자치시·특별자치도 또는 시가 개설한다.

해설 ③ 시가 지방도매시장을 폐쇄하려면 그 3개월 전에 도지사의 허가를 받아야 한다. 다만, 특별시·광역시·특별자치시 및 특별자치도가 도매시장을 폐쇄하는 경우에는 그 3개월 전에 이를 공고하여야 한다(법 제17조 제6항).
①·②·④ 도매시장은 대통령령으로 정하는 바에 따라 부류(部類)별로 또는 둘 이상의 부류를 종합하여 중앙도매시장의 경우에는 특별시·광역시·특별자치시 또는 특별자치도가 개설하고, 지방도매시장의 경우에는 특별시·광역시·특별자치시·특별자치도 또는 시가 개설한다. 다만, 시가 지방도매시장을 개설하려면 도지사의 허가를 받아야 한다(법 제17조 제1항).

23 농수산물 유통 및 가격안정에 관한 법률상 시(市)가 지방도매시장 개설 허가를 신청한 경우 허가권자가 검토해야 할 내용으로 법률에 명기되어 있지 않은 것은?

① 개설 장소의 적절성
② 시설 기준의 법령상 적합성
③ 운영관리계획서 내용의 충실성 및 실현 가능성
④ 영업 이익 분배 및 재투자 계획의 적정성

해설 허가기준 등(법 제19조 제1항)
도지사는 허가신청의 내용이 다음의 요건을 갖춘 경우에는 이를 허가한다.
1. 도매시장을 개설하려는 장소가 농수산물 거래의 중심지로서 적절한 위치에 있을 것
2. 기준에 적합한 시설을 갖추고 있을 것
3. 운영관리계획서의 내용이 충실하고 그 실현이 확실하다고 인정되는 것일 것

24 농수산물 유통 및 가격안정에 관한 법령상 1회 위반행위를 하였을 때 과태료 부과기준 금액이 가장 많은 경우는?(단, 가중 및 경감은 고려하지 않음)

① 도매시장에서의 정상적인 거래와 시설물의 사용기준을 위반한 경우
② 안전성 검사 결과 그 기준에 못 미치는 농수산물을 출하하는 자에게 도매시장 개설자가 출하하는 것을 제한하였으나, 이를 위반하고 출하한 경우
③ 농림축산식품부장관의 유통조절명령을 위반한 경우
④ 매수인이 포전매매 계약을 서면에 의한 방식으로 하지 않은 경우

해설 과태료의 부과기준 – 개별기준(시행령 [별표 2])

위반행위	근거 법조문	위반횟수별 과태료 금액(단위 : 만원)		
		1회	2회	3회 이상
가. 유통명령을 위반한 경우	법 제90조 제1항 제1호	250	500	1,000
라. 출하 제한을 위반하여 출하(타인명의로 출하하는 경우를 포함)한 경우	법 제90조 제3항 제3호	25	50	100
마. 매수인이 포전매매의 계약을 서면에 의한 방식으로 하지 않은 경우	법 제90조 제2항 제1호	125	250	500
아. 도매시장에서의 정상적인 거래와 시설물의 사용기준을 위반하거나 적절한 위생·환경의 유지를 저해한 경우(도매시장법인, 시장도매인, 도매시장공판장의 개설자 및 중도매인은 제외)	법 제90조 제3항 제4호	25	50	100

25 농수산물 유통 및 가격안정에 관한 법령상 농림축산식품부장관이 가격안정을 위하여 특히 필요하다고 인정할 때 비축용 농산물로 수입·판매하게 할 수 있는 품목을 모두 고른 것은?

ㄱ. 양 파	ㄴ. 생 강
ㄷ. 당 근	ㄹ. 참 깨

① ㄷ, ㄹ
② ㄱ, ㄴ, ㄷ
③ ㄱ, ㄴ, ㄹ
④ ㄱ, ㄴ, ㄷ, ㄹ

해설 농산물의 수입 추천 등(시행규칙 제13조 제2항)
농림축산식품부장관이 법에 따라 비축용 농산물로 수입하거나 생산자단체를 지정하여 수입·판매하게 할 수 있는 품목은 다음과 같다.
1. 비축용 농산물로 수입·판매하게 할 수 있는 품목 : 고추·마늘·양파·생강·참깨
2. 생산자단체를 지정하여 수입·판매하게 할 수 있는 품목 : 오렌지·감귤류

정답 24 ③ 25 ③

2과목 | 원예작물학

26 백합과에 속한 것을 모두 고른 것은?

```
ㄱ. 대 파            ㄴ. 우 엉
ㄷ. 마 늘            ㄹ. 상 추
ㅁ. 튤 립            ㅂ. 쑥 갓
```

① ㄱ, ㄷ, ㅁ ② ㄱ, ㅁ, ㅂ
③ ㄴ, ㄷ, ㄹ ④ ㄴ, ㄹ, ㅂ

> **해설** 백합과에 속하는 식물로는 대파, 마늘, 튤립, 양파, 아스파라거스 등이 있다.
> ㄴ·ㄹ·ㅂ. 우엉, 상추, 쑥갓은 국화과에 속하는 식물이다.

27 원예산물별 매운맛을 내는 성분으로 옳지 않은 것은?

① 마늘 - 알리신   ② 생강 - 진저롤
③ 겨자 - 시니그린 ④ 부추 - 나린진

> **해설** ④ 부추의 매운맛을 내는 성분은 황화알릴(Allyl Sulfide)이다.

28 국내에서 육성된 품종을 모두 고른 것은?

```
ㄱ. 홍로(사과)           ㄴ. 거봉(포도)
ㄷ. 킹스베리(딸기)        ㄹ. 부유(단감)
ㅁ. 백마(국화)
```

① ㄱ, ㄴ, ㄹ ② ㄱ, ㄷ, ㅁ
③ ㄴ, ㄷ, ㅁ ④ ㄷ, ㄹ, ㅁ

> **해설** ㄴ·ㄹ. 거봉(포도), 부유(단감)는 일본이 원산이다.
> **주요 원예작물의 국내 육성 품종**
> • 딸기 : 설향, 금실, 메리퀸, 킹스베리 등
> • 사과 : 홍로, 감홍, 아리수, 썸머킹 등
> • 배 : 신고, 원황, 화산, 감천배, 황금배 등
> • 포도 : 청수, 흑보석, 스텔라 등
> • 복숭아 : 유명, 미홍, 수미, 미황 등
> • 참다래 : 제시골드, 한라골드 등
> • 감귤 : 하례조생, 미래향, 미니향, 사랑향, 탐빛1호 등
> • 단감 : 감풍, 봉황 등
> • 국화 : 백강, 백마 등
> • 마늘 : 홍산, 단양, 남도 등

정답 26 ① 27 ④ 28 ②

29 염류집적이 높은 토양에 관한 설명으로 옳지 않은 것은?

① 유기물을 시용하여 개선한다.
② 인산질 비료의 효용성이 떨어진다.
③ 병원성 미생물의 밀도가 높아진다.
④ 입단화로 토양의 용탈이 가속화된다.

해설 ④ 염류집적이 높은 토양은 입단화가 어려워 토양의 용탈이 가속화된다. 입단화란 토양의 단일입자가 결합하여 2차 입자가 되고 다시 3차, 4차 등으로 집합되어 입단을 구성하는 것을 의미한다. 입단화된 토양은 대공극과 소공극이 모두 많아 통기성과 투수성이 양호하고, 보수·보비력이 커 작물생육에 알맞다. 토양에 염류가 과다하게 집적되면 작물에 피해를 준다. 토양의 염류집적에 관한 대책으로는 객토, 심경, 유기물 시용, 피복물 제거, 담수처리, 흡비작물 재배 등이 있다.

30 원예작물의 생육과 수분에 관한 설명으로 옳지 않은 것은?

① 토양이 과습하면 무기호흡이 증가한다.
② 수분은 공변세포의 팽압조절에 관여한다.
③ 토양수분이 부족하면 과수의 일소 발생이 낮다.
④ 감자의 역병은 다습한 토양에서 많이 발생한다.

해설 ③ 과수의 일소 현상이란 강한 햇빛에 의한 데임 현상을 말하는 것으로, 토양수분이 부족하면 과수의 일소 발생이 많다.

31 식물학적 분류에서 과(科)와 해당 원예작물로 옳게 나열된 것은?

① 가지과 – 토마토, 고추
② 장미과 – 블루베리, 포도
③ 국화과 – 무궁화, 감자
④ 아욱과 – 상추, 브로콜리

해설 ② 블루베리 : 진달래과, 포도 : 포도과
③ 무궁화 : 아욱과, 감자 : 가지과
④ 상추 : 국화과, 브로콜리 : 배추과(십자화과)

정답 29 ④ 30 ③ 31 ①

32 원예작물의 바이러스 병해에 관한 설명으로 옳은 것은?

① 농업용 항생제인 테트라사이클린으로 방제한다.
② 복숭아나무 잎오갈병은 바이러스 병해이다.
③ 생장점 조직배양으로 바이러스 무병묘를 생산한다.
④ 바이러스 병원체는 표피를 직접 뚫고 침입한다.

해설
③ 바이러스 무병묘 식물체를 생산하기 위한 대표적인 방법으로는 캘러스 배양 생장점 배양 및 기내 접목법이 있다. 그 중 생장점 배양은 조직배양에 속하는 방법으로 기외(ex Vitro)에서 생장한 식물의 생장점 또는 그것을 포함하는 주변조직을 분리하여 기내배양(in Vitro Culture)을 하는 배양법이다.
① 테트라사이클린은 세균성 병해를 방제한다.
② 복숭아나무 잎오갈병은 파이토플라스마(Phytoplasma) 병해이다.
④ 바이러스 병원체는 오로지 세포 내에서만 증식한다.

33 화훼작물별 주된 번식방법이 옳지 않은 것은?

① 국화 - 삽목
② 베고니아 - 엽삽
③ 작약 - 분주
④ 개나리 - 분구

해설 ④ 개나리 : 취목

34 주야간 온도차(DIF)에 관한 설명으로 옳지 않은 것은?

① 주간온도에서 야간온도를 뺀 값이 DIF이다.
② 정(+)의 DIF에서 초장이 증가한다.
③ 부(-)의 DIF에서 지베렐린 생성이 촉진된다.
④ 콤팩트한 분화생산에 이용된다.

해설 **주야간 온도차(DIF ; Difference Between Day and Night Temperatures)**
- 낮 온도에서 밤 온도를 뺀 값으로 주야간 온도 차이를 의미한다.
- 자연조건하에서 항상 양(+)의 값을 가지지만, 식물공장 등에서는 조절할 수 있다.
- DIF를 이용하면 왜화제 등을 사용하지 않고 환경제어만으로 화훼류와 채소묘의 초장을 조절할 수 있다.
- 콤팩트한 분화생산에 이용된다.
- 정(+)의 DIF와 부(-)의 DIF

(+) DIF : 주간평균온도가 높은 경우	(-) DIF : 야간평균온도가 높은 경우
• 초장 증가 • 절간 생장 속도 빠름 • 바이오매스 축적 속도 증가	• 초장 감소 • 생장 억제 • 측지 발생 감소 • 더욱 축소된 형태의 생장

정답 32 ③ 33 ④ 34 ③

35 일장에 관계없이 적정 온도에서 개화하는 작물은?

① 장미, 제라늄
② 피튜니아, 게발선인장
③ 맨드라미, 금어초
④ 포인세티아, 카네이션

해설 작물의 일장형
- 장일식물 : 추파맥류, 시금치, 양파, 상추, 아마, 아주까리, 감자, 피튜니아, 금어초, 카네이션 등
- 단일식물 : 국화, 콩, 담배, 들깨, 조, 기장, 피, 옥수수, 호박, 오이, 늦벼, 나팔꽃, 포인세티아, 마리골드, 맨드라미, 게발선인장 등
- 중성식물 : 강낭콩, 가지, 토마토, 당근, 셀러리, 장미, 제라늄 등

36 절화농가에 대한 농산물품질관리사(A~C)의 조언으로 옳은 것을 모두 고른 것은?

A : 장미의 꽃목굽음은 저온 습식 수송을 통해 방지할 수 있습니다.
B : 호접란은 10~12℃에서 유통하면 저온 장해가 발생할 수 있습니다.
C : 글라디올러스는 눕혀서 유통하면 선단부가 휘어져 상품성이 떨어집니다.

① A, B
② A, C
③ B, C
④ A, B, C

해설 호접란의 생육온도는 15~28℃이고, 최저온도는 10℃이므로 10℃ 미만의 온도에 장시간 노출될 경우 잎이 동상을 입고 까맣게 되는 현상을 보인다. 따라서 유통 시 10~12℃에서 저온 장해가 발생한다는 농산물품질관리사 B의 조언은 옳지 못하다.

37 온실가루이 방제용 천적이 아닌 것은?

① 황온좀벌
② 담배가루이좀벌
③ 지중해이리응애
④ 칠레이리응애

해설 ④ 칠레이리응애는 점박이응애(해충)의 천적이다.

38 분화식물의 왜화방법으로 옳지 않은 것은?

① 튤립에 안시미돌(Ancymidol)을 관주한다.
② 포인세티아에 벤질아데닌(BA)을 관주한다.
③ 칼랑코에 B-9(Daminozide)을 엽면살포한다.
④ 국화에 CCC(Chlormequat Chloride)를 엽면살포한다.

해설 ② 포인세티아에 Phosfhon-D를 관주한다.

정답 35 ① 36 ② 37 ④ 38 ②

39 장미의 블라인드 현상에 관한 내용이다. (   )에 들어갈 옳은 내용은?

> • (ㄱ) C/N율일 때 발생한다.
> • 암술, 수술 형성기에 야간온도가 (ㄴ) 때 발생한다.

① ㄱ : 낮은, ㄴ : 낮을
② ㄱ : 높은, ㄴ : 낮을
③ ㄱ : 높은, ㄴ : 높을
④ ㄱ : 낮은, ㄴ : 높을

해설 장미의 블라인드 현상
• 장미에서 분화된 꽃눈이 꽃으로 발육하지 못하고 퇴화하는 현상이다.
• 일조량의 부족, 낮은 야간온도, 엽수 부족, 질소 부족 등이 주요 원인이다.
• C/N율[작물체내의 탄수화물(C)에 대한 질소(N)의 비율]이 낮을 때 발생한다.

40 종자번식에 비해 영양번식의 장점으로 옳지 않은 것은?

① 모본의 유전 형질이 유지된다.
② 불임성이나 단위결과성 화훼류를 번식할 수 있다.
③ 번식 재료의 취급, 수송, 저장이 용이하다.
④ 화목류의 유년기를 단축할 수 있다.

해설 ③ 종자번식은 유전적 변이를 이용하는 방법이고, 영양번식은 영양기관을 번식에 직접 이용하는 방법이다. 번식 재료의 취급, 수송, 저장이 용이한 것은 종자번식의 장점이다.

영양번식의 장점
• 보통재배로는 채종이 곤란하여 종자번식이 어려운 작물에 이용된다(고구마, 감자, 마늘 등).
• 우량한 유전질을 쉽게 영속적으로 유지시킬 수 있다(고구마, 감자, 과수 등)
• 종자번식보다 생육이 왕성해 조기수확이 가능하며 수량도 증가한다(감자, 모시풀, 과수, 화훼 등).
• 암수 어느 한쪽만 재배할 때 이용된다(호프는 영양번식으로 암그루만 재배가 가능하다).
• 접목은 수세 조절, 풍토적응성 증대, 병충해저항성 증진, 결과 촉진, 품질 향상, 수세 회복 등을 기대할 수 있다.

41 춘화에 관한 내용이다. ( )에 들어갈 옳은 내용은?

- (ㄱ)은 배(胚)의 생장기능이 발휘되면서부터 저온에 감응한다.
- (ㄴ)은 식물체가 일정한 크기에 도달하여야 저온에 감응한다.
- 분열하고 있는 세포는 춘화처리 자극에 (ㄷ)

① ㄱ : 종자춘화형, ㄴ : 녹식물춘화형, ㄷ : 감응한다.
② ㄱ : 종자춘화형, ㄴ : 녹식물춘화형, ㄷ : 감응하지 않는다.
③ ㄱ : 녹식물춘화형, ㄴ : 종자춘화형, ㄷ : 감응한다.
④ ㄱ : 녹식물춘화형, ㄴ : 종자춘화형, ㄷ : 감응하지 않는다.

해설 춘화처리의 의미
- 생육기간 중 일정한 시기에 고온 또는 저온으로 처리하여 개화·출수를 유도하는 방법이다.
- 춘화처리가 필요한 식물에 춘화처리를 하지 않으면 개화가 지연되거나 영양기에 머문다.
- 춘화처리 자극의 감응 부위는 생장점이다.

춘화처리 시기에 따른 구분

종자춘화형 식물	• 최아종자에 춘화처리하는 식물(종자 때부터 저온에 감응) • 추파맥류, 완두, 잠두, 봄무 등
녹식물춘화형 식물	• 식물이 일정한 크기에 달한 녹체기에 춘화처리하는 식물(일정한 크기에 도달한 후에 저온에 감응) • 양배추, 우엉, 당근, 히요스 등
비춘화처리형 식물	춘화처리의 효과가 인정되지 않는 식물

42 다음의 재배 방식은?

- 절화장미 재배에 많이 이용한다.
- 벤치를 높이고, 줄기를 휘거나 꺾어 재배한다.
- 광투과율을 높여 광합성 효율을 높이는 재배법이다.

① 네트재배
② 암막재배
③ 아칭재배
④ 분무경재배

해설 아칭재배
- 장미 재배 시 벤치를 높이고 줄기를 휘거나 꺾어 재배하는 방법을 말한다.
- 삽목묘(꺾꽂이로 생긴 묘목) 이용이 가능하다.
- 50~70cm 높이의 벤치 위에 놓인 암면 슬래브에서 통로 아래쪽으로 경사지게 가지를 꺾어 휘어서 이들 가지가 광합성 전용지로서 영양분을 생산 공급하고, 뿌리 윗부분에서 자란 생장지를 절화로 채화한다.
- 광환경 개선을 통해 광합성 효율을 높이는 절화장미 재배법으로, 절화품질을 향상시킨다.

43 낙엽과수의 저온요구도와 휴면타파에 관한 설명으로 옳지 않은 것은?

① 꽃눈보다 잎눈의 저온요구도가 높다.
② 자연상태에서 낙엽과수 눈의 자발휴면 타파에 필요하다.
③ 휴면타파를 위해 감은 사과보다 오랜 기간의 저온이 요구된다.
④ 사과의 휴면타파에 필요한 온도는 관행적으로 7.2℃ 이하이다.

해설 ③ 감은 감귤류, 포도 등과 같이 휴면하지 않는 과수종자에 속한다. 휴면하는 과수종자로는 사과, 배, 복숭아, 자두, 살구, 매실, 밤 등이 있다.

44 과수의 병해충 방제법에 관한 설명으로 옳은 것은?

① 물리적 방제 – 천적 및 길항균 활용
② 경종적 방제 – 윤작 및 간작
③ 생물적 방제 – 소각 및 토양소독
④ 기계적 방제 – 동력분무기를 통한 농약 살포

해설 방제의 유형
- 경종적 방제 : 환경이나 재배기술을 이용하는 방제법
- 화학적 방제 : 농약을 이용한 방제법
- 생물적 방제 : 천적이나 길항미생물 등을 이용한 방제법
- 물리적 방제 : 열이나 빛을 이용한 방제법
- 종합적 방제 : 두 가지 이상의 방제법을 병행하는 방제법

45 원예작물별 생리장해의 원인으로 옳은 것을 모두 고른 것은?

ㄱ. 사과 고두병 – 칼슘 결핍
ㄴ. 토마토 배꼽썩음병 – 마그네슘 결핍
ㄷ. 감 녹반증 – 망가니즈 결핍
ㄹ. 딸기 잎끝마름병 – 칼슘 결핍

① ㄱ, ㄴ
② ㄱ, ㄹ
③ ㄱ, ㄴ, ㄷ
④ ㄴ, ㄷ, ㄹ

해설
ㄱ·ㄹ. 사과 고두병, 딸기 잎끝마름병 등의 원인은 칼슘 결핍이다. 칼슘 결핍으로 나타나는 생리장해에는 그 외에도 사과의 코르크스폿(Cork Spot), 수박·고추의 배꼽썩음병, 상추의 잎끝마름병, 참외의 물찬 참외 증상 등이 있다.
ㄴ. 토마토 배꼽썩음병도 칼슘 결핍이 직접적인 원인이다. 토마토는 칼륨과 마그네슘 과다 사용 시 칼슘의 흡수를 저해하여 역효과를 일으킨다.
ㄷ. 감 녹반증의 직접적인 원인은 망가니즈의 과잉 흡수이다.

46 과실의 분류학적 특성을 옳게 묶은 것은?

ㄱ. 진 과	ㄴ. 위 과	
a. 핵과류	b. 인과류	c. 장과류
A. 씨방상위	B. 씨방중위	C. 씨방하위

① 단감 – (ㄱ, c, C)
② 사과 – (ㄴ, b, A)
③ 복숭아 – (ㄱ, a, B)
④ 포도 – (ㄴ, c, A)

해설 과실의 분류학적 특성

- 꽃의 발육 부분에 따른 분류

진 과	• 씨방(자방)이 발달하여 과육이 된다. • 포도, 복숭아, 단감, 감귤 등
위 과	• 씨방 일부나 그 외 화탁(꽃받침) 등 주변기관이 발육하여 과육이 된다. • 사과, 배, 딸기, 오이, 무화과 등

- 과실의 구조에 따른 분류

인과류	• 꽃받침이 비대하여 과육을 형성한다. • 씨방은 과실 안쪽에 과심부를 이루고 있지만, 먹을 수 없는 것이 많고, 꽃받침은 꽃 필 때 꽃자루의 반대쪽에 달려 있다. • 사과, 배, 모과, 비파 등
핵과류	• 씨방이 비대하여 과육을 형성하며, 먹는 부분은 씨방의 중과피에 해당한다. • 종자는 핵 속에 들어있어 먹을 수 없다. • 복숭아, 살구, 자두 등
장과류	• 씨방이 비대하여 과육을 형성하며, 먹는 부분은 주로 씨방의 외과피이다. • 외과피에 과즙이 차 있으며, 씨는 과육 사이에서 핵을 이루고 있다. • 포도, 나무딸기, 구즈베리, 무화과, 석류 등
각과류 (견과류)	• 씨방벽이 변하여 된 단단하고 두꺼운 껍데기 속에 들어있는 종자의 떡잎이 비대한 과실이다. • 밤, 호두, 개암 등
준인과류	• 씨방벽이 발달하여 과육을 형성하며, 인과류와 과실의 모양은 비슷하나 씨방이 비대한 진과이다. • 감귤류와 감 등

- 씨방 위치에 따른 분류

씨방상위	• 씨방이 수술, 꽃잎, 꽃받침보다 위쪽에 위치·발달한 과실 • 포도, 감귤, 참다래 등
씨방중위	• 수술, 꽃잎, 꽃받침이 씨방 옆에 붙어 있는 과실 • 복숭아, 양앵두 등
씨방하위	• 씨방이 수술, 꽃잎, 꽃받침의 아래쪽에 붙어 발달한 과실 • 사과, 배, 블루베리, 바나나 등

47 포도에서 수분과 수정이 이루어져 배가 형성되지만 과실의 생육과정에서 퇴화되어 종자 흔적만 남는 현상은?

① 자동적단위결과
② 전체형성능
③ 배수체유기
④ 위단위결과

해설 위단위결과
과실에서 수분과 수정은 정상적으로 이루어지지만 생육과정에서 배가 퇴화함으로써 종자를 형성하지 못하여 열매가 열리지 않는 현상을 말한다. 이때 과실 속에는 종자 흔적이 남아 있게 된다.

48 과수원에서 다음의 효과를 얻기 위한 작업이 아닌 것은?

꽃눈 분화	과실 성숙	C/N율 향상

① 환상박피
② 배 토
③ 박피역접
④ 가지유인

해설 배토는 작물이 생육하는 중에 이랑 사이 또는 포기 사이의 흙을 그루 밑으로 긁어모아 주는 작업이다.
배토(북주기)의 효과
- 옥수수, 수수, 맥류 등의 경우 바람에 쓰러지는 도복이 경감된다.
- 담배, 두류 등의 신근을 발생시켜 생육에 도움을 준다.
- 감자 괴경의 발육을 촉진하고, 괴경이 광에 노출되어 녹화되는 것을 방지한다.
- 당근 수부의 착색을 방지한다.
- 파, 셀러리, 아스파라거스 등의 연백화를 유도한다.
- 벼와 밭벼 등에서 마지막 김매기를 하는 유효분얼종지기의 배토는 무효분얼의 발생이 억제되어 증수효과가 있다.
- 토란의 분구를 억제하고, 비대생장을 촉진한다.
- 과습기 배수효과와 잡초 방제효과가 있다.

49 당해년도에 발생한 신초에서 착과되는 과수를 모두 고른 것은?

ㄱ. 포 도	ㄴ. 키 위
ㄷ. 복숭아	ㄹ. 감
ㅁ. 체 리	ㅂ. 사 과
ㅅ. 배	ㅇ. 감 귤

① ㄱ, ㄴ, ㄹ, ㅇ
② ㄱ, ㄷ, ㅁ, ㅅ
③ ㄴ, ㄷ, ㅂ, ㅇ
④ ㄹ, ㅁ, ㅂ, ㅅ

해설 과수의 결과습성
- 1년생 가지에 결실하는 과수 : 포도, 감, 밤, 무화과, 참다래(키위), 호두, 감귤류 등
- 2년생 가지에 결실하는 과수 : 복숭아, 자두, 살구, 매실, 양앵두(체리) 등
- 3년생 가지에 결실하는 과수 : 사과, 배 등

50 과수의 늦서리 피해와 대책으로 옳은 것은?
① 상업용 빙핵세균을 살포하여 피해를 예방한다.
② 바람이 불면 수체의 온도가 낮아져 피해를 받기 쉽다.
③ 우리나라에서는 살구나무에 비해 개화시기가 빠른 포도나무에서 많이 발생한다.
④ 스프링클러를 이용한 수상살수를 통해 피해를 억제할 수 있다.

해설 ① 빙핵활성세균(氷核活性細菌, Ice Nucleation Active Bacteria)이란 빙핵(결빙) 형성을 촉진하는 단백질을 세포 표면에 가진 세균으로, 상업적으로는 인공눈을 만드는 데 사용되며 식물의 동해를 유발한다.
② 송풍법으로 과수원 공기를 순환시켜 피해를 억제할 수 있다.
③ 살구나무의 개화기는 3월 하순~4월 상순, 포도나무의 개화기는 평균적으로 5월 하순~6월 상순이므로 늦서리 피해는 개화기가 빠른 살구나무에서 더 많이 발생한다.
과수의 늦서리 피해 경감대책
- 과수원 선정 시 분지와 상로(霜路)가 되는 경사지를 피한다.
- 왕겨・톱밥・등유 등을 태워 과수원의 기온 저하를 막아 준다.
- 스프링클러를 이용하여 수상 살수를 실시한다.
- 송풍법으로 과수원 공기를 순환시켜 준다.

3과목 수확 후 품질관리론

51 원예산물의 비파괴적 품질평가에 이용되지 않는 것은?

① NIR
② MRI
③ EC meter
④ X-ray

해설 ③ EC meter(EC측정기)는 전기전도도(EC) 측정에 이용된다.

비파괴적 품질평가
- 비파괴검사법이란 선별과정에서 빠르게 지정한 품질요인을 분석한 뒤 그 결과에 따라 선별하는 방식으로 진행되며, 과일과 채소의 비파괴적 방법에 의한 평가요인은 색, 모양, 크기 등의 외양, 질감과 향미 등이다.
- 비파괴검사법에 이용되는 기술
  - 참깨와 인삼의 원산지 판별에 이용되는 광학적 특성 이용방법
  - 오렌지의 동결장해과 자동선별장치
  - NIR(근적외선)을 조사하여 과일의 품질 측정
  - 수박 과육의 자동선별기에 이용되는 X-ray 및 MRI 분석방법
  - 신호의 주파수와 진폭을 품질에 연계하여 품질을 분석하는 방법인 음향 또는 초음파기술

52 원예산물에서 에틸렌 흡착제로 이용되는 것은?

| ㄱ. 과망가니즈산칼륨 | ㄴ. 메틸브로마이드 |
| ㄷ. 티아민 | ㄹ. 활성탄 |

① ㄱ, ㄴ
② ㄱ, ㄹ
③ ㄴ, ㄷ
④ ㄷ, ㄹ

해설 에틸렌의 제거방법에는 흡착식, 자외선파괴식, 촉매분해식 등이 있으며, 흡착제로는 과망가니즈산칼륨($KMnO_4$), 목탄, 활성탄, 오존, 자외선 등이 이용되고 있다.

53 신선편이 가공 공정에서 살균소독에 사용되지 않는 것은?

① 과산화수소
② 오존수
③ 차아염소산나트륨
④ 보르도액

해설 ④ 보르도액은 방제를 위한 예방용 살균제로, 병원균 포자가 날아오기 전에 살포한다.
신선편이 농산물의 세척 시 소독제로 사용하는 물질 : 오존(O_3), 차아염소산(HOCl), 차아염소산나트륨(NaOCl) 등

54 거봉 포도의 저장 및 유통 중 탈립 방지를 위해 사용하는 방법이 아닌 것은?

① 에세폰 처리
② 아황산가스 처리
③ 이산화염소 처리
④ 칼슘 처리

해설 에세폰은 에틸렌을 발생시키는 식물조절제로 이용된다. 탈립이란 송이로부터 포도알이 떨어지는 증상으로 아황산가스·이산화염소·칼슘 처리 이외에도 온도와 습도를 알맞게 유지하거나 에틸렌을 제거하여 억제할 수 있다.

55 다음 ( )에 들어갈 내용으로 옳은 것은?

> 고구마는 수확 직후 온도 (ㄱ)℃, 상대습도 (ㄴ) % 조건의 큐어링으로 저장 중 수분 손실과 부패균에 의한 피해를 크게 줄일 수 있다.

① ㄱ : 15, ㄴ : 50
② ㄱ : 15, ㄴ : 85
③ ㄱ : 30, ㄴ : 50
④ ㄱ : 30, ㄴ : 85

해설 ③ 고구마는 수확 후 1주일 이내에 온도 30~33℃, 습도 85~90%의 환경조건하에서 4~5일간 큐어링한 후 열을 방출시키고 저장하면, 상처가 잘 치유되고 당분 함량이 증가한다.
큐어링(Curing)
수확 시 원예산물이 받은 상처의 치료를 목적으로 유상조직을 발달시키는 처리과정을 말한다.

56 다음을 해결할 수 있는 방법이 아닌 것은?

> 장기 저온저장된 마늘을 이용하여 다진 마늘로 가공할 때 녹변현상이 발생하여 상품성 하락의 원인이 되고 있다.

① 열처리
② 구연산 처리
③ 왁스 처리
④ 아스코르브산 처리

해설 ③ 왁스는 산물의 저장, 수송, 유통 중 품질 유지를 위하여 사용되는 피막제 중 하나이며, 왁스 처리와 같은 피막제의 도포는 경도와 색택을 유지하고, 산 함량 감소를 방지하는 효과가 있다.
녹변현상
마늘, 감자의 색이 육안으로 판정하여 구별될 수 있을 정도로 녹색으로 변한 것을 말하며, 그 주원인은 저온저장에 의한 저온장해이다. 이를 해결할 방법에는 열처리, 구연산 처리, 아스코르브산 처리 등이 있다.

정답 54 ① 55 ④ 56 ③

57 4℃에서 장기저장 시 저온장해가 나타나는 화훼류는?

① 국 화
② 금어초
③ 백 합
④ 안스리움

해설 ④ 안스리움은 고온성 작물로 15℃ 이하의 저온에 노출되는 시간이 길어질수록 저온장해가 나타나며, 0~4℃에서는 특히 심한 저온장해가 발생할 수 있다.
① 국화의 저장온도는 1~2℃가 좋고, 4~5℃에도 2주간 정도의 저장은 가능하지만 출고 후 품질이 떨어진다.
②·③ 금어초와 백합은 저온발아성 작물로 일반적인 저장온도는 0~4℃이다.

58 포도 섭취 시 노화 방지와 암 예방에 관여하는 기능성 성분으로 나열된 것은?

① 탄닌, 레스베라트롤
② 스테비아, 알리신
③ 락투신, 전분
④ 아스파탐, 설포라판

해설 포도에는 노화 방지와 암 예방에 도움을 주는 폴리페놀(Polyphenol)계 물질인 탄닌, 레스베라트롤, 쿼르세틴 등이 들어 있다.

59 다음 ( )에 들어갈 내용으로 옳은 것은?

> 포도는 품온과 작업장의 온도편차가 클 때, 포도 표면에 물방울이 생겨 (ㄱ)에 의해 부패가 발생할 수 있어 주로 (ㄴ) 냉각 방식을 이용한다.

① ㄱ : 회색곰팡이균, ㄴ : 강제통풍
② ㄱ : 응애, ㄴ : 강제통풍
③ ㄱ : 회색곰팡이균, ㄴ : 살수
④ ㄱ : 응애, ㄴ : 살수

해설 포도 표면에 물방울이 있을 경우 회색곰팡이균(*Botrytis cinerea*)에 의해 부패가 발생하므로 주로 강제통풍 냉각 방식을 이용한다.

60 에틸렌에 의해 나타나는 현상이 아닌 것은?

① 토마토 착색
② 결구상추 중륵반점
③ 딸기 경도 증가
④ 브로콜리 황화

> **해설** 에틸렌에 의해 나타나는 현상
> • 토마토의 착색 및 연화
> • 결구상추 중륵반점
> • 브로콜리 황화
> • 아스파라거스 줄기의 경화
> • 떫은 감의 탈삽

61 호흡급등형 원예산물을 모두 고른 것은?

| ㄱ. 감 | ㄴ. 살구 |
| ㄷ. 사과 | ㄹ. 복숭아 |

① ㄱ, ㄷ
② ㄴ, ㄷ
③ ㄱ, ㄴ, ㄹ
④ ㄱ, ㄴ, ㄷ, ㄹ

> **해설**
> • 호흡급등형 원예산물 : 사과, 배, 복숭아, 참다래, 바나나, 아보카도, 토마토, 수박, 살구, 멜론, 감, 키위, 망고, 파파야 등
> • 비호흡급등형 원예산물 : 포도, 감귤, 오렌지, 레몬, 고추, 가지, 오이, 딸기, 호박, 파인애플, 양앵두(체리) 등

62 원예작물의 수확방법에 관한 설명으로 옳지 않은 것은?

① 배는 아래로 바로 당기지 않고 과실을 비틀면서 위로 들어 올려 수확한다.
② 복숭아는 압상을 받지 않게 손바닥으로 감싸 가볍게 밀어 올려 수확한다.
③ 살구는 손가락에 의한 압상이 없게 하고 잡아당기지 않으며 옆으로 돌려 수확한다.
④ 딸기는 착색된 중앙부위를 손가락으로 잡고 과실 전체를 손바닥으로 감싸 수확한다.

> **해설** ④ 딸기는 과실에 압력을 가하지 않고 수확해야 하며, 착색된 과실의 중앙 부분은 쉽게 물러지므로 가급적 손을 대지 않아야 한다. 또한 수확 용기에 지나치게 많은 과실을 담지 않아야 한다.

63. 원예작물의 수확에 관한 설명으로 옳은 것은?

① 배추는 결구정도가 30~40%일 때 수확한다.
② 포도는 당도를 높이기 위해 비가 온 후 수확한다.
③ 감자는 잎의 황화가 시작될 때부터 수확한다.
④ 만생종 사과는 낙과 방지를 위해 추석 전에 수확한다.

해설
① 배추는 결구정도가 약 80~90%일 때 수확한다.
② 포도는 비가 온 후 수확하면 당 함량이 1~2도 정도 낮아지고, 수송 도중 열과가 되거나 썩기 쉬우므로 수확을 삼가야 한다.
④ 만생종 사과는 10월 중하순부터 수확을 시작하여 저온에 의해 과실이 어는 피해를 받을 수 있으므로 11월 상순 이내에 수확을 끝내는 것이 좋다.

64. 원예산물의 저장특성에 관한 설명으로 옳은 것은?

① 생강은 저온장해에 민감하지 않아 2~4℃에서 장기저장이 가능하다.
② 참외는 고온성 작물로 3℃ 이하 장기저장 시 저온장해로 인해 부패되기 쉽다.
③ 풋고추는 수확 직후 호흡열이 낮아 상대습도 40~50%에서 장기 저장한다.
④ 사과는 CA저장 조건에서 장기저장 시 적정온도는 5~7℃이다.

해설
① 생강은 저온장해에 민감한 작물이며 한계온도는 7℃이다.
③ 풋고추의 적정 저장 조건은 7℃에서 상대습도 90~95%가 적합하다.
④ CA저장이란 저온을 유지하면서 산소농도는 낮추고 이산화탄소 농도는 증가시켜 원예산물을 저장하는 방법을 말하며, 이때 사과의 적정온도는 대략 -1~0.5℃이고 습도는 85~95%이다.

저온장해
저온에 민감한 과실이 0℃ 이상의 얼지 않는 온도에서도 한계온도 이하의 저온에 노출될 때 조직이 물러지거나 표피색깔이 변하는 증상을 말한다. 한계온도는 작물에 따라 다르며 저장기관과 상관없이 장해가 나타나기 시작하는 온도이다.

정답 63 ③ 64 ②

65 굴절당도계에 관한 설명으로 옳은 것을 모두 고른 것은?

ㄱ. 증류수로 영점 보정한 후 측정한다.
ㄴ. 측정치는 과즙의 온도에 영향을 받지 않는다.
ㄷ. 유기산, 아미노산 등 가용성 고형물의 함량을 당도로 표시한다.

① ㄴ
② ㄱ, ㄴ
③ ㄱ, ㄷ
④ ㄱ, ㄴ, ㄷ

해설 ㄴ. 측정치는 과즙의 온도에 영향을 받는다.

굴절당도계
- 빛의 굴절률을 이용하여 당의 함량을 측정하는 기계이다.
- 증류수로 영점을 보정한다.
- 과즙의 온도는 측정값에 영향을 준다.
- 당도는 수용액 중에 들어있는 가용성 고형물의 % 농도를 말한다.
- 가용성 고형물에는 당뿐만 아니라 유기산, 아미노산, 무기질, 수용성 펙틴 등이 포함된다.
- 당도는 °Brix로 표시한다.
- %(°Brix)는 100g의 용액에 함유된 설탕의 g를 표시한다.

66 원예산물의 조직감을 객관적으로 평가할 수 있는 품질인자는?

① 산 도
② 경 도
③ 색 도
④ 당 도

해설 원예산물의 조직감(질감)은 촉감인 단단한 정도, 연한 정도, 즙액의 양 등과 이로 느낄 수 있는 단단함, 연함, 사각거림, 분질성, 씹힘, 점착성 등 그리고 혀와 입안에서 느낄 수 있는 다즙성, 섬유질, 입자, 점착성, 미끄러움 등 여러 요인에 의하여 결정된다.

조직감
- 양적 요소 : 수분함량, 경도, 세포벽효소 활성
- 관능 요소 : 씹는 맛과 촉감(단단함, 연함, 다즙성 등)

67 Hunter 'a'값이 +20으로 측정된 부위의 주된 과색은?

① 녹 색
② 회 색
③ 흰 색
④ 적 색

해설 헌터(Hunter)색계

a값(적녹)	(+) 적색 ← 0 → 녹색 (−)
b값(황청)	(+) 황색 ← 0 → 청색 (−)
L값(명도)	색상의 밝기를 의미하며, 100에 가까울수록 흰색을 나타낸다.

68 에틸렌에 관한 설명으로 옳지 않은 것은?

① 수용체는 세포막에 주로 분포되어 있다.
② Gas Chromatography로 함량 측정이 가능하다.
③ 무색이며 상온에서 공기보다 가볍다.
④ 코발트 이온에 의해 생성이 촉진된다.

해설 ④ 코발트 이온에 의해 생성이 억제된다. ACC 혹은 에테폰을 처리할 경우 에틸렌 생성이 유도된다.

69 농산물산지유통센터에서 사과 선별·포장 라인에서 수행할 수 없는 작업은?

① 크기측정
② 1-MCP 처리
③ 비파괴검사
④ 수세척

해설 ② 1-MCP 처리는 저장시설에서 수행하는 작업이다. 1-MCP(1-Methylcyclopropene)는 새로운 식물생장조절제로서 식물체의 에틸렌 결합 부위를 차단하여 에틸렌의 작용을 무력화시키는 특성을 지닌 물질로, 1-MCP 처리를 통해 과실의 연화나 식물의 노화 등을 감소시켜 수확 후 저장성을 향상시킬 수 있다.
농산물산지유통센터(APC ; Agricultural products Processing Center)
농산물을 소비지의 요구에 맞게 상품화하는 데 필요한 예랭·선별·포장·가공·저장 등 일관시설을 갖추고 출하와 마케팅 기능 등을 종합적으로 수행하는 시설

70 다음 ( )에 들어갈 내용으로 옳은 것은?

> 절화장미의 수명 연장을 위해 (ㄱ)을 이용하여 보존액을 산성으로 유도하고 에틸렌 발생 억제를 위해 (ㄴ)를 처리한다.

① ㄱ : 제1인산칼륨, ㄴ : AOA
② ㄱ : 제2인산칼륨, ㄴ : ACC
③ ㄱ : 제1인산칼륨, ㄴ : ACC
④ ㄱ : 제2인산칼륨, ㄴ : AOA

[해설]
- 장미의 절화수명 연장을 위해 보존액의 pH를 산성으로 유도하는 물질로는 제1인산칼륨과 시트르산이 있다.
- 에틸렌의 생성이나 작용을 억제하여 절화수명을 연장하는 물질로는 STS, AVG, AOA 등이 있다.

71 다음 중 상온저장 시 저장성이 가장 낮은 배 품종은?

① 신 고
② 장십랑
③ 감 천
④ 영산배

[해설]
② 장십랑 : 약 30일
① 신고 : 약 60일
③ 감천 : 약 120일
④ 영산배 : 약 60일

배의 상온저장성
만삼길(약 180일) > 감천배, 추황배(약 120일) > 수정배, 신고, 영산배(약 60일) > 수황배(약 50일) > 장십랑, 신화, 화산, 황금배(약 30일) > 금촌조생(약 20일) > 신수, 행수(약 7일)

72 원예산물의 증산에 영향을 미치는 물리적 지수가 아닌 것은?

① 온 도
② 습 도
③ 당산비
④ 이슬점

[해설]
③ 당산비란 당과 산의 비율을 말하는 것으로 감귤류, 참다래, 멜론, 석류 등 원예산물의 수확기 결정지표로 사용된다.
①·④ 온도가 높을수록 증산작용이 증가한다. 이슬점이란 온도가 떨어져 수증기가 응결할 때의 온도를 가리킨다.
② 상대습도가 낮을수록 증산작용이 증가한다.
※ 증산 : 원예산물로부터 수분이 수증기 형태로 대기 중으로 이동하는 현상

정답 70 ① 71 ② 72 ③

73 다음 원예산물 중 10℃의 동일조건에서 측정한 호흡열량이 가장 높은 것은?

① 포 도
② 딸 기
③ 사 과
④ 마 늘

해설 호흡열량(호흡열)이란 산물의 호흡에 의해 지속적으로 방출되는 생리대사열을 말하며, 호흡속도가 높을수록 호흡열이 높아져서 신속한 예랭이 필요하다.
호흡속도에 따른 원예산물의 분류
- 매우 높음 : 버섯, 강낭콩, 아스파라거스, 브로콜리 등
- 높음 : 딸기, 아욱, 콩 등
- 중간 : 서양배, 살구, 바나나, 체리, 복숭아, 자두 등
- 낮음 : 사과, 감귤, 포도, 키위, 망고, 감자, 마늘 등
- 매우 낮음 : 견과류, 대추야자열매류 등

74 다음 원예산물 중 진공식 예랭방식에 가장 적합한 것은?

① 양배추
② 오 이
③ 포 도
④ 피 망

해설 진공식 예랭방식이란 원예산물의 주변 압력을 낮춰 산물의 수분 증발을 촉진시켜 증발 잠열을 빼앗아 단시간에 냉각하는 방식을 말하며, 적용 가능 품목으로는 결구상추, 배추, 양배추, 시금치, 셀러리, 버섯, 콜리플라워 등이 있다.

75 다음 중 원예산물의 화학적 위해 요인이 아닌 것은?

① 납
② 비 소
③ 살모넬라
④ 아플라톡신

해설 ③ 살모넬라는 생물학적 위해요소에 해당한다.
HACCP 위해요소분석표에 따른 위해요소 분류(식품 및 축산물 안전관리인증기준 [별표 2])

생물학적 위해요소 (Biological Hazards)	제품에 내재하면서 인체의 건강을 해할 우려가 있는 병원성 미생물, 부패미생물, 병원성 대장균(균), 효모, 곰팡이, 기생충, 바이러스 등
화학적 위해요소 (Chemical Hazards)	제품에 내재하면서 인체의 건강을 해할 우려가 있는 중금속, 농약, 항생물질, 항균물질, 사용기준초과 또는 사용 금지된 식품 첨가물 등 화학적 원인물질
물리적 위해요소 (Physical Hazards)	제품에 내재하면서 인체의 건강을 해할 우려가 있는 인자 중에서 돌조각, 유리조각, 플라스틱 조각, 쇳조각 등

| 4과목 | 농산물유통론 |

76 농산물의 일반적인 상품적 특성으로 옳은 것은?

① 가치 대비 작은 부피와 중량
② 생산의 계절적 편재성 존재
③ 공산품 대비 높은 저장성
④ 탄력적인 수요와 공급

해설 농산물의 일반적인 상품적 특성(유통구조의 특성)
- 계절적 편재성 존재
- 가치 대비 큰 부피와 중량성 존재
- 질과 양의 불균일성으로 표준화·등급화 제약
- 용도의 다양성으로 수요량 측정 불가
- 부패성이 강하여 유통 중 잦은 손실 발생(공산품 대비 낮은 저장성)
- 공산품에 비해 수요와 공급이 비탄력적

77 농식품 소비 구조의 변화로 옳지 않은 것은?

① 온라인 소비 증가
② 편의성 추구 경향
③ 식품안전성에 대한 인식 고조
④ 소포장 농산물 수요 감소

해설 경제발전과 소득수준 상승에 따른 농식품 소비 구조의 변화
- 고위보전식품 소비 증가
- 신선편이식품 소비 증가
- 가정대체식(HMR) 소비 증가
- 에스닉푸드(Ethnic Food) 소비 증가
- 소포장·친환경 농산물 수요 증가
- 세척, 커팅 등 전처리 농산물 수요 증가
- 온라인 소비 증가
- 식품안전성에 대한 인식 고조
- 프라이빗 브랜드(PB)상품 소비 증가

정답 76 ② 77 ④

78 사과 1상자의 생산자 수취가격이 4만원이고 소비자가 구매한 가격이 8만원일 경우 사과 1상자의 유통마진율은?

① 25%
② 50%
③ 100%
④ 200%

해설 유통마진율(%) = [(소비자가격 − 농가수취가격) / 소비자가격] × 100
= [(8만원 − 4만원) / 8만원] × 100
= 50%

79 협동조합의 농산물 공동출하 원칙을 모두 고른 것은?

| ㄱ. 무조건 위탁 | ㄴ. 평균판매 |
| ㄷ. 무조건 경매 | ㄹ. 공동계산 |

① ㄱ, ㄷ
② ㄴ, ㄹ
③ ㄱ, ㄴ, ㄹ
④ ㄴ, ㄷ, ㄹ

해설 협동조합의 농산물 공동출하 원칙

무조건 위탁	조합원이 그 생산물의 판매를 공동조직에 위탁할 경우 언제, 누구에게, 어느 정도를 팔아 달라는 조건을 붙이지 않고 일체를 위임하는 것을 말한다.
평균판매	농산물의 출하기를 조절하거나 수송·보관·저장방법의 개선 등을 통하여 농산물을 계획적으로 판매함으로써 농업인의 수취가격을 평준화하는 것이다.
공동계산	다수의 개별농가가 생산한 농산물을 출하 주별로 구분하는 것이 아니라 각 농가의 상품을 혼합하여 등급별로 구분하고 관리·판매하여 그 등급에 따라 비용과 대금을 평균하여 농가에 정산해주는 방법을 말한다.

80 일반상거래와 비교하였을 경우 전자상거래의 특징으로 옳은 것은?

① 가격 및 유사상품 등의 정보수집 용이
② 시공간 제약으로 인해 거래의 한계 발생
③ 소비자 반응을 확인하는 데 장시간 소요로 고객관리에 불리
④ 판매자와 구매자 간 직거래로 인해 과도한 유통비용 발생

해설 전자상거래의 특징
- 유통경로가 기존의 상거래에 비하여 짧다.
- 시간과 공간의 제약이 없다.
- 판매점포가 불필요하다.
- 고객정보의 획득이 용이하다.
- 효율적인 마케팅 활동이 가능하다.
- 소자본에 의한 사업이 가능한 벤처업종이다.
- 가격 및 유사상품 등의 정보수집이 용이하다.

81. 소매상이 소비자에게 제공하는 기능으로 옳지 않은 것은?

① 소비자가 요구하는 상품구색 제공
② 소비자에게 필요한 정보 제공
③ 소비자에게 상품의 배달, 설치, 사용방법의 교육 등 서비스 제공
④ 생산자와 소비자 간 직거래 플랫폼 제공

해설 소매상의 기능
- 소비자가 요구하는 다양한 상품구색 제공
- 구매 편의 제공
- 소비자에게 서비스(A/S, 제품의 배달·설치·사용방법 교육 등) 제공
- 소비자에게 필요한 정보(상품 특징, 가격 등) 제공
- 생산자에게 정보(소비자의 구매행동, 시장 트렌드 등) 수집 및 전달
- 생산자의 위험 부담 완화

82. 전자상거래 유형 중 인터넷 상에서 소비자간에 상품을 거래하는 형태에 해당하는 것은?

① B2C
② C2C
③ B2B
④ B2G

해설 전자상거래의 유형
- B2B(Business to Business) : 기업과 기업 사이의 거래
- B2C(Business to Customer) : 기업과 소비자 사이의 거래
- B2G(Business to Government) : 기업과 정부 사이의 거래
- C2C(Customer to Customer) : 소비자와 소비자 사이의 거래

83. 도매시장에서 중도매인과 함께 경매에 참여하여 농산물을 낙찰 받을 수 있는 자는?

① 도매시장법인
② 시장도매인
③ 산지유통인
④ 매매참가인

해설
④ 매매참가인 : 농수산물도매시장·농수산물공판장 또는 민영농수산물도매시장의 개설자에게 신고를 하고, 농수산물도매시장·농수산물공판장 또는 민영농수산물도매시장에 상장된 농수산물을 직접 매수하는 자로서 중도매인이 아닌 가공업자·소매업자·수출업자 및 소비자단체 등 농수산물의 수요자를 말한다(농수산물 유통 및 가격안정에 관한 법률 제2조 제10호).
① 도매시장법인 : 농수산물도매시장의 개설자로부터 지정을 받고 농수산물을 위탁받아 상장(上場)하여 도매하거나 이를 매수(買受)하여 도매하는 법인(제24조에 따라 도매시장법인의 지정을 받은 것으로 보는 공공출자법인을 포함)을 말한다(농수산물 유통 및 가격안정에 관한 법률 제2조 제7호).
② 시장도매인 : 농수산물도매시장 또는 민영농수산물도매시장의 개설자로부터 지정을 받고 농수산물을 매수 또는 위탁받아 도매하거나 매매를 중개하는 영업을 하는 법인을 말한다(농수산물 유통 및 가격안정에 관한 법률 제2조 제8호).
③ 산지유통인 : 농수산물도매시장·농수산물공판장 또는 민영농수산물도매시장의 개설자에게 등록하고, 농수산물을 수집하여 농수산물도매시장·농수산물공판장 또는 민영농수산물도매시장에 출하(出荷)하는 영업을 하는 자(법인을 포함)를 말한다(농수산물 유통 및 가격안정에 관한 법률 제2조 제11호).

정답 81 ④ 82 ② 83 ④

84 농산물종합유통센터의 역할로 옳지 않은 것은?

① 수집한 유통정보를 생산자에게 전달
② 부가가치 창출을 위한 포장 및 가공
③ 생산농가 출하선택의 폭 축소를 위해 단일 유통경로 지정
④ 물류합리화를 도모하기 위한 물류체계 개선

해설 ③ 유통경로 다원화 및 유통 효율성 제고
농수산물종합유통센터(농수산물 유통 및 가격안정에 관한 법률 제2조 제12호)
국가 또는 지방자치단체가 설치하거나 국가 또는 지방자치단체의 지원을 받아 설치된 것으로서 농수산물의 출하 경로를 다원화하고 물류비용을 절감하기 위하여 농수산물의 수집·포장·가공·보관·수송·판매 및 그 정보처리 등 농수산물의 물류활동에 필요한 시설과 이와 관련된 업무시설을 갖춘 사업장을 말한다.

85 농산물 산지유통 기능으로 옳지 않은 것은?

① 농산물의 1차 교환
② 농산물 가격안정을 위한 농가수취가격 최소화 견인
③ 농산물 가격변동에 대응하기 위해 생산품목과 생산량 조정
④ 농산물을 저장하여 성수기 출하 억제와 비수기 분산출하를 통해 시간효용 창출

해설 **농산물 산지유통의 기능**
- 산지유통은 생산자와 산지유통인 사이의 농산물 1차 교환기능이 있다.
- 산지유통은 농산물의 가격변동에 대응해 생산품목과 생산량을 조정하는 기능이 있다.
- 산지유통은 산지에서 농산물을 일반저장, 저온저장하여 성수기에 출하를 억제하고 비수기에 분산 출하하는 출하조절을 함으로써 시간효용을 창출하는 기능이 있다.
- 산지유통은 농산물 생산 후 품질·지역·가공·이미지를 차별화함으로써 농산물의 부가가치를 높이는 상품화 기능을 수행한다.

86 산지유통을 담당하는 생산자 조직이 아닌 것은?

① 작목반
② 벤더업체
③ 영농조합법인
④ 협동조합

해설 생산자 조직은 생산농가·농업경영체가 결합하여 산지유통 기능을 담당하는 조직·주체로 농협, 영농조합법인, 작목반 등이 있다. 벤더업체는 산지에서 농산물을 구매하거나 위탁을 받아서 선별 및 포장 후 판매업체에 납품하는 중간 유통업체(농산물 판매 대행업체) 등을 가리킨다.

87 농산물의 물적 유통기능에 해당하는 것은?
① 등급화
② 표준화
③ 유통금융
④ 수송

해설 농산물 유통기능
- 소유권 이전기능 : 구매기능, 판매기능
- 물적 유통기능 : 저장기능, 수송기능, 가공기능
- 유통 조성기능 : 표준화·등급화, 유통금융기능, 위험부담기능, 시장정보기능

88 농산물 유통정보의 평가 기준으로 옳지 않은 것은?
① 유희성
② 신뢰성
③ 신속성
④ 시의적절성

해설 농산물 유통정보의 요건
- 정확성과 신뢰성
- 신속성과 적시성
- 객관성
- 유용성과 간편성
- 계속성과 비교 가능성

89 농산물 유통기능 중 금융기능이 아닌 것은?
① 유통정보 제공
② 시설자금 융자
③ 할부판매 지원
④ 선대자금 융자

해설 ① 유통정보 제공은 시장정보기능에 해당한다. 시장정보기능이란 유통과정 중에 유통활동을 원활하게 하기 위하여 필요한 정보를 수집·분석 및 분배하는 활동을 말한다.

90 유닛로드시스템에 관한 내용으로 옳지 않은 것은?

① 저렴한 투자비용
② 수송의 효율성 향상
③ 상·하역 작업의 기계화
④ 팰릿 및 컨테이너 등의 단위화

해설 ① 하역기의 가격이 비싸고 시설에 대한 많은 자본 투자가 필요하다.

유닛로드시스템(Unit Load System)의 장단점

장점	• 하역 시 파손, 오손, 분실 등을 방지한다. • 운송수단의 운용효율이 높다. • 하역의 기계화로 인해 작업생산성이 높다. • 포장이 간단하여 포장비가 절감된다. • 고층적재가 가능하여 공간효율이 제고된다. • 시스템화와 하역의 검수가 용이하다.
단점	• 컨테이너와 팰릿 확보에 경비가 소요된다. • 자재관리에 시간과 비용이 추가되며, 공컨테이너와 공팰릿의 회수 및 관리가 필요하다. • 하역기기 등의 고정시설 투자가 필요하다. • 하역기기가 작업할 수 있는 공간 확보가 필요하다. • 팰릿이 차지하는 공간으로 인해 적재효율이 저하되므로 회전율을 제고하여 보완하여야 한다.

91 농식품 가공업체가 원료 수급을 위해 산지농장과 계약재배를 체결하였을 때, 이에 해당하는 사업방식은?

① 프렌차이징
② M&A
③ 후방통합
④ 전방통합

해설 ③ 후방통합 : 제품을 생산하는 업체가 제품생산에 필요한 원재료 등을 공급하는 업체와 결합하는 것
① 프렌차이징 : 특정 제품 등을 공급하는 업체가 자격이 있는 사람에게 자사 제품을 판매할 수 있는 영업권을 부여하는 것
② M&A : 다른 업체를 매수하거나 합병하는 것
④ 전방통합 : 제품을 생산하는 업체가 유통업체와 통합하는 등 상방 기업이 하방 기업의 자산 및 운영권을 소유하는 것

92 농산물 출하조절과 품질규제 등 시장의 질서를 위해 도모하는 사업이 아닌 것은?

① 유통협약
② 공동판매제한
③ 민간수매지원
④ 출하약정사업

해설 ② 공동판매를 통해 농산물 출하조절과 품질규제 등으로 시장의 질서를 도모할 수 있다.

공동판매조직을 통한 공동출하
- 개 념
  - 농산물을 판매하고자 하는 소규모 생산자들이 규모의 경제를 목적으로 판매 시기와 판매장소를 조정하여 함께 판매하는 행위를 말한다.
  - 우리나라와 같이 영농규모가 영세한 국가에서 농산물유통의 효율을 높이고, 생산 농가의 시장경쟁력을 증진하는 가장 중요한 수단으로 인식되고 있다.
- 이 점
  - 수송비 및 노동력을 절감할 수 있다.
  - 시장교섭력을 높여 농가의 수취가격을 높일 수 있다.
  - 출하의 조절 및 출하시기의 조절이 쉬워진다.
  - 상품성의 향상과 출하물량의 규모화가 가능하다.
  - 출하처를 다양화할 수 있다.
  - 상품의 브랜드화를 촉진할 수 있다.
  - 물량의 대량화와 저장시설의 활용 등으로 공급을 조절할 수 있다.
  - 지역 간의 균형출하를 통하여 수취가격을 높일 수 있다.

93 감자 판매가격이 15% 하락하였는데 판매량은 10% 증가하였을 때의 설명으로 옳은 것은?

① 수요의 가격탄력성이 크다.
② 수요의 가격탄력성이 작다.
③ 수요의 교차탄력성이 작다.
④ 수요의 교차탄력성이 크다.

해설
- 수요의 가격탄력성은 가격변동에 따른 수요량의 변화를 의미하는 것이고, 수요의 교차탄력성은 한 상품의 수요가 다른 연관상품의 가격변화에 반응하는 정도를 나타내는 것이다. 가격 하락에 따른 판매량 증가를 제시하였으므로 이는 수요의 가격탄력성을 의미한다.
- 가격탄력성 = 수요량의 변화율(%)/가격의 변화율(%)
  = 10% ÷ 15% = 약 0.67

가격탄력성이 0와 1사이 이므로 비탄력적, 즉 수요의 가격탄력성이 작다.

수요의 가격탄력성

수요의 가격탄력성	구 분
0	완전 비탄력적
1보다 작은 경우 (0과 1사이)	비탄력적
1보다 큰 경우	탄력적
무한대(∞)인 경우	완전탄력적
1	단위탄력적

94 자료가 부족하고 통계분석이 어려울 때 관련 전문가들을 통하여 종합적인 방향을 예측하는 마케팅 조사법은?

① 서베이조사
② 회귀분석
③ 델파이법
④ 시계열분석법

해설 델파이법
전문가의 경험적 지식을 통한 문제해결 및 미래예측을 위한 기법으로, 전문가 합의법이라고도 한다.

95 고객이탈 방지와 신규고객 확보 등에 활용하는 마케팅 기법은?

① EDI
② SCM
③ CRM
④ RFID

해설 고객관계관리(CRM)
생산된 제품을 판매하기 위한 유통회사 및 개인 고객의 정보관리를 말하여, 고객 정보를 수집하고 분석하여 고객 이탈방지와 신규 고객 확보 등에 활용하는 마케팅 기법으로, 개별고객의 불만 처리와 이탈고객에 대한 관리가 용이하다.

96 농산물 시장세분화의 기대효과로 옳은 것을 모두 고른 것은?

> ㄱ. 유사한 소비자의 니즈를 반영하여 매출 증대를 이룰 수 있다.
> ㄴ. 상품 및 마케팅 활동을 목표시장의 요구에 적합하도록 조성할 수 있다.
> ㄷ. 틈새시장을 통한 새로운 마케팅 기회를 발견할 수 있다.

① ㄱ, ㄴ
② ㄱ, ㄷ
③ ㄴ, ㄷ
④ ㄱ, ㄴ, ㄷ

해설 시장세분화의 장점
- 마케팅 기회 탐지
- 틈새시장 포착
- 제품·마케팅 활동을 목표시장의 요구에 맞게 조정
- 마케팅자원을 보다 효율적으로 배분
- 소비자의 다양한 욕구 충족으로 매출액 증대
- 라이프스타일 반영

97 농산물브랜드에 관한 설명으로 옳은 것을 모두 고른 것은?

> ㄱ. 브랜드 자산(Brand Equity)은 차별적 마케팅 효과를 가져온다.
> ㄴ. 브랜드명, 브랜드마크, 등록상표, 트레이드마크 등이 해당된다.
> ㄷ. 프라이빗 브랜드(PB)는 대표적인 농산물 생산자의 브랜드이다.

① ㄱ, ㄴ
② ㄱ, ㄷ
③ ㄴ, ㄷ
④ ㄱ, ㄴ, ㄷ

해설 ㄷ. 프라이빗 브랜드(PB ; Private Brand)는 유통업체 브랜드이다.

98 오이의 가격을 1,000원이 아닌 990원으로 책정하여 판매하는 가격전략은?

① 단수가격전략
② 개수가격전략
③ 명성가격전략
④ 관습가격전략

해설
① 단수가격전략 : 상품의 판매가격에 단수를 붙이는 것으로 판매가에 대한 고객의 수용도를 높이고자 하는 전략이다. 상품가격이 1,000원에 비해 990원이 매우 싸다고 느끼는 소비자 심리를 이용한다.
② 개수가격전략 : 고급품실의 이미지를 형성하여 구매를 자극하기 위해 상품의 개수에 가격을 책정하는 가격전략이다.
③ 명성가격전략 : 상품가격을 높게 책정하여 품질의 고급화와 상품의 차별화를 드러내는 가격전략이다.
④ 관습가격전략 : 제품의 원가가 상승하였음에도 동일 가격을 계속 유지하는 전략이다.

99 농산물 수급안정 정책이 아닌 것은?

① 수매 및 비축 사업
② 자조금 지원
③ 우수농산물관리제도(GAP)
④ 유통조절명령

해설 ③ 우수농산물관리제도(GAP)는 소비자에게 안전하고 위생적인 농산물을 공급할 수 있도록 생산자 및 관리자가 지켜야 하는 생산 및 취급과정에서의 위해요소 차단 규범을 의미한다.

정부의 농산물 수급안정정책
- 농산물 수급안정사업 시행
- 생산자 단체의 의무자조금 조성 지원
- 수매 비축 및 방출을 통해 농산물 과부족 대비(정부비축사업)
- 농업관측을 강화하여 시장변화에 선제적 대응
- 유통조절명령

100 할인, 샘플, 쿠폰 등을 제공하는 판매촉진의 장점이 아닌 것은?

① 단기적 매출증가
② 홍보와 잠재고객 확보
③ 소비자 관심유도
④ 명품 브랜드 이미지 구축

해설 할인, 샘플, 쿠폰 등을 제공하는 판매촉진 활동은 소비자를 대상으로 하는 신상품 홍보에 적합하며, 즉각적이고 단기적인 매출이나 이익 증대를 달성하기 위한 촉진수단이다.

판매촉진(Sales Promotion)
- 특정제품에 대한 고객 및 중간상의 인지도와 관심을 증대시켜 짧은 기간 내에 제품구매를 유도하기 위한 마케팅 활동을 가리키며, 좁은 의미로는 광고, 홍보 및 인적판매와 같은 범주에 포함되지 않은 모든 촉진 활동을 말한다.
- 어떤 상품의 구매를 촉진하기 위하여 다음과 같이 여러 가지 단기적인 인센티브를 제공하는 활동을 말한다.

유 형	대 상	종 류
소비자 판매촉진	제조업자가 직접 소비자를 대상으로 인센티브 제공	견본, 쿠폰, 환불조건, 소액할인, 경품, 경연대회, 거래 스탬프, 실연 등
중간상 판매촉진	제조업자가 중간상을 대상으로 인센티브 제공	구매 공제, 무료 제품, 상품 공제, 협동 광고, 후원금, 상인 판매경연회 등
도매(소매)업자 판매촉진	도매(소매)업자가 소매업자(소비자)를 대상으로 인센티브 제공	상여금, 경연대회, 판매원 회합 등

정답 99 ③ 100 ④

2025년 제22회 기출문제해설

| 1과목 | 농산물 품질관리 관계 법령 |

01 농수산물 품질관리법령상 농산물우수관리인증에 관한 설명으로 옳지 않은 것은?

① 우수관리인증기관은 우수관리인증을 한 경우 우수관리인증을 받은 자가 우수관리기준을 지키는지 조사·점검하여야 한다.
② 우수관리인증이 취소된 후 1년이 지나지 아니한 자는 우수관리인증을 신청할 수 없다.
③ 농촌진흥청장은 농산물우수관리의 기준을 정하여 고시하여야 한다.
④ 우수관리인증을 갱신하려는 경우에는 유효기간이 끝나기 1개월 전까지 농산물우수관리인증 신청서를 우수관리인증기관에 제출하여야 한다.

> **해설** ③ 농림축산식품부장관은 농산물우수관리의 기준을 정하여 고시하여야 한다(법 제6조 제1항).
> ① 법 제6조 제5항
> ② 법 제6조 제3항 제1호
> ④ 시행규칙 제15조 제1항

02 농수산물의 원산지 표시 등에 관한 법령상 통신판매의 경우 원산지 표시방법으로 옳지 않은 것은?

① 표시는 한글로 하되, 필요한 경우에는 한글 옆에 한문 또는 영문 등으로 추가하여 표시할 수 있다.
② TV 등 전자매체에 글자로 표시할 수 있는 경우 제품명 또는 가격표시와 다른 색으로 한다.
③ 라디오 등 전자매체에 글자로 표시할 수 없는 경우 1회당 원산지를 두 번 이상 말로 표시하여야 한다.
④ 신문 등 인쇄매체에는 제품명 또는 가격표시 수위에 원산지 표시 위치를 명시하고 그 장소에 표시할 수 있다.

> **해설** ② 글자색 : 제품명 또는 가격표시와 같은 색으로 한다(시행규칙 [별표 3]).

정답 1 ③ 2 ②

03 농수산물의 원산지 표시 등에 관한 법령상 원산지 표시 등의 적정성을 확인하기 위하여 관계 공무원으로 하여금 표시대상 농산물이나 그 가공품을 수거하거나 조사하게 할 수 있는 자를 모두 고른 것은?

> ㄱ. 보건복지부장관
> ㄴ. 관세청장
> ㄷ. 식품의약품안전처장
> ㄹ. 시장・군수・구청장

① ㄱ, ㄴ
② ㄱ, ㄷ
③ ㄴ, ㄹ
④ ㄷ, ㄹ

해설 원산지 표시 등의 조사(법 제7조 제1항)
농림축산식품부장관, 해양수산부장관, 관세청장, 시・도지사 또는 시장・군수・구청장은 원산지의 표시 여부・표시사항과 표시방법 등의 적정성을 확인하기 위하여 대통령령으로 정하는 바에 따라 관계 공무원으로 하여금 원산지 표시대상 농수산물이나 그 가공품을 수거하거나 조사하게 하여야 한다. 이 경우 관세청장의 수거 또는 조사 업무는 제5조 제1항의 원산지 표시대상 중 수입하는 농수산물이나 농수산물 가공품(국내에서 가공한 가공품은 제외한다)에 한정한다.

04 농수산물 품질관리법령상 농산물검사의 유효기간이 다른 것은?(단, 검사시행일은 9월 1일이다)

① 마 늘
② 감 귤
③ 단 감
④ 양 파

해설 농산물검사의 유효기간 - 과실류, 채소류(시행규칙 [별표 23])

종 류	품 목	검사시행시기	유효기간(일)
과실류	단 감	1.1~12.31	20
	감 귤	1.1~12.31	30
채소류	고추・마늘・양파	1.1~12.31	30

05 농수산물 품질관리법령상 농산물품질관리사의 직무가 아닌 것은?

① 농산물의 등급 판정
② 농산물의 품위·성분 등에 대한 검정
③ 농산물의 생산 및 수확 후의 품질관리기술 지도
④ 농산물의 선별·포장 및 브랜드 개발 등 상품성 향상 지도

> **해설** 농산물품질관리사의 직무(법 제106조 제1항)
> 1. 농산물의 등급 판정
> 2. 농산물의 생산 및 수확 후 품질관리기술 지도
> 3. 농산물의 출하 시기 조절, 품질관리기술에 관한 조언
> 4. 그 밖에 농산물의 품질 향상과 유통 효율화에 필요한 업무로서 농림축산식품부령으로 정하는 업무
>
> 농산물품질관리사의 업무(시행규칙 제134조)
> 1. 농산물의 생산 및 수확 후의 품질관리기술 지도
> 2. 농산물의 선별·저장 및 포장 시설 등의 운용·관리
> 3. 농산물의 선별·포장 및 브랜드 개발 등 상품성 향상 지도
> 4. 포장농산물의 표시사항 준수에 관한 지도
> 5. 농산물의 규격출하 지도

06 농수산물 품질관리법령상 유전자변형농산물에 관한 내용이다. ( )에 들어갈 내용은?

> 유전자변형농산물의 표시대상품목은 (ㄱ) 제18조에 따른 안전성평가 결과 (ㄴ)이 식용으로 적합하다고 인정하여 고시한 품목으로 한다.

① ㄱ : 식품안전기본법, ㄴ : 식품의약품안전처장
② ㄱ : 식품안전기본법, ㄴ : 농림축산식품부장관
③ ㄱ : 식품위생법, ㄴ : 식품의약품안전처장
④ ㄱ : 식품위생법, ㄴ : 농림축산식품부장관

> **해설** 유전자변형농수산물의 표시대상품목(시행령 제19조)
> 유전자변형농수산물의 표시대상품목은 식품위생법 제18조에 따른 안전성평가 결과 식품의약품안전처장이 식용으로 적합하다고 인정하여 고시한 품목(해당 품목을 싹틔워 기른 농산물을 포함)으로 한다.

07 농수산물 품질관리법령상 이력추적관리 등록에 관한 내용이다. ( )에 들어갈 내용은?

> 인삼류의 등록 유효기간은 ( )년 이내의 범위 내에서 등록기관의 장이 정하여 고시한다.

① 3
② 5
③ 6
④ 10

해설 이력추적관리 등록의 유효기간 등(시행규칙 제50조)
유효기간을 달리 적용할 유효기간은 다음의 구분에 따른 범위 내에서 등록기관의 장이 정하여 고시한다.
- 인삼류 : 5년 이내
- 약용작물류 : 6년 이내

08 농수산물 품질관리법상 지리적표시심판위원회(이하 '심판위원회'라 한다)에 관한 설명으로 옳은 것은?

① 국무총리 소속으로 심판위원회를 둔다.
② 심판위원회의 위원장은 심판위원 중에서 농림축산식품부장관이 정한다.
③ 심판위원회는 위원장 1명을 포함한 5명 이내의 심판위원으로 구성한다.
④ 심판위원의 임기는 3년으로 하며, 연임할 수 없다.

해설
② 법 제42조 제3항
① 농림축산식품부장관 소속으로 지리적표시심판위원회를 둔다(법 제42조 제1항).
③ 지리적표시심판위원회는 위원장 1명을 포함한 10명 이내의 심판위원으로 구성한다(법 제42조 제2항).
④ 심판위원의 임기는 3년으로 하며, 한 차례만 연임할 수 있다(법 제42조 제5항).

09 농수산물 품질관리법령상 표준규격품임을 표시하기 위하여 물품의 포장 겉면에 표준규격품이라는 문구와 함께 표시하여야 할 사항을 모두 고른 것은?

| ㄱ. 산지 | ㄴ. 등급 |
| ㄷ. 무게(실중량) | ㄹ. 생산자 |

① ㄱ, ㄷ
② ㄱ, ㄴ, ㄹ
③ ㄴ, ㄷ, ㄹ
④ ㄱ, ㄴ, ㄷ, ㄹ

해설 표준규격품의 출하 및 표시방법 등(시행규칙 제7조 제2항)
표준규격품을 출하하는 자가 표준규격품임을 표시하려면 해당 물품의 포장 겉면에 '표준규격품'이라는 문구와 함께 다음의 사항을 표시하여야 한다.
- 품목
- 산지
- 품종. 다만, 품종을 표시하기 어려운 품목은 국립농산물품질관리원장, 국립수산물품질관리원장 또는 산림청장이 정하여 고시하는 바에 따라 품종의 표시를 생략할 수 있다.
- 생산연도(곡류만 해당한다)
- 등급
- 무게(실중량). 다만, 품목 특성상 무게를 표시하기 어려운 품목은 국립농산물품질관리원장, 국립수산물품질관리원장 또는 산림청장이 정하여 고시하는 바에 따라 개수(마릿수) 등의 표시를 단일하게 할 수 있다.
- 생산자 또는 생산자단체의 명칭 및 전화번호

10 농수산물 품질관리법상 농산물 안전성조사에 관한 설명으로 옳지 않은 것은?
① 농림축산식품부장관은 생산단계 안전기준을 정할 때에는 관계 중앙행정기관의 장과 협의하여야 한다.
② 안전성조사의 대상품목 선정, 대상지역 및 절차 등에 필요한 세부적인 사항은 총리령으로 정한다.
③ 시·도지사는 안전성조사를 한 결과 생산단계 안전기준을 위반한 농산물을 생산한 자에게 해당 농산물의 폐기, 용도 전환, 출하 연기 등의 처리 조치를 하게 할 수 있다.
④ 식품의약품안전처장은 안전성조사를 위하여 필요하면 관계 공무원에게 무상으로 시료 수거를 하게 할 수 있다.

해설 ① 식품의약품안전처장은 생산단계 안전기준을 정할 때에는 관계 중앙행정기관의 장과 협의하여야 한다(법 제61조 제2항).
② 법 제61조 제3항
③ 법 제63조 제1항 제1호
④ 법 제62조 제1항

11 농수산물 품질관리법상 정의에 관한 내용이다. ( )에 들어갈 내용은?

> (ㄱ)(이)란 농수산물의 운송·보관·하역·포장 등 물류의 각 단계에서 사용되는 기기·용기·설비·정보 등을 (ㄴ)하여 호환성과 연계성을 원활히 하는 것을 말한다.

① ㄱ : 물류표준화, ㄴ : 규격화
② ㄱ : 물류표준화, ㄴ : 단일화
③ ㄱ : 표준규격, ㄴ : 획일화
④ ㄱ : 표준규격, ㄴ : 일관화

해설 정의(법 제2조 제1항 제3호)
'물류표준화'란 농수산물의 운송·보관·하역·포장 등 물류의 각 단계에서 사용되는 기기·용기·설비·정보 등을 규격화하여 호환성과 연계성을 원활히 하는 것을 말한다.

12 농수산물 품질관리법령상 우수관리인증에 관한 처분기준 중 1차 위반 시 '인증취소'에 해당하는 경우는?

① 우수관리기준을 지키지 않은 경우
② 우수관리기준의 변경승인을 받지 않고 중요 사항을 변경한 경우
③ 우수관리인증을 받은 자가 정당한 사유 없이 조사·점검 또는 자료제출 요청에 응하지 않은 경우
④ 우수관리인증 표시정지기간 중에 우수관리인증의 표시를 한 경우

해설 우수관리인증의 취소 및 표시정지에 관한 처분기준 - 개별기준(시행규칙 [별표 2])

위반행위	근거 법조문	위반횟수별 처분기준		
		1차 위반	2차 위반	3차 위반
나. 우수관리기준을 지키지 않은 경우	법 제8조 제1항 제2호	표시정지 1개월	표시정지 3개월	인증취소
라. 우수관리인증을 받은 자가 정당한 사유 없이 조사·점검 또는 자료제출 요청에 응하지 않은 경우	법 제8조 제1항 제4호	표시정지 1개월	표시정지 3개월	인증취소
바. 우수관리인증의 변경승인을 받지 않고 중요 사항을 변경한 경우	법 제8조 제1항 제5호	표시정지 1개월	표시정지 3개월	인증취소
사. 우수관리인증의 표시정지기간 중에 우수관리인증의 표시를 한 경우	법 제8조 제1항 제6호	인증취소	-	-

13 농수산물 품질관리법상 검정기관에 관한 처분기준 중 1차 위반 시 '시정명령'에 해당하는 경우는?

① 검정수수료 규정을 준수하지 않은 경우
② 시료보관기간을 위반한 경우
③ 지정받은 검정업무 범위를 벗어나 검정한 경우
④ 검정과정에서 시료를 바꾸어 검정하고 검정성적서를 발급한 경우

해설 검정기관의 지정 취소 및 업무정지에 관한 처분기준 - 개별기준(시행규칙 [별표 32])

위반내용	근거 법조문	위반횟수별 처분기준		
		1차 위반	2차 위반	3차 위반
검정업무의 범위 및 방법				
1) 지정받은 검정업무 범위를 벗어나 검정한 경우	법 제100조 제1항 제6호	검정업무 정지 1개월	검정업무 정지 3개월	검정업무 정지 6개월
검정기간, 검정수수료 등				
3) 검정수수료 규정을 준수하지 않은 경우	법 제100조 제1항 제6호	시정명령	검정업무 정지 7일	검정업무 정지 15일
검정성적서 발급				
2) 시료보관기간을 위반한 경우	법 제100조 제1항 제6호	검정업무 정지 1개월	검정업무 정지 3개월	검정업무 정지 6개월
3) 검정과정에서 시료를 바꾸어 검정하고 검정성적서를 발급한 경우	법 제100조 제1항 제6호	검정업무 정지 1개월	검정업무 정지 3개월	검정업무 정지 6개월

14 농수산물 품질관리법령상 농산물의 검사에 관한 설명으로 옳지 않은 것은?

① 검사기준은 농림축산식품부장관이 검사대상 품목별로 정하여 고시한다.
② 검사 결과에 대하여 이의가 있는 자는 농산물검사관이 소속된 농산물검사기관의 장에게 재검사를 요구할 수 있다.
③ 재검사의 결과에 이의가 있는 자는 재검사일부터 7일 이내에 이의신청을 할 수 있다.
④ 농림축산식품부령으로 정하는 검사 유효기간이 지난 경우 검사판정의 효력이 상실된다.

해설 ② 검사 결과에 대하여 이의가 있는 자는 검사현장에서 검사를 실시한 농산물검사관에게 재검사를 요구할 수 있다. 이 경우 농산물검사관은 즉시 재검사를 하고 그 결과를 알려 주어야 한다(법 제85조 제1항).
① 시행규칙 제94조
③ 법 제85조 제2항
④ 법 제86조 제1호

15 농수산물 품질관리법령상 생산자가 이력추적관리 등록을 할 때 등록사항이 아닌 것은?

① 주요 판매처
② 재배면적
③ 재배지의 주소
④ 생산자의 성명

> **해설** 이력추적관리의 등록사항(시행규칙 제46조 제2항)
> 1. 생산자(단순가공을 하는 자를 포함한다)
>   가. 생산자의 성명, 주소 및 전화번호
>   나. 이력추적관리 대상품목명
>   다. 재배면적
>   라. 생산계획량
>   마. 재배지의 주소
> 2. 유통자
>   가. 유통업체의 명칭 또는 유통자의 성명, 주소 및 전화번호
>   나. 수확 후 관리시설이 있는 경우 관리시설의 소재지
> 3. 판매자 : 판매업체의 명칭 또는 판매자의 성명, 주소 및 전화번호

16 농수산물 품질관리법령상 농산물 지리적표시품의 표시에 관한 설명으로 옳은 것은?

① 기본색상은 파란색으로 하고, 포장재의 색깔 등을 고려하여 검정색 또는 빨간색으로 할 수 있다.
② 포장재 주 표시면의 앞면에 표시하되, 포장재 구조상 앞면에 표시하기 어려울 경우에는 표시위치를 변경할 수 있다.
③ 표지도형의 한글 및 영문 글자는 명조체로 하고, 글자 크기는 표지도형의 크기에 따라 조정한다.
④ 표지도형 내부의 "지리적표시", "(PGI)", "PGI"의 글자 색상은 표지도형 색상과 동일하게 한다.

> **해설** 지리적표시품의 표시(시행규칙 [별표 15])
> • 기본색상은 녹색으로 하고, 포장재의 색깔 등을 고려하여 파란색 또는 빨간색으로 할 수 있다.
> • 포장재 주 표시면의 옆면에 표시하되, 포장재 구조상 옆면에 표시하기 어려울 경우에는 표시위치를 변경할 수 있다.
> • 표지도형의 한글 및 영문 글자는 고딕체로 하고, 글자 크기는 표지도형의 크기에 따라 조정한다.
> • 표지도형 내부의 "지리적표시", "(PGI)" 및 "PGI"의 글자 색상은 표지도형 색상과 동일하게 한다.

17 농수산물 유통 및 가격안정에 관한 법률상 민영도매시장의 운영 등에 관한 설명으로 옳지 않은 것은?

① 민영도매시장의 중도매인은 민영도매시장의 개설자가 지정한다.
② 민영도매시장의 경매사는 민영도매시장의 개설자가 임면한다.
③ 민영도매시장의 개설자는 그 운영방법을 국립농산물품질관리원장과 사전 협의하여야 한다.
④ 농수산물을 수집하여 민영도매시장에 출하하려는 자는 민영도매시장의 개설자에게 산지유통인으로 등록하여야 한다.

해설 ③ 민영도매시장의 개설자가 중도매인, 매매참가인, 산지유통인 및 경매사를 두어 직접 운영하는 경우 그 운영 및 거래방법 등에 관하여는 제31조부터 제34조까지, 제38조, 제39조부터 제41조까지 및 제42조를 준용한다. 다만, 민영도매시장의 규모・거래물량 등에 비추어 해당 규정을 준용하는 것이 적합하지 아니한 민영도매시장의 경우에는 그 개설자가 합리적이라고 인정되는 범위에서 업무규정으로 정하는 바에 따라 그 운영 및 거래방법 등을 달리 정할 수 있다(법 제48조 제6항).
① 법 제48조 제2항
② 법 제48조 제4항
④ 법 제48조 제3항

18 농수산물 유통 및 가격안정에 관한 법령상 도매시장법인이 출하자로부터 징수하는 거래금액의 일정비율에 해당하는 위탁수수료의 최고한도로 옳지 않은 것은?

① 참깨 : 1천분의 20
② 서류(薯類) : 1천분의 50
③ 분화(盆花) : 1천분의 70
④ 산나물류 : 1천분의 70

해설 ② 서류(薯類) : 청과부류, 거래금액의 1천분의 70
① 참깨 : 양곡부류
③ 분화(盆花) : 화훼부류
④ 산나물류 : 청과부류

사용료 및 수수료 등(시행규칙 제39조 제4항)
• 양곡부류 : 거래금액의 1천분의 20
• 청과부류 : 거래금액의 1천분의 70
• 수산부류 : 거래금액의 1천분의 60
• 축산부류 : 거래금액의 1천분의 20(도매시장 또는 공판장 안에 도축장이 설치된 경우 축산물위생관리법에 따라 징수할 수 있는 도살・해체수수료는 이에 포함되지 아니함)
• 화훼부류 : 거래금액의 1천분의 70
• 약용작물부류 : 거래금액의 1천분의 50

19 농수산물 유통 및 가격안정에 관한 법령상 A도매시장에 등록된 산지유통인이 농수산물의 출하업무 외의 판매·매수 또는 중개업무를 하여 1차 행정처분을 받은 후 1년 이내에 다시 같은 위반행위로 적발되었을 때 2차 처분기준은?

① 업무정지 1개월
② 업무정지 3개월
③ 업무정지 6개월
④ 등록취소

해설 위반행위별 처분기준
1. 일반기준 : 위반행위의 차수에 따른 처분의 기준은 행정처분을 한 날과 그 처분 후 1년 이내에 다시 같은 위반행위를 적발한 날로 하며, 3차 위반 시의 처분기준에 따른 처분 후에도 같은 위반사항이 발생한 경우에는 법 제82조에 따른 범위에서 가중처분을 할 수 있다.
2. 개별기준 : 산지유통인에 대한 행정처분(시행규칙 [별표 4])

위반사항	근거 법조문	처분기준		
		1차	2차	3차
등록된 도매시장에서 농수산물의 출하업무 외에 판매·매수 또는 중개업무를 한 경우	법 제82조 제5항 제4호	경고	등록취소	-

20 농수산물 유통 및 가격안정에 관한 법령상 농산물가격안정기금에 관한 설명으로 옳지 않은 것은?

① 농림축산식품부장관은 기금의 결산보고서를 작성하여 매 회계연도 말일까지 기획재정부장관에게 제출하여야 한다.
② 농림축산식품부장관은 기금의 운영에 필요하다고 인정할 때에는 기금의 부담으로 다른 기금으로부터 자금을 차입(借入)할 수 있다.
③ 농림축산식품부장관은 종자사업과 관련한 업무를 제외한 기금의 수입·지출 업무를 한국농수산식품유통공사의 장에게 위탁한다.
④ 민영도매시장의 출하촉진·거래대금정산·운영 및 시설설치에 기금을 융자 또는 대출할 수 있다.

해설 ① 농림축산식품부장관은 회계연도마다 기금의 결산보고서를 작성하여 다음 연도 2월 말일까지 기획예산처장관에게 제출하여야 한다(법 제61조).
② 법 제55조 제2항
③ 시행령 제22조 제2항
④ 법 제57조 제1항

19 ④ 20 ① **정답**

21 농수산물 유통 및 가격안정에 관한 법령상 농산물 과잉생산 시 농림축산식품부장관이 생산자 보호를 위하여 하는 업무로 옳지 않은 것은?

① 가격안정을 위하여 특히 필요하다고 인정할 때에는 도매시장에서 해당 농산물을 수매할 수 있다.
② 수매한 농산물은 판매 또는 수출할 수 있다.
③ 저장성이 없는 농산물을 수매할 때 해당 생산자가 수확하기 이전에 수매하여서는 아니 된다.
④ 수매 및 처분에 관한 업무를 농업협동조합중앙회에 위탁할 수 있다.

해설 ③ 저장성이 없는 농산물을 수매할 때에 다음의 어느 하나의 경우에는 수확 이전에 생산자 또는 생산자단체로부터 이를 수매할 수 있으며, 수매한 농산물에 대해서는 해당 농산물의 생산지에서 폐기하는 등 필요한 처분을 할 수 있다(시행령 제10조 제1항).
  • 생산조정 또는 출하조절에도 불구하고 과잉생산이 우려되는 경우
  • 생산자 보호를 위하여 필요하다고 인정되는 경우
① 법 제9조 제1항
② 법 제9조 제2항
④ 법 제9조 제3항

22 농수산물 유통 및 가격안정에 관한 법령상 주산지의 지정 등에 관한 설명으로 옳지 않은 것은?

① 주산지의 지정은 읍·면·동 또는 시·군·구 단위로 한다.
② 시·도지사는 주산지를 지정하였을 때에는 이를 고시하고 농림축산식품부장관에게 통지하여야 한다.
③ 민영농수산물도매시장의 개설자에게 등록한 산지유통인은 주산지협의체의 위원으로 지명될 수 있다.
④ 농림축산식품부장관은 주산지에서 생산하는 자에 대하여 생산자금의 융자 등 필요한 지원을 하여야 한다.

해설 ④ 시·도지사는 농수산물의 경쟁력 제고 또는 수급(需給)을 조절하기 위하여 생산 및 출하를 촉진 또는 조절할 필요가 있다고 인정할 때에는 주산지를 지정하고 그 주산지에서 주요 농수산물을 생산하는 자에 대하여 생산자금의 융자 및 기술지도 등 필요한 지원을 할 수 있다(법 제4조 제1항).
① 시행령 제4조 제1항
② 시행령 제4조 제2항
③ 시행령 제5조의2 제2항 제4호

23 농수산물 유통 및 가격안정에 관한 법령상 유통조절명령(이하 '유통명령'이라 한다)에 관한 설명으로 옳지 않은 것은?

① 유통명령에는 생산조정 또는 출하조절의 방안을 포함하여야 한다.
② 농림축산식품부장관은 생산자 등이 요청할 때에는 공정거래위원회와 협의를 거쳐 유통명령을 할 수 있다.
③ 유통명령을 발하기 위한 기준 사항에는 농림축산식품부장관이 고시한 품목별 최저가격이 포함되어야 한다.
④ 농림축산식품부장관은 필요하다고 인정하는 경우에는 해당 농산물의 생산자 등의 조직으로 하여금 유통명령 집행업무의 일부를 수행하게 할 수 있다.

해설 ③ 유통명령을 발하기 위한 기준은 다음의 사항을 고려하여 농림축산식품부장관이 정하여 고시한다(시행규칙 제11조의2).
- 품목별 특성
- 법 제5조에 따른 관측 결과 등을 반영하여 산정한 예상 가격과 예상 공급량

① 시행령 제11조 제6호
② 법 제10조 제2항
④ 법 제11조 제2항

24 농수산물 유통 및 가격안정에 관한 법령상 농업관측 전담기관은?

① 한국농촌경제연구원
② 농촌진흥청
③ 한국농수산식품유통공사
④ 통계청

해설 ① 농업관측 전담기관은 한국농촌경제연구원으로 한다(시행규칙 제7조 제1항).
※ 관련 법령 개정(2025.10.1.)으로 통계청은 국가데이터처로 격상됨

25 농수산물 유통 및 가격안정에 관한 법령상 농수산물전자거래에 관한 설명으로 옳은 것은?
① 한국농수산식품유통공사는 전자거래 참여 판매자를 인가·허가 및 관리하여야 한다.
② 농수산물전자거래분쟁조정위원회(이하 '분쟁조정위원회'라 한다)는 위원장 1명을 포함하여 9명 이내의 위원으로 구성한다.
③ 분쟁조정위원회는 분쟁조정 신청을 받은 날부터 10일 이내에 조정안을 작성하여야 한다.
④ 판매자로부터 징수하는 거래수수료는 청과부류의 경우 거래액의 1천분의 50을 초과하여서는 아니 된다.

해설 ② 분쟁조정위원회는 위원장 1명을 포함하여 9명 이내의 위원으로 구성하고, 위원은 농림축산식품부장관 또는 해양수산부장관이 임명하거나 위촉하며, 위원장은 위원 중에서 호선(互選)한다(법 제70조의3 제2항).
① 농림축산식품부장관 또는 해양수산부장관은 농수산물전자거래를 촉진하기 위하여 한국농수산식품유통공사 및 농수산물 거래와 관련된 업무경험 및 전문성을 갖춘 기관으로서 대통령령으로 정하는 기관에 다음의 업무를 수행하게 할 수 있다(법 제70조의2 제1항).
• 농수산물전자거래소(농수산물전자거래장치와 그에 수반되는 물류센터 등의 부대시설을 포함)의 설치 및 운영·관리
• 농수산물전자거래 참여 판매자 및 구매자의 등록·심사 및 관리
• 농수산물전자거래 분쟁조정위원회에 대한 운영 지원
• 대금결제 지원을 위한 정산소(精算所)의 운영·관리
• 농수산물 전자거래에 관한 유통정보 서비스 제공
• 그 밖에 농수산물 전자거래에 필요한 업무
③ 분쟁조정위원회는 분쟁조정 신청을 받은 날부터 20일 이내에 조정안을 작성하여 분쟁 당사자에게 이를 권고하여야 한다. 다만, 부득이한 사정으로 그 기한을 연장하려는 경우에는 그 사유와 기한을 명시하고 분쟁 당사자에게 통보하여야 한다(시행령 제35조의6 제2항).
④ 농수산물전자거래의 거래수수료는 거래액의 1천분의 30을 초과할 수 없다(시행규칙 제49조 제3항).

| 2과목 | 원예작물학 |

26 일장에 영향을 받지 않고 적정온도에서 생장하면 꽃이 피는 작물은?
① 장 미
② 국 화
③ 데이지
④ 금어초

해설 ② 국화는 대표적인 단일식물로, 암막(단일)재배를 하여 개화를 촉진할 수 있다.
③ 데이지는 품종에 따라 단일 또는 장일식물로 분류되기도 하지만, 주로 장일식물에 가깝다.
④ 금어초는 일반적으로 장일식물로 알려져 있다.

작물의 일장형

장일식물	• 보통 16~18시간의 장일 상태에서 화성이 유도·촉진되는 식물로, 단일 상태는 개화를 저해한다. • 추파맥류, 시금치, 양파, 상추, 아마, 아주까리, 감자 등
단일식물	• 보통 8~10시간의 단일 상태에서 화성이 유도·촉진되는 식물로, 장일상태는 개화를 저해한다. • 국화, 콩, 담배, 들깨, 조, 기장, 피, 옥수수, 호박, 오이, 늦벼, 나팔꽃, 포인세티아, 마리골드·맨드라미(상대적 단일식물) 등
중성식물	• 일정한 한계 일장 없이 넓은 범위의 일장에서 개화하는 식물로, 화성이 일장의 영향을 받지 않는다고도 할 수 있다. • 강낭콩, 가지, 토마토, 당근, 셀러리, 장미 등

27 구근류 나리에서 생육 중에 꽃봉오리가 자라지 못하고 시들어서 죽어 버리는 현상은?

① 피 팅
② 로제트
③ 블라인드
④ 블라스팅

해설 구근류의 블라스팅(Blasting) 현상
꽃봉오리가 발육 중에 자라지 못하고 말라죽는 현상으로 꽃눈분화 초기인 꽃봉오리 3~5mm 때부터 3cm 정도로 클 때까지 발생하며, 생육 시 온도·일사량의 급변이나 불량, 건조·과습, 야간의 낮은 온도 및 뿌리장해 등 외부 환경적 영향에 의해 나타난다.

28 원예작물별 함유된 기능성 물질의 연결이 옳은 것은?

① 생강 – 아미그달린
② 복숭아 – 시니그린
③ 토마토 – 시트롤린
④ 오이 – 엘라테린

해설 ① 생강 : 시니그린
② 복숭아 : 아미그달린
③ 토마토 : 리코펜

29 구근의 발달 근원기관이 다른 작물은?

① 아마릴리스
② 칸 나
③ 수선화
④ 히아신스

해설 ② 칸나는 땅속줄기(근경)가 구근으로 발달한 작물이다.
①·③·④ 아마릴리스, 수선화, 히아신스는 비늘줄기(인경)가 구근으로 발달한 작물이다.

30 식용 부위가 다른 채소작물은?

① 완 두
② 토당귀
③ 토마토
④ 가 지

해설 ② 토당귀 : 근채류
①·③·④ 완두(콩과), 토마토·가지(가지과) : 과채류

31 배추과에 속하는 작물의 개수는?

겨자무	고추냉이
아 욱	냉 이
갓	콜리플라워

① 3개 ② 4개
③ 5개 ④ 6개

해설
- 배추과 : 겨자무, 고추냉이, 냉이, 갓, 콜리플라워
- 아욱과 : 아욱

32 적정 조건에 저장 시 발아력이 가장 오래 유지되는 종자는?

① 파 ② 양 파
③ 오 이 ④ 시금치

해설
③ 오이는 장명종자이다.
①·② 파, 양파 : 단명종자
④ 시금치 : 상명종자

33 국내 육성 품종이 아닌 것은?

① 홍산(마늘) ② 화산(배)
③ 아리수(사과) ④ 한라봉(감귤)

해설
④ 한라봉(감귤)은 일본에서 육성된 품종이다.
※ 주요 원예작물의 국내 육성 품종
- 딸기 : 설향, 금실, 메리퀸, 킹스베리 등
- 사과 : 홍로, 감홍, 아리수, 썸머킹 등
- 배 : 신고, 원황, 화산, 감천배, 황금배 등
- 포도 : 청수, 흑보석, 스텔라 등
- 복숭아 : 유명, 미홍, 수미, 미황 등
- 참다래 : 제시골드, 한라골드 등
- 감귤 : 하례조생, 미래향, 미니향, 사라향, 탐빛1호 등
- 단감 : 감풍, 봉황 등
- 국화 : 백강, 백마 등
- 마늘 : 홍산, 단양, 남도 등

34 해충별 천적의 연결이 옳지 않은 것은?

① 잎응애류 – 무당벌레
② 총채벌레류 – 애꽃노린재
③ 진딧물류 – 콜레마니진디벌
④ 가루이류 – 온실가루이좀벌

해설 ③ 잎응애류의 천적은 칠레이리응애, 사막이리응애이다.

천 적
- 특정 곤충을 포식하거나 그 곤충에 기생·침입하여 병을 일으키는 생물을 말한다.
- 밀폐공간에서 작물을 재배하는 시설원예에서는 천적의 이용이 유리하고, 유기원예에서는 중요한 해충 구제 방법이다.

35 채소작물에서 화아형성 이후의 추대현상을 촉진시키는 요인은?

① 고온, 단일, 약광
② 고온, 장일, 강광
③ 저온, 단일, 약광
④ 저온, 장일, 강광

해설 **추대(Bolting)**
- 식물은 화아(꽃눈)분화 후 개화에 이를 때까지 비교적 짧은 기간에 급속히 꽃대가 신장되는데, 이처럼 화아를 가진 줄기가 급속히 신장하는 것을 추대라고 한다.
- 추대는 고온, 장일, 강광 조건에서 촉진된다.

36 채소작물의 종류별 배토의 목적으로 옳지 않은 것은?

① 무의 도복을 방지한다.
② 토란의 분구를 촉진한다.
③ 아스파라거스의 연백을 촉진한다.
④ 당근 어깨 부위의 엽록소 발생을 방지한다.

해설 ② 토란의 분구를 억제하고, 비대생장을 촉진한다.

배토(북주기)의 효과
- 옥수수, 수수, 맥류 등의 경우 바람에 쓰러지는 도복이 경감된다.
- 담배, 두류 등의 신근을 발생시켜 생육에 도움을 준다.
- 감자 괴경의 발육을 촉진하고, 괴경이 광에 노출되어 녹화되는 것을 방지한다.
- 당근 수부의 착색을 방지한다.
- 파, 셀러리, 아스파라거스 등의 연백화를 유도한다.
- 벼와 밭벼 등에서 마지막 김매기를 하는 유효분얼종지기의 배토는 무효분얼의 발생이 억제하여 증수효과를 가져온다.
- 토란의 분구를 억제하고, 비대생장을 촉진한다.
- 과습기 배수효과와 잡초 방제효과가 있다.

정답 34 ① 35 ② 36 ②

37 배추, 양배추 등에서 결핍 시 중륵 안쪽의 흑변 및 코르크화 현상을 일으키는 무기원소는?

① 칼슘
② 붕소
③ 망가니즈
④ 아연

해설 붕소(B)
- 식물 생장과 발달에 필수적인 미량원소 중 하나이며, 식물의 세포벽 형성과 탄수화물 대사에 중요한 역할을 한다.
- 배추, 양배추 등에 결핍 시 잎자루 부위 안쪽에 흑변 및 코르크화 현상이 나타난다.

38 감광성을 이용한 화훼작물의 개화 조절에 관한 설명으로 옳지 않은 것은?

① 일장조절을 통해 주년생산이 가능하다.
② 장일식물을 차광하여 재배하면 개화를 억제시킬 수 있다.
③ 단일식물은 일장이 짧은 시기에 전조처리를 통해 개화를 촉진시킨다.
④ 전조재배를 할 때는 자연일장에 더해 아침, 저녁에 보광을 하거나 한밤중에 빛을 비추어 광중단을 실시한다.

해설 ③ 단일식물은 일장이 짧은 시기에 암막(단일)처리를 통해 개화를 촉진할 수 있다. 예 추국(秋菊)

39 재배토양의 토양산도(pH) 선호도가 다른 화훼작물은?

① 베고니아
② 금잔화
③ 거베라
④ 독일붓꽃

해설 토양산도(pH) 선호도에 따른 주요 화훼작물
- 산성 : 양치류, 아나나스류, 철쭉류, 베고니아, 수국, 은방울꽃 등
- 약산성 : 국화, 카네이션, 나리, 튤립, 시클라멘, 금어초, 포인세티아 등
- 중성 : 메리골드, 백일홍, 프리뮬러, 과꽃 등
- 알칼리성 : 선인장, 제라늄, 독일붓꽃, 거베라, 금잔화 등

정답 37 ② 38 ③ 39 ①

40 화훼작물의 시설재배 시 발생할 수 있는 염류집적에 관한 설명으로 옳지 않은 것은?

① 낮은 관수 상태가 지속되어 염류 용탈이 적다.
② 증산량이 적어 염류의 흡수와 이용률이 떨어진다.
③ 난초 화분재배의 양액점적관수 시 잎 끝이 타는 원인이 된다.
④ 유기물을 시용하면 염류집적이 상승하므로 기피해야 한다.

해설 ④ 유기물을 시용하면 염류집적을 감소시킬 수 있다.
염류피해의 대책
객토, 심경, 유기물 시용, 피복물 제거, 담수처리, 흡비작물 재배 등

41 수확 후 절화류 장기수송에 관한 설명으로 옳은 것은 모두 몇 개인가?

- 금어초는 눕혀 수송하면 선단부 휘어짐을 방지할 수 있다.
- 안스리움은 4℃ 이하에서 유통해야 절화수명이 길어진다.
- 글라디올러스는 건식보다 습식수송을 하면 개화 속도를 늦출 수 있다.
- 습식수송 시 설탕이 첨가된 보존용액을 이용하면 절화수명을 연장할 수 있다.

① 1개
② 2개
③ 3개
④ 4개

해설
- 금어초, 글라디올러스와 같이 중력굴성에 의해 화서 끝이 휘는 종류는 바로 세워서 수송해야 휘어짐을 방지할 수 있다.
- 안스리움은 열대성 식물로 4℃ 이하에서 유통 시 냉해 발생 위험이 있으며, 약 15℃ 이상에서 유통해야 절화수명이 길어진다.
- 글라디올러스는 습식수송을 하면 건식보다 개화 진전이 빠르므로 저온 상태로 수송해야 한다.
- 습식수송 시 설탕이 첨가된 보존용액을 이용하면 절화수명을 연장할 수 있다.

42 농산물 표준규격에 따라 '특' 등급에 해당하는 절화류의 수확적기로 옳지 않은 것은?

① 장미(스탠다드) : 꽃봉오리가 1/2 정도 개화된 것
② 백합 : 꽃봉오리 상태에서 화색이 보이고 균일한 것
③ 거베라 : 4/5 정도 개화된 것
④ 안개꽃 : 전체의 소화 중 2/3 정도 개화된 것

해설 ① 장미(스탠다드) : 꽃봉오리가 1/5 정도 개화된 것(농산물 표준규격 [별첨])

43 병원균이 유관 속에 침입하여 물관조직을 부패시켜 피해를 주는 병은?
① 그을음병
② 흰가루병
③ 시들음병
④ 근두암종병

해설 시들음병(Wilt disease)
병원균이 뿌리 및 줄기의 물관에 침입하여 수분 공급을 막아 식물이 점차 시드는 증상을 보인다. 줄기 절단 시 도관이 갈색 또는 검은색으로 변색된 경우가 많다.

44 실생번식과 비교하였을 때 과수의 삽목번식이 갖는 특징이 아닌 것은?
① 유전형질이 동일한 개체를 얻을 수 있다.
② 개화 및 결실이 빠르다.
③ 무독묘 생산에 유리하다.
④ 단위결과성 과수를 번식할 수 있다.

해설 ③ 삽목번식(꺾꽂이)은 감염된 모체를 통해 병원균 전이가 있을 수 있으므로 무독묘 생산에 불리하다. 무독묘 생산에는 식물의 일부인 세포, 조직, 기관 등을 무균상태에서 배양하여 완전한 식물체로 재분화시키는 조직배양이 유리하다.

45 과수작물에 관한 설명으로 옳은 것은?
① 사과는 씨방상위과로 진과이다.
② 배의 식용부위는 중과피가 비대 발육한 것이다.
③ 복숭아는 내과피가 단단한 핵을 형성한다.
④ 무화과는 한 개의 꽃이 한 개의 과실로 발달한 단과이다.

해설 ①·② 사과와 배는 모두 씨방하위과로 위과이며, 꽃턱이 발달하여 과육부를 형성하는 인과류에 속한다.
④ 무화과는 수많은 작은 꽃들이 모여서 하나의 과실을 이루는 복과이다.

46 과수의 늦서리 피해에 관한 설명으로 옳지 않은 것은?

① 주로 봄철에 발생한다.
② 산으로 둘러싸인 분지에서 자주 발생한다.
③ 화뢰기보다 개화기에 늦서리 피해가 더 심하다.
④ 사전에 빙핵세균을 살포하면 피해를 줄일 수 있다.

해설 ④ 빙핵세균은 빙핵(결빙) 형성을 촉진하는 단백질을 세포 표면에 가진 세균으로, 상업적으로는 인공눈을 만드는 데 사용되며 식물의 동해를 유발한다.

과수의 늦서리 피해 경감대책
- 과수원 선정 시 분지와 상로(霜路)가 되는 경사지를 피한다.
- 왕겨·톱밥·등유 등을 태워 과수원의 기온 저하를 막아 준다.
- 스프링클러를 이용하여 수상 살수를 실시한다.
- 송풍법으로 과수원 공기를 순환시켜 준다.

47 과수의 착화습성과 전정에 관한 설명이다. ( )에 들어갈 내용을 순서대로 옳게 나열한 것은?

새가지를 발생시켜 인접한 공간을 채우기 위해 ( )전정을 실시하고, 가지 끝에 꽃눈이 착생하는 ( )는 고품질 과실의 생산을 위해 주로 ( )전정을 실시한다.

① 자름, 사과, 솎음
② 솎음, 사과, 자름
③ 자름, 복숭아, 솎음
④ 솎음, 복숭아, 자름

해설
- 자름전정(절단전정) : 가지의 중간을 잘라서 자른 부위에 새가지를 발생시켜 인접한 공간을 채우기 위해 실시한다.
- 솎음전정 : 가지의 기부를 잘라 솎아내는 것으로, 가지가 밀생하거나 다른 가지와 경쟁하게 되어 생장에 방해가 될 때 실시한다. 예 사과, 감, 밤, 호두 등

48 사과 재배 시 결실관리에 관한 설명으로 옳지 않은 것은?

① 가지의 분지각을 좁히면 꽃눈분화를 촉진할 수 있다.
② 수분수를 혼식하면 안정적인 결실을 도모할 수 있다.
③ 적절하게 열매솎기를 하면 해거리를 방지할 수 있다.
④ 그늘이 지게 하는 과실 주변의 잎을 미리 따주면 과피의 착색이 고르게 된다.

해설 ① 가지의 분지각을 좁히면 영양생장이 강해져 꽃눈분화와 착과는 억제된다.

49 다음 설명에 해당하는 무기원소는?

- 엽록소 생성에 관여한다.
- 석회나 인산비료를 과다하게 사용할 경우 결핍되기 쉽다.
- 줄기나 가지 선단에 있는 어린 잎부터 엽맥 사이가 황화된다.

① 질소
② 칼륨
③ 마그네슘
④ 철

해설 철(Fe)
- 미량원소로서 산화효소의 구성성분이며 엽록소 형성에 관여하고, 전자전달 단백질의 구성성분으로 광합성, 질소고정 등에 관여한다.
- pH가 높거나 토양 중 석회와 인산 및 칼슘의 농도가 높으면 철(Fe)의 흡수가 크게 저해된다.
- 결핍되면 엽록소가 생성되지 않아 어린잎부터 엽맥 사이가 황화(황백화)된다.

50 과수작물의 과실을 파고 들어가 피해를 주는 해충은?

① 사과굴나방
② 복숭아명나방
③ 포도유리나방
④ 박쥐나방

해설 복숭아명나방
잡식성인 해충으로 밤나무, 복숭아나무 등 과수의 종실을 식해하는 활엽수형과 잣나무, 소나무 등의 침엽을 식해하는 침엽수형이 있다.

3과목 | 수확 후 품질관리론

51 사과의 요오드 반응 검사에 관한 내용으로 옳지 않은 것은?

① 전분함량의 변화를 조사하여 수확기를 결정한다.
② 요오드 용액은 갈색 시약병에 보관한다.
③ 완전히 숙성한 사과는 흑색으로 착색된다.
④ 반으로 절단된 사과의 과육면을 요오드 용액에 침지처리하여 반응시킨다.

해설 ③ 완전히 숙성한 사과는 전분이 당으로 분해되어 반응이 나타나지 않는다.
사과의 아이오딘(요오드) 검사
전분은 아이오딘과 반응하여 청색을 나타내는데, 사과는 성숙이 진행될수록 반응이 약해져 완전히 숙성된 과일은 반응이 나타나지 않는다. 아이오딘(요오드) 반응의 정도에 따라 장기저장용, 단기저장용, 직출하용으로 나누어 수확기를 결정할 수 있다.

52 호흡급등형 원예산물에 해당하는 것을 모두 고른 것은?

> ㄱ. 머스크멜론　　　　ㄴ. 아보카도
> ㄷ. 포 도　　　　　　ㄹ. 레 몬

① ㄱ, ㄴ
② ㄴ, ㄷ
③ ㄷ, ㄹ
④ ㄱ, ㄴ, ㄹ

해설
- 호흡급등형 원예산물 : 사과, 배, 복숭아, 참다래, 바나나, 아보카도, 토마토, 수박, 살구, 멜론, 감, 키위, 망고, 파파야 등
- 비호흡급등형 원예산물 : 포도, 감귤, 오렌지, 레몬, 고추, 가지, 오이, 딸기, 호박, 파인애플, 양앵두(체리) 등

53 농산물품질관리사가 손실률 경감을 위한 전처리를 하고자 한다. ( )에 들어갈 내용으로 옳은 것은?

> (ㄱ)은/는 큐어링을, (ㄴ)은/는 예건을 통해 저장 중 부패율을 낮춘다.

① ㄱ : 양파, ㄴ : 애호박
② ㄱ : 감자, ㄴ : 양배추
③ ㄱ : 감귤, ㄴ : 마늘
④ ㄱ : 당근, ㄴ : 결구배추

해설 **큐어링(Curing)**
- 수확 시 원예산물이 받은 상처의 치료를 목적으로 유상조직을 발달시키는 처리과정을 말한다.
- 감자, 고구마, 양파, 마늘 등에 주로 처리한다.

예 건
- 수확된 농산물의 외층을 미리 건조시켜 내부조직의 수분증산을 억제하고, 병해와 생리장해를 예방하는 방법이다.
- 예건 처리 품목에는 양파, 마늘, 단감, 배, 양배추 등이 있다.

54 과실의 비파괴 당도 측정기기는?

① NIR
② 굴절당도계
③ HPLC
④ X-ray

해설 ① NIR : 과실을 손상시키지 않고 당도를 측정하는 방법으로, 과실의 표면에 근적외선(Near Infrared)을 조사하여 반사되거나 투과되는 빛의 파장 변화를 분석하여 당도를 측정한다.

55 신선편이 농산물에 관한 내용으로 옳지 않은 것은?

① 질소질 비료를 많이 사용한 결구상추는 신선편이 조제 후 갈변이 빠르게 일어난다.
② 엽채류는 진공예랭으로 30분 내 품온을 4℃ 정도로 낮춘다.
③ 안전성 확보를 위해 첨가물이나 살균 소독제를 사용하지 않는다.
④ 원료에 접촉되는 장비나 운반상자는 깨끗하게 소독해서 교차오염을 줄여야 한다.

해설 ③ 신선편이 농산물의 생산과정에서 일련의 품질과 안전성 확보를 위해 첨가물(예 유기산 등)이나 살균 소독제(예 오존, 차아염소산, 차아염소산나트륨 등)를 사용하기도 한다.

56 원예산물의 수확적기에 관한 설명으로 옳은 것은?

① 포도는 미숙과일 때 수확한다.
② 양파는 부패율을 줄이기 위해 잎이 100% 도복 시 수확한다.
③ 마늘은 잎이 90% 정도 누렇게 되었을 때 수확한다.
④ 감자는 표피가 완전히 코르크화되어 껍질이 잘 벗겨지지 않을 때 수확한다.

해설 ① 포도는 비호흡급등형 원예작물로, 후숙이 잘 일어나지 않으므로 완전히 성숙한 후 수확한다.
② 양파는 잎이 70~80% 도복되었을 때 수확하는 것이 적당하다.
③ 마늘은 일반적으로 잎이 50~70% 정도 누렇게 되었을 때 수확한다.

정답 54 ① 55 ③ 56 ④

57 다음 (ㄱ)~(ㄴ)에 해당하는 것은?

> 원예산물의 숙성 및 노화의 지연을 위해 (ㄱ)에틸렌 합성 억제제와 (ㄴ)에틸렌 작용 억제제를 사용한다.

① ㄱ : CO_2, ㄴ : 1-MCP
② ㄱ : AVG, ㄴ : STS
③ ㄱ : STS, ㄴ : 1-MCP
④ ㄱ : AOA, ㄴ : AVG

해설 (ㄱ) 에틸렌 합성 억제제 : AVG, AOA
AVG(Aminoethoxy Vinyl Glycine)와 AOA(Amino Oxyacetic Acid)는 ACC 합성효소의 활성을 방해하여 에틸렌의 합성을 억제한다.
(ㄴ) 에틸렌 작용 억제제 : STS, 1-MCP
• STS(티오황산은)는 수용성의 에틸렌 작용 억제제로 가장 유효하다.
• 1-MCP는 식물체의 에틸렌 결합 부위를 차단하여 에틸렌의 작용을 무력화시킨다.

58 과일의 숙성과정 중 증가하는 성분은?

① 엽록소
② 전 분
③ 유기산
④ 휘발성 에스테르

해설 ④ 휘발성 에스테르의 증가로 고유의 풍미가 나타난다.
성숙 및 숙성과정의 대사산물의 변화
• 단맛의 증가 : 사과, 키위, 바나나 등은 전분이 당으로 가수분해되어 단맛이 증가한다.
• 신맛의 감소 : 사과, 키위, 살구 등은 유기산의 감소로 인해 신맛이 감소한다.
• 색의 변화 : 엽록소 분해, 색소의 합성 및 발현으로 인해 색의 변화가 일어난다.
• 과육의 연화 : 세포벽이 붕괴하며, 과육의 연화현상이 일어난다.
• 떫은맛의 소실 : 감은 타닌의 중화반응으로 인해 떫은맛이 없어진다.
• 풍미 발생 : 사과, 유자 등은 휘발성 에스테르의 합성으로 인해 고유의 풍미가 나타난다.
• 과피의 외관 및 상품성 : 표면 왁스물질의 합성 및 분비로 인해 외관이 좋아지며, 상품성이 향상된다.

59 원예산물의 풍미와 관련 있는 품질 판정 지표는?

① 색, 결점
② 맛, 향기
③ 크기, 모양
④ 조직감, 수분함량

해설 ② 풍미는 질감보다 정의하기 더욱 어려운 품질 구성 요인으로, 대체적으로 조직을 입에 넣어 씹을 때 맛과 향의 화학적 반응을 입과 코로 인지하여 종합적으로 느낄 수 있다.

60 원예산물의 수확 후 수분 손실을 억제하기 위한 조치가 아닌 것은?

① 적정 품온까지 낮춘다.
② 저장고 내 상대습도를 높인다.
③ 포장박스는 나무재질보다 PE재질을 사용한다.
④ 저장고 내 기압을 낮춘다.

해설 ④ 저장고 내 기압을 낮추면 원예산물 표면의 수분 증발이 촉진되어 수분 손실이 가속화된다.

61 이산화탄소를 흡착하는 물질이 아닌 것은?

① 활성탄
② 제올라이트
③ 과망가니즈산칼륨
④ 수산화칼슘

해설 ③ 과망가니즈산칼륨($KMnO_4$)은 황화수소, 산화질소, 에틸렌 등의 흡착 및 산화에 사용되며 이산화탄소 흡착에는 사용되지 않는다.

62 5℃로 예랭된 딸기를 20℃에 노출한 직후 가장 먼저 나타나는 현상은?

① 결로
② 노화
③ 숙성
④ 부패

해설 저온저장한 원예산물을 상온에 바로 노출시키면 온도차에 의해 원예산물의 표면에 물기가 맺히는데 이를 결로현상이라고 한다.
결로현상의 방지
- 저온의 농산물을 냉장수송이나 보랭수송
- 결로방지 덮개를 사용하거나 MA필름으로 포장하여 외부 공기가 산물에 접촉되지 않게 유지
- 농산물의 품온을 서서히 높인 후 출고

정답 60 ④ 61 ③ 62 ①

63 빙랭식 예랭에 가장 적합한 품목은?

① 배 추
② 브로콜리
③ 딸 기
④ 버 섯

해설 ①·④ 배추, 버섯 : 진공식 예랭
③ 딸기 : 냉풍냉각식 예랭
빙랭식 예랭에 적합한 품목 : 브로콜리, 저온장해에 강한 엽채류, 파, 완두, 단옥수수 등

64 고농도의 에틸렌에 의해 나타나는 장해 증상에 해당하는 것은?

① 카네이션의 꽃잎 말림
② 토마토의 배꼽썩음
③ 배의 과심갈변
④ 오이의 표피함몰

해설 ① 카네이션의 꽃잎 말림은 대표적인 에틸렌 장해 증상으로, 고농도의 에틸렌에 노출되면 카네이션 꽃잎이 안쪽으로 말리며 시들음 증상이 나타난다.
에틸렌(Ethylene)의 작용
• 발아를 촉진시킨다.
• 꽃눈이 많아지는 효과가 있다.
• 꽃과 잎의 노화(황화)를 가속화한다.
• 적과의 효과가 있다.
• 많은 작물의 과실 성숙을 촉진시킨다.
• 탈엽 및 건조제로서의 효과가 있다.

65 원예산물별 부패방지 방법으로 옳지 않은 것은?

① 고구마 - 큐어링
② 포도 - 아황산가스 훈증
③ 신고배 - 예건
④ 딸기 - 열수처리

해설 ① 딸기는 수확 후 쉽게 물러지므로 이산화탄소 처리로 경도를 증가시켜 선도를 유지해야 한다.

정답 63 ② 64 ① 65 ④

66 원예산물의 생물학적 위해 요인에 해당하는 것은?

① 아플라톡신
② 살모넬라
③ 솔라닌
④ 오크라톡신

해설 ①·③·④ 아플라톡신(곰팡이 독소), 솔라닌(감자 독소), 오크라톡신(곰팡이 독소)은 화학적 위해 요인이다.
HACCP 위해요소분석표에 따른 위해요소 분류(식품 및 축산물 안전관리인증기준 [별표 2])

생물학적 위해요소 (Biological Hazards)	제품에 내재하면서 인체의 건강을 해할 우려가 있는 병원성 미생물, 부패미생물, 병원성 대장균(균), 효모, 곰팡이, 기생충, 바이러스 등
화학적 위해요소 (Chemical Hazards)	제품에 내재하면서 인체의 건강을 해할 우려가 있는 중금속, 농약, 항생물질, 항균물질, 사용기준 초과 또는 사용 금지된 식품 첨가물 등 화학적 원인물질
물리적 위해요소 (Physical Hazards)	제품에 내재하면서 인체의 건강을 해할 우려가 있는 인자 중에서 돌조각, 유리조각, 플라스틱 조각, 쇳조각 등

67 원예산물의 온도 장해에 관한 설명으로 옳은 것은?

① 고추의 CA저장은 냉해 발생을 억제할 수 있다.
② 과실의 당함량이 높을수록 빙점은 높아진다.
③ 해동상태보다 결빙상태에서 동해증상이 뚜렷하게 나타난다.
④ 5℃의 저온에서 참외의 과숙현상이 나타난다.

해설 ② 과실의 당함량이 높을수록 빙점은 낮아진다.
③ 결빙상태보다 해동상태에서 동해증상이 뚜렷하게 나타난다.
④ 참외의 과숙현상은 최적 온도보다 높은 고온에서 호흡이 촉진될 때 발생한다.

68 원예산물 저장고 관리에 관한 설명으로 옳지 않은 것은?

① 저장고 내 공기통로 확보를 위한 적재밀도를 유지한다.
② 저장고의 높은 습도를 유지하기 위하여 탄산칼슘을 사용한다.
③ 저장고 내부를 차아염소산나트륨용액을 이용하여 소독한다.
④ 저장고 내 공기유속을 줄여서 원예산물의 증산을 억제한다.

해설 ② 저장고의 탄산칼슘은 습기를 제거하는 데 도움이 된다.

69 CA저장에 관한 설명으로 옳지 않은 것은?

① 저장고의 밀폐도가 높아야 한다.
② 대상 산물에 따른 적정 조건을 설정한다.
③ 압력조절기와 질소공급기를 이용하여 공기조성을 조절한다.
④ 저장 중인 원예산물의 품질분석이 용이하다.

해설 ④ CA저장의 경우, 기체 조성이 일정하게 유지되어야 하므로 저장고를 자주 열 수 없어 원예산물의 품질분석이 어렵다.

70 HACCP 7원칙의 운영과정이다. ( )에 들어갈 내용으로 옳은 것은?

> 위해요소 분석 → (ㄱ) → (ㄴ) → 모니터링방법 설정 → (ㄷ) → 확인방법 설정 → 문서화, 기록 유지방법 설정

① ㄱ : 안전성 확보, ㄴ : 중요관리점 결정, ㄷ : 개선조치방법 설정
② ㄱ : 중요관리점 한계기준의 설정, ㄴ : 중요관리점 결정, ㄷ : 개선조치방법 설정
③ ㄱ : 중요관리점 결정, ㄴ : 중요관리점 한계기준의 설정, ㄷ : 개선조치방법 설정
④ ㄱ : 중요관리점 한계기준의 설정, ㄴ : 안전성 확보, ㄷ : 중요관리점 결정

해설 HACCP의 7원칙 12절차

절차 1	HACCP팀 구성	준비단계
절차 2	제품설명서 작성	
절차 3	용도 확인	
절차 4	공정흐름도 작성	
절차 5	공정흐름도 현장확인	
절차 6	위해요소 분석 실시	원칙 1
절차 7	중요관리점 결정	원칙 2
절차 8	한계기준 설정	원칙 3
절차 9	모니터링체계 확립	원칙 4
절차 10	개선조치방법 수립	원칙 5
절차 11	검증절차 및 방법 수립	원칙 6
절차 12	문서화 및 기록 유지방법 수립	원칙 7

71 원예산물을 4℃, 상대습도 90% 조건에서 장기저장 시 저온장해가 발생하는 품목의 개수는?

복숭아	고구마
파프리카	감 귤
오 이	

① 2개 ② 3개
③ 4개 ④ 5개

해설 4℃, 상대습도 90% 조건에서 장기저장 시 저온장해가 발생하는 품목 : 복숭아, 고구마, 파프리카, 오이
※ 원예산물 적정 저장조건
- 사과, 참다래, 당근 : 0℃, 상대습도 90~95%
- 복숭아 : 5~10℃, 상대습도 90~95%
- 감귤 : 5~8℃, 상대습도 95%
- 바나나 : 13~15℃, 상대습도 90~95%
- 오이 : 10~12℃, 상대습도 85~90%
- 파프리카 : 7~10℃, 상대습도 95~98%
- 고구마 : 13~15℃, 상대습도 85~95%
- 시금치, 브로콜리 : 0℃, 상대습도 95~100%

72 원예산물의 MA 포장재 중 가스투과성이 가장 낮은 것은?
① PVC ② PP
③ PET ④ LDPE

해설 필름 종류별 가스투과성 : 저밀도폴리에틸렌(LDPE) > 폴리스티렌(PS) > 폴리프로필렌(PP) > 폴리비닐클로라이드(PVC) > 폴리에스터(PET)

73 원예산물의 수송에 관한 설명으로 옳은 것은?
① 콜드체인은 저온 저장고를 구비한 저온유통을 의미한다.
② 저온 수송 시 원예산물을 적재완료 후 냉각기를 가동한다.
③ 신선채소류는 수분 흡수율이 높은 포장상자를 사용한다.
④ 예랭한 농산물은 압축강도가 낮은 포장상자를 사용한다.

> **해설** ② 저온 수송 시 미리 수송 차량 내부를 예랭한 상태에서 적재해야 수송 중 원예산물의 품질 저하가 발생하지 않는다.
> ③ 신선채소류는 자체 수분이 많으므로 습기에 강하고 수분 흡수율이 낮은 포장상자를 사용해야 한다.
> ④ 예랭한 농산물은 냉각된 모양 및 상태가 유지되어야 하므로 압축강도가 높은 포장상자를 사용해야 한다.

74 원예산물 겉포장 상자에 관한 내용으로 옳지 않은 것은?
① 상품성 유지기능이 포함된다.
② 저온 고습에 견딜 수 있어야 한다.
③ 원예산물과 반응하여 유해물질이 생기지 않아야 한다.
④ 원예산물의 보호를 위해 완벽히 밀폐되어야 한다.

> **해설** 겉포장재는 취급과 수송 중 내용물을 보호할 수 있는 물리적 강도를 유지해야 하고, 내용물의 보존성과 보호성에 적합한 통기구를 가지고 있어야 한다.

75 원예산물별 수확 후 손실경감 대책으로 옳은 것은?
① 바나나는 수확 후 5℃에 저장한다.
② 무는 수확 직후 20℃, 85% 상대습도에서 큐어링한다.
③ 딸기는 착색촉진을 위해 에틸렌을 처리한다.
④ 마늘은 장기저장 시 -2~4℃, 70% 상대습도를 유지한다.

> **해설** ① 바나나는 열대성 과일이므로, 13℃ 이하에서 저장 시 저온장해가 발생할 수 있다.
> ② 무는 수확 직후 0℃, 고습도(95% 이상) 조건에서 저장해야 품질 유지에 좋으며, 큐어링이 필요한 작물은 아니다.
> ③ 딸기는 과육이 연약한 과실이므로 물러짐에 의한 경도 저하 방지를 위한 고이산화탄소 처리와 곰팡이 발생 등의 부패 발생 억제를 위한 이산화염소 처리를 한다.

73 ① 74 ④ 75 ④

| 4과목 | 농산물유통론 |

76 농산물의 일반적 특성이 아닌 것은?

① 공급의 가격탄력성이 크다.
② 표준화와 등급화가 어렵다.
③ 단위가치에 비해 운임이 높다.
④ 다품목 소량생산으로 상품화가 불리하다.

해설 ① 농산물의 공급은 가격탄력성이 작기 때문에(비탄력적) 농산물 시장에서는 가격이 폭등하거나 폭락하는 현상이 자주 발생한다.

농산물의 일반적인 특성
- 계절적 편재성
- 부피와 중량성
- 부패성
- 질과 양의 불균일
- 용도의 다양성
- 표준화와 등급화가 어려움
- 단위가치에 비해 높은 운임
- 다품목 소량생산으로의 상품화 불리
- 수요와 공급의 비탄력성(가격탄력성이 작음)

77 다음 유통기능에 의해 창출되는 효용의 순서로 옳은 것은?

> 한국농수산식품유통공사(aT)는 배추를 수입하여 창고에 보관했다가 대형유통업체에 판매하였다.

① 장소효용 – 시간효용 – 소유효용
② 장소효용 – 형태효용 – 시간효용
③ 시간효용 – 장소효용 – 형태효용
④ 시간효용 – 장소효용 – 소유효용

해설 유통기능에 의해 창출되는 효용
- 수송기능 : 장소효용
- 저장기능 : 시간효용
- 가공기능 : 형태효용
- 거래기능 : 소유효용

78 농산물 유통마진에 관한 설명으로 옳은 것은?
① 유통경로가 길수록 유통마진은 낮다.
② 유통마진의 크기는 유통비용에 따라 달라진다.
③ 유통비용에서 유통업자 이윤을 뺀 것이다.
④ 소매단계에서만 존재한다.

> **해설**
> ① 유통경로가 길수록 유통비용과 이윤이 누적되므로 유통마진은 높아진다.
> ③ 유통마진은 (최종소비자 지불가격 − 생산농가의 수취가격)으로 유통마진 안에 유통비용(직접비 + 간접비)과 유통업자의 이윤이 모두 포함된다.
> ④ 유통마진은 수집단계, 도매단계, 소매단계로 구분되며, 모든 유통단계에서 발생한다.

79 농업협동조합 유통의 기대효과로 옳지 않은 것은?
① 농가 개별출하 강화
② 민간 유통업체 견제
③ 거래비용 절감
④ 규모의 경제 실현

> **해설** 협동조합유통의 효과
> • 유통마진의 절감 : 생산자가 유통부분을 수직적으로 통합함으로써 수송비와 거래비용을 절감
> • 독점화 : 협동조합을 통해서 시장교섭력을 제고
> • 초과이윤 억제 : 협동조합이 유통사업에 참여함으로써 민간 유통업자의 시장지배력을 견제할 수 있음
> • 시장확보와 위험분산 : 농업 생산자의 경영다각화를 위하여 가격안정화를 유도하고 안정적인 시장을 확보
> • 협동조합 임직원의 전문적인 지식과 능력에 의한 효과 배가
> • 농산물 출하 시기의 조절이 용이

80 배 1상자(10kg)의 유통단계별 판매가격이 생산자 30,000원, 산지공판장 35,000원, 도매상 40,000원, 소매상 50,000원일 때, 소매상의 유통마진율(%)은?
① 10
② 20
③ 30
④ 40

> **해설** 소매상의 유통마진율(%) = [(소매상의 판매가격 − 소매상의 구입가격) / 소매상의 판매가격] × 100
> = [(50,000 − 40,000원) / 50,000] × 100
> = 20%

81. 공동계산제에 관한 설명으로 옳지 않은 것은?
① 개별농가의 위험을 분산한다.
② 평균등급을 적용하여 정산한다.
③ 농가 수취가격 안정에 도움이 된다.
④ 전체 판매금액에서 판매비용을 빼고 정산한다.

> **해설** 공동계산제는 다수의 개별농가가 생산한 농산물을 출하주별로 구분하는 것이 아니라 각 농가의 상품을 혼합하여 등급별로 구분하고 관리·판매하여 그 등급에 따라 비용과 대금을 평균하여 농가에 정산해 주는 방법이다. 즉, 평균등급이 아닌 평균가격을 적용하여 정산한다.
>
> **농산물 공동계산제**
> - 공동판매를 통하여 개별농가의 위험을 분산할 수 있다.
> - 엄격한 품질관리로 상품성을 제고하여 시장의 신뢰를 얻을 수 있다.
> - 출하물량의 규모화로 시장에서 거래교섭력이 증대된다.

82. 소매상이 소비자에게 제공하는 기능으로 옳지 않은 것은?
① 상품구색
② 상품정보
③ 상품수집
④ 상품배달

> **해설** **소매상의 기능**
> - 소비자가 요구하는 다양한 상품구색 제공
> - 구매 편의 제공
> - 소비자에게 서비스(A/S, 제품의 배달·설치·사용방법 교육 등) 제공
> - 소비자에게 필요한 정보(상품 특징, 가격 등) 제공
> - 생산자에게 정보(소비자의 구매행동, 시장 트렌드 등) 수집 및 전달
> - 생산자의 위험 부담 완화

83. 농산물 공동판매 원칙이 아닌 것은?
① 무조건 위탁
② 판매처 우선 확보
③ 공동계산
④ 평균판매

> **해설** **농산물 공동판매 원칙**
>
> | | |
> |---|---|
> | 무조건 위탁 | 생산물을 공동조직에 위탁할 경우 조건을 붙이지 않고 일체를 위임하는 방식으로 공동조직과 구성원 간의 절대적 신뢰를 전제로 하여야 한다. |
> | 평균판매 | 농산물의 출하기를 조절하거나 수송·보관·저장 방법의 개선을 통하여 농산물을 계획적으로 판매함으로써 농업인이 수취가격을 평준화하는 방식으로, 농산물의 평균화나 균등화를 통한 전국적인 통일이 전제되어야 한다. |
> | 공동계산제 | 다수의 개별농가가 생산한 농산물을 출하주별로 구분하는 것이 아니라 각 농가의 상품을 혼합하여 등급별로 구분하고 관리·판매하여 그 등급에 따라 비용과 대금을 평균하여 농가에 정산해 주는 방법이다. |

정답 81 ② 82 ③ 83 ②

84 농산물 계약재배에 관한 설명으로 옳은 것을 모두 고른 것은?

ㄱ. 거래비용 감소
ㄴ. 생산계약 또는 판매계약 가능
ㄷ. 농가위험 회피 및 소득안정 기여
ㄹ. 면적계약 또는 수량계약 가능

① ㄱ, ㄴ
② ㄷ, ㄹ
③ ㄱ, ㄴ, ㄷ
④ ㄱ, ㄴ, ㄷ, ㄹ

해설 농산물 계약재배
- 식품업체가 원료를 안정적으로 조달하고, 식품의 안전성을 확보하는 데 적합한 산지 거래방식으로, 거래비용을 감소할 수 있다.
- 생산자가 농산물을 대량으로 필요로 하는 공장과 사전에 계약을 체결하여 재배하는 형태로, 면적계약 또는 수량계약이 가능하다.
- 파종기에 미리 대략적인 판매가격과 물량을 서면으로 계약할 것을 요구하기 때문에 수확기에 판로를 걱정할 필요가 없고, 계약물량에 따라 영농자금을 지원받을 수 있어서 생산자에게도 편리한 제도이다.

85 농산물 물적유통기능이 아닌 것은?

① 가 공
② 포 장
③ 상·하역
④ 등급화

해설 ④ 등급화는 농산물 유통의 기능 중 유통조성기능에 속한다.
농산물 유통기능
- 소유권이전(상적유통)기능 : 구매, 판매
- 물적유통기능 : 운송, 보관, 하역, 포장, 유통가공, 정보유통 등
- 유통조성기능 : 표준화·등급화, 금융, 보험 등

86 김치제조업체가 유통사업을 겸했을 때, 이에 해당하는 사업방식은?

① 수평통합
② 전방통합
③ 후방통합
④ 프랜차이즈

해설 ② 전방통합 : 제품을 생산하는 업체가 유통업체와 통합하는 등 상방 기업이 하방 기업의 자산 및 운영권을 소유하는 사업방식을 말한다.
① 수평통합 : 같은 업계 또는 생산단계에 종사하는 기업이 합병이나 인수 등을 통해 시장 점유율 확대 및 경쟁 축소를 위해 사용하는 사업방식을 말한다.
③ 후방통합 : 제품을 생산하는 업체가 제품생산에 필요한 원재료 등을 공급하는 업체와 결합하는 사업방식을 말한다.
④ 프랜차이즈 : 특정 제품 등을 공급하는 업체가 자격이 있는 사람에게 자사 제품을 판매할 수 있는 영업권을 부여하는 사업방식을 말한다.

정답 84 ④ 85 ④ 86 ②

87 블루베리 판매가격이 10% 하락 시 판매량 15% 증가에 관한 설명으로 옳은 것은?

① 수요의 교차탄력성이 크다.
② 수요의 교차탄력성이 작다.
③ 수요의 가격탄력성이 크다.
④ 수요의 가격탄력성이 작다.

해설
- 수요의 가격탄력성은 가격변동에 따른 수요량의 변화를 의미하는 것이고, 수요의 교차탄력성은 한 상품의 수요가 다른 연관상품의 가격변화에 반응하는 정도를 나타내는 것이다. 가격 하락에 따른 판매량 증가를 제시하였으므로 이는 수요의 가격탄력성을 의미한다.
- 가격탄력성 = 수요량의 변화율(%) / 가격의 변화율(%)
  = 15% ÷ 10% = 1.5

가격탄력성이 1.5이므로 탄력적, 즉 수요의 가격탄력성이 크다.

수요의 가격탄력성

수요의 가격탄력성	구 분
0	완전 비탄력적
1보다 작은 경우(0과 1사이)	비탄력적
1보다 큰 경우	탄력적
무한대(∞)인 경우	완전 탄력적
1	단위탄력적

88 기펜재(Giffen's goods)에 관한 설명으로 옳지 않은 것은?

① 열등재의 일종이다.
② 수요의 법칙에 어긋난다.
③ 소득효과가 대체효과보다 훨씬 더 크다.
④ 수요의 가격탄력성 계수가 음(−)이다.

해설
④ 일반적인 재화는 가격이 상승(+)하면 수요량은 감소(−)하므로 가격탄력성 계수가 음수(−)이지만 기펜재는 가격과 수요량이 같은 방향으로 변동하므로 수요의 가격탄력성 계수는 양(+)이 된다.

기펜재 : 가격이 하락하는 경우 대체효과의 크기보다 소득효과의 크기가 커서 수요량이 감소하는 재화로 열등재의 일종이다.

정답 87 ③ 88 ④

89 현재 우리나라가 쌀에 시행하고 있는 정책은?

① 추곡수매제　　　　② 이중곡가제
③ 공공비축제　　　　④ 약정수매제

해설　공공비축제
양곡부족으로 인한 수급불안과 천재지변 등의 비상시에 대비하기 위하여 정부가 민간으로부터 미곡과 양곡 등을 시장가격에 매입하여 비축하는 제도이다.

90 소매점에서 '배추 한 망에 천 원, 한정수량 선착순 판매'와 같이 고객 유인을 목적으로 이용하는 가격전략은?

① 리더가격전략　　　② 개수가격전략
③ 명성가격전략　　　④ 단수가격전략

해설
② 개수가격전략 : 고급품질의 이미지를 형성하여 구매를 자극하기 위해 상품의 개수에 가격을 책정하는 가격전략이다.
③ 명성가격전략 : 상품가격을 높게 책정하여 품질의 고급화와 상품의 차별화를 드러내는 가격전략이다.
④ 단수가격전략 : 상품의 판매가격에 단수를 붙이는 것으로 판매가에 대한 고객의 수용도를 높이고자 하는 전략이다. 상품가격이 1,000원에 비해 990원이 매우 싸다고 느끼는 소비자 심리를 이용한다.

91 농산물 가격의 일반적인 특성이 아닌 것은?

① 불안정성이 크다.
② 계절성이 뚜렷하다.
③ 유통비용의 비중이 높다.
④ 독점적 경쟁시장에서 형성된다.

해설　④ 농산물은 생산자가 다수이므로 농산물 가격은 완전경쟁시장에서 형성된다고 볼 수 있다.

정답　89 ③　90 ①　91 ④

92 브랜드에 관한 설명으로 옳지 않은 것은?

① 경쟁상품과 차별화한다.
② 소비자 인지도를 제고한다.
③ NB(National Brand)는 유통업자 브랜드이다.
④ 브랜드 충성도는 재구매에 영향을 미친다.

해설 ③ NB(National Brand, 내셔널 브랜드)는 생산자의 브랜드이다.
※ 유통업체 브랜드 : PB(Private Brand, 프라이빗 브랜드)
브랜드
- 차별화를 통해 브랜드 충성도를 형성한다.
- 브랜드 충성도는 재구매에 영향을 미친다.
- 규모화·조직화로 브랜드 효과가 높아진다.
- 소비자 인지도를 제고한다.
- 브랜드명, 등록상표, 트레이드마크 등이 해당한다.

93 농산물 표준규격화에 관한 설명으로 옳지 않은 것은?

① 포장규격 및 등급규격을 포함한다.
② 견본거래 및 전자상거래를 활성화한다.
③ 품질에 따른 공정가격 및 공정거래를 촉진한다.
④ 쓰레기 발생량을 늘려 유통비용을 증가시킨다.

해설 **농산물 표준규격**
- 포장규격 및 등급규격으로 구분하며 포장규격은 산업표준화법에 의한 한국산업표준에 의해, 등급규격은 품목 또는 품종별로 그 특성에 따라 정한다.
- 신용도와 상품성의 향상으로 농가소득의 증대를 가져온다.
- 견본거래 및 전자상거래를 활성화한다.
- 품질에 따른 가격차별화로 정확한 정보 제공과 공정가격 및 공정거래를 촉진한다.
- 수송·적재 등 유통비용 절감으로 유통효율을 제고한다.
- 선별·포장출하로 소비지에서의 쓰레기 발생을 억제한다.

94 단위화물적재시스템(ULS)에 관한 설명으로 옳지 않은 것은?

① 초기 투자비용이 적게 든다.
② 상·하역 및 수송의 일관화를 가능하게 한다.
③ 상품의 파손 및 오손, 분실을 방지할 수 있다.
④ 팰릿, 컨테이너 등으로 화물을 표준화한다.

해설 ① 단위화물적재시스템(ULS)은 초기 투자비용이 많이 든다.

단위화물적재시스템(Unit Load System)의 장단점

장점	단점
• 팰릿, 컨테이너 등으로 화물을 표준화함 • 상·하역 및 수송의 일관화를 가능하게 함 • 하역 시 상품의 파손, 오손, 분실 등 방지 • 운송수단의 운용효율이 높음 • 하역의 기계화로 작업 생산성이 높음 • 포장이 간단하여 포장비 절감 • 고층적재가 가능하여 공간효율 제고 • 시스템화로 하역의 검수 용이	• 하역기기 등의 고정시설 투자 등 초기 투자비용이 많이 듦 • 컨테이너와 팰릿 확보에 경비 소요 • 자재관리에 시간과 비용 추가 • 컨테이너와 공팰릿 회수 및 관리 필요 • 하역기기가 작업할 공간 확보 필요 • 팰릿이 차지하는 공간으로 적재효율이 저하되므로 회전율을 제고하여 보완하여야 함

95 SWOT 분석전략으로 옳은 것은?

① SO전략 : 내부적 강점과 내부의 기회를 결합한다.
② WO전략 : 외부적 약점을 내부의 기회로 극복한다.
③ ST전략 : 내부적 강점을 통해 외부의 위협에 대처한다.
④ WT전략 : 외부적 약점을 보완하면서 외부의 위협을 최소화한다.

해설 ① SO전략 : 내부적 강점과 외부적 기회를 결합한다.
② WO전략 : 내부적 약점을 외부의 기회로 극복한다.
④ WT전략 : 내부적 약점을 보완하면서 외부의 위협을 최소화한다.

SWOT 분석
어떤 기업의 내부환경을 분석하여 강점(Strength)과 약점(Weakness)을 발견하고, 외부환경을 분석하여 기회(Opportunity)와 위협(Threat)을 찾아내어 이를 토대로 강점은 살리고 약점은 죽이고, 기회는 활용하고 위협은 억제하는 마케팅 전략을 수립하는 것을 말한다.

96 농산물 시장정보에 관한 설명으로 옳지 않은 것은?

① 유통업자 간 경쟁상태가 유지되도록 한다.
② 정보의 실효성, 정확성 및 신속성이 중요하다.
③ 유통물량과 시간을 줄여 유통비용을 절감시킨다.
④ 생산자와 소비자 간 정보의 비대칭성을 심화시킨다.

해설 ④ 농산물 시장정보는 생산자와 소비자 간 정보의 비대칭성을 감소시킴으로써 불확실성에 따른 위험부담비용을 줄인다.

97 STP 전략의 진행 절차가 순서대로 옳은 것은?

① 포지셔닝 → 시장세분화 → 표적시장 선정
② 표적시장 선정 → 시장세분화 → 포지셔닝
③ 시장세분화 → 표적시장 선정 → 포지셔닝
④ 시장세분화 → 포지셔닝 → 표적시장 선정

해설 STP 전략

시장세분화(Segmentation)	전체 시장을 비슷한 욕구를 가진 몇 개의 집단으로 구분하는 활동
표적시장 선정(Targeting)	시장을 세분화한 후에 각 세분 시장의 매력도를 평가하여 진출하고자 하는 표적시장을 선정하여 마케팅 활동을 하는 과정
포지셔닝(Positioning)	제품의 중요한 속성들이 구매자에게 인식되는 방식. 즉, 소비자의 마음속에 경쟁 제품과 비교하여 나타나는 상대적 위치

98 농산물 생산 및 유통과정에서 발생하는 가격위험을 관리하기 위한 거래방식은?

① 선물거래
② 현물거래
③ 입찰거래
④ 산지직거래

해설
① 선물거래 : 일정한 거래소에서 미래의 가격과 수량을 미리 확정하여 계약만 체결하고 일정기간이 지났을 때 돈을 지급하고 물건을 받는 거래를 말한다. 이는 가격위험(가격 변동 위험)을 관리하기 위한 대표적인 거래 방식으로, 가격의 불확실성을 줄이고 안정적인 수익을 도모하는데 유리하다.
② 현물거래 : 현재 시점에서 대금을 지급하고 물건을 구입하는 거래를 말한다.
③ 입찰거래 : 소정의 입찰서에 성명, 입찰금액, 기타 필요한 사항 등을 적어서 제출한 후 최고가격을 제시한 낙찰자와 낙찰가격을 결정하여 공개하는 거래를 말한다.
④ 산지직거래 : 시장을 거치지 않고 생산자와 소비자 또는 생산자 단체와 소비자 단체가 직결된 형태의 거래를 말한다.

99 소수 인원의 표적집단을 대상으로 한 마케팅조사 방법은?

① 관찰(Observation)법
② 심층면접(FGI)법
③ 설문조사(Survey)법
④ 델파이(Delphi)법

해설
② 심층면접(FGI ; Focus Group Interview)법 : 6~8명 정도의 소그룹을 대상으로 2시간 내외의 집중면접을 하는 마케팅조사 방법이다.
① 관찰(Observation)법 : 대상자의 행동을 직접 관찰하여 자료를 수집하는 방법이다.
③ 설문조사(Survey)법 : 작성된 질문에 답하게 함으로써 실증적 자료를 체계적으로 수집·분석하는 방법이다.
④ 델파이(Delphi)법 : 전문가의 경험적 지식을 통한 문제해결 및 미래예측을 위한 기법으로, 전문가 합의법이라고도 한다.

100 다음 ( )에 들어갈 내용으로 옳은 것은?

> 판매촉진전략에서 푸시(Push)전략은 생산자가 (ㄱ)를 대상으로 하는 반면, 풀(Pull)전략은 생산자가 (ㄴ)를 대상으로 한다.

① ㄱ : 유통업자, ㄴ : 최종소비자
② ㄱ : 광고주, ㄴ : 광고대행사
③ ㄱ : 광고대행사, ㄴ : 광고주
④ ㄱ : 최종소비자, ㄴ : 유통업자

해설 푸시(Push)전략과 풀(Pull)전략

푸시(Push)전략	• 유통업자 대상 판매촉진전략 • 기업이 상품 광고에는 그다지 노력하지 않고 판매원에 의한 인적판매를 늘리거나 소매점에 제품을 대량으로 입하시켜 소비자의 수요를 창출하고자 하는 마케팅 전략 예 RPC(미곡종합처리장)가 대형할인점에 납품하는 쌀 가격을 인하하여 판매를 확대
풀(Pull)전략	• 최종소비자 대상 판매촉진전략 • 기업이 자사의 이미지나 상품 광고를 통해 소비자의 수요를 환기하여 소비자 스스로 그 상품을 판매하는 판매점에 오게 해서 지명, 구매하도록 하는 마케팅 전략 예 지방자치단체가 여름 휴양지에서 휴양객에게 지역특산물을 나누어 주는 무료행사

지식에 대한 투자가 가장 이윤이 많이 남는 법이다.

- 벤자민 프랭클린 -

참 / 고 / 문 / 헌

- 고진현 외, 비파괴 공학, 원창출판사, 2006
- 교육부, NCS 학습모듈(농산물품질관리), 한국직업능력개발원, 2024
- 국가 전문 행정 연수원. 농업 연수부, 「과수반 교재」, 1999
- 권원달, 「농산물유통론」, 선진문화사, 2009
- 김동환·김재식·김병률 「농산물유통론」, 농민신문사, 2003
- 김병삼, 「신선 청과물의 선도제고와 콜드체인시스템의 보급을 위한 산지예냉기술의 도입」, 한국식품개발연구원, 1997
- 김상범, 「농산물 물류표준화 및 품질관리」, 농수산물유통공사 유통교육원, 2009
- 김재식 외, 「유통관리」, 교육인적자원부, 2009
- 김종기, 「수출원예작물의 품질보전」, 농산물무역정보, 1994
- 노화준, 「정책평가론」, 법문사, 1995
- 농산물유통공사, 「과실 채소 유통 교육 교재」, 1985
- 농약공업협회, 「농약사용지침서」, 2002
- 농촌진흥청 농업과학기술원, 「채소병 해충 진단과 방제」, 아카데미서적, 2000
- 농촌진흥청, 「과수(배, 사과, 포도, 복숭아, 과수 전지 전정)」, 2000
- 농촌진흥청, 「사과, 배, 포도, 복숭아, 농기계, 영농 설계 교육 교재」, 1998
- 농촌진흥청, 「원예산물 수확 후 관리. 표준영농교본-112」, 2001
- 박우동, 「품질경영」 법문사, 2009
- 박찬수, 「마케팅원리」, 법문사, 2000
- 성기혜 외, 「콜드체인시스템 구축을 통한 식품유통구조의 개선」, 한국보건사회연구원, 1996
- 안태호, 「현대물류론」, 범한, 2008
- 양용준·서정남, 「농산물품질관리사」, 부민문화사, 2008
- 오세조, 「시장지향적 유통관리」, 박영사, 1996
- 유동근, 「인적판매의 원리와 실제」, 선학사, 1996
- 전태갑, 「최신 농업경제학」, 유풍출판사, 2000
- 최양부·김종기·김동환, 「산지유통센터 활성화 방안」, 농협중앙회, 2000
- 한국직업능력 개발원, 「농산물유통」, 교육인적자원부, 교학사, 2007
- 한희영, 「상품학 총론」, 삼영사, 1984
- 허신행 외, 「농축산물 콜드체인시스템 구축방안」, 한국농촌경제연구원, 1997
- Dioxin : summary of the dioxin reassessment science. 2000. US Environmental Protection Agency
- Hardenburg, R.E., A.E. Watada. 1986. The commercial storage of fruits, vegetables, and nurserystocks. USDA AH 66
- Kays. S.J. 1991. Postharvest physiology of perishable plant products. AVI
- MaGregor. B.M. 1987. Tropical products handbook. USDA. AMS.
- Postharvest IPM(Integrated Pest Management). University of California. 1995
- Snowdon, A.L. 1991. A colour atlas of post-harvest disease and disorder of fruit and vegetables. Wolfe
- Thompson, J.F., F.G., Mitchell, T.R., Rumsey, R.F., Kasmire, and C.H. Cristo. 1998. Commercial cooling of fruits, vegetables, and flowers. UC-Davis.
- Welby, E.M. 1987. Agricultural export handbook. USDA. AMS.

웹 / 사 / 이 / 트

- www.at.or.kr 한국농수산식품유통공사
- www.naqs.go.kr 국립농산물품질관리원

농산물품질관리사 1차 한권으로 끝내기

개정22판2쇄	**발행**	2026년 01월 05일 (인쇄 2025년 11월 18일)
초 판 발 행		2004년 11월 01일 (인쇄 2004년 10월 14일)
발 행 인		박영일
책 임 편 집		이해욱
편 저		조규태 외
편 집 진 행		윤진영 · 장윤경
표지디자인		권은경 · 길전홍선
편집디자인		정경일
발 행 처		(주)시대고시기획
출 판 등 록		제10-1521호
주 소		서울시 마포구 큰우물로 75 [도화동 538 성지 B/D] 9F
전 화		1600-3600
팩 스		02-701-8823
홈 페 이 지		www.sdedu.co.kr
I S B N		979-11-383-9481-9(13520)
정 가		40,000원

※ 저자와의 협의에 의해 인지를 생략합니다.
※ 이 책은 저작권법의 보호를 받는 저작물이므로 동영상 제작 및 무단전재와 배포를 금합니다.
※ 잘못된 책은 구입하신 서점에서 바꾸어 드립니다.

국 가 기 술 자 격 검 정 답 안 지

성 명

교시(차수) 기재란			
( )교시 · 차	①	②	③
문제지 형별 기재란			
( )형	Ⓐ	Ⓑ	
선택과목 1			
선택과목 2			

수 험 번 호							
⓪	⓪	⓪	⓪	⓪	⓪	⓪	⓪
①	①	①	①	①	①	①	①
②	②	②	②	②	②	②	②
③	③	③	③	③	③	③	③
④	④	④	④	④	④	④	④
⑤	⑤	⑤	⑤	⑤	⑤	⑤	⑤
⑥	⑥	⑥	⑥	⑥	⑥	⑥	⑥
⑦	⑦	⑦	⑦	⑦	⑦	⑦	⑦
⑧	⑧	⑧	⑧	⑧	⑧	⑧	⑧
⑨	⑨	⑨	⑨	⑨	⑨	⑨	⑨

감독위원 확인
㊞

1	①	②	③	④	21	①	②	③	④	41	①	②	③	④	61	①	②	③	④	81	①	②	③	④	101	①	②	③	④	121	①	②	③	④
2	①	②	③	④	22	①	②	③	④	42	①	②	③	④	62	①	②	③	④	82	①	②	③	④	102	①	②	③	④	122	①	②	③	④
3	①	②	③	④	23	①	②	③	④	43	①	②	③	④	63	①	②	③	④	83	①	②	③	④	103	①	②	③	④	123	①	②	③	④
4	①	②	③	④	24	①	②	③	④	44	①	②	③	④	64	①	②	③	④	84	①	②	③	④	104	①	②	③	④	124	①	②	③	④
5	①	②	③	④	25	①	②	③	④	45	①	②	③	④	65	①	②	③	④	85	①	②	③	④	105	①	②	③	④	125	①	②	③	④
6	①	②	③	④	26	①	②	③	④	46	①	②	③	④	66	①	②	③	④	86	①	②	③	④	106	①	②	③	④					
7	①	②	③	④	27	①	②	③	④	47	①	②	③	④	67	①	②	③	④	87	①	②	③	④	107	①	②	③	④					
8	①	②	③	④	28	①	②	③	④	48	①	②	③	④	68	①	②	③	④	88	①	②	③	④	108	①	②	③	④					
9	①	②	③	④	29	①	②	③	④	49	①	②	③	④	69	①	②	③	④	89	①	②	③	④	109	①	②	③	④					
10	①	②	③	④	30	①	②	③	④	50	①	②	③	④	70	①	②	③	④	90	①	②	③	④	110	①	②	③	④					
11	①	②	③	④	31	①	②	③	④	51	①	②	③	④	71	①	②	③	④	91	①	②	③	④	111	①	②	③	④					
12	①	②	③	④	32	①	②	③	④	52	①	②	③	④	72	①	②	③	④	92	①	②	③	④	112	①	②	③	④					
13	①	②	③	④	33	①	②	③	④	53	①	②	③	④	73	①	②	③	④	93	①	②	③	④	113	①	②	③	④					
14	①	②	③	④	34	①	②	③	④	54	①	②	③	④	74	①	②	③	④	94	①	②	③	④	114	①	②	③	④					
15	①	②	③	④	35	①	②	③	④	55	①	②	③	④	75	①	②	③	④	95	①	②	③	④	115	①	②	③	④					
16	①	②	③	④	36	①	②	③	④	56	①	②	③	④	76	①	②	③	④	96	①	②	③	④	116	①	②	③	④					
17	①	②	③	④	37	①	②	③	④	57	①	②	③	④	77	①	②	③	④	97	①	②	③	④	117	①	②	③	④					
18	①	②	③	④	38	①	②	③	④	58	①	②	③	④	78	①	②	③	④	98	①	②	③	④	118	①	②	③	④					
19	①	②	③	④	39	①	②	③	④	59	①	②	③	④	79	①	②	③	④	99	①	②	③	④	119	①	②	③	④					
20	①	②	③	④	40	①	②	③	④	60	①	②	③	④	80	①	②	③	④	100	①	②	③	④	120	①	②	③	④					

※ 본 답안지는 마킹연습용 모의 답안지입니다.

절취선

수험자 유의사항

1. 시험 중에는 통신기기(휴대전화·소형 무전기 등) 및 전자기기(초소형 카메라 등)를 소지하거나 사용할 수 없습니다.
2. 부정행위 예방을 위해 시험문제지에도 수험번호와 성명을 반드시 기재하시기 바랍니다.
3. 시험시간이 종료되면 즉시 답안작성을 멈춰야 하며, 종료시간 이후 계속 답안을 작성하거나 감독위원의 답안카드 제출지시에 불응할 때에는 당해 시험이 무효처리 됩니다.
4. 기타 감독위원의 정당한 지시에 불응하여 타 수험자의 시험에 방해가 될 경우 퇴실조치 될 수 있습니다.

답안카드 작성 시 유의사항

1. 답안카드 기재·마킹 시에는 반드시 검정색 사인펜을 사용해야 합니다.
2. 답안카드를 잘못 작성했을 시에는 카드를 교체하거나 수정테이프를 사용하여 수정할 수 있습니다. 그러나 불완전한 수정처리로 인해 발생하는 전산자동판독불가 등 불이익은 수험자의 귀책사유입니다.
   - 수정테이프 이외의 수정액, 스티커 등은 사용 불가
   - 답안카드 왼쪽(성명·수험번호 등)을 제외한 '답안란'만 수정테이프로 수정 가능
3. 성명란은 수험자 본인의 성명을 정자체로 기재합니다.
4. 해당차수(교시)시험을 기재하고 해당 란에 마킹합니다.
5. 시험문제지 형별기재란은 시험문제지 형별을 기재하고, 우측 형별마킹란은 해당 형별을 마킹합니다.
6. 수험번호란은 숫자로 기재하고 아래 해당번호에 마킹합니다.
7. 시험문제지 형별 및 수험번호 등 마킹착오로 인한 불이익은 전적으로 수험자의 귀책사유입니다.
8. 감독위원의 날인이 없는 답안카드는 무효처리 됩니다.
9. 상단과 우측의 검은색 때(■) 부분은 낙서를 금지합니다.

부정행위 처리규정

시험 중 다음과 같은 행위를 하는 자는 당해 시험을 무효처리하고 자격별 관련 규정에 따라 일정기간 동안 시험에 응시할 수 있는 자격을 정지합니다.

1. 시험과 관련된 대화, 답안카드 교환, 다른 수험자의 답안·문제지를 보고 답안 작성, 대리시험을 치르거나 치르게 하는 행위, 시험문제 내용과 관련된 물건을 휴대하거나 이를 주고받는 행위
2. 시험장 내외로부터 도움을 받아 답안을 작성하는 행위, 공인어학성적 및 응시자격서류를 허위기재하여 제출하는 행위
3. 통신기기(휴대전화·소형 무전기 등) 및 전자기기(초소형 카메라 등)를 휴대하거나 사용하는 행위
4. 다른 수험자와 성명 및 수험번호를 바꾸어 작성·제출하는 행위
5. 기타 부정 또는 불공정한 방법으로 시험을 치르는 행위

국가기술자격검정답안지

수험자 유의사항

1. 시험 중에는 통신기기(휴대전화·소형 무전기 등) 및 전자기기(초소형 카메라 등)를 소지하거나 사용할 수 없습니다.
2. 부정행위 예방을 위해 시험문제지에도 수험번호와 성명을 반드시 기재하시기 바랍니다.
3. 시험시간이 종료되면 즉시 답안작성을 멈춰야 하며, 종료시간 이후 계속 답안을 작성하거나 감독위원의 답안카드 제출지시에 불응할 때에는 당해 시험이 무효처리 됩니다.
4. 기타 감독위원의 정당한 지시에 불응하여 타 수험자의 시험에 방해가 될 경우 퇴실조치 될 수 있습니다.

답안카드 작성 시 유의사항

1. 답안카드 기재·마킹 시에는 반드시 검정색 사인펜을 사용해야 합니다.
2. 답안카드를 잘못 작성했을 시에는 카드를 교체하거나 수정테이프를 사용하여 수정할 수 있습니다.
   그러나 불완전한 수정처리로 인해 발생하는 전산자동판독불가는 등의 불이익은 수험자의 귀책사유입니다.
   - 수정테이프 이외의 수정액, 스티커 등은 사용 불가
   - 답안카드 왼쪽(성명·수험번호 등)을 제외한 '답안란' 만 수정테이프로 수정 가능
3. 성명란은 수험자 본인의 성명을 정자체로 기재합니다.
4. 해당차수(교시)시험을 기재하고 해당 란에 마킹합니다.
5. 시험문제지 형별기재란은 시험문제지 형별을 기재하고, 우측 형별마킹란에는 해당 형별을 마킹합니다.
6. 수험번호란은 숫자로 기재하고 아래 해당번호에 마킹합니다.
7. 시험문제지 형별 및 수험번호 등 마킹착오로 인한 불이익은 전적으로 수험자의 귀책사유입니다.
8. 감독위원의 날인이 없는 답안카드는 무효처리 됩니다.
9. 상단과 우측의 검은색 띠(▮▮▮) 부분은 낙서를 금지합니다.

부정행위 처리규정

시험 중 다음과 같은 행위를 하는 자는 당해 시험을 무효처리하고 자격별 관련 규정에 따라 일정기간 동안 시험에 응시할 수 있는 자격을 정지합니다.

1. 시험과 관련된 대화, 답안카드 교환, 다른 수험자의 답안·문제지를 보고 답안 작성, 대리시험을 치르거나 치르게 하는 행위, 시험문제 내용과 관련된 물건을 휴대하거나 이를 주고받는 행위
2. 시험장 내외로부터 도움을 받아 답안을 작성하는 행위, 공인어학성적 및 응시자격서류를 허위기재하여 제출하는 행위
3. 통신기기(휴대전화·소형 무전기 등) 및 전자기기(초소형 카메라 등)를 휴대하거나 사용하는 행위
4. 다른 수험자와 성명 및 수험번호를 바꾸어 작성·제출하는 행위
5. 기타 부정 또는 불공정한 방법으로 시험을 치르는 행위

농산물의 품질관리, 상품 및 브랜드 개발, 물류효율화,
판촉 및 바이어 관리 등을 종합 조정·관리하는

농산물 품질관리사 1차 / 2차

1·2차 동영상강의 www.sdedu.co.kr

22년 연속
판매량
적중률 **1**위
선호도

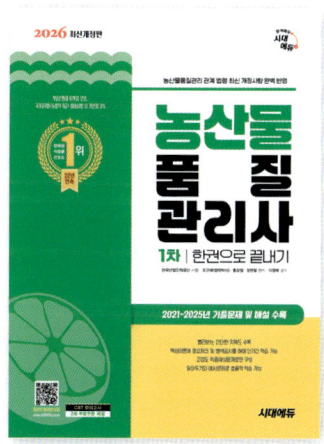

농산물품질관리사 1차 한권으로 끝내기
- 출제기준을 철저하게 분석하여 정리한 핵심이론
- 다양한 기출문제를 토대로 시험에 꼭 나올만한 적중문제 엄선
- 최근 기출문제로 최신 출제경향 파악 가능
- 빨간키로 시험 전까지 완벽 대비

농산물품질관리사 2차 필답형 실기
- '핵심이론+기출문제+모의고사'의 3단계 최적 구성
- 최신 출제영역 변경사항 반영
- 빨리보는 간단한 키워드로 최종 점검까지 완벽하게!

※ 도서의 구성 및 이미지와 가격은 변경될 수 있습니다.

수산물의 생산 및 유통을 위해 안전성 평가, 검사 및 품질관리 등
수산물 어획에서 유통까지의 전 과정을 관리하는

수산물  품질관리사 1차 / 2차

수산물품질관리사 1차 한권으로 끝내기
- 출제기준을 철저하게 분석·반영한 엄선된 이론 구성
- 시험 시행일 기준에 맞춘 최신법령 완벽 반영
- 과목별 적중예상문제와 상세한 해설
- 최근 기출문제로 최신 출제경향 파악 가능

수산물품질관리사 2차 필답형 실기
- 최신 출제기준에 맞춘 상세한 검증 수록
- 핵심이론과 적중예상문제를 통한 완벽 대비
- 시험 시행일 기준에 맞춘 최신법령 완벽 반영

※ 도서의 구성 및 이미지와 가격은 변경될 수 있습니다.

산림·조경·농림
국가자격 시리즈

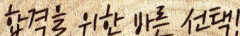

도서명	판형 / 가격
산림기사·산업기사 필기 한권으로 끝내기	4×6배판 / 45,000원
산림기사 필기 기출문제해설	4×6배판 / 24,000원
산림기사·산업기사 실기 한권으로 끝내기	4×6배판 / 25,000원
산림기능사 필기 한권으로 끝내기	4×6배판 / 28,000원
산림기능사 필기 기출문제집	4×6배판 / 25,000원
조경기사·산업기사 필기 한권으로 합격하기	4×6배판 / 42,000원
조경기사 필기 기출문제해설	4×6배판 / 37,000원
조경기사·산업기사 실기 한권으로 끝내기	국배판 / 41,000원
조경기능사 필기 한권으로 끝내기	4×6배판 / 29,000원
조경기능사 필기 기출문제집	4×6배판 / 27,000원
조경기능사 실기 [조경작업]	8절 / 27,000원
식물보호기사·산업기사 필기 한권으로 끝내기	4×6배판 / 37,000원
식물보호기사·산업기사 실기 한권으로 끝내기	4×6배판 / 20,000원
농산물품질관리사 1차 한권으로 끝내기	4×6배판 / 40,000원
농산물품질관리사 2차 필답형 실기	4×6배판 / 32,000원
농·축·수산물 경매사 한권으로 끝내기	4×6배판 / 40,000원
축산기사·산업기사 필기 한권으로 끝내기	4×6배판 / 36,000원
축산기사·산업기사 실기 한권으로 끝내기	4×6배판 / 28,000원
Win-Q(윙크) 화훼장식기능사 필기	별판 / 23,000원
Win-Q(윙크) 원예기능사 필기	별판 / 25,000원
Win-Q(윙크) 버섯종균기능사 필기	별판 / 22,000원
Win-Q(윙크) 축산기능사 필기+실기	별판 / 25,000원
무단뽀 조경기능사 필기+무료 동영상	별판 / 26,000원
유기농업기능사 필기+실기 가장 빠른 합격	별판 / 32,000원
기출이 답이다 종자기사 필기 [최빈출 기출 1000제 + 최근 기출복원문제 3개년]	별판 / 28,000원
기출이 답이다 유기농업기사 필기 [최빈출 기출 1000제 + 최근 기출복원문제 2개년]	별판 / 34,000원